FÍSICA DO ESTADO SÓLIDO

Dados Internacionais de Catalogação na Publicação (CIP)
(Câmara Brasileira do Livro, SP, Brasil)

Ashcroft, Neil W.
Física do estado sólido / Neil W. Ashcroft, N. David Mermin ; tradução Maria Lucia Godinho de Oliveira. - São Paulo : Cengage Learning, 2022.

1. reimpr. da 1. ed. de 2011.
Título original: Solid state physics.
ISBN 978-85-221-0902-9

1. Energia em faixas (Física) 2. Estrutura cristalina (Sólidos) 3. Física do estado sólido 4. Sólidos I. Mermin, N. David. II. Título.

10-13806 CDD-530.4

Índices para catálogo sistemático:

1. Física do estado sólido 530.4

FÍSICA DO ESTADO SÓLIDO

Neil W. Ashcroft
N. David Mermin

Cornell University

REVISÃO TÉCNICA
Robson Mendes Matos
Professor associado da Universidade Federal do Rio de Janeiro,
D. Phil pela University of Sussex - Inglaterra

TRADUÇÃO
Maria Lucia Godinho de Oliveira

CENGAGE Learning™

Austrália • Brasil • Japão • Coreia • México • Cingapura • Espanha • Reino Unido • Estados Unidos

CENGAGE Learning™

Física do Estado Sólido

Neil W. Ashcroft e N. David Mermin

Gerente Editorial: Patricia La Rosa

Editora de Desenvolvimento e Produção Editorial: Gisele Gonçalves Bueno Quirino de Souza

Supervisora de Produção Gráfica e Editorial: Fabiana Alencar Albuquerque

Título original: Solid State Physics

ISBN original: 0-03-083993-9

Tradução: Maria Lucia Godinho de Oliveira

Revisor técnico: Robson Mendes Matos

Copidesque: Ricardo Franzin, Sandra Maria Ferraz Brazil

Revisão: Ricardo Franzin, Sandra Maria Ferraz Brazil, Maria Dolores D. Sierra Mata, Adriane Peçanha

Capa: MSDE/Manu Santos Design

Diagramação: SGuerra Design

ISBN-13: 978-85-221-0902-9
ISBN-10: 85-221-0902-8

Cengage Learning
Condomínio E-Business Park
Rua Werner Siemens, 111 – Prédio 20 – Espaço 04
Lapa de Baixo – CEP 05069-900 – São Paulo – SP
Tel.: (11) 3665-9900 – Fax: (11) 3665-9901
SAC: 0800 11 19 39

Para suas soluções de curso e aprendizado, visite
www.cengage.com.br

Impresso no Brasil.
Printed in Brazil.
1. reimpr. – 2022

para Elizabeth, Jonathan, Robert e Ian

Prefácio

Iniciamos este projeto em 1968 para preencher uma lacuna, que ambos percebemos ser intensa, após vários anos lecionando introdução à física do estado sólido para alunos de Física, Química, Engenharia e Ciência de Materiais da Universidade de Cornell. Tanto nos cursos de graduação quanto de pós-graduação recorreríamos a uma miscelânea de textos reunidos a partir de meia dúzia de livros. Isso não se devia apenas à grande diversidade da matéria; o maior problema estava em sua natureza dúbia. Por um lado, uma introdução à física do estado sólido deve descrever em detalhes a enorme variedade de sólidos reais, com ênfase em dados representativos e exemplos ilustrativos. Por outro lado, existe agora uma teoria básica de sólidos bem estabelecida, com a qual todo aluno seriamente interessado deve se familiarizar.

Para nossa surpresa, levamos sete anos para produzir o que precisávamos: um único livro introdutório apresentando ambos os aspectos da matéria: o descritivo e o analítico. Nosso objetivo foi explorar a variedade de fenômenos associados às formas mais importantes da matéria cristalina e, ao mesmo tempo, construir a fundação para uma compreensão funcional de sólidos com um tratamento claro, detalhado e elementar dos conceitos teóricos fundamentais.

Nosso livro foi desenvolvido para cursos introdutórios, tanto de graduação quanto de pós-graduação. A mecânica estatística e a teoria quântica estão no cerne da física do estado sólido. Apesar de essas matérias serem aplicadas na medida em que são necessárias, tentamos, especialmente nos capítulos mais elementares, reconhecer o fato de que muitos leitores, principalmente alunos de graduação, não terão ainda adquirido perícia. Quando foi possível e natural fazê-lo, separamos de maneira clara os tópicos baseados inteiramente em métodos clássicos daqueles que demandam um tratamento quântico. Neste último caso, e em aplicações de mecânica estatística, avançamos cuidadosamente a partir de princípios básicos explicitamente mencionados. O livro, portanto, é adequado a disciplinas introdutórias oferecidas nos estudos elementares de teoria quântica e de mecânica estatística. Somente nos capítulos e apêndices mais avançados o texto é dirigido a leitores mais experientes.

Os problemas que se seguem a cada capítulo são ligados intimamente ao texto, e são de três tipos gerais: (a) as etapas de rotina no desenvolvimento analítico são às vezes relegadas aos problemas, em parte para que se evite a sobrecarga do texto com fórmulas de nenhum interesse intrínseco, contudo, mais importante, porque tais etapas são mais bem compreendidas se completadas pelo leitor com o auxílio de dicas e sugestões; (b) extensões do capítulo (cujo fantasma de uma obra em dois volumes nos impediu de incluir) são apresentadas como problemas quando possibilitam esse tipo de exposição; (c) aplicações numéricas e analíticas adicionais são dadas como problemas, ora para comunicação de informações adicionais, ora para o exercício de habilidades recentemente adquiridas. Os leitores devem, portanto, examinar os problemas, mesmo que não pretendam tentar encontrar sua solução. Apesar de respeitarmos o ditado de que uma imagem vale por mil palavras, sabemos também que uma ilustração não informativa, apesar de decorativa, toma o espaço que poderia ser utilmente preenchido por centenas de palavras. Dessa forma, o leitor irá se deparar com extensões de texto expositivo sem interrupções por figuras, quando estas não forem necessárias, bem como seções que podem ser examinadas com proveito inteiramente por meio de figuras e suas legendas.

Levamos em consideração a utilização do livro em diferentes níveis com áreas distintas de maior ênfase. Provavelmente um determinado curso não seguirá os capítulos (ou mesmo capítulos selecionados) na ordem em que são apresentados aqui, por isso os escrevemos de modo a permitir uma fácil seleção e reordenação. Nossa escolha específica da sequência segue determinados fios principais do assunto a partir de sua primeira exposição elementar para seus aspectos mais avançados, com um mínimo de divagação.

Iniciamos o livro[1] com os aspectos clássicos elementares [1] e quânticos [2] da teoria de metais de elétrons livres porque isto requer um mínimo de conhecimento prévio e introduz imediatamente, por uma classe particular de exemplos, quase todos os fenômenos aos quais as teorias de isolantes, semicondutores e metais deve se opôr. O leitor é, por meio disso, poupado da impressão de que nada pode ser compreendido até que um monte de definições enigmáticas (com relação a estruturas periódicas) e elaboradas explorações da mecânica quântica (de sistemas periódicos) tenham sido dominadas.

Estruturas periódicas somente são apresentadas após uma visão geral [3] daquelas propriedades metálicas que podem e que não podem ser compreendidas sem a investigação das consequências da periodicidade. Tentamos suavizar o tédio provocado por uma primeira exposição à linguagem de sistemas periódicos (a) separando as consequências muito importantes da simetria puramente translacional [4,5] do restante dos aspectos rotacionais bem menos essenciais [7], (b) separando a descrição de espaço ordinário [4] daquela no espaço recíproco menos familiar [5], e (c) separando o tratamento abstrato e descritivo de periodicidade de sua aplicação elementar para a difração por raios X [6].

Munidos com a terminologia de sistemas periódicos, os leitores podem prosseguir para qualquer ponto que pareça adequado à resolução das dificuldades no modelo de metais de elétrons livres ou podem, alternativamente, embarcar diretamente na investigação de vibrações de rede. O livro segue a primeira linha. O teorema de Bloch é descrito e suas

[1] Referências a números de capítulos são dadas entre colchetes.

implicações são examinadas [8] em termos gerais, para enfatizarmos que suas consequências transcendem os tão importantes e ilustrativos casos práticos de elétrons quase livres [9] e ligações fortes[10]. Grande parte do conteúdo destes dois capítulos é adequada para um curso mais avançado, bem como o seguinte levantamento de métodos utilizados para computar estruturas de bandas reais [11]. O extraordinário assunto da mecânica semiclássica é apresentado e aplicações elementares são fornecidas [12] antes de ser incorporado à mais elaborada teoria semiclássica de transporte [13]. A descrição de métodos pelos quais as superfícies de Fermi são mensuradas [14] pode ser mais apropriada para leitores de nível mais avançado, mas a maioria dos levantamentos das estruturas de bandas de metais reais [15] é facilmente incorporada em um curso elementar.

Com exceção da abordagem sobre blindagem, um curso elementar também poderia deixar de lado os trabalhos realizados sobre o que é omitido pela aproximação do tempo de relaxação [16] e pela omissão de interações elétron-elétron [17].

Funções de trabalho e outras propriedades de superfície [18] podem ser estudadas a qualquer momento após a abordagem da simetria translacional no espaço real. Nossa descrição da classificação convencional de sólidos [19] foi separada da análise de energias coesivas [20]. As duas foram posicionadas após a apresentação da estrutura de bandas, uma vez que é em termos de estrutura eletrônica que as categorias são mais claramente distinguidas.

Para motivar o estudo das vibrações de rede (em qualquer ponto após o Capítulo 5 os leitores optam por dar início ao assunto) um resumo [21] lista aquelas propriedades dos sólidos que não podem ser compreendidas sem sua análise. Uma apresentação elementar é dada à dinâmica de rede, com os aspectos clássicos [22] e quânticos [23] do cristal harmônico tratados separadamente. As formas nas quais os espectros de fônons são medidos [24], as consequências da anarmonicidade [25] e os problemas especiais associados aos fônons em metais [26] e cristais iônicos [27] são examinados em nível elementar, apesar de algumas partes destes quatro últimos capítulos poderem ser reservadas para um curso mais avançado. Nenhum dos capítulos sobre vibrações de rede conta com o uso de operadores de aumento e diminuição em modo normal; eles são descritos em diversos apêndices para leitores que desejam um tratamento mais avançado.

Semicondutores homogêneos [28] e não homogêneos [29] podem ser examinados em qualquer ponto após a apresentação do teorema de Bloch e da abordagem elementar da mecânica semiclássica. Defeitos cristalinos [30] podem ser estudados tão logo os próprios cristais tenham sido apresentados, apesar de partes de capítulos anteriores serem ocasionalmente aludidas.

Seguindo uma revisão de magnetismo atômico, examinamos como ele é modificado em um ambiente sólido [31], exploramos troca e outras interações magnéticas [32], e aplicamos os modelos resultantes ao ordenamento magnético [33]. Esta breve introdução ao magnetismo e o estudo concludente sobre a supercondutividade [34] são completos.

Eles estão no fim do livro para que os fenômenos possam ser vistos, não em termos de modelos abstratos, mas como propriedades surpreendentes dos sólidos reais.

Para nossa tristeza, descobrimos que é impossível ao término de um projeto de sete anos, desenvolvido não apenas na Universidade de Cornell, mas também durante visitas extensivas em Cambridge, Londres, Roma, Wellington e Jülich, lembrarmos de todas as ocasiões em que alunos, pós-doutorandos, visitantes e colegas nos apresentaram críticas, conselhos e esclarecimentos inestimáveis. Dentre outros, somos gratos a V. Ambegaokar, B. W. Batterman, D. Beaglehole, R. Bowers, A. B. Bringer, C. di Castro, R. G. Chambers, G. V. Chester, R. M. Cotts, R. A. Cowley, G. Eilenberger, D. B. Fitchen, C. Friedli, V. Heine, R. L. Henderson, D. F. Holcomb, R. O. Jones, B. D. Josephson, J. A. Krumhansl, C. A. Kukkonen, D. C. Langreth, W. L. McLean, H. Mahr, B. W. Maxfield, R. Monnier, L. G. Parratt, O. Penrose, R. O. Pohl, J. J. Quinn, J. J. Rehr, M. V. Romerio, A. L. Ruoff, G. Russakoff, H. S. Sack, W. L. Schaich, J. R. Schrieffer, J. W. Serene, A. J. Sievers, J. Silcox, R. H. Silsbee, J. P. Straley, D. M. Straus, D. Stroud, K. Sturm e J. W. Wilkins.

Uma pessoa, no entanto, teve influência em quase todos os capítulos. Michael E. Fisher, professor de Química, Física e Matemática de Horace White, amigo e vizinho, moscardo e trovador, começou a ler o manuscrito seis anos antes e desde então tem seguido, bem no nosso encalço, capítulo a capítulo e, em certas ocasiões, por meio de revisões e mais revisões, apontando obscuridades, condenando desonestidades, aviltando omissões, marcando eixos, corrigindo erros de ortografia, redesenhando figuras e frequentemente tornando nossa vidas bem mais difíceis com sua insistência inexorável em que poderíamos ser mais literatos, precisos, inteligíveis e completos. Esperamos que ele fique satisfeito com tantas de suas ilegíveis anotações em vermelho à margem do texto terem sido inseridas em nosso livro, e sabemos que ouviremos dele sobre aquelas que não foram incluídas.

Um de nós (NDM) é muito grato à Fundação Alfred P. Sloan e à Fundação John Simon Guggenheim por seu generoso apoio em momentos críticos deste projeto, e a amigos do Imperial College de Londres e do Instituto de Física G. Marconi, onde partes do livro foram escritas. Ele é também profundamente grato a R. E. Peierls, cujas aulas o converteram a ver que a física do estado sólido é uma disciplina de beleza, clareza e coerência. O outro (NWA), por ter aprendido a matéria com J. M. Ziman e de A. B. Pippard, nunca precisou de conversão. Ele também deseja reconhecer com gratidão o apoio e a hospitalidade de Kernforschungsanlage Jülich, da Universidade Victoria de Wellington e do Laboratório Cavendish e Clare Hall, Cambridge.

Ithaca, junho de 1975

N. W. Ashcroft
N. D. Mermin

Sumário

Apêndices

1 A teoria de Drude dos metais

Suposições básicas do modelo
Tempos de colisão ou de relaxação
Condutividade elétrica DC
Efeito Hall e magnetorresistência
Condutividade elétrica AC
Função dielétrica e ressonância de plasma
Condutividade térmica
Efeitos termoelétricos

Os metais ocupam uma posição muito especial no estudo dos sólidos, compartilhando uma variedade de propriedades surpreendentes que outros sólidos (como quartzo, enxofre ou sal comum) não possuem. Eles são excelentes condutores de calor e de eletricidade, são dúcteis e maleáveis e apresentam um brilho surpreendente em superfícies recentemente expostas. O desafio de se esclarecerem essas características metálicas deu o impulso inicial à moderna teoria dos sólidos.

Apesar de a maioria dos sólidos comumente encontrados serem não metálicos, os metais continuamente desempenharam papel proeminente na teoria dos sólidos do fim do século XIX até hoje. De fato, o estado metálico provou ser um dos grandes estados fundamentais da matéria. Os elementos, por exemplo, definitivamente favorecem o estado metálico: mais de dois terços são metais. Até para entender os não metais deve-se também entender os metais, uma vez que, ao explicar o motivo de o cobre ser tão bom condutor, começa-se a entender por que o sal comum não o é.

Durante os últimos cem anos, os físicos tentaram construir modelos simples do estado metálico que esclarecessem de modo qualitativo, e mesmo quantitativo, as propriedades metálicas características. Ao longo desta busca, por vezes, esplêndidos sucessos vieram de mãos dadas com fracassos aparentemente incorrigíveis. Hoje, mesmo os modelos iniciais, apesar de surpreendentemente errados em alguns aspectos, continuam, se utilizados de maneira adequada, tendo valor inestimável para os físicos do estado sólido.

Neste capítulo examinaremos a teoria da condução metálica proposta por P. Drude[1] na virada do século XIX para o século XX. Foram consideráveis os sucessos do modelo de

[1] *Annalen der Physik*, n. 1, p. 566, 1900; n. 3, p. 369, 1900.

Drude, e ele ainda é utilizado hoje como um modo prático e rápido para se formar ilustrações simples e estimativas aproximadas de propriedades cuja compreensão mais precisa possa requerer análise de considerável complexidade. As falhas do modelo de Drude ao explicar alguns experimentos, e os enigmas conceituais por ele levantados, definiram os problemas com os quais a teoria dos metais lutaria pelo quarto de século seguinte. Estes encontraram sua solução apenas na rica e sutil estrutura da teoria quântica dos sólidos.

SUPOSIÇÕES BÁSICAS DO MODELO DE DRUDE

A descoberta do elétron por J. J. Thomson, em 1897, teve amplo e imediato impacto nas teorias da estrutura da matéria e sugeriu um mecanismo óbvio para a condução nos metais. Três anos após a descoberta de Thomson, Drude desenvolveu sua teoria de condução elétrica e térmica, aplicando a altamente bem-sucedida teoria cinética dos gases a um metal, considerado como gás de elétrons.

Em sua forma mais simples, a teoria cinética trata as moléculas de um gás como esferas sólidas idênticas, que se movem em linha reta até colidirem umas nas outras.[2] Supõe-se que o tempo gasto em uma única colisão seja desprezível e, com exceção das forças que momentaneamente entram em jogo durante cada colisão, nenhuma outra força parece agir entre as partículas.

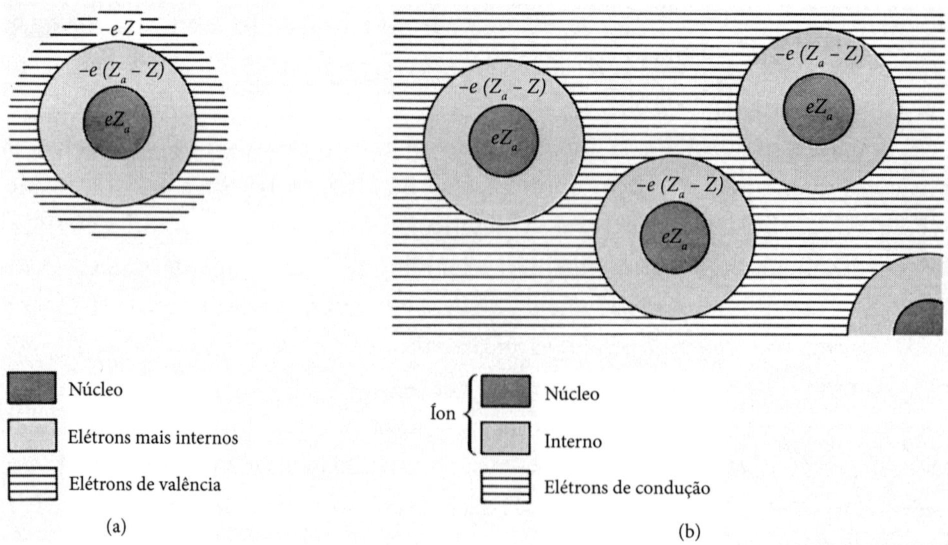

Figura 1.1

(a) Desenho esquemático de um átomo isolado (fora de escala). (b) Em um metal, o núcleo e o centro do íon conservam sua configuração no átomo livre, mas os elétrons de valência deixam o átomo para formar o gás de elétrons.

[2] Ou com as paredes do recipiente que as contém, uma possibilidade geralmente ignorada na discussão dos metais, a não ser que se esteja interessado em fios muito finos, folhas finíssimas ou efeitos na superfície.

Apesar de haver apenas um tipo de partícula presente nos gases mais simples, deve existir ao menos duas em um metal, já que os elétrons são carregados negativamente e, ainda assim, o metal é eletricamente neutro. Drude supôs que a carga positiva de compensação seria ligada a partículas muito mais pesadas, as quais ele considerou imóveis. Nessa época, no entanto, não havia uma noção precisa da origem da luz, de elétrons móveis e das partículas mais pesadas, imóveis, carregadas positivamente. A solução para este problema é uma das conquistas fundamentais da teoria quântica moderna dos sólidos. Nesta discussão do modelo de Drude, no entanto, simplesmente vamos supor (e em diversos metais tal suposição pode ser justificada) que, quando átomos de um elemento metálico são unidos para formar um metal, os elétrons de valência se separam e passeiam livremente pelo metal, enquanto os íons metálicos permanecem intactos e fazem o papel das partículas positivas imóveis na teoria de Drude. Esse modelo é indicado esquematicamente na Figura 1.1. Um único átomo isolado do elemento metálico tem um núcleo de carga eZ_a, onde Z_a é o número atômico e e é a magnitude da carga eletrônica[3]: $e = 4{,}80 \times 10^{-10}$ unidades eletrostáticas (e.s.u.) $= 1{,}60 \times 10^{-19}$ coulombs. Em volta do núcleo estão os elétrons Z_a de carga total $-eZ_a$. Alguns destes Z são os elétrons de valência ligados de modo relativamente fraco. Os elétrons restantes $Z_a - Z$ são ligados ao núcleo de modo relativamente forte, têm papel bem menor nas reações químicas e são conhecidos como os elétrons mais internos. Quando esses átomos isolados condensam-se para formar um metal, os elétrons mais internos permanecem ligados ao núcleo para formar o íon metálico, mas aos elétrons de valência é permitido passear bem longe de seus átomos-pais. No contexto metálico, eles são chamados elétrons de condução.[4]

Drude aplicou a teoria cinética a este "gás" de elétrons de condução de massa m, os quais (em contraste com as moléculas de um gás comum) se movem contra um plano de fundo de íons pesados e imóveis. A densidade do gás de elétrons pode ser calculada como a seguir:

Um elemento metálico contém $0{,}6022 \times 10^{24}$ átomos por mol (número de Avogadro) e ρ_m/A mols por cm^3, onde ρ_m é a densidade de massa (em gramas por centímetro cúbico) e A é a massa atômica do elemento. Uma vez que cada átomo contribui com Z elétrons, o número de elétrons por centímetro cúbico, $n = N/V$, é

$$n = 6{,}002 \times 10^{24} \frac{Z\rho_m}{A}. \quad \textbf{(1.1)}$$

A Tabela 1.1 mostra as densidades de elétrons de condução para alguns metais selecionados. Elas são tipicamente da ordem de 10^{22} elétrons de condução por centímetro

[3] Vamos sempre considerar e um número positivo.

[4] Quando, como no modelo de Drude, os elétrons mais internos têm papel passivo e o íon age como uma entidade inerte indivisível, geralmente os elétrons de condução são denominados simplesmente "os elétrons", poupando-se o termo completo para quando a distinção entre elétrons de condução e elétrons mais internos deva ser enfatizada.

cúbico, variando de $0{,}91 \times 10^{22}$ para o césio até $24{,}7 \times 10^{22}$ para o berílio.[5] Uma medida de densidade eletrônica amplamente utilizada, r_s, definida como o raio de uma esfera cujo volume é igual ao volume por elétron de condução, também está relacionada na lista na Tabela 1.1. Assim,

$$\frac{V}{N} = \frac{1}{n} = \frac{4\pi r_s^3}{3}; \quad r_s = \left(\frac{3}{4\pi n}\right)^{1/3}. \quad \textbf{(1.2)}$$

A Tabela 1.1 lista r_s tanto em angström (10^{-8} cm) quanto em unidade do raio Bohr $a_0 = \hbar^2/me^2 = 0{,}529 \times 10^{-8}$ cm; este último comprimento é uma medida do raio de um átomo de hidrogênio em seu estado fundamental, frequentemente utilizado como uma escala para a medição de distâncias atômicas. Observe que r_s/a_0 está entre 2 e 3 na maioria dos casos, apesar de estar entre 3 e 6 nos metais alcalinos (e de poder ter dimensão de 10 em alguns compostos metálicos).

Estas densidades são normalmente mil vezes maiores do que aquelas de um gás clássico em pressões e temperaturas normais. Apesar disso, e das fortes interações eletromagnéticas elétron-elétron e elétron-íon, o modelo de Drude claramente trata o gás do elétron metálico denso pelos métodos da teoria cinética de um gás diluto neutro, com apenas ligeiras modificações. As suposições básicas são estas:

1. Entre colisões, a interação de determinado elétron, tanto com os demais elétrons como com os íons, é desprezada. Assim, na ausência de campos eletromagnéticos aplicados externamente, admite-se que cada elétron se move uniformemente em uma linha reta. Na presença de campos aplicados externamente, considera-se que cada elétron se move como determinado pelas leis de movimento de Newton na presença daqueles campos externos, porém, omitindo-se os campos adicionais complicados produzidos pelos outros elétrons e íons.[6] A omissão das interações elétron-elétron entre colisões é conhecida como *aproximação do elétron independente*. A correspondente omissão de interações elétron-íon é conhecida por *aproximação do elétron livre*. Em capítulos subsequentes, veremos que, apesar de a aproximação do elétron independente ser, em muitos contextos, surpreendentemente boa, a aproximação do elétron livre deve ser abandonada caso se queira chegar a uma compreensão qualitativa de grande parte do comportamento metálico.

[5] Esta é a faixa para elementos metálicos sob condições normais. Densidades mais altas podem ser alcançadas por meio da aplicação de pressão (que tende a favorecer o estado metálico). Densidades mais baixas são encontradas em compostos.

[6] A rigor, a interação elétron-íon não é inteiramente ignorada, já que o modelo de Drude admite de modo implícito que os elétrons sejam confinados no interior do metal. Evidentemente, este confinamento deve-se à sua atração pelos íons carregados positivamente. Efeitos gerais da interação elétron-íon e elétron-elétron como este são geralmente levados em consideração, adicionando-se aos campos externos um campo interno definido apropriadamente que representa o efeito médio das interações elétron-elétron e elétron-íon.

TABELA 1.1

Densidades de elétrons livres de elementos metálicos selecionados*

Elemento	Z	$n(10^{22}/cm^3)$	r_s(Å)	r_s/a_0
Li (78 K)	1	4,70	1,72	3,25
Na (5 K)	1	2,65	2,08	3,93
K (5 K)	1	1,40	2,57	4,86
Rb (5 K)	1	1,15	2,75	5,20
Cs (5 K)	1	0,91	2,98	5,62
Cu	1	8,47	1,41	2,67
Ag	1	5,86	1,60	3,02
Au	1	5,90	1,59	3,01
Be	2	24,7	0,99	1,87
Mg	2	8,61	1,41	2,66
Ca	2	4,61	1,73	3,27
Sr	2	3,55	1,89	3,57
Ba	2	3,15	1,96	3,71
Nb	1	5,56	1,63	3,07
Fe	2	17,0	1,12	2,12
Mn(α)	2	16,5	1,13	2,14
Zn	2	13,2	1,22	2,30
Cd	2	9,27	1,37	2,59
Hg (78 K)	2	8,65	1,40	2,65
Al	3	18,1	1,10	2,07
Ga	3	15,4	1,16	2,19
In	3	11,5	1,27	2,41
Tl	3	10,5	1,31	2,48
Sn	4	14,8	1,17	2,22
Pb	4	13,2	1,22	2,30
Bi	5	14,1	1,19	2,25
Sb	5	16,5	1,13	2,14

*À temperatura ambiente (cerca de 300 K) e pressão atmosférica, a não ser que apontado de forma diferente. O raio r_s da esfera do elétron livre é definido na equação (1.2). Selecionamos arbitrariamente um valor de Z para elementos que mostrem mais que uma valência química. O modelo de Drude não fornece base teórica para a escolha. Valores de n se baseiam nos dados de Wyckoff, R. W. G. (*Crystal structures*. 2. ed. Nova York: Interscience, 1963.)

2. As colisões no modelo de Drude, como na teoria cinética, são eventos instantâneos que alteram abruptamente a velocidade de um elétron. Drude os atribuiu aos elétrons que saltam para fora dos núcleos de íons impenetráveis (em vez de às colisões elétron-elétron, correspondentes ao mecanismo de colisão predominante em um gás normal). Descobriremos adiante que o espalhamento elétron-elétron é de fato um dos menos importantes dentre os diversos mecanismos de espalhamento em um metal, exceto sob condições não usuais. No entanto, o simples desenho mecânico (Figura 1.2) da colisão de um elétron de íon para íon está muito longe de ser correto.[7] Felizmente, isto não importa para muitos propósitos: uma compreensão qualitativa (e frequentemente quantitativa) da condução metálica pode ser alcançada pela simples suposição de que há *algum* mecanismo de espalhamento, sem se inquirir mais demoradamente sobre o que este mecanismo deve ser. Ao focarmos nossa análise em apenas alguns efeitos gerais do processo de colisão, podemos evitar nos comprometer com algum quadro específico de como o espalhamento de elétrons realmente ocorre. Estas características gerais são descritas nas duas suposições a seguir.

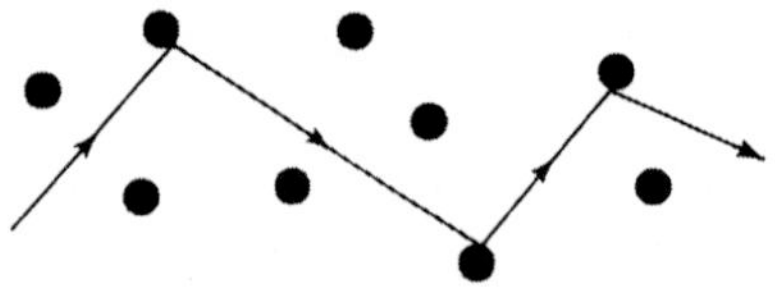

FIGURA 1.2
Trajetória de um elétron de condução espalhando os íons, de acordo com o ingênuo desenho de Drude.

3. Suponhamos que um elétron experimente uma colisão (ou seja, sofra uma alteração abrupta em sua velocidade) com uma probabilidade por unidade de tempo $1/\tau$. Queremos dizer com isto que a probabilidade de um elétron sofrer uma colisão em qualquer intervalo de tempo infinitesimal de comprimento dt é exatamente dt/τ. O tempo τ é conhecido de modo variado como tempo de relaxação, tempo de colisão ou tempo livre médio, e tem papel fundamental na teoria da condução metálica. A partir desta suposição, temos que um elétron escolhido ao acaso em dado momento viajará, em média, por um tempo τ antes de sua próxima colisão, e terá viajado, em média, por um tempo τ desde sua última colisão.[8] Nas aplicações mais simples do modelo de Drude, o tempo de colisão τ é tido como independente da posição e da velocidade do elétron. Veremos adiante que isto acaba sendo uma suposição surpreendentemente adequada para muitas (mas de forma nenhuma para todas) aplicações.

4. Supõe-se que os elétrons atinjam equilíbrio térmico com sua vizinhança apenas por meio de colisões.[9] Estas colisões supostamente mantêm o equilíbrio termodinâmico local de modo particularmente simples: imediatamente após cada colisão, acredita-se que um elétron saia com uma velocidade que não está relacionada à sua velocidade de logo antes da colisão, mas aleatoriamente direcionado e com uma velocidade adequada à temperatura predominante no local onde a colisão ocorreu. Assim, quanto mais quente for a região na qual ocorre a colisão, mais rapidamente um elétron típico emergirá desta colisão.

[7] Por algum tempo, as pessoas foram levadas a problemas difíceis, porém irrelevantes, com relação ao elétron ter um íon como objetivo em cada colisão. Portanto, uma interpretação literal da Figura 1.2 deve ser vigorosamente evitada.
[8] Veja o Problema 1.
[9] Dada a aproximação de elétron livre e independente, este é o único mecanismo possível.

No restante deste capítulo, ilustraremos estas noções mediante suas aplicações mais importantes, apontando até que ponto elas descrevem com sucesso ou com falhas os fenômenos observados.

CONDUTIVIDADE ELÉTRICA DC DE UM METAL

De acordo com a *lei de Ohm*, a corrente I que flui em um fio é proporcional à queda de potencial V ao longo do fio: $V = IR$, onde R, a resistência do fio, depende de suas dimensões, mas independe do tamanho da corrente ou da queda de potencial. O modelo de Drude leva este comportamento em consideração e fornece uma estimativa do tamanho da resistência.

Geralmente, elimina-se a dependência de R no formato do fio pela introdução de uma grandeza característica apenas do metal do qual o fio é composto. A resistividade ρ é definida como a constante de proporcionalidade entre o campo elétrico **E** em um ponto no metal e a densidade de corrente **j** que ela induz[10]:

$$\mathbf{E} = \rho \mathbf{j}. \quad (1.3)$$

A densidade de corrente **j** é um vetor, paralelo ao fluxo de carga, cuja magnitude é a quantidade de carga por unidade de tempo que cruza uma unidade de área perpendicular ao fluxo. Assim, se uma corrente I uniforme flui através de um fio de comprimento L e de uma área de seção transversal A, a densidade de corrente será $j = I/A$. Uma vez que a queda de potencial ao longo do fio será $V = EL$, a equação (1.3) fornece $V = I\rho L/A$ e, consequentemente, $R = \rho L/A$.

Se n elétrons por unidade de volume se movem com velocidade **v**, a densidade de corrente que eles produzem será paralela a **v**. Além disso, em um tempo dt, os elétrons avançarão uma distância $v\,dt$ na direção de **v**, de modo que $n(v\,dt)A$ elétrons cruzem uma área A perpendicular à direção do fluxo. Uma vez que cada elétron tem uma carga $-e$, a carga que cruza A no tempo dt será $-nevAdt$ e, consequentemente, a densidade de corrente será

$$\mathbf{j} = -ne\mathbf{v}. \quad (1.4)$$

Em qualquer ponto de um metal, os elétrons estão sempre se movimentando em diversas direções com uma variedade de energias térmicas. A densidade de corrente líquida é, assim, dada por (1.4), onde **v** é a velocidade eletrônica média. Na ausência de um campo elétrico, a probabilidade de os elétrons se moverem em uma direção é igual a qualquer outra, **v** tende a zero e, como esperado, não há densidade de corrente elétrica líquida. No entanto, na presença de um campo **E**, haverá uma velocidade eletrônica média direcionada opostamente ao campo (a carga eletrônica sendo negativa), que podemos calcular como a seguir:

---

[10] Em geral, **E** e **j** não precisam ser paralelos. Define-se, então, um *tensor* de resistividade. Veja os Capítulos 12 e 13.

Considere um elétron típico no tempo zero. Suponha que t seja o tempo decorrido desde sua última colisão. Sua velocidade no tempo zero será sua velocidade $\mathbf{v}_0$ imediatamente após aquela colisão mais a velocidade adicional $-e\mathbf{E}t/m$ que ele subsequentemente adquiriu. Já que admitimos que um elétron emerge de uma colisão em uma direção aleatória, não haverá contribuição de $\mathbf{v}_0$ à velocidade eletrônica média, a qual deve, portanto, ser dada inteiramente pela média de $-e\mathbf{E}t/m$. No entanto, a média de t é o tempo de relaxação τ. Portanto,

$$\mathbf{v}_{avg} = -\frac{e\mathbf{E}\tau}{m}; \qquad \mathbf{j}\left(\frac{ne^2\tau}{m}\right)\mathbf{E}. \quad \textbf{(1.5)}$$

Este resultado é geralmente expresso em termos do inverso da resistividade, a condutividade $\sigma = 1/\rho$:

$$\boxed{\mathbf{j} = \sigma\mathbf{E}; \qquad \sigma = \frac{ne^2\tau}{m}.} \quad \textbf{(1.6)}$$

Isto estabelece a dependência linear de **j** sobre **E** e fornece uma estimativa da condutividade σ em termos de grandezas que são todas conhecidas, com exceção do tempo de relaxação τ. Podemos usar, portanto, (1.6) e as resistividades observadas para calcular o tamanho do tempo de relaxação:

$$\tau = \frac{m}{\rho n e^2}. \quad \textbf{(1.7)}$$

A Tabela 1.2 fornece as resistividades de diversos metais representativos em várias temperaturas. Observe a forte dependência da temperatura. À temperatura ambiente, a resistividade é aproximadamente linear em T, mas ela decai muito mais abruptamente quando baixas temperaturas são alcançadas. As resistividades à temperatura ambiente são normalmente da ordem de microhm-centímetros (μohm-cm) ou, em unidades atômicas, da ordem de 10^{-18} statohm-cm.[11] Se ρ_μ é a resistividade em microhm-centímetros, um modo conveniente de se expressar o tempo de relaxação deduzida por (1.7) é

$$\tau = \left(\frac{0,22}{\rho_\mu}\right)\left(\frac{r_s}{a_0}\right)^3 \times 10^{-14}\,\text{sec}. \quad \textbf{(1.8)}$$

[11] Para converter resistividades de microhm-centímetros para statohm-centímetros, observe que uma resistividade de 1 μohm-cm produz um campo elétrico de 10^{-6} volt/cm na presença de uma corrente de 1 amp/cm^2. Uma vez que 1 amp é 3×10^9 e.s.u./seg e 1 volt é $\frac{1}{300}$ statvolt, uma resistividade de 1 μohm-cm produz um campo de 1 statvolt/cm quando a densidade de corrente é $300 \times 10^6 \times 3 \times 10^9$ e.s.u.-cm^{-2}-seg^{-1}. O statohm-centímetro é a unidade eletrostática de resistividade, portanto, fornece 1 statvolt/cm com uma densidade de corrente de apenas 1 e.s.u.-cm^{-2}-seg^{-1}. Assim, 1 μohm-cm é equivalente a $\frac{1}{9} \times 10^{-17}$ statohm-cm. Para evitar o uso do statohm-centímetro, pode-se avaliar (1.7) tomando ρ em ohm metros, m em quilogramas, n em elétrons por metro cúbico e e em coulombs. (*Observação*: as fórmulas, as constantes e os fatores de conversão mais importantes dos Capítulos 1 e 2 são resumidos no Apêndice A.)

Tabela 1.2

Resistividades elétricas de elementos selecionados*

Elemento	77 K	273 K	373 K	$\frac{(\rho/T)_{373K}}{(\rho/T)_{273K}}$
Li	1,04	8,55	12,4	1,06
Na	0,8	4,2	Fundido	
K	1,38	6,1	Fundido	
Rb	2,2	11,0	Fundido	
Cs	4,5	18,8	Fundido	
Cu	0,2	1,56	2,24	1,05
Ag	0,3	1,51	2,13	1,03
Au	0,5	2,04	2,84	1,02
Be		2,8	5,3	1,39
Mg	0,62	3,9	5,6	1,05
Ca		3,43	5,0	1,07
Sr	7	23		
Ba	17	60		
Nb	3,0	15,2	19,2	0,92
Fe	0,66	8,9	14,7	1,21
Zn	1,1	5,5	7,8	1,04
Cd	1,6	6,8		
Hg	5,8	Fundido	Fundido	
Al	0,3	2,45	3,55	1,06
Ga	2,75	13,6	Fundido	
In	1,8	8,0	12,1	1,11
Tl	3,7	15	22,8	1,11
Sn	2,1	10,6	15,8	1,09
Pb	4,7	19,0	27,0	1,04
Bi	35	107	156	1,07
Sb	8	39	59	1,11

*Resistividades em microhm-centímetros são dadas a 77 K (o ponto de ebulição do nitrogênio líquido à pressão atmosférica), 272 K e 373 K. A última coluna fornece a razão de ρ/T a 373 K e 273 K para mostrar a dependência da temperatura linear aproximada da resistividade próximo da temperatura ambiente.

Fonte: Kaye, G. W. C.; Laby, T. H. *Table of physical and chemical constants.* Londres: Longmans Green, 1966.

Os tempos de relaxação calculados a partir de (1.8) e as resistividades na Tabela 1.2 são apresentados na Tabela 1.3. Observe que, à temperatura ambiente, τ está tipicamente entre 10^{-14} e 10^{-15} s. Ao considerar se este é um número razoável, é mais instrutivo contemplar o livre caminho médio, $\ell = v_0\tau$, onde v_0 é a velocidade eletrônica média. O comprimento

ℓ mede a distância média que um elétron percorre entre colisões. Na época de Drude, era natural calcular v_0 a partir da equipartição clássica de energia: $\frac{1}{2}mv_0^2 = \frac{3}{2}k_BT$. Utilizando a massa eletrônica conhecida, encontramos um v_0 da ordem de 10^7 cm/seg à temperatura ambiente e, consequentemente, um livre caminho médio de 1 a 10 Å. Uma vez que esta distância é comparável ao espaçamento interatômico, o resultado é bastante consistente com a visão original de Drude de que as colisões se devem ao choque dos elétrons contra os íons grandes e pesados.

No entanto, veremos no Capítulo 2 que este cálculo clássico de v_0 é uma ordem de grandeza pequena demais a temperaturas ambientes. Além disso, nas temperaturas mais baixas da Tabela 1.3, τ é uma ordem de grandeza maior do que à temperatura ambiente, embora (como veremos no Capítulo 2) v_0 de fato independa da temperatura. Isto pode elevar o livre caminho médio de baixa temperatura para 10^3 ou mais angströms, cerca de mil vezes o espaçamento entre íons. Hoje, trabalhando em temperaturas suficientemente baixas com amostras cuidadosamente preparadas, livres caminhos médios da ordem de centímetros (ou seja, 10^8 espaçamentos interatômicos) podem ser atingidos. Isto é uma forte evidência de que os elétrons não se chocam simplesmente com os íons, como Drude supôs.

Felizmente, porém, podemos continuar calculando com o modelo de Drude, sem nenhum conhecimento preciso da causa das colisões. Na ausência de uma teoria do tempo de colisão, torna-se importante encontrar previsões do modelo de Drude que sejam independentes do valor do tempo de relaxação τ. Por coincidência, há diversas dessas grandezas independentes de τ, que até hoje permanecem de fundamental interesse, já que, em muitos aspectos, o tratamento quantitativo preciso do tempo de relaxação permanece como a ligação mais fraca nos tratamentos modernos de condutividade metálica. Como consequência, grandezas independentes de τ são altamente valorizadas, já que geralmente produzem informações consideravelmente mais confiáveis.

Dois casos de particular interesse são os cálculos da condutividade elétrica quando um campo magnético estático espacialmente uniforme está presente e quando o campo elétrico é espacialmente uniforme, porém, dependente do tempo. Lida-se de modo mais simples com estes dois casos levando-se em conta a seguinte observação:

Em qualquer tempo t, a velocidade eletrônica média $\mathbf{v}$ é exatamente $\mathbf{p}(t)/m$, onde $\mathbf{p}$ é o momento total por elétron. Consequentemente, a densidade de corrente é

$$\mathbf{j} = -\frac{ne\mathbf{p}(t)}{m}. \quad (1.9)$$

Dado que o momento por elétron é $\mathbf{p}(t)$ no tempo t, vamos calcular o momento por elétron $\mathbf{p}(t + dt)$ um infinitesimal tempo dt mais tarde. Um elétron tomado aleatoriamente no tempo t sofrerá uma colisão antes do tempo $t + dt$, com probabilidade dt/τ, e sobreviverá, portanto, até o tempo $t + dt$ sem sofrer uma colisão com probabilidade $1 - dt/\tau$. No entanto, se ele não experimenta colisão, ele simplesmente evolui sob a influência da força $\mathbf{f}(t)$

(devido aos campos elétrico e/ou magnético espacialmente uniformes) e adquirirá, então, um momento[12] adicional $\mathbf{f}(t)dt + O(dt)^2$. A contribuição de todos esses elétrons que não colidem entre t e $t + dt$ para o momento por elétron no tempo $t + dt$ é a fração $(1 - dt/\tau)$ que eles constituem de todos os elétrons vezes *seu* momento médio por elétron, $\mathbf{p}(t) + \mathbf{f}(t)\, dt + O(dt)^2$.

TABELA 1.3

Tempos de relaxação de Drude em unidades de 10^{-14} segundos*

Elemento	77 K	273 K	373 K
Li	7,3	0,88	0,61
Na	17	3,2	
K	18	4,1	
Rb	14	2,8	
Cs	8,6	2,1	
Cu	21	2,7	1,9
Ag	20	4,0	2,8
Au	12	3,0	2,1
Be		0,51	0,27
Mg	6,7	1,1	0,74
Ca		2,2	1,5
Sr	1,4	0,44	
Ba	0,66	0,19	
Nb	2,1	0,42	0,33
Fe	3,2	0,24	0,14
Zn	2,4	0,49	0,34
Cd	2,4	0,56	
Hg	0,71		
Al	6,5	0,80	0,55
Ga	0,84	0,17	
In	1,7	0,38	0,25
Tl	0,91	0,22	0,15
Sn	1,1	0,23	0,15
Pb	0,57	0,14	0,099
Bi	0,072	0,023	0,016
Sb	0,27	0,055	0,036

* Tempos de relaxação são calculados a partir dos dados nas Tabelas 1.1 e 1.2 e na equação (1.8). A desprezível dependência da temperatura de n é ignorada.

[12] Por $O(dt)^2$ queremos dizer um termo da ordem de $(dt)^2$.

Assim, omitindo por ora a contribuição para $\mathbf{p}(t + dt)$ daqueles elétrons que *sofrem* uma colisão no tempo entre t e $t + dt$, temos[13]

$$\begin{aligned}\mathbf{p}(t+dt) &= \left(1 - \frac{dt}{\tau}\right)[\mathbf{p}(t) + \mathbf{f}(t)dt + O(dt)^2] \\ &= \mathbf{p}(t) - \left(\frac{dt}{\tau}\right)\mathbf{p}(t) + \mathbf{f}(t)dt + O(dt)^2.\end{aligned} \quad \mathbf{(1.10)}$$

A correção para (1.10) devido àqueles elétrons que tiveram uma colisão no intervalo t a $t + dt$ é exatamente da ordem de $(dt)^2$. Para enxergar isto, observe primeiro que estes elétrons constituem uma fração dt/τ do número total de elétrons. Além disso, já que a velocidade (e o momento) eletrônica(o) é direcionada(o) de modo aleatório imediatamente após uma colisão, cada um desses elétrons contribuirá para o momento médio $\mathbf{p}(t + dt)$ apenas na extensão em que adquiriu momento a partir da força $\mathbf{f}$ desde sua última colisão. Tal momento é adquirido em um tempo não maior que dt, e é, portanto, da ordem de $\mathbf{f}(t)dt$. Assim, a correção para (1.10) é da ordem $(dt/\tau)\mathbf{f}(t)dt$, e não afeta os termos de ordem linear em dt. Podemos, então, escrever:

$$\mathbf{p}(t+dt) - \mathbf{p}(t) = -\left(\frac{dt}{\tau}\right)\mathbf{p}(t) + \mathbf{f}(t)dt + O(dt)^2. \quad \mathbf{(1.11)}$$

onde a contribuição de *todos* os elétrons a $\mathbf{p}(t + dt)$ é considerada. Dividindo isto por dt e tomando o limite como $dt \to 0$, encontramos

$$\frac{d\mathbf{p}(t)}{dt} = -\frac{\mathbf{p}(t)}{\tau} + \mathbf{f}(t). \quad \mathbf{(1.12)}$$

que simplesmente determina que o efeito de colisões individuais de elétrons é introduzir um termo de amortecimento friccional na equação de movimento para o momento por elétron.

Agora, aplicamos (1.12) a diversos casos de interesse.

O EFEITO HALL E A MAGNETORRESISTÊNCIA

Em 1879, E. H. Hall tentou determinar se a força experimentada por um fio de corrente elétrica em um campo magnético era exercida em todo o fio ou se apenas sobre (o que agora chamaríamos) os elétrons em movimento no fio. Ele suspeitou que fosse o último caso, e seu experimento se baseou no argumento de que "se a própria corrente de eletricidade em um condutor fixo é atraída por um ímã, a corrente deve ser levada para um lado do fio e, portanto, a resistência experimentada deve ser aumentada".[14] Seus esforços para detectar essa

---

[13] Se a força nos elétrons não for a mesma para todos os elétrons, (1.10) permanecerá válida, desde que interpretemos $\mathbf{f}$ como a força *média* por elétron.

[14] *Am. J. Math.*, n. 2, p. 287, 1879.

resistência extra não tiveram sucesso,[15] mas Hall não considerou o resultado conclusivo: "O magneto pode *tender* a desviar a corrente sem ser capaz de fazê-lo. É evidente que, neste caso, existiria um estado de estresse no condutor, a eletricidade pressionando, como estava, em direção a um lado do fio". Este estado de estresse deve aparecer como uma voltagem transversa (conhecida hoje como voltagem de Hall), que Hall foi capaz de observar.

O experimento de Hall é ilustrado na Figura 1.3. Um campo elétrico E_x é aplicado a um fio que se estende na direção x e uma densidade de corrente j_x flui no fio. Além disso, um campo magnético **H** aponta na direção z positiva. Como resultado, a força de Lorentz[16]

$$-\frac{e}{c}\mathbf{v}\times\mathbf{H} \quad \textbf{(1.13)}$$

age para desviar elétrons na direção y negativa (uma velocidade de deriva é *oposta* ao fluxo da corrente). No entanto, os elétrons não conseguem se mover muito longe na direção y antes de esbarrarem nas laterais do fio. Na medida em que eles se acumulam ali, um campo elétrico se forma na direção y que se opõe a seu movimento e à sua posterior acumulação. No equilíbrio, este campo transverso (ou campo de Hall) E_y equilibrará a força de Lorentz, e a corrente fluirá apenas na direção x.

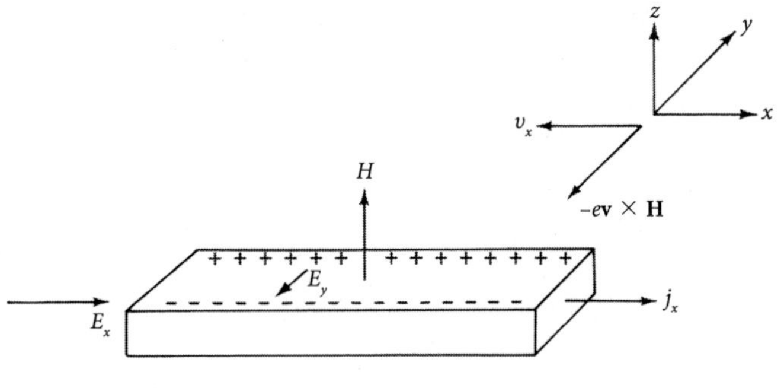

FIGURA 1.3

Vista esquemática do experimento de Hall.

Há duas grandezas de interesse. Uma é a razão do campo ao longo do fio E_x para a densidade de corrente j_x,

$$\rho(H)=\frac{E_x}{j_x}. \quad \textbf{(1.14)}$$

---

[15] O aumento na resistência (conhecido como magnetorresistência) ocorre, como veremos nos Capítulos 12 e 13. O modelo de Drude, no entanto, prevê o resultado nulo de Hall.

[16] Ao lidarmos com materiais não magnéticos (ou fracamente magnéticos), devemos sempre chamar o campo **H**, e a diferença entre **B** e **H** é extremamente pequena.

Isto é a magnetorresistência,[17] que Hall descobriu ser independente do campo. A outra é o tamanho do campo transverso E_y. Já que ele equilibra a força de Lorentz, pode-se esperar que seja proporcional tanto ao campo H aplicado quanto à corrente ao longo do fio j_x. Define-se, então, a grandeza conhecida como coeficiente de Hall por

$$R_H = \frac{Ey}{j_x H}. \quad \textbf{(1.15)}$$

Observe que, uma vez que o campo de Hall encontra-se na direção y negativa (Figura 1.3), R_H deve ser negativo. Se, por outro lado, os carregadores de carga fossem positivos, então o sinal de sua velocidade x seria invertido, e a força de Lorentz não seria, portanto, alterada. Como consequência, o campo de Hall ficaria na direção oposta àquela que tem para carregadores de carga negativa. Isso é de grande importância, já que significa que uma medição do campo de Hall determina o sinal dos carregadores de carga. Os dados originais de Hall estavam de acordo com o sinal da carga eletrônica que seria determinado mais tarde por Thomson. Um dos aspectos notáveis do efeito de Hall, no entanto, é que, em alguns metais, o coeficiente de Hall é positivo, sugerindo que os carregadores têm carga oposta àquela do elétron. Este é outro mistério cuja solução teve que aguardar a teoria quântica completa dos sólidos. Neste capítulo, vamos considerar apenas a análise simples do modelo de Drude, que, apesar de incapaz de explicar os coeficientes de Hall positivos, frequentemente está de acordo com os experimentos.

Para calcular o coeficiente de Hall e a magnetorresistência, primeiro encontramos as densidades de corrente J_x e J_y na presença de um campo elétrico com componentes arbitrários E_x e E_y e na presença de um campo magnético $\mathbf{H}$ ao longo do eixo z. A força (independentemente da posição) que atua em cada elétron é $\mathbf{f} = -e(\boldsymbol{E} + \mathbf{v} \times \mathbf{H}/c)$ e, portanto, a equação (1.12) para o momento por elétron se torna[18]

$$\frac{d\mathbf{p}}{dt} = -e\left(\mathbf{E} + \frac{\mathbf{p}}{mc} \times \mathbf{H}\right) - \frac{\mathbf{p}}{\tau}. \quad \textbf{(1.16)}$$

No estado estável, a corrente independe do tempo e, portanto, p_x e p_y vão satisfazer

[17] Mais precisamente, é a magnetorresistência transversa. Existe também uma magnetorresistência longitudinal, medida com o campo magnético paralelo à corrente.

[18] Observe que a força de Lorentz não é a mesma para cada elétron, porque ela depende da velocidade eletrônica $\mathbf{v}$. Portanto, a força $\mathbf{f}$ em (1.12) deve ser tomada como a força média por elétron (veja Nota de Rodapé 13). No entanto, uma vez que a força depende do elétron sobre o qual ela atua apenas por um termo *linear* na velocidade do elétron, obtém-se a força média simplesmente pela substituição daquela velocidade pela velocidade média, $\mathbf{p}/m$.

$$\begin{aligned} 0 &= -eE_x - \omega_c p_y - \frac{p_x}{\tau}, \\ 0 &= -eE_y + \omega_c p_x - \frac{p_y}{\tau}, \end{aligned} \quad \textbf{(1.17)}$$

onde

$$\omega_c = \frac{eH}{mc}. \quad \textbf{(1.18)}$$

Multiplicamos estas equações por $-ne\tau/m$ e introduzimos os componentes de densidade de corrente em (1.4) para encontrar

$$\begin{aligned} \sigma_0 E_x &= \omega_c \tau j_y + j_x, \\ \sigma_0 E_y &= -\omega_c \tau j_x + j_y, \end{aligned} \quad \textbf{(1.19)}$$

onde σ_0 é exatamente a condutividade DC do modelo de Drude na ausência de um campo magnético, dada por (1.6).

O campo de Hall E_y é determinado pela condição essencial de que não haja corrente transversa J_y. Definindo J_y como zero na segunda equação de 1.19, temos que

$$E_y = -\left(\frac{\omega_c \tau}{\sigma_0}\right) j_x = -\left(\frac{H}{nec}\right) j_x. \quad \textbf{(1.20)}$$

Portanto, o coeficiente de Hall (1.15) é

$$R_H = -\frac{1}{nec}. \quad \textbf{(1.21)}$$

Este é um resultado surpreendente, porque afirma que o coeficiente de Hall não depende de nenhum parâmetro do metal, com exceção da densidade dos carregadores. Como já calculamos n, admitindo que os elétrons atômicos de valência tornam-se os elétrons de condução metálica, uma medição da constante de Hall fornece um teste direto da validade desta suposição.

Ao tentar extrair a densidade eletrônica n dos coeficientes de Hall medidos, deparamo-nos com o problema de que, ao contrário da previsão de (1.21), eles geralmente dependem do campo magnético. Além disso, dependem da temperatura e do cuidado com o qual a amostra foi preparada. Este resultado é um pouco inesperado, já que o tempo de relaxação τ, que pode depender fortemente da temperatura e da condição da amostra, não aparece em (1.21). No entanto, em temperaturas muito baixas, em amostras muito puras, cuidadosamente preparadas em campos muito altos, as constantes de Hall medidas parecem se aproximar de um valor limitante. A teoria mais elaborada dos Capítulos 12 e 13 prevê que para muitos (mas não todos) metais este valor limitante é precisamente o simples resultado de Drude (1.21).

Alguns coeficientes de Hall em campos altos e moderados estão listados na Tabela 1.4. Observe as ocorrências de casos em que R_H é realmente positivo, aparentemente correspondendo a carregadores com carga positiva. Um exemplo surpreendente de dependência observada de campo totalmente inexplicada pela teoria de Drude é mostrado na Figura 1.4.

O resultado de Drude confirma a observação de Hall de que a resistência não depende do campo, porque quando $J_y = 0$ (como é o caso no estado estável quando o campo de Hall foi estabelecido), a primeira equação de (1.19) reduz-se a $J_x = \sigma_0 E_x$, o resultado esperado para a condutividade em campo magnético zero. No entanto, experimentos mais cuidadosos em uma variedade de metais revelaram que há dependência do campo magnético em relação à resistência, que pode ser bem expressiva em alguns casos. Aqui, mais uma vez, a teoria quântica dos sólidos é necessária para explicar por que o resultado de Drude se aplica a alguns metais e para explicar algumas de suas divergências verdadeiramente extraordinárias em outros.

Antes de deixarmos o assunto do fenômeno DC em um campo magnético uniforme, observamos para futuras aplicações que a grandeza $\omega_c\tau$ é uma medida importante e sem dimensão da força de um campo magnético. Quando $\omega_c\tau$ é pequeno, a equação (1.19) fornece **j** muito paralelo a **E**, como na ausência de um campo magnético. Em geral, no entanto, **j** está em um ângulo ϕ (conhecido como o ângulo de Hall) em relação a **E**, onde

Tabela 1.4

Coeficientes de hall de elementos selecionados em campos moderados a altos*

Metal	Valência	$-1/R_H nec$
Li	1	0,8
Na	1	1,2
K	1	1,1
Rb	1	1,0
Cs	1	0,9
Cu	1	1,5
Ag	1	1,3
Au	1	1,5
Be	2	−0,2
Mg	2	−0,4
In	3	−0,3
Al	3	−0,3

* Estes são aproximadamente os valores limitantes assumidos por R_H à medida que o campo se torna muito grande (da ordem de 10^4G) e a temperatura muito baixa, em espécimes cuidadosamente preparadas. Os dados são citados na forma n_0/n, onde n_0 é a densidade pela qual a forma de Drude (1.21) concorda com R_H:$n_0 = -1/R_H ec$. Evidentemente, os metais alcalinos obedecem razoavelmente bem ao resultado de Drude, os metais nobres (Cu, Ag, Au), não tão bem, e os itens restantes, de forma nenhuma.

(1.19) fornece tg $\phi = \omega_c\tau$. A grandeza ω_c, conhecida como frequência ciclotron, é simplesmente a frequência angular de revolução[19] de um elétron livre no campo magnético *H*. Assim, $\omega_c\tau$ será pequeno, se os elétrons puderem completar apenas uma pequena parte de uma revolução entre colisões, e será grande, se puderem completar muitas revoluções. Alternativamente, quando $\omega_c\tau$ é pequeno, o campo magnético deforma apenas levemente as órbitas eletrônicas, mas quando $\omega_c\tau$ é comparável à unidade ou maior, o efeito do campo magnético sobre as órbitas eletrônicas é bastante drástico. Uma avaliação numérica útil da frequência ciclotron é

$$\nu_c(10^9 hertz) = 2{,}80 \times H(kilo\ gauss), \qquad \omega_c = 2\pi\nu_c. \ \mathbf{(1.22)}$$

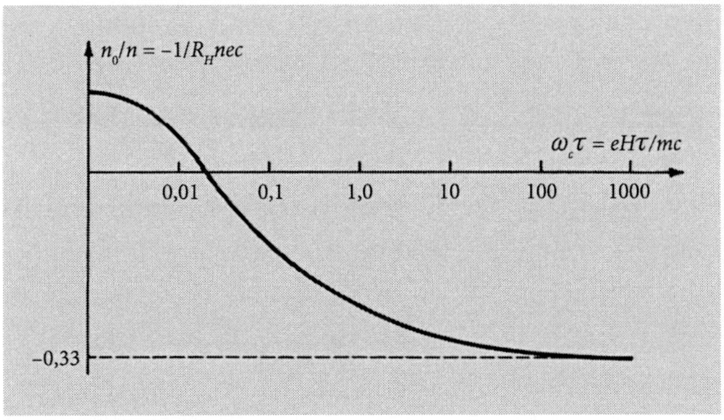

FIGURA 1.4

A grandeza $n_0/n = -1/R_H nec$, para o alumínio, como uma função de $\omega_c\tau$. A densidade do elétron livre *n* se baseia em uma valência química nominal de 3. O valor de campo alto sugere apenas um carregador por célula primitiva, com uma carga positiva. (De Lück, R. *Phys. Stat. sol.*, n. 18, p. 49, 1966.)

CONDUTIVIDADE ELÉTRICA AC DE UM METAL

Para calcular a corrente induzida em um metal por um campo elétrico dependente de tempo, definimos o campo na forma

$$\mathbf{E}(t) = \mathrm{Re}(\mathbf{E}(\omega)e^{-i\omega t}). \ \mathbf{(1.23)}$$

A equação de movimento (1.12) para o momento por elétron torna-se

$$\frac{d\mathbf{p}}{dt} = -\frac{\mathbf{p}}{\tau} - e\mathbf{E}. \ \mathbf{(1.24)}$$

Procuramos uma solução do estado estável da forma

$$\mathbf{p}(t) = \mathrm{Re}(\mathbf{p}(\omega)e^{-i\omega t}). \ \mathbf{(1.25)}$$

[19] Em um campo magnético uniforme, a órbita de um elétron é uma espiral ao longo do campo cuja projeção em um plano perpendicular ao campo seja um círculo. A frequência angular ω_c é determinada pela condição de que a aceleração centrípeta $\omega_c^2 r$ seja proporcionada pela força de Lorentz, $(e/c)(\omega_c r)H$.

Substituindo o complexo **p** e **E** em (1.24), que deve ser satisfeita tanto pela parte real quanto pela parte imaginária de qualquer solução complexa, encontramos que $\mathbf{p}(\omega)$ deve satisfazer

$$-i\omega\mathbf{p}(\omega) = -\frac{\mathbf{p}(\omega)}{\tau} - e\mathbf{E}(\omega). \quad (1.26)$$

Uma vez que $\mathbf{j} = -ne\mathbf{p}/m$, a densidade de corrente é exatamente

$$\begin{aligned} \mathbf{j}(t) &= \mathrm{Re}(\mathbf{j}(\omega)e^{-i\omega t}), \\ \mathbf{j}(\omega) &= -\frac{ne\mathbf{p}(\omega)}{m} = \frac{(ne^2/m)\mathbf{E}(\omega)}{(1/\tau) - i\omega}. \end{aligned} \quad (1.27)$$

Representa-se habitualmente este resultado por

$$\mathbf{j}(\omega) = \sigma(\omega)\mathbf{E}(\omega), \quad (1.28)$$

onde $\sigma(\omega)$, conhecido como a condutividade dependente da frequência (ou AC), é dado por

$$\sigma(\omega) = \frac{\sigma_0}{1 - i\omega\tau}, \quad \sigma_0 = \frac{ne^2\tau}{m}. \quad (1.29)$$

Note que isto se reduz corretamente ao resultado de Drude de DC (1.6) na frequência zero.

A aplicação mais importante desse resultado é a propagação de radiação eletromagnética em um metal. Pode parecer que nossas suposições para deduzir (1.29) se tornariam inaplicáveis neste caso, pois (a) o campo **E** em uma onda eletromagnética é acompanhado por um campo magnético **H** perpendicular de mesma grandeza,[20] que não incluímos em (1.24), e (b) os campos em uma onda eletromagnética variam em espaço tanto quanto em tempo, ao passo que a equação (1.12) foi deduzida supondo uma força espacialmente uniforme.

A primeira complicação sempre pode ser ignorada. Ela leva a um termo adicional $-e\mathbf{p}/mc \times \mathbf{H}$ em (1.24), que é menor do que o termo em **E** por um fator v/c, onde v é a magnitude da velocidade eletrônica média. Porém, mesmo em uma corrente tão grande quanto 1 amp/mm^2, $v = j/ne$ é exatamente da ordem de 0,1 cm/seg. Consequentemente, o termo no campo magnético é tipicamente 10^{-10} do termo no campo elétrico e pode muito bem ser corretamente ignorado.

O segundo ponto levanta questões mais sérias. A equação (1.12) foi deduzida admitindo-se que em qualquer tempo a mesma força atua em cada elétron, o que não é o caso se o campo elétrico varia no espaço. Observe, no entanto, que a densidade de corrente no ponto **r** é inteiramente determinada pelo que o campo elétrico fez a cada elétron em **r** desde

---

[20] Uma das características mais atraentes das unidades CGS.

sua última colisão. Esta última colisão, na maioria absoluta dos casos, ocorre não mais que a uns poucos livres caminhos médios de distância de **r**. Portanto, se o campo não varia apreciavelmente em distância, se comparado ao livre caminho médio eletrônico, podemos corretamente calcular $\mathbf{j}(\mathbf{r}, t)$, a densidade de corrente no ponto **r**, considerando o campo em todo lugar no espaço a ser dado por seu valor $\mathbf{E}(\mathbf{r}, t)$ no ponto **r**. O resultado,

$$\mathbf{j}(\mathbf{r},\omega) = \sigma(\omega)\mathbf{E}(\mathbf{r},\omega), \quad \textbf{(1.30)}$$

é, portanto, válido sempre que o comprimento de onda λ do campo é grande em comparação ao livre caminho médio eletrônico ℓ. Isto comumente se satisfaz em um metal pela luz visível (cujo comprimento de onda é da ordem de 10^3 a 10^4 Å). Quando não se satisfaz, deve-se recorrer a teorias ditas não locais, de maior complexidade.

Supondo, então, que o comprimento de onda é grande em comparação ao livre caminho médio, podemos prosseguir da seguinte maneira: na presença de uma densidade de corrente especificada **j**, podemos definir as equações de Maxwell como[21]

$$\begin{aligned} \nabla \cdot \mathbf{E} = 0; \quad \nabla \cdot \mathbf{H} = 0; \quad \nabla \times \mathbf{E} &= -\frac{1}{c}\frac{\partial \mathbf{H}}{\partial t}; \\ \nabla \times \mathbf{H} &= \frac{4\pi}{c}\mathbf{j} + \frac{1}{c}\frac{\partial \mathbf{E}}{\partial t}. \end{aligned} \quad \textbf{(1.31)}$$

Procuramos uma solução com dependência do tempo $e^{-i\omega t}$, observando que, em um metal, podemos definir **j** em termos de **E** por meio de (1.28). Encontramos, então

$$\nabla \times (\nabla \times \mathbf{E}) = -\nabla^2 \mathbf{E} = \frac{i\omega}{c}\nabla \times \mathbf{H} = \frac{i\omega}{c}\left(\frac{4\pi\sigma}{c}\mathbf{E} - \frac{i\omega}{c}\mathbf{E}\right), \quad \textbf{(1.32)}$$

ou

$$-\nabla^2 \mathbf{E} = \frac{\omega^2}{c^2}\left(1 + \frac{4\pi i\sigma}{\omega}\right)\mathbf{E}. \quad \textbf{(1.33)}$$

Esta tem a forma da equação de onda usual,

$$-\nabla^2 \mathbf{E} = \frac{\omega^2}{c^2}\epsilon(\omega)\mathbf{E}, \quad \textbf{(1.34)}$$

com uma constante dielétrica complexa dada por

$$\epsilon(\omega) = 1 + \frac{4\pi i\sigma}{\omega}. \quad \textbf{(1.35)}$$

---

[21] Consideramos aqui uma onda eletromagnética, na qual a densidade de carga induzida ρ desaparece. Abaixo, examinamos a possibilidade de haver oscilações na densidade de carga.

Se estivermos em frequências altas o bastante para satisfazer

$$\omega\tau \gg 1, \quad \textbf{(1.36)}$$

então, para uma primeira aproximação, as equações (1.35) e (1.29) fornecem

$$\epsilon(\omega) = 1 - \frac{\omega_p^2}{\omega^2}, \quad \textbf{(1.37)}$$

onde ω_p, conhecida como frequência de plasma, é dada por

$$\omega_p^2 = \frac{4\pi n e^2}{m}. \quad \textbf{(1.38)}$$

Quando ϵ é real e negativo ($\omega < \omega_p$), as soluções para (1.34) decaem exponencialmente no espaço; isto é, nenhuma radiação pode propagar. No entanto, quando ϵ é positivo ($\omega > \omega_p$), as soluções para (1.34) tornam-se oscilatórias, a radiação pode se propagar e o metal deve ficar transparente. Esta conclusão somente é válida, naturalmente, se nossa suposição de alta frequência (1.36) for satisfeita na vizinhança de $\omega = \omega_p$. Se expressamos τ em termos da resistividade pela equação (1.8), podemos usar a definição (1.38) da frequência de plasma para computar que

$$\omega_p\tau = 1{,}6\times 10^2\left(\frac{r_s}{a_0}\right)^{3/2}\left(\frac{1}{\rho_\mu}\right). \quad \textbf{(1.39)}$$

Já que a resistividade em microhm-centímetros, ρ_μ, é da ordem de unidade ou menos, e já que r_s/a_0 está na faixa de 2 a 6, a condição de alta frequência (1.36) será satisfeita a contento na frequência de plasma.

De fato, tem-se observado que os metais alcalinos tornam-se transparentes no ultravioleta. Uma avaliação numérica de (1.38) fornece a frequência com que a transparência deve se iniciar como

$$\nu_p = \frac{\omega_p}{2\pi} = 11{,}4\times\left(\frac{r_s}{a_0}\right)^{-3/2}\times 10^{15}\,\text{Hz} \quad \textbf{(1.40)}$$

ou

$$\lambda_p = \frac{c}{\nu_p} = 0{,}26\left(\frac{r_s}{a_0}\right)^{3/2}\times 10^3\,\text{Å}. \quad \textbf{(1.41)}$$

Na Tabela 1.5, listamos os limites de comprimentos de onda calculados a partir de (1.41) junto aos limites observados. A concordância entre teoria e prática é razoavelmente boa. Como veremos, a constante dielétrica real de um metal é bem mais complicada do que (1.37) e, até certo ponto, é muita sorte que os metais alcalinos tão surpreendentemente mostrem este comportamento de Drude. Em outros metais, diferentes contribuições à constante dielétrica concorrem substancialmente com o "termo Drude" (1.37).

TABELA 1.5

Comprimentos de onda teóricos e observados abaixo dos quais os metais alcalinos se tornam transparentes

Elemento	λ Teórico* (10^3 Å)	λ Observado (10^3 Å)
Li	1,5	2,0
Na	2,0	2,1
K	2,8	3,1
Rb	3,1	3,6
Cs	3,5	4,4

*A partir da equação (1.41)

Fonte: Born, M.; Wolf, E. *Principles of optics*. Nova York: Pergamon, 1964.

A segunda importante consequência de (1.37) é que o gás de elétrons pode suportar oscilações de densidade de carga. Com isso, referimo-nos a uma perturbação na qual a densidade de carga elétrica[22] tem dependência de tempo oscilatória $e^{-i\omega t}$. A partir da equação de continuidade,

$$\nabla \cdot \mathbf{j} = -\frac{\partial \rho}{\partial t}, \quad \nabla \cdot \mathbf{j}(\omega) = i\omega\rho(\omega), \quad \textbf{(1.42)}$$

e da lei de Gauss,

$$\nabla \cdot \mathbf{E}(\omega) = 4\pi\rho(\omega), \quad \textbf{(1.43)}$$

encontramos, em vista da equação (1.30), que

$$i\omega\rho(\omega) = 4\pi\sigma(\omega)\rho(\omega). \quad \textbf{(1.44)}$$

Isto tem uma solução, desde que

$$1 + \frac{4\pi i\sigma(\omega)}{\omega} = 0, \quad \textbf{(1.45)}$$

[22] A densidade de carga ρ não deve ser confundida com a resistividade, geralmente também indicada por ρ. O contexto sempre deixará claro a qual delas se faz referência.

a qual é, precisamente, a condição que encontramos anteriormente para o início da propagação da radiação. No presente contexto, ela emerge como a condição que a frequência deve satisfazer se uma onda de densidade de carga está para se propagar.

A natureza desta onda de densidade de carga, conhecida como oscilação de plasma ou plasmon, pode ser compreendida em termos de um modelo[23] muito simples. Imagine o deslocamento do gás de elétrons, como um todo, por uma distância d em relação ao plano de fundo fixo positivo de íons (Figura 1.5).[24] A carga da superfície resultante dá origem a um campo elétrico de magnitude $4\pi\sigma$, onde σ é a carga por unidade de área[25] em qualquer uma das extremidades da placa.

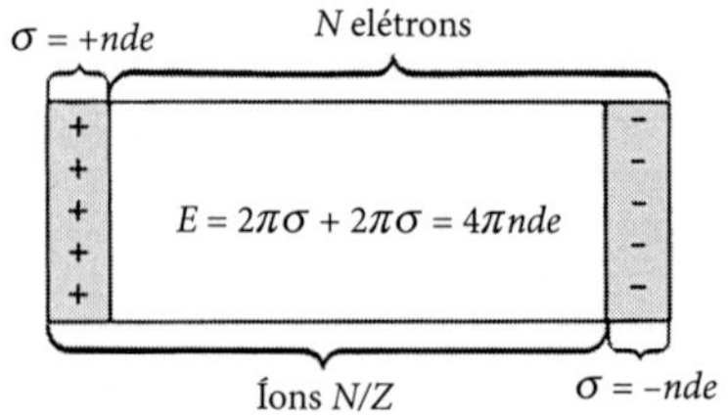

FIGURA 1.5
Modelo simples de uma oscilação de plasma.

Consequentemente, o gás de elétrons como um todo obedecerá à equação de movimento:

$$Nm\ddot{d} = -Ne|4\pi\sigma| = -Ne(4\pi nde) = -4\pi ne^2Nd, \quad \textbf{(1.46)}$$

que leva à oscilação na frequência de plasma.

Poucas observações diretas de plasmons foram feitas. Talvez a mais notável seja a observação de perdas de energia em múltiplos de $\hbar\omega_p$ quando elétrons são excitados por meio de filmes metálicos finos.[26] Todavia, deve-se sempre ter em mente a possibilidade de sua excitação no curso de outros processos eletrônicos.

CONDUTIVIDADE TÉRMICA DE UM METAL

O mais impressionante sucesso do modelo de Drude na época de sua proposição foi sua explicação para a lei empírica de Wiedemann e Franz (1853). A lei de Wiedemann-Franz afirma que a razão, κ/σ, da condutividade térmica em relação à elétrica de um grande número de metais é diretamente proporcional à temperatura, com uma constante de

[23] Como o campo de um plano uniforme de carga é independente da distância do plano, este argumento imperfeito, que coloca toda a densidade de carga em duas superfícies opostas, não é tão imperfeito como parece à primeira vista.

[24] Observamos anteriormente que o modelo de Drude leva em consideração a interação elétron-íon ao reconhecer que a atração aos íons carregados positivamente confina os elétrons ao interior do metal. Neste simples modelo de uma oscilação de plasma, é precisamente aquela atração que fornece a força de restauração.

[25] A densidade de carga de superfície σ não deve ser confundida com a condutividade, geralmente também indicada por σ.

[26] Powell, C. J.; Swan, J. B. *Phys. Rev.*, n. 115, p. 869, 1959.

proporcionalidade que é, com razoável precisão, a mesma para todos os metais. Esta notável regularidade pode ser vista na Tabela 1.6, na qual as condutividades térmicas medidas são dadas para diversos metais a 273 K e 373 K, com as razões $\kappa/\sigma T$ (conhecidas como número de Lorenz) nas duas temperaturas.

Ao tratar disso, o modelo de Drude supõe que grande parte da corrente térmica em um metal é carregada pelos elétrons de condução. Esta suposição baseia-se na observação empírica de que os metais são melhores condutores de calor do que os isolantes. Assim, a condução térmica pelos íons[27] (presente tanto em metais quanto em isolantes) é muito menos importante do que a condução térmica pelos elétrons de condução (presente apenas nos metais).

Para definir e calcular a condutividade térmica, considere uma barra de metal ao longo da qual a temperatura varia lentamente. Se não houvesse fontes e dissipadores de calor nas extremidades da barra para manter o gradiente de temperatura, a extremidade quente esfriaria e a extremidade fria esquentaria, isto é, a energia térmica fluiria em sentido oposto ao gradiente de temperatura. Ao fornecer calor à extremidade quente na mesma medida em que ele sai, pode-se produzir um estado estável no qual tanto o gradiente de temperatura quanto o fluxo uniforme de energia térmica estão presentes. Definimos a densidade de corrente térmica $\mathbf{j}^q$ como um vetor paralelo à direção do fluxo de calor, cuja magnitude fornece a energia térmica por unidade de tempo, cruzando uma unidade de área perpendicular ao fluxo.[28] Para gradientes de temperatura pequenos, observa-se que a corrente térmica é proporcional a ∇T (lei de Fourier):

$$\mathbf{j}^q = -\kappa \nabla T. \quad \textbf{(1.47)}$$

A constante de proporcionalidade κ é conhecida como condutividade térmica e é positiva, desde que a corrente térmica flua em direção oposta à direção do gradiente de temperatura.

Como exemplo concreto, vamos examinar um caso em que a queda de temperatura é uniforme na direção positiva de x. No estado estável, a corrente térmica também fluirá na direção de x e terá magnitude $j^q = -\kappa\, dT/dx$. Para calcular a corrente térmica, observamos (suposição 4) que após cada colisão um elétron emerge com velocidade apropriada à temperatura local; quanto mais quente o local da colisão, mais energético é o elétron emergente. Por consequência, ainda que a velocidade eletrônica média em um ponto possa desaparecer (em contraste com o caso no qual uma corrente elétrica flui), os elétrons que chegam

---

[27] Embora os íons metálicos não possam vagar pelo metal, há um modo no qual eles podem transportar energia térmica (mas não carga elétrica): os íons podem vibrar um pouco em torno de suas posições médias, levando à transmissão de energia térmica na forma de ondas elásticas propagando-se através da rede de íons. Veja Capítulo 25.

[28] Observe a analogia com a definição da densidade de corrente elétrica **j**, bem como a analogia entre as leis de Ohm e de Fourier.

ao ponto, provindos do lado de alta temperatura, terão energias mais altas do que aqueles provindos do lado de baixa temperatura, levando a um fluxo líquido de energia térmica em direção ao lado de baixa temperatura (Figura 1.6).

TABELA 1.6
Condutividades térmicas experimentais e números de Lorenz de metais selecionados

Elemento	273 K		373 K	
	κ (watt/cm-K)	$\kappa/\sigma T$ (watt-ohm/K^2)	κ (watt/cm-K)	$\kappa/\sigma T$ (watt-ohm/K^2)
Li	0,71	2,22×10^{-8}	0,73	2,43×10^{-8}
Na	1,38	2,12		
K	1,0	2,23		
Rb	0,6	2,42		
Cu	3,85	2,20	3,82	2,29
Ag	4,18	2,31	4,17	2,38
Au	3,1	2,32	3,1	2,36
Be	2,3	2,36	1,7	2,42
Mg	1,5	2,14	1,5	2,25
Nb	0,52	2,90	0,54	2,78
Fe	0,80	2,61	0,73	2,88
Zn	1,13	2,28	1,1	2,30
Cd	1,0	2,49	1,0	
Al	2,38	2,14	2,30	2,19
In	0,88	2,58	0,80	2,60
Tl	0,5	2,75	0,45	2,75
Sn	0,64	2,48	0,60	2,54
Pb	0,38	2,64	0,35	2,53
Bi	0,09	3,53	0,08	3,35
Sb	0,18	2,57	0,17	2,69

Fonte: Kaye, G. W. C.; Laby, T.H. *Table of physical and chemical constants*. Londres, Longmans Green, 1966.

Para extrair uma estimativa quantitativa da condutividade térmica deste quadro, considere primeiro um modelo "unidimensional" supersimplificado, no qual os elétrons somente podem se mover ao longo do eixo x, de modo que, em um ponto x, metade dos elétrons venham do lado da alta temperatura de x, e a outra metade, do lado da baixa. Se $\varepsilon(T)$ é a energia térmica por elétron em um metal em equilíbrio na temperatura T, então um elétron cuja última colisão foi em x' terá, em média, energia térmica $\varepsilon(T[x'])$. Os elétrons que chegam a x partindo do lado da alta temperatura terão tido, em média, sua última colisão em $x - v\tau$ e, consequentemente, terão energia térmica por elétron de tamanho $\varepsilon(T[x - v\tau])$.

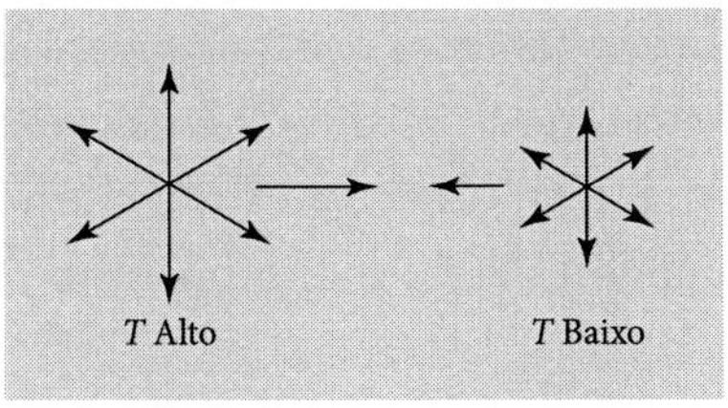

FIGURA 1.6

Vista esquemática da relação entre gradiente de temperatura e corrente térmica. Elétrons que chegam ao centro da barra provindos da esquerda tiveram sua última colisão na região de alta temperatura. Aqueles que chegam ao centro provindos da direita tiveram sua última colisão na região de baixa temperatura. Consequentemente, elétrons que se movem para a direita no centro da barra tendem a ser mais energéticos que aqueles que se movem para a esquerda, produzindo uma corrente térmica para a direita.

A sua contribuição para a densidade de corrente térmica em x será, então, o número desses elétrons por unidade de volume, $n/2$, vezes sua velocidade, v, vezes esta energia, ou $(n/2)v\mathcal{E}(T[x - v\tau])$. Por outro lado, os elétrons que chegam a x vindos do lado de baixa temperatura, contribuirão $(n/2)(-v)[\mathcal{E}(T[x + v\tau])$, já que vieram da direção x positiva e estão se movendo em direção ao x negativo. A adição de todos nos fornece

$$j^q = \tfrac{1}{2}nv[\mathcal{E}(T[x - v\tau]) - \mathcal{E}(T[x + v\tau])]. \quad \textbf{(1.48)}$$

Desde que a variação na temperatura por um livre caminho médio ($\ell = v\tau$) seja muito pequena,[29] podemos expandir isto em torno do ponto x para encontrar:

$$j^q = nv^2\tau\frac{d\mathcal{E}}{dT}\left(-\frac{dT}{dx}\right). \quad \textbf{(1.49)}$$

Para ir deste ao caso tridimensional, precisamos apenas substituir v pelo componente x v_x da velocidade eletrônica $\mathbf{v}$, e tirar a média de todas as direções. Uma vez que[30] $\langle v_x^2\rangle = \langle v_y^2\rangle = \langle v_z^2\rangle = \frac{1}{3}v^2$, já que $n\, d\mathcal{E}/dT = (N/V)d\mathcal{E}/dT = (dE/dT)/V = c_v$, que é o calor específico eletrônico, temos:

$$\mathbf{j}^q = \tfrac{1}{3}v^2\tau c_v(-\nabla T) \quad \textbf{(1.50)}$$

ou

$$\kappa = \tfrac{1}{3}v^2\tau c_v = \tfrac{1}{3}\ell v c_v, \quad \textbf{(1.51)}$$

onde v^2 é a velocidade eletrônica quadrada média.

Enfatizamos a imperfeição deste argumento. Falamos bem superficialmente sobre a energia térmica por elétron conduzida por um grupo de elétrons em particular, uma grandeza que poderíamos nos sentir pressionados a definir com precisão. Também fomos bem descuidados na substituição de grandezas, em diversos estágios dos cálculos, por suas

---

29 Sua alteração em ℓ é (ℓ/L) vezes sua alteração no comprimento L da amostra.

30 No equilíbrio, a distribuição de velocidade é isotrópica. Correções devidas ao gradiente de temperatura são extremamente pequenas.

médias térmicas. Pode-se objetar, por exemplo, que, se a energia térmica por elétron depende da direção de onde os elétrons vêm, sua velocidade média também dela dependerá, já que esta igualmente depende da temperatura no local de sua última colisão. Observaremos a seguir que esta última omissão é anulada ainda por outra, e no Capítulo 13 encontraremos, graças a um argumento mais rigoroso, que o resultado (1.51) é muito próximo do correto (e, em circunstâncias especiais, preciso).

Dada a estimativa (1.51), podemos deduzir outro resultado independentemente dos mistérios encobertos no tempo de relaxação τ, dividindo a condutividade térmica pela condutividade elétrica (1.6):

$$\frac{\kappa}{\sigma} = \frac{\frac{1}{3}c_v m v^2}{ne^2}. \quad \textbf{(1.52)}$$

Era natural que Drude aplicasse as leis clássicas do gás ideal ao avaliar o calor específico eletrônico e a velocidade quadrada média. De fato, ele considerou c_v como $\frac{3}{2}nk_B$ e $\frac{1}{2}mv^2$ como $\frac{3}{2}k_BT$, onde K_B é a constante de Boltzmann, $1{,}38 \times 10^{-16}$ erg/K. Isso leva ao resultado

$$\frac{\kappa}{\sigma} = \frac{3}{2}\left(\frac{k_B}{e}\right)^2 T. \quad \textbf{(1.53)}$$

O lado direito de (1.53) é proporcional a T e depende apenas das constantes universais K_B e e, completamente de acordo com a lei de Wiedemann-Franz. A equação (1.53) fornece o número de Lorenz[31]

$$\begin{aligned}\frac{\kappa}{\sigma T} = \frac{3}{2}\left(\frac{k_B}{e}\right)^2 &= 1{,}24 \times 10^{-13}\,(\text{erg/esu-K})^2 \\ &= 1{,}11 \times 10^{-8}\,\text{watt-ohm/K}^2,\end{aligned} \quad \textbf{(1.54)}$$

que é cerca da metade do valor típico fornecido na Tabela 1.6. Em seus cálculos originais da condutividade elétrica, Drude erroneamente encontrou metade do resultado correto (1.6); como consequência, chegou a um valor $\kappa/\sigma T = 2{,}22 \times 10^{-8}$ watt-ohm/K^2, em extraordinária concordância com o experimento.

Este sucesso, apesar de inteiramente fortuito, foi tão impressionante que estimulou investigações mais profundas com o modelo. Era, no entanto, muito intrigante, já que nenhuma contribuição eletrônica ao calor específico remotamente comparável a $\frac{3}{2}nk_B$ jamais foi observada. De fato, à temperatura ambiente, parecia não haver nenhuma contribuição eletrônica ao calor específico medido. No Capítulo 2, veremos que as leis clássicas do gás ideal não podem ser aplicadas ao gás de elétrons em um metal. O notável sucesso de Drude,

[31] Uma vez que (joule/coulomb)^2 = (watt/amp)^2 = watt-ohm, as unidades práticas com que os números de Lorenz são citados são geralmente chamadas watt-ohm/K^2, em vez de (joule/coulomb-K)^2.

com exceção de seu erro pelo fator de dois, é consequência de dois erros de cerca de cem que se anulam: à temperatura ambiente, a contribuição eletrônica real ao calor específico é cerca de cem vezes menor que a previsão clássica, mas a velocidade eletrônica quadrada média é cerca de cem vezes maior.

Examinaremos a teoria correta das propriedades térmicas do equilíbrio do gás de elétrons livres no Capítulo 2, e retornaremos a uma análise mais correta da condutividade térmica de um metal no Capítulo 13. Antes de deixarmos o assunto transporte térmico, no entanto, devemos corrigir uma simplificação excessiva em nossa análise que obscurece um importante fenômeno físico:

Calculamos a condutividade térmica ignorando todas as manifestações do gradiente de temperatura, com exceção do fato de que a energia térmica conduzida por um grupo de elétrons depende da temperatura no local de sua última colisão. Porém, se os elétrons emergem de uma colisão com energias mais altas quando a temperatura é maior, eles também terão velocidades maiores. Pode parecer, portanto, que devemos deixar a velocidade do elétron v, bem como sua contribuição à energia térmica, depender do local da última colisão. Como se verifica, tal termo adicional altera apenas o resultado por um fator da ordem de unidade, mas estávamos, na verdade, certos ao ignorar esta correção. É verdade que, imediatamente após o gradiente de temperatura ser aplicado, haverá uma velocidade eletrônica média que não desaparece, direcionada para a região de baixa temperatura. Já que os elétrons estão carregados, no entanto, esta velocidade resultará em uma corrente elétrica. Todavia, as medições de condutividade elétrica são executadas sob condições de circuito aberto, em que nenhuma corrente elétrica pode fluir. Consequentemente, a corrente elétrica pode continuar apenas até que uma carga suficiente tenha se acumulado na superfície da amostra para formar um campo elétrico atrasado que se oponha à acumulação adicional de carga e, assim, cancele precisamente o efeito do gradiente de temperatura sobre a velocidade média eletrônica.[32] Quando o estado estável for alcançado, não haverá fluxo de corrente elétrica e, portanto, estávamos corretos ao supor que a velocidade eletrônica média em um ponto desapareceu.

Deste modo, fomos levados a considerar outro efeito físico: um gradiente de temperatura em uma barra longa e fina deve ser acompanhado por um campo elétrico direcionado opostamente ao gradiente de temperatura. A existência de tal campo, conhecido como campo termoelétrico, já é conhecida há algum tempo (o efeito Seebeck). O campo é convencionalmente definido como

$$\mathbf{E} = Q\nabla T, \quad \textbf{(1.55)}$$

e a constante de proporcionalidade Q é conhecida como potência térmica. Para calcular a potência térmica, observe que em nosso modelo "unidimensional" a velocidade eletrônica média em um ponto x devido ao gradiente de temperatura é

[32] Veja a discussão análoga da gênese do campo de Hall na página 13.

$$\begin{aligned} v_Q &= \frac{1}{2}[v(x - v\tau) - v(x + v\tau)] = -\tau v \frac{dv}{dx} \\ &= -\tau \frac{d}{dx}\left(\frac{v^2}{2}\right). \end{aligned} \quad (1.56)$$

Podemos mais uma vez generalizar para três dimensões[33] considerando que $v^2 \to v_x^2$ e observando que $\langle v_x^2 \rangle = \langle v_y^2 \rangle = \langle v_z^2 \rangle = \frac{1}{3}v^2$, de tal forma que

$$\mathbf{v}_Q = -\frac{\tau}{6}\frac{dv^2}{dT}(\nabla T). \quad (1.57)$$

A velocidade média em virtude do campo elétrico é

$$\mathbf{v}_E = -\frac{e\mathbf{E}\tau}{m}. \quad (1.58)$$

Para obter $\mathbf{v}_Q + \mathbf{v}_E = 0$, precisamos que

$$Q = -\left(\frac{1}{3e}\right)\frac{d}{dT}\frac{mv^2}{2} = -\frac{c_v}{3ne}. \quad (1.59)$$

Esse resultado é também independente do tempo de relaxação. Drude o avaliou por meio de outra aplicação inadequada da mecânica estatística clássica, definindo c_v igual a $3nk_B/2$ para encontrar que

$$Q = -\frac{k_B}{2e} = -0{,}43 \times 10^{-4}\,\text{volt/K}. \quad (1.60)$$

Potências térmicas metálicas observadas à temperatura ambiente são da ordem de microvolts por grau, menores por um fator de 100. Este é o mesmo erro de 100 que apareceu duas vezes na derivação de Drude da lei de Wiedemann-Franz, mas, agora não sendo compensado, oferece evidências sem ambiguidade da inadequação da mecânica estatística clássica à descrição do gás de elétrons metálico.

Com o uso da mecânica estatística quântica, remove-se esta discrepância. No entanto, em alguns metais, o sinal da potência térmica — a direção do campo termoelétrico — é oposto ao que o modelo de Drude prevê. Isso é tão misterioso quanto as discrepâncias no sinal do coeficiente de Hall. A teoria quântica dos sólidos pode explicar a inversão do sinal na potência térmica também, mas a ideia de triunfo é um pouco moderada neste caso, porque ainda falta uma teoria realmente quantitativa do campo termoelétrico. Notaremos em abordagens posteriores algumas das peculiaridades deste fenômeno que tornam o cálculo preciso particularmente difícil.

[33] Compare à discussão que leva da equação (1.49) à equação (1.50).

Estes últimos exemplos tornaram claro que não podemos prosseguir com a teoria de elétron livre sem uma utilização adequada da estatística quântica. Este é o assunto do Capítulo 2.

PROBLEMAS

1. *Distribuição de Poisson*

No modelo de Drude, a probabilidade de um elétron sofrer uma colisão em qualquer intervalo infinitesimal dt é exatamente dt/τ.

(a) Mostre que um elétron escolhido aleatoriamente em dado momento não sofreu nenhuma colisão durante os t segundos precedentes com probabilidade $e^{-t/\tau}$. Mostre que ele não sofrerá nenhuma colisão durante os próximos t segundos com a mesma probabilidade.

(b) Mostre a probabilidade de o intervalo de tempo entre duas colisões sucessivas de um elétron recair sobre a faixa entre t e $t + dt$ é $(dt/\tau)e^{-t/\tau}$.

(c) Mostre, como uma consequência de (a), que em qualquer momento o tempo médio à última colisão (ou até a próxima colisão) dividido proporcionalmente por todos os elétrons é τ.

(d) Mostre, como uma consequência de (b), que o tempo médio entre as sucessivas colisões de um elétron é τ.

(e) O item (c) sugere que em qualquer momento o tempo T entre a última e a próxima colisão pela média de todos os elétrons seja 2τ. Explique por que isto não é inconsistente com o resultado em (d). (Uma explicação completa deve incluir uma derivação da distribuição de probabilidades para T.) Uma falha na avaliação desta sutileza levou Drude a uma condutividade de apenas metade de (1.6). Ele não cometeu o mesmo erro na condutividade térmica, daí o fator de dois em seus cálculos do número de Lorenz.

2. *Aquecimento de Joule*

Considere um metal à temperatura uniforme em um campo elétrico uniforme estático **E**. Um elétron sofre uma colisão e, então, após um tempo t, uma segunda colisão. No modelo de Drude, a energia não é conservada nas colisões, porque a velocidade média de um elétron que emerge de uma colisão não depende da energia que o elétron adquiriu do campo desde a colisão anterior (suposição 4).

(a) Mostre que a energia média perdida para os íons na segunda de duas colisões separadas por um tempo t é $(eEt)^2/2m$. (A média é sobre todas as direções das quais o elétron emergiu a partir da primeira colisão.)

(b) Mostre, utilizando o resultado do Problema 1(b), que a perda média de energia para os íons por elétron por colisão é $(eE\tau)^2/m$ e, consequentemente, que a perda média por centímetro cúbico por segundo é $(ne^2\tau/m)E^2 = \sigma E^2$. Deduza que a perda de potência em um fio de comprimento L e seção transversal A é I^2R, onde I é a corrente que flui e R é a resistência do fio.

3. *Efeito Thomson*

Suponha que, além do campo elétrico aplicado no Problema 2, haja também um gradiente de temperatura uniforme ∇T no metal. Uma vez que um elétron emerge de uma colisão com uma energia determinada pela temperatura local, a energia perdida em colisões dependerá de quanto o elétron percorre pelo gradiente de temperatura entre as colisões, bem como da quantidade de energia que ele ganhou do campo elétrico. Consequentemente, a potência perdida conterá um termo proporcional a $\mathbf{E} \cdot \nabla T$ (que é facilmente isolado dos outros termos, já que é o único termo na perda de energia de segunda ordem que altera o sinal quando o sinal de $\mathbf{E}$ é invertido). Mostre que esta contribuição é dada no modelo de Drude por um termo de ordem $(ne\tau/m)(d\varepsilon/dT)(\mathbf{E} \cdot \nabla T)$, onde ε é a energia térmica média por elétron. (Calcule a energia perdida por um elétron típico que colide em $\mathbf{r}$, que teve sua última colisão em $\mathbf{r} - \mathbf{d}$. Admitindo-se um tempo de relaxação τ fixo isto é, independentemente de energia, $\mathbf{d}$ pode ser encontrado em ordem linear no campo e no gradiente de temperatura por meio de simples argumentos cinemáticos, o que é suficiente para levar a perda de energia para a segunda ordem.)

4. *Ondas Helicon*

Suponha que um metal é colocado em um campo magnético uniforme $\mathbf{H}$ ao longo do eixo z. Deixe um campo elétrico AC $\mathbf{E}e^{-i\omega t}$ ser aplicado de forma perpendicular a $\mathbf{H}$.

(a) Se o campo elétrico é polarizado circularmente ($E_y = \pm iE_x$), mostre que a equação (1.28) deve ser generalizada para

$$j_x = \left(\frac{\sigma_0}{1 - i(\omega \mp \omega_c)\tau}\right)E_x, \quad j_y = \pm\, ij_x, \quad j_z = 0. \quad \mathbf{(1.61)}$$

(b) Mostre que, em conjunção a (1.61), as equações de Maxwell (1.31) têm uma solução

$$E_x = E_0 e^{i(kz - \omega t)}, \quad E_y = \pm\, iE_x, \quad E_z = 0, \quad \mathbf{(1.62)}$$

desde que $k^2c^2 = \epsilon\omega^2$, onde

$$\epsilon(\omega) = 1 - \frac{\omega_p^2}{\omega}\left(\frac{1}{\omega \mp \omega_c + i/\tau}\right). \quad \mathbf{(1.63)}$$

(c) Faça um esboço de $\epsilon(\omega)$ para $\omega > 0$ (escolhendo a polarização $E_y = iE_x$) e demonstre que existem soluções para $k^2c^2 = \epsilon\omega^2$ para k arbitrário em frequências $\omega > \omega_p$ e $\omega < \omega_c$. (Admita a condição de campo alto $\omega_c\tau >> 1$ e observe que, mesmo para centenas de quilogauss, $\omega_p/\omega_c >> 1$.)

(d) Mostre que, quando $\omega << \omega_c$, a relação entre k e ω para a solução de baixa frequência é

$$\omega = \omega_c\left(\frac{k^2c^2}{\omega_p^2}\right). \quad \mathbf{(1.64)}$$

Esta onda de baixa frequência, conhecida como hélicon, já foi observada em diversos metais.[34] Calcule a frequência do hélicon se o comprimento de onda é 1 cm e o campo é 10 quilogauss, em densidades metálicas típicas.

5. *Plasmons de Superfície*

Uma onda eletromagnética que pode se propagar ao longo da superfície de um metal complica a observação de plasmons normais (como um todo). Considere que na metade do espaço do metal $z > 0$, $z < 0$ haja vácuo. Suponha que a densidade de carga elétrica ρ que aparece nas equações de Maxwell desapareça tanto dentro quanto fora do metal. (Isto não impede uma densidade de carga de superfície concentrada no plano $z = 0$.) O plasmon de superfície é uma solução para as equações de Maxwell da forma:

$$\begin{aligned} &E_x = Ae^{iqx}e^{-Kz}, \quad E_y = 0, \quad E_z = Be^{iqx}e^{-Kz}, \qquad z > 0; \\ &E_x = Ce^{iqx}e^{K'z}, \quad E_y = 0, \quad E_z = De^{iqx}e^{K'z}, \qquad z < 0; \\ &q, K, K' \text{ real}, \qquad K, K' \text{ positivo.} \end{aligned} \tag{1.65}$$

(a) Admitindo as condições de limite usuais ($\mathbf{E}_{\parallel}$ contínuo, $(\epsilon\mathbf{E})_{\perp}$ contínuo) e usando os resultados de Drude (1.35) e (1.29), encontre três equações relacionando q, K e K' como funções de ω.

(b) Supondo que $\omega\tau >> 1$, faça o gráfico de q^2c^2 como uma função de ω^2.

(c) No limite de $qc >> \omega$, mostre que há uma solução na frequência $\omega = \omega_p/\sqrt{2}$. Mostre, a partir de um exame de K e de K', que a onda está confinada à superfície. Descreva sua polarização. Esta onda é conhecida como um plasmon de superfície.

---

[34] R. Bowers et al., *Phys. Rev. Letters* 7, 339 (1961).

2 A teoria de metais de Sommerfeld

Distribuição de Fermi-Dirac
Elétrons livres
Densidade de vetores de onda permitidos
Momento de Fermi, energia e temperatura
Energia do estado fundamental e módulo Bulk
Propriedades térmicas de um gás de elétrons livres
Teoria da condução de Sommerfeld
Lei de Wiedemann-Franz

Na época de Drude, e por muitos anos depois, parecia razoável supor que a distribuição da velocidade eletrônica, como aquela de um gás comum clássico de densidade $n = N/V$, era dada no equilíbrio à temperatura T pela distribuição de Maxwell-Boltzmann. Isto fornece o número de elétron por unidade de volume com velocidades na faixa[1] $d\mathbf{v}$ em relação a $\mathbf{v}$ como $f_B(\mathbf{v})d\mathbf{v}$, onde

$$f_B(\mathbf{v}) = n\left(\frac{m}{2\pi k_B T}\right)^{3/2} e^{-mv^2/2k_BT}. \quad \textbf{(2.1)}$$

Vimos no Capítulo 1 que, em conjunção com o modelo de Drude, isto leva a um bom acerto de ordem de grandeza com a lei de Wiedemann-Franz, mas também prevê uma contribuição ao calor específico de um metal de $\frac{3}{2}k_B$ por elétron que não foi observada.[2]

Este paradoxo obscureceu o modelo de Drude por um quarto de século, o que somente foi abolido pelo advento da teoria quântica e do reconhecimento de que, para os elétrons,[3] o

[1] Utilizamos notação padrão de vetor. Assim, por v queremos dizer a grandeza do vetor $\mathbf{v}$; uma velocidade está na faixa $d\mathbf{v}$ em relação a $\mathbf{v}$ se seu componente de ordem i estiver entre v_1 e $v_1 + dv_i$, para $i = x, y, z$; também usamos $d\mathbf{v}$ para designar o volume da região de espaço de velocidade na faixa $d\mathbf{v}$ em relação a $\mathbf{v}$: $d\mathbf{v} = dv_x\, dv_y\, dv_z$ (sendo assim, seguimos a prática comum entre físicos de não distinguir por notação entre uma região e seu volume, ficando o significado do símbolo claro pelo contexto).

[2] Porque, como veremos, a contribuição eletrônica real é cerca de cem vezes menor à temperatura ambiente, tornando-se ainda menor com a queda da temperatura.

[3] E quaisquer outras partículas que obedecem à estatística de Fermi-Dirac.

princípio da exclusão de Pauli requer a substituição da distribuição de Maxwell-Boltzmann (2.1) pela distribuição de Fermi-Dirac:

$$f(\mathbf{v}) = \frac{(m/\hbar)^3}{4\pi^3} \frac{1}{\exp[(\frac{1}{2}mv^2 - k_B T_0)/k_B T] + 1}. \quad (2.2)$$

Aqui, $\hbar$ é a constante de Planck dividida por 2π, e T_0 é uma temperatura determinada pela condição de normalização[4]

$$n = \int d\mathbf{v} f(\mathbf{v}), \quad (2.3)$$

cujo valor equivale normalmente a dezenas de milhares de graus. Em temperaturas de interesse (isto é, menores que 10^3 K), as distribuições de Maxwell-Boltzmann e de Fermi-Dirac são espetacularmente diferentes em densidades eletrônicas metálicas (Figura 2.1).

Neste capítulo, descreveremos a teoria que forma a base da distribuição de Fermi-Dirac (2.2) e avaliaremos as consequências da estatística de Fermi-Dirac para o gás de elétrons metálicos.

Pouco tempo depois da descoberta de que o princípio da exclusão de Pauli era necessário para explicar os estados eletrônicos limítrofes dos átomos, Sommerfeld aplicou o mesmo princípio ao gás de elétrons livres dos metais, e por meio dele resolveu as anomalias térmicas mais flagrantes do antigo modelo de Drude. Na maior parte das aplicações, o modelo de Sommerfeld nada mais é que o clássico gás de elétrons de Drude com a única modificação de que a distribuição da velocidade eletrônica é tida como a distribuição de Fermi-Dirac quântica ao invés da clássica distribuição de Maxwell-Boltzmann. Para justificar tanto a utilização da distribuição de Fermi-Dirac quanto a de seu ousado enxerto em outra teoria clássica, devemos examinar a teoria quântica do gás de elétrons.[5]

Para simplificar, examinaremos o estado fundamental ($T = 0$) do gás de elétrons antes de estudá-lo em temperaturas diferentes de zero. Como se pode observar, as propriedades do estado fundamental são, em si, de considerável interesse: veremos que a temperatura ambiente, para o gás de elétrons em densidades metálicas, é uma temperatura de fato muito baixa e, para muitos propósitos, indistinguível de $T = 0$. Assim, muitas (mas não todas) das propriedades eletrônicas de um metal dificilmente diferem de seus valores em $T = 0$, mesmo à temperatura ambiente.

---

[4] Observe que as constantes na distribuição de Maxwell-Boltzmann (2.1) já foram escolhidas para que (2.3) seja satisfeita. A equação (2.2) é derivada abaixo; veja equação (2.89). No Problema 3d, o pré-fator que aparece na equação (2.2) é colocado de modo a facilitar a comparação direta com a equação (2.1).

[5] Em todo este capítulo, utilizaremos "gás de elétrons" para um gás de elétrons livres e independentes (veja página 3), a não ser que estejamos explicitamente considerando correções devidas a interações elétron-elétron ou elétron-íon.

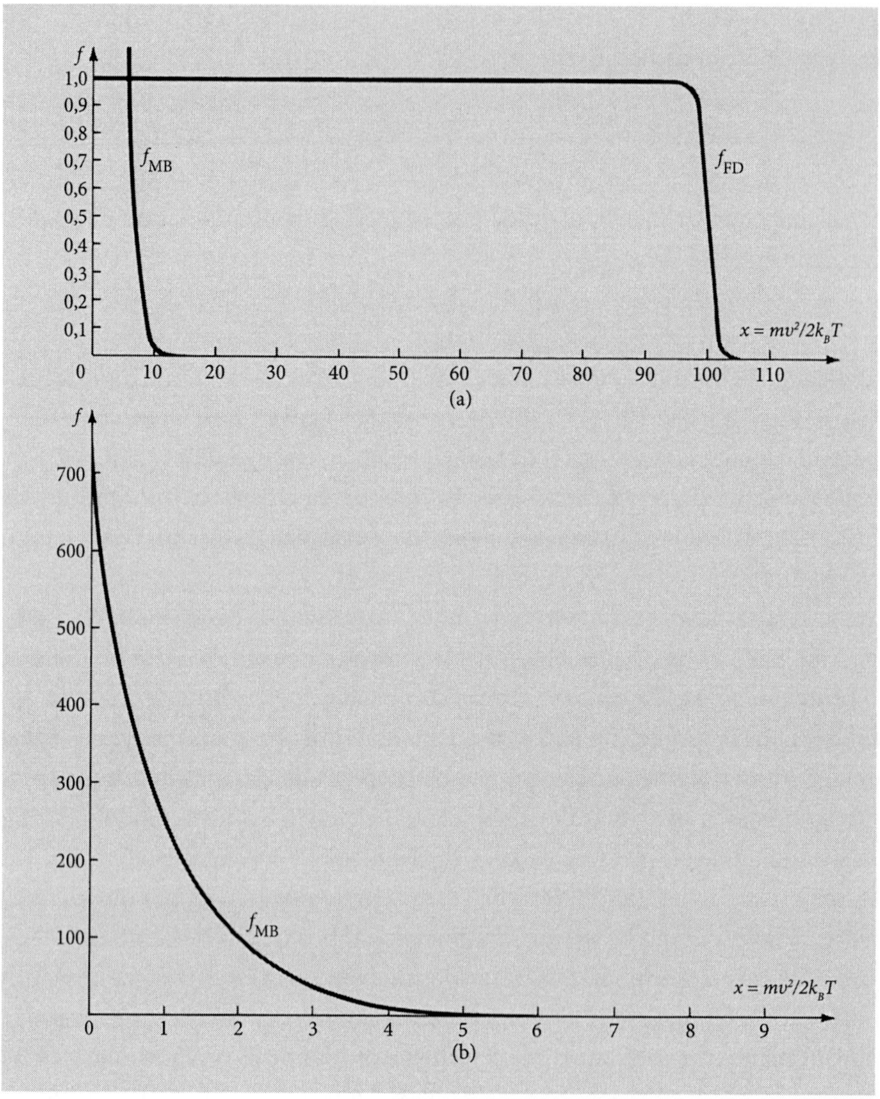

FIGURA 2.1

(a) As distribuições de Maxwell-Boltzmann e de Fermi-Dirac para densidades metálicas típicas à temperatura ambiente. (Ambas as curvas são para a densidade dada por $T = 0{,}01T_0$.) A escala é a mesma para ambas as distribuições e foi normalizada para que a distribuição de Fermi-Dirac atinja 1 em energias baixas. Abaixo da temperatura ambiente, as diferenças entre as duas distribuições são ainda mais marcadas. (b) Uma vista da parte de (a) entre $x = 0$ e $x = 10$. O eixo x foi alongado em torno de um fator de 10 e o eixo f foi comprimido em torno de 500 para se mostrar toda a distribuição de Maxwell-Boltzmann na figura. Nesta escala, o gráfico da distribuição de Fermi-Dirac é indistinguível do eixo x.

PROPRIEDADES DO ESTADO FUNDAMENTAL DO GÁS DE ELÉTRONS

Devemos calcular as propriedades do estado fundamental de N elétrons confinados a um volume V. Uma vez que os elétrons não interagem entre si (aproximação de elétron independente), podemos encontrar o estado fundamental do sistema de N elétrons encontrando primeiro os níveis de energia de um único elétron no volume V e, depois, preenchendo esses níveis de modo consistente com o princípio da exclusão de Pauli, que permite que no máximo um elétron ocupe qualquer nível de um elétron.[6]

Um único elétron pode ser descrito por uma função de onda $\psi(\mathbf{r})$ e pela especificação de qual das duas orientações possíveis seu spin possui. Se o elétron não tem interações, a função de onda de um elétron associada ao nível de energia ε satisfaz a equação de tempo independente de Schrödinger:[7]

$$-\frac{\hbar^2}{2m}\left(\frac{\partial^2}{\partial x^2}+\frac{\partial^2}{\partial y^2}+\frac{\partial^2}{\partial z^2}\right)\psi(\mathbf{r})=-\frac{\hbar^2}{2m}\nabla^2\psi(\mathbf{r})=\varepsilon\psi(\mathbf{r}). \quad \textbf{(2.4)}$$

Representaremos o confinamento do elétron (pela atração dos íons) ao volume V por uma condição de limite na equação (2.4). A escolha da condição de limite, sempre que se está trabalhando com problemas que não têm relação explícita com efeitos da superfície metálica, está consideravelmente à disposição e pode ser determinada por conveniência matemática, já que, se o metal é suficientemente grande, devemos esperar que suas propriedades *internas* não sejam afetadas pela configuração detalhada de sua superfície.[8] Sob esta perspectiva, primeiro selecionamos o formato do metal adequado à nossa conveniência analítica. A escolha consagrada pelo tempo é um cubo[9] de lado $L = V^{1/3}$.

Em seguida, devemos acrescentar uma condição de contorno à equação de Schrödinger (2.4) que reflita o fato de que o elétron está confinado a este cubo. Fazemos também esta escolha na crença de que ela não afetará as propriedades internas calculadas. Uma possibilidade é exigir que a função de onda $\psi(\mathbf{r})$ desapareça sempre que $\mathbf{r}$ esteja na superfície do cubo. Isto, no entanto, é geralmente insatisfatório, já que leva a soluções de onda permanente de (2.4), enquanto o transporte de carga e de energia pelos elétrons é bem mais convenientemente discutido em termos de ondas contínuas. Uma escolha mais satisfatória é enfatizar

---

[6] Observe que aqui e adiante reservaremos o termo "estado" para o estado do sistema de N elétrons e o termo "nível" para o estado de um elétron.

[7] Também fazemos a aproximação de elétron livre, para que nenhum termo de energia potencial apareça na equação de Schrödinger.

[8] Esta é a abordagem seguida quase universalmente em teorias de matéria macroscópica. Provas acuradas de que as propriedades internas independem das condições limites podem agora ser construídas em uma variedade de contextos. O trabalho mais pertinente à física do estado sólido é de Lebowitz, J. L. e Lieb, E. H. *Phys. Rev. Lett.*, n. 22, p. 631, 1969.

[9] Descobriremos mais tarde ser muito mais conveniente considerar não um cubo, mas um paralelepípedo com arestas não necessariamente iguais ou perpendiculares. Por ora, utilizamos um cubo para evitar pequenas complexidades geométricas, mas é um exercício útil verificar que todos os resultados desta seção permanecem válidos para o paralelepípedo.

a inconsequência da superfície pelo descarte total. Isso pode ser feito imaginando-se cada face do cubo unida à face oposta, de modo que um elétron que venha para a superfície não seja refletido de volta, mas deixe o metal, simultaneamente reentrando em um ponto correspondente na superfície oposta. Assim, se nosso metal fosse unidimensional, simplesmente substituiríamos a linha de 0 para L, à qual os elétrons estavam confinados, por um círculo de circunferência L. Em três dimensões, a incorporação geométrica da condição de contorno, na qual os três pares de faces opostas no cubo são unidos, torna-se topologicamente impossível de se construir no espaço tridimensional. Todavia, a forma analítica da condição de contorno é facilmente generalizada. Em uma dimensão, o modelo circular de um metal resulta na condição de contorno $\psi(x+L)=\psi(x)$, e a generalização para um cubo tridimensional é evidentemente

$$\begin{aligned} \psi(x,y,z+L) &= \psi(x,y,z), \\ \psi(x,y+L,z) &= \psi(x,y,z), \quad \textbf{(2.5)} \\ \psi(x+L,y,z) &= \psi(x,y,z). \end{aligned}$$

A equação (2.5) é conhecida como condição de contorno de Born-von Karman (ou periódica), que encontraremos frequentemente (por vezes, em uma forma ligeiramente generalizada).

Solucionamos agora (2.4) sujeita à condição de contorno (2.5). Pode-se verificar por diferenciação que uma solução, deixando-se de lado a condição de contorno, é

$$\psi_{\mathbf{k}}(\mathbf{r}) = \frac{1}{\sqrt{V}} e^{i\mathbf{k}\cdot\mathbf{r}}, \quad \textbf{(2.6)}$$

com energia

$$\varepsilon(\mathbf{k}) = \frac{\hbar^2 k^2}{2m}, \quad \textbf{(2.7)}$$

onde **k** é qualquer vetor de posição independente. Escolhemos a constante de normalização em (2.6) para que a probabilidade de se encontrar um elétron *em algum lugar* em todo o volume V seja a unidade:

$$1 = \int d\mathbf{r} |\psi(\mathbf{r})|^2. \quad \textbf{(2.8)}$$

Para verificar a importância do vetor **k**, observe que o nível $\psi_{\mathbf{k}}(\mathbf{r})$ é um autoestado do operador momento,

$$\mathbf{p} = \frac{\hbar}{i}\frac{\partial}{\partial \mathbf{r}} = \frac{\hbar}{i}\nabla, \quad \left(\mathbf{p}_x = \frac{\hbar}{i}\frac{\partial}{\partial x} \quad \text{etc.}\right), \quad \textbf{(2.9)}$$

com autovalor $\mathbf{p} = \hbar\mathbf{k}$ para

$$\frac{\hbar}{i}\frac{\partial}{\partial \mathbf{r}}e^{i\mathbf{k}\cdot\mathbf{r}} = \hbar\mathbf{k}e^{i\mathbf{k}\cdot\mathbf{r}}. \quad \textbf{(2.10)}$$

Como uma partícula em um autoestado do operador tem valor definido do correspondente observável fornecido pelo autovalor, um elétron no nível $\psi_{\mathrm{k}}(\mathbf{r})$ tem um momento definitivo proporcional a **k**:

$$\mathbf{p} = \hbar\mathbf{k}, \quad \textbf{(2.11)}$$

e velocidade $\mathbf{v} = \mathbf{p}/m$ de

$$\mathbf{v} = \frac{\hbar\mathbf{k}}{m}. \quad \textbf{(2.12)}$$

Em vista disso, a energia (2.7) pode ser escrita na forma clássica conhecida,

$$\varepsilon = \frac{p^2}{2m} = \tfrac{1}{2}mv^2. \quad \textbf{(2.13)}$$

Podemos também interpretar **k** como um vetor de onda. A onda plana $e^{i\mathbf{k}\cdot\mathbf{r}}$ é constante em qualquer plano perpendicular a **k** (uma vez que tais planos são definidos pela equação $\mathbf{k}\cdot\mathbf{r}$ = constante) e é periódica ao longo das linhas paralelas a **k**, com comprimento de onda

$$\lambda = \frac{2\pi}{k}, \quad \textbf{(2.14)}$$

conhecido como comprimento de onda De Broglie.

Invocamos agora a condição de contorno (2.5), que permite apenas determinados valores discretos de **k**, já que (2.5) será satisfeita pela função de onda geral (2.6) apenas se

$$e^{ik_xL} = e^{ik_yL} = e^{ik_zL} = 1. \quad \textbf{(2.15)}$$

Uma vez que $e^z = 1$ somente se $z = 2\pi$in, onde n é um número inteiro,[10] os componentes do vetor de onda **k** devem ser da forma:

$$k_x = \frac{2\pi n_x}{L}, \quad k_y = \frac{2\pi n_y}{L}, \quad k_z = \frac{2\pi n_z}{L}, \qquad n_x, n_y, n_z \text{ números inteiros.} \quad \textbf{(2.16)}$$

Assim, em um espaço tridimensional com eixos cartesianos k_x, k_y e k_z (conhecido como espaço k), os vetores de onda permitidos são aqueles cujas coordenadas ao longo dos três eixos são fornecidas pelos múltiplos integrais de $2\pi/L$. Isto é ilustrado (em duas dimensões) na Figura 2.2.

[10] Utilizaremos sempre o termo "número inteiro" para números inteiros negativos e zero, bem como números inteiros positivos.

FIGURA 2.2

Pontos em um espaço k bidimensional da forma $k_x = 2\pi n_x/L$, $k_y = 2\pi n_y/L$. Note que a área por ponto é exatamente $(2\pi/L)^2$. Em dimensões d, o volume por ponto é $(2\pi/L)^d$.

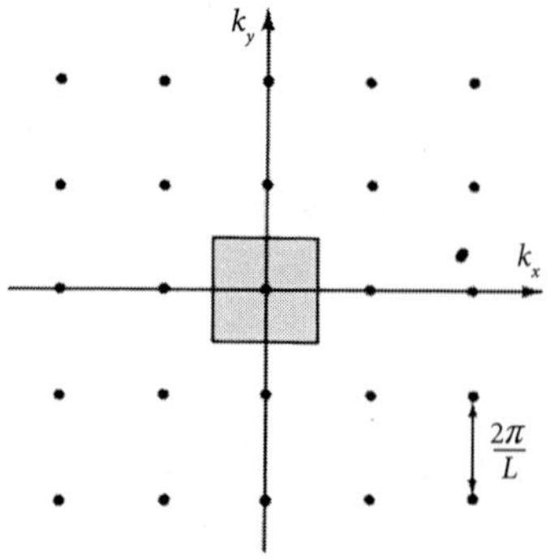

Geralmente, o único uso prático que se faz da condição de quantização (2.16) é este: Quase sempre se precisa saber quantos valores permitidos de **k** estão contidos em uma região do espaço k, que é enorme na escala de $2\pi/L$ e, portanto, contém um vasto número de pontos permitidos. Se a região é muito grande,[11] então, para uma aproximação excelente, o número de pontos permitidos é apenas o volume do espaço k contido na região, dividido pelo volume do espaço k por ponto na rede de valores permitidos de **k**. O último volume (veja a Figura 2.2) é exatamente $(2\pi/L)^3$. Concluímos, então, que uma região do espaço k de volume Ω conterá

$$\frac{\Omega}{(2\pi/L)^3} = \frac{\Omega V}{8\pi^3} \quad \textbf{(2.17)}$$

valores permitidos de **k** ou, equivalentemente, que o número de valores k permitidos por unidade de volume de espaço k (também conhecido como a densidade de níveis no espaço k) será exatamente

$$\frac{V}{8\pi^3}. \quad \textbf{(2.18)}$$

Na prática, lidaremos com regiões do espaço k tão grandes ($\sim 10^{22}$ pontos) e tão regulares (normalmente esferas) que, para todos os efeitos, (2.17) e (2.18) podem ser consideradas exatas. Começaremos a aplicar estas importantes fórmulas de cálculo em breve.

Uma vez que admitimos que os elétrons não interagem, podemos formar o estado fundamental de N elétrons colocando elétrons nos níveis monoeletrônicos permitidos que acabamos de descobrir. O princípio da exclusão de Pauli tem papel vital nesta construção (como também na formação dos estados de átomos multieletrônicos): podemos colocar no máximo um elétron em cada nível monoeletrônico. Os níveis monoeletrônicos são especificados pelos vetores de onda **k** e pela projeção do spin do elétron ao

[11] E de forma não muito irregular. Somente uma fração desprezível dos pontos deve estar no limite $0(2\pi/L)$ da superfície.

longo de um eixo arbitrário, que pode ter um dos dois valores $\hbar/e$ ou $-\hbar/2$. Então, associados a cada vetor **k** de onda permitido, estão *dois* níveis eletrônicos, um para cada sentido do spin do elétron.

Desse modo, na formação do estado fundamental de N elétrons, começamos colocando dois elétrons no nível $\mathbf{k} = 0$ de um elétron, que tem a energia de um elétron $\varepsilon = 0$ mais baixa possível. Continuamos então a adicionar elétrons, sucessivamente, preenchendo os níveis monoeletrônicos com menor energia que ainda não estão ocupados. Uma vez que a energia do nível monoeletrônico é diretamente proporcional ao quadrado de seu vetor de onda [veja a equação (2.7)], quando N é enorme, a região ocupada será indistinguível de uma esfera.[12] O raio desta esfera é chamado k_F (F de Fermi), e seu volume Ω é $4\pi k_F^3/3$. De acordo com a equação (2.17), o número de valores permitidos de **k** dentro da esfera é

$$\left(\frac{4\pi k_F^3}{3}\right)\left(\frac{V}{8\pi^3}\right) = \frac{k_F^3}{6\pi^2}V. \quad \textbf{(2.19)}$$

Já que cada valor permitido de k leva a dois níveis monoeletrônicos (um para cada valor de spin), para acomodar N elétrons temos que ter

$$N = 2 \cdot \frac{k_F^3}{6\pi^2}V = \frac{k_F^3}{3\pi^2}V. \quad \textbf{(2.20)}$$

Assim, se temos N elétrons em um volume V (ou seja, uma densidade eletrônica $n = N/V$), o estado fundamental do sistema de N elétrons é formado ocupando-se todos os níveis de partícula única com k menor que k_F e deixando todos eles com k maior que k_F não ocupados, onde k_F é dado pela condição:

$$\boxed{n = \frac{k_F^3}{3\pi^2}.} \quad \textbf{(2.21)}$$

Este estado fundamental de elétrons livres e independentes é descrito por uma nomenclatura bem pouco criativa:

A esfera de raio k_F (o *vetor de onda de Fermi*), que contém os níveis monoeletrônicos ocupados, é chamada *esfera de Fermi*.

A superfície da esfera de Fermi, que separa os níveis ocupados daqueles não ocupados, é chamada *superfície de Fermi*. (Veremos, começando pelo Capítulo 8, que a superfície de Fermi é uma das construções fundamentais na teoria moderna de metais; em geral, ela não é esférica.)

O momento $\hbar k_F = p_F$ dos níveis monoeletrônicos ocupados de mais alta energia é conhecido como o *momento de Fermi*; sua energia, $\varepsilon_F = \hbar^2 k_F^2/2m$, é a *energia de Fermi*, e sua

[12] Se ela não fosse esférica, não seria o estado fundamental, já que poderíamos, então, construir um estado de menor energia movimentando os elétrons em níveis mais distantes de $\mathbf{k} = 0$ para os níveis não ocupados próximos à origem.

velocidade, $v_F = p_F/m$, é a *velocidade de Fermi*. Na teoria dos metais, a velocidade de Fermi tem um papel comparável à velocidade térmica, $v = (3\, k_B T/m)^{1/2}$, em um gás clássico.

Todas essas grandezas podem ser avaliadas em termos de densidade de elétrons de condução, por meio da equação (2.21). Para calculá-los numericamente, é frequentemente mais conveniente expressá-los em termos do parâmetro sem dimensão r_s/a_0 (veja página 4), que varia de cerca de 2 a 6 nos elementos metálicos. Tomadas conjuntamente, as equações (1.2) e (2.21) fornecem

$$k_F = \frac{(9\pi/4)^{1/3}}{r_s} = \frac{1{,}92}{r_s}, \quad \textbf{(2.22)}$$

ou

$$\boxed{k_F = \frac{3{,}63}{r_s/a_0}\,\text{Å}^{-1}.} \quad \textbf{(2.23)}$$

Já que o vetor de onda de Fermi é da ordem inversa de angströms, o comprimento de onda de Broglie dos elétrons mais energéticos é da ordem de angströms.

A velocidade de Fermi é

$$\boxed{v_F = \left(\frac{\hbar}{m}\right)k_F = \frac{4{,}20}{r_s/a_0} \times 10^8\ \text{cm/s}.} \quad \textbf{(2.24)}$$

Trata-se de uma velocidade substancial (cerca de 1% da velocidade da luz). Do ponto de vista da mecânica estatística clássica, este é um resultado bem surpreendente, já que estamos descrevendo o estado fundamental ($T = 0$) e todas as partículas em um gás clássico têm velocidade zero em $T = 0$. Mesmo à temperatura ambiente, a velocidade térmica (isto é, média) para uma partícula clássica com a massa eletrônica é exatamente da ordem de 10^7 cm/s.

A energia de Fermi é convencionalmente escrita na forma (já que $a_0 = \hbar^2/me^2$)

$$\varepsilon_F = \frac{\hbar^2 k_F^2}{2m} = \left(\frac{e^2}{2a_0}\right)(k_F a_0)^2. \quad \textbf{(2.25)}$$

Aqui, $e^2/2a_0$, conhecida como rydberg (Ry), é a energia de ligação no estado fundamental do átomo de hidrogênio, 13,6 elétron-volts.[13] O rydberg é uma unidade de energias atômicas tão conveniente quanto o raio de Bohr para distâncias atômicas. Uma vez que $k_F a_0$ é da ordem da unidade, a equação (2.25) demonstra que a energia de Fermi tem a magnitude de uma energia de ligação atômica típica. Utilizando (2.23) e $a_0 = 0{,}529 \times 10^{-8}$cm, encontramos a forma numérica explícita:

[13] A rigor, o rydberg é a energia de ligação na aproximação da massa infinita do próton. Um elétron-volt é a energia ganha por um elétron que cruza um potencial de 1 volt; 1 eV = $1{,}602 \times 10^{-12}$ erg = $1{,}602 \times 10^{19}$ joules.

$$\varepsilon_F = \frac{50{,}1\text{eV}}{(r_s/a_0)^2}, \quad \textbf{(2.26)}$$

que indica uma faixa de energias de Fermi para as densidades de elementos metálicos entre 1,5 e 15 elétron-volts.

Na Tabela 2.1 listam-se a velocidade, o vetor de onda e a energia de Fermi para os metais cujas densidades de elétrons de condução são dadas na Tabela 1.1.

Para calcular a energia fundamental de N elétrons em um volume V, devemos somar as energias de todos os níveis monoeletrônicos dentro da esfera de Fermi:[14]

$$E = 2\sum_{k<k_F} \frac{\hbar^2}{2m}k^2. \quad \textbf{(2.27)}$$

Bem genericamente, ao somarmos qualquer função regular $F(\mathbf{k})$ sobre todos os valores permitidos de $\mathbf{k}$, podemos proceder como a seguir:

Já que o volume de espaço k a cada $\mathbf{k}$ permitido é $\Delta\mathbf{k} = 8\pi^3/V$ [veja a equação (2.18)], é conveniente escrever

$$\sum_k F(\mathbf{k}) = \frac{V}{8\pi^3}\sum_k F(\mathbf{k})\Delta\mathbf{k}, \quad \textbf{(2.28)}$$

pois, no limite de $\Delta\mathbf{k} \to 0$ (isto é, $V \to \infty$), a soma $\Sigma F(\mathbf{k})\Delta\mathbf{k}$ aproxima-se da integral $\int d\mathbf{k}\, F(\mathbf{k})$, desde que apenas $F(\mathbf{k})$ não varie apreciavelmente[15] em relação a distâncias no espaço k da ordem de $2\pi/L$. Podemos, portanto, fazer o rearranjo de (2.28) e escrever

$$\lim_{V\to\infty} \frac{1}{V}\sum_k F(\mathbf{k}) = \int \frac{d\mathbf{k}}{8\pi^3}(\mathbf{k}). \quad \textbf{(2.29)}$$

Ao aplicar (2.29) a sistemas finitos, porém macroscopicamente grandes, sempre se admite que $(1/V)\Sigma F(\mathbf{k})$ difere desprezivelmente de seu limite de volume finito (por exemplo, supõe-se que a energia eletrônica por unidade de volume em um cubo de 1 cm de cobre é a mesma que em um cubo de 2 cm).

Utilizando (2.29) para avaliar (2.27), encontramos que a densidade de energia do gás de elétrons é:

$$\frac{E}{V} = \frac{1}{4\pi^3}\int_{k<k_F} d\mathbf{k}\frac{\hbar^2 k^2}{2m} = \frac{1}{\pi^2}\frac{\hbar^2 k_F^5}{10m}. \quad \textbf{(2.30)}$$

---

[14] O fator de 2 é para os níveis de dois spins permitidos para cada **k**.

[15] O caso mais famoso no qual F não satisfaz esta condição é a condensação do gás ideal de Bose. Nas aplicações a metais, o problema jamais surge.

TABELA 2.1

Energias de Fermi, temperaturas de Fermi, vetores de onda de Fermi e velocidades de Fermi para metais representativos*

Elemento	r_s/a_0	ε_F	T_F	k_F	v_F
Li	3,25	4,74 eV	$5{,}51\times10^4$ K	$1{,}12\times10^8\,\text{cm}^{-1}$	$1{,}29\times10^8$ cm/sec
Na	3,93	3,24	3,77	0,92	1,07
K	4,86	2,12	2,46	0,75	0,86
Rb	5,20	1,85	2,15	0,70	0,81
Cs	5,62	1,59	1,84	0,65	1,75
Cu	2,67	7,00	8,16	1,36	1,57
Ag	3,02	5,49	6,38	1,20	1,39
Au	3,01	5,53	6,42	1,21	1,40
Be	1,87	14,3	16,6	1,94	2,25
Mg	2,66	7,08	8,23	1,36	1,58
Ca	3,27	4,69	5,44	1,11	1,28
Sr	3,57	3,93	4,57	1,02	1,18
Ba	3,71	3,64	4,23	0,98	1,13
Nb	3,07	5,32	6,18	1,18	1,37
Fe	2,12	11,1	13,0	1,71	1,98
Mn	2,14	10,9	12,7	1,70	1,96
Zn	2,30	9,47	11,0	1,58	1,83
Cd	2,59	7,47	8,68	1,40	1,62
Hg	2,65	7,13	8,29	1,37	1,58
Al	2,07	11,7	13,6	1,75	2,03
Ga	2,19	10,4	12,1	1,66	1,92
In	2,41	8,63	10,0	1,51	1,74
Tl	2,48	8,15	9,46	1,46	1,69
Sn	2,22	10,2	11,8	1,64	1,90
Pb	2,30	9,47	11,0	1,58	1,83
Bi	2,25	9,90	11,5	1,61	1,87
Sb	2,14	10,9	12,7	1,70	1,96

*Os itens da tabela são calculados a partir dos valores de r_s/a_0 fornecidos na Tabela 1.1, usando-se $m = 9{,}11 \times 10^{-28}$ gramas.

Para encontrar a energia por elétron, E/N, no estado fundamental, devemos dividir isto por $N/V = k_F^3/3\pi^2$, o que resulta em

$$\frac{E}{N} = \frac{3}{10}\frac{\hbar^2 k_F^2}{m} = \frac{3}{5}\varepsilon_F. \quad \textbf{(2.31)}$$

Também podemos escrever este resultado como

$$\frac{E}{N} = \frac{3}{5}k_B T_F \quad \textbf{(2.32)}$$

onde T_F, a *temperatura de Fermi*, é

$$T_F = \frac{\varepsilon_F}{k_B} = \frac{58{,}2}{(r_s/a_0)^2} \times 10^4 \mathrm{K}. \quad (2.33)$$

Observe, em contraste, que a energia por elétron em um gás ideal clássico, $\frac{3}{2}k_B T$, desaparece em $T = 0$ e atinge valor tão grande quanto (2.32) somente em $T = \frac{2}{5}T_F \approx 10^4\mathrm{K}$.

Dada a energia do estado fundamental E, pode-se calcular a pressão exercida pelo gás de elétrons a partir da relação $P = -(\partial E/\partial V)_N$. Já que $E = \frac{3}{5}N\varepsilon_F$ e ε_F é proporcional a k_F^2, que depende de V apenas mediante um fator de $n^{2/3} = (N/V)^{2/3}$, segue-se que[16]

$$P = \frac{2}{3}\frac{E}{V}. \quad (2.34)$$

Pode-se também calcular a compressibilidade, K, ou módulo bulk, $B = 1/K$, definida(o) por:

$$B = \frac{1}{K} = -V\frac{\partial P}{\partial V}. \quad (2.35)$$

Uma vez que E é proporcional a $V^{-2/3}$, a equação (2.34) mostra que P varia como $V^{-5/3}$ e, consequentemente,

$$B = \frac{5}{3}P = \frac{10}{9}\frac{E}{V} = \frac{2}{3}n\varepsilon_F \quad (2.36)$$

ou

$$B = \left(\frac{6{,}13}{r_s/a_0}\right)^5 \times 10^{10} \text{ dinas/cm}^2. \quad (2.37)$$

Na Tabela 2.2, comparam-se os módulos bulk de elétron livre (2.37) calculados a partir de r_s/a_0 aos módulos bulk medidos para diversos metais. A concordância para os metais alcalinos mais pesados é fortuita, mas mesmo quando (2.37) está substancialmente fora, como nos metais nobres, ainda é da ordem de grandeza correta (apesar de variar de três vezes para cima a três vezes para baixo ao longo da tabela). É absurdo esperar que a pressão do gás de elétrons livres sozinho devesse determinar completamente a resistência de um metal à compressão, mas, na Tabela 2.2, demonstra-se que esta pressão é, no mínimo, tão importante quanto quaisquer outros efeitos.

[16] Em temperaturas diferentes de zero, a pressão e a densidade de energia continuam a obedecer esta relação. Veja a equação (2.101).

Tabela 2.2

Módulos bulk em 10^{10} dinas/cm² para alguns metais típicos*

Metal	Elétron livre B	B medido
Li	23,9	11,5
Na	9,23	6,42
K	3,19	2,81
Rb	2,28	1,92
Cs	1,54	1,43
Cu	63,8	134,3
Ag	34,5	99,9
Al	228	76,0

*O valor de elétron livre é aquele para um gás de elétrons livres na densidade observada do metal, como calculado na equação (2.37).

PROPRIEDADES TÉRMICAS DO GÁS DE ELÉTRONS LIVRES: A DISTRIBUIÇÃO DE FERMI-DIRAC

Quando a temperatura não é zero, é necessário examinar os estados excitados do sistema de N elétrons, bem como seu estado fundamental, porque, de acordo com os princípios básicos da mecânica estatística, se um sistema de partícula N está em equilíbrio térmico na temperatura T, suas propriedades devem ser calculadas pela média de todos os estados estacionários de partículas N, designando-se a cada estado de energia E um peso $P_N(E)$ proporcional a e^{-E/k_BT}

$$P_N(E) = \frac{e^{-E/k_BT}}{\sum e^{-E_\alpha^N/k_BT}}. \quad \textbf{(2.38)}$$

(Aqui, E_α^N é a energia do estado estacionário de ordem α do sistema de N elétrons, e a soma é de todos esses estados.)

O denominador da equação (2.38) é conhecido como função de partição, e está relacionado à energia livre de Helmholtz, $F = U - TS$ (onde U é a energia interna e S, a entropia) por

$$\sum e^{-E_\alpha^N/k_BT} = e^{-F_N/k_BT}. \quad \textbf{(2.39)}$$

Podemos, portanto, escrever (2.38) mais compactamente como:

$$P_N(E) = e^{-(E-F_N)/k_BT}. \quad \textbf{(2.40)}$$

Em virtude do princípio da exclusão, para se construir um estado de N elétrons, é preciso preencher N níveis monoeletrônicos diferentes. Assim, cada estado estacionário de

N elétrons pode ser especificado pela listagem de quais dos N níveis monoeletrônicos são preenchidos naquele estado. Uma grandeza muito útil a ser conhecida é f_i^N, a probabilidade de haver um elétron no nível i de um elétron em particular, quando o sistema de N elétrons está em equilíbrio térmico.[17] Esta probabilidade é simplesmente a soma das probabilidades independentes de se encontrar o sistema de N elétrons em qualquer um daqueles estados de N elétrons no qual o nível de ordem i está ocupado:

$$f_i^N = \sum P_N(E_\alpha^N) \quad \text{(Soma de todos os estados } \alpha \text{ de } N \text{ elétrons nos quais } \textit{há} \text{ um elétron no nível monoeletrônico } i.) \tag{2.41}$$

Podemos avaliar f_i^N pelas três observações seguintes:

1. Uma vez que a probabilidade de um elétron estar no nível i é de apenas um menos a probabilidade de nenhum elétron estar no nível i (e estas constituem as únicas duas possibilidades permitidas pelo princípio da exclusão), poderíamos igualmente escrever (2.41) como

$$f_i^N = 1 - \sum P_N(E_\gamma^N) \quad \text{(Soma de todos os estados } \gamma \text{ de } N \text{ elétrons nos quais } \textit{não há} \text{ nenhum elétron no nível monoeletrônico } i.) \tag{2.42}$$

2. Tomando qualquer estado de elétron ($N + 1$) no qual *haja* um elétron no nível monoeletrônico i, podemos construir um estado de N elétrons no qual *não* haja nenhum elétron no nível i, simplesmente removendo o elétron no nível de ordem i, deixando a ocupação de todos os outros níveis inalterada. Além disso, *qualquer* estado de N elétrons sem elétrons no nível monoeletrônico i pode ser construído assim, a partir de apenas um estado de elétron ($N + 1$) *com* um elétron no nível i.[18] Evidentemente, as energias de qualquer estado de N elétrons e o estado de elétrons ($N + 1$) correspondente diferem por apenas ε_i, a energia do único nível monoeletrônico cuja ocupação for diferente nos dois estados. Assim, o conjunto de energias de todos os estados de N elétrons com o nível i desocupado é o mesmo que o conjunto de energia de todos os estados de elétrons ($N + 1$) com o nível i ocupado, desde que cada energia no último conjunto seja reduzida de ε_i. Podemos, então, reescrever (2.42) na forma peculiar

$$f_i^N = 1 - \sum P_N(E_\alpha^{N+1} - \varepsilon_i) \quad \text{(Soma de todos os estados } \alpha \text{ de elétrons } (N+1) \text{ nos quais } \textit{há} \text{ um elétron no nível monoeletrônico } i.) \tag{2.43}$$

mas a equação (2.40) nos permite escrever o adendo como

$$P_N(E_\alpha^{N+1} - \varepsilon_i) = e^{(\varepsilon_i - \mu)/k_B T} P_{N+1}(E_\alpha^{N+1}), \tag{2.44}$$

onde μ, conhecido como o potencial químico, é dado na temperatura T por

---

[17] No caso pelo qual estamos interessados, o nível i é especificado pelo vetor de onda do elétron $\mathbf{k}$ e a projeção s de seu spin ao longo de algum eixo.

[18] Isto é, aquele obtido pela ocupação de todos os níveis ocupados no estado de N elétrons *mais* o i-ésimo nível.

$$\mu = F_{N+1} - F_N. \quad \textbf{(2.45)}$$

Fazendo a substituição em (2.43), encontramos:

$$f_i^N = 1 - e^{(\varepsilon_i - \mu)/k_B T} \sum P_{N+1}(E_\alpha^{N+1}) \quad \begin{array}{c}\text{(Soma de todos os estados } \alpha \text{ de elétrons } (N+1) \text{ nos} \\ \text{quais } \textit{há} \text{ um elétron no nível monoeletrônico } i.)\end{array} \quad \textbf{(2.46)}$$

Comparando a soma em (2.46) àquela em (2.41), verificamos que em (2.46) simplesmente afirma-se que

$$f_i^N = 1 - e^{(\varepsilon_i - \mu)/k_B T} f_i^{N+1}. \quad \textbf{(2.47)}$$

3. A equação (2.47) fornece uma relação exata entre a probabilidade de o nível *i* de um elétron ser ocupado à temperatura *T* em um sistema de *N* elétrons e em um sistema de elétrons ($N + 1$). Quando *N* é muito grande (e geralmente estamos interessados em *N* da ordem de 10^{22}), é absurdo imaginar que, pela adição de um único elétron extra, poderíamos alterar substancialmente esta probabilidade em mais que um número insignificante de níveis monoeletrônicos.[19] Podemos, portanto, substituir f_i^{N+1} por f_i^N em (2.47), o que possibilita resolver f_i^N:

$$f_i^N = \frac{1}{e^{(\varepsilon_i - \mu)/k_B T} + 1}. \quad \textbf{(2.48)}$$

Adiante, definiremos em fórmulas a referência explícita à dependência de *N* em relação a f_i, que está, em qualquer caso, contido no potencial químico μ; veja (2.45). O valor de *N* pode ser sempre computado, dado o f_i, observando-se que f_i é o número médio de elétrons no nível monoeletrônico[20] *i*. Uma vez que o número total de N elétrons é exatamente a soma de todos os níveis do número médio em cada nível,

$$N = \sum_i f_i = \sum_i \frac{1}{e^{(\varepsilon_i - \mu)/k_B T} + 1}, \quad \textbf{(2.49)}$$

que determina *N* como uma função da temperatura *T* e do potencial químico μ. No entanto, em muitas aplicações, a temperatura e *N* (ou mesmo a densidade, $n = N/V$) são dados. Nesses casos, (2.49) é utilizada para determinar o potencial químico μ como uma função de *n* e *T*, permitindo que ele seja eliminado em fórmulas subsequentes em favor da

---

[19] Para um nível típico, trocar *N* por um altera a probabilidade de ocupação pela ordem de $1/N$. Veja o Problema 4.

[20] *Prova:* um nível pode conter 0 ou 1 elétron (pelo princípio da exclusão, proíbe-se mais de um). O número médio de elétrons é, portanto, 1 vezes a probabilidade de 1 elétron mais 0 vezes a probabilidade de 0 elétrons. Assim, o número médio de elétrons no nível é numericamente igual à probabilidade de ele ser ocupado. Observe que isto não seria assim se múltiplas ocupações de níveis fossem permitidas.

temperatura e da densidade. De qualquer modo, o potencial químico é, por si mesmo, de considerável interesse termodinâmico. Algumas de suas importantes propriedades estão resumidas no Apêndice B.[21]

PROPRIEDADES TÉRMICAS DO GÁS DE ELÉTRONS LIVRES: APLICAÇÕES DA DISTRIBUIÇÃO DE FERMI-DIRAC

Em um gás de elétrons livres e independentes, os níveis monoeletrônicos são especificados pelo vetor de onda **k** e pelo número quântico de spin *s*, com energias que são independentes de *s* (na ausência de um campo magnético) e dadas pela equação (2.7); isto é,

$$\varepsilon(\mathbf{k}) = \frac{\hbar^2 k^2}{2m}. \quad \textbf{(2.50)}$$

Primeiro, verificamos que a função de distribuição (2.49) é consistente com as propriedades do estado fundamental ($T = 0$) derivadas anteriormente. No estado fundamental aqueles e somente aqueles níveis são ocupados com $\varepsilon(\mathbf{k}) \leqslant \varepsilon_F$, logo a função de distribuição de estado fundamental deve ser

$$\begin{aligned} f_{\mathbf{k}s} &= 1, \quad \varepsilon(\mathbf{k}) < \varepsilon_F; \\ &= 0, \quad \varepsilon(\mathbf{k}) > \varepsilon_F. \end{aligned} \quad \textbf{(2.51)}$$

Por outro lado, como $T \to 0$, a forma limitante da distribuição de Fermi-Dirac (2.48) é

$$\begin{aligned} \lim_{T\to 0} f_{\mathbf{k}s} &= 1, \quad \varepsilon(\mathbf{k}) < \mu; \\ &= 0, \quad \varepsilon(\mathbf{k}) > \mu. \end{aligned} \quad \textbf{(2.52)}$$

Para que estes sejam consistentes, é necessário que

$$\lim_{T\to 0} \mu = \varepsilon_F. \quad \textbf{(2.53)}$$

Veremos em breve que, para os metais, o potencial químico permanece igual à energia de Fermi em alto grau de precisão, até a temperatura ambiente. Como consequência, as pessoas frequentemente não conseguem fazer nenhuma distinção entre os dois quando lidam com metais. Isto, no entanto, pode ser perigosamente enganoso. Em cálculos precisos, é essencial não perder de vista a extensão com que μ, o potencial químico, difere de seu valor de temperatura zero, ε_F.

A mais importante aplicação individual da estatística de Fermi-Dirac é o cálculo da contribuição eletrônica ao calor específico de volume constante de um metal,

---

[21] O potencial químico tem papel mais fundamental quando a distribuição (2.48) é derivada no grande conjunto canônico. Veja, por exemplo, Reif, F. *Statistical and Thermal Physics*. Nova York: McGraw-Hill, 1965. p. 350. Nossa derivação um tanto não ortodoxa, que também pode ser encontrada em Reif, utiliza apenas o conjunto canônico.

$$c_v = \frac{T}{V}\left(\frac{\partial S}{\partial T}\right)_V = \left(\frac{\partial u}{\partial T}\right)_V, \quad u = \frac{U}{V}. \quad \textbf{(2.54)}$$

Na aproximação de elétron independente, a energia interna U é exatamente a soma dos níveis monoeletrônicos de $\varepsilon(\mathbf{k})$ vezes o número médio de elétrons no nível[22]:

$$U = 2\sum_{\mathbf{k}} \varepsilon(\mathbf{k}) f(\varepsilon(\mathbf{k})). \quad \textbf{(2.55)}$$

Apresentamos a *função de Fermi* $f(\varepsilon)$ para enfatizar que f_k depende de **k** apenas por meio da energia eletrônica $\varepsilon(\mathbf{k})$:

$$\boxed{f(\varepsilon) = \frac{1}{e^{(\varepsilon-\mu)k_BT} + 1}.} \quad \textbf{(2.56)}$$

Se dividirmos os dois lados da equação (2.55) pelo volume V, a equação (2.29) nos permite escrever a densidade de energia $u = U/V$ como

$$u = \int \frac{d\mathbf{k}}{4\pi^3} \varepsilon(\mathbf{k}) f(\varepsilon(\mathbf{k})). \quad \textbf{(2.57)}$$

Se também dividirmos ambos os lados de (2.49) por V, podemos acrescentar à (2.57) uma equação para a densidade eletrônica $n = N/V$ e usá-la para eliminar o potencial químico:

$$n = \int \frac{d\mathbf{k}}{4\pi^3} f(\varepsilon(\mathbf{k})). \quad \textbf{(2.58)}$$

Ao avaliar integrais como (2.57) e (2.58) de forma

$$\int \frac{d\mathbf{k}}{4\pi^3} F(\varepsilon(\mathbf{k})), \quad \textbf{(2.59)}$$

geralmente se explora o fato de que a integrante depende de **k** apenas mediante a energia eletrônica $\varepsilon = \hbar^2k^2/2m$, avaliando-se a integral em coordenadas esféricas e alterando-se variáveis de k para ε:

$$\int \frac{d\mathbf{k}}{4\pi^3} F(\varepsilon(\mathbf{k})) = \int_0^\infty \frac{k^2 dk}{\pi^2} F(\varepsilon(\mathbf{k})) = \int_{-\infty}^{\infty} d\varepsilon g(\varepsilon) F(\varepsilon). \quad \textbf{(2.60)}$$

[22] Como de costume, o fator 2 reflete o fato de que cada nível k pode conter dois elétrons com orientações opostas de spin.

Aqui

$$g(\varepsilon) = \frac{m}{\hbar^2\pi^2}\sqrt{\frac{2m\varepsilon}{\hbar^2}}, \quad \varepsilon > 0; \qquad = 0 \quad \varepsilon < 0. \tag{2.61}$$

Uma vez que a integral (2.59) é uma avaliação de $(1/V)\Sigma_{ks}F(\varepsilon(\mathbf{k}))$, a forma em (2.60) mostra que

$$g(\varepsilon)d\varepsilon = \left(\frac{1}{V}\right)\times \begin{array}{l}\text{(O número de níveis monoeletrônicos}\\ \text{na faixa de energia entre } \varepsilon \text{ e } \varepsilon + d\varepsilon.)\end{array} \tag{2.62}$$

Por esta razão, $g(\varepsilon)$ é conhecida como a densidade de níveis por unidade de volume (ou, às vezes, simplesmente como densidade de níveis). Uma forma dimensionalmente mais transparente de se escrever g é

$$g(\varepsilon) = \frac{3}{2}\frac{n}{\varepsilon_F}\left(\frac{\varepsilon}{\varepsilon_F}\right)^{1/2}, \quad \varepsilon > 0; \qquad = 0 \quad \varepsilon < 0. \tag{2.63}$$

onde ε_F e k_F são *definidos* pelas equações de temperatura zero (2.21) e (2.25). Uma grandeza de particular importância numérica é a densidade de níveis na energia de Fermi, que (2.61) e (2.63) fornecem em uma das duas formas equivalentes:

$$\boxed{g(\varepsilon_F) = \frac{mk_F}{\hbar^2\pi^2}} \tag{2.64}$$

ou

$$\boxed{g(\varepsilon_F) = \frac{3}{2}\frac{n}{\varepsilon_F}.} \tag{2.65}$$

Utilizando esta notação, reescrevemos (2.57) e (2.58) como:

$$u = \int_{-\infty}^{\infty} d\varepsilon g(\varepsilon)\varepsilon F(\varepsilon) \tag{2.66}$$

e

$$n = \int_{-\infty}^{\infty} d\varepsilon g(\varepsilon)F(\varepsilon). \tag{2.67}$$

Fazemos isto tanto pela simplicidade notacional *quanto* pelo fato de que, nesta forma, a aproximação de elétrons livres entra apenas mediante as avaliações particulares (2.61) ou (2.63) da densidade de níveis g. Podemos definir uma densidade de níveis, por meio de (2.62), de modo que (2.66) e (2.67) permaneçam válidas para qualquer conjunto de elétrons que não interajam (isto é, independentes)[23]. Assim, poderemos, mais tarde, aplicar os

---

[23] Veja o Capítulo 8.

resultados deduzidos de (2.66) e (2.67) a modelos consideravelmente mais sofisticados de elétrons independentes em metais.

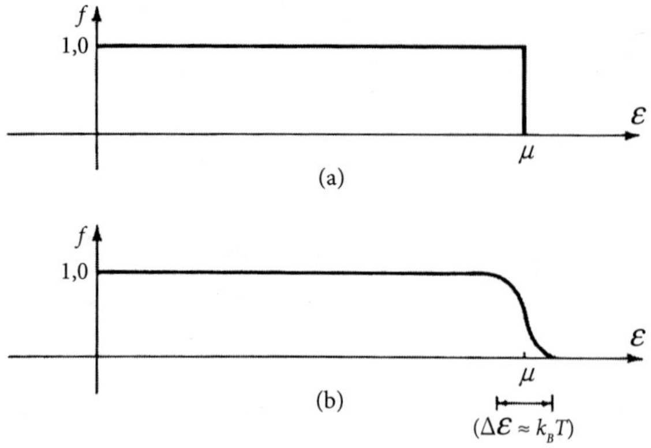

FIGURA 2.3

A função de Fermi, $f(\varepsilon) = 1/[e^{\beta(\varepsilon-\mu)} + 1]$ *versus* ε para dado μ, em (a) $T = 0$ e (b) $T \approx 0{,}01\mu$ (da ordem da temperatura ambiente, em densidades metálicas típicas). As duas curvas diferem apenas em uma região da ordem K_BT em torno de μ.

Em geral, as integrais (2.66) e (2.67) têm uma estrutura muito complexa. Há, no entanto, uma expansão sistemática simples que explora o fato de que em quase todas as temperaturas de interesse em metais, T é bem menor do que a temperatura de Fermi (2.33). Na Figura 2.3, a função de Fermi $f(\varepsilon)$ é representada graficamente em $T = 0$ e à temperatura ambiente para densidades metálicas típicas ($k_BT/\mu \approx 0{,}01$). Evidentemente, f difere de sua forma na temperatura zero apenas em uma pequena região em torno de μ com largura de alguns K_BT. Assim, o modo com que integrais da forma $\int_{-\infty}^{\infty} H(\varepsilon)f(\varepsilon)d\varepsilon$ diferem de seus valores de temperatura zero, $\int_{-\infty}^{\varepsilon_F} H(\varepsilon)d\varepsilon$, serão inteiramente determinados pela forma de $H(\varepsilon)$ próximo a $\varepsilon = \mu$. Se $H(\varepsilon)$ não varia rapidamente na faixa de energia da ordem de K_BT em torno de μ, a dependência de temperatura da integral deve ser dada muito precisamente pela substituição de $H(\varepsilon)$ pelos primeiros poucos termos em sua expansão de Taylor em torno de $\varepsilon = \mu$:

$$H(\varepsilon) = \sum_{n=0}^{\infty} \frac{d^n}{d\varepsilon^n} H(\varepsilon)\Big|_{\varepsilon=\mu} \frac{(\varepsilon - \mu)^n}{n!}. \quad \textbf{(2.68)}$$

Este procedimento é desenvolvido no Apêndice C. O resultado é uma série de forma:

$$\int_{-\infty}^{\infty} H(\varepsilon)f(\varepsilon)d\varepsilon = \int_{-\infty}^{\mu} H(\varepsilon)d\varepsilon + \sum_{n=1}^{\infty} (k_BT)^{2n} a_n \frac{d^{2n-1}}{d\varepsilon^{2n-1}} H(\varepsilon)\Big|_{\varepsilon=\mu} \quad \textbf{(2.69)}$$

que é conhecida como a expansão de Sommerfeld.[24] As constantes a_n são adimensionais da ordem da unidade. As funções H normalmente encontradas têm importantes variações em uma escala de energia da ordem de μ, e geralmente $(d/d\varepsilon)^n H(\varepsilon)|_{\varepsilon=\mu}$ é da ordem de $H(\mu)/\mu^n$.

[24] A expansão não é sempre exata, mas é altamente confiável, a não ser que $H(\varepsilon)$ tenha uma singularidade muito próxima a $\varepsilon = \mu$. Se, por exemplo, H é singular em $\varepsilon = 0$ [como é a densidade de níveis de elétrons livres (2.63)], a expansão omitirá termos da ordem de $\exp(-\mu/k_BT)$, que são normalmente da ordem de $e^{-100} \sim 10^{-43}$. Veja também o Problema 1.

Quando este é o caso, sucessivos termos na expansão de Sommerfeld são menores por $O(k_BT/\mu)^2$ que é $O(10^{-4})$ à temperatura ambiente. Consequentemente, em cálculos reais, apenas o primeiro e (*muito* ocasionalmente) o segundo termos são mantidos na soma em (2.69). A forma explícita para eles é (Apêndice C):

$$\int_{-\infty}^{\infty} H(\varepsilon)f(\varepsilon)d\varepsilon = \int_{-\infty}^{\mu} H(\varepsilon)d\varepsilon + \frac{\pi^2}{6}(k_BT)^2H'(\mu) + \frac{7\pi^4}{360}(k_BT)^4H'''(\mu) + O\left(\frac{k_BT}{\mu}\right)^6. \quad \textbf{(2.70)}$$

Para avaliar o calor específico de um metal em temperaturas pequenas comparadas a T_F, aplicamos a expansão de Sommerfeld (2.70) à energia eletrônica e às densidades de número [equações (2.66) e (2.67)]:

$$u = \int_0^{\mu} \varepsilon g(\varepsilon)d\varepsilon + \frac{\pi^2}{6}(k_BT)^2[\mu g'(\mu) + g(\mu)] + O(T^4), \quad \textbf{(2.71)}$$

$$n = \int_0^{\mu} g(\varepsilon)d\varepsilon + \frac{\pi^2}{6}(k_BT)^2 g'(\mu) + O(T^4). \quad \textbf{(2.72)}$$

A equação (2.72), como veremos detalhadamente a seguir, implica que μ difere de seu valor de $T = 0$, ε_F, por termos da ordem T^2. Deste modo, corretamente à ordem T^2, podemos escrever

$$\int_0^{\mu} H(\varepsilon)d\varepsilon = \int_0^{\varepsilon_F} H(\varepsilon)d\varepsilon + (\mu - \varepsilon_F)H(\varepsilon_F). \quad \textbf{(2.73)}$$

Se aplicarmos esta expansão às integrais em (2.71) e (2.72) e substituirmos μ por ε_F em termos já da ordem T^2 nestas equações, temos

$$\begin{aligned} u = \int_0^{\varepsilon_F} \varepsilon g(\varepsilon)d\varepsilon + \varepsilon_F\left\{(\mu - \varepsilon_F)g(\varepsilon_F) + \frac{\pi^2}{6}(k_BT)^2 g'(\varepsilon_F)\right\} \\ + \frac{\pi^2}{6}(k_BT)^2 g(\varepsilon_F) + O(T^4), \end{aligned} \quad \textbf{(2.74)}$$

$$n = \int_0^{\varepsilon_F} g(\varepsilon)d\varepsilon + \left\{(\mu - \varepsilon_F)g(\varepsilon_F) + \frac{\pi^2}{6}(k_BT)^2 g'(\varepsilon_F)\right\}. \quad \textbf{(2.75)}$$

Os primeiros termos independentes de temperatura nos lados direitos de (2.74) e (2.75) são apenas os valores de *u e n* no estado fundamental. Já que estamos calculando o calor específico à densidade constante, *n* é independente da temperatura e (2.75) se reduz a

$$0 = (\mu - \varepsilon_F)g(\varepsilon_F) + \frac{\pi^2}{6}(k_BT)^2 g'(\varepsilon_F), \quad \textbf{(2.76)}$$

o que determina o desvio do potencial químico de ε_F:

$$\mu = \varepsilon_F - \frac{\pi^2}{6}(k_BT)^2 \frac{g'(\varepsilon_F)}{g(\varepsilon_F)}. \quad \textbf{(2.77)}$$

Uma vez que, para elétrons livres, $g(\varepsilon)$ varia como $\varepsilon^{1/2}$ [veja a equação (2.63)], isto fornece

$$\mu = \varepsilon_F\left[1 - \frac{1}{3}\left(\frac{\pi k_BT}{2\varepsilon_F}\right)^2\right], \quad \textbf{(2.78)}$$

que é, como afirmamos anteriormente, uma mudança da ordem de T^2 normalmente de apenas cerca de 0,01%, mesmo à temperatura ambiente.

A equação (2.76) define o termo entre chaves em (2.74) como igual a zero, simplificando, por meio disso, a forma da densidade de energia térmica em densidade eletrônica constante:

$$u = u_0 + \frac{\pi^2}{6}(k_BT)^2 g(\varepsilon_F) \quad \textbf{(2.79)}$$

onde u_0 é a densidade de energia no estado fundamental. O calor específico do gás de elétrons é, portanto

$$\boxed{c_v = \left(\frac{\partial u}{\partial T}\right)_n = \frac{\pi^2}{3}k_B^2 T g(\varepsilon_F)} \quad \textbf{(2.80)}$$

ou, para elétrons livres [veja a equação (2.65)],

$$c_v = \frac{\pi^2}{2}\left(\frac{k_BT}{\varepsilon_F}\right)nk_B. \quad \textbf{(2.81)}$$

Comparando isso ao resultado clássico para um gás ideal, $c_v = 3nk_B/2$, vemos que o efeito da estatística de Fermi-Dirac é baixar o calor específico por um fator de $(\pi^2/3)(k_BT/\varepsilon_F)$, que é proporcional à temperatura, e mesmo à temperatura ambiente é apenas da ordem de 10^{-2}. Isto explica a ausência de qualquer contribuição observável dos graus eletrônicos de liberdade para o calor específico de um metal à temperatura ambiente.

Caso se queira atribuir o coeficiente numérico preciso, pode-se entender este comportamento do calor específico de forma bem simples a partir da dependência de temperatura da própria função de Fermi. O aumento na energia dos elétrons, quando a temperatura aumenta a partir de $T = 0$, acontece inteiramente porque alguns elétrons com energias entre $O(k_BT)$ abaixo de ε_F (a região sombreada escura da Figura 2.4) foram excitados a uma faixa de energia de $O(k_BT)$ acima de ε_F (a região sombreada clara da Figura 2.4). O número de elétrons por unidade de volume que foram excitados é a largura, k_BT, do intervalo de energia vezes a densidade de níveis por unidade de volume $g(\varepsilon_F)$. Além disso, a energia de excitação é da ordem de k_BT e, consequentemente, a densidade de energia térmica total é da ordem de $g(\varepsilon_F)(k_BT)^2$ acima da energia do estado fundamental. Isto não compreende o resultado preciso (2.79) por um fator de $\pi^2/6$, mas fornece um retrato físico simples, sendo útil para estimativas aproximadas.

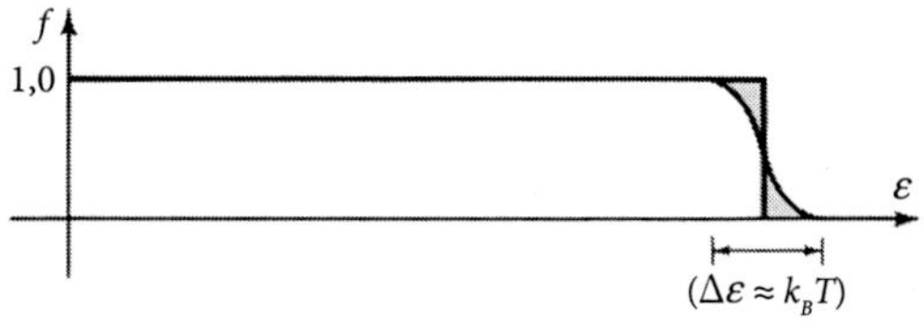

FIGURA 2.4

A função de Fermi em T diferente de zero. A distribuição difere de sua forma $T = 0$ porque alguns elétrons logo abaixo de ε_F (região sombreada escura) foram excitados para níveis logo acima de ε_F (região sombreada clara).

A possibilidade de se prever um calor específico linear é uma das consequências mais importantes da estatística de Fermi-Dirac, e fornece um teste ainda mais simples da teoria do gás de elétrons de um metal, desde que se possa certificar que graus de liberdade diferentes dos eletrônicos não fazem contribuições comparáveis ou mesmo maiores. Por coincidência, os graus de liberdade iônicos dominam completamente o calor específico em temperaturas altas. No entanto, bem abaixo da temperatura ambiente, sua contribuição declina como o cubo da temperatura (Capítulo 23) e, em temperaturas muito baixas, ela cai abaixo da contribuição eletrônica, que apenas diminui linearmente com T. Para se separar essas duas contribuições, tornou-se prática representar graficamente c_v/T contra T^2, porque, se as contribuições eletrônica e iônica em conjunto resultam na forma de baixa temperatura,

$$c_v = \gamma T + AT^3, \quad \textbf{(2.82)}$$

então

$$\frac{c_v}{T} = \gamma + AT^2. \quad \textbf{(2.83)}$$

Deste modo, pode-se encontrar γ extrapolando-se a curva c_v/T linearmente para $T^2 = 0$ e observando-se onde ela intercepta o eixo c_v/T. Calores específicos metálicos medidos contêm normalmente um termo linear que se torna comparável ao termo cúbico a uns poucos graus Kelvin.[25]

[25] Como é difícil de se preparar experimentalmente a densidade constante, geralmente se mede o calor específico à pressão constante, c_p. No entanto, pode-se mostrar (Problema 2) que, para o gás de elétrons livres metálico, em temperatura ambiente e abaixo, $c_p/c_v = 1 + O(k_BT/\varepsilon_F)^2$. Assim, em temperaturas em que a contribuição eletrônica ao calor específico se torna observável (uns poucos graus Kelvin), os dois calores específicos diferem por uma variação desprezível.

TABELA 2.3

Alguns valores experimentais aproximados para o coeficiente do termo linear em *t* dos calores específicos dos metais, e os valores dados pela simples teoria do elétron livre

Elemento	Elétron livre γ	γ Medido	Razão*
	(em 10^{-4} cal-mol^{-1}-K^{-2})		(m^*/m)
Li	1,8	4,2	2,3
Na	2,6	3,5	1,3
K	4,0	4,7	1,2
Rb	4,6	5,8	1,3
Cs	5,3	7,7	1,5
Cu	1,2	1,6	1,3
Ag	1,5	1,6	1,1
Au	1,5	1,6	1,1
Be	1,2	0,5	0,42
Mg	2,4	3,2	1,3
Ca	3,6	6,5	1,8
Sr	4,3	8,7	2,0
Ba	4,7	6,5	1,4
Nb	1,6	20	12
Fe	1,5	12	8,0
Mn	1,5	40	27
Zn	1,8	1,4	0,78
Cd	2,3	1,7	0,74
Hg	2,4	5,0	2,1
Al	2,2	3,0	1,4
Ga	2,4	1,5	0,62
In	2,9	4,3	1,5
Tl	3,1	3,5	1,1
Sn	3,3	4,4	1,3
Pb	3,6	7,0	1,9
Bi	4,3	0,2	0,047
Sb	3,9	1,5	0,38

*Já que o valor teórico de γ é proporcional à densidade de níveis no nível de Fermi, que por sua vez é proporcional à massa eletrônica m, às vezes se define uma massa efetiva do calor específico m^* tal que m^*/m seja a razão do γ medido para o elétron livre γ. Cuidado para não considerar esta massa efetiva de calor específico igual a qualquer uma das outras várias massas efetivas usadas na teoria do estado sólido (veja, por exemplo, os itens do índice sob "massa efetiva").

Os dados de calor específico são geralmente expressos em joules (ou calorias) por mol por grau Kelvin. Como um mol de um metal de elétrons livres contém elétrons de condução ZN_A (onde Z é a valência e N_A é o número de Avogadro) e ocupa um volume ZN_A/n, devemos multiplicar a capacidade de calor por unidade de volume, c_v por ZN_A/n, para obter a capacidade de calor por mol, C:

$$C = \frac{\pi^2}{3} ZR \frac{k_B T g(\varepsilon_F)}{n}, \quad \textbf{(2.84)}$$

onde $R = K_B N_A$ = 8,314 joules/mol = 1,99 calorias/mol-K. Utilizando a densidade de níveis de elétrons livres (2.65) e a avaliação (2.33) de ε_F/k_B, encontramos uma contribuição de elétron livre para a capacidade de calor por mol de $C = \gamma T$, onde

$$\gamma = \frac{1}{2}\pi^2 R \frac{Z}{T_F} = 0,169 Z \left(\frac{r_s}{a_0}\right)^2 \times 10^{-4} \text{cal - mol}^{-1} \text{ - K}^{-2}. \quad \textbf{(2.85)}$$

Alguns valores aproximados medidos de γ são apresentados na Tabela 2.3, junto aos valores de elétron livre deduzidos de (2.85) e os valores de r_s/a_0 na Tabela 1.1. Observe que os metais alcalinos continuam razoavelmente bem descritos pela teoria do elétron livre, como também os metais nobres (Cu, Ag, Au). Observe também, no entanto, as surpreendentes disparidades no Fe e no Mn (na prática, valores dez vezes maiores que na teoria) bem como aquelas no Bi e no Sb (na prática, valores 0,1 vezes maiores que na teoria). Esses grandes desvios são agora qualitativamente compreendidos em bases um tanto gerais, e retornaremos a eles no Capítulo 15.

A TEORIA DE SOMMERFELD DA CONDUÇÃO EM METAIS

Para encontrar a distribuição de velocidade para os elétrons nos metais, considere um elemento de pequeno[26] volume espacial k em torno de um ponto $\mathbf{k}$, de volume $d\mathbf{k}$. Fazendo concessões quanto à degeneração de spin duplo, o número de níveis monoeletrônicos neste elemento de volume é [veja a equação (2.18)]

$$\left(\frac{V}{4\pi^3}\right) d\mathbf{k}. \quad \textbf{(2.86)}$$

A probabilidade de cada nível ser ocupado é apenas $f(\varepsilon(\mathbf{k}))$ e, portanto, o número total de elétrons no elemento de volume espacial k é

$$\frac{V}{4\pi^3} f(\varepsilon(\mathbf{k})) d\mathbf{k}, \qquad \varepsilon(\mathbf{k}) = \frac{\hbar^2 \mathbf{k}^2}{2m}. \quad \textbf{(2.87)}$$

---

[26] Pequeno o bastante para que a função de Fermi e outras funções de interesse físico variem desprezivelmente por todo o elemento de volume, mas grande o suficiente para conter muitos níveis monoeletrônicos.

Uma vez que a velocidade de um elétron livre com vetor de onda **k** é $\mathbf{v} = \hbar\mathbf{k}/m$ [equação (2.12)], o número de elétrons em um elemento de volume $d\mathbf{v}$ em relação a **v** é o mesmo que o número em um elemento de volume $d\mathbf{k} = (m/\hbar)^3\, d\mathbf{v}$ em torno de $\mathbf{k} = m\mathbf{v}/\hbar$. Consequentemente, o número total de elétrons por unidade de volume de espaço real em um elemento espacial de velocidade de volume $d\mathbf{v}$ em relação a **v** é

$$f(\mathbf{v})d\mathbf{v}, \quad \textbf{(2.88)}$$

onde

$$f(\mathbf{v}) = \frac{(m/\hbar)^3}{4\pi^3}\frac{1}{\exp[(\frac{1}{2}mv^2 - \mu)/k_BT] + 1}. \quad \textbf{(2.89)}$$

Sommerfeld reexaminou o modelo de Drude, substituindo a distribuição de velocidade de Maxwell-Boltzmann clássica (2.1) pela distribuição de Fermi-Dirac (2.89). Empregar uma distribuição de velocidade construída a partir de argumentos mecânico-quânticos em outra teoria clássica requer alguma justificativa.[27] Pode-se descrever o movimento de um elétron de forma clássica caso se possa especificar sua posição e seu momento tão precisamente quanto necessário, sem que se viole o princípio da incerteza.[28]

Um típico elétron em um metal tem um momento da ordem de $\hbar k_F$, logo, a incerteza em seu momento Δp deve ser pequena em comparação a $\hbar k_F$ para uma boa descrição clássica. Já que, a partir de (2.22), $k_F \sim 1/r_s$, a incerteza na posição deve satisfazer

$$\Delta x \sim \frac{\hbar}{\Delta p} \gg \frac{1}{k_F} \sim r_s, \quad \textbf{(2.90)}$$

onde, a partir de (1.2), r_s é da ordem da distância intereletrônica média – ou seja, angströms. Portanto, uma descrição clássica é impossível quando é preciso considerar elétrons localizados dentro de distâncias atômicas (também da ordem de angströms). No entanto, os elétrons de condução em um metal não são ligados a íons em particular, mas podem vagar livremente pelo volume do metal. Em um espécime macroscópico, para a maioria das finalidades, não há necessidade de se especificar sua posição com uma precisão de 10^{-8} cm. O modelo de Drude assume que se conhece a posição de um elétron principalmente nos dois contextos a seguir:

---

[27] É muito complicado construir uma justificativa analítica detalhada, do mesmo modo que é assunto bem sutil especificar com generalidade e precisão em que pontos a teoria quântica pode ser substituída por seu limite clássico. A física subjacente, no entanto, é direta.

[28] Há também uma limitação um pouco mais especializada no uso da mecânica clássica para a descrição de elétrons de condução. A energia de movimento de um elétron no plano perpendicular a um campo magnético uniforme aplicado é quantizada em múltiplos de $\hbar\omega_c$ (Capítulo 14). Mesmo para campos tão grandes quanto 10^4 gauss, esta é uma energia muito pequena, mas em amostras adequadamente preparadas em temperaturas de uns poucos graus Kelvin, tais efeitos quânticos tornam-se observáveis e são, de fato, de grande importância prática.

1. Quando campos eletromagnéticos ou gradientes de temperatura que variam espacialmente são aplicados, deve ser possível especificar-se a posição de um elétron em uma escala pequena em comparação à distância λ pela qual os campos ou os gradientes de temperatura variam. Para a maior parte das aplicações, os campos aplicados ou gradientes de temperatura não variam apreciavelmente na escala de angströms, e a precisão necessária de definição na posição do elétron não precisa levar a uma incerteza inaceitavelmente grande em seu momento. Por exemplo, o campo elétrico associado à luz visível varia apreciavelmente apenas acima de uma distância da ordem de 10^3 Å. Se, no entanto, o comprimento de onda for muito menor do que isso (por exemplo, os raios X), deve-se utilizar a mecânica quântica para descrever o movimento eletrônico induzido pelo campo.
2. Há também uma suposição implícita no modelo de Drude de que se pode localizar um elétron dentro de bem menos que um livre caminho médio ℓ, e deve-se, então, suspeitar de argumentos clássicos quando ocorrerem livres caminhos médios muito menores que dezenas de angströms. Felizmente, como veremos adiante, caminhos livres médios em metais são da ordem de 100 Å à temperatura ambiente, e tornam-se mais longos ainda à medida que a temperatura diminui.

Há, desse modo, uma grande variação de fenômenos nos quais o comportamento de um elétron metálico é descrito adequadamente pela mecânica clássica. No entanto, não fica imediatamente evidente a partir disso que o comportamento de tais *N* elétrons pode ser descrito pela mecânica clássica. Uma vez que o princípio da exclusão de Pauli afeta tão profundamente a estatística de *N* elétrons, por que não teria efeitos drásticos similares sobre sua dinâmica? Ele não resulta de um teorema elementar, o que afirmamos sem provas, já que a prova, apesar de simples, é muito enfadonha no âmbito notacional:

Considere um sistema de *N* elétrons, cujas interações uns com os outros são ignoradas, expostos a um campo eletromagnético dependente de tempo e espaço arbitrário. Considere que o estado de *N* elétrons no tempo 0 seja formado pela ocupação de um grupo em particular de *N* níveis monoeletrônicos, $\psi_1(0), ..., \psi_N(0)$. Considere $\psi_j(t)$ o nível ao qual $\psi_j(0)$ evoluiria no tempo *t* sob a influência do campo eletromagnético se houvesse apenas um elétron presente, que estava no nível $\psi_j(0)$ no tempo zero. Então, o estado de *N* elétrons correto no tempo *t* será aquele formado pela ocupação do conjunto de *N* níveis monoeletrônicos $\psi_1(t), ..., \psi_N(t)$.

Assim, o comportamento dinâmico de *N* elétrons que não interagem é completamente determinado considerando-se os *N* problemas de um elétron independente. Em particular, se a aproximação clássica é válida para cada um desses problemas monoeletrônicos, será também válida para todo o sistema de *N* elétrons.[29]

[29] Observe que isto implica que qualquer configuração clássica consistente com o princípio da exclusão no tempo t = 0 (isto é, tendo menos que um elétron de cada spin por unidade de volume, em qualquer região espacial de momento de volume $d\mathbf{p} = (2\pi\hbar)^3/V$) permanecerá consistente com o princípio de exclusão em todos os tempos futuros. Este resultado também pode ser provado pelo raciocínio puramente clássico como um corolário direto do teorema de Liouville. Veja o Capítulo 12.

O uso da estatística de Fermi-Dirac afeta apenas as previsões do modelo de Drude que requerem algum conhecimento da distribuição de velocidade eletrônica para sua avaliação. Se a razão $1/\tau$ pela qual um elétron sofre colisões não depende de sua energia, apenas nossa estimativa do livre caminho médio eletrônico e nossos cálculos da condutividade térmica e potência térmica serão afetados por uma alteração na função de distribuição de equilíbrio.

Livre Caminho Médio Usando v_F [equação (2.24)] como uma medida da velocidade eletrônica típica, podemos avaliar o livre caminho médio $\ell = v_F\tau$ a partir da equação (1.8), conforme segue:

$$\boxed{\ell = \frac{(r_s/a_0)^2}{\rho_\mu} \times 92\text{Å}.} \quad \textbf{(2.91)}$$

Já que a resistividade em microhm centímetros, ρ_μ, é tipicamente de 1 a 100 à temperatura ambiente, e uma vez que r_s/a_0 é tipicamente de 2 a 6, livres caminhos médios com comprimento da ordem de uma centena de angströms são possíveis mesmo à temperatura ambiente.[30]

Condutividade Térmica Continuamos a calcular a condutividade térmica pela equação (1.51):

$$\kappa = \tfrac{1}{3} v^2 \tau c_v. \quad \textbf{(2.92)}$$

O calor específico correto (2.81) é menor que a suposição clássica de Drude por um fator da ordem K_BT/ε_F; o cálculo correto de v^2 não é a velocidade quadrada média térmica clássica da ordem K_BT/m, mas $v_F^2 = 2\varepsilon_F/m$, que é maior que o valor clássico por um fator da ordem ε_F/K_BT. Inserindo estes valores em (2.92) e eliminando o tempo de relaxação em favor da condutividade por meio de (1.6), encontramos

$$\frac{\kappa}{\sigma T} = \frac{\pi^2}{3}\left(\frac{k_B}{e}\right)^2 = 2.44 \times 10^{-8} \text{watt - ohm/K}^2. \quad \textbf{(2.93)}$$

que é notavelmente próximo ao valor fortuitamente correto de Drude, graças às duas correções de compensação da ordem k_BT/ε_F e perfeitamente de acordo com os dados da Tabela 1.6. Veremos (Capítulo 13) que este valor do número de Lorenz é bem melhor do que a derivação muito aproximada de (2.93) sugeriria.

---

[30] Pode ser que Drude tenha estimado ℓ usando a velocidade térmica clássica muito mais baixa, ou talvez tenha ficado suficientemente abismado com os livres caminhos médios tão extensos para simplesmente abandonar investigações mais profundas.

Potência térmica A estimativa excessiva de Drude da potência térmica também é resolvida pelo uso da estatística de Fermi-Dirac. Substituindo o calor específico, a partir da equação (2.81), na equação (1.59), encontramos

$$Q = -\frac{\pi^2}{6}\frac{k_B}{e}\left(\frac{k_BT}{\varepsilon_F}\right) = -\ 1.42\left(\frac{k_BT}{\varepsilon_F}\right)\times 10^{-4}\text{volt/K.} \quad \textbf{(2.94)}$$

que é menor que a estimativa de Drude [equação (1.60)] por $O(K_BT/\varepsilon_F) \sim 0{,}01$ à temperatura ambiente.

Outras propriedades Como a forma da distribuição da velocidade eletrônica não teve papel importante nos cálculos das condutividades DC ou AC, do coeficiente de Hall ou da magnetorresistência, as estimativas fornecidas no Capítulo 1 permanecem as mesmas ao se utilizarem estatísticas de Maxwell-Boltzmann ou de Fermi-Dirac.

Este não é o caso, no entanto, caso se utilize um tempo de relaxamento dependente da energia. Se, por exemplo, se pensasse que os elétrons colidissem com centros de espalhamento fixos, seria natural tomar-se um livre caminho médio independente da energia e, consequentemente, um tempo de relaxamento $\tau = \ell/v \sim \ell/\varepsilon^{1/2}$. Logo depois de Drude ter anunciado o modelo do gás de elétrons de um metal, H.A. Lorentz mostrou que, empregando-se a clássica distribuição de velocidade de Maxwell-Boltzmann, um tempo de relaxação dependente da energia levaria à dependência da temperatura nas condutividades DC e AC, bem como ao não desaparecimento da magnetorresistência e à dependência do coeficiente de Hall em relação à temperatura e ao campo. Como agora seria de se esperar em virtude da inadequação da distribuição de velocidade clássica, nenhuma dessas correções foram capazes de trazer as discrepâncias do modelo de Drude em melhor alinhamento com os fatos observados sobre metais.[31] Além disso, veremos (Capítulo 13) que, quando a correta distribuição de velocidade de Fermi-Dirac é utilizada, a adição de uma dependência de energia ao tempo de relaxação tem efeito pouco significativo na maioria das grandezas de interesse em um metal.[32] Se calcularmos as condutividades DC ou AC, a magnetorresistência ou o coeficiente de Hall admitindo-se um $\tau(\varepsilon)$ dependente de energia, os resultados que encontraremos serão os mesmos daqueles que se calculariam supondo-se um τ independente de energia, igual a $\tau(\varepsilon_F)$. Em metais, estas grandezas são determinadas quase inteiramente pela forma com que elétrons próximos ao nível Fermi são espalhados.[33] Esta é outra consequência muito importante do princípio da exclusão de Pauli, cuja justificativa será fornecida no Capítulo 13.

---

[31] O modelo de Lorentz é, no entanto, de considerável importância na descrição de semicondutores (Capítulo 29).

[32] A potência térmica é uma notável exceção.

[33] Essas afirmações são corretas para orientar-se a ordem em k_BT/ε_F, mas em metais este é sempre um bom parâmetro de expansão.

PROBLEMAS

1. *O Gás de Elétrons Livres e Independentes em Duas Dimensões*

(a) Qual é a relação entre n e k_F em duas dimensões?

(b) Qual é a relação entre k_F e r_s em duas dimensões?

(c) Prove que, em duas dimensões, a densidade de níveis de elétrons livres $g(\varepsilon)$ é uma constante independente de ε para $\varepsilon > 0$ e 0 para $\varepsilon < 0$. Qual é a constante?

(d) Mostre que, como $g(\varepsilon)$ é constante, cada termo na expansão de Sommerfeld para n desaparece exceto o termo $T = 0$. Deduza que $\mu = \varepsilon_F$ em qualquer temperatura.

(e) Deduza a partir de (2.67) que, quando $g(\varepsilon)$ é como em (c), então

$$\mu + k_B T \ln(1 + e^{-\mu/k_B T}) = \varepsilon_F. \quad \textbf{(2.95)}$$

(f) Calcule a partir de (2.95) a quantidade pela qual μ difere de ε_F. Comente o significado numérico desta "falha" na expansão de Sommerfeld e a razão matemática para a "falha".

2. *Termodinâmica do Gás de Elétrons Livres e Independentes*

(a) Deduza a partir das identidades termodinâmicas

$$c_v = \left(\frac{\partial u}{\partial T}\right)_n = T\left(\frac{\partial s}{\partial T}\right)_n, \quad \textbf{(2.96)}$$

a partir das equações (2.56) e (2.57) e da terceira lei da termodinâmica ($s \to 0$ como $T \to 0$), que a densidade de entropia, $s = S/V$, é dada por:

$$s = -k_B \int \frac{d\mathbf{k}}{4\pi^3}[f \ln f + (1 - f)\ln(1 - f)], \quad \textbf{(2.97)}$$

onde $f(\varepsilon(\mathbf{k}))$ é a função de Fermi [equação (2.56)].

(b) Uma vez que a pressão P satisfaz a equação (B.5) no Apêndice B, $P = -(u - Ts - \mu n)$, deduza a partir de (2.97) que

$$P = k_B T \int \frac{d\mathbf{k}}{4\pi^3} \ln\left(1 + \exp\left[-\frac{(\hbar^2 k^2 2m) - \mu}{k_B T}\right]\right). \quad \textbf{(2.98)}$$

Mostre que (2.98) implica que P é uma função homogênea de μ e T de grau 5/2; isto é,

$$P(\lambda\mu, \lambda T) = \lambda^{5/2} P(\mu, T) \quad \textbf{(2.99)}$$

para qualquer constante λ.

(c) Deduza a partir das relações termodinâmicas no Apêndice B que

$$\left(\frac{\partial P}{\partial \mu}\right)_T = n, \quad \left(\frac{\partial P}{\partial T}\right)_\mu = s. \quad \textbf{(2.100)}$$

(d) Diferenciando-se (2.99) em relação a λ, mostre que a relação de estado fundamental (2.34) mantém-se em qualquer temperatura, na forma

$$P = \tfrac{2}{3}u. \quad \textbf{(2.101)}$$

(e) Mostre que, quando $K_BT << \varepsilon_F$, a razão entre os calores específicos à pressão constante e a volume constante satisfaz

$$\left(\frac{c_p}{c_v}\right) - 1 = \frac{\pi^2}{3}\left(\frac{k_BT}{\varepsilon_F}\right)^2 + O\left(\frac{k_BT}{\varepsilon_F}\right)^4.$$

(f) Mantendo termos adicionais nas expansões de Sommerfeld de u e n, mostre que, de acordo com a ordem T^3, a capacidade eletrônica de calor é dada por

$$c_v = \frac{\pi^2}{3}k_B^2Tg(\varepsilon_F) - \frac{\pi^4}{90}k_B^4T^3g(\varepsilon_F)\left[15\left(\frac{g'(\varepsilon_F)}{g(\varepsilon_F)}\right)^2 - 21\frac{g''(\varepsilon_F)}{g(\varepsilon_F)}\right]. \quad \textbf{(2.102)}$$

3. *O Limite Clássico da Estatística de Fermi-Dirac*

A distribuição de Fermi-Dirac reduz a distribuição de Maxwell-Boltzmann, desde que a função de Fermi (2.56) seja bem menor que a unidade para todo ε positivo, já que, neste caso, devemos ter

$$f(\varepsilon) \approx e^{-(\varepsilon-\mu)/k_BT}. \quad \textbf{(2.103)}$$

A condição necessária e suficiente para (2.103) se manter para todo ε positivo é

$$e^{-\mu/k_BT} \gg 1. \quad \textbf{(2.104)}$$

(a) Supondo que (2.104) se mantém, mostre que

$$r_S = e^{-\mu/3k_BT}3^{1/3}\pi^{1/6}\hbar(2mk_BT)^{-1/2}. \quad \textbf{(2.105)}$$

Em conjunção com (2.104), isto requer que

$$r_S \gg \left(\frac{\hbar^2}{2mk_BT}\right)^{1/2}, \textbf{(2.106)}$$

que também pode ser tomada como condição para a validade da estatística clássica.

(b) Qual é o significado de o comprimento r_s ter de exceder?

(c) Mostre que (2.106) leva à condição numérica

$$\frac{r_S}{a_0} \gg \left(\frac{10^5\text{K}}{T}\right)^{1/2}. \textbf{(2.107)}$$

(d) Mostre que a constante de normalização $m^3/4\pi^3\hbar^3$ que aparece na distribuição de velocidade de Fermi-Dirac (2.2) também pode ser definida como $(3\sqrt{\pi}/4)n(m/2\pi k_BT_F)^{3/2}$, de forma que $f_B(0)/f(0) = (4/3\sqrt{\pi})(T_F/T)^{3/2}$.

4. *Insensibilidade da Função de Distribuição a Pequenas Alterações no Número Total de Elétrons*

Na derivação da distribuição de Fermi (página 45), afirmamos que a probabilidade de determinado nível ser ocupado não deve se alterar notavelmente quando o número total de elétrons é alterado por um. Verifique que a função de Fermi (2.56) é compatível com esta suposição, como a seguir:

(a) Mostre, sendo $k_BT << \varepsilon_F$, que, quando o número de elétrons é alterado por um, a uma temperatura fixa, o potencial químico se altera por

$$\Delta\mu = \frac{1}{Vg(\varepsilon_F)}, \textbf{(2.108)}$$

onde $g(\varepsilon)$ é a densidade de níveis.

(b) Mostre, como consequência disso, que a máxima probabilidade de qualquer nível ocupado poder se alterar é

$$\Delta f = \frac{1}{6}\frac{\varepsilon_F}{k_BT}\frac{1}{N}. \textbf{(2.109)}$$

[Utilize a avaliação de elétron livre (2.65) de $g(\varepsilon_F)$.] Embora temperaturas de miligraus Kelvin possam ser atingidas, nas quais $\varepsilon_F/k_BT \approx 10^8$, quando N é da ordem de 10^{22} Δf ainda é desprezivelmente pequeno.

3 Falhas do modelo do elétron livre

A teoria do elétron livre explica com sucesso grande parte das propriedades metálicas. Na forma originalmente proposta por Drude, as deficiências mais notáveis do modelo se deviam ao uso da mecânica estatística clássica na descrição dos elétrons de condução. Como consequência, os campos termoelétricos e as capacidades caloríficas previstos eram centenas de vezes maiores, mesmo à temperatura ambiente. A dificuldade foi obscurecida pelo fato de que a estatística clássica fortuitamente deu uma forma para a lei de Wiedemann--Franz que não continha esse erro grave. A aplicação da estatística de Fermi-Dirac feita por Sommerfeld nos elétrons de condução eliminou esta classe de dificuldades e manteve todas as outras suposições básicas do modelo do elétron livre.

No entanto, o modelo do elétron livre de Sommerfeld ainda produz diversas previsões quantitativas grandemente contrariadas pela observação, deixando muitas questões fundamentais de princípio sem solução. Listam-se a seguir as inadequações do modelo do elétron livre que emergiram das aplicações feitas nos dois capítulos anteriores.[1]

DIFICULDADES COM O MODELO DO ELÉTRON LIVRE

1. Inadequações nos coeficientes de transporte do elétron livre

(a) O coeficiente de Hall — A teoria do elétron livre prevê um coeficiente de Hall que tem, em densidades metálicas de elétrons, o valor constante $R_H = -1/nec$, independentemente da temperatura, do tempo de relaxação ou da força do campo magnético. Apesar de os coeficientes de Hall terem esta ordem de grandeza, eles dependem, falando de modo geral, tanto da força do campo magnético quanto da temperatura (e, presumivelmente, do tempo de relaxação, que é bem mais difícil de ser controlado experimentalmente). Geralmente, esta dependência é muito dramática. No alumínio, por exemplo, o R_H (veja a Figura 1.4) jamais fica dentro de um fator de três do valor do elétron livre, depende fortemente da força do campo e, em campos altos, não tem nem o sinal previsto pela teoria do elétron livre. Tais casos não são atípicos. Apenas

[1] Os exemplos e os comentários que compõem o restante deste breve capítulo não têm a intenção de fornecer um quadro detalhado das limitações do modelo do elétron livre. Isto surgirá nos capítulos a seguir, com as soluções para as dificuldades apresentadas pelo modelo. A finalidade deste capítulo é apenas enfatizar como são variadas e extensivas as falhas e, por meio disso, indicar o motivo de se ter que recorrer a uma análise consideravelmente mais elaborada.

os coeficientes de Hall dos metais alcalinos chegam perto de se comportarem de acordo com as previsões da teoria do elétron livre.

(b) ***A magnetorresistência*** — A teoria do elétron livre prevê que a resistência de um fio perpendicular a um campo magnético uniforme não deve depender da força do campo. Em quase todos os casos, ela depende. Em alguns casos (sobretudo os metais nobres, cobre, prata e ouro), ela pode aumentar de forma aparentemente ilimitada à medida que o campo aumenta. Na maioria dos metais, o comportamento da resistência em um campo depende muito drasticamente da maneira com que o espécime metálico é preparado e, para espécimes adequados, da orientação do espécime com respeito ao campo.

(c) ***O campo termoelétrico*** — O sinal do campo termoelétrico, como o sinal da constante de Hall, não é sempre aquele que a teoria do elétron livre prevê. Apenas a ordem de grandeza é correta.

(d) ***A lei de Wiedemann-Franz*** — O grande triunfo da teoria do elétron livre, a lei de Wiedemann--Franz, é perfeitamente obedecida em altas temperaturas (ambiente) e também, muito provavelmente, em temperaturas muito baixas (alguns graus K). Em temperaturas intermediárias, ela cai, e $\kappa/\sigma T$ depende da temperatura.

(e) ***Dependência da temperatura na condutividade elétrica DC*** — Nada na teoria do elétron livre pode explicar a dependência da temperatura na condutividade DC (revelada, por exemplo, na Tabela 1.2). Ela tem que ser mecanicamente inserida na teoria como uma dependência de temperatura *ad hoc* no tempo de relaxação τ.

(f) ***Dependência direcional da condutividade elétrica DC*** — Em alguns metais (mas não em todos), a condutividade DC depende da orientação do espécime (se adequadamente preparado) em relação ao campo. Em tais espécimes, a corrente **j** não precisa sequer estar paralela ao campo.

(g) ***Condutividade AC*** — Há uma dependência muito mais sutil da frequência em relação às propriedades ópticas dos metais do que a simples constante dielétrica do elétron livre possa esperar produzir. Até mesmo o sódio — em outros casos um metal de elétrons livres razoavelmente representativo — parece falhar neste teste da dependência da frequência detalhada de sua reflexibilidade. Em outros metais, a situação é bem pior. Não podemos sequer começar a explicar as cores do cobre e do ouro em termos de reflexibilidades calculadas com base na constante dielétrica do elétron livre.

2. Inadequações nas previsões da termodinâmica estática

(a) ***Termo linear no calor específico*** — A teoria de Sommerfeld explica razoavelmente bem o tamanho do termo linear em T no calor específico à baixa temperatura para os metais alcalinos, mas não tão bem para os metais nobres e muito precariamente mesmo para os metais de transição, como o ferro e o manganês (uma previsão demasiadamente pequena), o bismuto e o antimônio (uma previsão demasiadamente grande).

(b) ***Termo cúbico no calor específico*** — Não há nada no modelo do elétron livre que explique por que o calor específico à baixa temperatura deva ser dominado por algo mais, já que a simples teoria de Sommerfeld para a contribuição eletrônica ao termo T^3 tem o sinal errado e é milhões de vezes muito pequena.

*(c) **A compressibilidade dos metais*** — Apesar de a teoria do elétron livre se dar miraculosamente bem no cálculo de módulos bulk (ou compressibilidades) de muitos metais, é claro que mais atenção deve ser dada aos íons e às interações elétron-elétron quando se deseja chegar a uma estimativa mais acurada da equação do estado de um metal.

3. Mistérios fundamentais

*(a) **O que determina o número de elétrons de condução?*** — Admitimos que todos os elétrons de valência tornam-se elétrons de condução, enquanto os demais permanecem ligados aos íons. Não dedicamos nenhum pensamento ao porquê de isto ocorrer ou a como isto deve ser interpretado no caso de elementos, como o ferro, que mostrem mais de uma valência química.

*(b) **Por que alguns elementos são não metais?*** — Uma inadequação mais acentuada de nossa regra prática para determinar o número de elétrons de condução é apresentada pela existência de isolantes. Por que, por exemplo, o boro é um isolante, enquanto seu vizinho de cima na Tabela Periódica, o alumínio, é um excelente metal? Por que o carbono é um isolante, quando na forma de diamante, e um condutor, quando na forma de grafite? Por que o bismuto e o antimônio são condutores tão precários?

REVISÃO DE SUPOSIÇÕES BÁSICAS

Para fazermos progresso em qualquer um desses problemas, devemos reexaminar as suposições básicas sobre as quais a teoria do elétron livre repousa. As mais notáveis são estas:

1. Aproximação do elétron livre[2] — Os íons metálicos têm papel um tanto secundário. Entre colisões, eles não têm nenhum efeito no movimento de um elétron, e apesar de Drude tê-los invocado como uma fonte de colisões, a informação quantitativa que nos tornamos capazes de extrair sobre a razão de colisão não faz nenhum sentido quando interpretada em termos de elétrons colidindo com íons fixos. A única coisa que os íons realmente parecem fazer adequadamente nos modelos de Drude e de Sommerfeld é manter a neutralidade da carga total.

2. Aproximação do elétron independente[3] — As interações dos elétrons entre si são ignoradas.

3. Aproximação de tempo de relaxação[4] — Assume-se que o resultado de uma colisão não depende da configuração dos elétrons no momento da colisão.

Todas essas simplificações excessivas devem ser abandonadas caso desejemos alcançar um modelo acurado de um sólido. No entanto, uma quantidade surpreendente de progresso pode ser feita primeiro pela concentração completa no aperfeiçoamento de alguns aspectos da aproximação do elétron livre enquanto se continua a usar as aproximações do elétron

---

[2] Veja a página 7.
[3] Veja a página 7.
[4] Veja a página 9.

independente e do tempo de relaxação. Voltaremos a um exame crítico dessas duas últimas aproximações nos Capítulos 16 e 17, limitando-nos aqui às seguintes observações gerais:

Há uma variedade surpreendentemente grande de circunstâncias nas quais a aproximação do elétron independente não diminui drasticamente a validade da análise. Na resolução dos problemas de teoria do elétron livre listados anteriormente, o aperfeiçoamento da aproximação do elétron independente tem papel importante apenas no cálculo das compressibilidades metálicas (2c).[5 e 6] Uma indicação de por que aparentemente ignoramos as interações elétron-elétron é fornecida no Capítulo 17, com exemplos adicionais nos quais as interações elétron-elétron têm papel direto e crucial.

No que tange à aproximação do tempo de relaxação, até mesmo no tempo de Drude existiam métodos na teoria cinética para corrigir essa simplificação excessiva. Eles levam a uma análise bem mais complexa e, em muitos casos, são importantes principalmente para a compreensão de fenômenos metálicos com maior precisão. Das dificuldades descritas anteriormente, apenas o problema da lei de Wiedemann-Franz em temperaturas intermediárias (ld) tem uma solução que requer o abandono da aproximação do tempo de relaxação até mesmo no nível qualitativo mais bruto de explanação.[7] No Capítulo 16, descreveremos a forma que uma teoria deve tomar se for além da aproximação de tempo de relaxação, com exemplos adicionais de problemas que exigem tal teoria para sua resolução.

A aproximação do elétron livre é a principal fonte das dificuldades nas teorias de Drude e de Sommerfeld. Ela produz diversas simplificações:

(i) O efeito dos íons na dinâmica de um elétron entre colisões é ignorado.

(ii) Não se define qual papel os íons têm como fonte de colisões.

(iii) Ignora-se a possibilidade de que os íons por si só, como entidades dinâmicas independentes, contribuam para os fenômenos físicos (como o calor específico ou a condutividade térmica).

As falhas das suposições (ii) e (iii) têm papel essencial na explicação dos desvios da lei de Wiedemann-Franz em temperaturas intermediárias (1d) e a dependência da temperatura na condutividade elétrica (1e). A falha na suposição (iii) responde pelo termo cúbico no calor específico (2b). A moderação dessas duas suposições é também essencial na explicação de uma variedade de fenômenos que ainda serão abordados. Tais fenômenos são brevemente descritos no Capítulo 21, e as consequências de se abandonarem as suposições (ii) e (iii) são exploradas detalhadamente nos Capítulos 22 a 26.

A suposição (i), de que os íons não têm nenhum efeito significativo no movimento de elétrons entre colisões, é responsável pela maioria das deficiências das teorias de Drude e

[5] Os números entre parênteses se referem aos parágrafos numerados no início deste capítulo.

[6] Há também alguns casos em que uma falha da aproximação do elétron independente (Capítulo 10, p. 201, e Capítulo 32) invalida a simples distinção entre metais e isolantes que abordaremos nos Capítulos 8 e 12.

[7] Ele deve também ser abandonado para explicar a detalhada dependência da temperatura na condutividade DC (le).

de Sommerfeld descritas anteriormente. O leitor pode estar perplexo em relação a como se pode fazer distinção entre as suposições (i) e (ii), já que está longe de ser claro que o efeito dos íons sobre os elétrons pode ser resolvido sem ambiguidade nos aspectos "de colisão" e "de não colisão". Veremos, no entanto (especialmente nos Capítulos 8 e 12), que uma teoria que leva em consideração o campo detalhado produzido por um arranjo estático de íons apropriado, porém ignora a possibilidade de movimento iônico (a "aproximação estática"), reduz-se sob uma grande variedade de circunstâncias a uma modificação relativamente simples das teorias de elétron livre de Drude e de Sommerfeld, nas quais as colisões estão inteiramente ausentes! Somente quando se permite o movimento iônico é que seu papel como fonte de colisões pode ser adequadamente compreendido.

Trataremos, então, da aproximação de elétron livre em dois estágios. Primeiro, examinaremos a riqueza da nova estrutura e a subsequente elucidação que emerge quando se considera que os elétrons se movem não no espaço vazio, mas na presença de um potencial estático específico devido a um arranjo fixo de íons estacionários. Somente depois disso (a partir do Capítulo 21) examinaremos as consequências dos desvios dinâmicos nas posições iônicas daquele arranjo estático.

O mais importante fato individual sobre os íons é que eles não são distribuídos aleatoriamente, mas organizados em um arranjo periódico regular, ou "rede". Isto foi primeiro sugerido pelas formas cristalinas macroscópicas assumidas por muitos sólidos (incluindo os metais), diretamente confirmado por experimentos de difração por raios X (Capítulo 6) e subsequentemente corroborado por difração de nêutrons, microscopia eletrônica e muitas outras medições diretas.

A existência de uma rede periódica de íons está no coração da física do estado sólido. Ela fornece a base para toda a estrutura analítica da matéria e, sem ela, comparativamente, pouco progresso teria sido feito. Se há uma razão para a teoria dos sólidos ser muito mais desenvolvida do que a teoria dos líquidos, mesmo que ambas as formas da matéria tenham densidade comparáveis, ela se deve ao fato de os íons estarem arranjados periodicamente no estado sólido, mas desordenados espacialmente nos líquidos. É a falta de um arranjo periódico dos íons que deixou o assunto dos sólidos amorfos em um estado tão primitivo em comparação à teoria altamente desenvolvida dos sólidos cristalinos.[8]

---

[8] Embora tenha havido um grande surto de interesses pelos sólidos amorfos (iniciado em fins da década de 1960), o assunto ainda tem que desenvolver princípios unificantes de força até mesmo remotamente comparável àquela fornecida pelas consequências de um arranjo periódico de íons. Muitos dos conceitos utilizados na teoria dos sólidos amorfos são emprestados, com pouca ou nenhuma justificativa, da teoria dos sólidos cristalinos, mesmo que eles sejam bem compreendidos apenas como consequências da periodicidade de rede. Na verdade, o termo "física do estado sólido", se definido como a matéria de livros de física do estado sólido (incluindo este), é correntemente confinado quase inteiramente à teoria dos sólidos cristalinos. Isto se dá, em grande parte, porque a condição normal da matéria sólida é cristalina, e também porque, em sua presente forma, o assunto dos sólidos amorfos ainda não tem o tipo de princípios básicos amplos adequados para sua inclusão em um curso elementar.

Para prosseguir na teoria dos sólidos, tanto metálicos quanto isolantes, devemos então abordar o assunto dos arranjos periódicos. As propriedades fundamentais de tais arranjos são desenvolvidas nos Capítulos 4, 5 e 7, sem que nos prendamos a aplicações físicas em particular. No Capítulo 6, esses conceitos são aplicados a uma discussão elementar de difração por raios X, o que fornece uma demonstração direta da periodicidade dos sólidos e é um paradigma para a grande variedade de outros fenômenos de onda em sólidos que encontraremos subsequentemente. Nos Capítulos 8 a 11, exploram-se as consequências diretas da periodicidade do arranjo de íons na estrutura eletrônica de qualquer sólido, não importando se isolante ou metálico. Nos Capítulos 12 a 15, a teoria resultante é empregada para reexplorarmos as propriedades dos metais descritos nos Capítulos 1 e 2. Muitas das anomalias da teoria do elétron livre são, deste modo, removidas, e seus mistérios, em grande parte, desvendados.

4 Redes cristalinas

Rede de Bravais e vetores primitivos
Redes cúbicas simples, de corpo centrado e de face centrada
Célula unitária primitiva, célula de Wigner-Seitz e célula convencional
Estruturas cristalinas e redes com bases
Estruturas de empacotamento hexagonal denso e do diamante
Estruturas do cloreto de sódio, do cloreto de césio e da blenda de zinco

Aqueles que não passearam pelos departamentos de mineralogia dos museus de história natural geralmente se surpreendem ao saber que os metais, como a maioria dos outros sólidos, são cristalinos, pois, embora estejamos habituados às aplicações cristalinas muito óbvias do quartzo, do diamante e do sal-gema, as faces planas características, com ângulos acentuados entre si, estão ausentes nos metais em suas formas mais comumente encontradas. No entanto, os metais que ocorrem naturalmente no estado metálico são frequentemente encontrados em formas cristalinas. Tais formas são completamente disfarçadas em produtos metálicos acabados graças à grande maleabilidade dos metais, que permite que sejam moldados em qualquer forma macroscópica que se deseje.

O verdadeiro teste de cristalinidade não é a aparência superficial de um grande espécime, mas o fato de os íons estarem organizados em um arranjo periódico[1] no nível microscópico. Esta regularidade microscópica por trás da matéria cristalina foi alvo de muitas hipóteses como caminho óbvio de se explicar as regularidades geométricas simples dos cristais macroscópicos, em que as faces planas formam apenas alguns ângulos definidos entre si. Ela recebeu confirmação experimental direta em 1913 graças ao trabalho de W. e L. Bragg, que fundamentaram a matéria da cristalografia por raios X e começaram a investigação de como os átomos se arranjam nos sólidos.

[1] Geralmente, um espécime é formado de diversos pequenos pedaços. Cada um desses pedaços se apresenta grande em escala microscópica e contém vasto número de íons arranjados periodicamente. Esse estado "policristalino" é mais comumente encontrado do que um cristal macroscópico individual, no qual a periodicidade é perfeita, se estendendo por todo o espécime.

Antes de descrevermos como a estrutura microscópica dos sólidos é determinada por difração de raios X e como as estruturas periódicas assim reveladas afetam as propriedades físicas fundamentais, será útil examinar algumas das mais importantes propriedades geométricas dos arranjos periódicos no espaço tridimensional. Essas considerações puramente geométricas estão implícitas em quase todas as análises encontradas na física do estado sólido, e serão seguidas neste capítulo e nos Capítulos 5 e 7. A primeira de muitas aplicações destes conceitos será feita pela difração de raios X no Capítulo 6.

A REDE DE BRAVAIS

Um conceito fundamental na descrição de qualquer sólido cristalino é o da *rede de Bravais*, que especifica o arranjo periódico no qual as unidades repetidas do cristal estão ordenadas. As unidades em si podem ser átomos individuais, grupos de átomos, moléculas, íons etc., mas a rede de Bravais fornece apenas a geometria da estrutura periódica subjacente, não importando o que sejam as unidades reais. Fornecemos duas definições equivalentes de uma rede de Bravais:[2]

(a) Uma rede de Bravais é um arranjo infinito de pontos discretos com arranjo e orientação que parecem *exatamente* os mesmos, de qualquer um dos pontos do qual o arranjo é visualizado.

(b) Uma rede de Bravais (tridimensional) é constituída por todos os pontos com vetores de posição **R** da forma

$$\mathbf{R} = n_1\mathbf{a}_1 + n_2\mathbf{a}_2 + n_3\mathbf{a}_3, \quad \textbf{(4.1)}$$

onde $\mathbf{a}_1$, $\mathbf{a}_2$ e $\mathbf{a}_3$ são quaisquer três vetores que não estejam todos no mesmo plano e n_1, n_2 e n_3 variam por todos os valores integrais.[3] Assim, o ponto $\Sigma n_i\mathbf{a}_i$ é alcançado movendo-se n_i passos[4] de comprimento a_i na direção de $\mathbf{a}_i$ para $i = 1, 2$ e 3.

Os vetores $\mathbf{a}_i$ que aparecem na definição (b) de uma rede de Bravais são chamados de *vetores primitivos* e são conhecidos por *gerar* ou *se estender sobre* a rede.

É preciso alguma reflexão para perceber que as duas definições de uma rede de Bravais são equivalentes. O fato de todo arranjo que satisfaz (b) também satisfazer (a) torna-se evidente tão logo as duas definições sejam compreendidas. O argumento de que *qualquer* arranjo que satisfaz a definição (a) pode ser criado por um conjunto adequado de três vetores não é tão óbvio. A prova é uma receita explícita para a construção dos três vetores primitivos. A construção é fornecida no Problema 8a.

---

[2] A explicação para o nome Bravais aparecer consta no Capítulo 7.

[3] Continuamos com a convenção de que "número inteiro" significa um número inteiro negativo ou zero, bem como um número inteiro positivo.

[4] Quando n é negativo, n passos em determinada direção significam n passos na direção oposta. O ponto alcançado não depende, naturalmente, da ordem em que os passos $n_1 + n_2 + n_3$ são dados.

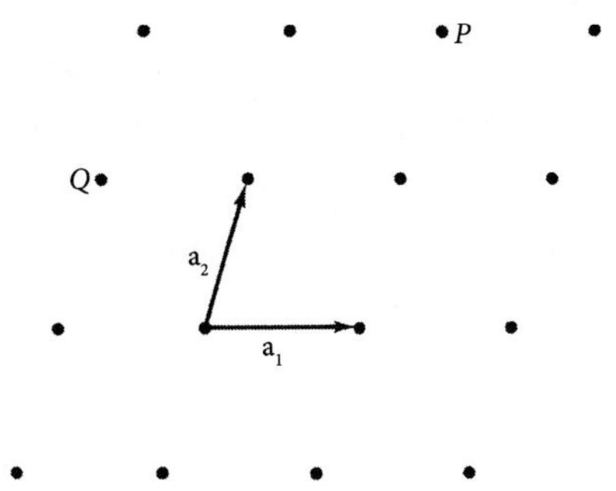

FIGURA 4.1

Uma rede de Bravais bidimensional sem nenhuma simetria em particular: a malha oblíqua. Os vetores primitivos $\mathbf{a}_1$ e $\mathbf{a}_2$ são mostrados. Todos os pontos na malha são combinações lineares destes com coeficientes integrais; por exemplo, $P = \mathbf{a}_1 + 2\mathbf{a}_2$ e $Q = -\mathbf{a}_1 + \mathbf{a}_2$.

A Figura 4.1 mostra parte de uma rede de Bravais bidimensional.[5] A definição (a) é claramente satisfeita, e os vetores primitivos $\mathbf{a}_1$ e $\mathbf{a}_2$ exigidos pela definição (b) são indicados na figura. A Figura 4.2 apresenta uma das redes de Bravais tridimensionais mais comuns, a cúbica simples. Ela deve sua estrutura especial ao fato de que pode ser estendida por três vetores primitivos mutuamente perpendiculares de igual comprimento.

FIGURA 4.2

Uma rede de Bravais cúbica simples tridimensional. Os três vetores primitivos podem ser considerados mutuamente perpendiculares, com grandeza comum.

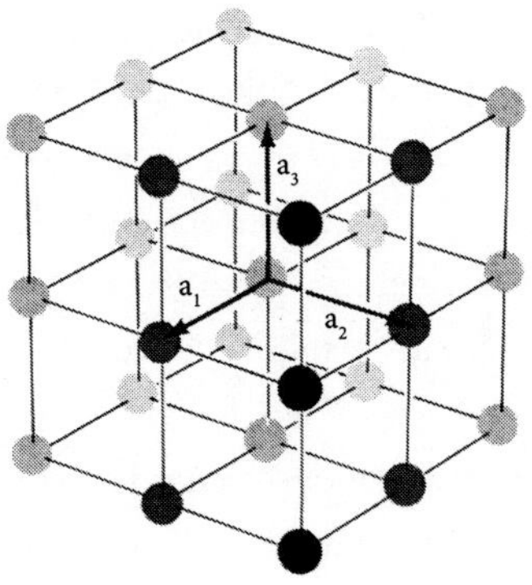

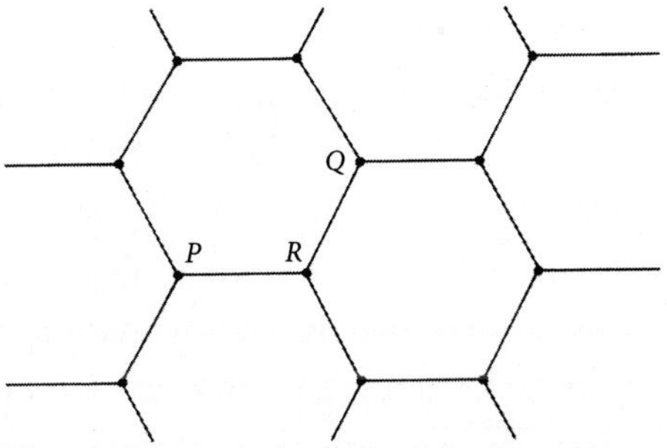

FIGURA 4.3

Os vértices de um favo de mel bidimensional *não* formam uma rede de Bravais. O arranjo de pontos tem a mesma aparência se for visto do ponto *P* ou do ponto *Q*. No entanto, a vista do ponto *R* é girada em 180°.

É importante que não apenas o arranjo, mas também a orientação, pareça igual a partir de qualquer ponto em uma rede de Bravais. Considere os vértices de um favo de mel bidimensional (Figura 4.3). O arranjo de pontos parece o mesmo quando visto

[5] Uma rede de Bravais bidimensional é também chamada *malha*.

de pontos adjacentes apenas se a página for girada 180° a cada vez que se move de um ponto para o próximo. As relações estruturais são claramente idênticas, mas *não* as relações de orientação, logo, os vértices de um favo de mel não formam uma rede de Bravais. Um caso de mais interesse prático, que satisfaz os requisitos estruturais, mas não os de orientação da definição (a), é a rede tridimensional de empacotamento hexagonal denso, descrita a seguir.

REDES INFINITAS E CRISTAIS FINITOS

Uma vez que todos os pontos são equivalentes, a rede de Bravais deve ser infinita em extensão. Os cristais reais são, naturalmente, finitos, mas, se forem grandes o suficiente, a vasta maioria dos pontos estará tão longe da superfície que não será afetada por sua existência. A ficção de um sistema infinito é, deste modo, uma idealização muito útil. Se os efeitos de superfície são de interesse, a noção de uma rede de Bravais é ainda relevante, mas agora devemos pensar no cristal físico preenchendo apenas uma porção finita da rede de Bravais ideal.

Frequentemente, consideram-se os cristais finitos, não porque os efeitos de superfície sejam importantes, mas simplesmente por conveniência conceitual, da mesma forma que no Capítulo 2 dispusemos o gás de elétrons em uma caixa cúbica de volume $V = L^3$. Geralmente se escolhe a região finita da rede de Bravais para se obter a forma mais simples possível. Dados três vetores primitivos $\mathbf{a}_1$, $\mathbf{a}_2$ e $\mathbf{a}_3$, na maior parte das vezes se considera que a rede finita de N sítios seja o conjunto de pontos da forma $\mathbf{R} = n_1\mathbf{a}_1 + n_2\mathbf{a}_2 + n_3\mathbf{a}_3$, em que $0 \leqslant n_1 < N_1, 0 \leqslant n_2 < N_2, 0 \leqslant n_3 < N_3$, e $N = N_1N_2N_3$. Este artefato está intimamente ligado à generalização da descrição de sistemas cristalinos[6] da condição de limite periódico que utilizamos no Capítulo 2.

ILUSTRAÇÕES ADICIONAIS E EXEMPLOS IMPORTANTES

Das duas definições de uma rede de Bravais, a definição (b) é matematicamente mais precisa e é o ponto de partida óbvio para qualquer trabalho analítico. Ela tem, no entanto, duas deficiências secundárias. Primeiro, para qualquer rede de Bravais, o conjunto de vetores primitivos não é único — na verdade, há infinitas escolhas não equivalentes (veja Figura 4.4) — e pode ser algumas vezes enganoso confiar demais em uma definição que enfatiza uma escolha em particular. Segundo, quando se é apresentado a um arranjo de pontos em particular, pode-se, à primeira vista, dizer se a primeira definição é satisfeita, embora a existência de um conjunto de vetores primitivos ou uma prova de que não exista este arranjo possa ser bem mais difícil de se perceber de imediato.

---

[6] Faremos particular emprego dele nos Capítulos 8 e 22.

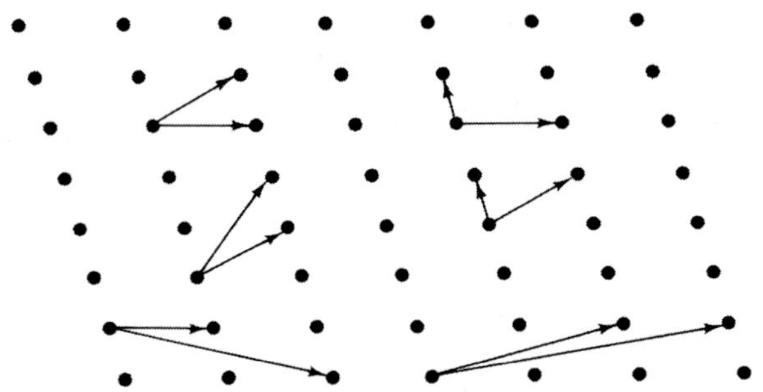

FIGURA 4.4

Diversas escolhas possíveis de pares de vetores primitivos para uma rede de Bravais bidimensional. Elas são desenhadas, para mais clareza, a partir de diferentes origens.

Considere, por exemplo, a rede *cúbica de corpo centrado* (no inglês, bcc), formada pela adição à rede cúbica simples da Figura 4.2 (cujos sítios agora designamos de A) de um ponto adicional, B, no centro de cada pequeno cubo (Figura 4.5). Pode-se inicialmente pensar que os pontos centrais B têm relação diferente com o conjunto dos pontos A dos vértices. No entanto, o ponto B central pode ser pensado como pontos dos vértices de um segundo arranjo cúbico simples.

FIGURA 4.5

Alguns sítios de uma rede de Bravais cúbica de corpo centrado. Observe que ela pode ser considerada uma rede cúbica simples, formada pelos pontos A com os pontos B no centro dos cubos, ou uma rede cúbica simples, formada a partir dos pontos B com os pontos A no centro dos cubos. Esta observação estabelece que se trata realmente de uma rede de Bravais.

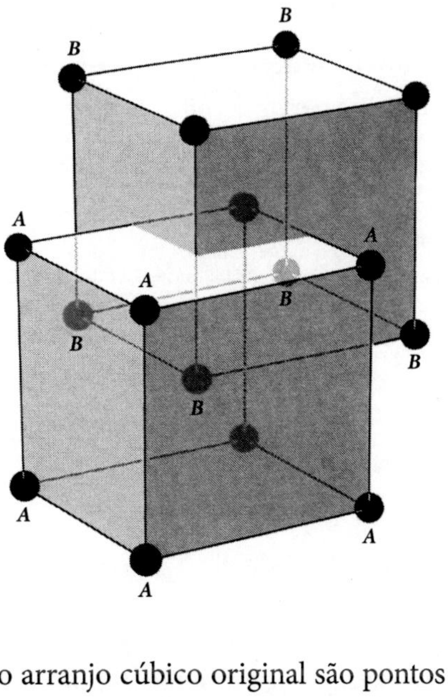

Neste novo arranjo, os pontos A dos vértices do arranjo cúbico original são pontos centrais. Desse modo, todos os pontos têm de fato vizinhanças idênticas, e a rede cúbica de corpo centrado é uma rede de Bravais. Se a rede cúbica simples original é criada por vetores primitivos

$$a\hat{\mathbf{x}}, \quad a\hat{\mathbf{y}}, \quad a\hat{\mathbf{z}}, \qquad \textbf{(4.2)}$$

onde $\hat{\mathbf{x}}$, $\hat{\mathbf{y}}$ e $\hat{\mathbf{z}}$ são três vetores unitários ortogonais, um conjunto de vetores primitivos para a rede cúbica de corpo centrado poderia ser (Figura 4.6)

$$\mathbf{a}_1 = a\hat{\mathbf{x}}, \quad \mathbf{a}_2 = a\hat{\mathbf{y}}, \quad \mathbf{a}_3 = \frac{a}{2}(\hat{\mathbf{x}} + \hat{\mathbf{y}} + \hat{\mathbf{z}}). \quad \mathbf{(4.3)}$$

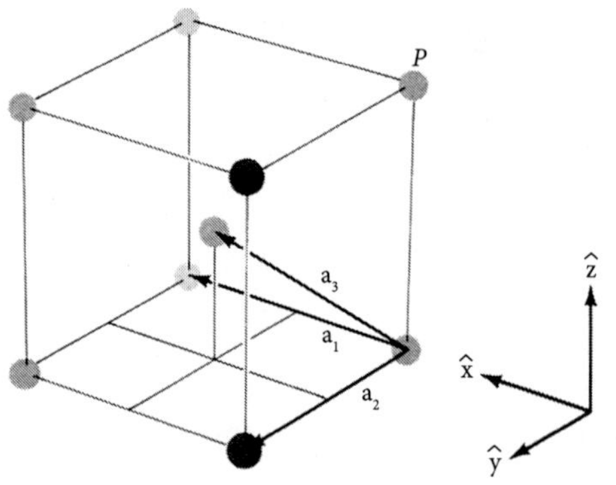

FIGURA 4.6

Três vetores primitivos, especificados na equação (4.3), para a rede de Bravais cúbica de corpo centrado. A rede é formada tomando-se todas as combinações lineares dos vetores primitivos com coeficientes integrais. O ponto *P*, por exemplo, é $P = -\mathbf{a}_1 - \mathbf{a}_2 + 2\mathbf{a}_3$.

Um conjunto mais simétrico (veja Figura 4.7) é

$$\mathbf{a}_1 = \frac{a}{2}(\hat{\mathbf{y}} + \hat{\mathbf{z}} - \hat{\mathbf{x}}), \quad \mathbf{a}_2 = \frac{a}{2}(\hat{\mathbf{z}} + \hat{\mathbf{x}} - \hat{\mathbf{y}}), \quad \mathbf{a}_3 = \frac{a}{2}(\hat{\mathbf{x}} + \hat{\mathbf{y}} - \hat{\mathbf{z}}). \quad \mathbf{(4.4)}$$

É importante convencer-se tanto geometricamente quanto analiticamente de que estes conjuntos realmente geram a rede de Bravais bcc.

FIGURA 4.7

Um conjunto de vetores primitivos mais simétricos, especificado na equação (4.4), para a rede de Bravais cúbica de corpo centrado. O ponto *P*, por exemplo, tem a forma $P = 2\mathbf{a}_1 + \mathbf{a}_2 + \mathbf{a}_3$.

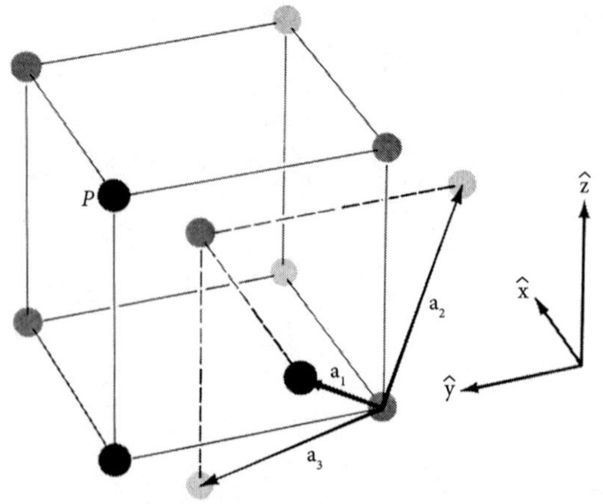

Outro exemplo igualmente importante é a rede de Bravais *cúbica de face centrada* (no inglês, fcc). Para construir a rede de Bravais cúbica de face centrada, adicione à rede cúbica simples da Figura 4.2 um ponto adicional no centro de cada face quadrada (Figura 4.8). Para facilitar a descrição, pense em cada cubo na rede cúbica simples como tendo as faces horizontais no fundo e no topo, e quatro faces verticais laterais apontando para norte, sul, leste e oeste. Pode parecer que nem todos os pontos neste novo arranjo sejam equivalentes, mas, na realidade, eles são. Pode-se, por exemplo, considerar a *nova* rede cúbica simples formada pelos pontos adicionados aos centros de todas as faces horizontais. Os pontos

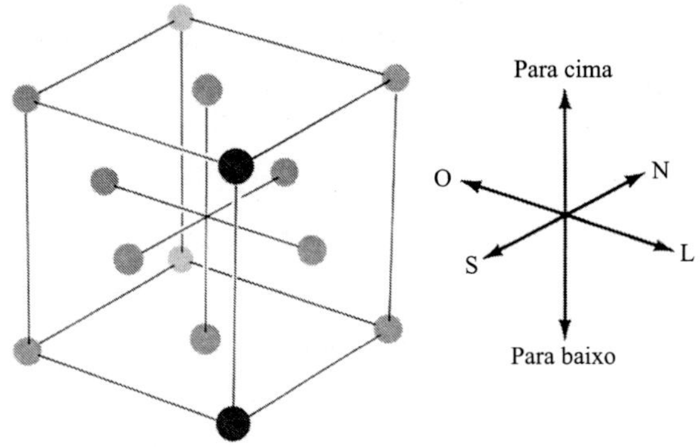

FIGURA 4.8

Alguns pontos de uma rede de Bravais cúbica de face centrada.

originais da rede cúbica simples são agora pontos localizados ao centro nas faces horizontais da nova rede cúbica simples, ao passo que os pontos que foram adicionados aos centros das faces norte e sul da rede cúbica original estão nos centros das faces leste e oeste da nova, e vice-versa.

Do mesmo modo, pode-se considerar a rede cúbica simples como composta de todos os pontos localizados ao centro das faces norte e sul da rede cúbica simples original, ou todos os pontos que estão localizados no centro das faces leste e oeste da rede cúbica original. Em qualquer um dos casos, os pontos remanescentes serão encontrados centrados nas faces da nova estrutura cúbica simples. Assim, qualquer ponto pode ser pensado tanto como um ponto de vértice quanto como um ponto centrado na face para qualquer um dos três tipos de faces, e a rede cúbica de face centrada é de fato uma rede de Bravais.

Um conjunto simétrico de vetores primitivos para a rede cúbica de face centrada (veja Figura 4.9) é

$$\mathbf{a}_1 = \frac{a}{2}(\hat{\mathbf{y}} + \hat{\mathbf{z}}), \quad \mathbf{a}_2 = \frac{a}{2}(\hat{\mathbf{z}} + \hat{\mathbf{x}}), \quad \mathbf{a}_3 = \frac{a}{2}(\hat{\mathbf{x}} + \hat{\mathbf{y}}). \quad \mathbf{(4.5)}$$

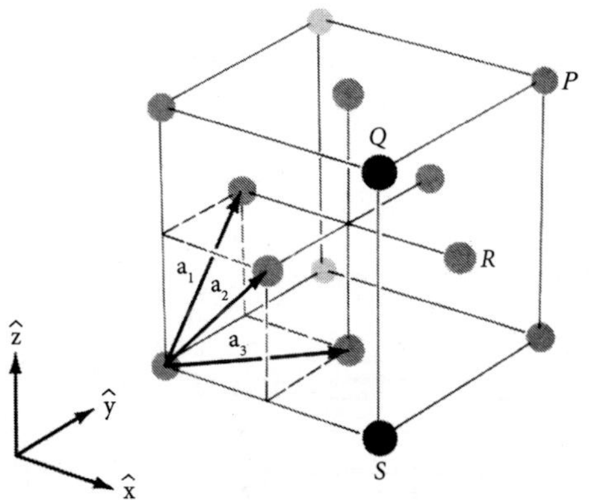

FIGURA 4.9

Um conjunto de vetores primitivos, como dado na equação (4.5), para a rede de Bravais cúbica de face centrada. Os pontos marcados são $P = \mathbf{a}_1 + \mathbf{a}_2 + \mathbf{a}_3$, $Q = 2\mathbf{a}_2$, $R = \mathbf{a}_2 + \mathbf{a}_3$ e $S = -\mathbf{a}_1 + \mathbf{a}_2 + \mathbf{a}_3$.

As redes de Bravais cúbicas de face centrada e cúbicas de corpo centrado são muito importantes, pois uma enorme variedade de sólidos se cristaliza nestas formas com um átomo (ou íon) em cada sítio da rede (veja Tabelas 4.1 e 4.2). (A forma cúbica simples correspondente, no entanto, é muito rara, sendo a fase alfa do polônio o único exemplo conhecido dentre os elementos sob condições normais.)

TABELA 4.1

Elementos com a estrutura cristalina cúbica de face centrada monoatômica

Elemento	*a* (Å)	Elemento	*a* (Å)	Elemento	*a* (Å)
Ar	5,26 (4,2K)	Ir	3,84	Pt	3,92
Ag	4,09	Kr	5,72 (58K)	δ-Pu	4,64
Al	4,05	La	5,30	Rh	3,80
Au	4,08	Ne	4,43 (4,2K)	Sc	4,54
Ca	5,58	Ni	3,52	Sr	6,08
Ce	5,16	Pb	4,95	Th	5,08
β-Co	3,55	Pd	3,89	Xe (58K)	6,20
Cu	3,61	Pr	5,16	Yb	5,49

Os dados nas Tabelas 4.1 a 4.7 são de R. W. G. Wyckoff (*Crystal structures*. 2. ed. Nova York, Interscience, 1963). Na maioria dos casos, os dados são levantados em temperatura ambiente e pressão atmosférica normal aproximadas. Para elementos que existem em muitas formas, a forma (ou formas) estável(is) à temperatura ambiente é(são) dada(s). Para informações detalhadas, constantes de rede mais precisas e referências, o trabalho de Wyckoff deve ser consultado.

TABELA 4.2

Elementos com a estrutura cristalina cúbica de corpo centrado monoatômica

Elemento	*a* (Å)	Elemento	*a* (Å)	Elemento	*a* (Å)
Ba	5,02	Li	3,49 (78K)	Ta	3,31
Cr	2,88	Mo	3,15	Tl	3,88
Cs	6,05 (78K)	Na	4,23 (5K)	V	3,02
Fe	2,87	Nb	3,30	W	3,16
K	5,23 (5K)	Rb	5,59 (5K)		

UMA NOTA SOBRE UTILIZAÇÃO

Embora tenhamos definido o termo "rede de Bravais" para a aplicação a um conjunto de pontos, ele também é geralmente empregado para se referir ao conjunto de vetores que unem qualquer um destes pontos a todos os outros. (Já que os pontos *são* uma rede de Bravais, este conjunto de vetores não depende de qual ponto é selecionado como origem.) Outra utilização advém do fato de qualquer vetor **R** determinar uma *translação* ou um *deslocamento* em que tudo se movimenta em conjunto no espaço por uma distância R na direção de **R**. O termo "rede de Bravais" é também utilizado para se referir ao conjunto de translações determinadas pelos vetores, e não aos vetores em si. Na prática, fica sempre claro pelo contexto se são os pontos, os vetores ou as translações que estão sendo mencionados.[7]

NÚMERO DE COORDENAÇÃO

Os pontos em uma rede de Bravais que estejam mais próximos de determinado ponto são chamados de seus *vizinhos mais próximos*. Por causa da natureza periódica de uma rede de Bravais, cada ponto tem o mesmo número de vizinhos mais próximos. Desse modo, este número é uma propriedade da rede e chama-se *número de coordenação* da rede. Uma rede cúbica simples tem número de coordenação 6; uma rede cúbica de corpo centrado, 8; uma rede cúbica de face centrada, 12. A noção de número de coordenação pode ser estendida de modo óbvio a alguns arranjos simples de pontos que não sejam redes de Bravais, contanto que cada ponto no arranjo tenha o mesmo número de vizinhos mais próximos.

CÉLULA UNITÁRIA PRIMITIVA

Um volume de espaço que, quando transladado por todos os vetores em uma rede de Bravais, apenas preenche todo o espaço sem sobrepor-se a si mesmo ou deixar vazios denomina-se *célula primitiva* ou *célula unitária primitiva* da rede.[8] Não há um modo único de se escolher uma célula primitiva para determinada rede de Bravais. Diversas escolhas possíveis de células primitivas para uma rede de Bravais bidimensional encontram-se na Figura 4.10.

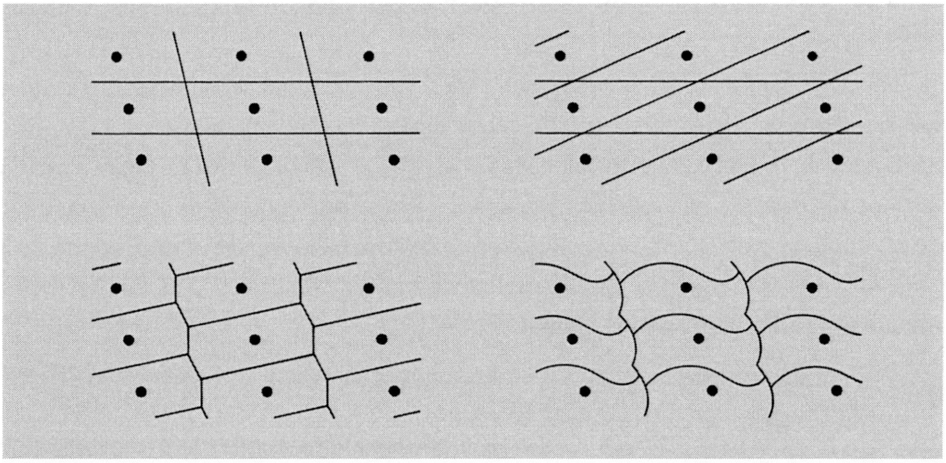

FIGURA 4.10

Diversas escolhas possíveis de célula primitiva para uma rede de Bravais simples bidimensional.

[7] O uso generalizado do termo fornece uma elegante definição de uma rede de Bravais com a precisão da definição (b) e a natureza não prejudicial da definição (a): uma rede de Bravais é um discreto conjunto de vetores que não estão todos em um plano, fechado por adição e subtração dos vetores (ou seja, a soma e a diferença de quaisquer dois vetores no conjunto também estão no conjunto).

[8] Translações da célula primitiva podem apresentar pontos de superfícies comuns; a condição de não sobreposição tem apenas a intenção de proibir regiões de sobreposição de volume diferente de zero.

Da definição de uma célula primitiva também se conclui que, dadas quaisquer duas células primitivas de formato arbitrário, é possível cortar a primeira em pedaços que, ao sofrer translação através de vetores de rede adequados, podem ser reagrupados para formar a segunda célula. Isto é ilustrado na Figura 4.11.

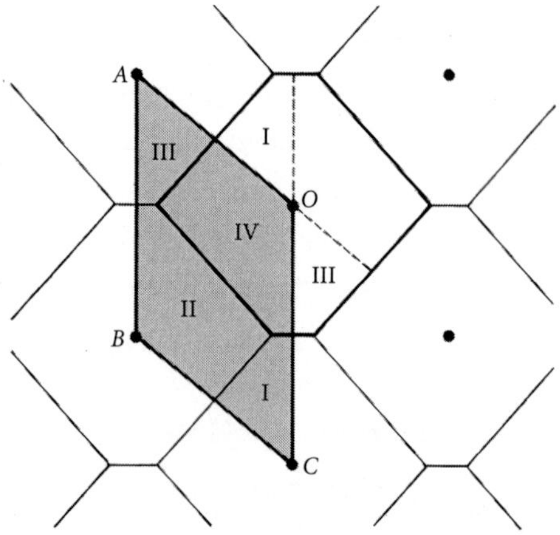

FIGURA 4.11

Duas células primitivas possíveis para uma rede de Bravais bidimensional. A célula do paralelogramo (sombreada) é obviamente primitiva; células hexagonais adicionais são indicadas para demonstrar que a célula hexagonal também é primitiva. O paralelogramo pode ser cortado em pedaços que, transladados pelos vetores da rede, reagrupam-se para formar o hexágono. As translações para as quatro regiões do paralelogramo são: Região I-$\overrightarrow{CO}$; Região II-$\overrightarrow{BO}$; Região III-$\overrightarrow{AO}$; Região IV – sem translação.

A célula primitiva óbvia para se associar a um conjunto em particular de vetores primitivos, $\mathbf{a}_1$, $\mathbf{a}_2$, $\mathbf{a}_3$, é o conjunto de todos os pontos $\mathbf{r}$ de forma

$$\mathbf{r} = x_1\mathbf{a}_1 + x_2\mathbf{a}_2 + x_3\mathbf{a}_3 \quad \textbf{(4.6)}$$

para todo x_i variando continuamente entre 0 e 1; por exemplo, o paralelepípedo estendido pelos três vetores $\mathbf{a}_1$, $\mathbf{a}_2$ e $\mathbf{a}_3$. Esta escolha tem a desvantagem de não mostrar a simetria completa da rede de Bravais. Por exemplo (Figura 4.12), a célula unitária (4.6) para a escolha dos vetores primitivos (4.5) da rede de Bravais fcc é um paralelepípedo oblíquo, que não tem a simetria cúbica completa da rede na qual está fixado. Geralmente, é importante trabalhar com células que tenham a simetria completa de sua rede de Bravais. Há duas soluções amplamente utilizadas para este problema:

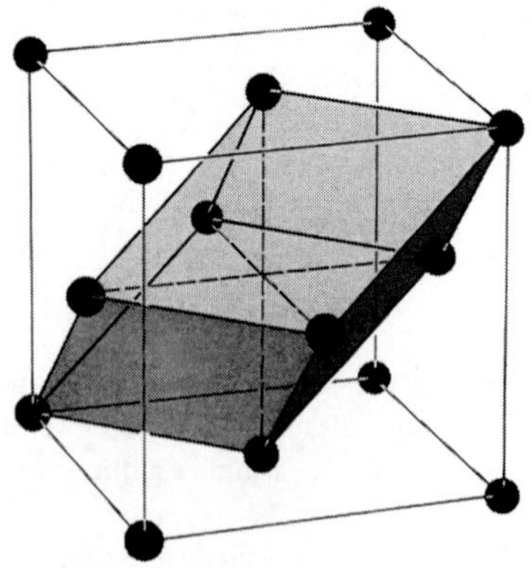

FIGURA 4.12

Células unitárias primitiva e convencional para a rede de Bravais cúbica de face centrada. A célula convencional é o cubo grande. A célula primitiva é a figura com seis faces de paralelogramo. Ela tem um quarto do volume do cubo e muito menos simetria.

CÉLULA UNITÁRIA; CÉLULA UNITÁRIA CONVENCIONAL

Pode-se preencher o espaço com células unitárias não primitivas (conhecidas simplesmente como *células unitárias* ou *células unitárias convencionais*). Uma célula unitária é uma região que apenas preenche espaço sem nenhuma sobreposição ao sofrer translação por algum *subconjunto* dos vetores de uma rede de Bravais. A célula unitária convencional é geralmente escolhida por ser maior do que a célula primitiva e por ter a simetria necessária. Assim, frequentemente descreve-se a rede cúbica de corpo centrado em termos de uma célula unitária cúbica (Figura 4.13), que é duas vezes maior que uma célula unitária bcc primitiva, e a rede cúbica de face centrada em termos de uma célula unitária cúbica (Figura 4.12), que tem quatro vezes o volume de uma célula unitária fcc primitiva. (Que as células convencionais sejam duas e quatro vezes maiores do que as células primitivas é facilmente visualizado perguntando-se quantos pontos de rede a célula cúbica convencional deve conter quando é disposta de tal modo que nenhum ponto esteja em sua superfície.) Números que especificam o tamanho de uma célula unitária (tal como o número simples a nos cristais cúbicos) são chamados *constantes de rede.*

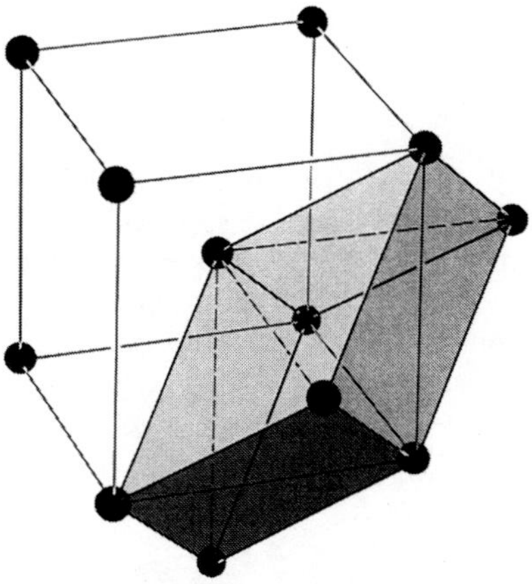

FIGURA 4.13

Células unitárias primitiva e convencional para a rede de Bravais cúbica de corpo centrada. A célula primitiva (sombreada) tem a metade do volume da célula cúbica convencional.

CÉLULA PRIMITIVA DE WIGNER-SEITZ

Pode-se sempre escolher uma célula *primitiva* com a simetria completa da rede de Bravais. De longe, a escolha mais comum é a *célula de Wigner-Seitz.* A célula de Wigner-Seitz em torno de um ponto de rede é a região do espaço mais próxima daquele ponto do que a qualquer outro ponto da rede.[9] Por causa da simetria translacional da rede de Bravais, a célula de Wigner-Seitz em torno de qualquer ponto da rede deve ser levada para dentro da célula de Wigner-Seitz em torno de qualquer outro ponto, quando sofre translação

[9] Essa célula pode ser definida para qualquer conjunto de pontos discretos que não necessariamente formem uma rede de Bravais. Neste contexto mais amplo, a célula é conhecida como poliedro de Voronoi. Em contraste com a célula de Wigner-Seitz, a estrutura e a orientação de um poliedro de Voronoi dependerão de qual ponto do arranjo ele envolve.

através do vetor de rede que une os dois pontos. Como qualquer ponto no espaço tem um único ponto de rede, ele pertencerá como seu vizinho mais próximo[10] à célula de Wigner-Seitz de precisamente um ponto de rede. Segue-se que a célula de Wigner-Seitz, quando transladada por todos os vetores de rede, apenas preencherá o espaço sem se sobrepor; ou seja, a célula de Wigner-Seitz é uma célula primitiva.

Já que não há nada na definição da célula de Wigner-Seitz que se refira a alguma escolha específica de vetores primitivos, a célula de Wigner-Seitz será tão simétrica quanto a rede de Bravais.[11]

A célula unitária de Wigner-Seitz é ilustrada para uma rede de Bravais bidimensional na Figura 4.14 e para as redes de Bravais tridimensionais cúbicas de corpo centrado e cúbicas de face centrada nas Figuras 4.15 e 4.16.

Observe que a célula unitária de Wigner-Seitz em torno de um ponto de rede pode ser construída desenhando-se linhas que conectam o ponto a todos os outros[12] na rede, dividindo em duas partes cada linha por um plano e tomando-se o menor poliedro que contenha o ponto ligado por estes planos.

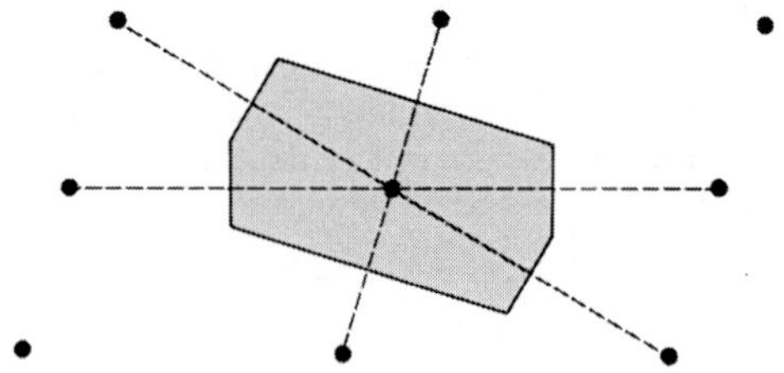

FIGURA 4.14

A célula de Wigner-Seitz para uma rede de Bravais bidimensional. Os seis lados da célula dividem ao meio as linhas que unem os pontos centrais a seus seis pontos vizinhos mais próximos (representados por linhas pontilhadas). Em duas dimensões, a célula de Wigner-Seitz é sempre um hexágono, a menos que a rede seja retangular (veja Problema 4a).

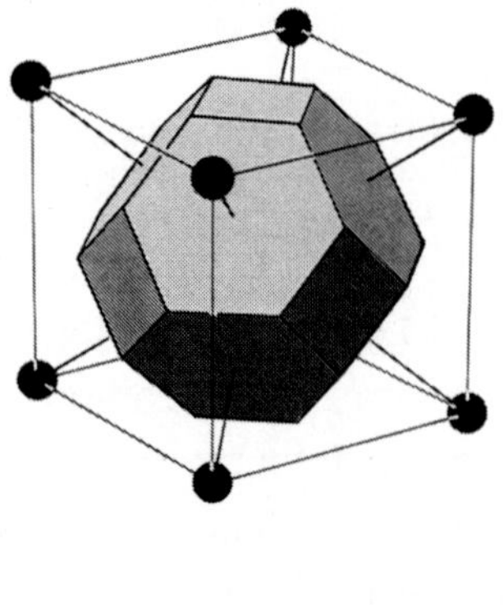

FIGURA 4.15

A célula de Wigner-Seitz para a rede de Bravais cúbica de corpo centrado (um "octaedro truncado"). O cubo circundante é uma célula cúbica de corpo centrado convencional com um ponto de rede em seu centro e em cada vértice. As faces hexagonais dividem ao meio as linhas que ligam o ponto central aos pontos nos vértices (representados por linhas contínuas). As faces do quadrado dividem ao meio as linhas que unem o ponto central aos pontos centrais em cada uma das seis células cúbicas vizinhas (não representadas na figura). Os hexágonos são regulares (veja Problema 4d).

[10] Exceto os pontos na superfície comum de duas ou mais células de Wigner-Seitz.

[11] Uma definição precisa de "tão simétrica quanto" é fornecida no Capítulo 7.

[12] Na prática, apenas um número bem pequeno de pontos vizinhos realmente produzem planos que se ligam à célula.

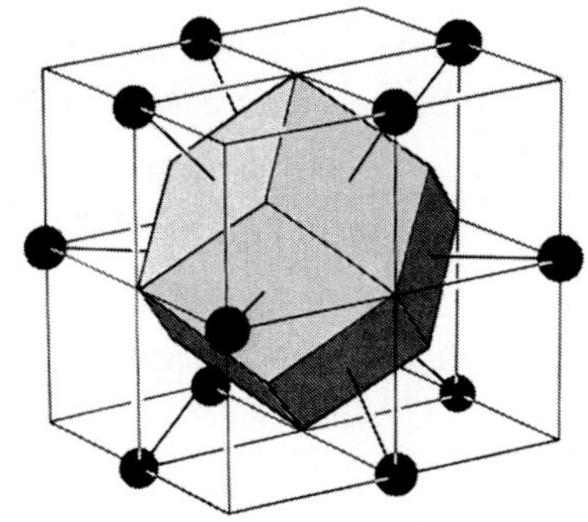

FIGURA 4.16

Célula de Wigner-Seitz para a rede de Bravais cúbica de face centrada (um "dodecaedro rômbico"). O cubo circundante *não* é a célula cúbica convencional da Figura 4.12, mas uma na qual os pontos de rede estão no centro do cubo e no centro das doze bordas. Cada uma das doze faces (congruentes) é perpendicular a uma linha que liga o ponto central a um ponto no centro de uma borda.

ESTRUTURA CRISTALINA; REDE COM UMA BASE

Um cristal físico pode ser descrito fornecendo-se sua rede de Bravais subjacente, junto a uma descrição do arranjo de átomos, moléculas, íons etc. dentro de uma célula primitiva em particular. Ao enfatizar a diferença entre o padrão abstrato de pontos que compõem a rede de Bravais e um cristal físico real[13] que incorpora a rede, o termo técnico "estrutura cristalina" é utilizado. Uma *estrutura cristalina* consiste de cópias idênticas da mesma unidade física, chamada *base*, localizada em todos os pontos de uma rede de Bravais (ou, de forma equivalente, transladada por todos os vetores de uma rede de Bravais). Às vezes, o termo *rede com uma base* é empregado em seu lugar. No entanto, "rede com uma base" é também utilizado em um sentido mais geral para se referir ao que resulta mesmo quando a unidade básica *não* é um objeto físico, mas outro conjunto de pontos. Por exemplo, os vértices de um favo de mel bidimensional, apesar de não serem uma rede de Bravais, podem ser representados como uma rede de Bravais triangular bidimensional[14] com uma base de dois pontos (Figura 4.17). Uma estrutura cristalina com uma base que consiste de um único átomo ou íon é frequentemente chamada de rede de Bravais monoatômica.

FIGURA 4.17

A malha do favo de mel, representada para enfatizar que se trata de uma rede de Bravais com base de dois pontos. Os pares de pontos unidos por linhas sólidas fortes são identicamente posicionados nas células primitivas (paralelogramos) da rede de Bravais subjacente.

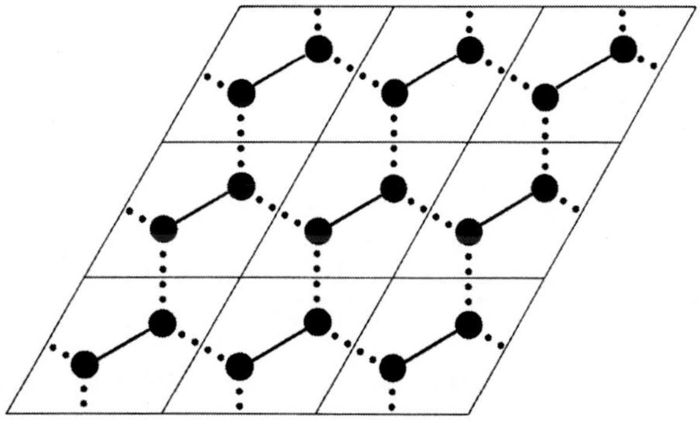

[13] Mas ainda idealizado como infinito em extensão.

[14] Estendida por dois vetores primitivos de igual comprimento, formando um ângulo de 60°.

Pode-se também descrever uma rede de Bravais como uma rede com uma base pela escolha de uma célula unitária primitiva convencional. Isto geralmente é feito para enfatizar a simetria cúbica das redes de Bravais bcc e fcc, que são então descritas, respectivamente, como redes cúbicas simples estendidas por $a\hat{\mathbf{x}}, a\hat{\mathbf{y}}$ e $a\hat{\mathbf{z}}$, com uma base de dois pontos

$$\mathbf{0}, \quad \frac{a}{2}(\hat{\mathbf{x}} + \hat{\mathbf{y}} + \hat{\mathbf{z}}) \qquad \text{(bcc)} \quad \mathbf{(4.7)}$$

ou uma base de quatro pontos

$$\mathbf{0}, \quad \frac{a}{2}(\hat{\mathbf{x}} + \hat{\mathbf{y}}), \quad \frac{a}{2}(\hat{\mathbf{y}} + \hat{\mathbf{z}}), \quad \frac{a}{2}(\hat{\mathbf{z}} + \hat{\mathbf{x}}) \qquad \text{(fcc).} \quad \mathbf{(4.8)}$$

ALGUNS EXEMPLOS IMPORTANTES DE ESTRUTURAS CRISTALINAS E DE REDES COM BASES

Estrutura do diamante

A rede do diamante[15] (formada pelos átomos de carbono em um cristal de diamante) consiste de duas redes de Bravais cúbicas de face centrada interpenetrantes, deslocadas ao longo do corpo diagonal da célula cúbica por um quarto do comprimento da diagonal. Ela pode ser considerada uma rede cúbica de face centrada com a base de dois pontos **0** e $(a/4)(\hat{\mathbf{x}} + \hat{\mathbf{y}} + \hat{\mathbf{z}})$. O número de coordenação é 4 (Figura 4.18). A rede do diamante não é uma rede de Bravais, já que o ambiente de qualquer ponto difere na orientação dos ambientes de seus vizinhos mais próximos. Os elementos que se cristalizam na estrutura do diamante são fornecidos na Tabela 4.3.

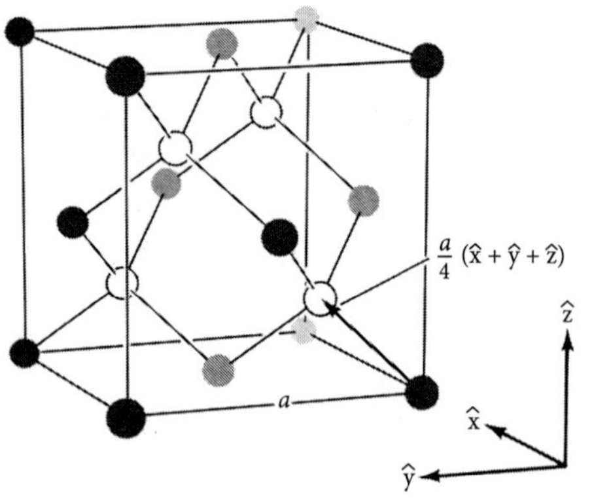

FIGURA 4.18

Célula cúbica convencional da rede do diamante. Para mais clareza, sítios que correspondem a uma das redes cúbicas de face centrada interpenetrantes não estão sombreados. (Na estrutura da blenda de zinco, os sítios sombreados são ocupados por um tipo de íon e os não sombreados, por outro.) Ligações de vizinhos mais próximos foram incluídas. Os quatro vizinhos mais próximos de cada ponto formam os vértices de um tetraedro regular.

[15] Utilizamos a palavra "rede", sem qualificações, para nos referirmos ou a uma rede de Bravais ou a uma rede com uma base.

TABELA 4.3

Elementos com a estrutura cristalina do diamante

Metal	Lado *a* do cubo (Å)
C (diamante)	3,57
Si	5,43
Ge	5,66
Sn α (cinza)	6,49

Estrutura de empacotamento hexagonal denso

Apesar de não ser uma rede de Bravais, a estrutura *de empacotamento hexagonal denso* (do inglês, hcp) equipara-se em importância às redes de Bravais cúbicas de corpo centrado e de face centrada; cerca de trinta elementos cristalizam-se na forma de empacotamento hexagonal denso (Tabela 4.4).

TABELA 4.4

Elementos com a estrutura cristalina de empacotamento hexagonal denso

Elemento	*a* (Å)	*c*	*c/a*	Elemento	*a* (Å)	*c*	*c/a*
Be	2,29	3,58	1,56	Os	2,74	4,32	1,58
Cd	2,98	5,62	1,89	Pr	3,67	5,92	1,61
Ce	3,65	5,96	1,63	Re	2,76	4,46	1,62
α-Co	2,51	4,07	1,62	Ru	2,70	4,28	1,59
Dy	3,59	5,65	1,57	Sc	3,31	5,27	1,59
Er	3,56	5,59	1,57	Tb	3,60	5,69	1,58
Gd	3,64	5,78	1,59	Ti	2,95	4,69	1,59
He (2K)	3,57	5,83	1,63	Tl	3,46	5,53	1,60
Hf	3,20	5,06	1,58	Tm	3,54	5,55	1,57
Ho	3,58	5,62	1,57	Y	3,65	5,73	1,57
La	3,75	6,07	1,62	Zn	2,66	4,95	1,86
Lu	3,50	5,55	1,59	Zr	3,23	5,15	1,59
Mg	3,21	5,21	1,62		—	—	
Nd	3,66	5,90	1,61	"Ideal"			1,63

Subjacente à estrutura hcp, há uma rede de Bravais *simples hexagonal*, dada pelo empilhamento de duas malhas triangulares bidimensionais diretamente acima de cada uma delas (Figura 4.19). A direção do empilhamento ($\mathbf{a}_3$, na equação a seguir) é conhecida como eixo *c*. Os três vetores primitivos são

$$\mathbf{a}_1 = a\hat{\mathbf{x}}, \quad \mathbf{a}_2 = \frac{a}{2}\hat{\mathbf{x}} + \frac{\sqrt{3}a}{2}\hat{\mathbf{y}}, \quad \mathbf{a}_3 = c\hat{\mathbf{z}}. \quad (4.9)$$

Os dois primeiros geram uma rede triangular no plano $x-y$ e o terceiro empilha os campos a uma distância c acima um do outro.

A estrutura de empacotamento hexagonal denso consiste de duas redes de Bravais hexagonais simples interpenetrantes, deslocadas uma da outra por $\mathbf{a}_1/3 + \mathbf{a}_2/3 + \mathbf{a}_3/2$ (Figura 4.20). O nome reflete o fato de esferas duras de empacotamento denso ser arranjadas em tal estrutura. Imagine balas de canhão empilhadas (Figura 4.21), começando com uma rede triangular de empacotamento denso como a primeira camada.

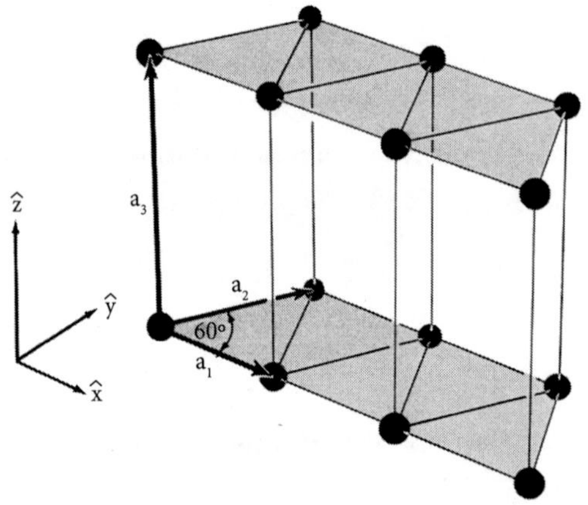

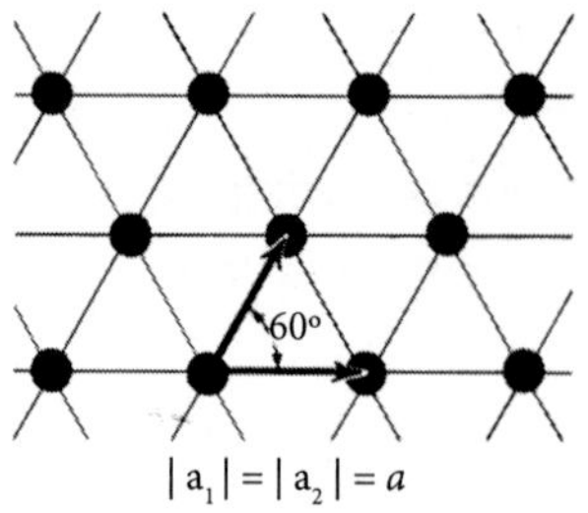

FIGURA 4.19

A rede de Bravais hexagonal simples. Malhas triangulares bidimensionais (mostradas na inserção) estão empilhadas diretamente acima uma da outra, a uma distância c.

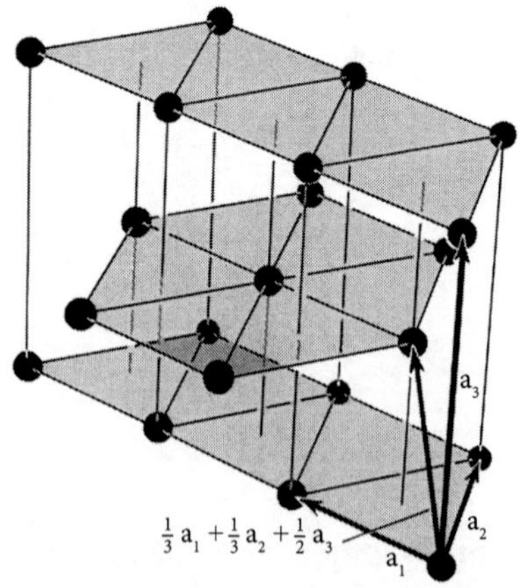

FIGURA 4.20

A estrutura cristalina de empacotamento hexagonal denso. Ela pode ser visualizada como duas redes de Bravais simples hexagonais interpenetrantes, deslocadas verticalmente por uma distância $c/2$ ao longo do eixo c comum e deslocadas horizontalmente de tal forma que os pontos de uma fiquem diretamente acima do centro dos triângulos formados pelos pontos da outra.

A camada seguinte é formada pela colocação de uma bala nas depressões deixadas ao centro de todos os outros da primeira camada, formando, com isso, uma segunda camada triangular, posicionada diferentemente em relação à primeira. A terceira camada é formada pela colocação das balas em depressões alternadas da segunda camada, de modo que elas fiquem diretamente acima das balas da primeira camada. A quarta camada repousa diretamente acima da segunda, e assim por diante. A rede resultante é de empacotamento hexagonal denso com o valor específico (veja Problema 5):

$$c = \sqrt{\frac{8}{3}}a = 1{,}63299a. \quad \textbf{(4.10)}$$

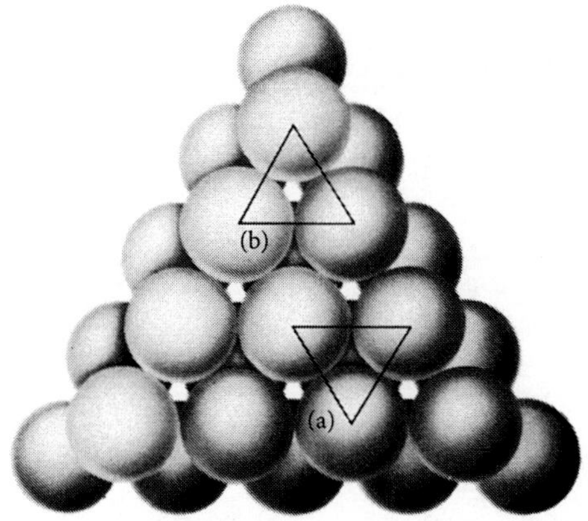

FIGURA 4.21

Vista superior das duas primeiras camadas em uma pilha de balas de canhão. A primeira camada é ordenada em uma rede triangular plana. Balas na segunda camada são colocadas acima de interstícios alternados na primeira. Se as balas na terceira camada são colocadas diretamente acima daquelas na primeira, em sítios do tipo mostrado na inserção (a), as balas na quarta diretamente acima daquelas na segunda etc., a estrutura resultante será de empacotamento hexagonal denso. Se, no entanto, as balas na terceira camada são colocadas diretamente acima daqueles interstícios na primeira que *não* foram cobertos por balas da segunda, em sítios do tipo mostrado na inserção (b), as balas na quarta camada colocadas diretamente acima daquelas na primeira, as balas da quinta diretamente acima daquelas na segunda etc., a estrutura resultante será cúbica de face centrada (com o corpo diagonal ao cubo orientado verticalmente).

No entanto, uma vez que a simetria da rede de empacotamento hexagonal denso é independente da razão c/a, o nome não é restrito a este caso. O valor c/a = $\sqrt{8/3}$ é às vezes chamado de "ideal", e a estrutura verdadeira de empacotamento denso, com o valor ideal de c/a, é conhecida como uma estrutura hcp ideal. Não há razão para que c/a seja ideal (veja Tabela 4.4), a não ser que as unidades físicas na estrutura hcp sejam realmente esferas de empacotamento denso.

Observe, como no caso da estrutura do diamante, que a rede hcp não é uma rede de Bravais, porque a orientação do ambiente de um ponto varia de camada para camada ao longo do eixo c. Note também que, quando visualizados ao longo do eixo c, os dois tipos de planos fundem-se para formar o arranjo de favo de mel bidimensional da Figura 4.3, que não é uma rede de Bravais.

Outras possibilidades de empacotamento denso

Observe que a estrutura hcp não é o único modo de se obterem esferas de empacotamento denso. Se as duas primeiras camadas são assentadas como descrito anteriormente, mas a terceira é colocada no *outro* conjunto de depressões da segunda – aquelas que ficam acima das depressões não utilizadas *tanto* na primeira quanto na segunda camadas (veja Figura 4.21) – e a quarta camada é colocada em depressões na terceira diretamente acima das balas na primeira, a quinta acima da segunda e assim por diante, produz-se uma rede de Bravais. Esta rede de Bravais acaba sendo nada mais que a rede cúbica de face centrada, com a diagonal do cubo perpendicular aos planos triangulares (Figuras 4.22 e 4.23).

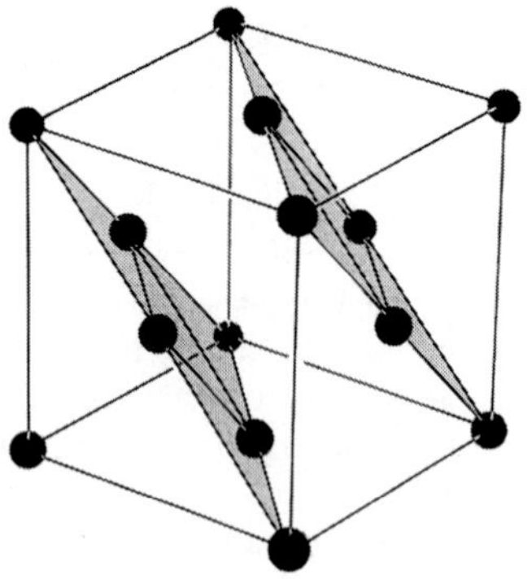

FIGURA 4.22

Como seccionar a rede de Bravais cúbica de face centrada para obter as camadas mostradas na Figura 4.21.

FIGURA 4.23

Uma seção cúbica de algumas esferas cúbicas de face centrada de empacotamento denso.

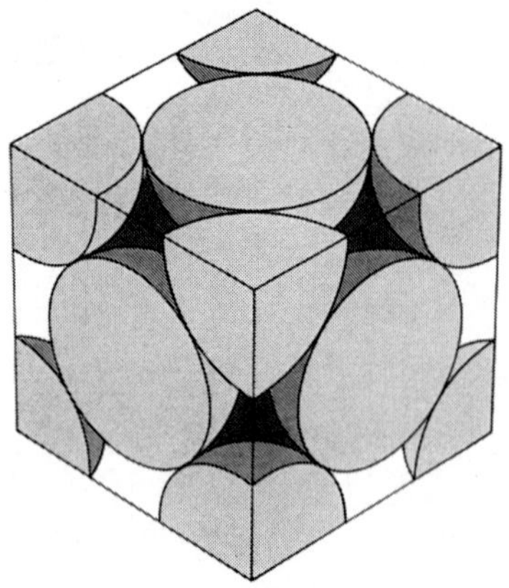

Há uma infinidade de outros arranjos de empacotamento denso, já que cada camada sucessiva pode ser colocada em uma de duas posições. Apenas o empacotamento denso fcc fornece uma rede de Bravais e as estruturas fcc (*...ABCABCABC...)* e hcp *(...ABABAB...)* são, de longe, as mais comumente encontradas. Outras estruturas de empacotamento denso são observadas, no entanto. Alguns metais terrosos raros, por exemplo, adotam uma estrutura da forma (*...ABACABACABAC...).*

A estrutura do cloreto de sódio

Somos forçados a descrever as redes de empacotamento hexagonal denso e do diamante como redes com bases pelo arranjo geométrico intrínseco dos pontos de rede. Uma rede com uma base também é necessária, no entanto, para a descrição de estruturas cristalinas nas quais os átomos ou íons estão localizados apenas nos pontos de uma rede de Bravais, mas nas quais a estrutura cristalina, entretanto, não possua a simetria translacional completa da rede de Bravais porque mais de um tipo de átomo ou íon está presente. Por exemplo, o cloreto de sódio (Figura 4.24) consiste de números iguais de íons de sódio e de cloro colocados em pontos alternados de uma rede cúbica simples, de tal modo que cada íon tenha seis do outro tipo de íons como seus vizinhos mais próximos.[16] Esta estrutura pode ser descrita como a rede de Bravais cúbica de face centrada com uma base consistindo de um íon de sódio em **0** e um íon de cloro no centro de uma célula cúbica convencional, $(a/2)(\hat{\mathbf{x}} + \hat{\mathbf{y}} + \hat{\mathbf{z}})$.

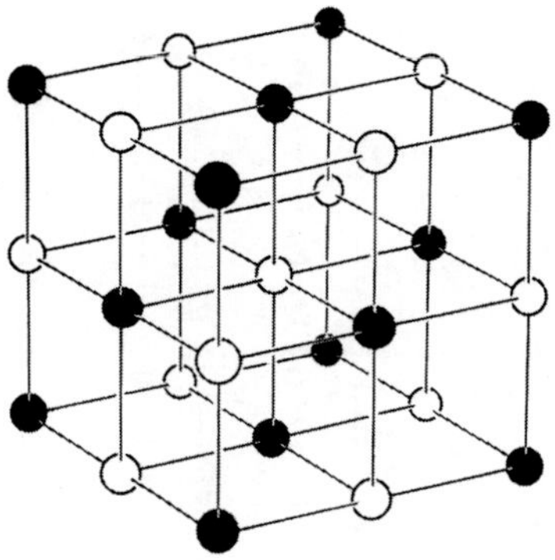

FIGURA 4.24

Estrutura do cloreto de sódio. Um tipo de íon é representado por bolas pretas, o outro tipo, por brancas. As bolas pretas e brancas formam redes fcc interpenetrantes.

TABELA 4.5

Alguns compostos com a estrutura do cloreto de sódio

Cristal	*a* (Å)	Cristal	*a* (Å)	Cristal	*a* (Å)
LiF	4,02	RbF	5,64	CaS	5,69
LiCl	5,13	RbCl	6,58	CaSe	5,91
LiBr	5,50	RbBr	6,85	CaTe	6,34
LiI	6,00	RbI	7,34	SrO	5,16
NaF	4,62	CsF	6,01	SrS	6,02
NaCl	5,64	AgF	4,92	SrSe	6,23
NaBr	5,97	AgCl	5,55	SrTe	6,47
NaI	6,47	AgBr	5,77	BaO	5,52
KF	5,35	MgO	4,21	BaS	6,39
KCl	6,29	MgS	5,20	BaSe	6,60
KBr	6,60	MgSe	5,45	BaTe	6,99
KI	7,07	CaO	4,81		

[16] Para exemplos, veja a Tabela 4.5.

A estrutura do cloreto de césio

De modo similar, o cloreto de césio (Figura 4.25) consiste de números iguais de césio e de íons de cloro, colocados nos pontos de uma rede cúbica de corpo centrado de tal forma que cada íon tenha oito do outro tipo como seus vizinhos mais próximos.[17] A simetria translacional dessa estrutura é a mesma da rede de Bravais cúbica simples, e é descrita como uma rede cúbica simples com uma base que consiste de um íon de césio na origem **0** e um íon de cloro no centro do cubo $(a/2)(\hat{\mathrm{x}} + \hat{\mathrm{y}} + \hat{\mathrm{z}})$.

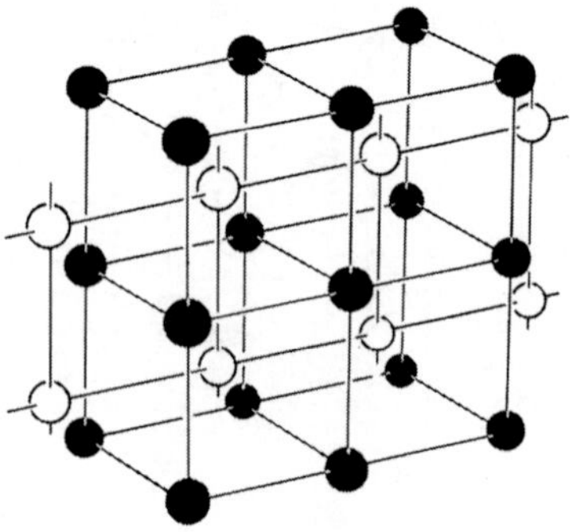

FIGURA 4.25

Estrutura do cloreto de césio. Um tipo de íon é representado por bolas pretas, o outro tipo, por brancas. As bolas pretas e brancas formam redes cúbicas simples interpenetrantes.

TABELA 4.6

Alguns compostos com a estrutura do cloreto de césio

Cristal	a (Å)	Cristal	a (Å)
CsCl	4,12	TlCl	3,83
CsBr	4,29	TlBr	3,97
CsI	4,57	TlI	4,20

A estrutura da blenda de zinco (ou esfalerita)

A blenda de zinco tem números iguais de íons de zinco e de enxofre distribuídos em uma rede de diamante, de tal forma que cada um tem quatro do tipo oposto como vizinhos mais próximos (Figura 4.18). Esta estrutura[18] é um exemplo de rede com uma base, que deve ser assim descrita tanto por causa da posição geométrica dos íons quanto porque ocorrem dois tipos de íons.

[17] Para exemplos, veja a Tabela 4.6.

[18] Para exemplos, veja a Tabela 4.7.

TABELA 4.7

Alguns compostos com a estrutura da blenda de zinco

Cristal	*a* (Å)	Cristal	*a* (Å)	Cristal	*a* (Å)
CuF	4,26	ZnS	5,41	AlSb	6,13
CuCl	5,41	ZnSe	5,67	GaP	5,45
CuBr	5,69	ZnTe	6,09	GaAs	5,65
CuI	6,04	CdS	5,82	GaSb	6,12
AgI	6,47	CdTe	6,48	InP	5,87
BeS	4,85	HgS	5,85	InAs	6,04
BeSe	5,07	HgSe	6,08	InSb	6,48
BeTe	5,54	HgTe	6,43	SiC	4,35
MnS (red)	5,60	AlP	5,45		
MnSe	5,82	AlAs	5,62		

OUTROS ASPECTOS DAS REDES CRISTALINAS

Este capítulo concentrou-se na descrição da simetria *translacional* das redes cristalinas no *espaço físico real.* Dois outros aspectos dos arranjos periódicos serão abordados em capítulos subsequentes: no Capítulo 5, examinaremos as consequências da simetria translacional não no espaço real, mas no chamado *espaço recíproco* (ou *vetor de onda*); no Capítulo 7, descreveremos algumas características da simetria *rotacional* de redes cristalinas.

PROBLEMAS

1. Em cada um dos casos a seguir, indique se a estrutura é uma rede de Bravais. Se for, forneça três vetores primitivos; se não for, descreva-a como uma rede de Bravais com a menor base menor possível.

(a) Cúbica de base centrada (cúbica simples com pontos adicionais no centro das faces horizontais da célula cúbica).

(b) Cúbica de lateral centrada (cúbica simples com pontos adicionais no centro das faces verticais da célula cúbica).

(c) Cúbica de aresta centrada (cúbica simples com pontos adicionais no ponto central das linhas que unem os vizinhos mais próximos).

2. Qual é a rede de Bravais formada por todos os pontos com coordenadas Cartesianas (n_1, n_2, n_3) se:

(a) O n_i é todo par ou todo ímpar?

(b) A soma do n_i é necessária para ser par?

3. Mostre que o ângulo entre quaisquer duas linhas (ligações) que ligam um sítio da rede do diamante a seus quatro vizinhos mais próximos é $\cos^{-1}(-1/3) = 109°28'$.

4. (a) Prove que a célula de Wigner-Seitz para qualquer rede de Bravais bidimensional é um hexágono ou um retângulo.

(b) Mostre que a razão dos comprimentos das diagonais de cada face do paralelogramo da célula de Wigner-Seitz para a rede cúbica de face centrada (Figura 4.16) é $\sqrt{2}:1$.

(c) Mostre que cada borda do poliedro que liga a célula de Wigner-Seitz da rede cúbica de corpo centrado (Figura 4.15) é $\sqrt{2}/4$ vezes o comprimento da célula cúbica convencional.

(d) Prove que as faces hexagonais da célula de Wigner-Seitz bcc são hexágonos regulares. (Observe que o eixo perpendicular a uma face hexagonal que passa por seu centro tem apenas simetria tripla, portanto, esta simetria apenas não é suficiente).

5. (a) Prove que a razão *c/a* ideal para a estrutura de empacotamento hexagonal denso é $\sqrt{8/3} = 1,633$.

(b) O sódio transforma-se de bcc em hcp aproximadamente aos 23K (a transformação "martensítica"). Admitindo-se que a densidade permanece fixa ao longo desta transição, encontre a constante de rede *a* da fase hexagonal, sabendo-se que $a = 4,23$ Å na fase cúbica e que a razão *c/a* é indistinguível de seu valor ideal.

6. Das três redes de Bravais cúbicas, a cúbica de face centrada é a mais densa e a cúbica simples é a menos densa. A estrutura do diamante é menos densa do que qualquer uma destas. Uma medida disso é que os números de coordenação são: fcc, 12; bcc, 8; sc, 6; diamante, 4. Outra é a seguinte: suponha que esferas sólidas idênticas sejam distribuídas pelo espaço de tal modo que seu centro fique nos pontos de cada uma destas quatro estruturas e esferas nos pontos vizinhos apenas as toquem, sem se sobrepor. (Tal arranjo de esferas é denominado arranjo de empacotamento denso.) Admitindo-se que as esferas têm unidade de densidade, mostre que a densidade de um conjunto de esferas de empacotamento denso em cada uma das quatro estruturas (a "fração de empacotamento") é:

$$\begin{aligned} &\text{fcc:} && \sqrt{2}\,\pi/6 = 0,74 \\ &\text{bcc:} && \sqrt{3}\,\pi/8 = 0,68 \\ &\text{sc:} && \pi/6 = 0,52 \\ &\text{diamante:} && \sqrt{3}\,\pi/16 = 0,34. \end{aligned}$$

7. Considere N_n o número dos enésimos vizinhos mais próximos de determinado ponto da rede de Bravais (por exemplo, em uma rede de Bravais cúbica simples $N_1 = 6$, $N_2 = 12$ etc.). Considere r_n a distância ao enésimo vizinho mais próximo expresso como um múltiplo da distância do vizinho mais próximo (por exemplo, em uma rede de Bravais cúbica simples, $r_1 = 1$, $r_2 = \sqrt{2} = 1{,}414$). Faça uma tabela de N_n e r_n para $n = 1,..., 6$ para as redes de Bravais fcc, bcc e sc.

8. (a) Dada uma rede de Bravais, considere que $\mathbf{a}_1$ seja um vetor que une um ponto P em particular a um de seus vizinhos mais próximos. Considere P' um ponto de rede que não está na linha através de P na direção do $\mathbf{a}_1$ que esteja tão próximo à linha quanto qualquer outro ponto de rede, e considere que $\mathbf{a}_2$ una P a P'. Considere P'' um ponto de rede que não esteja no plano através de P determinado por $\mathbf{a}_1$ e $\mathbf{a}_2$ e tão próximo ao plano quanto quaisquer outros pontos de rede, e considere que $\mathbf{a}_3$ una P a P''. Prove que $\mathbf{a}_1$, $\mathbf{a}_2$ e $\mathbf{a}_3$ são um conjunto de vetores primitivos para a rede de Bravais.

(b) Prove que uma rede de Bravais pode ser definida como um conjunto discreto de vetores, nem todos em um plano, fechado sob adição e subtração (como descrito na página 70).

5 A rede recíproca

Definições e exemplos
Primeira zona de Brillouin
Planos da rede e índices de Miller

A rede recíproca tem papel fundamental na maioria dos estudos analíticos de estruturas periódicas. Diversos caminhos nos levam a ela, como a teoria da difração de cristais, o estudo abstrato de funções com a periodicidade de uma rede de Bravais ou a questão do que pode ser salvo da lei da conservação do momento, em que a simetria translacional completa de espaço livre é reduzida àquela de um potencial periódico. Neste breve capítulo, descreveremos algumas características elementares importantes da rede recíproca a partir de um ponto de vista geral não atrelado a nenhuma aplicação.

DEFINIÇÃO DE REDE RECÍPROCA

Considere um conjunto de pontos **R** que constituam uma rede de Bravais e uma onda plana, $e^{i\mathbf{k}\cdot\mathbf{r}}$. Para **k** geral, essa onda plana não terá, naturalmente, a periodicidade da rede de Bravais, mas, para algumas escolhas especiais de vetor de onda, ela terá. *O conjunto de todos os vetores de onda* **K** *que produzem ondas planas com a periodicidade de determinada rede de Bravais é conhecido como sua rede recíproca.* Analiticamente, **K** pertence à rede recíproca de uma rede de Bravais de pontos **R**, contanto que a relação

$$e^{i\mathbf{K}\cdot(\mathbf{r}+\mathbf{R})} = e^{i\mathbf{K}\cdot\mathbf{r}} \quad \textbf{(5.1)}$$

mantenha-se para qualquer **r** e para todo **R** na rede de Bravais. Fatorando $e^{i\mathbf{k}\cdot\mathbf{r}}$, podemos caracterizar a rede recíproca como o conjunto de vetores de onda **K** que satisfaz

$$e^{i\mathbf{K}\cdot\mathbf{R}} = 1 \quad \textbf{(5.2)}$$

para todo **R** na rede de Bravais.

Observe que uma rede recíproca é definida com referência a uma rede de Bravais em particular. A rede de Bravais que define determinada rede recíproca é frequentemente chamada de *rede direta*, quando vista em relação à sua recíproca. Note também que, apesar de se poder definir um conjunto de vetores **K** que satisfazem (5.2) para um conjunto arbitrário de vetores **R**, tal conjunto de **K** é chamado de rede recíproca apenas se o conjunto de vetores **R** for uma rede de Bravais.[1]

A REDE RECÍPROCA É UMA REDE DE BRAVAIS

O fato de a rede recíproca ser em si uma rede de Bravais se explica mais simplesmente pela definição de uma rede de Bravais fornecida na nota 7 do Capítulo 4, junto ao fato de que se $\mathbf{K}_1$ e $\mathbf{K}_2$ satisfazem (5.2), obviamente, sua soma e sua diferença também satisfarão.

Vale a pena considerar uma prova mais rudimentar desse fato, que fornece um algoritmo explícito para a construção da rede recíproca. Considere $\mathbf{a}_1$, $\mathbf{a}_2$ e $\mathbf{a}_3$ um conjunto de vetores primitivos para a rede direta. Deste modo, a rede recíproca pode ser gerada pelos três vetores primitivos

$$\begin{aligned} \mathbf{b}_1 &= 2\pi \frac{\mathbf{a}_2 \times \mathbf{a}_3}{\mathbf{a}_1 \cdot (\mathbf{a}_2 \times \mathbf{a}_3)}, \\ \mathbf{b}_2 &= 2\pi \frac{\mathbf{a}_3 \times \mathbf{a}_1}{\mathbf{a}_1 \cdot (\mathbf{a}_2 \times \mathbf{a}_3)}, \\ \mathbf{b}_3 &= 2\pi \frac{\mathbf{a}_1 \times \mathbf{a}_2}{\mathbf{a}_1 \cdot (\mathbf{a}_2 \times \mathbf{a}_3)}. \end{aligned} \quad \textbf{(5.3)}$$

Para se verificar que (5.3) fornece um conjunto de vetores primitivos para a rede recíproca, nota-se primeiro que $\mathbf{b}_i$ satisfaz[2]

$$\mathbf{b}_i \cdot \mathbf{a}_j = 2\pi\delta_{ij}, \quad \textbf{(5.4)}$$

onde δ_{ij} é o símbolo do delta de Kronecker:

$$\begin{aligned} \delta_{ij} &= 0, \quad i \neq j; \\ \delta_{ij} &= 1, \quad i = j. \end{aligned} \quad \textbf{(5.5)}$$

Agora, qualquer vetor **K** pode ser definido como uma combinação linear[3] dos $\mathbf{b}_i$:

$$\mathbf{k} = k_1\mathbf{b}_1 + k_2\mathbf{b}_2 + k_3\mathbf{b}_3. \quad \textbf{(5.6)}$$

Se **R** é qualquer vetor da rede direta, então

---

[1] Em particular, ao se trabalhar com uma rede com uma base, utiliza-se a rede recíproca determinada pela rede de Bravais subjacente, ao invés de um conjunto de **K** que satisfaça (5.2) para vetores **R** que descrevam tanto a rede de Bravais quanto os pontos da base.

[2] Quando $i \neq j$, a equação (5.4) segue porque o produto oposto de dois vetores é normal aos dois. Quando $i = j$, segue por causa da identidade do vetor

$$\mathbf{a}_1 \cdot (\mathbf{a}_2 \times \mathbf{a}_3) = \mathbf{a}_2 \cdot (\mathbf{a}_3 \times \mathbf{a}_1) = \mathbf{a}_3 \cdot (\mathbf{a}_1 \times \mathbf{a}_2).$$

[3] Isto é verdadeiro para quaisquer três vetores que não estejam todos em um plano. É fácil verificar que os $\mathbf{b}_i$ não estarão todos em um plano caso os $\mathbf{a}_i$ também não estejam.

$$\mathbf{R} = n_1\mathbf{a}_1 + n_2\mathbf{a}_2 + n_3\mathbf{a}_3, \quad \textbf{(5.7)}$$

onde os n_i são números inteiros. Então, a partir de (5.4),

$$\mathbf{k} \cdot \mathbf{R} = 2\pi(k_1 n_1 + k_2 n_2 + k_3 n_3). \quad \textbf{(5.8)}$$

Para $e^{i\mathbf{k}\cdot\mathbf{r}}$ ser unitário para todo **R** [equação (5.2)], **k·R** deve ser 2π vezes um número inteiro para quaisquer escolhas dos números inteiros n_i. Isto requer que os coeficientes k_i sejam números inteiros. Assim, a condição (5.2) de **K** ser um vetor de rede recíproca é satisfeita apenas pelos vetores que sejam combinações lineares (5.6) dos $\mathbf{b}_i$ com coeficientes integrais. Deste modo, [compare equação (4.1)], a rede recíproca é uma rede de Bravais e os $\mathbf{b}_i$ podem ser considerados vetores primitivos.

A RECÍPROCA DA REDE RECÍPROCA

Uma vez que a rede recíproca é em si uma rede de Bravais, pode-se construir *sua* rede recíproca, que nada mais é que a rede direta original.

Um modo de se provar isto é construir $\mathbf{c}_1$, $\mathbf{c}_2$ e $\mathbf{c}_3$ a partir dos $\mathbf{b}_i$ de acordo com a mesma fórmula (5.3) pela qual os $\mathbf{b}_i$ foram construídos a partir de $\mathbf{a}_i$. Então, das simples identidades de vetor (Problema 1), temos que $\mathbf{c}_i = \mathbf{a}_i$, $i = 1, 2, 3$.

Uma prova mais simples provém da observação de que, de acordo com a definição básica (5.2), a recíproca da rede recíproca é o conjunto de todos os vetores **G** que satisfazem

$$e^{i\mathbf{G}\cdot\mathbf{K}} = 1 \quad \textbf{(5.9)}$$

para todo **K** na rede recíproca. Como qualquer vetor **R** da rede direta apresenta esta propriedade [mais uma vez, por (5.2)], todos os vetores da rede direta estão na rede recíproca à rede recíproca. Além disso, nenhum outro vetor pode estar, já que um vetor que não esteja na rede direta tem a forma $\mathbf{r} = x_1\mathbf{a}_1 + x_2\mathbf{a}_2 + x_3\mathbf{a}_3$ com ao menos um x_i não integral. Para aquele valor de i, $e^{i\mathbf{b}_i\cdot\mathbf{r}} = e^{2\pi i x_i} \neq 1$, e a condição (5.9) é violada para o vetor de rede recíproca $\mathbf{K} = \mathbf{b}_i$.

EXEMPLOS IMPORTANTES

A rede de Bravais *cúbica simples*, com célula primitiva cúbica de lado a, tem como sua recíproca uma rede cúbica simples com célula primitiva cúbica de lado $2\pi/a$. Isto se observa, por exemplo, a partir da construção (5.3), pois se

$$\mathbf{a}_1 = a\hat{\mathbf{x}}, \quad \mathbf{a}_2 = a\hat{\mathbf{y}}, \quad \mathbf{a}_3 = a\hat{\mathbf{z}}, \quad \textbf{(5.10)}$$

então

$$\mathbf{b}_1 = \frac{2\pi}{a}\hat{\mathbf{x}}, \quad \mathbf{b}_2 = \frac{2\pi}{a}\hat{\mathbf{y}}, \quad \mathbf{b}_3 = \frac{2\pi}{a}\hat{\mathbf{z}}. \quad \textbf{(5.11)}$$

A rede de Bravais *cúbica de face centrada* com célula cúbica convencional de lado a tem como sua recíproca uma rede cúbica de corpo centrado com célula cúbica convencional de lado $4\pi/a$, o que se observa aplicando-se a construção (5.3) aos vetores primitivos fcc (4.5). O resultado é

$$\mathbf{b}_1 = \frac{4\pi}{a}\frac{1}{2}(\hat{\mathbf{y}} + \hat{\mathbf{z}} - \hat{\mathbf{x}}), \quad \mathbf{b}_2 = \frac{4\pi}{a}\frac{1}{2}(\hat{\mathbf{z}} + \hat{\mathbf{x}} - \hat{\mathbf{y}}), \quad \mathbf{b}_3 = \frac{4\pi}{a}\frac{1}{2}(\hat{\mathbf{x}} + \hat{\mathbf{y}} - \hat{\mathbf{z}}) \quad \textbf{(5.12)}$$

que tem precisamente a forma dos vetores primitivos bcc (4.4), considerando-se o lado da célula cúbica como $4\pi/a$.

A rede *cúbica de corpo centrado* com célula cúbica convencional de lado a tem como sua recíproca uma rede cúbica de face centrada com célula cúbica convencional de lado $4\pi/a$. Isto se comprova mais uma vez a partir da construção (5.3), mas também do resultado anterior para a recíproca da rede fcc, junto do teorema de que a recíproca da recíproca é a rede original.

Deixamos como um exercício para o leitor verificar (Problema 2) que a recíproca de uma rede de Bravais *hexagonal simples* com constantes de rede c e a [Figura 5.1(a)] é outra rede hexagonal simples com constantes de rede $2\pi/c$ e $4\pi/\sqrt{3}\,a$ [Figura 5.1(b)], que sofre giro de 30° em torno do eixo c em relação à rede direta.[4]

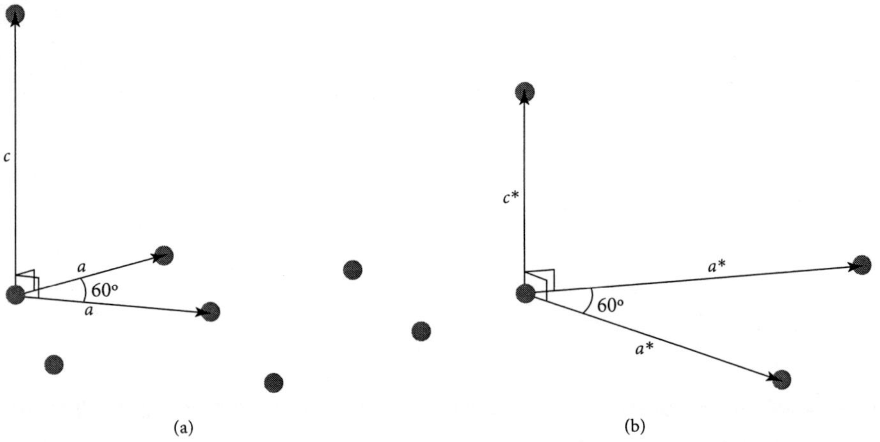

FIGURA 5.1

(a) Vetores primitivos para a rede de Bravais hexagonal simples. (b) Vetores primitivos para a rede recíproca àquela gerada pelos vetores primitivos em (a). Os eixos c e c^* são paralelos. Os eixos a^* sofrem giro de 30° em relação aos eixos a no plano perpendicular aos eixos c ou c^*. A rede recíproca é também hexagonal simples.

---

[4] A estrutura de empacotamento hexagonal denso não é uma rede de Bravais e, portanto, a rede recíproca empregada na análise de sólidos hcp é aquela da rede hexagonal simples (veja a nota 1 deste capítulo).

VOLUME DA CÉLULA PRIMITIVA DA REDE RECÍPROCA

Se v é o volume[5] de uma célula primitiva na rede direta, então a célula primitiva da rede recíproca tem volume $(2\pi)^3/v$. Isto se comprova no Problema 1.

A PRIMEIRA ZONA DE BRILLOUIN

A célula primitiva de Wigner-Seitz da rede recíproca é conhecida como *primeira zona de Brillouin*. Como o nome sugere, definem-se também as zonas mais altas de Brillouin, que são células primitivas de um tipo diferente, que surgem na teoria de níveis eletrônicos em um potencial periódico. Elas são descritas no Capítulo 9.

Apesar de os termos "célula de Wigner-Seitz" e "primeira zona de Brillouin" se referirem a construções geométricas idênticas, na prática, o último termo aplica-se apenas à célula de espaço k. Em particular, quando há referência à primeira zona de Brillouin de uma rede de Bravais de espaço r específica (associada a uma determinada estrutura cristalina), tem-se em mente a célula de Wigner-Seitz da rede recíproca associada. Assim, já que a recíproca da rede cúbica de corpo centrado é a cúbica de face centrada, a primeira zona de Brillouin da rede bcc [Figura 5.2(a)] é exatamente a célula de Wigner-Seitz fcc (Figura 4.16). De modo inverso, a primeira zona de Brillouin da rede fcc [Figura 5.2(b)] é exatamente a célula de Wigner-Seitz bcc (Figura 4.15).

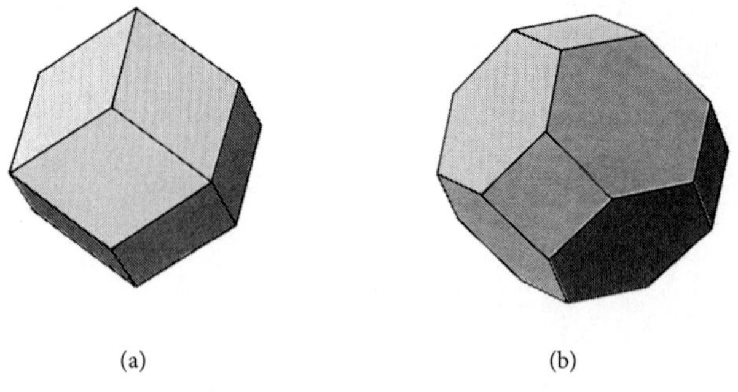

FIGURA 5.2

(a) A primeira zona de Brillouin para a rede cúbica de corpo centrado.

(b) A primeira zona de Brillouin para a rede cúbica de face centrada.

PLANOS DE REDE

Há uma relação íntima entre vetores na rede recíproca e planos de pontos na rede direta. Essa relação é importante para a compreensão do papel fundamental que a rede recíproca tem na teoria da difração, e será aplicada a este problema no próximo capítulo. Aqui, descreveremos a relação em termos geométricos gerais.

Dada uma rede de Bravais em particular, um *plano da rede* é definido como qualquer plano que contenha pelo menos três pontos da rede de Bravais não colineares. Por causa da simetria translacional da rede de Bravais, qualquer plano assim constituído conterá infinitos

[5] O volume da célula primitiva independe da escolha da célula, como se comprovou no Capítulo 4.

pontos de rede, que formam uma rede de Bravais bidimensional dentro do plano. Alguns planos de rede em uma rede de Bravais cúbica simples são representados na Figura 5.3.

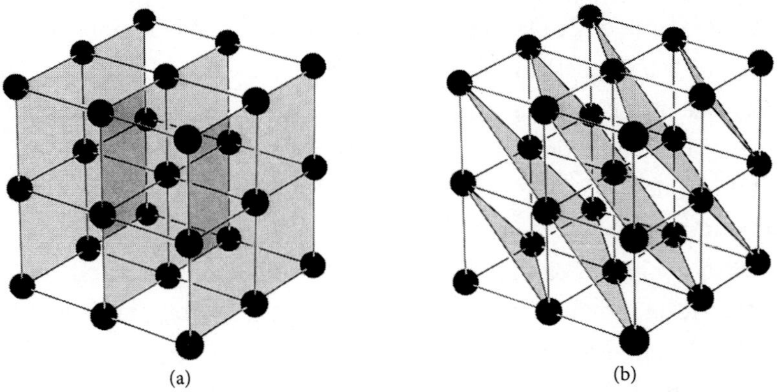

FIGURA 5.3

Alguns planos de rede (sombreados) em uma rede de Bravais cúbica simples; (a) e (b) mostram dois diferentes modos de se representar a rede como uma família de planos de rede.

Por uma *família de planos de rede,* queremos dizer um conjunto de planos de rede paralelos, igualmente espaçados, que juntos contêm todos os pontos da rede de Bravais tridimensional. Qualquer plano de rede é um membro dessa família. Evidentemente, a resolução de uma rede de Bravais em uma família de planos de rede está longe de ser única (Figura 5.3). A rede recíproca fornece um modo muito simples de classificação de todas as famílias possíveis de planos de rede, que é incorporada no seguinte teorema:

> Para qualquer família de planos de rede separados por uma distância d, há vetores de rede recíprocos perpendiculares aos planos, e o menor deles tem comprimento de $2\pi/d$. De modo inverso, para qualquer vetor $\mathbf{K}$ de rede recíproca, há uma família de planos de rede normais a $\mathbf{K}$ separada por uma distância d, onde $2\pi/d$ é o comprimento do menor vetor da rede recíproca paralelo a $\mathbf{K}$.

O teorema é consequência direta (a) da definição (5.2) de vetores de rede recíproca como os vetores de onda de ondas planas, que são unitários em todos os sítios da rede de Bravais, e (b) do fato de uma onda plana ter o mesmo valor em todos os pontos em uma família de planos que sejam perpendiculares a seu vetor de onda e separados por um número integral de comprimentos de onda.

Para comprovar a primeira parte do teorema, dada uma família de planos de rede, considere $\hat{\mathbf{n}}$ um vetor unitário normal aos planos. O fato de $\mathbf{K} = 2\pi\hat{\mathbf{n}}/d$ ser um vetor de rede recíproca resulta do fato de a onda plana $e^{i\mathbf{K}\cdot\mathbf{r}}$ ser constante em planos perpendiculares a $\mathbf{K}$ e ter o mesmo valor em planos separados por $\lambda = 2\pi/K = d$. Como um dos planos da rede contém o ponto de rede de Bravais $\mathbf{r} = \mathbf{0}$, $e^{i\mathbf{K}\cdot\mathbf{r}}$ deve ser a unidade para qualquer ponto

r em qualquer um dos planos. Como os planos contêm todos os pontos da rede de Bravais, $e^{i\mathbf{K}\cdot\mathbf{r}} = 1$ para todo **R**, de forma que **K** seja de fato um vetor da rede recíproca. Além disso, **K** é o menor vetor da rede recíproca normal aos planos, já que qualquer vetor de onda menor que **K** resultará em uma onda plana com comprimento de onda maior que $2\pi/K = d$. Essa onda plana não pode ter o mesmo valor em todos os planos da família e, portanto, não pode fornecer uma onda plana que seja unitária em todos os pontos da rede de Bravais.

Para provar o inverso do teorema, dado um vetor de rede recíproca, considere **K** o menor vetor paralelo da rede recíproca. Considere o conjunto de planos do espaço real no qual a onda plana $e^{i\mathbf{K}\cdot\mathbf{r}}$ tem o valor unitário. Estes planos (um dos quais contém o ponto $\mathbf{r} = \mathbf{0}$) são perpendiculares a **K** e separados por uma distância $d = 2\pi/K$. Como todos os vetores **R** da rede de Bravais satisfazem $e^{i\mathbf{K}\cdot\mathbf{r}} = 1$ para qualquer vetor **K** da rede recíproca, todos devem estar nestes planos; isto é, a família de planos deve conter dentro de si uma família de planos de rede. Além disso, o espaçamento entre os planos de rede é também *d* (ao invés de algum múltiplo integral de *d*), pois somente se todo enésimo plano na família contivesse pontos da rede de Bravais, de acordo com a primeira parte do teorema, o vetor normal aos planos de comprimento $2\pi/nd$, ou seja, o vetor $\mathbf{K}/n$, seria um vetor da rede recíproca. Isto contrariaria nossa suposição original de que nenhum vetor da rede recíproca paralelo a **K** é menor que **K**.

ÍNDICES DE MILLER DOS PLANOS DE REDE

A correspondência entre vetores de rede recíproca e famílias de planos de rede fornece um modo conveniente de se especificar a orientação de um plano de rede. Muito genericamente, descreve-se a orientação de um plano fornecendo-se um vetor normal ao plano. Como sabemos que há vetores de rede recíproca normais a qualquer família de planos de rede, é natural escolhermos um vetor de rede recíproca para representar o normal. Para tornar a escolha única, utiliza-se o menor destes vetores de rede recíproca. Assim, chega-se aos *índices de Miller* do plano:

Os índices de Miller de um plano de rede são as coordenadas do menor vetor da rede recíproca normal àquele plano, em relação a um conjunto especificado de vetores da rede recíproca primitiva. Assim, um plano com índices de Miller *h, k, l,* é normal ao vetor de rede recíproca $h\mathbf{b}_1 + k\mathbf{b}_2 + l\mathbf{b}_3$.

Como definido, os índices de Miller são números inteiros, já que qualquer vetor de rede recíproca é uma combinação linear de três vetores primitivos com coeficientes integrais. Já que a normal ao plano é especificada pelo menor vetor de rede recíproca perpendicular, os números inteiros *h, k, l* podem não ter nenhum fator comum. Observe também que os índices de Miller dependem da escolha específica dos vetores primitivos.

Em redes de Bravais cúbicas simples, a rede recíproca é também cúbica simples, e os índices de Miller são as coordenadas de um vetor normal ao plano no sistema óbvio de coordenadas cúbicas. Como regra geral, redes de Bravais cúbicas de face centrada e de corpo centrado são descritas em termos de uma célula cúbica convencional, ou seja, como redes cúbicas simples com bases. Qualquer plano da rede em uma rede fcc ou bcc é também um plano da rede na rede cúbica simples subjacente, portanto, a mesma indexação cúbica elementar pode ser empregada para especificar planos de rede. Na prática, é apenas na descrição de cristais não cúbicos que se deve lembrar que os índices de Miller são as coordenadas da normal em um sistema fornecido pela rede recíproca, em vez da rede direta.

Os índices de Miller de um plano têm interpretação geométrica na rede direta; às vezes, ela é oferecida como um meio alternativo de se defini-las. Já que um plano da rede com índices de Miller h, k, l é perpendicular ao vetor da rede recíproca $\mathbf{K} = h\mathbf{b}_1 + k\mathbf{b}_2 + l\mathbf{b}_3$, ele será contido no plano contínuo $\mathbf{K} \cdot \mathbf{r} = A$, para uma escolha adequada da constante A. Este plano cruza os eixos determinados pelos vetores primitivos $\mathbf{a}_i$ da rede direta nos pontos $x_1\mathbf{a}_1$, $x_2\mathbf{a}_2$ e $x_3\mathbf{a}_3$ (Figura 5.4), em que os x_i são determinados pela condição de que $x_i\mathbf{a}_i$ realmente satisfaça a equação do plano: $\mathbf{K}\cdot(x_i\mathbf{a}_i) = A$. Como $\mathbf{K}\cdot\mathbf{a}_1 = 2\pi h$ e $\mathbf{K}\cdot\mathbf{a}_2 = 2\pi k$, $\mathbf{K}\cdot\mathbf{a}_3 = 2\pi l$, temos que

$$x_1 = \frac{A}{2\pi h}, \quad x_2 = \frac{A}{2\pi k}, \quad x_3 = \frac{A}{2\pi l}. \quad \textbf{(5.13)}$$

Desse modo, as interseções dos eixos do cristal de um plano de rede são inversamente proporcionais aos índices de Miller do plano.

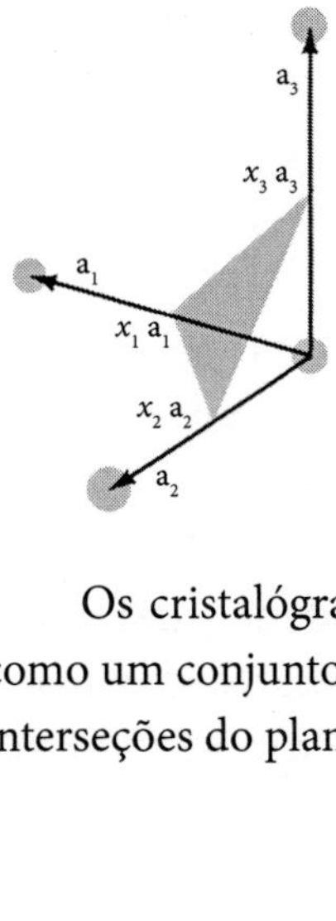

FIGURA 5.4

Ilustração da definição cristalográfica dos índices de Miller de um plano de rede. O plano sombreado pode ser uma porção do plano contínuo, no qual os pontos do plano da rede se localizam, ou qualquer plano paralelo ao plano de rede. Os índices de Miller são inversamente proporcionais aos x_i.

Os cristalógrafos colocam o carro na frente dos bois, *definindo* os índices de Miller como um conjunto de números inteiros sem fatores comuns, inversamente proporcional às interseções do plano do cristal ao longo dos eixos do cristal:

$$h{:}k{:}l = \frac{1}{x_1}{:}\frac{1}{x_2}{:}\frac{1}{x_3}. \quad \textbf{(5.14)}$$

ALGUMAS CONVENÇÕES PARA A ESPECIFICAÇÃO DE DIREÇÕES

Os planos de rede são geralmente especificados fornecendo-se seus índices de Miller entre parênteses: (h, k, l). Assim, em um sistema cúbico, um plano com uma perpendicular $(4, -2, 1)$ [ou, do ponto de vista cristalográfico, um plano com interseções $(1, -2, 4)$ ao longo dos eixos cúbicos] é chamado plano (4, −2, 1). As vírgulas são eliminadas sem confusão escrevendo-se $\bar{n}$ ao invés de $-n$, simplificando-se a descrição para $(4\bar{2}1)$. É importante saber qual conjunto de eixos está sendo utilizado para que se interpretem esses símbolos sem ambiguidade. Eixos cúbicos simples são invariavelmente utilizados quando o cristal tem simetria cúbica. Alguns exemplos de planos em cristais cúbicos são apresentados na Figura 5.5.

Uma convenção similar é usada para especificar as direções na rede direta, porém, para evitar confusão com os índices de Miller (direções na rede recíproca), colchetes quadrados são utilizados ao invés de parênteses. Assim, a diagonal de corpo de uma rede cúbica simples fica na direção [111] e, em geral, o ponto da rede $n_1\mathbf{a}_1 + n_2\mathbf{a}_2 + n_3\mathbf{a}_3$ localiza-se na direção $[n_1n_2n_3]$ da origem.

Há também uma notação que especifica tanto uma família de planos de rede quanto todas as outras famílias que sejam equivalentes a ela em virtude da simetria do cristal. Assim,

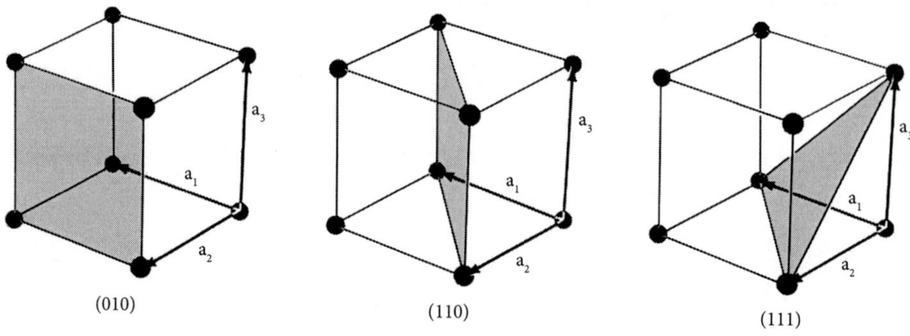

Figura 5.5

Três planos de rede e seus índices de Miller em uma rede de Bravais cúbica simples.

os planos (100), (010) e (001) são todos equivalentes em um cristal cúbico. Faz-se referência a eles coletivamente como os planos {100} e, em geral, utiliza-se $\{hkl\}$ para referência aos planos (hkl) e a todos aqueles que sejam equivalentes a eles em virtude da simetria do cristal. Emprega-se uma convenção semelhante com direções: as direções [100], [010], [001], $[\bar{1}00]$, $[0\bar{1}0]$ e $[00\bar{1}]$ em um cristal cúbico são chamadas, coletivamente, de direções <100>.

Isto conclui nossa discussão geométrica geral sobre a rede recíproca. No Capítulo 6, veremos um importante exemplo da utilidade e do poder do conceito na teoria da difração de raios X por um cristal.

PROBLEMAS

1. (a) Prove que os vetores primitivos da rede recíproca definidos em (5.3) satisfazem

$$\mathbf{b}_1 \cdot (\mathbf{b}_2 \times \mathbf{b}_3) = \frac{(2\pi)^3}{\mathbf{a}_1 \cdot (\mathbf{a}_2 \times \mathbf{a}_3)}. \quad (5.15)$$

[*Dica:* defina $\mathbf{b}_1$ (mas não $\mathbf{b}_2$ ou $\mathbf{b}_3$) em termos dos $\mathbf{a}_i$, e empregue as relações de ortogonalidade (5.4).]

(b) Suponha que vetores primitivos sejam construídos a partir de $\mathbf{b}_i$ da mesma maneira que os $\mathbf{b}_i$ são construídos a partir dos $\mathbf{a}_i$ [equação (5.3)]. Prove que estes vetores são exatamente os próprios $\mathbf{a}_i$; ou seja, mostre que

$$2\pi \frac{\mathbf{b}_2 \times \mathbf{b}_3}{\mathbf{b}_1 \cdot (\mathbf{b}_2 \times \mathbf{b}_3)} = \mathbf{a}_1, \quad \text{etc.} \quad (5.16)$$

[*Dica:* represente $\mathbf{b}_3$ no numerador (mas não $\mathbf{b}_2$) em termos dos $\mathbf{a}_i$, use a identidade de vetor $\mathbf{A} \times (\mathbf{B} \times \mathbf{C}) = \mathbf{B}(\mathbf{A}\cdot\mathbf{C}) - \mathbf{C}(\mathbf{A}\cdot\mathbf{B})$ e apele para as relações de ortogonalidade (5.4) e ao resultado (5.15) anterior.]

(c) Prove que o volume de uma célula primitiva da rede de Bravais é

$$v = |\mathbf{a}_1 \cdot (\mathbf{a}_2 \times \mathbf{a}_3)|, \quad (5.17)$$

onde os $\mathbf{a}_i$ são os três vetores primitivos. [Em combinação a (5.15), isso estabelece que o volume da célula primitiva da rede recíproca é $(2\pi)^3/v$.]

2. (a) Usando os vetores primitivos dados na equação (4.9) e na construção (5.3) (ou por qualquer outro método), mostre que a recíproca da rede de Bravais hexagonal simples é também hexagonal simples, com constantes de rede $2\pi/c$ e $4\pi/\sqrt{3}\,a$, girada 30° em torno do eixo c em relação à rede direta.

(b) Para qual valor de c/a a razão tem o mesmo valor tanto para a rede direta quanto para a recíproca?

(c) A rede de Bravais gerada pelos três vetores primitivos de igual comprimento a, formando iguais ângulos θ entre si, é conhecida como rede de Bravais trigonal (veja o Capítulo 7). Mostre que a recíproca de uma rede de Bravais trigonal é também trigonal, com um ângulo θ^* dado por $-\cos\theta^* = \cos\theta/[1 + \cos\theta]$ e um comprimento a^* de vetor primitivo, dado por $a^* = (2\pi/a)(1 + 2\cos\theta\cos\theta^*)^{-1/2}$.

3. (a) Mostre que a densidade dos pontos da rede (por unidade de área) em um plano de rede é d/v, onde v é o volume da célula primitiva e d, o espaçamento entre planos vizinhos na família à qual o plano dado pertence.

(b) Prove que os planos de rede com as maiores densidades de pontos são os planos {111} em uma rede de Bravais cúbica de face centrada e os planos {110} em uma rede de Bravais cúbica de corpo centrado. (*Dica:* isto é mais facilmente executado explorando-se a relação entre as famílias dos planos de rede e os vetores de rede recíproca.)

4. Prove que qualquer vetor **K** da rede recíproca é um múltiplo integral do menor vetor $\mathbf{K}_0$ paralelo da rede recíproca. (*Dica:* admita o contrário e deduza que, como a rede recíproca é uma rede de Bravais, deve haver um vetor de rede recíproca paralelo a **K** menor que $\mathbf{K}_0$.)

6 Determinação de estruturas cristalinas por difração de raios X

Formulação de Bragg e von Laue
A condição de Laue e a construção de Ewald
Métodos experimentais: Laue, cristal rotativo, pó
Fator geométrico de estrutura
Fator de forma atômica

Distâncias interatômicas típicas em um sólido são da ordem de um angström (10^{-8} cm). Uma sonda eletromagnética da estrutura microscópica de um sólido deve, portanto, ter um comprimento de onda, no mínimo, tão curto quanto este, o que corresponde a uma energia da ordem de

$$\hbar\omega = \frac{hc}{\lambda} = \frac{hc}{10^{-8}\text{cm}} \approx 12{,}3 \times 10^{3}\text{eV}. \quad \mathbf{(6.1)}$$

Energias como essa, na ordem de diversos milhares de elétron-volts (quilovolt ou KeV), são energias características de raios X.

Neste capítulo, descreveremos como a distribuição de raios X espalhados por um arranjo rígido[1] e periódico[2] de íons revela as posições dos íons naquela estrutura. Há dois modos equivalentes de visualizar o espalhamento de raios X por uma estrutura periódica perfeita, de acordo com Bragg e von Laue. Esses dois pontos de vista ainda são amplamente empregados. A abordagem de von Laue, que explora a rede recíproca, é mais próxima do espírito da física do estado sólido moderna, mas a abordagem de Bragg ainda tem amplo

[1] Na verdade, os íons vibram em torno de seus sítios de equilíbrio ideal (Capítulos 21–26). Isso não afeta as conclusões fornecidas neste capítulo (embora não fosse claro, nos primórdios da difração de raios X, o motivo de tais vibrações não eliminarem o padrão característico de uma estrutura periódica). Acontece que as vibrações têm duas consequências principais (veja o Apêndice N): a) a intensidade nos picos característicos que revelam a estrutura cristalina é diminuída, mas não eliminada; b) um plano de fundo contínuo muito mais fraco de radiação (o "plano de fundo difuso") é produzido.

[2] Sólidos e líquidos amorfos têm basicamente a mesma densidade dos sólidos cristalinos e são, portanto, também suscetíveis à sondagem com raios X. No entanto, os discretos e acentuados picos de radiação espalhada característicos dos cristais não são encontrados.

emprego por cristalógrafos de raios X. Ambas são descritas a seguir, junto a uma prova de sua equivalência.

FORMULAÇÃO DE BRAGG DA DIFRAÇÃO DE RAIOS X POR UM CRISTAL

Em 1913, W. H. e W. L. Bragg descobriram que substâncias cujas formas macroscópicas eram cristalinas forneciam padrões notavelmente característicos de radiação X refletida, muito diferentes daqueles produzidos por líquidos. Em metais cristalinos, por determinados comprimentos de onda e direções incidentes nitidamente definidos, picos intensos de radiação espalhada (agora conhecidos como picos de Bragg) foram observados.

W. L. Bragg explicou o fenômeno considerando um cristal formado por planos paralelos de íons, separados por uma distância d (isto é, os planos de rede descritos no Capítulo 5). As condições para um pico pronunciado na intensidade de radiação espalhada eram: 1) que os raios X devem ser refletidos de forma especular[3] pelos íons em qualquer um dos planos e 2) que os raios refletidos a partir de sucessivos planos devem interferir construtivamente. Os raios refletidos de forma especular a partir de ângulos adjacentes são apresentados na Figura 6.1. A diferença de caminho entre os dois raios é exatamente $2d$ sen θ, onde θ é o ângulo de incidência.[4] Para que os raios interfiram construtivamente, essa diferença de caminho deve ser um número integral de comprimentos de onda, que conduz à celebrada condição de Bragg:

$$n\lambda = 2d\text{sen}\theta. \quad \textbf{(6.2)}$$

FIGURA 6.1
Uma reflexão de Bragg de uma família em particular de planos de rede, separados por uma distância d. Raios incidentes e refletidos são mostrados para os dois planos vizinhos. A diferença de caminho é $2d$ sen θ.

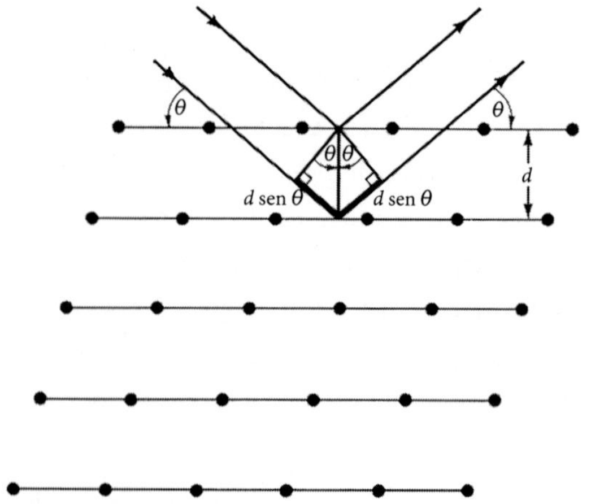

[3] Na reflexão especular, o ângulo de incidência é igual ao ângulo de reflexão.

[4] O ângulo de incidência na cristalografia de raios X é convencionalmente medido a partir do plano de reflexão e não da normal àquele plano (como na óptica clássica). Observe que θ é exatamente a metade do ângulo de deflexão do feixe incidente (Figura 6.2).

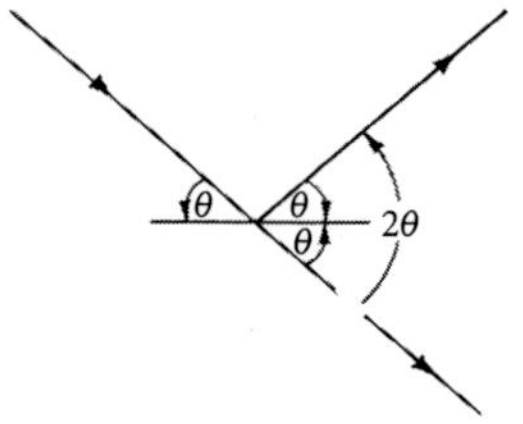

FIGURA 6.2

O ângulo de Bragg θ é exatamente a metade do ângulo total pelo qual o feixe incidente é defletido.

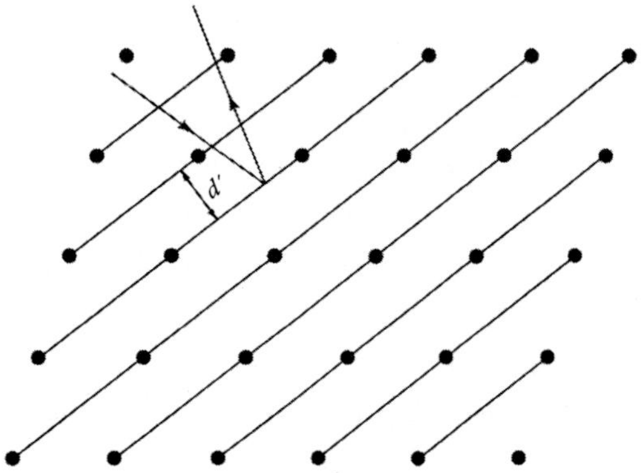

FIGURA 6.3

A mesma porção da rede de Bravais mostrada na Figura 6.1, com uma resolução diferente nos planos de rede indicados. O raio incidente é o mesmo da Figura 6.1, mas tanto a direção (mostrada na figura) quanto o comprimento de onda [determinado pela condição de Bragg (6.2) com d substituído por d'] do raio refletido são diferentes do raio refletido na Figura 6.1. As reflexões são possíveis, em geral, para qualquer um dos infinitos meios de se resolver a rede em planos.

O número inteiro n é conhecido como a ordem da reflexão correspondente. Para um feixe de raios X que contenha uma variedade de diferentes comprimentos de onda ("radiação branca"), muitas reflexões diferentes são observadas. Não há apenas reflexões de alta ordem a partir de determinado conjunto de planos da rede, como também deve-se reconhecer que há muitos modos diferentes de se seccionar o cristal em planos, e cada um deles produzirá reflexões adicionais (veja, por exemplo, a Figura 5.3 ou a Figura 6.3).

FORMULAÇÃO DE VON LAUE DE DIFRAÇÃO DE RAIOS X POR UM CRISTAL

A abordagem de von Laue difere da abordagem de Bragg em relação ao fato de que nenhuma secção específica do cristal em planos da rede seja selecionada e nenhuma suposição *ad hoc* de reflexão especular seja imposta.[5] Ao invés disso, considera-se que o cristal seja composto de objetos microscópicos idênticos (conjuntos de íons ou átomos) colocados nos sítios **R** de uma rede de Bravais, e cada um pode reirradiar a radiação incidente em todas as direções. Picos pronunciados serão observados apenas em direções e em comprimentos de onda para os quais os raios espalhados de todos os pontos da rede interfiram construtivamente.

[5] A suposição de Bragg da reflexão especular é, no entanto, equivalente à suposição de que raios espalhados de íons individuais em cada plano de rede interferem construtivamente. Assim, tanto a abordagem de Bragg quanto a de von Laue se baseiam nas mesmas suposições físicas, e sua equivalência precisa (veja a seguir) deve ser esperada.

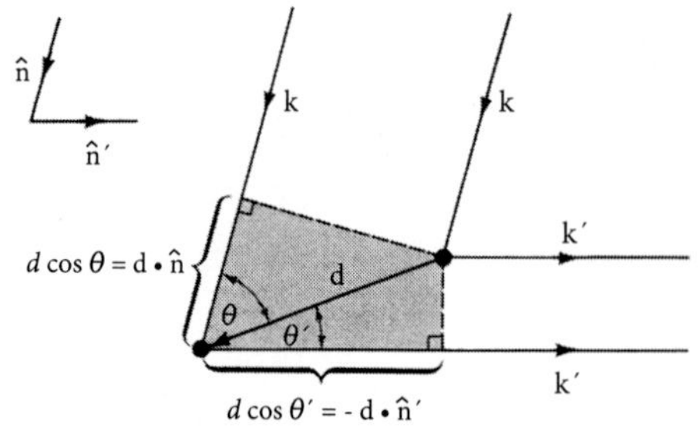

FIGURA 6.4

Ilustrando que a diferença de caminho para os raios espalhados de dois pontos separados por **d** é dada pelas equações (6.3) ou (6.4).

Para encontrar a condição para a interferência construtiva, considere primeiro apenas dois espalhadores, separados por um vetor de deslocamento **d** (Figura 6.4). Considere que um raio X seja incidente de muito longe, ao longo de uma direção $\hat{\mathbf{n}}$, com comprimento de onda λ e vetor de onda $\mathbf{K} = 2\pi\hat{\mathbf{n}}/\lambda$. Um raio espalhado será observado em uma direção $\hat{\mathbf{n}}'$ com comprimento de onda[6] λ e vetor de onda $\mathbf{K}' = 2\pi\hat{\mathbf{n}}'/\lambda$, desde que a diferença de caminho entre os raios espalhados pelos dois íons seja um número integral de comprimentos de onda. Pela Figura 6.4, pode se ver que esta diferença de caminho é exatamente

$$d\cos\theta + d\cos\theta' = \mathbf{d}\cdot(\hat{\mathbf{n}} - \hat{\mathbf{n}}'). \quad \textbf{(6.3)}$$

A condição para a interferência construtiva é, portanto

$$\mathbf{d}\cdot(\hat{\mathbf{n}} - \hat{\mathbf{n}}') = m\lambda, \quad \textbf{(6.4)}$$

para a integral m. Multiplicando os dois lados de (6.4) por $2\pi/\lambda$, obtém-se uma condição nos vetores de onda incidentes e espalhados:

$$\mathbf{d}\cdot(\mathbf{k} - \mathbf{k}') = 2\pi m, \quad \textbf{(6.5)}$$

para a integral m.

Em seguida, consideramos não apenas dois espalhadores, mas um arranjo de espalhadores, nos sítios de uma rede de Bravais. Como os sítios da rede estão deslocados um do outro pelos vetores **R** da rede de Bravais, a condição para que todos os raios espalhados interfiram construtivamente é que a condição (6.5) se mantenha simultaneamente para todos os valores de **d** que sejam vetores da rede de Bravais:

[6] Aqui (e no desenho de Bragg), admitimos que a radiação incidente e a espalhada tenham o mesmo comprimento de onda. Em termos de fótons, isso significa que nenhuma energia foi perdida no espalhamento, ou seja, o espalhamento é elástico. Para uma boa aproximação, o grosso da radiação espalhada é espalhado elasticamente, embora haja muito a ser aprendido no estudo daquele pequeno componente da radiação que está elasticamente espalhado (Capítulo 24 e Apêndice N).

$$\mathbf{R} \cdot (\mathbf{k} - \mathbf{k}') = 2\pi m, \quad \textbf{(6.6)}$$

Isto pode ser escrito na forma equivalente

$$e^{i(\mathbf{k}' - \mathbf{k}) \cdot \mathbf{R}} = 1, \quad \textbf{(6.7)}$$

Comparando esta condição com a definição (5.2) da rede recíproca, chegamos à condição de Laue de que *a interferência construtiva ocorrerá desde que a alteração no vetor de onda,* $\mathbf{K} = \mathbf{k}' - \mathbf{k}$, *seja um vetor da rede recíproca.*

É conveniente que tenhamos uma formulação alternativa da condição de Laue, determinada inteiramente em termos do vetor **K** de onda incidente. Observe primeiro que, como a rede recíproca é uma rede de Bravais, se $\mathbf{k}' - \mathbf{k}$ é um vetor da rede recíproca, também o será $\mathbf{k} - \mathbf{k}'$. Denominando **K** o último vetor, a condição para que **k** e **k**′ tenham a mesma grandeza é

$$k = |\mathbf{k} - \mathbf{K}|. \quad \textbf{(6.8)}$$

Elevando ao quadrado os dois lados de (6.8), obtém-se a condição

$$\mathbf{k} \cdot \hat{\mathbf{K}} = \tfrac{1}{2}K; \quad \textbf{(6.9)}$$

ou seja, o componente do vetor **K** de onda incidente ao longo do vetor **K** da rede recíproca deve ter metade do comprimento de **K**.

Assim, um vetor **k** de onda incidente satisfará a condição de Laue se e somente se a extremidade do vetor ficar em um plano que seja a bissetriz perpendicular de uma linha que una a origem do espaço k a um ponto **K** da rede recíproca (Figura 6.5). Estes planos do espaço k são chamados *planos de Bragg.*

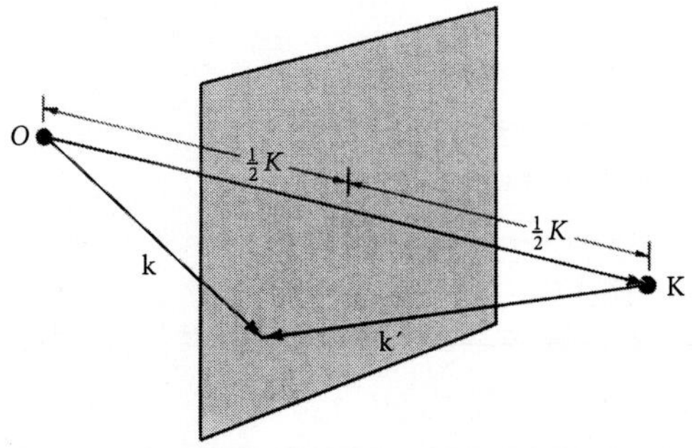

FIGURA 6.5

A condição de Laue. Se a soma de **k** e −**k**′ é um vetor **K** e se **k** e **k**′ têm o mesmo comprimento, então a extremidade do vetor **k** é equidistante da origem O e da extremidade do vetor **K**, situando-se, portanto, no plano que divide a linha que une a origem à extremidade de **K**.

É uma consequência da equivalência dos pontos de vista de Bragg e de von Laue, demonstrada na seção a seguir, que o plano de Bragg no espaço k associado a um pico de difração específico na formulação de Laue seja paralelo à família de planos da rede direta responsável pelo pico na formulação de Bragg.

EQUIVALÊNCIA DAS FORMULAÇÕES DE BRAGG E DE VON LAUE

A equivalência desses dois critérios para a interferência construtiva de raios X por um cristal provém da relação entre vetores da rede recíproca e famílias de planos de rede direta (veja o Capítulo 5). Suponha que os vetores de onda incidente e espalhados, **k** e **k**′, satisfaçam a condição de Laue de que **K** = **k**′ − **k** seja um vetor da rede recíproca. As ondas incidente e espalhada têm o mesmo comprimento de onda[6], portanto, **k**′ e **k** têm as mesmas grandezas. Então (veja Figura 6.6), **k**′ e **k** formam o mesmo ângulo θ com o plano perpendicular a **K**. Assim, o espalhamento pode ser visto como uma reflexão de Bragg, com ângulo de Bragg θ, da família de planos de rede direta perpendiculares ao vetor **K** da rede recíproca.

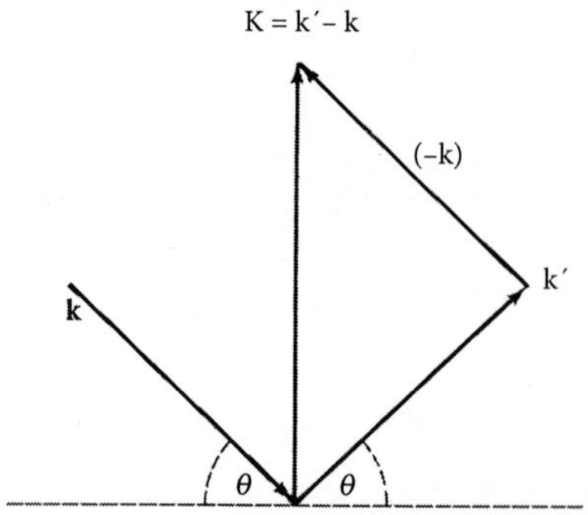

Figura 6.6

O plano do papel contém o vetor **k** da onda incidente, com o vetor **k**′ de onda refletida e sua diferença **K** satisfazendo a condição de Laue. Uma vez que o espalhamento é elástico ($k' = k$), a direção de **k** divide em dois o ângulo entre **k** e **k**′. A linha pontilhada é a interseção do plano perpendicular a **K** com o plano do papel.

Para demonstrar que esta reflexão satisfaz a condição de Bragg (6.2), note que o vetor **K** é um múltiplo integral[7] do menor vetor $\mathbf{K}_0$ da rede recíproca paralelo a **K**. De acordo com o teorema da página 97, a grandeza de $\mathbf{K}_0$ é exatamente $2\pi/d$, onde d é a distância entre sucessivos planos na família perpendicular a $\mathbf{K}_0$ ou a **K**. Assim,

$$K = \frac{2\pi n}{d}. \quad \textbf{(6.10)}$$

Por outro lado, da Figura 6.6 temos que $K = 2k \operatorname{sen} \theta$, desse modo

$$k \operatorname{sen} \theta = \frac{\pi n}{d}. \quad \textbf{(6.11)}$$

[7] Uma consequência elementar do fato de a rede recíproca ser uma rede de Bravais. Veja o Capítulo 5, Problema 4.

Uma vez que $k = 2\pi/\lambda$, a equação (6.11) infere que o comprimento de onda satisfaz a condição de Bragg (6.2).

Assim, *um pico de difração de Laue que corresponde a uma alteração no vetor de onda dada pelo vetor* **K** *da rede recíproca corresponde a uma reflexão de Bragg da família de planos de rede direta perpendicular a* **K**. *A ordem, n, da reflexão de Bragg é exatamente o comprimento de* **K** *dividido pelo comprimento do menor vetor da rede recíproca paralelo a* **K**.

Como a rede recíproca associada a determinada rede de Bravais é muito mais facilmente visualizada do que o conjunto de todos os planos possíveis, dentro dos quais a rede de Bravais pode ser resolvida, a condição de Laue para picos de difração é bem mais simples de se trabalhar do que a condição de Bragg. No restante deste capítulo, aplicaremos a condição de Laue para uma descrição de três dos mais importantes modos pelos quais as análises cristalográficas de amostras reais por meio de raios X são feitas, e a uma discussão de como é possível extrair informações não apenas sobre a rede de Bravais subjacente, mas também sobre o ordenamento de íons na célula primitiva.

GEOMETRIAS EXPERIMENTAIS SUGERIDAS PELA CONDIÇÃO DE LAUE

Um vetor **K** de onda incidente levará a um pico de difração (ou "reflexão de Bragg") se e somente se a extremidade do vetor de onda permanecer em um plano de Bragg no espaço *k*. Como o conjunto de todos os planos de Bragg é uma família discreta de planos, ele não pode começar a preencher o espaço *k* tridimensional e, em geral, a extremidade de **K** não estará em um plano de Bragg. Assim, para um vetor de onda incidente fixado — ou seja, para um comprimento de onda de raios X e direção incidente fixos em relação aos eixos do cristal — não haverá, em geral, picos de difração de modo nenhum.

Caso se deseje procurar experimentalmente os picos de Bragg, é necessário relaxar a restrição do **k** fixo, seja pela variação da magnitude de **k** (quer dizer, variando-se o comprimento de onda do feixe incidente) ou da sua direção (na prática, variando-se a orientação do cristal em relação à direção incidente).

A construção de Ewald

Uma simples construção geométrica proposta por Ewald é de grande valia na visualização desses vários métodos e na dedução da estrutura cristalina a partir dos picos então observados. Desenhamos no espaço *k* uma esfera centrada na extremidade do vetor **k** de onda incidente de raio *k* (de modo que ele passe pela origem). Evidentemente (veja a Figura 6.7), haverá *algum* vetor de onda **k**′ que satisfaça a condição de Laue se e somente se algum ponto da rede recíproca (em adição à origem) estiver na superfície da esfera, caso em que haverá uma reflexão de Bragg da família de planos de rede direta perpendicular ao vetor da rede recíproca.

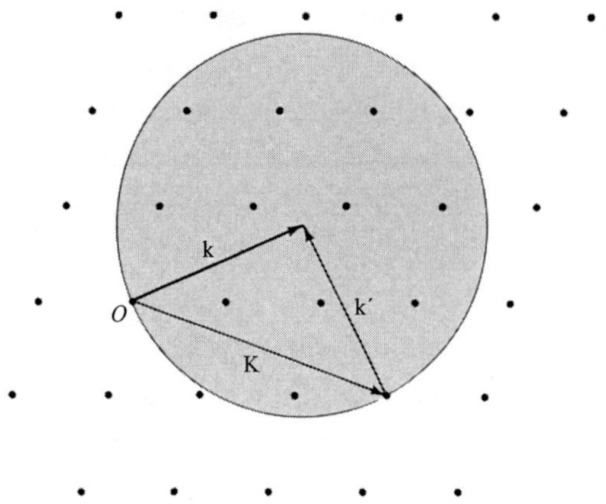

FIGURA 6.7

A construção de Ewald. Dado o vetor **k** de onda incidente, uma esfera de raio k é desenhada em torno do ponto **k**. Picos de difração correspondendo aos vetores **K** da rede recíproca serão observados somente se **K** fornecer um ponto de rede recíproca na superfície da esfera. Este vetor de rede recíproca é indicado na figura, junto ao vetor de onda **k**′ do raio de Bragg refletido.

Em geral, uma esfera no espaço k com a origem em sua superfície não terá nenhum outro ponto de rede recíproca em sua superfície e, portanto, a construção de Ewald confirma nossa observação de que, para um vetor de onda incidente geral, não haverá picos de Bragg. No entanto, é possível certificar-se de que alguns picos de Bragg serão produzidos lançando-se mão de diversas técnicas:

1. O Método de Laue — Pode-se continuar a espalhar de um único cristal de orientação fixa a partir de uma direção incidente $\hat{\mathbf{n}}$ fixa, mas pode-se buscar por picos de Bragg por meio da utilização não de um feixe de raios X monocromático, mas de um que contenha comprimentos de onda de λ_1 até λ_0. A esfera de Ewald, então, se expandirá na região contida entre as duas esferas determinada por $\mathbf{k}_0 = 2\pi\hat{\mathbf{n}}/\lambda_0$ e $\mathbf{k}_1 = 2\pi\hat{\mathbf{n}}/\lambda_1$, e os picos de Bragg

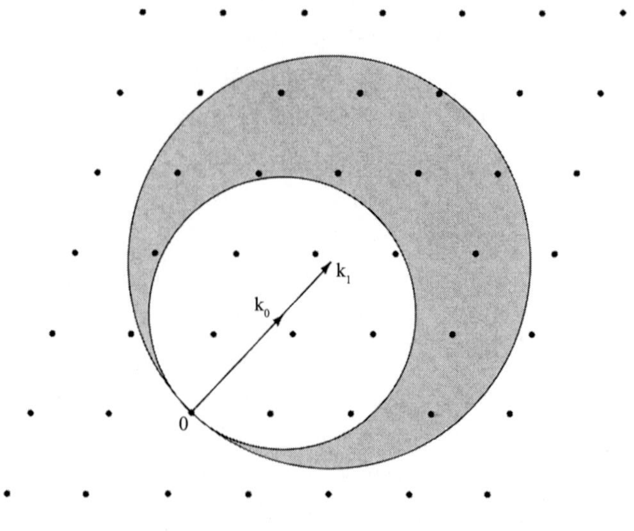

FIGURA 6.8

A construção de Ewald para o método de Laue. O cristal e a direção do raio X incidente são fixos, e uma variedade contínua de comprimentos de onda, correspondentes aos vetores de onda entre k_0 e k_1 em magnitude, está presente. As esferas de Ewald para todos os vetores de onda incidentes preenchem a região sombreada entre a esfera centrada na extremidade do vetor $\mathbf{k}_0$ e aquela centrada na extremidade de $\mathbf{k}_1$. Picos de Bragg serão observados, correspondendo a todos os pontos da rede recíproca na região sombreada. (Para simplificação da ilustração, a direção incidente foi considerada como estando em um plano de rede, e apenas os pontos da rede recíproca que estão no plano são mostrados.)

serão observados como se correspondendo a quaisquer vetores da rede recíproca nesta região (Figura 6.8). Fazendo com que a propagação em comprimentos de onda seja suficientemente grande, é certo que se encontrarão alguns pontos de rede recíproca na região. No entanto, impedindo-a de ficar muito grande, pode-se evitar reflexões de Bragg excessivas, mantendo-se, por meio disso, um quadro bem simples.

O método de Laue é provavelmente mais adequado para a determinação da orientação do único espécime cristalino. A estrutura desse espécime é conhecida, pois, por exemplo, se a direção incidente permanece ao longo de um eixo de simetria do cristal, o padrão de marcas produzidas pelos raios de Bragg refletidos terá a mesma simetria. Como os físicos do estado sólido geralmente estudam substâncias com estrutura cristalina conhecida, o método de Laue é provavelmente o de maior interesse prático.

2. O Método do Cristal Rotativo — Este método emprega raios X monocromáticos, mas permite que o ângulo de incidência varie. Na prática, a direção do feixe de raios X é mantida fixa e a orientação do cristal varia em seu lugar. No método do cristal rotativo, o cristal é girado em torno de algum eixo fixo, e todos os picos de Bragg que ocorrem durante a rotação são gravados em um filme. À medida que o cristal gira, a rede recíproca que ele determina vai girar com a mesma intensidade em torno do mesmo eixo. Assim, a esfera de Ewald (que é determinada pelo vetor **k** de onda incidente fixo) é fixada no espaço k, enquanto toda a rede recíproca gira em torno do eixo de rotação do cristal. Durante essa rotação, cada ponto da rede recíproca percorre uma circunferência em torno do eixo de rotação, e uma reflexão de Bragg ocorre sempre que esta circunferência cruza a esfera de Ewald. Isso pode ser visto na Figura 6.9 para uma geometria particularmente simples.

3. O Método do Pó ou de Debye-Scherrer — Este é equivalente a um experimento de cristal rotativo no qual, em adição, o eixo de rotação varia sobre todas as orientações possíveis. Na prática, esta média isotrópica da direção incidente é alcançada pela utilização de uma amostra policristalina ou um pó, cujos grãos ainda são enormes na escala atômica e, portanto, capazes de difratar raios X. Como os eixos de cristal dos grãos individuais são orientados aleatoriamente, o padrão de difração produzido por este pó é o mesmo que se produziria com a combinação dos padrões de difração para todas as orientações possíveis de um único cristal.

As reflexões de Bragg são agora determinadas pela fixação do vetor **k** incidente, e com ele a esfera de Ewald, permitindo que a rede recíproca gire por todos os ângulos possíveis em torno da origem, de modo que cada vetor **K** da rede recíproca gere uma esfera de raio K em torno da origem. Esta esfera cruzará a esfera de Ewald em uma circunferência [Figura 6.10(a)] desde que K seja menor que $2k$. O vetor que liga qualquer ponto nesta circunferência à extremidade do vetor **k** incidente é um vetor de onda **k**′, para o qual a radiação espalhada será observada. Assim, cada vetor da rede recíproca de comprimento menor que $2k$ gera um cone de radiação espalhada em um ângulo ϕ para a direção à frente, onde [Figura 6.10(b)]

$$K = 2k \operatorname{sen} \tfrac{1}{2}\phi. \quad \textbf{(6.12)}$$

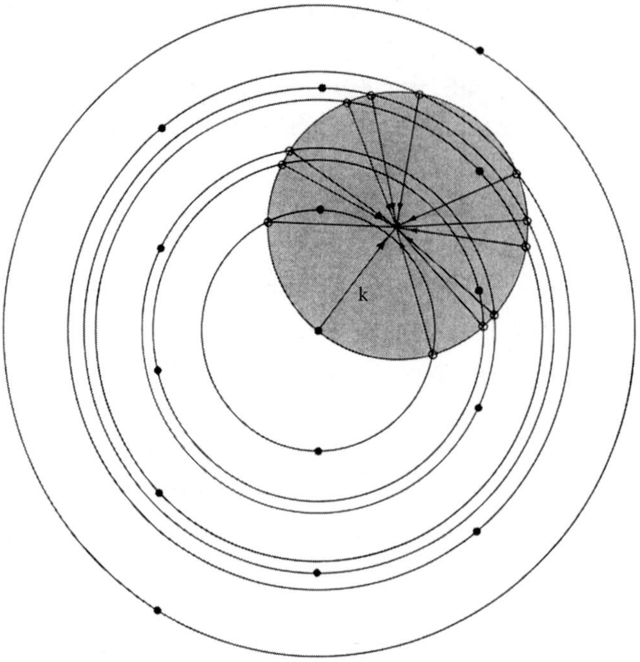

FIGURA 6.9

A construção de Ewald para o método do cristal rotativo. Para simplificar, mostra-se um caso no qual o vetor de onda incidente está em um plano de rede e o eixo de rotação é perpendicular àquele plano. Os círculos concêntricos são as órbitas eliminadas sob a rotação pelos vetores de rede recíproca que estão no plano perpendicular ao eixo que contém **k**. Cada interseção desta circunferência com a esfera de Ewald fornece o vetor de onda de um raio de Bragg refletido. (Vetores de onda de Bragg refletidos adicionais associados a vetores de rede recíproca em outros planos não são mostrados.)

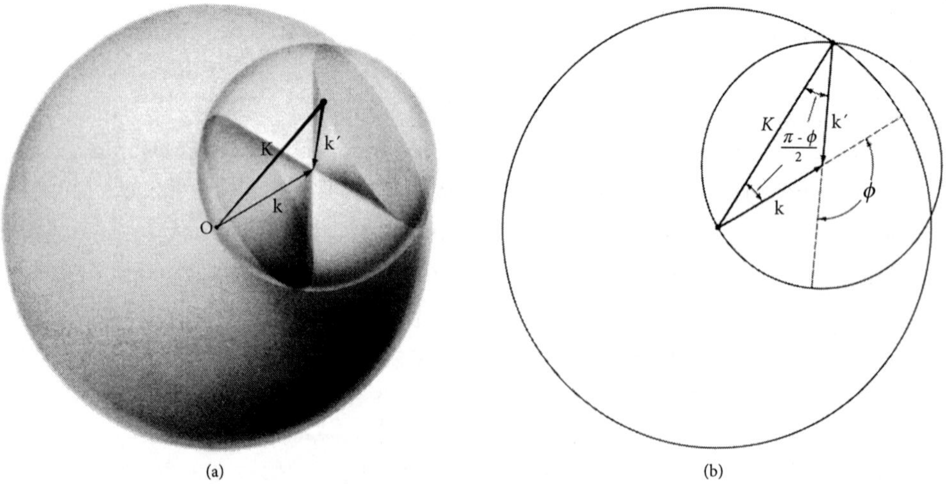

FIGURA 6.10

A construção de Ewald para o método do pó. (a) A esfera de Ewald é a menor esfera. Ela está centrada na extremidade do vetor de onda **k** incidente com raio k, de modo que a origem O esteja em sua superfície. A esfera maior está centrada na origem e tem um raio K. As duas esferas cruzam em uma circunferência (transformada em uma elipse por perspectiva). As reflexões de Bragg ocorrerão para qualquer vetor de onda **k**′ que conecte qualquer ponto na circunferência de interseção com a extremidade do vetor **k**. Os raios espalhados ficam, portanto, no cone que se abre na direção oposta a **k**. (b) Uma seção do plano de (a), contendo o vetor de onda incidente. O triângulo é isósceles e, assim, $K = 2k \text{ sen } \frac{1}{2}\phi$.

Ao medir os ângulos ϕ nos quais as reflexões de Bragg são observadas, conhecem-se, portanto, os comprimentos de todos os vetores da rede recíproca menores que $2k$. Munidos dessa informação, alguns detalhes sobre a simetria do cristal macroscópico e o fato de que a rede recíproca é uma rede de Bravais, pode-se construir a própria rede recíproca (veja, por exemplo, o Problema 1).

DIFRAÇÃO POR UMA REDE MONOATÔMICA COM UMA BASE; O FATOR GEOMÉTRICO DE ESTRUTURA

A discussão anterior baseou-se na condição (6.7) de que raios espalhados de cada célula primitiva devem interferir construtivamente. Se a estrutura cristalina é aquela de uma rede monoatômica com uma base de n átomos (por exemplo, o carbono na estrutura do diamante ou o berílio de empacotamento hexagonal denso, ambos dos quais possuem $n = 2$), então o conteúdo de cada célula primitiva poderá ser analisado detalhadamente em um conjunto de espalhadores idênticos nas posições $\mathbf{d}_1,...,\mathbf{d}_n$ dentro da célula. A intensidade de radiação em dado pico de Bragg dependerá da extensão com que os raios espalhados a partir destes sítios de base interferem uns nos outros, sendo maior quando há completa interferência construtiva e desaparecendo totalmente no caso de haver interferência destrutiva completa.

Se o pico de Bragg é associado a uma variação no vetor de onda $\mathbf{k}' - \mathbf{k} = \mathbf{K}$, a diferença de fase (Figura 6.4) entre os raios espalhados em $\mathbf{d}_i$ e $\mathbf{d}_j$ será $\mathbf{K}\cdot(\mathbf{d}_i - \mathbf{d}_j)$ e as amplitudes dos dois raios vão diferir por um fator $e^{i\mathbf{K}\cdot(\mathbf{d}_i-\mathbf{d}_j)}$. Deste modo, as amplitudes dos raios espalhados em $\mathbf{d}_1,...\mathbf{d}_n$ estão nas proporções $e^{i\mathbf{K}\cdot\mathbf{d}_1},\ldots,e^{i\mathbf{K}\cdot\mathbf{d}_n}$. O raio líquido espalhado por toda a célula primitiva é a soma dos raios individuais e terá, então, uma amplitude que contém o fator

$$S_{\mathrm{K}} = \sum_{j=1}^{n} e^{i\mathbf{K}:d_j}\cdot \quad \mathbf{(6.13)}$$

A grandeza $S_{\mathbf{K}}$, conhecida como *fator geométrico de estrutura*, expressa até que ponto a interferência das ondas espalhadas a partir de íons idênticos na base pode diminuir a intensidade do pico de Bragg associado ao vetor **K** da rede recíproca. A intensidade no pico de Bragg, sendo proporcional ao quadrado do valor absoluto da amplitude, conterá um fator $|S_{\mathbf{K}}|^2$. É importante observar que esta não é a única fonte da dependência de **K** na intensidade. Uma dependência adicional na alteração no vetor de onda provém também da dependência angular comum de qualquer espalhamento eletromagnético, com a influência sobre o espalhamento da estrutura interna detalhada de cada íon individual na base. Portanto, por si só, o fator de estrutura não pode ser utilizado na prevenção da intensidade absoluta em um pico de Bragg.[8] Ele pode, no entanto, levar a uma dependência característica em **K,** facilmente percebida mesmo que outras dependências de **K** menos distinguíveis tenham

[8] Uma breve, porém completa, abordagem do espalhamento da radiação eletromagnética por cristais, incluindo a derivação de fórmulas de intensidade detalhadas para as diversas geometrias experimentais descritas, é dada por Landau e Lifshitz (*Electrodynamics of continuous media*. Reading: Addison-Wesley, 1966. Capítulo 15.).

sido superpostas a ele. O único caso no qual o fator de estrutura pode ser certamente empregado é quando ele desaparece. Isto ocorre quando os elementos da base são de tal forma ordenados que há uma completa interferência destrutiva para o **K** em questão. Neste caso, nenhum aspecto dos raios espalhados pelos elementos individuais da base pode impedir que o raio líquido desapareça.

Ilustramos a importância de um fator de estrutura de desaparecimento em dois casos:[9]

1. ***Rede cúbica de corpo centrado considerada como cúbica simples com uma base*** — Uma vez que a rede cúbica de corpo centrado é uma rede de Bravais, sabemos que as reflexões de Bragg ocorrerão quando a alteração no vetor de onda **K** for um vetor da rede recíproca, que é cúbica de face centrada. Às vezes, no entanto, é conveniente considerar a rede bcc uma rede cúbica simples gerada pelos vetores primitivos $a\hat{\mathbf{x}}, a\hat{\mathbf{y}}$ e $a\hat{\mathbf{z}}$, com uma base de dois pontos consistindo de $\mathbf{d}_1 = \mathbf{0}$ e $\mathbf{d}_2 = (a/2)(\hat{\mathbf{x}} + \hat{\mathbf{y}} + \hat{\mathbf{z}})$. A partir deste ponto de vista, a rede recíproca é também cúbica simples, com uma célula cúbica de lado $2\pi/a$. Entretanto, haverá agora um fator de estrutura $S_{\mathbf{K}}$ associado a cada reflexão de Bragg. Neste caso, (6.13) fornece

$$S_{\mathbf{K}} = 1 + \exp[i\mathbf{K} \cdot \tfrac{1}{2}a(\hat{\mathbf{x}} + \hat{\mathbf{y}} + \hat{\mathbf{z}})]. \quad \mathbf{(6.14)}$$

Um vetor geral na rede recíproca cúbica simples tem a forma

$$\mathbf{K} = \frac{2\pi}{a}(n_1\hat{\mathbf{x}} + n_2\hat{\mathbf{y}} + n_3\hat{\mathbf{z}}). \quad \mathbf{(6.15)}$$

Substituindo isto em (6.14), encontramos um fator de estrutura

$$\begin{aligned} S_{\mathbf{K}} &= 1 + e^{i\pi(n_1+n_2+n_3)} = 1 + (-1)^{n_1+n_2+n_3} \\ &= \begin{cases} 2, & n_1 + n_2 + n_3 \text{ par}, \\ 0, & n_1 + n_2 + n_3 \text{ ímpar}. \end{cases} \end{aligned} \quad \mathbf{(6.16)}$$

Desse modo, os pontos na rede recíproca cúbica simples, cuja soma das coordenadas em relação aos vetores cúbicos primitivos resulte em número ímpar, de fato não terão nenhuma reflexão de Bragg associada a eles. Isso converte a rede recíproca cúbica simples na estrutura cúbica de face centrada que teríamos se tivéssemos tratado a rede direta cúbica de corpo centrado como uma rede de Bravais ao invés de uma rede com uma base (veja a Figura 6.11).

[9] Exemplos adicionais são fornecidos nos Problemas 2 e 3.

FIGURA 6.11

Pontos na rede recíproca cúbica simples de lado $2\pi/a$, pelos quais o fator de estrutura (6.16) desaparece, são aqueles (círculos brancos) que podem ser alcançados da origem pelo movimento de um número ímpar de ligações de vizinhos mais próximos. Quando estes sítios são eliminados, os sítios restantes (círculos pretos) constituem uma rede cúbica de face centrada com célula cúbica de lado $4\pi/a$.

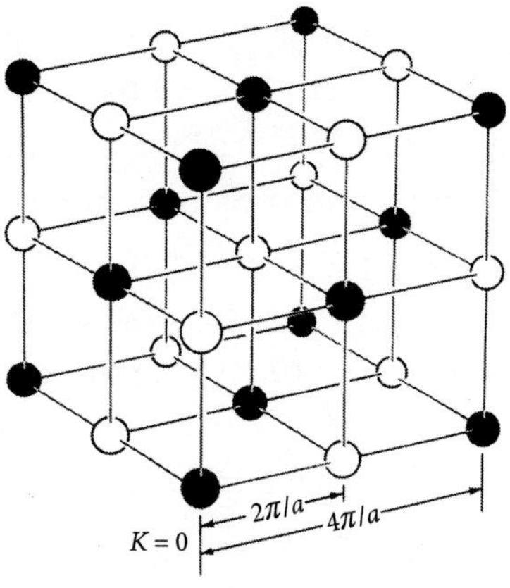

Assim, caso inadvertidamente ou por razões de maior simetria na descrição, escolha-se descrever uma rede de Bravais como uma rede com uma base, ainda se recupera a descrição correta da difração de raios X, desde que o desaparecimento do fator de estrutura seja levado em consideração.

2. ***Rede monoatômica do diamante*** — A rede monoatômica do diamante (carbono, silício, germânio ou estanho cinza) não é uma rede de Bravais e deve ser descrita como uma rede com uma base. A rede de Bravais subjacente é cúbica de face centrada, e a base pode ser considerada $\mathbf{d}_1 = \mathbf{0}$, $\mathbf{d}_2 = (a/4)(\hat{\mathbf{x}} + \hat{\mathbf{y}} + \hat{\mathbf{z}})$, onde $\hat{\mathbf{x}}, \hat{\mathbf{y}}$ e $\hat{\mathbf{z}}$ estão ao longo dos eixos cúbicos e a é o lado da célula cúbica convencional. A rede recíproca é cúbica de corpo centrado com célula cúbica convencional de lado $4\pi/a$. Se tomarmos como vetores primitivos

$$\mathbf{b}_1 = \frac{2\pi}{a}(\hat{\mathbf{y}} + \hat{\mathbf{z}} - \hat{\mathbf{x}}), \quad \mathbf{b}_2 = \frac{2\pi}{a}(\hat{\mathbf{z}} + \hat{\mathbf{x}} - \hat{\mathbf{y}}), \quad \mathbf{b}_3 = \frac{2\pi}{a}(\hat{\mathbf{x}} + \hat{\mathbf{y}} - \hat{\mathbf{z}}), \quad \textbf{(6.17)}$$

o fator de estrutura (6.13) para $\mathbf{K} = \Sigma n_i \mathbf{b}_i$ será

$$S_{\mathbf{K}} = 1 + \exp[\tfrac{1}{2} i\pi(n_1 + n_2 + n_3)] = \begin{cases} 2, & n_1 + n_2 + n_3 \text{ duas vezes um número par,} \\ 1 \pm i, & n_1 + n_2 + n_3 \text{ ímpar,} \\ 0, & n_1 + n_2 + n_3 \text{ duas vezes um número ímpar.} \end{cases} \quad \textbf{(6.18)}$$

Para interpretar estas condições em Σn_i geometricamente, observe que, se substituirmos (6.17) em $\mathbf{K} = \Sigma n_i \mathbf{b}_i$, podemos escrever o vetor geral de rede recíproca na forma

$$\mathbf{K} = \frac{4\pi}{a}(\nu_1 \hat{\mathbf{x}} + \nu_2 \hat{\mathbf{y}} + \nu_3 \hat{\mathbf{z}}), \quad \textbf{(6.19)}$$

onde

$$\nu_j = \tfrac{1}{2}(n_1 + n_2 + n_3) - n_j, \quad \sum_{j=1}^{3} \nu_j = \tfrac{1}{2}(n_1 + n_2 + n_3). \quad \textbf{(6.20)}$$

Sabemos (veja o Capítulo 5) que a recíproca da rede fcc com célula cúbica de lado a é uma rede bcc com célula cúbica de lado $4\pi/a$. Consideremos isto como composto de duas redes cúbicas simples de lado $4\pi/a$. A primeira, que contém a origem ($\mathbf{K} = 0$), deve ter todos os números inteiros ν_i [de acordo com (6.19)] e, então, ser fornecida por $\mathbf{K}$ com $n_1 + n_2 + n_3$ par [de acordo com (6.20)]. A segunda, que contém o "ponto de corpo centrado" $(4\pi/a)\frac{1}{2}(\hat{\mathbf{x}} + \hat{\mathbf{y}} + \hat{\mathbf{z}})$, deve ter todos os números inteiros $\nu_i + \frac{1}{2}$ [de acordo com (6.19)] e, portanto, ser fornecida por $\mathbf{K}$ com $n_1 + n_2 + n_3$ ímpar [de acordo com (6.20)].

Comparando isto a (6.18), encontramos que os pontos com fator de estrutura $1 \pm i$ são aqueles na sub-rede cúbica simples de pontos de "corpo centrado". Aqueles cujo fator de estrutura S é 2 ou 0 estão na sub-rede cúbica simples que contém a origem, onde $\Sigma\nu_i$ é par quando $S = 2$ e ímpar quando $S = 0$. Assim, os pontos com fator de estrutura zero são outra vez removidos pela aplicação da construção apresentada na Figura 6.11 para a sub-rede cúbica simples que contém a origem, convertendo-a em uma estrutura cúbica de face centrada (Figura 6.12).

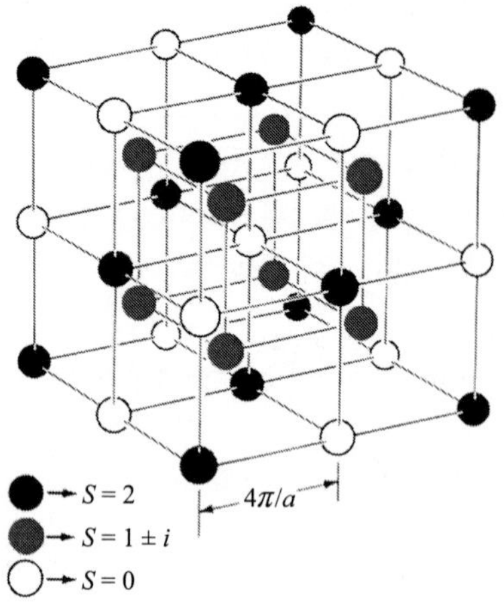

Figura 6.12

A rede cúbica de corpo centrado com lado de célula cúbica $4\pi/a$ que é recíproca a uma rede cúbica de face centrada com lado de célula cúbica a. Quando a rede fcc é aquela subjacente à estrutura do diamante, os círculos brancos indicam sítios com fator de estrutura zero. (Os círculos pretos são sítios com fator de estrutura 2, e os cinza são sítios com fator de estrutura $1 \pm i$.)

DIFRAÇÃO POR UM CRISTAL POLIATÔMICO; O FATOR DE FORMA ATÔMICA

Se os íons na base não são idênticos, o fator de estrutura (6.13) assume a forma

$$S_{\mathbf{K}} = \sum_{j=1}^{3} f_j(\mathbf{K}) e^{i\mathbf{K}\cdot\mathbf{d}_j}, \quad (6.21)$$

onde f_j, conhecido como *fator de forma atômica*, é inteiramente determinado pela estrutura interna do íon que ocupa a posição $\mathbf{d}_j$ na base. Íons idênticos têm fatores de forma idênticos (não importando onde estejam localizados), logo (6.21) reduz de volta a (6.13), multiplicado pelo valor comum dos fatores de forma, no caso monoatômico.

Em tratamentos elementares, o fator de forma atômica associado a uma reflexão de Bragg dada pelo vetor **K** de rede recíproca é considerado proporcional à transformada de Fourier da distribuição de carga eletrônica do íon correspondente:[10]

$$f_j(\mathbf{K}) = -\frac{1}{e}\int d\mathbf{r}\, e^{i\mathbf{K}\cdot\mathbf{r}}\, \rho_j(\mathbf{r}). \quad \mathbf{(6.22)}$$

Neste caso, o fator de forma atômica f_j depende de **K** e dos aspectos detalhados da distribuição de carga do íon que ocupa a posição $\mathbf{d}_j$ na base. Como consequência, não se esperaria que o fator de estrutura desaparecesse para nenhum **K** a não ser que houvesse alguma relação fortuita entre fatores de forma de diferentes tipos. Fazendo-se suposições razoáveis sobre a dependência de **K** em diferentes fatores de forma, é plausível que se faça uma distinção conclusiva entre diversas estruturas cristalinas possíveis, com base na variação das intensidades de pico de Bragg com **K** (veja, por exemplo, o Problema 5).

Isto conclui nossa discussão sobre a reflexão de Bragg dos raios X. Nossa análise não explorou nenhuma propriedade dos raios X além de sua natureza ondulatória.[11] Consequentemente, vamos nos deparar com muitos dos conceitos e resultados deste capítulo reaparecendo em discussões subsequentes de outros fenômenos de onda em sólidos, como elétrons (Capítulo 9) e nêutrons (Capítulo 24).[12]

PROBLEMAS

1. Espécimes em pó de três cristais cúbicos monoatômicos diferentes são analisados com uma câmera de Debye-Scherrer. Sabe-se que uma amostra é cúbica de face centrada, uma é cúbica de corpo centrado e uma tem a estrutura do diamante. As posições aproximadas dos quatro primeiros anéis de difração em cada caso são (veja a Figura 6.13):

Valores de ϕ para amostras

A	*B*	*C*
42,2°	28,8°	42,8°
49,2	41,0	73,2
72,0	50,8	89,0
87,3	59,6	115,0

[10] A densidade de carga eletrônica $\rho_j(\mathbf{r})$ é aquela de um íon do tipo j colocado em $\mathbf{r} = \mathbf{0}$; assim, a contribuição do íon em $\mathbf{R} + \mathbf{d}_j$ para a densidade de carga eletrônica do cristal é $\rho_j(\mathbf{r} - [\mathbf{R} + \mathbf{d}_j])$. (A carga eletrônica é geralmente fatorada do fator de forma atômica para torná-la adimensional.)

[11] Como consequência, não pudemos fazer afirmativas precisas sobre a intensidade absoluta dos picos de Bragg, ou sobre o plano de fundo difuso da radiação em direções não permitidas pela condição de Bragg.

[12] Considerada no modo mecânico-quântico, uma partícula de momento p pode ser vista como uma onda com comprimento de onda $\lambda = h/p$.

(a) Identifique as estruturas cristalinas de *A, B* e *C*.

(b) Se o comprimento de onda do feixe de raios X incidente é 1,5 Å, qual é o comprimento do lado da célula cúbica convencional em cada caso?

(c) Se a estrutura de diamante fosse substituída pela estrutura da blenda de zinco com uma célula unitária cúbica de mesmo lado, em quais ângulos ocorreriam agora os primeiros quatro anéis?

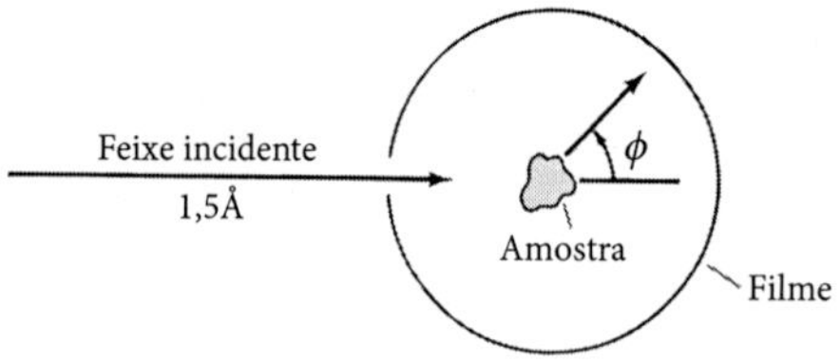

FIGURA 6.13

Vista esquemática de uma câmera de Debye-Scherrer. Picos de difração são gravados na fita de filme.

2. É frequentemente conveniente representar-se uma rede de Bravais cúbica de face centrada como cúbica simples, com uma célula primitiva cúbica de lado a e uma base de quatro pontos.

(a) Mostre que o fator de estrutura (6.13) é então 4 ou 0 em todos os pontos da rede recíproca cúbica simples.

(b) Mostre que quando pontos com fator de estrutura zero são removidos, os pontos restantes da rede recíproca formam uma rede cúbica de corpo centrado com célula convencional de lado $4\pi/a$. Por que isto deve ser esperado?

3. (a) Mostre que, o fator de estrutura para uma estrutura cristalina monoatômica de empacotamento hexagonal denso pode adotar qualquer um dos seis valores $1 + e^{in\pi/3}$, $n = 1,...,6$, à medida que **K** varia pelos pontos da rede recíproca hexagonal simples.

(b) Mostre que todos os pontos da rede recíproca têm um fator de estrutura que não desaparece no plano perpendicular ao eixo c que contém $\mathbf{K} = \mathbf{0}$.

(c) Mostre que pontos de fator de estrutura zero são encontrados em planos alternados na família de planos de rede recíproca perpendicular ao eixo c.

(d) Mostre que em tal plano o ponto que é deslocado de $\mathbf{K} = \mathbf{0}$ por um vetor paralelo ao eixo c tem fator de estrutura zero.

(e) Mostre que a remoção de todos os pontos do fator de estrutura zero de tal plano reduz a rede triangular de pontos de rede recíproca a um arranjo de favo de mel (Figura 4.3).

4. Considere uma rede com uma base de n íons. Suponha que o íon de ordem i na base, quando transladado a $\mathbf{r} = \mathbf{0}$, pode ser considerado como composto de m_i partículas pontuais de carga $-z_{ij}e$, localizadas nas posições $\mathbf{b}_{ij}$, $j = 1,...,m_i$.

(a) Mostre que o fator de forma atômica f_i é dado por

$$f_i = \sum_{j=1}^{m_i} z_{ij} e^{i\mathbf{K}\cdot\mathbf{b}_{ij}}. \quad \mathbf{(6.23)}$$

(b) Mostre que o fator de estrutura total (6.21) deduzido por (6.23) é idêntico ao fator de estrutura que se teria encontrado se a rede fosse equivalentemente descrita como tendo uma base de m_1 +...+ m_n íons pontuais.

5. (a) A estrutura do cloreto de sódio (Figura 4.24) pode ser considerada uma rede de Bravais fcc com lado de cubo a, com uma base que consiste de um íon carregado positivamente na origem e um íon carregado negativamente em $(a/2)\hat{\mathbf{x}}$. A rede recíproca é cúbica de corpo centrado e o vetor de rede recíproca geral tem a forma (6.19), com todos os coeficientes ν_i números inteiros ou números inteiros + $\frac{1}{2}$. Se os fatores de forma atômicos para os dois íons são f_+ e f_-, mostre que o fator de estrutura é $S_\mathrm{k} = f_+ + f_-$, se os ν_i são números inteiros, e $f_+ - f_-$, se os ν_i são números inteiros + $\frac{1}{2}$. (Por que S desaparece no último caso quando $f_+ = f_-$?)

(b) A estrutura da blenda de zinco (Figura 4.18) é também uma rede de Bravais cúbica de face centrada de lado de cubo a, com uma base que consiste de um íon carregado positivamente na origem e um íon carregado negativamente em $(a/4)(\hat{\mathbf{x}} + \hat{\mathbf{y}} + \hat{\mathbf{z}})$. Mostre que o fator de estrutura S_K é $f_+ \pm if_-$, se ν_i são números inteiros + $\frac{1}{2}$, $f_+ + f_-$, se ν_i são números inteiros e $\Sigma\nu_i$ for par, e $f_+ - f_-$, se ν_i são números inteiros e $\Sigma\nu_i$ for ímpar.

(c) Suponha que se saiba que um cristal cúbico é composto de íons de nível denso (e, consequentemente, esfericamente simétrico), tal que $f_\pm(\mathbf{K})$ depende apenas da magnitude de $\mathbf{K}$. As posições dos picos de Bragg revelam que a rede de Bravais é cúbica de face centrada. Pondere como seria possível determinar, a partir dos fatores de estrutura associados aos picos de Bragg, se a estrutura cristalina tinha mais probabilidade de ser do tipo do cloreto de sódio ou da blenda de zinco.

7 Classificação de redes de Bravais e estruturas cristalinas

Operações de simetria e a classificação das redes de Bravais
Os sete sistemas cristalinos e as 14 redes de Bravais
Grupos pontuais e grupos espaciais cristalográficos
Notações de Schoenflies e internacionais
Exemplos com base em elementos

Nos Capítulos 4 e 5 apenas as simetrias *translacionais* das redes de Bravais foram descritas e exploradas. Por exemplo, a existência e as propriedades básicas da rede recíproca dependem apenas da existência de três vetores $\mathbf{a}_i$ de rede direta primitiva, independentemente de alguma relação especial que possa existir entre eles.[1] As simetrias translacionais são de longe as mais importantes para a teoria geral dos sólidos. Todavia, fica claro pelos exemplos já descritos que as redes de Bravais naturalmente encaixam-se em categorias com base em simetrias diferentes das translacionais. Redes de Bravais hexagonais simples, por exemplo, independentemente da razão c/a, têm mais semelhança entre si do que com qualquer um dos três tipos de redes de Bravais cúbicas descritos.

É objeto da cristalografia sistematizar e tornar precisas essas distinções.[2] Aqui, apenas indicaremos a base para as altamente elaboradas classificações cristalográficas, fornecendo algumas das principais categorias e a linguagem pela qual elas são descritas. Na maioria das aplicações, o que importa são os aspectos de casos particulares, não a teoria geral sistemática, portanto, poucos físicos do estado sólido necessitam dominar a análise completa da cristalografia. Além disso, o leitor que não se interesse muito pelo assunto pode saltar este capítulo inteiramente, e haverá pouco prejuízo da compreensão do que virá a seguir, podendo recorrer a ele oportunamente para a elucidação de termos desconhecidos.

[1] Um exemplo dessa relação é a condição de ortonormalidade $\mathbf{a}_i \cdot \mathbf{a}_j = a^2\delta_{ij}$, que se mantém para os vetores primitivos apropriados em uma rede de Bravais cúbica simples.

[2] A visão detalhada do assunto pode ser encontrada em M. J. Buerger. *Elementary crystalography*. Nova York: Wiley, 1963.

A CLASSIFICAÇÃO DAS REDES DE BRAVAIS

O problema de se classificar todas as estruturas cristalinas possíveis é demasiadamente complexo para se abordar diretamente, e consideramos primeiro somente a classificação das redes de Bravais.[3] Do ponto de vista da simetria, uma rede de Bravais é caracterizada pela especificação de todas as operações rígidas[4] que transformam a rede nela própria. Este conjunto de operações é conhecido como *grupo de simetria* ou *grupo espacial* da rede de Bravais.[5]

As operações no grupo de simetria de uma rede de Bravais incluem todas as translações através dos vetores de rede. Além disso, no entanto, geralmente haverá rotações, reflexões e inversões[6] que transformam a rede nela própria. Uma rede de Bravais cúbica, por exemplo, transforma-se nela própria pela rotação de 90° em torno de uma linha de pontos da rede em uma direção <100>, uma rotação de 120° em torno de uma linha de pontos da rede em uma direção <111>, reflexão de todos os pontos em um plano de rede {100} etc. Uma rede de Bravais hexagonal simples transforma-se nela própria por uma rotação de 60° em torno de uma linha de pontos da rede paralelos ao eixo *c*, a reflexão em um plano da rede perpendicular ao eixo *c* etc.

Qualquer operação de simetria de uma rede de Bravais pode ser decomposta em uma translação $T_{\mathbf{R}}$ por meio de um vetor da rede **R** e uma operação rígida, que deixa ao menos um ponto da rede fixo[7] – o que não é imediatamente óbvio. Uma rede de Bravais cúbica simples, por exemplo, torna-se fixa pela rotação de 90° em torno de um eixo <100>, que passa pelo centro de uma célula primitiva cúbica com pontos da rede em oito vértices do cubo. Esta é uma operação rígida que não deixa nenhum ponto da rede fixo. Entretanto, ela pode ser decomposta em uma translação por meio de um vetor da rede de Bravais e a rotação em torno de uma linha de pontos da rede, como apresentado na Figura 7.1. Tal representação é sempre possível, como pode ser visto a seguir.

Considere uma operação de simetria *S*, que não deixa nenhum ponto da rede fixo. Suponha que ela leve a origem da rede **O** ao ponto **R**. Considere em seguida a operação que se obtém aplicando-se primeiro *S*, e então aplicando uma translação por meio de $-\mathbf{R}$, que designamos $T_{-\mathbf{R}}$. A operação combinada, que denominamos $T_{-\mathbf{R}}S$, é também

[3] Neste capítulo, uma rede de Bravais é vista como a estrutura cristalina formada pela colocação, em cada ponto de uma rede de Bravais abstrata, de uma base de maior simetria possível (tal como uma esfera, centrada no ponto da rede) para que nenhuma simetria da rede de Bravais pontual seja perdida por causa da inserção da base.

[4] Operações que preservam a distância entre todos os pontos da rede.

[5] Evitaremos a linguagem matemática da teoria de grupos, já que não faremos uso das conclusões analíticas a que ela leva.

[6] A reflexão em um plano substitui um objeto por sua imagem especular naquele plano; a inversão em um ponto *P* leva o ponto com as coordenadas **r** (em relação a *P* como origem) a $-\mathbf{r}$. Todas as redes de Bravais têm simetria de inversão em qualquer ponto da rede (Problema 1).

[7] Observe que a translação por meio de um vetor de rede (diferente de **O**) não deixa nenhum ponto fixo.

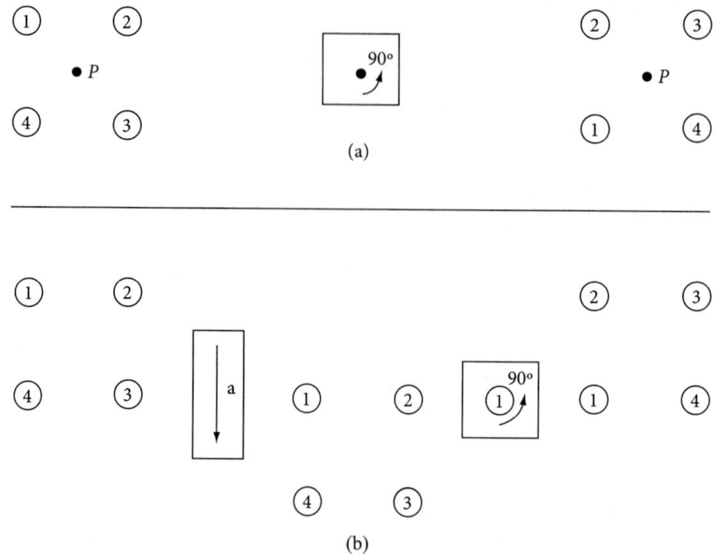

FIGURA 7.1

(a) Uma rede cúbica simples é transformada nela própria por uma rotação de 90° em torno de um eixo que não contém nenhum ponto da rede. O eixo de rotação é perpendicular à página, e apenas os quatro pontos da rede mais próximos ao eixo em um único plano da rede são mostrados. (b) Ilustração de como o mesmo resultado final pode ser decomposto em (à esquerda) uma translação por meio de uma constante de rede e (à direita) uma rotação em torno do ponto da rede numerado como 1.

uma simetria da rede, mas deixa a origem fixa, já que S transporta a origem para $\mathbf{R}$ enquanto $T_{-\mathbf{R}}$ leva $\mathbf{R}$ de volta à origem. Assim, $T_{-\mathbf{R}}S$ é uma operação que deixa ao menos um ponto da rede (a saber, a origem) fixo. Se, no entanto, após a execução da operação $T_{-\mathbf{R}}S$ executarmos a operação $T_{\mathbf{R}}$, o resultado é equivalente à operação S apenas, já que a aplicação final de $T_{\mathbf{R}}$ somente desfaz a aplicação anterior de $T_{-\mathbf{R}}$. Portanto, S pode ser decomposta em $T_{-\mathbf{R}}S$, o que deixa um ponto fixo, e em $T_{\mathbf{R}}$, que é uma translação pura.

Assim, o grupo de simetria completo de uma rede de Bravais[8] contém apenas operações dos seguintes tipos:

1. Translações por meio de vetores da rede de Bravais;

2. Operações que deixam um ponto em particular da rede fixo;

3. Operações que podem ser construídas por sucessivas aplicações das operações do tipo (1) ou (2).

[8] Veremos adiante que uma estrutura cristalina geral pode ter operações de simetria adicionais que não são dos tipos (1), (2) ou (3). Elas são conhecidas como "eixos parafuso" e "planos de deslizamento".

Os sete sistemas cristalinos

Quando se examinam as simetrias não translacionais, considera-se geralmente não o grupo espacial total de uma rede de Bravais, mas apenas as operações que deixam um ponto em particular fixo [ou seja, as operações da categoria (2) anterior]. Este subconjunto do grupo de simetria completo da rede de Bravais é chamado *grupo pontual* da rede de Bravais.

Acontece que uma rede de Bravais pode ter apenas sete grupos pontuais distintos.[9] Qualquer estrutura cristalina pertence a um dos *sete sistemas cristalinos*, dependendo de qual desses sete grupos pontuais seja o grupo pontual de sua rede de Bravais subjacente. Os sete sistemas cristalinos são apresentados na próxima seção.

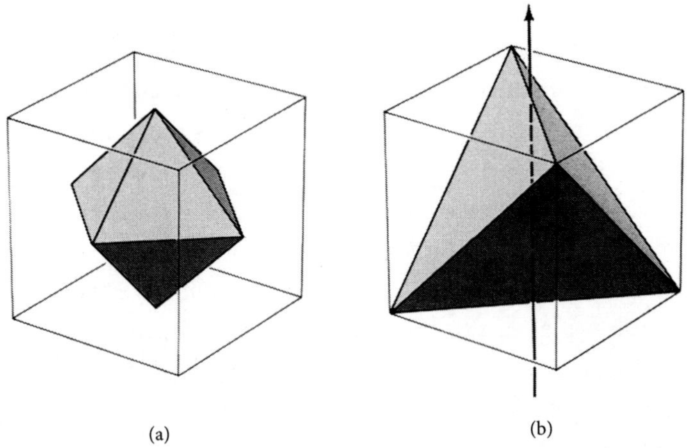

FIGURA 7.2

(a) Toda operação de simetria de um cubo é também uma operação de simetria de um octaedro regular, e vice-versa. Assim, o grupo cúbico é idêntico ao grupo octaedro. (b) Nem toda operação de simetria de um cubo é uma operação de simetria de um tetraedro regular. Por exemplo, a rotação de 90° em torno do eixo vertical indicado transforma o cubo nele próprio, mas não ocorre o mesmo fenômeno com o tetraedro.

As 14 redes de Bravais

Quando se relaxa a restrição para as operações pontuais e se considera o grupo de simetria completa da rede de Bravais, surgem os 14 grupos espaciais distintos que uma

[9] Dois grupos pontuais são idênticos se eles contêm precisamente as mesmas operações. Por exemplo, o conjunto de todas as operações de simetria de um cubo é idêntico ao conjunto de todas as operações de simetria de um octaedro regular, como se pode verificar facilmente inscrevendo-se o octaedro adequadamente no cubo (Figura 7.2a). Por outro lado, o grupo de simetria do cubo não é equivalente ao grupo de simetria do tetraedro regular. O cubo tem mais operações de simetria (Figura 7.2b).

rede de Bravais pode ter.[10] Assim, do ponto de vista da simetria, há 14 tipos diferentes de redes de Bravais. Originalmente, este registro foi feito por M. L. Frankenheim (em 1842), que no entanto errou na estimativa, tendo contado 15 possibilidades. A. Bravais (em 1845) foi quem primeiro contou as categorias de forma correta.

Registro dos sete sistemas cristalinos e das 14 redes de Bravais

A seguir, apresentamos os sete sistemas cristalinos e as redes de Bravais que pertencem a cada um. O número de redes de Bravais em um sistema é fornecido entre parênteses após o nome do sistema:

Cúbico (3) — O sistema cúbico contém as redes de Bravais cujo grupo pontual é exatamente o grupo de simetria de um cubo (Figura 7.3a). As três redes de Bravais com grupos espaciais não equivalentes têm o grupo pontual cúbico. Elas são a *cúbica simples,* a *cúbica de corpo centrado* e a *cúbica de face centrada.* Todas elas foram descritas no Capítulo 4.

Tetragonal (2) — Pode-se reduzir a simetria de um cubo esticando-se duas faces opostas até que se forme um prisma retangular com base quadrada, mas altura diferente dos lados do quadrado (Figura 7.3b). O grupo de simetria desse objeto é o grupo tetragonal. Esticando-se assim a rede de Bravais cúbica simples, constrói-se a rede de Bravais *tetragonal simples,* que pode ser caracterizada como uma rede de Bravais gerada por três vetores primitivos mutuamente perpendiculares, com apenas dois deles tendo o mesmo comprimento. O terceiro eixo é chamado eixo *c*. Esticando-se de forma semelhante as redes cúbicas de corpo centrado e de face centrada, constrói-se apenas mais uma rede de Bravais do sistema tetragonal, a *tetragonal centrada.*

Para entender por que não existe distinção entre tetragonal de corpo centrado e de face centrada, considere a Figura 7.4a. Ela é a representação de uma rede de Bravais tetragonal centrada vista ao longo do eixo *c*. Os pontos 2 ficam em um plano de rede à distância $c/2$ do plano de rede que contém os pontos 1. Se $c = a$, a estrutura nada mais é do que uma rede de Bravais cúbica de corpo centrado e, para c geral, ela pode evidentemente ser vista como o resultado do

[10] A equivalência de dois grupos espaciais da rede de Bravais é uma noção um pouco mais sutil do que a equivalência de dois grupos pontuais (apesar de ambos reduzirem-se ao conceito de "isomorfismo" na teoria abstrata do grupo). Não basta mais dizer que dois grupos espaciais são equivalentes se tiverem as mesmas operações, já que as operações de grupos espaciais idênticos podem diferir de modo irrelevante. Por exemplo, considera-se que duas redes de Bravais cúbicas simples com diferentes constantes de rede, a e a', têm os mesmos grupos espaciais, apesar de as translações em uma serem nas etapas de a, enquanto as translações na outra ocorrem nas etapas de a'. De modo similar, gostaríamos de considerar que todas as redes de Bravais têm grupos espaciais idênticos, não importando o valor de c/a, o que é claramente irrelevante para a simetria total da estrutura.

Pode-se contornar este problema observando-se que, em tais casos, é possível deformar continuamente a estrutura de determinado tipo em outra do mesmo tipo sem que se percam quaisquer das operações de simetria no processo. Assim, pode-se expandir uniformemente os eixos do cubo de a para a', mantendo sempre a simetria cúbica simples, ou pode-se esticar (ou encolher) o eixo c (ou eixo a), sempre mantendo a simetria hexagonal simples. Portanto, conclui-se que duas redes de Bravais podem ter o mesmo grupo espacial caso seja possível transformar continuamente uma na outra, de tal modo que toda operação de simetria da primeira seja continuamente transformada em uma operação de simetria da segunda e que não haja operações de simetria adicionais da segunda que não sejam obtidas pelas operações de simetria da primeira.

estiramento da rede bcc ao longo do eixo *c*. Entretanto, a mesma rede também pode ser vista precisamente ao longo do eixo *c*, como na Figura 7.4b, sendo os planos de rede considerados arranjos quadrados centrados de lado $a' = \sqrt{2}\,a$. Se $c = a'/2 = a/\sqrt{2}$, a estrutura nada mais é do que uma rede de Bravais cúbica de face centrada e, para *c* geral, ela pode, portanto, ser vista como o resultado do estiramento da rede fcc ao longo do eixo *c*.

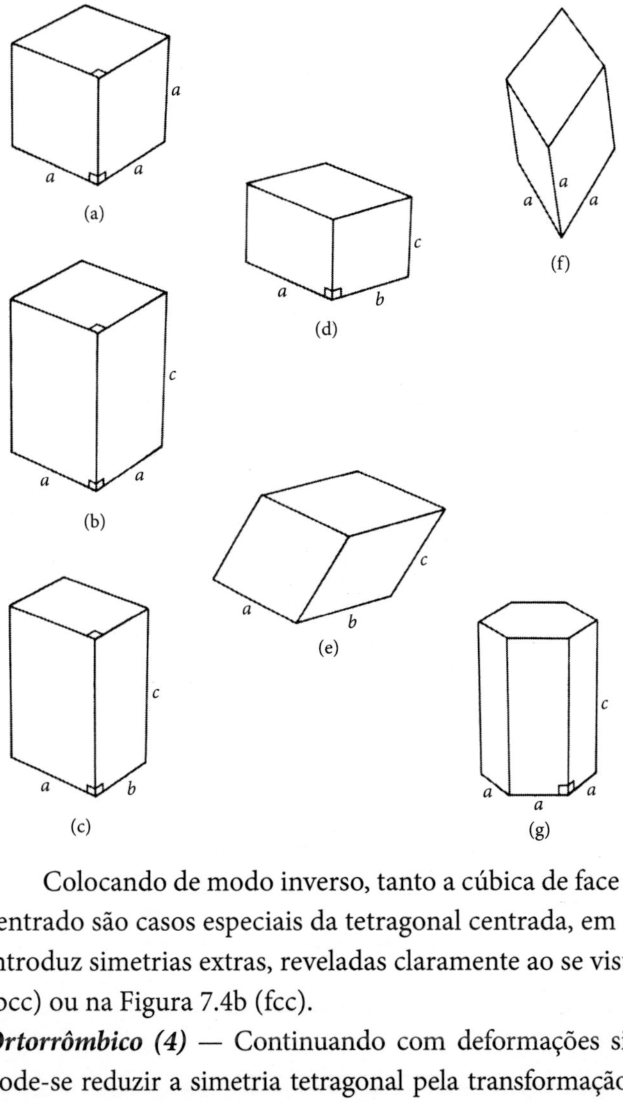

FIGURA 7.3

Objetos cujas simetrias são as simetrias de grupo pontual de redes de Bravais pertencentes aos sete sistemas cristalinos: (a) cúbico; (b) tetragonal; (c) ortorrômbico; (d) monoclínico; (e) triclínico; (f) trigonal; (g) hexagonal.

Colocando de modo inverso, tanto a cúbica de face centrada quanto a cúbica de corpo centrado são casos especiais da tetragonal centrada, em que o valor específico da razão *c*/*a* introduz simetrias extras, reveladas claramente ao se visualizar a rede como na Figura 7.4a (bcc) ou na Figura 7.4b (fcc).

Ortorrômbico (4) — Continuando com deformações simétricas ainda menores do cubo, pode-se reduzir a simetria tetragonal pela transformação das faces quadradas do objeto na Figura 7.3b em retângulos, produzindo-se um objeto com lados mutuamente perpendiculares de três comprimentos desiguais (Figura 7.3c). O grupo ortorrômbico é o grupo de simetria de tal objeto. Esticando-se uma rede tetragonal simples ao longo de um dos eixos *a* (Figura 7.5a e b), produz-se a rede de Bravais *ortorrômbica simples*. Entretanto, esticando-se a rede tetragonal simples ao longo de uma diagonal do quadrado (Figura 7.5c e d), produz-se uma segunda rede de Bravais de simetria de grupo pontual ortorrômbico, a ortorrômbica *de base centrada*.

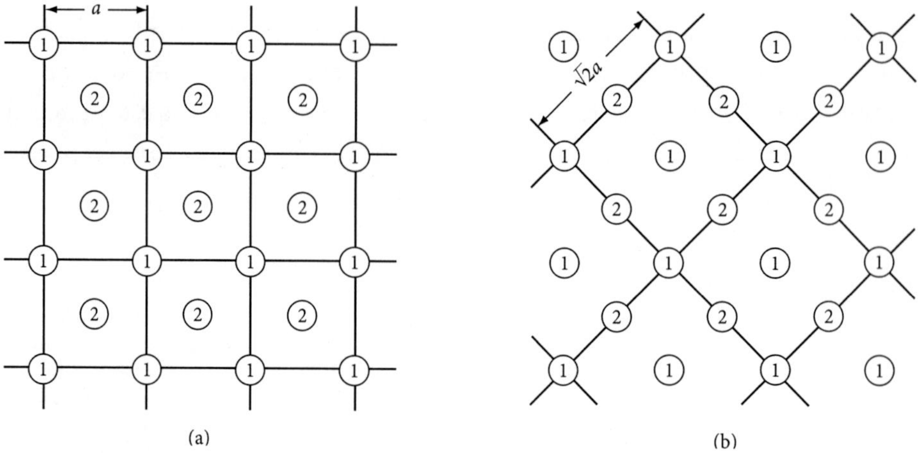

Figura 7.4

Duas maneiras de se visualizar a mesma rede de Bravais tetragonal centrada. A vista é ao longo do eixo c. Os pontos rotulados como 1 ficam em um plano de rede perpendicular ao eixo c, enquanto os pontos rotulados como 2 ficam em um plano de rede paralelo separado por uma distância $c/2$. Em (a), os pontos 1 são vistos como um arranjo quadrático simples, enfatizando que a tetragonal centrada é uma distorção da cúbica de corpo centrado. Em (b), os pontos 1 são vistos como um arranjo quadrático centrado, salientando que a tetragonal centrada é também uma distorção da cúbica de face centrada.

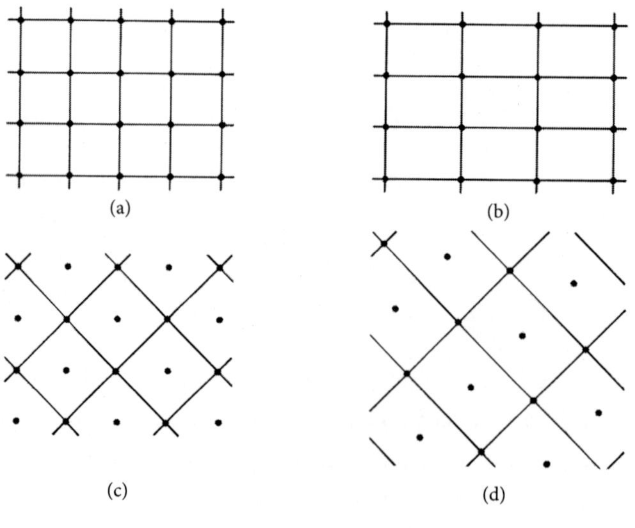

Figura 7.5

Duas maneiras de se deformar a mesma rede de Bravais tetragonal simples. A vista é ao longo do eixo c, e um único plano da rede é mostrado. Em (a), ligações são desenhadas para enfatizar que os pontos no plano podem ser vistos como um arranjo quadrático simples. O estiramento ao longo de um lado daquele arranjo leva às redes retangulares (b), empilhadas diretamente uma sobre as outras. A rede de Bravais resultante é ortorrômbica simples. Em (c), linhas são desenhadas para enfatizar que o mesmo arranjo de pontos mostrados em (a) pode também ser visto como um arranjo quadrático centrado. O estiramento ao longo de um lado daquele arranjo [ou seja, ao longo de uma diagonal do arranjo quadrático enfatizado em (a)] produz as redes retangulares centradas (d), empilhadas diretamente umas sobre as outras. A rede de Bravais resultante é ortorrômbica de base centrada.

Do mesmo modo, pode-se reduzir a simetria pontual da rede tetragonal centrada a ortorrômbica de duas maneiras, esticando-se ao longo de um conjunto de linhas paralelas desenhadas na Figura 7.4a, a fim de produzir a *ortorrômbica de corpo centrado*, ou ao longo de um conjunto de linhas paralelas na Figura 7.4b, produzindo-se a *ortorrômbica de face centrada*.

Estas quatro redes de Bravais exaurem o sistema ortorrômbico.

Monoclínico (2) — Pode-se reduzir a simetria ortorrômbica distorcendo as faces retangulares perpendiculares ao eixo c na Figura 7.3c em paralelogramos gerais. O grupo de simetria do objeto resultante (Figura 7.3d) é o grupo monoclínico. Com esta distorção da rede de Bravais ortorrômbica simples, produz-se a rede de Bravais *monoclínica simples*, que não tem simetrias diferentes daquelas requeridas, pois pode ser gerada por três vetores primitivos, um deles perpendicular ao plano dos outros dois. De modo semelhante, a distorção da rede de Bravais ortorrômbica de base centrada produz uma rede com o mesmo grupo espacial monoclínico simples. Entretanto, essa distorção das redes de Bravais ortorrômbicas de face centrada ou de corpo centrado produz a rede de Bravais *monoclínica centrada* (Figura 7.6).

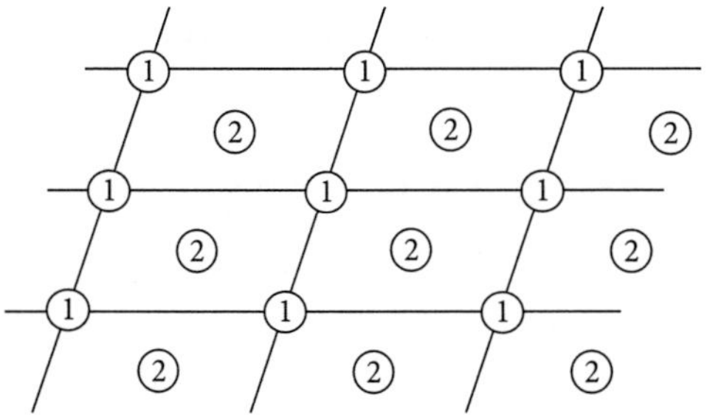

FIGURA 7.6

Vista ao longo do eixo c de uma rede de Bravais monoclínica centrada. Os pontos rotulados como 1 ficam em um plano da rede perpendicular ao eixo c. Os pontos rotulados de 2 ficam em um plano da rede paralelo a uma distância $c/2$, e estão diretamente acima dos centros dos paralelogramos formados pelos pontos 1.

Observe que as duas redes de Bravais monoclínicas correspondem às duas tetragonais. A duplicação no caso ortorrômbico reflete o fato de que uma rede retangular e outra retangular centrada têm grupos de simetria bidimensionais distintos, enquanto uma quadrada e outra quadrada centrada não são distintas, assim como não o são a rede de paralelogramos ou a rede do paralelogramo centrado.

Triclínico (1) — A destruição do cubo é concluída pela inclinação do eixo c na Figura 7.3d, de tal forma que ele não seja mais perpendicular aos outros dois, resultando no objeto mostrado na Figura 7.3e, sobre o qual não há restrições, exceto a de que pares de faces opostas sejam paralelos. Por meio de tal distorção de uma das duas redes de Bravais monoclínicas, constrói-se a rede de Bravais *triclínica*. Esta é a rede de Bravais gerada por três vetores primitivos que não apresentam relação especial nenhuma entre si e constitui-se, portanto, a rede de Bravais de simetria mínima. O grupo pontual triclínico não é, entretanto, o grupo de um objeto sem qualquer simetria, pois qualquer rede de Bravais é invariante sob a inversão em um ponto da rede. Esta, no entanto, é a única simetria requerida pela definição geral de uma rede de Bravais e, consequentemente, a única operação[11] no grupo pontual triclínico.

Por uma alteração assim do cubo, chegamos a doze das 14 redes de Bravais e a cinco dos sete sistemas cristalinos. Retornando ao cubo original e distorcendo-o de modo diferente, podemos encontrar a décima terceira e o sexto:

Trigonal (1) — O grupo pontual trigonal descreve a simetria do objeto que se produz pelo esticamento de um cubo ao longo de um corpo diagonal (Figura 7.3f). Por esta distorção de qualquer uma das três redes de Bravais cúbicas, forma-se a rede de Bravais *romboédrica* (ou *trigonal*). Ela é gerada por três vetores primitivos de igual comprimento, que formam ângulos iguais entre si.[12]

Finalmente, não relacionada ao cubo, temos:

Hexagonal (1) — O grupo pontual hexagonal é o grupo de simetria de um prisma reto com um hexágono regular como base (Figura 7.3g). A rede de Bravais *hexagonal simples* (descrita no Capítulo 4) tem o grupo pontual hexagonal e é a única rede de Bravais no sistema hexagonal.[13]

Os sete sistemas cristalinos e as 14 redes de Bravais descritas exaurem as possibilidades o que está longe de ser óbvio (ou as redes seriam conhecidas como redes de Frankenheim). No entanto, não é de importância prática entender o motivo de estes serem os únicos casos distintos. Basta saber por que as categorias existem, e o que elas são.

OS GRUPOS PONTUAIS E OS GRUPOS ESPACIAIS CRISTALOGRÁFICOS

Descreveremos a seguir os resultados de uma análise semelhante, aplicada não a redes de Bravais, mas a estruturas cristalinas gerais. Consideramos a estrutura obtida pela translação de um objeto arbitrário pelos vetores de qualquer rede de Bravais e tentamos classificar os grupos de simetria dos arranjos assim obtidos. Isso depende tanto da simetria do objeto quanto da simetria da rede de Bravais. Como os objetos não precisam mais ter simetria máxima (por exemplo, esférica), o número de grupos de simetria é muito aumentado: a rede com uma base pode ter 230 grupos de simetria diferentes, conhecidos como os 230 *grupos espaciais*. (O que se deve comparar aos 14 grupos espaciais que resultam quando há a necessidade de a base ser completamente simétrica.)

Os grupos pontuais possíveis de uma estrutura cristalina geral também foram registrados. Eles descrevem as operações de simetria que transformam a estrutura cristalina

---

[11] Diferentemente da operação de identidade (que deixa a rede onde está), sempre levada em conta entre os membros de um grupo de simetria.

[12] Valores especiais de tais ângulos podem introduzir simetrias extras, caso em que a rede pode realmente ser um dos três tipos cúbicos. Veja, por exemplo, o Problema 2(a).

[13] Quando se tenta produzir redes de Bravais adicionais a partir de distorções da hexagonal simples, encontra-se que a variação do ângulo entre os dois vetores primitivos de igual comprimento perpendiculares ao eixo *c* produz uma rede ortorrômbica de base centrada. Alterando-se também as suas magnitudes, obtém-se a monoclínica e inclinando-se o eixo *c* da perpendicular chega-se, em geral, à triclínica.

nela própria enquanto deixam um ponto fixo (ou seja, as simetrias não translacionais). A estrutura cristalina pode ter 32 grupos pontuais distintos, conhecidos como os *32 grupos pontuais cristalográficos*. (O que se deve comparar aos sete grupos pontuais obtidos quando se requer que a base tenha simetria completa.)

Estes diversos números e suas relações uns com os outros estão resumidos na Tabela 7.1.

Os 32 grupos pontuais cristalográficos podem ser construídos a partir dos sete grupos pontuais da rede de Bravais, considerando-se sistematicamente todos os modos possíveis de redução da simetria dos objetos (Figura 7.3) caracterizados por estes grupos.

Cada um dos 25 novos grupos construídos dessa maneira está associado a um dos sete sistemas cristalinos de acordo com a seguinte regra: qualquer grupo construído mediante a redução da simetria de um objeto caracterizado por um sistema cristalino em particular continua a pertencer àquele sistema até que a simetria seja reduzida de tal forma que todas as operações do objeto de simetria restantes sejam também encontradas em um sistema cristalino menos simétrico. Quando isso ocorre, atribui-se o grupo de simetria do objeto ao sistema menos simétrico. Assim, o sistema cristalino de um grupo pontual cristalográfico é o menos simétrico[14] dos grupos pontuais da rede de Bravais que contenha cada operação de simetria do grupo cristalográfico.

TABELA 7.1

Grupos pontual e espacial de redes de Bravais e estruturas cristalinas

	Rede de bravais (Bases de simetria esférica)	Estrutura cristalina (Bases de simetria arbitrária)
Número de grupos pontuais:	7 ("os 7 sistemas cristalinos")	32 ("os 32 grupos pontuais cristalográficos")
Número de grupos espaciais:	14 ("as 14 redes de Bravais")	230 ("os 230 grupos espaciais")

[14] A notação hierárquica de simetrias do sistema cristalino necessita de alguma elaboração. Na Figura 7.7, cada sistema cristalino é mais simétrico do que qualquer um que possa ser alcançado a partir dele pelo movimento ao longo das setas, isto é, o grupo pontual da rede de Bravais correspondente não tem nenhuma operação que não esteja também nos grupos a partir dos quais ela pode ser alcançada. Parece haver alguma ambiguidade neste esquema, uma vez que os quatro pares hexagonal-cúbico, hexagonal-tetragonal, trigonal-tetragonal e trigonal-ortorrômbico não são ordenados pelas setas. Assim, pode-se imaginar um objeto cujas operações de simetria pertencessem tanto ao grupo tetragonal quanto ao grupo trigonal, mas para nenhum grupo mais baixo que estes dois. Pode-se dizer que o grupo de simetria de tal objeto pertence a um dos sistemas tetragonal ou trigonal, já que não haveria um sistema único de mais baixa simetria. Acontece que, no entanto, tanto neste quanto nos outros três casos ambíguos, todos os elementos de simetria comuns a ambos os grupos em um par também pertencem a um grupo que está abaixo dos dois na hierarquia. (Por exemplo, qualquer elemento comum a ambos os grupos tetragonal e trigonal também pertence ao grupo monoclínico.) Há sempre, então, um único grupo de simetria mais baixa.

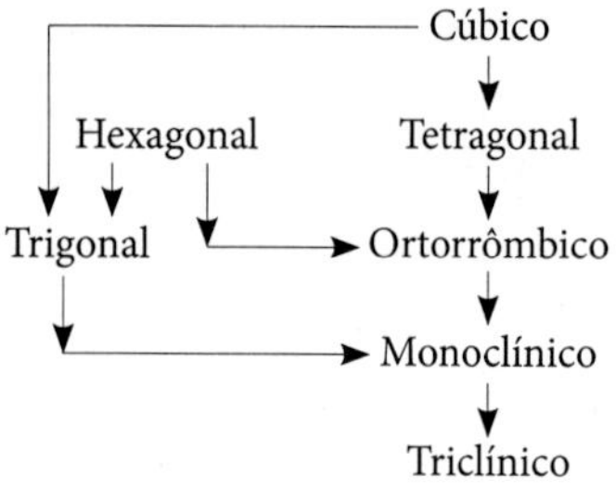

Figura 7.7

A hierarquia de simetrias dentre os sete sistemas cristalinos. Cada grupo pontual da rede de Bravais contém todos aqueles que podem ser alcançados a partir dele pelo movimento na direção das setas.

Objetos com as simetrias dos cinco grupos pontuais cristalográficos no sistema cúbico são mostrados na Tabela 7.2. Objetos com as simetrias dos 27 grupos cristalográficos não cúbicos são mostrados na Tabela 7.3.

Tabela 7.2

Objetos com a simetria dos cinco grupos pontuais cristalográficos cúbicos*

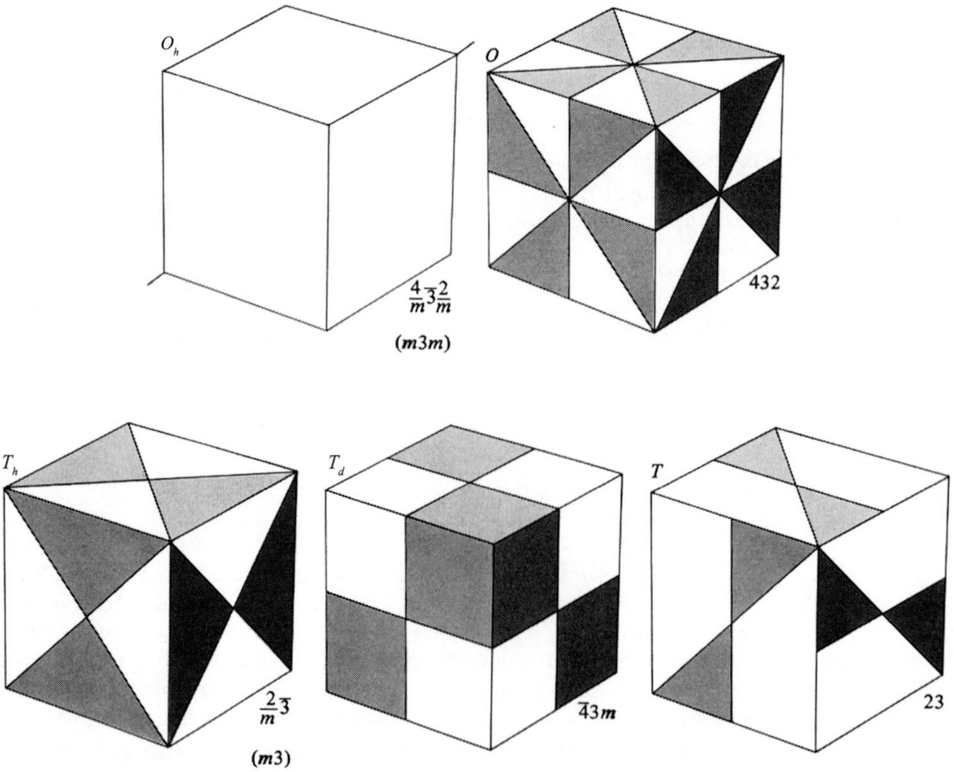

* À esquerda de cada objeto está o nome de Schoenflies para seu grupo de simetria e, à direita, está o nome internacional. As faces não mostradas podem ser deduzidas pelo fato de que a rotação em torno de uma diagonal do corpo em 120° é uma operação de simetria para todos os cinco objetos. (Tal eixo é mostrado no cubo não decorado.)

TABELA 7.3

Os grupos pontuais cristalográficos não cúbicos*

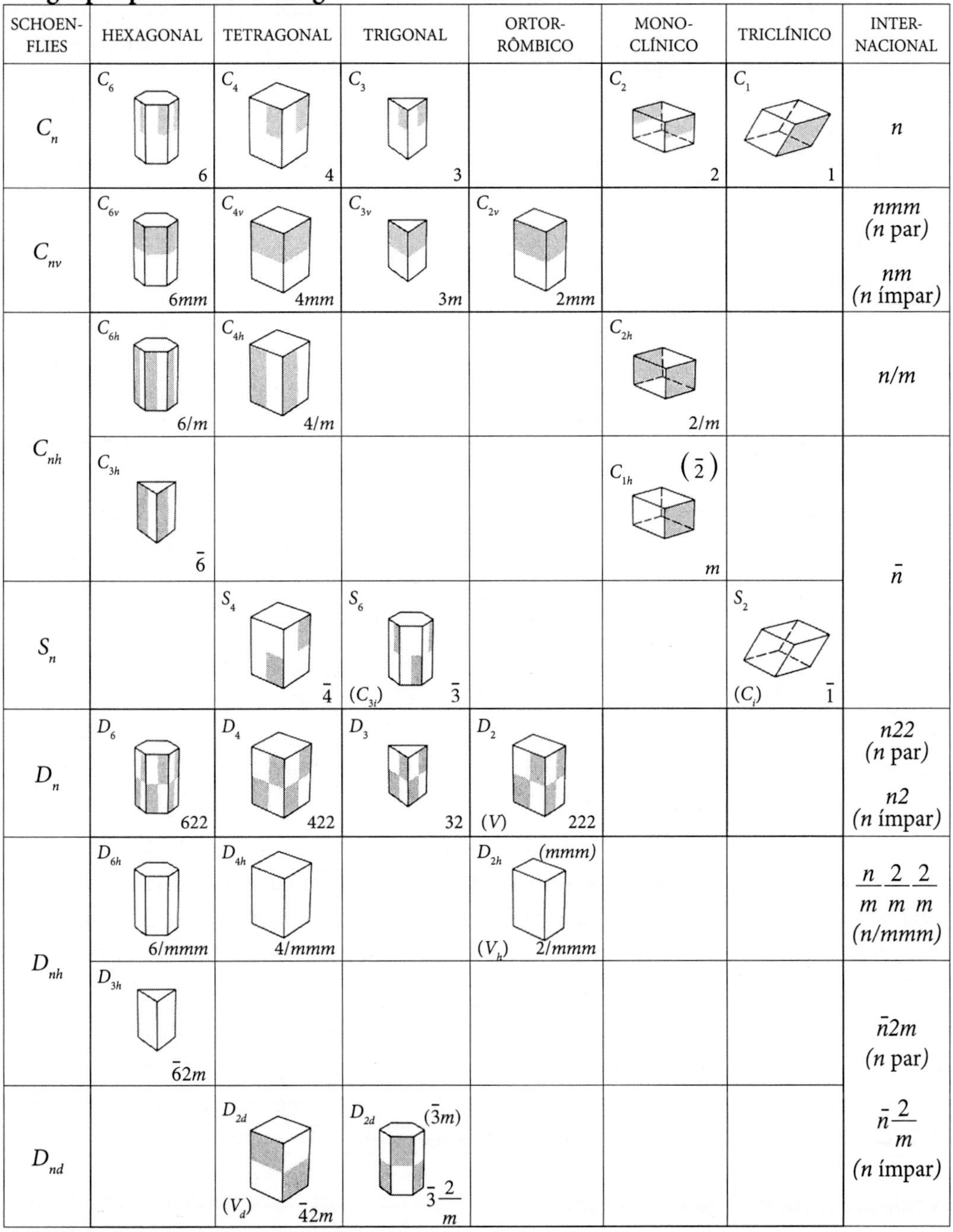

SCHOENFLIES	HEXAGONAL	TETRAGONAL	TRIGONAL	ORTORRÔMBICO	MONOCLÍNICO	TRICLÍNICO	INTERNACIONAL
C_n	C_6 6	C_4 4	C_3 3		C_2 2	C_1 1	n
C_{nv}	C_{6v} $6mm$	C_{4v} $4mm$	C_{3v} $3m$	C_{2v} $2mm$			nmm (n par) nm (n ímpar)
C_{nh}	C_{6h} $6/m$	C_{4h} $4/m$			C_{2h} $2/m$		n/m
C_{nh}	C_{3h} $\bar{6}$				C_{1h} $(\bar{2})$ m		$\bar{n}$
S_n		S_4 $\bar{4}$	S_6 (C_{3i}) $\bar{3}$			S_2 (C_i) $\bar{1}$	$\bar{n}$
D_n	D_6 622	D_4 422	D_3 32	D_2 (V) 222			$n22$ (n par) $n2$ (n ímpar)
D_{nh}	D_{6h} $6/mmm$	D_{4h} $4/mmm$		D_{2h} (mmm) (V_h) $2/mmm$			$\frac{n}{m}\frac{2}{m}\frac{2}{m}$ (n/mmm)
D_{nh}	D_{3h} $\bar{6}2m$						$\bar{n}2m$ (n par) $\bar{n}\frac{2}{m}$ (n ímpar)
D_{nd}		D_{2d} (V_d) $\bar{4}2m$	D_{2d} $(\bar{3}m)$ $\bar{3}\frac{2}{m}$				$\bar{n}2m$ (n par) $\bar{n}\frac{2}{m}$ (n ímpar)

* Legenda da Tabela na página seguinte.

TABELA 7.3 *(Continuação)*

As faces não ilustradas podem ser deduzidas imaginando-se os objetos representativos sendo girados em torno do eixo de grau n, que é sempre vertical. O nome de Schoenflies do grupo é dado à esquerda do objeto representativo e a designação internacional, à direita. Os grupos são organizados em colunas verticais por sistema cristalino e em linhas horizontais por tipo de Schoenflies ou internacional. Observe que as categorias de Schoenflies (fornecidas no extremo esquerdo da Tabela) dividem os grupos de modo um pouco diferente das categorias internacionais (dadas no extremo direito). Na maioria dos casos (mas não em todos), os objetos representativos foram feitos simplesmente pela decoração, na maneira apropriada de redução da simetria das faces dos objetos utilizados para representar os sistemas cristalinos (grupos pontuais da rede de Bravais) na Figura 7.3. As exceções são os grupos trigonais e dois dos grupos hexagonais, em que as figuras foram alteradas para enfatizar a similaridade nas categorias de Schoenflies (horizontais). Para a representação dos grupos trigonais por decorações do objeto na Figura 7.3f, veja o Problema 4.

Grupos pontuais cristalográficos podem conter os seguintes tipos de operações de simetria:

1. Rotações por múltiplos inteiros de $2\pi/n$ em torno de algum eixo — O eixo é chamado de eixo de rotação de grau n. Demonstra-se facilmente (Problema 6) que uma rede de Bravais pode conter apenas eixos de grau 2, 3, 4 ou 6. Uma vez que os grupos pontuais cristalográficos estão contidos nos grupos pontuais da rede de Bravais, eles também podem ter apenas estes eixos.

2. Reflexões-Rotação — Mesmo quando uma rotação através de $2\pi/n$ não é um elemento de simetria, às vezes tal rotação, seguida por uma reflexão em um plano perpendicular ao eixo, pode sê-lo. O eixo é então chamado eixo de reflexão-rotação de grau n. Por exemplo, os grupos S_6 e S_4 (Tabela 7.3) têm eixos de reflexão-rotação de graus 6 e 4.

3. Inversões-Rotação — De maneira semelhante, às vezes uma rotação através de $2\pi/n$ seguida por uma inversão em um ponto no eixo de rotação é um elemento de simetria, embora tal rotação por si só não o seja. O eixo é então chamado eixo de inversão-rotação de grau n. O eixo em S_4 (Tabela 7.3), por exemplo, é também um eixo de inversão-rotação de grau. No entanto, o eixo em S_6 é apenas um eixo de inversão-rotação de grau 3.

4. Reflexões — Uma reflexão transforma cada ponto de sua imagem especular em um plano, conhecido como plano especular.

5. Inversões — A inversão tem um único ponto fixo. Se esse ponto for tomado como a origem, então qualquer outro ponto $\mathbf{r}$ será transformado em $-\mathbf{r}$.

Nomenclatura de grupo pontual

Dois sistemas de nomenclatura, o de Schoenflies e o internacional, são amplamente utilizados. Ambas as designações são fornecidas nas Tabelas 7.2 e 7.3.

Notação de Schoenflies para os grupos pontuais cristalográficos não cúbicos. As categorias de Schoenflies são ilustradas pelo agrupamento das linhas na Tabela 7.3 de acordo com os rótulos fornecidos no lado esquerdo. Elas são:[15]

C_n: Estes grupos contêm apenas um eixo de rotação de *grau n*.

C_{nv}: Além dos eixos de *grau n*, estes grupos têm um plano especular que contém o eixo de rotação mais tantos planos especulares adicionais a existência de eixos de *grau n* exija.

C_{nh}: Em adição aos eixos de *grau n*, estes grupos contêm um plano especular individual que é perpendicular ao eixo.

S_n: Estes grupos contêm apenas um eixo de reflexão-rotação de *grau n*.

D_n: Além de um eixo de rotação de *grau n*, estes grupos contêm um eixo de grau 2 perpendicular ao eixo de *grau n*, mais tantos eixos de grau 2 adicionais sejam necessários pela existência do eixo de *grau n*.

D_{nh}: Estes (os mais simétricos dos grupos) contêm todos os elementos de D_n mais um plano especular perpendicular ao eixo de *grau n*.

D_{nd}: Estes contêm os elementos de D_n mais planos especulares que contenham os eixos de *grau n*, que cruzam os ângulos entre os dois eixos de grau 2.

É interessante verificar que os objetos apresentados na Tabela 7.3 têm de fato as simetrias requeridas por seus nomes de Schoenflies.

Notação internacional para os grupos pontuais cristalográficos não cúbicos. As categorias internacionais são apresentadas no agrupamento das linhas na Tabela 7.3, de acordo com os rótulos dados no lado direito. Três categorias são idênticas às categorias de Schoenflies:

n é o mesmo de C_n.

nmm é o mesmo de C_{nv}. Os dois *m* se referem a dois tipos distintos de planos especulares que contêm o eixo de *grau n*. Torna-se evidente, a partir dos objetos que ilustram 6*mm*, 4*mm* e 2*mm*, o que eles são. Estes demonstram que um eixo de grau $2j$ leva um plano especular vertical para os planos especulares j, mas, em adição a j, outros surgem automaticamente, cruzando os ângulos entres planos adjacentes no primeiro conjunto. No entanto, um eixo de grau $(2j + 1)$ leva um plano especular para os equivalentes a $2j + 1$, e portanto[16] C_{3v} é chamado apenas de 3*m*.

*n*22 é o mesmo de D_n. A discussão é a mesma de *nmm*, mas agora estão envolvidos eixos de grau 2 perpendiculares, ao invés de planos especulares verticais.

---

[15] *C* significa "cíclico", *D* "diedro" e *S* "Spiegel" (espelho). Os índices inferiores *h*, *v* e *d* significam "horizontal", "vertical" e "diagonal", e referem-se ao posicionamento dos planos especulares em relação aos eixos de *grau n*, considerados verticais. (Os planos "diagonais" em D_{nd} são verticais e cruzam os ângulos entre os dois eixos de grau 2.)

[16] Ao enfatizar as diferenças entre eixos de graus ímpares e pares, o sistema internacional, diferentemente do de Schoenflies, trata o eixo de grau 3 como um caso especial.

As outras categorias internacionais e suas relações com as de Schoenflies são as seguintes:

n/m é o mesmo de C_{nh}, *exceto* pelo fato de que o sistema internacional prefere considerar que C_{3h} contém um eixo de inversão-rotação de grau 6, tornando-o $\bar{6}$ (veja a próxima categoria). Observe também que C_{1h} torna-se simplesmente m, em vez de $1/m$.

$\bar{n}$ é um grupo com um eixo de inversão-rotação de *grau n*. Esta categoria contém C_{3h}, disfarçado como $\bar{6}$. Ela também contém S_4, que se sai muito bem como $\bar{4}$. No entanto, S_6 torna-se $\bar{3}$ e S_2 transforma-se em $\bar{1}$, em virtude da diferença entre os eixos de reflexão-rotação e de inversão-rotação.

$\frac{n}{m}\frac{2}{m}\frac{2}{m}$, abreviado como n/mmm, é exatamente D_{nh}, *exceto* pelo fato de o sistema internacional preferir considerar D_{3h} como contendo um eixo de inversão-rotação de grau 6, tornando-o $\bar{6}2m$ (veja a próxima categoria e note a semelhança com a ejeção de C_{3h} a partir de n/m em $\bar{n}$). Observe também que $2/mmm$ é ainda convencionalmente abreviado para mmm. O título internacional desenvolvido tem a intenção de lembrar que D_{nh} pode ser visto como um eixo de *grau n* com um plano especular perpendicular, tendo dois conjuntos de eixos de grau 2 perpendiculares como grinalda, cada um com seus próprios planos especulares perpendiculares.

$\bar{n}2m$ é o mesmo de D_{nd}, *exceto* pelo fato de D_{3h} estar incluído como $\bar{6}2m$. O nome pretende sugerir um eixo de inversão-rotação de *grau n* com um eixo perpendicular de grau 2 e um plano especular vertical. O caso $n = 3$ é mais uma vez exceção, sendo o nome completo $\bar{3}\frac{2}{m}$ (abreviado para $\bar{3}m$) para enfatizar o fato de que, neste caso, o plano especular vertical é perpendicular ao eixo de grau 2.

Nomenclatura para os grupos pontuais cristalográficos cúbicos. As denominações de Schoenflies e internacionais para os cinco grupos cúbicos são dadas na Tabela 7.2. O_h é o grupo de simetria completo do cubo (ou octaedro, daí o O), incluindo as operações impróprias[17] que o plano de reflexão horizontal (h) admite. O é o grupo cúbico (ou octaédrico) sem operações impróprias. T_d é o grupo de simetria completo do tetraedro regular incluindo todas as operações impróprias; T é o grupo do tetraedro regular, excluídas todas as operações impróprias; e T_h é o que resulta quando uma inversão é adicionada a T.

A nomenclatura internacional para os grupos cúbicos são convenientemente diferentes daquela dos outros grupos pontuais cristalográficos por conter 3 como segundo número, referindo-se ao eixo de grau 3 presente em todos os grupos cúbicos.

Os 230 grupos espaciais

Teremos, misericordiosamente, pouco a dizer sobre os 230 grupos espaciais, a não ser apontar que o número é maior do que se poderia pensar. Para cada sistema cristalino, pode-se

---

[17] Qualquer operação que transforme um objeto destro em canhoto é chamada *imprópria*. Todas as outras são próprias. Operações que contêm número ímpar de inversões ou espelhamentos são impróprias.

construir uma estrutura cristalina com um grupo espacial diferente, colocando-se um objeto com as simetrias de cada um dos grupos pontuais do sistema em cada uma das redes de Bravais deste sistema. Deste modo, porém, encontramos apenas 61 grupos espaciais, como apresentado na Tabela 7.4.

TABELA 7.4
Lista de alguns grupos espaciais simples

Sistema	Número de grupos pontuais	Número de redes de Bravais	Produto
Cúbico	5	3	15
Tetragonal	7	2	14
Ortorrômbico	3	4	12
Monoclínico	3	2	6
Triclínico	2	1	2
Hexagonal	7	1	7
Trigonal	5	1	5
	—	—	—
Totais	32	14	61

Podemos acrescentar mais cinco, observando que um objeto com simetria trigonal produz um grupo espacial que ainda não foi listado quando colocado em um rede de Bravais hexagonal.[18] Outros sete surgem de casos nos quais um objeto com a simetria de determinado grupo pontual pode ser orientado em mais de um modo em certa rede de Bravais, de tal forma que mais de um grupo espacial surja. Estes 73 grupos espaciais são chamados *simórficos.*

[18] Apesar de o grupo pontual trigonal estar contido no grupo pontual hexagonal, a rede de Bravais trigonal não pode ser obtida da hexagonal simples por uma distorção infinitesimal. (Isto contrasta com todos os outros pares de sistemas conectados por setas na hierarquia de simetria da Figura 7.7.) O grupo pontual trigonal está contido no grupo pontual hexagonal porque a rede de Bravais trigonal pode ser vista como hexagonal simples com base de três pontos consistindo de

$$\mathbf{0};\quad \tfrac{1}{3}\mathbf{a}_1, \tfrac{1}{3}\mathbf{a}_2, \tfrac{1}{3}\mathbf{c};\quad \text{e}\quad \tfrac{2}{3}\mathbf{a}_1, \tfrac{2}{3}\mathbf{a}_2, \tfrac{2}{3}\mathbf{c}.$$

Como consequência, colocar uma base com um grupo pontual trigonal em uma rede de Bravais hexagonal resulta em um grupo espacial diferente daquele obtido pela colocação da mesma base em uma rede trigonal. Em nenhum outro caso isso ocorre. Por exemplo, uma base com simetria tetragonal, quando colocada em uma rede cúbica simples, fornece exatamente o mesmo grupo espacial que forneceria se colocada em uma rede tetragonal simples (a não ser que aconteça de haver uma relação especial entre as dimensões do objeto e o comprimento do eixo c). Isto se reflete fisicamente no fato de haver cristais que têm bases trigonais em redes de Bravais hexagonais, mas nenhum com bases tetragonais em redes de Bravais cúbicas. No último caso, não haveria nada na estrutura de tal objeto que exigisse que o eixo *c* tivesse o mesmo comprimento que os eixos *a*. Se a rede permanecesse cúbica, seria uma mera coincidência. Em contraste, uma rede de Bravais hexagonal simples não pode se distorcer continuamente em uma trigonal, apenas podendo, portanto, ser mantida em sua forma hexagonal simples até por uma base com simetria trigonal.

A maioria dos grupos espaciais são *não simórficos*, contendo operações adicionais que não podem ser simplesmente decompostas em translações de redes de Bravais e de operações de grupos pontuais. Para que haja essas operações adicionais, é essencial que exista alguma relação especial entre as dimensões da base e as dimensões da rede de Bravais. Quando a base tem um tamanho adequadamente equiparado aos vetores primitivos da rede, dois novos tipos de operações podem surgir:

1. Eixos parafuso — Uma estrutura cristalina com um eixo parafuso é trazida para coincidir consigo mesma por translação mediante um vetor que não está na rede de Bravais, seguida de uma rotação em torno do eixo definida pela translação.

2. Planos deslizantes — Uma estrutura cristalina com um plano deslizante é trazida para coincidir consigo mesma por translação mediante um vetor que não está na rede de Bravais, seguida de uma reflexão em um plano que contém aquele vetor.

A estrutura de empacotamento hexagonal denso oferece exemplos de ambos os tipos de operação, como mostrado na Figura 7.8. Elas ocorrem apenas porque a separação dos dois pontos de base ao longo do eixo c é precisamente metade da distância entre os planos de rede.

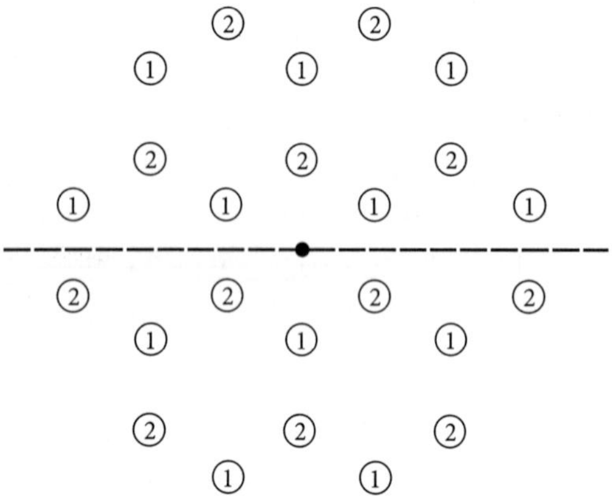

FIGURA 7.8
A estrutura de empacotamento hexagonal denso vista ao longo do eixo c. Planos de rede perpendiculares ao eixo c são separados por $c/2$ e contêm, alternadamente, pontos do tipo 1 e pontos do tipo 2. A linha paralela ao eixo c, que passa pelo ponto no centro da figura, é um eixo parafuso: a estrutura é invariante sob uma translação por $c/2$ ao longo do eixo, seguida de uma rotação de 60° (mas não é invariante sob a translação ou a rotação por si sós.) O plano paralelo ao eixo c que cruza a figura na linha pontilhada é um plano deslizante: a estrutura é invariante sob uma translação por $c/2$ ao longo do eixo c, seguida por uma reflexão no plano deslizante (mas não é invariante sob a translação ou a reflexão por si sós).

Existem os sistemas de Schoenflies e internacional de nomenclatura do grupo espacial, que podem ser encontrados, nas poucas ocasiões em que eventualmente sejam necessários, no livro de Buerger (*op. cit.*; ver a nota 2 deste capítulo).

EXEMPLOS DENTRE OS ELEMENTOS

No Capítulo 4, listamos os elementos com estruturas cristalinas cúbicas de face centrada, cúbicas de corpo centrado, de empacotamento hexagonal denso ou de diamante. Mais de 70% dos elementos classificam-se em uma dessas quatro categorias. Os restantes estão dispersos em uma variedade de estruturas cristalinas, a maioria delas com células primitivas poliatômicas, por vezes um tanto complexas. Concluímos este capítulo com alguns exemplos adicionais listados nas Tabelas 7.5, 7.6 e 7.7. Os dados são de Wyckoff (*op. cit.*; ver a Tabela 4.1), considerando-se temperatura ambiente e pressão atmosférica normal, exceto se o contrário for expressamente mencionado.

TABELA 7.5

Elementos com redes de Bravais (trigonais) romboédricas *

Elemento	*a* (Å)	θ	Átomos na célula primitiva	Base
Hg (5K)	2,99	70°45′	1	x = 0
As	4,13	54°10′	2	x = ±0,226
Sb	4,51	57°6′	2	x = ±0,233
Bi	4,75	57°14′	2	x = ±0,237
Sm	9,00	23°13′	3	x = 0, ±0,222

* O comprimento comum dos vetores primitivos é *a*, e o ângulo entre quaisquer dois deles é θ. Em todos os casos, os pontos de base expressos em termos destes vetores primitivos têm a forma $x(\mathbf{a}_1 + \mathbf{a}_2 + \mathbf{a}_3)$. Observe [Problema 2(b)] que o arsênio, o antimônio e o bismuto estão bem próximos de uma rede cúbica simples, distorcida ao longo de uma diagonal de corpo.

TABELA 7.6

Elementos com redes de Bravais tetragonais*

Elemento	*a* (Å)	*c* (Å)	Base
In	4,59	4,94	Em posições de face centrada da célula convencional
Sn (branco)	5,82	3,17	Em 000, $0\frac{1}{2}\frac{1}{4}$, $\frac{1}{2}0\frac{3}{4}$, $\frac{1}{2}\frac{1}{2}\frac{1}{2}$, em relação aos eixos da célula convencional

* O comprimento comum dos dois vetores primitivos perpendiculares é *a* e o comprimento do terceiro, perpendicular a estes, é *c*. Ambos os exemplos têm redes de Bravais tetragonais centradas, o índio com um átomo e o estanho branco com uma base de dois átomos. Entretanto, os dois são mais comumente descritos como tetragonais simples com bases. A célula convencional para o índio é escolhida para enfatizar que se trata de uma estrutura fcc levemente distorcida (ao longo de uma margem do cubo). A estrutura do estanho branco pode ser vista como uma estrutura de diamante comprimida ao longo de um dos eixos do cubo.

TABELA 7.7

Elementos com redes de Bravais ortorrômbicas*

Elemento	a (Å)	b (Å)	c (Å)
Ga	4,511	4,517	7,645
P (preto)	3,31	4,38	10,50
Cl (113K)	6,24	8,26	4,48
Br (123K)	6,67	8,72	4,48
I	7,27	9,79	4,79
S (rômbico)	10,47	12,87	24,49

* Os comprimentos dos três vetores primitivos mutuamente perpendiculares são a, b e c. A estrutura do enxofre rômbico é complexa, com 128 átomos por unidade de célula. As outras podem ser descritas em termos de uma célula unitária de oito átomos. Para detalhes, o leitor pode recorrer a Wyckoff (*op. cit.*).

PROBLEMAS

1. (a) Prove que qualquer rede de Bravais tem simetria de inversão em um ponto da rede. (*Dica*: expresse as translações de rede como combinações lineares de vetores primitivos com coeficientes integrais.)

(b) Prove que a estrutura do diamante é invariante sob uma inversão no ponto central de qualquer ligação de vizinho mais próximo.

2. (a) Se três vetores primitivos para uma rede de Bravais trigonal estão em ângulos de 90° entre si, obviamente a rede tem mais que simetria trigonal, sendo cúbica simples. Mostre que, se os ângulos são de 60° ou arco cos $(-\frac{1}{3})$, outra vez a rede tem mais que simetria trigonal, sendo cúbica de face centrada ou cúbica de corpo centrado.

(b) Mostre que a rede cúbica simples pode ser representada como uma rede trigonal com vetores primitivos $\mathbf{a}_i$ em ângulos de 60° entre si, com uma base de dois pontos $\pm\frac{1}{4}(\mathbf{a}_1 + \mathbf{a}_2 + \mathbf{a}_3)$. (Compare estes números às estruturas cristalinas na Tabela 7.5.)

(c) Qual estrutura resultará se a base na mesma rede trigonal for $\pm\frac{1}{8}(\mathbf{a}_1 + \mathbf{a}_2 + \mathbf{a}_3)$?

3. Se dois sistemas estão conectados por setas na hierarquia de simetria da Figura 7.7, uma rede de Bravais no sistema mais simétrico pode ser reduzida a uma de menor simetria por uma distorção infinitesimal, exceto para o par hexagonal-trigonal. As distorções adequadas foram descritas por completo no texto para todos os casos, exceto para o hexagonal-ortorrômbico e o trigonal-monoclínico.

(a) Descreva uma distorção infinitesimal que reduz a uma rede de Bravais hexagonal simples a uma no sistema ortorrômbico.

(b) Que tipo de rede de Bravais ortorrômbica pode ser obtido desse modo?

(c) Descreva a distorção infinitesimal que reduz uma rede de Bravais trigonal a uma no sistema monoclínico.

(d) Que tipo de rede de Bravais monoclínica pode ser obtido desse modo?

4. (a) Qual dos grupos pontuais trigonais descritos na Tabela 7.3 é o grupo pontual da rede de Bravais? Isto é, qual dos objetos representativos tem a simetria do objeto mostrado na Figura 7.3f?

(b) Na Figura 7.9, as faces do objeto na Figura 7.3f são decoradas de vários modos de redução de simetria para produzir objetos com as simetrias dos quatro grupos pontuais trigonais restantes. Recorrendo à Tabela 7.3, indique a simetria de grupo pontual de cada objeto.

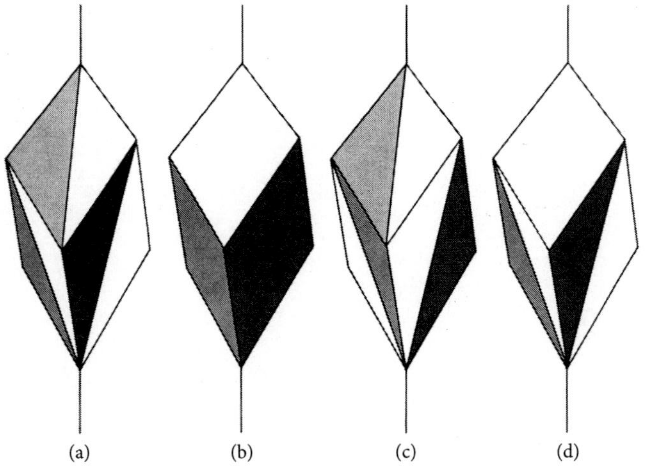

FIGURA 7.9
Objetos com simetrias dos grupos trigonais de menor simetria. Qual é qual?

5. Quais das 14 redes de Bravais, que não a cúbica de face centrada e a cúbica de corpo centrado, não têm redes recíprocas do mesmo tipo?

6. (a) Mostre que existe uma família de planos de rede perpendicular a qualquer eixo de rotação de *grau n* de uma rede de Bravais, $n \geqslant 3$. [O resultado também é verdadeiro quando $n = 2$, mas requer argumentação um pouco mais elaborada (Problema 7).]

(b) Deduza a partir de (a) que um eixo de *grau n* não pode existir em nenhuma rede de Bravais tridimensional, a não ser que possa existir em alguma rede de Bravais bidimensional.

(c) Prove que nenhuma rede de Bravais bidimensional pode ter um eixo de *grau n* com $n = 5$ ou $n \geqslant 7$. (*Dica*: mostre primeiro que o eixo pode ser escolhido para passar por um ponto da rede. Argumente, então, por *reductio ad absurdum*,* usando o conjunto de pontos dentro do qual o vizinho mais próximo do ponto fixo é levado pelas n rotações a encontrar um par de pontos mais próximos entre si do que a distância assumida do vizinho mais próximo. (Observe que o caso $n = 5$ requer tratamento um pouco diferente dos outros.)

7. (a) Mostre que se uma rede de Bravais tem um plano especular, haverá uma família de planos de rede paralela ao plano especular. (*Dica*: mostre, a partir da argumentação na página 122, que a existência de um plano especular acarreta na existência de um plano especular que contém um ponto da rede. É suficiente, então, provar que aquele plano contém dois outros pontos de rede não colineares ao primeiro.)

(b) Mostre que, se uma rede de Bravais tem um eixo de rotação de grau 2, haverá uma família de planos de rede perpendicular ao eixo.

* Redução ao absurdo: segundo Aristóteles, raciocínio que assume provisoriamente um ponto de vista contrário ao que se quer demonstrar para ressaltar as consequências absurdas e contraditórias que resultariam do desenvolvimento lógico de tal perspectiva. (Fonte: *Houaiss*) (N.E.)

8 Níveis eletrônicos em um potencial periódico: propriedades gerais

O potencial periódico e o teorema de Bloch
Condição de contorno de Born-von Karman
Uma segunda prova do teorema de Bloch
Momento cristalino, índice de bandas e velocidade
A superfície de Fermi
Densidade de níveis e singularidades de van Hove

Uma vez que os íons em um cristal perfeito são ordenados em um arranjo periódico regular, somos levados a considerar o problema monoeletrônico em um potencial $U(\mathbf{r})$ com a periodicidade da rede de Bravais subjacente, ou seja,

$$U(\mathbf{r}+\mathbf{R}) = U(\mathbf{r}) \quad \textbf{(8.1)}$$

para todos os vetores **R** da rede de Bravais.

Já que a escala de periodicidade do potencial $U(\sim 10^{-8}\,\text{cm})$ mede um típico comprimento de onda de De Broglie monoeletrônico no modelo do elétron livre de Sommerfeld, torna-se essencial empregarmos a mecânica quântica para explicar o efeito da periodicidade no movimento eletrônico. Neste capítulo discutiremos as propriedades dos níveis eletrônicos que dependem apenas da periodicidade do potencial, sem considerar sua forma em particular. A discussão continuará nos Capítulos 9 e 10 em dois casos limitantes de grande interesse físico, que fornecem ilustrações mais concretas dos resultados gerais deste capítulo. No Capítulo 11, alguns dos mais importantes métodos para o cálculo detalhado de níveis eletrônicos são resumidos. Nos Capítulos 12 e 13, discutiremos a relação desses resultados com os problemas da teoria do transporte eletrônico levantados nos Capítulos 1 e 2, indicando quantas das anomalias da teoria do elétron livre (Capítulo 3) são, deste modo, eliminadas. Nos Capítulos 14 e 15, examinaremos as propriedades de metais específicos que ilustram e confirmam a teoria geral.

Desde o início enfatizamos que a periodicidade perfeita constitui uma idealização. Sólidos reais jamais são absolutamente puros e, na vizinhança dos átomos de impureza, o sólido não é o mesmo que em qualquer outro lugar no cristal. Além disso, há sempre a pequena probabilidade dependente da temperatura de se encontrarem íons perdidos ou mal posicionados (Capítulo 30), que destroem a simetria translacional perfeita até mesmo de um cristal absolutamente puro. Finalmente, os íons não são de fato estacionários, mas sofrem vibrações térmicas continuamente em torno de suas posições de equilíbrio.

Essas imperfeições todas têm muita importância. No final das contas, elas são, por exemplo, responsáveis pelo fato de a condutividade elétrica dos metais não ser infinita. No entanto, progrediremos melhor se dividirmos artificialmente o problema em duas partes: (a) o fictício cristal perfeito ideal, no qual o potencial é genuinamente periódico; e (b) os efeitos nas propriedades de um cristal perfeito hipotético de todos os desvios da periodicidade perfeita, tratados como pequenas perturbações.

Enfatizamos também que o problema dos elétrons em um potencial periódico não surge apenas no contexto dos metais. A maior parte de nossas conclusões gerais se aplica a todos os sólidos cristalinos e terão papel importante em nossas discussões subsequentes sobre isolantes e semicondutores.

O POTENCIAL PERIÓDICO

O problema dos elétrons em um sólido é em princípio um problema de muitos elétrons, já que a Hamiltoniana completa do sólido contém não apenas os potenciais monoeletrônicos que descrevem as interações dos elétrons com os núcleos atômicos compactos, mas também potenciais de par que descrevem as interações elétron-elétron. Na aproximação de elétron independente, essas interações são representadas por um potencial efetivo monoeletrônico $U(\mathbf{r})$. O problema de como se fazer a melhor escolha deste potencial efetivo é complicado, e retornaremos a ele nos Capítulos 11 e 17. Aqui, meramente observamos que, qualquer que seja a forma detalhada do potencial efetivo monoeletrônico, se o cristal for perfeitamente periódico ela deve satisfazer (8.1). Deste fato, pode-se retirar diversas conclusões importantes.

Qualitativamente, entretanto, pode-se esperar que um potencial cristalino típico tenha a forma mostrada na Figura 8.1, assemelhando-se a potenciais atômicos individuais à medida que o íon é aproximado e se achata a região entre íons.

Assim, somos levados a examinar as propriedades gerais da equação de Schrödinger para um único elétron,

$$H\psi = \left(-\frac{\hbar^2}{2m}\nabla^2 + U(\mathbf{r})\right)\psi = \varepsilon\psi, \quad \textbf{(8.2)}$$

consequencia do fato de que o potencial U tem a periodicidade (8.1). A equação de Schrödinger do elétron livre (2.4) é um caso especial de (8.2) (apesar de, em alguns aspectos, ser um caso bem patológico, como veremos adiante), sendo o potencial zero o exemplo mais simples de um periódico.

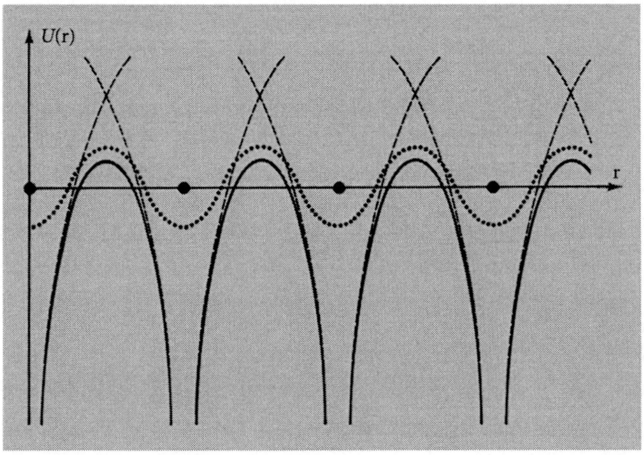

FIGURA 8.1

Um típico potencial periódico cristalino, representado graficamente ao longo de uma linha de íons e ao longo de uma linha no meio de um plano de íons. (Círculos fechados são os sítios de íons de equilíbrio; as curvas sólidas fornecem o potencial ao longo da linha de íons; as curvas pontilhadas, o potencial ao longo de uma linha entre planos de íons; e as curvas tracejadas, o potencial de íons individuais isolados.)

Elétrons independentes, e cada um obedece a uma equação monoeletrônica de Schrödinger com potencial periódico, são conhecidos como *elétrons de Bloch* (em contraste a "elétrons livres", aos quais os elétrons de Bloch se reduzem quando o potencial periódico é equivalente a zero). Como consequência geral da periodicidade do potencial U, os estados estacionários dos elétrons de Bloch têm uma propriedade muito importante, descrita a seguir:

TEOREMA DE BLOCH

Teorema.[1] — Os autoestados ψ da Hamiltoniana monoeletrônica $H = -\hbar^2\nabla^2 2m + U(\mathbf{r})$, onde $U(\mathbf{r} + \mathbf{R}) = U(\mathbf{r})$ para todo $\mathbf{R}$ em uma rede de Bravais, podem assumir a forma de uma onda plana vezes uma função com a periodicidade da rede de Bravais:

$$\boxed{\psi_{n\mathbf{k}}(\mathbf{r}) = e^{i\mathbf{k}\cdot\mathbf{r}} u_{n\mathbf{k}}(\mathbf{r}),} \quad \textbf{(8.3)}$$

onde

$$u_{n\mathbf{k}}(\mathbf{r} + \mathrm{R}) = u_{n\mathbf{k}}(\mathbf{r}) \quad \textbf{(8.4)}$$

para todo $\mathbf{R}$ na rede de Bravais.[2]

Observe que as equações (8.3) e (8.4) implicam que

---

[1] O teorema foi provado primeiro por Floquet no caso unidimensional, no qual é frequentemente chamado de *teorema de Floquet*.

[2] O índice n é conhecido como *índice de bandas* e ocorre porque, como veremos, para dado $\mathbf{k}$ haverá muitos autoestados independentes.

$$\psi_{n\mathbf{k}}(\mathbf{r}+\mathbf{R}) = e^{i\mathbf{k}\cdot\mathbf{R}}\psi_{n\mathbf{k}}(\mathbf{r}). \quad \textbf{(8.5)}$$

O teorema de Bloch é às vezes expresso nesta forma alternativa:[3] os autoestados de H podem ser escolhidos de modo que, associado a cada ψ, esteja um vetor de onda $\mathbf{k}$ de tal forma que

$$\boxed{\psi(\mathbf{r}+\mathbf{R}) = e^{i\mathbf{k}\cdot\mathbf{R}}\psi(\mathbf{r}),} \quad \textbf{(8.6)}$$

para todo $\mathbf{R}$ na rede de Bravais.

Oferecemos duas provas do teorema de Bloch, uma com base em considerações gerais da mecânica quântica e uma por construção explícita.[4]

PRIMEIRA PROVA DO TEOREMA DE BLOCH

Para cada vetor $\mathbf{R}$ da rede de Bravais, definimos um operador de translação $T_{\mathbf{R}}$ que, ao operar em qualquer função $f(\mathbf{r})$, altera o argumento por $\mathbf{R}$:

$$T_{\mathbf{R}}f(\mathbf{r}) = f(\mathbf{r}+\mathbf{R}). \quad \textbf{(8.7)}$$

Uma vez que a Hamiltoniana é periódica, temos

$$T_{\mathbf{R}}H\psi = H(\mathbf{r}+\mathbf{R})\psi(\mathbf{r}+\mathbf{R}) = H(\mathbf{r})\psi(\mathbf{r}+\mathbf{R}) = HT_{\mathbf{R}}\psi. \quad \textbf{(8.8)}$$

Já que (8.8) mantém-se identicamente para qualquer função ψ, temos a identidade do operador

$$T_{\mathbf{R}}H = HT_{\mathbf{R}}. \quad \textbf{(8.9)}$$

Além disso, o resultado da aplicação de duas translações sucessivas não depende da ordem na qual elas são aplicadas, já que, para qualquer $\psi(\mathbf{r})$,

$$T_{\mathbf{R}}T_{\mathbf{R}'}\psi(\mathbf{r}) = T_{\mathbf{R}'}T_{\mathbf{R}}\psi(\mathbf{r}) = \psi(\mathbf{r}+\mathbf{R}+\mathbf{R}'). \quad \textbf{(8.10)}$$

Portanto,

$$T_{\mathbf{R}}T_{\mathbf{R}'} = T_{\mathbf{R}'}T_{\mathbf{R}} = T_{\mathbf{R}+\mathbf{R}'}. \quad \textbf{(8.11)}$$

---

[3] A equação (8.6) acarreta em (8.3) e (8.4), já que requer que a função $u(\mathbf{r}) = \exp(-i\mathbf{k}\cdot\mathbf{r})\psi(\mathbf{r})$ apresente a periodicidade da rede de Bravais.

[4] A primeira prova se baseia em alguns resultados formais da mecânica quântica. A segunda é mais elementar, mas também mais enfadonha.

As equações (8.9) e (8.11) definem que o $T_{\mathbf{R}}$ para todos os vetores **R** da rede de Bravais e a Hamiltoniana H formam um conjunto de operadores de comutação. De um teorema fundamental da mecânica quântica,[5] temos que os autoestados de H podem, portanto, ser autoestados simultâneos de todos os $T_{\mathbf{R}}$:

$$\begin{aligned} H\psi &= \varepsilon\psi, \\ T_{\mathbf{R}}\psi &= c(\mathbf{R})\psi. \end{aligned} \quad \textbf{(8.12)}$$

Os autovalores $c(\mathbf{R})$ dos operadores de translação estão relacionados em virtude da condição (8.11) porque, por um lado

$$T_{\mathbf{R}'}T_{\mathbf{R}}\psi = c(\mathbf{R})T_{\mathbf{R}'}\psi = c(\mathbf{R})c(\mathbf{R}')\psi, \quad \textbf{(8.13)}$$

enquanto, de acordo com (8.11),

$$T_{\mathbf{R}'}T_{\mathbf{R}}\psi = T_{\mathbf{R}+\mathbf{R}'}\psi = c(\mathbf{R}+\mathbf{R}')\psi. \quad \textbf{(8.14)}$$

Então, os autovalores devem satisfazer

$$c(\mathbf{R}+\mathbf{R}') = c(\mathbf{R})c(\mathbf{R}'). \quad \textbf{(8.15)}$$

Agora, considere que $\mathbf{a}_i$ sejam os três vetores primitivos para a rede de Bravais. Podemos sempre escrever $c(\mathbf{a}_i)$ na forma

$$c(\mathbf{a}_i) = e^{2\pi i x_i} \quad \textbf{(8.16)}$$

por uma escolha adequada[6] de x_i. Portanto, por sucessivas aplicações de (8.15), se **R** é um vetor geral da rede de Bravais dado por

$$\mathbf{R} = n_1\mathbf{a}_1 + n_2\mathbf{a}_2 + n_3\mathbf{a}_3, \quad \textbf{(8.17)}$$

logo

$$c(\mathbf{R}) = c(\mathbf{a}_1)^{n_1}c(\mathbf{a}_2)^{n_2}c(\mathbf{a}_3)^{n_3}. \quad \textbf{(8.18)}$$

Mas isso é precisamente equivalente a

---

[5] Veja, por exemplo, D. Park. *Introduction to the quantum theory*. Nova York: McGraw-Hill, 1964. p. 123.

[6] Veremos que, para condições de contorno adequadas, o x_i deve ser real, mas, por ora, eles podem ser considerados números complexos gerais.

$$c(\mathbf{R}) = e^{i\mathbf{k}\cdot\mathbf{R}}, \quad \textbf{(8.19)}$$

em que

$$\mathbf{k} = x_1\mathbf{b}_1 + x_2\mathbf{b}_2 + x_3\mathbf{b}_3 \quad \textbf{(8.20)}$$

e $\mathbf{b}_i$ são os vetores da rede recíproca que satisfazem a equação (5.4): $\mathbf{b}_i \cdot \mathbf{a}_j = 2\pi\delta_{ij}$.

Em síntese, mostramos que podemos escolher os autoestados ψ de H de modo que, para cada vetor $\mathbf{R}$ da rede de Bravais,

$$T_{\mathbf{R}}\psi = \psi(\mathbf{r} + \mathbf{R}) = c(\mathbf{R})\psi = e^{i\mathbf{k}\cdot\mathbf{R}}\psi(\mathbf{r}). \quad \textbf{(8.21)}$$

Este é precisamente o teorema de Bloch, na forma (8.6).

A CONDIÇÃO DE CONTORNO DE BORN-VON KARMAN

Quando impomos uma condição de contorno apropriada para as funções de onda, podemos demonstrar que o vetor de onda $\mathbf{k}$ deve ser real e chegamos a uma condição que restringe os valores permitidos de $\mathbf{k}$. Geralmente, a condição escolhida é a generalização natural da condição (2.5) empregada na teoria de Sommerfeld de elétrons livres em uma caixa cúbica. Como naquele caso, introduzimos o volume que contém os elétrons na teoria mediante uma condição de contorno de Born-von Karman de periodicidade macroscópica (ver no Capítulo 2). Entretanto, a não ser que a rede de Bravais seja cúbica e L seja uma integral múltipla da constante de rede a, não é conveniente continuarmos trabalhando em um volume cúbico de lado L. Pelo contrário, é mais conveniente trabalhar em um volume proporcional a uma célula primitiva da rede de Bravais subjacente. Generalizamos, portanto, a condição de contorno periódica (2.5) para

$$\psi(\mathbf{r} + N_i\mathbf{a}_i) = \psi(\mathbf{r}), \qquad i = 1, 2, 3, \quad \textbf{(8.22)}$$

em que $\mathbf{a}_i$ são três vetores primitivos e N_i são todos os números inteiros de ordem $N^{1/3}$, onde $N = N_1N_2N_3$ é o número total de células primitivas no cristal.

Como no Capítulo 2, adotamos esta condição de contorno supondo que as propriedades internas do sólido não dependerão da escolha da condição de contorno, o que pode, então, ser ditado por conveniência analítica.

Aplicando o teorema de Bloch (8.6) à condição de contorno (8.22), encontramos que

$$\psi_{n\mathbf{k}}(\mathbf{r} + N_i\mathbf{a}_i) = e^{iN_i\mathbf{k}\cdot\mathbf{a}_i}\psi_{n\mathbf{k}}(\mathbf{r}), \qquad i = 1, 2, 3, \quad \textbf{(8.23)}$$

que requer que

$$e^{iN_i \mathbf{k}\cdot\mathbf{a}_i} = 1, \quad i = 1, 2, 3. \quad \textbf{(8.24)}$$

Quando **k** tem a forma (8.20), a equação (8.24) requer que

$$e^{2\pi i N_i x_i} = 1, \quad \textbf{(8.25)}$$

e, consequentemente, devemos ter

$$x_i = \frac{m_i}{N_i}, \quad m_i \text{ inteiro.} \quad \textbf{(8.26)}$$

Portanto, a forma geral para os vetores de onda de Bloch permitidos é[7]

$$\mathbf{k} = \sum_{i=1}^{3} \frac{m_i}{N_i}\mathbf{b}_i, \quad m_i \text{ inteiro.} \quad \textbf{(8.27)}$$

De (8.27), temos que o volume $\Delta\mathbf{k}$ do espaço k por valor permitido de **k** é exatamente o volume do pequeno paralelepípedo com arestas $\mathbf{b}_i/N_i$:

$$\Delta\mathbf{k} = \frac{\mathbf{b}_1}{N_1}\cdot\left(\frac{\mathbf{b}_2}{N_2}\times\frac{\mathbf{b}_3}{N_3}\right) = \frac{1}{N}\mathbf{b}_1\cdot(\mathbf{b}_2\times\mathbf{b}_3). \quad \textbf{(8.28)}$$

Uma vez que $\mathbf{b}_1\cdot(\mathbf{b}_2\times\mathbf{b}_3)$ é o volume de uma célula primitiva da rede recíproca, na equação (8.28) fica claro que *o número de vetores de onda permitidos em uma célula primitiva da rede recíproca é igual ao número de sítios no cristal.*

O volume de uma célula primitiva da rede recíproca é $(2\pi)^3/v$, onde $v = V/N$ é o volume de uma célula primitiva da rede direta. Logo, a equação (8.28) pode ser escrita na forma alternativa:

$$\boxed{\Delta\mathbf{k} = \frac{(2\pi)^3}{N}.} \quad \textbf{(8.29)}$$

Este é precisamente o resultado (2.18) que encontramos no caso do elétron livre.

SEGUNDA PROVA DO TEOREMA DE BLOCH[8]

Esta segunda prova do teorema de Bloch ilustra sua importância a partir de um ponto de vista bem diferente, que vamos explorar no Capítulo 9. Começamos pela observação de que sempre se pode expandir qualquer função que obedeça à condição de contorno de Born-von

[7] Observe que (8.27) reduz-se à forma (2.16) usada na teoria do elétron livre quando a rede de Bravais é cúbica simples, $\mathbf{a}_i$ são os vetores primitivos cúbicos e $N_1 = N_2 = N_3 = L/a$.

[8] Apesar de mais elementar que a primeira prova, a segunda é também mais complicada, sendo importante principalmente como ponto de partida para os cálculos aproximados do Capítulo 9. O leitor pode, então, desejar saltá-la neste ponto.

Karman (8.22) no conjunto de todas as ondas planas que satisfazem a condição de contorno e, portanto, têm vetores de onda da forma (8.27):[9]

$$\psi(\mathbf{r}) = \sum_{\mathbf{q}} c_{\mathbf{q}} e^{i\mathbf{q}\cdot\mathbf{r}}. \quad \textbf{(8.30)}$$

Já que o potencial $U(\mathbf{r})$ é periódico na rede, sua expansão de onda plana conterá apenas ondas planas com a periodicidade da rede e, portanto, com vetores de onda que são vetores da rede recíproca:[10]

$$U(\mathbf{r}) = \sum_{\mathbf{K}} U_{\mathbf{K}} e^{i\mathbf{K}\cdot\mathbf{r}}. \quad \textbf{(8.31)}$$

Os coeficientes de Fourier $U_{\mathbf{K}}$ estão relacionados a $U(\mathbf{r})$ por[11]

$$U_{\mathbf{K}} = \frac{1}{v}\int_{\text{célula}} d\mathbf{r}\, e^{-i\mathbf{K}\cdot\mathbf{r}} U(\mathbf{r}). \quad \textbf{(8.32)}$$

Como temos a liberdade de alterar a energia potencial por uma constante aditiva, fixamos esta constante exigindo que a média espacial U_0 do potencial sobre uma célula primitiva desapareça:

$$U_0 = \frac{1}{v}\int_{\text{célula}} d\mathbf{r}\, U(\mathbf{r}) = 0. \quad \textbf{(8.33)}$$

Note que, uma vez que o potencial $U(\mathbf{r})$ é real, resulta de (8.32) que os coeficientes de Fourier satisfazem

$$U_{-\mathbf{K}} = U_{\mathbf{K}}{}^*. \quad \textbf{(8.34)}$$

Se admitirmos que o cristal tem simetria de inversão[12] de tal forma que, para a escolha de origem adequada, $U(\mathbf{r}) = U(-\mathbf{r})$, então (8.32) implica que $U_{\mathbf{K}}$ é real e, assim

$$U_{-\mathbf{K}} = U_{\mathbf{K}} = U_{\mathbf{K}}{}^* \qquad \text{(para cristais com simetria de inversão)}. \quad \textbf{(8.35)}$$

Agora, colocamos as expansões (8.30) e (8.31) na equação de Schrödinger (8.2). O termo da energia cinética fornece

---

[9] Mais adiante entenderemos que adições não especificadas de **K** estão sobre todos os vetores de onda da forma (8.27) permitidos pela condição de contorno de Born-von Karman.

[10] Por uma soma indexada por **K**, sempre se entende que ocorra sobre todos os vetores da rede recíproca.

[11] Veja o Apêndice D, no qual é abordada a relevância da rede recíproca para as expansões de Fourier de funções periódicas.

[12] O leitor é convidado a adotar o argumento desta seção (e do Capítulo 9) sem a suposição da simetria de inversão, feita unicamente para evitar complicações desnecessárias na notação.

$$\frac{p^2}{2m}\psi = -\frac{\hbar^2}{2m}\nabla^2\psi = \sum_{\mathbf{q}} \frac{\hbar^2}{2m} q^2 c_{\mathbf{q}} e^{i\mathbf{q}\cdot\mathbf{r}}. \quad (8.36)$$

O termo na energia potencial pode ser escrito[13]

$$\begin{aligned} U\psi &= \Big(\sum_{\mathbf{K}} U_{\mathbf{K}} e^{i\mathbf{K}\cdot\mathbf{r}}\Big)\Big(\sum_{\mathbf{q}} c_{\mathbf{q}} e^{i\mathbf{q}\cdot\mathbf{r}}\Big) \\ &= \sum_{\mathbf{K}\mathbf{q}} U_{\mathbf{K}} c_{\mathbf{q}} e^{i(\mathbf{K}+\mathbf{q})\cdot\mathbf{r}} = \sum_{\mathbf{K}\mathbf{q}'} U_{\mathbf{K}} c_{\mathbf{q}'-\mathbf{K}} e^{i\mathbf{q}'\cdot\mathbf{r}}. \end{aligned} \quad (8.37)$$

Alteramos o nome dos índices de adição em (8.37) – de **K** e **q**′ para **K**′ e **q** –, de modo que a equação de Schrödinger torna-se

$$\sum_{\mathbf{q}} e^{i\mathbf{q}\cdot\mathbf{r}} \left\{ \left(\frac{\hbar^2}{2m} q^2 - \varepsilon \right) c_{\mathbf{q}} + \sum_{\mathbf{K}'} U_{\mathbf{K}'} c_{\mathbf{q}-\mathbf{K}'} \right\} = 0. \quad (8.38)$$

Já que as ondas planas que satisfazem a condição de contorno de Born-von Karman são um conjunto ortogonal, o coeficiente de cada termo em separado de (8.38) deve desaparecer[14] e, então, para todos os vetores de onda **q** permitidos,

$$\boxed{\left(\frac{\hbar^2}{2m} q^2 - \varepsilon \right) c_{\mathbf{q}} + \sum_{\mathbf{K}'} U_{\mathbf{K}'} c_{\mathbf{q}-\mathbf{K}'} = 0.} \quad (8.39)$$

É conveniente escrever **q** na forma **q** = **k** − **K**, onde **K** é um vetor da rede recíproca escolhido de tal forma que **k** fique na primeira zona de Brillouin. A equação (8.39) torna-se

$$\left(\frac{\hbar^2}{2m} (\mathbf{k}-\mathbf{K})^2 - \varepsilon \right) c_{\mathbf{k}-\mathbf{K}} + \sum_{\mathbf{K}'} U_{\mathbf{K}'} c_{\mathbf{k}-\mathbf{K}-\mathbf{K}'} = 0, \quad (8.40)$$

ou, se fizermos a alteração de variáveis **K**′ → **K**′ − **K**,

$$\boxed{\left(\frac{\hbar^2}{2m} (\mathbf{k}-\mathbf{K})^2 - \varepsilon \right) c_{\mathbf{k}-\mathbf{K}} + \sum_{\mathbf{K}'} U_{\mathbf{K}'-\mathbf{K}} c_{\mathbf{k}-\mathbf{K}'} = 0.} \quad (8.41)$$

Enfatizamos que as equações (8.39) e (8.41) nada mais são do que reafirmações da equação de Schrödinger original (8.2) no espaço momento, simplificadas pelo fato de que, por conta da periodicidade do potencial, $U_{\mathbf{K}}$ não desaparece apenas quando **k** é um vetor da rede recíproca.

Para **k** fixo na primeira zona de Brillouin, o conjunto de equações (8.41) para todos os vetores **K** da rede recíproca une apenas os coeficientes $c_{\mathbf{k}}$, $c_{\mathbf{k}-\mathbf{K}}$, $c_{\mathbf{k}-\mathbf{K}'}$, $c_{\mathbf{k}-\mathbf{K}''}$,... cujos vetores de onda diferem de **k** por um vetor da rede recíproca. Assim, o problema original se separou

---

[13] O último passo resulta da substituição de **K** + **q** = **q**′, e observe que, como **K** é um vetor da rede recíproca, a soma de todos os **q** da forma (8.27) é o mesmo que somar todos os **q**′ daquela forma.

[14] O que pode também ser deduzido da equação (D.12), no Apêndice D, pela multiplicação de (8.38) pela onda plana apropriada e a determinação da integral do volume do cristal.

em N problemas independentes: um para cada valor de **k** permitido na primeira zona de Brillouin. Cada um desses problemas tem soluções que são superposições de ondas planas que contenham apenas o vetor de onda **k** e vetores de onda que diferem de **k** por um vetor da rede recíproca.

Colocando esta informação de volta na expansão (8.30) da função de onda ψ, vemos que, se o vetor de onda **q** apenas assume os valores **k**, **k** − **K**′, **k** − **K**″,..., a função de onda será da forma

$$\psi_{\mathbf{k}} = \sum_{\mathbf{K}} c_{\mathbf{k}-\mathbf{K}} e^{i(\mathbf{k}-\mathbf{K})\cdot\mathbf{r}}. \quad \textbf{(8.42)}$$

que, se representado como

$$\psi_{\mathbf{k}}(\mathbf{r}) = e^{i\mathbf{k}\cdot\mathbf{r}}\left(\sum_{\mathbf{K}} c_{\mathbf{k}-\mathbf{K}} e^{-i\mathbf{K}\cdot\mathbf{r}}\right), \quad \textbf{(8.43)}$$

será a forma de Bloch (8.3) com a função periódica $u(\mathbf{r})$ dada por[15]

$$u(\mathbf{r}) = \sum_{\mathbf{K}} c_{\mathbf{k}-\mathbf{K}} e^{-i\mathbf{K}\cdot\mathbf{r}}. \quad \textbf{(8.44)}$$

OBSERVAÇÕES GERAIS SOBRE O TEOREMA DE BLOCH

1. O teorema de Bloch introduz um vetor de onda **k**, que assume o mesmo papel fundamental no problema geral de movimento em um potencial periódico que o vetor de onda **k** de elétron livre tem na teoria de Sommerfeld. Observe, no entanto, que, apesar de o vetor de onda de elétron livre ser simplesmente $\mathbf{p}/\hbar$, onde **p** é o momento do elétron, no caso de Bloch, **k** não é proporcional ao momento eletrônico. Isso torna-se claro em termos gerais, uma vez que a Hamiltoniana não tem invariância translacional completa na presença de potencial não constante e, portanto, seus autoestados não serão autoestados simultâneos do operador de momento. Esta conclusão é confirmada pelo fato de que o operador de momento, $\mathbf{p} = (\hbar/i)\nabla$, quando atua sobre $\psi_{n\mathbf{k}}$, fornece

$$\begin{aligned} \frac{\hbar}{i}\nabla\psi_{n\mathbf{k}} &= \frac{\hbar}{i}\nabla(e^{i\mathbf{k}\cdot\mathbf{r}}u_{n\mathbf{k}}(\mathbf{r})) \\ &= \hbar\mathbf{k}\psi_{n\mathbf{k}} + e^{i\mathbf{k}\cdot\mathbf{r}}\frac{\hbar}{i}\nabla u_{n\mathbf{k}}(\mathbf{r}), \end{aligned} \quad \textbf{(8.45)}$$

que não é, em geral, somente uma constante vezes $\psi_{n\mathbf{k}}$, ou seja, $\psi_{n\mathbf{k}}$ não é um autoestado de momento.

[15] Note que haverá (infinitamente) muitas soluções para o conjunto (infinito) de equações (8.41) para um dado **k**. Elas são classificadas pelo índice de bandas n (veja a nota de rodapé 2, neste capítulo).

Todavia, sob muitos aspectos, $\hbar\mathbf{k}$ é extensão natural de $\mathbf{p}$ para o caso de um potencial periódico. Para enfatizar esta semelhança, ele é conhecido como o *momento cristalino* do elétron, mas não se deixe confundir pelo nome, pensando que $\hbar\mathbf{k}$ é um momento, porque ele não é. A compreensão intuitiva da importância dinâmica do vetor de onda **k** somente pode ser adquirida quando se considera a resposta dos elétrons de Bloch a campos eletromagnéticos aplicados externamente (Capítulo 12). Só então sua completa semelhança com $\mathbf{p}/\hbar$ surge. Por ora, o leitor deve visualizar **k** como um número quântico característico da simetria translacional de um potencial periódico, exatamente como o momento **p** é um número quântico característico da simetria translacional mais completa do espaço livre.

2. O vetor de onda **k**, presente no teorema de Bloch, pode sempre ser confinado à primeira zona de Brillouin (ou a qualquer outra célula primitiva conveniente da rede recíproca). Isso porque qualquer **K**′ que não esteja na primeira zona de Brillouin pode ser escrito como

$$\mathbf{k}' = \mathbf{k} + \mathbf{K} \quad \textbf{(8.46)}$$

onde **K** é um vetor da rede recíproca e **k** situa-se de fato na primeira zona. Uma vez que $e^{i\mathbf{K}\cdot\mathbf{r}} = 1$ para qualquer vetor da rede recíproca, se a forma de Bloch (8.6) mantém-se para **k**′, ela também será mantida para **k**.

3. O índice n aparece no teorema de Bloch porque, para dado **k**, há muitas soluções para a equação de Schrödinger. Observamos isso na segunda prova do teorema de Bloch, sendo também possível fazê-lo a partir do seguinte argumento:

Vamos procurar por todas as soluções para a equação de Schrödinger (8.2) que têm a forma de Bloch

$$\psi(\mathbf{r}) = e^{i\mathbf{k}\cdot\mathbf{r}}u(\mathbf{r}), \quad \textbf{(8.47)}$$

onde **k** é fixo e u tem a periodicidade da rede de Bravais. Fazendo a substituição na equação de Schrödinger, encontramos que u é determinado pelo problema de autovalor

$$\begin{aligned} H_{\mathbf{k}}u_{\mathbf{k}}(\mathbf{r}) &= \left(\frac{\hbar^2}{2m}\left(\frac{1}{i}\nabla + \mathbf{k}\right)^2 + U(\mathbf{r})\right)u_{\mathbf{k}}(\mathbf{r}) \\ &= \mathcal{E}_{\mathbf{k}}u_{\mathbf{k}}(\mathbf{r}) \end{aligned} \quad \textbf{(8.48)}$$

com condição de contorno

$$u_{\mathbf{k}}(\mathbf{r}) = u_{\mathbf{k}}(\mathbf{r} + \mathbf{R}). \quad \textbf{(8.49)}$$

Por causa da condição de contorno periódica, pode-se considerar que (8.48) é um problema de autovalor Hermitiano, restrito a uma única célula primitiva do cristal. Já que o problema de autovalor é colocado em um volume finito fixo, esperamos, em termos gerais, encontrar uma família infinita de soluções com autovalores *discretamente* espaçados,[16] que rotulamos com o índice de bandas n.

Observe que, em termos do problema de autovalor especificado por (8.48) e (8.49), o vetor de onda **k** aparece apenas como parâmetro na Hamiltoniana $H_{\mathbf{k}}$. Esperamos, portanto, que cada um dos níveis de energia, para dado **k**, variem continuamente à medida que **k** varia.[17] Deste modo, chegamos à descrição dos níveis de um elétron em um potencial periódico em termos de uma família de funções contínuas[18] $\varepsilon_n(\mathbf{k})$.

4. Embora o conjunto total de níveis possa ser descrito com **k** restrito a uma única célula primitiva, é frequentemente útil permitir que **k** varie por todo o espaço k, mesmo que isso ofereça uma descrição altamente redundante. Já que o conjunto de todas as funções de onda e de níveis de energia para dois valores de **k** que diferem por um vetor da rede recíproca deve ser idêntico, podemos atribuir os índices n aos níveis, de modo que, *para dado n, os autoestados e autovalores sejam funções periódicas de* **k** *na rede recíproca*:

$$\boxed{\begin{aligned}\psi_{n,\mathbf{k}+\mathbf{K}}(\mathbf{r}) &= \psi_{n\mathbf{k}}(\mathbf{r}),\\ \varepsilon_{n,\mathbf{k}+\mathbf{K}} &= \varepsilon_{n\mathbf{k}}.\end{aligned}} \quad \textbf{(8.50)}$$

Isso leva a uma descrição dos níveis de energia monoeletrônicos em um potencial periódico em termos de uma família de funções contínuas $\varepsilon_{n\mathbf{k}}$ (ou $\varepsilon_n(\mathbf{k})$), cada uma delas com a periodicidade da rede recíproca. As informações contidas nessas funções são chamadas de *estrutura de banda* do sólido.

Para cada n, o conjunto de níveis eletrônicos especificado por $\varepsilon_n(\mathbf{k})$ é chamado de *banda de energia*. A origem do termo "banda" é explicada no Capítulo 10. Aqui, apenas observamos que, como cada $\varepsilon_n(\mathbf{k})$ é periódico em **k** e contínuo, haverá nele um limite mais alto e mais baixo, de tal forma que todos os níveis $\varepsilon_n(\mathbf{k})$ estejam na banda de energia entre esses limites.

5. Pode-se mostrar genericamente (Apêndice E) que o elétron em um nível especificado por um índice de bandas n e um vetor de onda **k** tem uma velocidade média que não desaparece, dada por

$$\boxed{\mathbf{v}_n(\mathbf{k}) = \frac{1}{\hbar}\nabla_{\mathbf{k}}\varepsilon_n(\mathbf{k}).} \quad \textbf{(8.51)}$$

[16] Assim como o problema monoeletrônico livre em uma caixa de dimensões finitas fixas tem um conjunto de níveis de energia discretos, os modos normais vibracionais de uma pele de tambor finita têm um conjunto de frequências discretas etc.

[17] Essa expectativa é implícita, por exemplo, na teoria da perturbação comum, somente possível porque pequenas variações nos parâmetros da Hamiltoniana levam a pequenas alterações nos níveis de energia. No Apêndice E, as variações nos níveis de energia para pequenas variações em **k** são calculadas de forma explícita.

[18] O fato de que a condição de contorno de Born-von Karman restringe **k** a valores discretos da forma (8.27) não tem nenhuma relação com a continuidade de $\varepsilon_n(\mathbf{k})$ como função de uma variável **k** contínua, já que o problema de autovalor dado por (8.48) e (8.49) não faz nenhuma referência ao tamanho do cristal total e é bem definido por qualquer **k**. Deve-se também notar que o conjunto de **k** da forma (8.27) torna-se denso no espaço k no limite de um cristal infinito.

Este é um fato extraordinário. Ele afirma que há níveis estacionários (ou seja, independentes de tempo) para um elétron em um potencial periódico nos quais, apesar da interação do elétron com os íons da rede fixa, ele se move para sempre sem nenhuma degradação de sua velocidade média. Isso gera um contraste surpreendente com a ideia de Drude de que as colisões eram simplesmente encontros entre o elétron e um íon estático. Suas implicações são de fundamental importância e serão exploradas nos Capítulos 12 e 13.

A SUPERFÍCIE DE FERMI

O estado fundamental de N elétrons livres[19] é construído pela ocupação de todos os níveis $\mathbf{k}$ monoeletrônicos com energias $\varepsilon(\mathbf{k}) = \hbar^2k^2/2m$ menores que ε_F, onde ε_F é determinado pela exigência de que o número total de níveis monoeletrônicos com energias menores que ε_F seja igual ao número total de elétrons (Capítulo 2).

O estado fundamental de N elétrons de Bloch é construído de modo semelhante, embora os níveis monoeletrônicos sejam agora rotulados pelos números quânticos n e $\mathbf{k}$, $\varepsilon_n(\mathbf{k})$ não tenha a forma explícita simples de elétron livre e $\mathbf{k}$ precise estar confinado a uma única célula primitiva da rede recíproca se cada nível for contado apenas uma vez. Quando os mais baixos destes níveis são preenchidos por um número especificado de elétrons, dois tipos bem distintos de configuração podem resultar:

1. Determinado número de bandas pode ser completamente preenchido, com todos os outros permanecendo vazios. A diferença de energia entre o nível mais alto ocupado e o nível mais baixo não ocupado (ou seja, entre o "topo" da banda mais alta ocupada e a "base" da banda vazia mais baixa) é conhecida como *gap de banda*. Vamos descobrir que sólidos com um gap de banda com excesso de k_BT (T próximo da temperatura ambiente) são isolantes (Capítulo 12). Se o gap de banda é comparável a k_BT, o sólido é conhecido como *semicondutor intrínseco* (Capítulo 28). Já que o número de níveis em uma banda é igual ao número de células primitivas no cristal (veja a página 147) e cada nível pode acomodar dois elétrons (um de cada spin), *uma configuração com um gap de banda pode surgir (embora não necessariamente) apenas se o número de elétrons por célula primitiva for par.*

2. Um número de bandas pode ser parcialmente preenchido. Quando isso ocorre, a energia do nível mais alto ocupado, a energia de Fermi ε_F, fica na variação de energia de uma ou mais bandas. Para cada banda parcialmente preenchida, haverá uma superfície no espaço k que separa os níveis ocupados daqueles não ocupados. O conjunto de todas essas superfícies é conhecido como *superfície de Fermi*, e constitui a generalização para os elétrons de Bloch da esfera de elétron livre de Fermi. As partes da superfície de Fermi que surgem de bandas individuais parcialmente preenchidas são conhecidas como *ramos* da

[19] Não faremos a distinção notacional entre o número de elétrons de condução e o número de células primitivas quando estiver claro pelo contexto qual deles é mencionado. Eles são iguais, entretanto, apenas em uma rede de Bravais monovalente monoatômica (por exemplo, nos metais alcalinos).

superfície de Fermi.[20] Veremos (no Capítulo 12) que um sólido tem propriedades metálicas desde que exista uma superfície de Fermi.

Analiticamente, o ramo da superfície de Fermi na enésima banda é a superfície no espaço k (se houver um) determinada por[21]

$$\varepsilon_n(\mathbf{k}) = \varepsilon_F. \quad \textbf{(8.52)}$$

Assim, a superfície de Fermi é uma superfície de energia constante (ou conjunto de superfícies de energia constante) no espaço k, do mesmo modo que os mais conhecidos equipotenciais da teoria eletrostática são superfícies de energia constante no espaço real.

Uma vez que $\varepsilon_n(\mathbf{k})$ são periódicos na rede recíproca, a solução completa para (8.52) para cada n é uma superfície do espaço k com a periodicidade da rede recíproca. Quando um ramo da superfície de Fermi é representado pela estrutura periódica completa, diz-se que é descrita em um *esquema de zona repetida*. Muitas vezes, no entanto, é preferível tomar-se apenas o suficiente de cada ramo da superfície de Fermi de tal forma que todo nível fisicamente distinto seja representado por apenas um ponto da superfície. Isso se alcança mediante a representação de cada ramo como a porção da superfície periódica completa, contida em uma única célula primitiva da rede recíproca. Tal representação é definida como *esquema de zona reduzida*. A célula primitiva escolhida é frequentemente, mas não sempre, a primeira zona de Brillouin.

A geometria da superfície de Fermi e suas implicações físicas são ilustradas em muitos dos capítulos a seguir, particularmente nos Capítulos 9 e 15.

DENSIDADE DE NÍVEIS[22]

Deve-se geralmente calcular grandezas que sejam somas ponderadas dos níveis eletrônicos de várias propriedades monoeletrônicas. Tais grandezas são da forma[23]

$$Q = 2\sum_{n,\mathbf{k}} Q_n(\mathbf{k}), \quad \textbf{(8.53)}$$

[20] Em muitos casos importantes, a superfície de Fermi está inteiramente dentro de uma única banda e geralmente é encontrada dentro de um número muito pequeno de bandas (Capítulo 15).

[21] Se ε_F é geralmente definido como a energia que separa o nível mais alto ocupado do mais baixo não ocupado, ele não estará exclusivamente especificado em um sólido que possua um gap de energia, uma vez que qualquer energia no gap satisfaz este teste. Todavia, as pessoas falam "*da* energia de Fermi" de um semicondutor intrínseco; elas se referem ao potencial químico, que é bem definido à temperatura diferente de zero (Apêndice B). À medida que $T \to 0$, o potencial químico de um sólido com gap de energia aproxima-se da energia no meio do gap (veja no Capítulo 28), e às vezes se encontra a afirmativa de que esta é a "energia de Fermi" de um sólido com gap. Tanto com a definição correta (indeterminada) de ε_F quanto com a coloquial, a equação(8.52) afirma que sólidos com um gap não têm superfície de Fermi.

[22] O leitor pode, sem perda de continuidade, saltar esta seção em uma primeira leitura, voltando a ela em capítulos subsequentes quando for necessário.

[23] O fator 2 se dá porque cada nível especificado por n e $\mathbf{k}$ pode acomodar dois elétrons de spins opostos. Admitimos que $Q_n(\mathbf{k})$ não depende do spin de elétron s. Se depender, o fator 2 deve ser substituído por uma soma em s.

onde, para cada *n*, a soma se dá sobre todos os **k** permitidos que forneçam níveis fisicamente distintos, ou seja, todos os **k** da forma (8.27) em uma única célula primitiva.[24]

No limite de um grande cristal, os valores de **k** permitidos em (8.27) se aproximam muito e a soma pode ser substituída por uma integral. Uma vez que o volume do espaço *k* por **k** permitido [equação (8.29)] tem o mesmo valor que no caso do elétron livre, a prescrição derivada no caso do elétron livre [equação (2.29)]) permanece válida, e encontramos que[25]

$$q = \lim_{V\to\infty}\frac{Q}{V} = 2\sum_n \int \frac{d\mathbf{k}}{(2\pi)^3} Q_n(\mathbf{k}), \quad \mathbf{(8.54)}$$

onde a integral se dá sobre uma célula primitiva.

Se, como ocorre frequentemente,[26] $Q_n(\mathbf{k})$ depende de n e $\mathbf{k}$ apenas através da energia $\varepsilon_n(\mathbf{k})$, então, por analogia com o caso do elétron livre, pode-se definir uma densidade de níveis por unidade de volume (ou "densidade de níveis" apenas) $g(\varepsilon)$, de tal forma que q tenha a forma [compare a (2.60)]:

$$q = \int d\varepsilon\, g(\varepsilon) Q(\varepsilon). \quad \mathbf{(8.55)}$$

Comparando (8.54) e (8.55), encontramos que

$$g(\varepsilon) = \sum_n g_n(\varepsilon), \quad \mathbf{(8.56)}$$

onde $g_n(\varepsilon)$, a densidade de níveis na enésima banda, é dada por

$$g_n(\varepsilon) = \int \frac{d\mathbf{k}}{4\pi^3}\delta(\varepsilon - \varepsilon_n(\mathbf{k})), \quad \mathbf{(8.57)}$$

onde a integral se dá sobre qualquer célula primitiva.

A representação alternativa da densidade de níveis pode ser construída a partir da observação de que, como no caso do elétron livre [equação (2.62)]:

$$g_n(\varepsilon)d\varepsilon = (2/V)\times\begin{pmatrix}\text{número de vetores de onda permitidos na} \\ \text{enésima banda da faixa de energia entre } \varepsilon \text{ e } \varepsilon + d\varepsilon\end{pmatrix}. \quad \mathbf{(8.58)}$$

O número de vetores de onda permitidos na enésima banda nesta faixa de energia é exatamente o volume de uma célula primitiva no espaço *k*, com $\varepsilon \leqslant \varepsilon_n(\mathbf{k}) \leqslant \varepsilon + d\varepsilon$, dividido pelo volume por vetor de onda permitido, $\Delta\mathbf{k} = (2\pi)^3/V$. Deste modo,

---

[24] As funções $Q_n(\mathbf{k})$ geralmente têm a periodicidade da rede recíproca, logo a escolha da célula primitiva é imaterial.

[25] Para os comentários preventivos adequados, veja a página 40.

[26] Por exemplo, se q é a densidade do número eletrônico n, então $Q(\varepsilon) = f(\varepsilon)$, onde f é a função de Fermi; se q é a densidade de energia eletrônica u, então $Q(\varepsilon) = \varepsilon f(\varepsilon)$.

$$g_n(\varepsilon)d\varepsilon = \int \frac{d\mathbf{k}}{4\pi^3} \times \begin{Bmatrix} 1, & \varepsilon \leqslant \varepsilon_n(\mathbf{k}) \leqslant \varepsilon + d\varepsilon, \\ 0, & \text{caso contrário} \end{Bmatrix}. \quad \textbf{(8.59)}$$

Já que $d\varepsilon$ é infinitesimal, isso também pode ser expresso como uma integral de superfície. Considere $S_n(\varepsilon)$ a porção da superfície $\varepsilon_n(\mathbf{k}) = \varepsilon$ na célula primitiva e considere $\delta k(\mathbf{k})$ a distância perpendicular entre as superfícies $S_n(\varepsilon)$ e $S_n(\varepsilon + d\varepsilon)$ no ponto $\mathbf{k}$. Então (Figura 8.2):

$$g_n(\varepsilon)d\varepsilon = \int_{S_n(\varepsilon)} \frac{dS}{4\pi^3} \delta k(\mathbf{k}). \quad \textbf{(8.60)}$$

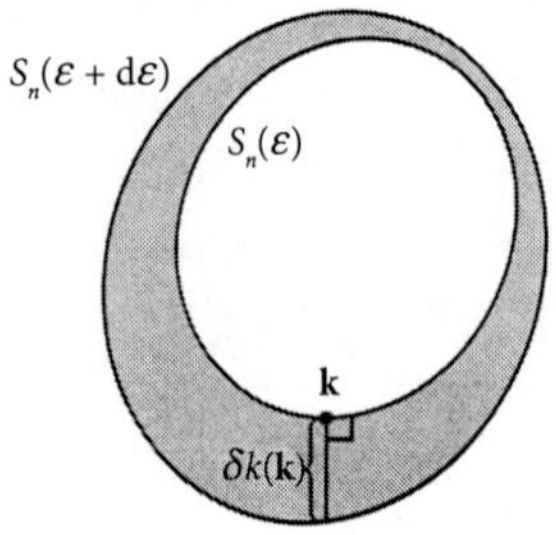

FIGURA 8.2

Uma ilustração em duas dimensões da construção expressa na equação (8.60). As curvas fechadas são as duas superfícies de energia constante, a área requerida é aquela que fica entre elas (sombreada) e a distância $\delta k(\mathbf{k})$ é indicada para um $\mathbf{k}$ em particular.

Para se encontrar uma expressão explícita para $\delta k(\mathbf{k})$, note que, como $S_n(\varepsilon)$ é uma superfície de energia constante, o gradiente k de $\varepsilon_n(\mathbf{k})$, $\nabla\varepsilon_n(\mathbf{k})$, é um vetor normal àquela superfície cuja magnitude é igual à razão de variação de $\varepsilon_n(\mathbf{k})$ na direção normal, isto é,

$$\varepsilon + d\varepsilon = \varepsilon + |\nabla\varepsilon_n(\mathbf{k})|\delta k(\mathbf{k}), \quad \textbf{(8.61)}$$

e, consequentemente,

$$\delta k(\mathbf{k}) = \frac{d\varepsilon}{|\nabla\varepsilon_n(\mathbf{k})|}. \quad \textbf{(8.62)}$$

Substituindo (8.62) em (8.60), chegamos à forma

$$\boxed{g_n(\varepsilon) = \int_{S_n(\varepsilon)} \frac{dS}{4\pi^3} \frac{1}{|\nabla\varepsilon_n(\mathbf{k})|}} \quad \textbf{(8.63)}$$

que fornece uma relação explícita entre a densidade de níveis e a estrutura de banda.

A equação (8.63) e a análise que leva a ela serão aplicadas em capítulos subsequentes.[27] Aqui, apenas observamos a seguinte propriedade um tanto geral da densidade de níveis:

[27] Veja também o Problema 2.

Como $\varepsilon_n(\mathbf{k})$ é periódico na rede recíproca, unido acima e abaixo por cada n, e, em geral, diferenciável em toda parte, deve haver valores de **k** em cada célula primitiva em que $|\nabla\varepsilon| = 0$. Por exemplo, o gradiente de uma função diferenciável desaparece em máxima e mínima local, mas a limitação e a periodicidade de cada $\varepsilon_n(\mathbf{k})$ asseguram que, para cada n, haverá ao menos um máximo e um mínimo em cada célula primitiva.[28]

Quando o gradiente de ε_n desaparece, a integrante na densidade de níveis (8.63) diverge. Pode ser demonstrado que, em três dimensões,[29] tais singularidades são integráveis, produzindo valores finitos para g_n. No entanto, elas resultam em divergências na inclinação, $dg_n/d\varepsilon$. Estas são conhecidas como *singularidades de van Hove*[30] e ocorrem em valores de ε para os quais a superfície de energia constante $S_n(\varepsilon)$ contém pontos nos quais $\nabla\varepsilon_n(\mathbf{k})$ desaparece. Como as derivadas da densidade de níveis na energia de Fermi entram em todos os termos, com exceção do primeiro, na expansão de Sommerfeld,[31] deve-se estar atento a anomalias no comportamento de baixa temperatura se há pontos de $\nabla\varepsilon_n(\mathbf{k})$ que desaparecem na superfície de Fermi.

Singularidades típicas de von Hove são apresentadas na Figura 8.3 e examinadas no Problema 2 do Capítulo 9.

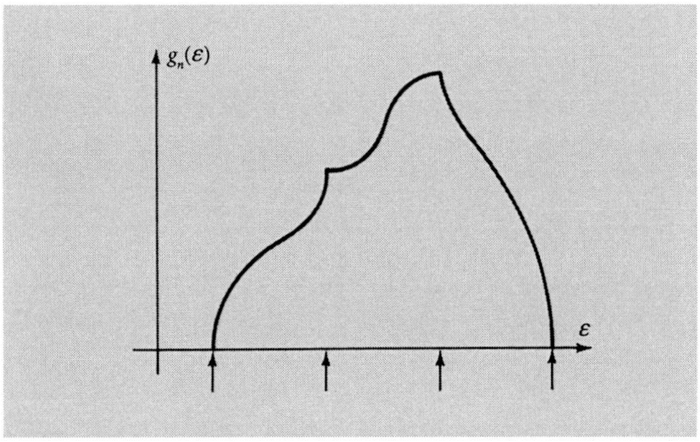

FIGURA 8.3

Singularidades de van Hove características na densidade de níveis, indicadas por setas em ângulos retos ao eixo ε.

Conclui-se, então, nossa discussão dos aspectos gerais de níveis monoeletrônicos em um potencial periódico.[32] Nos dois capítulos a seguir, consideramos dois casos limitantes muito importantes, mas bem diferentes, que fornecem ilustrações concretas das discussões um tanto abstratas deste capítulo.

---

[28] Uma análise geral de quantos pontos de gradientes que desaparecem devem ocorrer é bem complexa. Veja, por exemplo, G. Weinreich. *Solids*. Nova York: Wiley, 1965. p. 73-79.

[29] Em uma dimensão, o próprio $g_n(\varepsilon)$ será infinito na singularidade de van Hove.

[30] Essencialmente, as mesmas singularidades ocorrem na teoria de vibrações de rede. Veja o Capítulo 23.

[31] Veja, por exemplo, o Problema 2f do Capítulo 2.

[32] O Problema 1 leva a análise geral para muito mais longe no caso tratável, mas um tanto enganoso, de um potencial periódico unidimensional.

PROBLEMAS

1. *Potenciais periódicos em uma dimensão*

A análise geral dos níveis eletrônicos em um potencial periódico, independentemente dos aspectos detalhados daquele potencial, pode ser muito mais desenvolvida em uma dimensão. Embora o caso unidimensional em muitos aspectos seja atípico (não há necessidade do conceito de uma superfície de Fermi) ou enganoso (a possibilidade — na verdade, em duas e três dimensões, a probabilidade — de sobreposição de bandas desaparece), é tranquilizador verificar que alguns dos aspectos da estrutura de banda tridimensional que descreveremos por meio de cálculos aproximados, nos Capítulos 9, 10 e 11, surgem a partir de um tratamento exato em uma dimensão.

Considere, então, um potencial periódico unidimensional $U(x)$ (Figura 8.4). É conveniente visualizar os íons residindo na mínima de U, que consideramos para definir o zero de energia. Optamos por visualizar o potencial periódico como uma superposição de barreiras potenciais $v(x)$ de largura a, centrada nos pontos $x = \pm na$ (Figura 8.5):

$$U(x) = \sum_{n=-\infty}^{\infty} v(x - na). \quad \textbf{(8.64)}$$

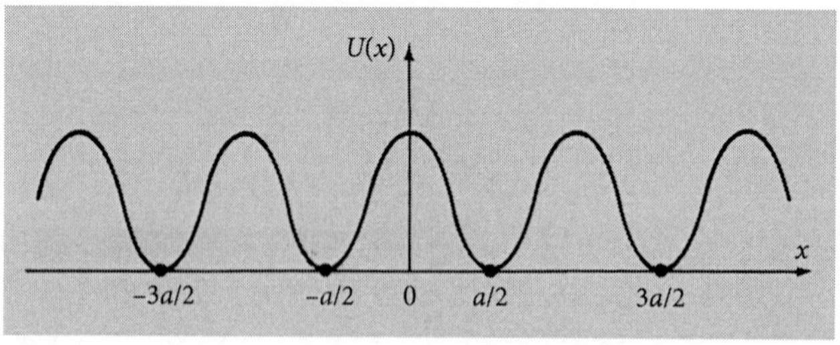

FIGURA 8.4

Um potencial periódico unidimensional $U(x)$. Observe que os íons ocupam as posições de uma rede de Bravais de constante de rede a. É conveniente considerar esses pontos detentores de coordenadas $(n + \frac{1}{2})a$ e fazer com que o zero de potencial ocorra na posição do íon.

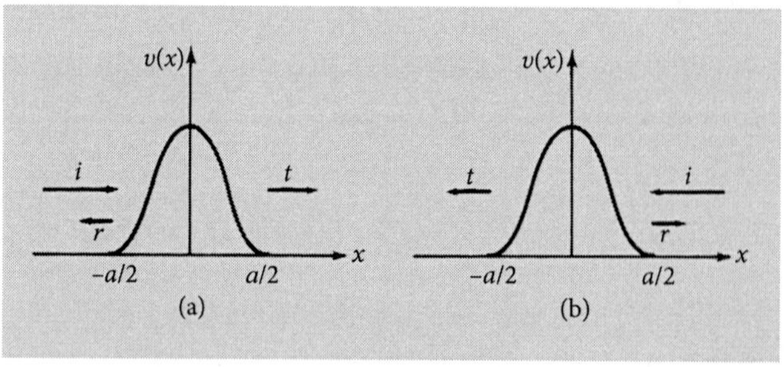

FIGURA 8.5

Ilustrando partículas incidentes da esquerda (a) e direita (b) em uma das barreiras que separam íons vizinhos no potencial periódico da Figura 8.4. As ondas incidente, transmitida e refletida são indicadas por setas ao longo da direção de propagação, proporcional às amplitudes correspondentes.

O termo $v(x - na)$ representa a barreira potencial contra um tunelamento de elétron entre os íons em lados opostos ao ponto na. Para simplificar, admitimos que $v(x) = v(-x)$ (o análogo unidimensional da simetria de inversão que admitimos anteriormente), mas não fazemos nenhuma outra suposição sobre v, logo a forma do potencial periódico U é um tanto geral.

A estrutura de banda do sólido unidimensional pode ser expressa de forma muito simples em termos das propriedades de um elétron na presença de um potencial de barreira simples $v(x)$. Considere, então, um elétron incidente da esquerda em uma barreira potencial $v(x)$ com energia[33] $\varepsilon = \hbar^2K^2/2m$. Como $v(x) = 0$ quando $|x| \geqslant a/2$, nestas regiões a função de onda $\psi_l(x)$ terá a forma

$$\begin{aligned} \psi_l(x) &= e^{iKx} + re^{-iKx}, \quad x \leqslant -\frac{a}{2}, \\ &= te^{iKx}, \quad x \geqslant \frac{a}{2}. \end{aligned} \quad \textbf{(8.65)}$$

Isso é demonstrado esquematicamente na Figura 8.5a.

Os coeficientes t e r de transmissão e de reflexão fornecem a amplitude da probabilidade de que o elétron sofrerá tunelamento ou será refletido da barreira; eles dependem do vetor de onda incidente K de maneira determinada pelos aspectos detalhados do potencial periódico v. No entanto, é possível deduzir muitas propriedades da estrutura de banda do potencial periódico U invocando-se apenas as propriedades gerais de t e r. Como v é par, $\psi_r(x) = \psi_l(-x)$ constitui também uma solução para a equação de Schrödinger com energia ε. A partir de (8.65), temos que $\psi_r(x)$ apresenta a forma

$$\begin{aligned} \psi_r(x) &= te^{-iKx}, \quad x \leqslant -\frac{a}{2}, \\ &= e^{-iKx} + re^{iKx}, \quad x \geqslant \frac{a}{2}. \end{aligned} \quad \textbf{(8.66)}$$

Evidentemente, isso descreve uma partícula incidente na barreira a partir da direita, como mostrado na Figura 8.5b.

Já que ψ_l e ψ_r são duas soluções independentes para a equação de Schrödinger de barreira simples com a mesma energia, qualquer outra solução com aquela energia será uma combinação linear[34] destas duas: $\psi = A\psi_l + B\psi_r$. Em particular, uma vez que a Hamiltoniana cristalina é idêntica àquela para um único íon na região $-a/2 \leqslant x \leqslant a/2$, qualquer solução para a equação de Schrödinger cristalina com energia ε deve ser a combinação linear de ψ_l e ψ_r naquela região:

$$\psi(x) = A\psi_l(x) + B\psi_r(x), \qquad -\frac{a}{2} \leqslant x \leqslant \frac{a}{2}. \quad \textbf{(8.67)}$$

---

[33] Observação: neste problema, K é uma variável contínua e não tem nenhuma relação com a rede recíproca.

[34] Um caso especial do teorema geral em que há n soluções independentes para uma equação diferencial de enésima ordem linear.

Agora, o teorema de Bloch afirma que se pode fazer com que ψ satisfaça

$$\psi(x+a) = e^{ika}\psi(x), \quad \textbf{(8.68)}$$

para k adequado. Fazendo a diferenciação de (8.68), encontramos também que $\psi' = d\psi/dx$ satisfaz

$$\psi'(x+a) = e^{ika}\psi'(x). \quad \textbf{(8.69)}$$

(a) Impondo as condições (8.68) e (8.69) em $x = -a/2$ e empregando (8.65) a (8.67), mostre que a energia do elétron de Bloch está relacionada a seu vetor de onda k por:

$$\cos ka = \frac{t^2 - r^2}{2t}e^{iKa} + \frac{1}{2t}e^{-iKa}, \qquad \varepsilon = \frac{\hbar^2 K^2}{2m}. \quad \textbf{(8.70)}$$

Verifique que isso fornece a resposta correta no caso do elétron livre ($v \equiv 0$).
A equação (8.70) é mais informativa quando mais informações sobre os coeficientes de transmissão e de reflexão são fornecidas. Escrevemos o número complexo t em termos de sua magnitude e fase:

$$t = |t|e^{i\delta}. \quad \textbf{(8.71)}$$

O número real δ é conhecido como o deslocamento de fase, já que especifica a mudança de fase da onda transmitida em relação à incidente. A conservação eletrônica requer que a probabilidade de transmissão mais a probabilidade de reflexão sejam unitárias:

$$1 = |t|^2 + |r|^2. \quad \textbf{(8.72)}$$

Essas e outras informações úteis podem ser provadas como se segue. Considere que ϕ_1 e ϕ_2 sejam quaisquer duas soluções para a equação de Schrödinger de uma barreira com a mesma energia:

$$-\frac{\hbar^2}{2m}\phi_i'' + v\phi_i = \frac{\hbar^2 K^2}{2m}\phi_i, \qquad i = 1, 2. \quad \textbf{(8.73)}$$

Defina $w(\phi_1, \phi_2)$ (o "Wronskiano") por

$$w(\phi_1, \phi_2) = \phi_1'(x)\phi_2(x) - \phi_1(x)\phi_2'(x). \quad \textbf{(8.74)}$$

(b) Prove que w é independente de x deduzindo de (8.73) que sua derivada desaparece.

(c) Prove (8.72) avaliando $w(\psi_l, \psi_l{}^*)$ para $x \leqslant -a/2$ e $x \geqslant a/2$, observando que, já que $v(x)$ é real, $\psi_l{}^*$ será tanto uma solução para a mesma equação de Schrödinger quanto ψ_l.

(d) Avaliando $w(\psi_l, \psi_r{}^*)$, prove que rt^* é puro imaginário, logo r deve ter a forma

$$r = \pm i |r| e^{i\delta}, \quad \textbf{(8.75)}$$

onde δ é o mesmo que em (8.71).

(e) Mostre, como uma consequência de (8.70), (8.72) e (8.75), que a energia e o vetor de onda do elétron de Bloch estão relacionados por

$$\boxed{\frac{\cos(Ka + \delta)}{|t|} = \cos ka, \qquad \varepsilon = \frac{\hbar^2 K^2}{2m}.} \quad \textbf{(8.76)}$$

Uma vez que $|t|$ é sempre menor que um, mas aproxima-se da unidade para K grande (a barreira torna-se progressivamente menos efetiva à medida que cresce a energia incidente), o lado esquerdo de (8.76) representado graficamente contra K tem a estrutura mostrada na Figura 8.6. Para dado k, os valores permitidos de K (e, consequentemente, as energias permitidas $\varepsilon(k) = \hbar^2 K^2/2m$) são dadas pela interseção da curva na Figura 8.6 com a linha horizontal de altura $\cos(ka)$. Observe que os valores de K na vizinhança daqueles que satisfazem

$$Ka + \delta = n\pi \quad \textbf{(8.77)}$$

fornecem $|\cos(Ka + \delta|/|t| > 1$ e, portanto, não são permitidos para qualquer k. As regiões correspondentes de energia são os gaps de energia. Se δ é uma função limitada de K (como ocorre geralmente), haverá infinitamente muitas regiões de energia proibida, e também infinitamente muitas regiões de energias permitidas para cada valor de k.

(f) Suponha que a barreira seja muito fraca (de tal forma que $|t| \approx 1$, $|r| \approx 0$, $\delta \approx 0$). Mostre que os gaps de energia são, então, muito estreitos, com a largura do gap que contém $K = n\pi/a$ sendo

$$\varepsilon_{\text{gap}} \approx 2\pi n \frac{\hbar^2}{ma^2} |r|. \quad \textbf{(8.78)}$$

(g) Suponha que a barreira seja muito forte, tal que $|t| \approx 0$, $|r| \approx 1$. Mostre que as bandas de energias

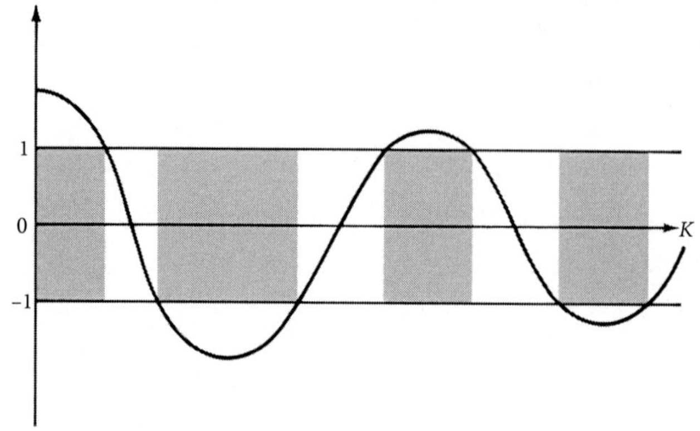

FIGURA 8.6

Forma característica da função $\cos(Ka + \delta)/|t|$. Como $|t(K)|$ é sempre menor que um, a função excederá a unidade em magnitude na vizinhança de soluções para $Ka + \delta(K) = n\pi$. A equação (8.76) pode ser satisfeita para k real se e somente se a função for menor que um em magnitude. Consequentemente, haverá regiões permitidas (não sombreadas) e proibidas (sombreadas) de K (e, portanto, de $\varepsilon = \hbar^2K^2/2m$). Note que, quando $|t|$ está muito próximo da unidade (potencial fraco), as regiões proibidas serão estreitas, mas se $|t|$ é muito pequeno (potencial forte), as regiões permitidas serão estreitas.

permitidas são, então, muito estreitas, com larguras

$$\varepsilon_{\text{máx}} - \varepsilon_{\text{mín}} = O(|t|). \quad \textbf{(8.79)}$$

(h) Como um exemplo concreto, geralmente se considera o caso no qual $v(x) = g\delta(x)$, onde $\delta(x)$ é a função delta de Dirac (um caso especial do "modelo de Kronig-Penney"). Mostre que, neste caso

$$\cot\delta = -\frac{\hbar^2 K}{mg}, \qquad |t| = \cos\delta. \quad \textbf{(8.80)}$$

Este modelo é um exemplo comum em livros de um potencial periódico unidimensional. Observe, entretanto, que a maior parte das estruturas que estabelecemos é, em grau considerável, independente da dependência funcional particular de $|t|$ e δ sobre K.

2. *Densidade de níveis*

(a) No caso do elétron livre, a densidade de níveis na energia de Fermi pode ser escrita na forma [equação (2.64)] $g(\varepsilon_F) - mk_F/\hbar^2\pi^2$. Mostre que a forma geral (8.63) reduz-se a isso quando $\varepsilon_n(\mathbf{k}) = \hbar^2k^2/2m$ e a superfície (esférica) de Fermi fica inteiramente dentro de uma célula primitiva.

(b) Considere uma banda na qual, para k suficientemente pequeno, $\varepsilon_n(\mathbf{k}) = \varepsilon_0 + (\hbar^2/2)(k_x^2/m_x + k_y^2/m_y + k_z^2/m_z)$ (como deve ser o caso em um cristal de simetria ortorrômbica), onde m_x, m_y e m_z são constantes positivas. Mostre que, se ε está próximo o bastante de ε_0, para que esta forma seja válida, então $gn(\varepsilon)$ é proporcional a $(\varepsilon - \varepsilon_0)^{1/2}$, de modo que sua derivada torna-se infinita (singularidade de van Hove) à medida que ε se aproxima do mínimo da banda. (*Dica*: use a forma (8.57) para a densidade de níveis.) Deduza disso que, se a forma quadrática para $\varepsilon_n(\mathbf{k})$ permanece válida até ε_F, então $gn(\varepsilon_F)$ pode ser escrita na generalização óbvia da forma do elétron livre (2.65):

$$g_n(\varepsilon_F) = \frac{3}{2}\frac{n}{\varepsilon_F - \varepsilon_0} \quad \textbf{(8.81)}$$

onde n é a contribuição dos elétrons na banda para a densidade eletrônica total.

(c) Considere a densidade de níveis na vizinhança de um ponto de sela, onde $\varepsilon_n(\mathbf{k}) = \varepsilon_0 + (\hbar^2/2)(k_x^2/m_x + k_y^2/m_y - k_z^2/m_z)$, sendo m_x, m_y e m_z constantes positivas. Mostre que, quando $\varepsilon \approx \varepsilon_0$, a derivada da densidade de níveis tem a forma

$$\begin{aligned} g_n' &\approx \text{constante}, & \varepsilon > \varepsilon_0; \\ &\approx (\varepsilon_0 - \varepsilon)^{-1/2}, & \varepsilon < \varepsilon_0. \end{aligned} \quad \textbf{(8.82)}$$

9 Elétrons em um potencial periódico fraco

Pode-se chegar a uma compreensão substancial da estrutura imposta nos níveis de energia eletrônica por um potencial periódico se este potencial for muito fraco. Esta abordagem pode ter sido considerada, no passado, um exercício instrutivo, mas acadêmico. Sabemos agora, no entanto, que, em muitos casos, esta suposição aparentemente irreal fornece resultados surpreendentemente próximos ao correto. Estudos teóricos e experimentais modernos dos metais encontrados nos grupos I, II, III e IV da tabela periódica (os metais cuja estrutura atômica consiste de elétrons *s* e *p* fora da configuração de gás nobre de nível completo) indicam que os elétrons de condução podem ser descritos como movimentando-se no que corresponde a um potencial quase constante. Estes elementos são geralmente chamados de metais "de elétron quase livre", porque o ponto de partida para sua descrição é o gás de elétrons livres de Sommerfeld, modificado pela presença de um potencial periódico *fraco*. Neste capítulo, examinaremos alguns dos aspectos mais gerais da estrutura de bandas com base no ponto de vista do elétron quase livre. Aplicações a metais em particular serão examinadas no Capítulo 15.

Não é óbvio, de modo algum, o motivo de as bandas de condução destes metais serem tão parecidas com elétrons livres. Há duas razões fundamentais para que as fortes interações dos elétrons de condução uns com os outros e com os íons positivos possam ter o efeito líquido de um potencial muito fraco.

1. A interação elétron-íon é mais forte em pequenas separações, mas os elétrons de condução são proibidos (pelo princípio de Pauli) de entrar na vizinhança imediata dos íons, pois esta região já está ocupada pelos elétrons mais internos.
2. Na região em que os elétrons de condução são permitidos, sua mobilidade diminui ainda mais o potencial líquido que qualquer elétron individual experimenta, já que eles podem *esconder* os campos de íons carregados positivamente, diminuindo o potencial efetivo total.

Essas observações oferecem apenas uma mera indicação de por que a seguinte discussão tem aplicação prática extensiva. Retornaremos mais tarde ao problema de justificar a abordagem do elétron quase livre, retomando o ponto 1 no Capítulo 11 e o ponto 2 no Capítulo 17.

ABORDAGEM GERAL DA EQUAÇÃO DE SCHRÖDINGER QUANDO O POTENCIAL É FRACO

Quando o potencial periódico é zero, as soluções para a equação de Schrödinger são ondas planas. Assim, um ponto de partida razoável para o tratamento do potencial periódico fraco é a expansão da solução exata nas ondas planas descrita no Capítulo 8. A função de onda de um nível de Bloch com momento cristalino **k** pode ser escrita na forma dada na equação (8.42):

$$\psi_{\mathbf{k}}(\mathbf{r}) = \sum_{\mathbf{K}} c_{\mathbf{k}-\mathbf{K}} e^{i(\mathbf{k}-\mathbf{K})\cdot\mathbf{r}}, \quad \textbf{(9.1)}$$

onde os coeficientes c_{k-K} e a energia do nível ε são determinados pelo conjunto de equações (8.41):

$$\left[\frac{\hbar^2}{2m}(\mathbf{k}-\mathbf{K})^2 - \varepsilon\right] c_{\mathbf{k}-\mathbf{K}} + \sum_{\mathbf{K}'} U_{\mathbf{K}'-\mathbf{K}} c_{\mathbf{k}-\mathbf{K}'} = 0. \quad \textbf{(9.2)}$$

A soma na equação (9.1) se dá sobre todos os vetores **K** da rede recíproca e, para **k** fixo, há uma equação da forma (9.2) para cada vetor **K** da rede recíproca. As (muitíssimas) soluções diferentes de (9.2) para dado **k** são rotuladas com o índice de banda n. Pode-se (embora não seja obrigatório) considerar que o vetor de onda **k** esteja na primeira zona de Brillouin do espaço k.

No caso do elétron livre, todos os componentes de Fourier U_{K} são precisamente zero. A equação (9.2) torna-se, então

$$(\varepsilon^0_{\mathbf{k}-\mathbf{K}} - \varepsilon) c_{\mathbf{k}-\mathbf{K}} = 0, \quad \textbf{(9.3)}$$

na qual introduzimos a notação:

$$\varepsilon^0_{\mathbf{q}} = \frac{\hbar^2}{2m} q^2. \quad \textbf{(9.4)}$$

A equação (9.3) requer, para cada **K**, que $c_{\mathbf{k}-\mathbf{k}} = 0$ ou $\varepsilon = \varepsilon^0_{\mathbf{k}-\mathbf{K}}$. A última possibilidade pode ocorrer apenas para um único **K**, a não ser que aconteça de alguns dos $\varepsilon^0_{\mathbf{k}-\mathbf{K}}$ serem iguais para diversas escolhas diferentes de **K**. Se tal degeneração *não* ocorrer, teremos a classe esperada de soluções de elétron livre:

$$\varepsilon = \varepsilon^0_{\mathbf{k}-\mathbf{K}}, \quad \psi_{\mathbf{k}} \propto e^{i(\mathbf{k}-\mathbf{K})\cdot\mathbf{r}}. \quad \textbf{(9.5)}$$

Se, no entanto, existir um grupo de vetores de rede recíproca $\mathbf{K}_1,\ldots,\mathbf{K}_m$ que satisfaça

$$\varepsilon^0_{\mathbf{k}-\mathbf{K}_1} = \ldots = \varepsilon^0_{\mathbf{k}-\mathbf{K}_m}, \quad \textbf{(9.6)}$$

haverá quando ε for igual ao valor comum destas energias de elétron livre, m soluções de onda plana independentes degeneradas. Como qualquer combinação linear de soluções degeneradas é também uma solução, há a completa liberdade de se escolherem os coeficientes $c_{k-\mathrm{K}}$ para $\mathbf{K} = \mathbf{K}_1,\ldots,\mathbf{K}_m$.

Essas simples observações adquirem mais substância quando os U_{K} não são zero, mas muito pequenos. A análise ainda se divide naturalmente em dois casos, que correspondem aos casos não degenerado e degenerado para elétrons livres. Agora, no entanto, a base para a distinção não é a exata igualdade[1] de dois ou mais níveis de elétrons livres distintos, mas somente se eles são iguais com exceção dos termos de ordem U.

Caso 1 — Fixe **k** e considere um vetor de rede recíproca $\mathbf{K}_1$ em particular, de tal forma que a energia de elétron livre esteja distante dos valores de $\varepsilon^0_{\mathbf{k}-\mathbf{K}}$ (para todo outro **K**) comparado a U (veja a Figura 9.1):[2]

$$|\varepsilon^0_{\mathbf{k}-\mathbf{K}_1} - \varepsilon^0_{\mathbf{k}-\mathbf{K}}| \gg U, \qquad \text{para } \mathbf{k} \text{ fixo e todo } \mathbf{K} \neq \mathbf{K}_1. \quad \textbf{(9.7)}$$

Queremos investigar o efeito do potencial no nível de elétron livre dado por:

$$\varepsilon = \varepsilon^0_{\mathbf{k}-\mathbf{K}_1}, \quad c_{\mathbf{k}-\mathbf{K}} = 0, \qquad \mathbf{K} \neq \mathbf{K}_1. \quad \textbf{(9.8)}$$

[1] O leitor familiarizado com a teoria da perturbação estacionária pode pensar que, se não há degeneração *exata*, podemos sempre tornar as diferenças de níveis grandes comparadas a U, considerando U suficientemente pequeno. Isso de fato é verdadeiro *para qualquer dado* **k**. No entanto, uma vez que nos é dado um U definido, não importa quão pequeno, precisamos de um procedimento válido para todo **k** na primeira zona de Brillouin. Veremos que, independentemente de quão pequeno for U, podemos sempre encontrar alguns valores de **k** para os quais os níveis não perturbados ficam mais próximos entre si do que U. Portanto, o que estamos fazendo é mais sutil do que a teoria da perturbação degenerada convencional.

[2] Em desigualdades desta forma, usaremos U para nos referir a um típico componente de Fourier do potencial.

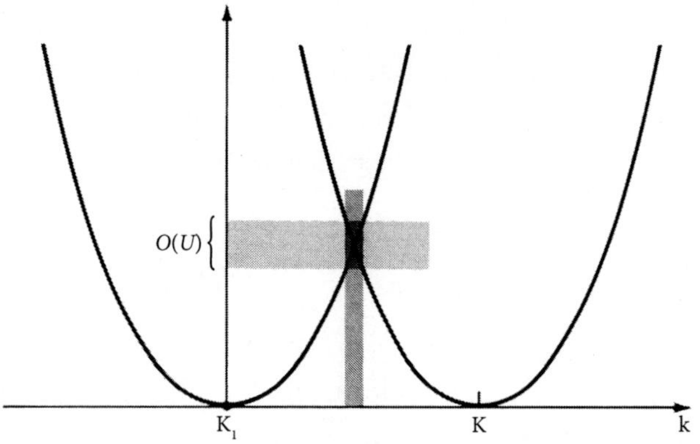

FIGURA 9.1

Para a variação de **k** nos limites indicados pela banda escura, os níveis de elétron livre $\varepsilon_{\mathbf{k}-\mathbf{K}_1}$ e $\varepsilon_{\mathbf{k}-\mathbf{K}}$ diferem por uma energia $O(U)$.

Estabelecendo $\mathbf{K} = \mathbf{K}_1$ na equação (9.2) [e utilizando a notação resumida (9.4)], temos (esquecendo o símbolo linha do índice de soma):

$$(\varepsilon - \varepsilon^0_{\mathbf{k}-\mathbf{K}_1})c_{\mathbf{k}-\mathbf{K}_1} = \sum_{\mathbf{K}} U_{\mathbf{K}-\mathbf{K}_1} c_{\mathbf{k}-\mathbf{K}}. \quad \textbf{(9.9)}$$

Como escolhemos a constante aditiva na energia potencial de tal forma que $U_{\mathbf{K}} = 0$ quando $\mathbf{K} = \mathbf{0}$ (veja a página 147), apenas termos com $\mathbf{K} \neq \mathbf{K}_1$ aparecem no lado direito de (9.9). Já que estamos examinando a solução para a qual $c_{\mathbf{k}-\mathbf{K}}$ desaparece quando $\mathbf{K} \neq \mathbf{K}_1$ no limite de *U desaparecendo*, esperamos que o lado direito de (9.9) seja de segunda ordem em *U*. Isso pode ser explicitamente confirmado definindo-se a equação (9.2) para $\mathbf{K} \neq \mathbf{K}_1$ como

$$c_{\mathbf{k}-\mathbf{K}} = \frac{U_{\mathbf{K}_1-\mathbf{K}} c_{\mathbf{k}-\mathbf{K}_1}}{\varepsilon - \varepsilon^0_{\mathbf{k}-\mathbf{K}}} + \sum_{\mathbf{K}' \neq \mathbf{K}_1} \frac{U_{\mathbf{K}'-\mathbf{K}} c_{\mathbf{k}-\mathbf{K}'}}{\varepsilon - \varepsilon^0_{\mathbf{k}-\mathbf{K}}}. \quad \textbf{(9.10)}$$

Separamos da soma em (9.10) o termo que contém $c_{\mathbf{k}-\mathbf{K}_1}$, pois ele será de uma ordem de magnitude maior do que os termos restantes, que envolvem $c_{\mathbf{k}-\mathbf{K}'}$ para $\mathbf{K}' \neq \mathbf{K}_1$. Esta conclusão depende da suposição (9.7) de que o nível $\varepsilon^0_{\mathbf{k}-\mathbf{K}_1}$ não é nem de longe degenerado de algum outro $\varepsilon^0_{\mathbf{k}-\mathbf{K}}$. Tal degeneração tão próxima poderia fazer com que alguns dos denominadores em (9.10) fossem da ordem de *U*, o que cancelaria o *U* explícito no numerador e resultaria em termos adicionais na soma em (9.10) em comparação ao termo $\mathbf{K} = \mathbf{K}_1$.

Portanto, desde que não haja degeneração próxima,

$$c_{\mathbf{k}-\mathbf{K}} = \frac{U_{\mathbf{K}_1-\mathbf{K}} c_{\mathbf{k}-\mathbf{K}_1}}{\varepsilon - \varepsilon^0_{\mathbf{k}-\mathbf{K}}} + O(U^2). \quad \textbf{(9.11)}$$

Adicionando-se a (9.9), encontramos:

$$(\varepsilon - \varepsilon^0_{\mathbf{k}-\mathbf{K}_1})c_{\mathbf{k}-\mathbf{K}_1} = \sum_{\mathbf{K}} \frac{U_{\mathbf{K}-\mathbf{K}_1} U_{\mathbf{K}_1-\mathbf{K}}}{\varepsilon - \varepsilon^0_{\mathbf{k}-\mathbf{K}}} c_{\mathbf{k}-\mathbf{K}_1} + O(U^3). \quad \textbf{(9.12)}$$

Assim, o nível de energia perturbado ε difere do valor de elétron livre $\varepsilon^0_{\mathbf{k}-\mathbf{K}_1}$ por termos da ordem U^2. Para solucionar a equação (9.12) para ε nesta ordem, é portanto suficiente substituirmos o ε que está no denominador no lado direito por $\varepsilon^0_{\mathbf{k}-\mathbf{K}_1}$, o que leva à seguinte expressão[3] para ε, apropriada para a segunda ordem em U:

$$\varepsilon = \varepsilon^0_{\mathbf{k}-\mathbf{K}_1} + \sum_{\mathbf{K}} \frac{|U_{\mathbf{K}-\mathbf{K}_1}|^2}{\varepsilon^0_{\mathbf{k}-\mathbf{K}_1} - \varepsilon^0_{\mathbf{k}-\mathbf{K}}} + O(U^3). \quad \mathbf{(9.13)}$$

Na equação (9.13), afirma-se que bandas não degeneradas fracamente perturbadas repelem-se, já que todo nível $\varepsilon^0_{\mathbf{k}-\mathbf{K}}$ que se encontra abaixo de $\varepsilon^0_{\mathbf{k}-\mathbf{K}_1}$ contribui com um termo em (9.13) que eleva o valor de ε, enquanto cada nível acima de $\varepsilon^0_{\mathbf{k}-\mathbf{K}_1}$ contribui com um termo que diminui a energia. No entanto, o aspecto mais importante que surge desta análise do caso de nenhuma degeneração próxima é simplesmente a observação pura de que a alteração de energia do valor de elétron livre é de segunda ordem em U. No caso de nenhuma degenerescência próxima (como veremos agora), a alteração de energia pode ser linear em U. Portanto, para a ordem principal no potencial periódico fraco, apenas os níveis de elétron livre de nenhuma degenerescência próxima são significativamente alterados, e devemos dedicar nossa atenção a este importante caso.

Caso 2 — Suponha que o valor de $\mathbf{K}$ seja tal que haja vetores de rede recíproca $\mathbf{K}_1,\ldots,\mathbf{K}_m$ com $\varepsilon^0_{\mathbf{k}-\mathbf{K}_1},\ldots,\varepsilon^0_{\mathbf{k}-\mathbf{K}_m}$, todos dentro da ordem U uns dos outros,[4] mas muito distantes do outro $\varepsilon^0_{\mathbf{k}-\mathbf{K}}$ na escala de U:

$$|\varepsilon^0_{\mathbf{k}-\mathbf{K}} - \varepsilon^0_{\mathbf{k}-\mathbf{K}_i}| \gg U, \quad i = 1,\ldots,m, \quad \mathbf{K} \neq \mathbf{K}_1,\ldots,\mathbf{K}_m. \quad \mathbf{(9.14)}$$

Neste caso, devemos tratar separadamente as equações dadas por (9.2) quando $\mathbf{K}$ é definido como igual a qualquer um dos valores m $\mathbf{K}_1,\ldots,\mathbf{K}_m$. Isso fornece m equações que correspondem à equação individual (9.9) no caso não degenerado. Nestas m equações, separamos da soma os termos que contenham os coeficientes $c_{\mathbf{k}-\mathbf{K}_j}$, $j = 1,\ldots, m$, que não precisam ser tão pequenos a ponto de sua interação quase desaparecer, dos $c_{\mathbf{k}-\mathbf{K}}$ restantes, que serão no máximo de ordem U. Temos, portanto,

$$(\varepsilon - \varepsilon^0_{\mathbf{k}-\mathbf{K}_i})c_{\mathbf{k}-\mathbf{K}_i} = \sum_{j=1}^{m} U_{\mathbf{K}_j-\mathbf{K}_i}c_{\mathbf{k}-\mathbf{K}_j} + \sum_{\mathbf{K}\neq\mathbf{K}_1,\ldots,\mathbf{K}_m} U_{\mathbf{K}-\mathbf{K}_i}c_{\mathbf{k}-\mathbf{K}}, \quad i = 1,\ldots,m. \quad \mathbf{(9.15)}$$

Fazendo a mesma separação na soma, podemos definir a equação (9.2) para os níveis restantes como

$$c_{\mathbf{k}-\mathbf{K}} = \frac{1}{\varepsilon - \varepsilon^0_{\mathbf{k}-\mathbf{K}}}\left(\sum_{j=1}^{m} U_{\mathbf{K}_j-\mathbf{K}}c_{\mathbf{k}-\mathbf{K}_j} + \sum_{\mathbf{K}'\neq\mathbf{K}_1,\ldots,\mathbf{K}_m} U_{\mathbf{K}'-\mathbf{K}}c_{\mathbf{k}-\mathbf{K}'}\right), \mathbf{K} \neq \mathbf{K}_1,\ldots,\mathbf{K}_m, \quad \mathbf{(9.16)}$$

[que corresponde à equação (9.10), no caso de não haver degeneração próxima].

[3] Utilizamos a equação (8.34), $U_{-\mathbf{k}} = U_{\mathbf{k}}^*$.

[4] Em uma dimensão, m não pode ser maior que 2, mas, em três dimensões, pode ser muito grande.

Como $c_{\mathbf{k}-\mathbf{K}}$ será no máximo de ordem U quando $\mathbf{K} \neq \mathbf{K}_1,...,\mathbf{K}_m$, a equação (9.16) fornece

$$c_{\mathbf{k}-\mathbf{K}} = \frac{1}{\mathcal{E} - \mathcal{E}^0_{\mathbf{k}-\mathbf{K}}} \sum_{j=1}^{m} U_{\mathbf{K}_j-\mathbf{K}} c_{\mathbf{k}-\mathbf{K}_j} + O(U^2). \quad \textbf{(9.17)}$$

Adicionando a (9.15), encontramos que

$$(\mathcal{E} - \mathcal{E}^0_{\mathbf{k}-\mathbf{K}_i}) c_{\mathbf{k}-\mathbf{K}_i} = \sum_{j=1}^{m} U_{\mathbf{K}_j-\mathbf{K}_i} c_{\mathbf{k}-\mathbf{K}_j} + \sum_{j=1}^{m} \Bigg(\sum_{\mathbf{K} \neq \mathbf{K}_1,...,\mathbf{K}_m} \frac{U_{\mathbf{K}-\mathbf{K}_i} U_{\mathbf{K}_j-\mathbf{K}}}{\mathcal{E} - \mathcal{E}^0_{\mathbf{k}-\mathbf{K}}} \Bigg) c_{\mathbf{k}-\mathbf{K}_j} + O(U^3). \quad \textbf{(9.18)}$$

Compare ao resultado (9.12) para o caso de nenhuma degeneração próxima. Lá, encontramos uma expressão explícita para a alteração de energia da ordem U^2 [para a qual o conjunto de equações (9.18) se reduz quando $m = 1$]. Agora, no entanto, encontramos que, para a precisão de ordem U^2, a determinação das alterações nos m níveis sem nenhuma degenerescência próxima se reduz à solução de m equações acopladas[5] para o $c_{\mathbf{k}-\mathbf{K}_i}$. Além disso, os coeficientes no segundo termo do lado direito dessas equações são de ordem mais alta em U do que aqueles no primeiro.[6] Consequentemente, para encontrar as correções *importantes* em U, podemos substituir (9.18) pelas equações muito mais simples:

$$(\mathcal{E} - \mathcal{E}^0_{\mathbf{k}-\mathbf{K}_i}) c_{\mathbf{k}-\mathbf{K}_i} = \sum_{j=1}^{m} U_{\mathbf{K}_j-\mathbf{K}_i} c_{\mathbf{k}-\mathbf{K}_j}, \qquad i = 1, \dots, m, \quad \textbf{(9.19)}$$

que são exatamente as equações gerais para um sistema de m níveis quânticos.[7]

NÍVEIS DE ENERGIA PRÓXIMOS DE UM ÚNICO PLANO DE BRAGG

O exemplo mais simples e mais importante da discussão anterior se dá quando dois níveis de elétron livre estão dentro da ordem U um do outro, porém distantes se comparados às U de todos os outros níveis. Quando isso ocorre, a equação (9.19) se reduz para as duas equações:

$$\begin{aligned} (\mathcal{E} - \mathcal{E}^0_{\mathbf{k}-\mathbf{K}_1}) c_{\mathbf{k}-\mathbf{K}_1} &= U_{\mathbf{K}_2-\mathbf{K}_1} c_{\mathbf{k}-\mathbf{K}_2}, \\ (\mathcal{E} - \mathcal{E}^0_{\mathbf{k}-\mathbf{K}_2}) c_{\mathbf{k}-\mathbf{K}_2} &= U_{\mathbf{K}_1-\mathbf{K}_2} c_{\mathbf{k}-\mathbf{K}_1}. \end{aligned} \quad \textbf{(9.20)}$$

---

[5] Que estão intimamente relacionadas às equações da teoria da perturbação *degeneradas de segunda ordem*, para a qual elas se reduzem quando todos os $\mathcal{E}^0_{\mathbf{k}-\mathbf{K}_i}$ são rigorosamente iguais, i = 1,.., m. (Veja L. D. Landau; E. M. Lifshitz. *Quantum mechanics*. Reading: Addison-Wesley, 1965. p. 134).

[6] O numerador é explicitamente da ordem U^2 e, uma vez que apenas valores de $\mathbf{K}$ diferentes de $\mathbf{K}_1,...,\mathbf{K}_m$ aparecem na soma, o denominador não é da ordem U quando $\mathcal{E}$ está próximo ao $\mathcal{E}^0_{\mathbf{k}-\mathbf{K}_i}$, i = 1,..., m.

[7] Observe que a regra prática para se voltar de (9.19) à forma mais precisa em (9.18) é simplesmente que U seja substituído por U', onde

$$U'_{\mathbf{K}_j-\mathbf{K}_i} = U_{\mathbf{K}_j-\mathbf{K}_i} + \sum_{\mathbf{K} \neq \mathbf{K}_1,...,\mathbf{K}_m} \frac{U_{\mathbf{K}_j-\mathbf{K}} U_{\mathbf{K}-\mathbf{K}_i}}{\mathcal{E} - \mathcal{E}^0_{\mathbf{k}-\mathbf{K}}}.$$

Quando apenas dois níveis estão envolvidos, faz pouco sentido continuar com a convenção notacional que os rotula simetricamente. Introduzimos, então, variáveis particularmente convenientes para o problema de dois níveis:

$$\mathbf{q} = \mathbf{k} - \mathbf{K}_1 \quad \text{e} \quad \mathbf{K} = \mathbf{K}_2 - \mathbf{K}_1, \qquad (9.21)$$

e definimos (9.20) como

$$\begin{aligned} (\varepsilon - \varepsilon^0_{\mathbf{q}})c_{\mathbf{q}} &= U_{\mathbf{K}} c_{\mathbf{q}-\mathbf{K}}, \\ (\varepsilon - \varepsilon^0_{\mathbf{q}-\mathbf{K}})c_{\mathbf{q}-\mathbf{K}} &= U_{-\mathbf{K}} c_{\mathbf{q}} = U_{\mathbf{K}}{}^* c_{\mathbf{q}}. \end{aligned} \qquad (9.22)$$

Temos:

$$\varepsilon^0_{\mathbf{q}} \approx \varepsilon^0_{\mathbf{q}-\mathbf{K}}, \qquad |\varepsilon^0_{\mathbf{q}} - \varepsilon^0_{\mathbf{q}-\mathbf{K}'}| \gg U, \qquad \text{para } \mathbf{K}' \neq \mathbf{K}, \mathbf{0}. \; (9.23)$$

Agora, $\varepsilon^0_{\mathbf{q}}$ é igual a $\varepsilon^0_{\mathbf{q}-\mathbf{K}}$ para algum vetor de rede recíproca apenas quando $|\mathbf{q}| = |\mathbf{q} - \mathbf{K}|$. Isso significa (Figura 9.2a) que **q** deve estar no plano de Bragg (veja o Capítulo 6) cruzando a linha que une a origem do espaço **k** ao ponto **K** da rede recíproca. A asserção de que $\varepsilon^0_{\mathbf{q}} = \varepsilon_{\mathbf{q}-\mathbf{K}'}$ apenas para $\mathbf{K}' = \mathbf{K}$ requer que **q** esteja *apenas* no plano de Bragg, e em nenhum outro.

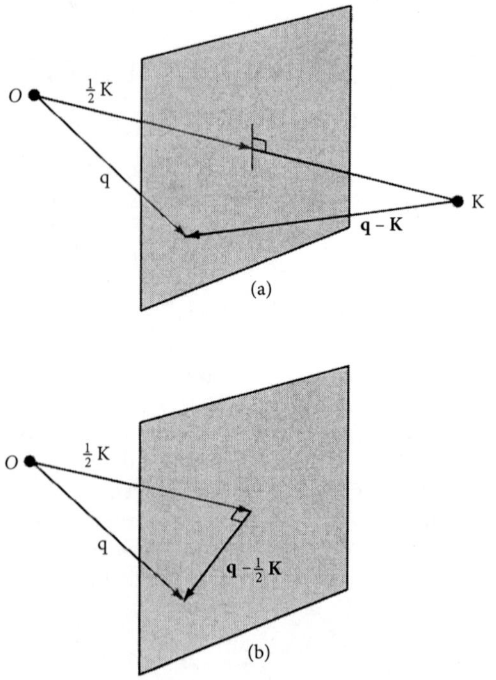

FIGURA 9.2

(a) Se $|\mathbf{q}| = |\mathbf{q} - \mathbf{K}|$, o ponto **q** deve estar no plano de Bragg determinado por **K**.

(b) Se o ponto **q** está no plano de Bragg, o vetor $\mathbf{q} - \frac{1}{2}\mathbf{K}$ é paralelo ao plano.

Desse modo, as condições (9.23) têm a importância geométrica de exigir que **q** esteja próximo a um plano de Bragg (mas não próximo a um local onde *dois* ou mais planos de Bragg se cruzem). Portanto, o caso de dois níveis quase degenerados aplica-se a um elétron cujo vetor de onda satisfaça muito proximamente a condição para um único espalhamento de Bragg.[8] De forma correspondente, o caso geral de muitos níveis quase degenerados aplica-se ao tratamento de um nível de elétron livre cujo vetor de onda esteja próximo a um em que possam ocorrer muitas reflexões de Bragg simultâneas. Já que os níveis quase degenerados são os mais fortemente afetados por um potencial periódico fraco, concluímos que *um potencial periódico fraco tem seus mais importantes efeitos apenas nos níveis de elétron livre cujos vetores de onda estejam próximos daqueles nos quais as reflexões de Bragg podem ocorrer.*

Discutimos sistematicamente nas páginas 176 a 181 quando os vetores de onda de elétrons livres estão ou não em planos de Bragg, bem como a estrutura geral que isso impõe sobre os níveis de energia em um potencial fraco. Primeiramente, entretanto, examinemos a estrutura de nível quando apenas um único plano de Bragg está próximo, como determinado por (9.22). Essas equações têm uma solução quando:

$$\begin{vmatrix} \varepsilon - \varepsilon^0_{\mathbf{q}} & -U_{\mathbf{K}} \\ U^*_{\mathbf{K}} & \varepsilon - \varepsilon^0_{\mathbf{q}-\mathbf{K}} \end{vmatrix} = 0. \quad \textbf{(9.24)}$$

Isto leva a uma equação quadrática

$$(\varepsilon - \varepsilon^0_{\mathbf{q}})(\varepsilon - \varepsilon^0_{\mathbf{q}-\mathbf{K}}) = |U_{\mathbf{K}}|^2. \quad \textbf{(9.25)}$$

As duas raízes

$$\varepsilon = \tfrac{1}{2}(\varepsilon^0_{\mathbf{q}} + \varepsilon^0_{\mathbf{q}-\mathbf{K}}) \pm \left[\left(\frac{\varepsilon^0_{\mathbf{q}} + \varepsilon^0_{\mathbf{q}-\mathbf{K}}}{2}\right)^2 + |U_{\mathbf{K}}|^2\right]^{1/2} \quad \textbf{(9.26)}$$

fornecem o efeito dominante do potencial periódico sobre as energias dos dois níveis de elétron livre $\varepsilon^0_{\mathbf{q}}$ e $\varepsilon^0_{\mathbf{q}-\mathbf{K}}$ quando **q** está próximo do plano de Bragg determinado por **K**. Elas estão representadas graficamente na Figura 9.3.

---

[8] Um feixe de raios X incidente sofre reflexão de Bragg apenas se seu vetor de onda estiver em um plano de Bragg (veja o Capítulo 6).

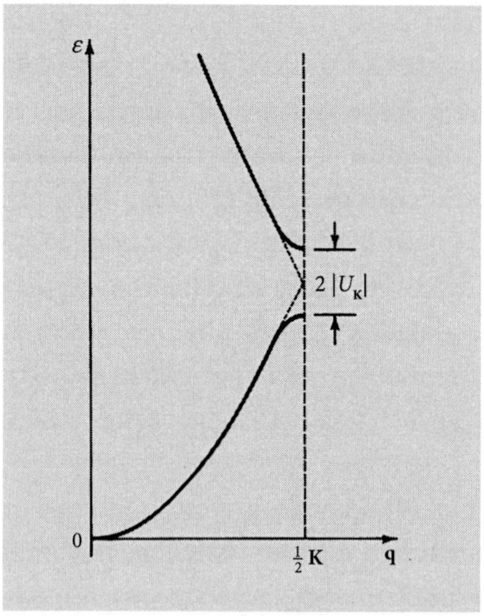

Figura 9.3

Representação gráfica das bandas de energia dadas pela equação (9.26) para **q** paralelo a **K**. A banda mais baixa corresponde à escolha de um sinal negativo em (9.26) e a banda mais alta, a um sinal positivo. Quando $\mathbf{q} = \frac{1}{2}\mathbf{K}$, as duas bandas são separadas por um gap de banda de grandeza $2|U_K|$. Quando **q** é removido para longe do plano de Bragg, os níveis (para ordem dominante) são indistinguíveis de seus valores de elétron livre (representados por linhas pontilhadas).

O resultado (9.26) é particularmente simples para pontos que estejam *sobre* o plano de Bragg desde que, quando **q** está no plano de Bragg, $\varepsilon^0_{\mathbf{q}} = \varepsilon^0_{\mathbf{q}-\mathbf{K}}$. Consequentemente,

$$\varepsilon = \varepsilon^0_{\mathbf{q}} \pm |U_\mathbf{K}|, \quad \mathbf{q} \quad \text{em um único plano de Bragg.} \quad \mathbf{(9.27)}$$

Deste modo, em todos os pontos no plano de Bragg, um nível é uniformemente elevado por $|U_K|$ e o outro, uniformemente diminuído pela mesma quantidade.

Também verifica-se facilmente, baseando-se em (9.26), que, quando $\varepsilon^0_{\mathbf{q}} = \varepsilon^0_{\mathbf{q}-\mathbf{K}}$,

$$\frac{\partial \varepsilon}{\partial \mathbf{q}} = \frac{\hbar^2}{m}(\mathbf{q} - \tfrac{1}{2}\mathbf{K}); \quad \mathbf{(9.28)}$$

ou seja, quando o ponto **q** está no plano de Bragg, o gradiente de ε é paralelo ao plano (veja a Figura 9.2b). Como o gradiente é perpendicular às superfícies nas quais uma função é constante, as superfícies de energia constante no plano de Bragg são perpendiculares ao plano.[9]

Quando **q** está em um único plano de Bragg, podemos também determinar facilmente a forma das funções de onda que correspondem às duas soluções $\varepsilon = \varepsilon^0_{\mathbf{q}} \pm |U_\mathbf{K}|$. Da equação (9.22), quando ε é dado por (9.27), os dois coeficientes $c_\mathbf{q}$ e $c_{\mathbf{q}-\mathbf{K}}$ satisfazem[10]

[9] Este resultado é geralmente verdadeiro, mas nem sempre, até quando o potencial periódico não é fraco, porque os planos de Bragg ocupam posições de simetria muito alta.

[10] Para simplificar, admitimos aqui que U_k é real (o cristal tem simetria de inversão).

$$c_{\mathbf{q}} = \pm\, \mathrm{sgn}(U_{\mathbf{K}})c_{\mathbf{q}-\mathbf{K}}. \quad \textbf{(9.29)}$$

Como esses dois coeficientes são os dominantes na expansão de onda plana (9.1), segue-se que, se $U_k > 0$,

$$|\psi(\mathbf{r})|^2 \propto (\cos\tfrac{1}{2}\mathbf{K}\cdot\mathbf{r})^2, \quad \varepsilon = \varepsilon^0_{\mathbf{q}} + |U_{\mathbf{K}}|,$$
$$|\psi(\mathbf{r})|^2 \propto (\mathrm{sen}\tfrac{1}{2}\mathbf{K}\cdot\mathbf{r})^2, \quad \varepsilon = \varepsilon^0_{\mathbf{q}} - |U_{\mathbf{K}}|,$$

enquanto se $U_K < 0$, então **(9.30)**

$$|\psi(\mathbf{r})|^2 \propto (\mathrm{sen}\tfrac{1}{2}\mathbf{K}\cdot\mathbf{r})^2, \quad \varepsilon = \varepsilon^0_{\mathbf{q}} + |U_{\mathbf{K}}|,$$
$$|\psi(\mathbf{r})|^2 \propto (\cos\tfrac{1}{2}\mathbf{K}\cdot\mathbf{r})^2, \quad \varepsilon = \varepsilon^0_{\mathbf{q}} - |U_{\mathbf{K}}|.$$

Algumas vezes os dois tipos de combinação linear são chamados de "parecidos com *p*" ($|\psi|^2 \sim \mathrm{sen}^2\,\tfrac{1}{2}\mathbf{K}\cdot\mathbf{r}$) e "parecidos com *s*" ($|\psi|^2 \sim \cos^2\tfrac{1}{2}\mathbf{K}\cdot\mathbf{r}$) por causa de sua dependência da posição próxima a pontos da rede. A combinação parecida com *s*, como um nível atômico *s*, não desaparece no íon; na combinação parecida com *p*, a densidade de carga desaparece como o quadrado da distância do íon para pequenas distâncias, o que é também uma característica de níveis atômicos *p*.

BANDAS DE ENERGIA EM UMA DIMENSÃO

Podemos ilustrar essas conclusões gerais em uma dimensão, na qual a degeneração dupla é o máximo que pode ocorrer. Na ausência de qualquer interação, os níveis de energia eletrônica são apenas uma parábola em *k* (Figura 9.4a). Para a ordem dominante no potencial periódico fraco unidimensional, esta curva permanece correta, exceto quando próxima a "planos" de Bragg (que são pontos em uma dimensão). Quando *q* está próximo a um "plano" de Bragg correspondente ao vetor *K* de rede recíproca (isto é, o ponto $\tfrac{1}{2}K$), os níveis de energia corrigida são determinados pelo desenho de outra parábola de elétron livre centrada em torno de *K* (Figura 9.4b), observando-se que a degeneração no ponto de interseção é dividida por $2|U_K|$, de tal modo que ambas as curvas tenham inclinação zero naquele ponto, e redesenhando-se a Figura 9.4b para se obter a Figura 9.4c. A curva de elétron livre original é então modificada como na Figura 9.4d. Quando todos os planos de Bragg e seus componentes de Fourier associados são incluídos, temos um conjunto de curvas como aquelas apresentados na Figura 9.4e. Este modo particular de representação dos níveis de energia é conhecido como *esquema de zona estendida.*

Se insistirmos em especificar todos os níveis por um vetor de onda *k* na primeira zona de Brillouin, devemos transladar os pedaços da Figura 9.4e, por meio de vetores de rede recíproca, para dentro da primeira zona de Brillouin. O resultado é mostrado na Figura 9.4f. A representação é aquela do *esquema de zona reduzida* (veja a página 154).

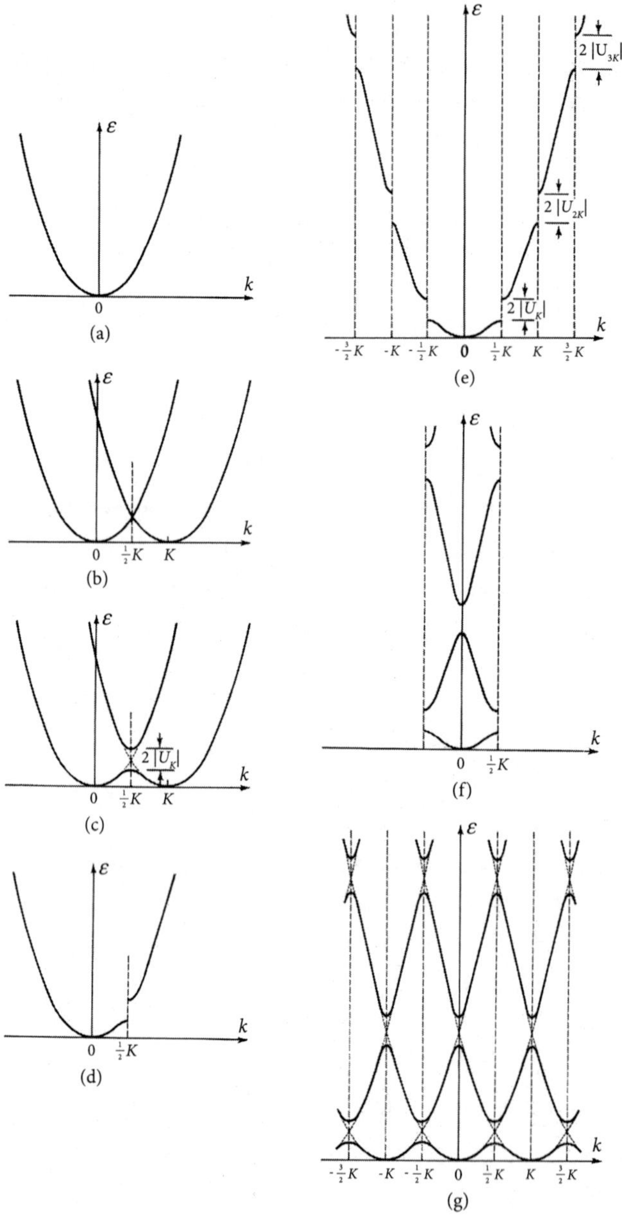

FIGURA 9.4

(a) O elétron livre ε *versus* a parábola k em uma dimensão. (b) Etapa 1 na construção para se determinar a distorção na parábola de elétron livre na vizinhança de um "plano" de Bragg, em virtude de um potencial periódico fraco. Se o "plano" de Bragg é aquele determinado por K, uma segunda parábola de elétron livre é desenhada, centrada em K. (c) Etapa 2 na construção para se determinar a distorção na parábola de elétron livre na vizinhança de um "plano" de Bragg. A degeneração das duas parábolas em $K/2$ é dividida. (d) Aquelas porções do item (c) que correspondem à parábola de elétron livre original dada em (a). (e) Efeito de todos os "planos" de Bragg adicionais na parábola de elétron livre. Esse modo particular de exibir os níveis eletrônicos em um potencial periódico é conhecido como *esquema de zona estendida*. (f) Os níveis de (e), mostrados em um *esquema de zona reduzida*. (g) Níveis de elétron livre de (e) ou (f) em um *esquema de zona repetida*.

Pode-se também enfatizar a periodicidade do rótulo no espaço k estendendo-se periodicamente a Figura 9.4f por todo o espaço k para se chegar à Figura 9.4g, o que enfatiza que um nível particular em k pode ser descrito por qualquer vetor de onda que difere de k por um vetor da rede recíproca. Esta representação é o *esquema de zona repetida* (veja a página 154). O esquema de zona reduzida indexa cada nível com um k na primeira zona, enquanto o esquema de zona estendida usa a rotulação que enfatiza a continuidade com os níveis de elétron livre. O esquema de zona repetida é a representação mais geral, porém é altamente redundante, uma vez que o mesmo nível é mostrado muitas vezes, para todos os vetores de onda equivalentes k, $k \pm K$, $k \pm 2\text{-}K$,....

CURVAS DE VETOR DE ONDA DE ENERGIA EM TRÊS DIMENSÕES

Em três dimensões, a estrutura das bandas de energia é por vezes mostrada pela representação gráfica de ε *versus* **k** ao longo de linhas retas particulares no espaço k. Essas curvas são geralmente mostradas em um esquema de zona reduzida, já que, para direções gerais no espaço k, elas não são periódicas. Mesmo na aproximação de elétron completamente livre, essas curvas são surpreendentemente complexas. Há um exemplo na Figura 9.5, que foi construído representando graficamente, à medida que **k** variava ao longo das linhas específicas mostradas, os valores de $\varepsilon^0_{\mathbf{k}-\mathbf{K}} = \hbar^2(\mathbf{k} - \mathbf{K})^2/2m$ para todos os vetores **K** de rede recíproca próximos o bastante da origem para levar a energias mais baixas que o topo da escala vertical.

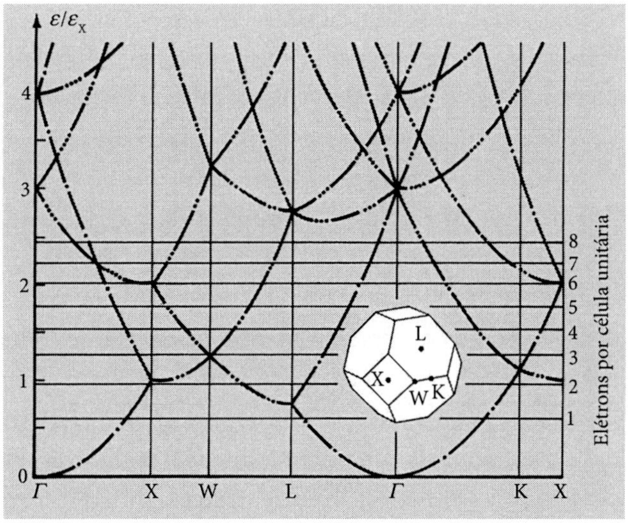

FIGURA 9.5

Níveis de energia de elétron livre para uma rede de Bravais fcc. As energias são representadas graficamente ao longo de linhas na primeira zona de Brillouin unindo os pontos $\Gamma(\mathbf{k} = \mathbf{0})$, K, L, W e X. ε_x é a energia no ponto X ($[\hbar^2/2m][2\pi/a]^2$). As linhas horizontais fornecem energias de Fermi para os números de elétrons por célula primitiva indicados. O número de pontos em uma curva especifica o número de níveis de elétrons livres degenerados representados pela curva. (F. Herman. *An atomistic approach to the nature and properties of materials.* J. A. Pask (ed.). Nova York: Wiley, 1967.)

Observe que a maior parte das curvas é altamente degenerada, pois as direções ao longo das quais a energia foi representada graficamente são todas linhas de simetria bastante alta. Então, os pontos ao longo delas provavelmente estão tão distantes de diversos outros vetores da rede recíproca como de qualquer vetor determinado. A adição de um potencial periódico fraco em geral removerá uma parte, mas não necessariamente toda, dessa degeneração. A teoria matemática de grupos é frequentemente utilizada para se determinar como essas degenerações serão separadas.

O GAP DE ENERGIA

Muito genericamente, um potencial periódico fraco introduz um "gap de energia" em planos de Bragg. Com isso, queremos dizer o seguinte:

Quando $U_K = 0$, a energia varia continuamente da raiz mais baixa de (9.26) para a mais alta à medida que **k** cruza um plano de Bragg, como ilustrado na Figura 9.4b. Quando $U_K \neq 0$, isso não mais ocorre. A energia apenas varia continuamente com **k** à medida que o plano de Bragg é cruzado, caso fique com a raiz mais baixa (ou mais alta), como ilustrado na Figura 9.4c. Para alterar os ramos quando **k** varia continuamente, é necessário agora que a energia varie *descontinuamente* por, no mínimo, $2|U_K|$.

Veremos no Capítulo 12 que esta separação matemática das duas bandas se reflete em uma separação física: quando a ação de um campo externo altera um vetor de onda do elétron, a presença do gap de energia exige que, ao se cruzar o plano de Bragg, o elétron deva emergir em um nível cuja energia permaneça no ramo original de $\varepsilon(\mathbf{k})$. É essa propriedade que torna o gap de energia de fundamental importância nas propriedades de transporte eletrônico.

ZONAS DE BRILLOUIN

O emprego da teoria de elétrons em um potencial periódico fraco para se determinar a estrutura de banda completa de um cristal tridimensional acarreta construções geométricas de grande complexidade. É frequentemente mais importante determinar-se a superfície de Fermi e o comportamento do $\varepsilon_n(\mathbf{k})$ em sua vizinhança imediata.

Para fazer isso para potenciais fracos, o procedimento é primeiro desenhar a esfera de Fermi de elétron livre centrada em $\mathbf{k} = \mathbf{0}$. Depois, observa-se que a esfera será deformada, de uma maneira da qual a Figura 9.6 é característica,[11] quando cruzar um plano de Bragg e de um modo correspondentemente mais complexo quando passar próximo a diversos planos de Bragg. Quando os efeitos de todos os planos de Bragg são inseridos, ocorre uma representação da superfície de Fermi como uma esfera fraturada no esquema de zona estendida. Para se construir as porções da superfície de Fermi nas diversas bandas no esquema de zona repetida, pode-se fazer uma construção semelhante, começando com esferas de elétron livre centradas em torno de todos os pontos da rede recíproca. Para se construir a superfície de Fermi no esquema de zona reduzida, pode-se transladar todas as partes da esfera fraturada única de volta para a primeira por meio de vetores de rede recíproca. Este procedimento torna-se sistemático pela noção geométrica das zonas de Brillouin mais altas.

Lembre-se de que a primeira zona de Brillouin é a célula primitiva de Wigner-Seitz da rede recíproca (nos Capítulos 4 e 5), ou seja, o conjunto de pontos que ficam mais próximos a $\mathbf{K} = \mathbf{0}$ do que a qualquer outro ponto da rede recíproca. Já que os planos de Bragg cruzam as linhas que unem a origem a pontos da rede recíproca, pode-se definir de forma

[11] O que resulta da demonstração na página 172 de que uma superfície de energia constante é perpendicular a um plano de Bragg quando eles se cruzam, na aproximação de elétron quase livre.

igualmente satisfatória a primeira zona como o conjunto de pontos que pode ser alcançado a partir da origem sem que se cruze nenhum plano de Bragg.[12]

FIGURA 9.6

(a) Esfera de elétron livre que corta o plano de Bragg localizado em $\frac{1}{2}\mathbf{K}$ da origem ($U_K = 0$). (b) Deformação da esfera de elétron livre próxima ao plano de Bragg quando $U_K \neq 0$. A superfície de energia constante cruza o plano em dois círculos, cujos raios são calculados no Problema 1.

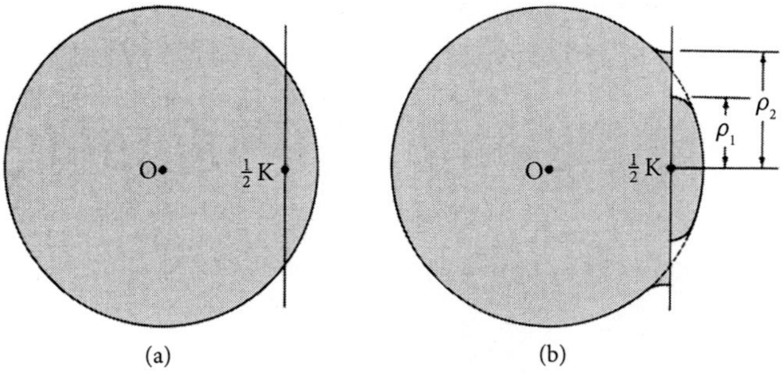

Zonas de Brillouin mais altas são simplesmente outras regiões ligadas pelos planos de Bragg, definidas como se segue.

A *primeira zona de Brillouin* é o conjunto de pontos no espaço *k* que pode ser alcançado a partir da origem sem que se cruze *nenhum* plano de Bragg. A *segunda zona de Brillouin* é o conjunto de pontos que pode ser alcançado a partir da primeira zona cruzando-se apenas um plano de Bragg. A *zona de Brillouin* de ordem ($n + 1$) é o conjunto de pontos que não está na zona de ordem ($n - 1$) que pode ser alcançado a partir da *enésima* zona cruzando-se apenas um plano de Bragg.

Alternativamente, a *enésima zona de Brillouin* pode ser definida como o conjunto de pontos que pode ser alcançado a partir da origem cruzando-se $n - 1$ planos de Bragg, mas não menos do que isso.

Essas definições são ilustradas em duas dimensões na Figura 9.7. A superfície das primeiras três zonas para as redes fcc e bcc são mostradas na Figura 9.8. Ambas as definições enfatizam o fato fisicamente importante de que as zonas estão ligadas por planos de Bragg. Assim, elas são regiões em cuja superfície os efeitos do potencial periódico fraco são importantes (ou seja, primeira ordem), mas em cujo interior os níveis de energia de elétron livre são apenas perturbados em segunda ordem.

É muito importante notar que cada zona de Brillouin é uma célula primitiva da rede recíproca em virtude de a *enésima* zona de Brillouin ser simplesmente o conjunto de pontos que tem a origem como o *enésimo* ponto de rede recíproca mais próximo (um ponto **K** da rede recíproca está mais próximo a um ponto **k** do que **k** está da origem se e somente se **k** é separado da origem pelo plano de Bragg determinado por **K**). Posto isso, a prova de que a *enésima* zona de Brillouin é uma célula primitiva é idêntica à prova na página 79

[12] Excluímos da consideração os pontos que ficam sobre os planos de Bragg que sejam pontos comuns à superfície de duas ou mais zonas. Definimos as zonas em termos de seus pontos interiores.

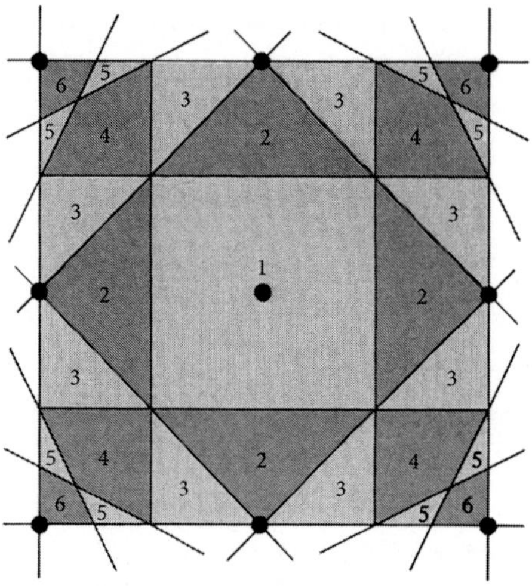

FIGURA 9.7

Ilustração da definição das zonas de Brillouin para uma rede de Bravais quadrada bidimensional. A rede recíproca é também uma rede quadrada de lado b. A figura mostra todos os planos de Bragg (linhas, em duas dimensões) que ficam dentro do quadrado de lado $2b$ centrado na origem. Esses planos de Bragg dividem o quadrado em regiões que pertencem às zonas 1 a 6. (No entanto, apenas as zonas 1, 2 e 3 estão inteiramente contidas no quadrado.)

de que a célula de Wigner-Seitz (a primeira zona de Brillouin) é primitiva, contanto que a frase "*enésimo* vizinho mais próximo" seja substituída por "vizinho mais próximo" por todo o argumento.

FIGURA 9.8

Superfícies da primeira, da segunda e da terceira zona de Brillouin para: (a) cristais cúbicos de corpo centrado e (b) cúbicos de face centrada. [Apenas as superfícies *exteriores* são mostradas. Resulta da definição na página 177 que a superfície *interior* da *enésima* zona é idêntica à superfície exterior da zona de ordem $(n-1)$.] Evidentemente, as superfícies que contornam as zonas tornam-se progressivamente complexas à medida que o número da zona aumenta. Na prática, é frequentemente mais simples construir superfícies de Fermi de elétron livre a partir de procedimentos (como aqueles descritos no Problema 4) que evitem empregar a forma explícita das zonas de Brillouin. (R. Lück. Tese de doutorado. Technische Hochschule, Stuttgart, Alemanha, 1965.)

I

II

III

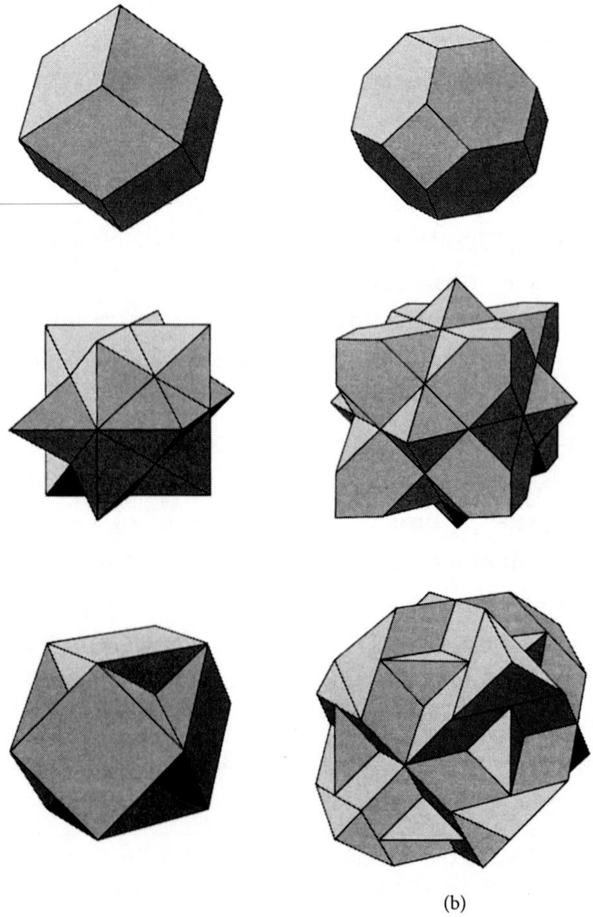

(b)

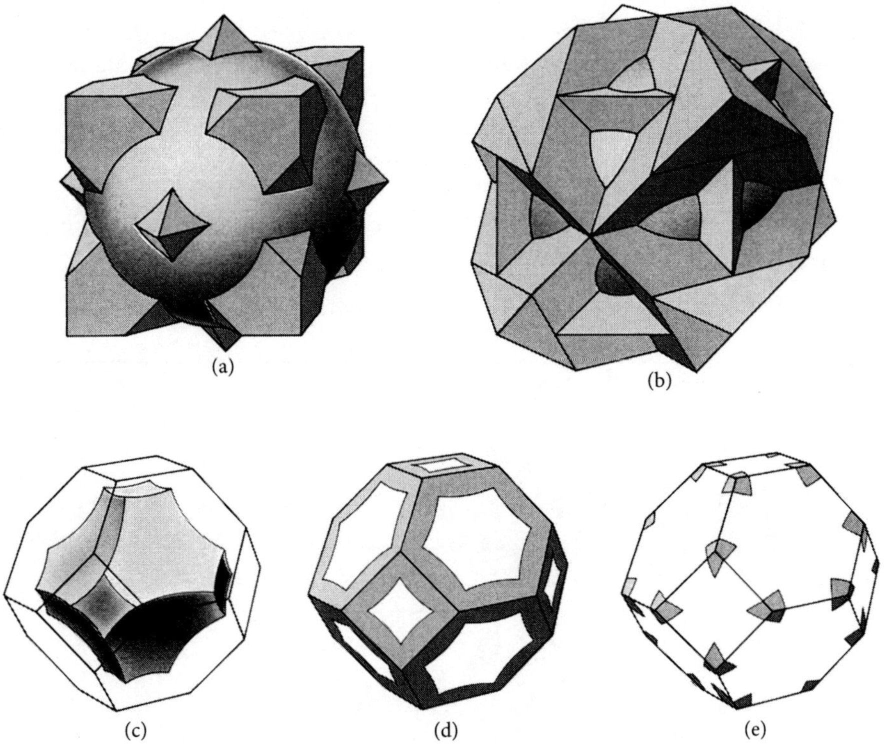

FIGURA 9.9

A esfera de Fermi de elétron livre para um metal cúbico de face centrada de valência 4. A primeira zona fica inteiramente no interior da esfera e a esfera não se estende além da quarta zona. Assim, as únicas superfícies de zona cruzadas pela superfície da esfera são as superfícies (exteriores) da segunda e terceira zonas (compare à Figura 9.8b). A superfície de Fermi da segunda zona consiste daquelas partes da superfície da esfera que ficam inteiramente dentro do poliedro que contorna a segunda zona [ou seja, toda a esfera, com exceção das partes que se estendem além do poliedro em (a)]. Quando transladadas pelos vetores da rede recíproca para a primeira zona, as partes da superfície da segunda zona fornecem a figura simplesmente conectada mostrada em (c). (Ela é conhecida como "superfície de buraco"; os níveis que ela circunda têm energias mais altas do que aqueles do lado de fora.) A superfície de Fermi da terceira zona consiste daquelas partes da superfície da esfera que ficam fora da segunda zona [ou seja, as partes que se estendem além do poliedro em (a)], mas não ficam fora da terceira zona [isto é, estão contidas no poliedro mostrado em (b)]. Quando transladadas por vetores da rede recíproca para a primeira zona, essas partes da esfera fornecem a estrutura multiplamente conectada mostrada em (d). A superfície de Fermi da quarta zona consiste das partes restantes da superfície da esfera que ficam fora da terceira zona [como mostrado em (b)]. Quando transladas por meio de vetores de rede recíproca para a primeira zona, elas formam os "pacotes de elétrons" mostrados em (e). Para se ter clareza, (d) e (e) mostram apenas a interseção das superfícies de Fermi da terceira e da quarta zonas com a superfície da primeira zona. (Lück, *op. cit.*)

Como cada zona é uma célula primitiva, há um algoritmo simples para a construção dos ramos da superfície de Fermi no esquema de zona repetida[13]:

[13] A representação da superfície de Fermi no esquema de zona repetida é a mais geral. Após inspecionar cada ramo em todo seu esplendor periódico, pode-se escolher a célula primitiva que mais lucidamente represente a estrutura topológica do todo (que é frequentemente, mas nem sempre, a primeira zona de Brillouin).

1. Desenhe a esfera de Fermi de elétron livre.
2. Deforme-a levemente (como se vê na Figura 9.6) na vizinhança imediata de cada plano de Bragg. (No limite de potenciais excessivamente fracos, essa etapa é às vezes ignorada para uma primeira aproximação.)
3. Tome a porção da superfície da esfera de elétron livre que fica na *enésima* zona de Brillouin e faça a sua translação por meio de todos os vetores de rede recíproca. A superfície resultante é o ramo da superfície de Fermi (convencionalmente atribuída à *enésima* banda) no esquema de zona repetida.[14]

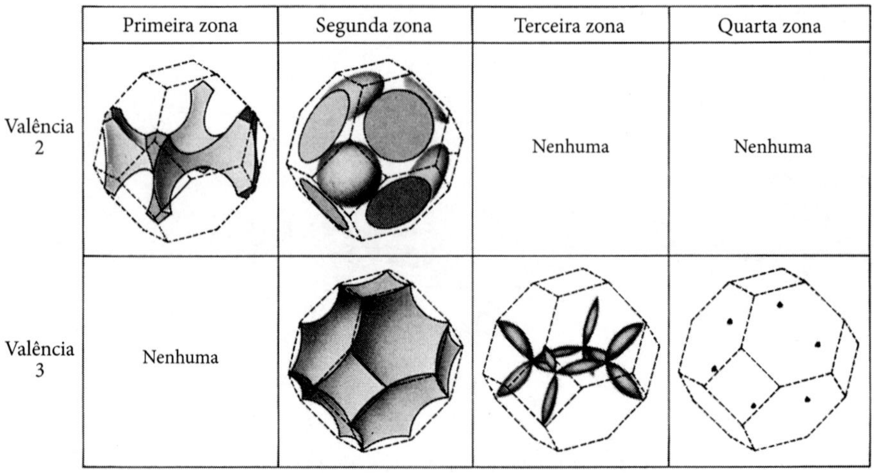

Figura 9.10

As superfícies de Fermi de elétron livre para metais cúbicos de face centrada de valência 2 e 3. (Para a valência 1, a superfície fica inteiramente no interior da primeira zona e, portanto, permanece uma esfera de ordem mais baixa; a superfície para valência 4 é mostrada na Figura 9.9.) Todos os ramos da superfície de Fermi são exibidos. As células primitivas nas quais são mostrados têm a forma e a orientação da primeira zona de Brillouin. No entanto, a célula é, na verdade, a primeira zona (ou seja, é centrada em $\mathbf{K} = 0$) apenas nas figuras que ilustram as superfícies da segunda zona. Nas figuras da primeira e da terceira zona, $\mathbf{K} = \mathbf{0}$ fica ao centro de uma das faces horizontais, enquanto na figura da quarta zona ela fica no centro da face hexagonal acima à direita [ou na face paralela contrária a ela (escondida)]. Os seis pequenos pacotes de elétrons que constituem a superfície da quarta zona para valência 3 ficam nos cantos do hexágono regular dado pelo deslocamento da face hexagonal na direção [111] por metade da distância à face contrária a ela. (W. Harrison. *Phys. Rev.*, n. 118, p. 1.190, 1960.) Construções correspondentes para metais cúbicos de corpo centrado podem ser encontradas no artigo de Harrison.

De modo geral, o efeito do potencial periódico fraco sobre as superfícies construídas com base na esfera de Fermi de elétron livre sem a etapa 2 é simplesmente arredondar as

[14] Um procedimento alternativo é fazer a translação de pedaços da superfície de Fermi na *enésima* zona por meio dos vetores da rede recíproca que tomam os pedaços da *enésima* zona nos quais estão contidos, na primeira zona. (Essas translações existem porque a *enésima* zona é uma célula primitiva.) Isto é ilustrado na Figura 9.9. A superfície de Fermi no esquema de zona repetida é, então, construída pela translação das estruturas da primeira zona resultante através de todos os vetores da rede recíproca.

bordas e os cantos pronunciados. Se, no entanto, um ramo da superfície de Fermi consiste de pedaços muito pequenos de superfície (circundando níveis ocupados ou não ocupados conhecidos como "pacotes de elétrons" ou "pacotes de buracos"), um potencial periódico fraco poderá fazer com que estes desapareçam. Além disso, se a superfície de Fermi de elétron livre possui partes com uma seção transversal muito estreita, um potencial periódico fraco pode fazer com que ela se desconecte nesses pontos.

Algumas outras construções apropriadas à discussão de elétrons quase livres em cristais fcc são ilustradas na Figura 9.10. Essas superfícies de Fermi parecidas com as de elétron livre são de grande importância para a compreensão das superfícies de Fermi reais de muitos metais. Isso será ilustrado no Capítulo 15.

O FATOR DE ESTRUTURA GEOMÉTRICO EM REDES MONOATÔMICAS COM BASES

Nada do que foi dito até agora explorou alguma propriedade do potencial $U(\mathbf{r})$ que não sua periodicidade e, para mais conveniência, sua simetria de inversão. Se prestarmos um pouco mais de atenção à forma de U, reconhecendo que ele será formado de uma soma de potenciais atômicos centrados nas posições dos íons, podemos tirar algumas conclusões adicionais que são importantes no estudo da estrutura eletrônica de redes monoatômicas com uma base, como as estruturas do diamante e de empacotamento hexagonal denso (hcp, no inglês).

Suponha que a base consista de íons idênticos em posições $\mathbf{d}_j$. Nesse caso, o potencial periódico $U(\mathbf{r})$ terá a forma

$$U(\mathbf{r}) = \sum_{\mathbf{R}} \sum_{j} \phi(\mathbf{r} - \mathbf{R} - \mathbf{d}_j). \quad \mathbf{(9.31)}$$

Adicionando-se à equação (8.32) para U_{k}, encontramos

$$\begin{aligned} U_{\mathrm{K}} &= \frac{1}{v}\int_{\text{célula}} d\mathbf{r}\, e^{-i\mathbf{K}\cdot\mathbf{r}} \sum_{\mathbf{R},j} \phi(\mathbf{r} - \mathbf{R} - \mathbf{d}_j) \\ &= \frac{1}{v}\int_{\text{todo o espaço}} d\mathbf{r} \quad e^{-i\mathbf{K}\cdot\mathbf{r}} \sum_{j} \phi(\mathbf{r} - \mathbf{d}_j), \end{aligned} \quad \mathbf{(9.32)}$$

ou

$$U_{\mathrm{K}} = \frac{1}{v}\phi(\mathbf{K}) S_{\mathrm{K}}^{*}, \quad \mathbf{(9.33)}$$

onde $\phi(\mathbf{K})$ é a transformada de Fourier do potencial atômico,

$$\phi(\mathbf{K}) = \int_{\text{todo o espaço}} d\mathbf{r} \quad e^{-i\mathbf{K}\cdot\mathbf{r}} \phi(\mathbf{r}), \quad \mathbf{(9.34)}$$

e S_K é o fator de estrutura geométrico introduzido em nossa discussão sobre difração de raios X (veja o Capítulo 6):

$$S_K = \sum_j e^{i\mathbf{K}\cdot\mathbf{d}_j}. \quad (9.35)$$

Assim, quando a base leva a um fator de estrutura que desaparece para alguns planos de Bragg, ou seja, quando os picos de difração de raios X a partir desses planos estão faltando, o componente de Fourier do potencial periódico associado a tais planos desaparece. Ou seja, a divisão de mais baixa ordem nos níveis de elétron livre desaparece.

Esse resultado é de particular importância na teoria dos metais com a estrutura de empacotamento hexagonal denso, dos quais há mais de 25 (Tabela 4.4). A primeira zona de Brillouin para a rede hexagonal simples é um prisma em uma base hexagonal regular. No entanto, o fator de estrutura associado ao topo e à base hexagonais do prisma desaparece (veja o Problema 3 do Capítulo 6).

Portanto, de acordo com a teoria do elétron quase livre, *não* há divisão de primeira ordem dos níveis de um elétron nessas faces. Pode parecer que pequenas divisões ainda ocorreriam como resultado de efeitos de segunda ordem (e de ordem mais alta). Entretanto, se a Hamiltoniana monoeletrônica é independente do spin, pode-se provar que, na estrutura hcp, qualquer nível de Bloch com vetor de onda **k** na face hexagonal da primeira zona de Brillouin é ao menos duplamente degenerado. Consequentemente, a divisão é rigorosamente zero. Em uma situação como esta, é mais conveniente considerar uma representação da estrutura de zona na qual os planos com gap zero sejam realmente ignorados. As regiões então consideradas são conhecidas como zonas de Jones ou zonas grandes.

A IMPORTÂNCIA DO ACOPLAMENTO SPIN-ÓRBITA EM PONTOS DE ALTA SIMETRIA

Até agora, consideramos o spin eletrônico completamente inerte dinamicamente. De fato, no entanto, um elétron que se move através de um campo elétrico, como aquele do potencial periódico $U(\mathbf{r})$, experimenta potencial proporcional ao produto escalar de seu momento magnético de spin pelo produto de vetor de sua velocidade e o campo elétrico. Esta interação adicional é chamada de *acoplamento spin-órbita*, e é de grande importância na física atômica (veja o Capítulo 31). O acoplamento spin-órbita é importante para o cálculo de níveis de elétrons quase livres em pontos no espaço k de alta simetria, já que geralmente acontece de níveis que são rigorosamente degenerados quando ele é ignorado serem divididos pelo acoplamento spin-órbita.

Por exemplo, a divisão dos níveis eletrônicos nas faces hexagonais da primeira zona em metais hcp se deve inteiramente ao acoplamento spin-órbita. Uma vez que a força do acoplamento spin-órbita aumenta com o número atômico, essa divisão é apreciável nos metais pesados hexagonais, mas pode ser pequena o bastante para ser ignorada nos metais leves. Consequentemente, há dois esquemas diferentes para a construção de superfícies de Fermi parecidos com elétron livre em metais hexagonais. Eles são ilustrados nas Figuras 9.11 e 9.12.

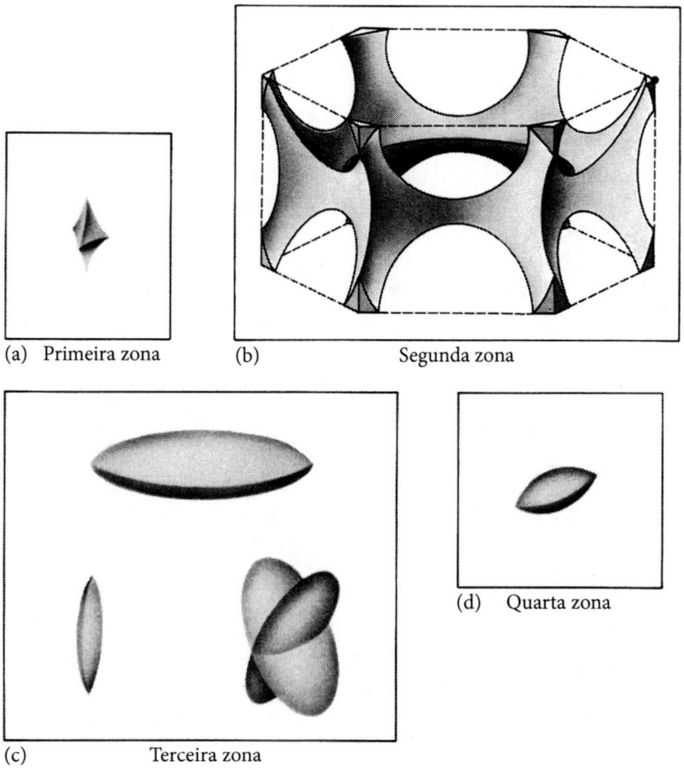

FIGURA 9.11

Superfície de Fermi de elétron livre para um metal hcp bivalente com $c/a = 1{,}633$ ideal. Como a estrutura hcp é hexagonal simples com dois átomos por célula primitiva, há quatro elétrons por célula primitiva para ser acomodados. A superfície de Fermi resultante vem em muitos pedaços, cujos nomes revelam interessante nível de imaginação e gosto. (a) *O boné.* A *primeira zona* é quase inteiramente preenchida pela esfera de elétron livre, mas há pequenas regiões desocupadas nos seis cantos superiores e nos seis cantos inferiores. Estes podem ser unidos mediante translações por vetores de rede recíproca em dois dos objetos mostrados. (b) *O monstro.* Porções da esfera de elétron livre na *segunda zona* podem ser transladadas de volta à primeira zona a fim de se formar uma das grandes estruturas mostradas no desenho da segunda zona. O monstro circunda níveis não ocupados. (c) Porções da esfera de elétron livre na *terceira zona* podem ser reunidas em diversas superfícies que circundam elétrons. Há uma *lente,* dois *charutos* e três *borboletas.* (d) Aqueles poucos níveis de elétron livre ocupados na *quarta zona* podem ser reunidos em três pacotes do tipo ilustrado.
Essas estruturas surgem quando há divisão significativa dos níveis de elétron livre nas faces hexagonais da primeira zona como resultado do acoplamento spin-órbita. Quando o acoplamento spin-órbita é fraco (como nos elementos mais leves), há divisão desprezível nessas faces, e as estruturas apropriadas são aquelas mostradas na Figura 9.12. (J. B. Ketterson; R. W. Stark. *Phys. Rev.,* n. 156, p. 751, 1967.)

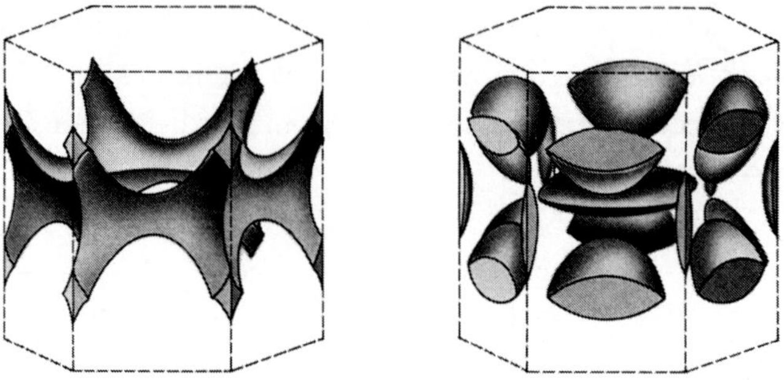

FIGURA 9.12

Uma representação da superfície de Fermi de um metal hcp bivalente, obtida pela reunião das partes da Figura 9.11 que foram separadas entre si pelas faces hexagonais horizontais da primeira zona de Brillouin. A primeira e a segunda zonas juntas formam a estrutura à esquerda, e os muitos pedaços da terceira e da quarta zona levam à estrutura à direita. Esta representação ignora a divisão spin-órbita transversalmente à face hexagonal. (W. Harrison. *Phys. Rev.*, n. 118, p. 1.190, 1960.)

PROBLEMAS

1. *Superfície de Fermi de elétron quase livre próximo a um único plano de Bragg*

Para investigar a estrutura de bandas de elétron quase livre dada por (9.26) próximo a um plano de Bragg, é conveniente medir o vetor de onda **q** em relação ao ponto $\frac{1}{2}\mathbf{K}$ no plano de Bragg. Se escrevermos $\mathbf{q} = \frac{1}{2}\mathbf{K} + \mathbf{k}$ e resolvermos **k** dentro de seus componentes paralelos ($k_\parallel$) e perpendiculares ($k_\perp$) a **K**, (9.26) torna-se

$$\varepsilon = \varepsilon^0_{K/2} + \frac{\hbar^2}{2m}k^2 \pm \left(4\varepsilon^0_{K/2}\frac{\hbar^2}{2m}k_\parallel^2 + |U_K|^2\right)^{1/2}. \quad \textbf{(9.36)}$$

É também conveniente medir a energia de Fermi ε_F em relação ao valor mais baixo admitido por qualquer uma das duas bandas dadas por (9.36) no plano de Bragg, definindo:

$$\varepsilon_F = \varepsilon^0_{K/2} - |U_K| + \Delta, \quad \textbf{(9.37)}$$

de tal forma que, quando $\Delta < 0$, nenhuma superfície de Fermi cruze o plano de Bragg.

(a) Mostre que, quando $0 < \Delta < 2|U_K|$, a superfície de Fermi fica inteiramente na banda mais baixa e cruza o plano de Bragg em um círculo de raio

$$\rho = \sqrt{\frac{2m\Delta}{\hbar^2}}. \quad \textbf{(9.38)}$$

(b) Mostre que, se $\Delta > |2U_K|$, a superfície de Fermi fica em ambas as bandas, cortando o plano de Bragg em dois círculos de raios ρ_1 e ρ_2 (Figura 9.6) e que a diferença nas áreas dos dois círculos é

$$\pi(\rho_2^2 - \rho_1^2) = \frac{4m\pi}{\hbar^2}|U_K|. \quad \textbf{(9.39)}$$

[A área desses círculos pode ser medida diretamente em alguns metais mediante o efeito de Haas-van Alphen (veja o Capítulo 14) e, portanto, pode-se determinar $|U_K|$ diretamente do experimento para tais metais de elétrons quase livres.]

2. *Densidade de níveis para um modelo de duas bandas*

Até certo ponto, este problema é artificial no sentido de que os efeitos dos planos de Bragg negligenciados podem levar a correções comparáveis aos desvios que encontraremos aqui do resultado de elétron livre. Por outro lado, o problema é instrutivo porque os aspectos qualitativos são gerais.

Se resolvermos **q** dentro de seus componentes paralelos ($q_\parallel$) e perpendiculares ($q_\perp$) a **K**, (9.26) torna-se

$$\varepsilon = \frac{\hbar^2}{2m}q_\perp^2 + h_\pm(q_\parallel), \quad \textbf{(9.40)}$$

em que

$$h_\pm(q_\parallel) = \frac{\hbar^2}{2m}[q_\parallel^2 + \tfrac{1}{2}(K^2 - 2q_\parallel K)] \pm \left\{\left[\frac{\hbar^2}{2m}\tfrac{1}{2}(K^2 - 2q_\parallel K)\right]^2 + |U_K|^2\right\}^{1/2} \quad \textbf{(9.41)}$$

é apenas uma função de $q_\parallel$. A densidade de níveis pode ser avaliada com base em (8.57) tirando-se a integral em uma célula primitiva apropriada sobre vetores de onda **q** em coordenadas cilíndricas com o eixo z ao longo de **K**.

(a) Mostre que, quando a integral sobre q é tirada, o resultado para cada banda é

$$g(\varepsilon) = \frac{1}{4\pi^2}\left(\frac{2m}{\hbar^2}\right)(q_\parallel^{\max} - q_\parallel^{\min}), \quad \textbf{(9.42)}$$

em que, para cada banda, $q_\parallel^{\max}$ e $q_\parallel^{\min}$ são as soluções para $\varepsilon = h_\pm(q_\parallel)$. Verifique se o resultado de elétron livre conhecido é obtido no limite $|U_K| \to 0$.

(b) Mostre que

$$q_\parallel^{\min} = -\sqrt{\frac{2m\varepsilon}{\hbar^2}} + O(U_K^2), \quad (\varepsilon > 0), \qquad q_\parallel^{\max} = \tfrac{1}{2}\mathbf{K} \quad \textbf{(9.43)}$$

para a banda mais baixa, se a superfície de energia constante (na energia ε) cortar o plano de zona (isto é, $\varepsilon_{K/2}^0 - |U_K| \leqslant \varepsilon \leqslant \varepsilon_{K/2}^0 + |U_K|$).

(c) Mostre que, para a banda *mais alta*, (9.42) deve ser interpretada como fornecedora de uma densidade de níveis

$$g_+(\varepsilon) = \frac{1}{4\pi^2}\left(\frac{2m}{\hbar^2}\right)(q_\parallel^{\max} - \tfrac{1}{2}K), \quad \text{para } \varepsilon > \varepsilon_{K/2} + |U_K|. \quad \textbf{(9.44)}$$

(d) Mostre que $dg/d\varepsilon$ é singular em $\varepsilon = \varepsilon_{K/2} \pm |U_K|$, de modo que a densidade de níveis tenha a forma mostrada na Figura 9.13. (Essas singularidades não são particulares ao potencial fraco nem às aproximações de duas bandas.)

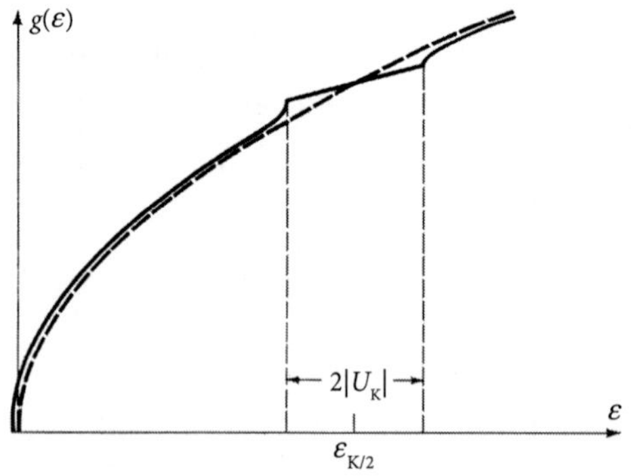

FIGURA 9.13

Densidade de níveis na aproximação de duas bandas. A linha pontilhada é o resultado de elétron livre da equação (2.63). Observe que, em contraste com figuras anteriores deste capítulo, esta figura mostra explicitamente as correções de segunda ordem ao resultado de elétron livre longe do plano de Bragg.

3. *Efeito do potencial periódico fraco em locais no espaço k em que os planos de Bragg se encontram*

Considere o ponto W ($\mathbf{k}_w = (2\pi/a)(1, \frac{1}{2}, 0)$) na zona de Brillouin da estrutura fcc mostrada (veja a Figura 9.14). Aqui, três planos de Bragg [(200),(111),(11$\bar{1}$)] encontram-se e, consequentemente, as energias de elétron livre

$$\begin{aligned}
\varepsilon^0_1 &= \frac{\hbar^2}{2m}k^2, \\
\varepsilon^0_2 &= \frac{\hbar^2}{2m}\left(\mathbf{k} - \frac{2\pi}{a}(1,1,1)\right)^2, \\
\varepsilon^0_3 &= \frac{\hbar^2}{2m}\left(\mathbf{k} - \frac{2\pi}{a}(1,1,\bar{1})\right)^2, \\
\varepsilon^0_4 &= \frac{\hbar^2}{2m}\left(\mathbf{k} - \frac{2\pi}{a}(2,0,0)\right)^2
\end{aligned} \quad \textbf{(9.45)}$$

são degeneradas quando $\mathbf{k} = \mathbf{k}_w$, e iguais para $\varepsilon_w = \hbar^2\mathbf{k}_w^{\,2}/2m$.

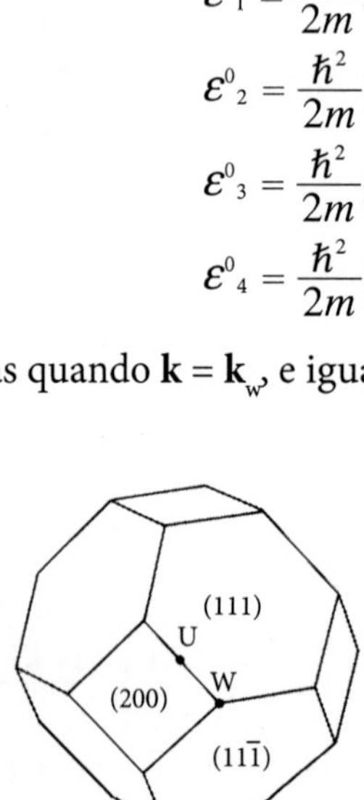

FIGURA 9.14

Primeira zona de Brillouin para um cristal cúbico de face centrada.

(a) Mostre que, em uma região do espaço *k* próximo a W, as energias de primeira ordem são dadas pelas soluções para[15]

$$\begin{vmatrix} \varepsilon_1^0 - \varepsilon & U_1 & U_1 & U_2 \\ U_1 & \varepsilon_2^0 - \varepsilon & U_2 & U_1 \\ U_1 & U_2 & \varepsilon_3^0 - \varepsilon & U_1 \\ U_2 & U_1 & U_1 & \varepsilon_4^0 - \varepsilon \end{vmatrix} = 0$$

sendo que $U_2 = U_{200}, U_1 = U_{111} = U_{11\bar{1}}$ e que em W as raízes são

$$\varepsilon = \varepsilon_W - U_2 \quad \text{(duas vezes)}, \quad \varepsilon = \varepsilon_W + U_2 \pm 2U_1. \quad \textbf{(9.46)}$$

(b) Usando um método similar, mostre que as energias no ponto U ($\mathbf{k}_U = (2\pi/a)(1, \frac{1}{4}, \frac{1}{4})$) são

$$\varepsilon = \varepsilon_U - U_2, \quad \varepsilon = \varepsilon_U + \tfrac{1}{2}U_2 \pm \tfrac{1}{2}(U_2^2 + 8U_1^2)^{1/2}, \quad \textbf{(9.47)}$$

onde $\varepsilon_U = \hbar^2 \mathbf{k}_U^2 / 2m$.

4. *Definição alternativa de zonas de Brillouin*

Considere **k** um ponto no espaço recíproco. Suponha que esferas de raio *k* sejam desenhadas em torno de cada ponto **K** da rede recíproca, excluindo-se a origem. Mostre que, se **k** está no interior de $n - 1$ esferas e na superfície de nenhuma, ele fica então no interior da *enésima* zona de Brillouin. Mostre que, se **k** está no interior de $n - 1$ esferas e na superfície de *m* esferas adicionais, ele é um ponto comum às fronteiras da *enésima*, da de ordem (n + 1),..., da de ordem ($n + m$) zonas de Brillouin.

5. *Zonas de Brillouin em uma rede quadrada bidimensional*

Considere uma rede quadrada bidimensional com constante de rede *a*.

(a) Escreva, em unidades de $2\pi/a$, o raio de um círculo que pode acomodar *m* elétrons livres por célula primitiva. Construa uma tabela que liste quais das primeiras sete zonas da rede quadrada (Figura 9.15a) estão completamente cheias, quais estão parcialmente vazias e quais estão completamente vazias para m = 1,2,...,12. Verifique que, se $m \leqslant 12$, os níveis ocupados ficam totalmente dentro das primeiras sete zonas e que, quando $m \geqslant 13$, os níveis na oitava zona e acima ficam ocupados.

(b) Desenhe figuras em células primitivas adequadas de todos os ramos da superfície de Fermi para os casos m = 1,2,...,7. A superfície da terceira zona para m = 4, por exemplo, pode ser exibida como na Figura 9.15b.

[15] Suponha que o potencial periódico U tenha simetria de inversão de tal forma que os U_K sejam reais.

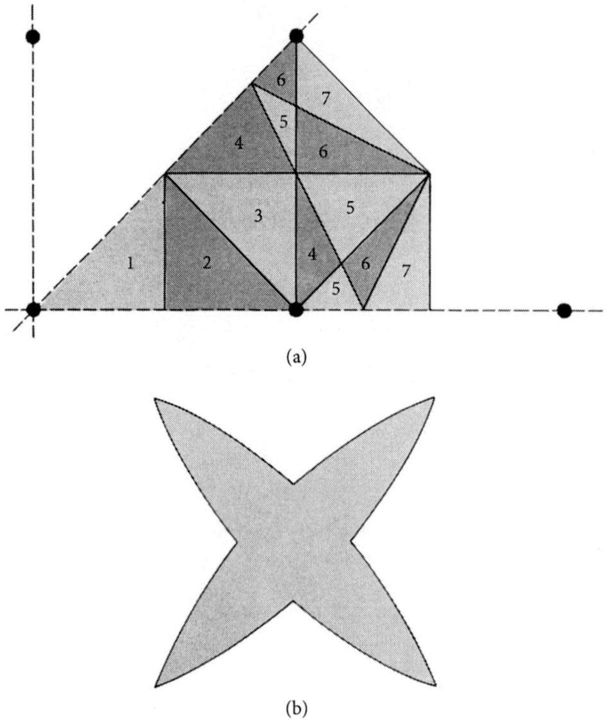

FIGURA 9.15

(a) As primeiras sete zonas de Brillouin para a rede quadrada bidimensional. Por causa da simetria de rede, é necessário exibir apenas um oitavo da figura. O restante pode ser reconstruído pela reflexão nas linhas pontilhadas (que não são fronteiras de zona). (b) Superfície de Fermi na terceira zona para uma rede quadrada com quatro elétrons por célula unitária. [A escala em (b) foi expandida consideravelmente].

10 O método de ligação forte

Combinações lineares de orbitais atômicos
Aplicação a bandas de níveis *s*
Aspectos gerais dos níveis de ligação forte
Funções de Wannier

No Capítulo 9, calculamos os níveis eletrônicos em um metal visualizando-o como um gás de elétrons de condução quase livre, apenas fracamente perturbado pelo potencial periódico dos íons. Podemos também levar em conta um ponto de vista bem diferente, considerando um sólido (metal ou isolante) uma coleção de átomos neutros com interação fraca. Como exemplo extremo disso, imagine a reunião de um grupo de átomos de sódio em um arranjo cúbico de corpo centrado com uma constante de rede da ordem de centímetros em vez de angströms. Todos os elétrons estariam, assim, em níveis atômicos localizados em sítios de rede, não tendo nenhuma semelhança com as combinações lineares de algumas ondas planas descritas no Capítulo 9.

Se tivéssemos que encolher a constante de rede artificialmente grande de nosso arranjo de átomos de sódio, em algum ponto antes de a constante de rede real do sódio metálico ser alcançada, teríamos que modificar nossa identificação dos níveis eletrônicos do arranjo com os níveis atômicos de átomos de sódio isolados. Isso seria necessário para um nível atômico específico quando o espaçamento interatômico se tornasse comparável à extensão espacial de sua função de onda, porque um elétron naquele nível sentiria, então, a presença dos átomos vizinhos.

O estado real das coisas para os níveis 1*s*, 2*s*, 2*p* e 3*s* do sódio atômico é mostrado na Figura 10.1. As funções de onda atômica para esses níveis são ilustradas em torno de dois núcleos separados por 3,7 Å, a distância do vizinho mais próximo no sódio metálico. A sobreposição das funções de onda 1*s* centradas nos dois sítios é totalmente desprezível, indicando que tais níveis atômicos são essencialmente inalterados no sódio metálico. A sobreposição dos níveis 2*s* e 2*p* é demasiadamente pequena, e pode-se esperar encontrar níveis no metal muito proximamente relacionados a estes. No entanto, a sobreposição dos níveis 3*s* (que possuem os elétrons de valência atômica) é substancial e não há nenhuma razão para se esperar que os níveis eletrônicos reais do metal se assemelhem a esses níveis atômicos.

A *aproximação de ligação forte* lida com casos em que a sobreposição de funções de onda atômica seja suficiente para requerer correções à figura de átomos isolados, mas não para tornar a descrição atômica completamente irrelevante. A aproximação é mais útil para descrever as bandas de energia que surgem de subníveis *d*, parcialmente preenchidos de átomos de metal de transição, e para descrever a estrutura eletrônica de isolantes.

Muito além de sua utilidade prática, a aproximação de ligação forte fornece um modo instrutivo de se visualizar níveis de Bloch complementares àquele da figura de elétron quase livre, permitindo uma reconciliação entre os aspectos aparentemente contraditórios dos níveis atômicos localizados, por um lado, e dos níveis de onda plana parecidos com elétron livre, por outro.

FORMULAÇÃO GERAL

No desenvolvimento da aproximação de ligação forte, admitimos que, na vizinhança de cada ponto de rede, a Hamiltoniana de cristal periódico completo, H, pode ser aproximada pela Hamiltoniana, H_{at}, de um único átomo localizado no ponto de rede. Também admitimos que os níveis internos da Hamiltoniana atômica são bem localizados; ou seja, se ψ_n é um nível interno de H_{at} para um átomo na origem,

$$H_{\text{at}}\psi_n = E_n\psi_n, \quad \textbf{(10.1)}$$

exige-se que $\psi_n(\mathbf{r})$ seja muito pequeno quando r exceder uma distância da ordem da constante de rede, à qual nos referiremos como a "faixa" de ψ_n.

No caso extremo de a Hamiltoniana cristalina começar a se diferenciar de H_{at} (para um átomo cujo ponto de rede toma-se como origem) apenas em distâncias de $\mathbf{r} = 0$ que excedem a faixa de $\psi_n(\mathbf{r})$, a função de onda $\psi_n(\mathbf{r})$ será excelente aproximação a uma função de onda de estado estacionário para a Hamiltoniana completa, com autovalor E_n. Logo, também o serão as funções de onda $\psi_n(\mathbf{r} - \mathbf{R})$ para todo $\mathbf{R}$ na rede de Bravais, uma vez que H tem a periodicidade da rede.

Para calcular as correções neste caso extremo, definimos a Hamiltoniana cristalina H como

$$H = H_{\text{at}} + \Delta U(\mathbf{r}), \quad \textbf{(10.2)}$$

onde $\Delta U(\mathbf{r})$ contém todas as correções ao potencial atômico exigidas para se produzir o potencial periódico completo do cristal (veja a Figura 10.2). Se $\psi_n(\mathbf{r})$ satisfaz a equação atômica de Schrödinger (10.1), ele também satisfará a equação cristalina de Schrödinger (10.2), desde que $\Delta U(\mathbf{r})$ desapareça onde quer que $\psi_n(\mathbf{r})$ não desapareça. Se este fosse de fato o caso, cada nível atômico $\psi_n(\mathbf{r})$ produziria N níveis no potencial periódico, com funções de onda $\psi_n(\mathbf{r} - \mathbf{R})$, para cada um dos N sítios $\mathbf{R}$ na rede. Para preservar a descrição de Bloch, devemos encontrar as N combinações lineares dessas funções de onda degenerada que satisfazem a condição de Bloch [veja a equação (8.6)]:

$$\psi(\mathbf{r} + \mathbf{R}) = e^{i\mathbf{k}\cdot\mathbf{R}}\psi(\mathbf{r}). \quad \mathbf{(10.3)}$$

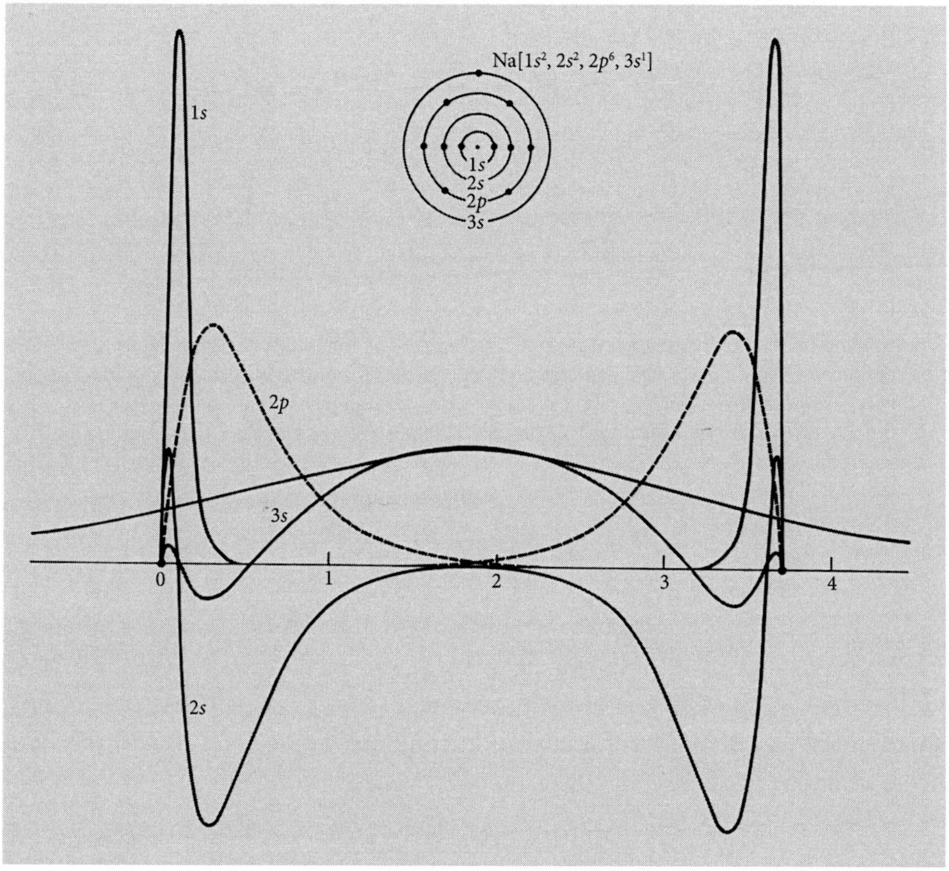

FIGURA 10.1

Funções de onda eletrônicas calculadas para os níveis do sódio atômico, colocados em um gráfico sobre dois núcleos separados pela distância do vizinho mais próximo no sódio metálico, 3,7 Å. As curvas do sólido são $r\psi(r)$ para os níveis *1s, 2s* e *3s.* A curva pontilhada é *r* vezes a função de onda radial para os níveis *2p*. Observe como as curvas do nível *3s* superpõem-se extensivamente, as curvas dos níveis *2s* e *2p* superpõem-se apenas um pouco e as curvas do nível *1s* praticamente não têm superposição. As curvas são tiradas dos cálculos feitos por D. R. Hartree e W. Hartree. *Proc. Roy. Soc.*, A193, p. 299, 1948. A escala no eixo *r* está em angströms.

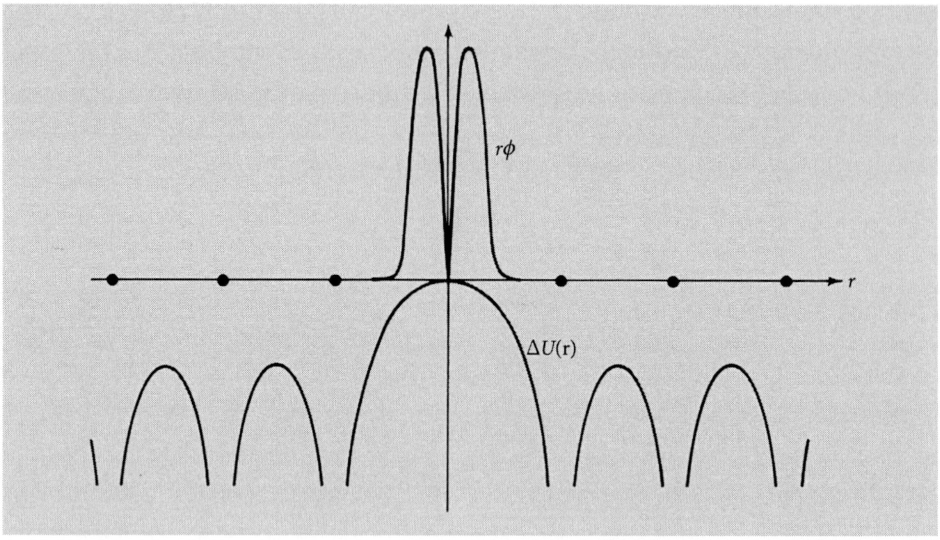

FIGURA 10.2

A curva inferior representa a função $\Delta U(\mathbf{r})$ desenhada ao longo de uma linha de sítios atômicos. Quando $\Delta U(\mathbf{r})$ é adicionado ao único potencial atômico localizado na origem, o potencial periódico completo $U(\mathbf{r})$ é recuperado. A curva superior representa r vezes uma função de onda atômica localizada na origem. Quando $r\,\Phi(\mathbf{r})$ é grande, $\Delta U(\mathbf{r})$ é pequeno, e vice-versa.

As N combinações lineares de que precisamos são

$$\psi_{n\mathbf{k}}(\mathbf{r}) = \sum_{\mathbf{R}} e^{i\mathbf{k}\cdot\mathbf{R}}\psi_n(\mathbf{r}-\mathbf{R}), \quad \textbf{(10.4)}$$

onde $\mathbf{k}$ varia pelos N valores na primeira zona de Brillouin consistentes com a condição de contorno periódica de Born-von Karman.[1] A condição de Bloch (10.3) é verificada para as funções de onda (10.4) observando-se que

$$\begin{aligned}\psi(\mathbf{r}+\mathbf{R}) &= \sum_{\mathbf{R}'} e^{i\mathbf{k}\cdot\mathbf{R}'}\psi_n(\mathbf{r}+\mathbf{R}-\mathbf{R}') \\ &= e^{i\mathbf{k}\cdot\mathbf{R}}\Big[\sum_{\mathbf{R}'} e^{i\mathbf{k}\cdot(\mathbf{R}'-\mathbf{R})}\psi_n(\mathbf{r}-(\mathbf{R}'-\mathbf{R}))\Big] \\ &= e^{i\mathbf{k}\cdot\mathbf{R}}\Big[\sum_{\bar{\mathbf{R}}} e^{i\mathbf{k}\cdot\bar{\mathbf{R}}}\psi_n(\mathbf{r}-\bar{\mathbf{R}})\Big] \qquad \textbf{(10.5)} \\ &= e^{i\mathbf{k}\cdot\mathbf{R}}\psi(\mathbf{r}).\end{aligned}$$

[1] Exceto quando os efeitos de superfície são explicitamente estudados, deve-se evitar a tentação de se tratar um cristal finito restringindo a adição de **R** em (10.4) para os sítios de uma porção finita da rede de Bravais. É muito mais conveniente fazer a adição de uma rede de Bravais infinita (a soma converge rapidamente por causa da curta faixa da função de onda atômica ψ_n) e representar-se o cristal finito com a condição de contorno de Born-von Karman usual, que coloca a restrição padrão (8.27) sobre **k**, quando a condição de Bloch se mantém. Com a soma feita sobre todos os sítios, por exemplo, é permissível que se faça a substituição crucial da variável de adição $\mathbf{R}'$ por $\bar{\mathbf{R}} = \mathbf{R}' - \mathbf{R}$, da segunda para a última linha da equação (10.5).

Assim, as funções de onda (10.4) satisfazem a condição de Bloch com o vetor de onda **K**, enquanto continuam a exibir o caráter atômico dos níveis. As bandas de energia chegadas dessa maneira, no entanto, têm pequena estrutura, e $\varepsilon_n(\mathbf{k})$ é simplesmente a energia do nível atômico, E_n, independentemente do valor de **k**. Para remediar essa deficiência, devemos reconhecer que uma suposição mais realista é a de que $\psi_n(\mathbf{r})$ se torna pequeno, mas não precisamente zero, antes que $\Delta U(\mathbf{r})$ se torne apreciável (veja a Figura 10.2). Isso sugere que procuremos uma solução completa para a equação cristalina de Schrödinger que retenha a forma geral de (10.4):[2]

$$\psi(\mathbf{r}) = \sum_{\mathbf{R}} e^{i\mathbf{k}\cdot\mathbf{R}}\phi(\mathbf{r}-\mathbf{R}), \quad \textbf{(10.6)}$$

mas com a função $\phi(\mathbf{r})$ não necessariamente uma função de onda atômica de estado estacionário exata, mas uma a ser determinada por cálculos adicionais. Se o produto $\Delta U(\mathbf{r})\psi_n(\mathbf{r})$, embora diferente de zero, for excessivamente pequeno, podemos esperar que a função $\phi(\mathbf{r})$ seja bem próxima da função de onda atômica $\psi_n(\mathbf{r})$ ou de funções de onda com as quais $\psi_n(\mathbf{r})$ seja degenerada. Com base nesta expectativa, procura-se um $\phi(\mathbf{r})$ que possa ser expandido em um número relativamente pequeno de funções de onda atômicas localizadas:[3,4]

$$\phi(\mathbf{r}) = \sum_n b_n\psi_n(\mathbf{r}). \quad \textbf{(10.7)}$$

Se multiplicarmos a equação cristalina de Schrödinger

$$H\psi(\mathbf{r}) = (H_{\text{at}} + \Delta U(\mathbf{r}))\psi(\mathbf{r}) = \varepsilon(\mathbf{k})\psi(\mathbf{r}) \quad \textbf{(10.8)}$$

pela função de onda atômica $\psi_m{}^*(\mathbf{r})$, tirarmos a integral de todo **r** e usar o fato de que

$$\int \psi_m{}^*(\mathbf{r})H_{\text{at}}\psi(\mathbf{r})d\mathbf{r} = \int (H_{\text{at}}\psi_m(\mathbf{r}))^*\psi(\mathbf{r})d\mathbf{r} = E_m\int \psi_m{}^*(\mathbf{r})\psi(\mathbf{r})d\mathbf{r}, \quad \textbf{(10.9)}$$

encontramos que

$$(\varepsilon(\mathbf{k}) - E_m)\int \psi_m{}^*(\mathbf{r})\psi(\mathbf{r})d\mathbf{r} = \int \psi_m{}^*(\mathbf{r})\Delta U(\mathbf{r})\psi(\mathbf{r})d\mathbf{r}. \quad \textbf{(10.10)}$$

Colocando (10.6) e (10.7) em (10.10) e empregando a ortonormalidade das funções de onda atômicas

---

[2] Ocorre que (veja a p. 202) qualquer função de Bloch pode ser escrita na forma (10.6), e a função ϕ é conhecida como *função Wannier*, logo nenhuma generalidade é perdida nesta suposição.

[3] Ao incluir apenas funções de onda atômicas localizadas (isto é, internas) em (10.7), fazemos nossa primeira aproximação importante. Um conjunto completo de níveis atômicos inclui os ionizados também. Este é o ponto no qual o método deixa de ser aplicável a níveis bem descritos pela aproximação de elétrons quase livres.

[4] Por causa deste método de aproximar ϕ, o método de ligação forte é às vezes chamado de método da *combinação linear de orbitais atômicos* (ou *linear combination of atomic orbitals* – LCAO).

$$\int \psi_m{}^*(\mathbf{r})\psi_n(\mathbf{r})d\mathbf{r} = \delta_{nm}, \quad \mathbf{(10.11)}$$

chegamos a uma equação de autovalor que determina os coeficientes $b_n(\mathbf{k})$ e as energias de Bloch $\varepsilon(\mathbf{k})$:

$$\begin{aligned}(\varepsilon(\mathbf{k}) - E_m)b_m &= -(\varepsilon(\mathbf{k}) - E_m)\sum_n\Big(\sum_{\mathbf{R}\neq 0}\int \psi_m{}^*(\mathbf{r})\psi_n(\mathbf{r}-\mathbf{R})e^{i\mathbf{k}\cdot\mathbf{R}}d\mathbf{r}\Big)b_n \\ &+ \sum_n\Big(\int \psi_m{}^*(\mathbf{r})\Delta U(\mathbf{r})\psi_n(\mathbf{r})d\mathbf{r}\Big)b_n \qquad \mathbf{(10.12)} \\ &+ \sum_n\Big(\sum_{\mathbf{R}\neq 0}\int \psi_m{}^*(\mathbf{r})\Delta U(\mathbf{r})\psi_n(\mathbf{r}-\mathbf{R})e^{i\mathbf{k}\cdot\mathbf{R}}d\mathbf{r}\Big)b_n.\end{aligned}$$

O primeiro termo à direita na equação (10.12) contém a integral da forma[5]

$$\int d\mathbf{r}\psi_m{}^*(\mathbf{r})\psi_n(\mathbf{r}-\mathbf{R}). \quad \mathbf{(10.13)}$$

Interpretamos nossa suposição de níveis atômicos bem localizados para dizer que (10.13) é pequena se comparada à unidade. Supomos que as integrais no terceiro termo à direita da equação (10.12) sejam pequenas, já que também contêm o produto de duas funções de onda atômicas centrado em diferentes sítios. Finalmente, admitimos que o segundo termo à direita de (10.12) é pequeno porque esperamos que as funções de onda atômica se tornem pequenas em distâncias grandes o suficiente para que o potencial periódico se desvie apreciavelmente do atômico.[6]

Consequentemente, o lado direito de (10.13) [e, portanto, $(\varepsilon(\mathbf{k}) - E_m)b_m$]) é sempre pequeno. Isso é possível se $\varepsilon(\mathbf{k}) - E_m$ for pequeno sempre que b_m não seja (e vice-versa). Assim, $\varepsilon(\mathbf{k})$ deve estar próximo de um nível atômico, digamos E_0, e todos os b_m, exceto aqueles que possuem aquele nível e níveis degenerados (ou próximo a eles) em energia, devem ser pequenos:[7]

[5] Integrais cujas integrantes contêm um produto de funções de onda centrado em diferentes sítios de rede são conhecidas como *integrais de superposição*. A aproximação de ligação forte explora a insignificância dessas integrais de superposição. Ela também tem importante papel na teoria do magnetismo (veja o Capítulo 32).

[6] Esta última suposição é um pouco mais incerta do que as outras, pois os potenciais iônicos não precisam cair tão rapidamente quanto as funções de onda atômica. No entanto, ela é também menos crítica na determinação das conclusões a que chegaremos, já que o termo em questão não depende de **k**. De certo modo, este termo simplesmente faz o papel de correção dos potenciais atômicos em cada célula para incluir os campos dos íons fora da célula; ela poderia se tornar tão pequena quanto os outros dois termos por uma redefinição justa da Hamiltoniana e dos níveis "atômicos".

[7] Observe a similaridade deste raciocínio com aquele empregado nas páginas 165 a 169. Lá, entretanto, concluímos que a função de onda era uma combinação linear de apenas um pequeno número de ondas planas, cujas energias de elétron livre eram muito próximas. Aqui, concluímos que a função de onda pode ser representada, por meio de (10.7) e (10.6), por apenas um pequeno número de funções de onda atômicas, cujas energias atômicas estão muito proximamente ligadas.

$$\varepsilon(\mathbf{k}) \approx E_0, \qquad b_m \approx 0 \text{ a não ser que } E_m \approx E_0. \quad \textbf{(10.14)}$$

Se os cálculos em (10.14) fossem igualdades exatas, estaríamos de volta ao caso extremo no qual os níveis cristalinos eram idênticos aos atômicos. Agora, no entanto, podemos determinar precisamente os níveis no cristal, explorando (10.14) para calcular o lado direito de (10.12) e deixando que a soma de n ocorra apenas por meio dos níveis com energias degeneradas ou muito próximas a E_0. Se o nível atômico 0 é não degenerado,[8] ou seja, um nível s, então, nesta aproximação, (10.12) reduz-se a uma única equação que fornece uma expressão explícita para a energia da banda que surge desse nível s (geralmente chamado "banda s"). Se estivermos interessados em bandas que surgem de um nível atômico p, que é triplamente degenerado, então (10.12) forneceria um conjunto de três equações homogêneas, cujos autovalores forneceriam o $\varepsilon(\mathbf{k})$ para as três bandas p e cujas soluções $b(\mathbf{k})$ forneceriam as combinações lineares apropriadas de níveis atômicos p que formam ϕ nos vários $\mathbf{k}$ na zona de Brillouin. Para obtermos uma banda d a partir de níveis atômicos d, temos que resolver um problema secular 5×5 etc.

Se o $\varepsilon(\mathbf{k})$ resultante situar-se suficientemente longe dos valores atômicos em certo $\mathbf{k}$, será necessário repetir o procedimento, adicionando à expansão (10.7) de ϕ os níveis atômicos adicionais de cujas energias os $\varepsilon(\mathbf{k})$ estão se aproximando. Na prática, por exemplo, geralmente se resolve um problema secular 6×6 que inclui os níveis d e s na computação da estrutura de banda dos metais de transição, que têm no estado atômico um subnível s externo e um subnível d parcialmente preenchido. Este procedimento leva o nome de "mistura $s-d$" ou "hibridização".

Frequentemente, as funções de onda atômicas têm uma faixa tão pequena que apenas os termos do vizinho mais próximo na soma sobre $\mathbf{R}$ em (10.12) precisam ser mantidos, o que simplifica muito a análise subsequente. Ilustramos brevemente a estrutura de bandas que surge no caso mais simples.[9]

APLICAÇÃO A UMA BANDA *s* QUE SURGE DE UM ÚNICO NÍVEL ATÔMICO *s*

Se todos os coeficientes b em (10.12) são zero, exceto aquele para um único nível atômico s, então (10.12) fornece diretamente a estrutura de banda da banda s correspondente:

$$\varepsilon(\mathbf{k}) = E_s - \frac{\beta + \sum \gamma(\mathbf{R}) e^{i\mathbf{k}\cdot\mathbf{R}}}{1 + \sum \alpha(\mathbf{R}) e^{i\mathbf{k}\cdot\mathbf{R}}}, \quad \textbf{(10.15)}$$

[8] Por ora, ignoramos o acoplamento spin-órbita. Podemos, então, nos concentrar inteiramente nas partes de orbitais dos níveis. O spin pode, então, ser incluído simplesmente multiplicando-se as funções de onda orbital pelos spinors apropriados e dobrando-se a degeneração de cada um dos níveis de orbitais.

[9] O caso mais simples é aquele de uma banda s. O próximo caso mais complicado, uma banda p, é discutido no Problema 2.

onde E_s é a energia do nível atômico s e

$$\beta = -\int d\mathbf{r}\Delta U(\mathbf{r})|\phi(\mathbf{r})|^2, \quad \mathbf{(10.16)}$$

$$\alpha(\mathbf{R}) = \int d\mathbf{r}\phi^*(\mathbf{r})\phi(\mathbf{r}-\mathbf{R}), \quad \mathbf{(10.17)}$$

e

$$\gamma(\mathbf{R}) = -\int d\mathbf{r}\phi^*(\mathbf{r})\Delta U(\mathbf{r})\phi(\mathbf{r}-\mathbf{R}). \quad \mathbf{(10.18)}$$

Os coeficientes (10.16) a (10.18) podem ser simplificados recorrendo-se a certas simetrias. Como ϕ é um nível s, $\phi(\mathbf{r})$ é real e depende apenas da magnitude de r. Daí, conclui-se que $\alpha(-\mathbf{R}) = \alpha(\mathbf{R})$. Isso, e a simetria de inversão da rede de Bravais, que requer que $\Delta U(-\mathbf{r}) = \Delta U(\mathbf{r})$, também implica que $\gamma(-\mathbf{R}) = \gamma(\mathbf{R})$. Ignoramos os termos em α no denominador de (10.15), já que eles fornecem pequenas correções ao numerador. Uma simplificação final vem da suposição de que apenas separações de vizinhos mais próximos fornecem integrais de sobreposição apreciáveis.

Ao juntar essas observações, podemos simplificar (10.15) para

$$\varepsilon(\mathbf{k}) = E_s - \beta - \sum_{\text{n.n.}} \gamma(\mathbf{R}) \cos \mathbf{k}\cdot\mathbf{R}, \quad \mathbf{(10.19)}$$

onde a soma ocorre apenas sobre aqueles **R** na rede de Bravais que conectem a origem a seus vizinhos mais próximos.

Para sermos explícitos, vamos aplicar (10.19) a um cristal cúbico de face centrada. Os doze vizinhos mais próximos à origem (veja a Figura 10.3) estão em

$$\mathrm{R} = \frac{a}{2}(\pm 1, \pm 1, 0), \quad \frac{a}{2}(\pm 1, 0, \pm 1), \quad \frac{a}{2}(0, \pm 1, \pm 1). \quad \mathbf{(10.20)}$$

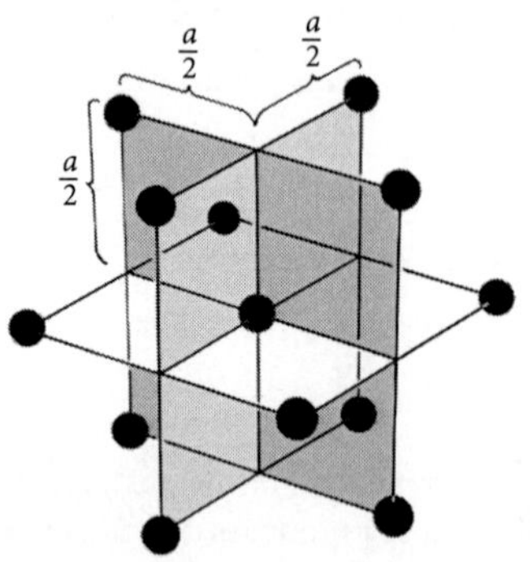

FIGURA 10.3

Os doze vizinhos mais próximos da origem em uma rede cúbica de face centrada com célula cúbica convencional de lado a.

Se $\mathbf{k} = (k_x, k_y k_z)$, os doze valores correspondentes de $\mathbf{k}\cdot\mathbf{R}$ serão

$$\mathbf{k}\cdot\mathbf{R} = \frac{a}{2}(\pm k_i, \pm k_j), \qquad i,j = x,y;\ y,z;\ z,x. \quad \mathbf{(10.21)}$$

Agora, $\Delta U(\mathbf{r}) = \Delta U(x,y,z)$ tem a simetria cúbica completa da rede, sendo, portanto, inalterado por permutações de seus argumentos ou variações de seus sinais. Isso, mais o fato de que a função de onda do nível *s* $\phi(\mathbf{r})$ depende apenas da magnitude de **r**, implica que $\gamma(\mathbf{R})$ é a mesma constante γ para todos os doze vetores (10.20). Consequentemente, a soma em (10.19) fornece, com o auxílio de (10.21),

$$\varepsilon(\mathbf{k}) = E_s - \beta - 4\gamma(\cos\tfrac{1}{2}k_xa\cos\tfrac{1}{2}k_ya + \cos\tfrac{1}{2}k_ya\cos\tfrac{1}{2}k_za + \cos\tfrac{1}{2}k_za\cos\tfrac{1}{2}k_xa), \quad \mathbf{(10.22)}$$

onde

$$\gamma = -\int d\mathbf{r}\phi^*(x,y,z)\Delta U(x,y,z)\phi(x - \tfrac{1}{2}a, y - \tfrac{1}{2}a, z). \quad \mathbf{(10.23)}$$

A equação (10.22) revela o aspecto característico das bandas de energia de ligação forte: a largura de banda – ou seja, a extensão entre as energias mínima e máxima na banda – é proporcional à integral de superposição pequena γ. Assim, as bandas de ligação forte são bandas estreitas, e quanto menor a superposição, mais estreita é a banda. O limite de superposição desaparece e, consequentemente, a largura de banda também. A banda torna-se degenerada de grau *N*, o que corresponde ao caso extremo no qual o elétron simplesmente reside em qualquer um dos *N* átomos isolados. A dependência da largura de banda com a integral de superposição é ilustrada na Figura 10.4.

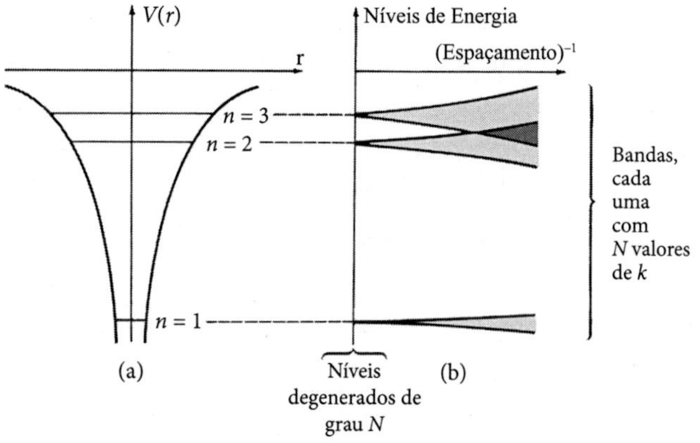

FIGURA 10.4

(a) Representação esquemática de níveis eletrônicos não degenerados em um potencial atômico. (b) Os níveis de energia para *N* átomos desse tipo em uma rede periódica, colocados em um gráfico como função de espaçamento interatômico inverso médio. Quando os átomos estão muito distantes entre si (pequenas integrais de superposição), os níveis são quase degenerados. Porém, quando os átomos estão mais próximos entre si (grandes integrais de superposição), os níveis alargam-se em bandas.

Além de exibir o efeito de superposição na largura de banda, a equação (10.22) ilustra diversos aspectos gerais da estrutura de banda de um cristal cúbico de face centrada que não são peculiares ao caso de ligação forte. Típicos destes são os seguintes:

1. No limite de pequeno *ka*, (10.22) reduz-se a:

$$\varepsilon(\mathbf{k}) = E_s - \beta - 12\gamma + \gamma k^2 a^2, \quad \textbf{(10.24)}$$

que é independente da direção de **k** – isto é, as superfícies de energia constante na vizinhança de **k** = 0 são esféricas;[10]

2. Se ε for representado graficamente ao longo de qualquer linha perpendicular a uma das faces quadradas da primeira zona de Brillouin (Figura 10.5), ele cruzará a face quadrada com inclinação praticamente nula (Problema 1);

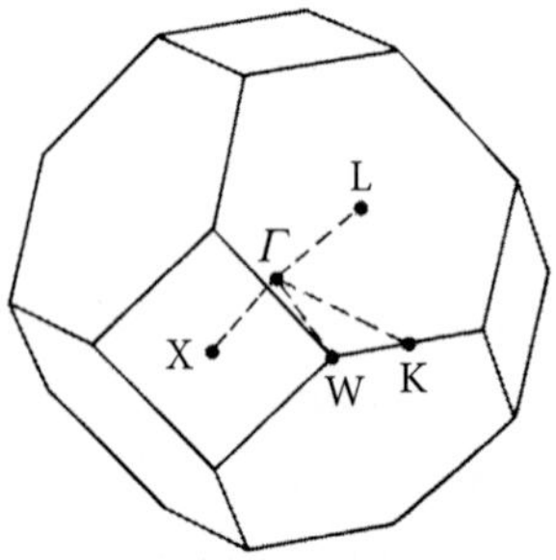

FIGURA 10.5

A primeira zona de Brillouin para cristais cúbicos de face centrada. O ponto Γ está no centro da zona. Os nomes K, L, W e X são amplamente utilizados para os pontos de simetria alta na zona limite.

3. Se ε for representado ao longo de qualquer linha perpendicular a uma das faces hexagonais da primeira zona de Brillouin (Figura 10.5), ele não precisa, em geral, cruzar a face com inclinação praticamente nula (Problema 1).[11]

OBSERVAÇÕES GERAIS SOBRE O MÉTODO DA LIGAÇÃO FORTE

1. Em casos de interesse prático, mais que um nível atômico aparece na expansão (10.7), acarretando num problema secular 3 × 3 no caso dos três níveis *p, u*m problema secular 5 × 5 para os cinco níveis *d* etc. A Figura 10.6, por exemplo, mostra a estrutura de banda que surge a partir de um cálculo de ligação forte com base nos níveis atômicos 3-*d* degenerados em grau 5 no níquel. As bandas são representadas para três direções de simetria na zona; cada uma delas tem seu conjunto característico de degenerações.[12]

[10] O que se pode deduzir genericamente para qualquer banda não degenerada em um cristal com simetria cúbica.

[11] Compare ao caso do elétron quase livre (página 172), em que a razão da variação de ε ao longo de uma linha normal a um plano de Bragg sempre desaparecia quando o plano era cruzado em pontos distantes de quaisquer outros planos de Bragg. O resultado da ligação forte ilustra a possibilidade geral que surge, porque não há nenhum plano de simetria especular paralelo à face hexagonal.

[12] As bandas calculadas são tão amplas que geram dúvidas quanto à validade de toda a expansão. Um cálculo mais realista teria que incluir, no mínimo, os efeitos do nível 4*s*.

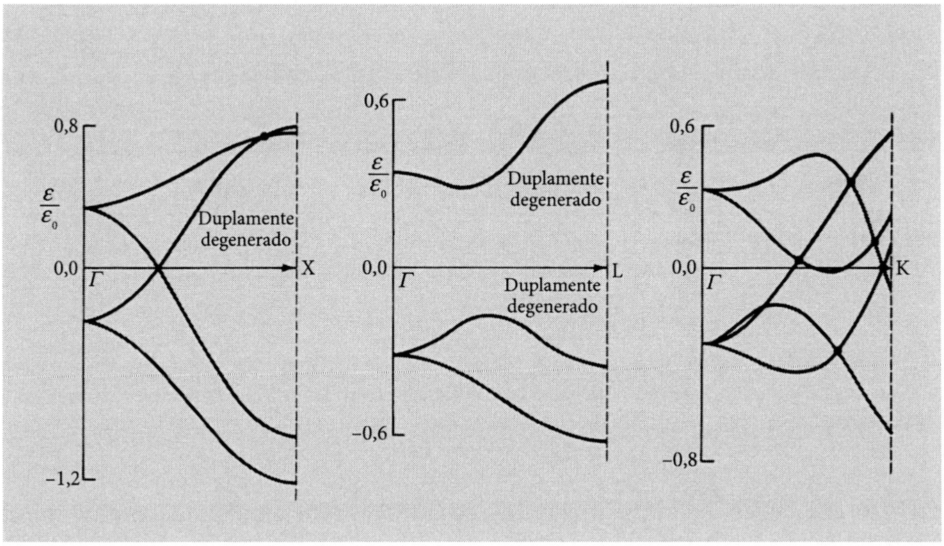

FIGURA 10.6

Um cálculo de ligação forte das bandas *3d* do níquel. (G. C. Fletcher. *Proc. Phys. Soc.*, A65, p. 192, 1952.) As energias são dadas em unidades de ε_0 = 1,349 eV, de modo que as bandas têm largura aproximada de 2,7 volts. As linhas ao longo das quais ε é colocado no gráfico são mostradas na Figura 10.5. Observe as degenerescências características ao longo de ΓX e ΓL e a ausência de degenerescência ao longo de ΓK. A maior largura das bandas indica a imperfeição de um tratamento tão elementar.

2. Um aspecto muito geral do método da ligação forte é a relação entre a largura de banda e as integrais de superposição

$$\gamma_{ij}(\mathbf{R}) = -\int d\mathbf{r}\phi_i{}^*(\mathbf{r})\Delta U(\mathbf{r})\phi_j(\mathbf{r}-\mathbf{R}). \quad \textbf{(10.25)}$$

Se os γ_{ij} são pequenos, a largura de banda será correspondentemente pequena. Como regra prática, quando a energia de determinado nível atômico aumenta (isto é, a energia de ligação diminui), também aumentará a extensão espacial de sua função de onda. Assim, em correspondência, as bandas baixas em um sólido são muito estreitas, mas as larguras de banda aumentam com a energia de banda média. Nos metais, a(s) banda(s) mais alta(s) é(são) extensa(s), pois as faixas espaciais dos níveis atômicos mais altos são comparáveis a uma constante de rede, portanto, a aproximação de ligação forte é de validade duvidosa.

3. Apesar de a função de onda de ligação forte (10.6) construir-se de níveis atômicos localizados ϕ, o elétron em um nível de ligação forte será encontrado, com igual probabilidade, em qualquer célula do cristal. Isso porque sua função de onda (como qualquer função de onda de Bloch) varia apenas pelo fator de fase $e^{i\mathbf{k}\cdot\mathbf{R}}$ quando se move uma distância de **R** de uma célula para a outra. Desse modo, quando **r** varia de célula para célula, há, superimposta à estrutura atômica dentro de cada célula, uma variação sinusoidal nas amplitudes de ψ real e ψ imaginário, como ilustrado na Figura 10.7.

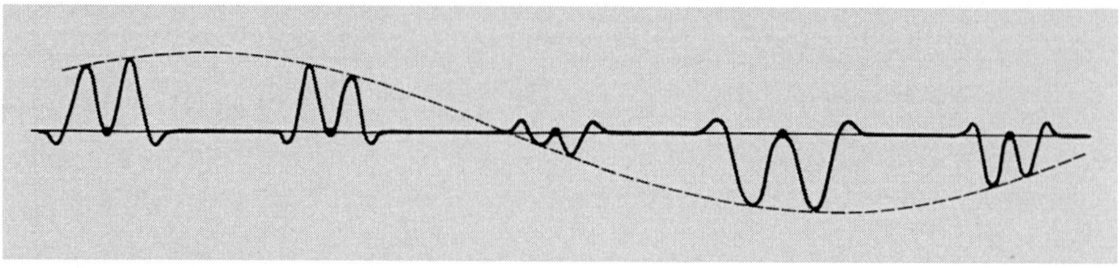

FIGURA 10.7

Variação espacial característica da parte real (ou imaginária) da função de onda de ligação forte (10.6).

Outra indicação de que os níveis de ligação forte têm uma onda em movimento ou de caráter itinerante vem do teorema de que a velocidade média de um elétron em um nível de Bloch com vetor de onda $\mathbf{k}$ e energia $\varepsilon(\mathbf{k})$ é dada por $\mathbf{v}(\mathbf{k}) = (1/\hbar)\partial\varepsilon/\partial\mathbf{k}$. (Veja o Apêndice E.) Se ε é independente de $\mathbf{k}$, $\partial\varepsilon/\partial\mathbf{k}$ é zero, o que é consistente com o fato de que, em níveis atômicos genuinamente isolados (que levam à largura de banda zero), os elétrons estão de fato ligados a átomos individuais. Se, no entanto, há qualquer superposição diferente de zero nas funções de onda atômicas, $\varepsilon(\mathbf{k})$ não será constante por toda a zona. Como uma pequena variação em ε implica um valor pequeno diferente de zero para $\partial\varepsilon/\partial\mathbf{k}$, e, consequentemente, uma velocidade média pequena, mas diferente de zero, desde que haja quaisquer elétrons de superposição, eles serão capazes de se mover livremente pelo cristal. A diminuição da superposição apenas reduz a velocidade; ela não elimina o movimento. Pode-se entender este movimento como um tunelamento quântico-mecânico de sítio da rede para sítio da rede. Quanto menor a superposição, menor a probabilidade de tunelamento e, por consequência, mais tempo ele leva para percorrer determinada distância.

4. Em sólidos que não sejam redes de Bravais monoatômicas, a aproximação de ligação forte é mais complicada. Esse problema surge nos metais hexagonais de empacotamento denso, que são hexagonais simples com uma base de dois pontos. Formalmente, pode-se tratar a base de dois pontos como uma molécula, cujas funções de onda admitem-se como conhecidas, e proceder como anteriormente, empregando-se funções moleculares em vez de funções de onda atômicas. Se a superposição do vizinho mais próximo permanece pequena, então, em particular, ela será pequena em cada "molécula", e um nível atômico *s* originará dois níveis moleculares quase degenerados. Assim, um único nível atômico *s* produz duas bandas de ligação forte na estrutura de empacotamento hexagonal denso.

De forma alternativa, pode-se proceder continuando a construção de combinações lineares de níveis atômicos centrados em pontos da rede de Bravais *e* nos pontos de base, generalizando (10.6) para

$$\psi(\mathbf{r}) = \sum_{\mathbf{R}} e^{i\mathbf{k}\cdot\mathbf{R}}(a\phi(\mathbf{r}-\mathbf{R}) + b\phi(\mathbf{r}-\mathbf{d}-\mathbf{R})), \quad (10.26)$$

(onde ***d*** é a separação dos dois átomos de base). Isso pode ser visto essencialmente como a primeira abordagem, na qual, entretanto, funções de onda moleculares aproximadas são utilizadas, sendo a aproximação aos níveis moleculares combinada à aproximação de ligação forte para os níveis de todo o cristal.[13]

5. O acoplamento spin-órbita nos elementos mais pesados (veja a página 182) é de grande importância na determinação dos níveis atômicos, e deve, portanto, ser incluído em um tratamento de ligação forte da ampliação destes níveis em bandas no sólido. Em princípio, a extensão é direta. Simplesmente incluímos em $\Delta U(\mathbf{r})$ a interação entre o spin do elétron e o campo elétrico de todos os íons, exceto o da origem, incorporando a interação na Hamiltoniana atômica. Isto feito, podemos não mais usar combinações lineares independentes de spin de funções de onda do orbital atômico, mas devemos trabalhar com combinações lineares de níveis tanto do orbital quanto do spin. Assim, a teoria de ligação forte de um nível *s*, quando o acoplamento spin-órbita é apreciável, aproximaria ϕ não por um único nível atômico *s*, mas por uma combinação linear (com coeficientes dependentes de **k**) de dois níveis, com as mesmas funções de onda de orbital e dois spins contrários. A teoria da ligação forte de uma banda *d* iria de um problema de determinante 5×5 para um de 10×10 etc. Como mencionado no Capítulo 9, efeitos do acoplamento de spin-órbita, apesar de frequentemente pequenos, podem constantemente ser cruciais, como quando eliminam degenerações que estariam rigorosamente presentes se tal acoplamento fosse ignorado.[14]

6. Todas as análises de níveis eletrônicos em um potencial periódico deste capítulo (e nos dois anteriores) foram feitas com base na aproximação de elétron independente, o que omite a interação entre elétrons, ou, no máximo, a inclui de um modo ou de outro por meio do potencial periódico efetivo experimentado pelos elétrons individualmente. Veremos no Capítulo 32 que a aproximação de elétron independente pode falhar quando fornece ao menos uma banda *parcialmente* preenchida, que deriva de níveis atômicos bem localizados com pequenas integrais de superposição. Em muitos casos de interesse (especialmente em isolantes e para bandas muito baixas nos metais), este problema não ocorre, pois as bandas de ligação forte têm energias baixas demais para ser completamente preenchidas. No entanto, a possibilidade de tal falha da aproximação do elétron independente deve ser lembrada quando bandas de ligação forte estreitas são derivadas de subníveis atômicos parcialmente preenchidos – nos metais, geralmente os subníveis *d* e *f*. Deve-se estar ciente desta possibilidade em sólidos com estrutura magnética.

---

[13] As "funções de onda moleculares aproximadas" serão, desse modo, dependentes de **k**.

[14] A inclusão do acoplamento spin-órbita no método de ligação forte é abordada por J. Friedel; P. Lenghart; G. Leman. *J. Phys. Chem. Solids*, 25, p. 781, 1964.

Esta falha da aproximação de elétron independente compromete o retrato simples que a aproximação de ligação forte sugere: aquele de uma transição contínua do estado metálico para o estado atômico quando a distância interatômica é continuamente aumentada.[15] Se tomássemos a aproximação de ligação forte pelo valor de face, então, à medida que a constante de rede em um metal aumentasse, a superposição entre todos os níveis atômicos se tornaria pequena no fim das contas, e todas as bandas – mesmo a banda (ou bandas) de condução parcialmente preenchida(s) – se tornariam por fim bandas de ligação forte estreitas. À medida que a banda de condução se estreitasse, a velocidade dos elétrons nela diminuiria e a condutividade do metal cairia. Assim, esperaríamos uma condutividade que caísse continuamente para zero com as integrais de superposição quando o metal fosse expandido.

De fato, no entanto, é provável que um cálculo completo que fosse além da aproximação de elétron independente prevesse que, além de certa separação de vizinhos mais próximos, a condutividade devesse cair abruptamente a zero, e o material se tornaria um isolante (a chamada *transição de Mott*).

A razão para este afastamento da previsão de ligação forte está na inabilidade da aproximação do elétron independente de tratar a repulsão adicional muito forte que um segundo elétron sente em determinado sítio atômico quando outro elétron já está lá. Comentaremos mais sobre isso no Capítulo 32, mas mencionamos o problema aqui porque ele é, às vezes, descrito como uma falha do método da ligação forte,[16] o que é um tanto enganoso em relação à falha que ocorre quando a aproximação de ligação forte para o modelo de elétron independente está em seu melhor; é a própria aproximação de elétron independente que falha.

FUNÇÕES DE WANNIER

Concluímos este capítulo com a demonstração de que as funções de Bloch para *qualquer* banda pode sempre ser escrita na forma (10.4), na qual a aproximação de ligação forte se baseia. As funções ϕ que têm o papel de funções de onda atômicas são conhecidas como *funções de Wannier*. Essas funções de Wannier podem ser definidas para qualquer banda, independentemente de estarem bem descritas pela aproximação de ligação forte. Mas se a banda não for uma banda de ligação forte estreita, as funções de Wannier terão pouca semelhança com qualquer das funções de onda eletrônicas para o átomo isolado.

Para estabelecermos que qualquer função de Bloch $\psi_{nk}(\mathrm{r})$ pode ser escrita na forma (10.4), primeiro observamos que, considerado uma função de **k** para **r** fixo, $\psi_{nk}(\mathbf{r})$ é periódico na rede recíproca. Ele tem, portanto, uma expansão de série de Fourier em ondas

[15] Procedimento difícil de ser realizado em laboratório, mas muito tentador de se visualizar teoricamente, como auxílio na compreensão da natureza de bandas de energia.

[16] Veja, por exemplo, H. Jones. *The theory of Brillouin zones and electron states in crystals.* Amsterdã: 1960. p. 229.

planas com vetores de onda na recíproca da rede recíproca, ou seja, na rede direta. Assim, para qualquer **r** fixo, podemos definir

$$\psi_{n\mathbf{k}}(\mathbf{r}) = \sum_{\mathbf{R}} f_n(\mathbf{R},\mathbf{r})e^{i\mathbf{R}\cdot\mathbf{k}}, \quad (10.27)$$

onde os coeficientes na soma dependem de **r**, bem como dos "vetores de onda" **R**, já que, para cada **r**, ela é uma função diferente de **k** que está sendo expandida.

Os coeficientes de Fourier em (10.27) são dados pela fórmula de inversão[17]

$$f_n(\mathbf{R},\mathbf{r}) = \frac{1}{v_0}\int d\mathbf{k}e^{-i\mathbf{R}\cdot\mathbf{k}}\psi_{n\mathbf{k}}(\mathbf{r}). \quad (10.28)$$

A equação (10.27) é da forma (10.4), desde que a função $f_n(\mathbf{R},\mathbf{r})$ dependa de **r** e **R** apenas por meio de sua diferença, $\mathbf{r} - \mathbf{R}$. Mas se **r** e **R** forem trocados pelo vetor $\mathbf{R}_0$ da rede de Bravais, *f* será de fato inalterada como consequência direta de (10.28) e do teorema de Bloch, na forma (8.5). Assim, $f_n(\mathbf{R},\mathbf{r})$ tem a forma:

$$f_n(\mathbf{R},\mathbf{r}) = \phi_n(\mathbf{r} - \mathbf{R}) \quad (10.29)$$

Diferentemente das funções atômicas de ligação forte $\phi(\mathbf{r})$, as funções de Wannier $\phi_n(\mathbf{r} - \mathbf{R})$ em diferentes sítios (ou com índices de banda diferentes) são ortogonais [veja o Problema 3, equação (10.35)]. Como o conjunto completo de funções de Bloch pode ser escrito como combinações lineares das funções de Wannier, as funções de Wannier $\phi_n(\mathbf{r} - \mathbf{R})$ para todo *n* e **R** formam um conjunto ortogonal completo. Elas, portanto, oferecem uma base alternativa para a descrição exata dos níveis de elétron dependente em um potencial cristalino.

A similaridade na forma das funções de Wannier em relação às funções de ligação forte nos leva a esperar que as funções de Wannier também sejam localizadas – isto é, quando **r** é muito maior do que algum comprimento na escala atômica, $\phi_n(\mathbf{r})$ será desprezivelmente pequeno. Na extensão em que isto se pode estabelecer, as funções de Wannier oferecem uma ferramenta ideal para a discussão dos fenômenos nos quais a localização espacial de elétrons tenha importante papel. Talvez as áreas de aplicação mais importantes sejam:

1. Tentativas de derivar uma teoria do transporte para os elétrons de Bloch. O análogo aos pacotes de onda de elétron livre, os níveis eletrônicos em um cristal, localizados tanto em **r** quanto em **k**, são convenientemente construídos com o uso de funções de Wannier. A teoria das funções de Wannier está intimamente relacionada à teoria de quando e como a teoria semiclássica de transporte por elétrons de Bloch (Capítulos 12 e 13) falha;

[17] Aqui, v_0 é o volume no espaço *k* da primeira zona de Brillouin, e a integral se dá sobre a zona. As equações (10.27) e (10.28) (com **r** considerado um parâmetro fixo) são exatamente as equações (D.1) e (D.2) do Apêndice D, com espaço direto e recíproco intercambiáveis.

2. Fenômenos que envolvam níveis eletrônicos localizados, como aqueles devidos a impurezas atrativas que ligam um elétron. Um exemplo muito importante é a teoria dos níveis doador e receptor em semicondutores (Capítulo 28);

3. Fenômenos magnéticos, nos quais se descobre que existem momentos magnéticos localizados em sítios de impureza adequados.

Discussões teóricas da faixa das funções de Wannier são, em geral, muito sutis.[18] De modo geral, a faixa da função de Wannier diminui quando o gap de banda aumenta (como se pode esperar da aproximação de ligação forte, na qual as bandas tornam-se mais estreitas quando a faixa de funções de onda atômicas diminui). Os diversos fenômenos de "colapso" e de "ruptura", mencionados no Capítulo 12, que ocorrem quando o gap de banda é pequeno, refletem o fato de que teorias baseadas na localização das funções de Wannier tornam-se menos confiáveis neste limite.

PROBLEMAS

1. (a) Mostre que, ao longo das principais direções de simetria mostradas na Figura 10.5, a expressão de ligação forte (10.22) para as energias de uma banda *s* em um cristal cúbico de face centrada reduz-se ao seguinte:

(i) Ao longo de ΓX $(k_y = k_z = 0,\ k_x = \mu 2\pi/a,\ 0 \leqslant \mu \leqslant 1)$

$$\varepsilon = E_s - \beta - 4\gamma(1 + 2\cos\mu\pi).$$

(ii) Ao longo de ΓL $(k_x = k_y = k_z = \mu 2\pi/a,\ 0 \leqslant \mu \leqslant \frac{1}{2})$

$$\varepsilon = E_s - \beta - 12\gamma\cos^2\mu\pi.$$

(iii) Ao longo de ΓK $(k_z = 0, k_x = k_y = \mu 2\pi/a,\ 0 \leqslant \mu \leqslant \frac{3}{4})$

$$\varepsilon = E_s - \beta - 4\gamma(\cos^2\mu\pi + 2\cos\mu\pi).$$

(iv) Ao longo de ΓW $(k_z = 0, k_x = \mu 2\pi/a,\ k_y = \frac{1}{2}\mu 2\pi/a,\ 0 \leqslant \mu \leqslant 1)$

$$\varepsilon = E_s - \beta - 4\gamma(\cos\mu\pi + \cos\tfrac{1}{2}\mu\pi + \cos\mu\pi\cos\tfrac{1}{2}\mu\pi).$$

(b) Mostre que, nas faces quadradas da zona, a derivativa normal de ε desaparece.

(c) Mostre que, nas faces hexagonais da zona, a derivativa normal de ε desaparece apenas ao longo de linhas que unem o centro do hexágono a seus vértices.

[18] Argumento relativamente simples, porém em apenas uma dimensão, é dado por W. Kohn. *Phys. Rev.*, 115, p. 809, 1959. A discussão geral pode ser encontrada em E. I. Blount. *Solid state physics*. v. 13. Nova York: Academic Press, 1962. p. 305.

2. *Bandas p de ligação forte em cristais cúbicos*

Quando se lida com cristais cúbicos, as combinações lineares mais convenientes de três níveis atômicos *p* degenerados têm a forma $x\phi(r)$, $y\phi(r)$ e $z\phi(r)$, em que a função ϕ depende apenas da grandeza do vetor **r**. As energias das três bandas *p* correspondentes são encontradas a partir de (10.12), estabelecendo-se em zero a determinante

$$|(\varepsilon(\mathbf{k}) - E_p)\delta_{ij} + \beta_{ij} + \tilde{\gamma}_{ij}(\mathbf{k}) = 0, \quad \textbf{(10.30)}$$

onde

$$\begin{aligned} \tilde{\gamma}_{ij}(\mathbf{k}) &= \sum_{\mathbf{R}} e^{i\mathbf{k}\cdot\mathbf{R}}\gamma_{ij}(\mathbf{R}), \\ \gamma_{ij}(\mathbf{R}) &= -\int d\mathbf{r}\psi_i^*(\mathbf{r})\psi_j(\mathbf{r}-\mathbf{R})\Delta U(\mathbf{r}), \quad \textbf{(10.31)} \\ \beta_{ij} &= \gamma_{ij}(\mathbf{R}=0). \end{aligned}$$

[Um termo que multiplica $\varepsilon(\mathbf{k}) - E_p$, que origina correções muito pequenas análogas àquelas dadas pelo denominador de (10.15) no caso da banda *s*, foi omitido de (10.30).]

(a) Como consequência da simetria cúbica, mostre que

$$\begin{aligned} \beta_{xx} &= \beta_{yy} = \beta_{zz} = \beta, \\ \beta_{xy} &= 0. \end{aligned} \quad \textbf{(10.32)}$$

(b) Supondo que os $\gamma_{ij}(\mathbf{R})$ sejam desprezíveis, exceto para o vizinho mais próximo **R**, mostre que $\gamma_{ij}(\mathbf{k})$ é diagonal para uma rede de Bravais cúbica simples, tal que $x\phi(r)$, $y\phi(r)$, $z\phi(r)$ gerem cada um bandas independentes. [Note que este deixa de ser o caso se os $\gamma_{ij}(\mathbf{R})$ para o vizinho mais próximo **R** forem também mantidos.]

(c) Para uma rede de Bravais cúbica de face centrada com apenas o vizinho mais próximo γ_{ij} apreciável, mostre que as bandas de energia são dadas pelas raízes de

$$0 = \begin{vmatrix} \varepsilon(\mathbf{k}) - \varepsilon^0(\mathbf{k}) + 4\gamma_0 \cos\tfrac{1}{2}k_y a \cos\tfrac{1}{2}k_z a & -4\gamma_1 \operatorname{sen}\tfrac{1}{2}k_x a \operatorname{sen}\tfrac{1}{2}k_y a & -4\gamma_1 \operatorname{sen}\tfrac{1}{2}k_x a \operatorname{sen}\tfrac{1}{2}k_z a \\ -4\gamma_1 \operatorname{sen}\tfrac{1}{2}k_y a \operatorname{sen}\tfrac{1}{2}k_x a & \varepsilon(\mathbf{k}) - \varepsilon^0(\mathbf{k}) + 4\gamma_0 \cos\tfrac{1}{2}k_z a \cos\tfrac{1}{2}k_x a & -4\gamma_1 \operatorname{sen}\tfrac{1}{2}k_y a \operatorname{sen}\tfrac{1}{2}k_z a \\ -4\gamma_1 \operatorname{sen}\tfrac{1}{2}k_z a \operatorname{sen}\tfrac{1}{2}k_x a & -4\gamma_1 \operatorname{sen}\tfrac{1}{2}k_z a \operatorname{sen}\tfrac{1}{2}k_y a & \varepsilon(\mathbf{k}) - \varepsilon^0(\mathbf{k}) + 4\gamma_0 \cos\tfrac{1}{2}k_x a \cos\tfrac{1}{2}k_y a \end{vmatrix}$$

(10.33)

onde

$$\begin{aligned}
\varepsilon^0(\mathbf{k}) &= E_p - \beta - 4\gamma_2(\cos\tfrac{1}{2}k_x a\cos\tfrac{1}{2}k_z a + \cos\tfrac{1}{2}k_x a\cos\tfrac{1}{2}k_y a + \cos\tfrac{1}{2}k_y a\cos\tfrac{1}{2}k_z a),\\
\gamma_0 &= -\int d\mathbf{r}\,[x^2 - y(y-\tfrac{1}{2}a)]\phi(\mathbf{r})\phi([x^2+(y-\tfrac{1}{2}a)^2+(z-\tfrac{1}{2}a)^2]^{1/2})\Delta U(\mathbf{r}),\\
\gamma_1 &= -\int d\mathbf{r}\,x(y-\tfrac{1}{2}a)\phi(\mathbf{r})\phi([(x-\tfrac{1}{2}a)^2+(y-\tfrac{1}{2}a)^2+z^2]^{1/2})\Delta U(\mathbf{r}),\\
\gamma_2 &= -\int d\mathbf{r}\,x(x-\tfrac{1}{2}a)\phi(\mathbf{r})\phi([(x-\tfrac{1}{2}a)^2+(y-\tfrac{1}{2}a)^2+z^2]^{1/2})\Delta U(\mathbf{r}).
\end{aligned}$$

(10.34)

(d) Mostre que todas as três bandas são degeneradas em $\mathbf{k} = 0$ e que, quando $\mathbf{k}$ é direcionado ao longo de um eixo do cubo (ΓX) ou em uma diagonal do cubo (ΓL), há uma degeneração dupla. Esboce as bandas de energia (em analogia à Figura 10.6) ao longo dessas direções.

3. ***Prove que as funções de Wannier centradas em diferentes sítios da rede são ortogonais,***

$$\int \phi_n{}^*(\mathbf{r}-\mathbf{R})\phi_{n'}(\mathbf{r}-\mathbf{R}')d\mathbf{r} \propto \delta_{n,n'}\delta_{\mathbf{R},\mathbf{R}'}, \quad \mathbf{(10.35)}$$

recorrendo à ortonormalidade das funções de Bloch e à sua identidade (F.4) no Apêndice F. Mostre também que

$$\int d\mathbf{r}|\phi_n(\mathbf{r})|^2 = 1 \quad \mathbf{(10.36)}$$

se a integral de $|\psi_{nk}(\mathbf{r})|^2$ sobre uma célula primitiva for normalizada para a unidade.

11 Outros métodos para o cálculo de estrutura de bandas

Aproximação de elétron independente
Aspectos gerais de funções de onda de banda de valência
Método celular
Potenciais de muffin-tin
Método da onda plana ampliada (APW)
Método da função de Green (KKR)
Método da onda plana ortogonalizada (OPW)
Pseudopotenciais

Nos Capítulos 9 e 10, exploramos soluções aproximadas para a equação de Schrödinger de um elétron nos casos limitantes de elétrons quase livres e de ligação forte. Na maioria dos casos de interesse, a aproximação de ligação forte (ao menos na forma simples delineada no Capítulo 10) é adequada apenas para a representação de bandas que surgem dos níveis mais internos do íon, enquanto a aproximação de elétron quase livre não pode ser diretamente aplicada a nenhum sólido real.[1] O propósito deste capítulo é, portanto, descrever alguns dos métodos mais comuns utilizados realmente no cálculo de estruturas de banda real.

Comentamos no Capítulo 8 que, ao meramente escrevermos uma equação de Schrödinger separada[2]

$$\left(-\frac{\hbar^2}{2m}\nabla^2 + U(\mathbf{r})\right)\psi_{\mathbf{k}}(\mathbf{r}) = \varepsilon(\mathbf{k})\psi_{\mathbf{k}}(\mathbf{r}) \quad \mathbf{(11.1)}$$

para cada elétron já estamos simplificando muito o problema real de muitos elétrons *interagindo* em um potencial periódico. Em um tratamento exato, cada elétron não pode ser descrito pela função de onda determinada por uma equação de Schrödinger de partícula única, independentemente de todas as outras.

[1] No entanto, técnicas mais sofisticadas geralmente proporcionam uma análise muito próxima da aproximação de elétron quase livre em um potencial adequadamente modificado, conhecido como pseudopotencial (veja a seguir).
[2] Continuamos a suprimir a referência explícita ao índice de banda n, exceto quando isto levar à ambiguidade.

A aproximação de elétron independente de fato não omite inteiramente as interações elétron-elétron. Ela assume que a maioria de seus efeitos importantes pode ser levada em consideração com uma escolha suficientemente perspicaz para o potencial periódico $U(\mathbf{r})$ que aparece na equação de Schrödinger de um elétron. Assim, $U(\mathbf{r})$ contém não apenas o potencial periódico por causa dos íons somente, mas também efeitos periódicos devidos à interação dos elétrons [cuja função de onda encontra-se em (11.1)] com todos os outros elétrons. A última interação depende da configuração dos outros elétrons, ou seja, ela depende de *suas* funções de onda individuais, também determinadas por uma equação de Schrödinger da forma (11.1). Assim, para saber o potencial que se encontra em (11.1), deve-se primeiro conhecer todas as soluções para (11.1). Uma vez que, no entanto, para conhecer as soluções, é necessário conhecer o potencial, surgem alguns esforços matemáticos difíceis.

O procedimento mais simples (e, geralmente, o mais prático) é começar com uma suposição perspicaz, $U_0(\mathbf{r})$, para $U(\mathbf{r})$, calcular a partir de (1.11) as funções de onda para os níveis eletrônicos ocupados e, a partir destes, recalcular $U(\mathbf{r})$. Se o novo potencial $U_1(\mathbf{r})$ é o mesmo que (ou muito próximo de) $U_0(\mathbf{r})$, diz-se que foi atingida a *autoconsistência,* e toma-se $U = U_1$ para o potencial real. Se U_1 difere de U_0, repete-se o procedimento começando com U_1, tomando-se U_2 como o potencial real se ele estiver muito próximo de U_1 e, caso contrário, continuando com o cálculo de U_3. A esperança é de que este procedimento convergirá, produzindo por fim um potencial autoconsistente que se reproduz.[3]

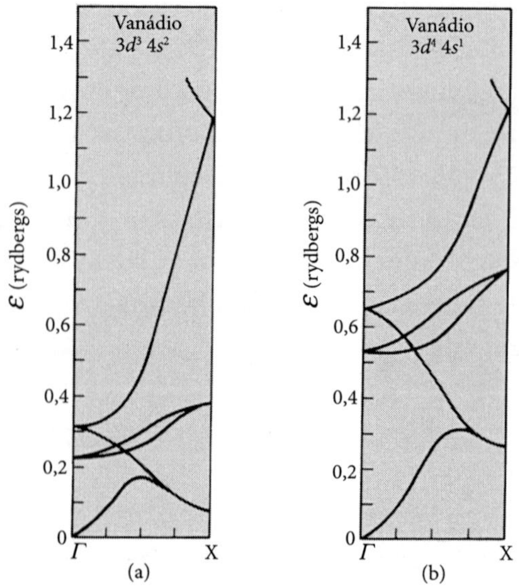

FIGURA 11.1

Bandas de energia para o vanádio, calculadas para duas escolhas possíveis de potencial cristalino $U(\mathbf{r})$. O vanádio é cúbico de corpo centrado e as bandas são representadas ao longo da direção [100] a partir da origem do contorno da zona de Brillouin. A estrutura atômica do vanádio é de cinco elétrons em torno de uma configuração de argônio de nível fechado. As bandas exibidas são as bandas derivadas 3*d* e 4*s* (e bandas mais altas). (a) As bandas são mostradas como calculadas em um $U(\mathbf{r})$, derivadas de uma suposta configuração $3d^3 4s^2$ para o vanádio atômico. (b) As bandas são exibidas com base em uma suposta configuração atômica $3d^4 4s^1$. (L. F. Matheiss. *Phys.Rev.*, A970, p. 134, 1964.)

[3] Deve-se lembrar, no entanto, que mesmo a solução autoconsistente ainda é apenas uma solução aproximada para o problema de muitos corpos, vastamente mais complexo.

Admitiremos neste capítulo (como nos Capítulos 8-10) que o potencial $U(\mathbf{r})$ é uma função conhecida; isto é, que estamos engajados na primeira etapa deste procedimento iterativo ou, por uma suposição feliz, que somos capazes de trabalhar com um $U(\mathbf{r})$ razoavelmente autoconsistente desde o início. A confiabilidade dos métodos que descreveremos é limitada não apenas pela precisão das soluções computadas para (11.1), que podem ser muito altas, mas também pela precisão com a qual formos capazes de estimar o potencial $U(\mathbf{r})$. O $\varepsilon_n(\mathbf{k})$ resultante mostra sensibilidade desconcertante a erros na construção do potencial, e geralmente ocorre de a precisão final da estrutura de banda computada ser limitada mais pelo problema de se encontrar o potencial do que pelas dificuldades de se solucionar a equação de Schrödinger (11.1) para dado U. Isto é notavelmente ilustrado na Figura 11.1.

Outro ponto a se enfatizar no início é que nenhum dos métodos que descreveremos pode ser realizado analiticamente, exceto nos exemplos unidimensionais mais simples. Todos exigem computadores modernos de alta velocidade para sua execução. O progresso no cálculo teórico de bandas de energia acompanhou o desenvolvimento de computadores maiores e mais rápidos, e os tipos de aproximações que se pode considerar são influenciados pelas técnicas computacionais disponíveis.[4]

ASPECTOS GERAIS DE FUNÇÕES DE ONDA DE BANDAS DE VALÊNCIA

Como os níveis baixos mais internos são bem descritos pelas funções de onda de ligação forte, os métodos de cálculo enfocam as bandas mais altas (que podem estar preenchidas, parcialmente preenchidas ou vazias). Essas bandas são chamadas, neste contexto, em contraste com as bandas em níveis mais internos de ligação forte, de *bandas de valência*.[5] As bandas de valência determinam o comportamento eletrônico de um sólido em uma variedade de circunstâncias, estando os elétrons nos níveis mais internos inertes para muitos propósitos.

A dificuldade essencial nos cálculos práticos das funções de onda e da energia da banda de valência revela-se quando se pergunta por que a aproximação do elétron quase livre do Capítulo 9 não pode ser aplicada às bandas de valência em um sólido real. Uma razão simples, mas superficial, é que o potencial não é pequeno. Podemos estimar aproximadamente que, ao menos no interior do centro do íon, $U(\mathbf{r})$ tem a forma coulômbica

$$\frac{-Z_a e^2}{r}, \quad \mathbf{(11.2)}$$

onde Z_a é o número atômico. A contribuição de (11.2) para os componentes de Fourier $U_{\mathbf{k}}$ na equação (9.2) será [veja a página 167 e a equação (17.73)]:

---

[4] Veja, por exemplo, P. M. Marcus; J. F. Janak; A. R. Williams. (eds.) *Computational methods in band theory*. Nova York: Plenum Press, 1971; B. Alder; S. Fernbach; M. Rotenburg (eds.). *Methods in computational physics: energy bands in solids*. v. 8. Nova York: Academic Press, 1968.

[5] Infelizmente, o mesmo termo, "banda de valência", é usado na teoria de semicondutores com um sentido muito mais restrito. Veja Capítulo 28.

$$U_K \approx -\left(\frac{4\pi Z_a e^2}{K^2}\right)\frac{1}{v}. \quad \textbf{(11.3)}$$

Se escrevermos isto como

$$|U_K| \approx \frac{e^2}{2a_0}\left(\frac{a_0^3}{v}\right)\frac{1}{(a_0K)^2}8\pi Z_a, \quad \frac{e^2}{2a_0} = 13.6\text{ eV}, \quad \textbf{(11.4)}$$

vemos que U_k pode ser da ordem de vários elétrons-volts para grande número de vetores **K** de rede recíproca, sendo, portanto, comparável às energias cinéticas que se encontram na equação (9.2). Desse modo, a suposição de que U_k é pequeno em comparação a tais energias cinéticas não é permissível.

Um olhar mais profundo nesta falha é propiciado pela consideração da natureza das funções de onda de níveis mais internos e de valência. As funções de onda desses níveis são apreciáveis apenas no entorno imediato do íon, onde elas têm a forma oscilatória característica das funções de onda atômicas (Figura 11.2a).

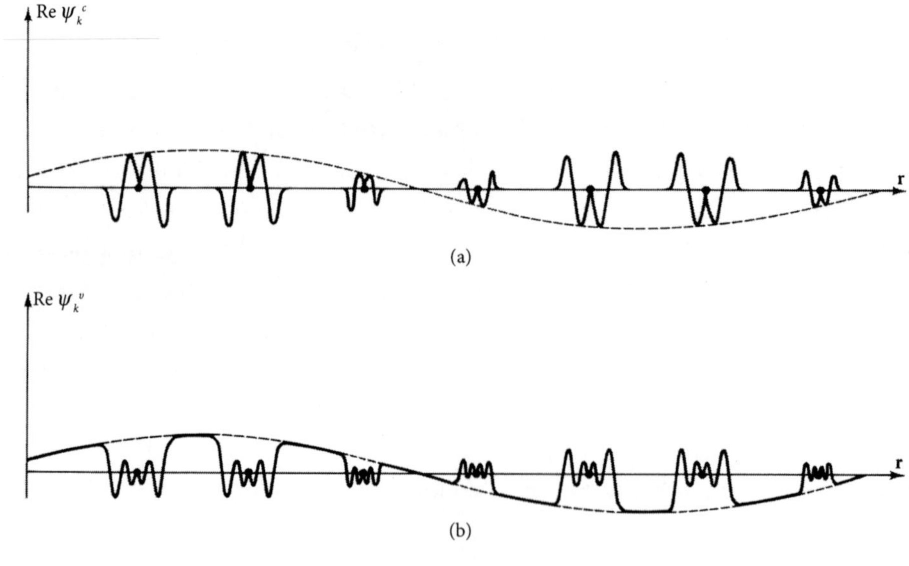

Figura 11.2

(a) Dependência espacial característica de uma função de onda dos níveis mais internos $\psi_k^c(\mathbf{r})$. A curva mostra Re ψ contra posição ao longo de uma linha de íons. Observe as oscilações atômicas características na vizinhança de cada íon. O envelope tracejado das partes atômicas é sinusoidal, com comprimento de onda $\lambda = 2\pi/k$. Entre sítios de rede, a função de onda é desprezivelmente pequena. (b) Dependência espacial característica de uma função de onda de valência $\psi_k^v(\mathbf{r})$. As oscilações atômicas ainda estão presentes na região mais interna. A função de onda não precisa ser de forma alguma pequena entre sítios da rede, mas é provável que varie lentamente e seja parecida com uma onda plana.

Essas oscilações são uma manifestação da alta energia cinética eletrônica nos níveis mais internos,[6] o que, em combinação à alta energia potencial negativa, produz a energia total desses níveis. Já que os níveis de valência têm energias totais mais altas do que os níveis na região mais interna, quando eles experimentam a mesma energia potencial negativa e grande que os elétrons dos níveis mais internos, os elétrons de valência devem ter energias cinéticas ainda mais altas. Assim, na região mais interna, as funções de onda de valência devem ser ainda mais oscilatórias do que as funções de onda dos níveis mais internos.

Pode-se também chegar a essa conclusão por um argumento aparentemente diferente: Os autoestados da mesma Hamiltoniana com autovalores diferentes devem ser ortogonais. Particularmente, qualquer função de onda de valência $\psi_k^u(r)$ e qualquer função de onda mais interna $\psi_k^c(r)$ devem satisfazer:

$$0 = \int d\mathbf{r}\psi_{\mathbf{k}}^{c}(\mathbf{r})^{*}\,\psi_{\mathbf{k}}^{v}(\mathbf{r}). \quad \mathbf{(11.5)}$$

As funções de onda nos níveis mais internos são apreciáveis apenas na vizinhança imediata do íon, logo a principal contribuição dessa integral deve vir de tal região mais interna. É suficiente considerar a contribuição a (11.5) da região mais interna de um único íon, pois o teorema de Bloch exige que a integrante seja a mesma de célula para célula. Nesta região mais interna, $\psi_{\mathbf{k}}^{v}(\mathbf{r})$ deve ter oscilações que cuidadosamente se entrelacem com aquelas de todos os $\psi_{\mathbf{k}}^{c}(\mathbf{r})$, de modo a fazer com que as integrais (11.5) desapareçam para todos os níveis da região mais interna.

Qualquer desses dois argumentos leva à conclusão de que uma função de onda de valência deve ter a forma ilustrada na Figura 11.2b. Se, no entanto, as funções de onda de valência têm uma estrutura oscilatória na escala da região mais interna, uma expansão de Fourier como (9.1) deve conter muitas ondas planas de comprimento de onda pequeno, ou seja, muitos termos com grandes vetores de onda. Assim, o método do elétron quase livre, que leva a uma função de onda aproximada composta de um número muito pequeno de ondas planas, deve ser insustentável.

De um modo ou de outro, todos os métodos de cálculo agora em uso são tentativas de se chegar à compreensão da necessidade das funções de onda de valência na região mais interna para a reprodução desta estrutura detalhada do tipo atômica. Ao mesmo tempo, encara-se o fato de que os níveis de valência não são do tipo de ligação forte, portanto, eles têm funções de onda apreciáveis nas regiões intersticiais.

---

[6] O operador de velocidade é $(\hbar/mi)\mathbf{V}$, o que significa que, quanto mais rapidamente uma função de onda varia em uma região, maior deve ser a velocidade eletrônica naquela região.

O MÉTODO CELULAR

A primeira tentativa séria de se calcular estruturas de banda (à parte o uso original que Bloch fez do método de ligação forte) foi o método celular de Wigner e Seitz.[7] O método começa observando que, por causa da relação de Bloch (8.6):

$$\psi_{\mathbf{k}}(\mathbf{r}+\mathbf{R}) = e^{i\mathbf{k}\cdot\mathbf{R}}\psi_{\mathbf{k}}(\mathbf{r}), \quad \mathbf{(11.6)}$$

é suficiente que se resolva a equação de Schrördinger (11.1) dentro de uma célula primitiva C_0. A função de onda pode, então, ser determinada por meio de (11.6) e qualquer outra célula primitiva a partir de seus valores em C_0.

No entanto, nem toda solução para (11.1) em C_0 leva deste modo a uma função de onda aceitável para todo o cristal, já que $\psi(\mathbf{r})$ e $\mathbf{V}\psi(\mathbf{r})$ devem ser contínuos à medida que $\mathbf{r}$ cruza a fronteira da célula primitiva.[8] Por causa de (11.6), esta condição pode ser expressa inteiramente em termos dos valores de ψ dentro e na superfície de C_0. É esta condição de contorno que introduz o vetor de onda $\mathbf{k}$ na solução celular e elimina todas as soluções, exceto aquelas para um conjunto discreto de energias, que são exatamente as energias de banda $\varepsilon = \varepsilon_n(\mathbf{k})$.

As condições de contorno dentro de C_0 são

$$\psi(\mathbf{r}) = e^{-i\mathbf{k}\cdot\mathbf{R}}\psi(\mathbf{r}+\mathbf{R}), \quad \mathbf{(11.7)}$$

e

$$\hat{\mathbf{n}}(\mathbf{r})\cdot\nabla\psi(\mathbf{r}) = e^{-i\mathbf{k}\cdot\mathbf{R}}\hat{\mathbf{n}}(\mathbf{r}+\mathbf{R})\cdot\nabla\psi(\mathbf{r}+\mathbf{R}), \quad \mathbf{(11.8)}$$

em que $\mathbf{r}$ e $\mathbf{r}+\mathbf{R}$ são ambos pontos na superfície da célula e $\hat{\mathbf{n}}$ é uma normal exterior (veja Problema 1).

O problema analítico é, então, resolver (11.1) dentro da célula primitiva C_0 sujeita a essas condições de contorno. Para preservar a simetria do cristal, toma-se a célula primitiva C_0 como a célula primitiva de Wigner-Seitz (Capítulo 4) centrada no ponto da rede $\mathbf{R} = 0$.

O que se descreveu acima é uma exata reafirmação do problema. A primeira aproximação do método celular é a substituição do potencial periódico $U(\mathbf{r})$ dentro da célula primitiva de Wigner-Seitz por um potencial $V(r)$ com simetria esférica em torno da origem (veja a Figura 11.3). Pode-se, por exemplo, escolher $V(r)$ para ser o potencial de um único íon na origem, ignorando-se o fato de que os vizinhos da origem também contribuirão

[7] E.P. Wigner; F. Seitz. *Phys. Rev.*, 43, p. 804, 1933; 46, p. 509, 1934.

[8] Se ψ ou $\nabla\psi$ fossem descontínuos na fronteira da célula, então $\nabla^2\psi$ teria singularidades (que são funções δ ou derivativas de funções δ) na fronteira. Como não há tais termos em $U\psi$ na fronteira, a equação de Schrödinger não poderia ser satisfeita.

com $U(\mathbf{r})$ dentro de C_0, especialmente nas imediações de seus contornos. Essa aproximação é feita inteiramente por razões práticas, isto é, para que se possa apresentar um problema computacional complicado de forma mais palatável.

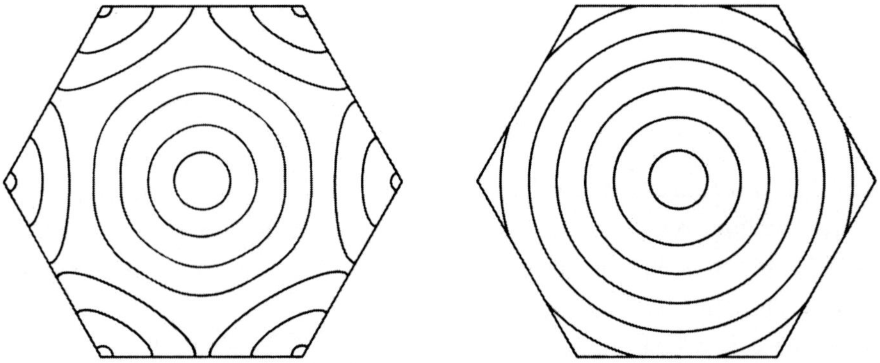

FIGURA 11.3

Equipotenciais [isto é, curvas de constante $U(\mathbf{r})$] em uma célula primitiva. Para o potencial cristalino real, eles terão simetria esférica próximo ao centro da célula, onde o potencial é dominado pela contribuição do íon central. Não importa quão próximo do contorno da célula o potencial desviará substancialmente da simetria esférica. O método celular aproxima o potencial para um potencial esfericamente simétrico em todo lugar dentro da célula, com equipotenciais como mostrado à direita.

Uma vez que um potencial esfericamente simétrico dentro de C_0 tenha sido determinado dentro da célula primitiva um conjunto completo de soluções para a equação de Schrödinger (11.1) apresentará a forma[9]

$$\psi_{lm}(\mathbf{r}) = Y_{lm}(\theta, \phi)\chi_l(r), \quad \textbf{(11.9)}$$

onde $Y_{lm}(\theta, \phi)$ são harmônicos esféricos e $\chi_l(r)$ satisfaz a equação diferencial comum

$$\chi_l''(r) + \frac{2}{r}\chi_l'(r) + \frac{2m}{\hbar^2}\left(\varepsilon - V(r) - \frac{\hbar^2}{2m}\frac{l(l+1)}{r^2}\right)\chi_l(r) = 0. \quad \textbf{(11.10)}$$

[9] Veja, por exemplo, D. Park. *Introduction to the quantum theory*. Nova York: McGraw-Hill, 1964. p. 516-519, ou qualquer outro livro de mecânica quântica. Há, no entanto, uma importante diferença em comparação ao caso atômico conhecido: na física atômica, a condição de contorno (que ψ desaparece no infinito) é também esfericamente simétrica e, consequentemente, um único termo da forma (11.9) fornece um estado estacionário (isto é, o momento angular é um bom número quântico). No presente caso (exceto pelo modelo esférico celular descrito a seguir), a condição de contorno não tem simetria esférica. Portanto, as funções de onda estacionárias serão da forma (11.11), com coeficientes que não desaparecem para diversos valores l e m distintos; ou seja, o momento angular não será um bom número quântico.

Dado o potencial $V(r)$ e dado *qualquer* valor de ε, há um único $\chi_{l,\varepsilon}$ que soluciona (11.10) e é regular na origem.[10] Estes $\chi_{l,\varepsilon}$ podem ser calculados numericamente, e é fácil manipular em máquinas as equações diferenciais comuns. Como nenhuma combinação linear de soluções para a equação de Schrödinger com a mesma energia é em si uma solução,

$$\psi(\mathbf{r},\varepsilon) = \sum_{lm} A_{lm} Y_{lm}(\theta,\phi)\chi_{l,\varepsilon}(r) \quad \mathbf{(11.11)}$$

resolverá (11.1) na energia ε para coeficientes arbitrários A_{lm}. No entanto, (11.11) apenas produzirá uma função de onda aceitável para o cristal se ele satisfizer as condições de contorno (11.7) e (11.8). É na imposição destas condições de contorno que o método celular faz sua próxima aproximação mais importante.

Para começar, tomam-se apenas tantos termos na expansão (11.11) quantos forem convenientes de se manejar nos cálculos.[11] Como há somente um número finito de coeficientes na expansão, podemos, para uma célula genérica, adequar a condição de contorno apenas a um conjunto finito de pontos em sua superfície. A imposição deste conjunto finito de condições de contorno (escolhido para ser tantos quantos forem os coeficientes desconhecidos) leva a um conjunto de equações homogêneas lineares dependentes de $\mathbf{k}$ para o A_{lm}, sendo os valores de ε para os quais a determinante dessas equações desaparece as energias requeridas $\varepsilon_n(\mathbf{k})$.

Assim, pode-se buscar pelos autovalores $\varepsilon_n(\mathbf{k})$ para cada $\mathbf{k}$ fixo. Alternativamente, pode-se fixar ε, fazer uma única integração numérica de (11.10) e, então, procurar por valores de $\mathbf{k}$ para os quais a determinante desaparece. Desde que não se tenha incorrido na infeliz escolha de ε em um gap de energia, esses valores de $\mathbf{k}$ sempre podem ser encontrados e, desse modo, as superfícies de energia constante podem ser mapeadas.

Diversas técnicas engenhosas foram utilizadas para minimizar o desacordo da função de onda nos contornos em virtude do fato de que as condições de contorno podem apenas ser impostas em um número finito de pontos; tal habilidade, e a habilidade dos computadores de manejar grandes determinantes, levaram a cálculos celulares de precisão muito alta,[12] que produziram estruturas de banda em acordo substancial com alguns dos outros métodos que vamos descrever.

---

[10] Essa afirmação pode ser um pouco dissonante para aqueles que, da física atômica, estão acostumados ao fato de que apenas um conjunto discreto de autovalores são encontrados em qualquer problema atômico, a saber, os níveis de energia do átomo para o momento angular l. Isto se dá porque, no problema atômico, temos a condição de contorno de que $\chi_l(r)$ desaparece à medida que $r \to \infty$. Aqui, estamos apenas interessados em χ_l dentro da célula de Wigner-Seitz, e tal condição adicional não é requerida; enfim, os valores permitidos de ε serão determinados pelas condições de contorno do cristal (11.7) e (11.8). A imposição disto de fato leva de volta a um conjunto discreto de energias: $\varepsilon_n(\mathbf{k})$.

[11] Confortado pela certeza de que por fim a expansão deve convergir, já que, para o momento angular l alto o suficiente, a função de onda será muito pequena em toda a célula.

[12] Especialmente por S. L. Altmann e colaboradores (veja *Proc. Roy. Soc.*, A244, p. 141, 153, 1958).

A aplicação mais famosa do método celular é o cálculo original de Wigner e Seitz do nível de mais baixa energia na banda de valência do metal sódio. Como a base da banda está em $\mathbf{k} = 0$, o fator exponencial desaparece das condições de contorno (11.7) e (11.8). Wigner e Seitz fizeram a aproximação adicional de se substituir a célula primitiva de Wigner-Seitz por uma esfera de raio r_0 com o mesmo volume, atingindo assim uma condição de contorno com a mesma simetria esférica do potencial $V(r)$. Eles podiam, então, exigir consistentemente que a própria solução $\psi(\mathbf{r})$ tivesse simetria esférica, o que requer que apenas o único termo $l = 0$, $m = 0$ seja mantido em (11.11). Sob essas condições, as condições de contorno reduzem-se para

$$\chi_0'(r_0) = 0. \quad \textbf{(11.12)}$$

Assim, as soluções da equação individual (11.10) para $l = 0$, sujeita à condição de contorno (11.12), fornecem as funções de onda celulares e energias esfericamente simétricas.

Observe que o problema tem a mesma forma do problema atômico, exceto pelo fato de que a condição de contorno atômica — que a função de onda desapareça no infinito — é substituída pela condição de contorno celular — que a função de onda tenha uma derivada radial que desaparece em r_0. As funções de onda celular e atômica de $3s^1$ são representadas juntas na Figura 11.4. Note que a função de onda celular é maior do que a atômica na região intersticial, mas difere-se dela muito pouco na região mais interna.

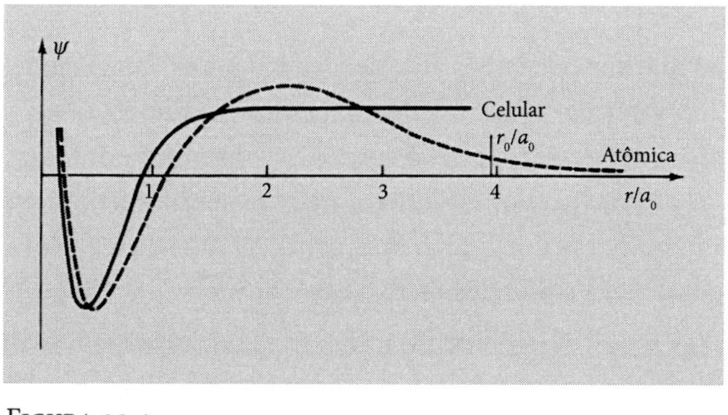

FIGURA 11.4

Comparação de funções de onda $3s^1$ celular (curva sólida) e atômica (curva tracejada) para o sódio.

Há, talvez, duas dificuldades principais com o método celular:

1. As dificuldades computacionais envolvidas na satisfação numérica de uma condição de contorno sobre a superfície da célula primitiva de Wigner-Seitz, uma estrutura poliédrica um tanto complexa;

2. O argumento fisicamente questionável de que um potencial que representa um íon isolado seja a melhor aproximação do potencial correto dentro de toda a célula primitiva de Wigner-Seitz. Em particular, o potencial empregado nos cálculos celulares tem derivada descontínua sempre que o contorno entre duas células é cruzado (Figura 11.5), ao passo que, na realidade, o potencial é um tanto plano em tais regiões.

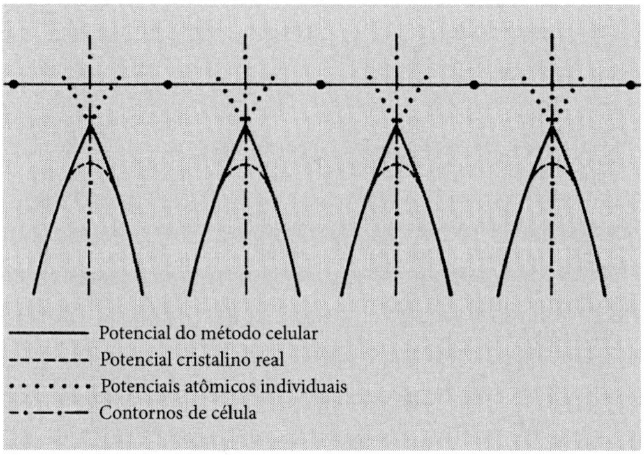

FIGURA 11.5

O potencial do método celular tem derivada descontínua entre pontos da rede, mas o potencial real aqui é bastante plano.

Um potencial que supere ambas as objeções é o *potencial muffin-tin*, que é utilizado para representar um íon isolado dentro de uma esfera de raio r_0 especificado em torno de cada ponto da rede e tomado como zero (ou seja, constante) em todos os outros lugares (com r_0 pequeno o bastante para que as esferas não se superponham)(veja a Figura 11.6). O potencial muffin-tin mitiga os dois problemas, sendo plano nas regiões intersticiais e levando a condições equiparadas em uma superfície esférica, não poliédrica.

Formalmente, o potencial muffin-tin pode ser definido (para todo **R**) como:

$$\begin{aligned} U(\mathbf{r}) &= V(|\mathbf{r}-\mathbf{R}|), \quad \text{quando} |\mathbf{r}-\mathbf{R}| < r_0 \quad \textit{(a região dos níveis mais internos ou atômica)}, \\ &= V(r_0) = 0, \quad \text{quando} |\mathbf{r}-\mathbf{R}| > r_0 \quad \textit{(a região intersticial)}, \end{aligned}$$

(11.13)

onde r_0 é menos da metade da distância do vizinho mais próximo.[13]

[13] Frequentemente, r_0 é considerado metade da distância do vizinho mais próximo; isto é, a esfera é a esfera inscrita na célula de Wigner-Seitz. Há pequenas complicações técnicas na análise daquele caso, o que evitamos ao exigir que r seja menor do que aquela distância.

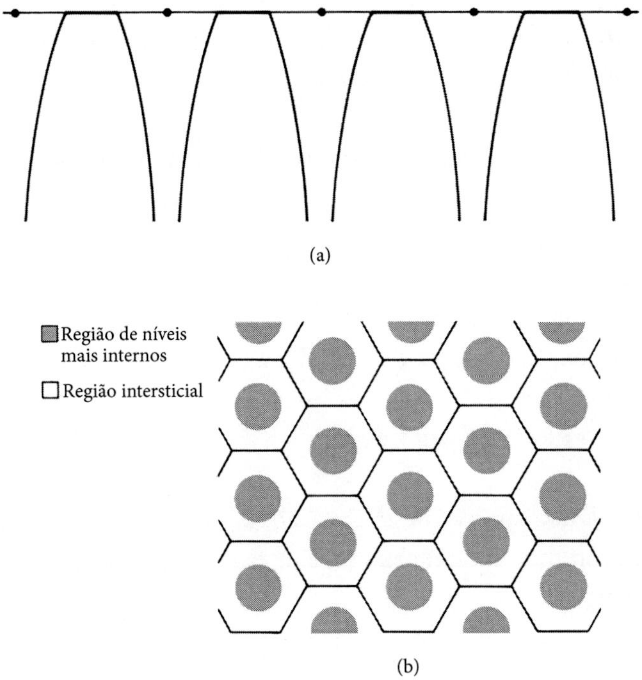

FIGURA 11.6

(a) O potencial muffin-tin, representado ao longo de uma linha de íons. (b) O potencial muffin-tin é constante (zero) nas regiões intersticiais e representa um íon isolado em cada região de níveis mais internos.

Se concordarmos que a função $V(r)$ é zero quando seu argumento excede r_0, podemos representar $U(\mathbf{r})$ de modo tão simples quanto

$$U(\mathbf{r}) = \sum_{\mathbf{R}} V(|\mathbf{r} - \mathbf{R}|). \quad \mathbf{(11.14)}$$

Dois métodos são de ampla utilização para o cálculo das bandas em um potencial muffin-tin: o método de onda plana ampliada (do inglês, APW, *augmented plane waves*) e o método de Korringa, Kohn e Rostoker (KKR).

O MÉTODO DE ONDA PLANA AMPLIADA (APW)

Esta abordagem, proposta por J. C. Slater,[14] representa $\psi_{\mathbf{k}}(\mathbf{r})$ como a superposição de um número finito de ondas planas na região intersticial lisa, enquanto a obriga a ter um

[14] *Phys. Rev.*, 51, p. 846, 1937.

comportamento atômico oscilatório mais rápido na região mais interna. Isso é alcançado pela expansão de $\psi_{k,\varepsilon}$ em um conjunto de *ondas planas ampliadas.*[15] O $\phi_{k,\varepsilon}$ APW é definido como:

1. $\phi_{k,\varepsilon} = e^{i\mathbf{k}\cdot\mathbf{r}}$ na região intersticial. É importante observar que não há restrição em relação a ε e **k** (por exemplo, $\varepsilon = \hbar^2k^2/2m$). Pode-se definir um APW para qualquer energia ε e qualquer vetor de onda **k**. *Assim, qualquer APW individual não satisfaz a equação cristalina de Schrödinger para a energia ε na região intersticial*;

2. $\phi_{k,\varepsilon}$ é *contínuo* no contorno entre regiões atômicas e intersticiais;

3. Na região atômica em torno de **R**, $\phi_{k,\varepsilon}$ satisfaz a equação atômica de Schrödinger:

$$-\frac{\hbar^2}{2m}\nabla^2\phi_{k,\varepsilon}(\mathbf{r}) + V(|\mathbf{r}-\mathbf{R}|)\phi_{k,\varepsilon}(\mathbf{r}) = \varepsilon\phi_{k,\varepsilon}(\mathbf{r}), \quad |\mathbf{r}-\mathbf{R}| < r_0. \quad \textbf{(11.15)}$$

Uma vez que **k** não aparece nesta equação, $\phi_{k,\varepsilon}$ obtém sua dependência de **k** apenas por meio da condição de contorno (2) e da dependência de **k** determinada por (1) na região intersticial.

Pode-se mostrar que essas condições determinam um $\phi_{k,\varepsilon}$ APW único para todo **k** e ε. Observe que, na região intersticial, o APW satisfaz não a (11.15), mas a $H\phi_{k,\varepsilon} = (\hbar^2k^2/2m)\,\phi_{k,\varepsilon}$. Note também que, em geral, $\phi_{k,\varepsilon}$ terá derivada descontínua no contorno entre regiões atômicas e intersticiais, de tal forma que $\nabla^2\phi_{k,\varepsilon}$ terá singularidades de função delta ali.

O método APW tenta aproximar a solução correta para a equação cristalina de Schrödinger (11.1) por uma superposição de APWs, todos com a mesma energia. Para qualquer vetor **K** de rede recíproca, o $\phi_{k+K,\varepsilon}$ APW satisfaz a condição de Bloch com vetor de onda **k** (Problema 2) e, portanto, a expansão de $\psi_k(\mathbf{r})$ será da forma

$$\psi_k(\mathbf{r}) = \sum_K c_K \phi_{k+K,\varepsilon(k)}(\mathbf{r}), \quad \textbf{(11.16)}$$

onde a soma se dá sobre vetores da rede recíproca.

Tomando-se a energia de APW como energia real do nível de Bloch, garantimos que $\psi_k(\mathrm{r})$ satisfaça a equação cristalina de Schrödinger na região intersticial[16] e no contorno. Na prática, pode-se utilizar até centenas de APWs; quando este estágio for alcançado, $\varepsilon(\mathbf{k})$ não varia notavelmente quando mais APWs são adicionados e sente-se, com certa segurança, que boa convergência foi alcançada.

[15] Acrescentamos a energia de um nível como um índice inferior adicional quando sua especificação explícita ajuda a evitar possíveis ambiguidades.

[16] Advertimos o leitor a não cair na armadilha de pensar que as soluções exatas para $-\hbar^2/2m\nabla^2\psi = \varepsilon\psi$ na região de formato complexo, em que o potencial de muffin-tin é plano, devem ser combinações lineares de ondas planas $e^{i\mathbf{k}\cdot\mathbf{r}}$ com $\varepsilon = \hbar^2k^2/2m$.

Como cada APW tem derivada descontínua no contorno das regiões atômicas e intersticiais, é melhor trabalhar não com a equação de Schrödinger, mas com um princípio variacional equivalente:

Dada qualquer função $\psi(\mathbf{r})$ *diferenciável* (mas não necessariamente duas vezes diferenciável),[17] define-se a energia funcional:

$$E[\psi] = \frac{\int \left(\frac{\hbar^2}{2m} |\nabla\psi(\mathbf{r})|^2 + U(\mathbf{r})|\psi(\mathbf{r})|^2 \right) d\mathbf{r}}{\int |\psi(\mathbf{r})|^2 d\mathbf{r}}. \quad \textbf{(11.17)}$$

Pode ser demonstrado[18] que uma solução para a equação de Schrödinger (11.1) que satisfaça a condição de Bloch com vetor de onda **k** e energia $\varepsilon(\mathbf{k})$ torna (11.17) estacionária em relação a funções diferenciáveis $\psi(\mathbf{r})$ que satisfaçam a condição de Bloch com vetor de onda **k**. O valor de $E[\psi_{\mathbf{k}}]$ é exatamente a energia $\varepsilon(\mathbf{k})$ do nível $\psi_{\mathbf{k}}$.

O princípio variacional é explorado com a utilização da expansão APW (11.16) para se calcular $E[\psi_{\mathbf{k}}]$. Isto leva à aproximação a $\varepsilon(\mathbf{k}) = E[\psi_{\mathbf{k}}]$ que depende dos coeficientes c_K. A exigência de que $E[\psi_{\mathbf{k}}]$ seja estacionário leva às condições $\partial E/\partial c_K = 0$, que formam um conjunto de equações homogêneas no c_K. Os coeficientes neste conjunto de equações dependem do procurado por energia $\varepsilon(\mathbf{k})$, tanto mediante a dependência em $\varepsilon(\mathbf{k})$ nos APWs quanto porque o valor de $E[\psi_{\mathbf{k}}]$ no ponto estacionário é $\varepsilon(\mathbf{k})$. Estabelecendo-se a determinante desses coeficientes como igual a zero, chega-se a uma equação cujas raízes determinam o $\varepsilon(\mathbf{k})$.

Como no caso celular, é frequentemente preferível trabalhar com um conjunto de APWs de energia definida e buscar pelo **k** no qual a determinante secular desaparece, mapeando deste modo as superfícies de energia constante no espaço **k**. Com modernas técnicas de computação, parece possível incluir ondas planas ampliadas suficientes para se atingir excelente convergência,[19] e o método APW é um dos esquemas mais bem-sucedidos para o cálculo de estrutura de banda.[20]

Na Figura 11.7, mostramos porções das bandas de energia para alguns elementos metálicos, como calculado por S. F. Mattheiss utilizando o método APW. Um dos resultados interessantes desta análise foi definir como as bandas no zinco, que tem um subnível atômico *d* preenchido, assemelham-se a bandas de elétron livre. Uma comparação das curvas de Mattheiss para o titânio com os cálculos celulares de Altmann (Figura 11.8) deve instilar um saudável sentido de cautela: apesar de haver similaridades reconhecíveis, há diferenças

[17] A função ψ pode ter uma dobra na qual $\nabla\psi$ é descontínuo.

[18] Para uma prova simples (e uma exposição detalhada do princípio variacional) veja o Apêndice G.

[19] Em alguns casos, um número muito pequeno de APWs é suficiente para fornecer convergência razoável, pelas mesmas razões do caso da onda plana ortogonalizada e dos métodos pseudopotenciais, discutidos a seguir.

[20] Detalhes completos do método, além de exemplos de programas de computador podem até ser encontrados em forma de livro: T. L. Loucks. *Augmented plane wave method*. Menlo Park: W. A. Benjamin, 1967.

bem perceptíveis. Elas se devem provavelmente mais às diferenças em escolha do potencial do que à validade dos métodos de cálculos, mas servem para indicar que se deve ter cautela na utilização dos resultados de cálculos de primeiros princípios de estrutura de banda.

A abordagem alternativa ao potencial de muffin-tin é proporcionado por um método proposto por Korringa, Kohn e Rostoker.[21] Esta abordagem tem início na forma integral da equação de Schrödinger[22]

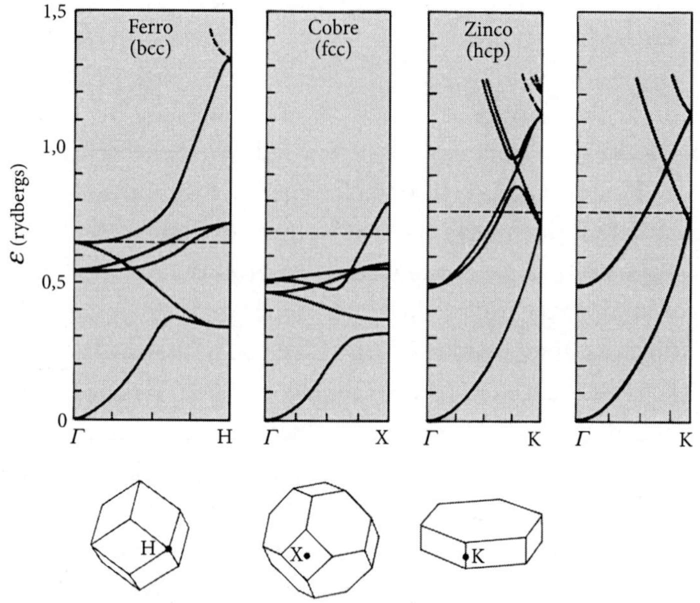

Figura 11.7

Bandas de energia APW para ferro, cobre e zinco, calculadas por L. F. Mattheiss. *Phys. Rev.*, 134, p. A970 , 1964. As bandas são representadas a partir da origem do espaço **k** para os pontos indicados nas superfícies das zonas. Observe a surpreendente semelhança entre as bandas calculadas do zinco e as bandas de elétron livre (desenhadas à direita). O zinco tem dois elétrons *s* fora de uma configuração de nível fechado. As linhas horizontais tracejadas marcam a energia de Fermi.

$$\psi_{\mathbf{k}}(\mathbf{r}) = \int d\mathbf{r}' G_{\mathcal{E}(\mathbf{k})}(\mathbf{r} - \mathbf{r}')U(\mathbf{r}')\psi_{\mathbf{k}}(\mathbf{r}'), \quad \mathbf{(11.18)}$$

onde a integral se dá sobre todo o espaço e

[21] J. Korringa. *Physica*, 13, p. 392, 1947; W. Kohn; N. Rostoker. *Phys. Rev.*, 94, p. 1.111, 1954.

[22] A equação (11.18) é o ponto de partida para a teoria elementar do espalhamento. O fato de ela ser equivalente à equação comum de Schrödinger (11.1) resulta (Capítulo 17, Problema 3) de que *G* satisfaz $(\varepsilon + \hbar^2\nabla^2/2m)$ $G(\mathbf{r} - \mathbf{r}') = \delta(\mathbf{r} - \mathbf{r}')$. Para uma discussão elementar desses fatos, veja, por exemplo, D. S. Saxon. *Elementary quantum mechanics*. San Francisco: Holden-Day, 1968. p. 360 et seq. Na teoria do espalhamento, costuma-se incluir um termo não homogêneo $e^{i\mathbf{k}\cdot\mathbf{r}}$ em (11.18), onde $\hbar k = \sqrt{2m\varepsilon}$, para satisfazer a condição de contorno adequada a uma onda plana que chega. Aqui, no entanto, a condição de contorno é a relação de Bloch, satisfeita por (11.18) sem um termo não homogêneo.

$$G_\varepsilon(\mathbf{r}-\mathbf{r}') = -\frac{2m}{\hbar^2}\frac{e^{iK|\mathbf{r}-\mathbf{r}'|}}{4\pi|\mathbf{r}-\mathbf{r}'|},$$
$$K = \sqrt{2m\varepsilon/\hbar^2}, \qquad \varepsilon > 0,$$
$$= i\sqrt{2m(-\varepsilon)/\hbar^2}, \qquad \varepsilon < 0. \quad \mathbf{(11.19)}$$

Substituindo a forma (11.14) pelo potencial de muffin-tin em (11.18) e alterando as variáveis $\mathbf{r}'' = \mathbf{r}' - \mathbf{R}$ em cada termo da soma resultante, podemos reescrever (11.18) como

$$\psi_{\mathbf{k}}(\mathbf{r}) = \sum_{\mathbf{R}} \int d\mathbf{r}'' G_{\varepsilon(\mathbf{k})}(\mathbf{r}-\mathbf{r}''-\mathbf{R})V(r'')\psi_{\mathbf{k}}(\mathbf{r}''+\mathbf{R}). \quad \mathbf{(11.20)}$$

A condição de Bloch fornece $\psi_{\mathbf{k}}(\mathbf{r}''+\mathbf{R}) = e^{i\mathbf{k}\cdot\mathbf{R}}\psi_{\mathbf{k}}(\mathbf{r}'')$, e podemos, portanto, reescrever (11.20)(substituindo $\mathbf{r}''$ por $\mathbf{r}'$):

$$\psi_{\mathbf{k}}(\mathbf{r}) = \int d\mathbf{r}' \mathcal{G}_{\mathbf{k},\varepsilon(\mathbf{k})}(\mathbf{r}-\mathbf{r}')V(r')\psi_{\mathbf{k}}(\mathbf{r}'), \quad \mathbf{(11.21)}$$

onde

$$\mathcal{G}_{\mathbf{k},\varepsilon}(\mathbf{r}-\mathbf{r}') = \sum_{\mathbf{R}} G_\varepsilon(\mathbf{r}-\mathbf{r}'-\mathbf{R})e^{i\mathbf{k}\cdot\mathbf{R}}. \quad \mathbf{(11.22)}$$

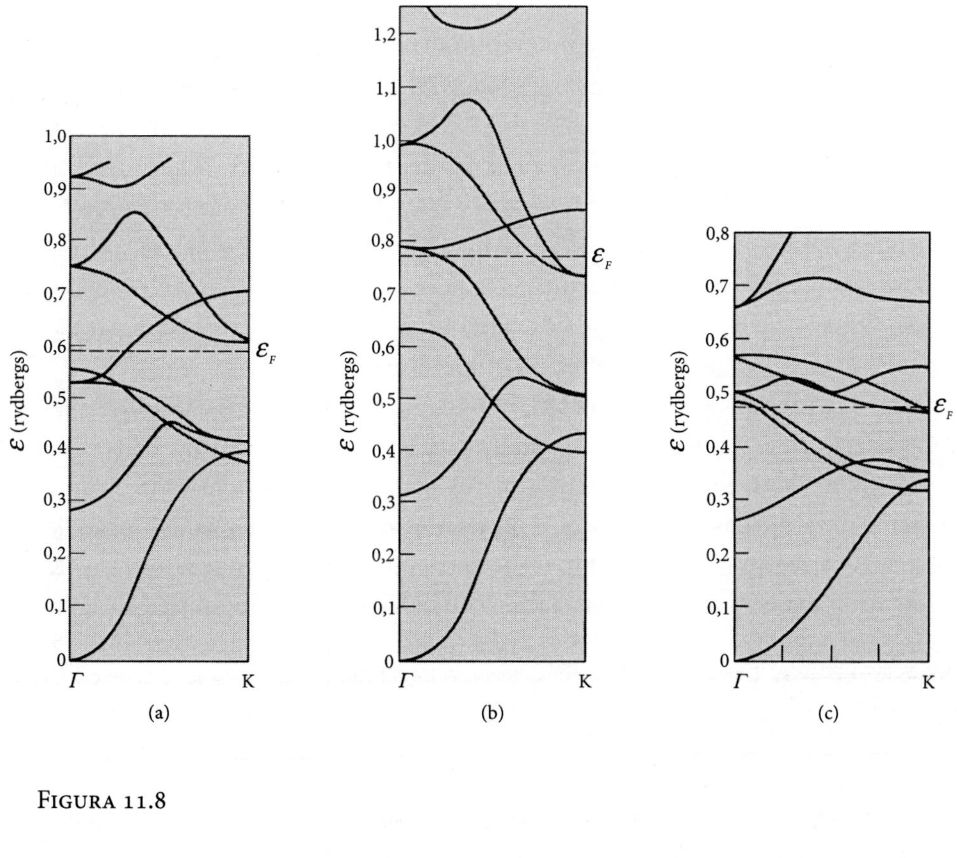

Figura 11.8

Três estruturas de banda calculadas para o titânio. As curvas (a) e (b) foram calculadas pelo método celular para dois potenciais possíveis e extraídas de S. L. Altmann. *Soft X-ray band spectra*. D.Fabian (ed.). Londres: Academic Press, 1968. A curva (c) é do cálculo APW de Mattheis.

A equação (11.21) tem o agradável aspecto de que *toda* a dependência, tanto no vetor de onda **k** como na estrutura cristalina, está contido na função $G_{\mathbf{k},\varepsilon}$, que pode ser calculada, de uma vez por todas, para uma variedade de estruturas cristalinas para valores especificados de ε e **k**.[23] É demonstrado no Problema 3 que a equação (11.21) implica que, na esfera de raio r_0, os valores de $\psi_{\mathbf{k}}$ são restringidos para satisfazer a seguinte equação integral:

$$0 = \int d\Omega' \left[\mathcal{G}_{\mathbf{k},\varepsilon(\mathbf{k})}(r_0\theta\phi, r_0\theta'\phi') \frac{\partial}{\partial r}\psi(r\theta'\phi')\Big|_{r=r_0} - \psi(r_0\theta'\phi')\frac{\partial}{\partial r}\mathcal{G}_{\mathbf{k},\varepsilon(\mathbf{k})}(r_0\theta\phi, r\theta'\phi')\Big|_{r=r_0} \right]. \quad \mathbf{(11.23)}$$

Uma vez que a função $\psi_{\mathbf{k}}$ é contínua, ela mantém a forma determinada pelo problema atômico [equações (11.9) a (11.11)] em r_0. A aproximação do método KKR (que é exato para o potencial muffin-tin até este ponto) é admitir que $\psi_{\mathbf{k}}$ será fornecido em um grau razoável de precisão, mantendo-se apenas um número finito (digamos, N) de harmônicas esféricas na expansão (11.11). Colocando esta expansão truncada em (11.23), multiplicando-a por $Y_{lm}(\theta,\phi)$ e integrando o resultado sobre o ângulo do sólido $d\theta\, d\phi$ para todos os l e m que apareçam na expansão truncada, obtemos um conjunto de N equações lineares para o A_{lm} que aparece na expansão (11.11). Os coeficientes nestas equações dependem de $\varepsilon(\mathbf{k})$ e **k** por meio de $G_{\mathbf{k},\varepsilon(\mathbf{k})}$ e da função de onda radial $\chi_{l,\varepsilon}$ e sua derivada $\chi'_{l,\varepsilon}$. O estabelecimento da determinante $N \times N$ dos coeficientes igual a zero mais uma vez fornece uma equação que determina a relação entre ε e **k**. Como nos métodos descritos anteriormente, pode-se procurar por valores de ε fornecendo-se uma solução para **k** fixo ou fixando-se ε e mapeando-se a superfície no espaço **k** na qual a determinante desaparece, o que, então, fornecerá a superfície de energia constante $\varepsilon(\mathbf{k}) = \varepsilon$.

Tanto o método KKR quanto o APW podem ser considerados técnicas que, se realizadas exatamente para o potencial muffin-tin, levariam a condições determinantes de ordem infinita. Tais condições são, então, aproximadas mediante a tomada de uma subdeterminante finita apenas. No método APW, o truncamento está em **K**; a função de onda é aproximada na região intersticial. Em KKR, por outro lado, a soma de todos os **K** é efetivamente realizada quando $G_{\mathbf{k},\varepsilon}$ é calculado.[24] Ao invés disso, a aproximação se dá na forma

[23] Para se fazer a soma **R**, utilizam-se as mesmas técnicas de cálculo das energias de rede de cristais iônicos (Capítulo 20).

[24] Não é necessário calcular $G_{\mathbf{k},\varepsilon}$ para todos os valores de **r**, mas apenas as integrais

$$\int d\Omega\, d\Omega'\, Y_{lm}{}^*(\theta\phi)\mathcal{G}_{\mathbf{k},\varepsilon}(r_0\theta\phi, r_0\theta'\phi')Y_{l'm'}(\theta'\phi') \text{ e}$$

Elas foram tabuladas para diversas estruturas cristalinas sobre uma faixa de valores de ε e de **k**, com r_0 geralmente considerado o raio de uma esfera inscrita em uma célula de Wigner-Seitz.

da função de onda na região atômica. Em ambos os casos, o procedimento converge bem se muitos termos forem suficientemente mantidos. Na prática, o método KKR parece exigir menos termos na expansão esférica harmônica do que a técnica APW requer na expansão **K**. Quando os métodos APW e KKR são aplicados ao mesmo potencial muffin-tin, eles fornecem resultados com concordância substancial.

Os resultados de um cálculo KKR para as bandas derivadas $3s^2$ e $3p^1$ do alumínio são exibidos na Figura 11.9. Observe a extraordinária semelhança das bandas calculadas nos níveis de elétrons livres, representados por linhas pontilhadas na mesma figura. Os únicos efeitos discerníveis da interação entre elétrons e íons são, como previsto pela teoria do elétron quase livre, dividir as degenerações de banda. Esta é uma ilustração surpreendente de nossa observação (veja a página 152) de que metais cuja configuração eletrônica consista de um número pequeno de elétrons *s* e *p* fora de uma configuração de gás raro têm estruturas de bandas que podem ser reproduzidas muito bem pelas bandas de elétron quase livre. Os próximos dois métodos abordados tentam esclarecer este fato notável.

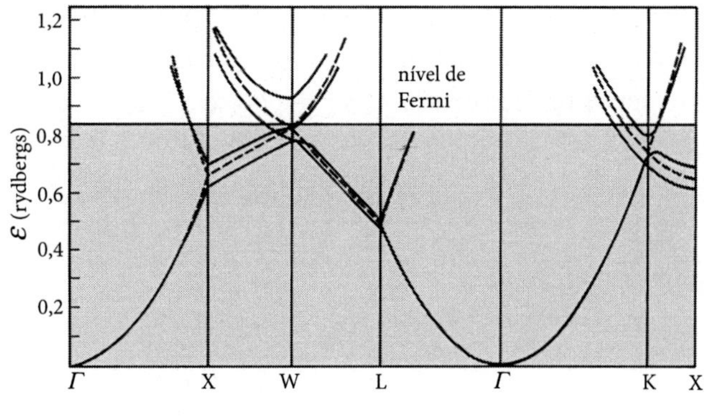

FIGURA 11.9

Bandas de valência calculadas para o alumínio (três elétrons fora de uma configuração de neônio com nível fechado comparadas com bandas de elétrons *livres* (linhas tracejadas). As bandas são calculadas pelo método KKR. (B. Segall. *Phys.Rev.*, 124, p. 1797, 1961.)

MÉTODO DA ONDA PLANA ORTOGONALIZADA (OPW, *orthogonalized plane-wave method*)

Um método alternativo de combinação de oscilações rápidas na região mais interna do íon, com comportamento parecido ao de onda plana intersticialmente, é o método de ondas planas ortogonalizadas, proposto por Herring.[25] O método OPW *não* requer que um potencial muffin-tin torne os cálculos factíveis, sendo, portanto, de particular valor quando se insiste em utilizar um potencial não adulterado. Além disso, o método permite alguma compreensão do motivo de a aproximação de elétron quase livre prever tão notavelmente bem as estruturas de bandas de uma variedade de metais.

Começamos por distinguir explicitamente os elétrons de níveis mais internos dos elétrons de valência. As funções de onda dos níveis mais internos estão bem localizadas em

[25] C. Herring. *Phys. Rev.*, 57, p. 1.169, 1940.

torno dos sítios da rede. Os elétrons de valência, por outro lado, podem ser encontrados com grande probabilidade nas regiões intersticiais, nas quais nossa esperança é de que suas funções de onda sejam bem aproximadas, de modo que representem um número muito pequeno de ondas planas. Ao longo desta e da próxima seção, anexaremos os índices inferiores c ou v às funções de onda para indicar se elas descrevem níveis mais internos ou de valência.

A dificuldade com a aproximação de uma função de onda de valência por meio de poucas ondas planas *em todo lugar* no espaço (como no método do elétron quase livre) é que, com isso, não se produz o comportamento oscilatório rápido exigido na região mais interna. Herring observou que isso poderia ser resolvido com a utilização não de ondas planas simples, mas de ondas planas ortogonalizadas nos níveis mais internos desde o começo. Assim, definimos a onda plana *ortogonalizada* (OPW) ϕ_{k} por:

$$\phi_{\mathrm{k}} = e^{i\mathbf{k}\cdot\mathbf{R}} + \sum_c b_c \psi_{\mathrm{k}}^c(\mathbf{r}), \quad \mathbf{(11.24)}$$

onde a soma se dá sobre *todos* os níveis mais internos com vetor de onda de Bloch **k**. Supõe--se que as funções de onda desses níveis sejam conhecidas (geralmente, elas são consideradas combinação de ligação forte de níveis atômicos calculados) e que as constantes b_c são determinadas exigindo-se que ϕ_{k} seja ortogonal a todo nível mais interno:[26]

$$\int d\mathbf{r}\psi_{\mathrm{k}}^c{}^*(\mathbf{r})\phi_{\mathrm{k}}(\mathbf{r}) = 0, \quad \mathbf{(11.25)}$$

o que implica que

$$b_c = -\int d\mathbf{r}\psi_{\mathrm{k}}^c{}^*(\mathbf{r})e^{i\mathbf{k}\cdot\mathbf{R}}. \quad \mathbf{(11.26)}$$

O OPW ϕ_{k} tem as seguintes propriedades características de funções de onda de nível de valência:

1. Por sua explícita construção, é ortogonal a todos os níveis mais internos. Portanto, também tem as oscilações rápidas exigidas na região mais interna. Isso fica particularmente evidente a partir de (11.24), já que as próprias funções de onda de níveis mais internos $\psi_k^c(\mathbf{r})$ que aparecem em ϕ_{k} oscilam na região mais interna.

2. Como os níveis mais internos estão localizados em torno dos pontos de rede, o segundo termo em (11.24) é pequeno na região intersticial, onde ϕ_{k} está bem próximo da onda plana individual $e^{i\mathbf{k}\cdot\mathbf{r}}$.

Uma vez que a onda plana $e^{i\mathbf{k}\cdot\mathbf{r}}$ e as funções de onda dos níveis mais internos $\psi_k^c(\mathbf{r})$ satisfazem a condição de Bloch com vetor de onda **k**, também o fará o ϕ_{k} OPW. Podemos,

[26] Supomos que a condição de normalização $\int d\mathbf{r}\, |\psi_{\mathrm{k}}^c|^2 = 1$. Observe que ϕ_{k} é também ortogonal a $\psi_{\mathrm{k}'}^c$, com $\mathbf{k}' \neq \mathbf{k}$ em virtude da condição de Bloch.

portanto, como no método APW, procurar por uma expansão dos autoestados eletrônicos reais da equação de Schrödinger como combinações lineares de OPWs:

$$\psi_{\mathbf{k}} = \sum_{\mathbf{K}} c_{\mathbf{K}} \phi_{\mathbf{k}+\mathbf{K}}. \quad \textbf{(11.27)}$$

Como no método APW, podemos determinar os coeficientes $c_{\mathbf{k}}$ em (11.27) e as energias $\varepsilon(\mathbf{k})$ inserindo (11.27) no princípio variacional (11.17) e exigindo que as derivadas da expressão resultante em relação a todos os c_ks desapareçam. O potencial cristalino $U(\mathbf{r})$ entrará no problema secular resultante apenas mediante seus elementos matriciais de OPW:

$$\int \phi^*_{\mathbf{k}+\mathbf{K}}(\mathbf{r}) U(\mathbf{r}) \phi_{\mathbf{k}+\mathbf{K}'}(\mathbf{r}) d\mathbf{r}. \quad \textbf{(11.28)}$$

O método OPW deve seu sucesso ao fato de que, embora os elementos matriciais de onda plana de *U* sejam grandes, seus elementos matriciais OPW acabam sendo muito menores. Portanto, apesar de ser impossível tentar obter convergência por meio da expansão de ψ_k em ondas planas, a convergência da expansão em OPWs é muito mais rápida.

Na prática, o método OPW é empregado de duas formas diferentes. Por um lado, pode-se realizar numericamente um cálculo de primeiros princípios OPW, começando com um potencial atômico, calculando seus elementos matriciais OPW e trabalhando com problemas seculares grandes o suficiente (que, às vezes, acabam por ser muito pequenos, mas que podem também requerer até uma centena de OPWs) para certificar boa convergência.

Por outro lado, frequentemente encontram-se "cálculos" de estrutura de bandas que parecem ser nada mais que a teoria do elétron livre do Capítulo 9, na qual os componentes de Fourier U_k do potencial são tratados como parâmetros de ajuste, não grandezas conhecidas. Os $U_{\mathbf{k}}$ são determinados pela adequação de bandas de elétron quase livre ou a dados empíricos ou, ainda, a bandas calculadas em detalhes por um dos métodos mais realistas. Como um exemplo disso, as bandas KKR para o alumínio, mostradas na Figura 11.9, podem ser reproduzidas com notável precisão por toda a zona por um cálculo de elétron quase livre que utiliza apenas quatro ondas planas e exige apenas dois parâmetros:[27] U_{111} e U_{200}.

Como a teoria de elétron quase livre certamente não pode funcionar tão bem, é provável que o problema secular de elétron quase livre seja, de fato, o estágio final de uma análise muito mais complicada, como o método OPW, sendo os componentes de Fourier $U_{\mathbf{k}}$ um OPW ao invés de elementos matriciais de onda plana do potencial. Portanto, deve-se fazer referência a tal cálculo como um cálculo OPW. Nesse contexto, no entanto, essa designação é pouco mais que um lembrete de que, apesar de a análise ser

[27] B. Segall. *Phys. Rev.*, 124, p. 1797, 1961. (Um terceiro parâmetro é usado na forma para a energia de elétron livre, que é reepresentada por $\alpha\hbar^2k^2/2m$.) Por coincidência, essas bandas não levam a uma superfície de Fermi com a estrutura detalhada correta (um exemplo de como pode ser difícil chegar aos potenciais precisos).

formalmente idêntica à da teoria do elétron quase livre, ela pode ser colocada em uma base teórica mais segura.

Não fica de todo claro, entretanto, que a abordagem OPW seja o melhor meio de se reduzir o problema real de um elétron em um potencial periódico a um cálculo de elétron "quase livre" efetivamente. Um modo mais sistemático de se estudar este problema, bem como uma variedade de outras abordagens de cálculos, é oferecida pelos *métodos pseudopotenciais*.

O PSEUDOPOTENCIAL

A teoria do pseudopotencial teve início como uma extensão do método OPW. Além da possibilidade que ela oferece de refinar os cálculos do OPW, também fornece ao menos uma explicação parcial para o sucesso dos cálculos do elétron quase livre no ajuste a estruturas de bandas reais.

Descrevemos o método do pseudopotencial apenas em sua formulação inicial,[28] que é basicamente a remodelação da abordagem OPW. Suponha que representemos a função de onda exata para um nível de valência como uma combinação linear de OPWs, como em (11.27). Considere $\phi_{\mathbf{k}}^{u}$ parte da onda plana desta expansão:

$$\phi_{\mathbf{k}}^{v}(\mathbf{r}) = \sum_{\mathbf{K}} c_{\mathbf{K}} e^{i(\mathbf{k}+\mathbf{K})\cdot\mathbf{r}}. \quad \mathbf{(11.29)}$$

Deste modo, podemos reescrever as expansões (11.27) e (11.24) como

$$\psi_{\mathbf{k}}^{v}(\mathbf{r}) = \phi_{\mathbf{k}}^{v}(\mathbf{r}) - \sum_{c}\left(\int d\mathbf{r}'\,\psi_{\mathbf{k}}^{c}{}^{*}(\mathbf{r}')\phi_{\mathbf{k}}^{v}(\mathbf{r}')\right)\psi_{\mathbf{k}}^{c}(\mathbf{r}). \quad \mathbf{(11.30)}$$

Como $\psi_{\mathbf{k}}^{\mathrm{u}}$ é uma função de onda de valência exata, ela satisfaz a equação de Schrödinger com autovalor $\varepsilon_{\mathbf{k}}^{\mathrm{u}}$:

$$H\psi_{\mathbf{k}}^{v} = \varepsilon_{\mathbf{k}}^{v}\psi_{\mathbf{k}}^{v}. \quad \mathbf{(11.31)}$$

A substituição de (11.30) em (11.31) fornece

$$H\phi_{\mathbf{k}}^{v} - \sum_{c}\left(\int d\mathbf{r}'\,\psi_{\mathbf{k}}^{c}{}^{*}\phi_{\mathbf{k}}^{v}\right)H\psi_{\mathbf{k}}^{c} = \varepsilon_{\mathbf{k}}^{v}\left(\phi_{\mathbf{k}}^{v} - \sum_{c}\left(\int d\mathbf{r}'\,\psi_{\mathbf{k}}^{c}{}^{*}\phi_{\mathbf{k}}^{v}\right)\psi_{\mathbf{k}}^{c}\right). \quad \mathbf{(11.32)}$$

Se notarmos que $H\psi_{\mathbf{k}}^{c} = \varepsilon_{\mathbf{k}}^{c}\psi_{\mathbf{k}}^{c}$ para os níveis mais internos exatos, podemos reescrever (11.32) como

$$(H + V^{R})\phi_{\mathbf{k}}^{v} = \varepsilon_{\mathbf{k}}^{v}\phi_{\mathbf{k}}^{v}, \quad \mathbf{(11.33)}$$

[28] E. Antonick. *J. Phys.*, Chem. Solids, 10, p. 314, 1959; J. C. Phillips; L. Kleinman. *Phys. Rev.*, 116, p. 287, 880, 1959.

onde enterramos alguns termos um tanto incômodos no operador V^R, que é definido por

$$V^R\psi = \sum_c (\varepsilon_{\mathbf{k}}^v - \varepsilon_c)\left(\int d\mathbf{r}'\psi_{\mathbf{k}}^{c}*\psi\right)\psi_{\mathbf{k}}^{c}. \quad \mathbf{(11.34)}$$

Chegamos, então, a uma equação de Schrödinger efetiva (11.33) satisfeita por $\phi_{\mathbf{k}}^u$, a parte fácil da função de Bloch. Uma vez que experiências com o método OPW sugerem que $\phi_{\mathbf{k}}^u$ pode ser aproximado por uma combinação linear de um número pequeno de ondas planas, pode-se esperar que a teoria do elétron quase livre do Capítulo 9 seja aplicada a fim de se encontrarem os níveis de valência de $H + V_R$. Este é o ponto de partida para o cálculo e a análise do pseudopotencial.

O *pseudopotencial* é definido como a soma entre o potencial periódico U real e V^R:

$$H + V^R = -\frac{\hbar^2}{2m}\nabla^2 + V^{\text{pseudo}}. \quad \mathbf{(11.35)}$$

A esperança é que o pseudopotencial seja suficientemente pequeno para justificar um cálculo de elétron quase livre dos níveis de valência. Pode-se ver um sinal de que isso ocorre pelo fato de que, apesar de o potencial periódico real ser atrativo perto dos níveis mais internos de íon, e assim $(\psi, U\psi) = \int d\mathbf{r}\, \psi^*(\mathbf{r})U(\mathbf{r})\psi(\mathbf{r})$ é negativo, o elemento matricial correspondente do potencial V^R é, de acordo com (11.34),

$$(\psi, V^R\psi) = \sum_c (\varepsilon_{\mathbf{k}}^v - \varepsilon_{\mathbf{k}}^c)\left|\int d\mathbf{r}\psi_{\mathbf{k}}^{c}*\psi\right|^2. \quad \mathbf{(11.36)}$$

Já que as energias de valência ficam acima das energias dos níveis mais internos, também é sempre positivo. Portanto, a adição de V^R a U fornece ao menos um cancelamento parcial, e pode-se, de forma otimista, esperar que ela leve a um potencial fraco o bastante para se fazer cálculos de elétron quase livre para $\phi_{\mathbf{k}}^u$ (a chamada pseudofunção de onda), tratando-se o pseudopotencial como uma perturbação fraca.

Há alguns aspectos peculiares do pseudopotencial. A equação (11.34) implica que V^R (e, consequentemente, o pseupotencial) é não local, ou seja, seu efeito sobre uma função de onda $\psi(\mathbf{r})$ não é meramente multiplicá-la por alguma função de $\mathbf{r}$. Além disso, o pseudopotencial depende da energia do nível que está sendo procurado, $\varepsilon_{\mathbf{k}}^v$, o que significa que muitos dos teoremas básicos que são costumeiramente aplicados sem reflexão (como a ortogonalidade de eigenfunções pertencentes a diferentes autovalores) não são mais aplicáveis a H^{pseudo}.

A segunda dificuldade pode ser eliminada estabelecendo-se que $\varepsilon_{\mathbf{k}}^u$ em (11.24) e em V^{pseudo} é igual à energia dos níveis em que se está mais interessado — de forma geral, a energia de Fermi. Naturalmente, uma vez que esta substituição tenha sido feita, os autovalores de $H + V^R$ não serão mais exatamente aqueles da Hamiltoniana original, exceto para os níveis na energia de Fermi. Como estes são frequentemente os níveis de maior interesse, não é um preço alto a se pagar. Por exemplo, pode-se, nesse sentido, encontrar o conjunto de **k** para o qual $\mathcal{E}_{\mathbf{k}}^{u} = \mathcal{E}_F$, mapeando-se assim a superfície de Fermi.

Acontece que há muitas maneiras diferentes de (11.34) para se definir um V^R de tal forma que $H + V^R$ tenha os mesmos autovalores de *valência* que a real Hamiltoniana cristalina H.

A partir de tais escolhas, surge a riqueza de conhecimento do pseudopotencial, cuja utilidade para quaisquer coisas além de justificar as superfícies de Fermi de elétron quase livre ainda precisa ser convincentemente estabelecida.[29]

MÉTODOS COMBINADOS

As pessoas, naturalmente, encontram formas muito mais engenhosas de combinar as diversas técnicas. Assim, por exemplo, pode ser útil tratar as bandas *d* de elementos de transição da maneira sugerida pela aproximação de ligação forte e ainda permitir uma mistura *s*–*d*, não pela adição de funções de ligação forte também para a banda *s*, mas pela combinação adequadamente autoconsistente de um dos métodos de onda plana que descrevemos. Nem é preciso mencionar que apenas arranhamos a superfície de diversos campos vastos de esforços neste levantamento de métodos de cálculos de bandas de energia.

Este e os três capítulos anteriores dizem respeito aos aspectos estruturais abstratos da estrutura de bandas. Agora, nos voltamos para algumas manifestações de observação mais diretas das bandas de energias eletrônicas. Os Capítulos 12 e 13 abordam a generalização da teoria de transporte de Drude e Sommerfeld para elétrons de Bloch, o Capítulo 14 discute algumas das técnicas para a observação direta da superfície de Fermi e o Capítulo 15 descreve as estruturas de bandas de alguns dos metais mais conhecidos.

PROBLEMAS

1. *Condições de contorno em funções de onda de elétron em cristais*

Considere que **r** localizado em um ponto exatamente dentro do contorno de uma célula primitiva C_0 e **r**′ em outro ponto infinitesimalmente deslocado de **r** exatamente fora do mesmo contorno. As equações de continuidade para $\psi(\mathbf{r})$ são

$$\lim_{\mathbf{r}\to\mathbf{r}'}[\psi(\mathbf{r}) - \psi(\mathbf{r}')] = 0, \qquad \lim_{\mathbf{r}\to\mathbf{r}'}[\nabla\psi(\mathbf{r}) - \nabla\psi(\mathbf{r}')] = 0. \quad \textbf{(11.37)}$$

[29] Uma exposição do pseudopotencial é de suas aplicações pode ser encontrada em D. Turnbull; F. Seitz (eds.). *Solid state physics*. v. 24. Nova York: Academic, 1970.

(a) Verifique que qualquer ponto **r** na superfície de uma célula primitiva é separado por algum vetor **R** da rede de Bravais de outro ponto de superfície e que as normais à célula em **r** e **r** + **R** têm direções opostas.

(b) Utilizando-se do fato de que ψ pode ter a forma de Bloch, mostre que as condições de continuidade podem igualmente ser escritas em termos dos valores de ψ inteiramente dentro de uma célula primitiva:

$$\begin{aligned} \psi(\mathbf{r}) &= e^{-i\mathbf{k}\cdot\mathbf{R}}\psi(\mathbf{r}+\mathbf{R}), \\ \nabla\psi(\mathbf{r}) &= e^{-i\mathbf{k}\cdot\mathbf{R}}\nabla\psi(\mathbf{r}+\mathbf{R}), \end{aligned} \quad \textbf{(11.38)}$$

para pares de pontos na superfície separada por vetores **R** de rede direta.

(c) Mostre que a única informação na segunda das equações (11.38) não contida na primeira está na equação

$$\hat{\mathbf{n}}(\mathbf{r})\cdot\nabla\psi(\mathbf{r}) = -\,e^{-i\mathbf{k}\cdot\mathbf{R}}\hat{\mathbf{n}}(\mathbf{r}+\mathbf{R})\cdot\nabla\psi(\mathbf{r}+\mathbf{R}), \quad \textbf{(11.39)}$$

onde o vetor $\hat{\mathbf{n}}$ é normal à superfície da célula.

2. Utilizando-se do fato de que o APW é contínuo nas superfícies que definem o potencial de muffin-tin, forneça um argumento para demonstrar que o $\phi_{\mathrm{k+K},\varepsilon}$ APW satisfaz a condição de Bloch com vetor de onda **k**.

3. A equação integral para uma função de Bloch em um potencial periódico é dada pela equação (11.21) onde, para potenciais do tipo muffin-tin, a região de integração é confinada a $|\mathrm{r}'| < r_0$.

(a) A partir de definição (11.22) para G, mostre que

$$\left(\frac{\hbar^2}{2m}\nabla'^2 + \varepsilon\right)\mathcal{G}_{\mathbf{k},\varepsilon}(\mathbf{r}-\mathbf{r}') = \delta(\mathbf{r}-\mathbf{r}'), \qquad r, r' < r_0. \quad \textbf{(11.40)}$$

(b) Demonstre, pela representação de que

$$\mathcal{G}\nabla'^2\psi = \nabla'\cdot(\mathcal{G}\nabla'\psi - \nabla'\psi\mathcal{G}) + \psi\nabla'^2\mathcal{G},$$

que (11.21), (11.40) e a equação de Schrödinger para $r'<r_0$ levam a

$$0 = \int_{r'<r_0} d\mathbf{r}'\nabla'\cdot[\mathcal{G}_{\mathbf{k},\varepsilon(\mathbf{k})}(\mathbf{r}-\mathbf{r}')\nabla'\psi_{\mathbf{k}}(\mathbf{r}') - \psi_{\mathbf{k}}(\mathbf{r}')\nabla'\mathcal{G}_{\mathbf{k},\varepsilon(\mathbf{k})}(\mathbf{r}-\mathbf{r}')]. \quad \textbf{(11.41)}$$

(c) Utilize o teorema de Gauss para transformar (11.41) em uma integral da superfície de uma esfera de raio $r' = r_0$ e mostre que, quando r também é definido como igual a r_0, o resultado é a equação (11.23).

12 O modelo semiclássico de dinâmica eletrônica

A teoria de Bloch (Capítulo 8) estende a teoria de Sommerfeld do equilíbrio de elétron livre (Capítulo 2) ao caso em que um potencial periódico (não constante) está presente. Na Tabela 12.1, comparamos os aspectos principais das duas teorias.

Para discutir a condução, tivemos que estender a teoria do equilíbrio de Sommerfeld a casos de não equilíbrio. Argumentamos no Capítulo 2 que se pode calcular o comportamento dinâmico do gás de elétron livre utilizando-se a mecânica clássica comum, desde que não houvesse necessidade de se localizar um elétron em uma escala comparável à distância intereletrônica. Assim, a trajetória de cada elétron entre colisões era calculada de acordo com as equações clássicas usuais de movimento para uma partícula de momento $\hbar\mathbf{k}$:

$$\begin{aligned}\dot{\mathbf{r}} &= \frac{\hbar\mathbf{k}}{m},\\ \hbar\dot{\mathbf{k}} &= -e\left(\mathbf{E} + \frac{1}{c}\mathbf{v}\times\mathbf{H}\right).\end{aligned} \tag{12.1}$$

Se fôssemos pressionados a justificar este procedimento a partir de um ponto de vista quântico-mecânico, argumentaríamos que (12.1) de fato descreve o comportamento de um pacote de ondas de níveis de elétron livre,

$$\begin{aligned}\psi(\mathbf{r},t) &= \sum_{\mathbf{k}'} g(\mathbf{k}')\exp\left[i\left(\mathbf{k}'\cdot\mathbf{r} - \frac{\hbar k'^2 t}{2m}\right)\right],\\ g(\mathbf{k}') &\approx 0, \quad |\mathbf{k}'-\mathbf{k}| > \Delta k,\end{aligned} \tag{12.2}$$

onde **k** e **r** são a posição média e o momento em torno do qual o pacote de ondas está localizado (dentro da limitação $\Delta x \Delta k > 1$ imposta pelo princípio da incerteza).

Esta abordagem permite generalização simples e elegante a elétrons em um potencial periódico geral, que é conhecida como *modelo semiclássico*. Justificar o modelo semiclássico em detalhes é tarefa formidável, consideravelmente mais difícil do que justificar o limite clássico comum para elétrons livres. Neste livro, não ofereceremos a derivação sistemática. Nossa ênfase será em como o modelo semiclássico é utilizado. Portanto, simplesmente descreveremos o modelo, exporemos as limitações para sua validade e extrairemos algumas de suas consequências físicas principais.[1]

TABELA 12.1

Comparação entre os níveis de equilíbrio monoeletrônico de Sommerfeld e de Bloch

	Sommerfeld	Bloch
Números quânticos (excluindo o spin)	K ($\hbar\mathbf{k}$ é o momento.)	**k**, *n* ($\hbar\mathbf{k}$ é o momento cristalino e *n* é o índice de banda.)
Faixa de números quânticos	**k** percorre todo o espaço *k* consistente com a condição de contorno periódico de Born-von Karman.	Para cada *n*, **k** percorre todos os vetores de onda em uma única célula primitiva da rede recíproca consistente com a condição de contorno periódico de Born-von Karman; *n* percorre um conjunto infinito de valores discretos.
Energia	$\varepsilon(\mathbf{k}) = \frac{\hbar^2 k^2}{2m}$	Para um dado índice de banda *n*, $\varepsilon_n(\mathbf{k})$ não tem uma forma simples explícita. A única propriedade geral é a periodicidade na rede recíproca: $\varepsilon_n(\mathbf{k}+\mathbf{K}) = \varepsilon_n(\mathbf{k})$
Velocidade	A velocidade média de um elétron em um nível com vetor de onda **k** é: $\mathbf{v} = \frac{\hbar\mathbf{k}}{m} = \frac{1}{\hbar}\frac{\partial\varepsilon}{\partial\mathbf{k}}$	A velocidade média de um elétron em um nível com índice de banda *n* e vetor de onda **k** é: $\mathbf{v}_n(\mathbf{k}) = \frac{1}{\hbar}\frac{\partial\varepsilon_n(\mathbf{k})}{\partial\mathbf{k}}$
Função de onda	A função de onda de um elétron com vetor de onda **k** é: $\psi_{\mathbf{k}}(\mathbf{r}) = \frac{e^{i\mathbf{k}\cdot\mathbf{r}}}{V^{1/2}}$	A função de onda de um elétron com índice de banda *n* e vetor de onda **k** é: $\psi_{n\mathbf{k}}(\mathbf{r}) = e^{i\mathbf{k}\cdot\mathbf{r}}u_{n\mathbf{k}}(\mathbf{r})$ onde a função $u_{n\mathbf{k}}$ não tem forma simples explícita. A única propriedade geral é a periodicidade na rede direta: $u_{n\mathbf{k}}(\mathbf{r}+\mathbf{R}) = u_{n\mathbf{k}}(\mathbf{r})$

[1] Para uma das mais recentes conquistas em derivação sistemática veja J. Zak. *Phys. Rev.*, 168, p. 686, 1968, em que são fornecidas referências de muitos dos trabalhos recentes. Um tratamento muito interessante dos elétrons de Bloch em um campo magnético (talvez a área mais difícil para se derivar o modelo semiclássico) é dado por R. G. Chambers, *Proc. Phys. Soc.*, 89, p. 695, 1966, que explicitamente constrói um pacote de ondas dependente de tempo, cujo centro se move ao longo da órbita determinada pelas equações semiclássicas de movimento.

Ao leitor insatisfeito com as bases incompletas e meramente sugestivas que ofereceremos para o modelo semiclássico, recomendamos examinar o vasto arranjo de mistérios e de anomalias da teoria do elétron livre que o modelo resolve. Talvez a atitude adequada a se tomar seja: mesmo que não houvesse uma teoria quântica microscópica subjacente de elétrons em sólidos, poderia-se imaginar uma mecânica semiclássica (de espaços cristalinos, proposta por algum Isaac Newton do século XIX), brilhantemente confirmada por sua explicação do comportamento eletrônico, assim como a mecânica clássica foi confirmada mediante sua consideração do movimento planetário e apenas muito tempo depois ofereceu-se sua derivação fundamental como forma limitante de mecânica quântica.

Do mesmo modo que com os elétrons livres, duas perguntas surgem na discussão da condução por elétrons de Bloch:[2] (a) qual é a natureza das colisões?, (b) como os elétrons de Bloch se movimentam entre as colisões? O modelo semiclássico lida inteiramente com a segunda pergunta, mas a teoria de Bloch também afeta criticamente a primeira. Drude supôs que os elétrons colidiam com os íons pesados fixos. Essa suposição não pode ser reconciliada com os caminhos livres médios muito longos possíveis em metais e não explica sua observada dependência da temperatura.[3] A teoria de Bloch a exclui no terreno teórico também. Os níveis de Bloch são soluções *estacionárias* para a equação de Schrödinger na presença do potencial periódico completo dos íons. Se um elétron no nível $\psi_{n\mathbf{k}}$ tem velocidade média que não desaparece [como acontece desde que $\partial\varepsilon_n(\mathbf{k})/\partial\mathbf{k}$) não desapareça]), então aquela velocidade persiste para sempre.[4] Não se pode invocar que colisões com íons sejam um mecanismo para degradar a velocidade, porque a interação do elétron com o arranjo periódico fixo de íon foi *completamente* levado em consideração desde o início na equação de Schrödinger, solucionada pela função de onda de Bloch. Assim, a condutividade de um cristal periódico perfeito é infinita.

Este resultado, tão desconcertante para a inclinação clássica de se imaginar os elétrons como passíveis de sofrer colisões degradantes de corrente com íons individuais, pode ser entendido como simples manifestação da natureza ondulatória dos elétrons. Em um arranjo *periódico* de espalhadores, uma onda pode se propagar sem atenuação por causa da interferência construtiva coerente das ondas espalhadas.[5]

Os metais têm uma resistência elétrica porque nenhum sólido real é um cristal perfeito. Há sempre impurezas, íons perdidos ou outras imperfeições que podem espalhar elétrons e, em temperaturas muito baixas, é isso que limita a condução. Mesmo se as imperfeições pudessem ser inteiramente eliminadas, no entanto, a condutividade permaneceria finita por conta das vibrações térmicas dos íons, que produzem distorções dependentes de

---

[2] Utilizaremos o termo "elétrons de Bloch" para nos referirmos a "elétrons em um potencial periódico geral".

[3] Veja a página 9.

[4] Veja a página 141.

[5] Para uma descrição unificada de uma variedade destes fenômenos, veja L. Brillouin. *Wave propagation in periodic structures*. Nova York: Dover, 1953.

temperatura a partir da periodicidade perfeita no potencial que os elétrons sofrem. Esses desvios de periodicidade são capazes de espalhar elétrons, e são a fonte da dependência da temperatura do tempo de relaxação eletrônica que foi observada no Capítulo 1.

Adiamos uma discussão completa dos mecanismos reais de espalhamento para os Capítulos 16 e 26. Aqui, apenas observamos que a teoria de Bloch agora nos força a abandonar o desenho ingênuo de Drude do espalhamento de elétron-íon. Todavia, continuaremos a inferir que são consequência da simples suposição de que *algum* mecanismo de espalhamento exista, sem considerar seus aspectos detalhados.

Assim, o principal problema que confrontamos é como descrever o movimento de elétrons de Bloch entre colisões. O fato de que a velocidade média de um elétron em um nível de Bloch definido $\psi_{n\mathbf{k}}$ é[6]

$$\mathbf{v}_n(\mathbf{k}) = \frac{1}{\hbar}\frac{\partial \varepsilon_n(\mathbf{k})}{\partial \mathbf{k}} \quad \textbf{(12.3)}$$

é muito sugestivo. Considere um pacote de ondas de níveis de Bloch de determinada banda, construído em analogia ao pacote de ondas de elétron livre (12.2):

$$\psi_n(\mathbf{r},t) = \sum_{\mathbf{k}'} g(\mathbf{k}')\psi_{n\mathbf{k}'}(\mathbf{r}) \exp\left[i\left(-\frac{1}{\hbar}\varepsilon_n(\mathbf{k}')t\right)\right], \quad g(\mathbf{k}') \approx 0, \quad |\mathbf{k}'-\mathbf{k}| > \Delta k \quad \textbf{(12.4)}$$

Considere que a expansão no vetor de onda Δk seja pequena em comparação com as dimensões da zona de Brillouin, tal que $\varepsilon_n(\mathbf{k})$ varie pouco sobre todos os níveis que se encontram no pacote de onda. A fórmula para a velocidade (12.3) pode, então, ser vista como a assertiva familiar de que a velocidade de grupo de um pacote de ondas é $\partial\omega/\partial\mathbf{k} = (\partial/\partial\mathbf{k})(\varepsilon/\hbar)$.

O modelo semiclássico descreve esses pacotes de onda quando é desnecessário especificar a posição de um elétron em uma escala comparável à expansão do pacote.

Vamos estimar como o pacote de ondas amplo (12.4) deve ser quando a expansão no vetor de onda é pequeno em comparação às dimensões da zona de Brillouin. Examinamos o pacote de ondas em pontos separados por um vetor da rede de Bravais. Estabelecendo $\mathbf{r} = \mathbf{r}_0 + \mathbf{R}$, e empregando a propriedade básica (8.6) da função de Bloch, podemos definir (12.4) como

$$\psi_n(\mathbf{r}_0+\mathbf{R},t) = \sum_{\mathbf{k}'}[g(\mathbf{k}')\psi_{n\mathbf{k}'}(\mathbf{r}_0)] \exp\left[i\left(\mathbf{k}'\cdot\mathbf{R} - \frac{1}{\hbar}\varepsilon_n(\mathbf{k}')t\right)\right]. \quad \textbf{(12.5)}$$

Vista como uma função de $\mathbf{R}$ para $\mathbf{r}_0$ fixo, esta é apenas uma sobreposição de ondas planas, da forma (12.2), com uma função de peso $\bar{g}(\mathbf{k}) = [g(\mathbf{k})\psi_{n\mathbf{k}}(\mathbf{r}_0)]$. Assim, se Δk mede a região na qual g (e, consequentemente, $\bar{g}$) é apreciável,[7] $\psi_n(\mathbf{r}_0 + \mathbf{R})$, de acordo com as regras

[6] Veja a página 141. O resultado é provado no Apêndice E.

[7] Se g é apreciável apenas em uma vizinhança de $\mathbf{k}$ pequena em comparação às dimensões da zona, $\psi_{n\mathbf{k}}(\mathbf{r}_0)$ varia pouco sobre esta faixa e, como uma função de $\mathbf{k}$, $\bar{g}$ difere pouco de uma constante vezes g.

usuais para pacotes de onda, deve ser apreciável em uma região de dimensões $\Delta R \approx 1/\Delta k$. Uma vez que Δk é pequeno em comparação às dimensões da zona, que são da ordem da constante de rede inversa, $1/a$, ΔR deve ser grande em comparação a a. Essa conclusão é independente do valor particular de $\mathbf{r}_0$, e concluímos, então, que *um pacote de ondas de níveis de Bloch com um vetor de onda bem definido na escala da zona de Brillouin deve ser expandido no espaço real acima de muitas células primitivas.*

O modelo semiclássico descreve a resposta dos elétrons a campos magnéticos e elétricos aplicados externamente que variam lentamente acima das dimensões de tal pacote de ondas (Figura 12.1), sendo, portanto, excessivamente lento sobre algumas células primitivas.

FIGURA 12.1

Vista esquemática da situação descrita pelo modelo semiclássico. O comprimento sobre o qual o campo aplicado (linha tracejada) varia é bem maior do que a expansão no pacote de ondas do elétron (linha sólida), que, por sua vez, é bem maior do que a constante de rede.

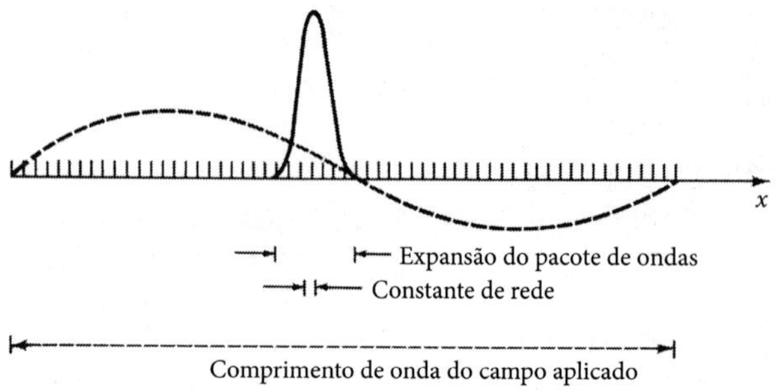

No modelo semiclássico, esses campos fazem surgir forças clássicas comuns em uma equação de movimento que descreve a evolução da posição e do vetor de onda do pacote. A sutileza do modelo semiclássico, que o torna mais complicado do que o limite clássico comum de elétrons *livres*, é que o potencial periódico da rede varia sobre dimensões que são *pequenas* em comparação à expansão do pacote de ondas e, portanto, não pode ser tratado classicamente. Desse modo, o modelo semiclássico é um limite clássico parcial: os campos aplicados externamente são tratados classicamente, mas o campo periódico dos íons, não.

DESCRIÇÃO DO MODELO SEMICLÁSSICO

O modelo semiclássico prevê como, na ausência de colisões, a posição $\mathbf{r}$ e o vetor de onda $\mathbf{k}$ de cada elétron[8] se desenvolvem na presença de campos magnéticos e de elétricos aplicados externamente. *Essa previsão se baseia inteiramente no conhecimento da estrutura de banda do metal, ou seja, nas formas das funções $\varepsilon_n(\mathbf{k})$, e não em outras informações explícitas sobre o potencial periódico dos íons.* O modelo considera $\varepsilon_n(\mathbf{k})$ funções dadas, e não informa sobre como calculá-las. O objetivo do modelo é relacionar a estrutura de banda às propriedades de transporte, isto é, a resposta dos elétrons a campos aplicados ou a gradientes de temperatura. Utiliza-se o modelo tanto para a dedução das propriedades de transporte de determinada estrutura de bandas

[8] Daqui por diante, falaremos de um elétron como tendo tanto uma posição quanto um vetor de onda. Estamos nos referindo, naturalmente, a um pacote de ondas, como descrito anteriormente.

(calculada) quanto para a determinação dos aspectos da estrutura de bandas a partir das propriedades de transporte observadas.

Dadas as funções $\varepsilon_n(\mathbf{k})$, o modelo semiclássico associa a cada elétron uma posição **r**, um vetor de onda **k** e um índice de bandas *n*. No curso do tempo e na presença de campos magnéticos e elétricos externos $\mathbf{E}(\mathbf{r}, t)$ e $\mathbf{H}(\mathbf{r}, t)$, considera-se que a posição, o vetor de onda e o índice de banda desenvolvem-se de acordo com as regras a seguir:

1. O índice de banda *n* é uma constante do movimento. O modelo semiclássico ignora a possibilidade de haver "transições interbandas";

2. A evolução do tempo da posição e o vetor de onda de um elétron com índice de banda *n* são determinados pelas equações de movimento:

$$\dot{\mathbf{r}} = \mathbf{v}_n(\mathbf{k}) = \frac{1}{\hbar}\frac{\partial \varepsilon_n(\mathbf{k})}{\partial \mathbf{k}}, \quad (12.6a)$$

$$\hbar\dot{\mathbf{k}} = -e\left[\mathbf{E}(\mathbf{r},t) + \frac{1}{c}\mathbf{v}_n(\mathbf{k}) \times \mathbf{H}(\mathbf{r},t)\right]. \quad (12.6b)$$

3. (Esta regra reafirma os aspectos da completa teoria de Bloch de mecânica quântica que são mantidos no modelo semiclássico.) O vetor de onda de um elétron é apenas definido dentro de um vetor **K** de rede recíproca aditiva. Não pode haver dois elétrons *distintos* com o mesmo índice de banda *n* e posição **r**, cujos vetores de onda **k** e **k**′ diferem por um vetor **K** de rede recíproca; os rótulos *n*, **r**, **k** e *n*, **r**, **k** + **K** são modos completamente equivalentes de se descrever o *mesmo* elétron.[9] Todos os vetores de onda distintos para uma única banda ficam, portanto, em uma única célula primitiva da rede recíproca. No equilíbrio térmico, a contribuição à densidade eletrônica desses elétrons na enésima banda com vetores de onda no elemento de volume infinitesimal *d***k** do espaço *k* é dado pela distribuição de Fermi usual (2.56):[10]

$$f(\varepsilon_n(\mathbf{k}))\frac{d\mathbf{k}}{4\pi^3} = \frac{d\mathbf{k}/4\pi^3}{e^{(\varepsilon_n(\mathbf{k})-\mu)k_BT} + 1}. \quad (12.7)$$

COMENTÁRIOS E RESTRIÇÕES

Uma teoria de muitos transportadores

Uma vez que se supõe que os campos aplicados não causam transições interbandas, pode-se considerar que cada banda contém um número fixo de elétrons de um tipo particular. As

---

[9] As equações semiclássicas de movimento (12.6) preservam esta equivalência à medida que o tempo evolui. Se $\mathbf{r}(t)$, $\mathbf{k}(t)$ fornecem uma solução para a enésima banda, o mesmo ocorre com $\mathbf{r}(t)$, $\mathbf{k}(t) + \mathbf{K}$ para qualquer vetor **K** da rede recíproca, como consequência da periodicidade de $\varepsilon_n(\mathbf{k})$.

[10] Supõe-se que as interações do spin do elétron com quaisquer campos magnéticos não têm nenhuma consequência. Se tiverem, então cada população de spin faz uma contribuição a *n* dada por metade de (12.7), onde $\varepsilon_n(\mathbf{k})$ deve incluir a energia de interação do spin dado com o campo magnético.

propriedades desses tipos podem diferir consideravelmente de banda para banda, já que o tipo de movimento que elétrons com índice de banda n podem sofrer depende da forma particular de $\varepsilon_n(\mathbf{k})$. No (ou perto do) equilíbrio, bandas com todas as energias k_BT acima da energia de Fermi ε_F estarão desocupadas. Assim, não é necessário considerar infinitamente muitos tipos de transportadores, mas apenas aqueles em bandas com energias dentro de alguns k_BT de ε_F, ou menores. Além disso, veremos a seguir que bandas nas quais todas as energias são muitos k_BT a menos que ε_F – ou seja, bandas que estão completamente preenchidas no equilíbrio – podem também ser ignoradas. Como consequência, é necessário que se considere apenas um pequeno número de bandas (ou tipos de transportadores) na descrição de um metal real ou semicondutor.

Momento cristalino não é momento

Observe que, em cada banda, as equações de movimento (12.6) são iguais às equações de elétron livre (12.1), exceto pelo fato de $\varepsilon_n(\mathbf{k})$ aparecer, ao invés da energia de elétron livre $\hbar^2k^2/2m$. Todavia, o momento cristalino $\hbar\mathbf{k}$ *não* é o momento de um elétron de Bloch, como enfatizado no Capítulo 8. A razão da variação do momento de um elétron é dada pela força *total* sobre o elétron, mas a razão da variação de um momento cristalino de um elétron é dada pela equação (12.6), na qual forças são exercidas apenas pelos campos externos e não pelo campo periódico da rede.[11]

Limites de validade

No limite de potencial periódico zero, o modelo semiclássico deve falhar, já que, nesse limite, o elétron será livre. Em um campo elétrico uniforme, o elétron livre pode continuamente aumentar sua energia cinética à custa da energia potencial eletrostática. No entanto, o modelo semiclássico proíbe transições interbandas e, portanto, requer que a energia de qualquer elétron permaneça confinada aos limites da banda na qual o elétron originalmente se encontrava.[12] Assim, deve haver alguma força mínima para um potencial periódico antes de o modelo semiclássico poder ser aplicado. Não é fácil derivar essas restrições, mas existe uma forma bem simples, que exporemos aqui sem a prova.[13] Em determinado ponto no espaço $\mathbf{k}$, as equações semiclássicas serão válidas para elétrons na enésima banda, desde que as amplitudes dos campos magnéticos e elétricos externos com lenta variação satisfaçam

[11] Apesar de o potencial periódico da rede ter papel crucial nas equações semiclássicas [por meio da estrutura da função $\varepsilon_n(\mathbf{k})$ determinada por aquele potencial], tal papel não pode ser o de uma força dependente de posição. Para investigar uma força com a periodicidade da rede, seria necessário localizar-se um elétron dentro de uma única célula primitiva. Tal localização é inconsistente com a estrutura dos pacotes de onda subjacentes ao modelo semiclássico (veja a Figura 12.1), que estão espalhados por muitos locais da rede.

[12] Essa exigência é violada toda vez que o vetor de onda de elétron livre cruza um plano de Bragg, já que, então, o elétron salta de uma banda de elétron livre mais baixa para a mais alta.

[13] Uma justificativa aproximada é fornecida no Apêndice J.

$$eEa \ll \frac{[\varepsilon_{\text{gap}}(\mathbf{k})]^2}{\varepsilon_F}, \quad (12.8)$$

$$\hbar\omega_c \ll \frac{[\varepsilon_{\text{gap}}(\mathbf{k})]^2}{\varepsilon_F}. \quad (12.9)$$

Nestas desigualdades, o comprimento a é da ordem de uma constante de rede, $\varepsilon_{\text{gap}}(\mathbf{k})$ é a diferença entre $\varepsilon_n(\mathbf{k})$ e a energia mais próxima $\varepsilon_{n'}(\mathbf{k})$ no mesmo ponto no espaço k, mas em uma banda diferente, e ω_c é a frequência de ciclotron angular [equação (1.18)].

A condição (12.8) jamais chega perto de ser violada em um metal. Mesmo com uma densidade de corrente grande como 10^2 amp/cm^2 e uma resistividade também elevada como 100 μohm-cm, o campo no metal será apenas $E = \rho j = 10^{-2}$ volt/cm. Consequentemente, para a na ordem de 10^{-8} cm, eEa é da ordem de 10^{-10} eV. Já que ε_F é da ordem de um elétron-volt ou mais, $\varepsilon_{\text{gap}}(\mathbf{k})$ deve ser tão pequeno quanto 10^{-5} eV antes que a condição (12.8) seja violada. Na prática, gaps pequenos assim jamais são encontrados, exceto quando próximos a pontos em que duas bandas tornam-se degeneradas e, portanto, apenas em uma região excessivamente pequena do espaço **k** em torno de tais pontos. Típicos gaps de banda pequenos são da ordem de 10^{-1} eV e, consequentemente, (12.8) é satisfeita com um fator de 10^{-8} de sobra. A condição é de interesse prático apenas em isolantes e em semicondutores homogêneos, nos quais é possível estabelecer campos elétricos imensos. Quando a condição for violada, os elétrons podem fazer uma transição interbandas acionada pelo campo; esse fenômeno é conhecido como *falha elétrica.*

Não é tão difícil violar a condição (12.9) na força do campo magnético. A energia $\hbar\omega_c$ é da ordem de 10^{-4} eV em um campo de 10^4 gauss, caso em que (12.9) falha para gaps grandes como 10^{-2} eV. Embora ainda seja um gap de energia pequeno, gaps dessa magnitude não são de modo algum incomuns, especialmente quando o gap se deve totalmente a uma divisão de degeneração por acoplamento spin-órbita. Quando a condição (12.9) não se mantém, os elétrons podem não seguir as órbitas determinadas pelas equações semiclássicas de movimento (12.6), fenômeno conhecido como *ruptura magnética* (ou "falha"). A possibilidade de haver ruptura magnética deve ser sempre lembrada quando as propriedades eletrônicas em campos magnéticos muito fortes são interpretadas.

Além das condições (12.8) e (12.9) para a amplitude dos campos aplicados, deve-se adicionar uma condição de baixa frequência para os campos,

$$\hbar\omega \ll \varepsilon_{\text{gap}}, \quad (12.10)$$

senão um único fóton poderia fornecer energia suficiente para se produzir uma transição interbandas. Há também a condição para o comprimento de onda dos campos aplicados,

$$\lambda \gg a, \quad \textbf{(12.11)}$$

que é necessária se pacotes de onda puderem ser introduzidos significativamente.[14]

Bases para as equações de movimento

Como discutido anteriormente, a equação (12.6a) é simplesmente a confirmação de que a velocidade de um elétron semiclássico é a velocidade de grupo de um pacote de ondas subjacente. Justificar a equação (12.6b) é consideravelmente mais difícil. Ela é altamente plausível na presença de um campo elétrico estático como o modo mais simples de se garantir a conservação de energia, já que, se o campo é dado por $\mathbf{E} = -\nabla\phi$, devemos esperar que cada pacote de ondas se movimente de modo que a energia

$$\varepsilon_n(\mathbf{k}(t)) - e\phi(\mathbf{r}(t)) \quad \textbf{(12.12)}$$

permaneça constante. A derivada desta energia é

$$\frac{\partial \varepsilon_n}{\partial \mathbf{k}} \cdot \dot{\mathbf{k}} - e\nabla\phi \cdot \dot{\mathbf{r}}, \quad \textbf{(12.13)}$$

que a equação (12.6a) nos permite representar como

$$\mathbf{v}_n(\mathbf{k}) \cdot [\hbar\dot{\mathbf{k}} - e\nabla\phi]. \quad \textbf{(12.14)}$$

Isso desaparecerá se

$$\hbar\dot{\mathbf{k}} = e\nabla\phi = -e\mathrm{E}, \quad \textbf{(12.15)}$$

que é a equação (12.6b) na ausência de um campo magnético. No entanto, (12.15) não é necessária para que a energia se conserve, uma vez que (12.14) desaparece se qualquer termo perpendicular a $\mathbf{v}_n(\mathbf{k})$ for adicionado a (12.15). Justificar com rigor que o único termo adicional deve ser $[\mathbf{v}_n(\mathbf{k})/c] \times \mathbf{H}$ e que a equação resultante deve também se manter para campos dependentes de tempo é uma questão mais difícil, à qual não daremos prosseguimento. Ao leitor não satisfeito, sugerimos recorrer ao Apêndice H para uma maneira adicional de tornar as equações semiclássicas mais plausíveis. Lá, mostra-se que elas podem ser escritas em uma forma Hamiltoniana um tanto compacta. No entanto, para se encontrar um conjunto de argumentos realmente instigantes, é necessário pesquisar muito profundamente a literatura (que ainda está se formando) sobre o assunto.[15]

---

[14] Às vezes, é também necessário levar em consideração efeitos quânticos adicionais devido à possibilidade de haver órbitas eletrônicas fechadas no espaço *k* em um campo magnético. Isso pode ser tratado por uma engenhosa extensão do modelo semiclássico e não é, portanto, uma limitação no sentido das restrições descritas acima. O problema surge na teoria do efeito de Haas-van Alphen e fenômenos relacionados, sendo descrito no Capítulo 14.

[15] Veja, por exemplo, as referências fornecidas na nota 1 deste Capítulo.

CONSEQUÊNCIAS DAS EQUAÇÕES SEMICLÁSSICAS DE MOVIMENTO

No restante deste capítulo, examinaremos algumas das consequências diretas fundamentais das equações semiclássicas de movimento. No Capítulo 13, nos voltaremos para o modo mais sistemático de chegarmos às teorias de condução.

Na maior parte das discussões seguintes, consideraremos uma única banda de cada vez e omitiremos, portanto, a referência ao índice de banda, exceto quando estivermos explicitamente comparando as propriedades de duas ou mais bandas. Para mais simplicidade, também tomaremos a função de distribuição eletrônica de equilíbrio como adequada à temperatura zero. Nos metais, os efeitos finitos da temperatura terão influência desprezível sobre as propriedades discutidas a seguir. Os efeitos termoelétricos em metais serão abordados no Capítulo 13 e os semicondutores, no Capítulo 28.

O espírito da análise a seguir é bem semelhante àquele de quando abordamos as propriedades de transporte nos Capítulos 1 e 2: vamos descrever colisões em termos da aproximação de tempo de relaxação simples e dedicaremos nossa atenção ao movimento de elétrons entre colisões como determinado (em contraste com os Capítulos 1 e 2) pelas equações semiclássicas de movimento (12.6).

Bandas preenchidas são inertes

Uma banda preenchida é aquela na qual todas as energias estão abaixo[16] de ε_F. Elétrons em uma banda preenchida com vetores de onda em uma região do espaço k de volume $d\mathbf{k}$ contribuem com $d\mathbf{k}/4\pi^3$ para a densidade eletrônica total [equação (12.7)]. Assim, o número desses elétrons em uma região do espaço de posição de volume $d\mathbf{r}$ será $d\mathbf{r}\ d\mathbf{k}/4\pi^3$. Pode-se, portanto, caracterizar uma banda preenchida de modo semiclássico pelo fato de que a densidade eletrônica em um espaço rk de seis dimensões (chamado espaço de fase, em analogia ao espaço rp da mecânica clássica comum) é $1/4\pi^3$.

As equações semiclássicas (12.6) pressupõem que a banda preenchida permanece preenchida o tempo todo, mesmo na presença de campos magnéticos e elétricos dependentes de espaço e tempo. Trata-se de uma consequência direta do teorema semiclássico análogo de Liouville, que afirma o seguinte:[17]

Dada qualquer região do espaço de fase de seis dimensões Ω_t, considere o ponto $\mathbf{r}'$, $\mathbf{k}'$ dentro dos quais cada ponto $\mathbf{r}$, $\mathbf{k}$ em Ω_t seja tomado pelas equações semiclássicas de movimento

---

[16] Genericamente, as energias devem estar tão abaixo do potencial químico μ em comparação a K_BT que a função de Fermi é indistinguível da unidade por toda a banda.

[17] Veja o Apêndice H para a prova de que o teorema se aplica ao movimento semiclássico. De um ponto de vista quântico-mecânico, a inércia de bandas preenchidas é simples consequência do princípio da exclusão de Pauli: a "densidade de fase espacial" não pode aumentar se todo nível contém o número máximo de elétrons permitido pelo princípio de Pauli; além disso, se transições interbandas são proibidas, ela tampouco pode diminuir, já que o número de elétrons em um nível só pode ser reduzido se houver algum nível preenchido de modo incompleto na banda para que aqueles elétrons entrem. Para consistência lógica, no entanto, é necessário demonstrar-se que esta conclusão também advém diretamente das equações semiclássicas de movimento, sem que se invoque novamente a teoria da mecânica quântica subjacente que o modelo deve substituir.

entre os tempos[18] t e t'. O conjunto de todos estes pontos $\mathbf{r}'$, $\mathbf{k}'$ constitui uma nova região $\Omega_{t'}$, cujo volume é o mesmo de Ω_t (veja a Figura 12.2); isto é, os volumes de fase espacial são conservados pelas equações semiclássicas de movimento.

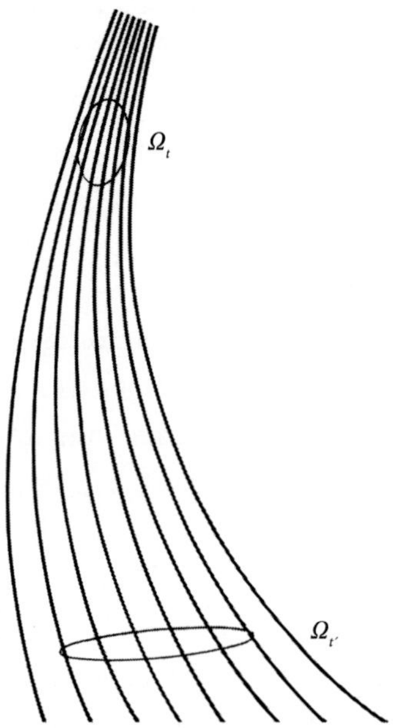

Figura 12.2

Trajetórias semiclássicas no espaço *rk*. A região $\Omega_{t'}$ contém, no tempo *t*, apenas os pontos que o movimento semiclássico transportou da região Ω_t no tempo *t*. O teorema de Liouville afirma que Ω_t e $\Omega_{t'}$ têm o mesmo volume. (A ilustração se refere a um espaço *rk* bidimensional no plano da página, ou seja, ao movimento semiclássico em uma dimensão.)

Pressupõe-se imediatamente que, se a densidade de fase espacial é $1/4\pi^3$ no tempo zero, ela deve permanecer a mesma em todos os tempos, já que se considera qualquer região Ω no tempo *t*. Os elétrons em Ω no tempo *t* são exatamente aqueles que estavam em alguma outra região Ω_0 no tempo zero, onde, de acordo com o teorema de Liouville, Ω_0 tem o mesmo volume de Ω. Como as duas regiões também têm o mesmo número de elétrons, elas têm a mesma densidade de fase espacial eletrônica. Já que a densidade era $1/4\pi^3$, independentemente da região no tempo 0, ela também deve ser $1/4\pi^3$, independentemente da região no tempo *t*. Assim, o movimento semiclássico entre colisões não pode alterar a configuração de uma banda preenchida, mesmo na presença de campos externos dependentes de espaço e de tempo.[19]

[18] O tempo t' não precisa ser maior que *t*, ou seja, as regiões com base nas quais Ω_t desenvolveu têm o mesmo volume que Ω_t bem como as regiões nas quais Ω_t evoluirá.

[19] As colisões não podem alterar essa estabilidade de bandas preenchidas tampouco, desde que preservemos nossa suposição básica (Capítulo 1 e Capítulo 13) de que não importa o que mais façam, as colisões não podem alterar a distribuição eletrônica quando ela tem sua forma de equilíbrio térmico. Em uma função de distribuição com o valor constante $1/4\pi^3$, a forma de equilíbrio estará precisamente à temperatura zero para qualquer banda cujas energias estejam abaixo da energia de Fermi.

Entretanto, uma banda com densidade de espaço de fase constante $1/4\pi^3$ não pode contribuir com uma corrente elétrica ou térmica. Para se visualizar isso, observe que um elemento de volume de fase espacial infinitesimal $d\mathbf{k}$ em torno do ponto $\mathbf{k}$ contribuirá com $d\mathbf{k}/4\pi^3$ elétrons por unidade de volume, todos com velocidade $\mathbf{v}(\mathbf{k}) = (1/\hbar)\partial\varepsilon(\mathbf{k})/\partial\mathbf{k}$, para a corrente. Somando-se isso a todo $\mathbf{k}$ na zona de Brillouin, verificamos que a contribuição total para as densidades de corrente elétrica e de energia de uma banda preenchida é

$$\begin{aligned} \mathbf{j} &= (-e)\int \frac{d\mathbf{k}}{4\pi^3}\frac{1}{\hbar}\frac{\partial \varepsilon}{\partial \mathbf{k}}, \\ \mathbf{j}_\varepsilon &= \int \frac{d\mathbf{k}}{4\pi^3}\varepsilon(\mathbf{k})\frac{1}{\hbar}\frac{\partial \varepsilon}{\partial \mathbf{k}} = \frac{1}{2}\int \frac{d\mathbf{k}}{4\pi^3}\frac{1}{\hbar}\frac{\partial}{\partial \mathbf{k}}(\varepsilon(\mathbf{k}))^2. \end{aligned} \tag{12.16}$$

Porém, ambos desaparecem como consequência do teorema[20] de que a integral sobre qualquer célula primitiva do gradiente de uma função periódica deve desaparecer.

Desse modo, apenas bandas parcialmente preenchidas devem ser consideradas no cálculo das propriedades eletrônicas de um sólido. Isso explica como se chega ao misterioso parâmetro da teoria do elétron livre, o número de elétrons de condução: *a condução se deve apenas àqueles elétrons encontrados em bandas parcialmente preenchidas.* A razão para que a atribuição feita por Drude de que a cada átomo corresponde um número de elétrons de condução igual à sua valência seja quase sempre bem-sucedida se deve ao fato de que, em muitos casos, as bandas que se originaram dos elétrons de valência atômica são as únicas parcialmente preenchidas.

Evidentemente, um sólido no qual todas as bandas estão completamente preenchidas ou vazias será isolante elétrico e (ao menos no que diz respeito ao transporte *eletrônico* de calor) térmico. Uma vez que o número de níveis em cada banda é apenas o dobro do número das células primitivas no cristal, todas as bandas podem estar preenchidas ou vazias *apenas* em sólidos com número par de elétrons por célula primitiva. Observe que o oposto não é verdadeiro: sólidos com um número par de elétrons por célula primitiva podem ser (e frequentemente são) condutores, já que a sobreposição de energias de banda pode levar a um estado fundamental no qual diversas bandas estejam parcialmente preenchidas (veja, por exemplo, a Figura 12.3). Derivamos, portanto, uma condição necessária, porém de modo algum suficiente, para uma substância ser isolante.

É um exercício encorajador percorrer a tabela periódica procurando a estrutura cristalina dos elementos sólidos isolantes. Todos eles têm ou valência par ou (por exemplo, os halogênios) uma estrutura cristalina que pode se caracterizar como uma rede com base que contém um número par de átomos, o que confirma esta regra bem geral.

---

[20] O teorema é provado no Apêndice I. As funções periódicas são $\varepsilon(\mathbf{k})$ no caso de $\mathbf{j}$, e $\varepsilon(\mathbf{k})^2$ no caso de $\mathbf{j}_\varepsilon$.

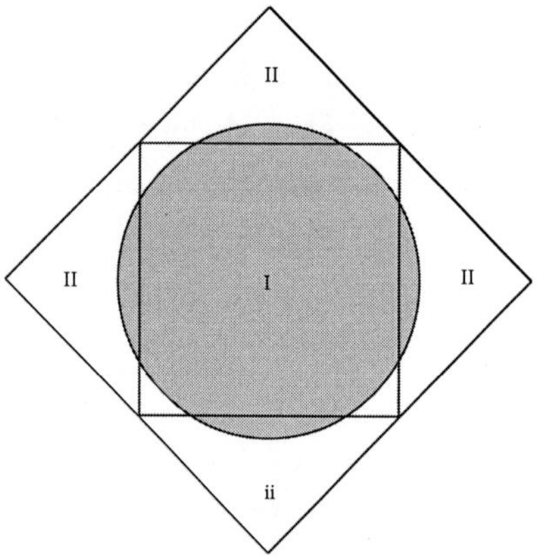

FIGURA 12.3

Uma ilustração bidimensional mostrando por que um sólido bivalente pode ser um condutor. Um círculo de elétron livre, cuja área é igual àquela da primeira zona de Brillouin (I) de uma rede de Bravais quadrada, estende-se para a segunda zona (II), assim produzindo duas bandas parcialmente preenchidas. Sob a influência de um potencial periódico suficientemente forte, pacotes de buracos da primeira zona e elétrons da segunda zona podem encolher para zero. Genericamente, no entanto, um potencial periódico fraco sempre levará a esse tipo de superposição (exceto em uma dimensão).

Movimento semiclássico em um campo elétrico DC aplicado

Em um campo elétrico estático uniforme, a equação semiclássica de movimento para **k** [equação (12.6)] tem a solução geral

$$\mathbf{k}(t) = \mathbf{k}(0) - \frac{e\mathbf{E}t}{\hbar}. \quad \textbf{(12.17)}$$

Assim, em um tempo *t*, todo elétron altera seu vetor de onda pela mesma quantidade. Isso é consistente com nossa observação de que campos aplicados não podem ter nenhum efeito em uma banda preenchida no modelo semiclássico, já que uma alteração uniforme no vetor de onda de *cada* nível ocupado não altera a densidade de fase espacial dos elétrons quando aquela densidade é constante, como é para uma banda preenchida. No entanto, ocorre aqui uma discrepância com nossa intuição clássica de que, ao alterar o vetor de onda de cada elétron pela mesma quantidade, falhamos em realizar uma configuração que transporte corrente.

Para entender isso, deve-se lembrar que a corrente transportada por um elétron é proporcional à sua velocidade, que não é proporcional a **k** no modelo semiclássico. A velocidade de um elétron no tempo *t* será

$$\mathbf{v}(\mathbf{k}(t)) = \mathbf{v}\left(\mathbf{k}(0) - \frac{e\mathbf{E}t}{\hbar}\right) \quad \textbf{(12.18)}$$

Como **v**(**k**) é periódico na rede recíproca, a velocidade (12.18) é uma função de tempo limitada e, quando o campo **E** é paralelo a um vetor de rede recíproca, oscilatório. Isso contrasta surpreendentemente com o caso do elétron livre, em que **v** é proporcional a **k** e cresce linearmente com o tempo.

A dependência de **k** (e, dentro de um fator de escala, a dependência de *t*) na velocidade é ilustrada na Figura 12.4, na qual tanto $\mathcal{E}(k)$ quanto $v(k)$ são representados em uma dimensão. Apesar de a velocidade em *k* ser linear próximo da mínima de banda, ela alcança o máximo à medida que o contorno de zona se aproxima, e então volta a diminuir, chegando a zero no limite da zona. Na região entre o máximo de v e o limite da zona, a velocidade na verdade diminui com k crescente, de modo que a aceleração do elétron é oposta à força elétrica aplicada externamente.

Este extraordinário comportamento é consequência da força adicional exercida pelo potencial periódico, que, apesar de não estar mais explícita no modelo semiclássico, fica "enterrada" nele [por meio da forma funcional de $\mathcal{E}(\mathbf{k})$]. Quando um elétron aproxima-se de um plano de Bragg, o campo elétrico externo o move em direção a níveis nos quais se torna progressivamente mais provável que sofra reflexão de Bragg de volta à direção oposta.[21]

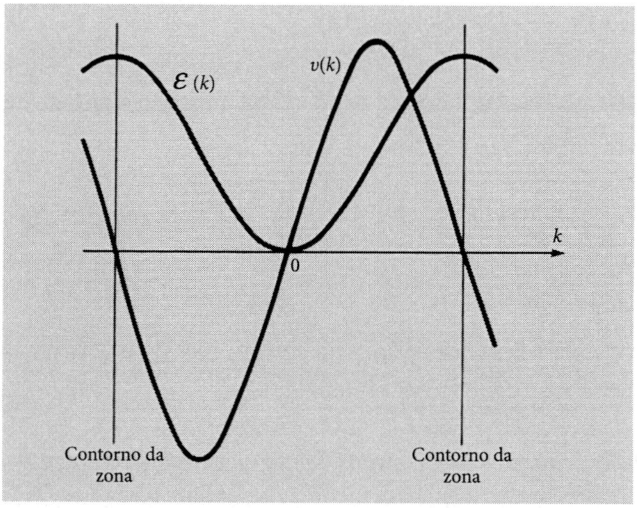

FIGURA 12.4

$\mathcal{E}(k)$ e $v(k)$ *versus* k [ou *versus* tempo, pela equação (12.17)] em uma dimensão (ou três dimensões, em uma direção paralela a um vetor da rede recíproca que determina uma das faces da primeira zona).

Assim, se um elétron pudesse viajar entre as colisões uma distância no espaço k maior do que as dimensões da zona, seria possível para um campo DC induzir uma corrente alternada. As colisões, no entanto, excluem enfaticamente essa possibilidade. Para valores razoáveis do campo e do tempo de relaxação a variação no vetor de onda entre duas colisões, dada por (12.17), é uma fração de minuto das dimensões da zona.[22]

Porém, apesar de os efeitos hipotéticos do movimento periódico em um campo DC serem inacessíveis à observação, os efeitos dominados por elétrons que estejam próximos o bastante do contorno da zona para ser desacelerados por um campo aplicado são facilmente observáveis por meio do curioso comportamento dos "buracos".

[21] Por exemplo, é apenas no entorno de planos de Bragg que níveis de onda plana com diferentes vetores de onda são mais fortemente misturados na aproximação de elétron livre (Capítulo 9).

[22] Com um campo elétrico da ordem de 10^{-2} volt/cm e um tempo de relaxação da ordem de 10^{-14} s, $eE\tau/\hbar$ é da ordem de 10^{-1} cm^{-1}. As dimensões de zona são da ordem de $1/a \sim 10^{8}$ cm^{-1}.

Buracos

Uma das mais impressionantes façanhas do modelo semiclássico é sua explicação para fenômenos que a teoria do elétron livre pode explicar apenas se os transportadores tiverem carga positiva. A mais notável delas é o sinal anômalo do coeficiente de Hall em alguns metais (veja a página 58). Há três pontos importantes para se compreender como os elétrons em uma banda podem contribuir com correntes de uma maneira sugestiva de transportadores carregados positivamente.

1. Uma vez que os elétrons em um elemento de volume $d\mathbf{k}$ em torno de $\mathbf{k}$ contribuem com $-e\mathbf{v}(\mathbf{k})d\mathbf{k}/4\pi^3$ para a densidade de corrente, a contribuição de todos os elétrons em dada banda para a densidade de corrente será

$$\mathbf{j} = (-e)\int_{\text{ocupada}} \frac{d\mathbf{k}}{4\pi^3}\mathbf{v}(\mathbf{k}), \quad \textbf{(12.19)}$$

em que a integral se dá sobre todos os níveis ocupados na banda.[23] Explorando o fato de que uma banda completamente preenchida não tem corrente,

$$0 = \int_{\text{zona}} \frac{d\mathbf{k}}{4\pi^3}\mathbf{v}(\mathbf{k}) = \int_{\text{ocupada}} \frac{d\mathbf{k}}{4\pi^3}\mathbf{v}(\mathbf{k}) + \int_{\text{desocupada}} \frac{d\mathbf{k}}{4\pi^3}\mathbf{v}(\mathbf{k}), \quad \textbf{(12.20)}$$

podemos também representar (12.19) na forma:

$$\mathbf{j} = (+e)\int_{\text{desocupada}} \frac{d\mathbf{k}}{4\pi^3}\mathbf{v}(\mathbf{k}). \quad \textbf{(12.21)}$$

Então, *a corrente produzida pela ocupação com elétrons de um conjunto especificado de níveis é precisamente a mesma que seria produzida se (a) os níveis especificados estivessem desocupados e (b) todos os outros níveis na banda estivessem ocupados, mas por partículas de carga +e (oposta à carga eletrônica).*

Assim, mesmo os elétrons sendo os únicos transportadores de carga, podemos, quando conveniente, considerar a corrente carregada completamente por partículas fictícias de carga positiva que preenchem todos os níveis na banda que estejam desocupados por elétrons.[24] As partículas fictícias são chamadas *buracos.*

Quando se opta por considerar a corrente como carregada por buracos positivos ao invés de elétrons negativos, os elétrons podem ser apenas considerados a ausência de buracos, ou seja, níveis ocupados por elétrons devem ser considerados não ocupados por buracos. É preciso enfatizar que as imagens mentais não podem ser misturadas dentro de uma dada banda. Caso se queira considerar que os elétrons transportam a

---

[23] Este não precisa ser o conjunto de níveis com energias menores que ε_F, já que estamos interessados nas configurações de não equilíbrio realizadas por campos aplicados.

[24] Observe que isso envolve como um caso especial o fato de que uma banda preenchida não pode transportar nenhuma corrente, pois não tem nenhum nível desocupado e, portanto, nenhum transportador positivo fictício.

corrente, os níveis desocupados não oferecerão nenhuma contribuição; caso se deseje considerar que os buracos transportam a corrente, os elétrons não oferecerão nenhuma contribuição. Pode-se, entretanto, considerar algumas bandas na imagem eletrônica e outras bandas na imagem de buraco, de acordo com a conveniência.

Para completar a teoria dos buracos, devemos considerar a maneira pela qual o conjunto de níveis desocupados varia sob a influência de campos aplicados:

2. *Os níveis desocupados em uma banda evoluem com o tempo sob a influência de campos aplicados precisamente como fariam se fossem ocupados por elétrons reais (de carga $-e$).*

Isso ocorre porque, dados os valores de $\mathbf{k}$ e $\mathbf{r}$ em $t = 0$, as equações semiclássicas, por serem seis equações de primeira ordem em seis variáveis, unicamente determinam $\mathbf{k}$ e $\mathbf{r}$ em todos os tempos subsequentes (e todos os tempos antecedentes), exatamente como, na mecânica clássica comum, a posição e o momento de uma partícula em qualquer instante determinam sua órbita inteira na presença de campos externos especificados. Na Figura 12.5, indicamos esquematicamente as órbitas determinadas pelas equações semiclássicas como linhas em um espaço *rkt* de sete dimensões. Já que qualquer ponto em uma órbita especifica unicamente a órbita inteira, duas órbitas distintas não podem ter nenhum ponto em comum. Podemos, portanto, separar as órbitas em órbitas ocupadas e não ocupadas, de acordo com seus pontos ocupados ou desocupados em $t = 0$. Em qualquer tempo após $t = 0$, os níveis não ocupados estarão em órbitas não ocupadas e os níveis ocupados, em órbitas ocupadas. Assim, a evolução tanto do nível ocupado quanto do não ocupado é completamente determinada pela estrutura das órbitas. Porém, esta estrutura depende apenas da forma das equações semiclássicas (12.6) e não de um elétron realmente estar seguindo uma órbita específica.

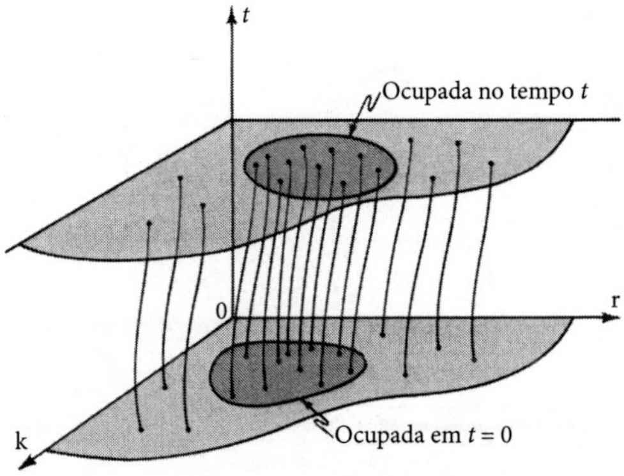

FIGURA 12.5

Uma ilustração esquemática da evolução do tempo de órbitas no espaço fase semiclássico (aqui, $\mathbf{r}$ e $\mathbf{k}$ são indicados por uma única coordenada cada um). A região ocupada no tempo t é determinada pelas órbitas que ficam na região ocupada no tempo $t = 0$.

3. Portanto, é suficiente examinar como os elétrons respondem a campos aplicados para se aprender como os buracos respondem. O movimento de um elétron é determinado pela equação semiclássica:

$$\hbar\dot{\mathbf{k}} = (-e)\left(\mathbf{E} + \frac{1}{c}\mathbf{v}\times\mathbf{H}\right). \quad \textbf{(12.22)}$$

A órbita do elétron se assemelhar ou não àquela de uma partícula livre de carga negativa depende de a aceleração $d\mathbf{v}/dt$ ser ou não paralela a $\dot{\mathbf{k}}$. Se a aceleração fosse oposta a k, o elétron responderia mais como uma partícula livre carregada positivamente. Acontece que, frequentemente, $d\mathbf{v}(\mathbf{k})/dt$ é de fato direcionado de forma oposta a $\dot{\mathbf{k}}$ quando $\mathbf{k}$ é o vetor de onda de um nível não ocupado, pela seguinte razão:

No equilíbrio e em configurações que não se desviam substancialmente do equilíbrio (como é geralmente o caso para configurações eletrônicas de não equilíbrio de interesse), os níveis não ocupados normalmente estão próximos ao topo da banda. Se a energia de banda $\varepsilon(\mathbf{k})$ tem seu valor máximo em $\mathbf{k}_0$, podemos expandir $\varepsilon(\mathbf{k})$ em torno de $\mathbf{k}_0$ se $\mathbf{k}$ estiver suficientemente próximo a $\mathbf{k}_0$. O termo linear em $\mathbf{k} - \mathbf{k}_0$ desaparece em um máximo, e se admitirmos, para o momento, que $\mathbf{k}_0$ é um ponto de simetria suficientemente alta (por exemplo, cúbica), o termo quadrático será proporcional a $(\mathbf{k} - \mathbf{k}_0)^2$. Desse modo,

$$\varepsilon(\mathbf{k}) \approx \varepsilon(\mathbf{k}_0) - A(\mathbf{k} - \mathbf{k}_0)^2, \quad \textbf{(12.23)}$$

onde A é positivo (pois ε é máximo em $\mathbf{k}_0$). É conveniente definir uma grandeza positiva m^* com dimensões de massa por:

$$\frac{\hbar^2}{2m^*} = A. \quad \textbf{(12.24)}$$

Para níveis com vetores de onda próximos a $\mathbf{k}_0$,

$$\mathbf{v}(\mathbf{k}) = \frac{1}{\hbar}\frac{\partial\varepsilon}{\partial\mathbf{k}} \approx -\frac{\hbar(\mathbf{k} - \mathbf{k}_0)}{m^*}, \quad \textbf{(12.25)}$$

e, consequentemente,

$$\mathbf{a} = \frac{d}{dt}\mathbf{v}(\mathbf{k}) = -\frac{\hbar}{m^*}\dot{\mathbf{k}}, \quad \textbf{(12.26)}$$

ou seja, a aceleração é oposta a $\dot{\mathbf{k}}$.

Ao substituir a relação de vetor de onda de aceleração (12.26) na equação de movimento (12.22), encontramos que, contanto que a órbita de um elétron esteja confinada a níveis próximos o suficiente do máximo de banda para que a expansão (12.23) seja precisa, o elétron (negativamente carregado) responde a campos fortes como se tivesse uma massa negativa $-m^*$. Simplesmente trocando o sinal de ambos os lados, podemos igualmente (e intuitivamente) considerar que a equação (12.22) descreve o movimento de uma partícula carregada positivamente com uma massa positiva m^*.

A resposta de um buraco é a mesma que um elétron teria se estivesse no nível não ocupado (ponto 2, descrito anteriormente), portanto, isso completa a demonstração de que os buracos se comportam, sob todos os pontos de vista, como partículas comuns carregadas positivamente.

A necessidade de os níveis não ocupados ficarem suficientemente próximos a um máximo de banda altamente simétrica pode ser moderada em um grau considerável.[25] Podemos esperar um comportamento dinâmico sugestivo de partículas carregadas positiva ou negativamente, dependendo de o ângulo entre $\dot{\mathbf{k}}$ e a aceleração ser maior ou menor que 90° ($\dot{\mathbf{k}} \cdot \mathbf{a}$ negativo ou positivo). Já que

$$\dot{\mathbf{k}} \cdot \mathbf{a} = \dot{\mathbf{k}} \cdot \frac{d}{dt}\mathbf{v} = \dot{\mathbf{k}} \cdot \frac{d}{dt}\frac{1}{\hbar}\frac{\partial \varepsilon}{\partial \mathbf{k}} = \frac{1}{\hbar}\sum_{ij} \dot{k}_i \frac{\partial^2 \varepsilon}{\partial k_i \partial k_j}\dot{k}_j, \quad \textbf{(12.27)}$$

a condição suficiente para que $\dot{\mathbf{k}} \cdot \mathbf{a}$ seja negativo é

$$\sum_{ij} \Delta_i \frac{\partial^2 \varepsilon(\mathbf{k})}{\partial k_i \partial k_j}\Delta_j < 0 \qquad \text{(para qualquer vetor } \Delta). \quad \textbf{(12.28)}$$

Quando **k** está em um máximo local de $\varepsilon(\mathbf{k})$, (12.28) deve se manter, pois, se a desigualdade fosse revertida para qualquer vetor Δ_0, a energia aumentaria à medida que **k** se movesse do "máximo" na direção de Δ_0. Por continuidade, (12.28) irá se manter, portanto, em alguma vizinhança do máximo, e podemos esperar que um elétron responda de maneira sugestiva de carga positiva apenas se seu vetor de onda permanecer naquela vizinhança.

A grandeza m^* que determina a dinâmica de buracos próxima à máxima de banda de alta simetria é conhecida como "massa efetiva do buraco". Genericamente, define-se um "tensor de massa efetiva":

$$[\mathbf{M}^{-1}(\mathbf{k})]_{ij} = \pm\frac{1}{\hbar^2}\frac{\partial^2 \varepsilon(\mathbf{k})}{\partial k_i \partial k_j} = \pm\frac{1}{\hbar}\frac{\partial v_i}{\partial k_j}, \quad \textbf{(12.29)}$$

em que o sinal é − ou +, de acordo com a proximidade de **k** a um máximo (buracos) ou mínimo (elétrons) de banda. Como

$$\mathbf{a} = \frac{d\mathbf{v}}{dt} = \pm\,\mathbf{M}^{-1}(\mathbf{k})\hbar\dot{\mathbf{k}}, \quad \textbf{(12.30)}$$

a equação de movimento (12.22) toma a forma

$$\mathbf{M}(\mathbf{k})\mathbf{a} = \mp e\left(\mathbf{E} + \frac{1}{c}\mathbf{v}(\mathbf{k}) \times \mathbf{H}\right). \quad \textbf{(12.31)}$$

[25] No entanto, se a geometria da região não ocupada do espaço *k* se torne muito complicada, a imagem de buracos adquire utilidade limitada.

O tensor de massa tem papel importante na determinação da dinâmica de buracos localizados em torno da máxima anisotrópica (ou elétrons localizados em torno da mínima anisotrópica). Se o pacote de buracos (ou elétrons) for pequeno o suficiente, pode-se substituir o tensor de massa por seu valor na máxima (ou mínima), o que leva a uma equação linear apenas um pouco mais complicada do que aquela para partículas livres. Essas equações descrevem precisamente a dinâmica de elétrons e de buracos em semicondutores (Capítulo 28).

Movimento semiclássico em um campo magnético uniforme

Uma profusão de informações importantes sobre as propriedades eletrônicas de metais e semicondutores vem de medições de sua resposta a diversas investigações na presença de um campo magnético uniforme. Em tal campo, as equações semiclássicas são

$$\dot{\mathbf{r}} = \mathbf{v}(\mathbf{k}) = \frac{1}{\hbar}\frac{\partial \mathcal{E}(\mathbf{k})}{\partial \mathbf{k}}, \quad (12.32)$$

$$\hbar\dot{\mathbf{k}} = (-e)\frac{1}{c}\mathbf{v}(\mathbf{k})\times \mathbf{H}. \quad (12.33)$$

Dessas equações, imediatamente temos que o componente de **k** ao longo do campo magnético e a energia eletrônica $\mathcal{E}(\mathbf{k})$ são ambos constantes do movimento. Essas duas leis de conservação determinam completamente as órbitas eletrônicas no espaço *k*: elétrons movimentam-se ao longo de curvas dadas pela interseção de superfícies de energia constante com planos perpendiculares ao campo magnético (Figura 12.6).

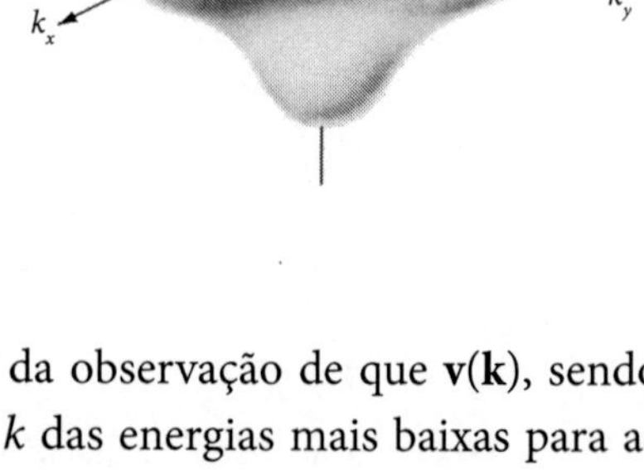

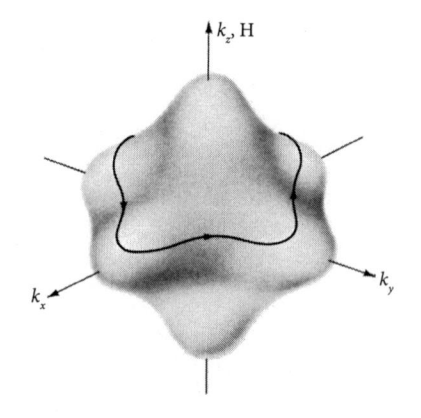

FIGURA 12.6
Interseção de uma superfície de energia constante com um plano perpendicular ao campo magnético. A seta indica a direção de movimento ao longo da órbita se os níveis contidos pela superfície tiverem energia menor do que aqueles de fora.

O sentido no qual a órbita é atravessada provém da observação de que **v**(**k**), sendo proporcional ao gradiente *k* de $\mathcal{E}$, desponta no espaço *k* das energias mais baixas para as mais altas. Em conjunção com (12.33), isso implica que, se nos imaginássemos caminhando no espaço *k* ao longo da órbita, na direção do movimento eletrônico, e o campo magnético apontasse do nosso pé para a cabeça, o lado de energia alta da órbita estaria à nossa direita. Especificamente, órbitas fechadas do espaço *k* que circundem níveis com energias mais altas do que aquelas na órbita (órbitas de buracos) são atravessadas no sentido oposto ao das órbitas fechadas que circundem níveis de energia mais baixa (órbitas de elétrons). Isso é consistente com as conclusões alcançadas em nossa discussão acerca dos buracos, mas levemente mais genérico.

Pode-se encontrar a projeção da órbita de espaço real em um plano perpendicular ao campo, $\mathbf{r}_\perp = \mathbf{r} - \hat{\mathbf{H}}(\hat{\mathbf{H}} \cdot \mathbf{r})$, tomando o produto vetor de ambos os lados de (12.33) com um vetor unidade paralelo ao campo. Isso produz

$$\hat{\mathbf{H}} \times \hbar\dot{\mathbf{k}} = -\frac{eH}{c}(\dot{\mathbf{r}} - \hat{\mathbf{H}}(\hat{\mathbf{H}} \cdot \dot{\mathbf{r}})) = -\frac{eH}{c}\dot{\mathbf{r}}_\perp, \quad \mathbf{(12.34)}$$

que se integra com

$$\mathbf{r}_\perp(t) - \mathbf{r}_\perp(0) = -\frac{\hbar c}{eH}\hat{\mathbf{H}} \times (\mathbf{k}(t) - \mathbf{k}(0)). \quad \mathbf{(12.35)}$$

Como o produto transversal de um vetor unidade com um vetor perpendicular é simplesmente o segundo vetor girado 90° em torno do vetor unidade, concluímos que a projeção da órbita do espaço real em um plano perpendicular ao campo é simplesmente a órbita do espaço *k*, girada 90° em torno da direção do campo e reduzida pelo fator $\hbar c/eH$ (Figura 12.7).[26]

Observe que, no caso do elétron livre ($\varepsilon = \hbar^2 k^2/2m$), as superfícies de energia constante são esferas cujas interseções com planos formam círculos. Um círculo girado 90° permanece com seu formato original e recuperamos o resultado já conhecido de que um elétron livre se movimenta ao longo de um círculo quando seu movimento é projetado em um plano perpendicular ao campo. Na generalização semiclássica, as órbitas não precisam ser circulares e, em muitos casos (Figura 12.8), elas não precisam sequer ser curvas fechadas.

---

[26] O componente da órbita de espaço real paralelo ao campo não é descrito tão simplesmente. Tomando o campo ao longo do eixo *z*, temos

$$z(t) = z(0) + \int_0^t v_z(t)dt; \quad v_z = \frac{1}{\hbar}\frac{\partial \varepsilon}{\partial k_z}.$$

Em contraste com o caso de elétron livre, v_z não precisa ser constante (mesmo que k_z o seja). Portanto, não é necessário que o movimento do elétron ao longo do campo seja uniforme.

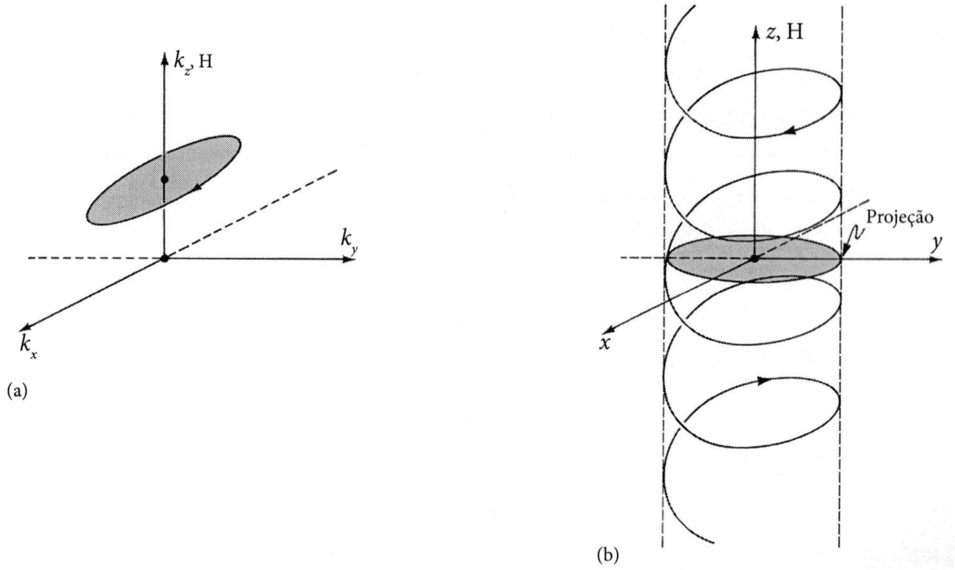

Figura 12.7

A projeção da órbita do espaço *r* (b) em um plano perpendicular ao campo é obtida a partir da órbita do espaço *k* (a) pelo seu escalonamento com o fator $\hbar c/eH$ e sua rotação em 90° em torno do eixo determinado por *H*.

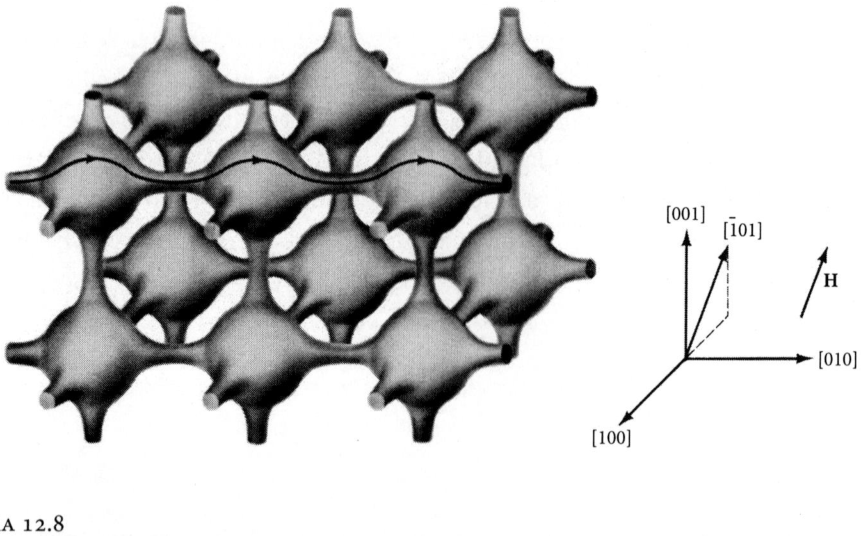

Figura 12.8

Representação em um esquema de zona repetida de uma superfície de energia constante com simetria cúbica simples, capaz de originar órbitas abertas em campos magnéticos adequadamente orientados. Uma dessas órbitas é mostrada para um campo magnético paralelo a [$\bar{1}$01]. Para outro exemplo que ocorre em metais reais, veja a página 317.

Podemos também representar a razão pela qual a órbita é atravessada em termos de alguns aspectos geométricos da estrutura de banda. Considere uma órbita de energia $\mathcal{E}$ em um plano específico perpendicular ao campo (Figura 12.9a). O tempo para se atravessar a porção da órbita que fica entre $\mathbf{k}_1$ e $\mathbf{k}_2$ é

$$t_2 - t_1 = \int_{t_1}^{t_2} dt = \int_{\mathbf{k}_1}^{\mathbf{k}_2} \frac{dk}{|\dot{\mathbf{k}}|}. \quad \mathbf{(12.36)}$$

Eliminando-se $\dot{\mathbf{k}}$ pelas equações (12.32) e (12.33), chegamos a

$$t_2 - t_1 = \frac{\hbar^2 c}{eH} \int_{\mathbf{k}_1}^{\mathbf{k}_2} \frac{dk}{|(\partial\mathcal{E}/\partial\mathbf{k})_\perp|}. \quad \mathbf{(12.37)}$$

onde $(\partial\mathcal{E}/\partial\mathbf{k})_\perp$ é o componente de $\partial\mathcal{E}/\partial\mathbf{k}$ perpendicular ao campo, isto é, sua projeção no plano da órbita.

A grandeza $|(\partial\mathcal{E}/\partial\mathbf{k})_\perp|$ tem a seguinte interpretação geométrica: considere $\Delta(\mathbf{k})$ um vetor no plano da órbita perpendicular à órbita no ponto $\mathbf{k}$ que une o ponto $\mathbf{k}$ a uma órbita vizinha no mesmo plano de energia $\mathcal{E} + \Delta\mathcal{E}$ (Figura 12.9b). Quando $\Delta\mathcal{E}$ for muito pequeno, temos

$$\Delta\mathcal{E} = \frac{\partial\mathcal{E}}{\partial\mathbf{k}} \cdot \Delta(\mathbf{k}) = \left(\frac{\partial\mathcal{E}}{\partial\mathbf{k}}\right)_\perp \cdot \Delta(\mathbf{k}). \quad \mathbf{(12.38)}$$

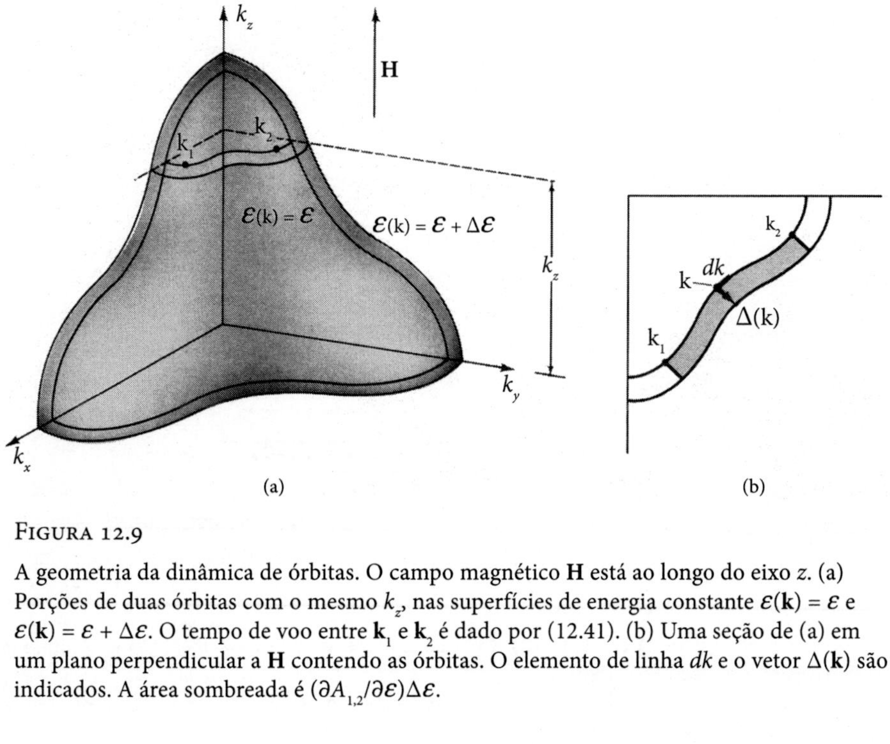

FIGURA 12.9

A geometria da dinâmica de órbitas. O campo magnético **H** está ao longo do eixo *z*. (a) Porções de duas órbitas com o mesmo k_z, nas superfícies de energia constante $\mathcal{E}(\mathbf{k}) = \mathcal{E}$ e $\mathcal{E}(\mathbf{k}) = \mathcal{E} + \Delta\mathcal{E}$. O tempo de voo entre $\mathbf{k}_1$ e $\mathbf{k}_2$ é dado por (12.41). (b) Uma seção de (a) em um plano perpendicular a **H** contendo as órbitas. O elemento de linha *dk* e o vetor $\Delta(\mathbf{k})$ são indicados. A área sombreada é $(\partial A_{1,2}/\partial\mathcal{E})\Delta\mathcal{E}$.

Além disso, se $\partial\varepsilon/\partial\mathbf{k}$ for perpendicular à superfície de energia constante, o vetor $(\partial\varepsilon/\partial\mathbf{k})_\perp$ será perpendicular à órbita e, consequentemente, paralelo a $\Delta(\mathbf{k})$. Podemos, portanto, substituir (12.38) por

$$\Delta\varepsilon = \left|\left(\frac{\partial\varepsilon}{\partial\mathbf{k}}\right)_\perp\right|\Delta(\mathbf{k}) \quad \textbf{(12.39)}$$

e reescrever (12.37):

$$t_2 - t_1 = \frac{\hbar^2 c}{eH}\frac{1}{\Delta\varepsilon}\int_{\mathbf{k}_1}^{\mathbf{k}_2}\Delta(\mathbf{k})dk. \quad \textbf{(12.40)}$$

A integral na equação (12.40) fornece apenas a área do plano entre as duas órbitas vizinhas de $\mathbf{k}_1$ e $\mathbf{k}_2$ (Figura 12.9). Consequentemente, se tomarmos o limite de (12.40) como $\Delta\varepsilon \to 0$, temos

$$t_2 - t_1 = \frac{\hbar^2 c}{eH}\frac{\partial A_{1,2}}{\partial\varepsilon}, \quad \textbf{(12.41)}$$

onde $\partial A_{1,2}/\partial\varepsilon$ é a taxa com que a porção da órbita entre $\mathbf{k}_1$ e $\mathbf{k}_2$ começa a varrer a área no plano dado, à medida que ε aumenta.

O resultado (12.41) é frequentemente encontrado no caso de a órbita ser uma curva simples fechada e $\mathbf{k}_1$ e $\mathbf{k}_2$ fornecerem um circuito único completo ($\mathbf{k}_1 = \mathbf{k}_2$). A grandeza $t_2 - t_1$ é, então, o período T da órbita. Se A é a área do espaço k fechada pela órbita em seu plano, (12.41) fornece[27]

$$T(\varepsilon, k_z) = \frac{\hbar^2 c}{eH}\frac{\partial}{\partial\varepsilon}A(\varepsilon, k_z). \quad \textbf{(12.42)}$$

Para fazer com que isso seja semelhante ao resultado do elétron livre[28]

$$T = \frac{2\pi}{\omega_c} = \frac{2\pi mc}{eH}, \quad \textbf{(12.43)}$$

costuma-se definir uma massa efetiva de ciclotron $m^*(\varepsilon, k_z)$:

$$m^*(\varepsilon, k_z) = \frac{\hbar^2}{2\pi}\frac{\partial A(\varepsilon, k_z)}{\partial\varepsilon}. \quad \textbf{(12.44)}$$

[27] As grandezas A e T dependem da energia ε da órbita e seu plano, o que é especificado por k_z, onde se considera que o eixo z esteja ao longo do campo.

[28] Veja a página 14 e a equação (1.18). A equação (12.43) é derivada do resultado geral (12.42) no Problema 1.

Enfatizamos que essa massa efetiva não é necessariamente a mesma que se convencionou definir em outros contextos, como a massa efetiva do calor específico (veja o Problema 2.)

Movimento semiclássico em campos magnéticos e elétricos uniformes perpendiculares

Quando um campo elétrico uniforme **E** está presente em adição ao campo magnético estático **H**, a equação (12.35) para a projeção da órbita de espaço real em um plano perpendicular a **H** adquire um termo adicional:

$$\mathbf{r}_\perp(t) - \mathbf{r}_\perp(0) = -\frac{\hbar c}{eH}\hat{\mathbf{H}} \times [\mathbf{k}(t) - \mathbf{k}(0)] + \mathbf{w}t, \quad \mathbf{(12.45)}$$

onde

$$\mathbf{w} = c\frac{E}{H}(\hat{\mathbf{E}} \times \hat{\mathbf{H}}). \quad \mathbf{(12.46)}$$

Assim, o movimento no espaço real perpendicular a **H** é a superposição (a) da órbita de espaço *k* girada e escalonada exatamente como se apenas o campo magnético estivesse presente e (b) de um desvio uniforme com velocidade **w**.[29]

Para determinar a órbita do espaço *k*, observamos que, quando **E** e **H** são perpendiculares, a equação de movimento (12.6b) pode ser escrita na forma

$$\hbar\dot{\mathbf{k}} = -\frac{e}{c}\frac{1}{\hbar}\frac{\partial\bar{\varepsilon}}{\partial\mathbf{k}} \times \mathbf{H}, \quad \mathbf{(12.47)}$$

em que[30]

$$\bar{\varepsilon}(\mathbf{k}) = \varepsilon(\mathbf{k}) - \hbar\mathbf{k} \cdot \mathbf{w}. \quad \mathbf{(12.48)}$$

A equação (12.47) é a equação de movimento que um elétron teria se apenas o campo magnético **H** estivesse presente e se a estrutura de banda fosse dada por $\bar{\varepsilon}(\mathbf{k})$ ao invés de $\varepsilon(\mathbf{k})$[compare à equação (12.33)]. Podemos, portanto, concluir a partir da análise daquele caso que as órbitas do espaço *k* são fornecidas pelas interseções de superfícies de $\bar{\varepsilon}$ constante com planos perpendiculares ao campo magnético.

Desse modo, encontramos uma construção geométrica explícita para as órbitas semiclássicas em campos magnéticos e elétricos cruzados.

---

[29] O leitor versado em teoria eletromagnética reconhecerá **w** como a velocidade da estrutura de referência na qual o campo elétrico desaparece.

[30] Para um elétron livre, $\bar{\varepsilon}$ é simplesmente a energia do elétron na estrutura que se move com velocidade **w** (para dentro de uma constante aditiva independente de *k*).

Efeito de Hall em campo alto e magnetorresistência[31]

Estendemos a análise a campos magnéticos e elétricos cruzados quando (a) o campo magnético é muito grande (tipicamente, 10^4 gauss ou mais; a condição física pertinente depende da estrutura de banda e surgirá abaixo) e (b) $\bar{\varepsilon}(\mathbf{k})$ difere apenas levemente de $\varepsilon(\mathbf{k})$. Se a primeira suposição se mantém, é quase certo que o mesmo ocorra com a segunda, desde que um típico vetor de onda **k** seja no máximo de ordem $1/a_0$. Consequentemente,

$$\hbar\mathbf{k}\cdot\mathbf{w} < \frac{\hbar}{a_0}c\frac{E}{H} = \left(\frac{e^2}{a_0}\right)\left(\frac{eEa_0}{\hbar\omega_c}\right). \quad \textbf{(12.49)}$$

Como eEa_0 é, no máximo,[32] de ordem 10^{-10} eV e $\hbar\omega_c$ é de ordem 10^{-4} eV em um campo de 10^4 gauss, $\hbar\mathbf{k}\cdot\mathbf{w}$ é da ordem de 10^{-6} Ry. Já que $\varepsilon(\mathbf{k})$ é tipicamente uma fração apreciável de um rydberg, $\bar{\varepsilon}(\mathbf{k})$[equação (12.48)] está de fato próximo a $\varepsilon(\mathbf{k})$.

O comportamento limitante da corrente induzida pelo campo elétrico em campos magnéticos altos é bem diferente, dependendo de (a) todos os níveis eletrônicos ocupados (ou todos os não ocupados) estarem em órbitas que sejam curvas fechadas ou de (b) alguns dos níveis ocupados e não ocupados estarem em órbitas que não se fechem em si mesmas, mas são estendidas ou "abertas" no espaço *k*. Uma vez que $\bar{\varepsilon}(\mathbf{k})$ está muito próximo de $\varepsilon(\mathbf{k})$, assumiremos que qualquer critério que seja satisfeito pelas órbitas determinadas por $\bar{\varepsilon}$ também será satisfeito pelas órbitas determinadas por ε.

Caso 1 — Quando todas as órbitas ocupadas (ou todas as não ocupadas) forem fechadas, tomaremos a condição de campo magnético alto para dizer que essas órbitas podem ser atravessadas muitas vezes entre colisões sucessivas. No caso do elétron livre, isto se reduz à condição $\omega_c\tau >> 1$, e a tomaremos como indicativo da ordem de grandeza do campo exigida no caso geral. Para que se satisfaça a condição, exige-se não apenas campos muito grandes (10^4 gauss ou mais), mas também cristais únicos muito puros em temperaturas muito baixas para garantir longos períodos de relaxação. Com algum esforço, valores de $\omega_c\tau$ tão grandes como 100 ou mais foram alcançados.

Suponha, então, que o período T seja pequeno em comparação ao tempo de relaxação τ para toda órbita que contenha níveis ocupados.[33] Para calcular a densidade de corrente no tempo t = 0, observamos[34] que $\mathbf{j} = -ne\mathbf{v}$, onde **v** é a velocidade média adquirida por um

---

[31] Na aplicação da análise anterior dos campos **E** e **H** cruzados à teoria do efeito de Hall e à magnetorresistência, nos restringimos às disposições geométricas que sejam suficientemente simétricas em relação aos eixos do cristal, para que tanto o campo de Hall quanto os campos elétricos aplicados sejam perpendiculares ao campo magnético.

[32] Veja o parágrafo seguinte à equação (12.9).

[33] Para mais solidez, admitimos que os níveis *ocupados* fiquem todos em órbitas fechadas. Se forem os níveis *não ocupados*, podemos invocar a discussão sobre os buracos para justificar essencialmente a mesma análise, exceto pelo fato de que a densidade de corrente será dada por $\mathbf{j} = +n_h e\mathbf{v}$, onde n_h é a densidade dos buracos e **v** é a velocidade média que um elétron adquiriria no tempo τ proporcional a todos os níveis não ocupados.

[34] Veja a equação (1.4). A análise a seguir é essencialmente muito semelhante à derivação da condutividade DC de Drude, no Capítulo 1. Vamos calcular a corrente transportada por uma única banda, já que as contribuições de mais que uma banda são adicionadas.

elétron desde sua última colisão, proporcional a todos os níveis ocupados. Já que o tempo médio da última colisão é τ, podemos concluir, a partir de (12.45), que o componente dessa velocidade perpendicular ao campo magnético para um elétron em particular é exatamente

$$\frac{\mathbf{r}_\perp(0) - \mathbf{r}_\perp(-\tau)}{\tau} = -\frac{\hbar c}{eH}\hat{\mathbf{H}} \times \frac{\mathbf{k}(0) - \mathbf{k}(-\tau)}{\tau} + \mathbf{w}. \quad \textbf{(12.50)}$$

Como todas as órbitas ocupadas são fechadas, $\Delta\mathbf{k} = \mathbf{k}(0) - \mathbf{k}(-\tau)$ é limitada no tempo, logo, para um τ suficientemente grande, a velocidade do desvio $\mathbf{w}$ fornece a contribuição dominante para (12.50) e temos[35]

$$\lim_{\tau/T\to\infty} \mathbf{j}_\perp = -ne\mathbf{w} = -\frac{nec}{H}(\mathbf{E} \times \hat{\mathbf{H}}). \quad \textbf{(12.51)}$$

Se os níveis não ocupados é que se encontram em órbitas fechadas, o resultado correspondente é[36]

$$\lim_{\tau/T\to\infty} \mathbf{j}_\perp = +\frac{n_h ec}{H}(\mathbf{E} \times \hat{\mathbf{H}}) \quad \textbf{(12.52)}$$

As equações (12.51) e (12.52) afirmam que, quando todas as órbitas relevantes são fechadas, a deflexão da força de Lorentz é tão efetiva para impedir que elétrons adquiram energia do campo elétrico que a velocidade de desvio uniforme $\mathbf{w}$ perpendicular a $\mathbf{E}$ fornece a contribuição dominante para a corrente. O resultado contido nas equações (12.51) e (12.52) é geralmente expresso em termos do coeficiente de Hall, definido [veja a equação (1.15)] como o componente do campo elétrico perpendicular à corrente, dividido pelo produto do campo magnético e a densidade de corrente. Se toda a corrente é transportada por

---

[35] Representando o limite de campo alto desta forma, interpretamos o limite para τ grande médio em H fixo, em vez de H grande em τ fixo. Para demonstrar que o mesmo termo principal surge no último caso, ou para calcular o valor de $\omega_c\tau$ no qual o termo principal começa a dominar, exige-se uma análise mais profunda. Primeiro, observamos que, se o campo elétrico fosse zero, a contribuição líquida para a corrente média do termo em (12.50) proporcional a $\Delta\mathbf{k}$ desapareceria quando proporcional às órbitas ocupadas (já que tanto $\mathbf{j}$ quanto $\mathbf{w}$ devem desaparecer quando $\mathbf{E} = 0$). Quando $\mathbf{E} \neq 0$, $\Delta\mathbf{k}$ não mais desaparece quando proporcional às órbitas, porque a substituição de ε por $\bar{\varepsilon}$ [equação (12.48)] desloca todas as órbitas do espaço k na mesma direção geral. Verifica-se isso facilmente no caso do elétron livre, já que, se $\varepsilon(\mathbf{k}) = \hbar^2k^2/2m$, $\bar{\varepsilon}(\mathbf{k})$ é dado (para dentro de uma constante aditiva dinamicamente irrelevante) por $\bar{\varepsilon}(\mathbf{k}) = \hbar^2(\mathbf{k} - m\mathbf{w}/\hbar)^2/2m$. Consequentemente, quando proporcional a todas as órbitas, $\Delta\mathbf{k}$ não mais fornecerá zero, mas $m\mathbf{w}/\hbar$. Resulta de (12.51) que o tamanho da contribuição de $\Delta\mathbf{k}$ para a velocidade média $\mathbf{v}$, quando proporcional a todas as órbitas, será $(mw/\hbar)(\hbar c/eH)(1/\tau) = w/(\omega_c\tau)$, que é menor do que o termo principal w por $1/\omega_c\tau$. Assim, a forma limitante (12.51) de fato torna-se válida quando as órbitas podem ser atravessadas muitas vezes entre colisões. Para uma estrutura de banda geral, a média de $\Delta\mathbf{k}$ será mais complexa (por exemplo, dependerá de uma órbita em particular), mas podemos esperar que o cálculo do elétron livre forneça a ordem de grandeza correta se m for substituído por uma massa efetiva adequadamente definida.

[36] Já que (12.51) e (12.52) são manifestadamente diferentes, não pode haver nenhuma banda na qual todas as órbitas (ocupadas e não ocupadas) sejam curvas fechadas. Convida-se o leitor que possui uma mente topológica a deduzi-lo diretamente da periodicidade de $\varepsilon(\mathbf{k})$.

elétrons de uma única banda, para a qual (12.51) ou (12.52) seja válida, o coeficiente de Hall de campo alto simplesmente será[37]

$$R_\infty = -\frac{1}{nec}, \quad \text{elétrons;} \qquad R_\infty = +\frac{1}{n_h ec}, \quad \text{buracos.} \quad \textbf{(12.53)}$$

Esse é apenas o resultado elementar (1.21) da teoria do elétron livre, que reaparece sob circunstâncias especialmente mais gerais desde que (a) todas as órbitas ocupadas (ou todas as não ocupadas) sejam fechadas, (b) o campo seja grande o suficiente para que cada órbita seja atravessada muitas vezes entre colisões, e (c) os carregadores sejam considerados buracos se as órbitas não ocupadas estiverem fechadas. Assim, a teoria semiclássica pode explicar o sinal "anômalo" de alguns coeficientes de Hall medidos,[38] bem como preservar, sob condições um tanto genéricas, as informações muito valiosas sobre a densidade do transportador que os coeficientes de Hall (campo alto) medidos produzem.

Se diversas bandas contribuem para a densidade de corrente, cada qual apenas com órbitas fechadas de elétron (ou buracos), então (12.51) ou (12.52) mantém-se separadamente para cada banda e a densidade de corrente total no limite do campo alto será

$$\lim_{\tau/T\to\infty} \mathbf{j}_\perp = -\frac{n_{\text{eff}}ec}{H}(\mathbf{E}\times\hat{\mathbf{H}}), \quad \textbf{(12.54)}$$

onde n_{eff} é a densidade total de elétrons menos a densidade total de buracos. O coeficiente de Hall de campo alto será então

$$R_\infty = -\frac{1}{n_{\text{eff}}ec}. \quad \textbf{(12.55)}$$

Outros aspectos do caso de muitas bandas, inclusive a questão de como (12.55) deve ser modificada quando a densidade de elétrons for igual à densidade de buracos (chamados "materiais compensados"), são explorados no Problema 4.

Pode-se também verificar (Problema 5) que, como as correções às densidades de corrente de campo alto (12.51) e (12.52) são menores por um fator da ordem de $1/\omega_c\tau$, a magnetorresistência transversal[39] aproxima-se ("satura-se") de uma constante independente do campo no limite do campo alto,[40] contanto que a corrente seja transportada por uma única banda com órbitas fechadas de elétrons (ou buracos). O caso de muitas bandas é investigado

[37] Esse resultado geral não é nada mais do que um modo compacto de se expressar a dominância na corrente da velocidade de desvio **w** no limite do campo alto. Ele se mantém para estruturas de banda tão genéricas precisamente porque as equações semiclássicas preservam o papel fundamental que **w** tem na teoria do elétron livre. Ele falha (veja a seguir) quando algumas órbitas de elétron e de buraco estão abertas, já que **w**, então, não mais domina a corrente de campo alto.

[38] Veja a Tabela 1.4, a Figura 1.4 e a página 58.

[39] Veja a página 12.

[40] Na teoria do elétron livre, a magnetorresistência é independente da força do campo magnético (veja a página 14).

no Problema 4, no qual mostra-se que, se todas as órbitas de elétrons ou buracos são fechadas em cada banda, a magnetorresistência continua a saturar-se, a não ser que o material seja compensado, quando então ela cresce sem limites com o campo magnético aumentado.

Caso 2 — As conclusões anteriores mudam drasticamente se houver ao menos uma banda na qual nem todas as órbitas ocupadas nem todas as não ocupadas forem fechadas. Este será o caso se ao menos algumas órbitas na energia de Fermi forem curvas abertas, sem limite (Figura 12.8). Os elétrons nessas órbitas não são mais forçados pelo campo magnético a sofrer um movimento periódico ao longo da direção do campo elétrico, já que estão em órbitas fechadas. Consequentemente, o campo magnético não pode mais frustrar a habilidade desses elétrons de adquirir energia do campo elétrico forte. Se a órbita sem limite estende-se em uma direção do espaço real $\hat{\mathbf{n}}$, espera-se, portanto, encontrar uma contribuição para a corrente que não desapareça no limite do campo alto, direcionado ao longo de $\hat{\mathbf{n}}$ e proporcional à projeção de **E** ao longo de $\hat{\mathbf{n}}$:

$$\mathbf{j} = \sigma^{(0)}\hat{\mathbf{n}}(\hat{\mathbf{n}}\cdot\mathrm{E}) + \boldsymbol{\sigma}^{(1)}\cdot\mathrm{E}, \qquad \begin{array}{l}\sigma^{(0)} \to \text{constante quando } H \to \infty,\\ \boldsymbol{\sigma}^{(1)} \to 0 \text{ quando } H \to \infty.\end{array} \quad \textbf{(12.56)}$$

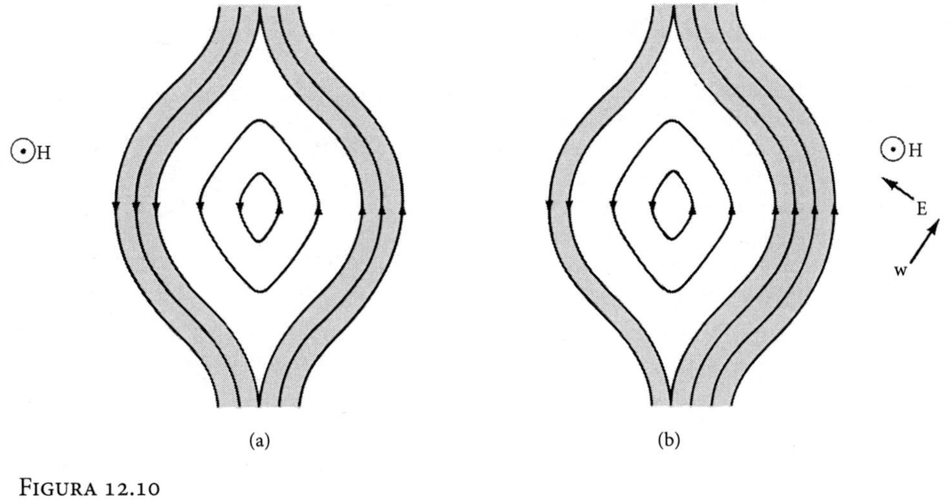

FIGURA 12.10

Uma seção de superfícies de energia constante em um plano perpendicular ao campo magnético **H**, mostrando órbitas ocupadas abertas (sombreadas) e fechadas (não sombreadas). Em (a), nenhum campo elétrico está presente e as correntes transportadas por órbitas abertas em direções opostas se anulam. Em (b), um campo elétrico **E** está presente, levando o estado estável a um desequilíbrio em órbitas abertas "populosas" opostamente direcionadas e, consequentemente, a uma corrente líquida. Isso decorre do fato de $\bar{\mathcal{E}}$ [equação (12.48)] ser conservado pelo movimento semiclássico entre colisões.

Essa expectativa confirma-se pelas equações semiclássicas, já que o crescimento no vetor de onda ($\Delta\mathbf{k}$) de um elétron recém-saído de uma colisão na órbita aberta não é limitado no tempo, mas cresce a uma razão[41] diretamente proporcional a H. Isso leva à contribuição para a velocidade média (12.50), que é independente da força do campo magnético e direcionada ao longo do espaço real da órbita aberta no limite do campo alto.[42]

A forma de campo alto (12.56) é radicalmente diferente da forma (12.51) ou da forma (12.52), apropriadas aos transportadores cujas órbitas são fechadas. Consequentemente, o coeficiente de Hall não tem mais o limite do campo alto simples (12.53). Além disso, a conclusão de que a magnetorresistência de campo alto se aproxima de uma constante não é mais válida; de fato, a falha da magnetorresistência em saturar é um dos sinais característicos de que uma superfície de Fermi pode suportar órbitas abertas.

Para compreender as implicações do comportamento limitante (12.56) sobre a magnetorresistência de campo alto, considere um experimento (Figura 12.11) no qual a direção do fluxo de corrente (determinado pela geometria do espécime) não fica ao longo da direção $\hat{\mathbf{n}}$ da órbita aberta no espaço real. Por causa de (12.56), isso é possível no limite de campo

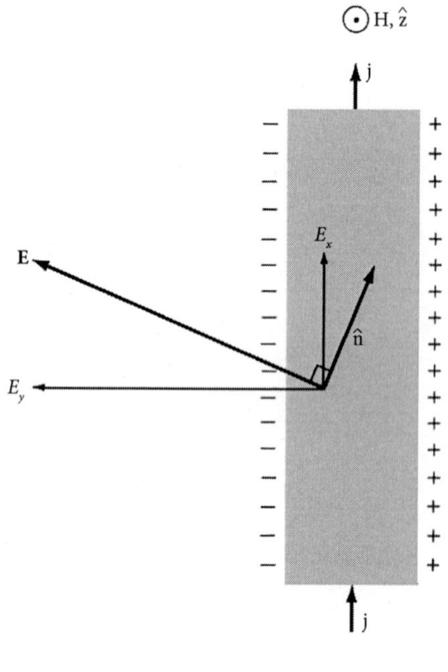

FIGURA 12.11

Desenho esquemático da corrente **j** em um fio perpendicular a um campo magnético **H**, quando uma órbita aberta fica em uma direção de espaço real $\hat{\mathbf{n}}$ perpendicular ao campo. No limite do campo alto, o campo elétrico total **E** se torna perpendicular a $\hat{\mathbf{n}}$. Como o componente E_x paralelo a **j** é determinado pelo potencial aplicado, isso ocorre pela aparência do campo transversal E_y, em consequência da carga que se acumula nas superfícies do espécime. Assim, o ângulo de Hall (o ângulo entre **j** e **E**) é apenas o complemento do ângulo entre **j** e a direção da órbita aberta. Ela, portanto, falha (em contraste com o caso do elétron livre) ao se aproximar 90° no limite do campo alto.

[41] Já que a razão na qual a órbita é atravessada é proporcional a H [equação (12.41)].

[42] Observe que, quando $\mathbf{E} = 0$, essa contribuição ainda deve resultar em zero quando proporcional a todas as órbitas abertas (já que **j** e **w** são zero), portanto, deve haver órbitas abertas direcionadas em oposição cuja contribuição se cancela. Quando um campo elétrico está presente, no entanto, as órbitas direcionadas para extrair energia do campo tornam-se mais fortemente preenchidas à custa daquelas direcionadas para perder energia (Figura 12.10). Essa diferença de população é proporcional à projeção da velocidade de desvio **w** ao longo da direção da órbita no espaço k, ou, de modo equivalente, à projeção de **E** ao longo da direção da órbita no espaço real. Essa é a fonte da dependência $\hat{n}\cdot\mathbf{E}$ em (12.56).

alto apenas se a projeção do campo elétrico em $\hat{\mathbf{n}}$, $\mathbf{E}\cdot\hat{\mathbf{n}}$, desaparece.[43] O campo elétrico, portanto, tem a forma (veja a Figura 12.11)

$$\mathbf{E} = E^{(0)}\hat{\mathbf{n}}' + E^{(1)}\hat{\mathbf{n}}, \quad (12.57)$$

onde $\hat{\mathbf{n}}'$ é um vetor unitário perpendicular tanto a $\hat{\mathbf{n}}$ quanto a $\hat{\mathbf{H}}(\hat{\mathbf{n}}' = \hat{\mathbf{n}} \times \hat{\mathbf{H}})$, $E^{(0)}$ é independente de H no limite do campo alto e $E^{(1)}$ desaparece quando $H \to \infty$.

A magnetorresistência é a razão do componente de **E** ao longo de **j**, para j:

$$\rho = \frac{\mathbf{E}\cdot\hat{\mathbf{j}}}{j}. \quad (12.58)$$

Quando a corrente não é paralela à direção $\hat{\mathbf{n}}$ da órbita aberta, isso fornece, no limite de campo alto

$$\rho = \left(\frac{E^{(0)}}{j}\right)\hat{\mathbf{n}}'\cdot\hat{\mathbf{j}}. \quad (12.59)$$

Para encontrar $E^{(0)}/j$, primeiro substituímos o campo elétrico (12.59) na relação campo--corrente (12.56) para encontrar, no limite do campo alto, o comportamento principal

$$\mathbf{j} = \sigma^{(0)}\hat{\mathbf{n}}E^{(1)} + \boldsymbol{\sigma}^{(1)}\cdot\hat{\mathbf{n}}'E^{(0)}. \quad (12.60)$$

Como $\hat{\mathbf{n}}'$ é perpendicular a $\hat{\mathbf{n}}$, isso implica que

$$\hat{\mathbf{n}}'\cdot\mathbf{j} = E^{(0)}\hat{\mathbf{n}}'\cdot\boldsymbol{\sigma}^{(1)}\cdot\hat{\mathbf{n}}', \quad (12.61)$$

ou

$$\frac{E^{(0)}}{j} = \frac{\hat{\mathbf{n}}'\cdot\hat{\mathbf{j}}}{\hat{\mathbf{n}}'\cdot\boldsymbol{\sigma}^{(1)}\cdot\hat{\mathbf{n}}'}. \quad (12.62)$$

Substituindo esse resultado na equação (12.59), encontramos que, no limite de campo alto, o termo principal na magnetorresistência é

$$\rho = \frac{(\hat{\mathbf{n}}'\cdot\hat{\mathbf{j}})^2}{\hat{\mathbf{n}}'\cdot\boldsymbol{\sigma}^{(1)}\cdot\hat{\mathbf{n}}'}. \quad (12.63)$$

---

[43] No experimento (Figura 12.11), o componente de **E** ao longo de **j** é especificado. No entanto, no estado fundamental, haverá também um campo de Hall perpendicular a **j**, que torna possível que $\mathbf{E}\cdot\hat{n}$ desapareça no limite do campo alto.

Como $\sigma^{(1)}$ desaparece no limite do campo alto, isso fornece uma magnetorresistência que cresce sem limite com campo crescente e é proporcional ao quadrado do seno do ângulo entre a direção corrente e do espaço real da órbita aberta.

Assim, o modelo semiclássico soluciona outra anomalia da teoria do elétron livre, fornecendo dois mecanismos possíveis[44] pelos quais a magnetorresistência pode crescer sem limite com campo magnético crescente.

Adiamos para o Capítulo 15 algumas demonstrações de como essas previsões são confirmadas pelo comportamento dos metais reais e nos voltamos agora para um método mais sistemático de extração de coeficientes de transporte a partir do modelo semiclássico.

PROBLEMAS

1. Para elétrons livres, $\varepsilon(\mathbf{k}) = \hbar^2k^2/2m$. Calcule $\partial A(\varepsilon,k_z)/\partial\varepsilon$ e mostre que a expressão geral (12.42) para o período em um campo magnético reduz-se para o resultado do elétron livre em (12.43).

2. Para elétrons próximos a um mínimo (ou máximo) de banda $\varepsilon(\mathbf{k})$ tem a forma

$$\varepsilon(\mathbf{k}) = \text{constante} + \frac{\hbar^2}{2}(\mathbf{k} - \mathbf{k}_0)\cdot\mathbf{M}^{-1}\cdot(\mathbf{k} - \mathbf{k}_0), \quad \textbf{(12.64)}$$

onde a matriz **M** é independente de **k**. (Elétrons em semicondutores são quase sempre tratados nesta aproximação.)

(a) Calcule a massa efetiva de ciclotron a partir de (12.44) e mostre que ela é independente de ε e k_z, sendo dada por

$$m^* = \left(\frac{|\mathbf{M}|}{\mathbf{M}_{zz}}\right)^{1/2}, \quad \text{(ciclotron)} \quad \textbf{(12.65)}$$

em que $|\mathbf{M}|$ é a determinante da matriz **M**.

(b) Calcule o calor específico eletrônico (2.80) resultante da estrutura de banda (12.64) e, comparando-a com o resultado de elétron livre correspondente, mostre que a contribuição da estrutura de banda para a massa efetiva do calor específico (página 48) é dada por

$$m^* = |\mathbf{M}|^{1/3}. \quad \text{(calor específico)} \quad \textbf{(12.66)}$$

[44] Órbitas abertas ou (Problema 4) compensação. Na teoria do elétron livre, a magnetorresistência é independente do campo.

3. Quando $\varepsilon(\mathbf{k})$ tem a forma (12.64), as equações semiclássicas de movimento são lineares e, portanto, facilmente solucionadas.

(a) Generalize a análise no Capítulo 1 para mostrar que, para esses elétrons, a condutividade DC é dada por

$$\boldsymbol{\sigma} = ne^2\tau\mathbf{M}^{-1}. \quad \textbf{(12.67)}$$

(b) Derive outra vez o resultado (12.65) para a massa efetiva do ciclotron, encontrando explicitamente as soluções dependentes de tempo para a equação (12.31):

$$\mathbf{M}\cdot\frac{d\mathbf{v}}{dt} = -e\left(\mathbf{E} + \frac{\mathbf{v}}{c}\times\mathbf{H}\right), \quad \textbf{(12.68)}$$

e observando que a frequência angular está relacionada a m^* por $\omega = eH/m^*c$.

4. O resultado do elétron livre (1.19) para a corrente induzida por um campo elétrico perpendicular a um campo magnético uniforme pode ser representado pela forma

$$\mathbf{E} = \boldsymbol{\rho}\cdot\mathbf{j} \quad \textbf{(12.69)}$$

onde o tensor de resistividade $\boldsymbol{\rho}$ tem a forma

$$\boldsymbol{\rho} = \begin{pmatrix} \rho & -RH \\ RH & \rho \end{pmatrix} \quad \textbf{(12.70)}$$

(Das definições (1.14) e (1.15) temos que ρ é a magnetorresistência e R, o coeficiente de Hall.)

(a) Considere um metal com diversas bandas parcialmente preenchidas, em que cada uma delas a corrente induzida esteja relacionada ao campo por $\mathbf{E}_n = \boldsymbol{\rho}_n\mathbf{j}_n$, onde $\boldsymbol{\rho}_n$ tem a forma (12.70):[45]

$$\boldsymbol{\rho}_n = \begin{pmatrix} \rho_n & -R_nH \\ R_nH & \rho_n \end{pmatrix}. \quad \textbf{(12.71)}$$

Mostre que a corrente induzida total é dada por $\mathbf{E} = \boldsymbol{\rho}\cdot\mathbf{j}$, com

$$\boldsymbol{\rho} = \left(\sum \boldsymbol{\rho}_n^{-1}\right)^{-1}. \quad \textbf{(12.72)}$$

(b) Mostre que, se houver apenas duas bandas, o coeficiente de Hall e a magnetorresistência serão dados por:

---

[45] A forma (12.71) não exige, em geral, que cada banda seja parecida com elétron livre, mas apenas que o campo magnético esteja ao longo de um eixo de simetria suficiente.

$$R = \frac{R_1\rho_2^2 + R_2\rho_1^2 + R_1R_2(R_1 + R_2)H^2}{(\rho_1 + \rho_2)^2 + (R_1 + R_2)^2H^2}, \quad \textbf{(12.73)}$$

$$\rho = \frac{\rho_1\rho_2^2(\rho_1 + \rho_2) + (\rho_1R_2^2 + \rho_2R_1^2)H^2}{(\rho_1 + \rho_2)^2 + (R_1 + R_2)^2H^2}. \quad \textbf{(12.74)}$$

Observe a dependência explícita da força do campo magnético mesmo se R_i e ρ_i forem independentes de campo (como são para bandas de elétron livre).

(c) Deduza diretamente de (12.73) a forma (12.55) do coeficiente de Hall de campo alto quando ambas as bandas têm órbitas fechadas e discuta o comportamento limitante do campo alto no caso $n_{\text{eff}} = 0$ (ou seja, para um metal de duas bandas compensadas). Mostre que, neste caso, a magnetorresistência aumenta como H^2 com campo crescente.

5. Já que a correção ao resultado de campo alto (12.51) é da ordem de H^2, a forma geral para a corrente induzida em uma banda de elétron com órbita fechada é

$$\mathbf{j} = -\frac{nec}{H}(\mathbf{E} \times \hat{\mathbf{H}}) + \boldsymbol{\sigma}^{(1)} \cdot \mathbf{E}, \quad \textbf{(12.75)}$$

em que

$$\lim_{H\to\infty} H^2 \boldsymbol{\sigma}^{(1)} < \infty. \quad \textbf{(12.76)}$$

Mostre que a magnetorresistência de campo alto é dada por

$$\rho = \frac{1}{(nec)^2} \lim_{H\to\infty} H^2 \sigma_{yy}^{(1)}, \quad \textbf{(12.77)}$$

onde o eixo y é perpendicular ao campo magnético e à direção do fluxo de corrente. Observe que a equação (12.76) requer que a magnetorresistência sature.

6. A validade do resultado semiclássico $\mathbf{k}(t) = \mathbf{k}(0) - e\mathbf{E}t/\hbar$ para um elétron em um campo elétrico uniforme é fortemente sustentada pelo seguinte teorema (que também fornece um ponto de partida útil para uma teoria rigorosa do colapso elétrico):

Considere a equação de Schrödinger dependente de tempo para um elétron em um potencial periódico $U(\mathbf{r})$ e um campo elétrico uniforme:

$$i\hbar\frac{\partial\psi}{\partial t} = \left[-\frac{\hbar^2}{2m}\nabla^2 + U(\mathbf{r}) + e\mathbf{E}\cdot\mathbf{r}\right]\psi = H\psi. \quad \textbf{(12.78)}$$

Suponha que, no tempo $t = 0$, $\psi(\mathbf{r},0)$ seja a combinação linear de níveis de Bloch e todos eles tenham o mesmo vetor de onda **k**. Então, no tempo t, $\psi(\mathbf{r}, t)$ será uma combinação linear de níveis de Bloch,[46] todos eles tendo o vetor de onda $\mathbf{k} - e\mathbf{E}t/\hbar$.

Comprove esse teorema observando que a solução formal para a equação de Schrödinger é

$$\psi(\mathbf{r},t) = e^{-iHt/\hbar}\psi(\mathbf{r},0), \quad \mathbf{(12.79)}$$

e associando a propriedade admitida do nível inicial e a propriedade a ser provada do nível final ao efeito na função de onda de translações por meio dos vetores da rede de Bravais.

7. (a) A órbita na Figura 12.7 contém níveis ocupados ou não ocupados?

(b) As órbitas fechadas na Figura 12.10 contêm níveis ocupados ou não ocupados?

---

[46] Apesar deste teorema, a teoria semiclássica de um elétron em um campo elétrico uniforme não é exata porque os coeficientes na combinação linear de níveis de Bloch em geral dependem do tempo. Assim, transições interbandas podem ocorrer.

13 A teoria semiclássica da condução em metais

Frequentemente, nossa discussão sobre condução eletrônica nos Capítulos 1, 2 e 12 foi um tanto qualitativa e, geralmente, dependia da simplificação de aspectos do caso particular que estava sendo examinado. Neste capítulo, descreveremos um método mais sistemático de cálculo de condutividades, aplicável ao movimento semiclássico geral na presença de campos de perturbação dependentes de tempo e espaço e gradientes de temperatura. As aproximações físicas subjacentes a esta análise não são mais rigorosas ou sofisticadas do que aquelas utilizadas no Capítulo 12, mas apenas expressas de modo mais preciso. No entanto, o método pelo qual as correntes são calculadas a partir das suposições físicas básicas é mais geral e sistemático, de tal forma que uma comparação com teorias mais acuradas pode ser facilmente feita (Capítulo 16).

A descrição da condução neste capítulo empregará uma função de distribuição de não equilíbrio $g_n(\mathbf{r}, \mathbf{k}, t)$ definida de tal forma que $g_n(\mathbf{r}, \mathbf{k}, t)\, d\mathbf{r}d\mathbf{k} / 4\pi^3$ seja o número de elétrons da enésima banda no tempo t no volume espacial de fase semiclássica $d\mathbf{r}\, d\mathbf{k}$ em torno do ponto $\mathbf{r}, \mathbf{k}$. No equilíbrio, g reduz-se à função de Fermi,

$$g_n(\mathbf{r}, \mathbf{k}, t) \equiv f(\varepsilon_n(\mathbf{k})),$$
$$f(\varepsilon) = \frac{1}{e^{(\varepsilon-\mu)/k_BT} + 1}, \quad \textbf{(13.1)}$$

mas, na presença de campos aplicados e/ou gradientes de temperatura, ele diferirá de sua forma de equilíbrio.

Neste capítulo, derivaremos uma expressão fechada para g, com base (a) na suposição de que, entre colisões, o movimento eletrônico é determinado pelas equações semiclássicas (12.6) e (b) em um tratamento de colisões particularmente simples, conhecido como aproximação de tempo de relaxação, que fornece um conteúdo preciso à visão qualitativa de colisões que exploramos em capítulos anteriores. Utilizaremos, então, a função de distribuição de não equilíbrio para calcular as correntes elétrica e térmica em diversos casos de interesse, além daqueles considerados no Capítulo 12.

A APROXIMAÇÃO DE TEMPO DE RELAXAÇÃO

Nossa imagem fundamental de colisões mantém os aspectos gerais descritos no Capítulo 1, que agora formulamos precisamente em um conjunto de suposições conhecido como aproximação de tempo de relaxação. Continuamos a supor que o elétron experimenta uma colisão em um intervalo de tempo infinitesimal dt, com probabilidade dt/τ, mas agora permitimos a possibilidade de a razão de colisão depender da posição, do vetor de onda e do índice de banda do elétron: $\tau = \tau_n(\mathbf{r}, \mathbf{k})$. Expressamos o fato de as colisões levarem o sistema eletrônico em direção ao equilíbrio termodinâmico local nas seguintes suposições adicionais:

1. A distribuição de elétrons que emergem de colisões em qualquer tempo não depende da estrutura da função de distribuição de não equilíbrio $g_n(\mathbf{r}, \mathbf{k}, t)$ exatamente antes da colisão;

2. Se os elétrons em uma região em torno de **r** têm a distribuição de equilíbrio apropriada a uma temperatura local[1] $T(\mathbf{r})$,

$$g_n(\mathbf{r},\mathbf{k},t) = g_n^0(\mathbf{r},\mathbf{k}) = \frac{1}{e^{(\varepsilon_n(\mathbf{k})-\mu(\mathbf{r}))/k_BT(\mathbf{r})}+1}, \quad \textbf{(13.2)}$$

as colisões não alterarão a forma da função de distribuição.

A suposição 1 afirma que as colisões são completamente efetivas em suprimir qualquer informação sobre a configuração de não equilíbrio que os elétrons possam trazer. Isso quase certamente superestima a eficácia das colisões na restauração do equilíbrio (veja o Capítulo 16).

A suposição 2 é um modo simples de se representar quantitativamente o fato de que é papel das colisões manter o equilíbrio termodinâmico em qualquer temperatura local que seja imposta pelas condições do experimento.[2]

Essas duas suposições determinam completamente a forma $dg_n(\mathbf{r}, \mathbf{k}, t)$ da função de distribuição, descrevendo apenas os elétrons que emergiram de uma colisão próxima ao ponto **r** no intervalo de tempo dt em relação a t. De acordo com a suposição (1), dg não

---

[1] O único caso que discutiremos em que a distribuição de equilíbrio local não é a distribuição de equilíbrio uniforme (13.1)(com T e μ constantes) se dará quando a temperatura espacialmente variante $T(\mathbf{r})$ for imposta pela aplicação adequada de fontes e/ou dissipadores de calor, como na medição de condutividade térmica. Naquele caso, uma vez que a densidade eletrônica n é compelida (eletrostaticamente) a ser constante, o potencial químico local também dependerá da posição, de tal forma que $\mu(\mathbf{r}) = \mu_{\text{equilíbrio}}\,[n, T(\mathbf{r})]$. No caso mais geral, a temperatura local e o potencial químico podem depender do tempo, bem como da posição. Veja, por exemplo, o Problema 4 ao final deste capítulo e o Problema 1b no Capítulo 16.

[2] Uma teoria mais fundamental deduziria o fato de que as colisões têm tal papel, ao invés de apenas fazer a suposição.

pode depender da forma particular da função de distribuição de não equilíbrio completa $g_n(\mathbf{r}, \mathbf{k}, t)$. Portanto, é suficiente determinar dg para qualquer forma particular de g. O caso mais simples se dá quando g tem a forma do equilíbrio local (13.2), já que, de acordo com a suposição (2), o efeito das colisões é deixar esta forma inalterada. Sabemos, no entanto, que no intervalo de tempo dt uma fração $dt/\tau_n(\mathbf{r}, \mathbf{k})$ dos elétrons na banda n com vetor de onda $\mathbf{k}$ próximo à posição $\mathbf{r}$ sofrerá uma colisão que *altera* seu índice de banda e/ou vetor de onda. Todavia, se a forma (13.2) da função de distribuição permanecer inalterada, a distribuição dos elétrons que *emergem* das colisões na banda n com vetor de onda $\mathbf{k}$ durante o mesmo intervalo deverá compensar precisamente esta perda. Assim:

$$dg_n(\mathbf{r}, \mathbf{k}, t) = \frac{dt}{\tau_n(\mathbf{r}, \mathbf{k})} g_n^0(\mathbf{r}, \mathbf{k}). \quad \textbf{(13.3)}$$

A equação (13.3) é a formulação matemática precisa da aproximação de tempo de relaxação.[3]

Dadas essas suposições, podemos calcular a função de distribuição de não equilíbrio na presença de campos externos e gradientes de temperatura.[4]

CÁLCULO DA FUNÇÃO DE DISTRIBUIÇÃO DE NÃO EQUILÍBRIO

Considere o grupo de elétrons da enésima banda que se encontram no tempo t no elemento de volume $d\mathbf{r}\, d\mathbf{k}$ em torno de $\mathbf{r}$, $\mathbf{k}$. O número de elétrons neste grupo é dado em termos da função de distribuição por

$$dN = g_n(\mathbf{r}, \mathbf{k}, t) \frac{d\mathbf{r}\, d\mathbf{k}}{4\pi^3}. \quad \textbf{(13.4)}$$

Podemos calcular este número agrupando os elétrons de acordo com sua última colisão. Considere que $\mathbf{r}_n(t')$, $\mathbf{k}_n(t')$ seja a solução para as equações semiclássicas de movimento para a enésima banda que passa pelo ponto $\mathbf{r}$, $\mathbf{k}$ quando $t' = t$:

$$\mathbf{r}_n(t) = \mathbf{r}, \quad \mathbf{k}_n(t) = \mathbf{k}. \quad \textbf{(13.5)}$$

Elétrons no elemento de volume $d\mathbf{r}\, d\mathbf{k}$, em torno de $\mathbf{r}$, $\mathbf{k}$ no tempo t, cuja *última* colisão anterior a t foi no intervalo dt' em relação a t', deve ter emergido daquela última colisão em um elemento de volume espacial de fase $d\mathbf{r}'\, d\mathbf{k}'$, em torno de $\mathbf{r}_n(t')$, $\mathbf{k}_n(t')$, uma vez que, após t', seu movimento é determinado totalmente pelas equações semiclássicas, que devem trazê-los para $\mathbf{r}$, $\mathbf{k}$ no tempo t. De acordo com a aproximação de tempo de relaxação (13.3), o

[3] A aproximação de tempo de relaxação é criticamente reexaminada no Capítulo 16, no qual é comparada a um tratamento mais acurado de colisões.

[4] Observe os diferentes papéis desempenhados pelos campos, que determinam o movimento eletrônico entre colisões e o gradiente de temperatura, que determina a forma (13.3) tomada pela distribuição de elétrons que emergem de colisões.

total de elétrons que emergem de colisões em $\mathbf{r}_n(t')$, $\mathbf{k}_n(t')$ para dentro do elemento de volume $d\mathbf{r}'\ d\mathbf{k}'$ no intervalo dt' em torno de t' é exatamente:

$$\frac{dt'}{\tau_n(\mathbf{r}_n(t'),\mathbf{k}_n(t'))} g_n^0(\mathbf{r}_n(t'),\mathbf{k}_n(t'))\frac{d\mathbf{r}\ d\mathbf{k}}{4\pi^3}, \quad \textbf{(13.6)}$$

em que exploramos o teorema de Liouville[5] para fazer a substituição

$$d\mathbf{r}'d\mathbf{k}' = d\mathbf{r}\ d\mathbf{k}. \quad \textbf{(13.7)}$$

Deste número, apenas uma fração $P_n(\mathbf{r}, \mathbf{k}, t; t')$(que calcularemos a seguir) realmente sobrevive do tempo t' ao tempo t sem sofrer nenhuma outra colisão. Logo, dN é dado multiplicando-se (13.6) por esta probabilidade e somando-se todos os tempos possíveis t' para a última colisão anterior a t:

$$dN = \frac{d\mathbf{r}d\mathbf{k}}{4\pi^3}\int_{-\infty}^{t}\frac{dt' g_n^0(\mathbf{r}_n(t'),\mathbf{k}_n(t'))P_n(\mathbf{r},\mathbf{k},t;t')}{\tau_n(\mathbf{r}_n(t'),\mathbf{k}_n(t'))}. \quad \textbf{(13.8)}$$

A comparação com (13.4) fornece

$$g_n(\mathbf{r},\mathbf{k},t) = \int_{-\infty}^{t}\frac{dt' g_n^0(\mathbf{r}_n(t'),\mathbf{k}_n(t'))P_n(\mathbf{r},\mathbf{k},t;t')}{\tau_n(\mathbf{r}_n(t'),\mathbf{k}_n(t'))}. \quad \textbf{(13.9)}$$

A estrutura do resultado (13.9) é um tanto obscurecida pela notação, que nos lembra explicitamente que a função de distribuição se dá para a enésima banda avaliada no ponto **r**, **k** e que a dependência de t' da integrante é determinada pela avaliação de g_n^0 e τ_n no ponto $\mathbf{r}_n(t')$, $\mathbf{k}_n(t')$ da trajetória semiclássica que passa por **r**, **k** no tempo t. Para não obscurecer a simplicidade de algumas outras manipulações em (13.9), adotamos temporariamente uma notação abreviada, na qual o índice de banda n, o ponto **r**, **k** e as trajetórias $\mathbf{r}_n$, $\boldsymbol{k}_n$ são fixados e permanecem implícitos. Desse modo,

$$\begin{aligned} &g_n(\mathbf{r},\mathbf{k},t) \to g(t), \quad g_n^0(\mathbf{r}_n(t'),\mathbf{k}_n(t')) \to g^0(t'), \\ &\tau_n(\mathbf{r}_n(t'),\mathbf{k}_n(t')) \to \tau(t'), \quad P_n(\mathbf{r},\mathbf{k},t;t') \to P(t,t'), \end{aligned} \quad \textbf{(13.10)}$$

de tal forma que (13.9) pode ser escrita:[6]

$$\boxed{g(t) = \int_{-\infty}^{t}\frac{dt'}{\tau(t')}g^0(t')P(t,t').} \quad \textbf{(13.11)}$$

[5] O teorema afirma que volumes no espaço *rk* são preservados pelas equações semiclássicas de movimento. Isso é comprovado no Apêndice H.

[6] Este resultado e o método pelo qual ele foi construído estão associados ao nome de R. G. Chambers. *Proc. Phys. Soc.* (Londres), 81, p. 877, 1963.

Enfatizamos a estrutura simples desta fórmula. Os elétrons em determinado elemento espacial de fase no tempo t estão agrupados de acordo com o tempo de sua última colisão. O número de elétrons cujas últimas colisões ocorreram no intervalo de tempo dt' em torno de t é o produto de dois fatores:

1. Do número total, decorrente das colisões naquele intervalo, que se almeja alcançar para que, se nenhuma colisão adicional interferir, eles alcancem o elemento espacial da fase dado no tempo t. Este número é determinado pela aproximação de tempo de relaxação (13.3);

2. Da fração $P(t, t')$ dos elétrons especificados em (1) que de fato sobrevivem de t' a t sem colisões.

Falta calcular $P(t, t')$, a fração de elétrons na banda n que percorrem a trajetória passando por **r**, **k** no tempo t sem sofrer colisões entre t' e t. A fração que sobrevive de t' a t é menor do que a fração que sobrevive de $t' + dt'$ para t pelo fator de $[1 - dt'/\tau(t')]$, que fornece a probabilidade de um elétron que colide entre t' e $t' + dt'$. Assim,

$$P(t,t') = P(t,t' + dt')\left[1 - \frac{dt'}{\tau(t')}\right]. \quad \textbf{(13.12)}$$

No limite em que $dt' \to 0$, isso fornece a equação diferencial

$$\frac{\partial}{\partial t'}P(t,t') = \frac{P(t,t')}{\tau(t')}, \quad \textbf{(13.13)}$$

cuja solução, sujeita à condição de contorno

$$P(t,t) = 1, \quad \textbf{(13.14)}$$

é

$$P(t,t') = \exp\left(-\int_{t'}^{t} \frac{d\bar{t}}{\tau(\bar{t})}\right). \quad \textbf{(13.15)}$$

Podemos utilizar a equação (13.13) para reescrever a função de distribuição (13.11) na forma

$$g(t) = \int_{-\infty}^{t} dt' g^0(t') \frac{\partial}{\partial t'} P(t,t'). \quad \textbf{(13.16)}$$

É conveniente integrar a equação (13.16) por partes, empregando-se a equação (13.14) e a condição física de que nenhum elétron pode sobreviver infinitamente sem uma colisão: $P(t,-\infty) = 0$. O resultado é

$$\boxed{g(t) = g^0(t') - \int_{-\infty}^{t} dt' P(t,t') \frac{d}{dt'} g^0(t'),} \quad \textbf{(13.17)}$$

que expressa a função de distribuição como a distribuição de equilíbrio local mais uma correção.

Para avaliar a derivada de tempo de g^0, observe [veja as equações (13.10) e (13.2)] que ela depende do tempo apenas por meio de $\varepsilon_n[\mathbf{k}_n(t')]$, $T[\mathbf{r}_n(t')]$ e $\mu[\mathbf{r}_n(t')]$, de tal forma que[7]

$$\frac{dg^0(t')}{dt'} = \frac{\partial g^0}{\partial \varepsilon_n}\frac{\partial \varepsilon_n}{\partial \mathbf{k}} \cdot \frac{d\mathbf{k}_n}{dt'} + \frac{\partial g^0}{\partial T}\frac{\partial T}{\partial \mathbf{r}} \cdot \frac{d\mathbf{r}_n}{dt'} + \frac{\partial g^0}{\partial \mu}\frac{\partial \mu}{\partial \mathbf{r}} \cdot \frac{d\mathbf{r}_n}{dt'}. \quad (13.18)$$

Se usarmos as equações semiclássicas de movimento (12.6) para eliminar $d\mathbf{r}_n/dt'$ e $d\mathbf{k}_n/dt'$ da equação (13.18), a equação (13.17) pode ser escrita como

$$g(t) = g^0 + \int_{-\infty}^{t} dt' P(t,t')\left[\left(-\frac{\partial f}{\partial \varepsilon}\right)\mathbf{v} \cdot \left(-e\mathbf{E} - \nabla\mu - \left(\frac{\varepsilon - \mu}{T}\right)\nabla T\right)\right], \quad (13.19)$$

onde f é a função de Fermi (13.1) (avaliada na temperatura e no potencial químico locais) e todas as grandezas entre parênteses[8] dependem de t' mediante seus argumentos $\mathbf{r}_n(t')$ e $\mathbf{k}_n(t')$.

SIMPLIFICAÇÃO DA FUNÇÃO DE DISTRIBUIÇÃO DE NÃO EQUILÍBRIO EM CASOS ESPECIAIS

A equação (13.19) fornece a função de distribuição semiclássica na aproximação de tempo de relaxação sob condições muito gerais e é, portanto, aplicável a uma grande variedade de problemas. Em muitos casos, entretanto, circunstâncias especiais permitem que haja uma considerável simplificação adicional:

1. ***Campos elétricos fracos e gradientes de temperatura*** — Como se observou no Capítulo 1, os campos elétricos e os gradientes de temperatura comumente aplicados a metais são quase invariavelmente fracos o suficiente para permitir que se calculem as correntes induzidas para ordem linear.[9] Como o segundo termo em (13.19) é explicitamente linear[10] em $\mathbf{E}$ e ∇T, a dependência de t' na integrante pode ser calculada em campo elétrico zero e constante T.

---

[7] Se estivéssemos interessados em aplicações nas quais a temperatura local e o potencial químico tivessem dependência explícita de tempo, teríamos que adicionar termos em $\partial T/\partial t$ e $\partial\mu/\partial t$ a (13.18). Um exemplo é dado no Problema 4.

[8] Observe que um campo magnético $\mathbf{H}$ não aparecerá explicitamente em (13.19) desde que a força de Lorenz seja perpendicular a $\mathbf{v}$. [Aparecerá, claro, implicitamente em virtude da dependência de tempo de $\mathbf{r}_n(t')$ e $\mathbf{k}_n(t')$.]

[9] A linearização pode ser justificada diretamente de (13.19), primeiro observando-se que a probabilidade de um elétron não sofrer colisões em um intervalo de dado comprimento anteriormente a t torna-se desprezivelmente pequena quando o comprimento do intervalo é apreciavelmente maior do que τ. Assim, apenas tempos t na ordem de τ contribuem apreciavelmente com a integral em (13.19). No entanto (veja a página 243), ao longo desse tempo, um campo elétrico perturba o vetor eletrônico $\mathbf{k}$ por uma quantidade que é mínima em comparação às dimensões da zona. Isso imediatamente implica que a dependência de $\mathbf{E}$ de todos os termos em (13.19) seja muito fraca. De modo semelhante, pode-se justificar a linearização no gradiente de temperatura desde que a variação na temperatura por um caminho livre médio seja uma pequena fração da temperatura prevalecente. No entanto, não se pode linearizar no campo magnético, já que é completamente possível produzir campos magnéticos em metais tão fortes que um elétron possa se mover por distâncias no espaço $\mathbf{k}$ comparáveis ao tamanho da zona ao longo de um tempo de relaxação.

[10] O potencial químico varia em espaço apenas porque a temperatura varia (veja a nota de rodapé 1), logo, $\nabla\mu$ é da ordem de ∇T.

2. ***Campos eletromagnéticos espacialmente uniformes e gradientes de temperatura e tempos de relaxação independentes da posição***[11] — Neste caso, toda a integrante em (13.19) será independente de $\mathbf{r}_n(t')$. A única dependência de t' (a parte de possível dependência explícita de **E** e T no tempo) se dará por meio de $\mathbf{k}_n(t')$, que será dependente de tempo se um campo magnético estiver presente. Uma vez que a função de Fermi f depende de **k** apenas por meio de $\varepsilon_n(\mathbf{k})$, que se conserva em um campo magnético, a dependência de t' da integrante em (13.19) estará totalmente contida em $P(t,t')$, $\mathbf{v}(\mathbf{k}_n(t'))$ e (se eles forem dependentes de tempo) **E** e T.

3. ***Tempo de relaxação dependente de energia*** — Se τ depende do vetor de onda apenas por meio de $\varepsilon_n(\mathbf{k})$, então, já que $\varepsilon_n(\mathbf{k})$ é conservado em um campo magnético, $\tau(t')$ não dependerá de t', e (13.15) se reduz a

$$P(t,t') = e^{-(t-t')/\tau_n(\mathbf{k})}. \quad \mathbf{(13.20)}$$

Não há nenhuma razão que force τ a depender de **k** apenas através de $\varepsilon_n(\mathbf{k})$ em sistemas anisotrópicos, mas, quando a natureza do espalhamento eletrônico depende significativamente do vetor de onda, toda a aproximação de tempo de relaxação é provavelmente de validade questionável (veja o Capítulo 16). Portanto, a maior parte dos cálculos na aproximação de tempo de relaxação lança mão desta simplificação adicional e, frequentemente, até emprega uma constante (independente de energia) τ. Já que a função de distribuição (13.19) contém um fator $\partial f/\partial\varepsilon$, desprezível exceto dentro de $O(k_BT)$ da energia de Fermi, apenas a dependência da energia de $\tau(\varepsilon)$ na vizinhança de ε_F é significativa em metais.

Sob estas condições, podemos redefinir (13.19) como

$$g(\mathbf{k},t) = g^0(\mathbf{k}) + \int_{-\infty}^{t} dt'\, e^{-(t-t')/\tau(\varepsilon(\mathbf{k}))}\left(-\frac{\partial f}{\partial \varepsilon}\right)$$
$$\times\, \mathbf{v}(\mathbf{k}(t'))\cdot\left[-e\mathrm{E}(t') - \nabla\mu(t') - \frac{\varepsilon(\mathbf{k})-\mu}{T}\nabla T(t')\right], \quad \mathbf{(13.21)}$$

em que continuamos a suprimir a referência explícita ao índice de banda n, mas reintroduzimos explicitamente a dependência de **k** e t.[12]

Concluímos este capítulo com aplicações de (13.21) a diversos casos de interesse.

CONDUTIVIDADE ELÉTRICA DC

Se $\mathbf{H} = 0$, o $\mathbf{k}(t')$ que aparece em (13.21) reduz-se a **k**, e a integração de tempo é elementar para **E** estático e ∇T. Se a temperatura for uniforme, encontramos:

---

[11] Em geral, talvez se queira permitir que τ dependa da posição para se levar em consideração, por exemplo, distribuições não homogêneas de impurezas, efeitos de espalhamento especiais associados a superfícies etc.

[12] A grandeza $\mathbf{k}(t')$ é a solução para a equação semiclássica de movimento para a banda n em um campo magnético uniforme **H**, que é igual a **k** quando $t' = t$.

$$g(\mathbf{k}) = g^0(\mathbf{k}) - e\mathbf{E} \cdot \mathbf{v}(\mathbf{k})\tau(\varepsilon(\mathbf{k}))\left(-\frac{\partial f}{\partial \varepsilon}\right). \quad (13.22)$$

Já que o número de elétrons por unidade de volume no elemento de volume $d\mathbf{k}$ é $g(\mathbf{k})$ $d\mathbf{k}/4\pi^3$, a densidade de corrente em uma banda será[13]

$$\mathbf{j} = -e\int \frac{d\mathbf{k}}{4\pi^3}\mathbf{v}(\mathbf{k})g. \quad (13.23)$$

Cada banda parcialmente preenchida faz essa contribuição à densidade de corrente; a densidade de corrente total é a soma dessas contribuições sobre todas as bandas. A partir de (13.22) e (13.23), ela pode ser escrita como $\mathbf{j} = \sigma\mathbf{E}$, onde o tensor de condutividade σ é a soma das contribuições de cada banda:[14]

$$\boldsymbol{\sigma} = \sum_n \boldsymbol{\sigma}^{(n)}, \quad (13.24)$$

$$\boldsymbol{\sigma}^{(n)} = e^2 \int \frac{d\mathbf{k}}{4\pi^3}\tau_n(\varepsilon_n(\mathbf{k}))\mathbf{v}_n(\mathbf{k})\mathbf{v}_n(\mathbf{k})\left(-\frac{\partial f}{\partial \varepsilon}\right)_{\varepsilon=\varepsilon_n(\mathbf{k})}. \quad (13.25)$$

São dignas de nota as propriedades da condutividade a seguir.

1. ***Anisotropia*** — Na teoria do elétron livre, **j** é paralelo a **E**, ou seja, o tensor $\boldsymbol{\sigma}$ é diagonal: $\sigma_{\mu\nu} = \sigma\delta_{\mu\nu}$. Em uma estrutura cristalina geral, **j** não precisa ser paralelo a **E**, e a condutividade será um tensor. Em um cristal de simetria cúbica, no entanto, **j** permanece paralelo a **E**, já que, se os eixos x, y e z são tomados ao longo dos eixos cúbicos, $\sigma_{xx} = \sigma_{yy} = \sigma_{zz}$. Além disso, se um campo em uma direção x induziu qualquer corrente na direção y, a exploração da simetria cúbica permite igualmente prever que a mesma corrente deve surgir na direção $-y$. A única possibilidade consistente é a corrente zero, de tal forma que σ_{xy} deve desaparecer (e, por simetria, também devem os outros componentes fora da diagonal). Consequentemente, $\sigma_{\mu\nu} = \delta\sigma_{\mu\nu}$ em cristais de simetria cúbica.

2. ***Irrelevância de bandas preenchidas*** — A função de Fermi tem derivada desprezível, exceto quando ε está dentro de k_BT de ε_F. Assim, bandas preenchidas não dão nenhuma contribuição à condutividade, de acordo com a discussão geral nas páginas 239-241.

3. ***Equivalência de imagens de partícula e de buraco em metais*** — Em um metal, para a precisão da ordem de $(k_BT/\varepsilon_F)^2$, podemos avaliar[15] (13.25) em $T = 0$. Uma vez que $(-\partial f/\partial\varepsilon) = \delta(\varepsilon - \varepsilon_F)$, o tempo de relaxação pode ser avaliado em ε_F e tirado da integral. Além disso, já que[16]

---

[13] Aqui, e ao longo deste capítulo, supomos que integrações sobre **k** são sobre uma célula primitiva, a não ser quando especificado diferentemente.

[14] Já que nenhuma corrente flui no equilíbrio, o termo principal na função de distribuição, g^0, não faz nenhuma contribuição a (13.23). Estamos utilizando uma notação de tensor na qual $\mathbf{A} = \mathbf{bc}$ significa $A_{\mu\nu} = b_\mu c_\nu$.

[15] Veja o Apêndice C.

[16] Outra vez omitimos a referência explícita ao índice de banda. As fórmulas a seguir fornecem a condutividade para um sólido com uma única banda de transportadores. Se houver mais que uma banda de transportadores, deve-se somar n para obtenção da condutividade completa.

$$\mathrm{v}(\mathbf{k})\left(-\frac{\partial f}{\partial \varepsilon}\right)_{\varepsilon=\varepsilon_n(\mathbf{k})} = -\frac{1}{\hbar}\frac{\partial}{\partial \mathbf{k}}f(\varepsilon(\mathbf{k})), \quad \mathbf{(13.26)}$$

podemos integrar por partes[17] para encontrar

$$\begin{aligned}\boldsymbol{\sigma} &= e^2\tau(\varepsilon_F)\int \frac{d\mathbf{k}}{4\pi^3\hbar}\frac{\partial}{\partial \mathbf{k}}\mathrm{v}(\mathbf{k})f(\varepsilon(\mathbf{k})) \\ &= e^2\tau(\varepsilon_F)\int_{\text{níveis ocupados}} \frac{d\mathbf{k}}{4\pi^3}\mathbf{M}^{-1}(\mathbf{k}).\end{aligned} \quad \mathbf{(13.27)}$$

Uma vez que $\mathbf{M}^{-1}(\mathbf{k})$ é a derivada de uma função periódica, sua integral sobre toda a célula primitiva deve desaparecer,[18] e podemos escrever (13.27) na forma alternativa

$$\boldsymbol{\sigma} = e^2\tau(\varepsilon_F)\int_{\text{níveis desocupados}} \frac{d\mathbf{k}}{4\pi^3}(-\mathbf{M}^{-1}(\mathbf{k})). \quad \mathbf{(13.28)}$$

Comparando essas duas formas, encontramos que a contribuição para a corrente pode ser considerada como proveniente dos níveis desocupados ao invés dos ocupados, desde que o sinal do tensor da massa efetiva seja trocado. Este resultado já foi deduzido em nossa discussão sobre buracos (páginas 244-248), mas é repetido aqui para enfatizar que ele decorre de uma análise mais formal também.

4. *Recuperação do resultado do elétron livre* — Se $\mathbf{M}^{-1}_{\mu\nu} = (1/m^*)\delta_{\mu\nu}$ independentemente de $\mathbf{k}$ para todos os níveis ocupados na banda, (13.27) reduz-se para a forma de Drude [equação (1.6)]:

$$\sigma_{\mu\nu} = \frac{ne^2\tau}{m^*}, \quad \mathbf{(13.29)}$$

com uma massa efetiva. Se $\mathbf{M}^{-1}_{\mu\nu} = -(1/m^*)\delta_{\mu\nu}$ independentemente de $\mathbf{k}$ para todos os níveis não ocupados,[19] (13.28) se reduz para

$$\sigma_{\mu\nu} = \frac{n_h e^2\tau}{m^*}, \quad \mathbf{(13.30)}$$

onde n_h é o número de níveis não ocupados por unidade de volume; isto é, a condutividade da banda é da forma de Drude, com m sendo substituído pela massa efetiva m^* e a densidade eletrônica, pela densidade de buracos.

---

[17] Veja o Apêndice I.

[18] Isso advém da identidade (I.1) do Apêndice I, com uma das funções periódicas sendo considerada unidade. O tensor de massa $\mathbf{M}^{-1}(\mathbf{k})$ é definido na equação (12.29).

[19] Já que o tensor de massa é negativo, definido no máximo da banda, m^* será positivo. Para a relação entre volumes do espaço k e densidades de partículas, veja o Capítulo 2.

CONDUTIVIDADE ELÉTRICA AC

Se o campo elétrico não é estático, mas tem a dependência do tempo

$$\mathrm{E}(t) = \mathrm{Re}[\mathrm{E}(\omega)e^{-i\omega t}], \quad (13.31)$$

a derivação da condutividade de (13.21) prossegue exatamente como no caso dc, exceto para um fator adicional $e^{-i\omega t}$ na integrante. Encontra-se que

$$\mathbf{j}(t) = \mathrm{Re}[\mathbf{j}(\omega)e^{-i\omega t}] \quad (13.32)$$

em que

$$\mathbf{j}(\omega) = \boldsymbol{\sigma}(\omega)\cdot \mathrm{E}(\omega), \qquad \boldsymbol{\sigma}(\omega) = \sum_n \boldsymbol{\sigma}^{(n)}(\omega), \quad (13.33)$$

e

$$\sigma^{(n)}(\omega) = e^2 \int \frac{d\mathbf{k}}{4\pi^3} \frac{\mathbf{v}_n(\mathbf{k})\mathbf{v}_n(\mathbf{k})(-\partial f/\partial \varepsilon)_{\varepsilon=\varepsilon_n(\mathbf{k})}}{[1/\tau_n(\varepsilon_n(\mathbf{k}))] - i\omega}. \quad (13.34)$$

Assim, como no caso do elétron livre [equação (1.29)], a condutividade AC é exatamente a condutividade DC dividida por $1 - i\omega t$, exceto pelo fato de que devemos agora permitir a possibilidade de o tempo de relaxação poder diferir de banda para banda.[20]

A forma (13.34) permite um simples teste direto da validade do modelo semiclássico no limite $\omega\tau >> 1$, onde ele se reduz para

$$\sigma^{(n)}(\omega) = -\frac{e^2}{i\omega} \int \frac{d\mathbf{k}}{4\pi^3} \mathbf{v}_n(\mathbf{k})\mathbf{v}_n(\mathbf{k})(-\partial f/\partial \varepsilon)_{\varepsilon=\varepsilon_n(\mathbf{k})}, \quad (13.35)$$

ou, de modo equivalente (como derivado no caso DC),

$$\sigma^{(n)}_{\mu\nu}(\omega) = -\frac{e^2}{i\omega} \int \frac{d\mathbf{k}}{4\pi^3} f(\varepsilon_n(\mathbf{k})) \frac{1}{\hbar^2} \frac{\partial^2 \varepsilon_n(\mathbf{k})}{\partial k_\mu \partial k_\nu}. \quad (13.36)$$

A equação (13.36) determina a corrente induzida para ordem linear no campo elétrico AC na ausência de colisões, desde que o limite $\omega\tau$ elevado possa ser interpretado como $\tau \rightarrow \infty$ para ω fixo. Na ausência de colisões, no entanto, é um cálculo quântico-mecânico elementar para se computar exatamente[21] a mudança para ordem linear nas funções de onda de Bloch induzidas pelo campo elétrico. Dadas essas funções de onda, pode-se calcular o valor esperado do operador de corrente para ordem linear no campo,

[20] Em cada banda, $\tau_n(\varepsilon)$ pode ser substituído por $\tau_n(\varepsilon_F)$ com erro desprezível nos metais.

[21] Na aproximação de elétron independente.

chegando-se assim a uma forma quântica-mecânica completa para $\sigma(\omega)$ que não se baseia nas aproximações do modelo semiclássico. Esse cálculo é um exercício direto na teoria da perturbação dependente de tempo de primeira ordem. Ele é um pouco longo demais para ser incluído aqui, por isso, apenas reproduzimos o resultado:[22]

$$\sigma_{\mu\nu}^{(n)}(\omega) = -\frac{e^2}{i\omega}\int \frac{d\mathbf{k}}{4\pi^3} f(\varepsilon_n(\mathbf{k}))\frac{1}{\hbar^2}\left[\frac{\hbar^2}{m}\delta_{\mu\nu} - \frac{\hbar^4}{m^2}\sum_{n'\neq n}\left(\frac{\langle n\mathbf{k}|\nabla_\mu|n'\mathbf{k}\rangle\langle n'\mathbf{k}|\nabla_\nu|n\mathbf{k}\rangle}{\hbar\omega + \varepsilon_n(\mathbf{k}) - \varepsilon_{n'}(\mathbf{k})} + \frac{\langle n\mathbf{k}|\nabla_\nu|n'\mathbf{k}\rangle\langle n'\mathbf{k}|\nabla_\mu|n\mathbf{k}\rangle}{-\hbar\omega + \varepsilon_n(\mathbf{k}) - \varepsilon_{n'}(\mathbf{k})}\right)\right]. \quad \textbf{(13.37)}$$

Em geral, isso é bem diferente de (13.36). Se, no entanto, $\hbar\omega$ é pequeno em comparação ao gap de banda para todos os níveis ocupados, as frequências nos denominadores de (13.37) podem ser ignoradas e a grandeza entre parênteses se reduz à expressão para $\partial^2\varepsilon_n(\mathbf{k})/\partial k_\mu \partial k_\nu$, derivada no Apêndice E [equação (E.11)]. A equação (13.37) se reduz, então, para o resultado semiclássico (13.36), confirmando-se a afirmativa feita no Capítulo 12 de que a análise semiclássica deve ser válida desde que $\hbar\omega << \varepsilon_{\text{gap}}$ [equação (12.10)].[23]

CONDUTIVIDADE TÉRMICA

Nos Capítulos 1 e 2, descrevemos a densidade de corrente térmica como análoga à densidade de corrente elétrica, com a energia térmica sendo transportada ao invés da carga elétrica. Podemos agora fornecer uma definição mais precisa da corrente elétrica.

Considere uma pequena região fixa do sólido na qual a temperatura é efetivamente constante. A razão na qual o calor aparece na região é exatamente T vezes a razão na qual a entropia dos elétrons na região varia ($dQ = T\,dS$). Assim,[24] a densidade de corrente térmica $\mathbf{j}^q$ é exatamente o produto da temperatura com a densidade de corrente de entropia, $\mathbf{j}^s$:

[22] A notação para os elementos da matriz do operador de gradiente é o mesmo do Apêndice E.

[23] Desde que $\hbar\omega$ seja pequeno o bastante para que nenhum denominador em (13.37) desapareça, o resultado mais geral simplesmente fornece correções quantitativas à aproximação semiclássica, que pode, por exemplo, ser lançada na forma de uma série de potência em $\hbar\omega/\varepsilon_{\text{gap}}$. No entanto, quando $\hbar\omega$ se torna grande o bastante para que os denominadores desapareçam (ou seja, quando a energia do fóton é grande o suficiente para causar transições interbandas), o resultado semiclássico falha qualitativamente também, já que a derivação detalhada de (13.37) inclui a estipulação de que, quando o denominador é singular, o resultado deve ser interpretado no limite quando ω aproxima-se do eixo real do plano de frequência complexo a partir de cima. (Quando nenhum denominador desaparece, o resultado é independente de qualquer parte imaginária infinitesimal que ω possa ter.) Isso introduz uma parte real na condutividade, fornecendo um mecanismo para absorção na ausência de colisões, o que o modelo semiclássico é incapaz de produzir. Esta parte real adicional é de importância crítica para a compreensão das propriedades dos metais em frequências ópticas (veja o Capítulo 15), nas quais as transições interbandas têm papel crucial.

[24] Isso supõe que a entropia na região modifica-se apenas porque os elétrons a transportam para dentro ou para fora. A entropia também pode ser gerada na região por meio de colisões. No entanto, tal produção de entropia pode ser mostrada como um efeito de segunda ordem no gradiente de temperatura aplicado e no campo elétrico (calor de Joule – a "perda I^2R" – sendo o exemplo mais comum), podendo, portanto, ser ignorada em uma teoria linear.

$$\mathbf{j}^q = T\mathbf{j}^s. \quad \mathbf{(13.38)}$$

O volume da região é fixo, portanto, alterações na entropia da região estão relacionadas a variações na energia interna e no número de elétrons pela identidade termodinâmica:

$$T\,dS = dU - \mu\,dN, \quad \mathbf{(13.39)}$$

ou, em termos de densidades de corrente,

$$T\mathbf{j}^s = \mathbf{j}^\varepsilon - \mu\mathbf{j}^n \quad \mathbf{(13.40)}$$

onde a energia e as densidades de número de corrente são dadas por[25]

$$\begin{Bmatrix} \mathbf{j}^\varepsilon \\ \mathbf{j}^n \end{Bmatrix} = \sum_n \int \frac{d\mathbf{k}}{4\pi^3} \begin{Bmatrix} \varepsilon_n(\mathbf{k}) \\ 1 \end{Bmatrix} \mathbf{v}_n(\mathbf{k}) g_n(\mathbf{k}). \quad \mathbf{(13.41)}$$

Combinando (13.40) a (13.41), encontramos uma densidade de corrente térmica[26]

$$\mathbf{j}^q = \sum_n \int \frac{d\mathbf{k}}{4\pi^3}[\varepsilon_n(\mathbf{k}) - \mu]\mathbf{v}_n(\mathbf{k}) g_n(\mathbf{k}). \quad \mathbf{(13.42)}$$

A função de distribuição que aparece em (13.42) é dada por (13.21), avaliada em $\mathbf{H} = 0$ na presença de um campo elétrico uniforme estático e de um gradiente de temperatura:[27]

$$g(\mathbf{k}) = g^0(\mathbf{k}) + \tau(\varepsilon(\mathbf{k}))\left(-\frac{\partial f}{\partial \varepsilon}\right)\mathbf{v}(\mathbf{k}) \cdot \left[-e\boldsymbol{\mathcal{E}} + \frac{\varepsilon(\mathbf{k}) - \mu}{T}(-\nabla T)\right], \quad \mathbf{(13.43)}$$

onde

$$\boldsymbol{\mathcal{E}} = \mathrm{E} + \frac{\nabla \mu}{e}. \quad \mathbf{(13.44)}$$

Podemos construir a densidade de corrente elétrica (13.23) e a densidade de corrente térmica (13.42) a partir desta função de distribuição:

---

[25] Observe que se trata da mesma forma da densidade de corrente elétrica, exceto pela quantidade transportada em cada elétron, que não é mais sua carga $(-e)$, mas sua energia $[\varepsilon_n(\mathbf{k})]$ ou seu número (unidade). Note também que a corrente numérica é exatamente a corrente elétrica dividida pela carga: $j = -ej^n$. (Não confunda o índice superior *n*, que indica que *j* é a densidade de corrente numérica, com índice de banda *n*.)

[26] Já que as condutividades térmicas são normalmente medidas sob condições nas quais nenhuma corrente elétrica flui, é frequentemente suficiente relacionar a corrente térmica à corrente de energia (como fizemos no Capítulo 1). Entretanto, quando calor e carga elétrica são transportados simultaneamente (como no efeito Peltier, descrito a seguir), é essencial que se use (13.42).

[27] Veja a discussão no fim do Capítulo 1 para verificar por que, em geral, um gradiente de temperatura será acompanhado de um campo elétrico.

$$\begin{aligned} \mathbf{j} &= \mathbf{L}^{11}\boldsymbol{\mathcal{E}} + \mathbf{L}^{12}(-\nabla T), \\ \mathbf{j}^q &= \mathbf{L}^{21}\boldsymbol{\mathcal{E}} + \mathbf{L}^{22}(-\nabla T), \end{aligned} \quad \textbf{(13.45)}$$

em que as matrizes $\mathbf{L}^{ij}$ são definidas[28] em termos de

$$\mathcal{L}^{(\alpha)} = e^2 \int \frac{d\mathbf{k}}{4\pi^3}\left(-\frac{\partial f}{\partial \varepsilon}\right)\tau(\varepsilon(\mathbf{k}))\mathbf{v}(\mathbf{k})\mathbf{v}(\mathbf{k})(\varepsilon(\mathbf{k}) - \mu)^\alpha \quad \textbf{(13.46)}$$

por

$$\begin{aligned} \mathbf{L}^{11} &= \mathcal{L}^{(0)} \\ \mathbf{L}^{21} &= T\,\mathbf{L}^{12} = -\frac{1}{e}\mathcal{L}^{(1)}, \\ \mathbf{L}^{22} &= \frac{1}{e^2 T}\mathcal{L}^{(2)}. \end{aligned} \quad \textbf{(13.47)}$$

A estrutura desses resultados é simplificada pela definição de[29]

$$\boldsymbol{\sigma}(\varepsilon) = e^2\tau(\varepsilon)\int \frac{d\mathbf{k}}{4\pi^3}\delta(\varepsilon - \varepsilon(\mathbf{k}))\mathbf{v}(\mathbf{k})\mathbf{v}(\mathbf{k}), \quad \textbf{(13.48)}$$

em termos do qual

$$\mathcal{L}^{(\alpha)} = \int d\varepsilon\left(-\frac{\partial f}{\partial \varepsilon}\right)(\varepsilon - \mu)^\alpha \boldsymbol{\sigma}(\varepsilon). \quad \textbf{(13.49)}$$

Para avaliar (13.49) para metais, podemos explorar o fato de $(-\partial f/\partial \varepsilon)$ ser desprezível, exceto dentro de $O(k_BT)$ de $\mu \approx \varepsilon_F$. Uma vez que as integrantes em $\pounds^{(1)}$ e $\pounds^{(2)}$ têm fatores que desaparecem quando $\varepsilon = \mu$, deve-se manter a primeira correção de temperatura na expansão de Sommerfeld[30] para avaliá-los. Isto feito, encontra-se, com uma precisão da ordem de $(K_BT/\varepsilon_F)^2$,

$$\mathbf{L}^{11} = \boldsymbol{\sigma}(\varepsilon_F) = \boldsymbol{\sigma}, \quad \textbf{(13.50)}$$

$$\mathbf{L}^{21} = T\,\mathbf{L}^{12} = -\frac{\pi^2}{3e}(k_BT)^2\boldsymbol{\sigma}', \quad \textbf{(13.51)}$$

$$\mathbf{L}^{22} = \frac{\pi^2}{3}\frac{k_B^2 T}{e^2}\boldsymbol{\sigma}, \quad \textbf{(13.52)}$$

---

[28] Para manter a notação o mais simples possível, os resultados a seguir são dados para o caso em que todos os transportadores permanecem em uma única banda, sendo o índice de banda suprimido. No caso de muitas bandas, cada **L** deve ser substituído pela soma dos **L**s para todas as bandas parcialmente preenchidas. Essa generalização não afeta a validade da lei de Wiedemann-Franz, mas pode complicar a estrutura da potência térmica.

[29] Uma vez que $(-\partial f/\partial \varepsilon) = \delta(\varepsilon - \varepsilon_F)$ para uma precisão da ordem de $(k_BT/\varepsilon_F)^2$ em metais, a notação tem a intenção de lembrar que a condutividade DC de um metal (13.25) é essencialmente $\sigma(\varepsilon_F)$.

[30] Veja o Apêndice C ou a equação (2.70).

em que

$$\boldsymbol{\sigma}' = \frac{\partial}{\partial \varepsilon}\boldsymbol{\sigma}(\varepsilon_F)\Big|_{\varepsilon = \varepsilon_F}. \quad \textbf{(13.53)}$$

As equações (13.45) e (13.50) a (13.53) são resultados básicos da teoria de contribuições eletrônicas para os efeitos termoelétricos. Eles permanecem válidos quando mais de uma banda estiver parcialmente ocupada, desde que apenas interpretemos $\sigma_{ij}(\varepsilon)$ como a soma de (13.48) sobre *todas* as bandas parcialmente ocupadas.

Para deduzir a condutividade térmica a partir desses resultados, observamos que eles relacionam a corrente térmica ao gradiente de temperatura sob condições nas quais nenhuma corrente elétrica flui (como discutido no Capítulo 1). A primeira das equações (13.45) determina que se, corrente zero flui, então

$$\boldsymbol{\varepsilon} = -(\mathbf{L}^{11})^{-1}\mathbf{L}^{12}(-\nabla T). \quad \textbf{(13.54)}$$

Fazendo a substituição na segunda das equações (13.45), encontramos que

$$\mathbf{j}^q = \mathbf{K}(-\nabla T), \quad \textbf{(13.55)}$$

onde **K**, o tensor da condutividade térmica, é dado por

$$\mathbf{K} = \mathbf{L}^{22} - \mathbf{L}^{21}(\mathbf{L}^{11})^{-1}\mathbf{L}^{12}. \quad \textbf{(13.56)}$$

Das equações (13.50) a (13.52) e do fato de que σ' é tipicamente da ordem σ/ε_F, temos que, em metais, o primeiro termo em (13.56) excede o segundo por um fator da ordem de $(\varepsilon_F/k_BT)^2$. Assim,

$$\mathbf{K} = \mathbf{L}^{22} + O(k_BT/\varepsilon_F)^2. \quad \textbf{(13.57)}$$

Isso é o que se teria encontrado ignorando-se o campo termoelétrico desde o princípio. Enfatizamos que sua validade requer uma estatística de Fermi degenerada. Nos semicondutores, (13.57) não é uma boa aproximação ao resultado correto (13.56).

Se a equação (13.57) é avaliada usando-se (13.52), encontramos que

$$\mathbf{K} = \frac{\pi^2}{3}\left(\frac{k_B}{e}\right)^2 T\boldsymbol{\sigma}. \quad \textbf{(13.58)}$$

que nada mais é que a lei de Wiedemann-Franz [veja a equação (2.93)] com uma faixa muito mais geral de validade. Para uma estrutura de banda arbitrária, componente por componente, o tensor de condutividade térmica é proporcional ao tensor de condutividade elétrica com a constante universal de proporcionalidade $\pi^2 K_B^2 T/3e^2$. Assim, esta notável observação experimental, feita há mais de um século, permanece reemergindo em modelos teóricos sucessivamente mais refinados de modo essencialmente inalterado.

Enquanto nos regozijamos com o fato de o modelo semiclássico preservar seu elegante resultado, não devemos esquecer que desvios da lei de Wiedemann-Franz são observados.[31] No Capítulo 16, veremos que esta é uma falha não do método semiclássico, mas da aproximação de tempo de relaxação.

A POTÊNCIA TERMOELÉTRICA

Quando o gradiente de temperatura é mantido em um metal e não se permite que nenhuma corrente elétrica flua, haverá uma diferença de potencial eletrostático de estado estável entre as regiões de alta e baixa temperatura do espécime.[32] A medição dessa queda potencial não é completamente direta por diversas razões:

1. Para medir a voltagem de forma acurada o bastante para se detectar uma voltagem termoelétrica, é essencial que o voltímetro conecte pontos do espécime na mesma temperatura. Senão, uma vez que as sondas até o medidor estejam em equilíbrio térmico com o espécime nos pontos de contato, ocorreria o gradiente de temperatura no conjunto de circuitos do próprio medidor, acompanhado por uma voltagem termoelétrica adicional. Já que nenhuma voltagem termoelétrica se desenvolve entre pontos de um único metal na mesma temperatura, deve-se empregar um circuito de dois metais diferentes (Figura 13.1), conectados de modo que uma junção esteja a uma temperatura T_1 e a outra (ligada apenas pelo voltímetro), a uma temperatura $T_0 \neq T_1$. Tal medição produz a diferença nas voltagens termoelétricas desenvolvidas nos dois metais.

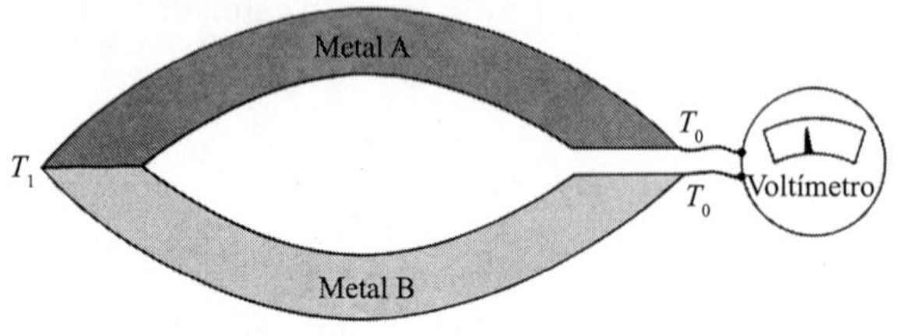

Figura 13.1

Circuito para medição da diferença em voltagens termoelétricas desenvolvidas em dois diferentes metais; em cada um deles, a temperatura varia de T_0 a T_1.

2. Para medir a voltagem termoelétrica absoluta em um metal, pode-se explorar o fato de que nenhuma voltagem termoelétrica se desenvolve ao longo de um metal supercondutor.[33] Consequentemente, quando um dos metais no circuito bimetálico é supercondutor, a medição fornece diretamente a voltagem termoelétrica ao longo do **outro.**[34]

[31] Veja o Capítulo 3.

[32] Veja o efeito de Seebeck. Uma discussão imperfeita, mas elementar, da física subjacente é fornecida nas páginas 23-25.

[33] Veja a página 730.

[34] Isso torna possível medir a voltagem termoelétrica absoluta em um metal a temperaturas de até 20 K (atualmente, a mais alta temperatura na qual a supercondutividade foi observada). Pode-se deduzi-la em temperaturas mais altas a partir de medições do efeito de Thomson (Problema 5).

3. Os pontos no circuito ligados pelo voltímetro têm diferentes potenciais eletrostáticos *e* diferentes potenciais químicos.[35] Se, como na maioria desses aparelhos, a leitura do voltímetro for de fato IR, onde I é a pequena corrente que flui através de uma grande resistência R, é essencial perceber que a corrente é conduzida não só pelo campo elétrico **E**, mas por $\mathcal{E} = \mathbf{E} + (1/e)\nabla\mu$. Isso porque o gradiente do potencial químico leva a uma corrente de dispersão, em adição à corrente conduzida mecanicamente pelo campo elétrico.[36] Como consequência, a leitura do voltímetro não será $-\int \mathbf{E}\cdot d\ell$, mas $-\int \mathcal{E}\cdot d\ell$.

A potência termoelétrica (ou potência térmica) de um metal, Q, é definida como a constante de proporcionalidade entre a contribuição do metal para a leitura de tal voltímetro e a variação de temperatura:

$$-\int \mathcal{E}\cdot d\ell = Q\Delta T \quad \textbf{(13.59)}$$

ou

$$\mathcal{E} = Q\nabla T. \quad \textbf{(13.60)}$$

Já que uma corrente desprezível flui quando a voltagem termoelétrica é medida, a equação (13.45) fornece[37]

$$Q = \frac{L^{12}}{L^{11}}, \quad \textbf{(13.61)}$$

ou, a partir das equações (13.50) e (13.51),

$$Q = -\frac{\pi^2}{3}\frac{k_B^2 T}{e}\frac{\sigma'}{\sigma}. \quad \textbf{(13.62)}$$

Este cálculo tem uma estrutura consideravelmente mais complexa do que a do elétron livre (2.94), que é independente[38] do tempo de relaxação τ. Podemos dispor σ' em uma forma mais útil, calculando a diferencial de (13.48):

---

[35] Apesar de os elétrons fluírem de um metal para o outro para equalizar os potenciais químicos no ponto de contato (veja o Capítulo 18), ainda há uma diferença de potencial químico nos pontos ligados pelo voltímetro, porque a variação de temperatura do potencial químico difere nos dois metais.

[36] O fato de ser esta a combinação em particular de campo e gradiente de potencial químico que conduz a corrente elétrica decorre da equação (13.45). Este fenômeno é frequentemente resumido na asserção de que um voltímetro mede não o potencial elétrico, mas o "potencial eletroquímico".

[37] Para mais simplicidade, limitamos a discussão a metais cúbicos, para os quais os tensores $\mathbf{L}^{ij}$ são diagonais.

[38] Se tomarmos τ como independente da energia, então, no limite do elétron livre, $\sigma'/\sigma = (3/2\mathcal{E}_F)$ e (13.62) reduz-se para $Q = -(\pi^2/2e)(k_B^2T/\mathcal{E}_F)$. Este é um fator de 3 maior do que a estimativa aproximada (2.94). A disparidade deve-se ao modo muito imperfeito com que as médias térmicas de energias e velocidades foram tratadas nos Capítulos 1 e 2. Ela indica que é, em grande parte, um golpe de sorte que a derivação análoga da condutividade térmica tenha fornecido o fator numérico correto.

$$\frac{\partial}{\partial \varepsilon}\boldsymbol{\sigma}(\varepsilon) = \frac{\tau'(\varepsilon)}{\tau(\varepsilon)}\boldsymbol{\sigma}(\varepsilon) + e^2\tau(\varepsilon)\int \frac{d\mathbf{k}}{4\pi^3}\delta'(\varepsilon - \varepsilon(\mathbf{k}))\mathbf{v}(\mathbf{k})\mathbf{v}(\mathbf{k}). \quad \mathbf{(13.63)}$$

Já que

$$\mathbf{v}(\mathbf{k})\delta'(\varepsilon - \varepsilon(\mathbf{k})) = -\frac{1}{\hbar}\frac{\partial}{\partial \mathbf{k}}\delta(\varepsilon - \varepsilon(\mathbf{k})), \quad \mathbf{(13.64)}$$

uma integração por partes fornece[39]

$$\boldsymbol{\sigma}' = \frac{\tau'}{\tau}\boldsymbol{\sigma} + \frac{e^2\tau}{4\pi^3}\int d\mathbf{k}\delta(\varepsilon_F - \varepsilon(\mathbf{k}))\mathbf{M}^{-1}(\mathbf{k}). \quad \mathbf{(13.65)}$$

Se a dependência da energia no tempo de relaxação não for importante, o sinal da potência térmica será determinado pelo sinal da massa efetiva sobre toda a superfície de Fermi, ou seja, pelo fato de os transportadores serem elétrons ou buracos. Isso é consistente com a teoria geral de buracos descrita no Capítulo 12 e também proporciona uma explanação possível para outra das anomalias da teoria do elétron livre.[40]

No entanto, a potência térmica não é uma sondagem de muito valor das propriedades eletrônicas fundamentais de um metal; a dependência da energia em τ não é bem compreendida, a validade da forma (13.65) depende da aproximação de tempo de relaxação e, mais importante, as vibrações da rede podem afetar o transporte de energia térmica, de modo que se torna muito difícil alcançar uma teoria acurada da potência térmica.

OUTROS EFEITOS TERMOELÉTRICOS

Há uma variedade de outros efeitos termoelétricos. O efeito de Thomson é descrito no Problema 5, e mencionamos aqui apenas o efeito de Peltier.[41] Se uma corrente elétrica é conduzida em um circuito bimetálico mantido a uma temperatura uniforme, o calor será desenvolvido em uma junção e absorvido na outra (Figura 13.2). Isso ocorre porque uma corrente elétrica isotérmica em um metal é acompanhada por uma corrente térmica.

$$\mathbf{j}^q = \prod \mathbf{j}, \quad \mathbf{(13.66)}$$

onde Π é conhecido como o coeficiente de Peltier. Já que a corrente elétrica é uniforme no circuito fechado e o coeficiente de Peltier difere de metal para metal, as correntes térmicas

---

[39] Apesar de ser tentador interpretar $\sigma'(\varepsilon_F)$ como a variação da condutividade DC fisicamente medida com alguns parâmetros adequadamente controlados, isso não pode ser justificado. A grandeza $\sigma'(\varepsilon_F)$ significa (na aproximação de tempo de relaxação) não mais (ou menos) que (13.65).

[40] Veja o Capítulo 3.

[41] Quando um campo magnético, bem como o gradiente de temperatura, estiver presente, multiplica-se ainda mais o número de medições possíveis. Os diversos efeitos termomagnéticos (Nernst, Ettingshausen, Righi-Leduc) são resumidos de forma compacta em H. B. Callen. *Thermodynamics*. Nova York: Wiley, 1960. Capítulo 17.

nos dois metais não serão iguais, e a diferença deve ser desenvolvida em uma junção e fornecida para a outra se a temperatura uniforme for mantida.

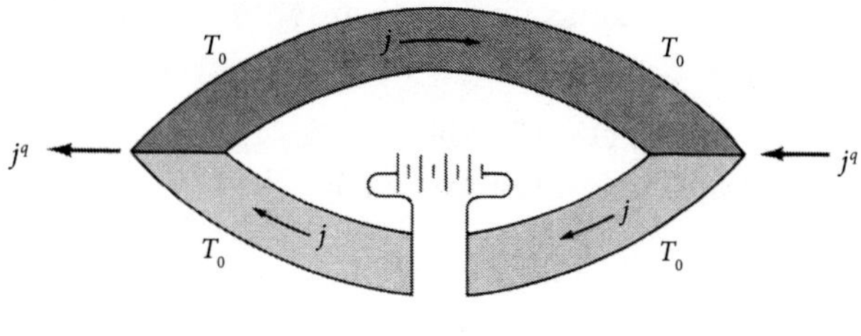

FIGURA 13.2

Efeito Peltier. Uma corrente j é conduzida em um circuito bimetálico à temperatura uniforme T_0. Para manter a temperatura uniforme, é necessário fornecer calor (por meio de uma corrente térmica j^q em uma junção e extraí-lo na outra).

Se estabelecermos o gradiente de temperatura em (13.45) como igual a zero, encontramos que o coeficiente de Peltier é dado por

$$\prod = \frac{L^{21}}{L^{11}}. \quad \textbf{(13.67)}$$

Por causa da identidade (13.51), o coeficiente de Peltier está relacionado simplesmente à potência térmica (13.61) por

$$\prod = TQ, \quad \textbf{(13.68)}$$

uma relação originalmente deduzida por Lord Kelvin.

CONDUTIVIDADE SEMICLÁSSICA EM UM CAMPO MAGNÉTICO UNIFORME

A condutividade elétrica DC à temperatura uniforme em um campo magnético uniforme **H** pode ser disposta em uma forma muito semelhante ao resultado **H** = 0 (13.25). Em um campo magnético, $\mathbf{v}(\mathbf{k}(t'))$ depende de t', e a integral que ocorre na função de distribuição de não equilíbrio (13.21) não pode mais ser explicitamente avaliada no caso geral. Ao invés disso, o resultado de campo zero (13.25) deve ser substituído por

$$\boldsymbol{\sigma}^{(n)} = e^2 \int \frac{d\mathbf{k}}{4\pi^3} \tau_n(\varepsilon_n(\mathbf{k}))\mathbf{v}_n(\mathbf{k})\bar{\mathbf{v}}_n(\mathbf{k})\left(-\frac{\partial f}{\partial \varepsilon}\right)_{\varepsilon = \varepsilon_n(\mathbf{k})}, \quad \textbf{(13.69)}$$

onde $\bar{\mathbf{v}}_n(\mathbf{k})$ é uma média ponderada da velocidade histórica da órbita do elétron[42] que passa por **k**:

$$\bar{\mathbf{v}}_n(\mathbf{k}) = \int_{-\infty}^{0} \frac{dt}{\tau_n(\mathbf{k})} e^{t/\tau_n(\mathbf{k})} \mathbf{v}_n(\mathbf{k}_n(t)). \quad \textbf{(13.70)}$$

[42] Aqui, $\mathbf{k}_n(t)$ é a solução para as equações semiclássicas de movimento (12.6) em um campo magnético uniforme, que passa pelo ponto **k** no tempo zero [$\mathbf{k}_n(0) = \mathbf{k}$]. [Usamos o fato de que a função de distribuição é independente de tempo quando os campos são independentes de tempo, e definimos a integral em (13.21) na forma que ela tem em $t = 0$.]

No limite do campo baixo, a órbita é atravessada muito lentamente, apenas pontos na vizinhança imediata de **k** contribuem decisivamente para a média em (13.70) e o resultado de campo zero é recuperado. No caso geral, e mesmo no limite do campo alto, deve-se recorrer a algumas análises um tanto elaboradas até para se extrair a informação a que chegamos no Capítulo 12, a partir de um exame direto das equações semiclássicas de movimento. Não vamos recorrer a esses cálculos aqui, mas algumas das aplicações de (13.70) são apresentadas no Problema 6.

PROBLEMAS

1. Na página 271 argumentamos que, em um metal com simetria cúbica, o tensor de condutividade é uma constante vezes a matriz unitária, ou seja, que **j** é sempre paralelo a **E**. Construa um argumento análogo para um metal de empacotamento hexagonal denso, mostrando que o tensor de condutividade é diagonal em um sistema coordenado retangular com *z* tomado ao longo do eixo *c*, com $\sigma_{xx} = \sigma_{yy}$, de modo que a corrente induzida por um campo paralelo ou perpendicular ao eixo *c* seja paralelo ao campo.

2. Deduza de (13.25) que, em $T = 0$ (e, consequentemente, para uma excelente aproximação em qualquer $T << T_F$), a condutividade de uma banda com simetria cúbica é dada por

$$\sigma = \frac{e^2}{12\pi^3\hbar}\tau(\varepsilon_F)\bar{v}S, \quad \textbf{(13.71)}$$

onde *S* é a área da superfície de Fermi na banda e $\bar{v}$ é a velocidade eletrônica sobre toda a superfície de Fermi:

$$\bar{v} = \frac{1}{S}\int dS|\mathbf{v}(\mathbf{k})|. \quad \textbf{(13.72)}$$

[Observe que temos aqui, como um caso especial, o fato de que bandas preenchidas ou ocupadas (nenhuma das quais tem superfície de Fermi) não transportam nenhuma corrente. Também ocorre um modo alternativo de se visualizar o fato de que bandas quase vazias (poucos elétrons) e quase preenchidas (poucos buracos) têm baixa condutividade, já que elas terão quantidades muito pequenas de superfície de Fermi.]

Verifique se (13.71) reduz-se para o resultado de Drude no limite do elétron livre.

3. Mostre que as equações que descrevem as correntes elétrica e térmica, (13.45) e (13.50) a (13.53), continuam válidas na presença de um campo magnético uniforme, desde que a equação (13.48) para $\boldsymbol{\sigma}(\varepsilon)$ seja generalizada para incluir os efeitos do campo magnético substituindo-se o segundo $\mathbf{v}(\mathbf{k})$ por $\bar{\mathbf{v}}(\mathbf{k})$, como definido na equação (13.70).

4. A resposta dos elétrons de condução a um campo elétrico

$$\mathbf{E}(\mathbf{r},t) = \text{Re}[\mathbf{E}(\mathbf{q},\omega)e^{i(\mathbf{q}\cdot\mathbf{r}-\omega t)}], \quad \textbf{(13.73)}$$

que depende da posição e do tempo, requer alguma consideração especial. Tal campo, em geral, induzirá uma densidade de carga que varia espacialmente

$$\begin{aligned} \rho(\mathbf{r},t) &= -e\,\delta n(\mathbf{r},t), \\ \delta n(\mathbf{r},t) &= \text{Re}[\delta n(\mathbf{q},\omega)e^{i(\mathbf{q}\cdot\mathbf{r}-\omega t)}]. \end{aligned} \quad \textbf{(13.74)}$$

Uma vez que os elétrons são conservados em colisões, a distribuição de equilíbrio local que aparece na aproximação de tempo de relaxação (13.3) deve corresponder a uma densidade igual à densidade local real instantânea $n(\mathbf{r}, t)$. Desse modo, mesmo à temperatura uniforme, deve-se admitir um potencial químico local da forma

$$\begin{aligned} \mu(\mathbf{r},t) &= \mu + \delta\mu(\mathbf{r},t), \\ \delta\mu(\mathbf{r},t) &= \text{Re}[\delta\mu(\mathbf{q},\omega)e^{i(\mathbf{q}\cdot\mathbf{r}-\omega t)}], \end{aligned} \quad \textbf{(13.75)}$$

onde se escolhe $\delta\mu(\mathbf{q}, \omega)$ para satisfazer (para ordem linear em **E**) a condição

$$\delta n(\mathbf{q},\omega) = \frac{\partial n_{eq}(\mu)}{\partial\mu}\delta\mu(\mathbf{q},\omega). \quad \textbf{(13.76)}$$

(a) Mostre, como resultado, que, à temperatura uniforme, a equação (13.22) deve ser substituída por[43]

$$\begin{aligned} g(\mathbf{r},\mathbf{k},t) &= f(\varepsilon(\mathbf{k})) + \text{Re}[\delta g(\mathbf{q},\mathbf{k},\omega)e^{i(\mathbf{q}\cdot\mathbf{r}-\omega t)}] \\ \delta g(\mathbf{q},\omega) &= \left(-\frac{\partial f}{\partial\varepsilon}\right)\frac{(\delta\mu(\mathbf{q},\omega)/\tau) - e\mathbf{v}(\mathbf{k})\cdot\mathbf{E}(\mathbf{q},\omega)}{(1/\tau) - i[\omega - \mathbf{q}\cdot\mathbf{v}(\mathbf{k})]}. \end{aligned} \quad \textbf{(13.77)}$$

(b) Construindo a corrente induzida e as densidades de carga a partir da função de distribuição (13.77), mostre que a escolha de (13.75) de $\delta\mu(\mathbf{q},\omega)$ é exatamente o que se necessita para assegurar que a equação de continuidade (conservação de carga local)

$$\mathbf{q}\cdot\mathbf{j}(\mathbf{q},\omega) = \omega\rho(\mathbf{q},\omega) \qquad \left(\nabla\cdot\mathbf{j} + \frac{\partial\rho}{\partial t} = 0\right) \quad \textbf{(13.78)}$$

seja satisfeita.

(c) Mostre que, se nenhuma densidade de carga for induzida, a corrente será

$$\begin{aligned} \mathbf{j}(\mathbf{r},t) &= \text{Re}[\boldsymbol{\sigma}(\mathbf{q},\omega)\cdot\mathbf{E}(\mathbf{q},\omega)e^{i(\mathbf{q}\cdot\mathbf{r}-\omega t)}], \\ \boldsymbol{\sigma}(\mathbf{q},\omega) &= e^2\int\frac{d\mathbf{k}}{4\pi^3}\left(-\frac{\partial f}{\partial\varepsilon}\right)\frac{\mathbf{v}\mathbf{v}}{(1/\tau) - i[\omega - \mathbf{q}\cdot\mathbf{v}(\mathbf{k})]}. \end{aligned} \quad \textbf{(13.79)}$$

[43] Veja a nota 7.

Mostre que uma condição suficiente para que (13.79) seja válida é o campo elétrico **E** ser perpendicular a um plano de simetria especular no qual se situa o vetor de onda **q**.

5. Considere um metal no qual as correntes térmica e elétrica fluam simultaneamente. A razão na qual o calor é gerado em uma unidade de volume está relacionada à energia local e a densidades de número por [compare a (13.39)]:

$$\frac{dq}{dt} = \frac{du}{dt} - \mu\frac{dn}{dt}, \quad \mathbf{(13.80)}$$

onde μ é o potencial químico local. Empregando a equação de continuidade,

$$\frac{dn}{dt} = -\nabla \cdot \mathbf{j}^n, \quad \mathbf{(13.81)}$$

e o fato de que a razão de variação da densidade de energia local é determinada pela razão na qual os elétrons transportam energia para dentro do volume mais a razão na qual o campo elétrico funciona,

$$\frac{du}{dt} = -\nabla \cdot \mathbf{j}^\varepsilon + \mathrm{E}\cdot\mathbf{j}, \quad \mathbf{(13.82)}$$

mostre que (13.80) pode ser escrita na forma

$$\frac{dq}{dt} = -\nabla \cdot \mathbf{j}^q + \varepsilon\cdot\mathbf{j}, \quad \mathbf{(13.83)}$$

onde $\mathbf{j}^q$ é a corrente térmica [fornecida por (13.38) e (13.40)] e $\varepsilon = \mathbf{E} + (1/e)\nabla\mu$. Supondo uma simetria cúbica, de modo que os tensores $\mathbf{L}^{ij}$ sejam diagonais, mostre que, sob condições de fluxo de corrente uniforme ($\nabla\cdot\mathbf{j} = 0$) e gradiente de temperatura uniforme ($\nabla^2 T = 0$),

$$\frac{dq}{dt} = \rho\mathbf{j}^2 + \frac{dK}{dT}(\nabla T)^2 - T\frac{dQ}{dT}(\nabla T)\cdot\mathbf{j} \quad \mathbf{(13.84)}$$

onde ρ é a resistividade, K é a condutividade térmica e Q é a potência térmica. Medindo-se a variação no calor interno à medida que a direção da corrente é invertida para um gradiente de temperatura fixo (conhecido como efeito de Thomson), é possível, portanto, determinar-se a derivada de temperatura da potência térmica e, por meio disso, calcular-se o valor de Q em altas temperaturas, dado seu valor de baixa temperatura.

Compare o coeficiente numérico de $\nabla T\cdot\mathbf{j}$ com aquele da estimativa aproximada no Problema 3 do Capítulo 1.

6. A velocidade média $\bar{\mathbf{v}}$ [equação (13.70)] que aparece na expressão (13.69) para a condutividade em um campo magnético uniforme adota uma forma um tanto simples no limite do campo alto.

(a) Mostre que, para uma órbita fechada, a projeção de $\bar{\mathbf{v}}$ em um plano perpendicular a **H** é

$$\bar{\mathbf{v}}_\perp = -\frac{\hbar c}{eH\tau}\hat{\mathbf{H}}\times[\mathbf{k}-\langle\mathbf{k}\rangle]_\perp + O\left(\frac{1}{H^2}\right), \quad \mathbf{(13.85)}$$

onde <**k**> é o tempo médio do vetor de onda sobre a órbita:

$$\langle\mathbf{k}\rangle = \frac{1}{T}\oint \mathbf{k}\, dt. \quad \mathbf{(13.86)}$$

(b) Mostre que, para uma órbita aberta, o limite de campo alto de $\bar{\mathbf{v}}$ é exatamente a velocidade média do movimento ao longo da órbita (e, consequentemente, paralelo à direção da órbita).

(c) Mostre[44] que, no limite do campo alto, quando $\mathbf{E}\cdot\mathbf{H} = 0$,

$$\mathbf{j}_\perp = -e\int\frac{d\mathbf{k}}{4\pi^3}\left(-\frac{\partial f}{\partial \mathbf{k}}\right)\mathbf{k}\cdot\mathbf{w}, \quad \mathbf{(13.87)}$$

onde $\mathbf{w} = c(\mathbf{E}\times\mathbf{H})/H^2$ é a velocidade de desvio definida em (12.46). Deduza as formas (12.51) ou (12.52) a partir de (13.87), dependendo de a banda ser parecida com partícula ou buraco. [*Observação*: Uma vez que **k** *não* é uma função periódica no espaço *k*, não se pode automaticamente integrar por partes em (13.87).]

(d) Deduza, a partir do resultado de (b), a forma limitante (12.56) para a condutividade na presença de órbitas abertas. (*Dica*: Observe que $\bar{\mathbf{v}}$ é independente do componente de **k** paralelo à direção do espaço *k* da órbita aberta.)

(e) Mostre, a partir da forma geral da equação semiclássica de movimento em um campo magnético (12.6), que o tensor de condutividade (13.69) para determinada banda em um campo magnético uniforme tem a dependência funcional de H e τ na forma:

$$\boldsymbol{\sigma} = \tau\mathrm{F}(H\tau). \quad \mathbf{(13.88)}$$

Deduza de (13.88) que, quando a corrente é transportada por elétrons em uma única banda (ou se o tempo de relaxação é o mesmo para todas as bandas),

$$\frac{\rho_{xx}(H)-\rho_{xx}(0)}{\rho_{xx}(0)} \quad \mathbf{(13.89)}$$

[44] Argumente que o termo em <**k**> em (13.85) não oferece nenhuma contribuição porque ele depende apenas de ε e k_z.

dependerá de H e τ apenas por meio do produto $H\tau$ (regra de Kohler) para qualquer componente diagonal da resistividade perpendicular a **H**.

(f) Deduza, a partir das propriedades das equações semiclássicas de movimento em um campo magnético, que

$$\sigma_{\mu\nu}(H) = \sigma_{\nu\mu}(-H). \quad \textbf{(13.90)}$$

que se conhece como relação de Onsager.[45] [*Dica*: Faça a mudança de variáveis $\mathbf{k}(t) = \mathbf{k}'$ e recorra ao teorema de Liouville na substituição das integrais de espaço k em (13.69) por integrais sobre $\mathbf{k}'$.]

[45] Essas relações entre coeficientes de transporte foram formuladas originalmente, de forma muito generalizada, por L. Onsager. A primeira igualdade na equação (13.51) é outro exemplo de uma relação de Onsager.

14 Medindo a superfície de Fermi

Existe uma classe de grandezas mensuráveis que são valorizadas, principalmente porque contêm informações detalhadas sobre a estrutura geométrica da superfície de Fermi. Essas grandezas dependem apenas de constantes universais (*e, h, c* ou *m*), variáveis experimentalmente controladas (como temperatura, frequência, força do campo magnético, orientação cristalina) e informações sobre a estrutura da banda eletrônica, que é totalmente determinada pelo formato da superfície de Fermi.

Já encontramos uma dessas grandezas, a constante de Hall de campo alto, que (em metais descompensados sem órbitas abertas para a direção do campo dada) é inteiramente determinada pelo volume de espaço k contido pelos ramos parecidos com buracos e semelhantes a partículas da superfície de Fermi.

As grandezas que oferecem essas informações de superfície de Fermi têm lugar especialmente importante na física de metais. Sua medição quase sempre envolve cristais únicos de substâncias muito puras em temperaturas muito baixas (para eliminar a dependência do tempo de relaxação) e, frequentemente, é executada em campos magnéticos muito fortes (para forçar os elétrons a testar a geometria da superfície de Fermi no curso de seu movimento semiclássico no espaço k).

A importância de se determinar a superfície de Fermi dos metais é clara: o formato da superfície de Fermi está intimamente envolvido nos coeficientes de transporte de um metal (como foi discutido nos Capítulos 12 e 13), bem como em suas propriedades de equilíbrio e ópticas (como será apresentado no Capítulo 15). Uma superfície de Fermi experimentalmente medida fornece um alvo para o qual o cálculo de estruturas de banda de princípios iniciais pode mirar. Também se pode utilizá-la a fim de fornecer dados para parâmetros adequados em um potencial cristalino fenomenológico, que pode, então, ser utilizado para o cálculo de outros fenômenos. No mínimo, as medições da superfície de Fermi são de interesse como outro teste da validade da teoria semiclássica monoeletrônica, já que há agora muitos meios independentes de se extraírem informações da superfície de Fermi.

Das técnicas empregadas para se deduzir a geometria da superfície de Fermi, uma delas provou ser de longe a mais poderosa: o *efeito de de Haas-van Alphen* (e um grupo de efeitos intimamente relacionados com base no mesmo mecanismo físico subjacente). Este fenômeno é quase inteiramente responsável pelo vasto e crescente corpo de conhecimento preciso das superfícies de Fermi de um grande número de metais. Nenhuma outra técnica dela se aproxima em poder de simplicidade. Por esta razão, a maior parte deste capítulo é dedicada a uma exposição do efeito de de Haas-van Alphen. Concluiremos com breves abordagens de uma seleção de outros efeitos utilizados para fornecer informações geométricas suplementares.

O EFEITO DE de HAAS-van ALPHEN

Na Figura 14.1, mostram-se os resultados de um famoso experimento realizado por de Haas e van Alphen, em 1930. Eles mediram a magnetização M de uma amostra de bismuto como uma função do campo magnético em campos altos a 14,2 K e encontraram oscilações em M/H.

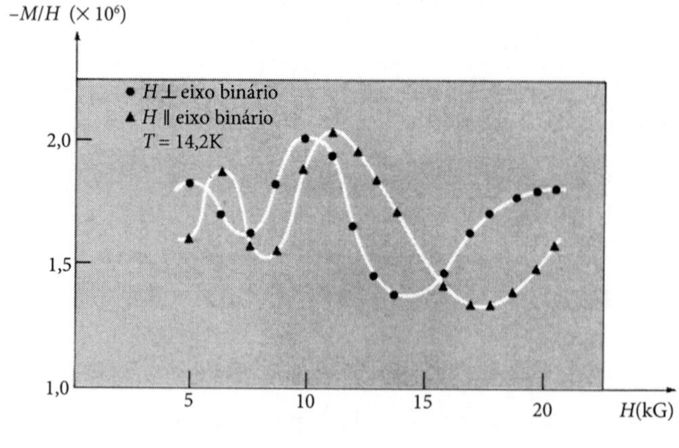

Figura 14.1

Dados de de Haas e van Alphen. Magnetização por grama dividido pelo campo, representado *versus* o campo para duas orientações de um cristal de bismuto a 14,2 K (W. J. de Haas; P. M. van Alphen. *Leiden Comm.*, 208D, 212a; 1930; e 220d, 1932).

Pelo valor de face, este curioso fenômeno, observado apenas em baixas temperaturas e campos altos, não nos surpreenderia por ser a chave extraordinária para a estrutura eletrônica de metais que, mais tarde, se descobriu que era. A completa extensão de sua utilidade foi somente apontada em 1952, por Onsager. Desde o experimento original, e especialmente desde meados de 1960, foram feitas observações cuidadosas em muitos metais desta mesma dependência do campo oscilatório na suscetibilidade magnética,[1] $\chi = dM/dH$.

As oscilações exibem regularidade notável se a suscetibilidade *não* for representada contra o campo, mas contra o *campo inverso*. Fica então claro que χ tem dependência periódica de $1/H$, apesar de, frequentemente, dois ou mais períodos estarem superpostos. Alguns dados típicos são mostrados na Figura 14.2.

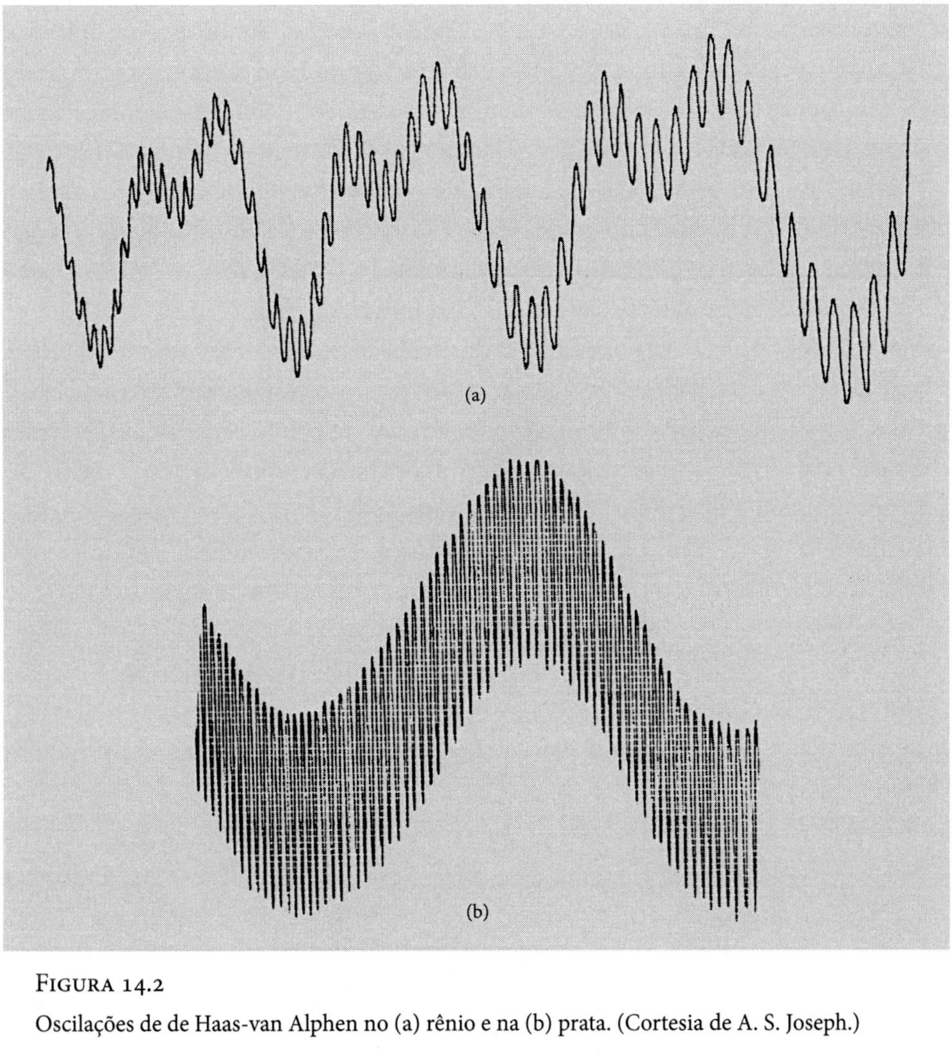

FIGURA 14.2

Oscilações de de Haas-van Alphen no (a) rênio e na (b) prata. (Cortesia de A. S. Joseph.)

Comportamento oscilatório semelhante foi observado não apenas na suscetibilidade, mas também na condutividade (efeito de Shubnikov-de Haas), a magnetostrição (dependência

[1] Quando a magnetização varia linearmente com o campo, não é preciso fazer a distinção entre M/H e $\partial M/\partial H$. Aqui, no entanto (e no tratamento de fenômenos críticos no Capítulo 33), os efeitos não lineares são cruciais. Atualmente, é consenso que, nesses casos, a suscetibilidade deve ser definida como $\partial M/\partial H$.

do tamanho da amostra na força do campo magnético), e, quando medido com bastante cuidado, em quase todas as outras grandezas. Oscilações pequenas desse tipo foram observadas na "constante" de Hall de campo alto, uma clara indicação de que o efeito deve estar em uma falha do modelo semiclássico. Uma variedade destes efeitos é mostrada na Figura 14.3.

O refinamento do efeito de de Haas-van Alphen em uma sonda poderosa da superfície de Fermi deve-se em grande parte a D. Shoenberg, cujo histórico do fenômeno[2] proporciona leitura agradável e instrutiva. Duas técnicas principais foram amplamente exploradas para a medição das oscilações. Uma, com base no fato de que, em um campo, uma amostra magnetizada experimenta torque proporcional ao seu momento magnético,[3] simplesmente mede as oscilações em posição angular de uma amostra do metal, ligada a uma suspensão filamentar, à medida que a força do campo magnético e, consequentemente, a magnetização $M(H)$ variam. A segunda técnica, especialmente valiosa se requeridos campos altos, mede a voltagem induzida em uma bobina de imantação em torno da amostra quando uma eclosão[4] de campo é aplicada. Como isso será proporcional a $dM/dt = (dM/dH)(dH/dt)$, pode-se medir as oscilações na suscetibilidade como uma função de campo.

Mesmo antes de a chave para a teoria do efeito de de Haas-van Alphen para elétrons de Bloch ter sido sugerida por Onsager, Landau[5] explicou as oscilações na teoria do elétron livre, como consequência direta da quantização de órbitas eletrônicas fechadas em um campo magnético e, desse modo, como manifestação observacional direta de um fenômeno puramente quântico. O fenômeno tornou-se de interesse e importância ainda maiores quando Onsager[6] mostrou que a variação em $1/H$ por meio de um único período de oscilação, $\Delta(1/H)$, era determinada pela relação surpreendentemente simples:

$$\Delta\left(\frac{1}{H}\right) = \frac{2\pi e}{\hbar c}\frac{1}{A_e} \quad \textbf{(14.1)}$$

onde A_e é qualquer área transversal extremal da superfície de Fermi em um plano normal ao campo magnético.

---

[2] Daunt; Edwards; Milford; Yaqub. (ed.) *Proc. 9th Internat. Conf. On Low Temperature Physics*. Nova York: Plenum Press, 1965. p. 665.

[3] O torque apenas existe quando a magnetização não é paralela ao campo. Como o efeito é não linear, este é geralmente o caso, exceto quando o campo está em determinadas direções de simetria.

[4] Esta "eclosão" de campo, naturalmente, varia de forma lenta na escala de tempos de relaxação metálica, de modo que a magnetização fique em equilíbrio com o valor instantâneo do campo.

[5] L. D. Landau. *Z. Phys.*, 64, p. 629, 1930. Observe a data da publicação. Landau previu em 1930 as oscilações, sem ter conhecimento do experimento de de Hass e van Alphen, mas imaginou que não se poderia alcançar um campo magnético uniforme o suficiente para observá-las (veja o Problema 3).

[6] L. Onsager. *Phil. Mag.*, 43, p. 1.006, 1952.

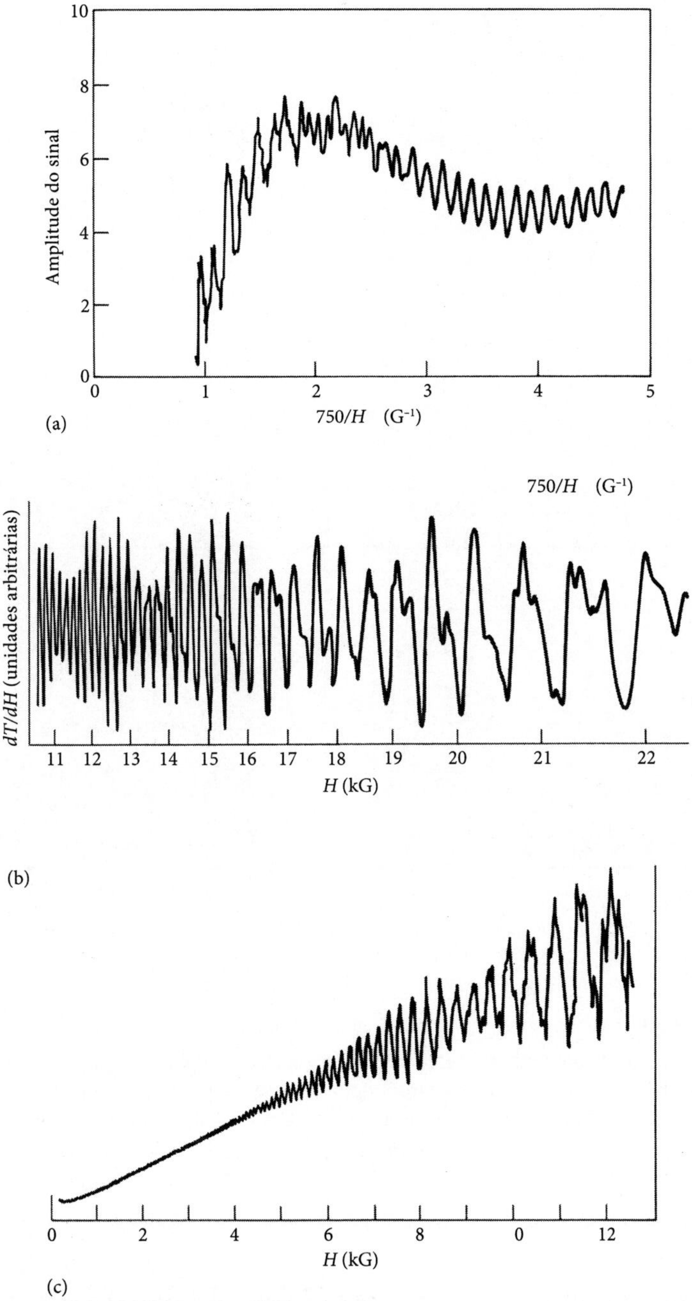

FIGURA 14.3 (a),(b),(c)

A ubiquidade das oscilações, dentre as quais o efeito de de Haas-van Alphen é o exemplo mais famoso. (a) Atenuação sonora no tungstênio. (C. K. Jones; J. A. Rayne.) (b) dT/dH *versus* o campo no antimônio. (B. D. McCombe; G. Seidel.) (c) Magnetorresistência do gálio *versus* o campo a 1,3 K.

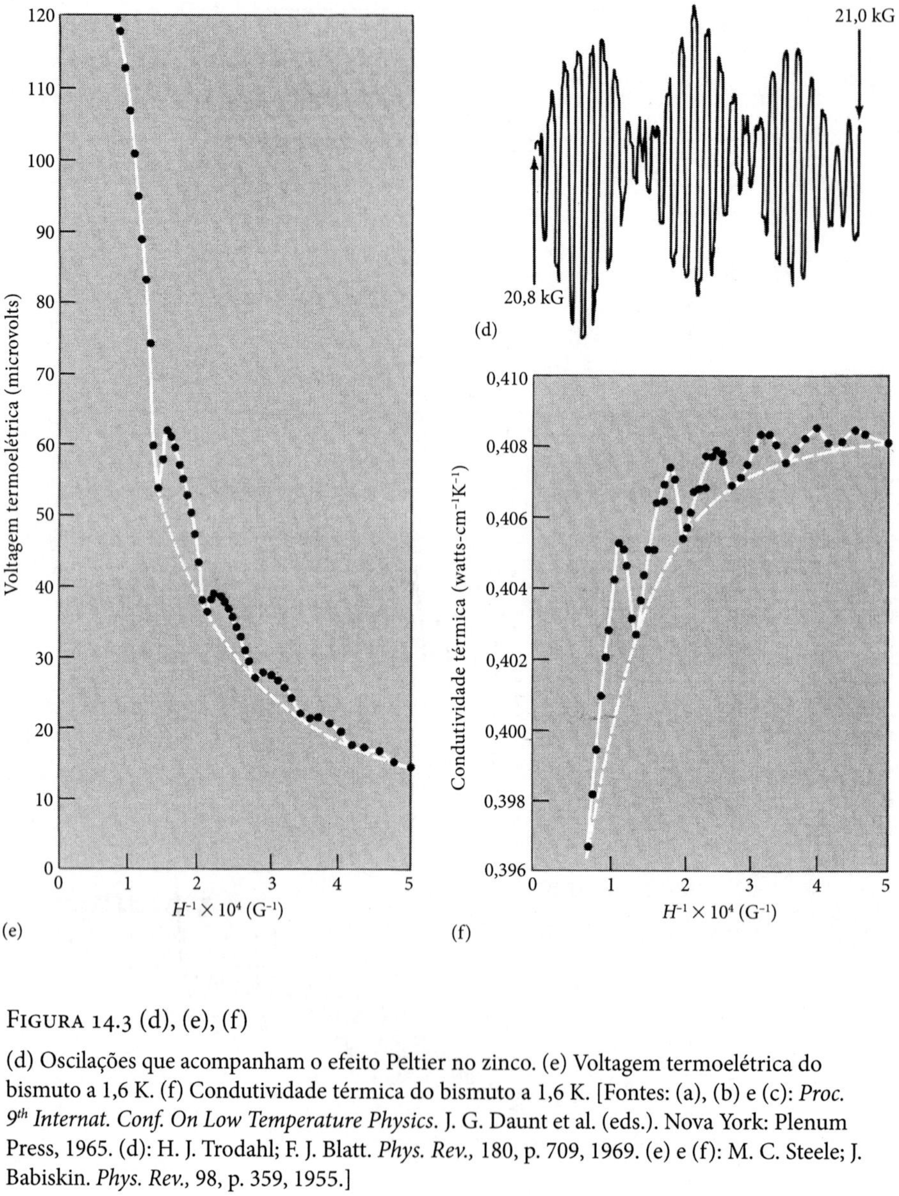

Figura 14.3 (d), (e), (f)

(d) Oscilações que acompanham o efeito Peltier no zinco. (e) Voltagem termoelétrica do bismuto a 1,6 K. (f) Condutividade térmica do bismuto a 1,6 K. [Fontes: (a), (b) e (c): *Proc. 9th Internat. Conf. On Low Temperature Physics*. J. G. Daunt et al. (eds.). Nova York: Plenum Press, 1965. (d): H. J. Trodahl; F. J. Blatt. *Phys. Rev.*, 180, p. 709, 1969. (e) e (f): M. C. Steele; J. Babiskin. *Phys. Rev.*, 98, p. 359, 1955.]

Algumas áreas extremais encontram-se na Figura 14.4. Se o eixo z for tomado ao longo do campo magnético, a área de uma seção transversal da superfície de Fermi na altura k_z será $A(k_z)$ e as áreas extremais A_e serão os valores de $A(k_z)$ no k_z onde $dA/dk_z = 0$. (Desse modo, as seções transversais máxima e mínima estão entre as extremais.)

Como a alteração da direção do campo magnético põe em jogo diferentes áreas extremais, pode-se mapear todas as áreas extremais da superfície de Fermi. Isso fornece de forma frequente informações suficientes para a reconstrução do formato real da superfície de Fermi. Na prática, isso pode ser uma tarefa complexa, pois, se mais de uma órbita extremal estiver presente em certas direções, ou se mais de uma banda estiver parcialmente preenchida, diversos períodos serão superpostos. Mais que desembaraçar diretamente as informações geométricas dos dados, é geralmente mais fácil adivinhar o que a superfície é (empregando-se, por exemplo, um cálculo aproximado da estrutura de banda) e, depois, refinar a suposição, testando-a contra os dados.

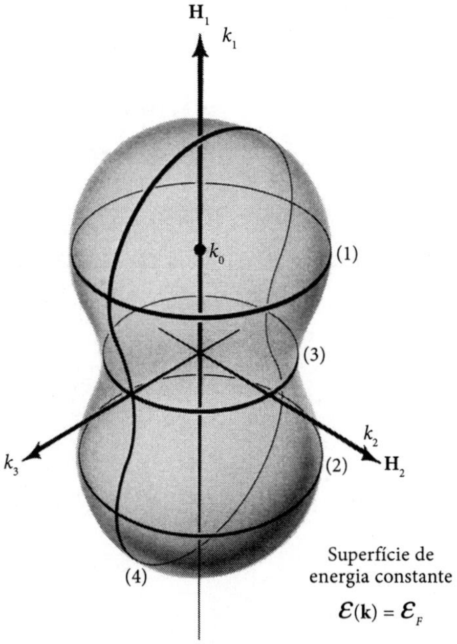

FIGURA 14.4

Ilustração de várias órbitas extremais. Para **H** ao longo do eixo k_1, (1) e (2) são órbitas extremais máximas e (3) é uma órbita extremal mínima. Quando o campo estiver ao longo do eixo k_2, apenas uma órbita extremal (4) estará presente.

O argumento que justifica (14.1) é simples, mas surpreendentemente audacioso. A explicação não pode ser clássica, já que um teorema de Bohr e van Leeuwen (veja o Capítulo 31) afirma que nenhuma propriedade de um sistema clássico em equilíbrio térmico pode depender do campo magnético. Esse resultado eficaz aplica-se a sistemas semiclássicos (no sentido dos Capítulos 12 e 13) também; logo, o efeito de de Haas-van Alphen é uma falha definitiva do modelo semiclássico. A falha surge quando a teoria semiclássica prevê órbitas fechadas para o momento eletrônico projetado em um plano perpendicular ao campo. Quando isso ocorre (e, geralmente, ocorre), as energias de movimento perpendicular a **H** são quantizadas. Para encontrar esses níveis de energia, deve-se, em princípio, retornar à equação de Schrödinger para um elétron no potencial periódico cristalino na presença do campo magnético. A solução completa deste problema é uma tarefa formidável, que foi realizada apenas no caso simples de elétrons livres (isto é, de potencial periódico zero) em um campo magnético. Descreveremos a seguir os resultados no caso do elétron livre, encaminhando o leitor a um dos textos padrão para sua derivação.[7] Não utilizaremos os resultados do elétron livre para ilustrar e testar a validade da teoria de Onsager — muito mais geral, mas um pouco menos rígida — dos níveis magnéticos em um potencial periódico.

ELÉTRONS LIVRES EM UM CAMPO MAGNÉTICO UNIFORME

Os níveis de energia orbitais[8] de um elétron em uma caixa cúbica, cujas laterais têm comprimento L paralelos aos eixos x, y e z, e são determinadas na presença de um campo magnético uniforme H ao longo da direção z por dois números quânticos, ν e k_z:

$$\begin{aligned} \varepsilon_\nu(k_z) &= \frac{\hbar^2}{2m}k_z^2 + \left(\nu + \frac{1}{2}\right)\hbar\omega_c, \\ \omega_c &= \frac{eH}{mc}. \end{aligned} \qquad \textbf{(14.2)}$$

O número quântico ν passa por todos os números inteiros não negativos e k_z assume os mesmos valores de quando na ausência de um campo magnético [equação (2.16)]:

$$k_z = \frac{2\pi n_z}{L}, \quad \textbf{(14.3)}$$

para qualquer n_z inteiro. Cada nível é altamente degenerado. O número de níveis com energia (14.2) para determinados ν e k_z é (incluindo o fator de 2 para a degeneração de spin):

$$\frac{2e}{hc}HL^2. \quad \textbf{(14.4)}$$

Como

$$\frac{hc}{2e} = 2{,}068 \times 10^{-7} \quad \text{G - cm}^2, \quad \textbf{(14.5)}$$

em um campo de um quilogauss (campo típico para um experimento de de Haas-van Alphen) e uma amostra de 1 cm em um lado, essa degeneração será de cerca de 10^{10}. A degeneração reflete o fato de que um elétron clássico com determinada energia e k_z espirais em torno de uma linha paralela ao eixo z, o qual pode ter coordenadas x e y arbitrárias.[9]

A equação (14.2) é bem plausível: uma vez que não há nenhum componente da força de Lorentz ao longo de H, a energia de movimento na direção z não é afetada pelo campo

[7] L. D. Landau; E. M. Lifshitz. *Quantum mechanics*. 2. ed. Reading: Addison-Wesley, 1965. p. 424-426; ou R. E. Peierls. *Quantum theory of solids*. Nova York: Oxford, 1955, p. 146-147. Peierls fornece uma argumentação melhor da sutil condição de contorno espacial. Os níveis de energia são encontrados mediante a redução do problema, através de uma simples transformação, para aquele de um oscilador harmônico unidimensional.

[8] A equação (14.2) não inclui a energia de interação entre o campo e o spin do elétron. Consideramos as consequências deste termo adicional a seguir, mas, no momento, o ignoramos.

[9] Por isso, a degeneração (14.4) é proporcional à área de seção transversal do espécime.

e continua a ser dada por $\hbar^2 k_z^2/2m$. No entanto, a energia de movimento perpendicular ao campo, que seria $\hbar^2(k_x^2 + k_y^2)/2m$ se nenhum campo estivesse presente, é quantizada em etapas de $\hbar\omega_c$ — constante de Planck vezes a frequência do movimento clássico (veja o Capítulo 1). Este fenômeno é chamado de *quantização de órbita*. O conjunto de todos os níveis com determinado ν (e k_z arbitrário) é coletivamente denominado *nível de Landau* de ordem ν.[10]

Com base nessas informações, pode-se construir uma teoria do efeito de de Haas-van Alphen para o modelo do elétron livre. Ao invés de reproduzir aquela análise,[11] voltamo-nos para a versão um pouco modificada do argumento simples, mas sutil, de Onsager, que generaliza os resultados do elétron livre para elétrons de Bloch e tem ligação direta com o problema da determinação da superfície de Fermi.

NÍVEIS DE ELÉTRONS DE BLOCH EM UM CAMPO MAGNÉTICO UNIFORME

A generalização de Onsager dos resultados de elétron livre de Landau é válida apenas para níveis magnéticos com números quânticos muito altos. No entanto, encontraremos que o efeito de de Haas-van Alphen deve-se a níveis na energia de Fermi que quase sempre têm números quânticos muito altos. Na teoria do elétron livre, por exemplo, a não ser que quase toda a energia eletrônica esteja em movimento paralelo ao campo, um nível de energia ε_F deve ter um número quântico ν cuja ordem de magnitude seja $\varepsilon_F/\hbar\omega_c = \varepsilon_F/[(e\hbar/mc)H]$. Agora,

$$\frac{e\hbar}{mc} = \frac{\hbar}{m} \times 10^{-8}\text{eV/G} = 1{,}16 \times 10^{-8}\text{eV/G}. \quad \textbf{(14.6)}$$

Uma vez que ε_F constitui-se tipicamente de diversos elétron-volts, mesmo em campos altos como 10^4 G, o número quântico ν será da ordem de 10^4.

Energias de níveis com números quânticos muito altos podem ser calculadas de forma precisa com o princípio da correspondência de Bohr, que afirma que a diferença em energia de dois níveis adjacentes é a constante de Planck vezes a frequência do movimento clássico na energia dos níveis. Como k_z é uma constante do movimento semiclássico, aplicamos esta condição a níveis com um k_z especificado e números quânticos ν e $\nu+1$.

---

[10] Deve-se adicionar que os resultados anteriores são válidos apenas quando o raio de movimento circular clássico de um elétron com energia ε e momento $\hbar k_z$ não for comparável às dimensões de seção transversal da caixa. Para um elétron com energia ε_F e $k_z = 0$, a condição é mais severa:

$$L \gg r_c = \frac{v_F}{\omega_c} = \frac{\hbar k_F}{m\omega_c} = \left(\frac{\hbar c}{eH}\right)k_F.$$

A 10^3 gauss, $\hbar c/eH \approx 10^{-10}$ cm^2. Uma vez que k_F é tipicamente cerca de 10^8 cm^{-1}, os resultados são aplicáveis às amostras cujas dimensões são da ordem de centímetros, mas falham quando a amostra é ainda tão grande quanto 0,1 mm.

[11] Ela encontra-se em Peierls, op. cit. (veja a nota 7).

Considere que $\varepsilon_\nu(k_z)$ seja a energia do nível permitido de ordem ν[12] em dado k_z. O princípio da correspondência fornece, então,

$$\varepsilon_{\nu+1}(k_z) - \varepsilon_\nu(k_z) = \frac{h}{T(\varepsilon_\nu(k_z), k_z)}, \quad \mathbf{(14.7)}$$

onde $T(\varepsilon,k_z)$ é o período do movimento semiclássico na órbita especificada por ε e k_z [equação (12.42)]:

$$T(\varepsilon, k_z) = \frac{\hbar^2 c}{eH} \frac{\partial A(\varepsilon, k_z)}{\partial \varepsilon}, \quad \mathbf{(14.8)}$$

e $A(\varepsilon,k_z)$ é a área do espaço k contida na órbita. Combinando (14.8) e (14.7), podemos escrever (suprimindo uma referência explícita à variável k_z)

$$(\varepsilon_{\nu+1} - \varepsilon_\nu)\frac{\partial}{\partial \varepsilon} A(\varepsilon_\nu) = \frac{2\pi eH}{\hbar c}. \quad \mathbf{(14.9)}$$

Já que estamos interessados em ε_ν da ordem de ε_F, podemos simplificar bastante (14.9). Com base nos resultados de elétron livre, esperamos que a diferença de energia entre os níveis de Landau vizinhos sejam da ordem de $\hbar\omega_c$, que é ao menos 10^{-4} vezes menor do que as energias dos próprios níveis. É, portanto, uma aproximação excelente considerar:

$$\frac{\partial}{\partial \varepsilon} A(\varepsilon_\nu) = \frac{A(\varepsilon_{\nu+1}) - A(\varepsilon_\nu)}{\varepsilon_{\nu+1} - \varepsilon_\nu}. \quad \mathbf{(14.10)}$$

Colocando isto em (14.9), encontramos

$$A(\varepsilon_{\nu+1}) - A(\varepsilon_\nu) = \frac{2\pi eH}{\hbar c}, \quad \mathbf{(14.11)}$$

que afirma que órbitas clássicas em energias permitidas adjacentes (e o mesmo k_z) contêm áreas que diferem pela quantidade fixa ΔA, onde

$$\boxed{\Delta A = \frac{2\pi eH}{\hbar c}.} \quad \mathbf{(14.12)}$$

Outro modo de se expressar esta conclusão é que, em ν grande, a área contida pela órbita semiclássica a uma energia permitida e k_z deve depender de ν de acordo com:

$$\boxed{A(\varepsilon_\nu(k_z), k_z) = (\nu + \lambda)\Delta A,} \quad \mathbf{(14.13)}$$

[12] Por toda a discussão que se segue, consideramos uma única banda e omitimos referência explícita ao índice de banda. Isto é feito principalmente para evitar confusão entre o índice de banda n e o número magnético quântico ν. Ao longo de todo este capítulo, $\varepsilon_\nu(k_z)$ é a energia permitida de ordem ν de um elétron em determinada banda, com vetor de onda k_z. Se for necessário lidar com mais de uma banda, usaremos a notação $\varepsilon_{n,\nu}(k_z)$.

onde λ é independente[13] de ν. Este é o famoso resultado de Onsager (o qual foi derivado por ele via uma rota alternativa: o uso da condição de quantização de Bohr-Sommerfeld).

ORIGEM DOS FENÔMENOS OSCILATÓRIOS

Subjacente e relacionada às oscilações de de Haas-van Alphen está uma estrutura oscilatória nítida na densidade eletrônica dos níveis imposta pela condição de quantização (14.13). A densidade de nível terá um pico pronunciado[14] sempre que ε for igual à energia de uma órbita extremal[15] que satisfaz a condição de quantização. A razão disso é apresentada na Figura 14.5. A Figura 14.5a ilustra o conjunto de todas as órbitas que satisfazem (14.13) para determinado ν. Estas formam uma estrutura tubular [de área de seção transversal $(\nu + \lambda)\Delta A$] no espaço *k*. A contribuição para $g(\varepsilon)d\varepsilon$ dos níveis de Landau associados a órbitas na ordem ν desse tubo será o número desses níveis com energias entre ε e $\varepsilon + d\varepsilon$. Isto, por sua vez, é proporcional à área[16] da porção do tubo contida entre as superfícies de energia constante de energias ε e $\varepsilon + d\varepsilon$. A Figura 14.5b mostra essa porção do tubo quando as órbitas de energia ε no tubo *não* são extremais e a Figura 14.5c, a porção do tubo quando *há* uma órbita extremal de energia ε no tubo. Evidentemente, a área da porção do tubo está muito aumentada no último caso, como resultado da variação muito lenta de energia de níveis ao longo do tubo próximo à órbita.

A maior parte das propriedades eletrônicas dos metais depende da densidade de níveis na energia de Fermi, $g(\varepsilon_F)$. Isso resulta diretamente do argumento anterior[17] de que $g(\varepsilon_F)$ será singular sempre que o valor do campo magnético fizer com que uma órbita extremal na superfície de Fermi satisfaça a condição de quantização (14.13), ou seja, sempre que

$$(\nu + \lambda)\Delta A = A_e(\varepsilon_F). \quad \textbf{(14.14)}$$

Empregando-se o valor (14.12) para ΔA, resulta que $g(\varepsilon_F)$ será singular em intervalos regularmente espaçados em $1/H$ dados por

---

[13] Seguiremos a prática de admitir que λ é também independente de k_z e de *H*. Isto se verifica no Problema 1a para elétrons livres e se mantém para qualquer banda elipsoidal. Apesar de ainda não ter sido provado de modo geral, convidamos o leitor a demonstrar, como um exercício, que as conclusões alcançadas a seguir sob a suposição de uma constante λ são alteradas apenas se λ for uma função que varie excessivamente rápido de qualquer k_z ou *H*. Isto é pouco provável.

[14] De fato, a análise detalhada mostra que a densidade de nível torna-se singular como $(\varepsilon - \varepsilon_0)^{-1/2}$, quando ε está próximo da energia ε_0 de uma órbita extremal, que satisfaz a condição de quantização.

[15] A órbita extremal de energia ε é aquela que contém uma área de seção transversal extremal da superfície $\varepsilon(\mathbf{k})=\varepsilon$.

[16] A densidade de níveis contida no tubo é uniforme ao longo da direção do campo e os valores permitidos de k_z são determinados por (14.3).

[17] Estritamente, o potencial químico (que é igual a ε_F à temperatura zero) também depende da força do campo magnético, o que complica o argumento, mas este é um efeito muito pequeno e pode normalmente ser ignorado.

$$\Delta\left(\frac{1}{H}\right) = \frac{2\pi e}{\hbar c}\frac{1}{A_e(\varepsilon_F)}. \quad \textbf{(14.15)}$$

Assim, o comportamento oscilatório como uma função de $1/H$ com período (14.15) deve surgir em qualquer grandeza que dependa da densidade de nível em ε_F, que, à temperatura zero, inclui quase todas as propriedades metálicas características.

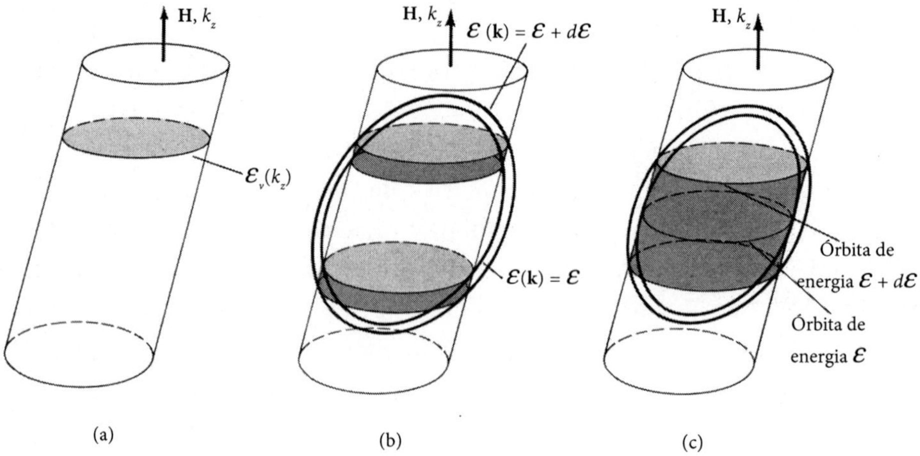

Figura 14.5

(a) Um tubo de Landau. Suas seções transversais por planos perpendiculares a **H** têm a mesma área – $(\nu + \lambda)\Delta A$ para o tubo de grau ν – e são ligadas por curvas de energia constante $\varepsilon_\nu(k_z)$ na altura k_z. (b) A porção do tubo que contém órbitas na faixa de energia de ε para $\varepsilon + d\varepsilon$ quando nenhuma das órbitas naquela faixa ocupa posições extremais em suas superfícies de energia constante. (c) Mesma construção de (b), exceto pelo fato de ε ser agora a energia de uma órbita extremal. Observe o grande aumento na faixa de k_z em virtude de o tubo estar contido entre as superfícies de energia constante em ε e $\varepsilon + d\varepsilon$.

Em temperaturas diferentes de zero, as propriedades metálicas típicas são determinadas pelas médias sobre uma variedade de energias em k_BT de ε_F. Se esta faixa é tão larga que, para *qualquer* valor de órbitas extremais H que satisfazem (14.13) contribuam consideravelmente para a média, a estrutura oscilatória em $1/H$ será removida. Isso ocorrerá quando k_BT for maior do que a separação típica de energia entre tubos adjacentes de níveis de Landau. Calculamos essa separação de energia por seu valor de elétron livre, $\hbar\omega_c$ [equação (14.2)]. Uma vez que

$$\frac{e\hbar}{mck_B} = 1{,}34 \times 10^{-4}\text{K/G}, \quad \textbf{(14.16)}$$

devem ser utilizados campos da ordem de 10^4 G e temperaturas de apenas poucos graus Kelvin para se evitar a obliteração térmica das oscilações.

O espalhamento de elétrons pode causar problemas semelhantes. O detalhamento de como isso afeta as oscilações é difícil, mas, para uma estimativa aproximada, precisamos apenas observar que, se o tempo de relaxação eletrônica é τ, sua energia poderá ser definida apenas em $\Delta\varepsilon \sim \hbar/\tau$. Se $\Delta\varepsilon$ é maior que o espaçamento entre picos em $g(\varepsilon)$, a estrutura oscilatória será consideravelmente diminuída. No caso do elétron livre, este espaçamento é $\hbar\omega_c$, que leva à condição de que $\omega_c\tau$ é comparável ou maior que a unidade para que oscilações sejam observadas. Esta é a mesma condição de campo alto que surge na teoria semiclássica de transporte eletrônico (Capítulos 12 e 13).

O EFEITO DO SPIN DO ELÉTRON NOS FENÔMENOS OSCILATÓRIOS

Ao se ignorarem os efeitos do acoplamento spin-spin,[18] a maior complicação apresentada pelo spin do elétron é que a energia de cada nível aumentará ou diminuirá por uma quantidade

$$\frac{ge\hbar H}{4mc} \quad \textbf{(14.17)}$$

se o spin estiver ao longo do campo ou contrário a ele. O número g [que não deve ser confundido com a densidade de nível $g(\varepsilon)$] é o "fator g do elétron", que está muito próximo de 2. Se denotarmos a densidade de nível calculada, ignorando esta energia adicional por $g_0(\varepsilon)$, resulta dessas mudanças que a verdadeira densidade de nível $g(\varepsilon)$ é dada por

$$g(\varepsilon) = \frac{1}{2}g_0\left(\varepsilon + \frac{ge\hbar H}{4mc}\right) + \frac{1}{2}g_0\left(\varepsilon - \frac{ge\hbar H}{4mc}\right). \quad \textbf{(14.18)}$$

Observe que o deslocamento nos picos é comparável à separação entre picos (como calculado pelo valor de elétron livre $e\hbar H/mc$). Observaram-se, de fato, casos em que, para direções de campo adequadas, essa mudança fez com que as oscilações nos dois termos de (14.18) caíssem fora de fase por 180°, acarretando em nenhuma oscilação líquida.

OUTRAS SONDAGENS DA SUPERFÍCIE DE FERMI

Uma variedade de outros experimentos são empregados para se investigar a superfície de Fermi. Em geral, as informações disponíveis de outras técnicas são geometricamente menos diretas do que as áreas extremais fornecidas pelo efeito de de Haas-van Alphen e as oscilações relacionadas. Além disso, é frequentemente mais difícil extrair essas informações sem ambiguidades dos dados. Portanto, nos restringimos ao breve levantamento de métodos selecionados.

O efeito magnetoacústico

Algumas vezes, informações muito diretas sobre a geometria da superfície de Fermi podem ser extraídas a partir da medição da atenuação de ondas sonoras em um metal, à

---

[18] Que é pequeno nos elementos mais leves; veja a página 169.

medida que elas se propagam perpendicularmente a um campo magnético uniforme.[19] Isso, particularmente, se a onda for transportada por deslocamentos de íons perpendiculares tanto à sua direção de propagação quanto ao campo magnético (Figura 14.6). Como os íons são carregados eletricamente, esta onda é acompanhada por um campo elétrico de mesma frequência, vetor de onda e polarização. Os elétrons no metal podem interagir com a onda sonora por meio desse campo elétrico, auxiliando ou impedindo, assim, sua propagação.

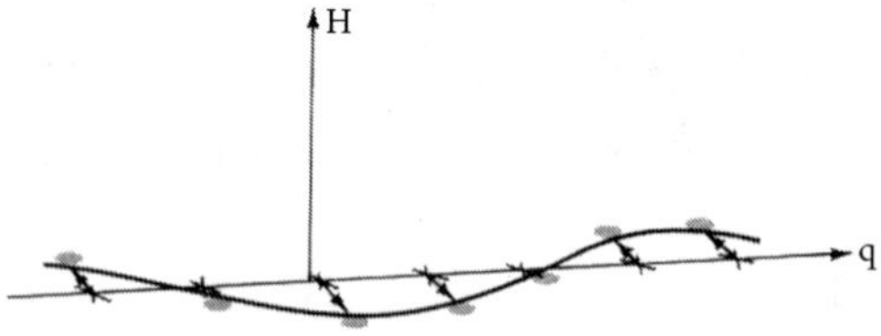

FIGURA 14.6

O deslocamento instantâneo do equilíbrio dos íons em uma onda sonora adequada para o efeito magnetoacústico. Apenas uma linha de íons é mostrada.

Caso as condições permitam que os elétrons completem muitas órbitas no campo magnético entre as colisões,[20] a atenuação sonora poderá depender do comprimento de onda de uma maneira que reflita a geometria da superfície de Fermi. Isso ocorre porque[21] os elétrons seguem órbitas do espaço real cujas projeções em planos perpendiculares ao campo são simplesmente seções transversais de superfícies de energia constante, removidas pelo fator $\hbar c/eH$ (e que sofreram giro de 90°). Quando o comprimento de onda do som é comparável às dimensões da órbita de um elétron,[22] a extensão na qual o campo elétrico da onda perturba o elétron depende de como o comprimento de onda l iguala-se à dimensão linear máxima l_c da órbita ao longo da direção de propagação da onda (conhecida, neste contexto, como o "diâmetro" da órbita). Por exemplo, elétrons em órbitas com diâmetros iguais à metade de um comprimento de onda (Figura 14.7a) podem ser acelerados (ou desacelerados) pela onda por toda sua órbita, enquanto elétrons com diâmetros de órbita iguais a um comprimento de onda inteiro (Figura 14.7b) devem sempre ser acelerados em partes de sua órbita e desacelerados em outras partes.

[19] Uma teoria detalhada deste fenômeno, no caso dos elétrons livres, foi proposta por M. H. Cohen et al. *Phys. Rev.*, 117, p. 937, 1960.

[20] Isso exige que $\omega_c\tau >> 1$, ou seja, o espécime deve ser um monocristal de alta pureza em baixas temperaturas em um campo forte.

[21] Veja as páginas 248-249.

[22] Um diâmetro de órbita típico é da ordem de v_F/ω_c. Já que a frequência do som é da ordem v_s/ℓ, quando $\ell \approx \ell_c$ teremos $\omega \approx \omega_c(v_s/v_F)$. Velocidades do som típicas têm em torno de 1% da velocidade de Fermi, portanto, os elétrons podem completar muitas órbitas durante um único período das ondas de interesse. Em particular, durante uma única revolução de um elétron, o campo elétrico a perturbá-la pode ser observado como estático.

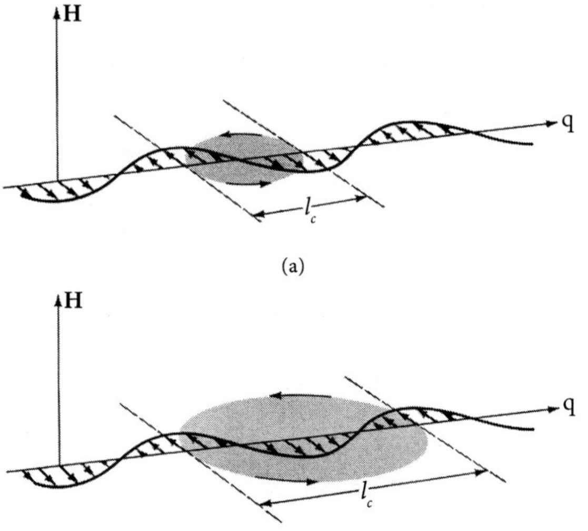

FIGURA 14.7
(a) Uma órbita eletrônica com um diâmetro l_c igual à metade de um comprimento de onda, posicionada de modo a ser acelerada pelo campo elétrico que acompanha a onda sonora em todos os pontos de sua órbita. (b) Uma órbita eletrônica com um diâmetro igual a um comprimento de onda inteiro. Não importa onde a órbita seja posicionada ao longo da direção $\hat{\mathbf{q}}$, o tipo de aceleração (ou desaceleração) coerente sobre toda a órbita possível no caso (a) não poderá ocorrer.

Genericamente, um elétron estará fracamente acoplado à onda quando seu diâmetro de órbita for um número inteiro de comprimentos de onda, mas pode ser fortemente acoplado quando o diâmetro da órbita diferir de um número inteiro de comprimentos de onda por metade de um comprimento de onda:

$$\begin{aligned} l_c &= nl \quad \text{(fracamente acoplado)}, \\ l_c &= (n + \tfrac{1}{2})l \quad \text{(fortemente acoplado)}. \end{aligned} \qquad \textbf{(14.19)}$$

Os únicos elétrons que podem afetar a atenuação sonora são aqueles próximos à superfície de Fermi, já que o princípio da exclusão proíbe que elétrons com energias mais baixas troquem pequenas quantidades de energia com a onda. A superfície de Fermi tem variação contínua de diâmetros, mas os elétrons em órbitas com diâmetros próximos dos diâmetros extremais têm papel dominante, já que são mais numerosos.[23]

Consequentemente, a atenuação sonora pode exibir a variação periódica com comprimento de onda inverso, no qual o período [compare à equação (14.19)] é igual ao inverso dos diâmetros extremais da superfície de Fermi ao longo da direção da propagação do som:

$$\Delta\left(\frac{1}{l}\right) = \frac{1}{l_c}. \qquad \textbf{(14.20)}$$

Variando-se a direção de propagação (para colocar em jogo diferentes diâmetros extremais) e a direção do campo magnético (para colocar em jogo diferentes seções transversais da superfície de Fermi), pode-se às vezes deduzir o formato da superfície de Fermi a partir dessa estrutura na atenuação sonora.

[23] O que é bastante análogo ao papel que as seções transversais da área extremal têm na teoria do efeito de de Haas-van Alphen.

Atenuação ultrassônica

Informações sobre a superfície de Fermi também podem ser extraídas de medições de atenuação sonora quando nenhum campo magnético estiver presente. Não se examina mais um efeito ressonante, mas simplesmente calcula-se a razão de atenuação supondo-se que ela se deva inteiramente à energia perdida para os elétrons. Pode ser demonstrado que, se este for o caso,[24] a atenuação será totalmente determinada pela geometria da superfície de Fermi. Entretanto, as informações geométricas extraídas desse modo não são, mesmo sob a melhor das circunstâncias, nem de perto tão simples quanto as áreas extremais fornecidas pelo efeito de de Haas-van Alphen ou os diâmetros extremais que se pode deduzir a partir do efeito magnetoacústico.

Efeito skin anômalo

Uma das mais antigas determinações da superfície de Fermi (no cobre) foi feita por Pippard,[25] a partir de medições da reflexão e da absorção de radiação eletromagnética de micro-onda (na ausência de um campo magnético estático). Se a frequência ω não for muito alta, este campo penetrará no metal uma distância δ_0 (a "profundidade skin clássica") dada por[26]

$$\delta_0 = \frac{c}{\sqrt{2\pi\sigma\omega}}. \quad \textbf{(14.21)}$$

A derivação de (14.21) supõe que o campo no metal varia pouco sobre um caminho livre médio: $\delta_0 >> \ell$. Quando δ_0 é comparável a ℓ, uma teoria muito mais complicada é necessária, e quando $\delta_0 << \ell$ (o "regime anômalo extremo"), a simples imagem de um campo exponencialmente decadente sobre uma distância δ_0 falha completamente. No entanto, num caso anômalo extremo, pode-se mostrar que a penetração do campo e a refletividade de micro-ondas são agora determinadas completamente por certos aspectos da geometria da superfície de Fermi que dependem apenas da orientação da superfície de Fermi em relação à superfície real da amostra.

Ressonância de ciclotron

Esta técnica também explora a atenuação de um campo de micro-ondas à medida que ele penetra um metal. Estritamente, o método não mede a geometria da superfície de Fermi, mas a "massa do ciclotron" (12.44), determinada por $\partial A/\partial \varepsilon$. Isto se faz pela observação da frequência na qual um campo elétrico ressoa com o movimento eletrônico em um campo magnético uniforme. Exige-se um $\omega_c\tau$ alto para que os elétrons sofram movimento periódico, e a condição de ressonância $\omega = \omega_c$ é satisfeita em frequências de micro-ondas.

---

[24] Em geral, esta é uma suposição não garantida. Há outros mecanismos para a atenuação sonora. Veja, por exemplo, o Capítulo 25.

[25] A. B. Pippard. *Phil. Trans. Roy. Soc.*, A250, p. 325, 1957.

[26] Veja, por exemplo, J. D. Jackson. *Classical electrodynamics*. Nova York: Wiley, 1962. p. 225.

Como o campo não penetra demasiadamente o metal, os elétrons podem absorver energia apenas quando estão em uma profundidade de skin da superfície.[27] Em frequências de micro-ondas e ω_c elevado, encontra-se no regime anômalo extremo, em que a profundidade de skin é bem pequena em comparação ao caminho livre médio. Uma vez que as dimensões da órbita de espaço real do elétron na superfície de Fermi são comparáveis ao caminho livre médio, a profundidade de skin também será pequena se comparada ao tamanho da órbita.

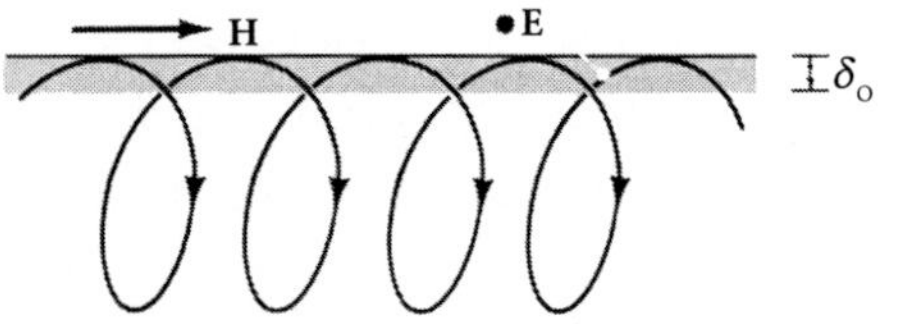

FIGURA 14.8
Geometria de campo paralelo de Azbel'-Kaner.

Essas considerações levaram Azbel' e Kaner[28] a sugerir que o campo magnético fosse colocado paralelamente à superfície, levando à geometria apresentada na Figura 14.8. Se o elétron experimentar um campo elétrico de mesma fase cada vez que entrar na profundidade de skin, ele poderá absorver de modo ressonante a energia do campo. Este será o caso se o campo aplicado tiver completado um número integral de períodos, T_E, cada vez que o elétron retornar à superfície:

$$T = nT_E, \quad \textbf{(14.22)}$$

onde T é o período de movimento de ciclotron e n é um número inteiro. Já que as frequências são inversamente proporcionais aos períodos, podemos definir (14.22) como

$$\omega = n\omega_c. \quad \textbf{(14.23)}$$

Geralmente se trabalha em frequência fixa ω e varia-se a força do campo magnético H, representando-se a condição ressonante como

$$\frac{1}{H} = \frac{2\pi e}{\hbar^2 c\omega}\frac{1}{\partial A/\partial \varepsilon}n. \quad \textbf{(14.24)}$$

Assim, se a absorção é representada *versus* $1/H$, picos ressonantes propiciados por dado período de ciclotron serão uniformemente espaçados.

A análise dos dados complica-se pela questão de quais órbitas fornecem as principais contribuições para a ressonância. No caso de uma superfície de Fermi elipsoidal, pode ser mostrado

[27] Em semicondutores, a densidade eletrônica é bem mais baixa, um campo de micro-ondas pode penetrar muito mais além e a técnica de ressonância de ciclotron é bem mais direta (veja o Capítulo 28).
[28] M. I. Azbel'; E. A. Kaner. *Sov. Phys. JETP*, 3, p. 772, 1956.

que a frequência ciclotron depende apenas da direção do campo magnético, independentemente da altura, k_z, da órbita. O método é, portanto, bastante inequívoco neste caso. No entanto, quando uma série contínua de períodos encontra-se presente para determinada direção de campo, como ocorre sempre que $T(\varepsilon_F, k_z)$ depende de k_z, algum cuidado deve se ter na interpretação dos dados. Como sempre, apenas as órbitas na superfície de Fermi precisam ser consideradas, porque o princípio da exclusão proíbe que elétrons em órbitas baixas absorvam energia. Um cálculo quantitativo indica que nas órbitas nas quais o período ciclotron $T(\varepsilon_F, k_z)$ tem seu valor extremal em relação a k_z é muito provável que se determinem as frequências ressonantes. No entanto, na frequência detalhada, a dependência da perda de energia pode ter uma estrutura muito complicada e deve-se ter cautela com o fato de não se poder medir sempre os valores extremais de $T(\varepsilon_F, k_z)$, mas, sim, alguma média muito mais complicada de T sobre a superfície de Fermi. A situação não está nem perto de ser tão definida quanto no efeito de de Haas-van Alphen.

Alguns dados típicos de ressonância de ciclotron são mostrados na Figura 14.9. Observe que diversos períodos extremais estão envolvidos. O espaçamento uniforme em $1/H$

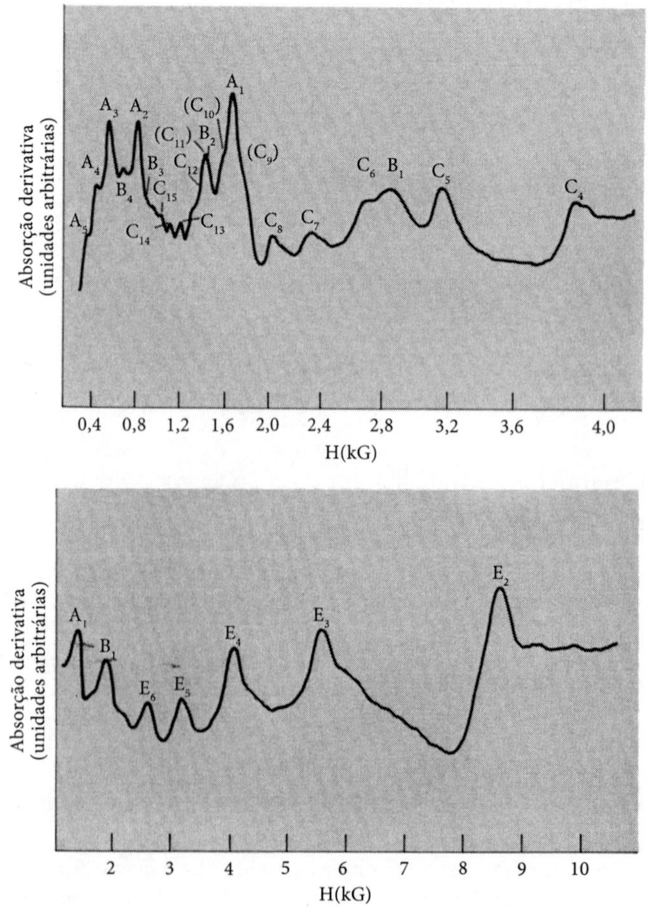

Figura 14.9

Típicos picos de ressonância de ciclotron no alumínio, em duas diferentes orientações de campo. Picos no campo derivado da potência absorvida por causa de quatro massas distintas extremais de ciclotron podem ser identificados. (Picos devidos à mesma massa extremal são uniformemente espaçados em $1/H$, como pode ser verificado mediante o exame cuidadoso da figura.)(T. W. Moore; F. W. Spong. *Phys. Rev.*, 125, p. 846, 1962.)

de todos os picos produzidos por um único período é de grande ajuda para a escolha de estrutura tão complexa.

Efeitos de tamanho

Outra classe de sondagem de superfícies de Fermi trabalha com espécimes muito finas de superfícies planas paralelas, à procura de efeitos ressonantes produzidos pelas órbitas eletrônicas que se encaixam entre as duas superfícies. A mais direta delas é o efeito Gantmakher de campo paralelo,[29] no qual uma fina lâmina de metal é colocada em um campo magnético paralelo à sua superfície e exposto à radiação de micro-ondas polarizada perpendicular ao campo (Figura 14.10)

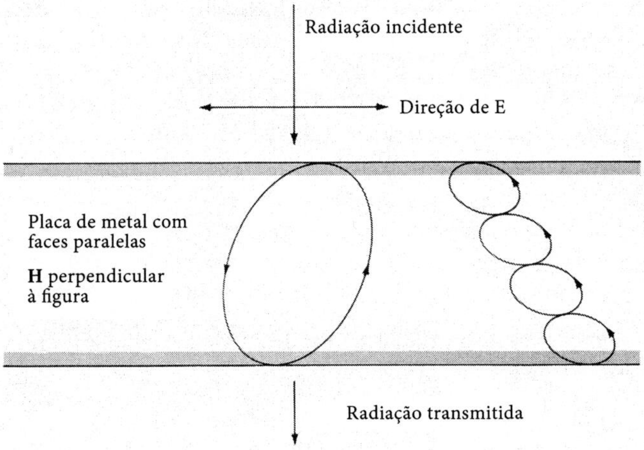

FIGURA 14.10

Efeito de campo paralelo de Gantmakher. Quando a espessura da placa coincide com um diâmetro de órbita extremal (ou é um múltiplo integral de um diâmetro de órbita extremal), haverá transmissão ressonante através da placa. O campo pode penetrar a placa apenas na profundidade de skin (região sombreada no topo) e apenas elétrons em uma profundidade de skin podem irradiar energia novamente para fora do metal (região sombreada na base).

Suponha que a placa seja espessa em comparação à profundidade de skin, mas não se comparada ao caminho livre médio (que requer que estejamos no regime anômalo extremo). Então, um campo elétrico pode influenciar os elétrons apenas quando eles estiverem em uma profundidade de skin da superfície e, de modo inverso, elétrons podem irradiar

[29] V. F. Gantmakher. *Sov. Phys. JETP*, 15, p. 982, 1962. Os efeitos de campo paralelo e inclinado de Gantmakher são também importantes fontes de informação sobre os tempos de relaxação eletrônica.

energia de volta para fora do metal apenas quando estiverem em uma profundidade de skin da superfície.

Agora, considere aqueles elétrons cujas órbitas no campo magnético os carregam de dentro da profundidade de skin do topo da placa para dentro da profundidade de skin da base. É possível demonstrar que elétrons nessas órbitas podem reproduzir, na lateral distante da placa, a corrente induzida pelo campo elétrico forte na lateral próxima, fazendo, por meio disso, com que a energia eletromagnética se irradie da lateral distante da placa. Consequentemente, há um aumento ressonante na transmissão de energia eletromagnética através da placa todas as vezes que a espessura e o campo magnético sejam tais que órbitas possam se equiparar às superfícies. Aqui, mais uma vez, apenas elétrons próximos da superfície de Fermi são efetivos, já que apenas a eles é permitido, pelo princípio da exclusão, trocar energia com o campo. Aqui, também, apenas órbitas que tenham dimensões lineares extremais contribuirão com a ressonância.

Medições do efeito de Gantmakher são geralmente realizadas na região de mega-hertz para evitar a complexa situação que surge quando as ressonâncias de tamanho se superpõem nas frequências de ressonância de ciclotron, como pode ocorrer no regime de micro-ondas. É necessário, no entanto, que a frequência seja alta o bastante para estar no regime anômalo.

As sondagens da superfície de Fermi descritas anteriormente, com uma variedade de sondagens relatadas, foram aplicadas a um grande número de metais. As informações extraídas graças a isso são levantadas no Capítulo 15.

PROBLEMAS

1. (a) Mostre que a condição de quantização de Onsager (14.13) (com $\lambda = ½$) aplicada às órbitas de um elétron livre leva diretamente aos níveis de elétron livre (14.2).

(b) Mostre que a degeneração (14.4) dos níveis de elétron livre (14.2) é exatamente o número de níveis de elétron livre de campo zero com o k_z dado e com k_x e k_y em uma região planar de área ΔA [equação (14.12)].

2. Empregando a relação fundamental (14.1), deduza a razão das áreas das duas órbitas extremais responsáveis pelas oscilações na Figura 14.2b.

3. Se houver alguma não uniformidade do campo magnético sobre a amostra de metal utilizada em um experimento de de Haas-van Alphen, a estrutura em $g(\varepsilon)$ refletirá esta variação. Regiões diferentes terão máxima em $g(\varepsilon)$ em diferentes forças de campo e a suscetibilidade, que soma contribuições de todas as regiões, pode perder sua estrutura oscilatória. Para evitar isso, qualquer variação espacial δH no campo deve levar a uma variação $\delta\varepsilon_v$, que é pequena em comparação a $\varepsilon_{v+1} - \varepsilon_v$ para as órbitas extremais. Usando o fato de que $\partial A(\varepsilon,k_z)/\partial k_z$ desaparece para as órbitas extremais, calcule $\partial\varepsilon_v(k_z)/\partial H$ a partir de (14.13) para uma órbita extremal. Deduza disso que, para se preservar a estrutura oscilatória, a não homogeneidade do campo deve satisfazer

$$\frac{\delta H}{H} < \frac{\Delta A}{A}, \quad \textbf{(14.25)}$$

onde ΔA é dado em (14.12).

4. (a) Mostre que, na faixa de frequências de micro-ondas ($\omega \sim 10^{10}\ \text{s}^{-1}$), a equação (1.33) para a propagação de uma onda eletromagnética em um metal se reduz para

$$-\nabla^2\mathbf{E} = \left(\frac{4\pi i\sigma\omega}{c^2}\right)\mathbf{E}. \quad \textbf{(14.26)}$$

(b) Deduza disso a expressão (14.21) para a profundidade de skin clássica.

(c) Por que esta análise é incorreta quando o campo varia de forma considerável sobre um caminho livre médio? (*Dica:* É necessário reexaminar a derivação de Drude da lei de Ohm.)

15 Estrutura de banda de metais selecionados

Metais alcalinos
Metais nobres
Metais simples bivalentes
Metais simples trivalentes
Metais simples tetravalentes
Semimetais
Metais de transição
Metais terras raras ligas

Neste capítulo, descrevemos alguns dos aspectos mais bem compreendidos das estruturas de bandas de metais específicos, como deduzidos a partir da experimentação de técnicas como aquelas descritas no Capítulo 14. Nosso objetivo é simplesmente ilustrar a grande variedade de estruturas de bandas que os elementos metálicos possuem. Quando, no entanto, um aspecto em particular de sua estrutura de bandas for surpreendentemente refletido nas propriedades físicas de um metal, evidenciaremos isto. Em particular, vamos observar exemplos de superfícies de Fermi que proporcionem exemplos bem definidos da influência da estrutura de bandas nas propriedades de transporte, como discutimos nos Capítulos 12 e 13, assim como notaremos alguns dos exemplos mais diretos de como a estrutura de bandas pode afetar os calores específicos e as propriedades ópticas.

OS METAIS MONOVALENTES

Os metais monovalentes possuem a mais simples das superfícies de Fermi. Eles são classificados em metais alcalinos e metais nobres, e suas estruturas atômica e cristalina são apresentadas na Tabela 15.1.

As superfícies de Fermi desses metais são conhecidas com grande precisão (exceto a do lítio) e encerram um volume do espaço *k* que acomoda apenas um elétron por átomo. Todas as bandas são completamente preenchidas ou vazias, com exceção de uma única banda de condução preenchida pela metade. Dos dois grupos — metais alcalinos e metais nobres —, os metais nobres são os mais complicados. Suas superfícies de Fermi têm topologia mais complexa, e a influência em suas propriedades da banda *d* preenchida pode ser marcante.

TABELA 15.1

Os metais monovalentes

Metais alcalinos (cúbicos de corpo centrado)*	Metais nobres (cúbicos de face centrada)
Li: $1s^2 2s^1$	—
Na: $[Ne]3s^1$	—
K: $[Ar]4s^1$	Cu: $[Ar]3d^{10}4s^1$
Rb: $[Kr]5s^1$	Ag: $[Kr]4d^{10}5s^1$
Cs: $[Xe]6s^1$	Au: $[Xe]4f^{14}5d^{10}6s^1$

*A superfície de Fermi do lítio não é bem conhecida porque apresenta a chamada transformação martensítica em uma mistura de fases cristalinas a 77 K. Assim, a fase bcc existe apenas em temperaturas demasiadamente altas para se observar o efeito de de Haas-van Alphen, enquanto a fase de baixa temperatura não tem a cristalinidade necessária para um estudo de de Haas-van Alphen. O sódio sofre uma transformação martensítica semelhante a 23 K, mas, com cuidado, a transformação pode ser parcialmente inibida, e bons dados de de Haas-van Alphen sobre a fase bcc foram obtidos. [Também omitimos o primeiro e o último ocupantes da coluna IA da tabela periódica da lista dos metais alcalinos: o hidrogênio sólido é um isolante (e, portanto, não é uma rede de Bravais monoatômica), apesar de uma fase metálica em pressões muito altas ter sido presumida; já o frâncio é radioativo, com uma meia-vida muito curta.]

Os metais alcalinos

Os metais alcalinos têm íons carregados isoladamente (cujos elétrons mais internos formam a configuração de ligação forte de gás nobre e, portanto, originam bandas preenchidas de ligação forte, muito baixas e muito estreitas), fora dos quais um único elétron de condução se movimenta. Se tratássemos os elétrons de condução em um metal como completamente livres, a superfície de Fermi seria uma esfera de raio k_F, dada por [veja a equação (2.21)].

$$\frac{k_F^3}{3\pi^2} = n = \frac{2}{a^3}, \quad \textbf{(15.1)}$$

onde a é o lado da célula cúbica convencional (a rede de Bravais bcc tem dois átomos por célula convencional). Em unidades de $2\pi/a$ (metade do comprimento do lado da célula cúbica convencional da rede recíproca fcc), podemos definir:

$$k_F = \left(\frac{3}{4\pi}\right)^{1/3}\left(\frac{2\pi}{a}\right) = 0{,}620\left(\frac{2\pi}{a}\right). \quad \textbf{(15.2)}$$

A distância mais curta do centro da zona para uma face de zona (Figura 15.1) é

$$\Gamma N = \frac{2\pi}{a}\sqrt{\left(\tfrac{1}{2}\right)^2 + \left(\tfrac{1}{2}\right)^2 + 0^2} = 0{,}707\left(\frac{2\pi}{a}\right). \quad \textbf{(15.3)}$$

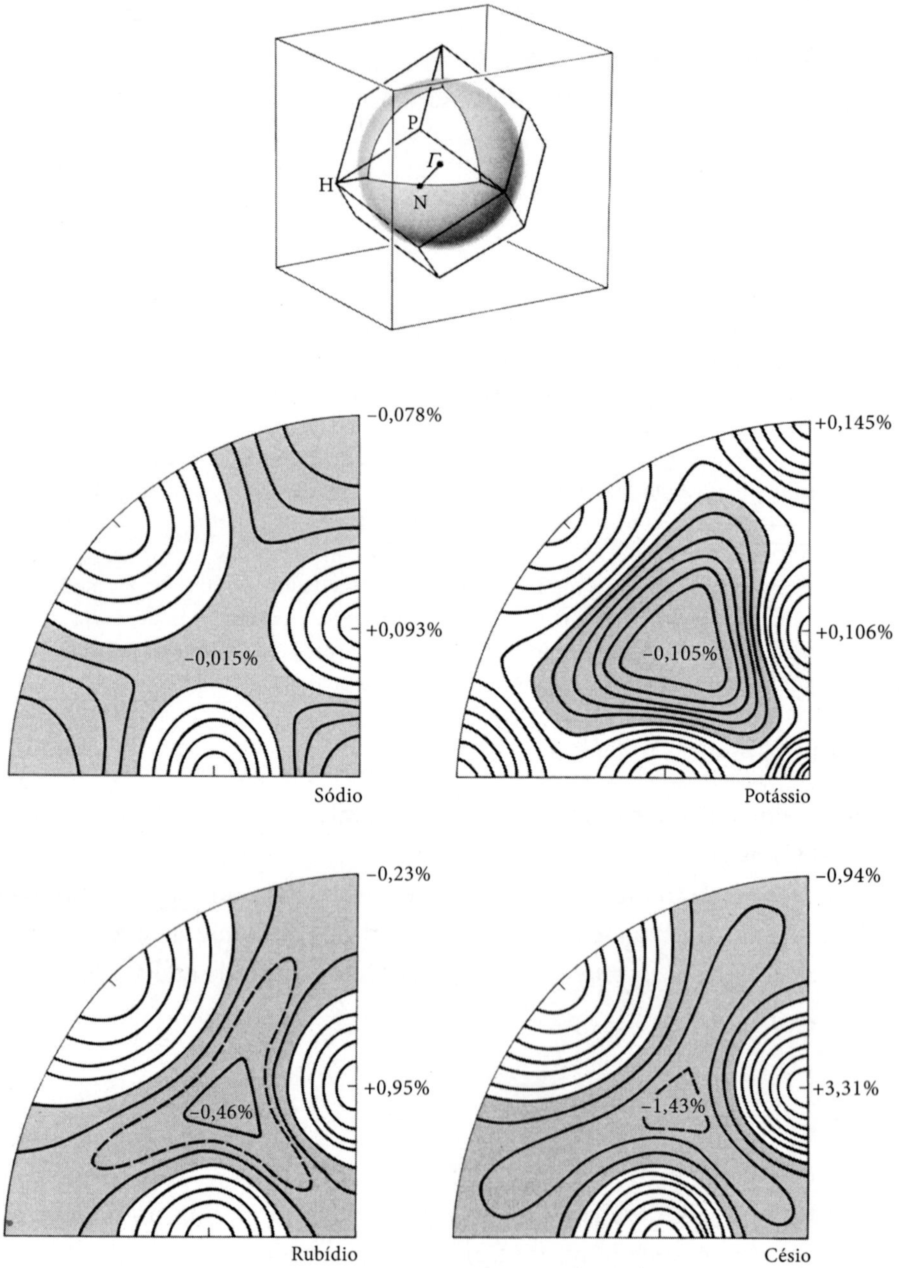

FIGURA 15.1

As superfícies de Fermi medidas dos metais alcalinos. Contornos de distância constante da origem são mostrados para a porção da superfície que fica no primeiro oitante. Os números indicam desvio percentual de k/k_0 da unidade em desvio máximo e mínimo, onde k_0 é o raio da esfera de elétron livre. Contornos para Na e K estão em intervalos de 0,02%, para Rb em intervalos de 0,2%, com outro tracejado extra em - 0,3%, e, para Cs, em intervalos de 0,5%, com um tracejado extra em - 1,25%. (D. Shoenberg. *The physics of metals*. v. 1. J. M. Ziman (ed.). Cambridge, 1969.)

Portanto, a esfera de elétron livre está inteiramente contida na primeira zona, avizinhando-se dela o mais próximo na direção ΓN, onde atinge uma fração $k_F/\Gamma N = 0{,}877$ do caminho para a face da zona.

As medições de de Haas-van Alphen da superfície de Fermi confirmam esta imagem de elétron livre com um grau considerável de precisão – especialmente no Na e no K, nos quais os desvios em k_F do valor de elétron livre são, no máximo, algumas partes em mil.[1] Os desvios dessas superfícies de Fermi de esferas perfeitas são apresentados na Figura 15.1, que revela como tais desvios são pequenos e precisamente conhecidos.

Desse modo, os alcalinos fornecem um exemplo excelente da acuidade do modelo de elétron livre de Sommerfeld. Seria errado concluir a partir disso, no entanto, que o potencial cristalino efetivo é minúsculo nos metais alcalinos. O que ele realmente sugere é que o método do pseudopotencial fraco (Capítulo 11) é muito adequado para descrever os elétrons de condução nos metais alcalinos. Além disso, mesmo o pseudopotencial não precisa ser minúsculo, já que, exceto próximo de planos de Bragg, o desvio do comportamento do elétron livre ocorre apenas para a segunda ordem no potencial de perturbação (Problema 5; veja também o Capítulo 9). Como consequência, pode-se mostrar que gaps de bandas tão grandes como um elétron-volt nos planos de Bragg ainda são consistentes com as superfícies de Fermi quase esféricas (veja a Figura 15.3).

Os metais alcalinos são os únicos a apresentar superfícies de Fermi quase esféricas completamente dentro de uma única zona de Brillouin. Por causa dessa propriedade, a análise semiclássica detalhada do Capítulo 12 reduz-se à simples teoria de Sommerfeld do elétron livre do Capítulo 2 quando aplicada às propriedades de transporte dos alcalinos. A análise de elétrons livres é mais simples do que para os elétrons de Bloch gerais, portanto, os alcalinos proporcionam um campo de ensaio muito valioso para o estudo de vários aspectos do comportamento eletrônico em metais, sem as imensas complicações analíticas impostas pela estrutura de bandas.

[1] Evita-se a dificuldade de observar essas minúsculas mudanças no período de de Haas-van Alphen, quando a orientação do cristal é alterada, trabalhando-se em um campo magnético constante e observando-se a variação na suscetibilidade à medida que a orientação do cristal varia. Dados típicos são apresentados na Figura 15.2. A distância de pico a pico é agora associada a uma variação na área extremal de ΔA, que é tipicamente $10^{-4}A$. Portanto, podem ser extraídas informações muito precisas.

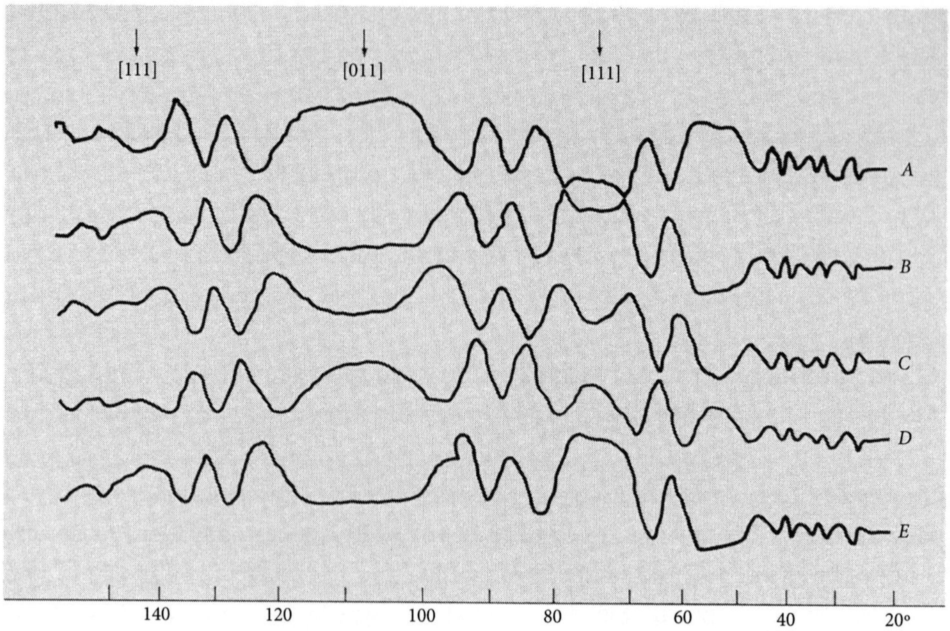

FIGURA 15.2

Oscilações de de Haas-van Alphen produzidas pela rotação de um cristal de potássio em um campo magnético fixo. (D. Shoenberg. *Low temperature physics LT9*. Nova York: Plenum Press, 1965.)

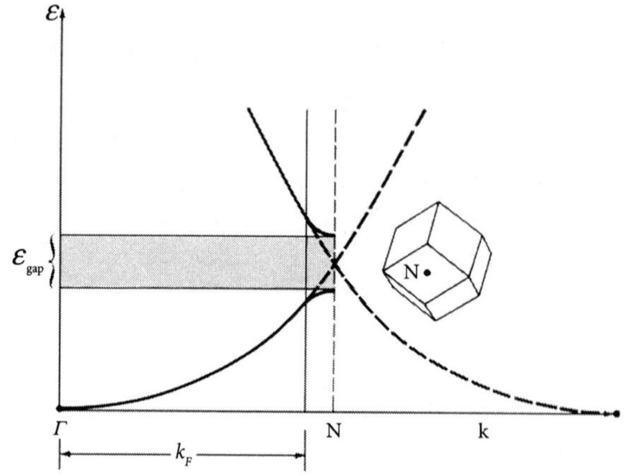

FIGURA 15.3

Ilustrando que um gap de energia muito substancial no plano de Bragg (N) é possível, embora as bandas sejam indistinguíveis de bandas de elétron livre em $k_F = 0{,}877\ \Gamma N$.

Em geral, as propriedades de transporte observadas nos metais alcalinos[2] correspondem razoavelmente bem à esfericidade que se observa em suas superfícies de Fermi — isto é, correspondem às previsões da teoria do elétron livre. No entanto, para testar essa propriedade com algum rigor, é difícil preparar amostras suficientemente livres de defeitos

[2] Exceto o lítio, cuja superfície de Fermi, pelas razões mencionadas na Tabela 15.1, é pouco conhecida.

cristalinos. Assim, exemplificando, apesar de estar claro que as medições da magnetorresistência mostram menos dependência de campo desta nos metais alcalinos do que em muitos outros metais, o comportamento independente de campo no $\omega_c\tau$ elevado requerido pelas superfícies de Fermi esféricas ainda não foi observado. Também se relata que constantes de Hall medidas desviam-se por uma pequena porcentagem do valor $-1/nec$ exigido pela teoria do elétron livre (ou qualquer superfície de Fermi simples fechada que contenha um nível eletrônico por átomo). Essas discrepâncias levaram a especulações de que a estrutura eletrônica dos alcalinos pode ser mais complexa do que o que se descreve aqui, mas as evidências para tanto estão longe de ser convincentes, e neste texto a opinião predominante é a de que os metais alcalinos têm de fato superfícies de Fermi quase esféricas.

Os metais nobres

Uma comparação entre o potássio [(Ar)$4s^1$] e o cobre [(Ar)$3d^{10}4s^1$] revela as importantes diferenças características dos metais alcalinos e dos metais nobres. No estado metálico de ambos os elementos, os níveis atômicos de subnível fechado da configuração do argônio ($1s^22s^22p^63s^23p^6$) originam bandas muito fortemente ligadas, que se situam muito abaixo das energias de qualquer um dos níveis eletrônicos restantes no metal. Os elétrons nesses níveis baixos — para a maioria dos efeitos — podem ser considerados parte dos níveis internos de íons inertes. As bandas remanescentes podem ser construídas considerando-se ou uma rede de Bravais bcc de níveis internos de íon K^+, à qual é adicionado um elétron por célula primitiva, ou uma rede de Bravais fcc de íons Cu^{11+}, à qual são adicionados onze elétrons ($3d^{10}4s^1$) por célula primitiva.

No caso do potássio (e dos outros alcalinos), o elétron extra é acomodado preenchendo-se metade de uma banda muito parecida com a de elétron livre, o que resulta nas superfícies de Fermi quase esféricas descritas anteriormente.

No caso do cobre (e dos outros metais nobres[3]), ao menos seis bandas são necessárias (e seis são o bastante) para acomodar os onze elétrons adicionais. Sua estrutura é mostrada na Figura 15.4. Para quase todos os vetores de onda **k**, as seis bandas podem ser vistas separando-se em cinco que ficam em uma faixa relativamente estreita de energias de cerca de 2 eV para 5 eV abaixo de ε_F e uma sexta, com energia que pode estar em qualquer faixa entre cerca de 7 eV e 9 eV abaixo de ε_F.

Convencionou-se a referência ao conjunto de cinco bandas estreitas como bandas *d*, e ao conjunto restante, como banda *s*. No entanto, essas designações devem ser utilizadas com cautela, já que, em alguns valores de **k**, todos os seis níveis estão muito próximos, e a distinção entre os níveis de banda *d* e banda *s* não é significativa. A nomenclatura reflete o fato de que, em vetores de onda, os níveis claramente agrupam-se em conjuntos de cinco e

[3] No ouro, a banda $4f$ torna-se baixa o bastante para que seus elétrons sejam considerados partes da parte mais interna do íon, com todos aqueles da configuração do Xe.

um, sendo os cinco derivados dos cinco níveis de orbitais atômicos *d*, no sentido de ligação forte (Capítulo 10), e com o nível restante acomodando o que seria o elétron 4*s* no átomo.

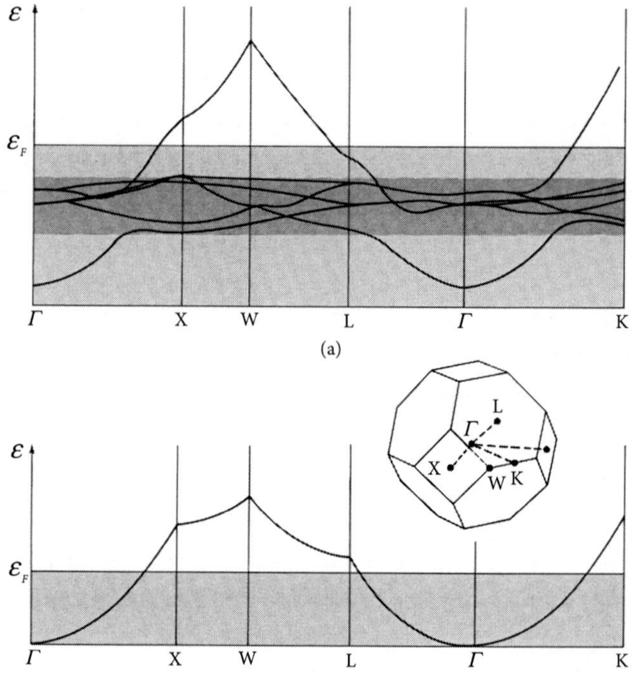

FIGURA 15.4
(a) Bandas de energia calculadas no cobre. (G. A. Burdick. *Phys. Rev.*, n. 129, p. 138, 1963.) As curvas ε versus *k* são mostradas ao longo de diversas linhas no interior e na superfície da primeira zona. (O ponto Γ está no centro da zona.) As bandas *d* ocupam a região mais escura da figura, cuja largura é de cerca de 3,5 eV. (b) As energias de elétron livre mais baixas ao longo das mesmas linhas que em (a). [As escalas de energia em (a) e (b) não são as mesmas.]

Observe que a dependência de **k** nos níveis de banda *s*, exceto onde eles se aproximam das bandas *d*, tem semelhança notável com a banda de elétron livre mais baixa para um cristal fcc (representado na Figura 15.4b para comparação), especialmente se são permitidas (Capítulo 9) as modificações esperadas nas proximidades das faces da zona característica de um cálculo de elétron quase livre. Note também que o nível de Fermi fica suficientemente acima da banda *d* para que a banda *s* cruze ε_F em pontos nos quais a semelhança com a banda de elétron livre ainda seja bem identificável.[4] Assim, a estrutura de banda calculada indica que, para efeitos de determinação da superfície de Fermi, deve-se ainda esperar algum sucesso com o cálculo de elétron quase livre. No entanto, deve-se sempre ter em mente que, não muito abaixo da energia de Fermi, espreita um conjunto de bandas *d* muito complexo,

[4] No entanto, o nível de Fermi está próximo o bastante da banda *d* para tornar a nomenclatura da banda *s* um tanto dúbia para níveis de banda de condução na superfície de Fermi. Uma especificação mais precisa da semelhança de um nível com *s* ou com *d* baseia-se no exame detalhado de sua função de onda. Assim, a maioria dos níveis na superfície de Fermi — mas não todos — é parecida com *s*.

que pode influenciar as propriedades metálicas de modo bem mais forte do que qualquer uma das bandas preenchidas nos metais alcalinos.[5]

A superfície de Fermi para uma única banda de elétron livre preenchida pela metade em uma rede de Bravais fcc é uma esfera completamente contida na primeira zona de Brillouin, avizinhando-se da superfície da zona mais proximamente nas direções <111>, em que atinge 0,903 da distância da origem ao centro da face hexagonal. O efeito de de Haas-van Alphen nos três metais nobres revela que suas superfícies de Fermi estão intimamente relacionadas à esfera de elétron livre. Entretanto, nas direções <111> há, de fato, contato com as faces da zona, e as superfícies de Fermi medidas têm o formato mostrado na Figura 15.5. Oito "pescoços" esticam-se para tocar as oito faces hexagonais da zona, mas, de forma diferente, a superfície não é inteiramente distorcida da forma esférica. De forma surpreendente, a existência desses pescoços fica mais evidente nas oscilações de de Haas-van Alphen para campos magnéticos nas direções <111>, que contêm dois períodos, determinados pelas órbitas extremais de "barriga" (máxima) e de "pescoço" (mínimo) (Figura 15.6). A razão dos dois períodos determina diretamente a razão das seções transversais de máximos e mínimos <111>:[6]

FIGURA 15.5

(a) Nos três metais nobres, a esfera de elétron livre se arqueia nas direções <111> para fazer contato com as faces hexagonais da zona. (b) Seções transversais detalhadas da superfície para os metais separados. (D. Shoenberg; D. J. Roaf. *Phil. Trans. Roy. Soc.*, n. 255, p. 85, 1962.) As seções transversais podem ser identificadas por meio de uma comparação com (a).

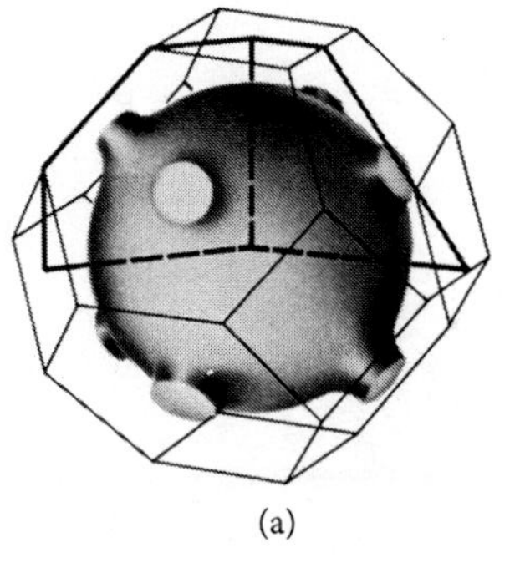

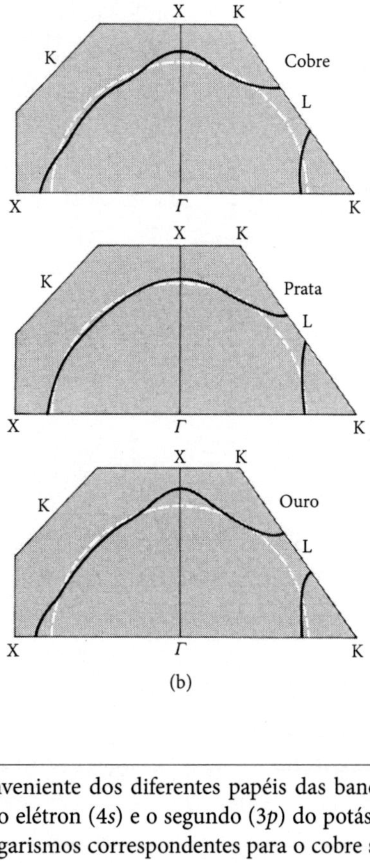

[5] Os potenciais atômicos de ionização fornecem um lembrete conveniente dos diferentes papéis das bandas preenchidas nos metais alcalinos e nobres. Para remover o primeiro elétron (4*s*) e o segundo (3*p*) do potássio atômico são necessários 4,34 eV e 31,81 eV, respectivamente. Os algarismos correspondentes para o cobre são 7,72 eV (4*s*) e 20,29 eV (3*d*).

[6] M. R. Halse. *Phil. Trans. Roy. Soc.*, n. A265, p. 507, 1969. O apontamento para a prata pode ser lido diretamente da curva experimental na Figura 15.6.

Metal	A_{111}(barriga)/A_{111}(pescoço)
Cu	27
Ag	51
Au	29

Embora uma esfera distorcida, arqueando-se para fazer contato com as faces hexagonais da zona, seja ainda uma estrutura muito simples, quando visualizada no esquema de zona repetida, a superfície de Fermi do metal nobre revela uma variedade de órbitas muitíssimo complexas. Algumas das mais simples são mostradas na Figura 15.7. As órbitas abertas são responsáveis pelo dramático comportamento da magnetorresistência dos metais nobres (Figura 15.8), cujo

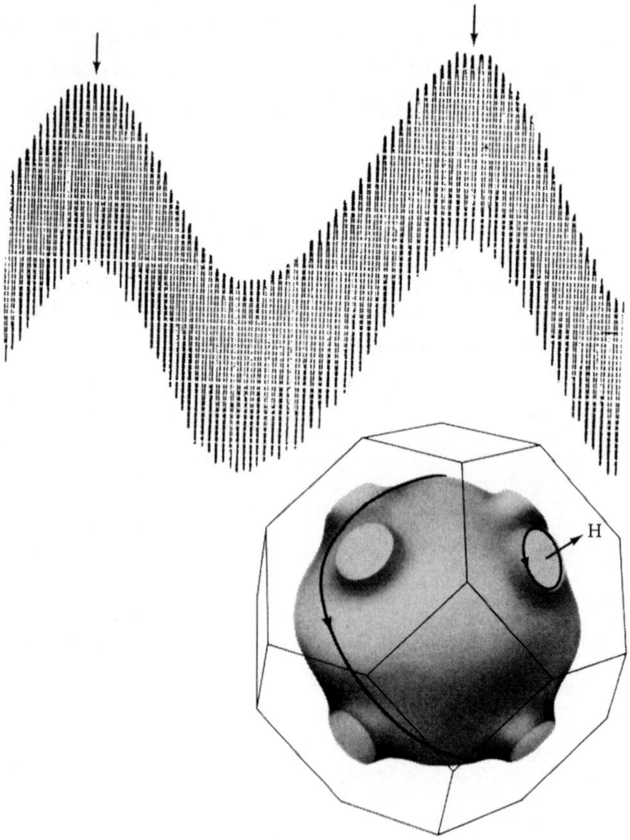

FIGURA 15.6

Oscilações de de Haas-van Alphen na prata. (Cortesia de A. S. Joseph.) O campo magnético está ao longo de uma direção <111>. Os dois períodos distintos se devem às órbitas de pescoço e barriga indicadas na inserção, com as oscilações de alta frequência vindo da órbita de barriga maior. Apenas contando-se o número de períodos de alta frequência em um único período de baixa frequência (ou seja, entre as duas setas), deduz-se diretamente que A_{111}(barriga)/A_{111}(pescoço) = 51. (Observe que não é necessário conhecer a escala vertical ou a escala horizontal do gráfico para se determinar esta importante informação geométrica.)

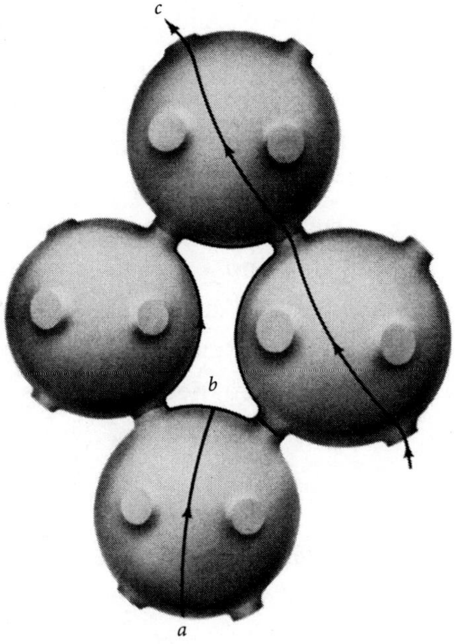

FIGURA 15.7

Indicando apenas alguns dos muitos tipos de órbitas que um elétron pode adotar no espaço *k* quando um campo magnético uniforme é aplicado a um metal nobre. (Lembre-se de que as órbitas são dadas pelo fatiamento da superfície de Fermi com planos perpendiculares ao campo.) A figura exibe (a) uma órbita de partícula fechada; (b) uma órbita de buraco fechada; (c) uma órbita aberta, que continua na mesma direção geral indefinidamente no esquema de zona repetida.

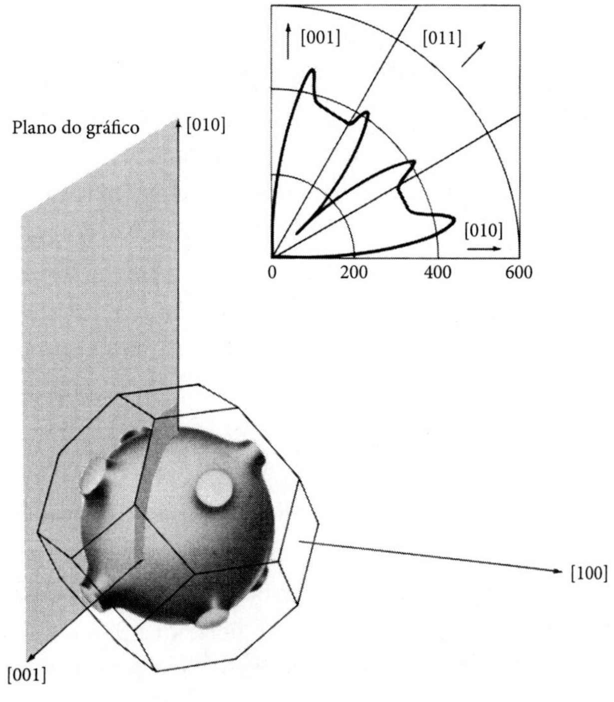

FIGURA 15.8

A imensa dependência da direção na magnetorresistência de campo alto no cobre, característica de uma superfície de Fermi que mantém órbitas abertas. As direções [001] e [010] do cristal de cobre são como indicado na figura, e a corrente flui na direção [100] perpendicular ao gráfico. O campo magnético está no plano do gráfico. Sua magnitude é fixada em 18 quilogauss e sua direção varia continuamente de [001] a [010]. O gráfico é um mapa polar de

$$\frac{\rho(H)-\rho(0)}{\rho(0)}$$

versus orientação do campo. A amostra é muito pura e a temperatura, muito baixa (4,2 K – a temperatura do hélio líquido), para assegurar o maior valor possível para $\omega_c\tau$. (J. R. Klauder; J. E. Kunzler. *The Fermi Surface*. Harrison e Webb (eds.). Nova York: Wiley, 1960.)

fracasso em se saturar em determinadas direções é muito bem explicado pela teoria semiclássica (veja as páginas 254-259).

Embora a topologia das superfícies de Fermi do metal nobre possa levar a propriedades de transporte muito complexas, as superfícies de Fermi têm apenas um único ramo. Portanto, como os metais alcalinos, os metais nobres podem ser tratados como metais de uma banda nas análises de suas propriedades de transporte. Todas as outras superfícies de Fermi conhecidas de elementos metálicos têm mais de um ramo.

No entanto, como as bandas *d* são muito rasas, é bem provável que o modelo de uma banda seja inadequado para explicar efeitos que exijam mais de uma análise semiclássica. As bandas *d* são reveladas sem ambiguidade principalmente nas propriedades ópticas dos metais nobres.

Propriedades ópticas dos metais monovalentes

A cor de um metal é determinada pela dependência da frequência em sua reflexibilidade: algumas frequências são refletidas mais fortemente que outras. As cores muito diferentes do cobre, do ouro e do alumínio indicam que esta dependência na frequência pode variar notavelmente de um metal para o outro.

Por sua vez, a reflexibilidade de um metal é determinada por sua condutividade dependente da frequência e por meio de um dos cálculos padrão da teoria eletromagnética (Apêndice K). A substituição da forma de elétron livre (1.29) na equação (K.6) produz uma reflexibilidade na qual as propriedades do metal específico surgem apenas através da frequência de plasma e do tempo de relaxação. Nesta reflexibilidade de elétron livre, falta a estrutura necessária para responder pelos limiares característicos que aparecem nas reflexibilidades de metais reais, bem como as variações notáveis de um metal para o outro.

Alterações abruptas na reflexibilidade são causadas pelo acesso de novos mecanismos para a absorção de energia. O modelo do elétron livre fornece reflexibilidade relativamente sem estrutura, porque as colisões proporcionam o único mecanismo para a absorção de energia. A radiação incidente simplesmente acelera os elétrons livres e, se não houvesse colisões, os elétrons irradiariam de volta toda a energia assim adquirida na forma de radiação transmitida e refletida. Já que não existe nenhuma transmissão abaixo da frequência de plasma (veja a página 18 e também o Problema 2), toda radiação seria perfeitamente refletida na ausência de colisões. Acima da frequência de plasma, a transmissão é possível, e a reflexibilidade diminui. O único efeito das colisões é arredondar a transição acentuada de reflexão perfeita a parcial. Por causa das colisões, parte da energia adquirida pelos elétrons a partir da radiação incidente é degradada em energia térmica (dos íons ou de impurezas, por exemplo), diminuindo-se assim a quantidade de energia refletida tanto acima quanto abaixo da frequência de plasma. Como as colisões têm este efeito em todas as frequências, elas não introduzem nenhuma estrutura dependente de frequência na reflexibilidade.

Para os elétrons de Bloch, a situação é bem diferente. Um mecanismo fortemente dependente da frequência para a absorção de energia incidente é possível, o que se compreende de maneira mais simples se considerarmos a radiação incidente de um feixe de fótons de energia $\hbar\omega$ e momento $\hbar\mathbf{q}$. Um fóton pode perder energia excitando um elétron de um nível com energia ε para outro com energia $\varepsilon' = \varepsilon + \hbar\omega$. No caso do elétron livre, a conservação do momento impõe a restrição adicional $\mathbf{p}' = \mathbf{p} + \hbar\mathbf{q}$, que se mostra impossível de satisfazer (Problema 3), tornando impossível esse tipo de perda de energia. Na presença de um potencial periódico, no entanto, a simetria translacional do espaço livre se quebra, e a conservação de momento não se mantém. Todavia, uma lei de conservação mais fraca ainda está em vigor por causa da simetria translacional remanescente do potencial periódico. Isso restringe a alteração no vetor de onda do elétron de modo similar à conservação de momento:

$$\mathbf{k}' = \mathbf{k} + \mathbf{q} + \mathbf{K}, \quad (15.4)$$

onde **K** é um vetor da rede recíproca.

A equação (15.4) é um caso especial da "conservação de momento cristalino", discutida em detalhes no Apêndice M. Aqui, apenas observamos que (15.4) é uma modificação altamente plausível da lei de conservação de momento satisfeita no espaço livre, uma vez que os níveis eletrônicos em um potencial periódico, apesar de não serem os níveis de onda plana única do espaço livre, ainda podem ser representados como uma superposição de ondas planas cujos vetores de onda diferem apenas por vetores da rede recíproca [veja, por exemplo, a equação (8.42)].

Um fóton de luz visível tem um comprimento de onda da ordem de 5.000 Å, portanto, o vetor de onda do fóton **q** é tipicamente da ordem de 10^5 cm^{-1}. Dimensões típicas da zona de Brillouin, por outro lado, são da ordem de $k_F \approx 10^8$ cm^{-1}. Assim, o termo **q** em (15.4) pode alterar o vetor de onda **k** por apenas uma fração de uma porcentagem das dimensões da zona de Brillouin. Já que dois níveis na mesma banda, cujos vetores de onda diferem por um vetor da rede recíproca, são de fato idênticos, a alteração por **K** pode ser de todo ignorada. Assim, chegamos à importante conclusão de que o vetor de onda de um elétron de Bloch é essencialmente inalterado quando absorve um fóton.

Para que a energia do elétron se altere por $\hbar\omega$, tipicamente alguns elétron-volts, o elétron deve se mover de uma banda para a outra sem alteração considerável no vetor de onda. Esses processos são conhecidos como transições interbandas.[7] Elas podem ocorrer

[7] Mais precisamente, são conhecidos como *transições diretas interbandas*. Em geral, a análise de dados ópticos é complicada em virtude da possibilidade de haver *transições indiretas interbandas*, nas quais o vetor de onda eletrônico **k** não é conservado, sendo o momento cristalino faltante levado embora por uma vibração quantizada de rede ou fônon. Como as energias do *fônon* são bem menores do que as energias ópticas do *fóton* nos metais monovalentes (Capítulos 23 e 24), nossas conclusões gerais não são muito sensíveis à possibilidade de haver transições indiretas, e iremos ignorá-las. Elas não podem ser ignoradas, no entanto, em uma teoria quantitativa mais precisa.

tão logo $\hbar\omega$ exceda $\varepsilon_{n'}(\mathbf{k}) - \varepsilon_n(\mathbf{k})$ para algum **k** e para duas bandas n e n', onde $\varepsilon_n(\mathbf{k})$ encontra-se abaixo do nível de Fermi (de modo que tal elétron esteja disponível para excitação) e $\varepsilon_{n'}(\mathbf{k})$ encontra-se acima do nível de Fermi (de forma que o nível eletrônico final não se torne indisponível pelo princípio de Pauli). Essa energia ou frequência crítica é chamada de limiar interbandas.[8]

O limiar interbandas pode se dever à excitação de elétrons da banda de condução (banda mais alta, que contém alguns elétrons) para níveis mais altos não ocupados ou à excitação de elétrons de bandas preenchidas para níveis não ocupados na banda de condução (banda mais baixa, que contém alguns níveis não ocupados).

Nos metais alcalinos, as bandas preenchidas ficam bem abaixo da banda de condução, e a excitação de elétrons da banda de condução para níveis mais altos fornece o limiar interbandas. Como a superfície de Fermi, nos metais alcalinos, está muito perto de uma esfera de elétron livre, as bandas acima da banda de condução também estão muito próximas das bandas de elétron livre, especialmente para valores de **k** dentro da "esfera" de Fermi, que não alcançam as faces da zona. Um cálculo de elétron livre da energia do limiar $\hbar\omega$ resulta da observação de que os níveis de banda de condução ocupados com energias mais próximas dos próximos níveis de elétron livre mais altos no mesmo **k** ocorrem em pontos na esfera de Fermi mais próximos de um plano de Bragg. Ou seja, em pontos (Figura 15.1) nos quais a esfera de Fermi encontra as linhas ΓN. Como consequência, o limiar interbandas é

$$\hbar\omega = \frac{\hbar^2}{2m}(2k_0 - k_F)^2 - \frac{\hbar^2}{2m}k_F^2. \quad \textbf{(15.5)}$$

Aqui, k_0 é o comprimento da linha ΓN a partir do centro da zona para o ponto médio de uma das faces da zona (Figura 15.9) e satisfaz (veja a página 309) $k_F = 0{,}877k_0$. Se k_0 é expresso em termos de k_F, a equação (15.5) fornece

$$\hbar\omega = 0{,}64\varepsilon_F. \quad \textbf{(15.6)}$$

A Figura 15.10 mostra Re $\sigma(\omega)$ como deduzido a partir das reflexibilidades medidas do sódio, do potássio e do rubídio. Em frequências mais baixas, observa-se acentuada diminuição com aumento da frequência, característica do modelo do elétron livre (veja o Problema 2). Na vizinhança de $0{,}64\varepsilon_F$, no entanto, há elevação perceptível em Re $\sigma(\omega)$, uma surpreendente confirmação da estimativa de elétron quase livre do limiar interbandas.

[8] As transições interbandas são explicitamente proibidas no modelo semiclássico dos Capítulos 12 e 13 em virtude da condição (12.10). Quando a frequência se torna comparável ao limiar interbandas, a condutividade AC semiclássica (13.34) deve ser utilizada com cautela, uma vez que as correções originárias da forma mais geral (13.37) podem ser muito importantes.

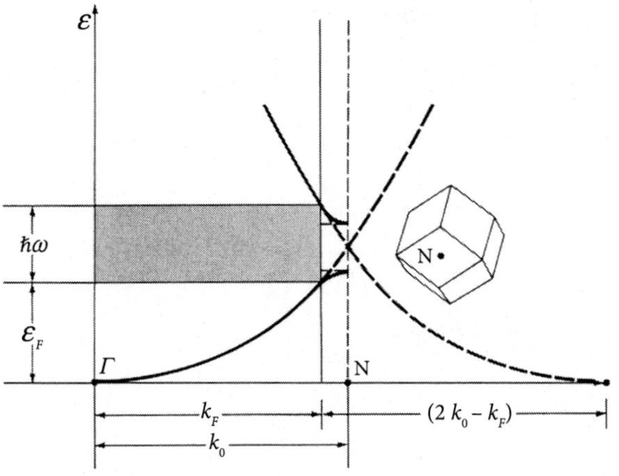

FIGURA 15.9

Determinação de elétron livre da energia limiar para absorção interbandas nos metais alcalinos. Numericamente, $\hbar\omega = 0{,}64\varepsilon_F$.

A situação é bem diferente nos metais nobres devido às bandas *d*. A Figura 15.11 mostra a estrutura de banda computada do Cu, incluindo as bandas mais baixas completamente vazias. Observe que estas também são distorções reconhecíveis das bandas de elétron livre exibidas abaixo delas. O limiar para a excitação de um elétron da banda de condução para cima ocorre no ponto *b* [que é onde o "pescoço" da superfície de Fermi encontra a face hexagonal da zona (Figura 15.5a)], com energia proporcional ao comprimento da seta vertical superior — cerca de 4 eV.

No entanto, elétrons da banda *d* podem se excitar para níveis de banda de condução não ocupados com quantidade consideravelmente menor de energia do que essa. Tal transição ocorre no mesmo ponto *b*, com uma diferença de energia proporcional ao comprimento da seta vertical inferior — cerca de 2 eV. Outra transição, um pouco mais baixa, ocorre no ponto *a*.

A absorção medida no cobre (veja a Figura 15.12) de fato eleva-se acentuadamente em cerca de 2 eV. Assim, sua cor avermelhada é a manifestação direta do limiar muito baixo para a excitação de elétrons da banda *d* para a banda de condução, já que 2eV ficam em algum lugar na parte alaranjada do espectro visível.[9]

[9] O limiar em torno da mesma energia também produz a cor amarelada do ouro. A prata, no entanto, é mais complicada: o limiar para a excitação de banda *d* e um limiar parecido com plasmon aparentemente se fundem em cerca de 4 eV (Figura 15.12), resultando em uma reflexibilidade mais uniforme por toda a faixa visível (cerca de 2 eV a 4 eV).

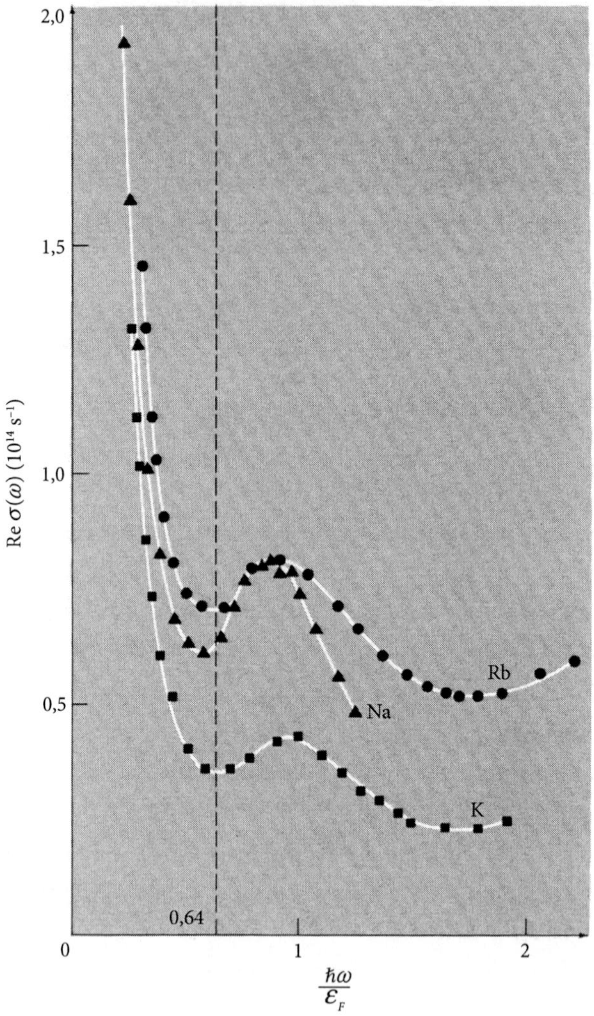

FIGURA 15.10

Re $\sigma(\omega)$, deduzido a partir de medições de reflexibilidade nos três metais alcalinos. O limiar interbandas é evidente, e ocorre bem próximo de $0{,}64\varepsilon_F$, onde ε_F é a energia de Fermi de elétron livre dada na Tabela 2.1 da página 38. (Cortesia de N. Smith.)

A interferência da estrutura de bandas sobre as propriedades ópticas permanece simples em alguns metais polivalentes,[10] mas ela pode estar longe de ser direta em outros. Frequentemente, por exemplo, há pontos na superfície de Fermi nos quais a banda de condução é degenerada com a próxima banda mais alta, resultando em transições interbandas em energias arbitrariamente baixas e na ausência de qualquer limiar interbandas acentuado.

[10] Veja, por exemplo, a discussão a seguir sobre o alumínio.

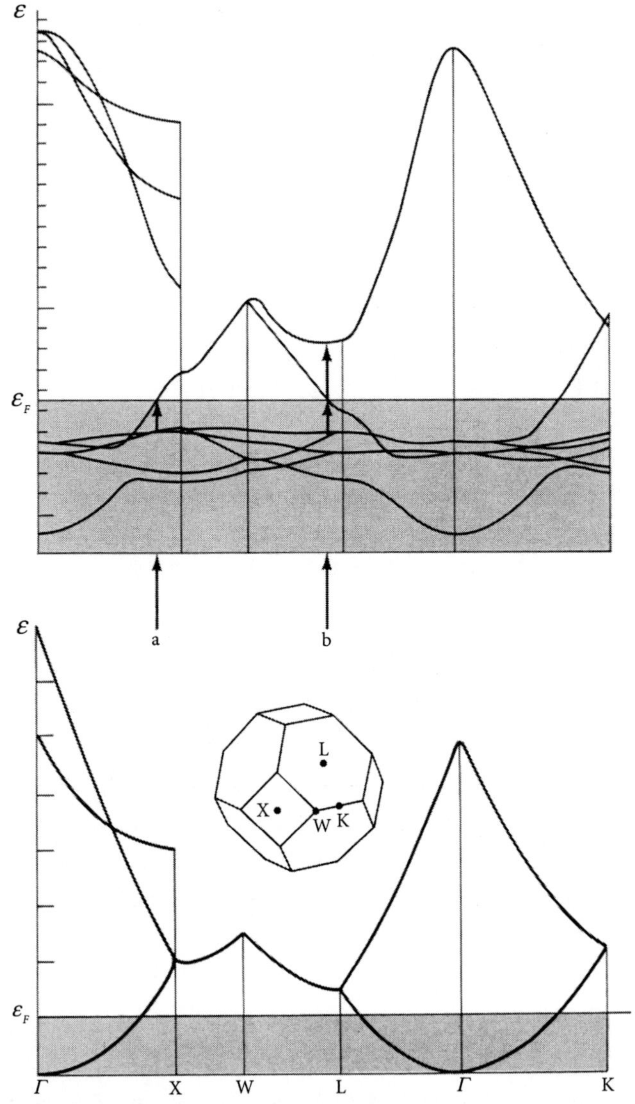

FIGURA 15.11

Bandas de Burdick calculadas para o cobre ilustram que o limiar de absorção para transições a partir da banda de condução é de cerca de 4 eV, enquanto o limiar para transições a partir da banda *d* para a banda de condução é de apenas cerca de 2 eV. [A escala de energia está em décimos de um rydberg (0,1 Ry = 1,36 eV).] Observe a semelhança entre as bandas que não sejam bandas *d* e as bandas de elétron livre representadas graficamente a seguir.

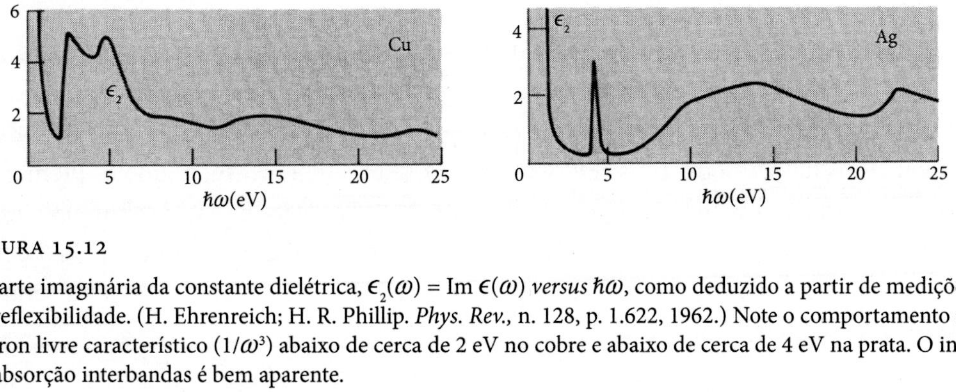

FIGURA 15.12

A parte imaginária da constante dielétrica, $\epsilon_2(\omega) = \mathrm{Im}\,\epsilon(\omega)$ *versus* $\hbar\omega$, como deduzido a partir de medições de reflexibilidade. (H. Ehrenreich; H. R. Phillip. *Phys. Rev.*, n. 128, p. 1.622, 1962.) Note o comportamento de elétron livre característico ($1/\omega^3$) abaixo de cerca de 2 eV no cobre e abaixo de cerca de 4 eV na prata. O início da absorção interbandas é bem aparente.

OS METAIS BIVALENTES

Os metais bivalentes situam-se nas colunas da tabela periódica imediatamente à direita dos metais alcalinos e nobres. Sua estrutura eletrônica e suas estruturas cristalinas são dadas na Tabela 15.2.

TABELA 15.2

Metais bivalentes

Metais da IIA		Metais da IIB	
Be: $1s^2 2s^2$	hcp		
Mg: [Ne]$3s^2$	hcp		
Ca: [Ar]$4s^2$	fcc	Zn: [Ar]$3d^{10}4s^2$	hcp
Sr: [Kr]$5s^2$	fcc	Cd: [Kr]$4d^{10}5s^2$	hcp
Ba: [Xe]$6s^2$	bcc	Hg: [Xe]$4f^{14}5d^{10}6s^2$	*

* Rede de Bravais Romboédrica Monoatômica.

Em contraste com os metais da IA (alcalinos) e da IB (nobres), as propriedades dos metais da IIA e da IIB são consideravelmente menos afetadas pela presença ou ausência da banda *d* preenchida. Cálculos de estrutura de bandas indicam que, no zinco e no cádmio, a banda *d* fica completamente abaixo da base da banda de condução. No entanto, no mercúrio, ela se superpõe à banda de condução apenas em uma estreita região muito próxima da base. Como consequência, as bandas *d* são relativamente inertes, e a variação nas propriedades metálicas com estrutura cristalina é bem mais surpreendente do que a variação da coluna IIA para IIB.

Os metais cúbicos bivalentes

Com dois elétrons por célula primitiva, o cálcio, o estrôncio e o bário poderiam, em princípio, ser isolantes. No modelo do elétron livre, a esfera de Fermi tem o mesmo volume da primeira zona e, portanto, cruza as faces da zona. Desse modo, a superfície de Fermi de elétron livre é uma estrutura muito complexa na primeira zona e bolsos de elétrons na segunda. Do ponto de vista da teoria do elétron quase livre, a questão é se o potencial efetivo de rede (ou seja, o pseudopotencial) é forte o bastante para encolher os bolsos da segunda zona para volume zero, preenchendo, desse modo, todos os níveis não ocupados da primeira zona. Evidentemente, este não é o caso, já que os elementos do grupo II são todos metais. No entanto, as estruturas detalhadas das superfícies de Fermi nos metais do grupo IIA (os "alcalinos terrosos") não são conhecidas ao certo, uma vez que é difícil obtê-los na forma pura, e as sondagens padrão são correspondentemente ineficientes.

Mercúrio

O mercúrio, por ter uma rede de Bravais romboédrica, exige que se investiguem construções geométricas pouco conhecidas no espaço *k*. Entretanto, medições de de Haas-van Alphen foram feitas,[11] tendo indicado bolsos de elétrons na segunda zona e uma figura complexa estendida na primeira.

Os metais hexagonais bivalentes

Dados de de Haas-van Alphen estão disponíveis para o berílio, o magnésio, o zinco e o cádmio. Eles sugerem superfícies de Fermi que são distorções mais ou menos reconhecíveis da estrutura (extremamente complexa) encontrada ao se desenhar simplesmente uma esfera de elétron livre que contenha quatro níveis por célula primitiva hexagonal (lembre-se de que a estrutura hcp tem *dois* átomos por célula primitiva) e ao se visualizar como esta esfera é fatiada pelos planos de Bragg. Isso é apresentado na Figura 9.11 para a razão "ideal"[12] $c/a = 1{,}633$.

Uma complicação característica de todos os metais hcp surge do desaparecimento do fator de estrutura nas faces hexagonais da primeira zona na ausência de acoplamento spin-órbita (veja a página 169). Sucede, então, que um potencial periódico fraco (ou pseudopotencial) não produzirá a divisão de primeira ordem nas bandas de elétron livre nestas faces. Esse fato transcende a aproximação do elétron quase livre: muito genericamente, se o acoplamento spin-órbita for omitido, deve haver pelo menos uma degeneração dupla nessas faces. Consequentemente, à medida em que o acoplamento spin-órbita é pequeno (como nos elementos mais leves), é melhor omitir esses planos de Bragg na construção da superfície de Fermi de elétron livre distorcido, o que resulta nas estruturas muito mais simples mostradas na Figura 9.12. Qual imagem é a mais precisa dependerá do tamanho dos gaps induzidos pelo acoplamento spin-órbita. Pode ocorrer de os gaps serem de tal tamanho que a representação da Figura 9.11 seja válida para a análise de dados galvanomagnéticos de campo baixo, ao passo que, em campos altos, a probabilidade de haver ruptura magnética nos gaps é grande o bastante para tornar a representação da Figura 9.12 mais apropriada.

Essa complicação torna muito difícil desembaraçar os dados de de Haas-van Alphen em metais hexagonais. O berílio (com acoplamento spin-órbita muito fraco) talvez tenha a mais simples superfície de Fermi (Figura 15.13). A "coroa" contém buracos e os (dois) "charutos" contêm elétrons, de modo que o berílio forneça um exemplo simples, ainda que topologicamente grotesco, de um metal compensado.

[11] G. B. Brandt; J. A. Rayne. *Phys. Rev.*, n. 148, p. 644, 1966.

[12] Be e Mg têm razões *c*/*a* próximas ao valor ideal, porém, Zn e Cd têm razão *c*/*a* cerca de 15% maior.

OS METAIS TRIVALENTES

As semelhanças entre as famílias diminuem ainda mais nos metais trivalentes, e consideramos apenas o mais simples deles, o alumínio.[13]

Alumínio

A superfície de Fermi do alumínio é muito próxima da superfície de elétron livre para uma rede de Bravais cúbica de face centrada monoatômica com três elétrons de condução por átomo, mostrada na Figura 15.14. Pode-se verificar (Problema 4) que a superfície de Fermi de elétron livre está totalmente contida na segunda, na terceira e na quarta zonas (Figura 15.14c).

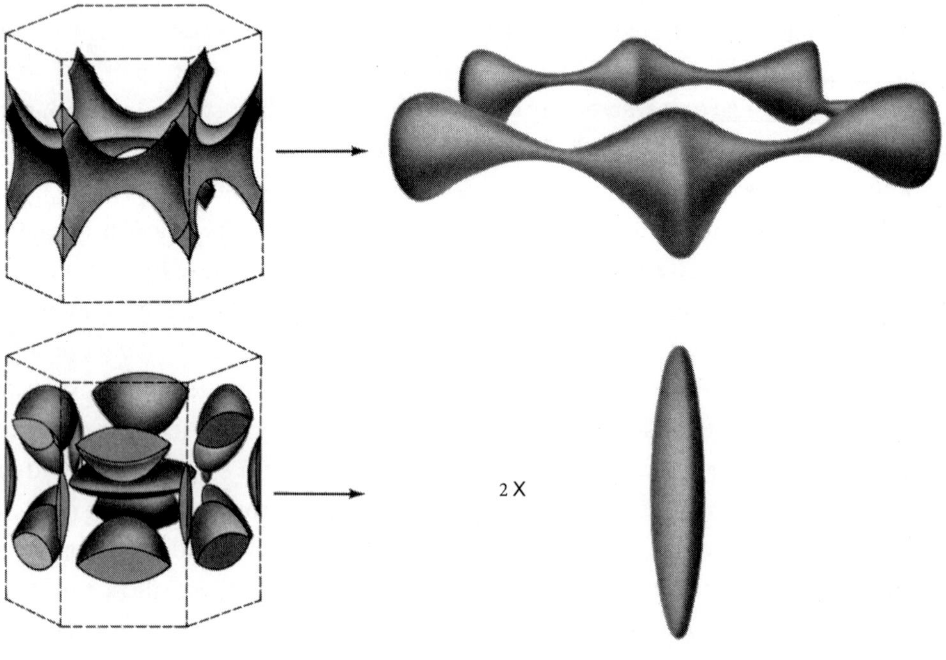

FIGURA 15.13

A superfície de Fermi medida do berílio. (T. L. Loucks; P. H. Cutler. *Phys. Rev.*, n. A 133,p. 819, 1964.) O "monstro" de elétron livre (acima, à esquerda) contrai-se em uma "coroa" (acima, à direita), e todas as outras partes de elétron livre (abaixo, à esquerda) desaparecem, exceto os dois "charutos" (abaixo, à direita). A coroa contém níveis não ocupados e os charutos, elétrons.

[13] O boro é um semicondutor. A estrutura cristalina do gálio (ortorrômbica complexa) resulta em uma superfície de elétron livre que se estende para a nona zona. O índio tem uma rede tetragonal centrada que pode ser considerada fcc, levemente esticada ao longo de um eixo do cubo, e muitas de suas propriedades eletrônicas são distorções reconhecíveis daquelas do alumínio. O tálio é o metal hcp mais pesado e, portanto, aquele com o acoplamento spin-órbita mais forte. Sua superfície de Fermi parece lembrar a superfície de elétron livre da Figura 9.11, na qual as divisões das faces hexagonais são mantidas (em contraste com o berílio, o metal hcp mais leve).

Quando exibida em um esquema de zona reduzida, a superfície da segunda zona (Figura 15.14d) é uma estrutura fechada que contém níveis não ocupados, ao passo que a superfície da terceira zona (Figura 15.14e) é uma estrutura complexa de tubos estreitos. A quantidade de superfície na quarta zona é muito pequena, contendo pequenos bolsos de níveis ocupados.

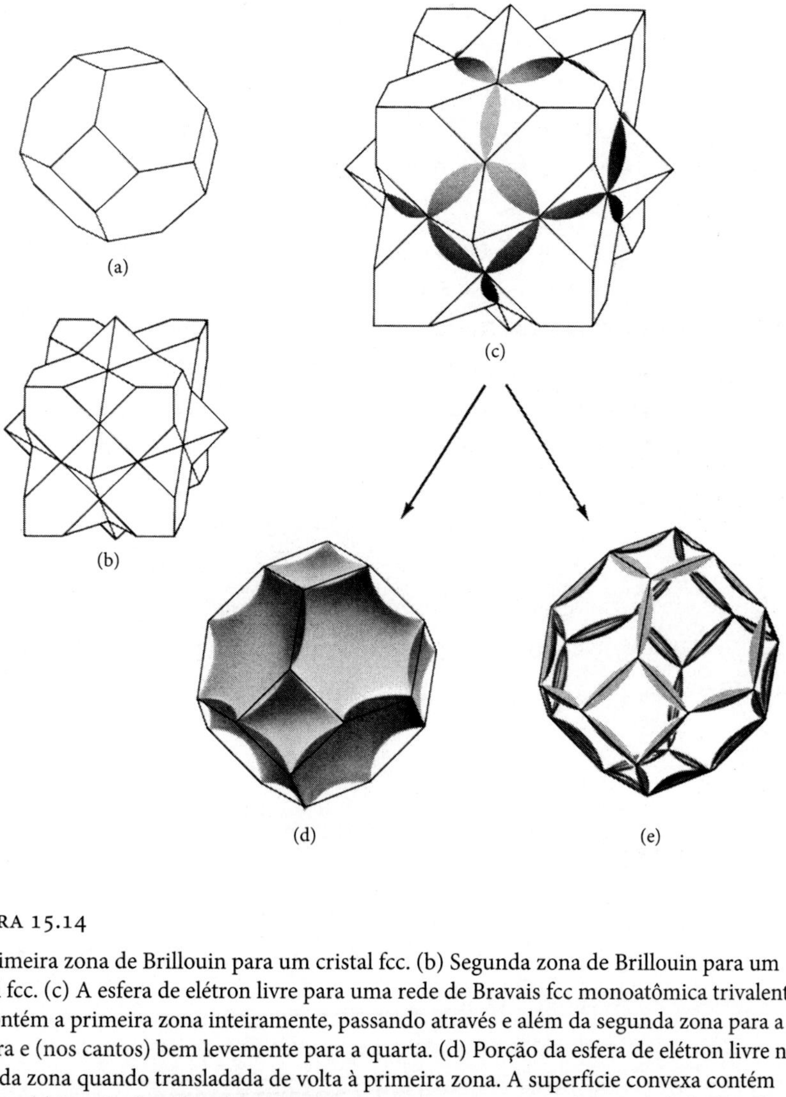

FIGURA 15.14

(a) Primeira zona de Brillouin para um cristal fcc. (b) Segunda zona de Brillouin para um cristal fcc. (c) A esfera de elétron livre para uma rede de Bravais fcc monoatômica trivalente. Ela contém a primeira zona inteiramente, passando através e além da segunda zona para a terceira e (nos cantos) bem levemente para a quarta. (d) Porção da esfera de elétron livre na segunda zona quando transladada de volta à primeira zona. A superfície convexa contém buracos. (e) Porção da esfera de elétron livre na terceira zona quando transladada de volta à primeira zona. A superfície contém partículas. (A superfície da quarta zona é translada em microscópicos bolsos de elétrons nos pontos dos cantos.) (R. Lück. Dissertação. Doutorado. Technische Hochschule, Stuttgart, 1965.)

O efeito do potencial periódico fraco é eliminar os bolsos de elétrons da quarta zona e reduzir a superfície da terceira zona a um conjunto de "anéis" desconectados (Figura 15.15).

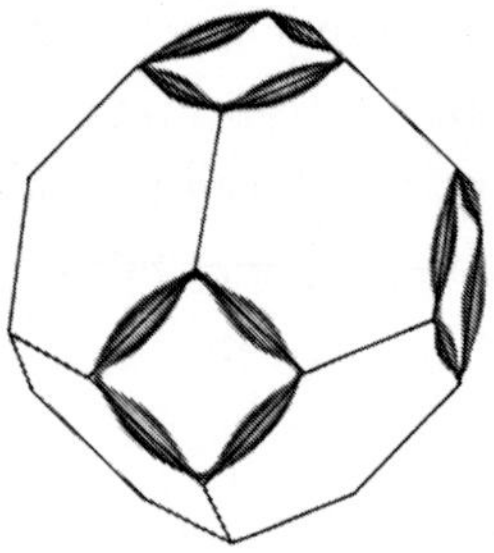

Figura 15.15

A superfície da terceira zona do alumínio, em um esquema de zona reduzida. (N. W. Ashcroft. *Phil. Mag.*, n. 8, p. 2.055, 1963.)

Isso é consistente com os dados de de Haas-van Alphen, que revelam não haver bolsos de elétrons na quarta zona e fornecem as dimensões das superfícies da segunda e terceira zonas muito precisamente.

O alumínio fornece a ilustração da teoria semiclássica dos coeficientes de Hall. O coeficiente de Hall de campo alto deve ser $R_H = -1/(n_e - n_h)ec$, onde n_e e n_h são o número de níveis por unidade de volume contidos pelos ramos parecidos com partícula e parecidos com buracos da superfície de Fermi. A primeira zona do alumínio é completamente preenchida e acomoda dois elétrons por átomo, então, um dos três elétrons de valência por átomo permanece para ocupar os níveis da segunda e da terceira zonas. Assim,

$$n_e^{\mathrm{II}} + n_e^{\mathrm{III}} = \frac{n}{3}, \quad \textbf{(15.7)}$$

onde n é a densidade do carregador de elétron livre apropriado à valência 3. Por outro lado, como o número total de níveis em qualquer zona é suficiente para manter dois elétrons por átomo, também temos

$$n_e^{\mathrm{II}} + n_h^{\mathrm{III}} = 2\left(\frac{n}{3}\right). \quad \textbf{(15.8)}$$

Subtraindo (15.8) de (15.7), temos

$$n_e^{\mathrm{III}} + n_h^{\mathrm{II}} = -\frac{n}{3}. \quad \textbf{(15.9)}$$

Assim, o coeficiente de Hall de campo alto deve ter um sinal positivo e proporcionar a densidade efetiva de carregadores com um terço do valor de elétron livre. Isso é exatamente o que se observa (veja a Figura 1.4). Do ponto de vista do efeito de Hall de campo alto, o alumínio tem um buraco por átomo (o resultado líquido de pouco mais de um buraco por átomo na segunda zona e uma pequena fração de um elétron por átomo na terceira) ao invés de três elétrons.

A reflexibilidade do alumínio (Figura 15.16a) tem um mínimo muito pronunciado, o que é nitidamente considerado uma transição interbandas em um modelo de elétron quase livre.[14] A Figura 15.16b mostra as bandas de energia em um cálculo de elétron quase livre representado ao longo da linha ΓX (passando pelo centro da face quadrada da zona). As bandas são representadas como uma função de **k** dentro da face quadrada na Figura 15.16c. Em um modelo de elétron quase livre, facilmente se mostra que as bandas na Figura 15.16c [veja a equação (9.27)] estão deslocadas por uma quantidade $2|U|$ constante, independentemente de **k**. Em razão da posição do nível de Fermi, torna-se claro, com base na Figura 15.16c, que há uma faixa de valores de **k** na face quadrada para a qual as transições de níveis ocupados para níveis não ocupados são possíveis, sendo que todos eles diferem em energia por $2|U|$. Isso resulta na absorção ressonante em $\hbar\omega = 2|U|$ e na pronunciada depressão na reflexibilidade.

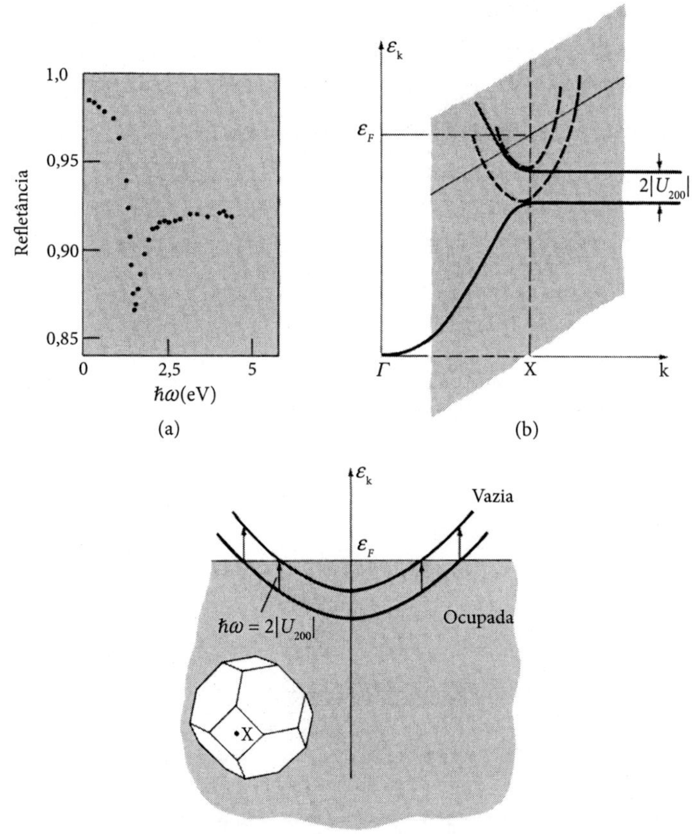

FIGURA 15.16

(a) Reflexibilidade do alumínio na faixa de energia $0 \leq \hbar\omega \leq 5$ eV. (H. E. Bennet; M. Silver; E. J. Ashley. *J. Opt. Soc. Am.*, n. 53, p. 1.089, 1963.) (b) Bandas de energia representadas ao longo de ΓX e também na face quadrada da zona perpendicular a ΓX (tracejada). (c) Uma segunda visão das bandas de energia na face quadrada da zona perpendicular a Γλ. Para um pseudopotencial fraco, essas bandas são quase paralelas e separadas por uma quantidade $2|U|$. Quando $\hbar\omega$ excede esta quantidade, torna-se possível que os elétrons dentro de $\hbar\omega$ da energia de Fermi excitem--se da banda mais baixa para a banda mais alta. Esta é a fonte da estrutura em (a). (Veja N. W. Ashcroft; K. Sturm. *Phys. Rev.*, n. B 3, p. 1.898, 1971.)

[14] Essencialmente, os limiares interbandas nos metais alcalinos foram explicados em termos de um modelo de elétron livre, ou seja, era desnecessário levar em consideração quaisquer distorções nas bandas de elétron livre produzidas pelo potencial de rede. O exemplo que se discute aqui está no próximo nível de complexidade: a transição pertinente ocorre entre níveis cujos vetores de onda ficam em um plano de Bragg, sendo a divisão entre eles, portanto, completamente devida à perturbação de primeira ordem do potencial periódico em um modelo de elétron quase livre.

O valor de $|U|$, deduzido a partir da posição da depressão na Figura 15.16a, está de acordo com o valor deduzido dos dados de de Haas-van Alphen.[15]

OS METAIS TETRAVALENTES

Os únicos metais tetravalentes são o estanho e o chumbo e, mais uma vez, consideramos apenas o mais simples deles, o chumbo.[16]

Chumbo

Como o alumínio, o chumbo tem uma rede de Bravais fcc e sua superfície de Fermi de elétron livre é muito similar, exceto pelo fato de que a esfera deve conter um terço a mais de volume e, consequentemente, um raio 10% maior, para acomodar quatro elétrons por átomo (veja a Figura 9.9). Os bolsos de elétrons da quarta zona são, portanto, muito maiores do que no alumínio, mas ainda são aparentemente eliminados pelo potencial cristalino. A superfície de buraco na segunda zona é menor do que no alumínio, e a superfície de partícula tubular estendida na terceira zona é menos fina.[17] Como o chumbo tem valência par, as superfícies de segunda e de terceira zonas devem conter o mesmo número de níveis; ou seja, $n_h^{II} = n_e^{III}$. Entretanto, suas propriedades galvanomagnéticas são muito complexas, pois as órbitas da superfície de Fermi da terceira zona não são todas de um tipo único de transportador.

OS SEMIMETAIS

A forma de grafite do carbono e os elementos pentavalentes de condução são semimetais.[18] Os semimetais são metais em que a concentração de transportadores é diversas ordens de magnitude mais baixa do que os $10^{22}/\text{cm}^3$ típicos dos metais comuns.

Grafite

O grafite tem uma rede de Bravais hexagonal simples com quatro átomos de carbono por célula primitiva. Planos de rede perpendiculares ao eixo *c* têm um arranjo de favo de mel (Figura 15.17). A estrutura é peculiar no sentido de que a separação entre os planos de

---

[15] No modelo de elétron quase livre, as áreas de seção transversal em um plano de Bragg (que são extremais e, portanto, diretamente acessíveis a partir dos dados de de Haas-van Alphen) são completamente determinadas pelo elemento de matriz do potencial periódico $|U|$ associado àquele plano. Veja a equação (9.39).

[16] O carbono é um isolante ou um semimetal (veja a seguir), dependendo da estrutura cristalina. O silício e o germânio são semicondutores (Capítulo 28). O estanho tem uma fase metálica (estanho branco) e uma fase semicondutora (estanho cinza); o estanho cinza tem a estrutura do diamante, mas o estanho branco é tetragonal de corpo centrado com base de dois átomos. A superfície foi medida e calculada e é outra vez uma distorção reconhecível da superfície de elétron livre.

[17] Como o chumbo é um metal muito pesado, é importante levar em consideração o acoplamento spin-órbita para se calcular a superfície de Fermi. Veja E. Fawcett. *Phys. Rev., Lett.*, n. 6, p. 534, 1961.

[18] Os semimetais não devem ser confundidos com semicondutores. Um semimetal puro em $T = 0$ é um condutor: há bandas de elétrons e de buracos parcialmente preenchidas. Um semicondutor, no entanto, apenas conduz porque os transportadores são termicamente excitados ou introduzidos por impurezas. Um semicondutor puro em $T = 0$ é um isolante (veja o Capítulo 28).

rede ao longo do eixo *c* é quase 2,4 vezes a distância do vizinho mais próximo dentro de planos. Quase não há superposição de bandas, a superfície de Fermi consistindo principalmente de pequenos bolsos de elétrons e buracos, com densidades de transportadores de cerca de $n_e = n_h = 3 \times 10^{18}/\text{cm}^3$.

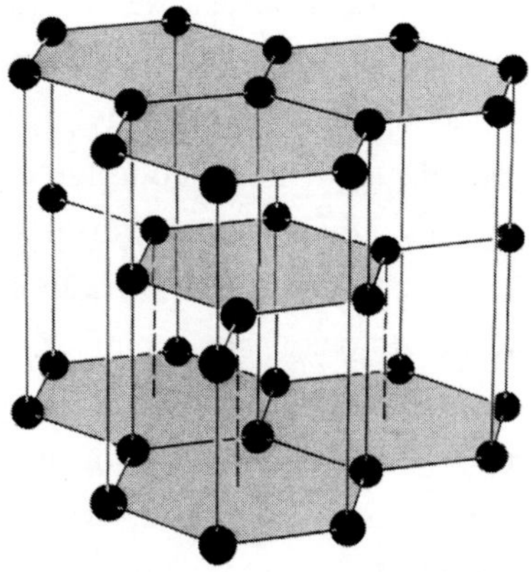

FIGURA 15.17

Estrutura cristalina do grafite (fora de escala). A distância entre os planos do topo e da base é quase 4,8 vezes a distância do vizinho mais próximo dentro de planos.

Os semimetais pentavalentes

Os elementos pentavalentes não isolantes, As $[(\text{Ar})3d^{10}4s^24p^3]$, Sb $[(\text{Kr})4d^{10}5s^25p^3]$ e Bi $[(\text{Xe})4f^{14}5d^{10}6s^26p^3]$, são também semimetais. Os três têm a mesma estrutura cristalina: uma rede de Bravais romboédrica com uma base de dois átomos, como descrito na Tabela 7.5. Por ter um número par de elétrons de condução por célula primitiva romboédrica, eles estão muito próximos de ser isolantes, mas há uma leve superposição de bandas, que leva a um número muito pequeno de carregadores. A superfície de Fermi do bismuto consiste de diversos bolsos um tanto excêntricos, de formato elipsoidal, de elétrons e buracos. A densidade total de elétrons (e a densidade total de buracos — trata-se de semimetais compensados) é de cerca de $3 \times 10^{17}/\text{cm}^3$ — abaixo das densidades metálicas típicas por cerca de um fator de 10^5. Bolsos semelhantes foram observados no antimônio, apesar de, aparentemente, não serem tão perfeitamente elipsoidais e terem densidades de elétrons (e buracos) maiores — cerca de 5×10^{19} cm^3. No arsênio, a densidade comum de elétrons ou buracos é de 2×10^{20} cm^3. Os bolsos possuem formas ainda menos elipsoidais, sendo aparentemente conectados por "tubos" finos que levam a uma superfície estendida.[19]

Essas densidades baixas de transportadores explicam por que os metais pentavalentes fornecem essas berrantes exceções aos dados tabulados nos Capítulos 1 e 2, em uma defesa tosca da teoria do elétron livre. Pequenos bolsos de transportadores implicam uma pequena área de superfície de Fermi e, consequentemente, pequena densidade de níveis na energia de

[19] Veja M. G. Priestley et al. *Phys. Rev.*, n. 154, p. 671, 1967.

Fermi. É por isso[20] que o termo linear na capacidade de calor do bismuto é apenas cerca de 5% do valor simples do elétron livre para um elemento pentavalente e, no antimônio, apenas cerca de 35% (veja a Tabela 2.3). A resistividade do bismuto é tipicamente 10 a 100 vezes maior do que a da maioria dos metais e, no antimônio, cerca de 3 a 30 vezes maior (veja a Tabela 1.2).

É interessante observar que a estrutura cristalina do bismuto (e dos outros dois semimetais) é apenas uma leve distorção de uma rede de Bravais cúbica simples monoatômica, podendo ser construída deste modo: tome uma estrutura do cloreto de sódio (Figura 4.24), estique-a levemente ao longo da direção (111) (de tal forma que os eixos do cubo formem ângulos iguais entre si, um pouco menores que 90°) e desloque cada sítio de cloro muito levemente pela mesma distância na direção (111). A estrutura do bismuto tem um átomo de bismuto em cada um dos sítios de sódio *e* cloro resultantes.

Como consequência, os semimetais pentavalentes fornecem a notável ilustração da importância crucial da estrutura cristalina para a determinação das propriedades metálicas. Se fossem redes de Bravais simples exatamente cúbicas, tendo valência ímpar, seriam de fato metais muito bons. Assim, os gaps de banda introduzidos por um desvio muito leve de cúbica simples alteram o número efetivo de carregadores por um fator tão elevado quanto 10^5!

OS METAIS DE TRANSIÇÃO

As três linhas da tabela periódica que se estendem dos alcalinos terrosos (cálcio, estrôncio e bário) para os metais nobres (cobre, prata e ouro) contêm, cada uma, nove elementos de transição nos quais o subnível *d*, vazio nos alcalinos terrosos e completamente preenchidos nos metais nobres, é gradualmente preenchido. As formas estáveis à temperatura ambiente dos elementos de transição são redes de Bravais monoatômicas fcc ou bcc ou estruturas hcp. Todos são metais, mas, diferentemente dos metais que descrevemos até aqui (os metais nobres e os chamados metais simples), suas propriedades são, em grau considerável, dominadas pelos elétrons *d*.

Estruturas de banda de metais de transição calculadas indicam que a banda *d* não apenas encontra-se no alto das bandas de condução (como nos metais nobres), mas em geral (diferentemente dos metais nobres) estende-se pela energia de Fermi. Quando os níveis na superfície de Fermi são derivados de *d*, a aproximação de ligação forte é provavelmente um ponto de partida conceitual mais confiável para se calcular a superfície de Fermi do que as construções de elétron quase livre (ou OPW), não havendo mais nenhuma razão para

[20] Para compreender esses desvios da teoria do elétron livre, é importante também observar que as massas efetivas nos semimetais pentavalentes são, de modo geral, substancialmente menores do que a massa do elétron livre. Como consequência, a disparidade na condutividade não é tão grande como a disparidade que o número de transportadores sugeriria (uma vez que suas velocidades são maiores para dado **k** do que a velocidade de um elétron livre).

se esperar que as superfícies de Fermi dos metais de transição se assemelhem a esferas de elétron livre levemente distorcidas. Um exemplo típico, uma superfície de Fermi sugerida para o tungstênio bcc [(Xe)$4f^{14}5d^4 6s^2$], é mostrado na Figura 15.18.

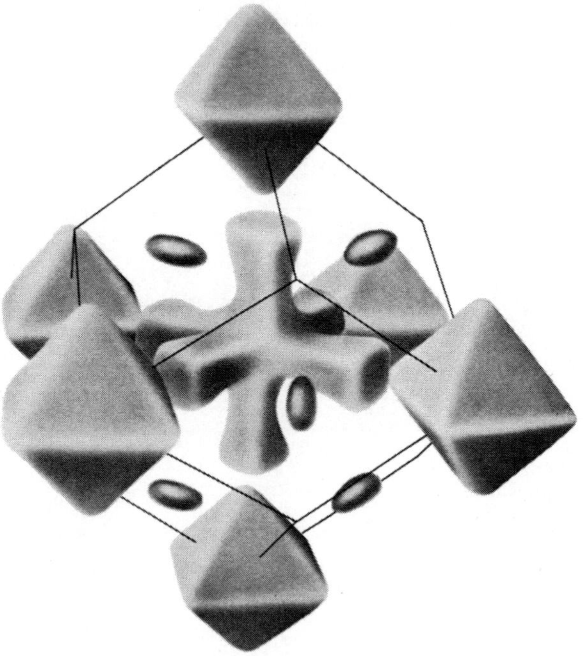

FIGURA 15.18

Superfície de Fermi proposta para o tungstênio bcc. Os seis bolsos de formato octaédrico nos cantos da zona contêm buracos. Eles são todos equivalentes, ou seja, qualquer um deles pode ser considerado pelo outro com uma translação por meio do vetor da rede recíproca, de tal forma que todos os níveis fisicamente distintos no grupo estejam contidos em qualquer um deles. Os doze bolsos menores no centro das faces da zona (apenas cinco são visíveis) também são bolsos de buracos. Eles são equivalentes em pares (de faces opostas). A estrutura no centro é um bolso de elétrons. O tungstênio tem um número par de elétrons, sendo, portanto, um metal compensado. Então, o volume de um grande bolso de buracos mais seis vezes o volume de um bolso pequeno de buracos é igual ao volume do bolso de elétrons no centro da zona. Consistente com uma superfície de Fermi composta inteiramente de bolsos fechados, observou-se que a magnetorresistência aumenta quadraticamente com H para todas as direções de campo, como previsto para um metal compensado sem órbitas abertas. Observe que a superfície, diferentemente daquelas consideradas anteriormente, não é a distorção da superfície de elétron livre. Isso é consequência de o nível de Fermi estar na banda d, uma característica de metais de transição. (A. V. Gold, *apud* D. Shoenberg. *The physics of metals – 1. Electrons*. J. M. Ziman (ed.). Cambridge, 1969. p. 112.)

As bandas d são mais estreitas do que as bandas de condução de elétron livre típicas e contêm níveis suficientes para acomodar dez elétrons. As bandas d contêm mais níveis em uma faixa mais estreita de energia, então, é provável que a densidade de níveis seja substancialmente mais alta do que a densidade de elétron livre de níveis por toda a região de energia em que a banda d se encontrar (veja a Figura 15.19). Esse efeito pode ser observado na contribuição eletrônica para o calor específico de baixa temperatura. Isso foi mostrado no Capítulo 2 como proporcional à densidade de níveis na energia de Fermi [equação (2.80)].[21] Uma inspeção da Tabela 2.3 revela que os calores específicos eletrônicos dos metais de transição são, de fato, significativamente mais altos do que aqueles dos metais simples.[22,23]

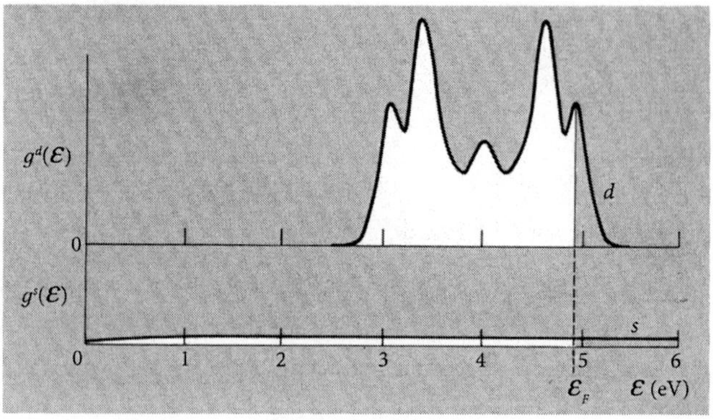

FIGURA 15.19
Alguns aspectos qualitativos das contribuições das bandas *d* e *s* para a densidade de níveis de um metal de transição. A banda *d* é mais estreita e contém mais níveis que a banda *s*. Consequentemente, quando o nível de Fermi (que separa as regiões sombreada e não sombreada) encontra-se dentro da banda *d*, a densidade de níveis $g(\mathcal{E}_F)$ é muito maior do que a contribuição parecida com elétron livre da banda *s* apenas. (Uma densidade real de níveis apresentaria dobras pronunciadas. Veja a descrição das singularidades de van Hove na página 145.)(J. M. Ziman. *Electrons and phonons*. Nova York: Oxford, 1960.)

Estudar os metais de transição é complicado porque as bandas *d* parcialmente preenchidas podem originar propriedades magnéticas surpreendentes. Consequentemente, é necessário que haja um tratamento muito mais sutil das interações de spin eletrônico do que se encontra em qualquer um dos métodos que descrevemos. Esses pontos serão discutidos mais profundamente no Capítulo 32.

O efeito de de Haas-van Alphen é também muito difícil de ser medido nos metais de transição, pois bandas estreitas levam a valores elevados de $\partial A/\partial \mathcal{E}$ e, portanto, a baixas frequências de ciclotron [equação (12.42)]. O regime $\omega_c\tau$ alto é, entretanto, mais difícil de ser alcançado. Apesar dessas complexidades, os dados de de Haas-van Alphen e os tipos mais convencionais de cálculos de estrutura de bandas (para o que valem) estão agora disponíveis para mais da metade dos metais de transição, e dados foram tomados até em amostras ferromagnéticas.

---

[21] A derivação da equação (2.80) não utilizou propriedades específicas da densidade de nível de elétron livre, e o resultado é igualmente válido para os elétrons de Bloch.

[22] Observe também que os calores específicos dos semimetais são significativamente mais baixos, como sua baixíssima densidade de elétrons de condução nos levaria a esperar.

[23] Uma comparação detalhada da equação (2.80) com a experimentação prática é complicada pelo fato de haver correções devidas às interações elétron-elétron (normalmente de porcentagem muito baixa) bem como correções devidas às interações elétron-fônon (abordadas no Capítulo 26), que podem ser tão grandes quanto 100%.

OS METAIS TERRAS RARAS

Entre o lantânio e o háfnio encontram-se os metais terras raras. Suas configurações atômicas caracterizam-se por subníveis 4*f* parcialmente preenchidos, que, como os subníveis *d* parcialmente preenchidos dos metais de transição, podem levar a uma variedade de efeitos magnéticos. A configuração atômica típica dos metais terras raras é $(\mathrm{Xe})4f^{n}5d^{(1\ \mathrm{ou}\ 0)}6s^{2}$. Os sólidos podem ter muitos tipos de estruturas cristalinas, mas, de longe, a forma mais comum à temperatura ambiente é a de empacotamento hexagonal denso.

Existem atualmente pouquíssimos dados da superfície de Fermi dos metais terras raras, pois eles são quimicamente muito similares entre si e é difícil obtê-los em uma forma suficientemente pura. Houve alguns cálculos de estrutura de bandas, mas, na ausência de dados da superfície de Fermi, sua confiabilidade não é facilmente determinada.

A abordagem costumeira é tratar a banda de condução como tendo um número de elétron por átomo igual à valência química nominal (três, em quase todos os casos). Com exceção da influência dos níveis atômicos 5*d* (que pode ser considerável), a banda de condução é parecida com a do elétron livre, ou seja, os níveis 4*f* não são mesclados de nenhum modo essencial. À primeira vista, isso parece surpreendente, já que se poderia esperar que os níveis atômicos 4*f* se estendessem em uma banda 4*f* parcialmente preenchida.[24] Essa banda conteria, como qualquer banda parcialmente preenchida, o nível de Fermi e, portanto, de modo contrário, ao menos alguns níveis na superfície de Fermi teriam um caráter 4*f* forte. É uma óbvia analogia ao que, de fato, ocorre com os níveis 3*d*, 4d *ou* 5d parcialmente preenchidos nos metais de transição.

Apesar da analogia, isso não ocorre nos metais terras raras, e níveis na superfície de Fermi têm muito pouco caráter 4*f*. A diferença crucial é que os orbitais atômicos 4*f* nos elementos de metais terras raras estão muito mais localizados do que os níveis atômicos *d* mais altos ocupados nos elementos dos metais de transição. Como consequência, parece um tanto provável que a aproximação de elétron independente se rompa inteira para os elétrons 4*f*, já que eles satisfazem as condições exigidas (páginas 186-187) de produção de bandas estreitas parcialmente preenchidas em uma análise de ligação forte. As interações elétron-elétron dentre os elétrons 4*f* em cada sítio atômico são, de fato, fortes o suficiente para produzir momentos magnéticos locais (Capítulo 32).

Às vezes, afirma-se que a banda 4*f* nos metais terras raras divide-se em duas partes estreitas: uma completamente ocupada, bem abaixo do nível de Fermi, e a outra, completamente vazia, bem acima (Figura 15.20). Essa noção tem validade dúbia, mas provavelmente é o melhor que se pode conseguir caso se insista na aplicação do modelo de elétron independente aos elétrons 4*f*. O gap entre as duas porções da banda 4*f* é, então, uma tentativa de se representar a configuração de spin muito estável atingida pelos elétrons 4*f* na porção ocupada da banda, da qual qualquer elétron adicional é incapaz de participar.

---

[24] Na maior parte dos metais terras raras há menos de 14 elétrons fora da configuração do (Xe).

De qualquer modo que se escolha descrever os elétrons 4*f*, parece realmente o caso de eles serem considerados parte dos níveis mais internos do íon na visualização das estruturas de bandas dos metais terras raras, apesar do fato de os subníveis atômicos 4*f* serem apenas parcialmente preenchidos.

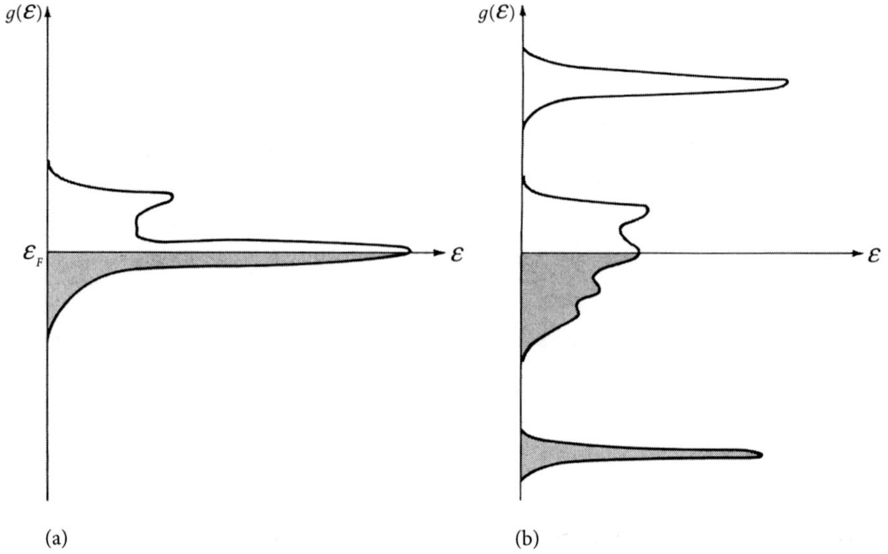

Figura 15.20

Duas curvas de densidade de nível hipotéticas para um metal terras raras. (a) A forma incorreta, que ingenuamente superpõe a uma banda *s-p-d* muito ampla um pico pronunciado de banda *f* na energia de Fermi. (b) A forma parcialmente correta, que tem uma forma *s-p-d* muito ampla na vizinhança da energia de Fermi, e dois picos de banda *f*, um bem abaixo e um bem acima da energia de Fermi. O ponto de vista mais realista provavelmente abandona a aproximação de elétron independente (e, consequentemente, a possibilidade de se desenharem densidades de níveis simples de um elétron) para os elétrons 4*f*.

LIGAS

Concluímos este capítulo com o importante lembrete de que o estado metálico não se exaure pela avaliação da tabela periódica. A construção das ligas a partir dos 70 e poucos metais elementares é um tópico enorme por si só. Apesar de não haver garantia de que quaisquer dois metais irão se dissolver um no outro (o índio, por exemplo, não se dissolve no gálio), a maior parte dos pares de fato formam as chamadas *ligas binárias* com grandes variedades de concentração. As ligas ternárias (de três componentes), as ligas terciárias (de quatro componentes) e assim por diante são também produzidas e estudadas. Evidentemente, podemos construir, deste modo, um número imenso de diferentes metais.[25]

[25] Algumas ligas, como o antimoneto de índio, não são metais, mas semicondutores.

As ligas são convenientemente agrupadas em duas grandes classes: ordenadas e desordenadas. As ligas ordenadas, às vezes também chamadas de *estequiométricas*, têm a simetria translacional de uma rede de Bravais. Sua estrutura é dada mediante a colocação, em cada sítio da rede de Bravais, de uma base multiatômica. Como exemplo, a liga conhecida como β-bronze tem uma fase ordenada[26] na qual os dois componentes (cobre e zinco) têm concentrações iguais e formam uma estrutura de cloreto de césio (Figura 4.25). Isso pode ser considerado uma rede de Bravais cúbica simples com uma base de dois pontos: Cu em (000) e Zn em $(a/2)(111)$. A primeira zona de Brillouin de uma rede cúbica simples é um cubo, cuja superfície é cortada por uma esfera de elétron livre que contém três elétrons por célula unitária (o cobre tem valência nominal um, e o zinco, dois).[27]

No entanto, o uso do modelo de elétron livre deve se restringir à exigência de que todos os componentes sejam metais simples (o que torna sua utilização para o bronze dúbia). Quando este não é o caso, deve-se recorrer aos métodos descritos no Capítulo 11, adequadamente generalizados para lidar com bases multiatômicas.

Na fase desordenada do bronze, que é a fase estável em temperaturas suficientemente altas, mesmo em composições para as quais as geometrias ordenadas são possíveis (composições "estequiométricas"), os átomos encontram-se nos (ou muito próximos dos) sítios de uma rede de Bravais abstrata, e a desordenação encontra-se na aleatoriedade da natureza dos átomos. Por exemplo, procedendo-se ao longo de uma direção (111) no β-bronze ordenado, seriam encontrados átomos de cobre e de zinco na sequência: Cu Zn Cu Zn Cu Zn Cu Zn... Na fase desordenada, uma sequência típica seria Cu Zn Zn Zn Cu Zn Cu Cu...

O estudo teórico de ligas desordenadas é um assunto muito mais difícil. Por causa da atribuição aleatória de átomos em sítios, não há teorema de Bloch e, sem o número quântico **k**, torna-se impossível descrever quaisquer propriedades eletrônicas. Por outro lado, essas substâncias são claramente metais, frequentemente bem descritos por cálculos simples do modelo de Drude, e sua capacidade de conduzir calor exibe a contribuição eletrônica característica que aprendemos a esperar dos metais.

Entretanto, uma diferença notável entre as ligas desordenadas e os metais puros é que, não importa quão pura seja a liga desordenada, a diminuição substancial da resistência com a diminuição de temperatura, característica dos metais puros, está ausente nas ligas. Assim, a resistência elétrica do bronze desordenado mais puro em temperaturas de hélio líquido caiu apenas para cerca da metade de seu valor à temperatura ambiente (em oposição a uma queda de 10^{-4} em metais ordenados, cuidadosamente preparados). Esse fenômeno faz sentido se visualizarmos um componente da liga como impureza substituta (altamente concentrada) na rede da outra, pois o espalhamento de impurezas é uma importante fonte

---

[26] Há também uma fase desordenada e uma temperatura de transição acentuada, acima da qual o ordenamento desaparece. Essa transição ordem-desordem pode ser discutida em termos do modelo de Ising (no qual o cobre em um sítio corresponde a um "giro para cima" e o zinco em um sítio, a um "giro para baixo"). Veja o Capítulo 33.

[27] Veja, por exemplo, J. P. Jan. *Can. J. Phys.*, n. 44, p. 1.787, 1966.

de resistência (independentemente de temperatura) em todas as temperaturas. Em contraste, nos metais muito puros, o espalhamento de impurezas apenas se revela em temperaturas muito baixas. De forma alternativa, pode-se simplesmente observar que, em uma liga desordenada, a periodicidade é destruída, e a análise semiclássica que leva a correntes não degradadas na ausência de mecanismos de espalhamento não é mais válida.

Desse modo, em grande parte, o problema da estrutura eletrônica de ligas desordenadas é muito difícil, ainda não foi solucionado e é de considerável interesse no presente.

PROBLEMAS

1. Verifique que, em um cristal com uma rede de Bravais fcc monoatômica, a esfera de Fermi de elétron livre para a valência 1 atinge $(16/3\pi^2)^{1/6} = 0{,}903$ do percurso da origem para a face da zona, na direção [111].

2. Utilizando o resultado geral dado na equação (K.6), examine a reflexibilidade inferida pela condutividade de elétron livre (1,29) quando $\omega\tau >> 1$. Mostre que a reflexibilidade é de uma unidade abaixo da frequência de plasma e que $r = [\omega_p^2/4\omega^2]^2$ quando $\omega >> \omega_p$.

3. Prove que a conservação de energia e a conservação de momento tornam possível que um elétron livre absorva um fóton. [*Observação*: se usar a forma não relativística $\varepsilon = p^2/2m$ para a energia eletrônica, encontrará que essa absorção é possível apenas a uma energia eletrônica tão alta (na escala de mc^2) que a aproximação não relativística não será válida. Então, é necessário utilizar a relação relativística $\varepsilon = (p^2c^2 + m^2c^4)^{½}$ para provar que a absorção é impossível em qualquer energia eletrônica.]

4. A primeira zona de Brillouin para um cristal com rede de Bravais fcc estende-se para mais longe da origem (Γ) no ponto W em que a face quadrada e duas faces hexagonais se encontram (Figura 15.4). Mostre que a esfera de Fermi de elétron livre para valência 3 estende-se além daquele ponto [especificamente, $k_F/\Gamma W = (1.296/125\pi^2)^{1/6} = 1{,}008$], de tal forma que a primeira zona de Brillouin seja totalmente preenchida.

5. Nos metais alcalinos, a esfera de Fermi de elétron livre está completamente contida na primeira zona de Brillouin e o fraco pseudopotencial produz apenas leves deformações dessa esfera, sem alterar a topologia básica (em contraste com os metais nobres). Diversos aspectos dessas deformações podem ser investigados empregando-se os métodos do Capítulo 9.

(a) Em um potencial periódico fraco na vizinhança de um único plano de Bragg, a aproximação de duas ondas planas (páginas 156-159) pode ser utilizada. Considere que o vetor de onda **k** tem ângulos polares θ e ϕ, em relação ao vetor **K** de rede recíproca associado ao plano de

Bragg. Se $\varepsilon < (\hbar^2/2m)(K/2)^2$ e U_k é suficientemente pequeno, mostre que, para a ordem U_k^2, a superfície de energia ε é dada por

$$k(\theta,\phi) = \sqrt{\frac{2m\varepsilon}{\hbar^2}}(1 + \delta(\theta)), \quad \textbf{(15.10)}$$

onde

$$\delta(\theta) = \frac{m|U_K|^2/\varepsilon}{(\hbar K)^2 - 2\hbar K\cos\theta\sqrt{2m\varepsilon}}. \quad \textbf{(15.11)}$$

(b) Supondo que o resultado da aproximação de plano de Bragg único seja válido por toda a zona, mostre que a variação na energia de Fermi devida ao potencial periódico fraco é dada por $\varepsilon_F - \varepsilon_F^0 = y$, onde

$$\gamma = -\frac{1}{8}\frac{|U_K|^2}{\varepsilon_F^0}\left(\frac{2k_F}{K}\right)\ln\left|\frac{1 + 2k_F/K}{1 - 2k_F/K}\right|. \quad \textbf{(15.12)}$$

[*Dica*: observe que a energia de Fermi satisfaz $n = \int(d\mathbf{k}/4\pi^3)\theta(\varepsilon_F - \varepsilon_k)$, onde θ é a função de etapa ($\theta(x) = 1$ para $x > 0$; $\theta(x) = 0$ para $x < 0$) e expande a função θ em y.]

Nos metais alcalinos, a esfera de Fermi de elétron livre chega perto de 12 planos de Bragg, mas já que ela nunca está próxima a mais de um de cada vez, a variação na energia de Fermi é exatamente aquela calculada anteriormente, multiplicada por 12.

16 Além da aproximação de tempo de relaxação

Fontes de espalhamento eletrônico
Probabilidade de espalhamento e tempo de relaxação
Descrição geral de colisões
A equação de Boltzmann
Espalhamento de impurezas
Lei de Wiedemann-Franz
Regra de Matthiessen
Espalhamento em materiais isotrópicos

A teoria geral semiclássica de condução do Capítulo 13 (bem como os argumentos dos Capítulos 1 e 2) descreveram as colisões eletrônicas como eventos aleatórios não correlatos que poderiam ser tratados em uma aproximação de tempo de relaxação. Esta aproximação supõe que a forma da função de distribuição eletrônica de não equilíbrio não tem qualquer efeito nem na razão na qual determinado elétron experimenta as colisões nem na distribuição dos elétrons que emergem de colisões.[1]

Não se fez nenhuma tentativa para justificar essas suposições. Elas são utilizadas apenas porque fornecem a representação mais simples do fato de as colisões ocorrerem e serem basicamente responsáveis pelo equilíbrio térmico. De fato, em detalhes, as suposições são erradas. A razão na qual um elétron colide depende criticamente da distribuição dos outros elétrons, mesmo em uma aproximação de elétron independente, porque o princípio da exclusão de Pauli permite que um elétron seja espalhado apenas em níveis eletrônicos vazios. Além disso, a distribuição dos elétrons que emergem de colisões depende realmente da função de distribuição eletrônica, não só porque o princípio da exclusão limita os níveis finais disponíveis, mas também porque o resultado líquido das colisões depende da forma da entrada, que é determinada pela função de distribuição.

Assim, para tirar conclusões sustentadas por cálculos que se baseiam na aproximação de tempo de relaxação, devemos agir com parcimônia. Em geral, os resultados podem

[1] Veja as páginas 265–266.

ser utilizados com segurança apenas quando detalhes do processo de colisão claramente têm consequências ínfimas. Por exemplo, a condutividade de alta frequência ($\omega\tau >> 1$) e o coeficiente de Hall de campo alto ($\omega_c\tau >> 1$) não se alteram quando há aperfeiçoamentos na aproximação de tempo de relaxação, já que descrevem casos limitantes, nos quais o número de colisões por ciclo, ou por período de revolução no campo magnético, é invisivelmente pequeno.

Os resultados cuja validade transcende a aproximação de tempo de relaxação geralmente envolvem grandezas independentes de τ. O coeficiente de Hall de campo alto, por exemplo, é $R_H = -1/nec$. No entanto, não se deve supor acriticamente que todas as expressões em que τ não aparece sejam válidas além da aproximação de tempo de relaxação. Um contraexemplo digno de nota é a lei de Wiedemann-Franz, que prevê a razão universal $(\pi^2/3)(k_B/e)^2T$ para a razão da condutividade térmica em relação à elétrica de um metal, independentemente[2] da forma funcional de $\tau_n(\mathbf{k})$. Todavia, quando a aproximação de tempo de relaxação não ocorre, veremos que a lei se mantém apenas quando a energia de cada elétron conserva-se em cada colisão.

Quando aspectos específicos do processo de colisão forem importantes, a aproximação de tempo de relaxação ainda pode ser altamente informativa, desde que os aspectos sejam propriedades gerais em vez de pequenos detalhes. Desse modo, não descrição de semicondutores, geralmente são atribuídos diferentes tempos de relaxação para elétrons e buracos, ou seja, utiliza-se um τ que depende do índice de bandas, mas não do vetor de onda. Se há uma razão para se acreditar que os processos de espalhamento são muito mais comuns em uma banda do que em outra, então tal simplificação pode ser muito valiosa na resolução das implicações gerais dessa disparidade.

Entretanto, os resultados que forem sensíveis a aspectos detalhados da forma funcional de $\tau_n(\mathbf{k})$ devem ser vistos com desconfiança. Se, por exemplo, houver uma tentativa de se deduzir $\tau(\mathbf{k})$ para determinada banda por meio de um conjunto de dados e de uma teoria que se baseie na aproximação de tempo de relaxação, não há razão para se esperar que diferentes tipos de determinações experimentais de $\tau(\mathbf{k})$ não produzirão funções completamente diferentes. A aproximação de tempo de relaxação despreza o fato de que a natureza do espalhamento depende da função de distribuição eletrônica de não equilíbrio, que, em geral, diferirá de uma situação experimental para outra.

Neste capítulo, descreveremos, e contrastaremos com a aproximação de tempo de relaxação, a descrição precisa de colisões utilizada (exceto nos casos mencionados anteriormente) para qualquer coisa mais exata do que a descrição qualitativa aproximada de condução.

---

[2] Veja a página 277.

FONTES DE ESPALHAMENTO ELETRÔNICO

O melhor modo de se descrever as colisões eletrônicas depende dos mecanismos de colisão de particular importância. Já mencionamos[3] a grande impropriedade da ideia de Drude de colisões com íons individuais. De acordo com a teoria de Bloch, o elétron em um arranjo perfeitamente periódico de íons não experimenta nenhuma colisão. Na aproximação de elétron independente, as colisões só podem surgir de desvios de periodicidade perfeita, que se dividem em duas grandes categorias:

1. Impurezas e defeitos cristalinos – Defeitos de pontos (Capítulo 30) – por exemplo, íons faltantes ou um íon ocasional no lugar errado – comportam-se de modo muito parecido com as impurezas, fornecendo um centro de espalhamento localizado, e são, provavelmente, os tipos mais simples de mecanismos de colisão a ser descritos. Além do mais, no entanto, pode haver defeitos mais relevantes, nos quais a periodicidade da rede seja violada ao longo de uma linha ou mesmo sobre todo um plano.[4]

2. Desvios intrínsecos da periodicidade em um cristal perfeito devido a vibrações térmicas dos íons – Mesmo na ausência de impurezas ou de defeitos, os íons não permanecem rigidamente fixados em pontos de um arranjo periódico ideal, já que possuem alguma energia cinética que aumenta com o aumento da temperatura (Capítulos 21–26). Abaixo da temperatura de fusão, esta energia raramente é suficiente para permitir que os íons se afastem de suas posições ideais de equilíbrio, sendo que o efeito primário da energia térmica é fazer com que os íons sofram pequenas vibrações em torno dessas posições. O desvio da rede iônica da perfeita periodicidade devido a estas vibrações é a mais importante fonte da dependência da temperatura na resistividade DC (Capítulo 26) e, geralmente, o mecanismo de espalhamento dominante à temperatura ambiente. À medida que a temperatura diminui, a amplitude das vibrações iônicas cai e, finalmente, o espalhamento de impureza e defeito domina.

Além dos mecanismos de espalhamento causados por desvios da periodicidade perfeita, outra fonte de espalhamento, que se omite na aproximação de elétron independente, surge das interações entre elétrons. O espalhamento elétron-elétron[5] tem um papel relativamente pequeno na teoria da condução em sólidos, por razões que serão descritas no Capítulo 17. Em altas temperaturas, é muito menos importante do que o espalhamento por vibrações térmicas dos íons e, em baixas temperaturas, exceto em cristais de excepcional pureza e perfeição, é dominado pelo espalhamento de impurezas ou defeitos.

---

[3] Veja a página 141.

[4] Nesta categoria, podemos incluir o espalhamento de superfície, que se torna importante, por exemplo, em cristais cujas dimensões sejam comparáveis a um caminho livre médio.

[5] Na teoria cinética dos gases, o análogo do espalhamento elétron-elétron é a única fonte de espalhamento, além de colisões com as paredes do recipiente. Nesse sentido, o gás de elétrons em um metal é bem diferente de um gás comum.

PROBABILIDADE DE ESPALHAMENTO E TEMPO DE RELAXAÇÃO

Ao invés de fazer a aproximação de tempo de relaxação, descrições mais realistas das colisões supõem que haja uma probabilidade por unidade de tempo (a ser determinada por cálculos microscópicos adequados) de que um elétron na banda n com vetor de onda $\mathbf{k}$ será, como consequência de uma colisão, espalhado para a banda n' com vetor de onda $\mathbf{k}'$. Para simplificar, limitamos nossa discussão a uma única banda,[6] admitindo que o espalhamento ocorra apenas nesta banda ($n' = n$). Também admitimos que o spin eletrônico conserva-se no espalhamento.[7] Finalmente, admitimos que as colisões podem ser bem localizadas no espaço e no tempo, de modo que as colisões que ocorrem em $\mathbf{r}$, t sejam determinadas por propriedades do sólido na vizinhança imediata de $\mathbf{r}$, t. Uma vez que todas as grandezas que afetam as colisões em $\mathbf{r}$, t serão, então, avaliadas naquele ponto, para manter a notação simples, suprimimos a referência explícita a essas variáveis.

A probabilidade de espalhamento é expressa em termos da grandeza $W_{\mathbf{k},\mathbf{k}'}$, definida da seguinte forma: a probabilidade, em um intervalo infinitesimal de tempo dt, de que um elétron com vetor de onda $\mathbf{k}$ seja espalhado em qualquer um dos grupos de níveis (com o mesmo spin) contido no elemento de volume infinitesimal no espaço k $d\mathbf{k}'$ em torno de $\mathbf{k}'$, admitindo-se que esses níveis estejam todos desocupados (e, portanto, não proibidos pelo princípio de exclusão), é

$$\frac{W_{\mathbf{k},\mathbf{k}'}\,dt\,d\mathbf{k}'}{(2\pi)^3}. \quad \mathbf{(16.1)}$$

A forma particular tomada por $W_{\mathbf{k},\mathbf{k}'}$ depende do mecanismo de espalhamento específico que está sendo descrito. Em geral, W terá uma estrutura muito complexa e pode depender da função de distribuição g. Consideraremos uma forma particularmente simples que W pode adotar a seguir [equação (16.14)], mas, neste momento, os pontos que queremos provar dependem apenas da existência de W e não de sua estrutura detalhada.

Dada a grandeza $W_{\mathbf{k},\mathbf{k}'}$, e dada a função de distribuição eletrônica g, podemos explicitamente construir a probabilidade por unidade de tempo de um elétron com vetor de onda $\mathbf{k}$ sofrer alguma colisão. Esta grandeza é, por definição, exatamente $1/\tau(\mathbf{k})$ (página 265) e sua estrutura revela algumas das limitações da aproximação de tempo de relaxação. $W_{\mathbf{k},\mathbf{k}'}d\mathbf{k}'/(2\pi)^3$ é a probabilidade por unidade de tempo de um elétron com um vetor de onda $\mathbf{k}$ ser espalhado pelo grupo de níveis (com o mesmo spin) contido em $d\mathbf{k}'$ em torno de $\mathbf{k}'$. Isso dado, e se estes níveis estiverem todos desocupados, a razão real de transição deve ser reduzida pela fração desses níveis que realmente não estejam ocupados (já que as transições para níveis ocupados são proibidas pelo princípio da exclusão). Esta fração

---

[6] É correto generalizar a discussão para cobrir a possibilidade de espalhamento interbandas. Todas as questões que queremos discutir, no entanto, são inteiramente ilustradas pelo caso de uma banda.

[7] Este não é o caso quando o espalhamento se deve a impurezas magnéticas, e a falta de conservação de spin pode levar a alguns efeitos surpreendentes (páginas 687–688).

é exatamente[8] $1 - g(\mathbf{k}')$. A probabilidade total por unidade de tempo para uma colisão é dada pela soma de todos os vetores de onda finais $\mathbf{k}'$:

$$\frac{1}{\tau(\mathbf{k})} = \int \frac{d\mathbf{k}'}{(2\pi)^3} W_{\mathbf{k},\mathbf{k}'}[1 - g(\mathbf{k}')]. \quad \textbf{(16.2)}$$

Torna-se evidente a partir de (16.2) que, em contraste com a aproximação de tempo de relaxação, $\tau(\mathbf{k})$ não é uma função especificada de $\mathbf{k}$, mas depende da forma particular assumida pela função de distribuição de não equilíbrio g.

RAZÃO DA VARIAÇÃO DA FUNÇÃO DE DISTRIBUIÇÃO DEVIDO A COLISÕES

É conveniente representar as informações em (16.2) de modo um pouco diferente. Definimos uma grandeza $[dg(\mathbf{k})/dt]_{\text{fora}}$ de modo que o número de elétrons por unidade de volume com vetores de onda no elemento infinitesimal de volume $d\mathbf{k}$ em torno de $\mathbf{k}$ que sofre colisões no intervalo infinitesimal de tempo dt seja

$$-\left(\frac{dg(\mathbf{k})}{dt}\right)_{\text{fora}} \frac{d\mathbf{k}}{(2\pi)^3} dt. \quad \textbf{(16.3)}$$

Uma vez que $d\mathbf{k}$ é infinitesimal, o efeito de qualquer colisão em um elétron no elemento de volume é o de removê-lo daquele elemento de volume. Portanto, (16.3) também pode ser vista como o número de elétrons espalhados para fora do elemento de volume $d\mathbf{k}$ em torno de $\mathbf{k}$ no intervalo de tempo dt.

Para avaliarmos $(dg(\mathbf{k})/dt)_{\text{fora}}$, simplesmente observamos que, como $dt/\tau(\mathbf{k})$ é a probabilidade de qualquer elétron na vizinhança de $\mathbf{k}$ ser espalhado no intervalo de tempo dt, o número total de elétrons por unidade de volume em $d\mathbf{k}$ em torno de $\mathbf{k}$ que sofre uma colisão é exatamente $dt/\tau(\mathbf{k})$ vezes o número de elétrons por unidade de volume em $d\mathbf{k}$ em torno de $\mathbf{k}$, $g(\mathbf{k})\, d\mathbf{k}/(2\pi)^3$. Comparando isto a (16.3), encontramos que

$$\begin{aligned}\left(\frac{dg(\mathbf{k})}{dt}\right)_{\text{fora}} &= -\frac{g(\mathbf{k})}{\tau(\mathbf{k})} \\ &= -g(\mathbf{k}) \int \frac{d\mathbf{k}'}{(2\pi)^3} W_{\mathbf{k},\mathbf{k}'}[1 - g(\mathbf{k}')].\end{aligned} \quad \textbf{(16.4)}$$

Este não é o único modo pelo qual a função de distribuição é afetada pelo espalhamento: elétrons não apenas se espalham para fora do nível $\mathbf{k}$, mas são também espalhados para dentro dele a partir de outros níveis. Descrevemos esses processos em termos da grandeza $[dg(\mathbf{k})/dt]_{\text{dentro}}$, definida de tal forma que

---

[8] A contribuição para a densidade eletrônica (com spin especificado) no elemento de volume $d\mathbf{k}$ em torno de $\mathbf{k}$ é (veja a página 265) $g(\mathbf{k})\, d\mathbf{k}/(2\pi)^3$. Como a contribuição máxima possível para a densidade de elétrons (com spin especificado) neste elemento de volume ocorre quando todos os níveis estão ocupados, e é igual a $d\mathbf{k}/(2\pi)^3$, $g(\mathbf{k})$ também pode ser interpretado como a fração de níveis no elemento de volume $d\mathbf{k}$ em torno de $\mathbf{k}$ que estão ocupados. Consequentemente, $1 - g(\mathbf{k})$ é a fração que está desocupada.

$$\left(\frac{dg(\mathbf{k})}{dt}\right)_{\text{dentro}} = \frac{d\mathbf{k}}{(2\pi)^3}dt \quad \textbf{(16.5)}$$

é o número de elétrons por unidade de volume que chegam ao elemento de volume $d\mathbf{k}$ em torno de $\mathbf{k}$, como resultado de uma colisão no intervalo de tempo infinitesimal dt.

Para avaliar $(dg(\mathbf{k})/dt)_{\text{dentro}}$, considere a contribuição daqueles elétrons que, logo antes da colisão, estavam no elemento de volume $d\mathbf{k}'$ em torno de $\mathbf{k}'$. O número total desses elétrons (com o spin especificado) é $g(\mathbf{k}')d\mathbf{k}'/(2\pi)^3$. Destes, uma fração $W_{\mathbf{k}',\mathbf{k}}dt\, d\mathbf{k}/(2\pi)^3$ seria espalhada para $d\mathbf{k}$ em torno de $\mathbf{k}$, se todos os níveis no elemento de volume $d\mathbf{k}$ estivessem vazios; uma vez que, entretanto, apenas uma fração $1 - g(\mathbf{k})$ está vazia, a primeira fração deve ser reduzida por este fator. Portanto, o número total de elétrons por unidade de volume que chegam ao elemento de volume $d\mathbf{k}$ sobre $\mathbf{k}$ a partir do elemento de volume $d\mathbf{k}'$ em torno de $\mathbf{k}'$, em consequência de uma colisão no intervalo de tempo dt, é

$$\left[g(\mathbf{k}')\frac{d\mathbf{k}'}{(2\pi)^3}\right]\left[W_{\mathbf{k}',\mathbf{k}}\frac{d\mathbf{k}}{(2\pi)^3}dt\right][1 - g(\mathbf{k})]. \quad \textbf{(16.6)}$$

Somando isso a todo $\mathbf{k}'$, e comparando o resultado com (16.5), encontramos que

$$\left(\frac{dg(\mathbf{k})}{dt}\right)_{\text{dentro}} = [1 - g(\mathbf{k})]\int \frac{d\mathbf{k}'}{(2\pi)^3}W_{\mathbf{k}',\mathbf{k}}g(\mathbf{k}'), \quad \textbf{(16.7)}$$

que tem a mesma estrutura de (16.4), exceto pelo intercâmbio de $\mathbf{k}$ e $\mathbf{k}'$.

É instrutivo comparar essas expressões com as grandezas correspondentes na aproximação de tempo de relaxação. A aproximação de tempo de relaxação para $(dg(\mathbf{k})/dt)_{\text{fora}}$ difere de (16.4) apenas em relação ao fato de a razão de colisão, $1/\tau(\mathbf{k})$, ser uma função especificada definida de $\mathbf{k}$ que não depende [em contraste com (16.2]) da função de distribuição g. A disparidade entre a expressão (16.7) para $[dg(\mathbf{k})/dt]_{\text{dentro}}$ e a grandeza correspondente na aproximação de tempo de relaxação é mais pronunciada, porque a aproximação de tempo de relaxação afirma que a distribuição de elétrons que emergem de colisões no intervalo dt é simplesmente $dt/\tau(\mathbf{k})$ vezes a função de distribuição de equilíbrio local $g^0(\mathbf{k})$ [veja a equação (13.3)]. Esses resultados são resumidos na Tabela 16.1.

É conveniente definir $(dg/dt)_{\text{col}}$ como a razão total pela qual a função de distribuição varia em virtude das colisões: $(dg(\mathbf{k})/dt)_{\text{col}}dt\, d\mathbf{k}/(2\pi)^3$ é a variação no número de elétrons por unidade de volume com vetores de onda no elemento de volume $d\mathbf{k}$ em torno de $\mathbf{k}$ no intervalo de tempo dt, devido a todas as colisões. Já que os elétrons podem ser espalhados para dentro ou para fora de $d\mathbf{k}$ por colisões, $(dg/dt)_{\text{col}}$ é simplesmente a soma de $(dg/dt)_{\text{dentro}}$ e $(dg/dt)_{\text{fora}}$:

$$\boxed{\left(\frac{dg(\mathbf{k})}{dt}\right)_{\text{col.}} = \int \frac{d\mathbf{k}'}{(2\pi)^3}\{W_{\mathbf{k},\mathbf{k}'}g(\mathbf{k})[1 - g(\mathbf{k}')] - W_{\mathbf{k}',\mathbf{k}}g(\mathbf{k}')[1 - g(\mathbf{k})]\}.} \quad \textbf{(16.8)}$$

Tabela 16.1

Uma comparação do tratamento geral de colisões com as simplificações da aproximação de tempo de relaxação

	Aproximação de tempo de relaxação	Geral
$\left(\frac{dg(\mathbf{k})}{dt}\right)_{\text{col.}}^{\text{fora}}$	$-\frac{g(\mathbf{k})}{\tau(\mathbf{k})}$	$-\int \frac{d\mathbf{k}'}{(2\pi)^3} W_{\mathbf{k},\mathbf{k}'}[1-g(\mathbf{k}')]g(\mathbf{k})$
$\left(\frac{dg(\mathbf{k})}{dt}\right)_{\text{col.}}^{\text{dentro}}$	$\frac{g^0(\mathbf{k})}{\tau(\mathbf{k})}$	$\int \frac{d\mathbf{k}'}{(2\pi)^3} W_{\mathbf{k}',\mathbf{k}}\, g(\mathbf{k}')[1-g(\mathbf{k})]$
Comentários	$\tau(\mathbf{k})$ é uma função especificada de **k** e não depende de $g(\mathbf{k})$; $g^0(\mathbf{k})$ é a função de distribuição de equilíbrio local.	$W_{\mathbf{k},\mathbf{k}'}$ é uma função de **k** e **k**′, que, em geral, também pode depender de $g(\mathbf{k})$ ou mesmo de uma segunda função de distribuição que descreva a configuração local de espalhadores.

Na aproximação de tempo de relaxação (veja a Tabela 16.1), simplifica-se em

$$\left(\frac{dg(\mathbf{k})}{dt}\right)_{\text{col.}} = -\frac{[g(\mathbf{k})-g^0(\mathbf{k})]}{\tau(\mathbf{k})}. \quad \text{(aproximação de tempo de relaxação)} \quad \textbf{(16.9)}$$

DETERMINAÇÃO DA FUNÇÃO DE DISTRIBUIÇÃO: A EQUAÇÃO DE BOLTZMANN

Quando se abandona a aproximação de tempo de relaxação, não se pode construir uma representação explícita da função de distribuição de não equilíbrio g em termos das soluções para as equações semiclássicas de movimento, como fizemos no Capítulo 13 avaliando todos os tempos passados. Pode-se, entretanto, responder à questão mais modesta de como g deve ser construída no tempo t, a partir de seu valor em um tempo infinitesimal dt anterior.

Para fazer isso, primeiro ignoramos a possibilidade de haver colisões entre $t - dt$ e t, corrigindo essa omissão mais tarde. Se nenhuma colisão ocorreu, as coordenadas **r** e **k** de todo elétron desenvolvem-se de acordo com as equações semiclássicas de movimento (12.6):

$$\dot{\mathbf{r}} = \mathbf{v}(\mathbf{k}), \quad \hbar\dot{\mathbf{k}} = -e\left(\mathbf{E} + \frac{1}{c}\mathbf{v}\times\mathbf{H}\right) = \mathbf{F}(\mathbf{r},\mathbf{k}). \quad \textbf{(16.10)}$$

Uma vez que dt é infinitesimal, podemos encontrar a solução explícita para estas equações para ordem linear em dt: um elétron em **r**, **k** no tempo t deve ter estado em $\mathbf{r} - \mathbf{v}(\mathbf{k})\, dt$, $\mathbf{k} - \mathbf{F}\, dt/\hbar$, no tempo $t - dt$. Na ausência de colisões, este é o único ponto de onde os elétrons em **r,k** podem ter vindo, e todo elétron neste ponto atingirá o ponto **r**, **k**. Consequentemente,[9]

$$g(\mathbf{r},\mathbf{k},t) = g(\mathbf{r} - \mathbf{v}(\mathbf{k})dt, \mathbf{k} - \mathbf{F}dt/\hbar, t - dt). \quad \mathbf{(16.11)}$$

Para levarmos em conta as colisões, devemos adicionar dois termos de correção a (16.11). O lado direito está errado porque supõe que todos os elétrons vão de $\mathbf{r} - \mathbf{v}\,dt$, $\mathbf{k} - \mathbf{F}\,dt/\hbar$ para **r**, **k** no mesmo tempo *dt*, ignorando o fato de que alguns são defletidos pelas colisões. Também está errado porque conta os elétrons encontrados em **r**, **k** no tempo *t* não como resultado de seu movimento semiclássico sem obstáculos desde o tempo $t - dt$, mas como resultado de uma colisão entre $t - dt$ e *t*. Adicionando essas correções, encontramos para a ordem principal em *dt*:

$$\begin{aligned} g(\mathbf{r},\mathbf{k},t) = & \\ & g(\mathbf{r} - \mathbf{v}(\mathbf{k})dt, \mathbf{k} - \mathbf{F}dt/\hbar, t - dt) \ \text{(evolução sem colisões)} \\ & + \left(\frac{\partial g(\mathbf{r},\mathbf{k},t)}{\partial t}\right)_{\text{fora}} dt \ \begin{pmatrix}\text{correção: alguns não chegam} \\ \text{lá por causa de colisões}\end{pmatrix} \\ & + \left(\frac{\partial g(\mathbf{r},\mathbf{k},t)}{\partial t}\right)_{\text{dentro}} dt. \ \begin{pmatrix}\text{correção: alguns chegam lá} \\ \text{apenas por causa de colisões}\end{pmatrix} \end{aligned} \quad \mathbf{(16.12)}$$

Se expandirmos o lado esquerdo para a ordem linear em *dt*, então, no limite, à medida que $dt \to 0$, (16.12) se reduz a

$$\boxed{\frac{\partial g}{\partial t} + \mathbf{v} \cdot \frac{\partial}{\partial \mathbf{r}} g + \mathbf{F} \cdot \frac{1}{\hbar} \frac{\partial}{\partial \mathbf{k}} g = \left(\frac{\partial g}{\partial t}\right)_{\text{col.}}.} \quad \mathbf{(16.13)}$$

Esta é a famosa equação de Boltzmann. Os termos no lado esquerdo são geralmente chamados termos de desvio e o termo no lado direito denomina-se termo de colisão. Quando a forma (16.8) é empregada para o termo de colisão, a equação de Boltzmann em geral torna-se uma equação integrodiferencial não linear. Esta equação fica no coração da teoria de transporte nos sólidos. Muitas técnicas engenhosas e sutis foram desenvolvidas para a extração de informação sobre a função de distribuição e, consequentemente, sobre as diversas condutividades.[10] Não prosseguiremos no assunto, mas recorreremos à

---

[9] Ao escrever (16.11), devemos recorrer ao teorema de Liouville (Apêndice H) (volumes no espaço de fase são preservados pelas equações semiclássicas de movimento), já que o argumento apenas produz o resultado:

$$g(\mathbf{r},\mathbf{k},t)d\mathbf{r}(t)d\mathbf{k}(t) = g(\mathbf{r} - \mathbf{v}(\mathbf{k})t, \mathbf{k} - \mathbf{F}\,dt/\hbar, t - dt)d\mathbf{r}(t - dt)d\mathbf{k}(t - dt),$$

que expressa a igualdade dos números de elétrons em $d\mathbf{r}(t)\,d\mathbf{k}(t)$ e $d\mathbf{r}(t - dt)d\mathbf{k}(t - dt)$. O teorema de Liouville é necessário para permitir o cancelamento dos elementos de volume de espaço de fase em ambos os lados.

[10] Uma visão geral completa é fornecida em J. M. Ziman. *Electrons and phonons*. Oxford, 1960. Há também uma notável série de artigos escritos por I. M. Lifshitz e M. I. Kaganov. *Sov. Phys. Usp.*, 2, p. 831, 1960; 5, p. 878, 1963; 8, p. 805, 1966. [*Usp. Fiz. Nauk*, 69, p. 419, 1959; 78, p. 411, 1962; 87, p. 389, 1965.]

equação de Boltzmann sempre que ela demontrar as limitações da aproximação de tempo de relaxação.

Se substituirmos o termo de colisão, na equação de Boltzmann, pela aproximação de tempo de relaxação (16.9), a equação será simplificada para uma equação diferencial linear parcial. Pode-se demonstrar que a função de distribuição (13.17) que construímos a partir da aproximação de tempo de relaxação é a solução para esta equação (como deve ser o caso, já que suposições idênticas estão por trás de ambas as derivações). Enfatizamos essa equivalência, pois é prática comum derivar resultados como aqueles que encontramos no Capítulo 13 não diretamente da função de distribuição explícita (13.17) dada pela aproximação de tempo de relaxação, mas pela rota aparentemente um tanto diferente de se solucionar a equação de Boltzmann (16.13) com o termo de colisão dado pela aproximação de tempo de relaxação (16.9). A equivalência das duas abordagens é ilustrada nos Problemas 2 e 3, nos quais alguns resultados típicos do Capítulo 13 são derivados outra vez a partir da equação de Boltzmann na aproximação de tempo de relaxação.

ESPALHAMENTO DE IMPUREZAS

Queremos comparar algumas das previsões da aproximação de tempo de relaxamento com aquelas inferidas pelo termo de colisão (16.8) mais preciso. Quando exigimos uma forma específica para a probabilidade de colisão $W_{\mathbf{k},\mathbf{k}'}$, nos especializamos no caso de maior simplicidade analítica: o espalhamento elástico por impurezas substitucionais fixadas, localizadas em sítios de rede aleatórios por todo o cristal. Este não é um caso artificial, já que o espalhamento pelas vibrações térmicas dos íons (Capítulo 26) e o espalhamento elétron-elétron (Capítulo 17) tornam-se progressivamente mais fracos com a queda da temperatura, ao passo que nem a concentração de impurezas nem a interação elétron-impureza mostram alguma dependência notável da temperatura. Assim, em temperaturas suficientemente baixas, o espalhamento de impurezas será a fonte dominante de colisões em qualquer espécime real. Este espalhamento será elástico desde que o gap de energia entre o estado fundamental de impureza e o estado de excitação mais baixo (tipicamente da ordem de elétron-volts) seja grande em comparação a K_BT. Isto assegurará: (a) que há pouquíssimos íons de impureza excitados para doar energia a elétrons em colisões; e (b) que há poucos níveis eletrônicos vazios com energia baixa o suficiente para receber um elétron após ele ter perdido energia suficiente para excitar o íon de impureza para fora de seu estado fundamental.

Se as impurezas estiverem suficientemente diluídas[11] e o potencial $U(\mathbf{r})$ que descreve a interação entre um elétron e uma única impureza na origem for suficientemente fraco, pode ser mostrado que

[11] Elas devem estar diluídas o bastante para que se possa tratar os elétrons como se interagissem com uma impureza de cada vez.

$$W_{\mathbf{k},\mathbf{k}'} = \frac{2\pi}{\hbar} n_i \delta(\varepsilon(\mathbf{k}) - \varepsilon(\mathbf{k}'))|\langle\mathbf{k}|U|\mathbf{k}'\rangle|^2, \quad (16.14)$$

onde n_i é o número de impurezas por unidade de volume,

$$\langle\mathbf{k}|U|\mathbf{k}'\rangle = \int d\mathbf{r}\psi^*_{n\mathbf{k}'}(\mathbf{r})U(\mathbf{r})\psi_{n\mathbf{k}}(\mathbf{r}), \quad (16.15)$$

e as funções de Bloch são tomadas para ser normalizadas de tal forma que

$$\int_{\text{célula}} d\mathbf{r}|\psi_{n\mathbf{k}}(\mathbf{r})|^2 = v_{\text{célula}}. \quad (16.16)$$

A equação (16.14) pode ser deduzida aplicando-se a "Regra do Ouro" da teoria da perturbação dependente do tempo de primeira ordem[12] ao espalhamento de um elétron de Bloch para cada uma das impurezas. É consideravelmente mais difícil construir a derivação mais fundamental começando com a Hamiltoniana básica para todos os elétrons e impurezas e derivando-se toda a equação de Boltzmann com um termo de colisão dado por (16.8) e (16.14).[13]

Não prosseguiremos com a derivação de (16.14) aqui, já que vamos explorar pouquíssimas propriedades gerais do resultado:

1. Devido à função delta em (16.14), $W_{\mathbf{k},\mathbf{k}'} = 0$ a não ser que $\varepsilon(\mathbf{k}) = \varepsilon(\mathbf{k}')$; o espalhamento é explicitamente elástico;

2. $W_{\mathbf{k},\mathbf{k}'}$ é independente da função de distribuição eletrônica g. Isso é consequência da aproximação eletrônica independente: o modo pelo qual um elétron interage com uma impureza é, além das restrições impostas pelo princípio da exclusão, independente dos outros elétrons. Este é o principal aspecto de simplificação do espalhamento de impurezas. No espalhamento elétron-elétron, por exemplo, $W_{\mathbf{k},\mathbf{k}'}$ depende da função de distribuição g, já que, acima e além das simples restrições impostas pelo princípio da exclusão, a probabilidade do espalhamento de elétron depende de que outros elétrons estejam disponíveis para que ele possa interagir. A descrição do espalhamento por vibrações térmicas dos íons é também mais complicada, uma vez que W dependerá das propriedades do sistema de íons, que podem ser muito complexas;

3. W tem a simetria

$$W_{\mathbf{k},\mathbf{k}'} = W_{\mathbf{k}',\mathbf{k}}, \quad (16.17)$$

---

[12] Veja, por exemplo, L. D. Landau e E. M. Lifshitz. *Quantum mechanics*. Reading: Addison-Wesley, 1965. Equação (43.1).

[13] Uma das primeiras análises completas foi dada por J. M. Luttinger e W. Kohn. *Phys. Rev.*, 108, p. 590, 1957; 109, p. 1.892, 1958.

que advém do fato de U ser Hermitiano ($\langle \mathbf{k}|U|\mathbf{k}' = \langle \mathbf{k}'|U|\mathbf{k}\rangle^*$). Pode-se mostrar que esta simetria não depende de a interação impureza-elétron ser fraca, mas ocorre de modo geral, contanto que apenas os potenciais cristalinos e de impureza sejam reais e invariáveis sob inversões espaciais. A simetria (16.17) é geralmente chamada de "balanceamento detalhado". Para mecanismos de espalhamento mais gerais há simetrias relacionadas, porém mais complexas, que são muito importantes nos estudos da abordagem do equilíbrio termodinâmico.

A simetria (16.17) simplifica o termo de colisão (16.8) para

$$\left(\frac{dg(\mathbf{k})}{dt}\right)_{\text{col.}} = -\int \frac{d\mathbf{k}'}{(2\pi)^3} W_{\mathbf{k},\mathbf{k}'}[g(\mathbf{k}) - g(\mathbf{k}')]. \quad \textbf{(16.18)}$$

Observe que os termos quadráticos em g, que se encontram em (16.8) como consequência do princípio de exclusão, anulam-se identicamente como consequência da simetria (16.17).

No restante deste capítulo, descreveremos alguns problemas típicos cuja formulação própria requer uma descrição mais precisa de colisões do que a aproximação de tempo de relaxação pode fornecer.

A LEI DE WIEDEMANN-FRANZ

A derivação da lei de Wiedemann-Franz no Capítulo 13 pareceu bem geral. Quando o problema é reexaminado sem que se use a aproximação de tempo de relaxação, no entanto, pode-se demonstrar que a lei se mantém apenas quando a energia de cada elétron se conserva em cada colisão. A exigência matemática correspondente é que, para qualquer função $g(\mathbf{k})$, a probabilidade de espalhamento $W_{\mathbf{k},\mathbf{k}'}$ seja tal que

$$\int d\mathbf{k}' W_{\mathbf{k},\mathbf{k}'} \varepsilon(\mathbf{k}') g(\mathbf{k}') = \varepsilon(\mathbf{k}) \int d\mathbf{k}' W_{\mathbf{k},\mathbf{k}'} g(\mathbf{k}'). \quad \textbf{(16.19)}$$

Isso é claramente satisfeito quando W tem a forma de conservação de energia, (16.14), mas não se manterá se $W_{\mathbf{k},\mathbf{k}'}$ puder ser não zero para valores de $\mathbf{k}$ e $\mathbf{k}'$ com $\varepsilon(\mathbf{k}) \neq \varepsilon(\mathbf{k}')$.

Levaríamos muito tempo para demonstrar analiticamente que a condição de espalhamento elástico (16.19) é suficiente para garantir a lei de Wiedemann-Franz. No entanto, a razão física para tanto não é difícil de ser entendida. Como a carga de cada elétron é permanentemente $-e$, a única maneira por meio da qual as colisões podem degradar uma corrente elétrica se dá pela alteração da velocidade de cada elétron. Entretanto, em uma corrente térmica [equação (13.42)], a carga é substituída por $(\varepsilon - \mu)/T$. Portanto, *se* a energia conserva-se em cada colisão (como certamente ocorre com a carga), as correntes térmicas serão degradadas precisamente da mesma maneira e na mesma extensão que as correntes elétricas. Se, no entanto, as colisões não conservarem a energia ε de cada elétron, um segundo mecanismo torna-se disponível para a degradação de uma corrente térmica que não tem análogo elétrico: colisões podem alterar a energia do elétron ε bem como sua velocidade. Já que tais colisões inelásticas terão efeito substancialmente diferente nas correntes térmicas e elétricas, não há mais razão para se esperar que uma relação simples se mantenha entre as condutividades elétrica e térmica.[14]

Evidentemente, a lei de Wiedemann-Franz não se manterá para a boa aproximação, se a energia se conservar para uma boa aproximação. A exigência crucial é que a variação da energia de cada elétron em uma colisão seja pequena em comparação a K_BT. Ocorre que o espalhamento por vibrações térmicas dos íons pode satisfazer esta condição em altas temperaturas. Já que tal espalhamento é a fonte da alta temperatura dominante de colisões, a lei de Wiedemann-Franz é geralmente bem obedecida tanto em alta quanto em baixa temperatura.[15] No entanto, na faixa intermediária de temperatura (aproximadamente de dez a algumas centenas de graus K), em que as colisões inelásticas são tanto prevalecentes quanto capazes de produzir perdas de energia eletrônica da ordem de K_BT, esperam-se e observam--se falhas da lei de Wiedemann-Franz.

REGRA DE MATTHIESSEN

Suponha que existam duas fontes de espalhamento fisicamente distinguíveis (por exemplo, espalhamento por impurezas e espalhamento por outros elétrons). Se a presença de um mecanismo não altera o modo pelo qual o outro mecanismo funciona, a razão total de colisão W será dada pelas somas das razões de colisão em virtude dos mecanismos separados:

$$W = W^{(1)} + W^{(2)}. \quad \textbf{(16.20)}$$

Na aproximação de tempo de relaxação, isso imediatamente implica que

$$\frac{1}{\tau} = \frac{1}{\tau^{(1)}} + \frac{1}{\tau^{(2)}}. \quad \textbf{(16.21)}$$

Se, além disso, tomarmos um tempo de relaxação independente de $\mathbf{k}$ para cada mecanismo, então, já que a resistividade é proporcional a $1/\tau$, teremos

$$\rho = \frac{m}{ne^2\tau} = \frac{m}{ne^2}\frac{1}{\tau^{(1)}} + \frac{m}{ne^2}\frac{1}{\tau^{(2)}} = \rho^{(1)} + \rho^{(2)}. \quad \textbf{(16.22)}$$

[14] Às vezes, encontra-se a afirmação de que a lei de Wiedemann-Franz é falha porque o tempo de relaxação para correntes térmicas é diferente do tempo de relaxação para correntes elétricas. Isso é, na melhor das hipóteses, uma simplificação excessiva e enganosa. A lei de Wiedemann-Franz é falha, se o espalhamento inelástico estiver presente, porque há processos de espalhamento que podem degradar uma corrente térmica sem degradar uma corrente elétrica. A falha se deve não às *razões* comparativas pelas quais os elétrons experimentam colisões, mas à *efetividade* comparativa de cada colisão individual em degradar os dois tipos de correntes.

[15] Em baixas temperaturas, como mencionamos, a fonte dominante de colisões é o espalhamento elástico de impurezas.

que afirma que a resistividade na presença de diversos mecanismos de espalhamento distintos é simplesmente a soma das resistividades que seria obtida se cada um estivesse presente apenas.

Esta proposição é conhecida como regra de Matthiessen. À primeira vista, sua utilidade pareceria questionável, pois é difícil imaginar como seria possível remover uma fonte de espalhamento, mantendo todas as outras coisas constantes. No entanto, ela realmente faz algumas afirmações gerais de princípio que podem ser facilmente testadas. Por exemplo, o espalhamento elástico de impurezas deve prosseguir em uma razão independente de temperatura (já que nem o número de impurezas nem sua interação com elétrons são consideravelmente afetados pela temperatura), mas a razão do espalhamento elétron-elétron deve ser como T^2 (nas teorias mais simples: veja o Capítulo 17). Assim, a regra de Matthiessen prevê uma resistividade da forma $\rho = A + BT^2$ com coeficientes A e B independentes da temperatura se o espalhamento de impureza e o de elétron-elétron forem os mecanismos dominantes.

Não é difícil verificar que a regra de Matthiessen falha até mesmo na aproximação de tempo de relaxação, se τ depender de **k**. Pois a condutividade σ é, então, proporcional a alguma média, $\bar{\tau}$, do tempo de relaxação [veja, por exemplo, a equação (13.25)]. Assim, a resistividade, ρ, é proporcional a $1/\bar{\tau}$, e a regra de Matthiessen exige que

$$1/\bar{\tau} = 1/\overline{\tau^{(1)}} + 1/\overline{\tau^{(2)}}. \quad \textbf{(16.23)}$$

No entanto, a equação (16.21) fornece apenas relações como

$$\overline{(1/\tau)} = \overline{(1/\tau^{(1)})} + \overline{(1/\tau^{(2)})}, \quad \textbf{(16.24)}$$

que não são equivalentes a (16.23) a não ser que $\tau^{(1)}$ e $\tau^{(2)}$ sejam independentes de **k**.

Uma descrição mais realista de colisões levanta dúvidas ainda mais graves sobre a validade da regra de Matthiessen, já que a suposição de que a razão de espalhamento devido a um mecanismo é independente da presença do segundo torna-se muito menos plausível tão logo as suposições da aproximação de tempo de relaxação sejam omitidas. A razão real pela qual um elétron experimenta colisões depende da configuração dos outros elétrons, o que pode ser fortemente afetado pela presença de dois mecanismos de espalhamento concorrentes, a não ser que, por sorte, aconteça de a função de distribuição na presença de cada mecanismo de espalhamento em separado ser a mesma.

Pode-se demonstrar, entretanto, sem que se faça a aproximação de tempo de relaxação, que a regra de Matthiessen se mantém como uma desigualdade:[16]

---

[16] Veja, por exemplo, J. M. Ziman. *Electrons and phonons*. Oxford, 1960. p. 286, e também o Problema 4 deste Capítulo.

$$\rho \geqslant \rho^{(1)} + \rho^{(2)}. \quad (16.25)$$

Estudos quantitativos analíticos de até que ponto a regra de Matthiessen falha são bem complexos. A regra é, certamente, válida como um guia imperfeito do que se pode esperar, mas deve-se sempre ter em mente a possibilidade de haver grandes falhas — possibilidade que é obscurecida pela ingênua aproximação de tempo de relaxação.

ESPALHAMENTO EM MATERIAIS ISOTRÓPICOS

Às vezes, afirma-se que a aproximação de tempo de relaxação pode se justificar em sistemas isotrópicos. Esta é uma observação interessante e útil, mas é preciso estar ciente de suas limitações. A questão surge na descrição do espalhamento elástico de impurezas em um metal isotrópico. As duas condições cruciais[17] são:

(a) a energia $\varepsilon(\mathbf{k})$ deve depender apenas da magnitude k do vetor $\mathbf{k}$;

(b) a probabilidade de espalhamento entre dois níveis $\mathbf{k}$ e $\mathbf{k}'$ deve desaparecer, a não ser que $k = k'$ (isto é, deve ser elástica), e deve depender apenas do valor comum de suas energias e do ângulo entre $\mathbf{k}$ e $\mathbf{k}'$.

Se a condição (*a*) se mantiver, então, *na aproximação de tempo de relaxação*, a função de distribuição de não equilíbrio na presença de um campo elétrico estático espacialmente uniforme e do gradiente de temperatura, equação (13.43), tem a forma geral[18]

$$g(\mathbf{k}) = g^0(\mathbf{k}) + \mathbf{a}(\varepsilon) \cdot \mathbf{k}, \quad (16.26)$$

onde a função de vetor **a** depende de **k** apenas por meio de sua magnitude — ou seja, apenas por meio de $\varepsilon(\mathbf{k})$ — sendo $g^0(\mathbf{k})$ a função de distribuição de equilíbrio local. Quando o espalhamento for o espalhamento elástico de impurezas e as condições (*a*) e (*b*) se mantiverem, pode-se mostrar que, se a solução para a equação de Boltzmann na aproximação de tempo de relaxação tiver a forma (16.26),[19] *então ela é também uma solução para toda a equação de Boltzmann.*

---

[17] Uma análise detalhada revela que essas exigências precisam se manter apenas para níveis dentro de $O(k_BT)$ da superfície de Fermi. Isso porque a forma final da função de distribuição difere da forma de equilíbrio local apenas nesta faixa de energia [veja, por exemplo, a equação (13.43)]. Assim, a análise consequente pode ser aplicada não somente ao gás ideal de elétrons livres, mas também aos metais alcalinos, cuja superfície de Fermi é notadamente esférica, desde que o espalhamento seja suficientemente isotrópico próximo à energia de Fermi.

[18] Esta forma também se mantém para perturbações dependentes de tempo e na presença de campos magnéticos estáticos espacialmente uniformes. Se, no entanto, qualquer um dos campos externos ou gradientes de temperatura depender de posição, então (16.26) não se mantém, e a conclusão de que a solução para a equação de Boltzmann tem a forma dada pela aproximação de tempo de relaxação não pode mais ser retirada.

[19] A função de distribuição construída no Capítulo 13 é uma solução para a equação de Boltzmann na aproximação de tempo de relaxação, como mencionado na página 348.

Para demonstrar isto é suficiente mostrar que a equação (16.18), mais correta para $(dg/dt)_{col}$, reduz-se para a forma (16.9), admitida na aproximação de tempo de relaxação, sempre que a função de distribuição g tiver a forma (16.26). Devemos, então, mostrar que é possível encontrar uma função $\tau(\mathbf{k})$ que não depende da função de distribuição g, de modo que sempre que g tiver a forma (16.26) e o espalhamento for espalhamento elástico isotrópico de impurezas,

$$\int \frac{d\mathbf{k}'}{(2\pi)^3} W_{\mathbf{k},\mathbf{k}'}[g(\mathbf{k}) - g(\mathbf{k}')] = \frac{1}{\tau(\mathbf{k})}[g(\mathbf{k}) - g^0(\mathbf{k})]. \quad \textbf{(16.27)}$$

Se substituirmos a função de distribuição (16.26) em (16.27) e observarmos que, para o espalhamento elástico, $W_{\mathbf{k},\mathbf{k}'}$ desaparece a não ser que $\varepsilon(\mathbf{k}) = \varepsilon(\mathbf{k}')$, o vetor $\mathbf{a}(\varepsilon')$ poderá ser substituído por $\mathbf{a}(\varepsilon)$ e removido da integral, reduzindo-se a condição (16.27) a[20]

$$\mathbf{a}(\varepsilon)\cdot \int \frac{d\mathbf{k}'}{(2\pi)^3} W_{\mathbf{k},\mathbf{k}'}(\mathbf{k} - \mathbf{k}') = \frac{1}{\tau(\mathbf{k})}\mathbf{a}(\varepsilon)\cdot\mathbf{k}. \quad \textbf{(16.28)}$$

Resolveremos a seguir o vetor $\mathbf{k}'$ em seus componentes paralelos e perpendiculares a $\mathbf{k}$:

$$\mathbf{k}' = \mathbf{k}'_{\parallel} + \mathbf{k}'_{\perp} = (\hat{\mathbf{k}}\cdot\mathbf{k}')\hat{\mathbf{k}} + \mathbf{k}'_{\perp}. \quad \textbf{(16.29)}$$

Já que o espalhamento é elástico e $W_{\mathbf{k},\mathbf{k}'}$ depende apenas do ângulo entre $\mathbf{k}$ e $\mathbf{k}'$, $W_{\mathbf{k},\mathbf{k}'}$ não pode depender de $\mathbf{k}'_{\perp}$ e, portanto, $\int d\mathbf{k}'\, W_{\mathbf{k},\mathbf{k}'}\mathbf{k}'_{\perp}$ deve desaparecer. Consequentemente,

$$\int d\mathbf{k}' W_{\mathbf{k},\mathbf{k}'}\mathbf{k}' = \int d\mathbf{k}' W_{\mathbf{k},\mathbf{k}'}\mathbf{k}'_{\parallel} = \hat{\mathbf{k}}\int d\mathbf{k}' W_{\mathbf{k},\mathbf{k}'}(\hat{\mathbf{k}}\cdot\hat{\mathbf{k}}')k'. \quad \textbf{(16.30)}$$

Finalmente, já que $W_{\mathbf{k},\mathbf{k}'}$ desaparece a não ser que as magnitudes de $\mathbf{k}$ e $\mathbf{k}'$ sejam iguais, o fator k' no último integrando em (16.30) pode ser substituído por k e retirado da integral, podendo ser combinado ao vetor unitário $\hat{\mathbf{k}}$ para produzir o vetor $\mathbf{k}$:

$$\int d\mathbf{k}' W_{\mathbf{k},\mathbf{k}'}\mathbf{k}' = \mathbf{k}\int d\mathbf{k}' W_{\mathbf{k},\mathbf{k}'}(\hat{\mathbf{k}}\cdot\hat{\mathbf{k}}'). \quad \textbf{(16.31)}$$

Resulta da identidade (16.31) que o lado esquerdo da equação (16.28) tem, de fato, a mesma forma do lado direito, desde que $\tau(\mathbf{k})$ seja definido por[21]

$$\frac{1}{\tau(\mathbf{k})} = \int \frac{d\mathbf{k}'}{(2\pi)^3} W_{\mathbf{k},\mathbf{k}'}(1 - \hat{\mathbf{k}}\cdot\hat{\mathbf{k}}'). \quad \textbf{(16.32)}$$

---

[20] Note que a distribuição de equilíbrio g_0 depende de $\mathbf{k}$ apenas através de $\varepsilon(\mathbf{k})$ e, portanto, sai de (16.28) quando o espalhamento é elástico.

[21] Note que o tempo de relaxação dado por (16.32) pode depender da magnitude, mas não a direção de $\mathbf{k}$.

Assim, a aproximação de tempo de relaxação [com tempo de relaxação dado por (16.32)] fornece a mesma descrição da equação de Boltzmann completa quando aplicada a desordens espacialmente homogêneas em um metal isotrópico com espalhamento elástico isotrópico de impurezas.

Observe que o tempo de relaxação dado por (16.32) é a média ponderada da probabilidade de colisão, na qual o espalhamento avançado ($\hat{\mathbf{k}} = \hat{\mathbf{k}}'$) recebe muito pouco peso. Se θ é o ângulo entre $\mathbf{k}$ e $\mathbf{k}'$, então $1 - \hat{\mathbf{k}} \cdot \hat{\mathbf{k}}' = 1 - \cos\theta \approx \theta^2/2$ para ângulos pequenos. Não é irracional que um espalhamento com pequeno ângulo deva fazer uma contribuição muito pequena para a razão de colisão efetiva. Se as colisões ocorressem apenas na direção adiante (ou seja, se $W_{\mathbf{k},\mathbf{k}'}$ desaparecesse a não ser que $\mathbf{k} = \mathbf{k}'$), elas não teriam nenhuma consequência. Quando as variações possíveis no vetor de onda são diferentes de zero, mas muito pequenas, a distribuição de vetores de onda eletrônicos será apenas levemente afetada por colisões. Uma única colisão, por exemplo, não eliminaria todos os traços dos campos que aceleraram o elétron, como mantido pela aproximação de tempo de relaxação, e, portanto, o tempo de relaxação efetivo inverso (16.32) é bem menor do que a razão de colisão real (16.2) quando o espalhamento é predominantemente o espalhamento avançado.

Esta questão permanece válida de forma um tanto genérica: o espalhamento avançado contribuirá menos com as "razões de colisão" efetivas do que o espalhamento com ângulos amplos, a não ser que uma propriedade que esteja sendo medida dependa sensivelmente da direção precisa na qual alguns elétrons se movem. Veremos no Capítulo 26 que esta questão é de grande importância para a compreensão da dependência da temperatura na resistividade elétrica DC.

PROBLEMAS

1. Considere que h(k) seja qualquer propriedade monoeletrônica cuja densidade total é

$$H = \int \frac{d\mathbf{k}}{4\pi^3} h(\mathbf{k}) g(\mathbf{k}), \quad \textbf{(16.33)}$$

onde g é a função de distribuição eletrônica. Se, por exemplo, $h(\mathbf{k})$ é a energia eletrônica, $\varepsilon(\mathbf{k})$, então H é a densidade de energia u; se $h(\mathbf{k})$ é a carga eletrônica, $-e$, então H é a densidade de carga, ρ. O valor da densidade H no entorno de um ponto varia porque os elétrons se movem para dentro e para fora de sua vizinhança, alguns como resultado das equações semiclássicas de movimento e alguns como resultado de colisões. A variação em H em virtude das colisões é

$$\left(\frac{dH}{dt}\right)_{\text{col.}} = \int \frac{d\mathbf{k}}{4\pi^3} h(\mathbf{k}) \left(\frac{\partial g}{\partial t}\right)_{\text{col.}}. \quad \textbf{(16.34)}$$

(a) Mostre, a partir de (16.8), que $(dH/dt)_{col}$ desaparece desde que todas as colisões conservem h [ou seja, desde que haja apenas espalhamento entre os níveis $\mathbf{k}$ e $\mathbf{k}'$ com $h(\mathbf{k}) = h(\mathbf{k}')$].

(b) Mostre que, se (16.8) for substituída pela aproximação de tempo de relaxação (16.9), $(dH/dt)_{col}$ desaparecerá apenas se os parâmetros $\mu(\mathbf{r}, t)$ e $T(\mathbf{r}, t)$, que caracterizam a distribuição de equilíbrio local f, produzirem um valor de equilíbrio de H igual ao valor real (16.33).

(c) Deduza a equação de continuidade, $\nabla\cdot\mathbf{j} + \partial\rho/\partial t = 0$, da equação de Boltzmann (16.13).

(d) Deduza a equação de fluxo de energia (13.83) da equação de Boltzmann (16.13), admitindo que $(du/dt)_{col} = 0$.

2. Um metal é perturbado por um campo elétrico espacialmente uniforme e por um gradiente de temperatura. Fazendo a aproximação de tempo de relaxação (16.9) (onde g_0 é a distribuição de equilíbrio local adequada para o gradiente de temperatura imposto), resolva a equação de Boltzmann (16.13) para ordem linear no campo e no gradiente de temperatura, e verifique que a solução é idêntica a (13.43).

3. Um metal à temperatura constante e em um campo magnético uniforme estático é perturbado por um campo elétrico uniforme estático.

(a) Fazendo a aproximação de tempo de relaxação (16.9), resolva a equação de Boltzmann (16.13) para ordem linear no campo elétrico (tratando o campo magnético exatamente), de acordo com a suposição

$$\varepsilon(\mathbf{k}) = \frac{\hbar^2 k^2}{2m^*}. \quad \textbf{(16.35)}$$

Verifique que sua solução é da forma (16.26).

(b) Construa o tensor de condutividade a partir de sua solução e verifique que ele está de acordo com o que se encontra mediante a avaliação de (13.69) e (13.70) para uma banda de elétron livre única.

4. Considere a equação de Boltzman (16.13) para um metal em um campo elétrico estático uniforme, com um termo de colisão (16.18) adequado ao espalhamento elástico de impurezas.

(a) Admitindo uma função de distribuição de não equilíbrio da forma

$$g(\mathbf{k}) = f(\mathbf{k}) + \delta g(\mathbf{k}), \quad \textbf{(16.36)}$$

onde f é a função de Fermi de equilíbrio e $\delta g(\mathbf{k})$ é de ordem E, derive para ordem linear em E uma equação integral obedecida por δg, mostrando que a condutividade pode ser expressa na forma

$$\boldsymbol{\sigma} = e^2 \int \frac{d\mathbf{k}}{4\pi^3}\left(-\frac{\partial f}{\partial \varepsilon}\right)\mathbf{v}(\mathbf{k})\mathbf{u}(\mathbf{k}), \quad \textbf{(16.37)}$$

onde $\mathbf{u}(\mathbf{k})$ é uma solução para a equação integral

$$\mathbf{v}(\mathbf{k}) = \int \frac{d\mathbf{k}'}{(2\pi)^3} W_{\mathbf{k},\mathbf{k}'}[\mathbf{u}(\mathbf{k}) - \mathbf{u}(\mathbf{k}')]. \quad \textbf{(16.38)}$$

(b) Considere que $\alpha(\mathbf{k})$ e $\gamma(\mathbf{k})$ sejam quaisquer duas funções de $\mathbf{k}$. Defina

$$(\alpha, \gamma) = e^2 \int \frac{d\mathbf{k}}{4\pi^3}\left(-\frac{\partial f}{\partial \varepsilon}\right)\alpha(\mathbf{k})\gamma(\mathbf{k}) \quad \textbf{(16.39)}$$

de tal forma que (16.37) possa ser representada de forma compacta como

$$\sigma_{\mu\nu} = (v_\mu, u_\nu). \quad \textbf{(16.40)}$$

Defina

$$\{\alpha, \gamma\} = e^2 \int \frac{d\mathbf{k}}{4\pi^3}\left(-\frac{\partial f}{\partial \varepsilon}\right)\alpha(\mathbf{k}) \int \frac{d\mathbf{k}'}{(2\pi)^3} W_{\mathbf{k},\mathbf{k}'}[\gamma(\mathbf{k}) - \gamma(\mathbf{k}')]. \quad \textbf{(16.41)}$$

Mostre que $\{\alpha,\gamma\} = \{\gamma,\alpha\}$ e que a equação (16.38) implica que

$$\{u_\mu, \gamma\} = (v_\mu, \gamma), \quad \textbf{(16.42)}$$

de tal forma que a condutividade também possa ser expressa na forma

$$\sigma_{\mu\nu} = \{u_\mu, u_\nu\}. \quad \textbf{(16.43)}$$

(c) Prove, para α e γ arbitrários, que

$$\{\alpha, \alpha\} \geqslant \frac{\{\alpha, \gamma\}^2}{\{\gamma, \gamma\}}. \quad \textbf{(16.44)}$$

(*Dica*: prove que $\{\alpha + \lambda\gamma,\ \alpha + \lambda\gamma\} \geq 0$ para λ arbitrário e escolha um λ que minimize o lado esquerdo dessa desigualdade.)

(d) Com a escolha $\alpha = u_x$, deduza que σ_{xx} satisfaz a desigualdade

$$\sigma_{xx} \geqslant \frac{e^2\left[\int \frac{d\mathbf{k}}{4\pi^3}\left(-\frac{\partial f}{\partial \varepsilon}\right)v_x(\mathbf{k})\gamma(\mathbf{k})\right]^2}{\int \frac{d\mathbf{k}}{4\pi^3}\left(-\frac{\partial f}{\partial \varepsilon}\right)\gamma(\mathbf{k}) \int \frac{d\mathbf{k}'}{(2\pi)^3} W_{\mathbf{k},\mathbf{k}'}[\gamma(\mathbf{k}) - \gamma(\mathbf{k}')]}. \quad \textbf{(16.45)}$$

para funções y arbitrárias.

(e) Suponha que $W = W^{(1)} + W^{(2)}$. Considere que γ seja u_x, onde $\mathbf{u}$ é a solução para (16.38). Considere que $\sigma^{(1)}$ e $\sigma^{(2)}$ sejam as condutividades que se obteriam se apenas $W^{(1)}$ ou $W^{(2)}$ estivessem presentes. Deduza de (16.45), como ela se aplica a $\sigma^{(1)}$ e $\sigma^{(2)}$, que

$$\frac{1}{\sigma_{xx}} \geqslant \frac{1}{\sigma_{xx}^{(1)}} + \frac{1}{\sigma_{xx}^{(2)}}. \quad \mathbf{(16.46)}$$

17 Além da aproximação do elétron independente

As equações de Hartree
As equações de Hartree-Fock
Correlação
Blindagem: a função dielétrica
Teoria de Thomas-Fermi e Lindhard
Blindagem de Lindhard dependente da frequência
Blindando a aproximação de Hartree-Fock
Teoria de Fermi dos líquidos

A escolha adequada do potencial $U(\mathbf{r})$ que aparece na equação monoeletrônica de Schrödinger

$$-\frac{\hbar^2}{2m}\nabla^2\psi(\mathbf{r})+U(\mathbf{r})\psi(\mathbf{r})=\varepsilon\psi(\mathbf{r}) \quad \mathbf{(17.1)}$$

é um problema delicado[1] e, subjacente a ele, encontra-se a questão de como representar da melhor maneira os efeitos das interações elétron-elétron, um assunto que até agora ignoramos por completo, ao trabalharmos na aproximação de elétron independente.

Sob um ponto de vista fundamental, é impossível descrever corretamente[2] os elétrons em um metal a partir de uma equação tão elementar quanto (17.1), não importando quão engenhosa seja a escolha de $U(\mathbf{r})$, por causa dos efeitos extremamente complicados das interações entre os elétrons. O cálculo mais exato das propriedades eletrônicas de um metal deve começar com a equação de Schrödinger para a função de onda de N partículas de todos os N elétrons no metal,[3] $\Psi(\mathbf{r}_1 s_1, \mathbf{r}_2 s_2, \ldots, \mathbf{r}_N s_N)$:

$$H\Psi=\sum_{i=1}^{N}\left(-\frac{\hbar^2}{2m}\nabla_i^2\Psi-Ze^2\sum_{\mathbf{R}}\frac{1}{|\mathbf{r}_i-\mathbf{R}|}\Psi\right)+\frac{1}{2}\sum_{i\neq j}\frac{e^2}{|\mathbf{r}_i-\mathbf{r}_j|}\Psi=E\Psi. \quad \mathbf{(17.2)}$$

[1] Veja a discussão no início do Capítulo 11.
[2] Até mesmo na aproximação de íons fixos imóveis. Vamos manter esta suposição aqui, e a abrandaremos nos capítulos 21 a 26.
[3] Incluímos explicitamente a dependência de Ψ no spin eletrônico s, bem como a posição $\mathbf{r}$.

Aqui, o termo negativo de energia potencial representa os potenciais eletrostáticos atrativos dos núcleos revelados fixados nos pontos **R** da rede de Bravais. O último termo representa as interações dos elétrons entre si.

Não se pode resolver uma equação como a (17.2). O progresso exige alguma ideia física de simplificação; sugere-se essa ideia ao perguntar que escolha de $U(\mathbf{r})$ tornaria a equação monoeletrônica (17.1) menos irracional. Evidentemente, $U(\mathbf{r})$ deve incluir os potenciais dos íons:

$$U^{\text{íon}}(\mathbf{r}) = -Ze^2 \sum_{\mathbf{R}} \frac{1}{|\mathbf{r}-\mathbf{R}|}. \quad \textbf{(17.3)}$$

Além disso, no entanto, gostaríamos que $U(\mathbf{r})$ incorporasse (ao menos aproximadamente) o fato de que o elétron sente os campos elétricos de todos os outros elétrons. Se tratássemos os elétrons restantes como uma distribuição regular de carga negativa com densidade de carga ρ, a energia potencial do dado elétron em seu campo seria

$$U^{\text{el}}(\mathbf{r}) = -e \int d\mathbf{r}' \rho(\mathbf{r}') \frac{1}{|\mathbf{r}-\mathbf{r}'|}. \quad \textbf{(17.4)}$$

Além do mais, se persistíssemos em uma imagem de elétron independente, a contribuição de um elétron no nível[4] ψ_i para a densidade de carga seria

$$\rho_i(\mathbf{r}) = -e|\psi_i(\mathbf{r})|^2. \quad \textbf{(17.5)}$$

A densidade de carga eletrônica total seria, então

$$\rho(\mathbf{r}) = -e\sum_i |\psi_i(\mathbf{r})|^2, \quad \textbf{(17.6)}$$

onde a soma estende-se por todos os níveis monoeletrônicos ocupados do metal.[5]

Colocando (17.6) em (17.4) e permitindo que $U = U^{\text{íon}} + U^{\text{elétron}}$ chegamos à equação monoeletrônica:

$$-\frac{\hbar^2}{2m}\nabla^2\psi_i(\mathbf{r}) + U^{\text{íon}}(\mathbf{r})\psi_i(\mathbf{r}) + \left[e^2\sum_j \int d\mathbf{r}' |\psi_j(\mathbf{r}')|^2 \frac{1}{|\mathbf{r}-\mathbf{r}'|}\right]\psi_i(\mathbf{r}) = \varepsilon_i\psi_i(\mathbf{r}). \quad \textbf{(17.7)}$$

O conjunto de equações (17.7)[há uma para cada nível $\psi_i(\mathbf{r})$ monoeletrônico ocupado] é conhecido como *equações de Hartree*. Essas equações não lineares para as funções de onda monoeletrônicas e energias são solucionadas, na prática, por iteração: supõe-se uma forma

---

[4] Consideramos que *i* representa os números quânticos de spin e de orbital no nível monoeletrônico.

[5] Apesar de o elétron não interagir consigo mesmo, não é necessário excluir seu nível da soma em (17.6), já que a inclusão de um nível extra espacialmente estendido dentre os 10^{22} ou mais níveis ocupados resulta em uma alteração desprezível na densidade.

para U^{el} [o termo entre chaves na equação (17.7)] com base em qual das equações são resolvidas. Um novo U^{el} é então calculado a partir das funções de onda resultantes, $\psi_i(\mathbf{r})$, e uma nova equação de Schrödinger é resolvida. De forma ideal, o procedimento prossegue até que outras iterações não alterem materialmente o potencial.[6]

A aproximação de Hartree falha em representar o modo como a configuração particular (em oposição à média) da ordem $N - 1$ elétrons afeta o elétron em consideração, já que a equação (17.7) descreve o elétron interagindo apenas com o campo obtido pela média de todas as posições dos elétrons restantes (com peso determinado por suas funções de onda). Apesar de ser uma aproximação bem grosseira da equação completa de Schrödinger (17.2), ela ainda leva a uma tarefa matemática de considerável complexidade numérica; é muito difícil aperfeiçoar a aproximação de Hartree.

Há, no entanto, alguns outros importantes aspectos físicos de interações elétron-elétron que não podem ser tratados em uma simples aproximação de campo autoconsistente. Porém, eles são bem compreendidos. Neste capítulo, examinaremos o seguinte:

1. A extensão das equações de campo autoconsistente para a inclusão do que se conhece como "troca";

2. O fenômeno da "blindagem", que é de grande importância para o desenvolvimento de uma teoria ainda mais precisa de interações elétron-elétron e para explicar a resposta de elétrons metálicos a partículas carregadas, como íons, impurezas ou outros elétrons;

3. A teoria de Fermi de líquidos de Landau, que fornece um meio fenomenológico de previsão dos efeitos qualitativos das interações elétron-elétron nas propriedades eletrônicas dos metais, bem como uma explicação para o extraordinário sucesso da aproximação do elétron independente.

Não vamos discutir nenhuma das muitas tentativas de se desenvolver um modo realmente sistemático de tratamento das interações elétron-elétron. Esses esforços vêm sob o título geral "problemas de muitos corpos" e foram tratados, em anos recentes, por meio de métodos de "campos teóricos" ou de "função de Green".

TROCA: A APROXIMAÇÃO DE HARTREE

As equações de Hartree (17.7) têm uma impropriedade fundamental, que não é de todo evidente na derivação que fornecemos. O defeito surge se retornarmos à exata equação de Schrödinger de N elétrons e a jogarmos dentro da forma variacional equivalente,[7] em que se afirma que uma solução para $\boldsymbol{H}\psi = \boldsymbol{E}\psi$ é dada por qualquer estado ψj que torne a grandeza estacionária:

$$\langle H \rangle_\Psi = \frac{(\Psi, H\Psi)}{(\Psi, \Psi)}, \quad \textbf{(17.8)}$$

[6] Por esta razão, a aproximação de Hartree é também conhecida como "aproximação de campo autoconsistente".

[7] Veja o Apêndice G. Há a discussão para a equação monoeletrônica de Schrödinger, mas o caso geral é mais simples.

onde

$$(\Psi, \Phi) = \sum_{s_1} \dots \sum_{s_N} \int d\mathbf{r}_1 \dots d\mathbf{r}_N \Psi^*(\mathbf{r}_1 s_1, \dots, \mathbf{r}_N s_N)\Phi(\mathbf{r}_1 s_1, \dots, \mathbf{r}_N s_N). \quad \mathbf{(17.9)}$$

Em particular, a função de onda de estado fundamental é que Ψ minimiza (17.8). Esta propriedade de estado fundamental é frequentemente explorada para a construção de estados fundamentais aproximados minimizando-se (17.8) não sobre todo Ψ, mas sobre uma classe limitada de funções de onda, escolhidas para ter uma forma mais tratável.

Pode-se demonstrar[8] que as equações de Hartree (17.7) resultam de uma minimização de (17.8) sobre todo ψ da forma:

$$\Psi(\mathbf{r}_1 s_1, \mathbf{r}_2 s_2, \dots, \mathbf{r}_N s_N) = \psi_1(\mathbf{r}_1 s_1)\psi_2(\mathbf{r}_2 s_2) \dots \psi_N(\mathbf{r}_N s_N), \quad \mathbf{(17.10)}$$

onde os ψ_i são um conjunto de N funções de onda ortonormais monoeletrônicas. Assim, as equações de Hartree fornecem a melhor aproximação para a completa função de onda de N elétrons, que pode ser representada como um simples produto de níveis monoeletrônicos.

No entanto, a função de onda (17.10) é incompatível com o princípio de Pauli, que requer que o sinal de Ψ varie quando quaisquer dois de seus argumentos forem permutados:[9]

$$\Psi(\mathbf{r}_1 s_1, \dots, \mathbf{r}_i s_i, \dots, \mathbf{r}_j s_j, \dots, \mathbf{r}_N s_N) = -\Psi(\mathbf{r}_1 s_1, \dots, \mathbf{r}_j s_j, \dots, \mathbf{r}_i s_i, \dots, \mathbf{r}_N s_N). \quad \mathbf{(17.11)}$$

A equação (17.11) não pode ser satisfeita pela forma do produto (17.10), a não ser que Ψ desapareça de modo idêntico.

A generalização mais simples da aproximação de Hartree que incorpore o requerimento de antissimetria (17.11) é substituir a função de onda experimental (17.10) pela *determinante Slater* de funções de onda monoeletrônicas. Isso é uma combinação linear do produto (17.10) e todos os outros produtos dele obtidos mediante a permutação de $\mathbf{r}_j s_j$ entre si, adicionados a pesos +1 ou −1 para garantir a condição (17.11):

$$\Psi = \psi_1(\mathbf{r}_1 s_1)\psi_2(\mathbf{r}_2 s_2) \dots \psi_N(\mathbf{r}_N s_N) - \psi_1(\mathbf{r}_2 s_2)\psi_2(\mathbf{r}_1 s_1) \dots \psi_N(\mathbf{r}_N s_N) + \dots . \quad \mathbf{(17.12)}$$

[8] Isso foi colocado como um exercício avançado (Problema 1) para o leitor.

[9] A antissimetria da função de onda de N elétrons é a manifestação fundamental do princípio de Pauli. A afirmação alterativa do princípio, de que nenhum nível monoeletrônico pode ser multiplamente ocupado, apenas pode ser formulada em uma aproximação de elétron independente. Lá, ela resulta diretamente do fato de que (17.13) deve desaparecer se qualquer $\psi_i = \psi_j$. O estado Hartree (17.10) *é* consistente [apesar de não automaticamente, como (17.13)] com a proibição de ocupação múltipla, desde que nenhum de dois ψ_i sejam iguais. No entanto, ela falha no teste de antissimetria mais fundamental.

Este produto antissimetrizado pode ser expresso de forma compacta como a determinante de uma matriz $N \times N$:[10]

$$\Psi(\mathbf{r}_1 s_1, \mathbf{r}_2 s_2, ..., \mathbf{r}_N s_N) = \begin{vmatrix} \psi_1(\mathbf{r}_1 s_1)\psi_1(\mathbf{r}_2 s_2)...\psi_1(\mathbf{r}_N s_N) \\ \psi_2(\mathbf{r}_1 s_1)\psi_2(\mathbf{r}_2 s_2)...\psi_2(\mathbf{r}_N s_N) \\ \vdots \quad\quad \vdots \quad\quad \vdots \\ \psi_N(\mathbf{r}_1 s_1)\psi_N(\mathbf{r}_2 s_2)...\psi_N(\mathbf{r}_N s_N) \end{vmatrix}. \quad \textbf{(17.13)}$$

Com um pouco de contabilidade (Problema 2), pode-se demonstrar que, se a energia (17.8) for avaliada em um estado da forma (17.13), com funções de onda monoeletrônicas ortonormais $\psi_1 ... \psi_N$, o resultado será:

$$\begin{aligned} \langle H \rangle_\Psi = & \sum_i \int d\mathbf{r} \psi_i{}^*(\mathbf{r}) \left(-\frac{\hbar^2}{2m} \nabla^2 + U^{\text{íon}}(\mathbf{r}) \right) \psi_i(\mathbf{r}) \\ & + \frac{1}{2} \sum_{i,j} \int d\mathbf{r} d\mathbf{r}' \frac{e^2}{|\mathbf{r} - \mathbf{r}'|} |\psi_i(\mathbf{r})|^2 |\psi_j(\mathbf{r}')|^2 \\ & - \frac{1}{2} \sum_{i,j} \int d\mathbf{r} d\mathbf{r}' \frac{e^2}{|\mathbf{r} - \mathbf{r}'|} \delta_{s_i s_j} \psi_i{}^*(\mathbf{r}) \psi_i(\mathbf{r}') \psi_j{}^*(\mathbf{r}') \psi_j(\mathbf{r}). \end{aligned} \quad \textbf{(17.14)}$$

Observe que o último termo em (17.14) é negativo e envolve o produto $\psi_i{}^*(\mathbf{r})\psi_i(\mathbf{r}')$ no lugar da combinação monoeletrônica usual $|\psi_i(\mathbf{r})|^2$. Minimizando-se (17.4) em relação ao $\psi_i{}^*$ (Problema 2), chega-se à generalização das equações de Hartree, conhecida como as equações de Hartree-Fock:

$$\begin{aligned} & -\frac{\hbar^2}{2m} \nabla^2 \psi_i(\mathbf{r}) + U^{\text{íon}}(\mathbf{r})\psi_i(\mathbf{r}) + U^{\text{el}}(\mathbf{r})\psi_i(\mathbf{r}) \\ & \qquad - \sum_j \int d\mathbf{r}' \frac{e^2}{|\mathbf{r} - \mathbf{r}'|} \psi_j{}^*(\mathbf{r}')\psi_i(\mathbf{r}')\psi_j(\mathbf{r})\delta_{s_i s_j} = \varepsilon_i \psi_i(\mathbf{r}), \end{aligned}$$

(17.15)

em que U^{el} é definido em (17.4) e (17.6).

Essas equações diferem das equações de Hartree (17.7) por um termo adicional no lado esquerdo, conhecido como *termo de permuta*. A complexidade introduzida pelo termo de permuta é considerável. Como o campo autoconsistente U^{el} (frequentemente chamado de *termo direto*), ele é não linear em ψ, mas, diferentemente do termo direto, ele não é da forma $V(\mathbf{r})\psi(\mathbf{r})$. Ao invés disso, ele tem a estrutura $\int V(\mathbf{r}, \mathbf{r}')\psi(\mathbf{r}')\, d\mathbf{r}'$, ou seja, é um operador integral. Como consequência, em geral, as equações de Hartree-Fock são intratáveis. A única exceção

[10] Uma vez que a determinante altera seu sinal quando quaisquer duas colunas permutam, isso garante que a condição (17.11) se mantenha.

é o gás de elétrons livres. Quando o potencial periódico é zero (ou constante), as equações de Hartree-Fock podem ser resolvidas exatamente pela escolha do ψ_i como um conjunto de ondas planas ortonormais.[11] Apesar de o caso de elétrons livres apresentar um comportamento dúbio no problema de elétrons em um metal real, a solução de elétron livre sugere outra aproximação, que torna mais tratáveis as equações de Hartree-Fock em um potencial periódico. Portanto, comentamos brevemente o caso de elétrons livres.

TEORIA DE ELÉTRONS LIVRES DE HARTREE-FOCK

O conhecido conjunto de ondas planas de elétrons livres,

$$\psi_1(\mathbf{r}) = \left(\frac{e^{i\mathbf{k}_i\cdot\mathbf{r}}}{\sqrt{V}}\right) \times \text{função de spin}, \quad \textbf{(17.16)}$$

no qual cada vetor de onda menor que k_F ocorre duas vezes (uma vez para cada orientação de spin) na determinante Slater, fornece uma solução para a equação de Hartree-Fock para elétrons livres. As ondas planas são, de fato, soluções, portanto, a densidade de carga eletrônica que determina U^{el} será uniforme. Mas, no gás de elétrons livres, os íons são representados por uma distribuição uniforme de carga positiva com a mesma densidade da carga eletrônica. Consequentemente, o potencial dos íons é precisamente anulado pelo termo direto: $U^{íon} + U^{el} = 0$. Apenas o termo de permuta sobrevive, o que é facilmente avaliado escrevendo-se as interações de Coulomb em termos de sua transformada de Fourier:[12]

$$\frac{e^2}{|\mathbf{r}-\mathbf{r}'|} = 4\pi e^2 \frac{1}{V}\sum_{\mathbf{q}} \frac{1}{q^2} e^{i\mathbf{q}\cdot(\mathbf{r}-\mathbf{r}')} \to 4\pi e^2 \int \frac{d\mathbf{q}}{(2\pi)^3}\frac{1}{q^2} e^{i\mathbf{q}\cdot(\mathbf{r}-\mathbf{r}')}. \quad \textbf{(17.17)}$$

Se (17.17) for substituída pelo termo de permuta em (17.15) e ψ_i forem todos considerados ondas planas da forma (17.16), o lado esquerdo de (17.15) assumirá a forma

$$\varepsilon(\mathbf{k}_i)\psi_i, \quad \textbf{(17.18)}$$

onde

$$\begin{aligned}\varepsilon(\mathbf{k}) &= \frac{\hbar^2 k^2}{2m} - \frac{1}{V}\sum_{k'<k_F} \frac{4\pi e^2}{|\mathbf{k}-\mathbf{k}'|^2} = \frac{\hbar^2 k^2}{2m} - \int_{k'<k_F} \frac{d\mathbf{k}'}{(2\pi)^3}\frac{4\pi e^2}{|\mathbf{k}-\mathbf{k}'|^2} \\ &= \frac{\hbar^2 k^2}{2m} - \frac{2e^2}{\pi} k_F F\left(\frac{k}{k_F}\right),\end{aligned} \quad \textbf{(17.19)}$$

e

$$F(x) = \frac{1}{2} + \frac{1-x^2}{4x}\ln\left|\frac{1+x}{1-x}\right|. \quad \textbf{(17.20)}$$

[11] Soluções mais complicadas, conhecidas como ondas de densidade de spin, são também possíveis (veja o Capítulo 32).
[12] Veja o Problema 3.

Isso mostra que as ondas planas de fato resolvem (17.15) e que a energia do nível monoeletrônico com vetor de onda k é dado por (17.19). A função $F(x)$ é representada na Figura 17.1a e a energia $\mathcal{E}(\mathrm{k})$, na Figura 17.1b.

FIGURA 17.1

(a) Uma representação gráfica da função $F(x)$, definida pela equação (17.20). Apesar de a inclinação desta função divergir em $x = 1$, a divergência é logarítmica e não pode ser revelada pela alteração da escala do gráfico. Em valores elevados de x, o comportamento é $F(x) \to 1/3x^2$.
(b) A energia de Hartree-Fock (17.19) pode ser representada por

$$\frac{\mathcal{E}_k}{\mathcal{E}_F^0} = \left[x^2 - 0,663\left(\frac{r_s}{a_0}\right)F(x)\right],$$

onde $x = k/k_F$. Esta função é representada graficamente aqui para $r_s/a_0 = 4$, e pode ser comparada à energia de elétron livre (linha branca). Observe que, além de diminuir a energia de elétron livre substancialmente, o termo de permuta levou a um considerável aumento na largura de banda (nestas unidades, de 1 a 2,33), um efeito não corroborado por experimentos como emissão de raios X ou emissão fotoeletrônica de metais, que pretendem medir essas larguras de banda.

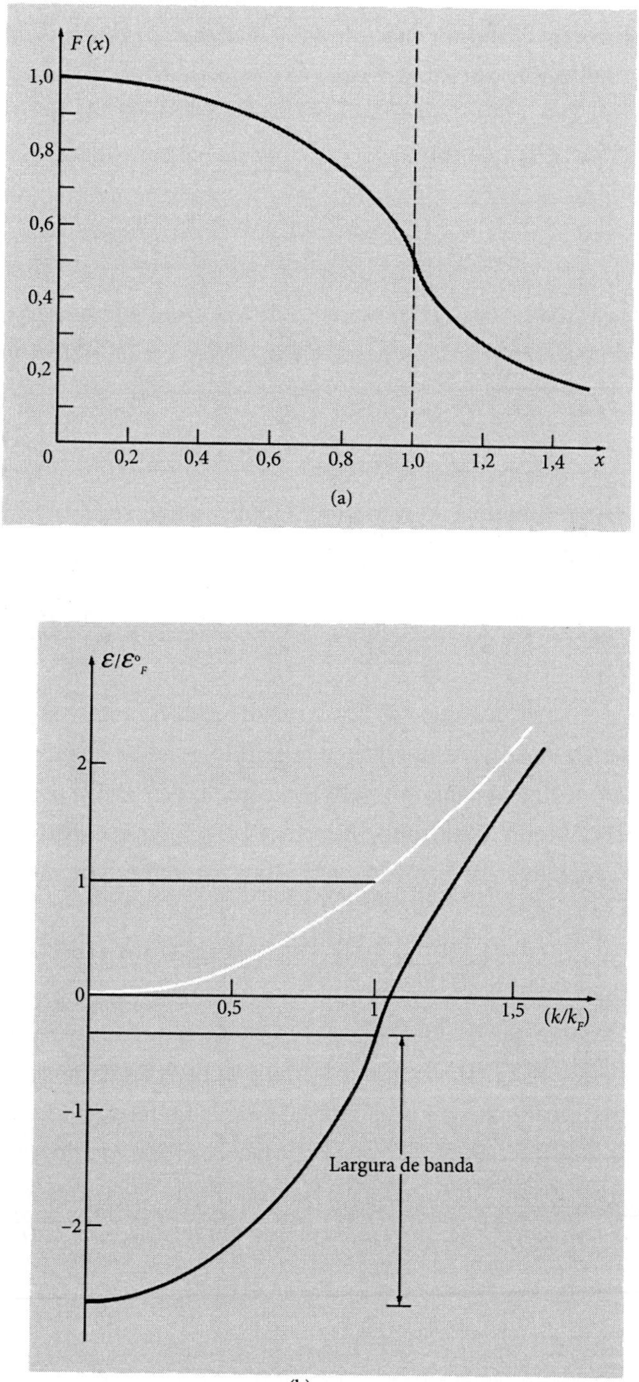

Diversos aspectos da energia (17.19) merecem os comentários a seguir:

1. apesar de os níveis monoeletrônicos de Hartree-Fock continuarem a ser ondas planas, a energia de um elétron no nível $e^{i\mathbf{k}\cdot\mathbf{r}}$ é agora dada por $\hbar^2k^2/2m$ mais um termo que descreve os efeitos da interação elétron-elétron. Para calcular a contribuição dessas interações para a energia total do sistema de N elétrons, devemos somar essa correção sobre todo $k < k_F$, multiplicar por 2 (para os dois níveis de spin que são ocupados por cada **k**) e dividir por 2 (porque, ao somarmos a energia de interação de determinado elétron sobre todos os elétrons, estamos contando cada par de elétrons duas vezes). Assim, encontramos que

$$E = 2\sum_{k<k_F}\frac{\hbar^2k^2}{2m} - \frac{e^2k_F}{\pi}\sum_{k<k_F}\left[1 + \frac{k_F^2 - k^2}{2kk_F}\ln\left|\frac{k_F + k}{k_F - k}\right|\right]. \quad \textbf{(17.21)}$$

Já avaliamos o primeiro termo no Capítulo 2 [equação (2.31]). Se transformarmos o segundo termo em uma integral, ele pode ser avaliado para fornecer:

$$E = N\left[\frac{3}{5}\varepsilon_F - \frac{3}{4}\frac{e^2k_F}{\pi}\right]. \quad \textbf{(17.22)}$$

Este resultado é convencionalmente escrito em termo da rydberg ($e^2/2a_0$ = 1 Ry = 13,6 eV) e do parâmetro r_s/a_0 (veja no Capítulo 1):

$$\frac{E}{N} = \frac{e^2}{2a_0}\left[\frac{3}{5}(k_Fa_0)^2 - \frac{3}{2\pi}(k_Fa_0)\right] = \left[\frac{2,21}{(r_s/a_0)^2} - \frac{0,916}{(r_s/a_0)}\right]\text{Ry}. \quad \textbf{(17.23)}$$

Uma vez que r_s/a_0 nos metais está na faixa de 2 a 6, o segundo termo em (17.23) é comparável ao primeiro em tamanho e indica que as interações elétron-elétron não podem ser negligenciadas em nenhum cálculo de elétron livre da energia eletrônica de um metal.

2. Com muito trabalho, os termos principais *exatos* em uma expansão de alta densidade (isto é, com pequeno r_s/a_0) da energia do estado fundamental do gás de elétrons foram calculados:[13]

$$\frac{E}{N} = \left[\frac{2,21}{(r_s/a_0)^2} - \frac{0,916}{(r_s/a_0)} + 0,0622\ln(r_s/a_0) - 0,096 + O(r_s/a_0)\right]\text{Ry} \quad \textbf{(17.24)}$$

Observe que os dois primeiros termos são exatamente o resultado de Hartree-Fock (17.23). Já que r_s/a_0 não é pequeno nos metais, esta expansão é de relevância duvidosa, mas sua derivação marcou uma das primeiras tentativas de se desenvolver uma teoria mais precisa das interações elétron-elétron. Os próximos dois termos em (17.24) e todas as outras correções no resultado de Hartree-Fock são convencionalmente chamados de *energia de correlação*. Note que a energia de correlação não é uma grandeza com importância física;

[13] M. Gell-Mann; K. Brueckner. *Phys. Rev.*, 106, p. 364, 1957.

ela meramente representa o erro incorrido ao se fazer uma aproximação de primeira ordem muito grosseira;[14]

3. A variação *média* na energia de um elétron de $\hbar^2k^2/2m$ em virtude da permuta é exatamente o segundo termo em E/N; ou seja,

$$\langle \varepsilon^{\text{permuta}} \rangle = -\frac{3}{4}\frac{e^2 k_F}{\pi} = -\frac{0{,}916}{(r_s/a_0)}\text{Ry}. \quad \textbf{(17.25)}$$

Esta forma levou Slater[15] a sugerir que, em sistemas não uniformes e, em particular, na presença do potencial periódico da rede, poder-se-ia simplificar as equações de Hartree-Fock pela substituição do termo de permuta em (17.15) por uma energia local dada por duas vezes (17.25) com k_F avaliado na densidade local. Na verdade, ele propôs uma equação em que o efeito de permuta era levado em conta meramente pela adição do termo de Hartree $U^{\text{el}}(\mathbf{r})$ a um potencial adicional $U^{\text{permuta}}(\mathbf{r})$, dado por

$$U^{\text{permuta}}(\mathbf{r}) = -\ 2{,}95(a_0^3 n(\mathbf{r}))^{1/3}\text{Ry}. \quad \textbf{(17.26)}$$

Este procedimento, ainda que grosseiro e *ad hoc*, é de fato seguido em muitos cálculos de estrutura de banda. Houve algumas controvérsias[16] em relação a se era melhor tirar a média da permuta de elétron livre sobre todo k ou calculá-la em $k = k_F$, mas a natureza imperfeita da aproximação torna limitada a discussão. É difícil dizer mais para esta simplificação além de que ela aproxima os efeitos da permuta introduzindo um potencial que favorece regiões de alta densidade, de um modo que imita aproximadamente a dependência da densidade no termo de permuta na densidade de energia de elétron livre.

4. A equação (17.19) possui um aspecto um tanto alarmante: a derivada $\partial\varepsilon/\partial k$ torna-se logaritmicamente infinita[17] em $k = k_F$. Uma vez que $(1/\hbar)\,\partial\varepsilon/\partial\mathbf{k}\,|_{k=k_F}$ é precisamente a velocidade dos elétrons mais importantes para as propriedades metálicas, trata-se de um resultado perturbador. Uma singularidade em $k = k_F$ nas energias monoeletrônicas torna a expansão de Sommerfeld (2.70) inválida e leva, neste caso, a uma capacidade de calor eletrônico em baixas temperaturas que equivale não a T, mas a $T/|\ln T|$.

A singularidade não ocorre para um potencial não coulômbico geral, mas pode ser rastreada de volta até a divergência da transformada de Fourier $4\pi e^2/k^2$ da interação e^2/r,

---

[14] De fato, "energia de correlação" é uma expressão errônea. A aproximação de Hartree ignora as correlações de elétrons, isto é, a distribuição de probabilidades de N elétrons fatora em um produto de N distribuições monoeletrônicas. A função de onda de Hartree-Fock (17.13) não fatora assim: as correlações de elétrons são introduzidas neste nível de aproximação. Todavia, a "energia de correlação" é definida para excluir a contribuição de permuta, contendo apenas outras correções além daquela fornecida pela teoria de Hartree-Fock.

[15] J. C. Slater. *Phys. Rev.*, 81, p. 385, 1951; n. 82, p. 538, 1951; 91, p. 528, 1953.

[16] Veja, por exemplo, W. Kohn; L. J. Sham. *Phys. Rev.*, 140, p. A1193, 1965; e R. Gaspar. *Acta. Phys. Acad. Sci. Hung.*, 3, p. 263, 1954.

[17] Veja a Figura 17.1.

em $k = 0$. Por sua vez, isso reflete a faixa muito longa da força quadrada inversa. Se a interação de Coulomb fosse substituída, por exemplo, por uma da forma $e^2(e^{-k_0 r}/r)$, sua transformada de Fourier[18] seria $4\pi e^2(k^2 + k_0^2)$, a divergência $k = 0$ seria eliminada e a singularidade não física das energias de Hartree-Fock, removidas. Pode-se argumentar (veja a seguir) que o potencial que aparece no termo de permuta deve ser modificado exatamente dessa maneira, para levar em conta os campos de elétrons diferentes dos dois em **r** e **r**′, que se reordenam de modo a anular parcialmente os campos que os dois elétrons exercem entre si. Este efeito, conhecido como "blindagem", é de fundamental importância não apenas por seus efeitos na energia de interação elétron-elétron, mas, de modo mais genérico, para a determinação do comportamento de qualquer perturbação carregada em um metal.[19]

BLINDAGEM (GERAL)

O fenômeno da blindagem é uma das mais simples e mais importantes manifestações das interações elétron-elétron. Consideramos aqui apenas a blindagem em um gás de elétrons livres. A teoria detalhada de blindagem na presença de um potencial periódico real é bem mais complexa e frequentemente somos forçados a usar a forma de elétron livre da teoria até mesmo em discussões de metais reais.

Suponha que uma partícula carregada positivamente seja colocada em dada posição no gás de elétrons e mantida rigidamente ali. Ela, então, atrairá elétrons, criando um excesso de carga negativa em sua vizinhança, o que reduz (ou blinda) seu campo. Ao se tratar dessa blindagem, é conveniente introduzir dois potenciais eletrostáticos. O primeiro, ϕ^{ext}, surge exclusivamente da própria partícula carregada positivamente e, portanto, satisfaz a equação de Poisson na forma:

$$-\nabla^2 \phi^{\text{ext}}(\mathbf{r}) = 4\pi\rho^{\text{ext}}(\mathbf{r}), \quad \textbf{(17.27)}$$

onde $\rho^{\text{ext}}(\mathbf{r})$ é a densidade de carga da partícula.[20] A segunda, ϕ, é o potencial físico completo, produzido pela partícula carregada positivamente e pela nuvem de elétrons de blindagem que ela induz. Ela, portanto, satisfaz

$$-\nabla^2 \phi(\mathbf{r}) = 4\pi\rho(\mathbf{r}), \quad \textbf{(17.28)}$$

[18] Veja o Problema 3.

[19] Os íons em um metal constituem um caso importante e serão abordados no contexto de blindagem dinâmica no Capítulo 26.

[20] O termo "externo" e o índice superior "ext" usados para descrever a carga aplicada não se destinam a sugerir que a carga seja colocada externamente ao metal – ela está de fato dentro do metal –, mas referem-se apenas à sua origem em alguma fonte de carga externa ao sistema de elétrons.

onde ρ é a densidade de carga total,

$$\rho(\mathbf{r}) = \rho^{\text{ext}}(\mathbf{r}) + \rho^{\text{ind}}(\mathbf{r}), \quad (17.29)$$

e ρ^{ind} é a densidade de carga induzida no gás de elétrons pela presença da partícula externa.

Por analogia com a teoria de mídia dielétrica, assume-se que ϕ e ϕ^{ext} estejam linearmente relacionados por uma equação da forma[21]

$$\phi^{\text{ext}}(\mathbf{r}) = \int d\mathbf{r}'\epsilon(\mathbf{r},\mathbf{r}')\phi(\mathbf{r}'). \quad (17.30)$$

Em um gás de elétrons espacialmente uniforme, ϵ pode depender apenas da separação entre os pontos $\mathbf{r}$ e $\mathbf{r}'$, mas não de sua posição absoluta:

$$\epsilon(\mathbf{r},\mathbf{r}') = \epsilon(\mathbf{r} - \mathbf{r}'). \quad (17.31)$$

Assim, (17.30) assume a forma

$$\phi^{\text{ext}}(\mathbf{r}) = \int d\mathbf{r}'\epsilon(\mathbf{r} - \mathbf{r}')\phi(\mathbf{r}'), \quad (17.32)$$

que pressupõe[22] que as transformadas de Fourier correspondentes satisfazem

$$\phi^{\text{ext}}(\mathbf{q}) = \epsilon(\mathbf{q})\phi(\mathbf{q}), \quad (17.33)$$

onde as transformadas de Fourier são definidas por

$$\epsilon(\mathbf{q}) = \int d\mathbf{r}e^{-i\mathbf{q}\cdot\mathbf{r}}\epsilon(\mathbf{r}), \quad (17.34)$$

$$\epsilon(\mathbf{r}) = \int \frac{d\mathbf{q}}{(2\pi)^3}e^{i\mathbf{q}\cdot\mathbf{r}}\epsilon(\mathbf{q}), \quad (17.35)$$

com equações similares para ϕ e ϕ^{ext}.

---

[21] O potencial ϕ^{ext} é análogo ao deslocamento elétrico **D** (cujas fontes são as cargas "livres" extrínsecas ao meio); o potencial ϕ é análogo ao campo elétrico **E**, que surge da distribuição total de carga, incluindo tanto as cargas "livres" quanto as cargas "ligadas" induzidas ao meio. A relação $\mathbf{D}(\mathbf{r}) = \int d\mathbf{r}'\epsilon(\mathbf{r} - \mathbf{r}')\mathbf{E}(\mathbf{r}')$[ou a relação correspondente (17.32)] reduz-se à relação local mais familiar $\mathbf{D}(\mathbf{r}) = \epsilon\mathbf{E}(\mathbf{r})$, sendo a constante dielétrica ϵ dada por $\epsilon = \int d\mathbf{r}\epsilon(\mathbf{r})$, quando **D** e **E** são campos espacialmente uniformes [ou, genericamente, quando os campos variam lentamente na escala de algum r_0 para o qual $\epsilon(\mathbf{r}) \approx 0$, $r > r_0$].

[22] Graças ao teorema da convolução da análise de Fourier. Seguimos a prática comum dos físicos de utilizar o mesmo símbolo para uma função e sua transformada de Fourier, fazendo a distinção dos dois pelo símbolo utilizado para o argumento.

A grandeza $\epsilon(\mathbf{q})$ é chamada de constante dielétrica (dependente do vetor de onda) do metal.[23] Quando escrita na forma

$$\phi(\mathbf{q}) = \frac{1}{\epsilon(\mathbf{q})}\phi^{\text{ext}}(\mathbf{q}) \quad \textbf{(17.36)}$$

a equação (17.33) afirma que o componente de ordem $\mathbf{q}$ de Fourier do potencial total presente no gás de elétrons é exatamente o componente de ordem $\mathbf{q}$ de Fourier do potencial externo reduzido pelo fator $1/\epsilon(\mathbf{q})$. Esse tipo de relação é familiar nas discussões elementares da dielétrica, nas quais, porém, os campos são geralmente uniformes, de modo que a dependência no vetor de onda não entra em jogo.

A grandeza que acaba sendo a mais natural para se calcular diretamente não é a constante dielétrica $\epsilon(\mathbf{q})$, mas a densidade de carga $\rho^{\text{ind}}(\mathbf{r})$, induzida no gás de elétrons pelo potencial total $\phi(\mathbf{r})$. Examinaremos a seguir como pode ser calculada. Quando ρ^{ind} e ϕ estão relacionados linearmente (e estarão, para ϕ suficientemente fraco), suas transformadas de Fourier satisfazem uma relação da forma

$$\rho^{\text{ind}}(\mathbf{q}) = \chi(\mathbf{q})\phi(\mathbf{q}). \quad \textbf{(17.37)}$$

Podemos relacionar ϵ (a grandeza de interesse físico direto) a χ (a grandeza que surge naturalmente de um cálculo) como a seguir:

As transformadas de Fourier das equações de Poisson (17.27) e (17.28) são

$$\begin{aligned} q^2\phi^{\text{ext}}(\mathbf{q}) &= 4\pi\rho^{\text{ext}}(\mathbf{q}), \\ q^2\phi(\mathbf{q}) &= 4\pi\rho(\mathbf{q}). \end{aligned} \quad \textbf{(17.38)}$$

Com (17.29) e (17.37), isso fornece

$$\frac{q^2}{4\pi}(\phi(\mathbf{q}) - \phi^{\text{ext}}(\mathbf{q})) = \chi(\mathbf{q})\phi(\mathbf{q}), \quad \textbf{(17.39)}$$

ou

$$\phi(\mathbf{q}) = \phi^{\text{ext}}(\mathbf{q})\Big/\left(1 - \frac{4\pi}{q^2}\chi(\mathbf{q})\right). \quad \textbf{(17.40)}$$

A comparação com (17.36) leva à relação

$$\boxed{\epsilon(\mathbf{q}) = 1 - \frac{4\pi}{q^2}\chi(\mathbf{q}) = 1 - \frac{4\pi}{q^2}\frac{\rho^{\text{ind}}(\mathbf{q})}{\phi(\mathbf{q})}.} \quad \textbf{(17.41)}$$

[23] Em discussões elementares de eletrostática, às vezes afirma-se que a constante dielétrica de um metal é infinita, ou seja, que a carga é livre para se movimentar e o meio é, portanto, infinitamente polarizável. Encontraremos que a forma de $\epsilon(\mathbf{q})$ é consistente com isso, já que, no limite de um campo espacialmente uniforme aplicado, $(q \to 0)\epsilon(q)$ de fato se torna infinito [Veja a equação (17.51)].

Com exceção da suposição de que a carga aplicada externamente seja fraca o bastante para produzir apenas uma resposta linear no gás de elétrons, a análise até este ponto foi exata (apesar de pouco mais que uma série de definições). Aproximações importantes tornam-se necessárias quando se tenta calcular χ. Duas teorias de χ amplamente prevalecentes são empregadas, ambas simplificações de um cálculo de Hartree geral da carga induzida pela impureza. A primeira — o método de Thomas-Fermi — é basicamente o limite clássico (mais precisamente, o semiclássico) da teoria de Hartree. A segunda — o método de Lindhard, conhecido como aproximação de fase aleatória (ou RPA, da expressão em inglês *random phase approximation*) — é basicamente um cálculo de Hartree exato da densidade de carga na presença do campo autoconsistente da carga externa mais o gás de elétrons — exceto pelo fato de o cálculo de Hartree ter sido simplificado desde o início porque ρ^{ind} é apenas requerido para ordem linear em ϕ.

O método de Thomas-Fermi tem a vantagem de ser aplicável mesmo quando uma relação linear entre ρ^{ind} e ϕ não se mantém. Ele tem a desvantagem de ser confiável apenas para potenciais externos que variem lentamente. Quando o resultado de Thomas-Fermi é linearizado, é idêntico ao resultado de Lindhard em pequenos valores de q, e menos preciso do que o resultado de Lindhard quando q não é pequeno. A seguir, descrevemos os dois casos separadamente.

TEORIA DA BLINDAGEM DE THOMAS-FERMI

Em princípio, para encontrar a densidade de carga na presença do potencial total $\phi = \phi^{\text{ext}} + \phi^{\text{ind}}$, devemos solucionar a equação monoeletrônica de Schrödinger,[24]

$$-\frac{\hbar^2}{2m}\nabla^2\psi_i(\mathbf{r}) - e\phi(\mathbf{r})\psi_i(\mathbf{r}) = \varepsilon_i\psi_i(\mathbf{r}), \quad \mathbf{(17.42)}$$

e, então, construir a densidade eletrônica a partir das funções de onda monoeletrônicas utilizando (17.6). A abordagem de Thomas-Fermi baseia-se em uma simplificação deste procedimento, que pode ser feita quando o potencial total $\phi(\mathbf{r})$ é uma função de $\mathbf{r}$ que varia muito lentamente. Aqui, "varia lentamente" tem exatamente o mesmo sentido dos Capítulos 2 e 12, ou seja, supomos que seja significativo especificar a relação energia *versus* vetor de onda de um elétron na posição $\mathbf{r}$, e consideramos que esta relação seja

$$\varepsilon(\mathbf{k}) = \frac{\hbar^2k^2}{2m} - e\phi(\mathbf{r}). \quad \mathbf{(17.43)}$$

Assim, a energia é modificada de seu valor de elétron livre pelo potencial total local.

---

[24] Como ϕ é o potencial total que surge tanto da carga externa quanto da densidade de carga que ele induz no gás de elétrons, a equação (17.42) trata implicitamente as interações elétron-elétron na aproximação de Hartree. O problema de autoconsistência (ao menos na versão linearizada da teoria) está contido na estipulação de que ϕ está relacionado à densidade de carga eletrônica ρ^{ind} determinada pelas soluções da equação (17.42), por conta das equações (17.36) e (17.41).

Evidentemente, (17.43) faz sentido apenas em termos de pacotes de ondas. Eles terão um espalhamento típico em posições pelo menos da ordem de $1/k_F$. Devemos, portanto, exigir que $\phi(\mathbf{r})$ varie lentamente na escala de um comprimento de onda de Fermi. Em termos de componentes de Fourier, isso significa que o cálculo será confiável apenas para valores de $\chi(\mathbf{q})$ com $q << k_F$. Verificaremos esta limitação explicitamente quando nos voltarmos para a abordagem mais precisa de Lindhard.

Assim, admitimos que as soluções para a equação (17.42) descrevem um conjunto de elétrons com energias da forma clássica simples (17.43). Para calcular a densidade de carga produzida por esses elétrons, colocamos suas energias na expressão (2.58) para a densidade de número eletrônico e encontramos (com $\beta = 1/k_BT$)

$$n(\mathbf{r}) = \int \frac{d\mathbf{k}}{4\pi^3} \frac{1}{\exp[\beta(\hbar^2k^2/2m) - e\phi(\mathbf{r}) - \mu] + 1}. \quad \textbf{(17.44)}$$

A densidade de carga induzida é exatamente $-en(\mathbf{r}) + en_0$, em que o segundo termo é a densidade de carga do fundo positivo uniforme. A densidade de número do fundo é exatamente a densidade do sistema eletrônico quando ϕ^{ext} e, consequentemente, ϕ desaparecem:[25]

$$n_0(\mu) = \int \frac{d\mathbf{k}}{4\pi^3} \frac{1}{\exp[\beta(\hbar^2k^2/2m) - \mu] + 1}. \quad \textbf{(17.45)}$$

Combinamos (17.44) e (17.45) para definir,

$$\rho^{\text{ind}}(\mathbf{r}) = -e[n_0(\mu + e\phi(\mathbf{r})) - n_0(\mu)]. \quad \textbf{(17.46)}$$

Esta é a equação básica da teoria não linear de Thomas-Fermi.

Neste caso, admitimos que ϕ é pequeno o suficiente para que (17.46) seja expandida e forneça em ordem principal

$$\rho^{\text{ind}}(\mathbf{r}) = -e^2 \frac{\partial n_0}{\partial \mu} \phi(\mathbf{r}). \quad \textbf{(17.47)}$$

Comparando (17.47) a (17.37), encontramos que $\chi(\mathbf{q})$ é dada pela constante

$$\chi(\mathbf{q}) = -e^2 \frac{\partial n_0}{\partial \mu}, \qquad \text{independente de } \mathbf{q}. \quad \textbf{(17.48)}$$

A substituição disto em (17.41) fornece a constante dielétrica de Thomas-Fermi[26]

[25] Os valores do potencial químico μ que aparecem em (17.44) e (17.45) serão os mesmos sob a suposição de que $\phi(\mathbf{r})$ é apreciável apenas em uma região finita do gás de elétrons, fora da qual a densidade eletrônica é desprezivelmente perturbada de seu valor de equilíbrio.

[26] Como esperado, esta forma para a constante dielétrica de fato se torna infinita quando $q \to 0$ (veja a nota de rodapé 23 deste Capítulo).

$$\epsilon(\mathbf{q}) = 1 + \frac{4\pi e^2}{q^2}\frac{\partial n_0}{\partial \mu}. \quad (17.49)$$

É habitual definir-se um vetor de onda de Thomas-Fermi k_0 por:

$$\boxed{k_0^2 = 4\pi e^2 \frac{\partial n_0}{\partial \mu},} \quad (17.50)$$

de tal forma que

$$\boxed{\epsilon(\mathbf{q}) = 1 + \frac{k_0^2}{q^2}.} \quad (17.51)$$

Para ilustrar a importância de k_0, considere o caso em que o potencial externo seja aquele de uma carga pontual:

$$\phi^{\text{ext}}(\mathbf{r}) = \frac{Q}{r}, \quad \phi^{\text{ext}}(\mathbf{q}) = \frac{4\pi Q}{q^2}. \quad (17.52)$$

O potencial total no metal será, então

$$\phi(\mathbf{q}) = \frac{1}{\epsilon(\mathbf{q})}\phi^{\text{ext}}(\mathbf{q}) = \frac{4\pi Q}{q^2 + k_0^2}. \quad (17.53)$$

A transformada de Fourier pode ser invertida para fornecer (veja o Problema 3)

$$\phi(\mathbf{r}) = \int \frac{d\mathbf{q}}{(2\pi)^3} e^{i\mathbf{q}\cdot\mathbf{r}} \frac{4\pi Q}{q^2 + k_0^2} = \frac{Q}{r} e^{-k_0 r}. \quad (17.54)$$

Assim, o potencial total é da forma coulômbica vezes um fator exponencial de amortecimento que o reduza a um tamanho desprezível em distâncias maiores que a ordem $1/k_0$. Esta forma é conhecida como *potencial de Coulomb blindado*[27] ou (de uma forma análoga na teoria méson) um *potencial Yukawa*.

Extraímos, portanto, o resultado antecipado de que os elétrons blindam o campo da carga externa. Além disso, temos uma expressão explícita para a distância característica além da qual a perturbação é efetivamente blindada. Para calcular k_0, observe que, para um gás de elétrons livres, quando $T << T_F$, $\partial n_0/\partial \mu$ é simplesmente a densidade de níveis na energia de Fermi, $g(\varepsilon_F) = mk_F/\hbar^2\pi^2$ [equação (2.64)]. Portanto,

$$\frac{k_0^2}{k_F^2} = \frac{4}{\pi}\frac{me^2}{\hbar^2 k_F} = \frac{4}{\pi}\frac{1}{k_F a_0} = \left(\frac{16}{3\pi^2}\right)^{2/3}\left(\frac{r_s}{a_0}\right);$$

$$\boxed{k_0 = 0{,}815 k_F \left(\frac{r_s}{a_0}\right)^{1/2} = \frac{2{,}95}{(r_s/a_0)^{1/2}} \text{Å}^{-1}.} \quad (17.55)$$

[27] Esta forma aparece na teoria dos eletrólitos como originalmente dada por P. Debye; E. Hückel. *Phys. Z.*, 24, p. 185, 305, 1923.

Como r_s/a_0 equivale a cerca de 2 a 6 em densidades metálicas, k_0 é da ordem de k_F, isto é, as perturbações são blindadas em uma distância similar ao espaçamento interpartículas. Assim, os elétrons são altamente efetivos na proteção de cargas externas.

TEORIA DE BLINDAGEM DE LINDHARD

Na abordagem de Lindhard,[28] retorna-se à equação de Schrödinger (17.42) e não se faz a aproximação semiclássica, que requer um ϕ variando lentamente. Em vez disso, explora-se desde o início o fato de que a densidade induzida é necessária apenas para ordem linear no potencial total ϕ. Portanto, é uma questão rotineira solucionar (17.42) para ordem linear pela teoria da perturbação. Uma vez que se conhecem as funções de onda eletrônicas para ordem linear em ϕ, pode-se também calcular a variação linear na densidade de carga eletrônica por meio da equação (17.6). O procedimento é direto (Problema 5) e aqui citamos apenas o resultado. A equação (17.48) da teoria linearizada de Thomas-Fermi deve ser generalizada para

$$\chi(\mathbf{q}) = -e^2 \int \frac{d\mathbf{k}}{4\pi^3} \frac{f_{\mathbf{k}-\frac{1}{2}\mathbf{q}} - f_{\mathbf{k}+\frac{1}{2}\mathbf{q}}}{\hbar^2 \mathbf{k}\cdot\mathbf{q}/m}, \quad \textbf{(17.56)}$$

onde f_k denota a função de equilíbrio de Fermi para um elétron livre com energia $\hbar^2k^2/2m$; $f_k = 1/\{\exp[\beta(\hbar^2k^2/2m - \mu)] + 1\}$.

Observe que, quando q é pequeno em comparação a k_F, o numerador da integrante pode ser expandido em torno de seu valor em $\mathbf{q} = 0$:

$$f_{\mathbf{k}\mp\frac{1}{2}\mathbf{q}} = f_{\mathbf{k}} \pm \frac{\hbar^2}{2}\frac{\mathbf{k}\cdot\mathbf{q}}{m}\frac{\partial}{\partial\mu}f_{\mathbf{k}} + O(q^2). \quad \textbf{(17.57)}$$

O termo linear em $\mathbf{q}$ nesta expansão fornece o resultado de Thomas-Fermi (17.48). Assim, como esperado, no limite de uma perturbação que varia lentamente, a teoria de Lindhard reduz-se para a teoria de Thomas-Fermi.[29] No entanto, quando q torna-se comparável a k_F, há consideravelmente mais estrutura na constante dielétrica de Lindhard. Em $T = 0$, as integrais em (17.56) podem ser realizadas explicitamente para fornecer

$$\chi(\mathbf{q}) = -e^2\left(\frac{mk_F}{\hbar^2\pi^2}\right)\left[\frac{1}{2} + \frac{1-x^2}{4x}\ln\left|\frac{1+x}{1-x}\right|\right], \qquad x = \frac{q}{2k_F}. \quad \textbf{(17.58)}$$

A grandeza entre colchetes, que é 1 em $x = 0$, é a correção de Lindhard[30] para o resultado de Thomas-Fermi. Note que, em $q = 2k_F$, a constante dielétrica $\epsilon = 1 - 4\pi\chi/q^2$ não

[28] J. Lindhard. *Kgl. Danske Videnskab. Selskab Mat.-Fys. Medd.*, 28, p. 8, 1954.

[29] De fato, o $\chi(\mathbf{q})$ de Thomas-Fermi pode ser caracterizado como o limite do $\chi(\mathbf{q})$ de Lindhard quando $q \to 0$.

[30] A função entre colchetes é a função *F(x)* que aparece na energia de Hartree-Fock (17.19) para elétrons livres e é representada na Figura 17.1a.

é analítica. Como consequência, pode-se mostrar que, em grandes distâncias, o potencial blindado ϕ de uma carga pontual agora tem um termo que vai (em $T = 0$) como:

$$\phi(\mathbf{r}) \sim \frac{1}{r^3}\cos 2k_F r. \quad \textbf{(17.59)}$$

Assim, a blindagem em grandes distâncias possui consideravelmente mais estrutura do que o simples potencial Yukawa previsto pela teoria de Thomas-Fermi, com um termo oscilatório fracamente decadente. Dependendo do contexto, essas oscilações levam o nome de oscilações de Friedel ou oscilações de Ruderman-Kittel. Comentaremos sobre elas no Capítulo 26.

BLINDAGEM DE LINDHARD DEPENDENTE DA FREQUÊNCIA

Se a densidade de carga externa tem dependência do tempo e^{-iwt}, o potencial induzido e a densidade de carga também terão tal dependência do tempo e a constante dielétrica dependerá da frequência, bem como do vetor de onda. No caso limitante, em que as colisões podem ser ignoradas, o argumento de Lindhard pode ser diretamente generalizado utilizando-se a teoria da perturbação dependente de tempo ao invés da teoria da perturbação estacionária. Encontra-se, então, que o resultado estático (17.56) precisa ser modificado apenas pela adição da grandeza $\hbar\omega$ ao denominador da integrante.[31] Esta forma mais geral é de considerável importância na teoria das vibrações de rede em metais, bem como na teoria da supercondutividade. Aqui, observamos apenas que, ao se aproximar q de zero em ω fixo, a constante dielétrica de Lindhard,

$$\epsilon(\mathbf{q},\omega) = 1 + \frac{4\pi e^2}{q^2}\int \frac{d\mathbf{k}}{4\pi^3}\frac{f_{\mathbf{k}-\frac{1}{2}\mathbf{q}} - f_{\mathbf{k}+\frac{1}{2}\mathbf{q}}}{\hbar^2\mathbf{k}\cdot\mathbf{q}/m + \hbar\omega}, \quad \textbf{(17.60)}$$

reduz-se para o resultado de Drude (1.37), que derivamos sob a suposição de uma perturbação espacialmente uniforme. Desse modo, a abordagem mais sofisticada de Lindhard é consistente com investigações mais elementares em regimes nos quais elas sejam aplicáveis.

BLINDANDO A APROXIMAÇÃO DE HARTREE-FOCK

Discutimos a blindagem por elétrons metálicos de uma distribuição de carga externamente imposta. No entanto, a blindagem também afetará a interação de dois elétrons entre si, já que, do ponto de vista dos elétrons restantes, estes dois podem ser considerados cargas externas. Caso retornemos às equações de Hartree-Fock e tomemos este ponto de vista, poderemos alcançar melhoramentos importantes. Não se pode adulterar o termo de campo autoconsistente de Hartree, já que ele é o termo que origina a blindagem em primeiro lugar.

[31] Quando o denominador desaparece, a integral torna-se não ambígua pela exigência de que seja avaliada fornecendo-se a ω uma parte imaginária positiva pequena que desaparece.

No entanto, é tentador[32] substituir a interação elétron-elétron que ocorre no termo de permuta por sua forma blindada, multiplicando-se $1/(\mathbf{k} - \mathbf{k}')^2$ pelo inverso da constante dielétrica $1/\epsilon(\mathbf{k} - \mathbf{k}')$ em (17.19). Isso elimina a singularidade responsável pela divergência anômala na velocidade monoeletrônica $\mathbf{v}(\mathbf{k}) = (1/\hbar)(\partial\mathcal{E}(\mathbf{k})/\partial\mathbf{k})$ em $k = k_F$, já que, na vizinhança de $q = 0$, a interação blindada se aproxima não de e^2/q^2, mas de e^2/k_0^2. Caso se calcule agora o valor de $\mathbf{v}(\mathbf{k})$ em $k = k_F$, encontra-se que, para valores de r_s típicos de densidades metálicas, a velocidade difere de seu valor de elétron livre em apenas 5%. Assim, a blindagem reduziu caracteristicamente a importância das interações elétron-elétron.[33]

TEORIA DE FERMI DOS LÍQUIDOS

Concluímos este capítulo com um breve exame de alguns argumentos profundos e sutis, fundamentalmente propostos por Landau,[34] que: (a) explicam o notável sucesso da aproximação de elétron independente, apesar da força das interações elétron-elétron, e (b) indicam como, em muitos casos, particularmente no cálculo de propriedades de transporte, as consequências das interações elétron-elétron podem ser consideradas qualitativamente. A abordagem de Landau é conhecida como teoria de Fermi dos líquidos e foi desenvolvida para lidar com o estado líquido do isótopo do hélio de número de massa 3, mas vem sendo progressivamente aplicada à teoria das interações elétron-elétron nos metais.[35]

Primeiro, observamos que, até este ponto, nossa análise das interações elétron-elétron levou a uma relação substancialmente modificada de energia *versus* vetor de onda para os níveis monoeletrônicos [por exemplo, a equação (17.19)]. No entanto, ela não desafiou de modo substancial a *estrutura* básica do modelo do elétron independente, no qual as propriedades eletrônicas de um metal são vistas como advindas da ocupação de um conjunto especificado de níveis monoeletrônicos. Assim, mesmo na aproximação de Hartree-Fock, continuamos a descrever os estados eletrônicos estacionários através da especificação de quais níveis monoeletrônicos ψ_i estão presentes na determinante de Slater (17.13). A função de onda de N elétrons tem, portanto, exatamente a mesma estrutura que teria para elétrons que não interagem; a única modificação é que a forma das funções de onda monoeletrônicas ψ_i podem ser afetadas pelas interações.[36] Não está claro que este seja um meio sensato de se descreverem os estados estacionários do sistema de N elétrons. Suponha, por exemplo, que a interação elétron-elétron líquida fosse tão atrativa que pares de elétrons formassem estados unidos.[37] Logo, o modo natural de se descreve-

[32] Um dos sucessos da abordagem da função de Green é a justificativa sistemática desta introdução aparentemente *ad hoc* da blindagem no termo de permuta.

[33] Neste caso, a redução é bem drástica, de uma divergência para uma correção secundária de uma pequena porcentagem.

[34] L. D. Landau. *Sov. Phys. JETP*, 3, p. 920, 1957; 5, p. 101, 1957; e 8, p. 70, 1959.

[35] Um exame completo e bem elementar da teoria de Fermi dos líquidos carregados até 1966 pode ser encontrado em D. Pines; P. Nozieres; W. A. Benjamin; *The theory of quantum liquids I*. Menlo Park, 1966.

[36] Para elétrons livres, nem mesmo esta alteração é feita. As funções de onda continuam a ser ondas planas.

[37] Algo parecido com isso de fato acontece em um supercondutor. Veja o Capítulo 34.

rem os elétrons em um metal seria em termos de pares de elétrons. Esse metal não seria mais bem descrito pelos estados estacionários de um conjunto de elétrons individuais independentes do que um gás de moléculas de oxigênio em termos de átomos independentes de oxigênio.

Mesmo se nada tão drástico como a formação de pares ocorrer, ainda está longe de ser óbvio que uma descrição de elétron independente, com energias adequadamente modificadas, estará em qualquer lugar próximo do correto na descrição de elétrons em um metal real. Há, no entanto, razões para se esperar que este talvez seja o caso para elétrons com energias próximas da energia de Fermi.[38] O argumento, proposto por Landau, pode ser dividido em duas fases. A primeira é bem direta, mas a segunda é, de fato, bem sutil.

TEORIA DE FERMI DOS LÍQUIDOS: CONSEQUÊNCIAS DO PRINCÍPIO DA EXCLUSÃO NO ESPALHAMENTO ELÉTRON-ELÉTRON PRÓXIMO À ENERGIA DE FERMI

Considere um conjunto de elétrons que não interagem. Se imaginarmos o aumento gradual das interações entre esses elétrons, elas levarão a dois tipos de efeitos:

1. As energias de cada nível monoeletrônico serão modificadas.[39] Este é o tipo de efeito ilustrado pela aproximação de Hartree-Fock e seus refinamentos. Voltaremos a ele a seguir;

2. Elétrons serão espalhados dentro e fora dos níveis monoeletrônicos, que não são mais estacionários. Isso não ocorre na aproximação de Hartree-Fock, em que os níveis monoeletrônicos continuam a fornecer estados estacionários válidos do sistema de interação. Se este espalhamento é importante o suficiente para invalidar a noção de elétron independente vai depender de quão rápida seja a razão de espalhamento. Caso seja suficientemente baixa, poderíamos introduzir um tempo de relaxação e tratar o espalhamento do mesmo modo que os outros mecanismos de espalhamento que discutimos em nossas teorias de processos de transporte. Se acontecer (e veremos que realmente ocorre) de o tempo de relaxação elétron-elétron ser muito maior do que outros tempos de relaxação, podemos seguramente ignorá-lo completamente e utilizar o modelo do elétron independente com considerável segurança, sujeitando-nos apenas às modificações exigidas pela relação energia alterada *versus* **k**.[40]

---

[38] Não há nenhuma justificativa para a imagem de elétron independente quando as energias eletrônicas estão longe da energia de Fermi, mas, felizmente, como vimos nos Capítulos 2, 12 e 13, muitas das propriedades eletrônicas mais interessantes de um metal são quase completamente determinadas por elétrons dentro do k_BT da energia de Fermi. No entanto, qualquer propriedade que envolva níveis eletrônicos muito abaixo ou muito acima da energia de Fermi (tal como a suave emissão de raios X, a emissão fotoelétrica ou a absorção óptica) pode ser substancialmente afetada pelas interações elétron-elétron.

[39] Adiaremos, no momento, a questão de fazer ou não sentido falar-se de "níveis monoeletrônicos" quando a interação aumenta (isto é, naturalmente, o problema central: por que o argumento é tão sutil).

[40] E sujeito à sensível variação no ponto de vista associado à introdução de "quase-partículas" (veja a seguir).

Poderíamos ingenuamente esperar que a razão de espalhamento elétron-elétron fosse bem alta, já que a interação de Coulomb, mesmo quando blindada, é bem forte. No entanto, o princípio da exclusão vem socorrer-nos, reduzindo a razão de espalhamento de modo espetacular em muitos casos de maior interesse. Esta redução ocorre quando a configuração eletrônica difere apenas levemente de sua forma de equilíbrio térmico (como é o caso em todos os processos de transporte que investigamos no Capítulo 13). Para ilustrar o efeito do princípio da exclusão sobre a razão de espalhamento, suponha, por exemplo, que o estado de N elétrons consista de uma esfera de Fermi preenchida (equilíbrio térmico em $T = 0$) mais um único elétron excitado em um nível com $\varepsilon_1 > \varepsilon_F$. Para que este elétron se espalhe, ele deve interagir com um elétron de energia ε_2, que deve ser menor que ε_F, pois apenas níveis eletrônicos com energias menores que ε_F são ocupados. O princípio da exclusão requer que estes dois elétrons possam se espalhar apenas em níveis *não ocupados*, cujas energias ε_3 e ε_4 devem, portanto, ser maiores do que ε_F. Desse modo, exige-se que

$$\varepsilon_2 < \varepsilon_F, \qquad \varepsilon_3 < \varepsilon_F, \qquad \varepsilon_4 < \varepsilon_F. \quad \textbf{(17.61)}$$

Além disso, a conservação de energia requer que

$$\varepsilon_1 + \varepsilon_2 = \varepsilon_3 + \varepsilon_4. \quad \textbf{(17.62)}$$

Quando ε_1 é exatamente ε_F, as condições (17.61) e (17.62) somente podem ser satisfeitas se ε_2, ε_3 e ε_4 forem exatamente ε_F também. Assim, os vetores de onda permitidos para os elétrons 2, 3 e 4 ocupam uma região do espaço **k** de *volume zero* (ou seja, a superfície de Fermi) e, portanto, fornecem uma pequena contribuição desprezível às integrais que formam a seção transversal para o processo. Na linguagem da teoria do espalhamento, pode-se dizer que não há nenhum espaço de fase para o processo. Consequentemente, *a meia-vida de um elétron na superfície de Fermi em T = 0 é infinita.*

Quando ε_1 é um pouco diferente de ε_F, algum espaço de fase torna-se disponível para o processo, já que as outras três energias podem agora variar em um subnível de espessura da ordem de $|\varepsilon_1 - \varepsilon_F|$ em torno da superfície de Fermi e permanecer consistente com (17.61) e (17.62). Isso leva a uma razão de espalhamento da ordem de $(\varepsilon_1 - \varepsilon_F)^2$. A grandeza aparece elevada ao quadrado e não ao cubo, pois, uma vez que ε_2 e ε_3 foram escolhidos no subnível de energias permitidas, a conservação de energia não permite nenhuma outra escolha para ε_4.

Se o elétron excitado estiver superposto não em uma esfera de Fermi preenchida, mas em uma distribuição de equilíbrio térmico de elétrons em T diferente de zero, haverá níveis parcialmente ocupados em um subnível de largura k_BT em torno de ε_F. Isso fornece outra faixa de escolha da ordem de k_BT nas energias que satisfazem (17.61) e (17.62) e, portanto, acarreta em uma razão de espalhamento equivalente a $(k_BT)^2$, mesmo quando $\varepsilon_1 = \varepsilon_F$.

Combinando estas considerações, concluímos que, na temperatura T, um elétron de energia ε_1 próximo à superfície de Fermi tem uma razão de espalhamento de $1/\tau$ que depende de sua energia e da temperatura na forma

$$\frac{1}{\tau} = a(\varepsilon_1 - \varepsilon_F)^2 + b(k_B T)^2, \quad \textbf{(17.63)}$$

onde os coeficientes a e b são independentes de ε_1 e T.

Assim, a meia-vida eletrônica devida ao espalhamento elétron-elétron pode ser tão longa quanto se desejar se lançarmos mão de temperaturas suficientemente baixas e considerarmos elétrons suficientemente próximos à superfície de Fermi. Já que são apenas os elétrons dentro de $k_B T$ da energia de Fermi que afetam de modo significativo a maior parte das propriedades metálicas de baixa energia (aqueles mais abaixo estão "congelados dentro" e há pouquíssimos muito acima), o tempo de relaxação fisicamente relevante para tais elétrons equivale a $1/T^2$.

Para fornecer uma estimativa aproximada, mas quantitativa, desta meia-vida, argumentamos: suponha que a dependência da temperatura de τ é completamente levada em conta por um fator $1/T^2$. Esperamos, da teoria da perturbação de ordem mais baixa (aproximação de Born), que τ dependerá da interação elétron-elétron por meio do quadrado da transformada de Fourier do potencial de interação. Nossa discussão sobre blindagem sugere que isso pode ser calculado pelo potencial blindado de Thomas-Fermi, que está em qualquer lugar menor que $4\pi e^2/k_0^2$. Admitimos, portanto, que a dependência de τ da temperatura e da interação elétron-elétron é completamente levada em consideração pela forma:

$$\frac{1}{\tau} \propto (k_B T)^2 \left(\frac{4\pi e^2}{k_0^2}\right)^2. \quad \textbf{(17.64)}$$

Usando a forma (17.55) para k_0, podemos representá-la como

$$\frac{1}{\tau} \propto (k_B T)^2 \left(\frac{\pi^2 \hbar^2}{m k_F}\right)^2. \quad \textbf{(17.65)}$$

Para estabelecer a forma da constante de proporcionalidade, recorremos à análise dimensional. Deixamos à nossa disposição apenas as grandezas independentes da temperatura que caracterizam um gás de elétrons que não interagem: k_F, m e $\hbar$. Podemos construir uma grandeza com dimensões de tempo inverso multiplicando (17.65) por $m^3/\hbar^7$ para obter

$$\frac{1}{\tau} = A \frac{1}{\hbar} \frac{(k_B T)^2}{\varepsilon_F}. \quad \textbf{(17.66)}$$

Já que nenhum fator sem dimensão pode ser construído a partir de k_F, m e $\hbar$, (17.66) é a única forma possível. Tomamos o número sem dimensão A como a unidade de ordem para dentro de uma potência ou duas de dez.

À temperatura ambiente, k_BT é da ordem de 10^{-2} eV e ε_F é da ordem de elétron-volts. Portanto, $(k_BT)^2/\varepsilon_F$ é da ordem de 10^{-4} eV, o que leva a uma meia-vida τ da ordem de 10^{-10} segundos. No Capítulo 1, vimos que os tempos de relaxação metálica típicos à temperatura ambiente eram da ordem de 10^{-14} segundos. Concluímos, então, que, à temperatura ambiente, o espalhamento elétron-elétron prossegue em uma velocidade 10^4 vezes mais lenta do que o mecanismo de espalhamento dominante. Este é um fator suficientemente grande para permitir que a potência ou o erro dois de dez possam facilmente ser arrastados em nossa análise dimensional aproximada. Não há dúvida de que, à temperatura ambiente, o espalhamento elétron-elétron tem consequências pequenas em um metal. Uma vez que o tempo de relaxação elétron-elétron aumenta como $1/T^2$ com temperatura decrescente, é bem possível que possa acarretar em consequências pequenas para todas as temperaturas. Certamente, é necessário chegar a temperaturas bem baixas (para eliminar o espalhamento térmico pelas vibrações iônicas) em espécimes muito puras (para eliminar espalhamento de impureza) antes de se esperar que efeitos do espalhamento elétron-elétron sejam percebidos. Por fim, começam a surgir indicações da possibilidade de haver, sob estas condições extremas, a dependência característica de T^2.

Logo, ao menos para níveis dentro de k_BT da energia de Fermi, as interações elétron--elétron não parecem invalidar a imagem do elétron independente. No entanto, há uma séria lacuna neste argumento, o que nos leva para a parte sutil da teoria de Landau.

TEORIA DE FERMI DOS LÍQUIDOS: QUASE-PARTÍCULAS

O argumento anterior indica que *se* a imagem do elétron independente é uma boa primeira aproximação, ao menos para níveis próximos à energia de Fermi, o espalhamento elétron--elétron não invalidará aquela imagem, mesmo que as interações sejam fortes. No entanto, se as interações elétron-elétron são fortes, não é provável que a aproximação de elétron independente seja uma boa primeira aproximação. Não fica claro, portanto, que nosso argumento tenha alguma relevância.

Landau cortou este nó górdio ao reconhecer que a ideia do *elétron* independente não era um ponto de partida válido. Ele enfatizou, entretanto, que o argumento descrito anteriormente permanece aplicável, desde que uma noção de *algo* independente seja ainda uma boa primeira aproximação. Ele batizou o "algo" de *quase-partículas* (ou *quase-elétrons*). Se as quase-partículas obedecem ao princípio da exclusão, o argumento que fornecemos funciona tão bem para elas quanto para os elétrons independentes, adquirindo, por meio disso, validade muito mais ampla, se pudermos explicar o que uma quase-partícula deve ser. A definição de Landau de uma quase-partícula é aproximadamente esta:

Suponha que, quando as interações elétron-elétron são ligadas, os estados (ao menos os baixos) do sistema de N elétrons que interagem fortemente evoluam de forma contínua a partir dos – e, portanto, permaneçam em correspondência um a um com – estados do sistema de N elétrons que não interagem. Podemos especificar os estados excitados do sistema que não interage especificando como diferem do estado fundamental, ou seja, listando os vetores de onda $\mathbf{k}_1, \mathbf{k}_2,...,\mathbf{k}_n$ acima de k_F que descrevem níveis ocupados e aqueles $\mathbf{k}_1', \mathbf{k}_2',...,\mathbf{k}_m'$ abaixo de k_F que descrevem níveis não ocupados.[41] Descrevemos, então, esse estado dizendo que m elétrons foram excitados para fora dos níveis monoeletrônicos $\mathbf{k}_1',...,\mathbf{k}_m'$, e n elétrons excitados estão presentes nos níveis monoeletrônicos $\mathbf{k}_1,...,\mathbf{k}_n$. A energia do estado excitado é exatamente a energia do estado fundamental mais $\mathcal{E}(\mathbf{k}_1) + \ldots + \mathcal{E}(\mathbf{k}_n) - \mathcal{E}(\mathbf{k}_1') - \ldots - \mathcal{E}(\mathbf{k}_m')$, em que, para os elétrons livres, $\mathcal{E}(\mathbf{k}) = \hbar^2 k^2/2m$.

Definimos agora as quase-partículas implicitamente, afirmando que o estado correspondente do sistema que interage é aquele no qual m quase-partículas foram excitadas para fora dos níveis com vetores de onda $\mathbf{k}_1' \ldots \mathbf{k}_m'$ e n quase-partículas excitadas estão presentes em níveis com vetores de onda $\mathbf{k}_1 \ldots \mathbf{k}_n$. Dizemos que a energia do estado é a energia do estado fundamental mais $\mathcal{E}(\mathbf{k}_1) + \ldots + \mathcal{E}(\mathbf{k}_n) - \mathcal{E}(\mathbf{k}_1') - \ldots - \mathcal{E}(\mathbf{k}_m')$, em que a relação quase-partícula $\mathcal{E}$ *versus* $\mathbf{k}$ é, em geral, muito difícil de se determinar.

Não fica claro, naturalmente, se isso é algo consistente, já que implica que o espectro de excitação para o sistema que interage, apesar de numericamente diferente daquele do sistema livre, possui mesmo assim uma estrutura do tipo de elétron livre. Entretanto, podemos agora retornar ao argumento da seção anterior e apontar que isso é ao menos uma possibilidade consistente, já que, se o espectro tem uma estrutura como o espectro de elétron livre, então, por causa do princípio da exclusão, as interações quase-partícula-quase-partícula não vão alterar drasticamente aquela estrutura, ao menos para quase-partículas próximas à superfície de Fermi.

Este vislumbre está longe de ser uma teoria coerente. Em particular, devemos reexaminar as regras para a construção de grandezas como as correntes elétrica e térmica a partir da função de distribuição, já que reconhecemos que ela está agora descrevendo não elétrons, mas quase-partículas. Notavelmente, essas regras são muito semelhantes (mas não idênticas) ao que faríamos se estivéssemos, de fato, lidando com elétrons e não com quase-partículas. Não é possível fornecer um esclarecimento adequado deste extraordinário assunto aqui, por isso, sugerimos ao leitor os artigos de Landau e o livro de Pines e Nozieres* para uma descrição mais completa.

O termo "sistema de Fermi normal" é empregado para se referir aos sistemas de partículas que interagem e obedecem à estatística de Fermi-Dirac para os quais a representação de quase-partículas é válida. Pode-se mostrar mediante um difícil e engenhoso argumento de Landau baseado nos métodos de função de Green que, para todas as ordens da teoria da perturbação (na interação), todo sistema de Fermi que interage é normal.

[41] Observe que, se estamos comparando o estado excitado de N elétrons a um estado fundamental de N elétrons, n e m devem ser o mesmo. Eles não precisam ser os mesmos se estivermos comparando o estado excitado do sistema de N elétrons a um estado fundamental de N' elétrons. Note também que, apesar de usarmos a linguagem apropriada aos elétrons livres na descrição da ocupação de níveis, poderíamos fazer o mesmo para uma superfície de Fermi de formato genérico.

* Para a referência bibliográfica dos artigos de Landau e Pines e Nozieres, ver as notas 34 e 35 deste capítulo. (N.E.)

Isso não significa, entretanto, que todos os sistemas eletrônicos em metais sejam normais, porque agora se sabe que o estado fundamental supercondutor, bem como diversos tipos de estados fundamentais magneticamente ordenados, não podem ser construídos de modo perturbativo a partir do estado fundamental do elétron livre. Podemos, portanto, apenas dizer que, se um sistema de Fermi não é normal, ele está provavelmente fazendo alguma outra coisa muito interessante e drástica por conta própria.

TEORIA DE FERMI DOS LÍQUIDOS: A FUNÇÃO *f*

Finalmente, supondo que lidamos com um sistema de Fermi normal, comentamos brevemente os efeitos restantes das interações elétron-elétron sobre o comportamento eletrônico. Se um quadro de quase-partícula é válido, o efeito principal das interações elétron-elétron é simplesmente alterar as energias de excitação $\varepsilon(\mathbf{k})$ de seus valores de elétron livre. Landau apontou que isso tem uma implicação importante para a estrutura das teorias de transporte. Quando correntes elétricas ou térmicas são transportadas em um metal, a função de distribuição eletrônica $g(\mathbf{k})$ vai diferir de sua forma de equilíbrio $f(\mathbf{k})$. Para elétrons verdadeiramente independentes, isso não tem relação com a forma da relação ε *versus* $\mathbf{k}$, mas, uma vez que a energia da quase-partícula é uma consequência das interações elétron-elétron, ela pode muito bem ser alterada quando a configuração dos outros elétrons for modificada. Landau observou que, se a função de distribuição diferia de sua forma de equilíbrio por $\delta n(\mathbf{k}) = g(\mathbf{k}) - f(\mathbf{k})$, então, em uma teoria linearizada,[42] isto acarretaria variação na energia da quase-partícula da forma[43]

$$\delta\varepsilon(\mathbf{k}) = \frac{1}{V}\sum_{\mathbf{k}'} f(\mathbf{k},\mathbf{k}')\delta n(\mathbf{k}'). \quad \textbf{(17.67)}$$

Este é precisamente o estado de coisas que prevalece na teoria de Hartree-Fock, em que $f(\mathbf{k},\mathbf{k}')$ tem a forma explícita $4\pi e^2/(\mathbf{k} - \mathbf{k}')^2$. Em uma teoria de Hartree-Fock blindada mais precisa, f teria a forma $4\pi e^2/[(\mathbf{k} - \mathbf{k}')^2 + k_0^{\,2}]$. Em geral, nenhuma dessas formas aproximadas é correta, e a exata função f é difícil de ser calculada. Todavia, deve-se permitir a existência da relação (17.67) em uma teoria de transporte correta. Está além do escopo deste livro desenvolver tal programa. Entretanto, uma de suas consequências mais importantes é que, para os processos independentes de tempo, a função f cai completamente fora da teoria de transporte, sendo as interações elétron-elétron importantes apenas na medida em que afetam a razão de espalhamento. Isso significa, particularmente, que processos estacionários em um campo magnético em alto $\omega_c\tau$ não serão de modo nenhum afetados pelas

[42] Tal como quase todas as teorias de transporte utilizadas na prática.

[43] É convencional excluir de (17.67) a contribuição para a variação na energia associada ao campo eletromagnético macroscópico produzido pelas correntes ou densidades de carga associadas ao desvio do equilíbrio, ou seja, a função f descreve os efeitos da permuta e da correlação. Efeitos de campo autoconsistente são explicitamente tratados separadamente, do modo usual.

interações elétron-elétron e corretamente determinados pela teoria do elétron independente. Estes são precisamente os processos que fornecem informações valiosas e extensivas sobre a superfície de Fermi, de modo que se pode remover um grande obstáculo à confiabilidade absoluta na validade daquelas informações.

Apesar de a função f estar além de técnicas computacionais confiáveis, pode-se tentar deduzir como sua mera existência deve afetar diversas propriedades de transporte dependentes da frequência. Na maioria dos casos, os efeitos parecem ser pequenos e muito difíceis de separar dos efeitos de estrutura de bandas. No entanto, foram feitas tentativas para se medir as propriedades que dependem de modo crítico da função f, em um esforço para que fossem determinados seus valores na prática.[44]

TEORIA DE FERMI DOS LÍQUIDOS: REGRAS PRÁTICAS FINAIS

Em resumo, o quadro do elétron independente é muito provavelmente válido:

1. desde que estejamos lidando apenas com elétrons dentro de k_BT de ε_F;

2. desde que lembremos, quando pressionados, que não estamos mais descrevendo elétrons simples, mas quase-partículas;

3. desde que permitamos que haja efeitos de interação na relação ε *versus* **k**;

4. desde que permitamos a possibilidade de haver uma função f em nossas teorias de transporte.

PROBLEMAS

1. ***Derivação das equações de Hartree a partir do Princípio Variacional***

(a) Mostre que o valor de expectativa da Hamiltoniana (17.2) em um estado da forma (17.10) é[45]

$$\langle H\rangle = \sum_i \int d\mathbf{r}\psi_i^*(\mathbf{r})\left(-\frac{\hbar^2}{2m}\nabla^2 + U^{\text{ion}}(\mathbf{r})\right)\psi_i(\mathbf{r}) + \frac{1}{2}\sum_{i\neq j}\int d\mathbf{r}d\mathbf{r}'\frac{e^2}{|\mathbf{r}-\mathbf{r}'|}|\psi_i(\mathbf{r})|^2|\psi_j(\mathbf{r}')|^2, \quad \textbf{(17.68)}$$

desde que todos os ψ_i satisfaçam a condição de normalização $\int d\mathbf{r}\ |\psi_i|^2 = 1$.

(b) Expressando a restrição de normalização para cada ψ_i com um multiplicador Lagrange ε_i e tomando $\delta\psi_i$ e $\delta\psi_i^*$ como variações independentes, mostre que a condição estacionária

$$\delta_i\langle H\rangle = 0 \quad \textbf{(17.69)}$$

leva diretamente às equações de Hartree (17.7).

[44] Veja, por exemplo, P. M. Platzman; W. M. Walsh Jr.; E-Ni Foo. *Phys. Rev.*, n. 172, p. 689, 1968.

[45] Observe a restrição (um tanto pedante quando grandes números de níveis aparecem na soma) $i \neq j$. Tal restrição não está presente na energia mais geral de Hartree-Fock da equação (17.14) porque, lá, os termos direto e de permuta para $i = j$ anulam-se identicamente.

2. ***Derivação das equações de Hartree-Fock a partir do Princípio Variacional***

(a) Mostre que o valor de expectativa da Hamiltoniana (17.2) em um estado de forma (17.13) é dado por (17.14).

(b) Mostre que, quando aplicado à equação (17.14), o procedimento descrito no Problema 1(b) agora leva às equações de Hartree-Fock (17.15).

3. ***Propriedades dos potenciais de Coulomb e potenciais blindados de Coulomb***

(a) A partir da representação integral da função delta,

$$\delta(\mathbf{r}) = \int \frac{d\mathbf{k}}{(2\pi)^3} e^{i\mathbf{k}\cdot\mathbf{r}} \quad \textbf{(17.70)}$$

e do fato de o potencial de Coulomb $\phi(\mathbf{r}) = -e/r$ satisfazer a equação de Poisson,

$$-\nabla^2\phi(\mathbf{r}) = -4\pi e\delta(\mathbf{r}), \quad \textbf{(17.71)}$$

argumente que o potencial de par elétron-elétron, $V(\mathbf{r}) = -e\phi(\mathbf{r}) = e^2/r$, pode ser escrito na forma

$$V(\mathbf{r}) = \int \frac{d\mathbf{k}}{(2\pi)^3} e^{i\mathbf{k}\cdot\mathbf{r}} V(\mathbf{k}), \quad \textbf{(17.72)}$$

onde a transformada de Fourier $V(\mathbf{k})$ é dada por

$$V(\mathbf{k}) = \frac{4\pi e^2}{k^2}. \quad \textbf{(17.73)}$$

(b) Mostre que a transformada de Fourier da interação de Coulomb blindada $V_s(\mathbf{r}) = (e^2/r)e^{-k_0 r}$ é

$$V_S(\mathbf{k}) = \frac{4\pi e^2}{k^2 + k_0^2}, \quad \textbf{(17.74)}$$

pela substituição de (17.74) na integral de Fourier

$$V_S(\mathbf{r}) = \int \frac{d\mathbf{k}}{(2\pi)^3} e^{i\mathbf{k}\cdot\mathbf{r}} V_S(\mathbf{k}) \quad \textbf{(17.75)}$$

e pela avaliação daquela integral nas coordenadas esféricas. (A integral radial é mais benfeita como uma integral de contorno.)

(c) Deduza, a partir de (17.74), que $V_s(r)$ satisfaz

$$(-\nabla^2 + k_0^2)V_S(\mathbf{r}) = 4\pi e^2\delta(\mathbf{r}). \quad \textbf{(17.76)}$$

4. *Massa efetiva de Hartree-Fock próximo a* k = 0

Mostre que, próximo ao mínimo da banda (k = 0), a energia monoeletrônica de Hartree--Fock (17.19) é parabólica em k:

$$\varepsilon(\mathbf{k}) \approx \frac{\hbar^2 k^2}{2m^*}, \quad (17.77)$$

onde

$$\frac{m^*}{m} = \frac{1}{1 + 0{,}22(r_s/a_0)}. \quad (17.78)$$

5. *Cálculo da função de resposta de Lindhard*

Utilizando a fórmula da teoria de perturbação estacionária de primeira ordem,

$$\psi_{\mathbf{k}} = \psi_{\mathbf{k}}^0 + \sum_{\mathbf{k}'} \frac{1}{\varepsilon_{\mathbf{k}} - \varepsilon_{\mathbf{k}'}} (\psi_{\mathbf{k}'}^0, V\psi_{\mathbf{k}}^0)\psi_{\mathbf{k}'}^0, \quad (17.79)$$

e expressando a densidade de carga como

$$\rho(\mathbf{r}) = -e\sum f_{\mathbf{k}} \psi_{\mathbf{k}}(\mathbf{r})^2 = \rho^0(\mathbf{r}) + \rho^{\text{ind}}(\mathbf{r}), \quad (17.80)$$

(onde $f_{\mathbf{k}}$ é a distribuição de equilíbrio de Fermi), mostre que a transformada de Fourier da carga induzida para primeira ordem em um potencial total ϕ é dada por

$$\rho^{\text{ind}}(\mathbf{q}) = -e^2 \int \frac{d\mathbf{k}}{4\pi^3} \frac{f_{\mathbf{k}-\frac{1}{2}\mathbf{q}} - f_{\mathbf{k}+\frac{1}{2}\mathbf{q}}}{\hbar^2(\mathbf{k}\cdot\mathbf{q}/m)} \phi(\mathbf{q}). \quad (17.81)$$

[A equação (17.56), então, decorre da definição (17.37) de $\chi(\mathbf{q})$.]

18 Efeitos de superfície

A função trabalho
Potenciais de contato
Emissão termiônica
Difração de elétron de baixa energia
Microscopia de campo iônico
Níveis de superfície eletrônica

Como estávamos interessados basicamente nas propriedades mais internas, acabamos ignorando as superfícies, trabalhando com o modelo idealizado de um sólido infinitamente estendido.[1] Nossa justificativa para isso foi que, dos 10^{24} átomos em um cristal macroscópico normalmente de 10^8 átomos por lado, apenas cerca de um em 10^8 está próximo à superfície.

Ao nos limitarmos às propriedades mais internas, omitimos o cada vez mais importante campo da física de superfície, que lida com fenômenos como a catálise ou o crescimento cristalino, que são completamente determinados pela interação de átomos de superfície com átomos que colidem no cristal. Como a estrutura microscópica das superfícies da maioria dos espécimes tende a ser irregular e difícil de se apurar, o campo da física de superfície é muito complexo, em nada parecido com a variedade de modelos simples e experimentalmente verificáveis disponíveis na física mais interna dos sólidos. Não teremos nada a dizer, nem mesmo neste capítulo, sobre esses fenômenos de superfície, limitando-nos a uma descrição de algumas das ferramentas importantes para a determinação da estrutura de superfície.

Entretanto, mesmo se estivermos interessados apenas nas propriedades mais internas, ainda somos forçados a lidar com a superfície sempre que uma medição (por exemplo, a aplicação de um voltímetro) remover um elétron do sólido. A energia necessária para se extrair um elétron, apesar de se originar bem no interior, é determinada tanto pela superfície como pelas condições mais internas. Isso porque há distorções na distribuição de cargas eletrônicas próxima à superfície que, por causa da longa faixa do potencial de Coulomb, afetam as energias dos níveis mais internos. Esses efeitos são cruciais para a compreensão dos potenciais de contato (veja a seguir), da emissão termiônica (a ebulição de elétrons para

[1] Por conveniência matemática, geralmente também substituímos o sólido infinito pelo sólido periodicamente repetido, retratado pelas condições de contorno de Born-von Karman.

fora de um metal em altas temperaturas), do efeito fotoelétrico (a ejeção de elétrons por fótons incidentes) ou quaisquer outros fenômenos nos quais elétrons são removidos de um sólido ou passam de um sólido para o outro.

Na descrição desses fenômenos, um papel crucial é exercido pela *função trabalho*, definida como o mínimo de energia necessária para se remover um elétron do interior de um sólido para uma posição logo externa. Com a expressão "logo externa", nos referimos a uma distância da superfície que é grande na escala atômica, mas pequena se comparada às dimensões lineares do cristal. Ela será especificada detalhadamente na discussão a seguir.

EFEITO DA SUPERFÍCIE NA ENERGIA DE LIGAÇÃO DE UM ELÉTRON: A FUNÇÃO TRABALHO

Para ilustrar como a superfície afeta a energia necessária para se remover um elétron, vamos comparar o potencial periódico $U^{\text{inf}}(\mathbf{r})$ de um cristal infinito idealizado com o potencial $U^{\text{fin}}(\mathbf{r})$ que aparece na equação monoeletrônica de Schrödinger para um espécime finito da mesma substância. Para simplificar, consideramos apenas cristais do sistema cúbico que possuem simetria de inversão. No infinito (ou cristal periodicamente estendido), podemos representar U^{inf} como a soma de contribuições de células primitivas de Wigner-Seitz em torno de cada ponto de rede:

$$U^{\text{inf}}(\mathbf{r}) = \sum_{\mathbf{R}} v(\mathbf{r} - \mathbf{R}), \quad \textbf{(18.1)}$$

onde

$$v(\mathbf{r}) = -e\int_C d\mathbf{r}'\rho(\mathbf{r}')\frac{1}{|\mathbf{r} - \mathbf{r}'|}. \quad \textbf{(18.2)}$$

a integração em (18.2) se dá sobre uma célula C de Wigner-Seitz centrada na origem e $\rho(\mathbf{r})$ é a densidade de carga total, eletrônica e iônica.[2]

Em distâncias da célula que sejam longas, comparadas às suas dimensões, podemos fazer a expansão multipolar da eletrostática, definindo

$$\begin{aligned}\frac{1}{|\mathbf{r} - \mathbf{r}'|} &= \frac{1}{r} - (\mathbf{r}' \cdot \nabla)\frac{1}{r} + \frac{1}{2}(\mathbf{r}' \cdot \nabla)^2\frac{1}{r} + \dots \\ &= \frac{1}{r} + \frac{\mathbf{r}' \cdot \hat{\mathbf{r}}}{r^2} + \frac{3(\mathbf{r}' \cdot \hat{\mathbf{r}})^2 - r'^2}{r^3} + \frac{1}{r}O\left(\frac{r'}{r}\right)^3,\end{aligned} \quad \textbf{(18.3)}$$

para encontrar que

[2] A equação monoeletrônica de Schrödinger que temos em mente é, portanto, a equação de Hartree autoconsistente discutida nos Capítulos 11 e 17.

$$v(\mathbf{r}) = -e\frac{Q}{r} - e\frac{\mathbf{p}\cdot\hat{\mathbf{r}}}{r^2} + O\left(\frac{1}{r^3}\right), \quad (18.4)$$

onde

$$Q = \int_C d\mathbf{r}'\rho(\mathbf{r}') \quad (18.5)$$

é a carga total da célula e

$$\mathbf{p} = \int_C d\mathbf{r}'\mathbf{r}'\rho(\mathbf{r}') \quad (18.6)$$

é seu momento dipolo total.

Uma vez que o cristal é eletricamente neutro e $\rho(\mathbf{r})$ tem a periodicidade da rede de Bravais, cada célula primitiva deve ser eletricamente neutra: $Q = 0$. Além disso, em um cristal com simetria de inversão, a contribuição da célula de Wigner-Seitz para o momento dipolo desaparece. Como consequência da simetria cúbica, o coeficiente do termo $1/r^3$ (o potencial quadripolar) também desaparecerá.[3] Já que a simetria de inversão também exige que o coeficiente de $1/r^4$ desapareça, podemos concluir que a contribuição de uma célula de Wigner-Seitz para $v(\mathbf{r})$ diminui como $1/r^5$, ou seja, muito rapidamente, em longas distâncias da célula.

Assim, a contribuição para $U^{\text{inf}}(\mathbf{r})$ de células distantes (na escala atômica) do ponto $\mathbf{r}$ é desprezivelmente pequena, e $U^{\text{inf}}(\mathbf{r})$ é muito bem aproximado pela contribuição de células dentro de algumas constantes de rede de $\mathbf{r}$.

Agora, considere um cristal finito. Suponha que pudéssemos representar a configuração iônica pela simples ocupação de alguma região finita V da rede de Bravais ocupada no cristal infinito. Suponha, ainda, que a densidade de carga eletrônica na célula de Wigner--Seitz em torno de cada íon permanecesse completamente sem distorções da forma que ele toma no cristal infinito, mesmo em células próximas da superfície (Figura 18.1a). De acordo com essas suposições, cada célula ocupada continuaria a contribuir com $v(\mathbf{r} - \mathbf{R})$ para o potencial e teríamos:

---

[3] Isso resulta do fato de que $\int_c d\mathbf{r}'\, r_i' r_j' \rho(\mathbf{r}')$ deve desaparecer quando $i \neq j$ e deve igualar seu valor médio, $\frac{1}{3}\int d\mathbf{r}'\, r'^2\rho(\mathbf{r}')$, quando $i = j$. Consequentemente, o primeiro termo em

$$\int_C d\mathbf{r}'\left[\frac{3(\mathbf{r}'\cdot\hat{\mathbf{r}})^2}{r^3} - \frac{r'^2}{r^3}\right]\rho(\mathbf{r}')$$

deve cancelar o segundo.

Se o cristal não tem simetria cúbica, nossas conclusões gerais não são afetadas, mas deve-se ter considerável cuidado ao se lidar com o termo quadripolar. Uma dependência de $1/r^3$ por si só não diminui rápido o bastante com a distância para assegurar que células remotas não sofram influência mútua, e a dependência angular do potencial quadripolar também deve ser considerada. Isso torna a discussão muito mais técnica e, para os nossos propósitos, não vale a pena o trabalho.

$$U^{\text{fin}}(\mathbf{r}) = \sum_{\mathbf{R}\text{ em }V} v(\mathbf{r} - \mathbf{R}). \quad \textbf{(18.7)}$$

Se (18.7) estivesse correta, então, nos pontos **r** bem interiores ao cristal na escala atômica, U^{fin} diferiria de U^{inf} apenas porque o cristal finito não tem células nos sítios **R** distantes de **r**. Como essas células oferecem contribuição desprezível para o potencial em **r**, $U^{\text{fin}}(\mathbf{r})$ seria indistinguível de $U^{\text{inf}}(\mathbf{r})$ quando **r** estivesse mais do que algumas constantes de rede dentro do cristal. Além disso, quando **r** estivesse mais do que algumas constantes de rede fora do cristal, $U^{\text{fin}}(\mathbf{r})$ seria desprezivelmente pequeno por causa da dependência da quinta potência inversa que diminui rapidamente da contribuição para U^{fin} de cada célula ocupada do cristal cúbico (Figura 18.1b).

Como consequência, a energia do nível eletrônico mais alto ocupado no interior do cristal ainda seria ε_F, sendo ε_F a energia de Fermi calculada para o cristal infinito ideal com o potencial periódico U^{inf}. Além disso, a mais baixa energia de um nível eletrônico fora do cristal seria zero (já que U^{inf} se aproximaria de zero fora do cristal e a energia cinética de um elétron livre pode se tornar arbitrariamente pequena). Portanto, se não houvesse distorções na distribuição de carga nas células de superfície, a energia mínima necessária para remover um elétron do interior do cristal para um ponto logo externo ao cristal seria[4]

$$W = 0 - \varepsilon_F = -\varepsilon_F. \quad \textbf{(18.8)}$$

Essa conclusão está incorreta. A distribuição de carga real em células próximas à superfície de um cristal finito difere da distribuição de cargas de células no interior. Para começar, as posições dos íons da superfície serão, em geral, levemente deslocadas de suas posições ideais de rede de Bravais. Além disso, a distribuição de carga eletrônica em células próximas à superfície não precisa ter a simetria da rede de Bravais (Figura 18.2a). Essas células terão, em geral, um momento dipolo que não desaparece e podem até produzir uma carga elétrica líquida de superfície que não desaparece.

---

[4] Como os elétrons estão ligados ao metal, deve ser realizado um trabalho para extraí-los, logo ε_F deve ser negativo. Isso não é difícil de se adequar à convenção da teoria do elétron livre de que $\varepsilon_F = \hbar^2 k_F^2/2m$. A questão é que, em teorias de propriedades mais internas que usam o modelo de um metal infinito, não há razão para se considerar nenhum valor em particular para a constante aditiva arbitrária na energia eletrônica. Implicitamente, nos comprometemos com uma escolha em particular para aquela constante, atribuindo energia zero ao nível eletrônico mais baixo. Com esta convenção, a energia potencial para um elétron fora do cristal deve ser grande e positiva (maior, de fato, que ε_F) se os elétrons forem de fato ligados ao metal. Na presente discussão, no entanto, adotamos a convenção eletrostática familiar de tomar o potencial como zero em grandes distâncias de um espécime metálico finito. Para ser consistente com esta convenção alternativa, é necessário adicionar uma grande constante negativa à energia de cada nível eletrônico dentro do metal. Pode-se considerar que aquela constante negativa fornece uma representação imperfeita do potencial atrativo dos íons da rede. O valor daquela constante não tem nenhum efeito na determinação das propriedades mais internas, mas, na comparação entre energias dentro e fora do metal, deve-se introduzir tal termo explicitamente ou abandonar a convenção de que o potencial é zero longe do metal.

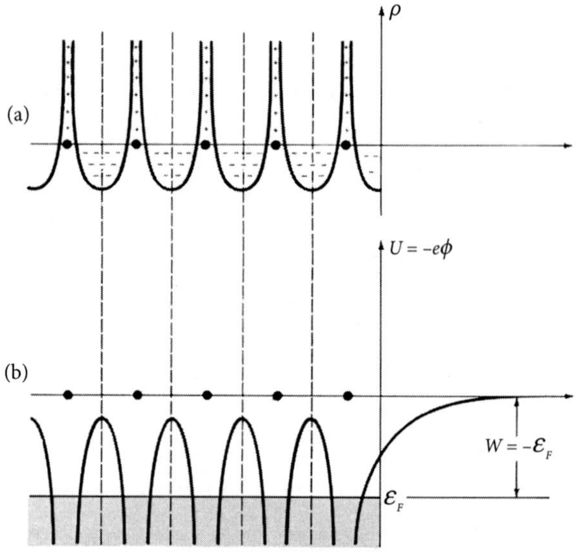

Figura 18.1
(a) A densidade de carga elétrica próximo à superfície de um cristal finito se não houvesse nenhuma distorção em células próximas à superfície. A densidade é representada ao longo de uma linha de íons. Linhas tracejadas verticais indicam contornos de células. (b) A forma do potencial cristalino U (ou o potencial eletrostático $\phi = -U/e$) determinada pela densidade de carga em (a), ao longo da mesma linha. Distantes do cristal, U e ϕ caem para zero. A energia (negativa) de Fermi está indicada no eixo vertical. O sombreado abaixo da energia de Fermi tem a intenção de sugerir os níveis eletrônicos preenchidos no metal. Como os níveis eletrônicos mais baixos fora do metal têm energia zero, uma energia $W = -\varepsilon_F$ deve ser fornecida para se remover um elétron.

O modo específico pelo qual a distribuição de carga em células próximas à superfície difere daquela em que o todo depende de detalhes, como a superfície ser plana ou irregular e, se plana, da orientação do plano em relação aos eixos cristalográficos. A determinação desta distribuição de carga distorcida para diversos tipos de superfícies é um problema difícil na física de superfícies que não vamos explorar. Nosso interesse primário está nas consequências de tal distorção.

Consideramos primeiro o caso em que a distorção das células de superfície não resulta em uma carga macroscópica líquida por unidade de área da superfície metálica. Se exigirmos que o metal como um todo seja eletricamente neutro, este será o caso se todas as suas superfícies tiverem estruturas equivalentes, ou porque elas sejam planos cristalograficamente equivalentes ou, se irregulares, porque foram preparadas por processos idênticos. A grandes distâncias (na escala atômica) de tal superfície eletricamente neutra, as distribuições de carga das células de superfície individuais distorcidas continuarão não produzindo nenhum campo elétrico macroscópico líquido.[5] No entanto, na camada da superfície na qual as células são distorcidas, essa distorção originará campos elétricos apreciáveis, contra os quais uma quantidade de trabalho $W_s = \int e\mathbf{E}\cdot d\ell$ deve ser realizada na movimentação de um elétron através da camada.

O valor de W_s é determinado pela maneira com que a distribuição de carga nas células de superfície difere daquela do interior, que, por sua vez, depende do tipo de superfície que está sendo considerado. Em alguns modelos,[5] a distorção na carga das células de superfície é

---

[5] Veja, por exemplo, o Problema 1a.

representada como uma densidade de superfície uniforme macroscópica de dipolos e, com este modelo em mente, a camada da superfície (muito genericamente) é frequentemente chamada de "camada dupla".

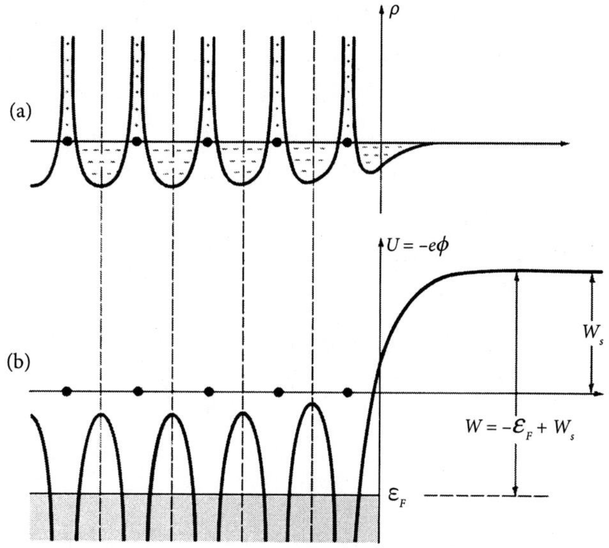

FIGURA 18.2

(a) A forma real da densidade de carga elétrica próxima à superfície de um cristal (desprezando-se possíveis deslocamentos leves dos íons próximos às superfícies de seus sítios no cristal infinito). Observe a deficiência de elétrons nas duas células mais próximas da superfície e a presença de carga eletrônica na primeira "célula" no lado do vácuo da superfície. É esse tipo de distorção que produz a "camada dupla" descrita a seguir. (b) A forma do potencial cristalino *U* determinada pela densidade de carga em (a). Se a constante aditiva é escolhida de modo que *U* se assemelhe ao potencial da Figura 18.1b bem no interior do cristal, então, fora do cristal, *U* não se aproximará de zero, mas do valor W_s igual ao trabalho que deve ser realizado para transportar um elétron através do campo elétrico na camada dupla. Os níveis mais baixos fora do cristal têm agora uma energia W_s e, portanto, uma energia $W = -\mathcal{E}_F + W_s$ deve ser fornecida para que se remova um elétron.

O trabalho W_s realizado pelo campo predominante na camada dupla deve ser adicionado à expressão (18.8), que fornece a função trabalho quando a distorção das células de superfície é ignorada. A função trabalho correta é, então, dada por[6]

$$W = -\mathcal{E}_F + W_S. \quad \textbf{(18.9)}$$

A forma correspondente para o potencial cristalino $U(\mathbf{r})$ é mostrada na Figura 18.2b.

Se as faces do cristal não são equivalentes, não há nada que proíba que uma carga de superfície líquida macroscópica se desenvolva em cada face além das camadas duplas, desde que a

[6] Como a equação (18.8), a equação (18.9) supõe que $\mathcal{E}_F$ tenha sido calculado para o cristal infinito com uma escolha em particular para a constante aditiva no potencial periódico, a saber, aquela que assegura que, para um cristal finito, no qual a distorção das distribuições de carga da célula de superfície não é levada em conta, *U* desaparece a grandes distâncias do cristal.

carga total em todas as superfícies do cristal desapareça. De fato, é fácil ver que cargas de superfície pequenas, mas que não desaparecem, devem surgir pela seguinte razão:

Considere um cristal com duas faces não equivalentes F e F'. Suas funções de onda W e W' não precisam ser iguais, já que as contribuições de W_s e $W_{s'}$ para as funções trabalho surgirão de camadas duplas de diferentes estruturas internas. Considere agora a extração de um elétron no nível de Fermi por meio da face F e, então, seu retorno para dentro através da face F' para um nível interno que está, outra vez, na energia de Fermi (Figura 18.3). O trabalho total realizado em tal ciclo deve desaparecer, caso se queira conservar a energia. No entanto, o trabalho realizado na extração e na reintrodução do elétron é $W - W'$, que não precisa desaparecer se as superfícies não forem equivalentes. Deve haver, então, um campo elétrico fora do metal contra o qual uma quantidade de compensação de trabalho seja feita quando o elétron é carregado da face F para a face F', ou seja, as duas faces do cristal devem estar em diferentes potenciais eletrostáticos ϕ e ϕ' que satisfaçam

$$-e(\phi - \phi') = W - W'. \quad \textbf{(18.10)}$$

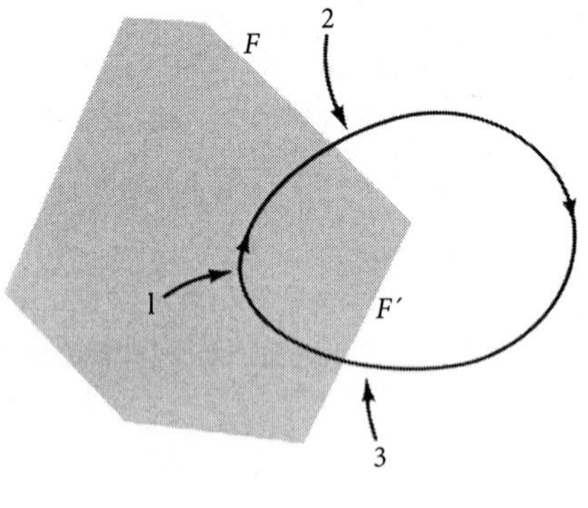

FIGURA 18.3

Trabalho total zero é realizado para se levar um elétron de um nível interior na energia de Fermi pelo caminho mostrado quando ele retorna ao final para um nível interior na energia de Fermi. Aquele trabalho, no entanto, é a soma de três contribuições: W (indo de 1 para 2), $e(\phi - \phi')$ (indo de 2 para 3, onde ϕ e ϕ' são os potenciais eletrostáticos fora das faces F e F') e $-W'$ (indo de 3 de volta a 1).

Como as camadas duplas não podem produzir campos macroscópicos fora do metal, esses campos devem surgir de distribuições macroscópicas líquidas de carga elétrica nas superfícies.[7] A quantidade de carga que deve ser redistribuída entre as superfícies para produzir tais campos externos é diminuta, se comparada à quantidade de carga que é redistribuída dentre células de superfícies vizinhas no estabelecimento da camada dupla.[8] De forma correspondente, o campo elétrico predominante dentro da camada dupla é imenso em comparação ao campo elétrico externo que surge da carga de superfície líquida.[9]

---

[7] A condição que o cristal como um todo seja neutro requer apenas que a soma de todas as faces da carga da superfície macroscópica em cada um desapareça.

[8] Veja o Problema 1b.

[9] A queda de potencial de face a face é comparável à queda de potencial através das camadas duplas [veja a equação (18.10)]. A primeira queda, no entanto, ocorre em distâncias macroscópicas (da ordem das dimensões das faces do cristal), enquanto a última ocorre em distâncias microscópicas (da ordem da espessura da camada dupla, isto é, algumas constantes de rede).

Quando todas as superfícies do sólido não são equivalentes, a função trabalho é definida para uma superfície em particular para incluir apenas o trabalho que deve ser realizado contra o campo em sua camada dupla (um aspecto intrínseco àquela superfície). Isso não ocorre com o trabalho adicional, que deve ser efetuado contra campos externos que podem estar presentes graças à redistribuição de cargas de superfícies (quantidade que depende de quais outras superfícies estão expostas). Como esses campos externos são diminutos em comparação aos campos nas camadas duplas, assegura-se que apenas os últimos campos contribuam para a função trabalho de uma superfície, definindo que ele seja o trabalho mínimo necessário para a remoção de um elétron por meio daquela superfície para um ponto que está distante na escala atômica (de modo que o elétron tenha passado por toda a camada dupla), mas não distante na escala das dimensões das faces macroscópicas do cristal (de modo que os campos que existem fora do cristal realizem trabalho desprezível sobre o elétron[10]).

POTENCIAIS DE CONTATO

Suponha que dois metais estejam conectados de modo que permitam que elétrons fluam livremente de um para o outro. Quando se atinge o equilíbrio, os elétrons em cada metal devem estar no mesmo potencial químico. Isso se alcança por um fluxo momentâneo de carga da superfície de um para a superfície do outro. A carga de superfície em cada metal origina um potencial no interior que desloca uniformemente todos os níveis mais internos com o potencial químico (de tal forma que as propriedades como um todo no interior permaneçam inalteradas).

Como a carga foi transferida, os dois metais não estarão mais no mesmo potencial eletrostático. A diferença de potencial entre quaisquer duas faces dos dois metais pode ser expressa em termos de suas funções trabalho pelo mesmo argumento que empregamos para encontrar a diferença de potencial entre duas faces não equivalentes de um único espécime metálico (Figura 18.3). Observa-se, mais uma vez, que, se um elétron no nível de Fermi[11] é extraído através de uma face do primeiro metal (com função trabalho W) e reintroduzido através de uma face do segundo metal (com função trabalho W') no (mesmo) nível de Fermi, então, para a energia ser conservada, é preciso que haja um campo elétrico externo que realize o trabalho $W - W'$ no elétron, o que requer, por sua vez, uma diferença de potencial entre as duas faces dada por

[10] Mesmo se todas as faces forem equivalentes, a interação do elétron removido com aqueles que permanecem no metal irá induzir cargas macroscópicas de superfície (dando origem à "carga de imagem" da eletrostática), cuja contribuição para a função trabalho também se torna desprezível por esta definição.

[11] Em metais à temperatura ambiente e à temperatura abaixo da temperatura ambiente, o potencial químico difere desprezivelmente da energia de Fermi. Veja a equação (2.77).

$$-e(\phi - \phi') = W - W'. \quad \textbf{(18.11)}$$

Os dois metais (antes e depois de seus elétrons atingirem o equilíbrio) são representados esquematicamente na Figura 18.4. Já que algum contato deve ser feito entre os metais para permitir que seus elétrons cheguem ao equilíbrio, a diferença de potencial (18.11) é conhecida como um potencial de contato.

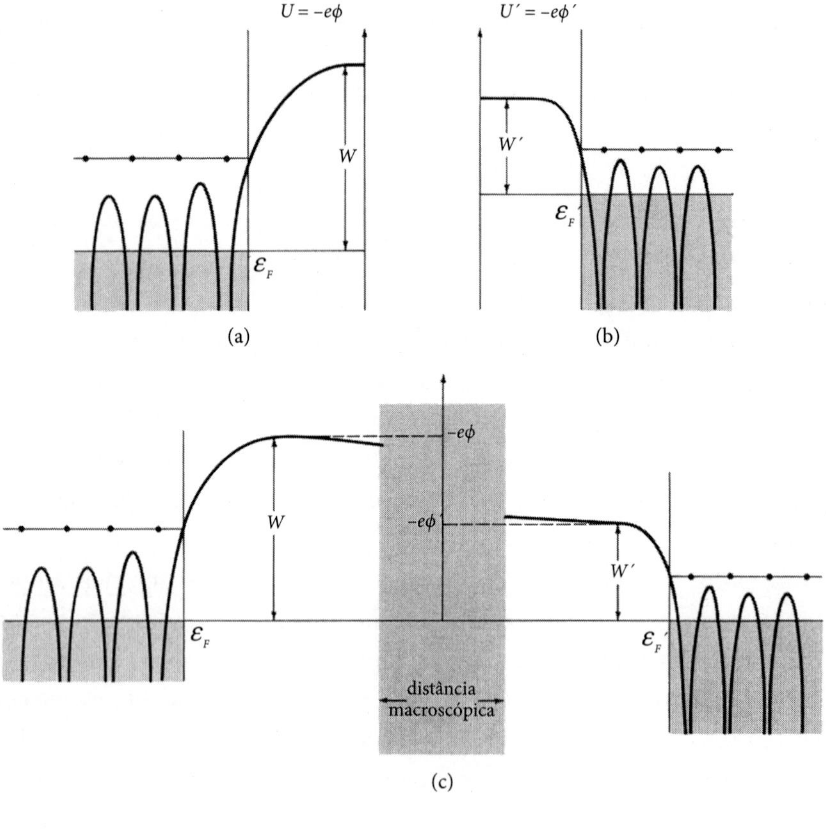

Figura 18.4

(a) O potencial cristalino U [ou potencial eletrostático $\phi = U/(-e)$] para um metal função trabalho W e energia de Fermi ε_F. (A figura é essencialmente a mesma da Figura 18.2b.) (b) Uma representação gráfica similar para um segundo metal com função trabalho W' e energia de Fermi $\varepsilon_{F'}$, eletricamente isolado do primeiro. Em (c), os dois metais foram unidos por um fio condutor, de tal forma que a carga possa passar livremente de um para o outro. O único resultado é a introdução de pequenas quantidades de carga de superfície líquida em cada metal, suficiente para trocar as estruturas de nível uniformemente em (a) e (b), de modo a fazer com que os dois níveis de Fermi coincidam. Por causa das leves cargas de superfície nos metais, os potenciais fora deles não são mais estritamente constantes, e há uma queda de potencial de um metal para o outro dada por $-e(\phi - \phi') = W = W'$.

A MEDIÇÃO DE FUNÇÕES TRABALHO MEDIANTE A MEDIÇÃO DE POTENCIAIS DE CONTATO

A equação (18.11) sugere que um modo simples de se medir a função trabalho de um metal[12] seria medir o potencial de contato entre ele e um metal de função trabalho conhecida. Isso não pode ser feito simplesmente pela conexão de um galvanômetro transversalmente a duas faces, já que, caso fosse possível, seria produzido um fluxo de corrente em um circuito sem uma fonte sustentável de energia.

Entretanto, um método simples proposto por Kelvin pode ser utilizado para medir os potenciais de contato. Suponha que duas amostras estejam ordenadas de modo que as duas faces do cristal formem um capacitor plano paralelo. Se há uma diferença de potencial V entre as duas faces, então haverá uma carga por unidade de área dada por

$$\sigma = \frac{E}{4\pi} = \frac{V}{4\pi d}, \quad \textbf{(18.12)}$$

onde d é a distância entre as faces. Se as lâminas estão conectadas e nenhuma voltagem externa é imposta, a diferença de potencial será exatamente o potencial de contato V_c. À medida que a distância d entre as lâminas varia, o potencial de contato permanece inalterado e, portanto, a carga deve fluir entre as faces para manter a relação

$$\sigma = \frac{V_c}{4\pi d}. \quad \textbf{(18.13)}$$

Medindo-se o fluxo de carga, pode-se medir o potencial de contato. Simplifica-se o procedimento adicionando-se ao circuito uma polarização de potencial externo e ajustando-a de modo que nenhuma corrente flua quando d varia (Figura 18.5). Ao se alcançar isso, a polarização será igual e oposta ao potencial de contato.

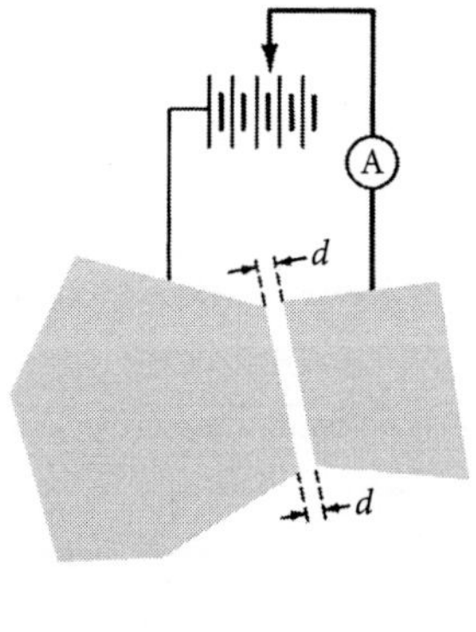

FIGURA 18.5

Como medir um potencial de contato. À medida que a distância entre duas faces planas paralelas varia, a capacitância também o faz. Como a diferença de potencial é fixa no potencial de contato, capacitância variável implica densidade de carga variável nas faces. Para se permitir que a carga nas faces se reajuste quando a separação entre elas é variada, uma corrente deve fluir no fio que as liga. A medição pode se tornar mais simples pela adição de uma polarização de potencial externo e seu ajuste de modo que *nenhuma* corrente flua através do amperômetro A quando d é variado. Quando se atingir esta situação, a polarização apenas anulará o potencial de contato.

[12] Quando falamos da função trabalho de um metal sem referência a uma face do cristal em particular, temos em mente o valor apropriado a alguma face aproximada (na escala microscópica) que, portanto, representa algum valor médio das funções trabalho para faces cristalograficamente bem definidas.

OUTRAS MANEIRAS DE MEDIR FUNÇÕES TRABALHO: EMISSÃO TERMIÔNICA

Há diversos outros modos de se medir as funções trabalho. Um deles explora o efeito fotoelétrico, medindo-se a mínima energia de fóton necessária para ejetar um elétron pela face do cristal e, estabelecendo igual a W.

Outro método, de alguma importância em projetos de tubos de raios catódicos, mede a dependência da temperatura na corrente eletrônica que flui da face de um metal quente. Para entender esta *emissão termiônica*, considere primeiro um caso idealizado no qual uma superfície metálica esteja em equilíbrio térmico com um gás de elétrons diluído fora do metal (Figura 18.6). Na temperatura T, a função de distribuição eletrônica é

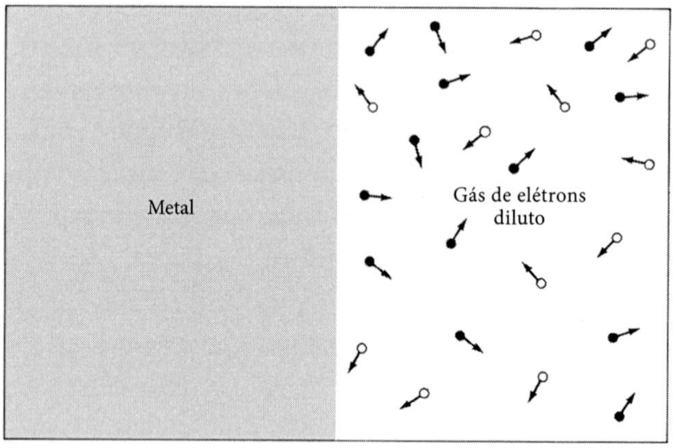

FIGURA 18.6
Um modelo simples de emissão termiônica. A corrente que flui para fora de um metal quando os elétrons que escapam são continuamente varridos para longe é calculada, admitindo-se que o metal esteja em equilíbrio térmico com um gás de elétrons livres diluído e identificando-se a corrente termiônica com aquela transportada pelos elétrons que se movem para longe da superfície (círculos sólidos).

$$f(\mathbf{k}) = \frac{1}{\exp[(\varepsilon_n(\mathbf{k}) - \mu)/k_B T] + 1}. \quad \textbf{(18.14)}$$

Dentro do metal, $\varepsilon_n(\mathbf{k})$ é determinado pela estrutura de banda.[13] Fora do metal, $\varepsilon_n(\mathbf{k})$ deve ser tomado como tendo a forma de partícula livre

$$\frac{\hbar^2 k^2}{2m} - e\phi, \quad \textbf{(18.15)}$$

onde ϕ é o valor local do potencial eletrostático.[14] Se a constante aditiva no potencial periódico é definida de acordo com a convenção da Figura 18.2b [de tal forma que a expressão (18.9) forneça a função trabalho], então, fora da camada dupla, temos (veja a Figura 18.2b):

$$-e\phi = W_S. \quad \textbf{(18.16)}$$

[13] A derivação dada aqui não exige que as bandas sejam parecidas com elétrons livres. O resultado (18.21) é independente dos detalhes da estrutura de bandas.

[14] Ignore por enquanto a contribuição do próprio gás de elétrons diluído para este potencial. A corrente calculada ignorando-se tais complicações (conhecidas como efeitos espaço-carga) é chamada de corrente de saturação.

Logo, a distribuição de elétrons externos além da camada dupla será

$$f(\mathbf{k}) = \frac{1}{\exp[(\hbar^2k^2/2m + W_S - \mu)/k_BT] + 1}. \quad \textbf{(18.17)}$$

Entretanto, a equação (18.9) permite que se escreva isto na forma[15]

$$f(\mathbf{k}) = \frac{1}{\exp[(\hbar^2k^2/2m + W)/k_BT] + 1}, \quad \textbf{(18.18)}$$

onde W é a função trabalho da superfície.

Já que as funções trabalho são tipicamente alguns elétron-volts em tamanho (veja a Tabela 18.1), W/k_BT é da ordem de 10^4 K. Logo, a temperaturas abaixo de diversos milhares de graus, (18.18) se reduz para:[16]

$$f(\mathbf{k}) = \exp[-(\hbar^2k^2/2m + W)/k_BT]. \quad \textbf{(18.19)}$$

A densidade de corrente eletrônica que flui para fora da superfície é dada pela adição das contribuições de todos os elétrons com $v_x = \hbar k_x/m$ positivo, em que a direção x positiva é considerada a direção da normal para fora da superfície:

$$j = -e\int_{k_x>0} \frac{d\mathbf{k}}{4\pi^3} v_x f(\mathbf{k}) = e^{-W/k_BT}(-e)\int_{k_x>0} \frac{d\mathbf{k}}{4\pi^3}\frac{\hbar k_x}{m} e^{-\hbar^2k^2/2mk_BT}. \quad \textbf{(18.20)}$$

A integração é elementar, fornecendo para a corrente por unidade de área emitida pela superfície,

$$\begin{aligned} j &= -\frac{em}{2\pi^2\hbar^3}(k_BT)^2 e^{-W/k_BT} \\ &= 120\text{amp} - \text{cm}^{-2} - \mathbf{K}^{-2}(T^2 e^{-W/k_BT}). \end{aligned} \quad \textbf{(18.21)}$$

Este resultado, conhecido como *equação de Richardson-Dushman*, afirma que, se $\ln(j/T^2)$ é representado graficamente *versus* $1/k_BT$, a curva resultante será uma linha reta com inclinação $-W$. Assim, a função trabalho absoluta pode ser determinada.

Na prática, os efeitos espaço-carga omitidos tornam-se desimportantes pela aplicação de um pequeno campo elétrico que varre os elétrons assim que sejam emitidos. Além disso, para que nosso modelo seja aplicável, o fluxo de elétrons fora do metal deve ser dominado por elétrons que se originaram dentro dele, e não pelos elétrons do gás externo, que foram refletidos de volta após se chocarem na superfície. Se o espalhamento de superfície for importante, a corrente será menor que o previsto por (18.21).

---

[15] Veja a nota de rodapé 11 deste capítulo.

[16] A confirmação experimental da forma de Maxwell-Boltzman (18.19) desta função de distribuição foi uma obstrução considerável do caminho para a descoberta de que elétrons metálicos obedecem à estatística de Fermi-Dirac.

FUNÇÕES TRABALHO MEDIDAS DE METAIS SELECIONADOS

Na Tabela 18.1, listamos as funções trabalho para alguns metais típicos como determinado por esses três métodos. Em geral, os diversos métodos fornecem resultados que diferem em cerca de 5%. Como a variação na função trabalho sobre diferentes faces cristalográficas pode ser facilmente deste tamanho, não vale a pena citar os resultados separadamente. Nem se deve confiar mais do que uma pequena porcentagem em um número para o metal como um todo.

TABELA 18.1
Funções trabalho de metais típicos

Metal	W(eV)	Metal	W(eV)	Metal	W(eV)
Li	2,8	Ca	2,80	In	3,8
Na	2,35	Sr	2,35	Ga	3,96
K	2,22	Ba	2,49	Tl	3,7
Rb	2,16	Nb	3,99	Sn	4,38
Cs	1,81	Fe	4,31	Pb	4,0
Cu	4,4	Mn	3,83	Bi	4,4
Ag	4,3	Zn	4,24	Sb	4,08
Au	4,3	Cd	4,1	W	4,5
Be	3,92	Hg	4,52		
Mg	3,64	Al	4,25		

Fonte: V. S. Fomenko. *Handbook of thermionic properties,* G. V. Samsanov (Ed.). Nova York: Plenum Press Data Division, 1966. (Os valores fornecidos são da destilação feita pelo autor de várias determinações experimentais diferentes.)

Concluímos nossa discussão de superfícies com breves descrições de duas das mais importantes técnicas empregadas para se investigar a estrutura de superfície.

DIFRAÇÃO DE ELÉTRON DE BAIXA ENERGIA

A estrutura da superfície de um espécime cristalino com uma boa superfície plana (no nível microscópico) pode ser estudada pela técnica de difração de elétron de baixa energia (do inglês, LEED – *low-energy electron diffraction*). A base para o método é quase a mesma da teoria da difração por raios X, modificada para levar em consideração o fato de que a superfície de difração é apenas periódica em duas dimensões (ou seja, em seu próprio plano). Elétrons espalhados elasticamente são mais adequados para o estudo de superfícies do que os raios X, pois eles penetram apenas uma pequena distância dentro do sólido, de modo que o padrão de difração é determinado quase que completamente pelos átomos da superfície.

As energias dos elétrons necessárias para este estudo são facilmente calculadas. Um elétron livre com vetor de onda **k** tem energia

$$E = \frac{\hbar^2 k^2}{2m} = (ka_0)^2 \text{Ry} = 13{,}6(ka_0)^2 \text{eV}, \quad \textbf{(18.22)}$$

do que resulta que o comprimento de onda de de Broglie de um elétron está relacionado à sua energia em elétron-volts por

$$\lambda = \frac{12{,}3}{(E_{\text{eV}})^{1/2}} \text{Å}. \quad \textbf{(18.23)}$$

Como os comprimentos de onda do elétron devem ser da ordem de uma constante de rede ou menos, energias de algumas dezenas de elétron-volts ou mais são necessárias.

Para compreender qualitativamente o padrão produzido em uma medição de difração de elétrons, suponha que o espalhamento seja elástico[17] e que os vetores de onda do elétron incidente e espalhado sejam **k** e **k**′. Suponha, ainda, que a superfície do cristal é um plano de rede perpendicular ao vetor da rede recíproca $\mathbf{b}_3$ (veja a página 90). Escolha um conjunto de vetores primitivos, incluindo $\mathbf{b}_3$ para a rede recíproca, e vetores primitivos $\mathbf{a}_i$ para a rede direta que satisfaçam

$$\mathbf{a}_i \cdot \mathbf{b}_j = 2\pi\delta_{ij}. \quad \textbf{(18.24)}$$

Se o feixe de elétrons penetra tão pouco que apenas o espalhamento do plano da superfície é significativo, a condição para a interferência construtiva é que a mudança **q** no vetor de onda do elétron espalhado satisfaça

$$\mathbf{q} \cdot \mathbf{d} = 2\pi \times \text{número inteiro}, \qquad \mathbf{q} = \mathbf{k}' - \mathbf{k}, \quad \textbf{(18.25)}$$

para todos os vetores **d** que unem pontos de rede no plano da superfície [compare à equação (6.5)].

Já que estes **d** são perpendiculares a $\mathbf{b}_3$, eles podem ser representados por:

$$\mathbf{d} = n_1\mathbf{a}_1 + n_2\mathbf{a}_2. \quad \textbf{(18.26)}$$

Definindo **q** na forma geral

$$\mathbf{q} = \sum_{i=1}^{3} q_i \mathbf{b}_i, \quad \textbf{(18.27)}$$

encontramos que as condições (18.25) e (18.26) exigem que

$$\begin{aligned} q_1 &= 2\pi \times \text{número inteiro}, \\ q_2 &= 2\pi \times \text{número inteiro}, \quad \textbf{(18.28)} \\ q_3 &= \text{arbitrário}. \end{aligned}$$

[17] Na realidade, entretanto, o componente espalhado elasticamente é geralmente uma fração bem pequena do total do fluxo de elétrons refletido.

Uma vez que $\mathbf{b}_3$ é normal à superfície, essas condições serão satisfeitas por *linhas* discretas[18] no espaço $\mathbf{q}$ perpendicular à superfície do cristal (em oposição a *pontos* discretos no caso de difração por uma rede tridimensional). Consequentemente, mesmo quando a condição de conservação de energia $k = k'$ for adicionada, sempre haverá soluções não triviais, a não ser que o vetor de onda incidente seja pequeno demais.

A equação (18.28) (com um arranjo experimental que seleciona o componente elasticamente espalhado) permite que se deduza a rede de Bravais da superfície da estrutura do padrão refletido. Se o espalhamento de mais de uma camada de superfície for importante, a estrutura geral do padrão não será alterada, já que planos mais baixos produzirão uma versão mais fraca do mesmo padrão (atenuado porque apenas uma fração menor do feixe pode penetrar na próxima camada).

Há muito mais informações na distribuição detalhada de elétrons espalhados do que o mero arranjo de átomos no plano da superfície, mas a extração dessas informações é um problema difícil, cuja solução permanece indefinível.

O MICROSCÓPIO DE CAMPO IÔNICO

A difração elástica de elétron de baixa energia revela a estrutura da transformada de Fourier da densidade de carga da superfície — seu formato no espaço k. Pode-se ver a estrutura no espaço real pela técnica do microscópio de campo iônico. A superfície deve ser aquela de um espécime pontiagudo (Figura 18.7), cuja ponta seja quase hemisférica na escala atômica e tenha um raio da ordem de alguns milhares de angströms. O espécime é colocado em alto vácuo diante de um eletrodo. Aplica-se uma alta voltagem entre o espécime e o eletrodo, com polaridade escolhida para se tornar o espécime positivo. Átomos neutros de hélio são então introduzidos na câmara de vácuo, sendo polarizados pelo campo. A interação do campo com este momento dipolo induzido atira os átomos de hélio na região do campo mais forte — em direção à ponta do espécime. Em alguns poucos espaçamentos atômicos da ponta, o campo se torna tão forte que um elétron pode ser arrancado do átomo de hélio. Quando isso ocorre, o átomo se torna um íon de hélio carregado positivamente e é vigorosamente repelido da ponta em direção ao eletrodo. Se a força do campo for ajustada de modo que a ionização ocorra apenas muito próxima à superfície, pode-se esperar que a distribuição angular de íons escapando da ponta reflita a estrutura microscópica da superfície — por meio da estrutura do campo na vizinhança imediata da superfície —, magnificada pela razão do raio do eletrodo coletor pelo raio da amostra hemisférica.

[18] Na literatura, por vezes são chamadas de "varas".

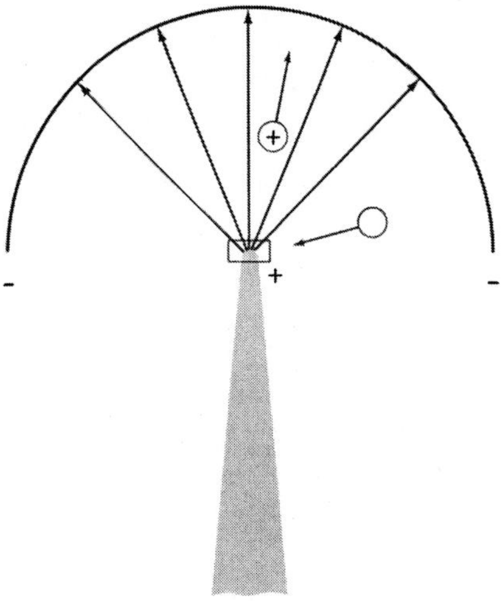

FIGURA 18.7

Representação esquemática de um microscópio de campo iônico. A amostra (cone pontudo) está em um potencial positivo em relação à lâmina, de modo que as linhas do campo apontem radialmente para fora. Um átomo de hélio neutro (círculo vazio) será atraído para a região de campo alto pela interação de dipolo induzida. Um íon de hélio (círculo com o sinal +) será fortemente repelido ao longo das linhas do campo. O campo apenas será forte o suficiente para ionizar os átomos de hélio na vizinhança imediata da extremidade. A suposição básica é a de que a maioria dos átomos de hélio são ionizados na vizinhança imediata dos átomos da superfície, onde o campo é mais forte. Uma vez que a variação do campo próximo à superfície reflete a variação da estrutura atômica, o padrão de íons que colidem na lâmina deve fornecer uma representação da estrutura atômica da extremidade.

De fato, as imagens obtidas assim não apenas refletem a simetria detalhada do cristal, mas, na verdade, indicam a posição de átomos individuais (Figura 18.8). A técnica pode ser utilizada para o estudo do comportamento de impurezas atômicas individuais.

FIGURA 18.8

Um micrógrafo de campo iônico de uma extremidade do ouro. Neste exemplo, o gás para a formação da imagem é o neônio ao invés do hélio. (R. S. Averbach; D. N. Seidman. *Surface Science*, 40, p. 249, 1973. Agradecemos ao professor Seidman por nos fornecer a micrografia original.)

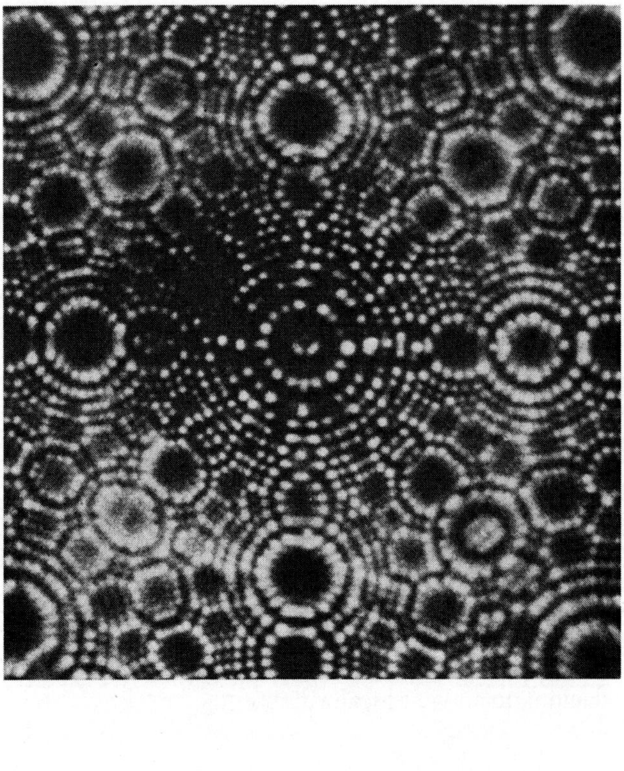

NÍVEIS ELETRÔNICOS DE SUPERFÍCIE

Qualquer tentativa de se descrever uma superfície sólida detalhadamente deve usar o fato de que, além das soluções de Bloch da equação monoeletrônica de Schrödinger para o cristal periodicamente estendido familiar, há outras soluções com vetores de onda complexos. Esses vetores descrevem níveis eletrônicos localizados na vizinhança da superfície de um cristal real. Por conveniência, omitimos esses níveis em nossas discussões anteriores sobre as propriedades internas. O número de níveis de superfícies comparado ao número de níveis de Bloch acaba sendo no máximo da ordem do número de átomos de superfície comparado ao número de átomos em todo o cristal — cerca de um em 10^8 para um espécime macroscópico. Consequentemente, os níveis de superfície fornecem contribuições desprezíveis para as propriedades mais internas, à exceção de espécimes excessivamente pequenos. No entanto, eles são de considerável importância na determinação da estrutura da superfície do cristal. Por exemplo, eles devem ter importância em qualquer cálculo genuinamente microscópico da estrutura da camada dipolo da superfície.

Para compreender qualitativamente como esses níveis de superfície surgem, reexaminamos nossa derivação do teorema de Bloch no Capítulo 8.

O argumento que leva à forma de Bloch

$$\psi(\mathbf{r}) = e^{i\mathbf{k}\cdot\mathbf{r}}u(\mathbf{r}), \qquad u(\mathbf{r}+\mathbf{R}) = u(\mathbf{r}), \quad \mathbf{(18.29)}$$

não exigiria que o vetor de onda **k** fosse real. Esta outra restrição surgiu de uma aplicação da condição de contorno periódica de Born-von Karman. Esta condição de contorno, no entanto, é um artefato do cristal infinito. Se ela for abandonada, podemos encontrar muito mais soluções para a equação de Schrödinger de cristal infinito, com a forma

$$\psi(\mathbf{r}) = [e^{i\mathbf{k}\cdot\mathbf{r}}u(\mathbf{r})]e^{-\boldsymbol{\kappa}\cdot\mathbf{r}} \quad \mathbf{(18.30)}$$

onde **k** é agora a parte real do vetor de onda de Bloch, que também pode ter uma parte imaginária $\boldsymbol{\kappa}$.

A função de onda (18.30) cresce sem limite na direção oposta a $\boldsymbol{\kappa}$. Como a densidade eletrônica é finita em todo lugar, tais níveis não têm relevância para um cristal infinito. Se, no entanto, há uma superfície plana perpendicular a $\boldsymbol{\kappa}$, pode-se tentar unir uma solução da forma (18.30) dentro do cristal, que cresce exponencialmente à medida que a superfície é aproximada, a uma que seja exponencialmente amortecida fora do cristal (Figura 18.9).

Em geral, para um componente fixo de **k** paralelo à superfície, esta combinação será possível apenas para um conjunto discreto de $\boldsymbol{\kappa}$ (como é o caso para qualquer problema relacionado a níveis localizados).

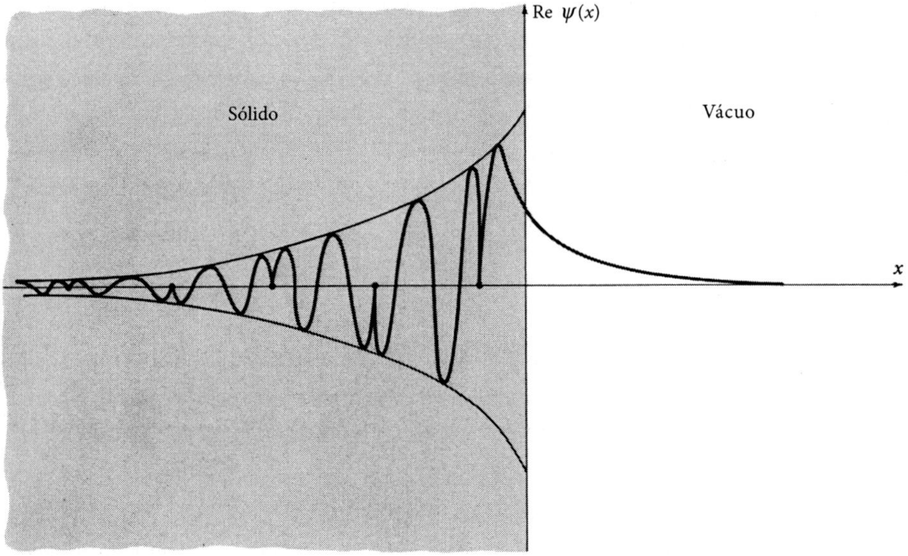

FIGURA 18.9

Função de onda para um nível de superfície monoeletrônica representado em uma direção x, perpendicular à superfície. Note que ψ decai exponencialmente no exterior e possui um invólucro que decresce exponencialmente no interior.

Para explorar este problema, seríamos levados para muito além do escopo deste livro, já que primeiro teríamos que reexaminar toda a discussão das funções de Bloch sem a restrição de que o vetor de onda **k** seja real para depois discutir o problema de como essas funções de Bloch com vetores de onda complexos podem ser combinadas em níveis exponencialmente decadentes no espaço vazio. Aspectos de tais soluções na aproximação do elétron quase livre são explorados no Problema 2.

PROBLEMAS

1. ***Alguns problemas em eletrostática com relação a potenciais de contato e à camada dupla***

(a) Considere uma superfície plana de um metal perpendicular ao eixo x. Talvez o modelo mais simples da distorção nas densidades de carga das células próximas à superfície seja aquele que ignora qualquer variação no plano da superfície e descreve o desvio na densidade de carga a partir de sua forma no interior por uma função da variável simples $x, \delta\rho(x)$. A condição para que não haja nenhuma densidade de carga macroscópica líquida na superfície é

$$0 = \int dx \delta\rho(x). \quad \textbf{(18.31)}$$

A densidade de carga $\delta\rho(x)$ originará um campo elétrico $E(x)$ também normal à superfície. Deduza diretamente da lei de Gauss ($\nabla \cdot \mathbf{E} = 4\pi\ \delta\rho$) que se o campo desaparece de um lado da camada dupla (como ocorre dentro do metal), ele também deve desaparecer do outro lado. Deduza também que o trabalho a ser realizado para se mover um elétron pela camada dupla é exatamente

$$W_S = -\ 4\pi eP, \quad \mathbf{(18.32)}$$

onde P é o momento dipolo por unidade de área de superfície produzido pela camada dupla. (*Dica*: escreva o trabalho como uma integral e introduza uma integração ponderada por partes.)

(b) Mostre que a densidade de carga que deve ser fornecida a uma esfera de condução com raio de 1 cm para que seu potencial seja elevado de zero para 1 volt é da ordem de 10^{-10} elétrons por angström ao quadrado.

2. *Níveis de superfície de elétron para um potencial periódico fraco*[19]

O método do Capítulo 9 pode ser utilizado para se investigarem os níveis de superfície eletrônica. Considere um cristal semi-infinito de superfície plana, perpendicular a um vetor **K** de rede recíproca (as superfícies do cristal são paralelas aos planos da rede). Considerando-se que o eixo x fique ao longo de **K** e que a origem seja um ponto da rede de Bravais, com uma aproximação grosseira podemos representar o potencial do cristal semi-infinito por $V(\mathbf{r}) = U(\mathbf{r}),\ x < a;\ V(\mathbf{r}) = 0,\ x > a$. Aqui, $U(\mathbf{r})$ é o potencial periódico do cristal infinito. A distância a fica entre zero e a distância interplanar na família de planos paralelos à superfície, e deve ser escolhida em qualquer problema em particular para fornecer o $U(\mathbf{r})$ que mais se assemelhe ao potencial real na superfície.

Continuamos a considerar que os componentes de Fourier $U_{\mathbf{K}}$ são reais. No entanto, se desejarmos que o nível mais baixo fora do cristal tenha energia 0, não podemos mais omitir o componente de Fourier de ordem zero U_0 dentro do cristal, como fizemos no Capítulo 9. A manutenção de U_0 resulta simplesmente na troca das fórmulas do Capítulo 9 para os níveis dentro do cristal por aquela quantidade. Observe que U_0 não precisa ser pequeno para que o método do Capítulo funcione, em contraste com os componentes de Fourier $U_{\mathbf{K}}$, com $\mathbf{K} \neq \mathbf{0}$.

Examinamos um nível de Bloch para o cristal infinito com um vetor de onda **k**, que está próximo ao plano de Bragg determinado por **K**, mas a nenhum outro plano de Bragg, de modo que, em um potencial periódico fraco, a função de onda do nível seja uma combinação linear de ondas planas com vetores de onda **k** e **k** − **K**. No Capítulo 9, exigimos que **k** fosse real para satisfazer a condição de contorno de Born-von Karman. Entretanto, em um

[19] Veja E. T. Goodwin. *Proc. Camb. Phil. Soc.*, 35, p. 205, 1935.

cristal semi-infinito, o componente de **k** normal à superfície do cristal não precisa ser real, desde que produza uma onda decadente na direção x negativa (para dentro do metal). Fora do metal, a função de Bloch deve ser unida em uma solução da equação de espaço livre de Schrödinger que decaia na direção de x positivo (para longe do metal). Desse modo, fora do metal, tomamos

$$\psi(\mathbf{r}) = e^{-px + i\mathbf{k}_\parallel \cdot \mathbf{r}}, \quad x > a, \quad \mathbf{(18.33)}$$

e, dentro,

$$\psi(\mathbf{r}) = e^{qx + ik_0x + i\mathbf{k}_\parallel \cdot \mathbf{r}}(c_\mathbf{k} + c_{\mathbf{k}-\mathbf{K}}e^{-iKx}), \quad x < a, \quad \mathbf{(18.34)}$$

onde $\mathbf{k}_\parallel$ é a parte de **k** paralela à superfície e os coeficientes em (18.34) são determinados pela equação secular (9.24) (com a energia ε trocada pela constante U_0):

$$\begin{aligned}(\varepsilon - \varepsilon^0_\mathbf{k} - U_0)c_\mathbf{k} - U_\mathbf{K}c_{\mathbf{k}-\mathbf{K}} &= 0,\\ -U_\mathbf{K}c_\mathbf{k} + (\varepsilon - \varepsilon^0_{\mathbf{k}-\mathbf{K}} - U_0)c_{\mathbf{k}-\mathbf{K}} &= 0.\end{aligned} \quad \mathbf{(18.35)}$$

(a) Verifique que, para (18.35) produzir energias reais para $\mathbf{q} \neq 0$, é necessário que $k_0 = K/2$.

(b) Mostre que, quando $k_0 = K/2$, as energias resultantes são

$$\varepsilon = \frac{\hbar^2}{2m}\left(k_\parallel^2 + \frac{1}{4}K^2 - q^2\right) + U_0 \pm \sqrt{U_\mathbf{K}^2 - \left(\frac{\hbar^2}{2m}qK\right)^2}. \quad \mathbf{(18.36)}$$

(c) Mostre que a continuidade de ψ e $\nabla\psi$ na superfície leva à condição

$$p + q = \frac{1}{2}K\tan\left(\frac{K}{2}a + \delta\right), \quad \mathbf{(18.37)}$$

onde

$$\frac{c_\mathbf{k}}{c_{\mathbf{k}-\mathbf{K}}} = e^{2i\delta}. \quad \mathbf{(18.38)}$$

(d) Tomando o caso $a = 0$ e valendo-se do fato de que, fora do metal,

$$\varepsilon = \frac{\hbar^2}{2m}(k_\parallel^2 - p^2), \quad \mathbf{(18.39)}$$

mostre que (18.35) a (18.39) têm uma solução:

$$q = -\frac{1}{4}K\frac{U_\mathbf{K}}{\varepsilon_0}\operatorname{sen}2\delta, \quad \mathbf{(18.40)}$$

onde

$$\sec^2\delta = -\frac{(U_0 + U_K)}{\varepsilon_0}, \qquad \varepsilon_0 = \frac{\hbar^2}{2m}\left(\frac{K}{2}\right)^2. \quad \textbf{(18.41)}$$

(Observe que esta solução existe apenas quando U_0 e U_k são negativos, e $|U_0|+|U_k|>\varepsilon_0$.)

19 Classificação dos sólidos

A distribuição espacial de elétrons de valência
Cristais covalentes, moleculares e iônicos
Os haletos alcalinos
Raios iônicos
Compostos II-VI e III-V
Cristais covalentes
Cristais moleculares
Metais
Sólidos ligados por hidrogênio

No Capítulo 7 discutiu-se a classificação dos sólidos com base na simetria de suas estruturas cristalinas. As categorias descritas naquele capítulo são muito importantes, mas se baseiam totalmente em um único aspecto do sólido: sua simetria geométrica. Este esquema de classificação não considera aspectos estruturais importantes de um sólido, que afetam suas propriedades físicas (mesmo que não suas propriedades puramente geométricas). Assim, em cada um dos sete sistemas cristalinos, podemos encontrar sólidos que exibem uma gama completa de propriedades elétricas, mecânicas e ópticas.

Neste capítulo, descreveremos outro esquema de classificação, menos rigoroso, que não se baseia na simetria, mas enfatiza as propriedades físicas. O esquema se fundamenta na configuração dos elétrons de valência.[1]

A distinção mais importante determinada pelos elétrons de valência é aquela entre metais e isolantes. Como já vimos (Capítulo 8), a diferença entre metais e isolantes depende da existência (metais) ou não (isolantes) de alguma banda de energia parcialmente

[1] Como em qualquer outro ponto deste livro, adotamos a noção de que os sólidos são compostos de cernes de íons (ou seja, núcleos e elétrons tão fortemente ligados que se tornam desprezivelmente perturbados de suas configurações atômicas por seu ambiente no sólido) e elétrons de valência (isto é, aqueles elétrons cuja configuração no sólido pode diferir significativamente de no átomo isolado). Como enfatizou-se anteriormente, a distinção entre elétrons do cerne e de valência é uma conveniência. Frequentemente, nos metais — especialmente em metais simples —, é suficiente considerar apenas os elétrons de condução como elétrons de valência, incluindo-se todos os outros no rígido cerne do íon. Entretanto, nos metais de transição, pode ser de considerável importância considerar os elétrons nos subníveis *d* mais altos como de valência ao invés de elétrons de cerne. Quando afirmamos que o esquema de classificação se baseia nos elétrons de valência, queremos dizer apenas que ele depende daqueles aspectos da configuração eletrônica atômica que são significativamente alterados quando os átomos estão unidos dentro do sólido.

preenchida.[2] Nos cristais perfeitos à temperatura zero, desde que a aproximação do elétron independente seja válida, trata-se de um critério completamente rigoroso, que leva a duas categorias inequívocas.[3]

A base para essas duas categorias é a distribuição de elétrons não no espaço real, mas no espaço do vetor de onda. Nenhum critério tão rigoroso pode ser encontrado para distinguir metais de isolantes, com base na distribuição de elétrons no espaço real. Pode-se apenas fazer a observação qualitativa de que a distribuição eletrônica em metais não é, geralmente, nem de perto, tão concentrada nas proximidades dos cernes de íons como nos isolantes. Pode-se observar isso na Figura 19.1, em que as funções de onda dos níveis eletrônicos ocupados no sódio atômico e no neônio atômico são representadas em torno de dois centros cuja separação é igual à separação do vizinho mais próximo no sólido. A densidade eletrônica no sódio permanece apreciável mesmo a meio caminho entre os átomos, mas é bem pequena no neônio. Com base nisso, caso se tentasse construir um argumento de que o neônio sólido deve ser isolante e o sódio sólido, um condutor, a cadeia de pensamento seria algo assim: superposição apreciável de funções de onda atômica sugere — do ponto de vista da teoria de ligação forte (Capítulo 10) — a presença de bandas amplas, que, por sua vez, leva à possibilidade de haver considerável superposição de bandas e, consequentemente, propriedades metálicas. Volta-se, assim, rapidamente ao espaço *k*, no qual o único critério realmente satisfatório pode ser fornecido.

A CLASSIFICAÇÃO DOS ISOLANTES

A distinção entre metais e isolantes baseia-se na distribuição eletrônica no espaço *k*, que especifica quais dos possíveis níveis k estarão ocupados. No entanto, é muito útil fazer outras distinções, dentro da família de isolantes, com base na distribuição eletrônica espacial. Há três tipos amplamente reconhecíveis de sólidos isolantes, com tipos claramente distinguíveis de distribuições eletrônicas espaciais.[4] As categorias não podem ser especificadas de forma rigorosa e encontraremos casos incertos, mas os protótipos de cada classe podem ser facilmente delineados.

1. ***Cristais covalentes*** — Apresentam distribuições eletrônicas espaciais não muito diferentes dos metais, mas sem bandas parcialmente preenchidas no espaço *k*. Assim, os elétrons nos

---

[2] A distinção depende também da validade da aproximação do elétron independente [ou, de forma menos estrita, da validade da ideia de quase-partícula (veja o Capítulo 17)].

[3] Em temperaturas diferentes de zero, a distinção pode ser obscurecida nos isolantes com pequenos gaps de energia, por causa da excitação térmica de elétrons na banda de condução. Esses sólidos são conhecidos como semicondutores intrínsecos. As impurezas em um sólido isolante sem essa característica também podem contribuir com elétrons que são facilmente excitados termicamente na banda de condução, resultando em semicondutores extrínsecos. As propriedades características dos semicondutores serão discutidas no Capítulo 28. Do ponto de vista deste capítulo (que concerne apenas a cristais perfeitos em $T = 0$), todos os semicondutores são isolantes.

[4] Uma vez que o hidrogênio é, em muitos aspectos, único entre os átomos, um quarto tipo — o sólido ligado por hidrogênio — é frequentemente adicionado à lista. Vamos descrever brevemente este tipo de sólido ao final deste capítulo.

FIGURA 19.1

As funções de onda atômica radiais calculadas $r\psi(r)$ para (a) neônio [$1s^2 2s^2 2p^6$] e (b) sódio [$1s^2 2s^2 2p^6 3s^1$]. As funções de onda são desenhadas em torno de dois centros cuja separação é considerada a distância de vizinho mais próximo observada no sólido (neônio, 3,1 Å, sódio, 3,7 Å.) Há superposição mínima dos orbitais 2*s* e 2*p* no neônio. Os orbitais 2*s* e 2*p* superpõem-se consideravelmente menos no sódio, mas há uma enorme superposição das funções de onda 3*s*. (As curvas são de cálculos feitos por D. R. Hartree; W. Hartree. *Proc. Roy. Soc.*, A193, p. 299, 1948.)

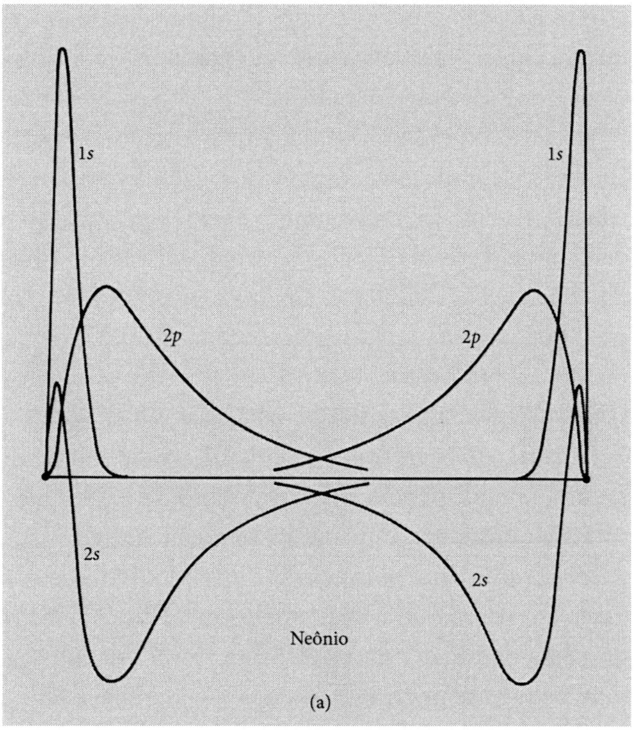

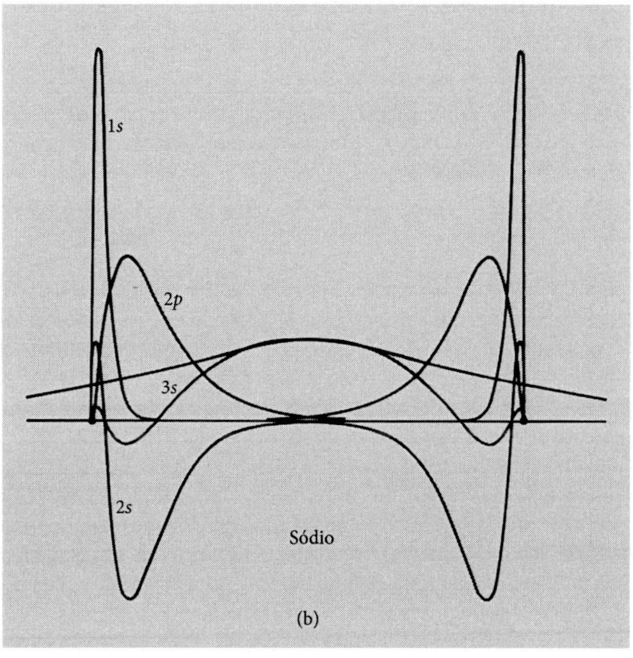

cristais covalentes não precisam localizar-se nitidamente próximos dos cernes dos íons. Por outro lado, cristais covalentes não parecem ter a distribuição quase uniforme de densidade eletrônica na região intersticial característica dos metais simples, cujas funções de onda monoeletrônicas são quase ondas planas entre cernes de íons. O mais provável é que a distribuição eletrônica intersticial se localize em certas direções preferenciais, levando ao que se conhece na linguagem da química como "ligações". Um exemplo de cristal covalente (também denominado cristal de valência) é o diamante, um isolante com um gap de banda de 5,5 eV. Há considerável densidade eletrônica intersticial no diamante, que é altamente concentrada nas proximidades das linhas que unem cada cerne de íon de carbono a seus quatro vizinhos mais próximos (veja a Figura 19.2).[5] Essa densidade de carga intersticial é o aspecto característico que distingue cristais covalentes dos outros dois tipos de isolantes.

2. *Cristais moleculares* — Exemplos consideráveis de cristais moleculares[6] são os gases nobres sólidos, neônio, argônio, criptônio e xenônio.[7] No estado atômico, eles têm subníveis eletrônicos completamente preenchidos — configuração altamente estável, que é apenas fracamente perturbada no sólido. Do ponto de vista da estrutura de bandas, os gases nobres são ótimos exemplos de sólidos de ligação forte extrema, ou seja, há pouquíssima densidade eletrônica entre cernes de íons e todos os elétrons permanecem bem localizados nas proximidades de seus íons-pais. Para muitos propósitos, toda a teoria de estrutura de bandas é até certo ponto fora de propósito para esses sólidos, já que se pode considerar todos os elétrons como elétrons de cerne.[8] Uma discussão acerca de cristais moleculares deve ter início com uma abordagem das fracas perturbações nos átomos que ocorrem quando o sólido se forma.

---

[5] Os químicos se referem a essa distribuição de carga como as quatro ligações eletrônicas do carbono. Do ponto de vista da teoria de Bloch, no entanto, é simplesmente uma propriedade dos níveis eletrônicos ocupados que leva a uma densidade de carga

$$\rho(\mathbf{r}) = -e \sum_{\substack{\text{todos os níveis de} \\ \text{bandas de valência}}} |\psi(\mathbf{r})|^2,$$

que é apreciável em certas direções distantes dos cernes de íons, apesar de haver um gap de energia substancial entre níveis ocupados e não ocupados, de modo que o cristal seja um isolante.

[6] A denominação "cristal molecular" reflete o fato de que as entidades das quais essas substâncias são compostas diferem pouco das moléculas isoladas individuais. No caso dos gases nobres, as "moléculas" são idênticas aos átomos. Todavia, essas estruturas são chamadas de cristais moleculares, em vez de cristais atômicos, a fim de se permitir a inclusão de substâncias adicionais como hidrogênio sólido, nitrogênio etc. Nestes materiais, as entidades constituintes são moléculas de H_2 ou N_2, que são fracamente perturbadas de sua forma livre no sólido. Embora o hidrogênio sólido e o nitrogênio talvez façam mais jus à denominação "cristal molecular" do que os gases nobres sólidos, eles fornecem consideravelmente menos exemplos claros, já que, dentro de cada molécula, a distribuição eletrônica não se localiza em torno dos cernes de íon. Portanto, caso se enfoquem os cernes de íons individuais como tijolos fundamentais, seria necessário descrever sólidos tais como hidrogênio e nitrogênio como parcialmente moleculares e parcialmente covalentes.

[7] O hélio sólido é exemplo um tanto patológico de um sólido molecular, em função da massa muito leve do átomo de hélio. Mesmo em $T = 0$, a fase líquida é mais estável, a não ser que seja aplicada considerável pressão externa.

[8] Os níveis de banda de condução foram calculados e, como se esperava, encontram-se vários elétron-volts acima da banda preenchida que acomoda os oito elétrons de valência atômica.

FIGURA 19.2

A distribuição de carga eletrônica em uma seção de plano da célula cúbica convencional do diamante, como se sugere por dados de difração por raios X. As curvas em (a) são curvas de densidade eletrônica constante. Os números ao longo das curvas indicam densidade eletrônica em elétrons por angström cúbico. A seção plana da célula que (a) descreve é exibida em (b). Observe que a densidade eletrônica é muito alta (5,02 elétrons por angström cúbico, em comparação a 0,034 nas regiões de densidade mais baixa) nos pontos em que o plano cruza as ligações de vizinho mais próximo. Isto é característico dos cristais covalentes. (Com base em uma figura de Y. K. Syrkin; M. E. Dyatkina. *Structure of molecules and the chemical bond.* Tradução e revisão de M. A. Partridge e D. O. Jordan. Nova York, Interscience, 1950.)

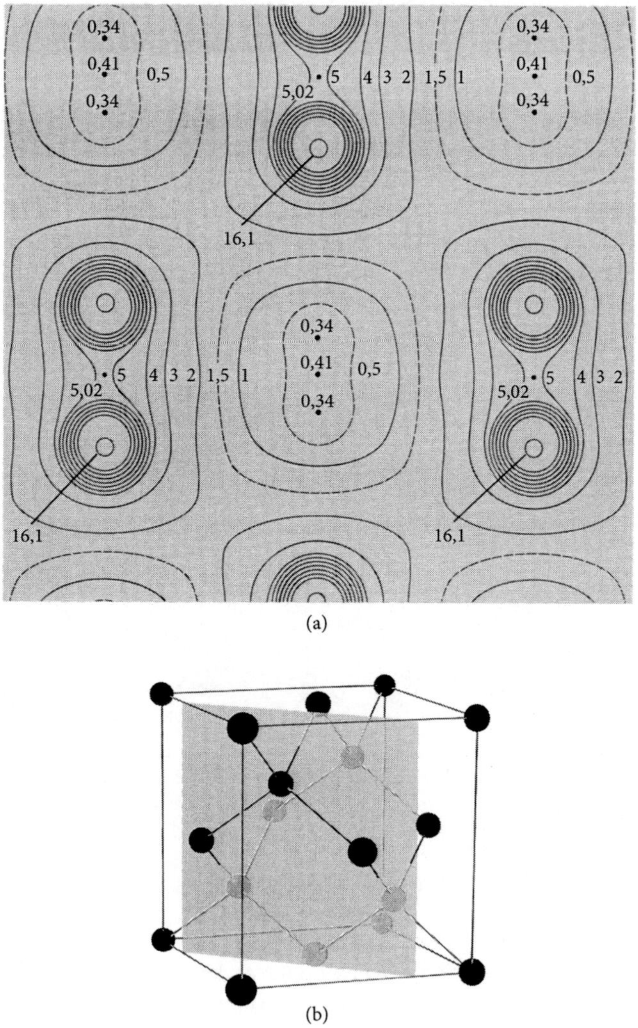

(b)

3. ***Cristais iônicos*** — Os cristais iônicos, como o cloreto de sódio, são compostos constituídos de um elemento metálico e um não metálico. Como os cristais moleculares, os cristais iônicos têm distribuições eletrônicas de carga que estão altamente localizadas nas proximidades dos cernes de íons. No entanto, nos cristais moleculares, todos os elétrons permanecem muito próximos de seus átomos-pais, enquanto nos cristais iônicos alguns elétrons deslocaram-se para tão longe de seus pais que se ligaram intimamente ao constituinte do tipo oposto. De fato, pode-se considerar que um cristal iônico é um cristal molecular no qual as moléculas constituintes (que vêm em duas variedades) não são átomos de sódio e de cloro, mas, sim, íons Na^+ e Cl^-, cuja distribuição de carga é apenas fracamente perturbada no sólido do que seria nos íons livres isolados. No entanto, como as entidades localizadas que compõem um cristal iônico não são átomos neutros, mas, sim, íons carregados, as imensas forças eletrostáticas entre os íons têm papel dominante na determinação das propriedades dos cristais iônicos, que são muito diferentes daquelas dos sólidos moleculares.

As distribuições de carga eletrônica que caracterizam as três categorias básicas dos isolantes estão resumidas na Figura 19.3.

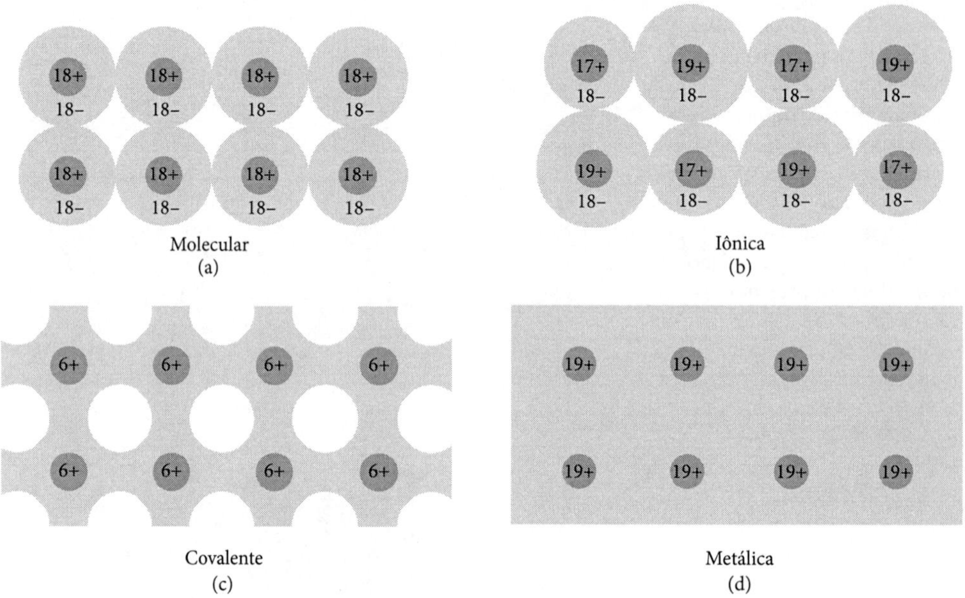

Figura 19.3

Representação bidimensional altamente esquemática da distribuição de carga eletrônica nos tipos sólidos básicos. Os pequenos círculos representam os núcleos carregados positivamente e as partes sombreadas, regiões nas quais a densidade eletrônica é apreciável (embora de modo algum uniforme). Temos (a) molecular (representada pelo "argônio" bidimensional), (b) iônica ("cloreto de potássio"), (c) covalente ("carbono"), (d) metálica ("potássio").

Frequentemente, encontramos essas distinções delimitadas com ênfase mais na chamada "ligação" do que na configuração espacial do elétron. Este é um ponto de vista particularmente caro aos químicos, para quem a questão de mais importância na classificação de um sólido é o que o mantém coeso. Os dois pontos de vista ligam-se intimamente, já que a atração de Coulomb entre os elétrons e os núcleos atômicos constitui a "cola" fundamental que mantém íntegro qualquer sólido. Desse modo, a natureza da ligação depende de forma crítica do arranjo espacial dos elétrons. No entanto, do ponto de vista da física contemporânea, e especialmente no estudo de sólidos macroscópicos, a energia necessária para unir um objeto não é, de forma nenhuma, uma propriedade tão fundamental como é para o químico. Escolhemos, portanto, enfatizar a estrutura eletrônica espacial na descrição de categorias, em vez de (como se tornou tradicional) enfatizar as ligações. Para o físico, ligação é apenas uma das muitas propriedades fortemente afetadas por esta distribuição espacial.

Todavia, deve-se estar atento às implicações de nomenclatura deste ponto de vista químico: mencionam-se "a ligação metálica", "a ligação iônica", "a ligação covalente" e "a ligação de hidrogênio" quando há referência ao modo característico como as forças eletrostáticas conspiram para manter coesos os sólidos de tipos correspondentes. Teremos mais a dizer sobre as energias de ligação (também conhecidas como energias coesivas) dos vários tipos de sólidos no Capítulo 20.

No restante deste Capítulo 19, queremos ampliar as distinções entre as categorias básicas dos sólidos e enfatizar tanto os tipos muito diferentes de modelos utilizados para descrever os tipos extremos como a conexão que prevalece entre as diferentes categorias. A discussão a seguir simplifica bastante cada tipo. O que oferecemos é uma série de modelos com o nível de sofisticação do modelo de Drude de um metal, a partir dos quais se pode dar início à análise das diversas categorias. Mais aspectos quantitativos desses modelos são encontrados no Capítulo 20.

CRISTAIS IÔNICOS

O modelo mais simples de um cristal iônico considera todos os íons esferas impenetráveis carregadas. O cristal mantém-se coeso por atração eletrostática entre esferas carregadas positiva e negativamente, e não pode colidir em virtude de sua impenetrabilidade.

A impenetrabilidade é consequência do princípio da exclusão de Pauli e das configurações eletrônicas de subnível estável dos íons. Quando dois íons estão tão próximos que suas distribuições eletrônicas passam a se superpor, o princípio da exclusão exige que a carga em excesso que se introduziu na vizinhança de cada íon pelo outro se acomode em níveis não ocupados. No entanto, a configuração eletrônica tanto dos íons positivos quanto dos negativos é da variedade do subnível fechado estável ns^2np^6, o que significa que há um grande gap de energia entre os níveis ocupados e os mais baixos não ocupados. Por isso, há um custo muito alto ao se forçar a superposição das distribuições de carga. Em síntese, existe uma força demasiadamente repulsiva entre íons sempre que eles estejam tão próximos que suas distribuições de carga eletrônica se interpenetram.

Para as questões qualitativas que desejamos apontar neste capítulo, é suficiente considerar os íons esferas impenetráveis, ou seja, considerar infinito o potencial que representa esta força repulsiva em determinada distância e zero acima dessa distância. No entanto, enfatizamos que os íons não são rigorosamente impenetráveis. Em cálculos detalhados de cristais iônicos, deve-se admitir uma forma menos simplista para a dependência do potencial repulsivo sobre a separação interiônica. (Forneceremos uma ilustração elementar no Capítulo 20.) Além disso, em um quadro mais realista, os íons não podem ser considerados estritamente esféricos, pois, no espaço livre, eles sofrem distorção de sua forma (rigorosamente esférica) por seus vizinhos no cristal.

HALETOS ALCALINOS (CRISTAIS IÔNICOS I-VII)

O cristal iônico ideal, com a composição similar a bolas de bilhar carregadas, traduz-se quase perfeitamente nos haletos alcalinos. Estes cristais são todos cúbicos em pressões normais. O íon positivo (cátion) é um dos metais alcalinos (Li^+, Na^+, K^+, Rb^+ ou Cs^+) e o íon negativo (ânion), um dos halogênios (F^-, Cl^-, Br^- ou I^-). Todos eles cristalizam-se sob condições normais na estrutura do cloreto de sódio (veja a Figura 19.4a), exceto CsCl, CsBr e CsI, que são mais estáveis na estrutura do cloreto de césio (Figura 19.4b).

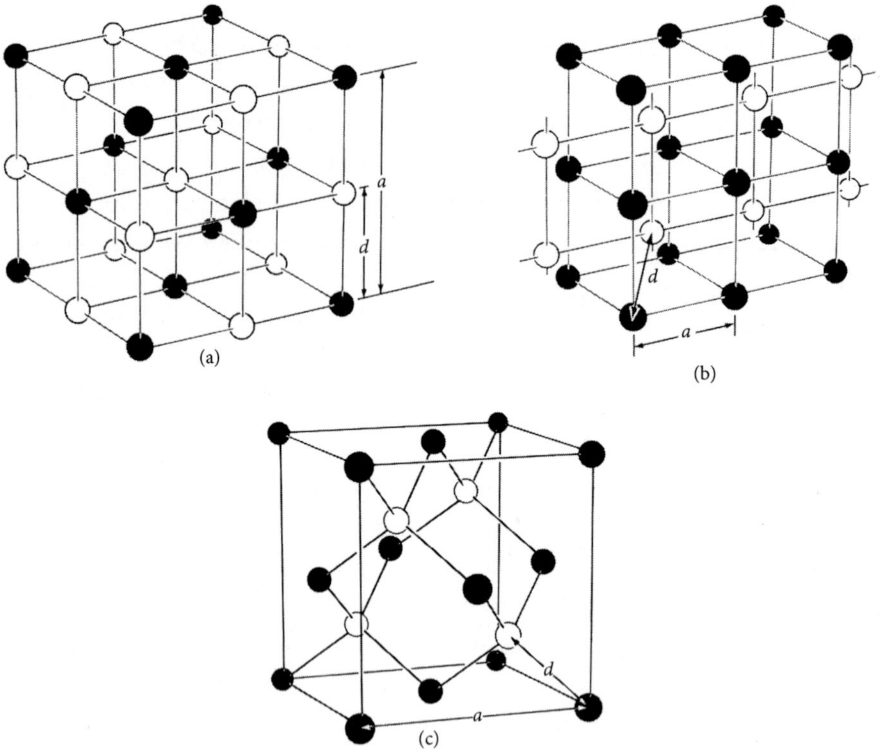

Figura 19.4

(a) A estrutura do cloreto de sódio; (b) a estrutura do cloreto de césio; (c) a estrutura da blenda (esfalerita). O lado da célula cúbica convencional, a, e a distância do vizinho mais próximo, d, são indicados em cada caso. A inspeção da figura revela que elas estão relacionadas por: (a) cloreto de sódio: $d = a/2$; (b) cloreto de césio: $d = \sqrt{3}\, a/2$; (c) blenda: $d = \sqrt{3}\, a/4$. Para descrições detalhadas dessas estruturas, veja o Capítulo 4.

Para compreender por que as entidades básicas nestas estruturas são íons em vez de átomos, considere, por exemplo, RbBr. Um átomo de bromo isolado pode de fato atrair um elétron adicional para formar o ânion estável Br^-, com a configuração eletrônica de subnível fechado do criptônio. O elétron adicional tem energia de ligação[9] de cerca de 3,5 eV. No

[9] Geralmente se diz que o bromo tem "afinidade eletrônica" de 3,5 eV. Parece surpreendente à primeira vista que um átomo neutro possa se ligar a um elétron extra. A ligação é possível porque a nuvem de elétrons atômicos que circunda o núcleo não é completamente efetiva na blindagem de seu campo sobre o sexto e último orbital p (aquele que possui o elétron extra), que penetra a nuvem muito profundamente.

entanto, para se produzir o cátion Rb^+ (também com a configuração de subnível fechado do criptônio), há um custo de 4,2 eV para se liberar o elétron extra. Pode parecer, portanto, que um átomo de rubídio e um átomo de bromo juntos teriam energia 0,5 eV menor do que os íons correspondentes. Este é, de fato, o caso, desde que os íons estejam bem distantes um do outro. Entretanto, ao juntarmos os íons, a energia do par diminui por sua interação eletrostática atrativa. No RbBr cristalino, a distância interatômica é de cerca de $r = 3{,}4$ Å. Um par de íons a essa distância tem energia de Coulomb adicional de $-e^2/r = -4{,}2$ eV, o que mais que compensa o 0,5 eV que favorece os átomos sobre os íons em grande separação.

A figura de um haleto alcalino como um conjunto de íons esféricos empacotados juntos se confirma pelas distribuições de carga eletrônica inferidas por dados de difração por raios X. A Figura 19.5 mostra a distribuição de carga que estes experimentos sugerem para o cloreto de sódio.

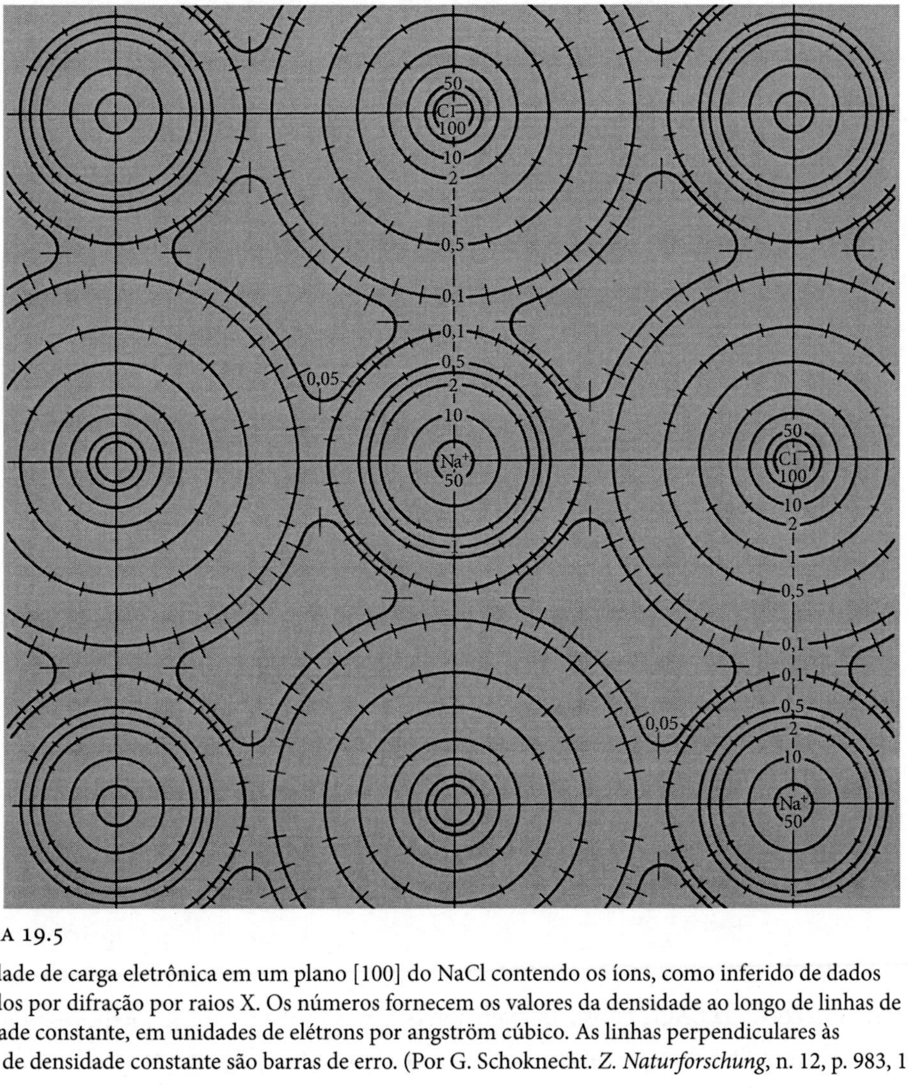

FIGURA 19.5

Densidade de carga eletrônica em um plano [100] do NaCl contendo os íons, como inferido de dados coletados por difração por raios X. Os números fornecem os valores da densidade ao longo de linhas de densidade constante, em unidades de elétrons por angström cúbico. As linhas perpendiculares às curvas de densidade constante são barras de erro. (Por G. Schoknecht. *Z. Naturforschung*, n. 12, p. 983, 1957.)

A ideia de que os haletos alcalinos são compostos de íons localizados levemente distorcidos também é confirmada pelos cálculos de estrutura de bandas. A Figura 19.6 mostra as bandas de energia calculadas para KCl como uma função de constante de rede (externamente imposta), em comparação aos níveis correspondentes dos íons livres. As energias de banda podem diferir por até a metade de um rydberg das energias dos níveis dos íons isolados mesmo em grandes separações, por causa das interações interiônicas de Coulomb. No entanto, as *larguras* de bandas na constante de rede observada são todas excessivamente estreitas, indicando que há pouca superposição das distribuições de carga iônica.

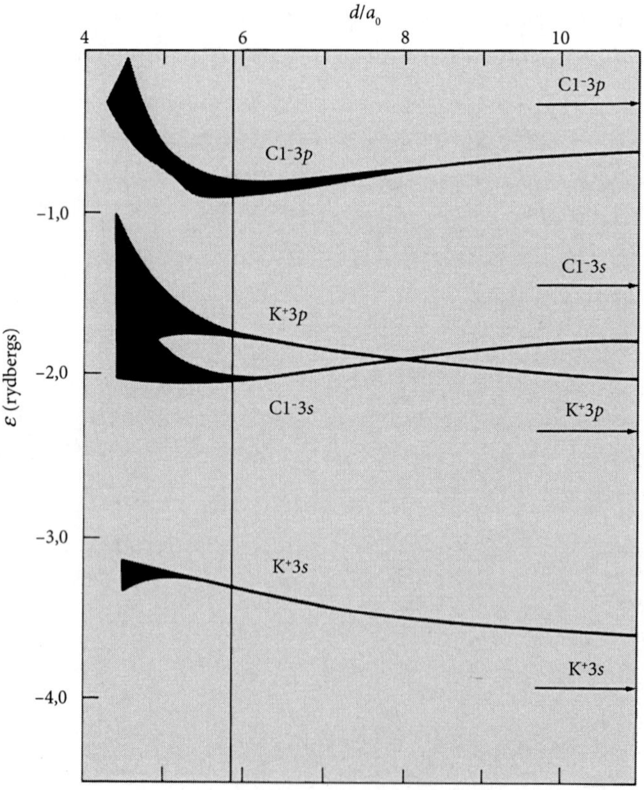

Figura 19.6

As quatro bandas de energia mais altas preenchidas do KCl, calculadas como função da distância interiônica *d* (medida em raios de Bohr). A linha vertical está na *d* observada. As energias dos íons livres são indicadas pelas setas à direita. Observe que, embora as energias sejam consideravelmente trocadas no estado cristalino, as bandas permanecem muito estreitas. (De L. P. Howard. *Phys. Rev.*, 109, p. 1927, 1958.)

Raios iônicos

Os valores do lado *a* da célula cúbica convencional, fornecidos a partir de medições por difração de raios X nos 20 cristais de haletos alcalinos, são consistentes com um modelo elementar no qual consideram-se os íons esferas impenetráveis de um raio r definido, conhecido como *raio iônico*. Considere d a distância entre os centros de íons positivos e negativos vizinhos, de tal forma que $d = a/2$ na estrutura do cloreto de sódio e $a\sqrt{3}/2$ na estrutura do cloreto de césio (veja a Figura 19.4). Na Tabela 19.1, apresenta-se uma lista dos valores de d para os cristais de haletos alcalinos.[10] Se tomarmos cada um dos nove íons como uma esfera de raio definido, então, na maioria dos casos, podemos encaixar a distância do vizinho mais próximo d_{xy} para o haleto alcalino XY com precisão de cerca de 2% tomando $d_{xy} = r_x + r_y$. As exceções são LiCl, LiBr e LiI, nas quais a soma do raio fica aquém de d por 6%, 7% e 8%, respectivamente, e NaBr e NaI, em que a soma do raio fica aquém por 3% e 4%.

Deixando de lado, por ora, essas exceções, verifica-se que as constantes de rede observadas podem ser reproduzidas com uma precisão de pequena porcentagem, admitindo-se que os íons são esferas rígidas de raios especificados e empacotamento denso em uma estrutura de cloreto de sódio (ou cloreto de césio). No entanto, a escolha de raios iônicos não é única, já que a adição de uma quantidade Δr fixa para todos os raios dos alcalinos e a subtração do mesmo Δr dos raios dos halogênios ($r_x \rightarrow r + \Delta r$, $r_y \rightarrow r - \Delta r$) não afeta o valor de $r_x + r_y$.[11] Esta ambiguidade pode ser resolvida e é possível explicar o comportamento anômalo dos haletos de lítio pela seguinte observação adicional:

Nossa afirmativa de que a distância d do vizinho mais próximo é fornecida pela soma dos raios dos íons cujo centro é separado por d supõe que esses íons estejam de fato em contato (Figura 19.7). Este será o caso desde que o raio $r^>$ do maior íon não seja tão maior do que o raio $r^<$ do menor. Entretanto, se a disparidade for muito grande, os íons menores podem não tocar os maiores de maneira nenhuma (Figura 19.8). Nesse caso, de modo geral, d será independente do tamanho do menor íon e será determinada inteiramente pelo tamanho do maior. A relação $r^+ + r^- = d$ apropriada à estrutura do cloreto de sódio deve, então, ser substituída por $\sqrt{2}\,r^> = d$ (Figuras 19.7 e 19.8). A razão radial crítica, na qual o íon menor perde o contato, ocorre quando cada íon grande toca tanto o íon pequeno centrado no sítio do vizinho mais próximo quanto o íon grande centrado no próximo sítio do vizinho mais próximo (Figura 19.9). O raio crítico satisfaz (veja a Figura 19.9)

$$\frac{r^>}{r^<} = \frac{1}{\sqrt{2}-1} = \sqrt{2} + 1 = 2{,}41 \quad \textbf{(19.1)}$$

A partir dos valores de $r^>/r^<$ dados na Tabela 19.1, encontra-se que o valor crítico 2,41 é excedido apenas em LiCl, LiBr e LiI. Assim, é de se esperar que o valor observado para d exceda a

[10] A "distância do vizinho mais próximo" sempre significa a distância mínima entre *centros* iônicos. Assim, na Figura 19.8 (por exemplo), a distância do vizinho mais próximo é d, mesmo que os grandes círculos se toquem, mas não os círculos pequenos. A distância entre o centro de um grande círculo e o centro de um círculo pequeno é menor que a distância entre centros de grandes círculos vizinhos.

[11] Isso leva à aplicação de esquemas concorrentes de raios iônicos, mas os mais amplamente utilizados ainda são aqueles citados na Tabela 19.1.

soma radial em tais haletos de lítio, já que, nestes casos, d deve ser comparado não a $r^+ + r^-$, mas a $\sqrt{2}\,r^>$. Esta última grandeza encontra-se listada entre colchetes após o valor de $r^>/r^<$ para os três haletos de lítio e está de acordo com o d observado pela mesma precisão de 2% que os valores de $r^+ + r^-$ produzem nos casos em que sejam aplicáveis. Não é significativo o fato de que *um* dos três haletos de lítio errantes possam ser colocados em linha desta forma, já que, para fazê-lo, pode se escolher a variável livre Δr. No entanto, o fato de que os outros dois sejam, deste modo, também levados a concordar imprime grande credibilidade à imagem dos íons como esferas impenetráveis, com os raios fornecidos na Tabela 19.1.

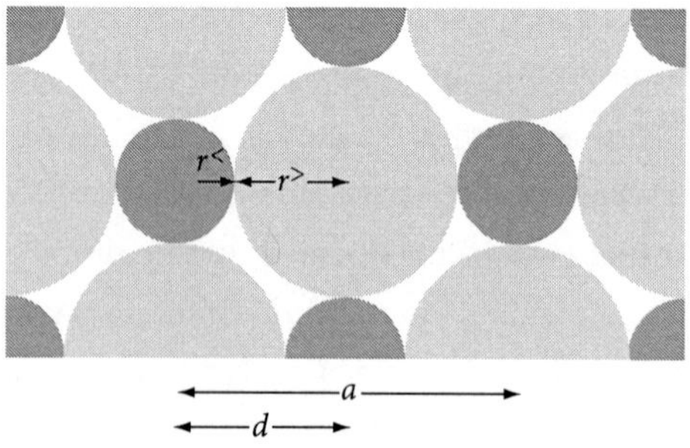

FIGURA 19.7

Um plano [100] da estrutura do cloreto de sódio que contém os centros de íons. Cada grande íon faz contato apenas com os pequenos íons vizinhos. Portanto, a distância do vizinho mais próximo d é igual à soma dos raios iônicos, $r^> + r^<$. Este é o estado normal das coisas.

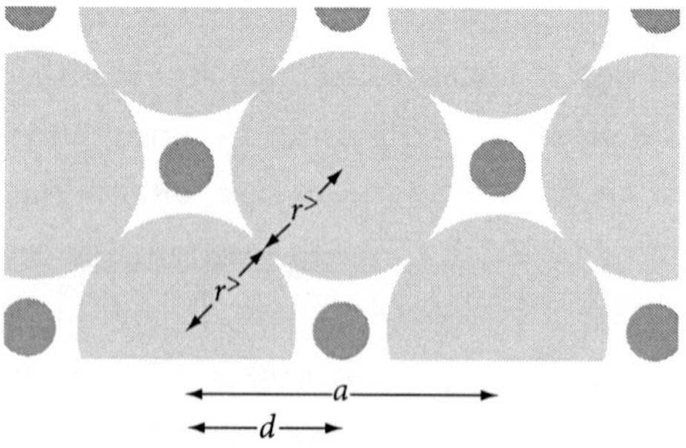

FIGURA 19.8

Mesmo plano da Figura 19.7, mas agora a disparidade entre os raios iônicos é tão grande que cada íon grande faz contato apenas com o íon grande mais próximo. Neste caso, a distância d do vizinho mais próximo (definida como a menor distância entre centros iônicos) está relacionada apenas ao maior raio iônico $r^>$ por $d = r^>$.

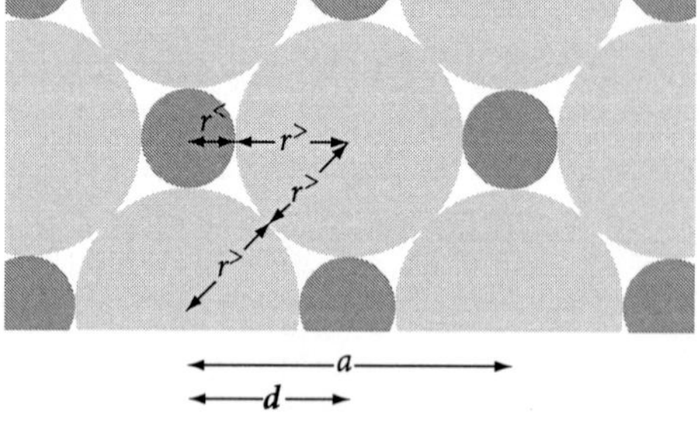

FIGURA 19.9

O estado das coisas quando a razão do raio tem seu valor crítico $r^>/r^< = \sqrt{2} + 1$. Para razões menores, a Figura 19.7 se mantém; para razões maiores, a Figura 19.8 se mantém. O valor para a razão crítica advém da observação de que, quando a razão é crítica, as relações $d = \sqrt{2}\,r^>$ e $d = r^+ + r^- = r^> + r^<$ devem *ambas* se manter.

Um cálculo similar para a estrutura do cloreto de césio produz o menor valor crítico

$$\frac{r_>}{r_<} = \frac{1}{2}(\sqrt{3} + 1) = 1{,}37 \quad \text{(cloreto de césio)} \quad \textbf{(19.2)}$$

As razões radiais dos três haletos alcalinos com tal estrutura não excedem este valor e as somas radiais estão de acordo com as constantes de rede observadas.[12]

TABELA 19.1

Raios iônicos propostos para os haletos alcalinos*

	Li^+ (0,60)	Na^+ (0,95)	K^+ (1,33)	Rb^+ (1,48)	Cs^+ (1,69)
F^- (1,36)					
d	2,01	2,31	2,67	2,82	3,00
$r^- + r^+$	1,96	2,31	2,69	2,84	3,05
$r^>/r^<$	2,27	1,43	1,02	1,09	1,24
Cl^- (1,81)					
d	2,57	2,82	3,15	3,29	3,57
$r^- + r^+$	2,41	2,76	3,14	3,29	3,50
$r^>/r^<$	3,02 [2,56]	1,91	1,36	1,22	1,07
Br^- (1,95)					
d	2,75	2,99	3,30	3,43	3,71
$r^- + r^+$	2,55	2,90	3,28	3,43	3,64
$r^>/r^<$	3,25 [2,76]	2,05	1,47	1,32	1,15
I^- (2,16)					
d	3,00	3,24	3,53	3,67	3,95
$r^- + r^+$	2,76	3,11	3,49	3,64	3,85
$r^>/r^<$	3,60 [3,05]	2,27	1,62	1,46	1,28

* O raio iônico (em angströms) é fornecido entre parênteses, imediatamente após o nome de cada íon. As seguintes informações adicionais (todas em angströms) estão listadas na caixa correspondente a cada haleto alcalino:

1. A distância do vizinho mais próximo d.[10] Na estrutura do cloreto de sódio, $d = a/2$, onde a é o lado da célula cúbica convencional; na estrutura do cloreto de césio (CsCl, CsBr e CsI), $d = \sqrt{3}\,a/2$. (Veja a Figura 19.4)
2. A soma dos raios iônicos, $r^- + r^+$.
3. A razão dos raios iônicos, $r^>/r^<$. Nos três casos em que esta razão é tão grande que d não é dada pela soma dos raios, o novo valor teórico ($\sqrt{2}\,r^>$) encontra-se entre colchetes imediatamente após a razão de raio.

Fonte: L. Pauling. *The nature of the chemical bond*. Ithaca: Cornell University Press, 1960. p. 514.

Cristais iônicos II-VI

Os elementos duplamente ionizados das colunas II e VI da tabela periódica também podem formar cristais iônicos. Com exceção dos compostos de berílio e MgTe, estes elementos também assumem a estrutura do cloreto de sódio. Pode-se ver da Tabela 19.2 que $d = a/2$ novamente está de acordo por uma pequena porcentagem com $r^+ + r^-$ para os sais de cálcio, de estrôncio e de bário e para MgO. Em MgS e MgSe, a razão crítica $r^>/r^< = 2{,}42$ é excedida; aqui, $d = a/2$ está de acordo com $\sqrt{2}\,r^>$ na faixa de aproximadamente 3%.

[12] A concordância pode ser melhorada aumentando-se os raios iônicos na estrutura do cloreto de césio para explicar o fato de que cada íon tem oito vizinhos mais próximos em vez dos seis que o circundam na estrutura do cloreto de sódio. Consequentemente, o princípio da repulsão de Pauli é mais forte e os íons não estarão tão espremidos juntos.

Tabela 19.2

Raios iônicos propostos para os elementos duplamente ionizados das colunas II e VI da tabela periódica*

	Be^{++} (0,31)	Mg^{++} (0,65)	Ca^{++} (0,99)	Sr^{++} (1,13)	Ba^{++} (1,35)
O^{--} (1,40)					
d	1,64	2,10	2,40	2,54	2,76
$r^{-}+r^{+}$	1,71	2,05	2,39	2,53	2,75
$r^{>}/r^{<}$	4,52	2,15	1,41	1,24	1,04
S^{--} (1,84)					
d	2,10	2,60	2,85	3,01	3,19
$r^{-}+r^{+}$	2,15	2,49	2,83	2,97	3,19
$r^{>}/r^{<}$	5,94 [2,25]	2,83 [2,60]	1,86	1,63	1,36
Se^{--} (1,98)					
d	2,20	2,72	2,96	3,11	3,30
$r^{-}+r^{+}$	2,29	2,63	2,97	3,11	3,33
$r^{>}/r^{<}$	6,39 [2,42]	3,05 [2,80]	2,00	1,75	1,47
Te^{--} (2,21)					
d	2,41	2,75	3,17	3,33	3,50
$r^{-}+r^{+}$	2,52	2,86	3,20	3,34	3,56
$r^{>}/r^{<}$	7,13 [2,71]	3,40	2,23	1,96	1,64

* O raio iônico (em angströms) é dado entre parênteses imediatamente após o nome de cada íon. As seguintes informações adicionais são fornecidas na caixa correspondente a cada composto:

1. A distância d do vizinho mais próximo.
2. A soma dos raios iônicos, $r^{+} + r^{-}$.
3. A razão dos raios iônicos, $r^{>}/r^{<}$.

Todos os compostos têm a estrutura do cloreto de sódio, com exceção de BeS, BeSe e BeTe (blenda) e BeO, MgTe (wurtzita). Nos dois compostos de magnésio, para os quais a razão radial excede o valor crítico 2,42 para a estrutura do cloreto de sódio, o valor teórico corrigido $d = \sqrt{2}\, r^{>}$ é dado entre colchetes. Nas estruturas da blenda, a razão crítica 4,45 é excedida em todos os casos, e o valor corrigido $d = \sqrt{6}\, r^{>}/2$ é dado entre colchetes. Estes (e os cristais com estrutura da wurtzita) são mais bem tratados como covalentes.

Fonte: L. Pauling. *The nature of the chemical bond.* 3. ed. Ithaca: Cornell University Press, 1960, p. 514.

No entanto, não há uma concordância nem de perto tão satisfatória com os raios iônicos para o MgTe e para os compostos de berílio. Os compostos BeS, BeSe e BeTe cristalizam-se na estrutura da blenda (esfalerita) (veja o Capítulo 4 e a Figura 19.4) e os outros dois, na estrutura da wurtzita.[13] A razão crítica[14] $r^{>}/r^{<}$ é $2 + \sqrt{6} = 4{,}45$, sendo excedida em todos os três compostos de berílio com a estrutura da blenda.[15] O valor citado de d (consi-

[13] Na estrutura de blenda, uma observação ao longo de uma direção [111] revela que os átomos de dado tipo estão empilhados na sequência ... *ABCABC*... enquanto mantêm ligações tetraédricas com aqueles do outro tipo. A rede de Bravais subjacente é cúbica. Há outro arranjo que preserva a ligação tetraédrica, mas empilha os átomos de determinado tipo na sequência ... *ABABAB*... Esta é a estrutura da wurtzita, cuja rede de Bravais subjacente é hexagonal.

[14] Convidamos o leitor a verificar essas afirmações numerológicas.

[15] Esta também é a razão crítica para a estrutura da wurtzita, desde que o c/a da estrutura hcp subjacente esteja próximo do ideal, como quase sempre está.

derado $\sqrt{3}/4$ vezes o lado a medido da célula cúbica convencional) deve, então, ser comparado a $\sqrt{6}\,r^{>}/2$, e não a $r^{+} + r^{-}$, que se encontra entre colchetes na Tabela 19.2, após $r^{>}/r^{<}$. A concordância é relativamente pequena em comparação à impressionante concordância que encontramos nos cristais com a estrutura do cloreto de sódio.

Uma razão é que o berílio (e, até certo ponto, o magnésio) é substancialmente mais difícil de ionizar do que os outros elementos na coluna II. (Primeiros potenciais de ionização, em elétron volts: Be, 9,32; Mg, 7,64; Ca, 6,11; Sr, 5,69; Ba, 5,21.) Desse modo, o custo de energia para produzir íons amplamente separados, ao contrário de átomos, é muito alto nos compostos de berílio. Além disso, já que ele é tão pequeno, o íon de berílio não pode tirar pleno partido das estruturas cristalinas com número de coordenação alto para compensar isto pela maximização da interação de Coulomb interiônica: os ânions seriam repelidos pela superposição de suas próprias distribuições de carga antes que chegassem suficientemente perto do íon de berílio (como na Figura 19.8, por exemplo). Estas considerações sugerem que, nos compostos de berílio, já estamos nos afastando do campo dos cristais puramente iônicos.

Como se vê, estruturas tetraedricamente coordenadas (como as estruturas da blenda e da wurtzita) tendem a se ligar basicamente de modo covalente. Os compostos II-VI tetraedricamente coordenados são mais covalentes do que iônicos em caráter.[16]

CRISTAIS III-V (IÔNICOS E COVALENTES COMBINADOS)

Os cristais que formam par com elementos das colunas III e V da tabela periódica são ainda menos iônicos em caráter. Quase todos eles assumem a estrutura da blenda característica de cristais covalentes. Alguns exemplos são fornecidos na Tabela 19.3. A maioria tem comportamento de semicondutores ao invés de isolantes; ou seja, seus gaps de banda são relativamente pequenos. Esta é outra indicação de que sua natureza iônica é um tanto fraca e de que os elétrons não estão fortemente localizados. Assim, os compostos III-V são bons exemplos de substâncias que são parcialmente iônicas e parcialmente covalentes. São de forma convencional descritas como basicamente covalentes, com alguma concentração residual de excesso de carga em torno dos cernes de íons.

CRISTAIS COVALENTES

A diferença marcante das distribuições de carga intersticial entre cristais covalentes e iônicos é vista comparando-se as Figuras 19.2 e 19.5. A densidade eletrônica ao longo de uma linha de vizinho mais próximo cai para menos de 0,1 elétron por angström cúbico no NaCl, ao passo que não tem menos que cinco elétrons por angström cúbico no cristal covalente *por excelência*, o diamante.

---

[16] É possível especificar *raios covalentes*, para uso em estruturas tetraedricamente coordenadas, que são quase tão bem-sucedidos em adequar suas constantes de rede quanto o são os raios iônicos em cristais iônicos. (Veja L. Pauling. *The nature of the chemical bond.* 3. ed. Ithaca: Cornell University Press, 1960.)

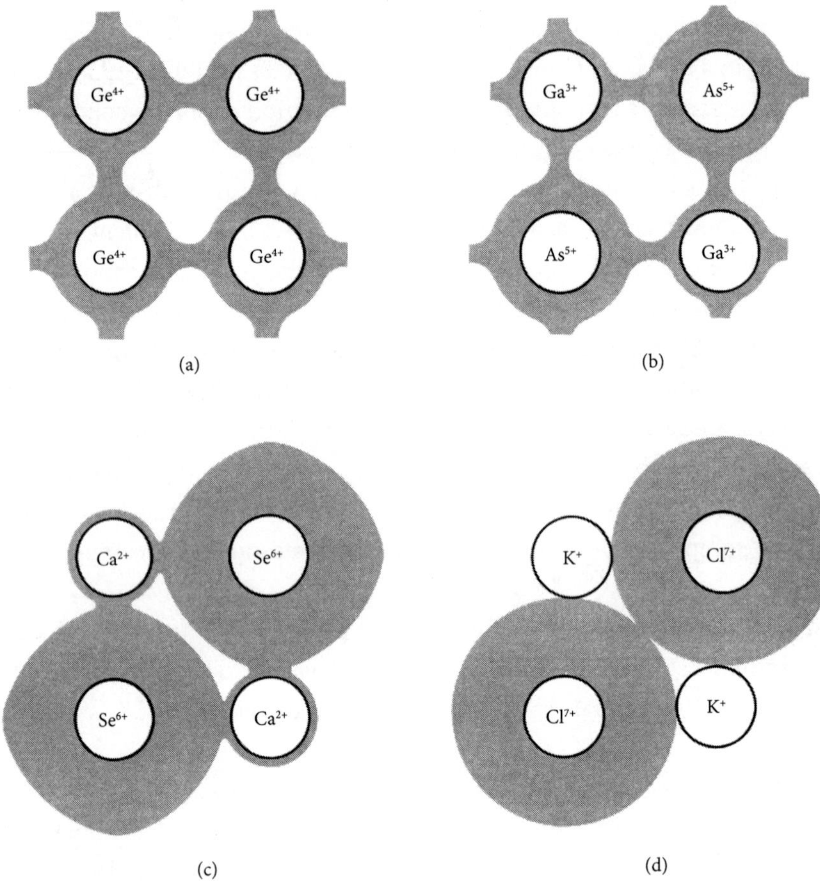

FIGURA 19.10

Uma representação altamente esquemática da continuidade de cristais covalentes perfeitos para cristais iônicos perfeitos. (a) *Germânio perfeitamente covalente.* Quatro elétrons por célula unitária são distribuídos identicamente em torno dos cernes de íon Ge^{4+}. A densidade eletrônica é grande em certas direções na região intersticial. (b) *Arseneto covalente.* A densidade eletrônica intersticial diminuiu um pouco e há uma leve tendência de a nuvem de elétrons em torno de cada cerne de íon As^{5+} ter um pouco mais de carga do que é necessário para compensar a carga positiva, enquanto a nuvem de elétrons em torno de cada cerne de íon Ga^{3+} tem um pouco menos. Assim, o cristal tem um caráter iônico muito leve também. (c) *Seleneto de cálcio iônico.* O íon Ca^{2+} é quase desnudado de elétrons de valência e a nuvem de elétrons em torno do cerne de íon Se^{6+} possui quase todos os oito necessários para produzir Se^{--}. (Seria mais convencional, de fato, representar o selênio como um cerne de íon Se^{--} faltando uma pequena fração de um elétron.) O cristal é fracamente covalente, a ponto de o Ca^{2+} ser levemente blindado por elétrons em sua vizinhança imediata e Se^{6+} não ter elétrons suficientes para preencher os oito subníveis mais externos completamente, formando Se^{--}. O caráter covalente também é visto na leve distorção da distribuição de carga para fora ao longo das linhas de vizinho mais próximo. (d) *Cloreto de potássio perfeitamente iônico.* O íon K^+ não possui excesso de elétrons e todos os oito elétrons agrupam-se em torno de Cl^{7+} para formar Cl^-. (Seria mais convencional não mostrar nenhum elétron e simplesmente desenhar um cerne de íon Cl^- para o cloro.)

O diamante é típico das estruturas cristalinas formadas pelos elementos da coluna IV da tabela periódica: carbono, silício, germânio e estanho (cinza) (veja a Tabela 4.3). Todos esses elementos cristalizam-se na estrutura tetraedricamente coordenada do diamante. Na terminologia química, cada átomo participa de quatro ligações covalentes, compartilhando um elétron com cada um de seus quatro vizinhos. Apesar de a base final para a ligação permanecer eletrostática, a razão pela qual o cristal permanece ligado é consideravelmente mais complexa do que a simples imagem de bolas de bilhar opostamente carregadas, tão oportuna nos cristais iônicos. Teremos mais a dizer sobre isto no Capítulo 20.

TABELA 19.3
Alguns compostos III-V covalentes*

	Al	Ga	In
P	5,45	5,45	5,87
As	5,62	5,65	6,04
Sb	6,13	6,12	6,48

* Todos têm a estrutura da blenda. O lado da célula cúbica convencional (em angströms) é dado.

A variação contínua na natureza da distribuição de carga, à medida que se progride dos compostos iônicos extremos I-VII para os compostos II-VI progressivamente mais ambíguos e de III-V até os elementos covalentes extremos da coluna IV, encontra-se esquematizada na Figura 19.10.

Os cristais covalentes não são isolantes tão bons quanto os cristais iônicos. Isso é consistente com o deslocamento de carga na ligação covalente. Os semicondutores são todos cristais covalentes, por vezes (como nos compostos III-V), com um pequeno traço de ligação iônica.

CRISTAIS MOLECULARES

Deslocando-nos para a direita na tabela periódica, a partir de qualquer um dos elementos na parte superior da coluna IV, os sólidos encontrados vão-se tornando sucessivamente mais isolantes (ou, se começarmos da parte inferior na coluna IV, menos metálicos) e mais fracamente ligados (por exemplo, com pontos de ebulição cada vez mais baixos). Na extremidade direita da tabela estão os elementos da coluna VIII, que proporcionam o melhor exemplo de sólidos moleculares. Os gases nobres sólidos (com exceção do hélio) cristalizam-se todos em redes de Bravais fcc monoatômicas. A configuração eletrônica de cada átomo é do tipo de subnível fechado estável, que é pouco deformado no sólido. O sólido é mantido coeso por forças muito fracas, as chamadas forças de *van der Waals* ou forças *dipolo oscilantes*. A origem física qualitativa desta força é facilmente explicada.[17]

[17] Observe que, mais uma vez, a última fonte da ligação deve ser eletrostática. No entanto, o modo pelo qual a atração eletrostática agora se manifesta é tão diferente (de, por exemplo, cristais iônicos) que, a este tipo de ligação, destina-se um nome próprio em separado. Uma derivação da mecânica quântica mais rigorosa da atração de van der Waals é dada no Problema 1.

Considere dois átomos (1 e 2) separados por uma distância r. Embora a distribuição de carga média em um único átomo de gás nobre seja esfericamente simétrica, a qualquer instante pode haver um momento dipolo líquido (cujo valor de tempo ponderado deve desaparecer). Se o momento dipolo instantâneo do átomo 1 for $\mathbf{p}_1$, haverá um campo elétrico proporcional a p_1/r^3 à distância r do átomo.[18] Isso induzirá um momento dipolo no átomo 2 proporcional ao campo:

$$p_2 = \alpha E \sim \frac{\alpha p_1}{r^3}, \quad \textbf{(19.3)}$$

onde α é a polarizabilidade[19] do átomo. Já que dois dipolos têm energia de interação proporcional ao produto de seus momentos dividido pelo cubo da distância entre eles, haverá uma diminuição de energia da ordem de

$$\frac{p_2 p_1}{r^3} \sim \frac{\alpha p_1^2}{r^6}, \quad \textbf{(19.4)}$$

associada ao momento induzido. Uma vez que esta grandeza depende de p_1^2, sua média de tempo não desaparece, mesmo que o valor médio de $\mathbf{p}_1$ seja zero. Já que esta força cai rapidamente com a distância, ela é excessivamente fraca, daí os baixos pontos de fusão e de ebulição dos gases nobres condensados.

Para o tratamento mais preciso dos sólidos moleculares, deve-se também considerar a interação dipolar oscilante entre grupos de três ou mais átomos, que não pode ser representada como a soma de interações de pares. Estas decaem mais rapidamente que $1/r^6$, mas também são importantes para se chegar a uma teoria precisa do estado sólido.[20]

Os elementos dos grupos V, VI e VII (exceto o polônio metálico e os semimetais antimônio e bismuto) partilham, em diferentes graus, do caráter molecular e do caráter covalente. O oxigênio sólido e o nitrogênio, como mencionamos, são cristais moleculares nos quais as entidades fracamente perturbadas não são átomos livres, mas moléculas O_2 ou N_2. Nestas moléculas, a ligação é covalente, de modo que a distribuição eletrônica no cristal como um todo possui uma estrutura combinada molecular e covalente. Há também substâncias (enxofre e selênio são exemplos) que possuem estruturas cristalinas elaboradas e para as quais não é possível definir uma categorização simples de suas ligações.

[18] Temos em mente uma distância muito maior do átomo do que suas dimensões lineares. Quando se está muito próximo ao átomo, a aproximação dipolo não é mais válida, mas, mais importante, a forte repulsão cerne-cerne começa a dominar a interação dipolo atrativa oscilante.

[19] Veja o Capítulo 27.

[20] Cf. B. M. Axilrod; E. Teller. *J. Chem. Phys.*, 22, p. 1.619, 1943; B. M. Axilrod. *J. Chem. Phys*, 29, p. 719, 724, 1951.

METAIS

Deslocando-nos para a esquerda na tabela periódica da coluna IV, entramos na família dos metais, isto é, a ligação covalente se expande até que haja densidade apreciável de elétrons por todas as regiões intersticiais e, no espaço *k*, apreciável superposição de bandas. Os principais exemplos de cristais metálicos são os metais alcalinos da coluna I, que podem, para diversos propósitos, ser descritos de forma precisa pelo modelo do elétron livre de Sommerfeld, no qual os elétrons de valência estão completamente separados de seus cernes de íons e formam um gás quase uniforme.

De forma mais geral, podemos encontrar aspectos de ligação covalente e molecular mesmo em metais, particularmente nos metais nobres, nos quais os subníveis atômicos preenchidos não são muito fortemente ligados e, como consequência, sofrem considerável distorção no metal.

É instrutivo comparar os raios iônicos dos elementos metálicos (como calculados a partir da estrutura dos cristais iônicos de que fazem parte) à distância do vizinho mais próximo no metal (Tabela 19.4). Fica evidente que o conceito de raio iônico é completamente irrelevante para a determinação das constantes de rede do metal alcalino. Isso é consistente com o fato de que essas grandezas, como as compressibilidades do metal alcalino, são da ordem de seus valores de gás de elétrons. Os íons são genuinamente objetos pequenos, incrustados em um mar de elétrons. Por outro lado, nos metais nobres, como mencionado no Capítulo 15, o subnível fechado *d* tem um papel muito mais importante na determinação das propriedades metálicas do que os cernes de íon dos metais alcalinos. Isso se reflete no fato de que, em Cu, Ag e Au, as distâncias do vizinho mais próximo no metal não são tão maiores do que os raios iônicos nos cristais iônicos. Tanto nos cristais iônicos quanto (a um grau pouco menor) no metal, o tamanho é determinado pelos subníveis *d*.

TABELA 19.4

Raios iônicos comparados à metade da distância de vizinho mais próximo em metais

Metal	Raio iônico simplesmente ionizado, $r_{\text{íon}}$ (Å)	Metade da distância do vizinho mais próximo no metal, r_{met}(Å)	$r_{\text{met}}/r_{\text{íon}}$
Li	0,60	1,51	2,52
Na	0,95	1,83	1,93
K	1,33	2,26	1,70
Rb	1,48	2,42	1,64
Cs	1,69	2,62	1,55
Cu	0,96	1,28	1,33
Ag	1,26	1,45	1,15
Au	1,37	1,44	1,05

CRISTAIS LIGADOS POR HIDROGÊNIO

Algumas classificações listam os cristais ligados por hidrogênio como a quarta categoria de isolantes. Isso se dá em reconhecimento ao fato de que o hidrogênio é único em três formas diferentes:

1. O cerne de íon de um átomo de hidrogênio é um próton descoberto da ordem de 10^{-13} cm de raio, um fator 10^5 menor do que qualquer outro cerne de íon;

2. O hidrogênio nada mais é que um elétron retirado da configuração estável do hélio, que, exclusivamente dentre as configurações estáveis, não tem oito, mas apenas dois elétrons no subnível mais externo;

3. O primeiro potencial de ionização do hidrogênio atômico é incomumente alto (H, 13,59 eV; Li, 5,39 eV; Na, 5,14 eV; K, 4,34 eV; Rb, 4,18 eV; Cs, 3,89 eV).

Como resultado dessas propriedades, o hidrogênio pode ter um papel diferente de qualquer outro elemento em estruturas cristalinas. Por causa de seu grande potencial de ionização, é muito mais difícil remover completamente um elétron do hidrogênio, e ele, portanto, não se comporta como um íon de metal alcalino (de raio mínimo) na formação de cristais iônicos. Por outro lado, ele não pode se comportar como os átomos em cristais covalentes típicos; em virtude da ausência de apenas um elétron de uma configuração de subnível fechado, ele pode, em termos químicos, formar apenas uma ligação covalente por meio de compartilhamento de elétrons.[21] Finalmente, uma vez que o próton não tem, para todos os propósitos práticos, tamanho nenhum, ele pode, essencialmente, ficar na superfície dos grandes íons negativos, resultando em um tipo de estrutura inatingível por qualquer outro íon positivo.

Uma manifestação dessas propriedades peculiares encontra-se na Figura 19.11 para o caso do gelo. O elétron do átomo de hidrogênio está, como o próton, muito bem localizado na vizinhança dos íons de oxigênio. O próton positivo reside próximo a um único íon de oxigênio, ao longo da linha que o une a um de seus vizinhos. Assim, ele ajuda a ligar os dois íons de oxigênio. (Observe a falta de regularidade nas posições dos prótons. Isso pode ser observado termodinamicamente na grande "entropia residual" do gelo em baixas temperaturas, o que corresponde ao grande número de formas de se atribuir um próton a qualquer um dos dois lados de cada ligação, consistente com dois prótons que estão próximos de cada átomo de oxigênio.)

Assim completamos nossa avaliação descritiva de alguns dos vários tipos de sólidos. Voltamo-nos agora para algumas das implicações quantitativas elementares das diversas estruturas sobre as propriedades internas de sólidos — particularmente, a energia de ligação ou coesiva.

---

[21] Em contraste às quatro ligações que estão presentes em cristais covalentes tetraedricamente coordenados, como consequência da formação de dois subníveis fechados a partir de oito elétrons.

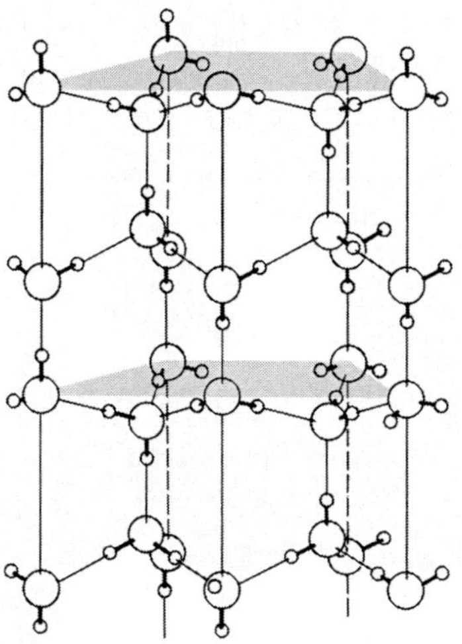

FIGURA 19.11

A estrutura cristalina de uma das muitas fases do gelo. Os círculos grandes são íons de oxigênio, os círculos pequenos são prótons. O gelo é um exemplo de sólido no qual a ligação de hidrogênio tem papel crucial. (Por L. Pauling. *The nature of the chemical bond*. Ithaca: Cornell University Press, 1960.)

PROBLEMAS

1. *Origem da força de van der Waals*

Considere dois átomos de gás nobre afastados por uma distância R, representados por núcleos fixos de carga Ze localizados em **0** e **R**, cada um circundado por Z elétrons. Os elétrons ligados ao núcleo em **0** têm coordenadas $\mathbf{r}_i^{(1)}$; aqueles ligados ao núcleo em **R** têm coordenadas $\mathbf{r}_i^{(2)}$, $i = 1,..., Z$. Supomos que **R** seja tão grande que há superposição desprezível entre as distribuições de carga eletrônica em torno dos dois núcleos.[22] Considere que H_1 e H_2 sejam as Hamiltonianas apenas para os átomos 1 e 2. A Hamiltoniana entre o sistema de dois átomos será $H = H_1 + H_2 + U$, onde U fornece a interação de Coulomb entre todos os pares de partículas carregadas, um do átomo 1 e um do átomo 2:

$$U = e^2\left[\frac{Z^2}{R} - \sum_{i=1}^{Z}\left(\frac{Z}{|\mathbf{R} - \mathbf{r}_i^{(1)}|} + \frac{Z}{r_i^{(2)}}\right) + \sum_{i,j=1}^{Z}\frac{1}{|\mathbf{r}_i^{(1)} - \mathbf{r}_j^{(2)}|}\right]. \quad \mathbf{(19.5)}$$

De segunda ordem na teoria da perturbação, a energia de interação entre os dois átomos será fornecida por:

$$\Delta E = \langle 0|U|0\rangle + \sum_n \frac{|\langle 0|U|n\rangle|^2}{E_0 - E_n}, \quad \mathbf{(19.6)}$$

onde |0> é o estado fundamental do sistema de dois átomos não perturbado e |n>, seus estados excitados.

[22] Por causa disso, podemos ignorar o princípio de Pauli, já que ele afeta a permuta de elétrons entre átomos e considera os elétrons no átomo 1 como distinguíveis daqueles do átomo 2. Em particular, não precisamos antissimetrizar os estados que aparecem em (19.6).

(a) Mostre que o termo de primeira ordem em (19.6) é exatamente a energia de interação eletrostática entre duas distribuições de densidade de carga $\rho^{(1)}(\mathbf{r})$ e $\rho^{(2)}(\mathbf{r})$, onde $\rho^{(1)}$ e $\rho^{(2)}$ são as distribuições de carga de estado fundamental dos átomos 1 e 2.

(b) Prove que, se as distribuições de carga têm zero superposição e são esfericamente simétricas, esta energia de interação também vale zero.[23]

(c) A suposição de que há superposição desprezível entre os estados eletrônicos nos dois átomos também significa que as funções de onda que aparecem no termo de segunda ordem em (19.6) são desprezivelmente pequenas, a não ser que $|\mathbf{r}_i^{(1)}|$ e $|\mathbf{r}_i^{(2)} - \mathbf{R}|$ sejam pequenos em comparação a R. Mostre que, se (19.5) for expandida para estas grandezas, o termo dominante que não desaparece é

$$-\frac{e^2}{R^3}\sum_{i,j}[3(\mathbf{r}_i^{(1)}\cdot\hat{\mathbf{R}})([\mathbf{r}_j^{(2)}-\mathbf{R}]\cdot\hat{\mathbf{R}})-\mathbf{r}_i^{(1)}\cdot(\mathbf{r}_j^{(2)}-\mathbf{R})]. \quad \mathbf{(19.7)}$$

(d) Mostre, como consequência, que o termo dominante em (19.6) varia como $1/R^6$ e é negativo.

2. *Relações geométricas em cristais diatômicos*

Verifique que as razões críticas $r^>/r^<$ são $(\sqrt{3}+1)/2$ para a estrutura do cloreto de césio e $2+\sqrt{6}$ para a estrutura da blenda, como se afirma no texto.

---

[23] Se os átomos estiveram unidos muito proximamente, a superposição não poderá ser ignorada, e ela leva a uma forte repulsão (de alcance limitado). A superposição muito leve quando os átomos estão bem afastados produz correções à interação que decaem exponencialmente com a separação.

20 Energia coesiva

Os gases nobres: o potencial de Lennard-Jones
Densidade, energia coesiva e módulo Bulk dos gases nobres sólidos
Cristais iônicos: a constante de Madelung
Densidade, energia coesiva e módulo Bulk dos haletos alcalinos
Coesão em cristais covalentes
Coesão em metais

A energia coesiva de um sólido é a energia necessária para separá-lo em suas partes constituintes — isto é, sua energia de ligação.[1] Esta energia depende, naturalmente, do que se considera que sejam as partes constituintes. Geralmente, elas são consideradas os átomos individuais dos elementos químicos que constituem o sólido, mas, às vezes, se utilizam outras convenções. Por exemplo, pode ser conveniente definir a energia coesiva do nitrogênio sólido como aquela necessária para separá-lo em um conjunto de moléculas de nitrogênio separadas, em lugar de átomos. Conhecendo-se a energia de ligação de uma molécula de nitrogênio isolada, pode-se facilmente converter uma definição em outra. De modo similar, nos cristais de haletos alcalinos, vamos discutir a energia necessária para separar o sólido em íons isolados, ao invés de átomos. A ligação entre as duas energias é fornecida pelo primeiro potencial de ionização do átomo de metal alcalino e a afinidade eletrônica do átomo do halogênio.

Nos primórdios da física do estado sólido, devotou-se muito esforço ao cálculo das energias coesivas, e o assunto permeava a teoria dos sólidos muito mais do que hoje. Discussões mais antigas da classificação dos sólidos, por exemplo, baseavam-se profundamente na natureza da coesão, em vez de enfatizar (como no Capítulo 19) o arranjo eletrônico espacial (intimamente relacionado). A importância da energia coesiva é que ela é a energia de estado fundamental do sólido. Seu sinal, por exemplo, determina se o sólido será estável. Inclusive, sua generalização para temperaturas diferentes de zero, a energia livre de Helmholtz, se conhecida como uma função de volume e temperatura, contém todas as

[1] Ela é frequentemente fornecida em quilocalorias por mol. Um fator de conversão útil é 23,05 kcal/mol = 1 eV/molécula.

informações de equilíbrio termodinâmico sobre o sólido. No entanto, a física do estado sólido acabou enfocando mais e mais as propriedades de não equilíbrio (por exemplo, propriedades de transporte e propriedades ópticas) e o estudo da coesão não tem mais o papel predominante que um dia teve.

Neste capítulo, discutiremos alguns fatos elementares sobre as energias coesivas à temperatura zero. Vamos calcular essas energias para uma constante de rede imposta externamente e considerar, portanto, sólidos sob pressão externa. Calculando a razão de variação da energia coesiva com a constante de rede, podemos encontrar a pressão necessária para manter determinado volume e, então, determinar a constante de rede de equilíbrio como aquela que requer pressão zero[2] para sua manutenção. Do mesmo modo, podemos calcular a compressibilidade do sólido, ou seja, a variação no volume produzida por dada variação na pressão. Isso é mais acessível para a medição física do que a própria energia coesiva, já que não exige a desmontagem do sólido em seus constituintes.

Por todo este capítulo, trataremos os cernes do íon como partículas clássicas, que podem ser perfeitamente localizadas com energia cinética zero nos locais de uma rede. Isso é incorreto, porque viola o princípio da incerteza. Se um cerne de íon é confinado a uma região de dimensões lineares Δx, a incerteza em seu momento será da ordem $\hbar/\Delta x$. Ele, portanto, terá energia cinética da ordem de $\hbar^2/M(\Delta x)^2$, conhecida como energia cinética do ponto zero, cuja contribuição para a energia do sólido deve ser levada em conta. Além disso, já que os íons não estão perfeitamente localizados (pois isso pressuporia energia cinética infinita no ponto zero), os desvios em sua energia potencial daquele das partículas clássicas fixas em locais de rede devem ser permitidos. Não seremos capazes de fazê-lo de outro modo senão o mais grosseiro (Problema 1) até o Capítulo 23, no qual descrevemos a teoria de vibrações de rede. Para o momento, apenas observamos que, quanto menor a massa iônica, maior é a energia cinética do ponto zero e mais suspeita a aproximação de íons perfeitamente localizados. Veremos algumas evidências simples da importância do movimento de ponto zero nos gases nobres mais leves em nossa discussão a seguir.[3] Na maioria dos outros casos, os erros introduzidos pela omissão do movimento de ponto zero são da ordem de 1% ou menos.

Tendo observado esta simplificação excessiva, voltamo-nos para os outros fatores, geralmente mais importantes, que contribuem para a energia de ligação dos vários tipos de sólidos.[4] Começamos com os sólidos moleculares (cuja teoria imperfeita é

[2] Mais corretamente, pressão atmosférica. No entanto, a diferença de tamanho entre um sólido à pressão atmosférica e um sólido no vácuo é desprezível no nível de precisão de nossa análise.

[3] Apenas para o hélio sólido as considerações determinadas pelo movimento de ponto zero adquirem de fato importância crucial. A massa do hélio é tão leve que os efeitos quânticos impedem que ele se solidifique, a não ser que lhe seja imposta uma pressão externa.

[4] Enfatizamos novamente que as únicas forças atrativas em funcionamento são eletrostáticas, mas o modo pelo qual elas se manifestam varia tão drasticamente de categoria para categoria que são necessárias discussões e até mesmo nomenclaturas separadas para cada caso.

particularmente simples), tratando-os como átomos que se mantêm unidos pela interação dipolo oscilante de alcance limitado e impedidos de se aproximarem em virtude da repulsão cerne-cerne de alcance mais limitado.[5] Em um nível similar de sofisticação, os cristais iônicos são um pouco mais sutis, já que os tijolos básicos são agora íons eletricamente carregados, e surgem problemas relacionados ao alcance muito amplo da força interiônica. Por outro lado, a energia de interação eletrostática dos íons é tão grande que domina completamente todas as outras fontes de atração.[6] Neste aspecto, a teoria imperfeita de cristais iônicos é a mais simples de todas.

No entanto, quando nos voltamos para os cristais e metais covalentes, percebemos que é difícil construir sequer uma teoria imperfeita. O problema básico é que o arranjo dos elétrons de valência, seja nas bem localizadas ligações de bons isolantes covalentes ou no gás de elétrons dos metais alcalinos, é imensamente diferente nos átomos isolados ou nos íons isolados. Nossa discussão nesses caos será altamente qualitativa.

Para mais simplicidade, abordaremos apenas cristais cúbicos neste capítulo e vamos considerar a energia do sólido como função do lado a da célula cúbica. Deste modo, ignoramos os cristais cuja energia pode depender de mais de um parâmetro geométrico (por exemplo, em estruturas hcp c e a). Também vamos ignorar, nos cristais cúbicos, deformações de tamanho e formato de equilíbrio que sejam mais gerais do que uma mera compressão uniforme (o que preserva sua simetria cúbica). A física em deformações mais complexas não é diferente, mas os aspectos geométricos das deformações mais gerais podem ser complicados. Limitaremos nossa abordagem dessas deformações à descrição menos fundamental fornecida na abordagem de constantes elásticas no Capítulo 22.

CRISTAIS MOLECULARES: OS GASES NOBRES

Consideramos apenas os cristais moleculares mais simples, nos quais as entidades constituintes são átomos de gás nobre. Omitimos o hélio sólido, por causa do papel crucial exercido por alguns efeitos quânticos.[7] Como descrito no Capítulo 19, os átomos em um gás nobre sólido são apenas distorcidos levemente da configuração estável de subnível fechado que possuem no estado livre. Esta pequena distorção pode ser descrita pela interação dipolo oscilante e representada como um potencial atrativo fraco que varia como o inverso de sexta potência da separação interatômica. É esta fraca atração que mantém o sólido unido.

Quando os átomos se aproximam demasiadamente uns dos outros, a repulsão do cerne de íon entra em jogo e é crucial na determinação do tamanho de equilíbrio do sólido. Em pequenas distâncias, essa repulsão deve ser mais forte do que a atração, e tornou-se

---

[5] Lembre-se de que este é apenas um modo grosseiro de se representar classicamente alguns efeitos do princípio da exclusão de Pauli, quando aplicado a subníveis atômicos preenchidos.

[6] Tal como as interações dipolo oscilantes entre os íons.

[7] E também porque o hélio sólido (de qualquer um dos isótopos) não existe à pressão zero. Vinte e cinco atmosferas são necessárias para o ^{4}He e 33, para o ^{3}He.

convencional representá-la também na forma de uma lei de potência. A potência geralmente escolhida é 12, e o potencial resultante tem, então, a forma

$$\phi(r) = -\frac{A}{r^6} + \frac{B}{r^{12}}, \quad \textbf{(20.1)}$$

onde A e B são constantes positivas e r é a distância entre os átomos. O potencial é geralmente escrito na forma dimensionalmente mais interessante

$$\phi(r) = 4\epsilon\left[\left(\frac{\sigma}{r}\right)^{12} - \left(\frac{\sigma}{r}\right)^{6}\right], \quad \begin{aligned}\sigma &= (B/A)^{1/6},\\ \epsilon &= A^2/4B,\end{aligned} \quad \textbf{(20.2)}$$

e é conhecido como o potencial 6-12 de Lennard-Jones. Não há outra razão para se escolher o expoente 12 no termo repulsivo que não a simplicidade analítica resultante e a exigência de que o número seja maior que 6. Com esta escolha, no entanto, as propriedades termodinâmicas do neônio, do criptônio e do xenônio gasosos em baixas densidades podem ser bem reproduzidas por escolhas adequadas dos parâmetros ϵ e σ para cada um. Os valores obtidos desta forma são exibidos[8] na Tabela 20.1.

TABELA 20.1

Valores dos parâmetros de Lennard-Jones para os gases nobres*

	Ne	Ar	Kr	Xe
$\epsilon(10^{-13}$erg)	0,050	0,167	0,225	0,320
ϵ(eV)	0,0031	0,0104	0,0140	0,0200
σ(Å)	2,74	3,40	3,65	3,98

* Como deduzido das propriedades dos gases de baixa densidade (segundo coeficiente virial).
Fonte: N. Bernardes, *Phys. Rev.*, 112, 1534, 1958.

Enfatizamos que a forma precisa do potencial (20.2) não deve ser levada tão a sério. Ela nada mais é do que um modo simples de se levar em conta o seguinte:

1. O potencial é atrativo e varia como $1/r^6$ em grandes separações;

2. O potencial é fortemente repulsivo em pequenas separações;

3. Os parâmetros ϵ e σ medem a força da atração e o raio do cerne repulsivo, como determinado pela adequação de dados no estado gasoso.

Observe que ϵ é apenas da ordem de 0,01 eV, consistente com a ligação muito fraca dos gases nobres solidificados. O potencial de Lennard-Jones é mostrado na Figura 20.1.

[8] Estes valores devem ser utilizados com cautela no estado sólido, já que, em densidades altas, a interação não pode ser representada como uma soma de potenciais pares (veja a página 424). Se, todavia, insistir-se na adequação dos dados no sólido por uma soma de potenciais pares da forma (20.2), a melhor escolha de ϵ e σ não precisa ser a mesma daquela determinada pelas propriedades no estado gasoso.

FIGURA 20.1
O potencial 6.12 de Lennard–Jones [equação (20.2)].

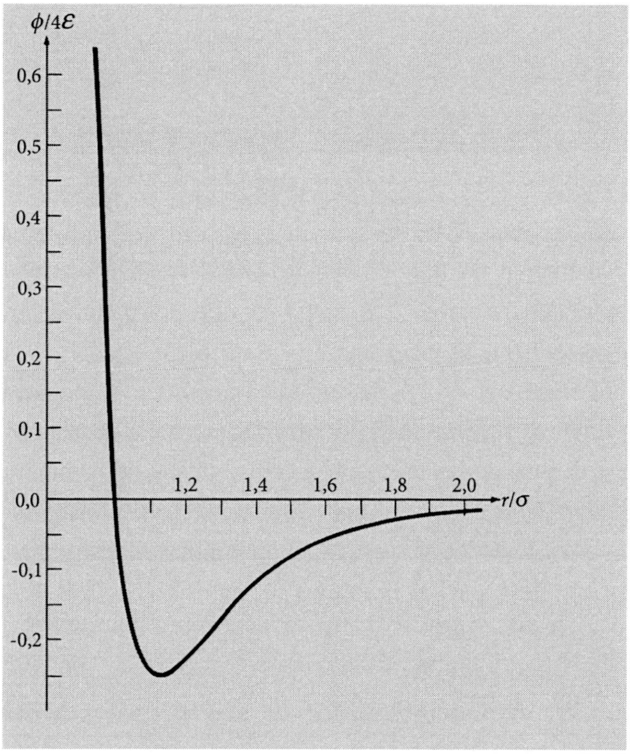

Tentemos adequar algumas das propriedades observadas nos gases nobres sólidos usando apenas os dados do estado gasoso contidos na Tabela 20.1 e o potencial [equação (20.2)]. Tratamos o sólido do gás nobre como um conjunto de partículas clássicas, localizadas, com energia cinética desprezível, em pontos da rede de Bravais cúbica de face centrada observada. Para calcular a energia potencial total do sólido, observe primeiro que a energia de interação do átomo na origem com todas as outras é

$$\sum_{\mathbf{R}\neq 0}\phi(\mathbf{R}). \quad \mathbf{(20.3)}$$

Se multiplicarmos isto por N, o número total de átomos no cristal, obtemos duas vezes a energia potencial total do cristal, porque deste modo contamos a energia de interação de cada par de átomos duas vezes. Assim, a energia por partícula, u, é exatamente:

$$u = \frac{1}{2}\sum_{\mathbf{R}\neq 0}\phi(\mathbf{R}), \quad \mathbf{(20.4)}$$

onde a soma se dá sobre todos os vetores diferentes de zero na rede de Bravais fcc.

É conveniente representar o comprimento do vetor **R** da rede de Bravais como um número sem dimensão, $\alpha(\mathbf{R})$, vezes a separação do vizinho mais próximo, r. As equações (20.2) e (20.4) fornecem, então

$$u = 2\epsilon\left[A_{12}\left(\frac{\sigma}{r}\right)^{12} - A_6\left(\frac{\sigma}{r}\right)^{6}\right], \quad \textbf{(20.5)}$$

onde

$$A_n = \sum_{\mathbf{R}\neq 0} \frac{1}{\alpha(\mathbf{R})^n}. \quad \textbf{(20.6)}$$

As constantes A_n dependem apenas da estrutura cristalina (neste caso, fcc) e do número n. Evidentemente, quando n for muito grande, apenas os vizinhos mais próximos da origem contribuirão com a soma (20.6). Uma vez que, por definição, $\alpha(\mathbf{R}) = 1$ quando **R** é um vetor que liga os vizinhos mais próximos, à medida que $n \to \infty$, A_n aproxima-se do número de vizinhos mais próximos, que é 12 para a rede de Bravais fcc. À medida que n diminui, A_n aumenta, já que os primeiros vizinhos mais próximos começam a contribuir. Quando n é 12, A_n é dado a um décimo de uma porcentagem pelas contribuições dos primeiros vizinhos mais próximos, dos segundos vizinhos mais próximos e dos terceiros vizinhos mais próximos da origem. Os valores de A_n foram calculados para estruturas cristalinas mais comuns e para uma gama de valores de n. Os valores de A_n para as estruturas cúbicas mais comuns são apresentados na Tabela 20.2.

Tabela 20.2

As somas de rede a_n para as três redes de Bravais cúbicas*

n	Cúbica simples	Cúbica de corpo centrado	Cúbica de face centrada
$\leqslant 3$	∞	∞	∞
4	16,53	22,64	25,34
5	10,38	14,76	16,97
6	8,40	12,25	14,45
7	7,47	11,05	13,36
8	6,95	10,36	12,80
9	6,63	9,89	12,49
10	6,43	9,56	12,31
11	6,29	9,31	12,20
12	6,20	9,11	12,13
13	6,14	8,95	12,09
14	6,10	8,82	12,06
15	6,07	8,70	12,04
16	6,05	8,61	12,03
$n \geqslant 17$	$6+12(1/2)^{n/2}$	$8+6(3/4)^{n/2}$	$12+6(1/2)^{n/2}$

* A_n é a soma do inverso das potências de ordem n das distâncias de um dado ponto da rede de Bravais para todos os outros, sendo a unidade de distância tomada como a distância entre vizinhos mais próximos [equação (20.6)]. Para a precisão da tabela, apenas vizinhos mais próximos e segundos vizinhos mais próximos contribuem quando $n \geq 17$, e as fórmulas fornecidas podem ser utilizadas.

Fonte: J. E. Jones; A. E. Ingham, *Proc. Roy. Soc.*, Londres, A107, 636, 1925.

Densidade de equilíbrio dos gases nobres sólidos

Para encontrar a separação de vizinho mais próximo no equilíbrio, r_0, e, consequentemente, a densidade, precisamos apenas minimizar (20.5) em relação a r para encontrar que $\partial u/\partial r = 0$ em

$$r_0^{\text{th}} = \left(\frac{2A_{12}}{A_6}\right)^{1/6}\sigma = 1{,}09\sigma. \quad \textbf{(20.7)}$$

Na Tabela 20.3, o valor teórico de ordem $r_0 = 1{,}09\sigma$ é comparado ao valor medido, r_0^{exp}. A concordância é muito boa, apesar de r_0^{exp} se tornar progressivamente maior do que o valor de ordem r_0 à medida que a massa atômica fica mais leve. Isso pode ser entendido como um efeito da energia cinética do ponto zero que omitimos. Essa energia torna-se maior quanto menor for o volume no qual os átomos estão espremidos. Ela deve, portanto, comportar-se como uma força efetivamente repulsiva, fazendo aumentar a constante de rede sobre o valor dado por (20.7). Uma vez que a energia do ponto zero torna-se mais importante com a diminuição da massa atômica, deve-se esperar que (20.7) fique abaixo de r_0^{exp}, principalmente para as massas mais leves.

TABELA 20.3

Distância de vizinho mais próximo r_0, energia coesiva u_0 e módulo bulk b_0 à pressão zero para os gases nobres sólidos*

		Ne	Ar	Kr	Xe
r_0 (angströms)	(Experimento)	3,13	3,75	3,99	4,33
$r_0 = 1{,}09\sigma$	(Teoria)	2,99	3,71	3,98	4,34
u_0 (eV/átomo)	(Experimento)	−0,02	−0,08	−0,11	−0,17
$u_0 = -8{,}6\epsilon$	(Teoria)	−0,027	−0,089	−0,120	−0,172
B_0 (10^{10} dinas/cm^2)[b]	(Experimento)	1,1	2,7	3,5	3,6
$B_0 = 75\epsilon/\sigma^3$	(Teoria)	1,81	3,18	3,46	3,81

* Os valores teóricos são aqueles calculados a partir da teoria elementar clássica.

[b] Uma atmosfera de pressão = $1{,}01 \times 10^6$ dinas/cm^2; 1 bar de pressão = 10^6 dinas/cm^2.

Fonte: dados citados por M. L. Klein; G. K. Horton; J. L. Feldman, *Phys. Rev.* 184, 968, 1969; D. N. Batchelder *et al.*, *Phys. Rev.*, 162, 767, 1967; E. R. Dobbs; G. O. Jones, *Rep. Prog. Phys.*, XX, 516, 1957.

Energia coesiva de equilíbrio dos gases nobres sólidos

Se substituirmos a separação de equilíbrio de vizinho mais próximo (20.7) na energia por partícula (20.5), encontramos a energia coesiva de equilíbrio:

$$u_0^{\text{th}} = -\frac{\epsilon A_6^2}{2A_{12}} = -\,8{,}6\epsilon. \quad \textbf{(20.8)}$$

Se o valor de ordem u_0 for comparado ao valor medido u_0^{exp} (Tabela 20.3), encontra-se outra vez uma concordância considerada boa, embora $|u_0|$ progressivamente exceda $|u_0^{\text{exp}}|$

à medida que a massa atômica diminui. Isso novamente faz sentido como um efeito do movimento de ponto zero omitido. Ignoramos um termo positivo na energia (a energia cinética é sempre positiva) que diminui a ligação e se torna mais importante com a diminuição da massa atômica.

Módulo bulk de equilíbrio dos gases nobres sólidos

O módulo bulk $B = -V(\partial P/\partial V)_T$ também pode ser calculado em termos de ϵ e σ. Uma vez que a pressão em $T = 0$ é dada por $P = -dU/dV$, onde U é a energia total, podemos definir B em termos da energia por partícula $u = U/N$ e do volume por partícula $v = V/N$ como

$$B = v\frac{\partial}{\partial v}\left(\frac{\partial u}{\partial v}\right). \quad \textbf{(20.9)}$$

O volume por partícula v em uma rede fcc é $v = a^3/4$, onde o lado a da célula cúbica convencional está relacionado à separação de vizinho mais próximo r por $a = \sqrt{2}\,r$. Podemos, portanto, escrever

$$v = \frac{r^3}{\sqrt{2}}, \qquad \frac{\partial}{\partial v} = \frac{\sqrt{2}}{3r^2}\frac{\partial}{\partial r}, \quad \textbf{(20.10)}$$

e reescrever o módulo bulk como

$$B = \frac{\sqrt{2}}{9}r\frac{\partial}{\partial r}\frac{1}{r^2}\frac{\partial}{\partial r}u. \quad \textbf{(20.11)}$$

A separação de equilíbrio r_0 é aquela que minimiza a energia por partícula u. Portanto, $\partial u/\partial r$ desaparece no equilíbrio e (20.11) se reduz a

$$B_0^{\text{th}} = \frac{\sqrt{2}}{9r_0}\frac{\partial^2 u}{\partial r^2}\bigg|_{r=r_0} = \frac{4\epsilon}{\sigma^3}A_{12}\left(\frac{A_6}{A_{12}}\right)^{5/2} = \frac{75\epsilon}{\sigma^3}. \quad \textbf{(20.12)}$$

Comparando o valor de B_0 com o B_0^{exp} medido (Tabela 20.3), encontramos boa concordância no xenônio e no criptônio, mas o módulo bulk experimental é cerca de 20% maior no argônio e 60% maior no neônio. A dependência da massa mais uma vez sugere que essas discrepâncias se devem ao movimento omitido de ponto zero.

CRISTAIS IÔNICOS

A teoria mais simples de coesão nos cristais iônicos faz as mesmas simplificações físicas da teoria de coesão em cristais moleculares: assume-se que a energia coesiva é inteiramente dada pela energia potencial de partículas clássicas localizadas nas posições de equilíbrio[9].

[9] Vamos definir a energia coesiva de um cristal iônico como a energia necessária para separá-los em íons isolados, ao invés de átomos. Caso se deseje a energia coesiva em relação a átomos isolados, deve-se suplementar nossa análise com cálculos ou medições de potenciais de ionização e afinidades eletrônicas.

Como as partículas em cristais iônicos são íons eletricamente carregados, de longe o maior termo na energia de interação é a interação interiônica de Coulomb. Ela varia com o inverso da primeira potência da distância interiônica e domina completamente o inverso da interação de dipolo oscilante de sexta potência,[10] podendo ser considerada a fonte exclusiva de ligação em cálculos aproximados.

Para determinar os parâmetros de rede de equilíbrio, devemos ainda levar em conta a forte repulsão cerne-cerne de curto alcance devida ao princípio de Pauli, sem a qual o cristal ruiria. Representamos, portanto, a energia coesiva total por par de íons[11] na forma

$$u(r) = u^{\text{core}}(r) + u^{\text{coul}}(r), \quad \textbf{(20.13)}$$

onde r é a distância do vizinho mais próximo[12].

O cálculo de $u^{\text{coul}}(r)$ não é tão direto quanto o cálculo da energia atrativa em cristais moleculares, por causa da faixa muito longa do potencial de Coulomb. Considere, por exemplo, a estrutura do cloreto de sódio (Figura 19.4a), que podemos representar como uma rede de Bravais fcc de ânions negativos nos sítios **R**, e uma segunda rede de Bravais de cátions positivos deslocados por **d** da primeira, na qual **d** é uma translação de $a/2$ ao longo de um lado do cubo. Medimos outra vez todas as distâncias interiônicas em termos da distância do vizinho mais próximo $r = a/2$:

$$\begin{aligned} |\mathbf{R}| &= \alpha(\mathbf{R})r, \\ |\mathbf{R}+\mathbf{d}| &= \alpha(\mathbf{R}+\mathbf{d})r. \end{aligned} \quad \textbf{(20.14)}$$

Torna-se, então, uma tentação proceder como no caso anterior, representando-se a energia potencial total de um único cátion (ou de um único ânion) como

$$-\frac{e^2}{r}\left\{\frac{1}{\alpha(\mathbf{d})} + \sum_{\mathbf{R}\neq 0}\left(\frac{1}{\alpha(\mathbf{R}+\mathbf{d})} - \frac{1}{\alpha(\mathbf{R})}\right)\right\}. \quad \textbf{(20.15)}$$

Se há N íons no cristal, a energia potencial total será metade de N vezes (20.15):

$$U = -\frac{N}{2}\frac{e^2}{r}\left\{\frac{1}{\alpha(\mathbf{d})} + \sum_{\mathbf{R}\neq 0}\left(\frac{1}{\alpha(\mathbf{R}+\mathbf{d})} - \frac{1}{\alpha(\mathbf{R})}\right)\right\}. \quad \textbf{(20.16)}$$

A energia por par de íons é esta, dividida pelo número $N/2$ de pares de íons:

---

[10] Tal termo, no entanto, está presente também em cristais iônicos, e deve ser permitido em cálculos mais precisos.

[11] É costume calcular a energia coesiva por par de íons, não por íon. Se há N íons, haverá N/2 pares de íons.

[12] Chamamos de d a distância do vizinho mais próximo no Capítulo 19 para evitar confusão com os raios iônicos. Aqui, a denominamos r porque é esteticamente penoso tirar derivadas em relação a d. E nós somos estetas de coração.

$$u^{\text{coul}}(r) = -\frac{e^2}{r}\left\{\frac{1}{\alpha(\mathbf{d})} + \sum_{\mathbf{R}\neq 0}\left(\frac{1}{\alpha(\mathbf{R}+\mathbf{d})} - \frac{1}{\alpha(\mathbf{R})}\right)\right\}. \quad \textbf{(20.17)}$$

Entretanto, $1/r$ declina tão lentamente com a distância que a equação (20.17) não é uma soma bem definida. Matematicamente falando, é apenas uma série condicionalmente convergente e pode, então, ser somada a qualquer valor que seja, dependendo da ordem com que a soma é realizada.

Isso não é apenas um incômodo matemático, mas reflexo do fato físico de que as interações de Coulomb são de alcance tão longo que a energia de uma coleção de partículas carregadas pode depender crucialmente da configuração de uma fração desprezível delas na superfície. Já nos deparamos com este problema no Capítulo 18. No presente caso, podemos colocá-lo como descrito a seguir:

Se incluíssemos apenas um conjunto finito de íons na soma, não haveria nenhuma ambiguidade, e a soma forneceria a energia eletrostática daquele cristal finito. A soma das séries infinitas em uma ordem em particular corresponde à construção do cristal infinito como uma forma particular de limitação de cristais finitos sucessivamente maiores. Se as interações interiônicas tivessem um alcance curto o bastante, poder-se-ia provar que a energia limitante por par de íons não dependeria de como o cristal infinito foi construído (desde que a superfície de construções finitas sucessivas não fosse extremamente irregular). No entanto, com a interação de Coulomb de longo alcance, pode-se construir o cristal infinito de tal modo que as distribuições arbitrárias de carga de superfície e/ou camadas dipolares estejam presentes em todos os estágios. Escolhendo-se criteriosamente a forma dessas cargas de superfície, é possível ordenar as coisas de modo que a energia por par de íon u aproxime-se de qualquer valor desejado no limite de um cristal infinito. Esta é a física subjacente à ambiguidade matemática na equação (20.17).

Como a doença foi diagnosticada, a cura é óbvia: deve-se somar a série de modo que, em todos os estágios da soma, não haja contribuições apreciáveis para a energia de cargas na superfície. Há muitos meios de se garantir isso. Por exemplo, pode-se quebrar o cristal em células eletricamente neutras, cuja distribuição de carga tenha a simetria cúbica completa (veja a Figura 20.2). A energia de um subcristal finito composta de n dessas células será, então, exatamente n vezes a energia de uma única célula, mais a energia de interação célula-‑célula. A energia interna de uma célula é facilmente calculada desde que ela contenha apenas um pequeno número de cargas. Mas a energia de interação entre células decairá com o inverso da *quinta* potência da distância entre as células[13]. Assim, a energia de interação

[13] Isso porque a distribuição de carga em cada célula tem a simetria cúbica completa (veja a página 355). Observe também que um problema secundário surgirá se alguns íons estiverem na fronteira entre as células. Sua carga deve ser, então, dividida entre as células de modo a se manter a simetria completa de cada uma. Isso feito, é preciso cuidado para não incluir a autoenergia do íon dividido na energia de interação entre as células que a compartilham.

célula-célula será uma soma rapidamente convergente, que, no limite de um cristal infinito, não dependerá da ordem de soma.

Há meios numericamente mais poderosos, porém mais complexos, de se calcular tais somas de rede de Coulomb. Eles são, no entanto, todos guiados pelos mesmos critérios físicos. O mais famoso deles foi proposto por Ewald[14].

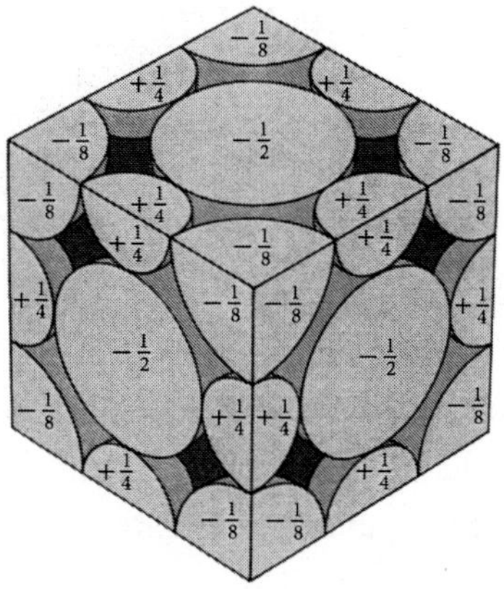

FIGURA 20.2

Um modo possível de se dividir a estrutura do cloreto de sódio em células cúbicas, cuja energia de interação eletrostática decai rapidamente (como o inverso da quinta potência) com a distância intercelular. Cada célula contém quatro unidades de carga positiva, formadas de uma completa unidade no centro e doze quartos de unidade nas bordas, e quatro unidades de carga negativa, formada de seis meios de unidade nas faces e oito oitavos de unidade nos vértices. Para o cálculo, cada esfera pode ser representada como uma carga pontual em seu centro. (As energias de interação das cargas pontuais da superfície de dois cubos adjacentes não devem ser contadas.)

O resultado desses cálculos é que a interação eletrostática por par de íons tem a forma:

$$u^{\text{coul}}(r) = -\alpha\frac{e^2}{r}, \quad \textbf{(20.18)}$$

onde α, conhecido como a constante de Madelung, depende apenas da estrutura cristalina. Valores de α para as estruturas cúbicas mais importantes são fornecidos na Tabela 20.4. Observe que α é uma função crescente de número de coordenação, ou seja, quanto mais vizinhos muito próximos (de carga oposta), menor a energia eletrostática. Como a interação de Coulomb tem uma faixa tão longa, este não é um resultado óbvio. De fato, a energia eletrostática da estrutura do cloreto de césio (número de coordenação 8) é menos de 1% menor do que aquela da estrutura do cloreto de sódio com a mesma distância r de vizinho mais próximo (número de coordenação 6), apesar de a contribuição do vizinho mais próximo ser 33% menor.

A contribuição dominante da energia de Coulomb para a energia coesiva dos haletos alcalinos é demonstrada na Tabela 20.5, na qual $u^{\text{coul}}(r)$ é avaliado nas separações de vizinho mais próximo experimentalmente observadas e comparado às energias coesivas experimentalmente

[14] P. P. Ewald, Ann. *Physik*, 64, 253, 1921. Uma discussão particularmente agradável pode ser encontrada em J. C. Slater. *Insulators semiconductors and metals*. Nova York: McGraw-Hill, 1967. p. 215-220.

determinadas. Pode-se ver que u^{coul} sozinho explica a totalidade da ligação observada, sendo, em todos os casos, cerca de 10% menor do que a energia coesiva medida.

TABELA 20.4

A constante de Madelung α para algumas estruturas cristalinas cúbicas

Estrutura cristalina	Constante de Madelung α
Cloreto de césio	1,7627
Cloreto de sódio	1,7476
Blenda de zinco	1,6381

É de se esperar que a energia eletrostática sozinha superestime a força da ligação, já que a equação (20.18) omite qualquer contribuição do potencial positivo que represente a repulsão cerne-cerne de curto alcance. Isso enfraquece a ligação. Podemos verificar que a correção resultante será pequena observando que o potencial que representa a repulsão cerne-cerne é uma função da variação rápida da separação iônica. Se representássemos o cerne como esferas rígidas infinitamente repulsivas, encontraríamos uma energia coesiva exatamente dada pela energia eletrostática em separação mínima (Figura 20.3). Evidentemente, isso é extremo. Adquirimos mais latitude permitindo que a repulsão varie com uma lei de potência inversa, definindo a energia total por par de íons por

$$u(r) = -\frac{\alpha e^2}{r} + \frac{C}{r^m}. \quad \textbf{(20.19)}$$

TABELA 20.5

Energia coesiva medida e energia eletrostática para os haletos alcalinos com a estrutura do cloreto de sódio

	Li	Na	K	Rb	Cs
F	−1,68[a] −2,01[b]	−1,49 −1,75	−1,32 −1,51	−1,26 −1,43	−1,20 −1,34
Cl	−1,38 −1,57	−1,27 −1,43	−1,15 −1,28	−1,11 −1,23	
Br	−1,32 −1,47	−1,21 −1,35	−1,10 −1,22	−1,06 −1,18	
I	−1,23 −1,34	−1,13 −1,24	−1,04 −1,14	−1,01 −1,10	

[a] O algarismo superior em cada quadro é a energia coesiva medida (comparada a íons separados) em unidades de 10^{-11} erg por par de íons. Fonte: M. P. Tosi. *Solid state physics*. F. Seitz; D. Turnbull. (eds.) v. 16. Nova York: Academic Press, 1964. p. 54.

[b] O algarismo inferior em cada quadro é a energia eletrostática, como fornecido pela equação (20.18), avaliada na separação de vizinho mais próximo *r* observada.

A separação de equilíbrio r_0 é, então, determinada pela minimização de u. Determinando que $u'(r_0)$ é igual a zero, chegamos a

$$r_0^{m-1} = \frac{mC}{e^2\alpha}. \quad \textbf{(20.20)}$$

Nos gases nobres, utilizamos a equação correspondente para determinar r_0 [equação (20.7)], mas, agora, faltando uma medição independente de C, podemos utilizá-la para determinar C em

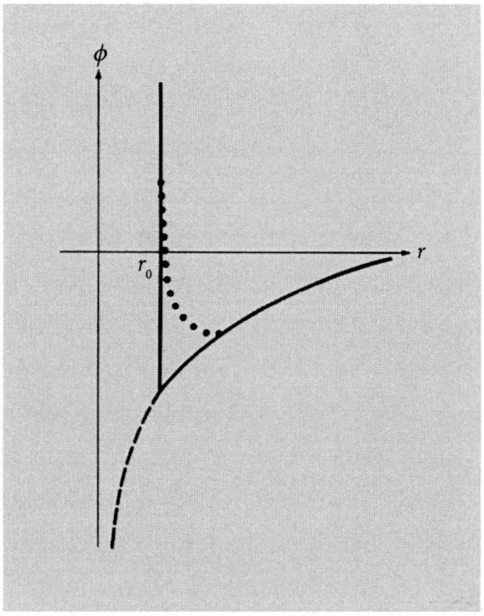

FIGURA 20.3

Gráfico do potencial de par, que é infinitamente repulsivo quando $r < r_0$ e Coulômbico quando $r > r_0$. A curva tracejada é a extensão do potencial de Coulomb. A curva pontilhada é a representação de como o potencial seria afetado se a repulsão fosse uma lei de potência, ao invés de ser infinitamente forte.

termos do r_0 experimentalmente medido:

$$C = \frac{\alpha e^2 r_0^{m-1}}{m}. \quad \textbf{(20.21)}$$

Podemos, então, substituir isso de volta em (20.19) para encontrar que a energia coesiva teórica por par de íons é

$$u_0^{\text{th}} = u(r_0) = -\frac{\alpha e^2}{r_0}\frac{m-1}{m}. \quad \textbf{(20.22)}$$

Como esperado, apenas levemente menor do que (20.18) para m grande.

Nos gases nobres, escolhemos m = 12, por razões de conveniência nos cálculos, observando que isso leva a uma concordância razoável com os dados. Falta esta motivação para m

= 12 nos haletos alcalinos[15] e, se uma lei de potência for usada para representar a repulsão, podemos também determinar o expoente adequando os dados o máximo possível. Não é aconselhável que se fixe m estabelecendo-se (20.22) como igual à energia coesiva observada, já que (20.22) é uma função de m que varia tão lentamente que pequenos erros na medição experimental provocarão grandes alterações em m. Um procedimento mais eficaz é encontrar uma medição independente que determine m. Podemos, então, utilizar aquele m em (20.22) para verificar se a concordância com as energias coesivas experimentais é, deste modo, aperfeiçoada sobre a concordância de 10% na Tabela 20.5.

Tal determinação independente de m é proporcionada pelo módulo bulk experimentalmente medido. Se B_0 e r_0 são, respectivamente, o módulo bulk de equilíbrio e a separação de vizinho mais próximo, então (veja o Problema 2) m tem o valor

$$m = 1 + \frac{18 B_0 r_0^3}{|u^{\text{coul}}(r_0)|}. \quad \textbf{(20.23)}$$

Na Tabela 20.6, há uma lista dos valores de m obtidos a partir dos valores medidos de B_0 e r_0, que variam em cerca de 6 a 10. Quando as contribuições puramente eletrostáticas para a energia coesiva são corrigidas pelo fator $(m - 1)/m$, a concordância com as energias coesivas observadas é consideravelmente incrementada, sendo de 3% ou mais, exceto nos difíceis[16] haletos de lítio e iodeto de sódio.

Isso é o quanto (se não mais que) se poderia esperar de uma teoria tão imperfeita. Uma análise mais adequada traria diversas melhorias:

1. A repulsão cerne-cerne é provavelmente mais bem representada por uma forma exponencial (sendo o chamado potencial de Born-Mayer uma escolha popular) do que como uma lei de potência;

2. A força dipolo oscilante inversa de sexta potência entre cernes de íons deveria ser levada em consideração;

3. As vibrações de ponto zero da rede deveriam ser permitidas.

No entanto, essas melhorias não alteram nossa conclusão principal de que a maior parte (90%) da energia coesiva nos cristais iônicos se deve simplesmente às interações eletrostáticas de Coulomb entre os íons, consideradas cargas de ponto fixo.

COESÃO EM CRISTAIS E METAIS COVALENTES

As teorias imperfeitas aplicadas às energias coesivas de cristais moleculares e iônicos são tão precisas basicamente porque, nesses sólidos, a configuração eletrônica de valência não é tão

---

[15] Seria esperado que m fosse muito menor que 12 simplesmente porque os íons dos halogênios, devido a sua carga negativa excessiva, deveriam ter densidade de elétrons muito menor em sua superfície do que os átomos correspondentes do gás nobre.

[16] Veja a página 417.

TABELA 20.6

Dados medidos* e grandezas derivadas[b] para os haletos alcalinos com o cloreto de sódio

Composto	(1) r (Å)	(2) B $\left(10^{11}\,\frac{\text{dinas}}{\text{cm}^2}\right)$	(3) u $\left(10^{-11}\,\frac{\text{ergs}}{\text{par de íons}}\right)$	(4) u^{coul} $\left(=-\frac{Ae^2}{r}\right)$	(5) m $\left(=1+\frac{18Br^3}{\lvert u^{\text{coul}}\rvert}\right)$	(6) u^{th} $\left(=\frac{m-1}{m}u^{\text{coul}}\right)$
LiF	2,01	6,71	−1,68	−2,01	5,88	−1,67
LiCl	2,56	2,98	−1,38	−1,57	6,73	−1,34
LiBr	2,75	2,38	−1,32	−1,47	7,06	−1,26
LiI	3,00	1,72	−1,23	−1,34	7,24	−1,15
NaF	2,31	4,65	−1,49	−1,75	6,90	−1,50
NaCl	2,82	2,40	−1,27	−1,43	7,77	−1,25
NaBr	2,99	1,99	−1,21	−1,35	8,09	−1,18
NaI	3,24	1,51	−1,13	−1,24	8,46	−1,09
KF	2,67	3,05	−1,32	−1,51	7,92	−1,32
KCl	3,15	1,75	−1,15	−1,28	8,69	−1,13
KBr	3,30	1,48	−1,10	−1,22	8,85	−1,08
KI	3,53	1,17	−1,04	−1,14	9,15	−1,02
RbF	2,82	2,62	−1,26	−1,43	8,40	−1,26
RbCl	3,29	1,56	−1,11	−1,23	9,13	−1,10
RbBr	3,43	1,30	−1,06	−1,18	9,00	−1,05
RbI	3,67	1,05	−1,01	−1,10	9,49	−0,98
CsF	3,00	2,35	−1,20	−1,34	9,52	−1,20

* As primeiras três colunas fornecem dados mensurados. (1) Distância de vizinho mais próximo r (de Wyckoff, R. W. G. *Crystal structures*. 2. ed. Nova York: Interscience, 1963). (2) Módulo bulk (de Tosi, M. P. *Solid state physics*. Seitz, F.; Turnbull D. (eds.) v. 16. Nova York: Academic Press, 1964. p. 44). (3) Energia coesiva (*Ibid.*, p. 54).

[b] As três últimas colunas fornecem grandezas derivadas. (4) Contribuição de Coulomb (20.18) à energia coesiva, $u^{\text{coul}} = 4{,}03/r(\text{Å}) \times 10^{-11}$ erg/par de íons. (5) Expoente repulsivo m em termos de módulo bulk medido e distância de vizinho mais próximo, de acordo com (20.23). (6) Energia coesiva teórica corrigida, obtida pela multiplicação de u^{coul} por $(m-1)/m$; deve ser comparada à energia coesiva medida na coluna (3).

significativamente distorcida como nos átomos isolados (cristais moleculares) ou nos íons (cristais iônicos). Isso deixa de ocorrer nos cristais e metais covalentes, que se caracterizam por distribuições de elétrons de valência que diferem substancialmente de qualquer coisa encontrada em átomos isolados ou em íons isolados do material subjacente. Consequentemente, para se calcular a energia coesiva de tais sólidos, não se pode meramente calcular a energia potencial clássica de um conjunto de átomos ou íons deformados de forma fraca ou desprezível, ordenados na estrutura cristalina apropriada. Em lugar disso, mesmo os cálculos mais simples devem incluir uma computação dos níveis de energia dos elétrons de valência na presença do potencial periódico dos cernes dos íons.

Assim, uma teoria da energia coesiva de cristais e metais covalentes deve envolver o cálculo de sua estrutura de banda.[17] Por essa razão, não há nenhum modelo de coesão em tais sólidos de simplicidade remotamente comparável à daqueles que descrevemos para cristais moleculares e iônicos. A base para cálculos de precisão comparável deve ser fornecida pelas técnicas que descrevemos nos Capítulos 10, 11 e 17. Vamos nos limitar aqui a alguns comentários qualitativos sobre os cristais covalentes e a algumas estimativas aproximadas e altamente imprecisas para os metais, com base em uma abordagem de elétrons livres.

A coesão em cristais covalentes

A teoria da coesão em bons isolantes covalentes é muito similar à teoria da ligação química em moléculas[18] – assunto fora do escopo deste livro.[19] O modo como as forças eletrostáticas conspiram para manter coesos os cristais covalentes é consideravelmente mais sutil do que a simples atração eletrostática entre íons de ponto, que funciona muito bem na descrição de cristais iônicos, ou mesmo a interação dipolo oscilante que utilizamos para descrever os gases nobres sólidos. Para solidez, considere o caso do diamante (carbono). Suponha que um grupo de átomos de carbono seja posicionado em uma rede de diamante, mas com uma constante de rede tão grande que a energia da coleção é exatamente a soma das energias dos átomos isolados (isto é, a energia coesiva é zero). Haverá coesão se a energia da coleção puder diminuir por meio da redução da constante de rede para seu valor observado. À medida que a constante de rede se reduz, ocorrerá, enfim, alguma superposição nas funções de onda atômicas centradas em diferentes sítios (compare à discussão no Capítulo 10). Se os subníveis atômicos mais externos estivessem preenchidos (como nos átomos de gás nobre ou nos íons que formam um cristal iônico), esta superposição resultaria na repulsão cerne-cerne de curto alcance e elevaria a energia acima daquela dos átomos isolados. No entanto,

---

[17] De fato, os cálculos de energia coesiva forneceram as mais antigas motivações para os cálculos precisos de estrutura de bandas. Somente mais tarde reconheceu-se, via de regra, que a própria estrutura de bandas era de fundamental interesse, independentemente do problema de coesão.

[18] Como texto básico, temos: Pauling, L. *The nature of the chemical bond*. 3. ed. Ithaca: Cornell University Press, 1960.

[19] No entanto, fornece-se uma discussão elementar sobre a molécula de hidrogênio no Capítulo 32.

a repulsão cerne-cerne de subníveis atômicos preenchidos é uma consequência do princípio da exclusão de Pauli, com o fato de que os únicos níveis eletrônicos disponíveis, se os subníveis mais externos estiveram preenchidos, ficam muito mais altos em energia. Se os subníveis eletrônicos mais externos estiverem apenas parcialmente preenchidos (como no carbono), os elétrons nos subníveis mais externos poderão se reordenar com flexibilidade consideravelmente maior quando as funções de onda de átomos vizinhos começarem a se superpor, já que outros níveis com energia comparável no mesmo subnível estarão disponíveis.

Acontece que, sob essas circunstâncias, a superposição dos subníveis mais externos geralmente leva à diminuição da energia eletrônica total, com os elétrons formando níveis que não estão localizados em torno de um único cerne de íon. Não há nenhuma razão simples para que isso seja dessa forma. Quanto menos localizada é a função de onda eletrônica, menor deve ser o momento eletrônico máximo exigido pelo princípio da incerteza e, consequentemente, menor a energia eletrônica cinética. A isto devem ser adicionadas as estimativas da variação em energia potencial dos níveis menos localizados. O resultado líquido é geralmente a diminuição da energia.[20]

A coesão em metais de elétrons livres

Voltando ao outro extremo, podemos comparar um sólido não a um conjunto de átomos, mas a um gás de elétrons livres. No Capítulo 2, observamos que a pressão de um gás de elétrons livres na densidade dos metais alcalinos forneceu suas compressibilidades observadas para dentro de um fator de dois ou menos. Para chegar daí a uma teoria aproximada de coesão nos metais alcalinos, devemos adicionar à energia cinética do gás de elétrons a energia potencial eletrostática total. Ela contém, dentre outras coisas, a energia de atração entre os íons carregados positivamente e o gás de elétrons carregado negativamente, sem o qual o metal não se ligaria de modo nenhum.

Tratamos os íons em um metal alcalino como cargas de ponto posicionadas na rede de Bravais cúbica de corpo centrado. Tratamos os elétrons como fundo de compensação uniforme de carga negativa. A energia eletrostática total por átomo de tal configuração pode ser calculada por meio de técnicas semelhantes àquelas empregadas na teoria elementar de cristais iônicos. O resultado para uma rede bcc é[21]

$$u^{\text{coul}} = -\frac{24,35}{(r_s/a_0)}\text{eV/átomo}, \quad \textbf{(20.24)}$$

onde r_s é o raio da esfera de Wigner-Seitz (o volume por elétron é $4\pi r_s^3/3$) e a_0 é o raio de Bohr. Como esperado, este termo favorece altas densidades (ou seja, baixo r_s).

[20] A abordagem da molécula de hidrogênio no Capítulo 32 fornece um exemplo disso em um caso especialmente simples.

[21] Veja, por exemplo, Sholl, C. A. *Proc. Phys. Soc.*, 92, p. 434, 1967.

A energia eletrostática atrativa (20.24) deve ser equilibrada com a energia eletrônica cinética por átomo. Como há um elétron livre por átomo nos metais alcalinos, temos (veja no Capítulo 2):

$$u^{\text{Cin}} = \frac{3}{5}\varepsilon_F = \frac{30,1}{(r_S/a_0)^2}\text{eV/átomo.} \quad \textbf{(20.25)}$$

Para ser mais precisos, teríamos que substituir (20.25) pela energia de estado fundamental completa por elétron de um gás de elétrons uniforme[22] na densidade $3/4\pi rs^3$. Esse cálculo é muito difícil (veja o Capítulo 17) e, considerando-se a imperfeição do modelo do gás de elétrons, de utilidade questionável para a estimativa das energias coesivas reais. Aqui, incluiremos apenas a correção de permuta em (20.25)[veja a equação(17.25)]:

$$u^{\text{ex}} = -\frac{0,916}{(r_S/a_0)}\text{Ry/átomo} = -\frac{12,5}{(r_S/a_0)}\text{eV/átomo.} \quad \textbf{(20.26)}$$

Observe que a correção de permuta para a energia do gás de elétrons tem a mesma dependência da densidade da energia eletrostática média (20.24) e possui cerca da metade de seu tamanho. Isso indica a importância das interações elétron-elétron na coesão metálica e as consequentes dificuldades com que qualquer teoria de coesão adequada deve lidar.

Adicionando-se estas três contribuições, encontramos que

$$u = \frac{30,1}{(r_S/a_0)^2} - \frac{36,8}{(r_S/a_0)}\text{eV/átomo.} \quad \textbf{(20.27)}$$

Minimizando-se isto em relação a r_s, temos:

$$\frac{r_S}{a_0} = 1,6. \quad \textbf{(20.28)}$$

Os valores de r_s/a_0 observados variam de 2 a 6 nos metais alcalinos.[23] A falha de (20.28) até mesmo de chegar perto está em (talvez saudável) contraste com nossos sucessos anteriores e indica a dificuldade de se chegar a um acordo com a coesão metálica por meio de qualquer abordagem simples. Uma falha qualitativa particularmente surpreendente de (20.28) é sua previsão do mesmo r_s para todos os metais alcalinos. Este resultado não seria afetado pela determinação mais precisa da energia total de gás de elétrons, já que ainda teria a forma $E(r_s)$ e minimizar $E(r_s) - 24{,}35(a_0/r_s)$ ainda levaria a um valor de equilíbrio único de r_s, independentemente do metal alcalino.

---

[22] Excluindo-se a energia eletrostática média dos elétrons e íons, que já é considerada em (20.24). Esta energia eletrostática média é exatamente a energia de Hartree (Capítulo 17), que desaparece quando os íons são tratados como fundo positivo *uniforme* de carga de compensação, e não como cargas de ponto localizadas nas quais o cálculo de (20.24) se baseia.

[23] Veja a Tabela 1.1.

É evidente que alguma outra escala de comprimento deve ser introduzida para se fazer a distinção entre os metais alcalinos, e não é difícil perceber qual deve ser. Nosso tratamento retratou os íons como pontos, apesar de os cernes de íons reais terem raios não desprezíveis. A aproximação de íons pontuais não é tão absurda nos metais como seria em cristais moleculares ou iônicos, já que a fração do volume total ocupado pelos íons é consideravelmente menor em metais. No entanto, quando fizemos aquela aproximação, ignoramos ao menos dois efeitos importantes. Se o cerne de íon tem um raio diferente de zero, o gás de elétrons de condução é em grande medida impedido de entrar naquela fração do volume metálico ocupado pelos cernes de íons. Mesmo em uma teoria muito incipiente, isso significa que a densidade do gás de elétrons é maior do que estimamos e, portanto, sua energia cinética é também maior. Além disso, já que os elétrons de condução são excluídos das regiões de cernes de íon, eles não podem chegar tão perto dos íons carregados positivamente quanto a imagem subjacente (20.24) supõe. Devemos, portanto, esperar que a energia eletrostática seja menos negativa do que havíamos estimado.

Ambos os efeitos devem provocar o aumento do valor de equilíbrio de r_s/a_0 com o aumento do raio do cerne de íon (Problema 4). Isso é consistente com as densidades observadas dos metais alcalinos. Evidentemente, qualquer cálculo, mesmo que moderadamente preciso, deste efeito crucial deve ser um tanto sutil, requerendo-se boas estimativas tanto das funções de onda de elétrons de condução quanto do potencial cristalino que aparece na equação monoeletrônica de Schrödinger.

PROBLEMAS

1. Uma medida da importância dos efeitos quânticos nos gases nobres é o parâmetro de de Boer. Calculamos a energia por átomo $u(r)$ de um gás nobre ([equação (20.5)] sob a suposição de que ela era inteiramente energia potencial. Em uma teoria quântica, no entanto, haverá vibrações do ponto zero mesmo em $T = 0$, o que leva a uma correção para a equação (20.5) proporcional a $\hbar$.

(a) Mostre, em bases puramente dimensionais, que, se a correção é estritamente linear em h, a correção da energia deve ter a forma

$$\Delta u = \epsilon \Lambda f(r/\sigma), \quad \textbf{(20.29)}$$

onde f depende do gás nobre particular em questão apenas por meio da razão r/σ e

$$\Lambda = \frac{h}{\sigma\sqrt{M\epsilon}}. \quad \textbf{(20.30)}$$

A grandeza Λ, conhecida como parâmetro de de Boer, encontra-se listada na Tabela 20.7. Como h/σ é a incerteza no momento de uma partícula localizada a uma distância σ, Λ^2 é aproximadamente a razão de energia cinética de movimento de ponto zero de um átomo pela magnitude da interação atrativa. O tamanho de Λ é, então, uma medida da importância dos efeitos quânticos (e a observação da Tabela 20.7 indica, imediatamente, por que nossa abordagem puramente clássica não pode esperar lidar com o hélio sólido).

Tabela 20.7

O parâmetro de de Boer para os gases nobres, incluindo os dois isótopos do hélio

^{3}He	^{4}He	Ne	Ar	Kr	Xe
3,1	2,6	0,59	0,19	0,10	0,064

(b) Considere que r_c seja a distância de equilíbrio interpartículas calculada pela minimização da energia clássica (20.5) e $r_c + \Delta r$ seja o valor obtido pela minimização da energia clássica mais a correção quântica (20.29). Mostre, sob a suposição de que $\Delta r << r_c$, que a razão dos valores de $\Delta r/r_c$ para quaisquer dois gases nobres é igual à razão de seus parâmetros de de Boer.

(c) Mostre que o resultado de (b) também se mantém para as variações fracionais na energia interna e nos módulos bulk, devido a correções quânticas.

Essas conclusões são comparadas aos dados para o neônio e o argônio na Tabela 20.8. (Nos casos do criptônio e do xenônio, os desvios dos valores clássicos são muito pequenos para ser extraídos de forma confiável dos dados. Já no caso dos isótopos de hélio, o parâmetro de de Boer é muito grande para tornar esta análise confiável.) O Capítulo 25 descreve como os efeitos das vibrações de ponto zero podem ser mais precisamente considerados.

Tabela 20.8

Tamanho comparativo de correções quânticas para as propriedades de equilíbrio do neônio e do argônio

X	X_{Ne}	X_{Ar}	X_{Ne}/X_{Ar}
Λ	0,59	0,19	3,1
$\Delta r/r^c$	0,047	0,011	4,3
$\Delta u/u^c$	0,26	0,10	2,6
$\Delta B/B^c$	0,39	0,15	2,6

2. Mostre que o módulo bulk para um cristal iônico com a estrutura do NaCl é dado por

$$B_0 = \frac{1}{18r_0}\frac{d^2u}{dr^2}\bigg|_{r=r_0}, \quad \textbf{(20.31)}$$

onde r_0 é a separação de equilíbrio do vizinho mais próximo. Mostre que a forma (20.19) para a energia total por par de íons fornece

$$B_0 = \frac{(m-1)}{18}\frac{\alpha e^2}{r_0^4}, \quad \textbf{(20.32)}$$

e, consequentemente, que

$$m = 1 + \frac{18 B_0 r_0^3}{|u^{\text{coul}}(r_0)|}, \quad \textbf{(20.33)}$$

onde $u_{\text{coul}}(r)$ é a energia por par de íons de um cristal de cargas pontuais na separação de vizinho mais próximo r.

3. Podemos utilizar a forma (20.19) da energia coesiva por par de íons para investigar a estabilidade da possível estrutura cristalina que um cristal iônico pode assumir. Supondo-se que a constante de acoplamento C que caracteriza a contribuição da repulsão de curto alcance seja proporcional ao número de coordenação Z, mostre que a energia coesiva de equilíbrio para diferentes tipos de rede varia com $(\alpha^m/Z)^{1/(m-1)}$ e utilize os valores de α na Tabela 20.4 para construir uma tabela de estabilidade relativa de acordo com o valor de m. (*Dica*: examine primeiro os casos de m grande ou pequeno.)

4. (a) Como um modelo muito imperfeito de um metal alcalino, suponha que a carga de cada elétron de valência seja uniformemente distribuída por uma esfera de raio r_s em torno de cada íon. Mostre que a energia eletrostática por elétron será, então

$$u^{\text{coul}} = -\frac{9a_0}{5r_s}\text{Ry/elétron} = -\frac{24,49}{(r_s/a_0)}\text{eV/elétron.} \quad \textbf{(20.34)}$$

[Isto está notavelmente próximo ao resultado (20.24) para uma rede bcc de íons imersos em uma distribuição completamente uniforme de carga negativa de compensação.]

(b) Em um metal real, os elétrons de valência são em grande medida excluídos do cerne de íon. Se levarmos isso em conta ao distribuir uniformemente a carga de cada elétron na região entre esferas de raio r_c e r_s em torno de cada íon e, então, substituirmos o potencial de cada íon pelo pseudopotencial,

$$\begin{aligned} V_{\text{ps}}(r) &= -\frac{e^2}{r}, \quad r > r_c \\ &= 0, \quad r < r_c, \end{aligned} \quad \textbf{(20.35)}$$

mostre que (20.34) deve ser substituída por ordem dominante em r_c/r_s por

$$-\frac{9a_0}{5r_s} + \frac{3(r_c/a_0)^2}{(r_s/a_0)^3}\text{Ry/elétron.} \quad \textbf{(20.36)}$$

(c) Tomando-se a energia por partícula como a soma das energias cinética (20.25), de permuta (20.26) e potencial (20.36), mostre que o valor de equilíbrio de r_s/a_0 é dado por

$$r_s/a_0 = 0,82 + 1,82(r_c/a_0)[1 + O(a_0/r_c)^2], \quad \textbf{(20.37)}$$

e compare a isso os valores fornecidos nas Tabelas 1.1 e 19.4.

21 Falhas do modelo de rede estática

No Capítulo 3 revisamos as limitações da teoria do elétron livre de metais citando uma variedade de fenômenos que podiam apenas ser explicados pela presença do potencial periódico que surge da rede de íons.[1] Em capítulos subsequentes o arranjo periódico de íons teve papel crítico em nosso tratamento de metais e isolantes. Em todas essas abordagens consideramos que os íons se constituem de um arranjo periódico fixo, rígido e imóvel.[2] Isso, no entanto, constitui apenas a aproximação da real configuração iônica,[3] já que os íons não são infinitamente massivos nem são mantidos no lugar por forças infinitamente intensas. Por consequência, em uma teoria clássica o modelo de rede estática pode ser válido apenas à temperatura zero. Em temperaturas diferentes de zero, cada íon deve ter alguma energia térmica e, consequentemente, certa quantidade de movimento na vizinhança de sua posição de equilíbrio. Além disso, em uma teoria quântica, mesmo à temperatura zero o modelo de rede estática é incorreto, porque o princípio da incerteza ($\Delta x \Delta p \gtrsim h$) exige que íons localizados possuam algum momento quadrado médio que não desaparece.[4]

O modelo supersimplificado de íons imóveis é muito bem-sucedido na explicação da profusão de propriedades de equilíbrio metálico e de transporte detalhadas, dominadas pelo comportamento dos elétrons de condução, desde que não se investigue a fonte das colisões eletrônicas. Também fomos bem-sucedidos utilizando o modelo da rede estática para explicar as propriedades de equilíbrio de isolantes iônicos e moleculares.

Entretanto, é necessário ir além do modelo de rede estática para preencher as diversas lacunas em nossa compreensão dos metais (algumas delas — por exemplo, a teoria da dependência na temperatura da condutividade DC — são substanciais) e para alcançar algo além da teoria mais rudimentar dos isolantes. As limitações de uma teoria de rede estática são particularmente rigorosas na teoria dos isolantes, já que o sistema eletrônico

[1] Lembre-se de que, quando usada deste modo genérico, a palavra "íon" significa íons em cristais iônicos, cernes de íons em metais e cristais covalentes e átomos em um sólido de gás nobre.

[2] Exceto no Capítulo 20, no qual consideramos a expansão uniforme do arranjo e, resumidamente, o movimento atômico do ponto zero nos gases nobres sólidos.

[3] Não temos em mente o fato de que qualquer cristal real tenha imperfeições, ou seja, desvios estáticos da periodicidade perfeita (veja o Capítulo 30). Estes podem ainda ser descritos em termos de uma rede estática. Nossa preocupação aqui é com os desvios dinâmicos da periodicidade associados às vibrações dos íons em torno de sua posição de equilíbrio. Estas sempre ocorrem, mesmo em um cristal perfeito diferente.

[4] Discutimos esta consequência do princípio da incerteza, e vimos algumas evidências simples dela em nossos cálculos das energias coesivas dos sólidos do gás nobre (veja o Problema 1 do Capítulo 20).

em um isolante é comparativamente passivo, e todos os elétrons residem em bandas preenchidas. Com exceção dos fenômenos que fornecem energia suficiente para excitar elétrons pelo gap de energia E_g entre o topo da banda preenchida mais alta e os níveis vazios mais baixos, os isolantes são eletronicamente imóveis. Caso seguíssemos a aproximação de rede estática nos isolantes, não teríamos nenhum grau de liberdade na explicação de suas ricas e variadas propriedades.

Neste capítulo, vamos resumir alguns dos modos nos quais o modelo de rede estática falha ao lidar com fatos experimentais. Em capítulos posteriores enfocaremos a teoria dinâmica de vibrações de rede, que, de uma forma ou de outra, será o assunto principal dos Capítulos 22 a 27.

Agrupamos as principais deficiências do modelo de rede estática em três grandes categorias:

1. Deficiências para explicar propriedades de equilíbrio;

2. Deficiências para explicar propriedades de transporte;

3. Deficiências para explicar a interação de vários tipos de radiação com o sólido.

PROPRIEDADES DE EQUILÍBRIO

As propriedades de equilíbrio são afetadas em graus variados pelas vibrações de rede. Listamos a seguir algumas das mais importantes.

Calor específico

O modelo de rede estática atribui o calor específico de um metal aos graus eletrônicos de liberdade. Ele prevê a dependência na temperatura linear em temperaturas bem abaixo da temperatura de Fermi, isto é, todo o caminho até o ponto de fusão. Esse comportamento linear é, de fato, observado (Capítulo 2), mas apenas até temperaturas da ordem de 10 K. Em temperaturas mais altas, o calor específico aumenta muito rápido (como T^3) e, em temperaturas ainda mais altas (em geral entre 10^2 e 10^3 K), pode chegar a um valor aproximadamente constante. Esta contribuição adicional (e, acima de 10 K, dominante) ao calor específico é totalmente devida aos graus, até aqui desprezados, de liberdade dos íons de rede.

Os isolantes fornecem outras evidências de que os íons contribuem com o calor específico. Se a teoria de rede estática fosse literalmente correta, a energia térmica de um isolante iria diferir daquela à $T = 0$ apenas na extensão em que os elétrons fossem termicamente excitados mediante o gap de energia E_g. Pode-se mostrar (Capítulo 28) que o número de elétrons assim excitados apresentam dependência na temperatura dominada por $e^{-E_g/2k_BT}$, em temperaturas abaixo de E_g/K_B (ou seja, em todas as temperaturas de interesse, se E_g é tão grande quanto um elétron-volt). Este exponencial também domina o comportamento de $c_v = du/dT$. Entretanto, o calor específico de baixa temperatura observado para os isolantes não é exponencial, mas varia como T^3. Tanto em isolantes quanto em metais pode se explicar a contribuição de T^3 a c_v pela introdução do movimento da rede na teoria de um modo quântico-mecânico.

Densidade de equilíbrio e energias coesivas

Mencionamos no Capítulo 20 que vibrações de ponto zero devem ser incluídas no cálculo da energia de estado fundamental de um sólido e, consequentemente, no cálculo de sua densidade de equilíbrio e energia coesiva. A contribuição das vibrações do ponto zero dos íons é consideravelmente menor do que os termos de energia potencial na maioria dos cristais, mas, como vimos, leva a efeitos facilmente observáveis no neônio e no argônio.[5]

Expansão térmica

A densidade de equilíbrio de um sólido depende da temperatura. No modelo da rede estática, o único efeito da temperatura é a excitação de elétrons. Em isolantes, essa excitação tem importância desprezível em temperaturas abaixo de E_g/k_B. A expansão térmica de isolantes (e, como se constata, de metais também) está criticamente relacionada aos graus iônicos de liberdade. Em um sentido isto é meramente a versão $T \neq 0$ da questão citada anteriormente, mas as vibrações de rede, em geral, fornecem apenas uma pequena correção na intensidade do equilíbrio $T = 0$, ao passo que eles têm papel central na determinação da expansão térmica.

Fusão

Em temperaturas suficientemente altas os sólidos fundem – os íons deixam sua posição de equilíbrio e vagueiam por grandes distâncias pelo líquido resultante. Aqui, a hipótese de rede estática é muito falha. No entanto, mesmo abaixo do ponto de fusão, quando os íons permanecem na vizinhança de sua posição de equilíbrio, é claro que qualquer teoria adequada do processo de fusão (e apenas existem teorias muito imperfeitas) deve levar em conta a crescente amplitude das vibrações de rede com o aumento da temperatura.

PROPRIEDADES DE TRANSPORTE

Nos Capítulos 1, 2, 12 e 13, examinamos as propriedades de transporte de um metal que dependem quase totalmente de sua estrutura eletrônica. Entretanto, muitos aspectos do transporte nos metais, e todos os aspectos de transporte em isolantes, podem ser compreendidos somente quando as vibrações da rede são levadas em conta.

Dependência na temperatura do tempo de relaxação eletrônica

Em um potencial periódico perfeito um elétron não sofreria nenhuma colisão, e as condutividades elétrica e térmica desse metal seriam infinitas. Estamos nos referindo ao fato

---

[5] No hélio sólido, as vibrações de ponto zero são tão substanciais que não podem ser ignoradas mesmo em uma primeira aproximação. Por esta razão, as formas sólidas dos dois isótopos do hélio (de número de massa 3 e 4) são geralmente referidas como *sólidos quânticos*.

de que uma das principais fontes de espalhamento em um metal é o desvio da rede da periodicidade perfeita por conta das vibrações térmicas dos íons em torno de seus sítios de equilíbrio, que são responsáveis pelo termo T^5, característico na resistividade elétrica em baixas temperaturas, bem como de seu crescimento linear com T em altas temperaturas (Capítulo 26). O modelo de rede estática não consegue explicar estes fatos.

Deficiência da lei de Wiedemann-Franz

A deficiência da lei de Wiedemann-Franz em temperaturas intermediárias (veja o Capítulo 3) tem uma explicação simples na teoria de como os elétrons se espalham nas vibrações da rede.

Supercondutividade

A resistividade de certos metais (conhecidos como supercondutores), quando estão abaixo de determinada temperatura (20 K ou temperatura substancialmente menor), diminui abruptamente para zero. Até 1957, não havia uma boa explicação para isso. No entanto, nós agora a temos, e uma das partes cruciais da explanação é a influência das vibrações de rede na interação efetiva entre dois elétrons em um metal (Capítulo 34). Se a rede fosse rigorosamente estática, não haveria supercondutores.[6]

Condutividade térmica de isolantes

A maioria das propriedades de transporte metálico não tem análogos nos isolantes. Entretanto, isolantes elétricos não conduzem calor. Com certeza, eles não o conduzem tão bem quanto os metais: a extremidade de uma colher de prata mergulhada em café torna-se quente bem mais rapidamente do que a asa de uma xícara de cerâmica. No entanto, do ponto de vista de um modelo de rede estática, não há nenhum mecanismo para os isolantes conduzirem quantidades apreciáveis de calor. Simplesmente, há alguns poucos elétrons em bandas parcialmente preenchidas para fazer o trabalho. A condutividade térmica dos isolantes deve-se, predominantemente, aos graus de liberdade da rede.

Transmissão do som

Os isolantes transmitem não apenas calor, transmitem som também, na forma de ondas vibracionais na rede de íons. No modelo de rede estática, os isolantes elétricos também seriam isolantes acústicos.

---

[6] Mais precisamente, poderia até haver supercondutores, mas eles seriam bem diferentes dos que conhecemos hoje. Foram propostos mecanismos alternativos para supercondutividade que não se baseiam no efeito das vibrações de rede na interação elétron-elétron, mas exemplos de supercondutividade baseada em tais mecanismos ainda não foram encontrados.

INTERAÇÃO COM RADIAÇÃO

Discutimos a interação de radiação com sólidos no Capítulo 6 (radiação X) e também nos Capítulos 1 e 15 (propriedades ópticas dos metais). Há abundância de outros dados sobre a resposta dos sólidos à radiação que não pode ser explicada em termos da resposta de elétrons em um arranjo fixo de íons. Alguns exemplos importantes são os seguintes:

Reflexibilidade de cristais iônicos

Os cristais iônicos exibem um máximo pronunciado de sua reflexibilidade em frequências no infravermelho, que corresponde a valores de $\hbar\omega$ bem abaixo de seu gap de energia eletrônica. O fenômeno então não pode ser causado pela excitação eletrônica. Ele surge do fato de que o campo elétrico na radiação exerce forças opostamente direcionadas sobre os íons positivos e negativos, deslocando-os desse modo em relação uns aos outros. A explanação apropriada desse fenômeno requer uma teoria de vibrações de rede.

Espalhamento inelástico de luz

Quando a luz de laser é espalhada de cristais, alguns componentes do feixe refletido têm pequenas variações em frequência (espalhamento de Brillouin e Raman). A explicação desse fenômeno requer uma teoria quântica de vibrações de rede.

Espalhamento de raios X

A intensidade da radiação X nos picos de Bragg prevista pelo modelo de rede estática é incorreta. As vibrações térmicas dos íons em torno de suas posições de equilíbrio (e mesmo as vibrações de ponto zero em $T = 0$) diminuem a amplitude dos picos de Bragg. Além disso, já que a rede não é estática, há um fundo de radiação X espalhada em direções que não satisfazem a condição de Bragg.

Espalhamento de nêutrons

Quando nêutrons[7] são espalhados para fora de sólidos cristalinos, sabe-se que perdem energia apenas em quantidades discretas definidas, que dependem da variação do momento sofrido no espalhamento. A teoria quântica de vibrações de rede fornece a explanação muito simples deste fenômeno, e nêutrons são uma das sondas mais valiosas que temos de um sólido.

O que se expôs não é, de forma alguma, uma lista exaustiva dos modos em que as vibrações de rede se fazem sentir. No entanto, ilustra a maioria das funções importantes que as vibrações de rede realizam:

---

[7] Do ponto de vista quântico-mecânico, um feixe de nêutrons de energia E e momento $\mathbf{p}$ pode ser considerado um feixe de radiação de frequência angular $\omega = E/\hbar$ e vetor de onda $\mathbf{k} = \mathbf{p}/\hbar$.

1. A habilidade dos íons de vibrar em torno de sua posição de equilíbrio é essencial para a determinação de qualquer propriedade de equilíbrio de um sólido que não é dominado por uma contribuição demasiadamente maior dos elétrons.
2. As vibrações de rede fornecem um mecanismo para o transporte de energia através de um sólido.
3. As vibrações de rede são uma fonte crucial de espalhamento eletrônico em metais, e podem afetar profundamente a interação entre elétrons.
4. As vibrações de rede têm papel importante na resposta de um sólido a qualquer sonda que une aos íons, como luz visível, raios X ou nêutrons.

Vamos examinar estes e outros aspectos das vibrações de rede nos Capítulos 22 a 27.

22 Teoria clássica do cristal harmônico

Ao afrouxarmos a suposição artificial de que os íons repousam sem movimento nos sítios **R** de uma rede de Bravais, contaremos extensivamente com duas suposições mais fracas:

1. Vamos supor que a posição de equilíbrio médio de cada íon seja um sítio da rede de Bravais. Podemos então continuar a associar cada íon de um sítio **R** específico da rede de Bravais, em torno do qual o íon oscila, mas o sítio **R** é agora apenas a posição média do íon, e não sua posição instantânea fixa;

2. Vamos supor que as excursões típicas de cada íon de sua posição de equilíbrio sejam pequenas em comparação ao espaçamento interiônico (em um sentido que ficará mais preciso a seguir).

Na suposição 1, explica-se a estrutura cristalina dos sólidos observada afirmando que a rede de Bravais ainda encontra-se ali, a despeito do movimento iônico, mas descreve a configuração iônica média no lugar da instantânea. Observe que, embora essa suposição permita grande variedade de movimentos iônicos possíveis, ela não permite a difusão iônica: supõe-se que as oscilações de cada íon ocorrerão sempre em torno de um local **R** específico da rede de Bravais. Exceto quando a possibilidade de que os íons troquem posições de equilíbrio torna-se importante (por exemplo, próximo do ponto de fusão), essa suposição não é terrivelmente restritiva.

A suposição 2, entretanto, não surgiu de nenhuma convicção forte em sua validade geral, mas em termos de necessidade analítica. Isto leva a uma simples teoria — a *aproximação harmônica* —, da qual resultados quantitativos precisos podem ser extraídos.

Esses resultados estão frequentemente de acordo com as propriedades observadas dos sólidos. Algumas delas, no entanto, não podem ser explicadas pela teoria harmônica, e para explicá--las é necessário irmos para uma teoria *anarmônica* (Capítulo 25). Mesmo nesses casos, o método de computação continua a se basear implicitamente na suposição 2, apesar de ser explorada de modo mais sofisticado. Quando a suposição 2 falha genuinamente (como parece ser o caso no hélio sólido), deve-se lidar desde o início com uma teoria de formidável complexidade analítica, e apenas recentemente obteve-se algum progresso ao longo destas linhas.[1]

Por causa da suposição 1, podemos marcar sem ambiguidade cada íon com o sítio **R** da rede de Bravais em torno do qual ele oscila.[2] Denotamos a posição do íon cuja posição média é **R** por **r**(**R**) (veja a Figura 22.1). Se a aproximação de rede estática fosse válida, quer dizer, se cada íon fosse estacionário em seu sítio da rede de Bravais, teríamos **r**(**R**) = **R**. No caso mais realístico. Porém, **r**(**R**) desviará de seu valor médio **R**, e podemos escrever em qualquer tempo determinado:[3]

$$\mathbf{r}(\mathrm{R}) = \mathrm{R} + \mathbf{u}(\mathrm{R}), (\mathbf{22.1})$$

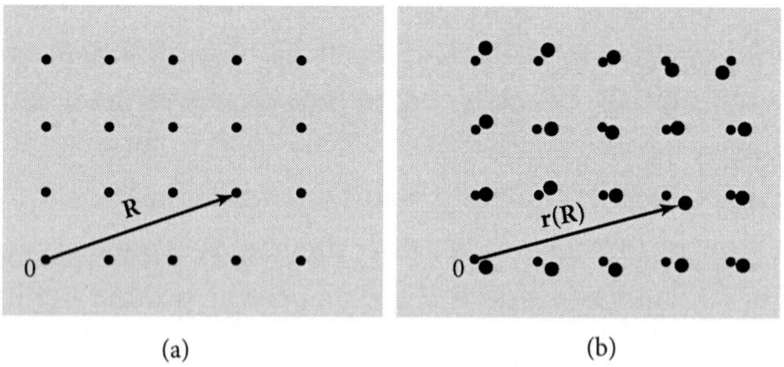

FIGURA 22.1

(a) A rede de Bravais de pontos, especificada por vetores **R**. (b) Uma configuração instantânea de íons em particular. O íon cuja posição média é **R** é encontrado em **r**(**R**).

onde **u**(**R**) é o desvio do equilíbrio do íon cujo sítio de equilíbrio é **R** (veja a Figura 22.2).

[1] Sob o romântico nome de "a teoria dos sólidos quânticos". A nomenclatura refere-se ao fato de que, de acordo com a teoria clássica, a suposição 2 se mantém em qualquer sólido à *T* baixa o suficiente. É apenas o princípio da incerteza que requer alguns desvios do equilíbrio nas posições iônicas, e não importa quão baixa seja a temperatura.

[2] Na maior parte deste capítulo, vamos lidar apenas com redes de Bravais monoatômicas, ou seja, sólidos cuja estrutura cristalina consiste de um único íon por célula primitiva localizada nos locais $\mathbf{R} = n_1\mathbf{a}_1 + n_2\boldsymbol{a}_2 + n_3\mathbf{a}_3$ de uma rede de Bravais. A generalização da discussão para redes com uma base de *n* átomos por célula primitiva, localizados em $\mathbf{R} + \mathbf{d}_1, \mathbf{R} + \mathbf{d}_2,..., \mathbf{R} + \mathbf{d}_n$, é direta, mas a notação pode ser pesada.

[3] Genericamente, na descrição de uma rede com uma base, deixaríamos $\mathbf{r}_j(\mathbf{R})$ descrever a posição do átomo da base de ordem *j* na célula primitiva em torno de **R**, e escrevemos $\mathbf{r}_j(\mathbf{R}) = \mathbf{R} + \mathbf{d}_j + \mathbf{u}_j(\mathbf{R})$.

Para tornar a discussão concreta, reexaminaremos nosso tratamento da energia coesiva dos gases nobres (Capítulo 20) nesta estrutura mais ampla. Continuamos a supor que um par de átomos separados por **r** contribui com uma quantidade $\phi(\mathbf{r})$ para a energia potencial do cristal, onde ϕ é, por exemplo, o potencial de Lennard-Jones [equação (20.2)]. Se o modelo de rede estática fosse correto e cada átomo permanecesse fixo em seu local da rede de Bravais, a energia potencial total do cristal seria a soma das contribuições de todos os pares distintos:

$$U = \frac{1}{2}\sum_{\mathbf{RR}'}\phi(\mathbf{R}-\mathbf{R}') = \frac{N}{2}\sum_{\mathbf{R}\neq 0}\phi(\mathbf{R}). \quad \textbf{(22.2)}$$

Se, entretanto, permitimos o fato de que o átomo cuja posição média é **R** seja em geral encontrado em uma posição $\mathbf{r}(\mathbf{R}) \neq \mathbf{R}$, então devemos substituir (22.2) por

$$U = \frac{1}{2}\sum_{\mathbf{RR}'}\phi(\mathbf{r}(\mathbf{R})-\mathbf{r}(\mathbf{R}')) = \frac{1}{2}\sum_{\mathbf{RR}'}\phi(\mathbf{R}-\mathbf{R}'+\mathbf{u}(\mathbf{R})-\mathbf{u}(\mathbf{R}')). \quad \textbf{(22.3)}$$

Assim, a energia potencial agora depende das variáveis dinâmicas $\mathbf{u}(\mathbf{R})$, e devemos enfrentar o problema dinâmico (ou mecânico estatístico) governado pela Hamiltoniana:[4]

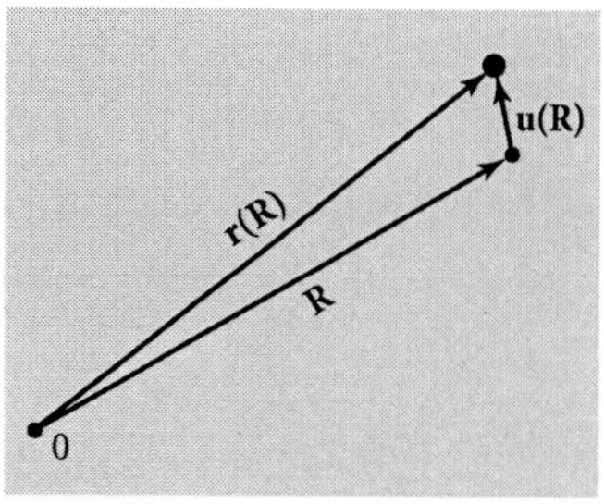

FIGURA 22.2

A relação entre o vetor **R** da rede de Bravais, a posição instantânea **r**(**R**) do íon que oscila em torno de **R** e o deslocamento iônico, $\mathbf{u}(\mathbf{R}) = \mathbf{r}(\mathbf{R}) - \mathbf{R}$.

$$H = \sum_{\mathbf{R}}\frac{\mathbf{P}(\mathbf{R})^2}{2M} + U, \quad \textbf{(22.4)}$$

onde $\mathbf{P}(\mathbf{R})$ é o momento do átomo cuja posição de equilíbrio é **R**, e M é a massa atômica.

A APROXIMAÇÃO HARMÔNICA

Para que um potencial de par ϕ de Lennard-Jones forme a extração de informações exatas e úteis a partir dessa Hamiltoniana, é uma tarefa irrealizável. Recorre-se, portanto, a uma aproximação com base na expectativa de que os átomos não desviem substancialmente de sua posição de equilíbrio. Se todos os $\mathbf{u}(\mathbf{R})$ são pequenos,[5] então podemos expandir a

---

[4] Na dinâmica de rede, geralmente, se tomam as coordenadas canônicas como $\mathbf{u}(\mathbf{R})$ ao invés de $\mathbf{r}(\mathbf{R})$ – cada íon se refere a uma origem diferente.

[5] Precisamente, se $\mathbf{u}(\mathbf{R}) - \mathbf{u}(\mathbf{R}')$ é pequeno para todos os pares de átomos com $\phi(\mathbf{R}-\mathbf{R}')$ considerável. O deslocamento absoluto de um átomo pode ser grande. Realmente importante é que seu deslocamento seja pequeno em relação àqueles átomos com os quais tenha qualquer interação considerável.

energia potencial U em torno de seu valor de equilíbrio usando a forma tridimensional do teorema de Taylor:

$$f(\mathbf{r}+\mathbf{a}) = f(\mathbf{r}) + \mathbf{a}\cdot\nabla f(\mathbf{r}) + \frac{1}{2}(\mathbf{a}\cdot\nabla)^2 f(\mathbf{r}) + \frac{1}{3!}(\mathbf{a}\cdot\nabla)^3 f(\mathbf{r}) + \ldots \quad \mathbf{(22.5)}$$

Aplicando isto a cada termo de (22.3), com $\mathbf{r} = \mathbf{R} - \mathbf{R}'$ e $\mathbf{a} = \mathbf{u}(\mathbf{R}')$, encontramos:

$$\begin{aligned} U = \frac{N}{2}\sum \phi(\mathbf{R}) &+ \frac{1}{2}\sum_{\mathbf{RR}'}(\mathbf{u}(\mathbf{R}) - \mathbf{u}(\mathbf{R}'))\cdot\nabla\phi(\mathbf{R}-\mathbf{R}') \\ &+ \frac{1}{4}\sum_{\mathbf{RR}'}[(\mathbf{u}(\mathbf{R}) - \mathbf{u}(\mathbf{R}'))\cdot\nabla]^2\phi(\mathbf{R}-\mathbf{R}') + O(u^3). \end{aligned} \quad \mathbf{(22.6)}$$

O coeficiente de $\mathbf{u}(\mathbf{R})$ no termo linear é exatamente

$$\sum_{\mathbf{R}'}\nabla\phi(\mathbf{R}-\mathbf{R}'). \quad \mathbf{(22.7)}$$

Isto, no entanto, é exatamente menos a força exercida no átomo em **R** por todos os outros átomos, quando cada um deles é colocado em sua posição de equilíbrio. Ela deve, então, desaparecer, já que não há nenhuma força líquida em nenhum átomo em equilíbrio.

Como o termo linear em (22.6) desaparece, a primeira correção à energia potencial de equilíbrio que não se extingue é fornecida pelo termo quadrático. Na *aproximação harmônica*, apenas este termo se conserva, e a energia potencial é escrita da seguinte forma:

$$U = U^{\mathrm{eq}} + U^{\mathrm{harm}}, \quad \mathbf{(22.8)}$$

onde U^{eq} é a energia potencial de equilíbrio (22.2) e

$$\begin{aligned} U^{\mathrm{harm}} &= \frac{1}{4}\sum_{\substack{\mathbf{RR}'\\ \mu,\nu=x,y,z}}[u_\mu(\mathbf{R}) - u_\mu(\mathbf{R}')]\phi_{\mu\nu}(\mathbf{R}-\mathbf{R}')[u_\nu(\mathbf{R}) - u_\nu(\mathbf{R}')], \\ \phi_{\mu\nu}(\mathbf{r}) &= \frac{\partial^2\phi(\mathbf{r})}{\partial r_\mu \partial r_\nu}. \end{aligned} \quad \mathbf{(22.9)}$$

Já que U^{eq} é apenas uma constante (ou seja, independente de $\mathbf{u}'$ e $\mathbf{P}'$), pode-se ignorá-lo em muitos problemas dinâmicos,[6] e age-se frequentemente como se a energia potencial total fosse apenas U^{harm}, cancelando todo o índice inferior quando nenhuma ambiguidade possa resultar disso.

A aproximação harmônica é o ponto de partida para todas as teorias de dinâmica de rede (exceto, talvez, no hélio sólido). Outras correções de U, especialmente aquelas de

[6] Naturalmente, ele não pode ser sempre ignorado. Como vimos no Capítulo 20, ele é de crucial importância na determinação da energia absoluta do cristal, sua intensidade de equilíbrio ou sua compressibilidade de equilíbrio.

terceira e quarta ordem nos u', são conhecidas como termos anarmônicos, e são consideravelmente importantes na compreensão de muitos fenômenos físicos, como veremos no Capítulo 25. Eles são geralmente tratados como pequenas perturbações no termo harmônico dominante.

A energia potencial harmônica é, na maior parte das vezes, escrita não na forma (22.9), mas na forma mais geral

$$U^{\text{harm}} = \frac{1}{2}\sum_{\substack{\mathbf{RR}' \\ \mu\nu}} u_\mu(\mathbf{R}) D_{\mu\nu}(\mathbf{R}-\mathbf{R}') u_\nu(\mathbf{R}'). \quad \textbf{(22.10)}$$

Evidentemente (22.9) tem esta estrutura, com

$$D_{\mu\nu}(\mathbf{R}-\mathbf{R}') = \delta_{\mathbf{R},\mathbf{R}'} \sum_{\mathbf{R}''} \phi_{\mu\nu}(\mathbf{R}-\mathbf{R}'') - \phi_{\mu\nu}(\mathbf{R}-\mathbf{R}'). \quad \textbf{(22.11)}$$

A APROXIMAÇÃO ADIABÁTICA

Afora o fato de que ela é mais compacta, empregamos a forma (22.10) ao invés de (22.9) porque, em geral, a interação íon-íon não pode ser representada como uma simples soma de interações de pares da forma (22.3). Realmente, excetuando casos particularmente simples (como os gases nobres), é bem difícil calcular as grandezas D que se encontram em (22.10). Nos cristais iônicos, a dificuldade provém da natureza de longo alcance da interação de Coulomb entre íons. Em cristais e metais covalentes, a dificuldade é maior, já que o movimento iônico está inextricavelmente ligado ao movimento dos elétrons de valência. Isso porque nos cristais e metais covalentes o arranjo eletrônico e, consequentemente, a contribuição dos elétrons de valência para a energia total do sólido dependem detalhadamente do arranjo particular dos níveis internos de íons. Assim, quando o sólido é deformado pelo deslocamento dos níveis internos de íon de sua posição de equilíbrio, as funções de onda eletrônicas serão deformadas também, de modo que pode ser muito difícil serem deduzidas com qualquer precisão.[7]

Para lidar com este problema faz-se a chamada aproximação adiabática, que se baseia no fato de que as velocidades eletrônicas típicas são maiores do que as velocidades iônicas típicas. Como foi visto no Capítulo 2, a velocidade eletrônica significativa é $v_F \approx 10^8$ cm/s. Por outro lado, as velocidades iônicas típicas são, no máximo, da ordem de 10^5 cm/s.[8] Supõe-se, então, que já que os íons se movimentam tão lentamente na escala de velocidades de relevância para os elétrons, a qualquer momento os elétrons estarão em seu

---

[7] Isto pode ser um problema mesmo em cristais iônicos. Os elétrons dos níveis internos mais externos podem estar ligados fracamente já que os íons sofrem polarização significativa quando deslocados de sua posição de equilíbrio. Uma teoria que leva isso em consideração é conhecida como modelo de nível (que não deve ser confundido com o modelo de nível da física nuclear)(veja o Capítulo 27).

[8] Isto surgirá na análise subsequente. Vamos descobrir que as frequências de vibração iônicas típicas são, no máximo, da ordem de 0,01 $\varepsilon_F/\hbar$. Como a amplitude das vibrações iônicas é pequena em comparação com o tamanho da célula unitária, $a = O(1/k_F)$, a velocidade iônica é de ordem menor que 0,01 $\varepsilon_F/\hbar k_F \approx 0{,}01\, v_F$.

estado fundamental para aquela configuração iônica instantânea em particular. Ao calcular as constantes de força que se encontram em (22.10), deve-se então suplementar a interação entre níveis internos de íons com termos que representam a dependência da energia eletrônica adicional na configuração iônica instantânea especificada por **u**(**R**). Na prática, isso pode ser muito difícil de executar, e a abordagem mais prática é considerar as grandezas D parâmetros empíricos a ser medidos diretamente por meio de experimento (Capítulo 24).[9]

CALOR ESPECÍFICO DE UM CRISTAL CLÁSSICO: A LEI DE DULONG E PETIT

Desprezando a aproximação de rede estática, não se pode mais avaliar as propriedades de equilíbrio (como fizemos no Capítulo 20) pela simples suposição de que cada íon permanece quieto em seu sítio **R** da rede de Bravais. Devemos agora tirar a média de todas as configurações iônicas possíveis, dando a cada configuração ou estado um peso proporcional a e^{-E/k_BT}, onde E é a energia da configuração.[10] Assim, se tratarmos o cristal de forma clássica, sua densidade de energia térmica é fornecida por

$$u = \frac{1}{V}\frac{\int d\Gamma e^{-\beta H} H}{\int d\Gamma e^{-\beta H}}, \qquad \beta = \frac{1}{k_B T}, \quad (22.12)$$

onde utilizamos a notação compacta na qual $d\Gamma$ representa o elemento de volume no espaço de fase cristalina:

$$d\Gamma = \prod_{\mathbf{R}} d\mathbf{u}(\mathbf{R})d\mathbf{P}(\mathbf{R}) = \prod_{\mathbf{R},\mu} du_\mu(\mathbf{R})dp_\mu(\mathbf{R}). \quad (22.13)$$

Também podemos definir (22.12) na forma mais comum:

$$u = -\frac{1}{V}\frac{\partial}{\partial\beta}\ln\int d\Gamma e^{-\beta H}, \quad (22.14)$$

como pode ser verificado diferenciando-se explicitamente o logaritmo em (22.14).

Na aproximação harmônica, a dependência da temperatura da integral que se encontra em (22.14) é facilmente extraída trocando-se as variáveis:

$$\begin{aligned} \mathbf{u}(\mathbf{R}) &= \beta^{-1/2}\bar{\mathbf{u}}(\mathbf{R}), & d\mathbf{u}(\mathbf{R}) &= \beta^{-3/2}d\bar{\mathbf{u}}(\mathbf{R}), \\ \mathbf{P}(\mathbf{R}) &= \beta^{-1/2}\bar{\mathbf{P}}(\mathbf{R}), & d\mathbf{P}(\mathbf{R}) &= \beta^{-3/2}d\bar{\mathbf{P}}(\mathbf{R}). \end{aligned} \quad (22.15)$$

A integral em (22.14) pode então ser escrita como

---

[9] Há, entretanto, uma teoria altamente desenvolvida de como se calcular D para metais (veja o Capítulo 26).

[10] Esta é a regra fundamental da mecânica estatística de equilíbrio. Ela se aplica caso se considere o sistema classicamente ou por meio da mecânica quântica, desde que os estados sob discussão sejam estados do *sistema de N partículas completo* (ou seja, não níveis de partícula única). Por um estado clássico queremos dizer um conjunto especificado de valores para as $3N$ coordenadas canônicas **u**(**R**) e $3N$ momentos canônicos **P**(**R**) – um ponto no espaço de fase. Ao nos referirmos a um estado quântico queremos dizer uma solução de estado estacionário para a equação de Schrödinger de N partículas: $H\psi = E\psi$.

$$\int d\Gamma e^{-\beta H} = \int d\Gamma \exp\left[-\beta\left(\sum \frac{\mathbf{P}(\mathbf{R})^2}{2M} + U^{\text{eq}} + U^{\text{harm}}\right)\right]$$
$$= e^{-\beta U^{\text{eq}}}\beta^{-3N}\left\{\int \prod_{\mathbf{R}} d\bar{\mathbf{u}}(\mathbf{R})d\bar{\mathbf{P}}(\mathbf{R}) \quad \textbf{(22.16)}\right.$$
$$\left.\times \exp\left[-\sum \frac{1}{2M}\mathbf{P}(\mathbf{R})^2 - \frac{1}{2}\sum \bar{u}_\mu(\mathbf{R})D_{\mu\nu}(\mathbf{R}-\mathbf{R}')\bar{u}_\nu(\mathbf{R}')\right]\right\}$$

A integral completa que está entre colchetes em (22.16) é independente da temperatura e, portanto, não contribui para a derivada β quando (22.16) é substituída em (22.14). A energia térmica se reduz simplesmente a:

$$u = -\frac{1}{V}\frac{\partial}{\partial\beta}\ln(e^{-\beta U^{\text{eq}}}\beta^{-3N} \times \text{const}) = \frac{U^{\text{eq}}}{V} + \frac{3N}{V}k_B T \; \textbf{(22.17)}$$

ou[11]

$$u = u^{\text{eq}} + 3nk_B T. \; \textbf{(22.18)}$$

Observe que isto se reduz ao resultado $u = u^{\text{eq}}$ da teoria da rede estática em $T = 0$ (como esperado pela teoria clássica, que ignora o movimento de ponto zero). Em temperaturas diferentes de zero, o resultado estático é corrigido pelo termo aditivo simples $3nk_BT$. Já que k_BT constitui apenas alguns centésimos de um elétron-volt, mesmo à temperatura ambiente, isto é geralmente uma pequena correção. É bem mais útil considerar o calor específico, $c_v = (\partial u/\partial T)_v$ (que é bem mais facilmente medido do que a energia interna). A contribuição de rede estática para u advém de c_v, determinado completamente pela correção dependente da temperatura:[12]

$$c_v = \frac{\partial u}{\partial T} = 3nk_B. \; \textbf{(22.19)}$$

Este resultado, que o calor específico em consequência das vibrações de rede (ou seja, todo o calor específico de um isolante) é exatamente $3k_B$ por íon, é conhecido como lei de

---

[11] Quando se torna necessário distinguir o número de íons por unidade de volume do número de elétrons de condução por unidade de volume, utilizaremos índices inferiores (n_i ou n_e). Em metais simples $n_e = Zn_i$, onde Z é a valência.

[12] Experimentos medem o calor específico à pressão constante, c_p, mas calculamos o calor específico em volume constante, c_v. Em um gás estes diferem entre si substancialmente, mas, em um sólido, eles são quase idênticos. Isto se vê mais intuitivamente com base na identidade termodinâmica: $c_p/c_v = (\partial u/\partial V)_s/(\partial P/\partial V)_T$. Os calores específicos diferem um do outro na medida em que a compressibilidade adiabática e isotérmica se distinguem também. Como u^{eq} é o termo dominante na energia interna de um sólido, considerações térmicas são de consequência mínima na determinação da compressibilidade. Assim, o trabalho necessário para se comprimir o sólido por uma quantidade definida depende muito pouco de o sólido estar isolado termicamente (adiabático) ou em contato com um banho de calor à temperatura T (isotérmica) ao longo da compressão. Mais comumente os dois calores específicos diferem um do outro por menos de 1% à temperatura ambiente, e substancialmente menos de 1% em baixas temperaturas.

Dulong e Petit. Em um sólido monoatômico no qual há 6,022 × 10^{23} íons por mol, é mais comumente encontrada na forma:[13]

$$c_v^{\text{molar}} = 5,96\ \text{cal/mol} - \text{K}. \quad \textbf{(22.20)}$$

Na Figura 22.3, apresentamos o calor específico do argônio, do criptônio e do xenônio sólidos. Em temperaturas da ordem de 100 K e mais altas, o calor específico medido está bem próximo do valor de Dulong e Petit. No entanto:

1. À medida que a temperatura diminui, o calor específico cai bem abaixo do valor de Dulong e Petit e tende a zero na temperatura zero;

2. Mesmo quando a temperatura está alta, parece bem claro que a curva não se aproxima do valor preciso de Dulong e Petit.

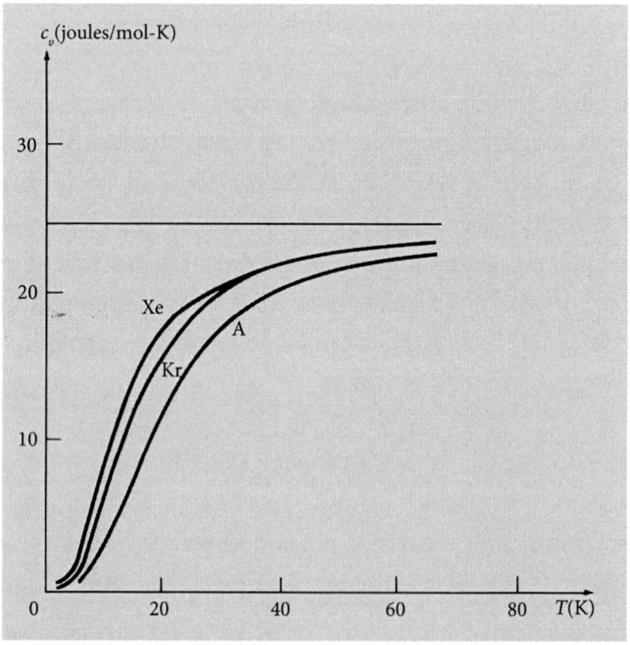

Figura 22.3

Calores específicos medidos para o argônio, xenônio e criptônio. A linha horizontal é o valor clássico de Dulong e Petit. (Citado em M. L. Klein; G. K. Horton; J. L. Feldman. *Phys. Rev.*, 184, p. 68, 1969.)

O ponto 2 pode ser explicado com base em termos puramente clássicos como a falha da aproximação harmônica. De acordo com a teoria clássica, em temperaturas muito baixas as energias térmicas são simplesmente insuficientes para permitir que um íon vagueie por

[13] K_B = 1,38 × 10^{-16} erg/K; 4,184 × 10^7 ergs = 1 cal.

qualquer distância considerável de seu ponto de equilíbrio, e a aproximação harmônica torna-se muito boa quando a temperatura diminui.[14] No entanto, em temperaturas mais altas, os íons têm energia para vaguear longe o suficiente de sua posição de equilíbrio para que os termos anarmônicos desprezados (isto é, termos além dos quadráticos na expansão de U em potências dos deslocamentos iônicos $\mathbf{u}$) tornem-se importantes. Desse modo, a mecânica estatística clássica indica que não é necessário obedecer de forma perfeita a lei de Dulong e Petit em temperaturas altas, mas deve ser mais e mais seguida à risca quando a temperatura cai.

Assim, o comportamento de baixa temperatura (ponto 1) é, classicamente, inexplicável. A teoria quântica é necessária para explicar pelo calor específico de baixa temperatura da rede e, exceto em temperaturas bem altas (da ordem de 10^2 K, a julgar pela Figura 22.3), não se pode esperar ir além em uma teoria de dinâmica de rede que se adere a uma imagem puramente clássica.[15] Devemos, portanto, nos voltar a uma teoria quântica de dinâmica de rede para explicar fenômenos físicos que são governados pelas vibrações de rede.

Entretanto, apesar dessa falha ostensiva da mecânica clássica, é essencial entender a teoria clássica das vibrações de rede antes de se tentar construir uma teoria quântica. A razão disso repousa na estrutura quadrática da Hamiltoniana harmônica, pois ela é quadrática nos deslocamentos $\mathbf{u}(\mathbf{R})$ e nos momentos $\mathbf{P}(\mathbf{R})$ ela representa um caso especial do problema clássico geral de pequenas oscilações. Esse problema pode ser resolvido de forma exata.[16] Na solução um movimento geral dos N íons é representado como a superposição (ou combinação linear) de $3N$ modos normais de vibração. Cada um tem sua própria frequência ν característica. Mas constitui um resultado básico da teoria quântica que as energias permitidas de um oscilador com frequência ν sejam dados por

$$(n + \tfrac{1}{2})h\nu, \qquad n = 0, 1, 2, \ldots \quad \textbf{(22.21)}$$

A generalização desse resultado para $3N$ osciladores independentes é óbvia. As energias permitidas do sistema de $3N$ osciladores são fornecidas pela atribuição de um meio múltiplo de integral de seus tempos de frequência h a cada oscilador, adicionando-se a contribuição de

---

[14] De fato, a aproximação harmônica torna-se assintoticamente exata à medida que $T \to 0$ em uma teoria clássica, já que à $T = 0$ (β infinito) apenas valores do $\mathbf{u}$ que fornecem um mínimo absoluto para a energia (quer dizer, $\mathbf{u}(\mathbf{R}) \to 0$) contribuem para a integral exata (22.12). Em T suficientemente pequeno, apenas $\mathbf{u}(\mathbf{R})$ na vizinhança imediata de 0 fornecerá qualquer contribuição apreciável. Assim, em T suficientemente pequeno a Hamiltoniana exata é igual à sua aproximação harmônica em todos os valores de $\mathbf{u}$ que contribuem com a integral. Por outro lado, é também verdade que, em temperaturas muito baixas, apenas valores muito pequenos de $\mathbf{u}(\mathbf{R})$ fornecem contribuição apreciável para a integral (22.16), na qual a Hamiltoniana foi substituída por sua aproximação harmônica. Assim, tanto na integral exata (22.12) quanto em sua aproximação harmônica (22.16) as integrantes são apreciáveis em baixas temperaturas apenas onde elas estão de acordo.

[15] Problema semelhante surgiu em conexão com a contribuição eletrônica do calor específico de um metal, em que o resultado clássico $(3/2)k_B$ por elétron falha em temperaturas abaixo da temperatura de Fermi.

[16] Veja isso em qualquer livro de mecânica clássica.

cada oscilador. No caso do cristal harmônico, as frequências dos $3N$ modos normais fornecem este conjunto de frequências, das quais todos os níveis de energia do cristal podem ser construídos.[17]

Portanto, a análise dos modos normais clássicos de uma rede de íons é muito útil, mesmo que uma teoria puramente clássica de vibrações de rede seja inadequada. Devemos examinar os modos clássicos normais do cristal antes que possamos corrigir a lei de Dulong e Petit e seguirmos descrevendo a variedade de outras propriedades da rede dinâmica. O restante deste capítulo é, portanto, dedicado a um estudo do cristal harmônico clássico. Abordamos o problema nos seguintes estágios:

1. Modos normais de uma rede de Bravais monoatômica unidimensional;
2. Modos normais de uma rede unidimensional com uma base;
3. Modos normais de uma rede de Bravais monoatômica tridimensional;
4. Modos normais de uma rede tridimensional com uma base.

Em princípio, a análise é a mesma nos quatro casos, mas as complexidades puramente notacionais do caso mais geral (4) tendem a obscurecer importantes aspectos físicos, revelados claramente nos casos mais simples.

Concluímos este capítulo relatando esta análise da teoria clássica de um meio elástico contínuo.

MODOS NORMAIS DE UMA REDE DE BRAVAIS MONOATÔMICA UNIDIMENSIONAL

Considere um conjunto de íons de massa M distribuído ao longo de uma linha nos pontos separados por certa distância a, de tal modo que os vetores da rede de Bravais unidimensional sejam apenas $\mathbf{R} = na$, para n inteiro. Considere $n(na)$ o deslocamento ao longo da linha de sua posição de equilíbrio, do íon que oscila em torno de na (Figura 22.4). Para simplificar, admitimos que apenas íons vizinhos interagem, logo podemos supor que a

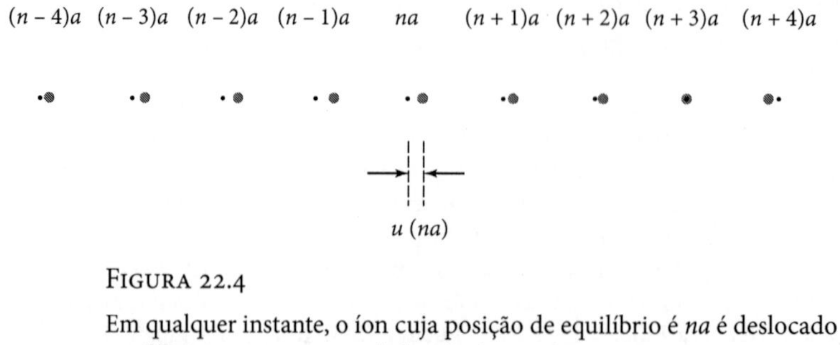

FIGURA 22.4

Em qualquer instante, o íon cuja posição de equilíbrio é *na* é deslocado do equilíbrio por uma quantidade *u(na)*.

[17] Demontraremos isso de modo mais preciso no início do Capítulo 23. Um resumo das provas mecânico-quânticas detalhadas encontra-se no Apêndice L.

energia potencial harmônica (22.9) como tendo a forma

$$U^{\text{harm}} = \frac{1}{2}K\sum_{n}[u(na) - u([n+1]a)]^2, \quad (22.22)$$

(onde $K = \phi''(a)$ e $\phi(x)$ é a energia de interação de dois íons separados por uma distância x ao longo da linha). As equações de movimento são, portanto,

$$M\ddot{u}(na) = -\frac{\partial U^{\text{harm}}}{\partial u(na)} = -K[2u(na) - u([n-1]a) - u([n+1]a)]. \quad (22.23)$$

Estas são precisamente as equações que seriam obedecidas se cada íon fosse conectado a seus dois vizinhos por molas sem massa com constante de mola K (e comprimento de equilíbrio a, apesar de as equações serem de fato independentes do comprimento de equilíbrio da mola). O movimento resultante é mais facilmente visualizado em termos de tal modelo (Figura 22.5).

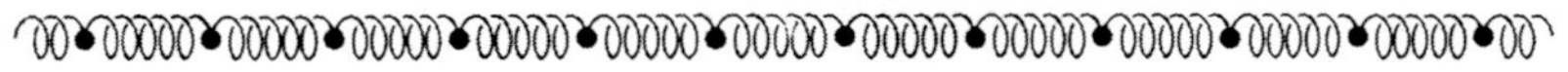

FIGURA 22.5

Se apenas forças de vizinhança mais próxima fossem mantidas, a aproximação harmônica para a rede de Bravais unidimensional descreve um modelo no qual cada íon é amarrado a seus vizinhos por molas perfeitas.

Se a corrente de íon tem apenas um número finito, N, então devemos especificar como os íons nas duas extremidades devem ser descritos. Poderíamos considerar que eles interagem apenas com seus vizinhos no interior, mas isso complicaria a análise sem alterar materialmente os resultados finais. Porque, se N é grande, e se não estamos interessados em efeitos de extremidade, então o modo preciso no qual os íons nas extremidades são tratados é imaterial, e podemos escolher a abordagem em termos de conveniência matemática. Como no caso do gás de elétrons (Capítulo 2), de longe a escolha mais conveniente é a condição de contorno periódico de Born-von Karman. Na corrente linear de íons, esta condição de contorno é facilmente especificada: simplesmente unimos as duas extremidades remotas da corrente de volta por mais uma das mesmas molas que conectam íons internos (Figura 22.6). Se considerarmos que os íons ocupam as posições a, $2a$, ..., Na, podemos empregar a equação (22.22) para descrever cada um dos N íons ($n = 1, 2, ..., N$), desde que interpretemos as grandezas $u([N+1]a)$ e $u(0)$ que se encontram nas equações de movimento para $u(Na)$ e $u(a)$, respectivamente, como[18]

[18] Uma interpretação alternativa da condição de contorno de Born-von Karman é considerar não a deformação da corrente em um laço, mas a coação mecânica explícita que força o íon N a interagir com o íon 1 por meio de uma mola de constante de mola K (Figura 22.7). Esta imagem é provavelmente mais útil na interpretação da condição de contorno em três dimensões, e é especialmente útil ter em mente quando considerar questões que envolvem o momento total de um cristal finito, ou a questão de por que um cristal assume determinada intensidade de equilíbrio.

$$u([N+1]a) = u(a); \quad u(0) = u(Na). \textbf{(22.24)}$$

FIGURA 22.6

A condição de Born-von Karman ou de contorno periódico para a corrente linear.

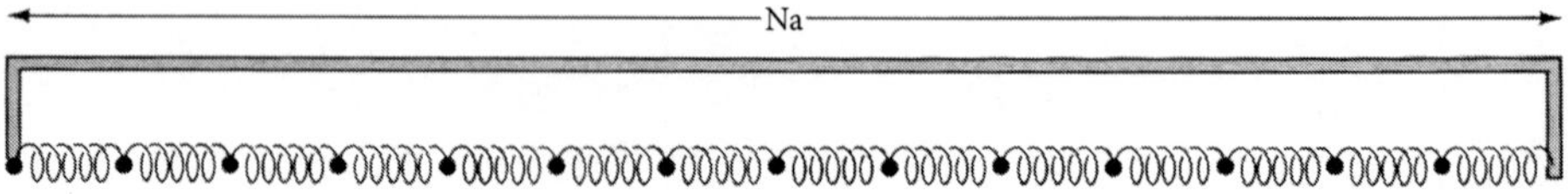

FIGURA 22.7

Uma representação alternativa da condição de contorno de Born-von Karman. O objeto que conecta o íon à extrema esquerda com a mola à extrema direita é uma vara rígida sem massa de comprimento $L = Na$.

Buscamos soluções para (22.23) da forma:

$$u(na,t) \propto e^{i(kna-\omega t)}. \textbf{(22.25)}$$

A condição de contorno periódico (22.24) requer que

$$e^{ikNa} = 1, \textbf{(22.26)}$$

que, por sua vez, requer que k tenha a forma:

$$k = \frac{2\pi}{a}\frac{n}{N}, \quad n \text{ um número inteiro.} \textbf{(22.27)}$$

Observe que se k é trocado por $2\pi/a$, o deslocamento $u(na)$ definido por (22.25) não é afetado. Consequentemente, há apenas N valores de k consistentes com (22.27) que produz soluções distintas. Consideramos que sejam valores entre $-\pi/a$ e π/a.[19]

[19] Esta é exatamente a versão unidimensional de se exigir que **k** esteja na primeira zona de Brillouin (Capítulo 8).

Ao substituirmos (22.25) em (22.23) encontramos que

$$\begin{aligned} -M\omega^2 e^{i(kna-\omega t)} &= -K[2 - e^{-ika} - e^{ika}]e^{i(kna-\omega t)} \\ &= -2K(1 - \cos ka)e^{i(kna-\omega t)}, \end{aligned} \quad (22.28)$$

e, desse modo, temos uma solução para dado k, desde que $\omega = \omega(k)$, onde

$$\omega(k) = \sqrt{\frac{2K(1 - \cos ka)}{M}} = 2\sqrt{\frac{K}{M}}|\operatorname{sen}\tfrac{1}{2}ka|. \quad (22.29)$$

As soluções que descrevem os deslocamentos iônicos reais são dadas pelas partes reais e imaginárias de (22.25):

$$u(na,t) \propto \begin{Bmatrix} \cos(kna - \omega t) \\ \operatorname{sen}(kna - \omega t) \end{Bmatrix}. \quad (22.30)$$

Como ω é uma função par de k, é suficiente tomar apenas a raiz positiva em (22.29), já que as soluções (22.30) determinadas por k e $-\omega(k)$ são idênticas àquelas determinadas por $-k$ e $\omega(k)$. Devemos ter N valores distintos de k, cada um com uma única frequência $\omega(k)$, de modo que a equação (22.30) produza $2N$ soluções independentes.[20] Um movimento arbitrário da corrente é determinado pela especificação das N posições iniciais e N velocidades iniciais dos íons. Já que essas podem sempre se adequar a uma combinação linear das $2N$ soluções independentes (22.30), encontramos uma solução completa para o problema.

As soluções (22.30) descrevem ondas que se propagam ao longo da corrente com velocidade de fase $c = \omega/k$, e velocidade de grupo $v = \partial\omega/\partial k$. A frequência ω é representada graficamente contra o vetor de onda k na Figura 22.8. Tal curva é conhecida como uma curva de dispersão. Quando k é pequeno em comparação a π/a (ou seja, quando o comprimento de onda é grande em comparação com o espaçamento interpartículas), ω é linear em k:

$$\omega = \left(a\sqrt{\frac{K}{M}}\right)|k|. \quad (22.31)$$

Este é o tipo de comportamento a que estamos acostumados nos casos de ondas leves e ondas sonoras comuns. Se ω é linear em k, então a velocidade de grupo é a mesma que a velocidade de fase, e ambas são independentes da frequência. Um dos aspectos característicos de ondas em meio discreto, entretanto, é que a linearidade para se manter em comprimentos de onda curtos o bastante para ser comparáveis ao espaçamento interpartículas. Neste

[20] Apesar de haver $2N$ soluções, há apenas N "modos normais", já que a solução seno é simplesmente a solução cosseno, alterada no tempo por $\pi/2\omega$.

caso ω fica abaixo de ck quando k aumenta, e a curva de dispersão realmente torna-se plana (isto é, a velocidade de grupo cai para zero) quando k alcança $\pm \pi/a$.

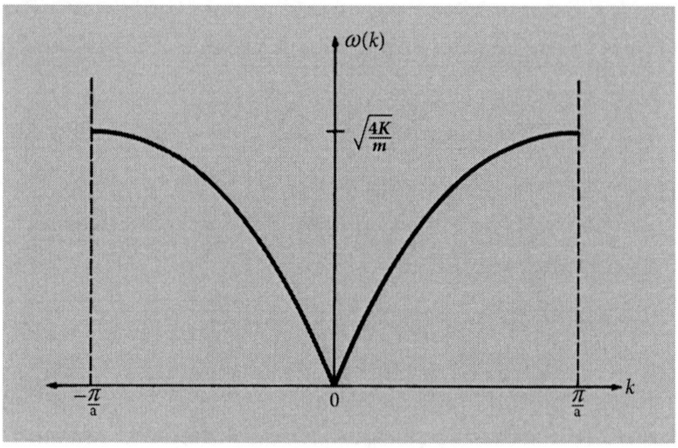

FIGURA 22.8

Curva de dispersão para uma corrente linear monoatômica com apenas interações de vizinhos mais próximos. Observe que ω é linear para k pequeno, e que $\partial\omega/\partial k$ desaparece nas fronteiras da zona ($k = \pm\pi/a$).

Se deixarmos de lado a suposição de que apenas os vizinhos mais próximos interagem, muito pouco se altera nesses resultados. A dependência funcional de ω em k se torna mais complexa, mas continuamos a encontrar N modos normais da forma (22.25) para os N valores permitidos de k. Além disso, a frequência angular $\omega(k)$ permanece linear em k para k pequeno em comparação com π/a, e satisfaz $\partial\omega/\partial k = 0$ em $k = \pm\pi/a$.[21]

MODOS NORMAIS DE UMA REDE UNIDIMENSIONAL COM UMA BASE

Consideramos a seguir uma rede de Bravais unidimensional com *dois* íons por célula primitiva, com posições de equilíbrio na e $na + d$. Tomamos os dois íons como idênticos, mas consideramos $d \leq a/2$, logo a força entre íons vizinhos depende de sua separação ser d ou $a - d$ (Figura 22.9).[22] Para simplicação, mais uma vez admitimos que apenas vizinhos mais próximos interagem, com

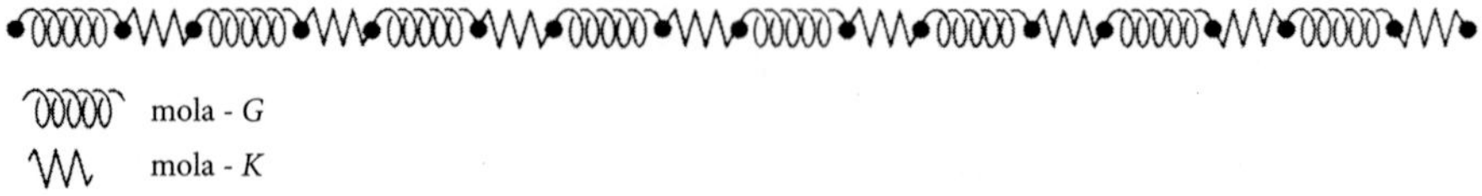

FIGURA 22.9

A corrente linear diatômica de átomos idênticos, conectada por molas de forças alternadas.

[21] Veja o Problema 1. Estas conclusões estão corretas desde que a interação seja de alcance finito, isto é, contanto que um íon interaja apenas com seu primeiro vizinho mediante os vizinhos de ordem m mais próximos, onde m é um número inteiro fixo (independente de N). Se a interação tiver alcance infinitamente longo, então ele deve cair mais rapidamente do que o inverso do cubo da distância interiônica (em uma dimensão), caso as frequências devam ser lineares em k para k pequeno.

[22] Um problema igualmente instrutivo surge quando as forças entre todos os pares iônicos vizinhos são idênticas, mas a massa iônica varia entre M_1 e M_2 ao longo da corrente (veja o Problema 2).

uma força que é maior para pares separados por d do que para pares separados por $a - d$ (já que $a - d$ excede d). A energia potencial harmônica (22.9) pode, então, ser escrita:

$$U^{\text{harm}} = \frac{K}{2}\sum_n [u_1(na) - u_2(na)]^2 + \frac{G}{2}\sum_n [u_2(na) - u_1([n+1]a)]^2, \quad \textbf{(22.32)}$$

onde definimos $u_1(na)$ para o deslocamento do íon que oscila em torno da posição na, e $u_2(na)$ para o deslocamento do íon que oscila em torno de $na + d$. Mantendo nossa escolha $d \leq a/2$, consideramos também $K \geq G$.

As equações de movimento são

$$\begin{aligned} M\ddot{u}_1(na) &= -\frac{\partial U^{\text{harm}}}{\partial u_1(na)} = -K[u_1(na) - u_2(na)] - G[u_1(na) - u_2([n-1]a)], \\ M\ddot{u}_2(na) &= -\frac{\partial U^{\text{harm}}}{\partial u_2(na)} = -K[u_2(na) - u_1(na)] - G[u_2(na) - u_1([n+1]a)]. \end{aligned} \quad \textbf{(22.33)}$$

Procuramos outra vez uma solução que represente uma onda com frequência angular ω e vetor de onda k:

$$\begin{aligned} u_1(na) &= \epsilon_1 e^{i(kna - \omega t)}, \\ u_2(na) &= \epsilon_2 e^{i(kna - \omega t)}. \end{aligned} \quad \textbf{(22.34)}$$

Aqui ϵ_1 e ϵ_2 são constantes a ser determinadas, cuja razão especificará a amplitude relativa e fase da vibração dos íons em cada célula primitiva. Como no caso monoatômico, a condição de contorno periódico de Born-von Karman mais uma vez leva aos N valores não equivalentes de k dados por (22.27).

Se substituirmos (22.34) em (22.33) e cancelarmos um fator comum de $e^{i(kna-\omega t)}$ de ambas as equações, ficamos com duas equações acopladas:

$$\begin{aligned} [M\omega^2 - (K+G)]\epsilon_1 + (K + Ge^{-ika})\epsilon_2 &= 0, \\ (K + Ge^{ika})\epsilon_1 + [M\omega^2 - (K+G)]\epsilon_2 &= 0. \end{aligned} \quad \textbf{(22.35)}$$

Este par de equações homogêneas terá uma solução, desde que a determinante dos coeficientes desapareça:

$$[M\omega^2 - (K+G)]^2 = |K + Ge^{-ika}|^2 = K^2 + G^2 + 2KG\cos ka. \quad \textbf{(22.36)}$$

A equação (22.36) se mantém para dois valores positivos de ω que satisfazem

$$\omega^2 = \frac{K+G}{M} \pm \frac{1}{M}\sqrt{K^2 + G^2 + 2KG\cos ka}, \quad \textbf{(22.37)}$$

com

$$\frac{\epsilon_2}{\epsilon_1} = \mp \frac{K + Ge^{ika}}{|K + Ge^{ika}|}. \quad \textbf{(22.38)}$$

Para cada um dos N valores de k há, assim, *duas* soluções, levando a um total de $2N$ modos normais, como é adequado aos $2N$ graus de liberdade (dois íons em cada uma das N células primitivas). As duas curvas ω versus K são chamadas de os dois *ramos* da relação de dispersão, e são representados graficamente na Figura 22.10. O ramo mais baixo tem a mesma estrutura que o único ramo que encontramos na rede de Bravais monoatômica: ω desaparece linearmente em k para k pequeno, e a curva torna-se plana nas bordas da zona de Brillouin. Esse ramo é conhecido como *ramo acústico* porque sua relação de dispersão é da forma $\omega = ck$ característica de ondas de som, em k pequeno. O segundo ramo começa em $\omega = \sqrt{2(K+G)/M}$ em $k = 0$ e diminui com o aumento de k para $\sqrt{2K/M}$ na borda da zona. Esse ramo é conhecido como *ramo óptico*, porque os modos ópticos de comprimento de onda longo em cristais iônicos podem interagir com a radiação eletromagnética e são responsáveis por muito do comportamento óptico característico desses cristais (Capítulo 27).

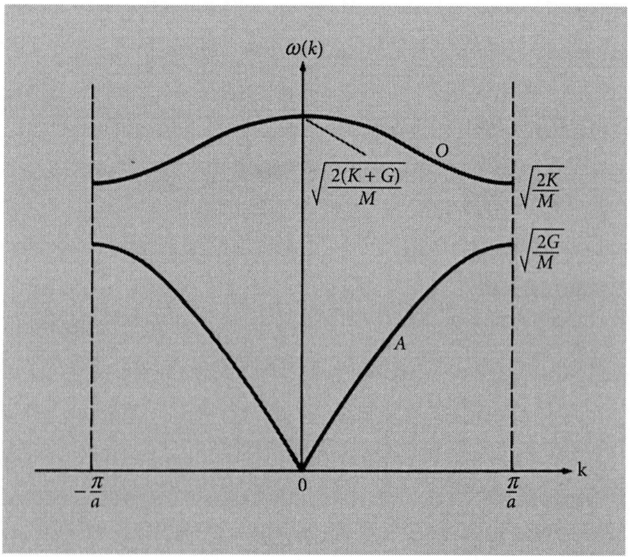

FIGURA 22.10

Relação de dispersão para a corrente linear diatômica. O ramo mais baixo é o ramo acústico e tem a mesma estrutura que o ramo individual presente no caso monoatômico (Figura 22.8). Em adição, há agora um ramo óptico (ramo superior.)

Podemos chegar à compreensão da natureza dos dois ramos considerando alguns casos especiais detalhadamente:

***Caso* 1** $k \ll \pi/a$. Aqui o $\cos ka \approx 1 - (ka)^2/2$, e para ordem dominante em k as raízes tornam-se:

$$\omega = \sqrt{\frac{2(K+G)}{M}} - O(ka)^2, \quad \textbf{(22.39)}$$

$$\omega = \sqrt{\frac{KG}{2M(K+G)}}(ka). \quad \textbf{(22.40)}$$

Quando k é muito pequeno (22.38) reduz para $\epsilon_2 = \mp \epsilon_1$. O sinal mais baixo pertence ao modo acústico e descreve um movimento no qual os dois íons na célula se movem em fase um com o outro (Figura 22.11). O sinal superior pertence ao modo óptico de alta frequência e descreve um movimento no qual os dois átomos na célula estão 180° fora de fase.

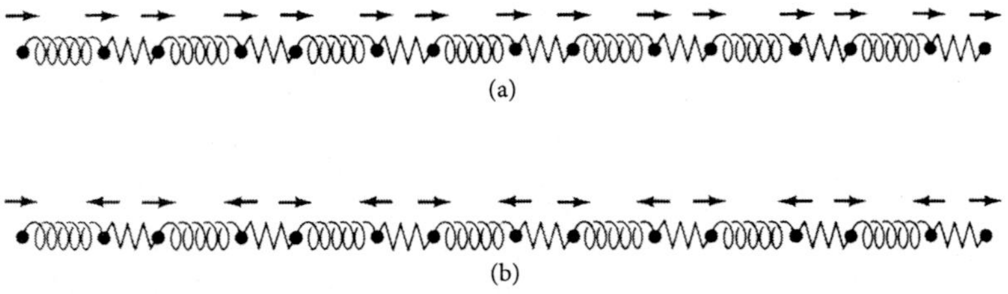

FIGURA 22.11

Os modos acústico (a) e óptico de comprimento de onda longo (b) na corrente linear diatômica. A célula primitiva contém os dois íons unidos pela mola K, representada por uma linha irregular. Em ambos os casos, o movimento de toda célula primitiva é idêntico, mas, no modo acústico, os íons dentro de uma célula se movem juntos, enquanto eles se movimentam 180° fora de fase no modo óptico.

***Caso* 2** $k = \pi/a$. Agora as raízes são

$$\omega = \sqrt{\frac{2K}{M}}, \quad \epsilon_1 = -\epsilon_2; \text{(22.41)}$$

$$\omega = \sqrt{\frac{2G}{M}}, \quad \epsilon_1 = \epsilon_2 \text{(22.42)}$$

Quando $k = \pi/a$, os movimentos em células vizinhas estão 180° fora de fase e, portanto, as duas soluções permanecem como ilustrado na Figura 22.12. Em cada caso, apenas um tipo de mola é estirado. Observe que, se as duas constantes de mola fossem a mesma, não haveria nenhum gap entre as duas frequências em $k = \pi/a$. A razão para isto é clara a partir da Figura 22.12.

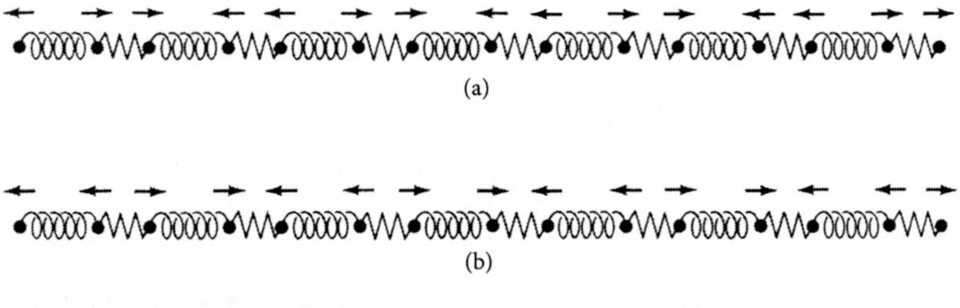

FIGURA 22.12

Os modos acústico (a) e óptico (b) da corrente linear diatômica, quando $k = \pm\pi/a$, nas bordas da zona de Brillouin. Agora o movimento varia em 180° de célula para célula. Entretanto, como na Figura 22.11, os íons dentro de cada célula se movimentam em fase no modo acústico, e 180° fora de fase no modo óptico. Observe que, se as molas K e G fossem idênticas, o movimento seria o mesmo em ambos os casos. É por isso que os dois ramos se tornam degenerados nas bordas da zona quando $k = G$.

***Caso* 3** $K >> G$ — Para ordem dominante em G/K temos:

$$\omega = \sqrt{\frac{2K}{M}}\left[1 + O\left(\frac{G}{K}\right)\right], \quad \epsilon_1 \approx -\epsilon_2; \text{(22.43)}$$

$$\omega = \sqrt{\frac{2G}{M}}\left|\operatorname{sen}\tfrac{1}{2}ka\right|\left[1 + O\left(\frac{G}{K}\right)\right], \quad \epsilon_1 \approx \epsilon_2. \text{(22.44)}$$

O ramo óptico agora tem uma frequência que é independente de k, para ordem dominante em G/K, e igual à frequência vibracional de uma única molécula diatômica composta de dois íons de massa M conectados por uma mola K. Consistente com esta imagem de vibrações moleculares independentes em cada célula primitiva, os movimentos atômicos em cada célula estão 180° fora de fase (para ordem dominante em G/K), qualquer que seja o comprimento de onda do modo normal. Uma vez que G/K não é zero, estas vibrações moleculares são muito fracamente ligadas, e o resultado é uma pequena expansão da ordem de G/K nas frequências de banda óptica, à medida que k varia através da zona de Brillouin.[23]

O ramo acústico (22.44) é (para ordem dominante em G/K) exatamente aquele para uma cadeia linear de átomos de massa $2M$ ligados pela fraca mola G [compare (22.44) com (22.29)]. Isto é consistente com o fato de que $\epsilon_1 = \epsilon_2$, ou seja, dentro de cada célula os átomos movem-se em fase, e a forte mola K dificilmente é esticada completamente.

Este caso sugere a seguinte caracterização da diferença entre ramos óptico e acústico:[24] no modo acústico todos os íons dentro de uma célula primitiva se movimentam essencialmente em fase, como uma unidade, e as dinâmicas são dominadas pela interação entre células; no modo óptico, por outro lado, os íons dentro de cada célula primitiva executam o que é essencialmente um modo vibratório molecular, expandido em uma banda de frequências em virtude das interações intercelulares.

***Caso* 4** $K = G$ — Nesse caso, estamos realmente lidando com uma rede de Bravais monoatômica de constante de rede $a/2$, e a análise da seção anterior é aplicável. Todavia, é instrutivo ver como aquela análise surge no limite $K \to G$. Este é o assunto do Problema 3.

MODOS NORMAIS DE UMA REDE DE BRAVAIS MONOATÔMICA TRIDIMENSIONAL

Consideramos agora um potencial harmônico tridimensional geral [equação (22.10)]. Para evitar tornar-se cego por índices é frequentemente conveniente adotar uma notação matricial, escrevendo uma grandeza como

$$\sum_{\mu\nu} u_\mu(\mathbf{R}) D_{\mu\nu}(\mathbf{R} - \mathbf{R}') u_\nu(\mathbf{R}') \text{(22.45)}$$

[23] Note a similaridade deste caso com a teoria da ligação forte dos níveis de energia eletrônica (Capítulo 10), na qual níveis de energia atômica fracamente ligados se expandem em uma banda estreita. Neste caso, níveis vibracionais fracamente ligados se expandem em uma banda estreita.

[24] Esta simples interpretação física não se mantém no caso geral.

o produto de vetor de **u(R)** com o vetor obtido pela operação sobre o vetor **u(R′)** com a matriz **D(R − R′)**. Com esta convenção, o potencial harmônico (22.10) pode ser definido:

$$U^{\text{harm}} = \frac{1}{2}\sum_{\mathbf{RR}'} \mathbf{u}(\mathbf{R})\mathbf{D}(\mathbf{R}-\mathbf{R}')\mathbf{u}(\mathbf{R}'). \quad \textbf{(22.46)}$$

Ao se discutirem os modos normais do cristal é útil explorar algumas simetrias gerais que devem ser obedecidas pelas matrizes **D(R − R′)**, independente das formas específicas das forças interiônicas.

***Simetria* 1**

$$D_{\mu\nu}(\mathbf{R}-\mathbf{R}') = D_{\nu\mu}(\mathbf{R}'-\mathbf{R}). \quad \textbf{(22.47)}$$

Uma vez que os D' são coeficientes na forma quadrática (22.10), eles podem sempre ser escolhidos para ter esta simetria. De modo alternativo, segue-se da definição geral de $D_{\mu\nu}$(**R** − **R′**) como uma segunda derivativa do exato potencial de interação,

$$D_{\mu\nu}(\mathbf{R}-\mathbf{R}') = \left.\frac{\partial^2 U}{\partial u_\mu(\mathbf{R})\partial u_\nu(\mathbf{R}')}\right|_{\mathbf{u}\equiv 0}, \quad \textbf{(22.48)}$$

por causa da independência de ordem de diferenciação.

***Simetria* 2**

$$D_{\mu\nu}(\mathbf{R}-\mathbf{R}') = D_{\mu\nu}(\mathbf{R}'-\mathbf{R}) \quad \text{or} \quad \mathbf{D}(\mathbf{R}) = \mathbf{D}(-\mathbf{R}), \quad \textbf{(22.49)}$$

ou, em virtude de (22.47),

$$D_{\mu\nu}(\mathbf{R}-\mathbf{R}') = D_{\nu\mu}(\mathbf{R}-\mathbf{R}'). \quad \textbf{(22.50)}$$

Esta simetria é resultado do fato de que toda rede de Bravais tem simetria de inversão. Isto implica que a energia de uma configuração na qual o íon associado ao sítio **R** tem um deslocamento **u(R)** deve ser a mesma que a energia da configuração na qual o íon associado ao sítio **R** tem um deslocamento −**u**(−**R**).[25] A equação (22.49) é exatamente a condição de que (22.45) seja inalterada por esta substituição (**u(R)** → −**u**(−**R**)) para valores arbitrários de **u(R)**.

***Simetria* 3**

$$\sum_{\mathbf{R}} D_{\mu\nu}(\mathbf{R}) = 0 \quad \text{ou} \quad \sum_{\mathbf{R}} \mathbf{D}(\mathbf{R}) = 0. \quad \textbf{(22.51)}$$

[25] Isto é, **r(R)** → −**r**(−**R**).

Isto resulta do fato de que a todo íon é dado o *mesmo* deslocamento **d** do equilíbrio ($\mathbf{u}(\mathbf{R}) \equiv \mathbf{d}$), então todo o cristal será simplesmente deslocado sem distorção interna, e U^{harm} terá o mesmo valor que ele tem quando todos os $\mathbf{u}(\mathbf{R})$ desaparecem, a saber, zero:

$$0 = \sum_{\substack{\mathbf{RR}' \\ \mu\nu}} d_\mu D_{\mu\nu}(\mathbf{R} - \mathbf{R}') d_\nu = \sum_{\mu\nu} N d_\mu d_\nu \Big(\sum_{\mathbf{R}} D_{\mu\nu}(\mathbf{R}) \Big). \quad \textbf{(22.52)}$$

A relação (22.51) é simplesmente a condição de que (22.52) desapareça para escolhas arbitrárias do vetor **d**.

Armados com estas simetrias, podemos proceder como a seguir:

Temos $3N$ equações de movimento (uma para cada um dos três componentes dos deslocamentos dos N íons):

$$M\ddot{u}_\mu(\mathbf{R}) = -\frac{\partial U^{\text{harm}}}{\partial u_\mu(\mathbf{R})} = -\sum_{\mathbf{R}'\nu} D_{\mu\nu}(\mathbf{R} - \mathbf{R}') u_\nu(\mathbf{R}'), \quad \textbf{(22.53)}$$

ou, em notação matricial,

$$M\ddot{\mathbf{u}}(\mathbf{R}) = -\sum_{\mathbf{R}} \mathbf{D}(\mathbf{R} - \mathbf{R}')\mathbf{u}(\mathbf{R}'). \quad \textbf{(22.54)}$$

Como nos casos unidimensionais buscamos soluções para as equações de movimento na forma de simples ondas planas:

$$\mathbf{u}(\mathbf{R}, t) = \boldsymbol{\epsilon} e^{i(\mathbf{k}\cdot\mathbf{R} - \omega t)}. \quad \textbf{(22.55)}$$

Aqui $\boldsymbol{\epsilon}$ é um vetor, a ser determinado, que descreve a direção na qual os íons se movem. Ele é conhecido como *vetor de polarização* do modo normal.

Continuamos a utilizar a condição de contorno periódico de Born-von Karman, exigindo que $\mathbf{u}(\mathbf{R} + N_i\mathbf{a}_i) = \mathbf{u}(\mathbf{R})$ para cada um dos três vetores primitivos $\mathbf{a}_i$, onde os N_i são grandes números inteiros que satisfazem $N = N_1 N_2 N_3$. Isto restringe os vetores de onda permitidos **k** àqueles da forma:[26]

$$\mathbf{k} = \frac{n_1}{N_1}\mathbf{b}_1 + \frac{n_2}{N_2}\mathbf{b}_2 + \frac{n_3}{N_3}\mathbf{b}_3, \qquad n_i \text{ integral}, \quad \textbf{(22.56)}$$

onde os $\mathbf{b}_i$ são os vetores da rede recíproca que satisfazem $\mathbf{b}_i \cdot \mathbf{a}_j = 2\pi\delta_{ij}$. Como em nossa discussão do caso tridimensional, apenas **k** dentro de uma única célula primitiva da rede recíproca fornecerá soluções distintas. Ou seja, ao se adicionar um vetor **K** de rede recíproca ao **k** que aparece em (22.55) os deslocamentos de todos os íons são completamente

[26] Compare a discussão na página 136, na qual restrições idênticas foram impostas para os vetores de onda permitidos para uma função de onda eletrônica em um potencial periódico.

inalterados, por causa da propriedade básica $e^{i\mathbf{K}\cdot\mathbf{R}} \equiv 1$, dos vetores da rede recíproca. Como consequência, haverá apenas N valores não equivalentes de **k** da forma (22.56) que podem ser escolhidos para estar em qualquer célula primitiva da rede recíproca. Geralmente, é conveniente tomar aquela célula como a primeira zona de Brillouin.

Se substituirmos (22.55) em (22.54), encontramos uma solução sempre que ϵ for um alto vetor do problema de alto valor tridimensional:

$$M\omega^2\boldsymbol{\epsilon} = \mathbf{D}(\mathbf{k})\boldsymbol{\epsilon}. \quad \mathbf{(22.57)}$$

Aqui, **D(k)**, conhecida como *matriz dinâmica*, é dada por

$$\mathbf{D}(\mathbf{k}) = \sum_{\mathbf{R}} \mathbf{D}(\mathbf{R}) e^{-i\mathbf{k}\cdot\mathbf{R}}. \quad \mathbf{(22.58)}$$

As três soluções para (22.57) para cada um dos N valores permitidos de **k** nos fornecem $3N$ modos normais. Ao se discutir estas soluções é útil transladar as simetrias de **D(R)** em simetrias correspondentes de **D(k)**. Segue-se de (22.49) e (22.51) que **D(k)** pode ser definida na forma:

$$\begin{aligned} \mathbf{D}(\mathbf{k}) &= \frac{1}{2}\sum_{\mathbf{R}} \mathbf{D}(\mathbf{R})[e^{-i\mathbf{k}\cdot\mathbf{R}} + e^{i\mathbf{k}\cdot\mathbf{R}} - 2] \\ &= \sum_{\mathbf{R}} \mathbf{D}(\mathbf{R})[\cos(\mathbf{k}\cdot\mathbf{R}) - 1] \quad \mathbf{(22.59)} \\ &= -2\sum_{\mathbf{R}} \mathbf{D}(\mathbf{R})\,\mathrm{sen}^2(\tfrac{1}{2}\mathbf{k}\cdot\mathbf{R}). \end{aligned}$$

A equação (22.59) demonstra explicitamente que **D(k)** é uma função par de **k**, e uma matriz real. Além disso, a equação (22.50) implica que **D(k)** é uma matriz simétrica. É um teorema de álgebra matricial que toda matriz real simétrica tridimensional tem três autovalores reais, ϵ_1, ϵ_2, ϵ_3, que satisfazem

$$\mathbf{D}(\mathbf{k})\boldsymbol{\epsilon}_S(\mathbf{k}) = \lambda_S(\mathbf{k})\boldsymbol{\epsilon}_S(\mathbf{k}), \quad \mathbf{(22.60)}$$

e pode ser normalizado de tal forma que

$$\boldsymbol{\epsilon}_S(\mathbf{k})\cdot\boldsymbol{\epsilon}_{S'}(\mathbf{k}) = \delta_{SS'}, \qquad S, S' = 1, 2, 3. \quad \mathbf{(22.61)}$$

Evidentemente que os três modos normais com vetor de onda **k** terão vetores de polarização $\epsilon_s(\mathbf{k})$ e frequências $\omega_s(\mathbf{k})$, dados por[27]

[27] Pode ser demonstrado que se **D(k)** tem qualquer autovalor negativo, então haverá uma configuração iônica para a qual U^{harm} é negativo, contradizendo a suposição de que U^{eq} é a energia mínima. Consequentemente, as frequências $\omega_s(\mathbf{k})$ são reais. Como no caso unidimensional, é suficiente tomar apenas a raiz quadrada positiva em (22.62).

$$\omega_S(\mathbf{k}) = \sqrt{\frac{\lambda_S(\mathbf{k})}{M}}. \quad (22.62)$$

Na rede de Bravais monoatômica unidimensional encontramos que $\omega(\mathbf{k})$ desapareceu linearmente com k em k pequeno. Na rede de Bravais monoatômica tridimensional isto permanece o caso para cada um dos três ramos. Isto é consequência da equação (22.59), para quando $\mathbf{k}\cdot\mathbf{R}$ é pequeno para todos os locais $\mathbf{R}$ de conexão cujos íons têm qualquer interação apreciável, então podemos aproximar o seno por[28]

$$\text{sen}^2(\tfrac{1}{2}\mathbf{k}\cdot\mathbf{R}) \approx (\tfrac{1}{2}\mathbf{k}\cdot\mathbf{R})^2 \quad (22.63)$$

e, portanto,

$$\mathbf{D}(\mathbf{k}) \approx -\frac{k^2}{2}\sum_{\mathbf{R}}(\hat{\mathbf{k}}\cdot\mathbf{R})^2\mathbf{D}(\mathbf{R}), \qquad \hat{\mathbf{k}} = \frac{\mathbf{k}}{k}. \quad (22.64)$$

Consequentemente, no limite de comprimento de onda longo (k pequeno) podemos definir

$$\omega_S(\mathbf{k}) = c_S(\hat{\mathbf{k}})k, \quad (22.65)$$

onde os $c_s(\hat{\mathbf{k}})$ são as raízes quadradas dos alto valores da matriz

$$-\frac{1}{2M}\sum_{\mathbf{R}}(\hat{\mathbf{k}}\cdot\mathbf{R})^2\mathbf{D}(\mathbf{R}). \quad (22.66)$$

Observe que, em geral, os c_s dependerão da direção $\hat{\mathbf{k}}$ de propagação da onda bem como do índice de ramo s.

Curvas de dispersão típicas para uma rede de Bravais monoatômica tridimensional são apresentadas na Figura 22.13.

[28] Se a interação não diminuir rápido o bastante com a distância, este procedimento pode não ser permissível. Uma condição suficiente para sua validade é que

$$\sum_{\mathbf{R}} R^2\mathbf{D}(\mathbf{R})$$

convirja, o que é garantido desde que $\mathbf{D}(\mathbf{R})$ diminua mais rapidamente que $\frac{1}{R^5}$ em três dimensões (conferir nota de rodapé 21 deste capítulo).

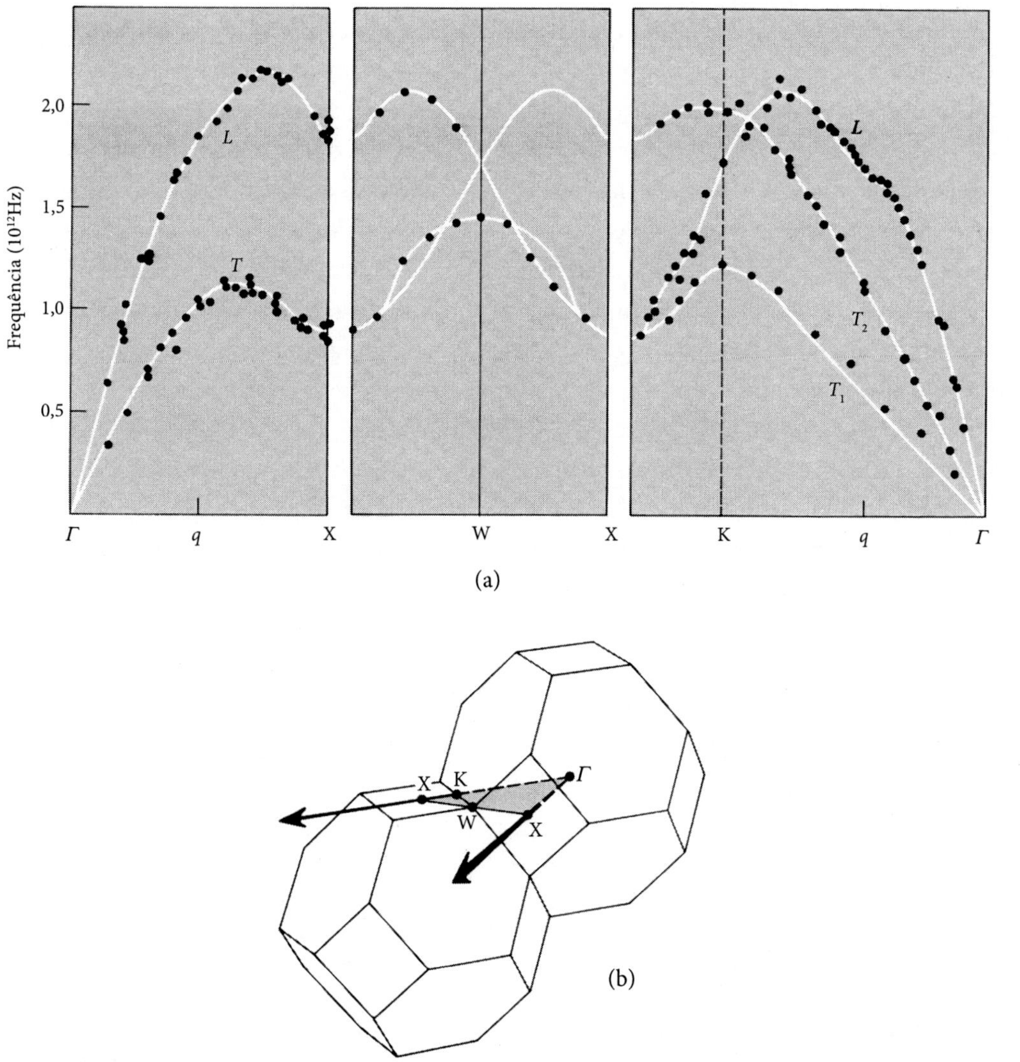

FIGURA 22.13

(a) Curvas de dispersão típicas para as frequências de modo normal em uma rede de Bravais monoatômica. As curvas são para o chumbo (cúbica de face centrada) e são representadas graficamente em um esquema de zona repetida ao longo das bordas do triângulo sombreado mostrado em (b). Note que os dois ramos transversais são degenerados na direção [100]. (Por Brockhouse *et al. Phys. Rev.*, 128, 1099, 1962.)

No caso tridimensional é importante considerar não apenas o comportamento das frequências $\omega_s(\mathbf{k})$, mas também as relações entre as direções dos vetores de polarização $\epsilon_s(\mathbf{k})$ e a direção de propagação **k**. Em um meio isotrópico, pode-se sempre escolher as três soluções para dado **k** de modo que um ramo (o ramo longitudinal) seja polarizado ao longo da direção de propagação ($\epsilon \parallel \mathbf{k}$), e os outros dois (os ramos transversais) são polarizados perpendicularmente à direção de propagação ($\epsilon_\perp \mathbf{k}$).

Em um cristal anisotrópico os vetores de polarização não precisam ser tão simplesmente relacionados à direção de propagação a não ser que **k** seja invariante sob operações de simetria apropriadas do cristal. Se, por exemplo, **k** fica ao longo de um eixo de rotação de 3, 4 ou 6 dobras, então um modo será polarizado ao longo de **k** e os outros dois serão polarizados perpendiculares a **k** (e degenerar na frequência).[29] Pode-se então continuar a utilizar a nomenclatura do meio isotrópico, referindo-se aos ramos longitudinal e transversal. Em cristais de alta simetria (por exemplo, os cristais cúbicos), essas direções de simetria são bem comuns. Como os vetores de polarização são funções contínuas de **k**, o ramo longitudinal quando **k** encontra-se ao longo de uma direção de simetria tende a ter um vetor de polarização bem próximo de ser encontrado ao longo de **k**, mesmo quando **k** não está ao longo de uma direção de simetria. De modo similar, os ramos que são transversais quando **k** está ao longo de uma simetria de direção têm polarizações não muito distantes do plano perpendicular a **k**, mesmo quando **k** fica em uma direção geral. Portanto, continua-se a falar de ramos longitudinais e transversais, mesmo que sejam estritamente longitudinais ou transversais apenas para direções especiais de **k**.

MODOS NORMAIS DE UMA REDE TRIDIMENSIONAL COM UMA BASE

O cálculo para uma rede tridimensional com uma base não é suficientemente diferente do caso que acabamos de descrever para precisarmos repetir. Do mesmo modo que em uma dimensão, o efeito principal de se introduzir uma base poliatômica é produzir ramos ópticos. A sua descrição torna-se mais complicada na forma notacional pela introdução de um índice de especificação de qual dos íons na base está se referindo. Os principais resultados da análise são, de longe, as extrapolações óbvias dos casos que já consideramos.

Para cada valor de **k** há $3p$ modos normais, onde p é o número de íons na base. As frequências $\omega_s(\mathbf{k})(s = 1, ..., 3p)$ são todas funções de **k**, com a periodicidade da rede recíproca, que correspondem ao fato de que ondas planas cujos vetores de onda **k** diferem por vetores **K** de rede recíproca descreve ondas de rede idênticas.

Três dos ramos $3p$ são acústicos; eles descrevem vibrações com frequências que desaparecem linearmente com k no limite de comprimento de onda longo. Os outros ramos $3(p - 1)$ são ópticos; sua frequência não desaparece no limite de comprimento de onda longo. Pode-se pensar nesses modos como generalizações ao caso cristalino dos três graus de liberdade vibracionais translacionais e $3(p - 1)$ de uma molécula atômica p. Curvas de dispersão típicas, para o caso $p = 2$, são apresentados na Figura 22.14.

Os vetores de polarização dos modos normais não estão mais relacionados por relações de ortogonalidade tão simples como (22.61). Se no modo normal s, o deslocamento do íon i na célula em torno de **R** é dado por onde M_i é a massa do tipo de íon de base de ordem i.

[29] Veja o Problema 4. Observe, entretanto, que os três vetores de polarização são ortogonais para direções *gerais* de **k** [equação (22.61)].

Em geral, os vetores de polarização não precisam ser reais,[30] nem a relação de ortogonalidade (22.68) se presta a uma simples interpretação geométrica geral.

$$\mathbf{u}_S^i(\mathbf{R},t) = \mathrm{Re}[\boldsymbol{\epsilon}_S^i(\mathbf{k})e^{i(\mathbf{k}\cdot\mathbf{R}-\omega_S(\mathbf{k})t)}], \mathbf{(22.67)}$$

então pode-se demonstrar que os vetores de polarização podem ser escolhidos para satisfazer as relações de ortogonalidade generalizada $3p$:

$$\sum_{i=1}^{p} \boldsymbol{\epsilon}_S^{i} * (\mathbf{k}) \cdot \boldsymbol{\epsilon}_{S'}^{i}(\mathbf{k}) M_i = \delta_{SS'}, \mathbf{(22.68)}$$

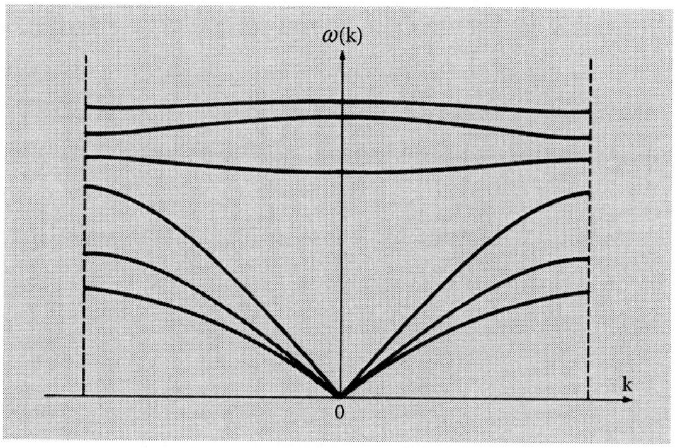

FIGURA 22.14

Curvas de dispersão típicas ao longo de uma direção geral no espaço k para uma rede com uma base de dois íons. As três curvas mais baixas (ramos acústicos) são lineares em k para k pequeno. As três curvas superiores (ramos ópticos) serão bem planas se as interações intracelulares são bem mais fortes do que aquelas entre células. Note que a direção de **k** não é uma de alta simetria, já que não há degeneração.

CONEXÃO COM A TEORIA DE ELASTICIDADE

A teoria clássica de elasticidade ignora a estrutura atômica microscópica de um sólido, e a trata como um *continuum*. Uma deformação geral do sólido é descrita em termos de um campo de deslocamento contínuo $\mathbf{u}(\mathbf{r})$, especificando o deslocamento de vetor da parte do sólido que ocupa, no equilíbrio, a posição **r**. A suposição fundamental da teoria é que a contribuição para a densidade de energia do sólido no ponto **r** depende apenas do valor de $\mathbf{u}(\mathbf{r})$ na vizinhança imediata de **r**, ou, mais precisamente, apenas nas primeiras derivadas de $\mathbf{u}(\mathbf{r})$ no ponto **r**.

Podemos derivar a teoria de elasticidade *continuum* da teoria de vibrações de rede, considerando apenas deformações de rede que variam lentamente em uma escala determinada pela variação das forças interiônicas. Devemos também assumir que se pode especificar a deformação dos íons de base dentro de cada célula primitiva inteiramente em termos

[30] Isto é, componentes perpendiculares do deslocamento no modo normal não estarão em fase, e o modo terá uma polarização elíptica.

do campo de vetor **u**(**r**), especificando o deslocamento de toda a célula. Para simplicar, restringimos nossa discussão a redes de Bravais monoatômicas, em que esta suposição é trivialmente válida.

Para derivarmos a teoria clássica de elasticidade primeiro observamos que as simetrias (22.49) e (22.51) nos permitem escrever a energia potencial harmônica (22.10) na forma:

$$U^{\text{harm}} = -\frac{1}{4}\sum_{\mathbf{RR}'}\{\mathbf{u}(\mathbf{R}') - \mathbf{u}(\mathbf{R})\}\mathbf{D}(\mathbf{R}-\mathbf{R}')\{\mathbf{u}(\mathbf{R}') - \mathbf{u}(\mathbf{R})\}. \quad \mathbf{(22.69)}$$

Consideramos apenas deslocamentos **u**(**R**) que têm uma variação muito leve de célula para célula. Podemos então considerar uma função contínua suave **u**(**r**), que é igual a **u**(**R**) quando **r** é uma posição da rede de Bravais. Se **u**(**r**) varia muito pouco sobre a faixa de **D**(**R** − **R**′), então para uma aproximação excelente (que se torna exata no limite de perturbações de comprimento de onda muito longo) podemos fazer a substituição

$$\mathbf{u}(\mathbf{R}') = \mathbf{u}(\mathbf{R}) + (\mathbf{R}' - \mathbf{R})\cdot\nabla\mathbf{u}(\mathbf{r})\big|_{\mathbf{r}=\mathbf{R}} \quad \mathbf{(22.70)}$$

em (22.69), para encontrar que

$$U^{\text{harm}} = \frac{1}{2}\sum_{\mathbf{R},\mu\nu\sigma\tau}\left(\frac{\partial}{\partial x_\sigma}u_\mu(\mathbf{R})\right)\left(\frac{\partial}{\partial x_\tau}u_\nu(\mathbf{R})\right)E_{\sigma\mu\tau\nu}. \quad \mathbf{(22.71)}$$

As grandezas $E_{\sigma\mu\tau\nu}$, que constituem um tensor do quarto grau, são dadas em termos de **D** por[31]

$$E_{\sigma\mu\tau\nu} = -\frac{1}{2}\sum_{\mathbf{R}} R_\sigma D_{\mu\nu}(\mathbf{R})R_\tau. \quad \mathbf{(22.72)}$$

Já que os **u**(**r**) estão variando lentamente, podemos igualmente bem escrever (22.71) como uma integral,

$$U^{\text{harm}} = \frac{1}{2}\sum_{\substack{\sigma\tau\\ \mu\nu}}\int d\mathbf{r}\left(\frac{\partial}{\partial x_\sigma}u_\mu(\mathbf{r})\right)\left(\frac{\partial}{\partial x_\tau}u_\nu(\mathbf{r})\right)\bar{E}_{\sigma\mu\tau\nu}, \quad \mathbf{(22.73)}$$

onde

$$\bar{E}_{\sigma\mu\tau\nu} = \frac{1}{v}E_{\sigma\mu\tau\nu}, \quad \mathbf{(22.74)}$$

e v é o volume da célula primitiva.

[31] Evidentemente nossa teoria fará sentido apenas se **D**(**R**) desaparecer rápido o bastante em grande R para a soma em (22.72) convergir. Isto será satisfeito trivialmente se **D**(**R**) desaparecer para R maior do que algum R_0, e também para **D**(**R**) de faixa infinitamente longa, desde que ele desapareça mais rapidamente do que $1/R^5$.

A equação (22.73) é o ponto de partida na análise da teoria clássica da elasticidade. Investigaremos o assunto adiante, para extrair as simetrias do tensor $E_{\sigma\mu\tau\nu}$ que a teoria explora.

Observe primeiro que se segue diretamente de (22.72) e (22.50) que $E_{\sigma\mu\tau\nu}$ não é alterado pela permuta ($\mu \leftrightarrow \nu$) ou a permuta ($\sigma \leftrightarrow \tau$). Assim, é suficiente especificar o valor de $E_{\sigma\mu\tau\nu}$ para os seis valores:

$$xx, \quad yy, \quad zz, \quad yz, \quad zx, \quad xy \tag{22.75}$$

do par $\mu\nu$, e os mesmos seis valores do par $\sigma\tau$. Isto indica que $6 \times 6 = 36$ números independentes são necessários para especificar a energia para determinada deformação. Outro argumento geral reduz seu número para 21; ele pode ser reduzido ainda mais pela exploração da simetria do cristal em particular à mão.

Outra redução no número de constantes elásticas independentes

A energia de um cristal não é afetada por uma rotação rígida. Entretanto, sob uma rotação através do ângulo infinitesimal $\delta\omega$ em torno de um eixo $\hat{\mathbf{n}}$ passando pela origem, cada vetor da rede de Bravais será trocado por

$$\mathbf{u}(\mathrm{R}) = \delta\boldsymbol{\omega} \times \mathrm{R}, \qquad \delta\boldsymbol{\omega} = \delta\omega\hat{\mathbf{n}}. \tag{22.76}$$

Se substituirmos (22.76) em (22.71), devemos encontrar que $U^{\mathrm{harm}} = 0$ para $\delta\omega$ arbitrário. Não é difícil demonstrar que isto implica que U^{harm} pode depender das derivadas $(\partial/\partial x_\sigma)u_\mu$ apenas na combinação simétrica (o tensor de força):

$$\varepsilon_{\sigma\mu} = \frac{1}{2}\left(\frac{\partial}{\partial x_\sigma}u_\mu + \frac{\partial}{\partial x_\mu}u_\sigma\right). \tag{22.77}$$

Consequentemente, podemos definir (22.73) como

$$U^{\mathrm{harm}} = \frac{1}{2}\int d\mathbf{r}\left[\sum_{\substack{\sigma\mu\\ \tau\nu}} \varepsilon_{\sigma\mu} c_{\sigma\mu\tau\nu} \varepsilon_{\tau\nu}\right], \tag{22.78}$$

onde

$$c_{\sigma\mu\tau\nu} = -\frac{1}{8v}\sum_{\mathbf{R}}\left[R_\sigma D_{\mu\nu} R_\tau + R_\mu D_{\sigma\nu} R_\tau + R_\sigma D_{\mu\tau} R_\nu + R_\mu D_{\sigma\tau} R_\nu\right]. \tag{22.79}$$

Fica claro a partir de (22.79) e da simetria (22.50) de **D** que $c_{\sigma\mu\tau\nu}$ é invariante sob a transposição $\sigma\mu \leftrightarrow \tau\nu$. Além disso, temos diretamente de (22.79) que $c_{\sigma\mu\tau\nu}$ é invariante sob as transposições $\sigma \leftrightarrow \mu$ ou $\tau \leftrightarrow \nu$. Como consequência, o número de componentes independentes de $c_{\sigma\mu\tau\nu}$ é reduzido para 21.

Simetrias cristalinas

Dependendo do sistema cristalino, pode-se ainda reduzir o número de constantes elásticas independentes.[32] O número máximo necessário para cada um dos sete sistemas cristalinos é apresentado

Tabela 22.1

Número das constantes elásticas independentes

Sistema Cristalino	Grupos pontuais	Constante elástica
Triclínico	todos	21
Monoclínico	todos	13
Ortorrômbico	todos	9
Tetragonal	C_4, C_{4h}, S_4	7
	$C_{4v}, D_4, D_{4h}, D_{2d}$	6
Romboédrico	C_3, S_6	7
	C_{3v}, D_3, D_{3d}	6
Hexagonal	todos	5
Cúbico	todos	3

na Tabela 22.1. Por exemplo, no caso cúbico, os únicos três componentes independentes são

$$c_{11} = c_{xxxx} = c_{yyyy} = c_{zzzz},$$

$$c_{12} = c_{xxyy} = c_{yyzz} = c_{zzxx},$$

$$c_{44} = c_{xyxy} = c_{yzyz} = c_{zxzx}.$$

Todos os outros componentes (nos quais x, y ou z devem aparecer como um índice um número ímpar de vezes) desaparecem porque a energia de um cristal cúbico não pode variar quando o sinal de um único componente do campo de deslocamento ao longo de qualquer um dos eixos cúbicos é trocado.

Infelizmente, a linguagem na qual a teoria da elasticidade é convencionalmente expressa falha em tirar o máximo partido da notação de tensor simples. Em particular, o campo de deslocamento é geralmente descrito não por (22.77), mas pelos componentes de força

$$\begin{aligned} e_{\mu\nu} &= \varepsilon_{\mu\nu}, \quad & \mu = \nu \\ &= 2\varepsilon_{\mu\nu}, \quad & \mu \neq \nu, \end{aligned} \qquad \textbf{(22.80)}$$

os quais são, por sua vez, simplificados em $e_\alpha, \alpha = 1, ..., 6$ de acordo com a regra:

$$xx \to 1, \quad yy \to 2, \quad zz \to 3, \quad yz \to 4, \quad zx \to 5, \quad xy \to 6. \qquad \textbf{(22.81)}$$

Ao invés da equação (22.78), escreve-se:

[32] Veja, por exemplo, Love, A. E. H. *A treatise on the mathematical theory of elasticity*. Nova York: Dover, 1944. p. 159.

$$U = \frac{1}{2}\sum_{\alpha\beta}\int d\mathbf{r}\; e_\alpha C_{\alpha\beta} e_\beta, \quad \textbf{(22.82)}$$

onde os elementos da matriz 6 × 6 de C' estão relacionados aos componentes do tensor $c_{\sigma\mu\tau\nu}$ por

$$\begin{aligned} &C_{\alpha\beta} = c_{\sigma\mu\tau\nu}, \\ &\text{onde } \alpha \leftrightarrow \sigma\mu \qquad \textbf{(22.83)} \\ &\text{e } \beta \leftrightarrow \tau\nu, \\ &\text{como especificado em (22.81).} \end{aligned}$$

As grandezas $C_{\alpha\beta}$ são chamadas constantes de firmeza elástica (ou os módulos elásticos). Os elementos da matriz S 6 × 6 que é inversa a C são chamados constantes de flexibilidade elástica (ou simplesmente de constantes elásticas).

Dada a densidade de energia potencial (22.78), a teoria macroscópica de elasticidade continua a construir uma equação de onda para $\mathbf{u}(\mathbf{r}, t)$. O modo mais claro de se fazer isto é observar que a energia cinética associada a dado campo de deformação $\mathbf{u}(\mathbf{r})$ pode ser definida na forma

$$T = \rho\int d\mathbf{r}\frac{1}{2}\dot{\mathbf{u}}(\mathbf{r},t)^2, \quad \textbf{(22.84)}$$

onde ρ é a densidade de massa da rede: $\rho = MN/V$. Podemos então definir uma Lagrangiana para o meio na forma:

$$L = T - U = \frac{1}{2}\int d\mathbf{r}\left[\begin{array}{l}\rho\dot{\mathbf{u}}(\mathbf{r})^2 - \frac{1}{4}\sum_{\substack{\mu\nu\\ \sigma\tau}} c_{\sigma\mu\nu\tau} \\ \left(\frac{\partial}{\partial x_\sigma}u_\mu(\mathbf{r}) + \frac{\partial}{\partial x_\mu}u_\sigma(\mathbf{r})\right)\left(\frac{\partial}{\partial x_\tau}u_\nu(\mathbf{r}) + \frac{\partial}{\partial x_\nu}u_\tau(\mathbf{r})\right)\end{array}\right]. \quad \textbf{(22.85)}$$

princípio de Hamilton,

$$\delta\int dt L = 0,$$

implica, então, as equações de movimento:[33]

$$\rho\ddot{u}_\mu = \sum_{\sigma\nu\tau} c_{\mu\sigma\nu\tau}\frac{\partial^2 u_\tau}{\partial x_\sigma \partial x_\nu}. \quad \textbf{(22.86)}$$

Se uma solução é buscada da forma

$$\mathbf{u}(\mathbf{r},t) = \boldsymbol{\epsilon} e^{i(\mathbf{k}\cdot\mathbf{r} - \omega t)} \quad \textbf{(22.87)}$$

[33] Estas também podem, claro, ser derivadas de um modo mais elementar e pitoresco considerando as forças que agem em elementos de pequeno volume. A superioridade da derivação Lagrangiana é apenas evidente quando a notação de tensor é usada.

então ω terá que ser relacionada a **k** por meio da equação de autovalor

$$\rho\omega^2\epsilon_\mu = \sum_\tau\left(\sum_{\sigma\nu} c_{\mu\sigma\nu\tau}k_\sigma k_\nu\right)\epsilon_\tau. \quad (22.88)$$

TABELA 22.2

Constantes elásticas para alguns cristais cúbicos*

Substância	C_{11}	C_{12}	C_{44}	Referência[b]
Li (78K)	0,148	0,125	0,108	1
Na	0,070	0,061	0,045	2
Cu	1,68	1,21	0,75	3
Ag	1,24	0,93	0,46	3
Au	1,86	1,57	0,42	3
Al	1,07	0,61	0,28	4
Pb	0,46	0,39	0,144	5
Ge	1,29	0,48	0,67	1
Si	1,66	0,64	0,80	3
V	2,29	1,19	0,43	6
Ta	2,67	1,61	0,82	6
Nb	2,47	1,35	0,287	6
Fe	2,34	1,36	1,18	7
Ni	2,45	1,40	1,25	8
LiCl	0,494	0,228	0,246	9
NaCl	0,487	0,124	0,126	9
KF	0,656	0,146	0,125	9
RbCl	0,61	0,062	0,047	10

* Constantes elásticas em 10^{12} dinas-cm^{-2} a 300K.

[b] Referências como a seguir:

1. Huntington, H. B. *Solid State Phys.*, 7, p. 214, 1958.
2. Ho, P.; Ruoff, A. L. *J. Phys. Chem. Solids*, 29, p. 2101, 1968.
3. deLaunay, J. *Solid State Phys.*, 2, p. 220, 1956.
4. Ho, P.; Ruoff, A. L. *J. Appl. Phys.*, 40, p. 3, 1969.
5. Ho, P.; Ruoff, A. L. *J. Appl. Phys.*, 40, p. 51, 1969.
6. Bolef, D. I. *J. Appl. Phys.*, 32, p. 100, 1961.
7. Rayne, J. A.; Chandrasekhar, B. S. *Phys. Rev.*, 122, p. 1714, a961.
8. Alers, G. A., et al. *J. Phys. Chem. Solids*, 13, p. 40, 1960.
9. Lewis, J. T., et al. *Phys. Rev.*, 161, p. 877, 1969.
10. Ghafelebashi, M., et al. *J. Appl. Phys.*, 41, p. 652 e 2268, 1970.

Esta tem a mesma estrutura que (e por (22.79) pode ser demonstrado ser idêntica aos) os resultados (22.65) e (22.66) derivados no limite de comprimento de onda longo da teoria harmônica geral. Desse modo, no limite de comprimentos de onda longos os modos normais do cristal discreto reduzem às ondas sonoras do continuum elástico. De modo contrário, medindo-se as velocidades do som no sólido, pode-se extrair informações sobre as constantes de força via (22.88) e a definição microscópica do $c_{\sigma\mu\tau\nu}$ em (22.79).

Na Tabela 22.2 listamos as constantes elásticas para alguns sólidos cúbicos representativos.

PROBLEMAS

1. *Cadeia linear com interações de vizinho mais próximo de ordem m*

Reexamine a teoria da corrente linear, sem fazer a suposição de que apenas vizinhos mais próximos interagem, substituindo a equação (22.22) por

$$U^{\text{harm}} = \sum_{n}\sum_{m>0} \frac{1}{2} K_m [u(na) - u([n+m]a)]^2. \quad \textbf{(22.89)}$$

(a) Mostre que a relação de dispersão (22.29) deve ser generalizada para

$$\omega = 2\sqrt{\sum_{m>0} K_m \frac{(\operatorname{sen}^2 \frac{1}{2} mka)}{M}}. \quad \textbf{(22.90)}$$

(b) Mostre que o limite de comprimento de onda longo da relação de dispersão, (22.31), deve ser generalizado para:

$$\omega = a\Big(\sum_{m>0} m^2 K_m / M\Big)^{1/2} |k|, \quad \textbf{(22.91)}$$

desde que $\Sigma m^2 K_m$ convirja.

(c) Mostre que se $K_m = 1/m^p$ $(1 < p < 3)$, de tal forma que a soma não convirja, então no limite de comprimento de onda longo

$$\omega \propto k^{(p-1)/2}. \quad \textbf{(22.92)}$$

[*Dica:* não é mais admissível usar a expansão de k pequeno do seno em (22.90), mas pode-se substituir a soma por uma integral no limite de k pequeno.]

$$\omega \sim k\sqrt{|\ln k|}. \quad \textbf{(22.93)}$$

2. *Corrente linear diatômica*

Considere uma corrente linear na qual íons alternados têm massa M_1 e M_2, e apenas vizinhos mais próximos interagem.

(a) Mostre que a relação de dispersão para os modos normais é

$$\omega^2 = \frac{K}{M_1 M_2}(M_1 + M_2 \pm \sqrt{M_1^2 + M_2^2 + 2M_1 M_2 \cos ka}). \quad \textbf{(22.94)}$$

(b) Discuta a forma da relação de dispersão e a natureza dos modos normais quando $M_1 >> M_2$.

3. ***Rede com uma base vista como uma rede de Bravais monoatômica fracamente perturbada***

É instrutivo examinar a relação de dispersão (22.37) para a rede unidimensional com uma base, no limite em que as constantes de acoplamento K e G se tornam muito próximas:

$$K = K_0 + \Delta, \qquad G = K_0 - \Delta, \qquad \Delta \ll K_0. \quad \textbf{(22.95)}$$

(a) Mostre que, quando $\Delta = 0$, a relação de dispersão (22.37) se reduz àquela para a corrente linear monoatômica com acoplamento de vizinho mais próximo. (*Atenção:* se o comprimento da célula unitária na corrente diatômica é a, então quando $K = G$ ela reduzirá a uma corrente monoatômica com constante de rede $a/2$. Além do mais, a zona de Brillouin ($-\pi/a < k < \pi/a$) para a corrente diatômica será apenas metade da zona de Brillouin ($-\pi/(a/2) < k < \pi/(a/2)$) da corrente monoatômica. Você deve, então, explicar como dois ramos (acústico e óptico) em metade da zona reduzem de volta a um ramo na zona completa. Para demonstrar a redução de forma convincente você deve examinar o comportamento da razão de amplitude, equação (22.38), quando $\Delta = 0$.)

(b) Mostre que quando $\Delta \neq 0$, mas $\Delta << K_0$, então a relação de dispersão difere daquela da corrente monoatômica apenas por termos da ordem $(\Delta/K_0)^2$, exceto quando $|\pi - ka|$ é da ordem Δ/K_0. Mostre que quando isto acontece a distorção da relação de dispersão para a corrente monoatômica é linear em Δ/K_0.[34]

4. ***Polarização dos modos normais de uma rede de Bravais monoatômica***

(a) Mostre que se **k** fica ao longo de um eixo de 3, 4 ou 6 dobras, então um modo normal é polarizado ao longo de **k**, e os outros dois são degenerados e polarizados perpendicularmente a **k**.

(b) Mostre que se **k** ficar em um plano de simetria especular, então um modo normal tem uma polarização perpendicular a **k**, e os outros dois têm vetores de polarização que ficam no plano especular.

(c) Mostre que se o ponto **k** ficar em um plano de Bragg que é paralelo a um plano de simetria especular, então um modo normal é polarizado perpendicularmente ao plano de Bragg, enquanto os outros dois têm polarizações que ficam no plano. (Note que neste caso os modos

---

[34] Observe a analogia com o modelo de elétron quase livre do Capítulo 9: o gás de elétrons livres corresponde à corrente linear monoatômica; o potencial periódico fraco corresponde à pequena variação no acoplamento entre pares alternados de vizinhos mais próximos.

não podem ser estritamente longitudinais e transversais a não ser que **k** seja perpendicular ao plano de Bragg.)

Para responder a estas questões, deve-se observar que qualquer operação que deixa tanto **k** quanto o cristal invariantes deve transformar um modo normal com vetor de onda **k** em outro. Em particular, o conjunto de três vetores de polarização (ortogonal) deve ser invariante sob tais operações. Ao aplicar este fato deve-se lembrar que se dois modos normais são degenerados, então qualquer vetor no plano estendido por seus vetores de polarização é também um possível vetor de polarização.

5. *Modos normais de um cristal tridimensional*

Considere uma rede de Bravais monoatômica cúbica de face centrada na qual cada íon interage apenas com seus (12) vizinhos mais próximos. Admita que a interação entre um par de íons vizinhos é descrita por um potencial de par ϕ que depende apenas da distância r entre o par de íons.

(a) Mostre que as frequências dos três modos normais com vetor de onda **k** são dadas por

$$\omega = \sqrt{\lambda / M} \quad \mathbf{(22.96)}$$

onde os λ são os autovalores da matriz 3×3:

$$\mathbf{D} = \sum_{\mathbf{R}} \text{sen}^2 (\tfrac{1}{2}\mathbf{k} \cdot \mathbf{R})[A\mathbf{1} + B\hat{\mathbf{R}}\hat{\mathbf{R}}]. \quad \mathbf{(22.97)}$$

Aqui a soma é sobre os 12 vizinhos mais próximos de $\mathbf{R} = 0$:

$$\frac{a}{2}(\pm\hat{\mathbf{x}} \pm \hat{\mathbf{y}}), \quad \frac{a}{2}(\pm\hat{\mathbf{y}} \pm \hat{\mathbf{z}}), \quad \frac{a}{2}(\pm\hat{\mathbf{z}} \pm \hat{\mathbf{x}}); \quad \mathbf{(22.98)}$$

1 é a matriz unitária ($(\mathbf{1})_{\mu\nu} = \delta_{\mu\nu}$), e $\hat{\mathbf{R}}\hat{\mathbf{R}}$ é a diádico formada a partir dos vetores unitários $\hat{\mathbf{R}} = \mathbf{R}/R$ (i.e., $(\hat{\mathbf{R}}\hat{\mathbf{R}})_{\mu\nu} = \hat{\mathbf{R}}_\mu \hat{\mathbf{R}}_\nu$. As constantes A e B são: $A = 2\phi'(d)/d$, $B = 2[\phi''(d) = \phi'(d)/d]$ onde d é a distância de equilíbrio do vizinho mais próximo. [Isto resulta das equações (22.59) e (22.11).]

(b) Mostre que quando **k** está na direção (100) ($\mathbf{k} = (k,0,0)$ em coordenadas retangulares), então um modo normal é estritamente longitudinal, com frequência

$$\omega_L = \sqrt{\frac{8A + 4B}{M}} \,\text{sen}\tfrac{1}{4}ka, \quad \mathbf{(22.99)}$$

e os outros dois são estritamente transversais e degenerados, com frequência

$$\omega_T = \sqrt{\frac{8A + 2B}{M}} \,\text{sen}\tfrac{1}{4}ka. \quad \mathbf{(22.100)}$$

(c) Quais são as frequências e polarizações dos modos normais quando **k** está ao longo de uma direção [111] ($\mathbf{k} = (k,k,k)/\sqrt{3}$)?

(d) Mostre que quando **k** está ao longo da direção [110] ($\mathbf{k} = (k,k,0)/\sqrt{2}$), então um modo é estritamente longitudinal, com frequência

$$\omega_L = \sqrt{\frac{8A+2B}{M}\operatorname{sen}^2\left(\frac{1}{4}\frac{ka}{\sqrt{2}}\right) + \frac{2A+2B}{M}\operatorname{sen}^2\left(\frac{1}{2}\frac{ka}{\sqrt{2}}\right)}, \quad \textbf{(22.101)}$$

um é estritamente transversal e polarizado ao longo do eixo z ($\epsilon = ((0,0,1))$, com frequência

$$\omega_T^{(1)} = \sqrt{\frac{8A+4B}{M}\operatorname{sen}^2\left(\frac{1}{4}\frac{ka}{\sqrt{2}}\right) + \frac{2A}{M}\operatorname{sen}^2\left(\frac{1}{2}\frac{ka}{\sqrt{2}}\right)}, \quad \textbf{(22.102)}$$

e o terceiro é estritamente transversal e perpendicular ao eixo z, com frequência

$$\omega_T^{(2)} = \sqrt{\frac{8A+2B}{M}\operatorname{sen}^2\left(\frac{1}{4}\frac{ka}{\sqrt{2}}\right) + \frac{2A}{M}\operatorname{sen}^2\left(\frac{1}{2}\frac{ka}{\sqrt{2}}\right)}. \quad \textbf{(22.103)}$$

(e) Esboce as curvas de dispersão ao longo das linhas ΓX e ΓKX, (Figura 22.13), supondo que $A = 0$. (*Observação*: o comprimento de ΓX é $2\pi/a$.)

23 Teoria quântica do cristal harmônico

Modos normais e fônons
Calor específico de alta temperatura
Calor específico de baixa temperatura
Modelos de Debye e de Einstein
Comparação do calor específico de rede e de eletrônicos
Densidade de modos normais (densidade de nível de fônon)
Analogia com a teoria de radiação de luz negra

No Capítulo 22 vimos que a contribuição das vibrações de rede para o calor específico de um cristal harmônico clássico era independente da temperatura (a lei de Dulong e Petit). No entanto, à medida que a temperatura diminui abaixo da temperatura ambiente, o calor específico de todos os sólidos começa a diminuir abaixo do valor clássico, até que se observa seu desaparecimento como T^3 (em isolantes) ou $AT + BT^3$ (em metais). A explicação para esse comportamento foi um dos primeiros triunfos da teoria quântica de sólidos.

Em uma teoria quântica de calor específico de um cristal harmônico, a expressão clássica (22.12) para a densidade de energia térmica u deve ser substituída pelo resultado mecânico-quântico geral onde E_i é a energia do estado estacionário de ordem i do cristal, e a soma é de todos os estados estacionários.

$$u = \frac{1}{V}\frac{\sum_i E_i e^{-\beta E_i}}{\sum_i e^{-\beta E_i}}, \qquad \beta = \frac{1}{k_B T}, \quad \textbf{(23.1)}$$

A energia desses estados estacionários são dadas pelos autovalores da Hamiltoniana harmônica[1]:

[1] Veja as equações (22.8) e (22.10). Mostramos apenas a forma apropriada a uma rede de Bravais monoatômica, mas a discussão que segue é bem geral. Adicionamos a energia cinética, que não mais desaparece do problema em um estágio anterior (como ocorre na mecânica estatística clássica). Deixamos de lado, no momento, a constante aditiva U^{eq}. Isto tem o efeito de subtrair U^{eq}/V da densidade de energia (23.1). Uma vez que U^{eq} não depende da temperatura, isto não tem efeito nenhum sobre o calor específico. Se requerermos, no entanto, a dependência no volume da energia interna, seria necessário manter U^{eq}.

$$H^{\text{harm}} = \sum_{\mathbf{R}} \frac{1}{2M} P(\mathbf{R})^2 + \frac{1}{2} \sum_{\mathbf{RR}'} u_\mu(\mathbf{R}) D_{\mu\nu}(\mathbf{R} - \mathbf{R}') u_\nu(\mathbf{R}'). \quad \textbf{(23.2)}$$

O procedimento detalhado pelo qual estes autovalores são extraídos é resumido no Apêndice L. O resultado deste cálculo é tão simples e intuitivamente plausível que, simplesmente, o expomos aqui, desimpedido por sua derivação direta, mas muito longa.

Para especificar os níveis de energia de um cristal harmônico de N íons, considere-o como $3N$ osciladores independentes, cuja frequência é aquela dos $3N$ modos normais clássicos descritos no Capítulo 22. A contribuição para a energia total de um modo normal em particular, com frequência angular $\omega_s(\mathbf{k})$, pode ter apenas o conjunto discreto de valores

$$(n_{\mathbf{k}s} + \tfrac{1}{2})\hbar\omega_s(\mathbf{k}), \quad \textbf{(23.3)}$$

onde n_{ks}, o número de excitação do modo normal, restringe-se aos valores 0, 1, 2, ... Especifica-se um estado de todo o cristal pelo fornecimento de números de excitação para cada um dos $3N$ modos normais. A energia total é exatamente a soma das energias dos modos normais individuais:

$$E = \sum_{\mathbf{k}s} (n_{\mathbf{k}s} + \tfrac{1}{2})\hbar\omega_s(\mathbf{k}). \quad \textbf{(23.4)}$$

É possível avaliar a energia térmica (23.1) diretamente de (23.4). Antes de fazê-lo, entretanto, desviamos do assunto principal para descrever a linguagem na qual os estados excitados do cristal harmônico são costumeiramente discutidos.

MODOS NORMAIS *VERSUS* FÔNONS

Descrevemos o resultado (23.4) em termos do número de excitação n_{ks} do modo normal com vetor de onda **k** no ramo *s*. Essa nomenclatura pode ser bem difícil, especialmente ao descrever processos nos quais a energia é trocada entre os modos normais ou entre os modos normais e outros sistemas — como elétrons, nêutrons incidentes ou raios X incidentes. Em geral, substitui-se a linguagem dos modos normais por uma descrição corpuscular equivalente, análoga à terminologia utilizada na teoria quântica do campo eletromagnético. Naquela teoria, as energias permitidas de um modo normal do campo de radiação em uma cavidade são dadas por $(n + \frac{1}{2})\hbar\omega$, onde ω é a frequência angular do modo. É prática universal, no entanto, falar-se não do número quântico de excitação do modo, n, mas do número, n, de *fótons* daquele tipo presente. Do mesmo modo, ao invés de dizer que o modo normal do ramo *s* com vetor de onda **k** está em seu estado excitado de ordem n_{ks}, diz-se que há n_{ks} *fônons* do tipo *s* com vetor de onda **k** presente no cristal.

O termo "fônon" enfatiza esta analogia com os fótons. O último são os *quanta* do campo de radiação, que (na faixa de frequência adequada) descreve a luz clássica.

O primeiro são os *quanta* do campo de deslocamento iônico que (na faixa de energia apropriada) descreve o som clássico. Apesar de a linguagem de fônons ser mais conveniente do que aquela dos modos normais, as duas nomenclaturas são completamente equivalentes.

FORMA GERAL DO CALOR ESPECÍFICO DE REDE

Para calcular a contribuição das vibrações de rede da energia interna, substituímos a forma explícita (23.4) dos níveis de energia na fórmula geral (23.1). Para desembaraçar o cálculo, introduzimos a grandeza

$$f = \frac{1}{V}\ln\left(\sum_i e^{-\beta E_i}\right). \quad \textbf{(23.5)}$$

A identidade

$$u = -\frac{\partial f}{\partial \beta} \quad \textbf{(23.6)}$$

pode ser verificada por diferenciação explícita de (23.5). Para avaliar f, observe que $e^{-\beta E}$ ocorre exatamente uma vez para toda energia E da forma (23.4) na expansão do produto

$$\prod_{\mathbf{k}s}\left(e^{-\beta\hbar\omega_s(\mathbf{k})/2} + e^{-3\beta\hbar\omega_s(\mathbf{k})/2} + e^{-5\beta\hbar\omega_s(\mathbf{k})/2} + \dots\right). \quad \textbf{(23.7)}$$

Os termos individuais neste produto são exatamente séries geométricas convergentes, que podem ser explicitamente somadas, para fornecer

$$f = \frac{1}{V}\ln\prod_{\mathbf{k}s}\frac{e^{-\beta\hbar\omega_s(\mathbf{k})/2}}{1 - e^{-\beta\hbar\omega_s(\mathbf{k})}}. \quad \textbf{(23.8)}$$

Diferenciando f, como exigido por (23.6), encontramos que a densidade de energia interna é dada por

$$\frac{1}{V}\sum_{\mathbf{k}s}\hbar\omega_s(\mathbf{k})[n_s(\mathbf{k}) + \tfrac{1}{2}], \quad \textbf{(23.9)}$$

onde

$$n_s(\mathbf{k}) = \frac{1}{e^{\beta\hbar\omega_s(\mathbf{k})} - 1}. \quad \textbf{(23.10)}$$

Comparando a equação (23.9), para a densidade de energia térmica média do cristal à temperatura T, com a equação (23.4), para a energia em um estado estacionário em particular, se é levado a concluir que $n_s(\mathbf{k})$ é simplesmente o número de excitação média do modo normal **k***s* à temperatura T. Na linguagem do fônon, $n_s(\mathbf{k})$ é o número médio de fônons do tipo **k***s* presentes no equilíbrio térmico[2] à temperatura T.

Desse modo, a simples expressão clássica para a densidade de energia de um cristal harmônico à temperatura T, equação (22.18), deve ser generalizado para[3]

$$u = u^{\text{eq}} + \frac{1}{V}\sum_{\mathbf{k}s} \tfrac{1}{2}\hbar\omega_s(\mathbf{k}) + \frac{1}{V}\sum_{\mathbf{k}s} \frac{\hbar\omega_s(\mathbf{k})}{e^{\beta\hbar\omega_s(\mathbf{k})} - 1}. \quad \textbf{(23.11)}$$

À medida que $T \to 0$, o terceiro termo desaparece, mas, em contraste com o resultado clássico (22.18), permanece não apenas a energia u^{eq} da configuração de equilíbrio, mas também um segundo termo, que fornece a energia das vibrações do ponto zero dos modos normais. Toda a dependência na temperatura de u (e, consequentemente, toda a contribuição ao calor específico) provém do terceiro termo, cuja variação com a temperatura é bem mais complexa do que a simples forma linear do resultado clássico. Na teoria quântica do sólido harmônico, o calor específico não é mais constante, mas é fornecido por

$$c_v = \frac{1}{V}\sum_{\mathbf{k}s} \frac{\partial}{\partial T} \frac{\hbar\omega_s(\mathbf{k})}{e^{\beta\hbar\omega_s(\mathbf{k})} - 1}, \quad \textbf{(23.12)}$$

que agora depende de forma detalhada do espectro de frequência dos modos normais.

Alguns aspectos gerais do calor específico (23.12) surgem em casos limitantes, que examinaremos a seguir.

CALOR ESPECÍFICO DE ALTA TEMPERATURA

Quando $k_BT/\hbar$ é grande em comparação com todas as frequências de fônon (isto é, quando todo modo normal está em estado altamente excitado), então o argumento da exponencial será pequeno em cada termo de (23.12) e podemos expandir:

$$\begin{aligned} &\frac{1}{e^x - 1} = \frac{1}{x + \frac{1}{2}x^2 + \frac{1}{6}x^3 + \ldots} = \frac{1}{x}\left[1 - \frac{x}{2} + \frac{x^2}{12} + O(x^3)\right], \\ &x = \frac{\hbar\omega}{k_BT} \ll 1. \end{aligned} \quad \textbf{(23.13)}$$

---

[2] Aqueles que estão familiarizados com o gás ideal de Bose reconhecerão a equação (23.10) como um caso especial da função de distribuição de Bose-Einstein, fornecendo o número de bósons com energia $\hbar\omega_s(\mathrm{k})$ no equilíbrio térmico à temperatura T, quando o potencial químico μ é considerado zero. A falta de liberdade na seleção de μ vem do fato de que o número total de bósons em equilíbrio térmico não é uma variável independente à nossa disposição no caso dos fônons (como o é, por exemplo, no caso de átomos de ^{4}He), mas é inteiramente determinado pela temperatura.

[3] Para comparação com a equação (22.18), reintroduzimos a constante fornecendo a energia potencial da distribuição de equilíbrio estático.

Se mantivermos apenas o termo dominante nesta expansão, então o adendo em (23.12) se reduzirá para a constante $k_B T$, e o calor específico se reduzirá a k_B vezes a densidade dos modos normais, $3N/V$. Esta é exatamente a lei clássica de Dulong e Petit (22.19).

Termos adicionais na expansão (23.13) produzem as correções quânticas de alta temperatura à lei de Dulong e Petit. O termo linear em x (entre colchetes) fornece um termo independente de temperatura na energia térmica (que é precisamente igual a menos a energia do ponto zero) e, portanto, não afeta o calor específico. A correção principal é, assim, dada pelo termo entre colchetes quadrático em x. Quando este é substituído em (23.12), ele fornece uma correção ao calor específico de Dulong e Petit c_v^0 da forma:

$$c_v = c_v^0 + \Delta c_v, \qquad \frac{\Delta c_v}{c_v^0} = -\frac{\hbar^2}{12(k_B T)^2}\frac{1}{3N}\sum \omega_s(\mathbf{k})^2. \quad \textbf{(23.14)}$$

Em temperaturas altas o suficiente para esta expansão se tornar válida, as correções anarmônicas ao calor específico clássico, não incluídas no valor de Dulong e Petit,[4] parecem ser de significância e tenderão a mascarar a correção quântica (23.14).[5]

CALOR ESPECÍFICO DE BAIXA TEMPERATURA

Para discutirmos o calor específico de modo mais genérico, observamos primeiro que, no limite de um cristal grande, o conjunto de vetores de onda discretos somados na equação (23.12) torna-se denso na escala sobre a qual o adendo tem variação apreciável. Podemos, então, substituir a soma por uma integral de acordo com a prescrição geral (2.29) para qualquer conjunto de vetores que satisfazem as condições de contorno de Born-von Karman, definindo (23.12) como

$$c_v = \frac{\partial}{\partial T}\sum_s \int \frac{d\mathbf{k}}{(2\pi)^3}\frac{\hbar\omega_s(\mathbf{k})}{e^{\hbar\omega_s(\mathbf{k})/k_B T} - 1}, \quad \textbf{(23.15)}$$

onde a integral deve ser tomada sobre a primeira zona de Brillouin.

Em temperaturas muito baixas, os modos com $\hbar\omega_s(\mathbf{k}) >> k_B T$ contribuirão de forma desprezível para (23.15), já que o integrando desaparecerá exponencialmente. Entretanto, já que $\omega_s(\mathbf{K}) \to 0$ quando $k \to 0$ nos três ramos acústicos, esta condição não poderá ser satisfeita por modos acústicos de comprimento de onda suficientemente longo, não importando quão baixa seja a temperatura. Esses modos (e apenas esses) continuarão a contribuir apreciavelmente com o calor específico. Tendo isto em mente, podemos fazer as seguintes simplificações em (23.15), todas elas resultando em um erro fracional extremamente pequeno, no limite de temperatura zero:

---

[4] Veja o item 2 e a discussão que o segue.

[5] De fato, nessas temperaturas altas os cristais reais provavelmente tenham se fundido – uma forma extrema de comportamento anarmônico.

1. Mesmo que o cristal tenha uma base poliatômica, podemos ignorar os modos ópticos na soma sobre s, já que suas frequências são limitadas abaixo.[6]

2. Podemos substituir a relação de dispersão $\omega = \omega_s(\mathbf{k})$ para os três ramos acústicos por sua forma de comprimento de onda longo (22.65) $\omega = c_s(\hat{\mathbf{k}})k$. Isto será válido desde que $k_BT/\hbar$ seja substancialmente menor que aquelas frequências nas quais as curvas de dispersão acústica começam a diferir consideravelmente de suas formas lineares de comprimento de onda longo.

3. Podemos substituir a integração no espaço k sobre a primeira zona de Brillouin por uma integração sobre todo o espaço k. Isto porque o integrando é demasiadamente pequeno, a não ser que $\hbar c_s(\hat{\mathbf{k}})k$ seja da ordem de k_BT, que acontece apenas na vizinhança imediata de $\mathbf{k} = \mathbf{0}$ em baixas temperaturas.

Estas três simplificações são ilustradas na Figura 23.1.

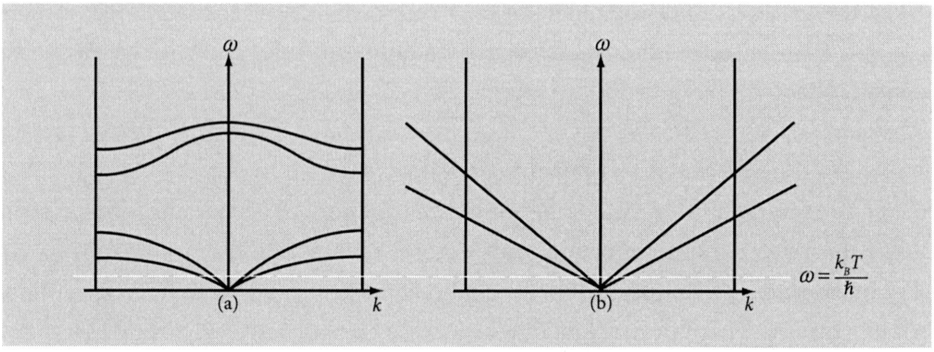

Figura 23.1

As simplificações que podem ser feitas na avaliação do calor específico de baixa temperatura de um cristal harmônico. (a) Relações de dispersão de modo normal típicas para um cristal diatômico ao longo de uma direção específica no espaço k (considerado uma direção de simetria alta o suficiente para dois dos ramos acústicos e dois dos ramos ópticos serem degenerados). (b) O espectro que substitui (a) na avaliação da integral (23.15). Os ramos acústicos são substituídos por ramos lineares, estendendo sobre todo k (ou seja, a integral é estendida da primeira zona para todo o espaço k) e os ramos ópticos são ignorados. Isto é justificado uma vez que as frequências grandes comparadas com $k_BT/\hbar$ (aquelas partes das curvas de dispersão em (a) e (b) acima da linha horizontal tracejada) fazem contribuições desprezíveis a (23.15), e porque as partes das curvas de dispersão que descrevem modos que contribuem (as partes abaixo da linha horizontal tracejada) são idênticas em (a) e em (b).

Assim, em temperaturas muito baixas, (23.15) pode ser simplificada para

$$c_v = \frac{\partial}{\partial T}\sum_s \int \frac{d\mathbf{k}}{(2\pi)^3}\frac{\hbar c_s(\hat{\mathbf{k}})k}{e^{\hbar c_s(\hat{\mathbf{k}})k/k_BT} - 1}, \quad \textbf{(23.16)}$$

[6] Sob algumas condições especiais (geralmente associadas à iminente variação na estrutura cristalina), um ramo óptico pode abaixar por um momento a quase frequência zero (adquirindo o que é conhecido como "modo suave"). Quando isto acontece, haverá contribuição adicional ao calor específico de baixa temperatura do ramo óptico.

onde a integral é sobre todo o espaço k. Avaliamos a integral em coordenações esféricas, definindo $d\mathbf{k} = k^2 dk\, d\Omega$. Se fizermos a mudança de variáveis $\beta\hbar c_s(\hat{\mathbf{k}})k = x$ na integração k, então (23.16) torna-se

$$c_v = \frac{\partial}{\partial T}\frac{(k_B T)^4}{(\hbar c)^3}\frac{3}{2\pi^2}\int_0^\infty \frac{x^3 dx}{e^x - 1}, \quad \textbf{(23.17)}$$

onde $1/c^3$ é a média da terceira potência inversa das velocidades de fase de comprimento de onda longo dos três modos acústicos:

$$\frac{1}{c^3} = \frac{1}{3}\sum_s \int \frac{d\Omega}{4\pi}\frac{1}{c_s(\hat{\mathbf{k}})^3}. \quad \textbf{(23.18)}$$

A integral definida em (23.17) pode ser avaliada escrevendo-se[7]

$$\int_0^\infty \frac{x^3 dx}{e^x - 1} = \sum_{n=1}^{\infty}\int_0^\infty x^3 e^{-nx} dx = 6\sum_{n=1}^{\infty}\frac{1}{n^4} = \frac{\pi^4}{15}. \quad \textbf{(23.19)}$$

Portanto, em temperaturas muito baixas[8]

$$c_v \approx \frac{\partial}{\partial T}\frac{\pi^2}{10}\frac{(k_B T)^4}{(\hbar c)^3} = \frac{2\pi^2}{5}k_B\left(\frac{k_B T}{\hbar c}\right)^3. \quad \textbf{(23.20)}$$

Esta relação pode ser verificada comparando-se o calor específico de baixa temperatura medido com as constantes elásticas mensuradas, que estão diretamente relacionadas às velocidades de fase que aparecem na definição (23.18) de c. Nos haletos alcalinos, por exemplo, descobriu-se que a discordância é menor que os erros experimentais nas medições (em geral, em torno de 1%).[9]

Como (23.20) permanece válida apenas enquanto $k_B T/\hbar$ é pequeno em comparação a todas as frequências de fônon que não estão na parte linear do espectro, podemos esperar que isto exija que $k_B T/\hbar$ seja uma pequena fração das frequências próximas à borda da zona. Isto requer que T esteja bem abaixo da temperatura ambiente. Já que a lei de Dulong e Petit começa a falhar quando a temperatura cai abaixo da temperatura ambiente, há uma faixa de temperatura considerável sobre a qual nem as avaliações de alta nem as de baixa temperatura do calor específico são válidas e deve-se trabalhar com a forma geral (23.15). No entanto, é bem comum utilizar um esquema de interpolação aproximado para esta faixa intermediária de temperatura.

---

[7] Veja também o Apêndice C, equações (C.11) a (C.13).

[8] Enfatizamos, mais uma vez, que este resultado se torna assintoticamente exato (dentro da aproximação harmônica) como T → 0, ou seja, ele pode ser escrito como uma igualdade:

$$\lim_{T\to 0}\frac{c_v}{T^3} = \frac{2\pi^2}{5}\frac{k_B^4}{\hbar^3 c^3}.$$

[9] J. T. Lewis et al. *Phys. Rev.*, 161, p. 877, 1967.

CALOR ESPECÍFICO DE TEMPERATURA INTERMEDIÁRIA: OS MODELOS DE DEBYE E EINSTEIN

As mais recentes teorias quânticas de calores específicos de rede, propostas por Einstein e Debye, não utilizaram espectros de fônon da forma geral que estamos considerando, mas admitiram relações de dispersão de modo normal de uma estrutura especialmente simples. Seus resultados, com base em aproximações imperfeitas das relações de dispersão de modo normal, são ainda utilizáveis como fórmulas de interpolação. A teoria de Debye teve impacto considerável na nomenclatura do assunto, e mesmo no modo como os dados são apresentados.

O esquema de interpolação de Debye

O modelo de Debye substitui todos os ramos do espectro vibracional por três ramos, cada um com a mesma relação de dispersão linear:[10]

$$\omega = ck. \quad \textbf{(23.21)}$$

Além disso, a integral em (23.15) sobre a primeira zona de Brillouin é substituída por uma integral sobre uma esfera de raio k_D, escolhida por conter precisamente N vetores de onda permitidos, onde N é o número de íons no cristal. Como o volume do espaço k por vetor de onda é $(2\pi)^3/V$ (veja o Capítulo 2). Isso requer que $(2\pi)^3N/V$ seja igual a $4\pi k_D^3/3$, tal que k_D seja determinado pela relação[11]

$$\boxed{n = \frac{k_D^3}{6\pi^2}.} \quad \textbf{(23.22)}$$

Como consequência dessas simplificações, a equação (23.15) reduz-se a

$$c_v = \frac{\partial}{\partial T}\frac{3\hbar c}{2\pi^2}\int_0^{k_D}\frac{k^3\,dk}{e^{\beta\hbar ck}-1}. \quad \textbf{(23.23)}$$

Ao avaliar a integral (23.23), é conveniente definir uma frequência de Debye por

$$\boxed{\omega_D = k_D c} \quad \textbf{(23.24)}$$

e uma temperatura de Debye por

$$\boxed{k_B\Theta_D = \hbar\omega_D = \hbar c k_D.} \quad \textbf{(23.25)}$$

[10] No caso de uma rede com uma base poliatômica, a representação dos ramos $3p$ do espectro do fônon por apenas três é compensada pelo volume da esfera de Debye sendo p vezes o volume da primeira zona de Brillouin. Este ponto é elaborado na discussão do modelo de Einstein.

[11] Em aplicações a metais, quando há um perigo de se confundir a densidade de íons com a densidade de elétrons de condução, iremos denotar o primeiro por n_i e o último por n_e. Os dois estão relacionados por $n_e = Zn_i$, onde Z é a valência nominal. Já que o vetor de onda de Fermi de elétron livre k_F satisfaz $k_F^3/3\pi^2 = n_e$, k_D relaciona-se a k_F em um metal por $k_D = (2/Z)^{1/3}k_F$.

Evidentemente, k_D é uma medida do espaçamento interpartículas inverso, ω_D é uma medida da frequência máxima de fônon, e Θ_D é uma medida da temperatura acima da qual todos os modos começam a ficar excitados, e abaixo da qual os modos começam a ser "congelados".[12]

Se fizermos a troca das variáveis $\hbar ck/k_B T = x$, então (23.23) pode ser escrita em termos da temperatura de Debye:

$$c_v = 9nk_B\left(\frac{T}{\Theta_D}\right)^3 \int_0^{\Theta_D/T} \frac{x^4 e^x \, dx}{(e^x - 1)^2}. \quad \textbf{(23.26)}$$

Esta fórmula expressa o calor específico em todas as temperaturas em termos de um único parâmetro empírico, Θ_D. Um modo razoável de se escolher Θ_D (apesar de não ser, de modo nenhum, a única maneira utilizada) é fazer com que (23.26) esteja de acordo com o calor específico observado em baixas temperaturas. Isto será garantido (ao menos na aproximação harmônica) se a velocidade c em (23.21) ou (23.25) for relacionada com o exato espectro de fônon por meio de (23.18). A forma resultante para o calor específico de baixa temperatura é[13]

$$\boxed{c_v = \frac{12\pi^4}{5} nk_B\left(\frac{T}{\Theta_D}\right)^3 = 234\left(\frac{T}{\Theta_D}\right)^3 nk_B.} \quad \textbf{(23.27)}$$

Valores de Θ_D para alguns dos haletos alcalinos, determinados pela adequação de termo T^3 em seus calores específicos de baixa temperatura, são citados na Tabela 23.1.

TABELA 23.1

Temperaturas de Debye para os cristais de haletos alcalinos*

	F	Cl	Br	I
Li	730	422	–	–
Na	492	321	244	164
K	336	231	173	131
Rb	–	165	131	103

* Fornecido em Kelvin. Todos os valores foram obtidos por comparação da constante em T^3 para se adequar ao calor específico de baixa temperatura da equação (23.27), exceto para NaF, KF e NaBr, onde Θ_D foi deduzido das constantes elásticas medidas por meio de (23.18) e (23.25). (Em casos em que os valores foram obtidos por ambos os métodos, eles estão de acordo dentro de 1% ou 2%, o que constitui cerca do tamanho da incerteza experimental em números.)

Fonte: J. T. Lewis *et al. Phys. Rev.*, 161, p. 877, 1967.

[12] Pode-se também considerar Θ_D e ω_D como medidas da "firmeza" do cristal.

[13] Isto pode ser derivado diretamente de (23.26) observando-se que para $T < \Theta_D$, o limite superior da integral pode ser estendido ao infinito com erro exponencialmente pequeno. É também equivalente ao resultado exato (23.20), desde que c seja eliminado em favor de Θ_D e a densidade iônica via (23.22) e (23.25).

Infelizmente, Θ_D não é sempre escolhido por esta convenção. Em parte, porque o resultado de Debye (23.26) foi visto por alguns como bem mais geral do que uma fórmula de interpolação aproximada, a prática surgiu da adequação de capacidades de calor observadas com (23.26) permitindo que Θ_D dependa da temperatura. Não há nenhuma boa razão para se fazer isso, mas a prática persiste até os dias de hoje — na extensão em que resultados de medições de capacidades de calor são algumas vezes reportados em termos de $\Theta_D(T)$ em vez dos próprios dados.[14] É útil, na conversão de tal informação de volta aos calores específicos, ter um gráfico do c_v de Debye como uma função de $\Theta_D(T)$. Mostramos isso na Figura 23.3, e alguns valores numéricos da função são dados na Tabela 23.2. Na Tabela 23.3 fornecemos algumas temperaturas de Debye para elementos selecionados que foram determinados pela adequação da capacidade de calor observada com a fórmula de Debye (23.26) no ponto em que a capacidade de calor é cerca de metade do valor de Dulong e Petit.

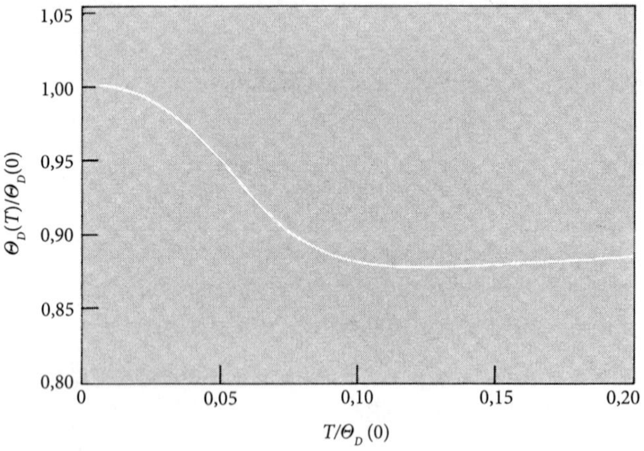

Figura 23.2

Temperatura de Debye como uma função da temperatura para o argônio e o criptônio. Este é um modo amplamente utilizado de se apresentar dados de calor específico. (L. Finegold; N. Phillips. *Phys. Rev.*, 177, 1383, 1969.)

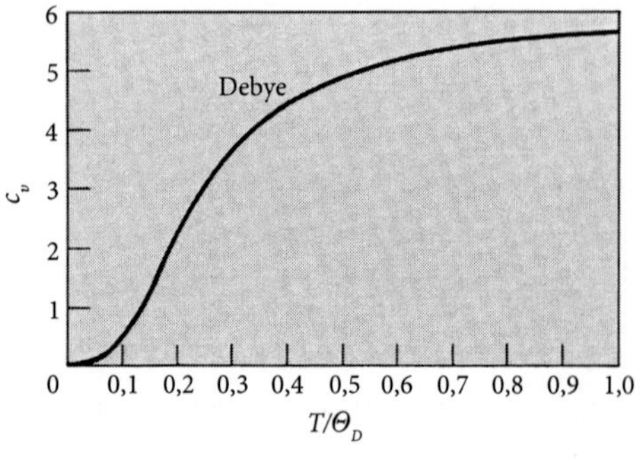

Figura 23.3

Calor específico na aproximação de Debye (em cal/mol K) *vs.* T/Θ_D. (De J. de Launay, *op. cit.*; veja a Tabela 23.2.)

Observe que em temperaturas bem acima de Θ_D podemos substituir o integrando em (23.26) por sua forma para x pequeno, e o resultado de Dulong e Petit aparece. (Isso deve ser esperado, já que foi construído na fórmula pela definição de k_D.) Assim, a temperatura de

[14] Veja, por exemplo, a Figura 23.2.

TABELA 23.2

Dependência na temperatura do calor específico de Debye*

T/Θ_D	$c_v/3nk_B$	T/Θ_D	$c_v/3nk_B$	T/Θ_D	$c_v/3nk_B$
0,00	0	0,35	0,687	0,70	0,905
0,05	0,00974	0,40	0,746	0,75	0,917
0,10	0,0758	0,45	0,791	0,80	0,926
0,15	0,213	0,50	0,825	0,85	0,934
0,20	0,369	0,55	0,852	0,90	0,941
0,25	0,503	0,60	0,874	0,95	0,947
0,30	0,608	0,65	0,891	1,00	0,952

* Os itens da Tabela são as razões dos calores específicos de Debye pelos de Dulong e Petit, isto é, $c_v/3nk_B$, com c_v dado por (23.26).

Fonte: J. de Launay. *Solid state physics*. v. 2. F. Seitz; D. Turnbull (eds.). Nova York: Academic Press, 1956.

TABELA 23.3

Temperaturas de Debye para elementos selecionados*

Elemento	Θ_D(K)	Elemento	Θ_D(K)
Li	400	A	85
Na	150	Ne	63
K	100		
		Cu	315
Be	1000	Ag	215
Mg	318	Au	170
Ca	230		
		Zn	234
B	1250	Cd	120
Al	394	Hg	100
Ga	240		
In	129	Cr	460
Tl	96	Mo	380
		W	310
C (diamante)	1860	Mn	400
Si	625	Fe	420
Ge	360	Co	385
Sn (cinza)	260	Ni	375
Sn (branco)	170	Pd	275
Pb	88	Pt	230
As	285	La	132
Sb	200	Gd	152
Bi	120	Pr	74

* As temperaturas foram determinadas pela adequação dos calores específicos observados c_v à fórmula de Debye (23.26) no ponto onde $c_v = 3nk_B/2$. Fonte: J. de Launay, *op. cit.*

Debye tem o mesmo papel na teoria de vibrações de rede que a temperatura de Fermi tem na teoria dos elétrons em metais. Ambas são uma medida da temperatura que separa a região de baixa temperatura em que a estatística quântica deve ser utilizada a partir da região de alta temperatura em que a mecânica estatística clássica é válida. No entanto, no caso eletrônico temperaturas reais são sempre bem abaixo de T_F, ao passo que Θ_D (veja a Tabela 23.3) é tipicamente da ordem de 10^2 K, logo podemos encontrar os regimes clássico e quântico.

O modelo de Einstein

No modelo de Debye de um cristal com uma base poliatômica, os ramos ópticos do espectro são representados pelos altos valores *k* da mesma expressão linear (23.21) cujos *k* de baixos valores fornecem o ramo acústico (Figura 23.4a). Um esquema alternativo constitui aplicar

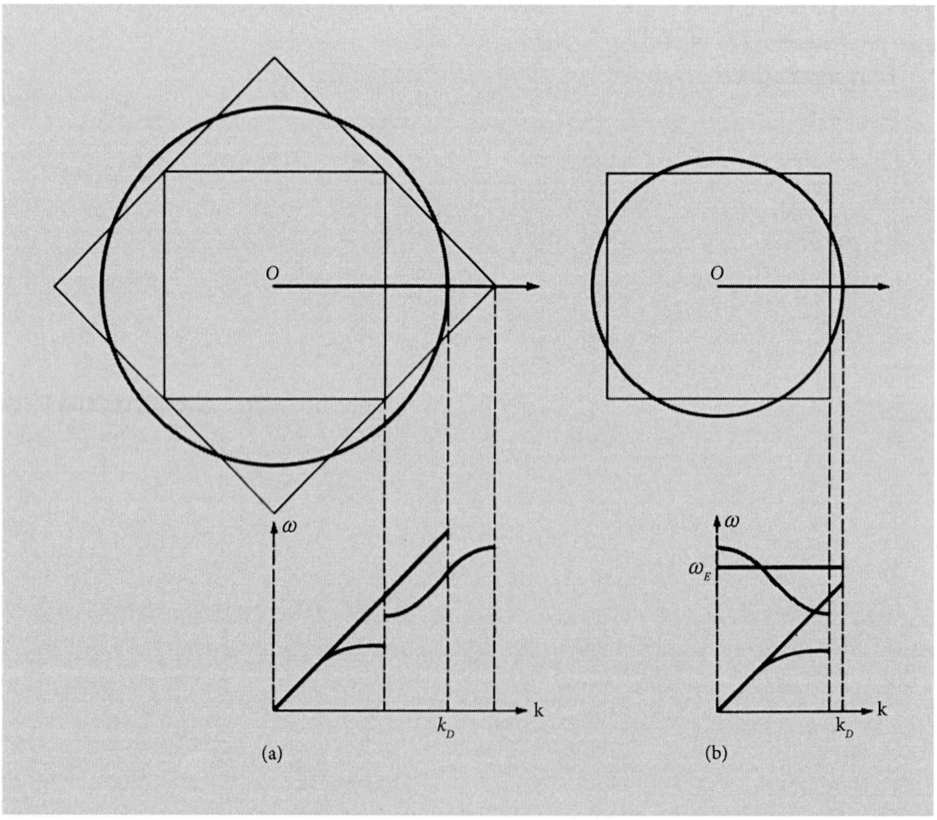

FIGURA 23.4

Dois modos diferentes de aproximar os ramos acústico e óptico de um cristal diatômico (ilustrados em duas dimensões ao longo de uma linha de simetria). (a) *A aproximação de Debye*. As primeiras duas zonas da rede quadrada são substituídas por um círculo com a mesma área total, e todo o espectro é substituído por um linear dentro do círculo. (b) *Aproximação de Debye para o ramo acústico e aproximação de Einstein para o ramo óptico*. A primeira zona é substituída por um círculo com a mesma área, o ramo acústico é substituído por um ramo linear dentro do círculo, e o ramo óptico é substituído por um ramo constante dentro de círculo.

o modelo de Debye apenas aos três ramos acústicos do espectro. Os ramos ópticos são representados pela "aproximação de Einstein", que substitui a frequência de cada ramo óptico por uma frequência ω_E que não depende de **k** (veja a Figura 23.4b). A densidade n em (23.22), (23.26) e (23.27) deve então ser considerada o número de células primitivas por unidade de volume do cristal e (23.26) fornecerá apenas a contribuição dos ramos acústicos ao calor específico.[15] Cada ramo óptico contribuirá

$$\frac{n\hbar\omega_E}{e^{\hbar\omega_E/k_BT}-1} \quad (23.28)$$

para a densidade de energia térmica na aproximação de Einstein, logo, se há p esses ramos haverá um termo adicional no calor específico.[16]

$$c_v^{\text{óptico}} = pnk_B\frac{(\hbar\omega_E/k_BT)^2 e^{\hbar\omega_E/k_BT}}{(e^{\hbar\omega_E/k_BT}-1)^2} \quad (23.29)$$

Os aspectos característicos do termo de Einstein (23.29) são: (a) bem acima da temperatura de Einstein $\Theta_E = \hbar\omega_E/k_B$ cada modo óptico simplesmente contribui com a constante k_B/V ao calor específico, como exigido pela lei clássica de Dulong e Petit; e (b) em temperaturas bem abaixo da temperatura de Einstein, a contribuição dos modos ópticos ao calor específico cai exponencialmente, refletindo a dificuldade de se excitar termicamente qualquer modo óptico em baixas temperaturas.

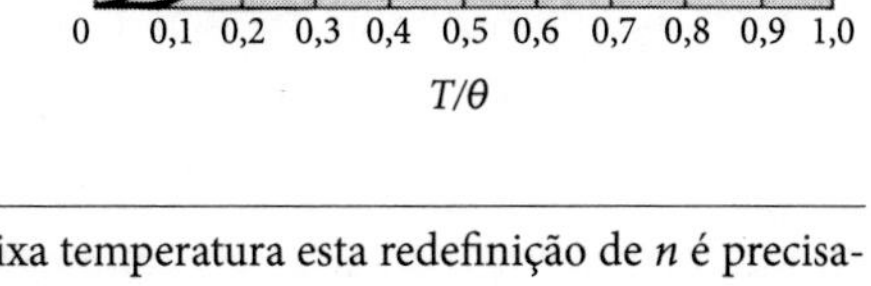

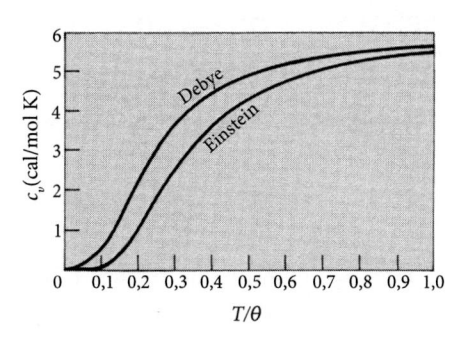

FIGURA 23.5
Uma comparação das aproximações de Debye e de Einstein ao calor específico de um cristal isolante. Θ é a temperatura de Debye ou de Einstein, dependendo de qual curva está sendo examinada. Ambas as curvas são normalizadas para aproximar do valor de Dulong e Petit de 5,96 cal/mol K em altas temperaturas. Ao se adequar a um sólido com uma base de m íons, à curva de Einstein deve ser dada $m - 1$ vezes o peso da de Debye. (De J. de Launay, *op. cit,*; veja a Tabela 23.2.)

[15] Observe que na equação (23.27) para o calor específico de baixa temperatura esta redefinição de n é precisamente compensada pela redefinição de Θ_D, de tal forma que o coeficiente de T^3 não varie. Isso reflete o fato de que os ramos ópticos não contribuem para o calor específico de baixa temperatura, cuja forma deve, portanto, ser independente de como eles são tratados.

[16] A primeira aplicação da mecânica quântica à teoria dos calores específicos dos sólidos foi realizada por Einstein, que propôs um calor específico total da forma (23.29). Apesar de esta forma ter produzido o declínio observado da forma de alta temperatura de Dulong e Petit, ela caiu demasiadamente rápido a zero nas temperaturas muito baixas (veja a Figura 23.5). Subsequentemente, Debye observou que se um sólido poderia suportar ondas elásticas de comprimento de onda muito longo e, consequentemente, de frequência muito baixa, a imagem de um sólido como conjunto de osciladores idênticos, na qual a fórmula de Einstein se baseou, não poderia estar correta. Todavia, o modelo de Einstein se aplica muito bem à contribuição de um ramo óptico relativamente estreito ao calor específico, e naquele papel o modelo ainda é utilizado.

COMPARAÇÃO DE CALORES ESPECÍFICOS DE REDE E ELETRÔNICO

É útil ter uma medida da temperatura na qual o calor específico de um metal deixa de ser dominado pela contribuição eletrônica (linear em T) em vez da contribuição das vibrações de rede (cúbicas em T). Se dividirmos a contribuição eletrônica para o calor específico [equação (2.81)] pela forma de baixa temperatura (23.27) da contribuição do fônon, e observarmos que a densidade eletrônica é Z vezes a densidade de íons, onde Z é a valência nominal, encontramos

$$\frac{c_v^{\mathrm{el}}}{c_v^{\mathrm{ph}}} = \frac{5}{24\pi^2} Z \frac{\Theta_D^3}{T^2 T_F}. \quad \textbf{(23.30)}$$

Deste modo, a contribuição de fônon começa a exceder a contribuição eletrônica em uma temperatura T_0, dada por

$$T_0 = 0,145\left(\frac{Z\Theta_D}{T_F}\right)^{1/2}\Theta_D. \quad \textbf{(23.31)}$$

Como as temperaturas de Debye são da ordem da temperatura ambiente, enquanto as temperaturas de Fermi são várias dezenas de milhares de Kelvin, a temperatura T_0 é, em geral, uma pequena porcentagem da temperatura de Debye, ou seja, alguns poucos graus Kelvin. Isso explica por que o termo linear na capacidade de calor dos metais é apenas observado em baixas temperaturas.

DENSIDADE DE MODOS NORMAIS (DENSIDADE DE NÍVEL DE FÔNON)

Encontram-se frequentemente propriedades de rede que, como o calor específico (23.15), são da forma

$$\frac{1}{V}\sum_{\mathbf{k}s} Q(\omega_s(\mathbf{k})) = \sum_s \int \frac{d\mathbf{k}}{(2\pi)^3} Q(\omega_s(\mathbf{k})). \quad \textbf{(23.32)}$$

Em geral, é conveniente reduzir tais grandezas a integrais de frequência, introduzindo uma densidade de modos normais por unidade de volume,[17] $g(\omega)$, definido de tal forma que $g(\omega)$ $d\omega$ seja o número total de modos com frequências na faixa infinitesimal entre ω e $\omega + d\omega$, dividido pelo volume total do cristal. Em termos de g, a soma ou integral em (23.32) leva à forma

$$\int d\omega\, g(\omega) Q(\omega). \quad \textbf{(23.33)}$$

Comparando-se (23.33) com (23.32) torna-se claro que a densidade dos modos normais pode ser representada na forma

[17] Compare a discussão análoga da densidade eletrônica de níveis nas páginas 143-145. Em geral, $g(\omega)$ é tomado como aquele que fornece as contribuições de todos os ramos do espectro do fônon, mas pode-se também definir $g_s(\omega)$ separados para cada ramo.

$$g(\omega) = \sum_s \int \frac{d\mathbf{k}}{(2\pi)^3} \delta(\omega - \omega_s(\mathbf{k})). \quad (23.34)$$

A densidade dos modos normais é também chamada densidade fônon de níveis, já que se descrevermos a rede no fônon ao invés da linguagem de modo normal, cada modo normal corresponderá a um nível possível para um único fônon.

Seguindo precisamente os mesmos passos que levaram à representação (8.63) para a densidade eletrônica de níveis, pode-se representar a densidade de fônon de níveis na forma alternativa

$$g(\omega) = \sum_s \int \frac{dS}{(2\pi)^3} \frac{1}{|\nabla \omega_s(\mathbf{k})|}, \quad (23.35)$$

onde a integral é sobre a superfície na primeira zona em que $\omega_s(\mathbf{k}) \equiv \omega$. Exatamente como no caso eletrônico, já que $\omega_s(\mathbf{k})$ é periódico, haverá uma estrutura de singularidades em $g(\omega)$, refletindo o fato de que a velocidade de grupo que aparece no denominador de (23.35) deve desaparecer em algumas frequências. Como no caso eletrônico, as singularidades são conhecidas como singularidades de van Hove.[18] Uma densidade típica de níveis que exibem estas singularidades é apresentada na Figura 23.6, e uma ilustração concreta de como as singularidades surgem na corrente linear é fornecida no Problema 3.

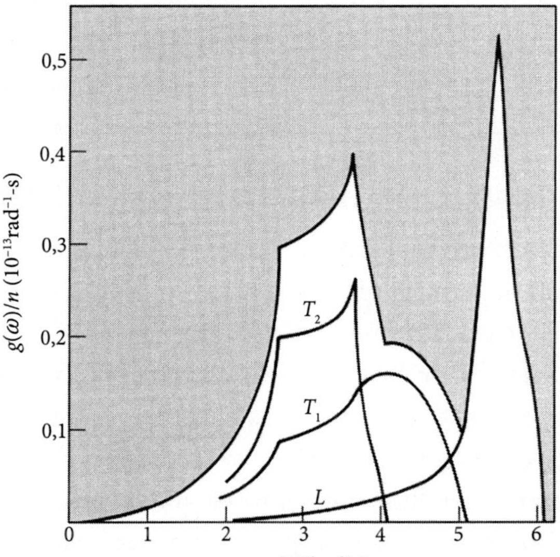

FIGURA 23.6

Densidade de níveis de fônon no alumínio, como deduzida a partir de dados de espalhamento de nêutrons (Capítulo 24). A curva mais alta é a densidade de níveis completa. Densidades de níveis separadas para os três ramos são também mostradas. (Por R. Stedman; L. Almqvist; G. Nilsson. *Phys. Rev.*, 162, p. 549, 1967.)

[18] As singularidades foram, de fato, em princípio observadas no contexto da teoria de vibrações de rede.

A aproximação de Debye e suas limitações são expressas de forma bem compacta em termos da densidade de níveis. Se os três ramos do espectro têm a relação de dispersão linear (23.21), e caso admita-se que os vetores de onda dos modos normais fiquem dentro de uma esfera de raio k_D ao invés da primeira zona de Brillouin, então (23.34) torna-se simplesmente:

$$g_D(\omega) = 3\int_{k<k_D} \frac{d\mathbf{k}}{(2\pi)^3}\delta(\omega - ck) = \frac{3}{2\pi^2}\int_0^{k_D} k^2 dk\delta(\omega - ck)$$
$$= \begin{Bmatrix} \frac{3}{2\pi^2}, & \omega < \omega_D = k_D c; \\ 0, & \omega > \omega_D. \end{Bmatrix} \quad \textbf{(23.36)}$$

Este simples comportamento parabólico é claramente uma aproximação bem imperfeita da forma característica de sólidos reais (Figura 23.6). A escolha de k_D garante que a área sob a curva $g_D(\omega)$ será a mesma que sob a curva correta, e se, em adição, a velocidade c for escolhida de acordo com (23.18), então as curvas estarão de acordo com a vizinhança de $\omega = 0$. A primeira propriedade é suficiente para produzir a lei de Dulong e Petit em altas temperaturas, e a última garante o calor específico correto em baixas temperaturas.[19]

De modo semelhante, um modelo de Einstein para um ramo óptico corresponde à aproximação:

$$g_E(\omega) = \int_{\text{zona}} \frac{d\mathbf{k}}{(2\pi)^3}\delta(\omega - \omega_E) = n\delta(\omega - \omega_E), \quad \textbf{(23.37)}$$

da qual se pode esperar que forneça resultados razoáveis desde que a variação de frequência da propriedade Q, sendo calculada, não seja significativa sobre a largura do ramo óptico real.

ANALOGIA COM A TEORIA DA RADIAÇÃO DE LUZ NEGRA

A analogia fóton-fônon descrita transporta a uma correspondência entre a teoria da radiação eletromagnética em equilíbrio térmico (chamada radiação de luz negra) e a teoria da energia vibracional de um sólido, que acabamos de discutir. Esses assuntos foram uma fonte de mistério no contexto da física clássica que prevaleceu na virada do século XX. A falha da lei de Dulong e Petit ao explicar os calores específicos muito baixos de sólidos em baixas temperaturas foi espelhada pela falha da teoria clássica em prever a densidade de energia para a radiação de luz negra, que não produzia uma resposta infinita quando somada sobre todas as frequências — a catástrofe de Rayleigh-Jeans. Em ambos os casos o problema surgiu do resultado clássico que todos os modos normais deveriam contribuir com k_BT para a energia. A lei de Dulong e Petit foi salva da autocontradição que afligia o resultado correspondente para o campo de radiação porque a natureza discreta do sólido permitido para apenas um número finito de graus de liberdade. As duas teorias são comparadas na Tabela 23.4.

[19] De algum modo, pode-se aperfeiçoar a adequação global com um refinamento do modelo de Debye, que utiliza três diferentes velocidades de som para os três ramos.

TABELA 23.4

Uma comparação entre fônons e fótons

	Fônons	Fótons
Número de modos normais	modos $3p$ para cada **k**, $\omega = \omega_s(\mathbf{k})$	dois modos para cada **k**, $\omega = ck$ ($c \approx 3 \times 10^{10}$cm/seg)
Restrição sobre o vetor de onda	**k** confinado à primeira zona de Brillouin	**k** arbitrário
Densidade de energia térmica	(integral sobre a primeira zona de Brillouin)	(integral sobre todos os **k**)

Por causa da forma geral simples para a relação de dispersão de fóton, a expressão exata para a energia térmica da radiação de luz negra é muito semelhante à aproximação de Debye à energia térmica de um cristal harmônico. As diferenças são:

1. A velocidade do som é substituída pela velocidade da luz.

2. A fórmula para a radiação de luz negra tem um fator extra de ⅔, que corresponde ao fato de haver apenas dois ramos para o espectro de fóton (radiação eletromagnética deve ser transversal: não há ramo longitudinal).

3. O limite superior da integral não é k_D mas ∞, já que não há nenhuma restrição sobre o vetor de onda de fóton máximo permitido.

O item 3 significa que as fórmulas para a radiação de luz negra sempre assumem a forma apropriada ao limite extremo de baixa temperatura no caso cristalino. Isto é razoável, já que não importa qual seja a temperatura, a maioria (infinitamente muitos) dos modos normais do campo de radiação terão $\hbar ck$ maior do que $k_B T$. Com a exata linearidade em k da relação de dispersão do fóton, isto significa que estamos sempre na região em que a capacidade de calor é rigorosamente cúbica. Como consequência, podemos tirar a exata densidade de energia térmica para a radiação de luz negra a partir da equação (23.20) para o calor específico de baixa temperatura $c_v = \partial u / \partial T$ em virtude das vibrações de rede, interpretando c como a velocidade da luz e multiplicando-o por ⅔ (para remover a contribuição do ramo acústico longitudinal). O resultado é a lei de Stefan-Boltzmann:

$$u = \frac{\pi^2}{15} \frac{(k_B T)^4}{(\hbar c)^3}. \quad \textbf{(23.38)}$$

De modo similar, a densidade de energia térmica na faixa de frequência de ω a $\omega + d\omega$ é

$$\frac{\hbar \omega g(\omega) d\omega}{e^{\beta \hbar \omega} - 1}. \quad \textbf{(23.39)}$$

A densidade de nível adequada é exatamente ⅔ da forma de Debye (23.36), sem o corte em ω_D. Isto fornece

$$\frac{\hbar}{\pi^2}\frac{\omega^3}{c^3}\frac{d\omega}{e^{\beta\hbar\omega}-1}, \quad \textbf{(23.40)}$$

que é a lei de radiação de Planck.

PROBLEMAS

1. ***Calor específico de alta temperatura de um cristal harmônico***

(a) Mostre que a equação (23.14), para as principais correções quânticas de alta temperatura à lei de Dulong e Petit, também pode ser definida na forma:

$$\frac{\Delta c_v}{c_v^0} = -\frac{1}{12}\int d\omega\, g(\omega)\left(\frac{\hbar\omega}{k_B T}\right)^2 \Big/ \int d\omega\, g(\omega) \quad \textbf{(23.41)}$$

onde $g(\omega)$ é a densidade de modos normais.

(b) Mostre que o próximo termo na expansão de alta temperatura de c_v/c_v^0 é

$$\frac{1}{240}\int d\omega\, g(\omega)\left(\frac{\hbar\omega}{k_B T}\right)^4 \Big/ \int d\omega\, g(\omega). \quad \textbf{(23.42)}$$

(c) Mostre que se o cristal é uma rede de Bravais monoatômica de íons atuando apenas através de potenciais de pares $\phi(\mathbf{r})$, então (na aproximação harmônica) o segundo momento da distribuição de frequência que aparece em (23.41) é dada por

$$\int d\omega\, \omega^2 g(\omega) = \frac{n}{M}\sum_{\mathbf{R}\neq 0}\nabla^2\phi(\mathbf{R}). \quad \textbf{(23.43)}$$

2. ***Calor específico de baixa temperatura em dimensões d, e para leis de dispersão não lineares***

(a) Mostre que a equação (23.36), para a densidade de modos normais na aproximação de Debye, fornece o exato (na aproximação harmônica) comportamento principal *de baixa frequência* de $g(\omega)$, desde que a velocidade c seja considerada aquela dada na equação (23.18).

(b) Mostre que em um cristal harmônico dimensional d, a densidade de baixa frequência de modos normais varia como ω^{d-1}.

(c) Deduza a partir disso que o calor específico de baixa temperatura de um cristal harmônico desaparece como *tudo* em dimensões d.

(d) Mostre que se acontecer de as frequências de modo normal não desaparecerem linearmente com k, mas como k^ν, então o calor específico de baixa temperatura desapareceria como $T^{d/\nu}$, em dimensões d.

3. ***Singularidades de van Hove***

(a) Em uma corrente harmônica linear com apenas interações de vizinho mais próximo, a relação de dispersão de modo normal tem a forma (cf. Eq. (22.29)) $\omega(k) = \omega_0|\text{sen}(ka/2)|$, onde a constante ω_0 é a frequência máxima (admitida quando k está na fronteira da zona). Mostre que a densidade de modos normais neste caso é dada por

$$g(\omega) = \frac{2}{\pi a\sqrt{\omega_0^2 - \omega^2}}. \quad \textbf{(23.44)}$$

A singularidade em $\omega = \omega_0$ é uma singularidade de van Hove.

(b) Em três dimensões as singularidades de van Hove são infinitas não na densidade em si de modo normal, mas em sua derivada. Mostre que os modos normais na vizinhança de um máximo de $\omega(\mathbf{k})$, por exemplo, levam a um termo na densidade de modo normal que varia como $(\omega_0 - \omega)^{1/2}$.

24 Medindo relações de dispersão de fônons

Espalhamento de nêutrons por um cristal
Momento cristalino
Espalhamento de zero, um e dois fônons
Espalhamento eletromagnético por um cristal
Medições de raios X de espectros de fônons
Espalhamento de Brillouin e de Raman
Interpretação ondulatória das leis de conservação

É possível extrair a forma detalhada das relações de dispersão de modo normal $\omega_s(\mathbf{k})$ de experimentos nos quais as vibrações de rede trocam energia com uma sonda externa. A mais informativa dessas sondas é um feixe de nêutrons. Pode-se visualizar a energia perdida (ou ganha) por um nêutron enquanto interage com um cristal como devida à emissão (ou absorção) de fônons, e ao medir os ângulos emergentes e a energia dos nêutrons espalhados podemos extrair informações diretas sobre o espectro de fônons. Informações semelhantes podem ser obtidas quando a sonda é radiação eletromagnética, sendo os dois casos mais importantes os raios X e a luz visível.

Os princípios amplos, gerais subjacentes a esses experimentos são iguais, e as partículas são incidentes nêutrons ou fótons, mas as informações que se extraem das sondas eletromagnéticas são geralmente mais limitadas ou difíceis de se interpretar. Por outro lado, as sondas eletromagnéticas — particularmente as análises de raios X — são muito importantes para aqueles sólidos não suscetíveis a análises mediante o espalhamento de nêutrons. Um exemplo[1] é o hélio-3 sólido, no qual a espectroscopia de nêutron é possível pela enorme seção transversal para um núcleo de hélio-3 capturar um nêutron.

Nêutrons e fótons sondam o espectro de fônon de diferentes modos basicamente por causa de suas relações energia-momento serem bem diferentes:

[1] Um exemplo mais sutil é o vanádio, no qual as abundâncias naturais relativas dos isótopos do vanádio conspiram numericamente com a variação isotópica na amplitude de espalhamento de nêutrons, de modo a cancelar quase completamente a parte informativa (chamada coerente) do espalhamento. A combinação de amplitudes de espalhamento pode ser alterada por enriquecimento de isótopo.

$$\text{Neutrons:} \quad \begin{aligned} E_n &= \frac{p^2}{2M_n}, \\ M_n &= 1838{,}65 m_e = 1{,}67 \times 10^{-24}\,\text{gm}, \end{aligned} \quad \textbf{(24.1)}$$

$$\text{Fótons:} \quad \begin{aligned} E_\gamma &= pc, \\ c &= 2{,}99792 \times 10^{10}\,\text{cm/sec}. \end{aligned} \quad \textbf{(24.2)}$$

Por todas as faixas de energia de interesse para a medição das relações de dispersão de fônons estas duas relações de energia-momento são extremamente diferentes (veja a Figura 24.1). No entanto, a parte da análise geral que não explora a forma particular da relação E *versus* P da sonda é igual em ambos os casos. Logo, apesar de iniciarmos com uma discussão sobre o espalhamento de nêutrons, poderemos aplicar aos fótons aqueles aspectos da discussão que não dependem da forma particular (24.1) da relação energia-momento do nêutron.

ESPALHAMENTO DE NÊUTRONS POR UM CRISTAL

Considere um nêutron, de momento $\mathbf{p}$ e energia $E = p^2/2M_n$, que é incidente sobre um cristal. Como o nêutron tem uma interação forte apenas com os núcleos atômicos no cristal,[2] ele passará sem dificuldade para o cristal[3] e, subsequentemente, emergirá com momento $\mathbf{p}'$ e energia $E' = p'^2/2M_n$.

Admitimos que os íons no cristal são bem descritos pela aproximação harmônica. Adiante indicaremos como nossas conclusões devem ser modificadas pelos termos anarmônicos inevitáveis na interação íon-íon. Suponha que no início do experimento o cristal esteja em um estado com números de ocupação de fônon[4] $n_{\mathbf{k}s}$, e, após o experimento, como resultado de sua interação com o nêutron, o cristal esteja em um estado com número de fônons $n'_{\mathbf{k}s}$. A conservação de energia requer que

$$E' - E = -\sum_{\mathbf{k}s} \hbar\omega_{\mathbf{k}s} \Delta n_{\mathbf{k}s}, \qquad \Delta n_{\mathbf{k}s} = n'_{\mathbf{k}s} - n_{\mathbf{k}s}; \quad \textbf{(24.3)}$$

ou seja, a alteração na energia do nêutron é igual à energia dos fônons que ele absorveu durante sua passagem pelo cristal, menos a energia dos fônons que ele emitiu.[5]

---

[2] O nêutron não tem carga elétrica, portanto, ele interage com elétrons apenas mediante o relativamente fraco acoplamento de seu momento magnético para o momento magnético dos elétrons. Isto é consideravelmente importante no estudo de sólidos magneticamente ordenados (Capítulo 33), mas tem pouca consequência na determinação de espectros de fônons.

[3] Raios nucleares típicos são da ordem de 10^{-13} cm, e distâncias internucleares típicas no sólido são da ordem de 10^{-8} cm. Consequentemente, os núcleos ocupam apenas 10^{-15} do volume total do sólido.

[4] Por um estado com números de ocupação de fônons $n_{\mathbf{k}s}$ queremos dizer aquele qual $n_{\mathbf{k}s}$ fônons do tipo $\mathbf{k}s$ estão presentes, isto é, no qual o modo normal de ordem $\mathbf{k}s$ está em seu $n_{\mathbf{k}s}$ estado excitado.

[5] Um nêutron pode perder energia ou ganhá-la, dependendo do equilíbrio entre as energias dos fônons emitidos e absorvidos.

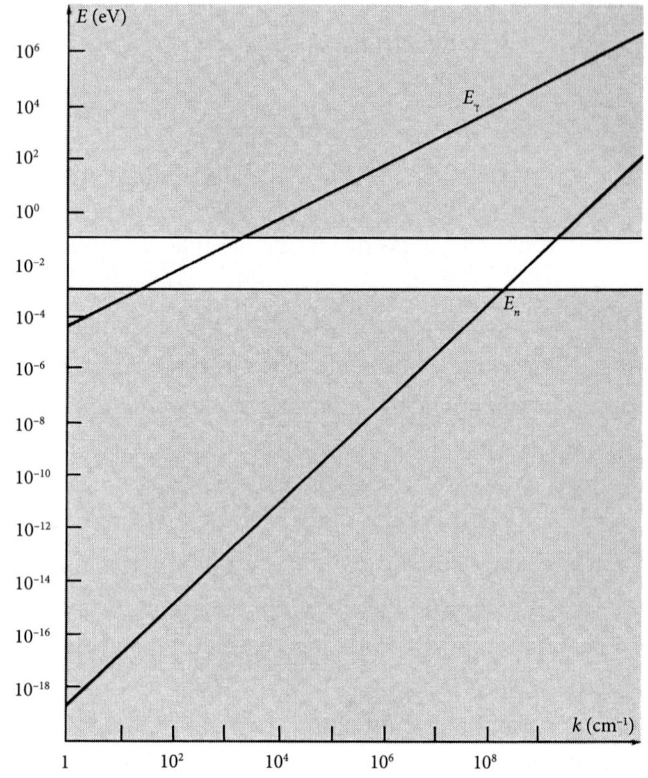

FIGURA 24.1

Relações energia-momento de nêutrons (n) e fótons (γ). Quando $k = 10^n\ \text{cm}^{-1}$, $E_n = 2{,}07 \times 10^{2n-19}$ eV e $E_\gamma = 1{,}97 \times 10^{n-5}$ eV. As energias térmicas típicas ficam dentro ou próximas à banda branca.

Assim, a alteração na energia do nêutron pela passagem pelo cristal contém informações sobre as frequências do fônon. Uma segunda lei da conservação é necessária para desembaraçar estas informações dos dados de espalhamento. A segunda lei é conhecida como *conservação do momento cristalino*. Ela é consequência bem geral de uma simetria da interação nêutron-íon,

$$H_{n-i} = \sum_{\mathbf{R}} w(\mathbf{r} - \mathbf{R} - \mathbf{u}(\mathbf{R})). \quad \mathbf{(24.4)}$$

Aqui w é o potencial (de muito curto alcance) da interação entre um nêutron e um núcleo atômico do cristal, e **r**, a coordenada do nêutron. A interação (24.4) não é afetada por uma transformação que troca a coordenada de nêutron **r** por qualquer vetor $\mathbf{R}_0$ da rede de Bravais e também permuta as variáveis de deslocamento de íon $\mathbf{u}(\mathbf{R})$ por $\mathbf{u}(\mathbf{R}) \to \mathbf{u}(\mathbf{R} - \mathbf{R}_0)$, já que se fizermos os dois deslocamentos, então (24.4) torna-se:

$$H_{n-i} \to \sum_{\mathbf{R}} w(\mathbf{r} + \mathbf{R}_0 - \mathbf{R} - \mathbf{u}(\mathbf{R} - \mathbf{R}_0)) = \sum_{\mathbf{R}} w(\mathbf{r} - (\mathbf{R} - \mathbf{R}_0) - \mathbf{u}(\mathbf{R} - \mathbf{R}_0)). \quad \mathbf{(24.5)}$$

Já que estamos somando todos os vetores na rede de Bravais, (24.5) é precisamente a mesma que (24.4).[6]

Um dos resultados fundamentais da teoria quântica é que simetrias da Hamiltoniana implicam leis de conservação. No Apêndice M, demonstra-se que esta simetria em particular implica a lei de conservação:

$$\mathbf{p}' - \mathbf{p} = -\sum_{\mathbf{k}s} \hbar \mathbf{k} \Delta n_{\mathbf{k}s} + (\text{vetor de rede recíproca} \times \hbar). \quad \mathbf{(24.6)}$$

Se definirmos o *momento cristalino* de um fônon como $\hbar$ vezes seu vetor ondulatório, então (24.6) faz uma afirmativa surpreendentemente semelhante à conservação do momento: *a variação no momento do nêutron é exatamente a negativa da variação no momento cristalino de fônon total, para dentro de um vetor de rede recíproca aditivo.*

Enfatizamos, no entanto, que o momento cristalino de um fônon não é, em geral, acompanhado por nenhum momento real do sistema iônico. O "momento cristalino" é simplesmente um nome para $\hbar$ vezes o vetor ondulatório do fônon.[7] A intenção do nome é sugerir que $\hbar\mathbf{k}$ frequentemente tem papel bem similar àquele de um momento, como ele evidentemente tem na equação (24.6). Já que um cristal possui simetria translacional, não surpreende que haja uma lei de conservação bem parecida com a conservação de momento;[8] mas, uma vez que esta simetria é apenas aquela de uma rede de Bravais (em oposição à simetria translacional completa do espaço vazio), também não é surpresa que a lei de conservação seja mais fraca do que a conservação do momento (o momento cristalino somente é conservado em um vetor de rede recíproca aditivo).

Como existem duas leis de conservação, ocorre que é possível extrair as formas explícitas de $\omega_s(\mathbf{k})$ dos dados de espalhamento de dados de um modo simples. Para demonstrar isso examinamos a distribuição de nêutrons espalhados que emergem do cristal, classificando os tipos de espalhamento que podem ocorrer de acordo com o número total de fônons com que um nêutron trocou energia enquanto passa pelo cristal.

Espalhamento de zero fônon

Neste caso, o estado final do cristal é idêntico a seu estado inicial. A conservação de energia [equação (24.3)] implica que a energia do nêutron seja inalterada (quer dizer, o

---

[6] Este é estritamente o caso apenas para um nêutron que interage com um cristal infinito. Na extensão em que o espalhamento de superfície é importante (e no espalhamento de nêutrons ele não é), o momento cristalino não será conservado.

[7] A nomenclatura é bem análoga àquela utilizada no Capítulo 8, em que definimos o momento cristalino de um elétron de Bloch com vetor ondulatório k como $\hbar$k. A terminologia idêntica é deliberada, já que em processos nos quais transições de fônon e transições eletrônicas ocorrem conjuntamente, o momento cristalino total do sistema elétron-fônon se conserva (dentro de um vetor de rede recíproca $\times\ \hbar$)(veja o Apêndice M e o Capítulo 26).

[8] A lei de conservação de momento resulta da completa invariância translacional do espaço vazio.

espalhamento é *elástico*) e a conservação de momento cristalino [equação (24.6)] implica que o momento do nêutron somente pode alterar por $\hbar\mathbf{K}$ onde $\mathbf{K}$ é um vetor de rede recíproca. Se definirmos os momentos de nêutron incidente e espalhado como:

$$\mathbf{p} = \hbar\mathbf{q}, \quad \mathbf{p}' = \hbar\mathbf{q}', \quad \mathbf{(24.7)}$$

então estas restrições tornam-se:

$$q' = q, \quad \mathbf{q}' = \mathbf{q} + \mathbf{K}. \quad \mathbf{(24.8)}$$

As equações (24.8) são precisamente as condições de Laue de que os vetores de onda de raios X incidentes e espalhados devem satisfazer em ordem para raios X espalhados elasticamente para produzir um pico de Bragg. Já que um nêutron com momento $\mathbf{p} = \hbar\mathbf{q}$ pode ser visto como uma onda plana com vetor ondulatório $\mathbf{q}$, esta emergência da condição de Laue deve ser esperada. Concluímos que nêutrons elasticamente espalhados, que não criam nem destroem nenhum fônon, são encontrados apenas nas direções que satisfazem a condição de Bragg e fornecem precisamente a mesma informação estrutural sobre o cristal como descrita na discussão de espalhamento elástico de raios X, no Capítulo 6.

Espalhamento de um fônon

São os nêutrons que absorvem ou emitem precisamente um fônon que representam a informação mais importante. No caso da absorção (que é geralmente o mais importante), a conservação de energia e o momento cristalino implicam que

$$\begin{aligned} E' &= E + \hbar\omega_s(\mathbf{k}), \\ \mathbf{p}' &= \mathbf{p} + \hbar\mathbf{k} + \hbar\mathbf{K}, \end{aligned} \quad \mathbf{(24.9)}$$

onde $\mathbf{k}$ e s são o vetor ondulatório e o índice de ramo do fônon absorvido. No caso de emissão temos:

$$\begin{aligned} E' &= E - \hbar\omega_s(\mathbf{k}), \\ \mathbf{p}' &= \mathbf{p} - \hbar\mathbf{k} + \hbar\mathbf{K}, \end{aligned} \quad \mathbf{(24.10)}$$

onde o fônon foi emitido para o ramo s, com vetor ondulatório $\mathbf{k}$.

Em qualquer um dos casos podemos utilizar a lei do momento cristalino para representarmos $\mathbf{k}$ em termos da transferência do momento do nêutron, $\mathbf{p}' - \mathbf{p}$. Além disso, o vetor de rede recíproca aditivo, que aparece nesta relação, pode ser ignorado quando a expressão resultante para $\mathbf{k}$ é substituída na lei de conservação de energia, pois cada $\omega_s(\mathbf{k})$ é uma função periódica na rede recíproca:

$$\omega_s(\mathbf{k} \pm \mathbf{K}) = \omega_s(\mathbf{k}). \quad \mathbf{(24.11)}$$

Como consequência, as duas leis de conservação fornecem uma equação:

$$\frac{p'^2}{2M_n} = \frac{p^2}{2M_n} + \hbar\omega_s\left(\frac{\mathbf{p}' - \mathbf{p}}{\hbar}\right), \quad \text{fônon absorvido,} \qquad \textbf{(24.12)}$$

ou

$$\frac{p'^2}{2M_n} = \frac{p^2}{2M_n} - \hbar\omega_s\left(\frac{\mathbf{p} - \mathbf{p}'}{\hbar}\right), \quad \text{fônon emitido.} \qquad \textbf{(24.13)}$$

Em dado experimento, o momento de nêutron incidente e a energia são geralmente especificados. Assim, para dada relação de dispersão de fônon $\omega_s(\mathbf{k})$ as únicas incógnitas em (24.12) e (24.13) são os três componentes do momento de nêutron final $\mathbf{p}'$. Bem genericamente, uma única equação que relaciona os três componentes de um vetor $\mathbf{p}'$ (se ele tiver qualquer solução) especificará uma superfície (ou superfícies) no espaço $\mathbf{p}'$ tridimensional. Se apenas examinarmos os nêutrons que emergem em uma direção definida especificaremos a direção de $\mathbf{p}'$, poderemos esperar encontrar soluções em apenas um único ponto na superfície (ou um número finito de pontos nas superfícies).[9]

Se selecionarmos uma direção geral, veremos nêutrons espalhados por processos de um fônon apenas em alguns valores discretos de p', e de forma correspondente apenas em algumas energias discretas $E' = p'^2/2M_n$. Conhecendo a energia e a direção na qual o nêutron espalhado emerge, podemos construir $\mathbf{p}' - \mathbf{p}$ e $E' - E$, e, portanto, concluir que o cristal tem um modo normal cuja frequência é $(E' - E)/\hbar$ e o vetor ondulatório é $\pm(\mathbf{p}' - \mathbf{p})/\hbar$. Medimos, portanto, um ponto no espectro de fônon do cristal. Variando todos os parâmetros à nossa disposição (energia incidente, orientação do cristal e direção de detecção) podemos coletar grande número desses pontos e mapear efetivamente todo o espectro de fônon (Figura 24.2). Entretanto, isso ocorre somente se for possível distinguir os nêutrons espalhados nos processos de um fônon dos outros. Consideramos explicitamente o caso de processos de dois fônons.

Espalhamento de dois fônons

Em um processo de dois fônons, um nêutron pode absorver ou emitir dois fônons, ou emitir um e absorver outro (o que pode também ser descrito como o espalhamento de um único fônon). Para sermos objetivos, discutimos o caso da absorção de dois fônons. As leis de conservação terão, portanto, a forma:

$$\begin{aligned} E' &= E + \hbar\omega_s(\mathbf{k}) + \hbar\omega_{s'}(\mathbf{k}'), \\ \mathbf{p}' &= \mathbf{p} + \hbar\mathbf{k} + \hbar\mathbf{k}' + \hbar\mathbf{K}. \end{aligned} \qquad \textbf{(24.14)}$$

[9] De forma alternativa, ao especificar a direção de $\mathbf{p}'$, deixamos uma única variável desconhecida (a grandeza p') em (24.12) ou (24.13) e, portanto, esperamos no máximo um número finito de soluções.

Se eliminarmos **k**′ através da lei de conservação de momento cristalino, chegaremos a uma única restrição:

$$E' = E + \hbar\omega_s(\mathbf{k}) + \hbar\omega_{s'}\left(\frac{\mathbf{p}' - \mathbf{p}}{\hbar} - \mathbf{k}\right). \quad \mathbf{(24.15)}$$

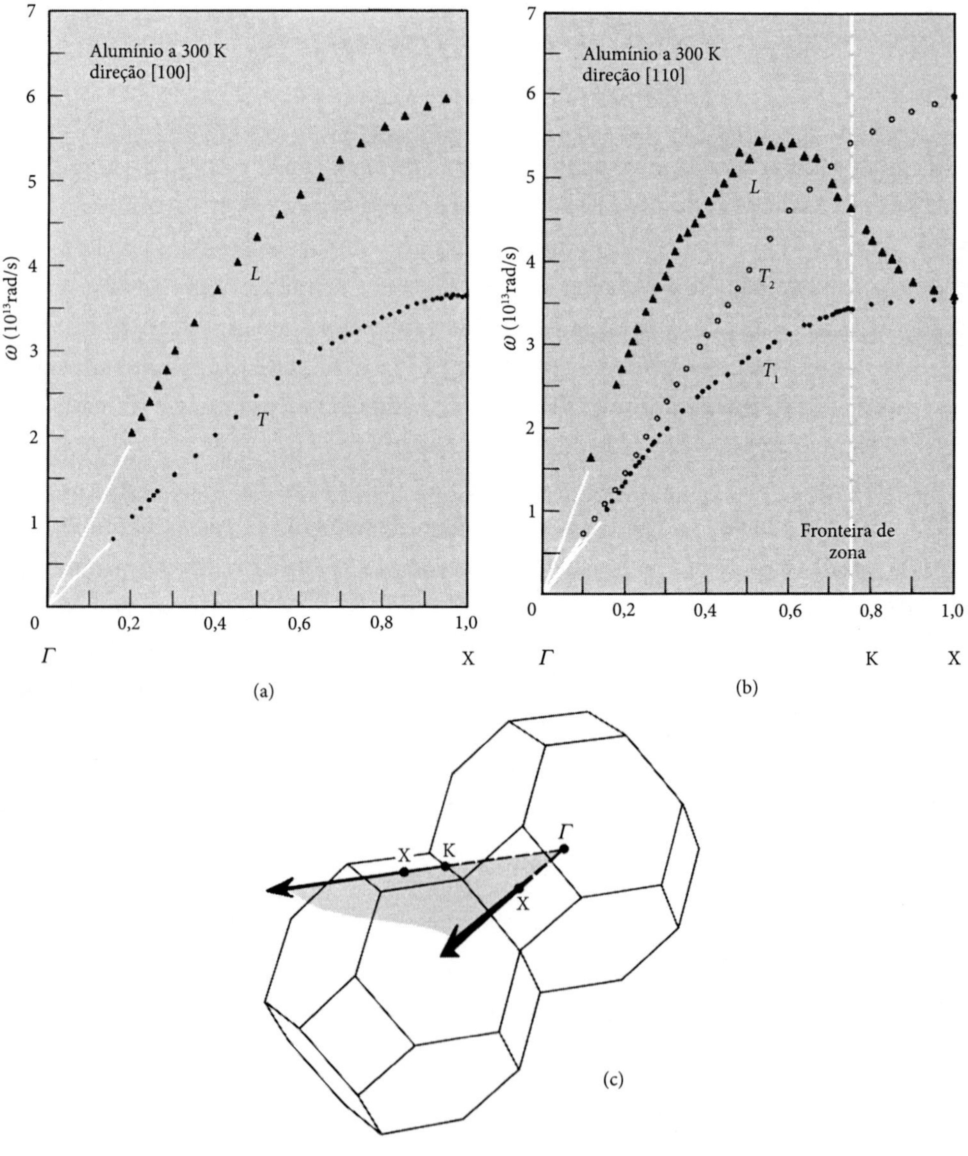

Figura 24.2

Relações de dispersão de fônon no alumínio, medidas ao longo das linhas do espaço *k* ΓX e ΓKX por espalhamento de nêutrons. O erro estimado em frequência é de 1% a 2%. Cada ponto representa um grupo de nêutrons observado. (Por J. Yarnell *et al. Lattice dynamics*. R. F. Wallis (ed.). Nova York: Pergamon, 1965.) Observe que os dois ramos transversos são degenerados ao longo de ΓX (eixo de quatro dobras), mas não ao longo de ΓK (eixo de duas dobras) (veja o Capítulo 22).

Para cada valor fixo de **k**, a discussão que fizemos na análise do caso de um fônon pode ser repetida. Para determinada direção de detecção, nêutrons espalhados ocorrerão apenas em um pequeno conjunto de energias discretas. No entanto, **k** pode agora ser variado continuamente através da primeira zona de Brillouin, já que o vetor ondulatório dos fônons absorvidos *não* está à nossa disposição. À medida que **k** varia, as energias discretas do nêutron emergente também irão variar. Portanto, a totalidade de nêutrons que emergem do processo em uma direção especificada terá distribuição *contínua* de energias.

Evidentemente, essa conclusão não é restrita ao tipo em particular de processo de dois fônons que consideramos, nem mesmo a processos de dois fônons. Apenas em processos de um fônon são as leis de conservação restritivas o bastante para proibirem tudo menos um conjunto discreto de energias para os nêutrons espalhados em dada direção. Se um nêutron trocou energia com dois ou mais fônons, o número de graus de liberdade excede de modo suficiente o número de leis de conservação que um *continuum* de energias de nêutrons espalhados pode ser observado em qualquer direção.

Como consequência, é possível distinguir os processos de um fônon do restante (conhecido como o multifônons de fundo), não por quaisquer características de um único nêutron espalhado, mas pela estrutura estatística da distribuição de energia dos nêutrons espalhados em dada direção. Os processos de um fônon contribuirão com picos pronunciados em energias isoladas, ao passo que os processos multifônons fornecerão um fundo contínuo (Figura 24.3). A transferência de energia e momento dos processos de um fônon pode então ser identificada como aquela na qual os picos pronunciados ocorrem.

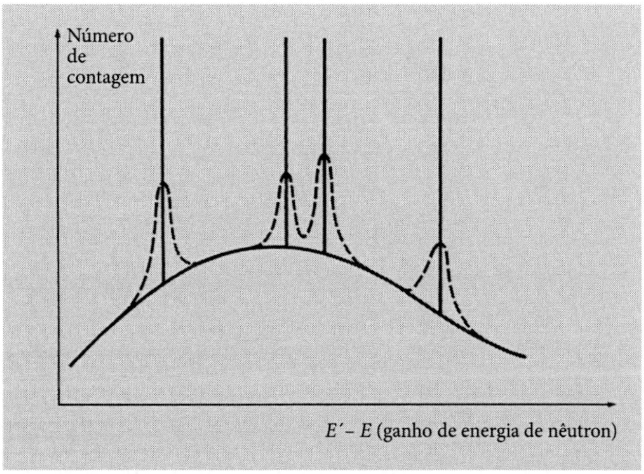

FIGURA 24.3

Números relativos de nêutrons espalhados em uma dada direção como uma função da energia de nêutron. A curva suave é o fundo devido a processos multifônons. Em um cristal harmônico ideal os processos de um fônon iriam contribuir com picos pronunciados. Em um cristal real estes picos são ampliados (curvas tracejadas) devido aos efeitos de vida útil de fônons.

Larguras de picos de um fônon

Algumas distribuições de nêutrons típicas são apresentadas na Figura 24.4. Note que, apesar de os picos de um fônon serem, em geral, bem claros, não são perfeitamente pronunciados, como nossa análise sugeriu. Isto porque cristais reais não são perfeitamente harmônicos. Os estados estacionários da aproximação harmônica são apenas estados estacionários aproximados. Mesmo se o cristal real estiver neste estado (caracterizado por um

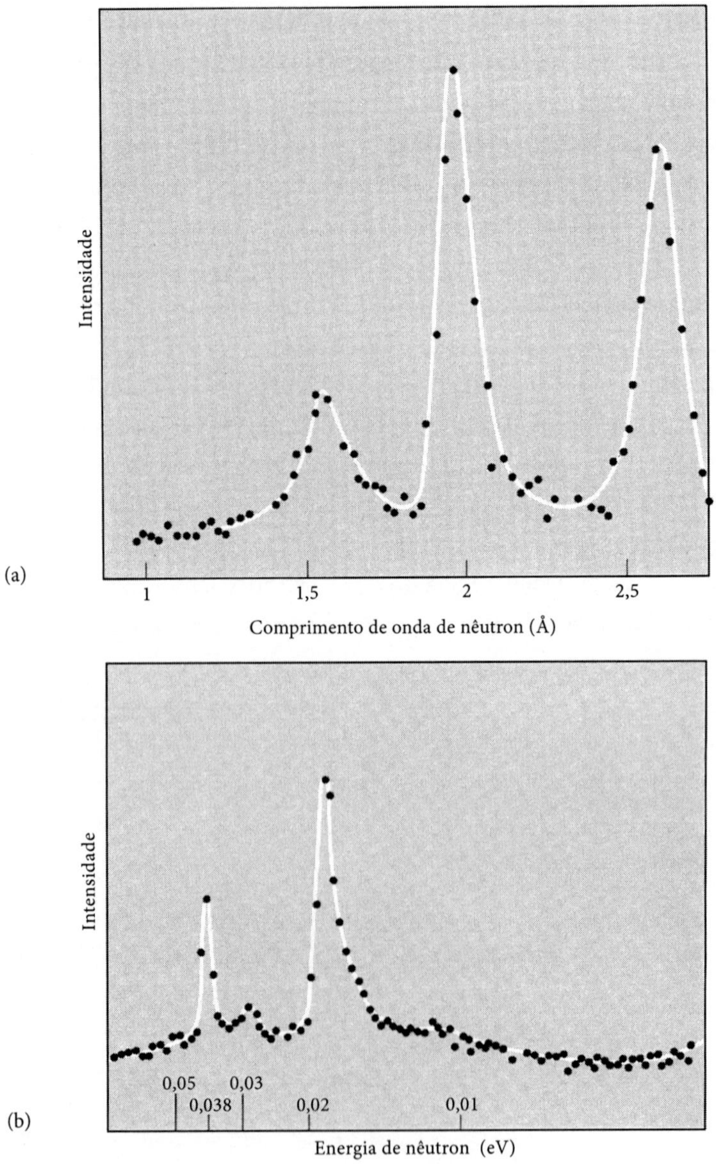

Figura 24.4

Alguns grupos de nêutrons experimentais típicos. Em todos os casos o número de nêutrons que emergem em uma direção fixa para uma energia incidente fixa é representado graficamente contra uma variável que distingue energias de nêutrons espalhados. (a) Cobre. (G. Gobert; B. Jacrot. *J. Phys. Radium*, 19, 1959.) (b) Germânio. (I. Pelah *et al. Phys. Rev.*, 108, p. 1091, 1957.)

conjunto específico de números de ocupação de fônons) em um momento, ele eventualmente evoluirá para uma superposição de outros destes estados (caracterizados por diferentes números de ocupação de fônons). Se, no entanto, os estados estacionários harmônicos são aproximações boas aos exatos, este decaimento pode ser lento o suficiente para permitir que se continue a descrever processos que ocorrem dentro do cristal em termos de fônons, desde que se atribua vida útil finita aos fônons, refletindo o decaimento eventual do estado estacionário harmônico aproximado. Associado a um fônon de vida útil τ, haverá incerteza $\hbar/\tau$ na energia do fônon. A lei de conservação de energia que determina os picos de um fônon serão assim em correspondência enfraquecidos.

Estes pontos serão vistos detalhadamente no Capítulo 25. Aqui meramente observamos que os picos de um fônon, apesar de ampliados, são ainda claramente identificáveis. O fato de eles serem devidos a processos de um fônon é confirmado pela consistência das curvas $\omega_s(\mathbf{k})$ inferidas de suas posições, já que há considerável redundância nos dados fornecidos pelos picos de um fônon. Podemos extrair informações de um fônon em particular de diversas maneiras, considerando eventos de espalhamento com a mesma troca de energia, e transferências de momento que diferem por um vetor da rede recíproca.[10]

É importante enfatizar que há, de fato, soluções para a lei de conservação de um fônon (24.12) para uma faixa de energia e transferências de momento suficientes para permitir um mapeamento sistemático do espectro de fônon. Para visualizar isto, primeiro suponha, para simplificar, que a energia de nêutron incidente E é extremamente pequena na escala das energias de fônon. Como a energia de fônon máxima é da ordem de $k_B\Theta_D$ e Θ_D é, em geral, algo em torno de 100 K a 1.000 K, isto significa que estamos lidando com o chamado espalhamento de nêutrons frios.

Leis de conservação de espalhamento de um fônon

Se $E = 0$, então a equação (24.13) não terá nenhuma solução (um nêutron de energia zero não pode *emitir* um fônon e conservar energia). No entanto, a lei de conservação para a *absorção* de fônon (24.12) se reduz para

$$\frac{p'^2}{2m} = \hbar\omega_s\left(\frac{\mathbf{p}'}{\hbar}\right), \quad \textbf{(24.16)}$$

que deve ter soluções para qualquer direção de $\mathbf{p}'$. Isto se torna evidente pela Figura 24.5.

[10] Também é possível extrair informações sobre os vetores de polarização. Isto resulta do fato (derivado no Apêndice N) de a seção transversal para dado processo de um fônon ser proporcional a

$$|\epsilon_s(\mathbf{k})\cdot(\mathbf{p}-\mathbf{p}')|^2,$$

onde $\epsilon_s(\mathbf{k})$ é o vetor de polarização para o fônon envolvido, e $\mathbf{p}'-\mathbf{p}$ é a transferência de momento de nêutron.

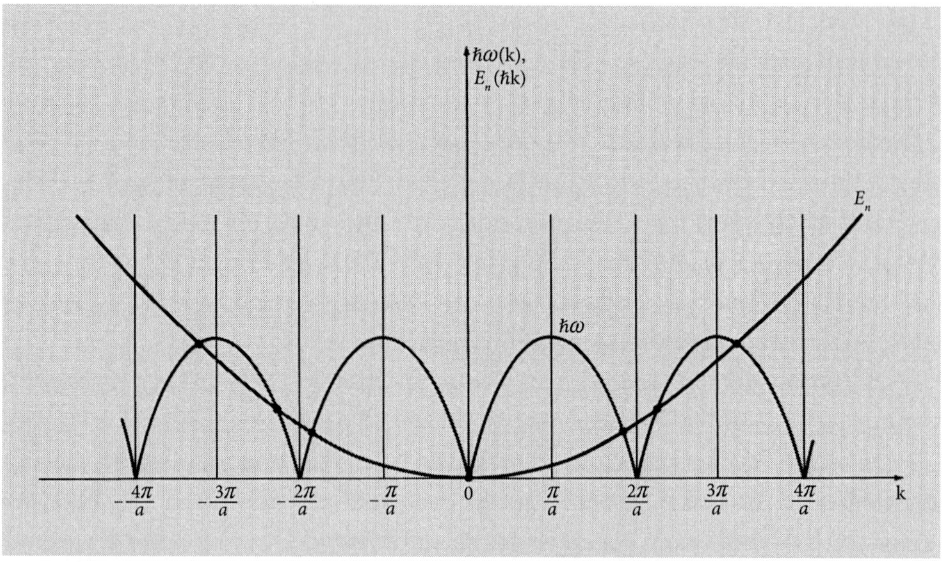

FIGURA 24.5

Demonstração unidimensional do fato de que as leis de conservação para a absorção de um fônon podem sempre ser satisfeitas para nêutrons de energia incidente zero. A equação $\hbar^2k^2/2M_n = \hbar\omega(\mathbf{k})$ é satisfeita onde quer que as duas curvas se interceptam.

Resulta analiticamente do fato de que a energia do nêutron desaparece quadraticamente para p' pequeno, enquanto $\hbar\omega_s(\mathbf{p}'/\hbar)$ desaparece linearmente (ramo acústico) ou se aproxima de uma constante (ramo óptico). Consequentemente, para p' pequeno o bastante, a energia de nêutron é sempre menor do que aquela do fônon para qualquer direção de $\mathbf{p}'$. Entretanto, à medida que p' aumenta, a energia de nêutron pode aumentar sem limite, enquanto $\hbar\omega_s(\mathbf{p}'/\hbar)$ é limitada acima pela energia de fônon máxima no ramo. Pela continuidade há, portanto, ao menos um valor de p' para cada direção de $\mathbf{p}'$ para a qual os lados esquerdo e direito de (24.16) são iguais. Deve haver ao menos uma solução dessa para cada ramo s do espectro de fônon. Em geral, há mais que uma solução (Figura 24.5). Isto porque a energia de nêutron final é comparativamente pequena (mesmo quando $\mathbf{p}'/\hbar$ está na superfície da zona de Brillouin), para um nêutron de vetor ondulatório $\mathbf{q}$ (medido em angströms elevado a menos 1) que tem uma energia

$$E_N = 2{,}1(q[\text{Å}^{-1}])^2 \times 10^{-3}\,\text{eV},$$
$$\frac{E_N}{k_B} = 24(q[\text{Å}^{-1}])^2\,\text{K}. \qquad \textbf{(24.17)}$$

Desse modo, E_n/k_B é pequeno se comparado com o Θ_D típico, mesmo quando q está em uma fronteira de zona.

Quando a energia de nêutron incidente é diferente de zero, continuará a haver soluções que correspondem à absorção de um fônon em cada ramo (Figura 24.6). Ao se exceder determinada energia limite, soluções adicionais se tornarão possíveis correspondendo à emissão de um fônon. Portanto, não há nenhuma falta de picos de um fônon, e técnicas engenhosas foram desenvolvidas para o mapeamento do espectro de fônon de um cristal ao longo de várias direções no espaço *k* com considerável precisão (alguns por cento) e em um grande número de pontos.

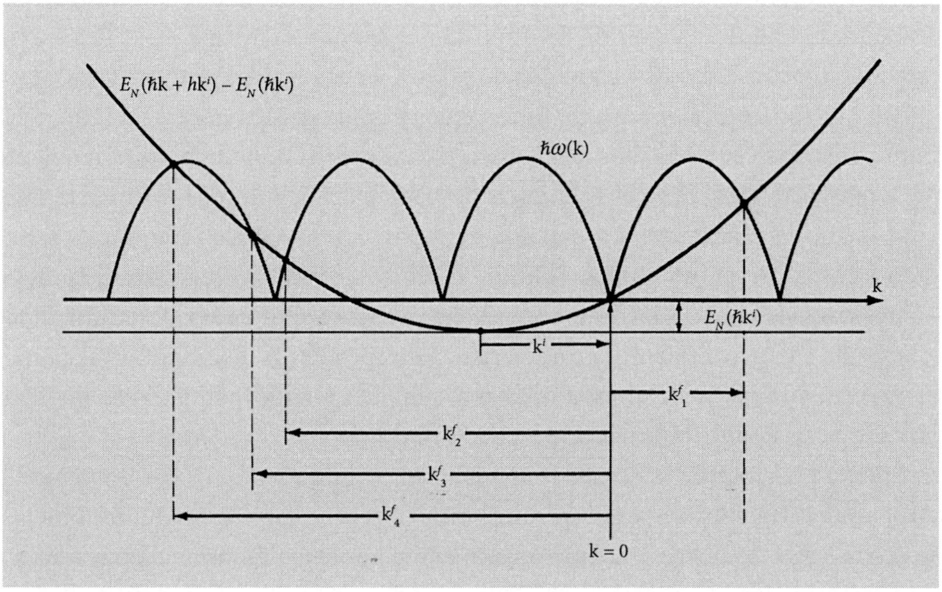

FIGURA 24.6

Solução gráfica para as leis de conservação de um fônon quando o nêutron incidente tem vetor ondulatório $\mathbf{k}^i$. A lei de conservação para a absorção de fônon pode ser escrita

$$E_N(\hbar\mathbf{k} + \hbar\mathbf{k}^i) - E_N(\hbar\mathbf{k}^i) = \hbar\omega(\mathbf{k}),$$

onde $\hbar\mathbf{k}$ é o momento do nêutron espalhado, e $E_N(\mathbf{p}) = p^2/2M_N$. Para ilustrar o lado esquerdo desta equação, desloca-se a curva de energia-momento do nêutron horizontalmente de tal forma que ela fique centrada em $\mathbf{k} = -\mathbf{k}^i$ ao invés de $\mathbf{k} = 0$, e a desloca para baixo por uma quantidade $E_N(\hbar\mathbf{k}^i)$. Ocorrem soluções onde quer que esta curva deslocada intercepta a curva de dispersão do fônon $\hbar\omega(\mathbf{k})$. No presente caso há soluções para quatro diferentes vetores de onda de nêutron espalhado, $\mathbf{k}_1^f...\mathbf{k}_4^f$.

ESPALHAMENTO ELETROMAGNÉTICO POR UM CRISTAL

Precisamente as mesmas leis de conservação (energia e momento cristalino) se aplicam ao espalhamento de fônons pelos íons em um cristal, mas por causa da forma quantitativa bem diferente da relação de momento-energia do fóton, é bem mais difícil extrair informações simples diretas de todo o espectro de fônons do que de dados de espalhamento de nêutrons. As duas técnicas eletromagnéticas mais comumente empregadas, cada uma com suas limitações, são o espalhamento inelástico de raios X e de luz visível.

Medições de raios X de espectros de fônons

Nossa discussão de espalhamento de raios X no Capítulo 6 baseou-se no modelo de uma rede elástica (que é a razão de ser equivalente ao espalhamento elástico de zero fônon descrito em nossa abordagem de espalhamento de nêutrons). Quando a suposição de uma rede estática rígida de íons se abranda, é possível que fótons de raios X, como nêutrons, sejam inelasticamente espalhados com a emissão e/ou absorção de um ou mais fônons. Entretanto, a variação na energia de um fóton espalhado de forma inelástica é extremamente difícil medir. Uma típica energia de raios X é constituída de diversos keV (10^3 eV), ao passo que uma típica energia de fônon é constituída de diversos meV (10^{-3} eV), e no máximo algumas centenas de um eV, para Θ_D da ordem de temperatura ambiente. Em geral, a resolução dessas trocas diminutas de frequência de fóton é tão difícil que se pode apenas medir a radiação *total* espalhada de todas as frequências, como uma função do ângulo de espalhamento, no plano de fundo difuso de radiação encontrado em ângulos distantes daqueles que satisfazem a condição de Bragg. Por causa desta dificuldade na resolução de energia, a estrutura característica dos processos de um fônon se perde e sua contribuição à radiação total espalhada em qualquer ângulo não pode se distinguir de forma simples da contribuição dos processos multifônons.

Entretanto, algumas informações podem ser extraídas ao longo de diferentes linhas. No Apêndice N demonstra-se que a contribuição dos processos de um fônon à intensidade total de radiação espalhada em dado ângulo é inteiramente determinada por uma simples função das frequências e polarizações daqueles poucos fônons que tomam parte dos eventos de um fônon. Portanto, pode-se extrair as relações de dispersão de fônons de uma medição da intensidade de radiação X espalhada como uma função do ângulo e da frequência do raio X incidente, desde que se possa encontrar um modo de subtrair desta intensidade a contribuição dos processos multifônons. Em geral, se tenta fazer isto mediante um cálculo teórico da contribuição multifônon. Além disso, entretanto, deve-se considerar o fato de que os raios X, diferente de nêutrons, interagem fortemente com elétrons. Haverá uma contribuição para a intensidade devida aos elétrons espalhados inelasticamente (o chamado Compton de fundo), que deve também ser corrigido.

Como consequência dessas considerações, o espalhamento de raios X constitui uma sonda bem menos poderosa do espectro de fônon do que o espalhamento de nêutrons. A grande virtude dos nêutrons é que uma boa resolução de energia é possível, e como as energias espalhadas foram resolvidas, os processos altamente informativos de um fônon são claramente identificáveis.

Medições ópticas de espectros de fônons

Se fótons de luz visível (geralmente de um feixe de *laser* de alta intensidade) são espalhados com a emissão ou absorção de fônons, as trocas de energia (ou frequência) são ainda muito pequenas, mas podem ser medidas por técnicas interferométricas. Portanto, pode-se isolar a contribuição de um fônon ao espalhamento de luz e extrair os valores de $\omega_s(\mathbf{k})$ para os fônons que participam no processo. No entanto, já que os vetores de onda de fótons (de ordem 10^5 cm^{-1}) são pequenos em comparação com as dimensões da zona de Brillouin (de ordem 10^8 cm^{-1}), as informações são fornecidas apenas sobre fônons na vizinhança imediata de $\mathbf{k} = \mathbf{0}$. O processo é chamado *espalhamento de Brillouin*, quando o fônon emitido ou absorvido é acústico, e *espalhamento de Raman*, quando o fônon é óptico.

Ao examinar as leis de conservação para esses processos, deve-se observar que os vetores de onda de fótons dentro do cristal vão diferir de seus valores de espaço livre por um fator do índice de refração do cristal n (uma vez que as frequências no cristal não são alteradas, e a velocidade é c/n). Portanto, se os vetores de onda de espaço livre dos fótons incidentes e espalhados são $\mathbf{q}$ e $\mathbf{q}'$, e as frequências angulares correspondentes são ω e ω', a conservação de energia e o momento cristalino em um processo de um fônon exige que

$$\hbar\omega' = \hbar\omega \pm \hbar\omega_s(\mathbf{k}) \quad \mathbf{(24.18)}$$

e

$$\hbar n\mathbf{q}' = \hbar n\mathbf{q} \pm \hbar\mathbf{k} + \hbar\mathbf{K}. \quad \mathbf{(24.19)}$$

Aqui o sinal superior refere-se a processos nos quais um fônon é absorvido (conhecidos como o componente *anti-Stokes* da radiação espalhada), e o sinal inferior refere-se a processos nos quais um fônon é emitido (o componente *Stokes*). Como os vetores de onda de fótons $\mathbf{q}$ e $\mathbf{q}'$ são pequenos em magnitude comparados às dimensões da zona de Brillouin, para vetores de onda de fônon na primeira zona a lei de conservação de momento cristalino (24.19) pode ser obedecida apenas se o vetor $\mathbf{K}$ de rede recíproca for zero.

Os dois tipos de processo são apresentados na Figura 24.7, e a restrição imposta pela conservação de momento cristalino, na

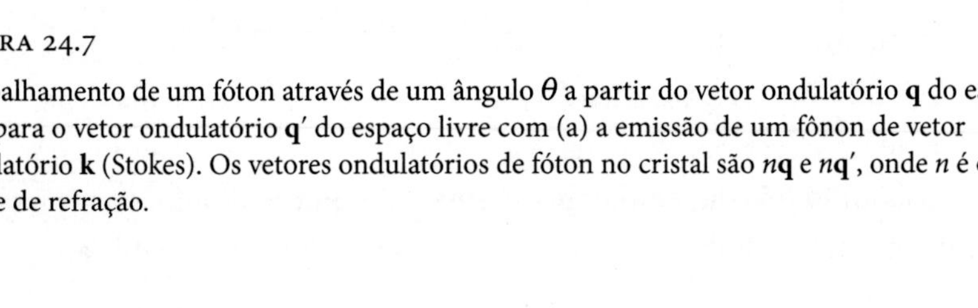

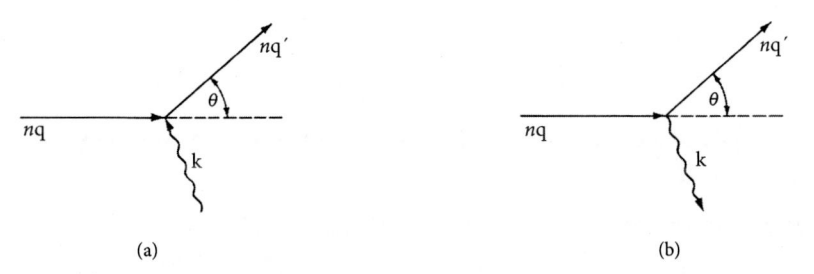

FIGURA 24.7

O espalhamento de um fóton através de um ângulo θ a partir do vetor ondulatório $\mathbf{q}$ do espaço livre para o vetor ondulatório $\mathbf{q}'$ do espaço livre com (a) a emissão de um fônon de vetor ondulatório $\mathbf{k}$ (Stokes). Os vetores ondulatórios de fóton no cristal são $n\mathbf{q}$ e $n\mathbf{q}'$, onde n é o índice de refração.

Figura 24.8. Já que a energia de qualquer fônon é no máximo da ordem de $\hbar\omega_D \approx 10^{-2}$ eV, a energia de fóton (em geral, alguns poucos eV) e, consequentemente, a magnitude do vetor ondulatório de fóton, é muito pouco alterado, ou seja, o triângulo na Figura 24.8 é quase isósceles. Imediatamente resulta que a magnitude k do vetor ondulatório de fônon está relacionada à frequência angular da luz e do ângulo θ de espalhamento por

$$k = 2nq \operatorname{sen}\tfrac{1}{2}\theta = (2\omega n/c)\operatorname{sen}\tfrac{1}{2}\theta. \quad \textbf{(24.20)}$$

A direção de **k** é determinada pela construção na Figura 24.8, e a frequência $\omega_s(\mathbf{k})$, pela (pequena) variação medida na frequência do fóton.

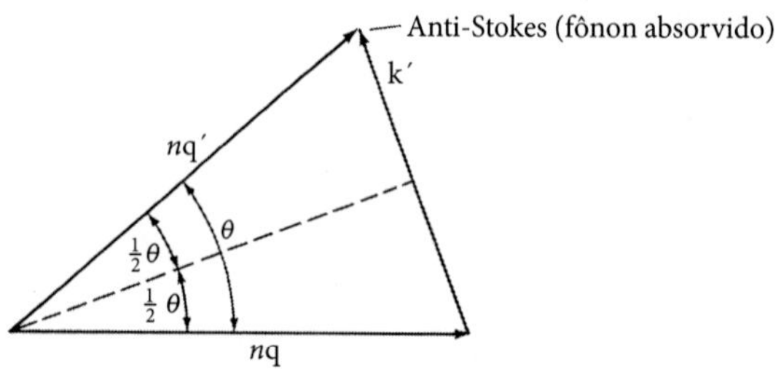

FIGURA 24.8

Derivação geométrica da equação (24.20). Como a energia de fóton é virtualmente inalterada, o triângulo é isósceles. Porque o processo ocorre dentro do cristal, os vetores ondulatórios de fóton são $n\mathbf{q}$ e $n\mathbf{q}'$, onde n é o índice de refração do cristal. A figura é desenhada para o caso de absorção de fônon (anti-Stokes). Ela também descreve o caso de emissão de fônon (Stokes) se a direção de **k** for revertida.

No caso do espalhamento de Brillouin, o fônon é acústico próximo à origem do espaço k, e $\omega_s(\mathbf{k})$ tem a forma $\omega_s(\mathbf{k}) = c_s(\hat{\mathbf{k}})k$ [equação (22.65)]. A equação (24.20) relaciona, então, a velocidade do som $c_s(\hat{\mathbf{k}})$ ao ângulo de espalhamento e variação na energia de fóton $\Delta\omega$ por

$$c_s(\hat{\mathbf{k}}) = \frac{\Delta\omega}{2\omega}\frac{c}{n}(csc\tfrac{1}{2}\theta). \quad \textbf{(24.21)}$$

Alguns dados típicos são apresentados na Figura 24.9.

IMAGEM ONDULATÓRIA DA INTERAÇÃO DA RADIAÇÃO COM AS VIBRAÇÕES DE REDE

Na discussão anterior consideramos tanto os nêutrons (ou fótons) quanto os fônons como partículas, para as quais as equações cruciais (24.3) e (24.6) expressam a conservação de energia e o momento cristalino. No entanto, as mesmas restrições podem ser derivadas pela visualização dos fônons e da radiação incidente não como partículas, mas como ondas. Para o espalhamento eletromagnético esta é a abordagem clássica natural, e foi o ponto de vista do qual o assunto foi originalmente desenvolvido por Brillouin. Para o espalhamento de nêutrons, a imagem ondulatória permanece mecânica quântica, já que apesar de o fônon

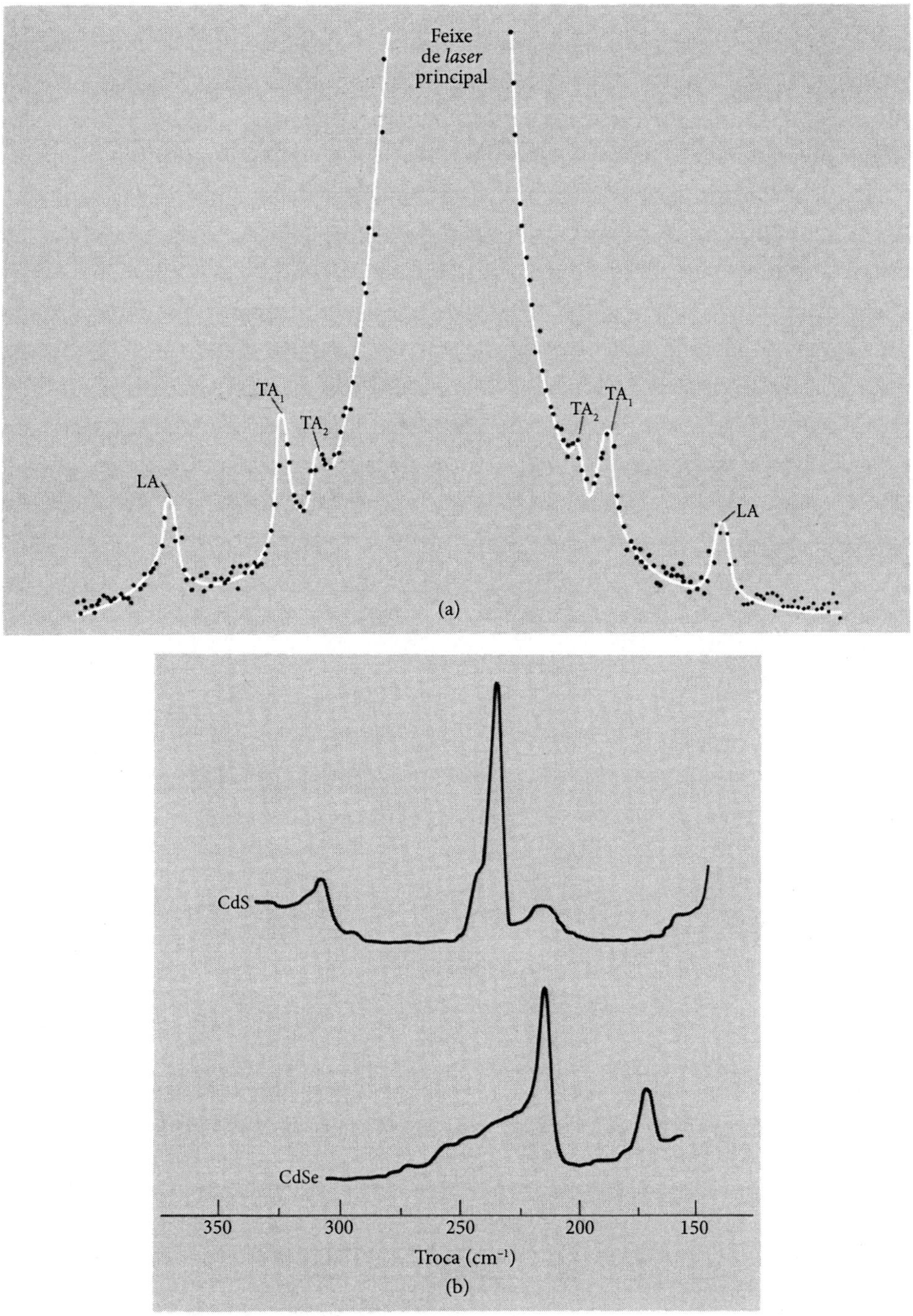

FIGURA 24.9

(a) Estrutura característica de um espectro de Brillouin. A intensidade é representada graficamente *versus* frequência. Há claramente picos identificáveis acima e abaixo da frequência do principal feixe de laser, correspondendo a um ramo longitudinal e dois ramos acústicos transversais. (S. Fray et al. *Light scattering spectra of solids*. G. B. Wright (ed.). Nova York: Springer, 1969). (b) Os espectros de Raman de CdS e CdSe, revelando picos determinados pelos fônons ópticos longitudinais e transversais. (R.K. Chang et al. ibid.)

não ser mais considerado uma partícula, o nêutron é considerado uma onda. Este ponto de vista alternativo não pode conter nenhuma física nova, mas, vale a pena ter em mente a clareza adicional que ele às vezes proporciona.

Considere a interação de uma onda com frequência angular $E/\hbar$ e vetor ondulatório $\mathbf{q} = \mathbf{p}/\hbar$, com um modo normal particular do cristal com frequência angular ω e vetor ondulatório $\mathbf{k}$. Supomos que apenas este modo normal específico seja excitado, isto é, consideramos a interação da onda com um fônon de cada vez. Também ignoramos para o momento a estrutura microscópica do cristal, considerando o modo normal de interesse como uma perturbação parecida com onda em um meio contínuo. Se a perturbação não se movesse, ela apresentaria à radiação incidente uma variação periódica em densidade, que atuaria como um retículo de difração (Figura 24.10), sendo a onda espalhada determinada pela lei de Bragg. Entretanto, a perturbação não é estacionária, mas está se movendo com a velocidade de fase de fônon direcionada ao longo de $\mathbf{k}$ e tem magnitude ω/k:

$$\mathbf{v} = \frac{\omega}{k}\hat{\mathbf{k}}. \quad (24.22)$$

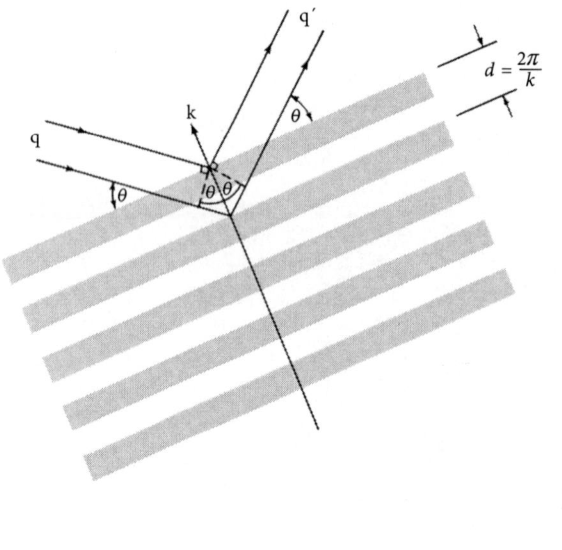

FIGURA 24.10

Espalhamento de um nêutron por um fônon em uma estrutura de referência na qual a velocidade de fase de fônon é zero. O fônon aparece como um retículo de difração estático, ou seja, ele resulta em regiões de densidade iônica alternada alta e baixa. A condição de Bragg, $m\lambda = 2d \text{ sen } \theta$ (m um número inteiro), pode ser definida como

$$\frac{2\pi m}{q} = \frac{4\pi}{k}\text{sen } \theta$$

ou

$$mk = 2q \text{ sen } \theta$$

ou

$$mk = (\mathbf{q}' - \mathbf{q}) \cdot \hat{\mathbf{k}}.$$

Como a reflexão de Bragg é especular (ângulo de incidência igual ao ângulo de reflexão) e já que a magnitude q' é igual à magnitude q, resulta que $\mathbf{q}' - \mathbf{q}$ deve ser paralelo a $\mathbf{k}$ e, portanto, $\mathbf{q}' - \mathbf{q} = m\mathbf{k}$.

Pode-se lidar com esta complicação descrevendo-se a difração na estrutura de referência que se move com a velocidade de fase $\mathbf{v}$. Naquela estrutura a perturbação será estacionária, e a condição de Bragg pode ser aplicada. Os vetores ondulatórios (tanto da onda de rede quanto das ondas incidente e espalhada) não são alterados por uma variação da estrutura, já que isto não afeta nem a distância entre planos de fase constante nem sua orientação.[11] No entanto, as frequências sofrem uma troca de Doppler:

$$\begin{aligned} \bar{\omega} &= \omega + \mathbf{k} \cdot \mathrm{v}, \\ \frac{\bar{E}}{\hbar} &= \frac{E}{\hbar} - \mathbf{q} \cdot \mathrm{v}, \qquad \textbf{(24.23)} \\ \frac{\bar{E}'}{\hbar} &= \frac{E'}{\hbar} - \mathbf{q}' \cdot \mathrm{v}. \end{aligned}$$

Como a reflexão de Bragg por um retículo estacionário deixa a frequência da onda incidente inalterada, $\bar{E}'$ deve ser igual a $\bar{E}$. A lei de transformação (24.23) então implica que na estrutura original a frequência da onda espalhada deve ser trocada:

$$\frac{E'}{\hbar} = \frac{E}{\hbar} + (\mathbf{q}' - \mathbf{q}) \cdot \mathrm{v}. \quad \textbf{(24.24)}$$

A variação no vetor ondulatório sob uma reflexão de Bragg tem a forma:

$$\mathbf{q}' = \mathbf{q} + m\mathbf{k}, \quad \textbf{(24.25)}$$

onde o número inteiro m é da ordem da reflexão de Bragg (como demonstrado na Figura 24.10).[12] Esta relação se mantém em qualquer estrutura, pois vetores ondulatórios são invariantes sob mudança de estrutura.

Substituindo (24.25) em (24.24), encontramos que a troca de frequência na estrutura original é dada por

$$\frac{E'}{\hbar} = \frac{E}{\hbar} + m\mathbf{k} \cdot \mathrm{v}. \quad \textbf{(24.26)}$$

Se substituirmos em (24.26) a forma explícita (24.22) para a velocidade de fase **v**, encontramos que

$$E' = E + m\hbar\omega. \quad \textbf{(24.27)}$$

As equações (24.25) e (24.27) revelam que uma reflexão de Bragg de ordem m na estrutura em movimento corresponde ao processo que descreveríamos na estrutura de laboratório como a absorção ou emissão de m fônons de determinado tipo. Os processos multifônons que envolvem diversos modos normais evidentemente corresponderão a sucessivas reflexões de Bragg dos retículos de difração em movimento correspondentes.

---

[11] A variação no vetor ondulatório é um efeito relativístico, o qual ignoramos porque a velocidade de fase v é baixa em comparação com *c*. As fórmulas de troca de Doppler (24.23) são também utilizadas em sua forma não relativística.

[12] Observe que m tem qualquer sinal, dependendo do lado do retículo do qual a onda é incidente.

A condição de vetor ondulatório (24.25) pode parecer não ter o vetor de rede recíproca aditivo arbitrário que está presente na lei de conservação de momento cristalino (24.6). De fato, ele também está implícito em (24.25), tão logo reconhecemos que o cristal não é um *continuum*, mas um sistema discreto. Somente em um *continuum* é possível atribuir um único vetor ondulatório **k** a cada modo normal. Em uma rede discreta o vetor ondulatório de modo normal é definido apenas dentro de um vetor de rede recíproca aditiva (veja a página 476).

Desse modo, do ponto de vista ondulatório a lei de conservação de energia é simplesmente uma afirmativa da troca de Doppler para uma onda refletida de um retículo de difração em movimento; a lei de conservação de momento cristalino é a condição de Brag para aquele retículo, e o vetor de rede recíproca aditiva expressa a variedade de orientações que o retículo pode ser considerado como tendo, devido à natureza periódica discreta do cristal subjacente.

PROBLEMAS

1. (a) Desenhe diagramas mostrando alguns processos de dois fônons possíveis nos quais um nêutron entra com momento **p** e sai com momento **p**′. Ao rotular os diagramas, leve em consideração as leis de conservação.

(b) Repita (a) para processos de três fônons.

2. (a) Repita o método de solução gráfica dado na Figura 24.6 para o caso de emissão de fônon.

(b) Verifique que quando a energia de nêutron incidente é zero, nenhuma solução é possível.

(c) Em termos qualitativos, como o número de soluções depende do vetor ondulatório incidente $\mathbf{k}_i$?

3. Este problema é baseado nos Apêndices L e N.

(a) Usando a definição de W dada na Eq. (N.17) e a expansão (L.14) para $\mathbf{u}(\mathbf{R})$, mostre que o fator de Debye-Waller tem a forma:

$$e^{-2W} = \exp\left\{-v\int \frac{d\mathbf{k}}{(2\pi)^d}\sum_s \frac{\hbar}{2M\omega_s(\mathbf{k})}(\mathbf{q}\cdot\boldsymbol{\epsilon}_s(\mathbf{k}))^2 \coth\tfrac{1}{2}\beta\hbar\omega_s(\mathbf{k})\right\} \quad \mathbf{(24.28)}$$

onde v é o volume de célula apropriado.

(b) Mostre que $e^{-2W} = 0$ em uma e em duas dimensões. (Considere o comportamento do integrando para k pequeno.) Quais são as implicações disto para a possível existência de ordenamento cristalino uni ou bidimensional?

(c) Calcule o tamanho do fator de Debye-Waller para um cristal tridimensional.

25 Efeitos anarmônicos em cristais

Imperfeição fundamental de modelos harmônicos
Aspectos gerais de teorias anarmônicas
Equação de estado e expansão térmica de um cristal
O parâmetro de Grüneisen
Expansão térmica de metais
Colisões de fônons
Condutividade térmica de rede
Processos Umklapp
Segundo som

No Capítulo 21 revisamos as evidências que nos forçam a abandonar o modelo de uma rede estática de íons,[1] e nos capítulos subsequentes cautelosamente abrandamos este excesso de simplificação. Nós nos baseamos, entretanto, em duas suposições de simplificação menos restritivas.

1. Suposição de pequenas oscilações — Admitimos que apesar de os íons não estarem rigidamente confinados a suas localizações de equilíbrio, seus deslocamentos daquelas localizações de equilíbrio são pequenos.

2. Aproximação harmônica — Admite-se que se podem calcular precisamente as propriedades dos sólidos retendo apenas o termo principal que não desaparece na expansão da energia de interação iônica em torno de seu valor de equilíbrio.

A suposição de pequenas oscilações parece ser razoável na maioria dos sólidos (com exceção do hélio sólido) para temperaturas muito abaixo do ponto de fusão. Em qualquer caso, ela nos é imposta pela necessidade computacional. Quando falha, deve-se recorrer a esquemas de aproximação muito complexos cuja validade está longe de ser clara.

Quando a suposição de pequenas oscilações se mantém, pode-se ficar tentado a concluir que correções da aproximação harmônica são de interesse apenas em cálculos de alta

[1] Continuamos a usar a palavra "íon" no sentido mais amplo, inclusive no termo, por exemplo, os átomos ou moléculas neutros que formam um sólido molecular.

precisão. Isto é incorreto. Há muitos fenômenos físicos importantes que não podem ser explicados em uma teoria puramente harmônica porque eles se devem *inteiramente* aos termos de ordem mais alta omitidos na expansão da energia de interação iônica em torno de seu valor de equilíbrio.

Neste capítulo, examinaremos alguns desses fenômenos cuja explanação requer a presença desses *termos anarmônicos*. Já nos deparamos com dois exemplos:

1. A teoria quântica do cristal harmônico prevê que o calor específico deve obedecer à lei clássica de Dulong e Petit em altas temperaturas ($T >> \Theta_D$). A falha do calor específico de alta temperatura em aproximar este valor é um efeito anarmônico (veja as páginas 464 e 495).

2. Em nossa discussão sobre o espalhamento de nêutron (Capítulo 24) argumentamos que a seção transversal do espalhamento inelástico de nêutrons devia apresentar picos pronunciados em energias permitidas pelas leis de conservação que governam os processos de um fônon. No entanto, os picos observados, apesar de serem claramente picos, têm largura mensurável (veja a Figura 24.4). Interpretamos esta ampliação como consequência do fato de que os autoestados da Hamiltoniana harmônica não eram estados estacionários verdadeiros do cristal - ou seja, que as correções anarmônicas à aproximação harmônica eram significativas. A largura dos picos de um fônon é uma medida direta da força da parte anarmônica da energia de interação iônica.

Outros fenômenos dominados pelos termos anarmônicos podem ser agrupados em propriedades de equilíbrio e de transporte.

1. Propriedades de equilíbrio — Há uma grande classe de propriedades de equilíbrio em cristais, observável em qualquer temperatura, cuja explanação consistente requer a presença de termos anarmônicos na energia de interação iônica. A mais importante delas é a expansão térmica. Em um cristal rigorosamente harmônico, o tamanho do equilíbrio não dependeria da temperatura. A existência de termos anarmônicos é também sugerida pelo fato de que as constantes elásticas dependem do volume e da temperatura, e pelo fato de as constantes elásticas adiabáticas e isotérmicas não serem as mesmas.

2. Propriedades de transporte — A condutividade térmica de um sólido isolante é limitada em um cristal perfeito apenas pelos termos anarmônicos na energia de interação iônica. Um cristal rigorosamente harmônico teria condutividade térmica infinita. Esta é provavelmente a mais importante propriedade de transporte determinada pelos termos anarmônicos. Mas eles também têm papel essencial em quase todos os processos pelos quais as vibrações de rede transmitem energia.

ASPECTOS GERAIS DAS TEORIAS ANARMÔNICAS

A descrição padrão de termos anarmônicos é simples a princípio, apesar de incômoda na prática por complexidades notacionais. A suposição de pequena oscilação é retida, o que permite que se mantenham apenas as correções principais aos termos harmônicos na expansão da energia de interação iônica, U, em potências dos deslocamentos iônicos **u**. Assim, substituem-se (22.8) e (22.10) por:

$$U = U^{\text{eq}} + U^{\text{harm}} + U^{\text{anh}}, \quad \textbf{(25.1)}$$

onde [veja a equação (22.10)] os termos de correção anarmônica têm a forma:

$$U^{\text{anh}} = \sum_{n=3}^{\infty} \frac{1}{n!} \sum_{\mathbf{R}_1 \cdots \mathbf{R}_n} D^{(n)}_{\mu_1 \cdots \mu_n}(\mathbf{R}_1 \cdots \mathbf{R}_n) u_{\mu_1}(\mathbf{R}_1) \cdots u_{\mu_n}(\mathbf{R}_n), \quad \textbf{(25.2)}$$

onde

$$D^{(n)}_{\mu_1 \cdots \mu_n}(\mathbf{R}_1 \cdots \mathbf{R}_n) = \partial^n U / \partial u_{\mu_1}(\mathbf{R}_1) \cdots \partial u_{\mu_n}(\mathbf{R}_n)\big|_{\mathbf{u} \equiv 0}. \quad \textbf{(25.3)}$$

No espírito da suposição de pequenas oscilações pode-se ficar tentado a reter apenas os termos principais (cúbicos no **u**) em U^{an}. E isto frequentemente acontece. No entanto, há duas razões para se reterem os termos quárticos também:

1. A Hamiltoniana que retém apenas os termos anarmônicos cúbicos é instável: a energia potencial pode se tornar tão grande e negativa quanto se quiser, atribuindo-se valores adequados aos **u**′ (veja o Problema 1). Isto implica que a Hamiltoniana cúbica não tem estado fundamental,[2] logo, substituindo-se a Hamiltoniana completa por uma truncada nos termos anarmônicos cúbicos, substituímos um problema físico bem definido por outro com patologias matemáticas espetaculares, mas artificiais. Todavia, os termos cúbicos adicionais são frequentemente tratados como uma pequena perturbação, e resultados fisicamente sensatos são encontrados a despeito do absurdo formal do procedimento. Ao se insistir em lidar com um problema bem definido, deve-se reter os termos quárticos também.

2. As contribuições dos termos cúbicos geralmente se comportam de forma anômala não pela razão mencionada anteriormente, mas por causa dos requerimentos rigorosos que as leis de conservação impõem nos processos mediados por esses termos. Quando isso ocorre, os termos quárticos podem ser de importância comparável mesmo quando a suposição de pequenas oscilações seja uma boa.

É quase prática universal não reter nenhum termo além dos termos anarmônicos quadráticos em cálculos detalhados, a não ser que se esteja engajado em provar tipos bem gerais de resultados, ou em lidar com cristais (notadamente o hélio sólido) para os quais toda a suposição de pequenas oscilações é de validade duvidosa. Além disso, existe a tendência na prática de se manter apenas os termos anarmônicos cúbicos, apesar de sempre se ter em mente as armadilhas mencionadas.

[2] Veja, por exemplo, G. Baym. *Phys. Rev.* 117, p. 886, 1960.

EQUAÇÕES DE ESTADO E EXPANSÃO TÉRMICA DE UM CRISTAL

Para calcular a equação de estado, definimos a pressão como $P = -(\partial F/\partial V)_T$, onde F, a energia livre de Helmholtz, é dada por $F = U - TS$. Já que a entropia S e a energia interna U estão relacionadas por

$$T\left(\frac{\partial S}{\partial T}\right)_V = \left(\frac{\partial U}{\partial T}\right)_V, \quad \textbf{(25.4)}$$

podemos expressar a pressão inteiramente em termos da energia interna, na forma:[3]

$$P = -\frac{\partial}{\partial V}\left[U - T\int_0^T \frac{dT'}{T'}\frac{\partial}{\partial T'}U(T',V)\right]. \quad \textbf{(25.5)}$$

Se a suposição de pequenas oscilações for válida, então a energia interna de um cristal isolante deve ser dada de forma precisa pelo resultado (23.11) da aproximação harmônica:

$$U = U^{\text{eq}} + \tfrac{1}{2}\sum_{\mathbf{k}s}\hbar\omega_s(\mathbf{k}) + \sum_{\mathbf{k}s}\frac{\hbar\omega_s(\mathbf{k})}{e^{\beta\hbar\omega_s(\mathbf{k})} - 1}. \quad \textbf{(25.6)}$$

Substituindo-se esta na forma geral (25.5), encontra-se que[4]

$$P = -\frac{\partial}{\partial V}[U^{\text{eq}} + \sum \tfrac{1}{2}\hbar\omega_s(\mathbf{k})] + \sum_{\mathbf{k}s}\left(-\frac{\partial}{\partial V}(\hbar\omega_s(\mathbf{k}))\right)\frac{1}{e^{\beta\hbar\omega_s(\mathbf{k})} - 1}. \quad \textbf{(25.7)}$$

Este resultado tem uma estrutura muito simples. O primeiro termo (que é tudo o que sobrevive em $T = 0$) é a derivada de volume negativa da energia de estado fundamental. Em temperaturas diferentes de zero, isso deve ser suplementado com a derivada de volume negativa das energias de fônon, e a contribuição de cada nível de fônon é ponderada com seu número médio de ocupação.

De acordo com (25.7), a pressão de equilíbrio depende da temperatura apenas porque as frequências do modo normal dependem do volume de equilíbrio do cristal. Se, no entanto, a energia potencial do cristal fosse rigorosamente da forma harmônica [equações (22.46) e (22.8)]

$$U^{\text{eq}} + \tfrac{1}{2}\sum_{\mathbf{RR}'}\mathbf{u}(\mathbf{R})\mathbf{D}(\mathbf{R} - \mathbf{R}')\mathbf{u}(\mathbf{R}'), \quad \textbf{(25.8)}$$

com constantes de força $\mathbf{D}$ que fossem independentes de $\mathbf{u}(\mathbf{R})$, então as frequências do modo normal poderiam não ter nenhuma dependência no volume.[5]

[3] Utilizamos o fato de que a densidade de entropia desaparece em T = 0 (terceira lei da termodinâmica) para empregarmos uma constante de integração.
[4] Veja o Problema 2.
[5] Isto é um modo generalizado da observação conhecida de que a frequência de um oscilador harmônico não depende da amplitude de vibração.

Para conseguir enxergar isso, observe que, para determinar a dependência no volume das frequências de modo normal, devemos examinar o problema de pequenas oscilações não apenas para a rede de Bravais original dada pelos vetores **R**, mas também para as redes expandidas (ou contraídas), fornecidas pelos vetores[6] $\bar{\mathbf{R}} = (1 + \epsilon)\mathbf{R}$, cujo volume difere pelo fator $(1 + \epsilon)^3$ do volume da rede original. Se a energia potencial é rigorosamente da forma (25.8), mesmo quando os **u**(**R**) não são pequenos, então o problema das novas oscilações pequenas é facilmente reduzido de volta para o antigo. Para as posições iônicas $\mathbf{r}(\mathbf{R}) = \bar{\mathbf{R}} + \bar{\mathbf{u}}(\bar{\mathbf{R}})$, também pode se definir como $\mathbf{r}(\mathbf{R}) = \mathbf{R} + \mathbf{u}(\mathbf{R})$, desde que os deslocamentos **u** em relação à rede original estejam relacionados aos deslocamentos $\bar{\mathbf{u}}$ em relação à rede expandida (ou contraída) por

$$\mathbf{u}(\mathbf{R}) = \epsilon\mathbf{R} + \bar{\mathbf{u}}(\bar{\mathbf{R}}). \quad \textbf{(25.9)}$$

Se a energia potencial é rigorosamente dada por (25.8), então, para avaliar a energia da configuração dada por $\mathbf{r}(\mathbf{R}) = \bar{\mathbf{R}} + \bar{\mathbf{u}}(\bar{\mathbf{R}})$ não precisamos realizar nova expansão de U em torno das novas posições de equilíbrio $\bar{\mathbf{R}}$. No entanto, podemos simplesmente substituir os deslocamentos equivalentes **u**, dados por (25.9) em (25.8). A expressão resultante para a energia potencial da configuração na qual os íons são deslocados por $\bar{\mathbf{u}}(\bar{\mathbf{R}})$ da posição de equilíbrio em $\bar{\mathbf{R}}$ é[7]

$$U^{\text{eq}} + \tfrac{1}{2}\epsilon^2 \sum_{\mathbf{RR}'} \mathbf{R}\mathbf{D}(\mathbf{R} - \mathbf{R}')\mathbf{R}' + \tfrac{1}{2}\sum_{\mathbf{RR}'} \bar{\mathbf{u}}(\mathbf{R})\mathbf{D}(\mathbf{R} - \mathbf{R}')\bar{\mathbf{u}}(\mathbf{R}'). \quad \textbf{(25.10)}$$

Os primeiros dois termos em (25.10) são independentes dos novos deslocamentos $\bar{\mathbf{u}}$ e fornecem a energia potencial da nova configuração de equilíbrio. As dinâmicas são determinadas pelo termo quadrático nos $\bar{\mathbf{u}}$. Como os coeficientes neste termo são idênticos aos coeficientes do termo correspondente em (25.8), a dinâmica das oscilações em torno das novas posições de equilíbrio será idêntica àquelas do antigo. As frequências do modo normal não são, portanto, afetadas pela variação no volume de equilíbrio.

Já que as frequências de modo normal de um cristal rigorosamente harmônico não são afetadas por uma variação no volume, a pressão dada por (25.7) depende apenas do volume, mas não da temperatura. Desse modo, em um cristal rigorosamente harmônico a pressão necessária para manter determinado volume não varia com a temperatura. Desde que também

---

[6] Para simplificar, consideramos apenas redes de Bravais monoatômicas cuja simetria é tal que uma expansão isotrópica uniforme (ou contração) produz uma nova configuração de equilíbrio (em oposição, por exemplo, a um cristal de simetria ortorrômbica, em que o fator de escala $(1 + \epsilon)$ diferiria ao longo de diferentes eixos do cristal). O resultado final, no entanto, é bem geral.

[7] Termos lineares nos $\bar{\mathbf{u}}$ devem desaparecer se as novas localizações $\bar{\mathbf{R}}$ de fato fornecem uma configuração de equilíbrio do cristal.

$$\left(\frac{\partial V}{\partial T}\right)_P = -\frac{(\partial P/\partial T)_V}{(\partial P/\partial V)_T}, \quad \textbf{(25.11)}$$

resulta que o volume de equilíbrio não pode variar com a temperatura a uma pressão fixa. Assim, o coeficiente de expansão térmica,[8]

$$\alpha = \frac{1}{l}\left(\frac{\partial l}{\partial T}\right)_P = \frac{1}{3V}\left(\frac{\partial V}{\partial T}\right)_P = \frac{1}{3B}\left(\frac{\partial P}{\partial T}\right)_V, \quad \textbf{(25.12)}$$

deve desaparecer.

A ausência de expansão térmica em uma rede rigorosamente harmônica implica termodinamicamente diversas outras anomalias. Os calores específicos de volume constante e pressão constante estão relacionados por:

$$c_p = c_v - \frac{T(\partial P/\partial T)_V^2}{V(\partial P/\partial V)_T} \quad \textbf{(25.13)}$$

e devem, portanto, ser idênticos nesse sólido. Assim, também, devem ser as compressibilidades adiabáticas e isotérmicas, desde que

$$\frac{c_p}{c_v} = \frac{(\partial P/\partial V)_S}{(\partial P/\partial V)_T}. \quad \textbf{(25.14)}$$

Resultados como esses são anômalos, pois em cristais reais as constantes de força **D** na aproximação harmônica para a energia potencial dependem da rede de equilíbrio em torno da qual ocorre a expansão harmônica. Implícito nesta dependência está o fato de que, em cristais reais, a aproximação harmônica não é exata. É possível expressar a quantidade pela qual as frequências de modo normal variam quando os vetores de rede de equilíbrio são trocados de **R** para $(1 + \epsilon)$**R**, em termos dos coeficientes dos termos anarmônicos que estão na expansão da energia potencial[9] em torno das posições de equilíbrio **R**. Desse modo, medições do coeficiente de expansão térmica podem ser efetuadas para fornecer informações sobre a grandeza das correções anarmônicas para a energia.

EXPANSÃO TÉRMICA: O PARÂMETRO DE GRÜNEISEN

Ao se reconhecer que as frequências de fônon de um cristal real dependem do volume de equilíbrio, podemos continuar com a análise da equação de estado (25.7). Ao substituir esta forma da pressão em (25.12), encontramos que o coeficiente da expansão térmica pode ser definido da seguinte forma

---

[8] Continuamos a supor um cristal simétrico o suficiente para que todas as dimensões lineares variem proporcionalmente do mesmo modo com a temperatura. Cristais de simetria não cúbica têm coeficientes de expansão dependentes da direção. Introduzimos o módulo bulk B, definido [equação (2.35)] por $B = -V(\partial P/\partial V)T$.

[9] Veja o Problema 4 deste capítulo.

$$\alpha = \frac{1}{3B}\sum_{\mathbf{k}s}\left(-\frac{\partial}{\partial V}\hbar\omega_{\mathbf{k}s}\right)\frac{\partial}{\partial T}n_s(\mathbf{k}), \quad \textbf{(25.15)}$$

onde $n_s(\mathbf{k}) = [e^{\beta\hbar\omega_s(\mathbf{k})} - 1]^{-1}$. Se compararmos isto com a fórmula (23.12) para o calor específico, que pode ser definida na forma

$$c_v = \sum_{\mathbf{k}s}\frac{\hbar\omega_s(\mathbf{k})}{V}\frac{\partial}{\partial T}n_s(\mathbf{k}), \quad \textbf{(25.16)}$$

sugere-se a seguinte representação para o coeficiente de expansão térmica α:
Primeiro, defina uma grandeza

$$c_{vs}(\mathbf{k}) = \frac{\hbar\omega_s(\mathbf{k})}{V}\frac{\partial}{\partial T}n_s(\mathbf{k}), \quad \textbf{(25.17)}$$

que é a contribuição do modo normal **k**, *s* para o calor específico. Depois, defina uma grandeza $\gamma_{\mathbf{k}s}$, conhecida como o *parâmetro Grüneisen* para o modo **k***s*, como a derivada logarítmica negativa da frequência do modo em relação ao volume, ou seja,

$$\gamma_{\mathbf{k}s} = -\frac{V}{\omega_s(\mathbf{k})}\frac{\partial\omega_s(\mathbf{k})}{\partial V} = -\frac{\partial(\ln\omega_s(\mathbf{k}))}{\partial(\ln V)}. \quad \textbf{(25.18)}$$

Finalmente, defina um *parâmetro Grüneisen* global

$$\gamma = \frac{\sum_{\mathbf{k},s}\gamma_{\mathbf{k}s}c_{vs}(\mathbf{k})}{\sum_{\mathbf{k},s}c_{vs}(\mathbf{k})}, \quad \textbf{(25.19)}$$

como a média ponderada para o $\gamma_{\mathbf{k}s}$, no qual a contribuição de cada modo normal é ponderada por sua contribuição ao calor específico. Empregando essas definições, podemos escrever (25.15) na forma simples:

$$\alpha = \frac{\gamma c_v}{3B}. \quad \textbf{(25.20)}$$

O coeficiente de expansão térmica é representado desta forma bem peculiar, porque nos modelos mais simples a dependência no volume das frequências de modo normal está contida em um fator multiplicativo universal. Portanto, os $\gamma_{\mathbf{k}s}$ são os mesmos para todos os modos normais. Nestas circunstâncias, (25.15) se reduz diretamente para (25.20), sem necessidade para as definições intervenientes. Em um modelo de Debye, por exemplo, todas as frequências de modo normal variam proporcionalmente de forma linear com a frequência de corte ω_D, e, portanto,

$$\gamma_{\mathbf{k}s} \equiv -\frac{\partial(\ln\omega_D)}{\partial(\ln V)}. \quad \textbf{(25.21)}$$

Como o módulo bulk que está no denominador de (25.20) é apenas fracamente dependente da temperatura,[10] teorias com γ_{ks} constante preveem que o coeficiente da expansão térmica deve ter a mesma dependência da temperatura que o calor específico. Em particular, ele deve aproximar-se de uma constante em temperaturas altas em comparação com Θ_D, e deve desaparecer como T^3 quando $T \to 0$.

A representação (25.20) preserva estas duas formas limitantes. Em qualquer sólido real, o γ_{ks} não será o mesmo para todos os modos normais, e γ dependerá, portanto, da temperatura. Todavia, a equação (25.19) implica que γ se aproxime de um valor constante quando $T \to 0$, e um valor constante (diferente) em temperaturas altas comparadas a Θ_D. Consequentemente, a dependência da temperatura limitante do coeficiente de expansão térmica, mesmo no caso geral, será

$$\begin{aligned} &\alpha \sim T^3, \qquad T \to 0; \\ &\alpha \sim \text{constante}, \qquad T \gg \Theta_D. \end{aligned} \tag{25.22}$$

Alguns parâmetros de Grüneisen e sua variação com a temperatura são apresentados na Tabela 25.1 e na Figura 25.1.

Tabela 25.1

Coeficientes de expansão linear e parâmetros de Grüneisen para alguns haletos alcalinos

T(K)		LiF	NaCl	NaI	KCl	KBr	KI	RbI	CsBr
0	α	0	0	0	0	0	0	0	0
	γ	1,70	0,90	1,04	0,32	0,29	0,28	−0,18	2,0
20	α	0,063	0,62	5,1	0,74	2,23	4,5	6,0	10,0
	γ	1,60	0,96	1,22	0,53	0,74	0,79	0,85	—
65	α	3,6	15,8	27,3	17,5	22,5	26,0	28,0	35,2
	γ	1,59	1,39	1,64	1,30	1,42	1,35	1,35	—
283	α	32,9	39,5	45,1	36,9	38,5	40,0	39,2	47,1
	γ	1,58	1,57	1,71	1,45	1,49	1,47	—	2,0

*As unidades do coeficiente de expansão linear α estão em $10^{-6}\,K^{-1}$.
Fonte: White, G. K. *Proc. Roy. Soc.*, Londres, A286, p. 204, 1965.

[10] Em qualquer caso, B é diretamente mensurável. Logo, pode se considerar sua leve dependência da temperatura.

FIGURA 25.1

Parâmetro de Grüneisen *versus* T/Θ_D para alguns cristais de haleto alcalino. (De G. K. White. *Proc. Roy. Soc.*, Londres, A286, p. 204, 1965.)

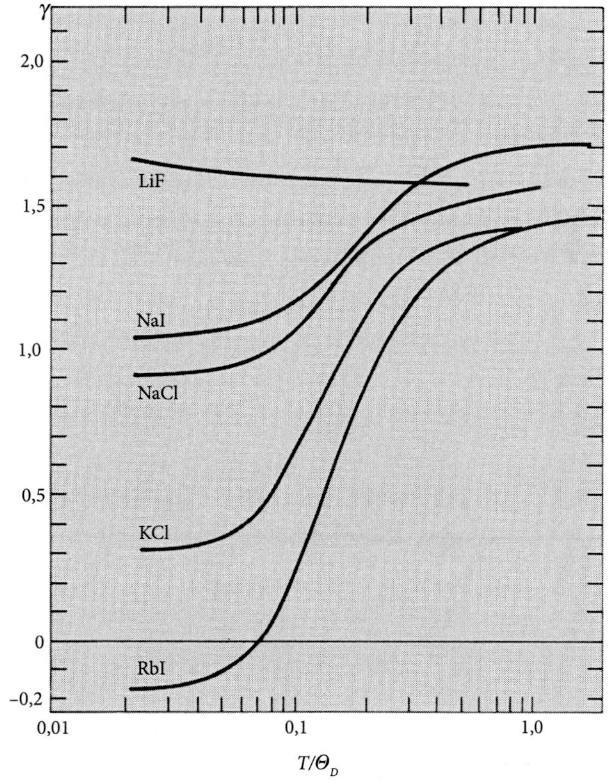

EXPANSÃO TÉRMICA DE METAIS

A discussão anterior admite que os únicos graus de liberdade são iônicos, ou seja, que o sólido é um isolante. No caso de um metal, podemos calcular os efeitos dos graus de liberdade eletrônicos adicionais por meio da equação (25.12). Mais uma vez, o módulo bulk é muito fracamente dependente da temperatura e pode ser substituído por seu valor em $T = 0$. Para uma estimativa aproximada da contribuição eletrônica para $(\partial P/\partial T)_V$ simplesmente adicionamos a contribuição das vibrações de rede àquela de um gás de elétrons livres. Já que a equação de estado de gás de elétrons livres é [veja a equação (2.101)]

$$P = \frac{2}{3}\frac{U}{V} \quad \textbf{(25.23)}$$

então

$$\left(\frac{\partial P^{\text{el}}}{\partial T}\right)_V = \frac{2}{3}c_v^{\text{el}} \quad \textbf{(25.24)}$$

e, portanto, o coeficiente de expansão térmica torna-se

$$\alpha = \frac{1}{3B}\left(\gamma c_v^{\text{ion}} + \frac{2}{3}c_v^{\text{el}}\right). \quad \textbf{(25.25)}$$

Como o parâmetro de Grüneisen é, em geral, da ordem da unidade, a contribuição eletrônica para a dependência na temperatura do coeficiente de expansão será considerável apenas em temperaturas nas quais a contribuição eletrônica para o calor específico seja comparável àquele dos íons, isto é, em temperaturas da ordem de 10 K ou menos [veja a equação (23.30)].[11] Assim, a diferença prevista mais surpreendente entre o coeficiente de expansão de metais e isolantes é que, em temperaturas muito baixas, α deve desaparecer linearmente em T em metais, mas como T^3 em isolantes. Esse comportamento se confirma por experimentos.[12]

Alguns coeficientes de expansão térmica característicos para metais são dados na Tabela 25.2.

Tabela 25.2

Coeficientes de expansão linear para metais selecionados à temperatura ambiente

Metal	Coeficiente*	Metal	Coeficiente*
Li	45	Ca	22,5
Na	71	Ba	18
K	83	Nb	7,1
Rb	66	Fe	11,7
Cs	97	Zn	61 (‖)
Cu	17,0		14, (⊥)
Ag	18,9	Al	23,6
Au	13,9	In	−7,5 (‖)
Be	9,4 (‖)		50 (⊥)
	11,7 (⊥)	Pb	28,8
Mg	25,7 (‖)	Ir	6,5
	24,3 (⊥)		

* As unidades são 10^{-6} K^{-1}. Nos casos não cúbicos os coeficientes separados são listados para expansões paralelas e perpendiculares ao eixo de simetria mais alta.

Fonte: Pearson, W. B. *A handbook of lattice spacings and structures of metals and alloys.* Nova York: Pergamon, 1958.

CONDUTIVIDADE TÉRMICA DE REDE: A ABORDAGEM GERAL

Como observamos nos Capítulos 22 e 23, a energia térmica pode ser armazenada nos modos vibracionais normais do cristal. Já que estes modos são ondas elásticas, pode-se também transportar energia térmica pela rede de íons, estabelecendo pacotes de ondas adequados

[11] Os elétrons darão, é claro, uma contribuição substancial ao módulo bulk (quase independente da temperatura) (veja o Capítulo 2).

[12] Veja G. K. White. *Proc. Roy. Soc.*, Londres, A286, p. 204, 1965; e K. Andres. *Phys. Kondens. Mater.*, 2, p. 294, 1964.

de modos normais. Assim, é possível enviar impulsos por uma corda elástica estendida, puxando-se uma das extremidades. Em baixas temperaturas, o fato de as energias permitidas de modo normal serem quantizadas é de muito importante. E é muito mais conveniente descrever este transporte de energia na linguagem de fônons.

Ao se utilizar a imagem de fônons para descrever o transporte de energia, consideram-se os fônons cuja posição esteja localizada em uma região definida, que seja pequena na escala das dimensões macroscópicas do cristal, apesar de ser grande na escala do espaçamento interiônico. Como um único modo normal com um vetor de onda **k** definido envolve o movimento de íons por todo o cristal, um estado que consiste em um único fônon com vetor de onda **k** não pode descrever uma perturbação localizada do cristal. No entanto, a superposição de estados do cristal em cada um dos quais um modo normal com vetor de onda em alguma vizinhança pequena $\Delta\mathbf{k}$ de **k** seja excitado, pode-se construir perturbações parecidas com fônons. A justificativa para a alteração de linguagem de onda para partícula baseia-se nas propriedades de pacotes de ondas. Ao invés de explorarmos a matemática detalhada e relativamente pouco elucidativa dos pacotes de onda, simplesmente enfatizamos a analogia com o caso eletrônico,[13] e nos permitimos a mesma liberdade com os fônons: Sacrificando-se alguma precisão na especificação de vetor ondulatório de fônon, podemos construir funções de onda de fônons[14] localizadas em uma escala $\Delta x \approx 1/\Delta k$.

Em um cristal perfeitamente harmônico, os estados de fônon são estacionários. Portanto, caso estabeleça-se uma distribuição de fônons que transporta uma corrente térmica (por exemplo, tendo um excesso de fônons com velocidades de grupo similarmente direcionadas), esta distribuição permanecerá inalterada no curso do tempo, e a corrente térmica permanecerá eternamente não degenerada. *Um cristal perfeitamente harmônico teria condutividade térmica infinita.*[15]

A condutividade térmica de isolantes reais[16] não é infinita por diversas razões:

1. As inevitáveis imperfeições de rede, impurezas, inomogeneidades isotrópicas e semelhantes (Capítulo 30) que afligem os cristais reais atuam como centros de espalhamento para os fônons e ajudam a degradar qualquer corrente térmica.

---

[13] O ponto em questão aqui é completamente paralelo àquele que discutimos na substituição da descrição de onda mecânica de elétrons com a imagem clássica de partículas localizadas. O transporte de energia por correntes térmicas pode ser visto do mesmo modo que o transporte de carga por correntes elétricas. Os carregadores são agora fônons, e a grandeza transportada em cada fônon é sua energia $\hbar\omega_s(\mathbf{k})$.

[14] Observe que a incerteza no vetor ondulatório deve ser pequena em comparação às dimensões da zona de Brillouin se atribuirmos ao fônon um vetor ondulatório com as propriedades convencionais. Como as dimensões da zona são da ordem do inverso da constante de rede, Δx deve ser grande comparado ao espaçamento interiônico. E, como já se pode esperar, os fônons não estão localizados na escala microscópica.

[15] Isto é análogo ao fato de que elétrons em um potencial periódico perfeito (sem defeitos ou vibrações de rede) seriam condutores elétricos perfeitos.

[16] Falamos de isolantes, mas nossas observações também se aplicam à contribuição iônica para a condutividade térmica de metais. O último, no entanto, é geralmente mascarado pela contribuição eletrônica que é uma ou duas ordens de magnitude maior.

2. Mesmo em um cristal perfeito e puro, os fônons seriam eventualmente espalhados na superfície da amostra, e isto limitaria a corrente térmica;
3. Mesmo em um cristal perfeito, puro e infinito, os estados estacionários da Hamiltoniana harmônica são apenas estados estacionários aproximados da Hamiltoniana anarmônica completa. Portanto, um estado com um conjunto definido de números de ocupação de fônons não permanecerá inalterado no curso do tempo.

Nesta discussão, nos interessamos basicamente pelo último ponto, que é a única fonte intrínseca de resistência térmica que não pode, em princípio, ser sistematicamente reduzida para se fazer cristais maiores e melhores.

O ponto de vista geralmente adotado para se discutir este efeito de anarmonicidade é visualizar as correções anarmônicas à Hamiltoniana harmônica H_0 como perturbações, que causam transições de um autoestado harmônico para o outro – levam à criação, à destruição ou ao espalhamento de fônons. Assim, a parte anarmônica da interação iônica tem o mesmo papel na teoria do transporte de calor em um isolante que impurezas ou a interação elétron-fônon têm na teoria do transporte de carga em um metal.

Se os termos anarmônicos são pequenos[17] em comparação com a parte harmônica da Hamiltoniana, será suficiente calcular seus efeitos na teoria da perturbação – e isto é o que normalmente se faz. Na teoria da perturbação de ordem mais baixa, pode se demonstrar (veja o Apêndice O) que um termo anarmônico de grau n nos deslocamentos iônicos $\mathbf{u}$ pode causar transições entre dois autoestados da Hamiltoniana harmônica, precisamente n daqueles números de ocupação de fônons diferem. Desse modo, o termo anarmônico cúbico pode provocar os seguintes tipos de transição:

1. Todos os números de ocupação nos estados inicial e final são inalterados, exceto que $n_{\mathbf{k}s} \to n_{\mathbf{k}s} - 1$, $n_{\mathbf{k}'s'} \to n_{\mathbf{k}'s'} + 1$ e $n_{\mathbf{k}''s''} \to n_{\mathbf{k}''s''} + 1$. Evidentemente, tal transição pode ser pensada como um evento no qual um fônon do ramo s com vetor ondulatório $\mathbf{k}$ decai em dois com vetores ondulatórios e índices de ramo $\mathbf{k}'s'$ e $\mathbf{k}''s''$;
2. Todos os números de ocupação de fônons nos estados inicial e final são inalterados exceto que $n_{\mathbf{k}s} \to n_{\mathbf{k}s} - 1$, $n_{\mathbf{k}'s'} \to n_{\mathbf{k}'s'} - 1$ e $n_{\mathbf{k}''s''} \to n_{\mathbf{k}''s''} + 1$. Essa transição pode ser vista como um fato no qual dois fônons com vetores ondulatórios e índices de ramo $\mathbf{k}s$ e $\mathbf{k}'s'$ fundem-se para formar um único fônon no ramo s'' com vetor ondulatório $\mathbf{k}''$.

Em geral, representam-se esses processos esquematicamente, como se mostra na Figura 25.2.

Os outros dois processos cúbicos que vêm à mente (três fônons que desaparecem ou três novos fônons que são criados) são proibidos pela conservação de energia. Como a energia total dos três fônons deve ser positiva, alguma energia se perde em um aniquilamento de três fônons, e encontrados em nenhum lugar em uma criação de três fônons.

[17] O fato de os picos de um fônon serem claramente identificáveis no espalhamento de nêutrons de cristais é uma indicação disso (veja o Capítulo 24).

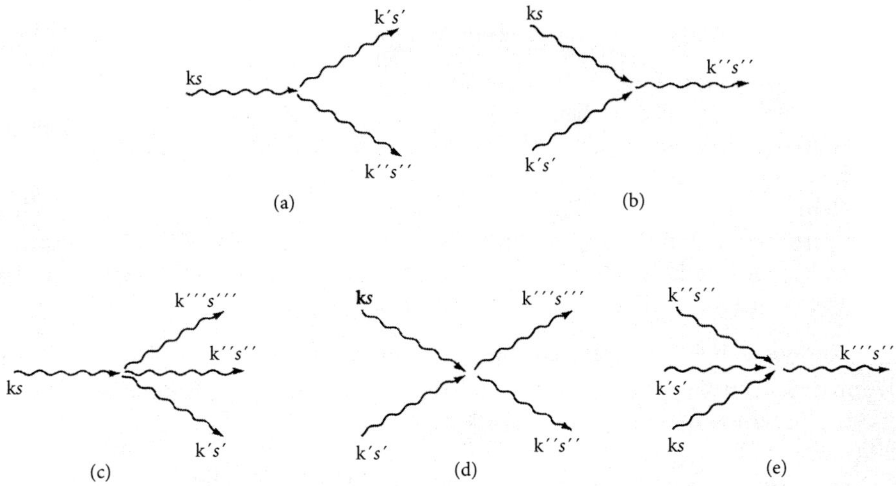

FIGURA 25.2

Processos originários da teoria de perturbação de ordem mais baixa por termos anarmônicos cúbicos e quárticos. (a) Cúbicos: um fônon decai em dois. (b) Cúbicos: dois fônons fundem-se em um. (c) Quártico: um fônon decai em três. (d) Quártico: dois fônons transformam-se em dois outros (espalhamento fônon-fônon). (e) Quártico: três fônons fundem-se em um.

De forma similar, os termos quárticos podem fornecer transições que são simplesmente caracterizadas como aquelas em que um fônon decai em três, três se fundem em um, ou dois de determinado tipo são substituídos por dois outros (veja a Figura 25.2).

Termos anarmônicos de ordem mais alta contribuem com transições também. Mas, ainda no campo da suposição de pequenas oscilações, espera-se que os termos cúbicos e quárticos sejam os mais importantes. Frequentemente, se consideram apenas transições originárias dos termos cúbicos. No entanto, como já mencionamos, as leis de conservação geralmente impõem restrições muito rigorosas nos processos produzidos pelos termos cúbicos. Como consequência, apesar de os termos quárticos serem menores do que os cúbicos, pouquíssimos processos cúbicos podem ser considerados em que ambos os tipos de processos possam produzir razões de transições comparáveis.

Na abordagem a seguir não vamos nos valer de nenhum aspecto detalhado dos termos anarmônicos, além daqueles contidos nas leis de conservação de energia e momento cristalino.[18] Se os números de ocupação de fônons são n_{ks} antes da transição e n'_{ks} depois, a conservação de energia exige que

$$\sum \hbar\omega_s(\mathbf{k})n_{\mathbf{k}s} = \sum \hbar\omega_s(\mathbf{k})n'_{\mathbf{k}s}, \quad \mathbf{(25.26)}$$

[18] Equação (M.18). A discussão completa da conservação do momento cristalino é fornecida no Apêndice M. Veja também a página 512.

e a conservação do momento cristalino requer que

$$\sum \mathbf{k} n_{\mathbf{k}s} = \sum \mathbf{k} n'_{\mathbf{k}s} + \mathbf{K}, \quad (25.27)$$

onde **K** é algum vetor da rede recíproca.

Essas transições são, em geral, chamadas "colisões", termo usado para enfatizar a analogia com o transporte eletrônico. Aqui, entretanto, o termo inclui processos nos quais um único fônon decai em diversos, estes fundem-se em um e "colisões" generalizadas semelhantes que uma teoria sem conservação de número permitir. Na extensão em que a suposição de pequenas oscilações é válida e os termos anarmônicos de ordem alta não são importantes, apenas um pequeno número de fônons participará de determinada "colisão". Pode-se então tratar o transporte de energia por fônons com uma equação de Boltzman (Capítulo 16), que contém termos de colisão que descrevem aqueles processos nos quais os fônons podem ser espalhados com considerável probabilidade. Para uma teoria qualitativa elementar, pode-se até introduzir um único tempo de relaxação de fônon τ, que especifica a probabilidade por unidade de tempo de um fônon sofrer qualquer um dos vários tipos de colisão.[19]

CONDUTIVIDADE TÉRMICA DE REDE: TEORIA CINÉTICA ELEMENTAR

Não vamos explorar aqui a abordagem detalhada da condutividade térmica da rede contida na equação de fônon de Boltzman. Em vez disso, ilustraremos alguns dos aspectos físicos importantes do problema utilizando a aproximação de tempo de relaxação elementar, análoga àquela utilizada em nossa discussão de transporte de elétrons em metais nos Capítulos 1 e 2.

Para simplificar, continuamos tratando apenas de redes de Bravais monoatômicas, em que o espectro de fônon tenha apenas ramos acústicos. Como estamos preocupados basicamente com aspectos qualitativos de condução térmica ao invés de resultados precisos, também efetuaremos, quando conveniente, a aproximação de Debye, deixando a relação de dispersão de fônon ser $\omega = ck$ para os três ramos acústicos.

Suponha que um pequeno gradiente de temperatura seja imposto ao longo da direção x em um cristal isolante (Figura 25.3). Como no modelo de Drude (veja, no Capítulo 1, a Figura 1.2), admitimos que as colisões mantenham o equilíbrio termodinâmico local de um modo particularmente simples. Aqueles fônons que emergem de colisões na posição x são tomados como contribuindo para a densidade de energia de não equilíbrio com uma quantidade proporcional à densidade de energia de equilíbrio

---

[19] Em uma analogia precisa com o tempo de relaxação de elétrons introduzido na discussão do modelo de Drude. O argumento a seguir é também análogo ao caso eletrônico, exceto pelo fato de os fônons não serem carregados (não há campo termoelétrico), a densidade de número de fônons depende da temperatura, e os fônons não precisam ser conservados, sobretudo nas extremidades dos espécimes.

na temperatura $T(x)$: $u(x) = u^{eq}[T(x)]$. Cada fônon em dado ponto contribuirá para a densidade de corrente térmica na direção x com quantidade igual ao produto do componente x de sua velocidade com sua contribuição para a densidade de energia.[20] No entanto, a contribuição média de um fônon para a densidade de energia depende da posição de sua última colisão. Há, portanto, uma correlação entre de onde vem um fônon (ou seja, a direção de sua velocidade) e sua contribuição para a densidade média de energia, o que resulta em uma corrente térmica líquida.

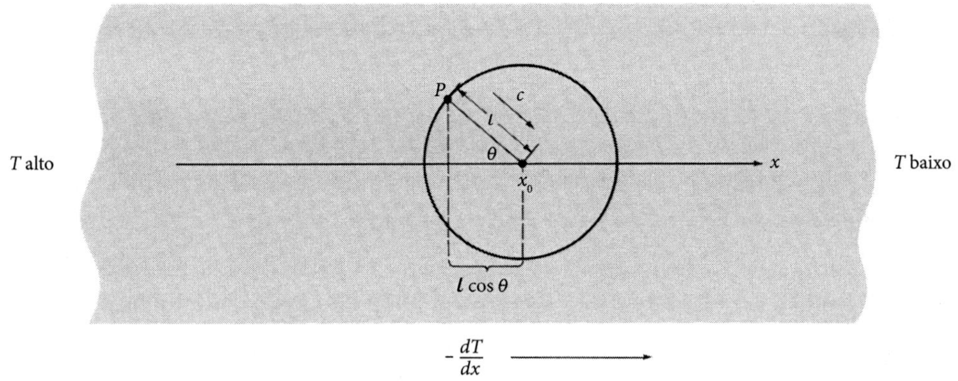

FIGURA 25.3

Propagação de calor por fônons na presença de um gradiente de temperatura uniforme ao longo do eixo x. A corrente térmica em x_0 é transportada por fônons cuja última colisão foi, em média, a uma distância $\ell = c\tau$ de x_0. Fônons com velocidades formando um ângulo θ com o eixo x em x_0 colidiram pela última vez em um ponto P a uma distância $\ell\cos\theta$ do gradiente de temperatura e, portanto, transportam uma densidade de energia $u(x_0 - \ell\cos\theta)$ com velocidade x $c \cos\theta$. A corrente térmica líquida é proporcional ao produto destas grandezas ponderadas sobre todos os ângulos do sólido.

Para calcularmos esta corrente térmica tiramos a média do produto da densidade de energia e a velocidade x sobre todos os lugares em que a última colisão do fônon possa ter ocorrido. Admitindo, no espírito do modelo de Drude, que a colisão tenha ocorrido a uma distância $\ell = c\tau$ do ponto x_0 (no qual a corrente deve ser calculada), em uma direção que forma um ângulo θ com o eixo x (Figura 25.3) temos

$$\begin{aligned} j &= \langle c_x u(x_0 - \ell\cos\theta)\rangle_\theta = \int_0^\pi c\cos\theta u(x_0 - \ell\cos\theta)\frac{2\pi\, d\theta}{4\pi}\operatorname{sen}\theta, \\ &= \frac{1}{2}\int_{-1}^{1}\mu d\mu\; cu(x_0 - \ell\mu). \end{aligned} \qquad \textbf{(25.28)}$$

[20] Para a descrição detalhada deste procedimento, veja a discussão análoga da contribuição eletrônica para a condutividade térmica de um metal nas páginas 20-22.

Para a ordem linear no gradiente de temperatura temos, então

$$j = -c\ell\frac{\partial u}{\partial x}\cdot\frac{1}{2}\int_{-1}^{1}\mu^2 d\mu = \frac{1}{3}c\ell\frac{\partial u}{\partial T}\left(-\frac{\partial T}{\partial x}\right), \quad (25.29)$$

ou

$$j = \kappa\left(-\frac{\partial T}{\partial x}\right), \quad (25.30)$$

onde a condutividade térmica k é dada por

$$\kappa = \tfrac{1}{3}c_v c\ell = \tfrac{1}{3}c_v c^2\tau. \quad (25.31)$$

Aqui c_v é o calor específico dos fônons e é uma das grandezas que determina a dependência da temperatura de k. O outro[21] é a razão de colisão do fônon, τ^{-1}. Discutimos $c_v(T)$ no Capítulo 23, mas a questão da dependência da temperatura de τ^{-1} é uma de grande sutileza e complexidade, que levou muitos anos para ser completamente entendida. Os problemas que surgem dependem do regime considerado ser de alta temperatura ($T >> \Theta_D$) ou de baixa temperatura ($T << \Theta_D$).

Caso 1 ($T >> \Theta_D$) Em altas temperaturas, o número total de fônons presentes no cristal é proporcional a T porque os números de ocupação de fônon de equilíbrio se reduzem para:

$$\frac{1}{V}\sum_{\mathbf{k}s} Q(\omega_s(\mathbf{k})) = \sum_s \int \frac{d\mathbf{k}}{(2\pi)^3} Q(\omega_s(\mathbf{k})). \quad (25.32)$$

Como é mais provável que determinado fônon que contribui com a corrente térmica seja espalhado quanto mais outros fônons que há estejam presentes para fazer o espalhamento, deve-se esperar que o tempo de relaxação decaia com o aumento da temperatura. Além disso, como em altas temperaturas o calor específico do fônon obedece à lei de Dulong e Petit e é independente de temperatura, deve-se esperar que a própria condutividade térmica decaia com o aumento da temperatura, no regime de alta temperatura.

Isto se confirma por experimentos. A razão de decaimento é geralmente dada por

$$\kappa \sim \frac{1}{T^x}, \quad (25.33)$$

onde x está mais ou menos entre 1 e 2. A teoria precisa da lei de potência é complexa e tem a ver com a competição entre processos de espalhamento produzidos por termos

[21] No modelo de Debye, a velocidade do fônon c é uma constante independente da temperatura. Mesmo em um modelo mais preciso, no qual c^2 deve ser substituído por alguma média adequada, ela não contribuirá intensamente para a dependência na temperatura de k, em contraste com um gás clássico, onde $c^2 \sim k_B T$.

anarmônicos cúbicos e quárticos.[22] Este é um caso no qual processos governados pelos termos cúbicos são tão severamente limitados pelas leis de conservação que os termos quárticos, mesmo quando bem menores, são capazes de gerar processos suficientes para igualar o equilíbrio.

Caso 2 ($T << \Theta_D$) Em qualquer temperatura T, apenas fônons que têm energias comparáveis ou menores que k_BT estarão presentes em números apreciáveis. Em particular, quando $T << \Theta_D$, os fônons presentes terão $\omega_s(\mathbf{k}) << \omega_D$, e $k << k_D$. Com isto em mente, considere uma colisão de fônons mediada pelos termos anarmônicos cúbicos ou quárticos. Já que apenas pequeno número de fônons estão envolvidos, a energia total e o momento cristalino total daqueles fônons próximos de participarem da colisão devem ser pequenos em comparação com $\hbar\omega_D$ e k_D. Como a energia se conserva na colisão, a energia total dos fônons que emergem da colisão deve continuar pequena em comparação a $\hbar\omega_D$. Isto só é possível se o vetor de onda de cada um deles e, consequentemente, seu vetor de onda total, for pequeno se comparado a k_D. No entanto, tanto o vetor de onda inicial quanto o final pode ser pequeno em comparação com k_D (comparável em tamanho a um vetor de rede recíproca), apenas se o vetor **K** de rede recíproca aditiva que aparece na lei de conservação de momento cristalino for zero. Assim, em temperaturas muito baixas, as únicas colisões que ocorrem com significativa probabilidade são aquelas que conservam o momento cristalino total exatamente, e não apenas em um vetor de rede recíproca aditiva.

Esta importante conclusão, às vezes, se expressa em termos de distinção entre processos chamados *normais* e *umklapp*. Um processo normal é uma colisão de fônons na qual os momentos cristalinos inicial e final são estritamente iguais. Em um processo umklapp eles diferem entre si por um vetor diferente de zero de rede recíproca. Evidentemente, esta distinção depende da célula primitiva na qual se escolhe especificar o vetor de onda do fônon (Figura 25.4). Aquela célula é quase sempre tomada como a primeira zona de Brillouin.[23] O efeito de baixas temperaturas na conservação do momento cristalino se resume algumas vezes na afirmação de que *em temperaturas suficientemente baixas os únicos processos de espalhamento que podem ocorrer em uma proporção razoável são os processos normais: processos umklapp são "congelados"*.

O congelamento dos processos umklapp é de importância crítica para a condutividade térmica de baixa temperatura. Se apenas ocorrem processos normais, o vetor ondulatório de fônon total

[22] Veja, por exemplo, C. Herring. *Phys. Rev.*, 95, p. 954, 1954. Veja também as referências citadas nesse mesmo texto de Herring.

[23] A raridade de colisões que adicionam um vetor de rede recíproca ao momento cristalino total em baixas temperaturas pode ser claramente descrito em termos do congelamento dos processos umklapp, desde que a célula primitiva contenha uma vizinhança do ponto k = 0 que seja grande o bastante para incluir todos os vetores ondulatórios k de fônon com $\hbar\omega$s(k) grandes em comparação com k_BT. A primeira zona de Brillouin é, obviamente, esta escolha.

$$\sum_S \sum_{\text{1st Bz}} \mathbf{k} n_s(\mathbf{k}) \quad (25.34)$$

se conservará. No entanto, no estado de equilíbrio térmico, com números médios de ocupação de fônons:

$$n_s(\mathbf{k}) = \frac{1}{e^{\beta\hbar\omega_s(\mathbf{k})} - 1}, \quad (25.35)$$

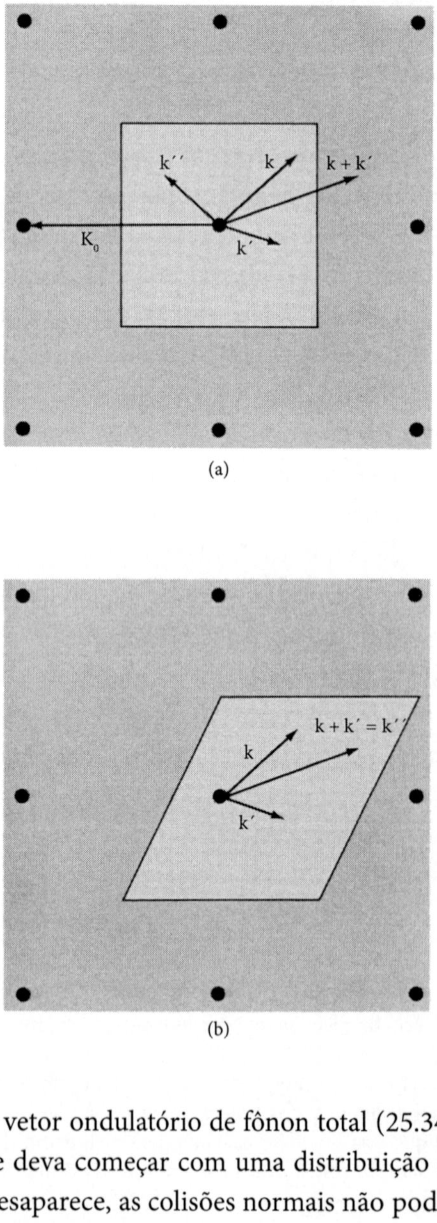

Figura 25.4

Um processo umklapp (ilustrado na rede quadrada bidimensional). A rede recíproca é apresentada pelos pontos, a região quadrada em (a) é a primeira zona de Brillouin, e o paralelogramo em (b) é uma célula primitiva alternativa. Dois fônons com vetores ondulatórios **k** e **k**′ são permitidos pela lei de conservação de momento cristalino a fundir em um único fônon de vetor ondulatório **k**″. Se todos os vetores ondulatórios de fônon são especificados na primeira zona de Brillouin, então **k**″ difere de **k** + **k**′ pelo vetor $\mathbf{K}_0$ de rede recíproca diferente de zero, e o processo é considerado normal. Dada a célula primitiva na qual vetores ondulatórios de fônon devem ser especificados, a distinção entre processos umklapp e normal é clara, já que cada nível de fônon tem um único vetor ondulatório naquela célula, e as somas dos vetores inicial e final são determinados de forma única. O processo é normal se as duas somas estão de acordo, e umklapp se elas diferem por um vetor ondulatório recíproco diferente de zero. No entanto, mudando para outra célula primitiva pode-se tornar alguns processos umklapp normais, e vice e versa. (Note que os vetores **k** e **k**′ são os mesmos em (a) e (b).

o vetor ondulatório de fônon total (25.34) desaparece, já que $\omega_s(-\mathbf{k}) = \omega_s(\mathbf{k})$. Assim, caso se deva começar com uma distribuição de fônons com momento cristalino total que não desaparece, as colisões normais não podem efetuar, sozinhas, o equilíbrio termodinâmico, *mesmo se não houver gradiente de temperatura presente.* De fato, pode-se demonstrar[24] que na ausência de um gradiente de temperatura, se todas as colisões conservarem o momento cristalino, a função de distribuição de fônons relaxará à forma de estado estável:

$$n_s^{\mathbf{w}}(\mathbf{k}) = \frac{1}{e^{\beta(\hbar\omega_s(\mathbf{k}) - \mathbf{w}\cdot\mathbf{k})} - 1}, \quad \textbf{(25.36)}$$

onde **w** é uma constante determinada pela condição de que

$$\sum \mathbf{k} n_s^{\mathbf{w}}(\mathbf{k}) \quad \textbf{(25.37)}$$

seja igual ao momento cristalino total inicial.

Evidentemente, a função de distribuição (25.36) não é simétrica em **k** e suportará, em geral, uma densidade de corrente térmica que não desaparece:[25]

$$j^{\text{th}} = \frac{1}{V}\sum_{\mathbf{k}s} \hbar\omega_s(\mathbf{k}) \frac{\partial \omega_s(\mathbf{k})}{\partial \mathbf{k}} n_s^{\mathbf{w}}(\mathbf{k}) \neq 0. \quad \textbf{(25.38)}$$

Isto é equivalente à asserção de que *na ausência de processos umklapp a condutividade térmica de um cristal isolante é infinita.*[26]

Um cristal perfeito anarmônico infinito tem condutividade térmica finita em baixas temperaturas apenas porque ainda haverá baixa probabilidade de processos umklapp que destroem momentos cristalinos. Esses processos de fato degradam a corrente térmica. Como a variação no momento cristalino total em um processo umklapp é igual a um vetor de rede recíproca que não desaparece (de tamanho comparável a k_D), isto significa

[24] A equação (25.36) pode ser derivada com a ajuda de uma equação de fônon de Boltzmann (veja, por exemplo, J. M. Ziman. *Electrons and phonons*. Oxford, 1960, Capítulo VIII). Não vamos derivá-la aqui, já que o único ponto que queremos retirar dela é intuitivamente bem plausível: se a função de distribuição de estado estável leva a um momento cristalino diferente de zero, ela deve violar a simetria levando a corrente térmica que desaparece. Então, a corrente térmica será também diferente de zero, não incluindo cancelamentos fortuitos. Um ponto semelhante surge na teoria da resistividade elétrica de baixa temperatura de um metal (veja no próximo capítulo).

[25] Esta corrente será paralela ao momento cristalino total, em cristais com simetria cúbica e, mais genericamente, fluirá em uma direção não muito longe da direção do momento cristalino total.

[26] Implícito nesta discussão está o fato de que os fônons podem aparecer e desaparecer nas extremidades da amostra. Isto se torna claro quando se tenta aplicar o mesmo argumento a um gás clássico diluído, no qual as colisões conservam o momento real. Este gás, contido em um longo recipiente cilíndrico, não tem condutividade térmica infinita. Nosso argumento falha neste caso porque o gás não pode penetrar nas extremidades do recipiente, e o acúmulo resultante de moléculas nas extremidades leva a correntes de difusão, que reduzem o momento total de volta a zero. Os fônons, no entanto, apesar de serem refletidos, também podem ser absorvidos nas extremidades de uma amostra cristalina cilíndrica, transferindo sua energia aos banhos de calor em cada extremidade. Não há, portanto, nenhuma inconsistência na suposição de uma distribuição de estado estável com momento cristalino líquido que não desaparece por todo o espécime. A corrente térmica em um cristal na ausência de processos umklapp é mais análoga ao transporte de calor por convecção em um gás que flui através de um cilindro aberto.

que ao menos um dos fônons envolvidos em uma colisão umklapp cúbica ou quártica deve por si ter um momento cristalino que não seja pequeno em comparação com k_D. Este mesmo fônon também deve ter energia que não seja pequena se comparada a $\hbar\omega_D$. E a conservação de energia exige, portanto, ao menos um fônon com energia não pequena em comparação com $\hbar\omega_D$ esteja presente antes da colisão. Quando T é pequeno em comparação com Θ_D, o número médio de tais fônons é

$$n_s(\mathbf{k}) = \frac{1}{e^{\hbar\omega_s(\mathbf{k})/k_BT} - 1} \approx \frac{1}{e^{\Theta_D/T} - 1} \approx e^{-\Theta_D/T}. \quad \textbf{(25.39)}$$

Desse modo, à medida que a temperatura cai, o número de fônons que podem participar dos processos umklapp cai exponencialmente. Sem a presença dos processos umklapp, a condutividade térmica seria infinita. Então, esperaríamos que o tempo de relaxação efetivo que há na condutividade térmica deva variar como

$$\tau \sim e^{T_0/T} \quad \textbf{(25.40)}$$

em temperaturas bem abaixo de Θ_D, onde T_0 é uma temperatura da ordem de Θ_D. Para se determinar T_0 de forma precisa, é necessária uma análise de grande complexidade, que também leve a potências de T multiplicando o exponencial. Mas estas são pequenas correções ao comportamento exponencial dominante, cuja forma qualitativa é consequência direta do congelamento dos processos umklapp.

Quando a temperatura alcança um ponto em que o aumento exponencial na condutividade se inicia, a condutividade aumenta tão rapidamente com a diminuição da temperatura que o caminho livre médio do fônon logo se torna comparável ao caminho livre médio. Isso se deve ao espalhamento de fônons por imperfeições de rede ou impurezas, ou mesmo ao caminho livre médio que descreve o espalhamento de fônons pelos lados do espécime finito. Ocorrendo isso, o caminho livre médio em (25.31) deixa de ser intrínseco devido aos termos anarmônicos, e deve ser substituído por um comprimento independente de temperatura, determinado pela distribuição espacial de imperfeições ou do tamanho[27] do espécime. A dependência de k da temperatura torna-se então aquela do calor específico, que diminui como T^3 em temperaturas bem abaixo de Θ_D.[28]

Examinando a faixa completa de temperatura, espera-se que a condutividade térmica de temperatura muito baixa seja limitada pelos processos de espalhamento independentes da temperatura determinados pela geometria e pureza da amostra. Ela, então, se elevará como T^3 com o calor específico do fônon. Esta elevação continua até que uma temperatura seja atingida, na

[27] Este regime é conhecido como o limite de Casimir. Veja H. B. G. Casimir. *Physica*, 5, p. 595, 1938.

[28] O grau em que este resultado é dependente da cristalinidade é indicado por experimentos em vidros e materiais amorfos, onde, para $T \leq 1$ K, a condutividade térmica se eleva aproximadamente como T^2 (veja R. C. Zeller; R. O. Pohl. *Phys. Rev.*, B4, p. 2029, 1971).

qual os processos umklapp tornam-se frequentes o suficiente para produzir um caminho livre médio menor do que o independente da temperatura. Neste ponto, a condutividade térmica atingirá o máximo, além do qual ela declinará rapidamente em consequência do fator $e^{T_0/T}$, refletindo o aumento exponencial na frequência de processos umklapp com temperatura crescente. O declínio em k continua até temperaturas bem acima de Θ_D, mas o declínio exponencial drástico é rapidamente substituído por uma lei de potência lenta, refletindo simplesmente o número crescente de fônons disponíveis para participar de espalhamentos em altas temperaturas.

Algumas condutividades térmicas típicas medidas que ilustram estas tendências gerais são apresentadas na Figura 25.5.

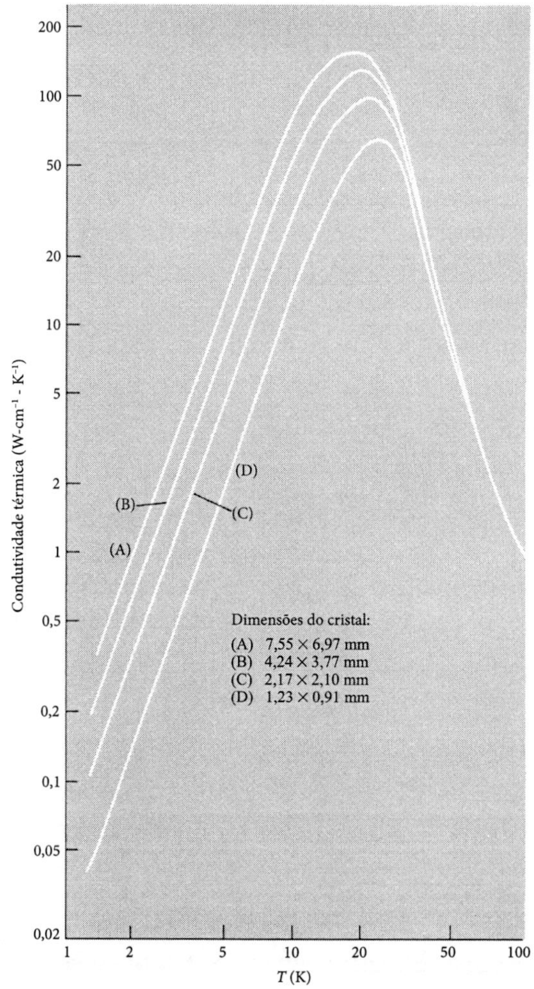

FIGURA 25.5

Condutividade térmica de cristais isotopicamente puros de LiF. Abaixo de aproximadamente 10 K a condutividade é limitada por espalhamento de superfície. Portanto, a dependência na temperatura vem inteiramente da dependência em T^3 do calor específico, e quanto maior a área da seção transversal da amostra, maior a condutividade. À medida que a temperatura se eleva, os processos umklapp se tornam menos raros, e a condutividade atinge um máximo quando o caminho livre médio devido ao espalhamento fônon-fônon é comparável àquele causado pelo ao espalhamento de superfície. Em temperaturas ainda mais altas, a condutividade cai porque a razão do espalhamento fônon-fônon está rapidamente aumentando, enquanto o calor específico do fônon está começando a abaixar. (Por P. D. Thatcher. *Phys. Rev.*, 156, p. 975, 1967.)

SEGUNDO SOM

Como tivemos a oportunidade de observar, existe uma analogia entre os fônons em um isolante e as moléculas de um gás clássico comum. Do mesmo modo que as moléculas de um gás, os fônons podem trocar energia e momento (cristalino) em colisões, e, também, transportar energia térmica de uma região para outra. Diferente das moléculas em um gás, no entanto, o número de fônons não precisa se conservar em uma colisão ou nas superfícies do recipiente que os contém (o recipiente, no caso de fônons, é o próprio cristal). Finalmente, apesar de o momento sempre ser conservado em colisões intermoleculares em um gás, o momento cristalino de fônons se conserva apenas em colisões normais. Portanto, a conservação de momento cristalino é uma boa lei de conservação apenas na medida em que a temperatura é baixa o suficiente para congelar os processos umklapp. Estas semelhanças e diferenças são resumidas na Tabela 25.3.

TABELA 25.3
O gás clássico *versus* o gás de fônons

	Gás clássico de moléculas	**Gás de fônons**
Recipiente	Um recipiente com paredes impenetráveis	Um cristal, que é o meio que sustenta os fônons
Colisões	Moléculas colidem umas com as outras e com as paredes do recipiente	Fônons colidem entre si, com a superfície do cristal e com impurezas
Energia conservada em colisões	Sim	Sim
Momento (cristalino) conservado em colisões	Sim (exceto em paredes)	Sim (exceto em superfícies e em colisões com impurezas), desde que $T << \Theta_D$, de tal forma que os processos umklapp sejam congelados
Número conservado em colisões	Sim	Não

Um dos fenômenos mais surpreendentes observados em um gás comum é o som, uma perturbação oscilatória parecida com uma onda na densidade local de moléculas. De acordo com a teoria cinética elementar, o som pode se propagar em um gás desde que:

(a) As colisões entre as moléculas conserve o número, a energia e o momento.

(b) A razão de colisão, $1/\tau$, seja grande em comparação com a frequência da onda sonora, $\nu = \omega/2\pi$:

$$\omega \ll \frac{1}{\tau}. \quad \textbf{(25.41)}$$

A condição (b) assegura que, em qualquer instante no ciclo oscilatório, as colisões ocorram de modo rápido o suficiente para efetuarem um estado local de equilíbrio termodinâmico. Neste estado, a densidade, a pressão e a temperatura locais instantâneas estão relacionadas pela equação de estado de equilíbrio para o gás uniforme. As leis de conservação [condição (a)] são essenciais para o estabelecimento deste equilíbrio. A lei de conservação de momento é de importância crucial, ao requerer que a configuração de equilíbrio local instantâneo tenha um momento líquido que não desaparece (às vezes, chamado "equilíbrio local em uma estrutura em movimento de referência"), que é a base cinemática para a oscilação.

Ao se considerar se o som tem um análogo no gás de fônons, deve-se reconhecer que o gás de fônons difere de duas formas relevantes de um gás comum:

1. O número não se conserva nas colisões.

2. O momento cristalino não é exatamente conservado, apesar de se tornar conservado com precisão crescente à medida que a temperatura diminui e os processos umklapp são "congelados".

O primeiro ponto não apresenta nenhum problema sério. A perda de uma das leis de conservação reflete o fato de que a função de distribuição de fônons de equilíbrio

$$\frac{1}{e^{\hbar\omega_s(\mathbf{k})/k_BT}-1} \quad \mathbf{(25.42)}$$

é determinada completamente pela temperatura, enquanto a função de distribuição em um gás ideal depende tanto da temperatura quanto da densidade. Como o equilíbrio local é especificado por uma variável a menos no gás de fônons, uma lei de conservação a menos é necessária para mantê-lo.

No entanto, a conservação de momento é bem essencial para a propagação do som, e isto significa que a razão das colisões umklapp, que destrói o momento cristalino, deve ser pequena em comparação à frequência da oscilação:

$$\frac{1}{\tau_u} \ll \omega. \quad \mathbf{(25.43)}$$

Esta condição não tem nenhum análogo na teoria do som em um gás comum. No entanto, o análogo da equação (25.41) deve continuar a se manter, na qual o tempo de relaxação relevante é aquele que descreve as colisões normais de conservação de momento, τ_N,

$$\omega \ll \frac{1}{\tau_N}, \quad \mathbf{(25.44)}$$

pois, ainda é essencial que o equilíbrio termodinâmico local seja mantido em uma escala de tempo pequena em comparação ao período de uma oscilação. Combinando as condições (25.43) e (25.44), encontramos que a frequência deve ficar na "janela"

$$\frac{1}{\tau_u} \ll \omega \ll \frac{1}{\tau_N}. \quad (25.45)$$

Logo, o análogo do som no gás de fônons existirá em temperaturas baixas o suficiente para que a razão de colisões normais seja substancialmente maior do que a razão de umklapps e em frequências intermediárias entre as duas razões de colisão. O fenômeno, conhecido como *segundo som*, pode ser considerado uma oscilação na densidade do número de fônon local (exatamente como o som comum é uma oscilação na densidade local de moléculas) ou, talvez mais pertinentemente para fônons (já que seu principal atributo é que transportam energia), como uma oscilação na densidade de energia local. Já que o número de equilíbrio local e a densidades de energia do gás de fônons em um cristal são unicamente determinados pela temperatura local, o segundo som se manifestará como uma oscilação parecida com onda na temperatura. Sua observação torna-se favorável em sólidos de pureza isotópica muito alta (já que qualquer desvio de uma rede de Bravais perfeita, incluindo a presença de íons ocasionais de diferentes massas isotópicas, levará a colisões nas quais o momento cristalino não é conservado) e com termos anarmônicos muito grandes (pois, uma alta razão de colisões de fônons normais é requerida para que se mantenha o equilíbrio termodinâmico local). Estas considerações tornam o hélio sólido e o cristal iônico fluoreto de sódio meios promissores para a observação do segundo som. Nos dois cristais observou-se que os impulsos de calor, de fato, propagam-se na velocidade prevista pela equação de onda do segundo som, ao invés da maneira de difusão associada à condução térmica comum.[29] A previsão e a detecção de segundo som é um dos grandes triunfos da teoria de vibrações de rede.

PROBLEMAS

1. *Instabilidade de uma teoria com apenas anarmonicidade cúbica*

Mostre que se apenas correções cúbicas à energia potencial harmônica são retidas, aquela energia potencial pode se tornar negativa e arbitrariamente intensa em magnitude por uma escolha adequada dos deslocamentos iônicos $\mathbf{u}(\mathbf{R})$. (*Dica*: tome um conjunto arbitrário de deslocamentos e considere o efeito sobre a energia potencial total de se multiplicar todas elas por um fator de escala e alterar todos os seus sinais.)

2. *Equação de estado do cristal harmônico*

Derive a forma (25.7) para a pressão na aproximação harmônica, substituindo a forma harmônica (25.6) da energia interna U na relação termodinâmica geral (25.5). (*Dica*: troque a

[29] A observação do segundo som no ^{4}He sólido é relatada por Ackerman *et al. Phys. Rev. Lett.*, 16, p. 789, 1966; e em ^{3}He sólido, é relatada por C. C. Ackerman ; W. C. Overton, Jr. *Phys. Rev. Lett.*, 22, p. 764, 1969. O início do segundo som em NaF é relatado por T. F. McNelly et al. *Phys. Rev. Lett.*, 24, p. 100, 1970. O assunto é examinado por C. C. Ackerman; R. A. Guyer. *Annals of physics*, 50, p. 128, 1968.

variável de integração de T' para $x - \hbar\omega_s(\mathbf{k})/T'$, e integre por partes em relação a x, tomando cuidado com os termos integrados).

3. *Parâmetros de Grüneisen em uma dimensão*

Considere um arranjo unidimensional de N átomos interagindo por potenciais de pares $\phi(r)$ e restritos a ter comprimento $L = Na$ (isto é, a constante de rede de equilíbrio é restrita a a).

(a) Mostre que se apenas interações de vizinhos mais próximos são consideráveis, então os parâmetros de Grüneisen dependentes de k são, de fato, independentes de k dados por

$$\gamma = -\frac{a}{2}\frac{\phi'''(a)}{\phi''(a)}. \quad \textbf{(25.46)}$$

(b) Mostre que se as interações de primeiros vizinhos mais próximos são mantidas, os parâmetros de Grüneisen para os modos normais individuais irão, em geral, depender do vetor de onda.

4. *Forma geral dos parâmetros de Grüneisen*

Se a aproximação harmônica não ocorre, a completa energia potencial iônica de uma rede de Bravais monoatômica terá a forma

$$U^{\text{eq}} + \tfrac{1}{2}\sum_{\substack{\mu\nu\\ \mathbf{RR}'}} u_\mu(\mathbf{R})u_\nu(\mathbf{R}')D_{\mu\nu}(\mathbf{R}-\mathbf{R}') + \tfrac{1}{6}\sum_{\substack{\mu\nu\lambda\\ \mathbf{RR}'\mathbf{R}''}} u_\mu(\mathbf{R})u_\nu(\mathbf{R}')u_\lambda(\mathbf{R}'')D_{\mu\nu\lambda}(\mathbf{R},\mathbf{R}',\mathbf{R}'') + \cdots, \quad \textbf{(25.47)}$$

onde $\mathbf{u}(\mathbf{R})$ fornece o deslocamento da posição de equilíbrio $\mathbf{R}$.

(a) Mostre que se a expansão é feita não em torno das posições de equilíbrio $\mathbf{R}$, mas, sim, das localizações $\bar{\mathbf{R}} = (1 + \eta)\mathbf{R}$, os coeficientes do termo quadrático na nova expansão são dados para ordem linear em η por

$$\bar{D}_{\mu\nu}(\bar{\mathbf{R}}-\bar{\mathbf{R}}') = D_{\mu\nu}(\mathbf{R}-\mathbf{R}') + \eta\,\delta D_{\mu\nu}(\mathbf{R}-\mathbf{R}'), \quad \textbf{(25.48)}$$

onde

$$\delta D_{\mu\nu}(\mathbf{R}-\mathbf{R}') = \sum_{\lambda\mathbf{R}''} D_{\mu\nu\lambda}(\mathbf{R},\mathbf{R}',\mathbf{R}'')R_\lambda''. \quad \textbf{(25.49)}$$

Observe que apenas o termo cúbico em (25.47) contribui com esta ordem em η.

(b) Mostre que o parâmetro de Grüneisen para o modo normal $\mathbf{k}s$ é dado por

$$\gamma_{\mathbf{k}s} = \frac{\epsilon(\mathbf{k}s)\delta\mathbf{D}(\mathbf{k})\epsilon(\mathbf{k}s)}{6M\omega_s(\mathbf{k})^2}. \quad \textbf{(25.50)}$$

5. *Processos de três fônons em uma dimensão*

Considere um processo no qual dois fônons combinam-se para produzir um terceiro (ou um fônon decai em dois outros). Considere que todos os fônons são acústicos, suponha que os dois ramos transversais ficam abaixo do ramo longitudinal, e que $d^2\omega/dk^2 \leq 0$ para todos os três ramos.

(a) Interpretando as leis de conservação graficamente (por exemplo, na Figura 24.5), mostre que pode não haver nenhum processo no qual todos os três fônons pertençam ao mesmo ramo.

(b) Mostre que os únicos processos possíveis são aqueles nos quais um único fônon está em um ramo mais alto do que no mínimo um dos membros do par, ou seja,

$$\text{Transversal} + \text{transversal} \longleftrightarrow \text{longitudinal}$$

ou

$$\text{Transversal} + \text{longitudinal} \longleftrightarrow \text{longitudinal}.$$

26 Fônons em metais

- Teoria elementar da relação de dispersão de fônons
- Velocidade do som
- Anomalias de Kohn
- Constante dielétrica de um metal
- Interação efetiva elétron-elétron
- Contribuição de fônons para a energia monoeletrônica
- Interação elétron-fônon
- Resistividade elétrica de metais dependente da temperatura
- Efeito de processos Umklapp

A teoria geral de vibrações de rede exposta nos Capítulos 22 e 23 aplica-se tanto a metais quanto a isolantes. No entanto, sua aplicação detalhada a metais complica-se por dois aspectos do estado metálico:

1. Os íons são carregados — Isto leva a dificuldades associadas à faixa muito longa de interação eletrostática direta entre íons.[1]

2. Elétrons de condução estão presentes — Mesmo a teoria mais simples de vibrações de rede em um metal deve reconhecer a presença de um conjunto de elétrons que não podem ser considerados rigidamente ligados nos níveis mais internos dos íons. Os elétrons de condução interagem com os íons por meio de forças eletrostáticas que são tão fortes quanto as de Coulomb diretas entre íons. Torna-se, então, essencial saber o que também fazem no curso de uma vibração de rede.

Como se vê, estes elétrons de condução móveis fornecem exatamente o mecanismo necessário para a remoção de problemas conectados com a longa faixa da interação eletrostática direta entre íons.

[1] Este problema também ocorre em cristais iônicos, como estudamos no Capítulo 20. Discutiremos a teoria de suas vibrações de rede no Capítulo 27.

TEORIA ELEMENTAR DA RELAÇÃO DE DISPERSÃO DE FÔNONS

Suponha que fôssemos ignorar as forças que os elétrons de condução exercem nos íons. Portanto, a teoria de vibrações de rede metálica seria apenas a teoria dos modos normais de um conjunto de N partículas carregadas com carga Ze e massa M em um volume V. No limite de longos comprimentos de onda, exceto pela diferença em massa de partícula e carga,[2] este é exatamente o problema que analisamos no Capítulo 1 (veja o Capítulo 1), em que encontramos que um gás de elétrons poderia sustentar oscilações de densidade na frequência de plasma ω_p, dada por

$$\omega_p^2 = \frac{4\pi n_e e^2}{m}. \quad \textbf{(26.1)}$$

Substituindo $e \to Ze$, $m \to M$, $n_e \to n_i = n_e/Z$, podemos concluir do mesmo modo que um conjunto de íons de ponto carregados deve sofrer vibrações de comprimento de onda longo em uma frequência de plasma iônico Ω_p, dada por

$$\begin{aligned} \Omega_p^2 &= \frac{4\pi n_i (Ze)^2}{M} \\ &= \left(\frac{Zm}{M}\right)\omega_p^2. \end{aligned} \quad \textbf{(26.2)}$$

Isto contradiz a conclusão no Capítulo 22 de que as frequências de longo comprimento de onda de modo normal de uma rede de Bravais monoatômica devem desaparecer linearmente com k. Este resultado é inaplicável, pois a aproximação (22.64), que leva à forma linear para $\omega(\mathbf{k})$ em k pequeno, é apenas válida se as forças entre íons separados por R forem extremamente pequenas para R de ordem $1/k$. Mas o inverso da força ao quadrado declina tão lentamente com a distância que não importa quão pequeno seja k, as interações de íons separados por R >~ (símbolo não encontrado)$1/k$ podem contribuir substancialmente para a matriz dinâmica (22.59).[3] Todavia, os espectros de fônons de metais possuem claramente ramos nos quais ω desaparece linearmente com k. Pode-se observar isso diretamente no espalhamento de nêutrons, e também a partir do termo T^3 no calor específico,[4] característico de tal dependência linear.[5]

---

[2] Também ignoramos o fato de que, diferente de um gás de elétrons, os íons são distribuídos em sítios de rede em equilíbrio e têm interações repulsivas de curto alcance. Uma análise cuidadosa disso é fornecida no Problema 1.

[3] Considere, por exemplo, uma folha plana de partículas carregadas, que originam um campo elétrico independente da distância da folha (veja, também, a nota de rodapé 28 do Capítulo 22.)

[4] Veja o Problema 2, deste capítulo.

[5] Veja o Problema 2 do Capítulo 23.

Para se compreender a razão de a dispersão de fônons ser linear em k pequeno é essencial, quando se leva em conta o movimento iônico, considerar os elétrons de condução.

A resposta dos elétrons é tratada na aproximação adiabática (veja o Capítulo 22), que admite que em qualquer tempo os elétrons adotam as configurações que teriam se os íons fossem congelados em sua posição instantânea. Além disso, vimos no Capítulo 17 que, na presença de uma distribuição de carga externa (neste caso a distribuição instantânea dos íons), o gás de elétrons se distribui de modo a blindar ou proteger os campos produzidos por aquela distribuição. Assim, à medida que os íons executam suas vibrações comparativamente morosas, os ágeis elétrons de condução redistribuem-se continuamente, de modo a anular a parte de longo alcance do campo iônico. Isso produz um campo iônico efetivo que é de curto alcance e, portanto, capaz de levar a uma relação de dispersão de fônons que é linear em k em comprimentos de onda longos.

Refere-se geralmente à interação direta original de Coulomb entre íons como a interação íon-íon "nua", e a interação efetiva de curto alcance produzida por blindagem de elétrons de condução como a interação "vestida".

Para calcular a frequência de fônons reais a partir desta imagem, consideramos que a configuração iônica em um fônon de vetor de onda $\mathbf{k}$, constitui, no que concerne os elétrons de condução, a densidade de carga externa[6] com vetor de onda $\mathbf{k}$. De acordo com (17.36), o campo associado a tal distribuição é reduzido (em virtude da ação de blindagem dos elétrons) por $1/\epsilon(\mathbf{k})$, onde $\epsilon(\mathbf{k})$ é a constante dielétrica do gás de elétrons. Como o quadrado da frequência de fônon, $\omega(\mathbf{k})^2$, é proporcional à força restauradora e, consequentemente, ao campo, devemos reduzir (26.2) de $1/\epsilon(\mathbf{k})$, já que ele foi derivado sem considerar a blindagem. Isso fornece uma frequência de fônon "vestida" dada por

$$\omega(\mathbf{k})^2 = \frac{\Omega_p^2}{\epsilon(\mathbf{k})}. \quad \mathbf{(26.3)}$$

Quando $k \to 0$ a constante dielétrica é dada pela forma de Thomas-Fermi (17.51):

$$\epsilon(\mathbf{k}) = 1 + \frac{k_0^2}{k^2}, \quad \mathbf{(26.4)}$$

e, portanto, quando $k \to 0$,

$$\omega(\mathbf{k}) \approx ck, \qquad c^2 = \frac{\Omega_p^2}{k_0^2} = \frac{Zm}{M}\frac{\omega_p^2}{k_0^2}. \quad \mathbf{(26.5)}$$

[6] Para isto ignoram-se complicações provenientes da desagregação da rede (e, consequentemente, a ambiguidade de $\mathbf{k}$ para dentro de um vetor de rede recíproca aditiva).

Para verificar que isso fornece um valor razoável para a velocidade do fônon, estimamos k_0 por seu valor de elétron livre[7] (17.55) dado por

$$\frac{4\pi e^2}{k_0^2} = \frac{\hbar^2 \pi^2}{m k_F}, \quad (26.6)$$

e avaliamos a frequência de plasma de elétron usando (2.21),

$$n_e = \frac{k_F^3}{3\pi^2}. \quad (26.7)$$

Desse modo, a velocidade do som é dada por

$$\boxed{c^2 = \frac{1}{3} Z \frac{m}{M} v_F^2,} \quad (26.8)$$

que é conhecida como a relação de Bohm-Staver.[8]

A razão de massa elétron-íon é, em geral, da ordem de 10^{-4} ou 10^{-5}, isto prevê uma velocidade do som cerca de um centésimo da velocidade de Fermi, ou da ordem de 10^6 cm/s, de acordo com ordens de grandeza observadas. De forma alternativa, desde que

$$\frac{\Theta_D}{T_F} = \frac{\hbar c k_D / k_B}{\frac{1}{2}\hbar k_F v_F / k_B} = \frac{2k_D}{k_F}\frac{c}{v_F} \approx \frac{c}{v_F}, \quad (26.9)$$

a equação (26.8) explica o fato de que a temperatura de Debye em um metal é, em geral, da ordem da temperatura ambiente, enquanto a temperatura de Fermi é diversas dezenas de milhares de Kelvin.

ANOMALIAS DE KOHN

A suposição de que a parte coulômbica da interação efetiva íon-íon reduz-se pela constante eletrônica dielétrica também gera implicações nos modos normais de comprimento de onda curto. Em vetores ondulatórios não pequenos em comparação a k_F, deve-se substituir

---

[7] De forma alternativa, pode-se utilizar a exata relação de comprimento de onda longo (17.50)

$$\frac{4\pi e^2}{k_0^2} = \frac{1}{\partial n_e / \partial \mu},$$

com a identidade termodinâmica

$$\frac{n}{\partial n / \partial \mu} = \frac{\partial P}{\partial n},$$

para definir (26.5) na forma

$$c^2 = \frac{\partial P_{\text{el}}}{\partial \rho_{\text{íon}}}, \qquad \rho_{\text{íon}} = \frac{M n_e}{Z}.$$

Como a mecânica contínua prevê (ignorando a anisotropia) que a velocidade do som de qualquer meio é dada pela raiz quadrada da derivada de pressão em relação à densidade de massa, (26.5) é tão correta quanto a aproximação que a compressibilidade é dominada pela contribuição do elétron livre. Por coincidência, este é quase o caso nos metais alcalinos (veja o Capítulo 2). Entretanto, é evidente que (26.8) omite, no mínimo, tanto as interações elétron-elétron quanto a repulsão iônica nível mais interno-nível mais interno.

[8] Bohm, D.; Staver, T. *Phys. Rev.*, 84, p. 836, 1950.

a constante dielétrica de Thomas-Fermi (26.4) pelo resultado mais preciso de Lindhard,[9] que é singular[10] quando o vetor ondulatório **q** da perturbação tem magnitude $2k_F$. W. Kohn chamou a atenção[11] para o fato de que esta singularidade deve ser conduzida, por meio da interação blindada íon-íon, para o próprio espectro do fônon, resultando em fracos mas discerníveis "nós" (infinitos em $\partial\omega/\partial\mathbf{q}$) em valores de **q** correspondentes a diâmetros extremais da superfície de Fermi.

Medições de nêutrons altamente precisas de $\omega(\mathbf{q})$ são necessárias para revelar estas anomalias. Essas medições foram realizadas[12] e indicam uma estrutura de singularidades consistente com a geometria da superfície de Fermi deduzida com base em dados não relacionados.

CONSTANTE DIELÉTRICA DE UM METAL

A discussão sobre blindagem, abordada no Capítulo 17, baseou-se no modelo do gás de elétrons, que trata os íons como um fundo inerte e uniforme de carga positiva. Isto omite o fato de que uma fonte externa de carga possa induzir campos em um metal, distorcendo-se a distribuição de carga dos íons, bem como aquela dos elétrons. Há circunstâncias nas quais nos interessamos legitimamente pela ação de blindagem dos elétrons apenas.[13] No entanto, em geral deseja-se também considerar a blindagem de uma fonte externa por todas as partículas carregadas no metal – íons e elétrons. Estamos agora na posição de considerar o tratamento elementar desta fonte iônica adicional de blindagem.

Do modo usual (veja o Capítulo 17), definimos a constante dielétrica total do metal como a constante de proporcionalidade que relaciona a transformada de Fourier do potencial total no metal com a transformada de Fourier do potencial da carga externa:

$$\epsilon\phi^{\text{total}} = \phi^{\text{ext}}. \quad \textbf{(26.10)}$$

É instrutivo relacionar a constante dielétrica total ϵ à constante dielétrica ϵ^{el} do gás de elétron sozinha, a constante dielétrica dos íons nus apenas $\epsilon^{\text{íon}}_{\text{nu}}$ e a constante dielétrica apropriada aos íons vestidos $\epsilon^{\text{íon}}_{\text{vestido}}$, ou seja, que descrevem um conjunto de "partículas" (íons com suas nuvens de elétrons de blindagem) interagindo mediante uma interação blindada V^{eff}.

Se considerarmos o meio como elétrons apenas, incluindo os íons com as fontes explicitamente externas por meio de um potencial "externo" total $\phi^{\text{ext}} + \phi^{\text{íon}}$, poderíamos definir

---

[9] Veja o Capítulo 17.

[10] Sua derivada tem divergência logarítmica.

[11] W. Kohn. *Phys. Rev. Lett.*, 2, p. 393, 1959.

[12] R. Stedman et al. *Phys. Rev.*, 162, p. 545, 1967.

[13] Por exemplo, em nossa derivação da relação de Bohm-Staver (26.8). Naquele argumento os íons foram tratados como fonte de carga externa ao gás de elétrons, e não como constituintes adicionais do meio de blindagem.

$$\epsilon^{\text{el}}\phi^{\text{total}} = \phi^{\text{ext}} + \phi^{\text{íon}}. \quad \textbf{(26.11)}$$

Por outro lado, poderíamos também considerar o meio como formado por íons nus apenas, considerando os elétrons uma fonte adicional de potencial externo. Teríamos então

$$\epsilon^{\text{íon}}_{\text{nu}}\phi^{\text{total}} = \phi^{\text{ext}} + \phi^{\text{el}}. \quad \textbf{(26.12)}$$

Adicionando estas duas últimas equações e subtraindo a definição (26.10) de ϵ encontramos

$$(\epsilon^{\text{el}} + \epsilon^{\text{íon}}_{\text{nu}} - \epsilon)\phi^{\text{total}} = \phi^{\text{ext}} + \phi^{\text{el}} + \phi^{\text{íon}}; \quad \textbf{(26.13)}$$

mas, uma vez que $\phi^{\text{tot}} = \phi^{\text{ext}} + \phi^{\text{el}} + \phi^{\text{íon}}$, deduzimos que[14]

$$\boxed{\epsilon = \epsilon^{\text{el}} + \epsilon^{\text{íon}}_{\text{nu}} - 1.} \quad \textbf{(26.14)}$$

A equação (26.14) fornece a constante dielétrica do metal em termos daqueles dentre os elétrons e íons nus. No entanto, é conveniente lidar não com íons nus, mas com íons vestidos. Por íons vestidos queremos dizer os íons com suas nuvens de elétrons de blindagem (isto é, partículas que dão origem a um potencial efetivo, que é o potencial iônico nu blindado por elétrons). A constante dielétrica $\epsilon^{\text{íon}}_{\text{vestido}}$ descreve o potencial total que seria estabelecido por este conjunto de partículas na presença de dado potencial externo. Para descrever a resposta de um metal (em oposição a um conjunto de íons vestidos) a um potencial externo devemos observar que, além de "vestir" os íons, os elétrons também blindam o potencial externo. Ou seja, o "potencial externo" a ser blindado pelos íons vestidos não é o potencial externo nu, mas aquele eletronicamente blindado.

Assim, pode se ver a resposta de um metal a um potencial ϕ^{ext} como resposta de um conjunto de íons vestidos a um potencial $(1/\epsilon^{\text{el}})\phi^{\text{ext}}$, e temos

$$\phi^{\text{total}} = \frac{1}{\epsilon^{\text{íon}}_{\text{vestido}}}\frac{1}{\epsilon^{\text{el}}}\phi^{\text{ext}}. \quad \textbf{(26.15)}$$

Comparando isto com a definição (26.10) de ϵ, temos:

$$\boxed{\frac{1}{\epsilon} = \frac{1}{\epsilon^{\text{íon}}_{\text{vestido}}}\frac{1}{\epsilon^{\text{el}}}} \quad \textbf{(26.16)}$$

[14] Em termos da polarizabilidade $\alpha = (\epsilon - 1)/4\pi$, isto constitui simplesmente um caso especial da afirmativa de que a polarizabilidade de um meio composto de diversos tipos de transportadores é a soma das polarizabilidades dos transportadores individuais.

que deve ser empregada no lugar de (26.14), se quisermos uma descrição com base em íons vestidos, em vez de nus. As duas formulações devem, naturalmente, ser equivalentes. Escrevendo (26.14) na forma:

$$\frac{1}{\epsilon} = \frac{1}{\epsilon^{\text{el}}} \frac{1}{1 + (\epsilon_{\text{nu}}^{\text{íon}} - 1)/\epsilon^{\text{el}}} \quad (26.17)$$

vemos que a consistência com (26.16) requer que[15]

$$\epsilon_{\text{vestido}}^{\text{íon}} = 1 + \frac{1}{\epsilon^{\text{el}}}(\epsilon_{\text{nu}}^{\text{íon}} - 1). \quad (26.18)$$

Para estudar a importância quantitativa aproximada da contribuição iônica para a constante dielétrica usamos as expressões mais simples disponíveis para ϵ^{el} e $\epsilon_{\text{nu}}^{\text{íon}}$. Para o último usamos o resultado de Thomas-Fermi (26.4).[16] Para o anterior podemos simplesmente transcrever o resultado (1.37) para a constante dielétrica de um gás de partículas carregadas, desde que substituamos a frequência de plasma eletrônico (26.1) por aquela dos íons (26.2).[17] Assim, com

$$\epsilon_{\text{nu}}^{\text{íon}} = 1 - \frac{\Omega_p^2}{\omega^2}, \quad (26.19)$$

a constante dielétrica total (26.14) torna-se

$$\boxed{\epsilon = 1 + \frac{k_0^2}{q^2} - \frac{\Omega_p^2}{\omega^2},} \quad (26.20)$$

e a constante dielétrica (26.18) dos íons vestidos torna-se

$$\boxed{\epsilon_{\text{vestido}}^{\text{íon}} = 1 - \frac{\Omega_p^2/\epsilon^{\text{el}}}{\omega^2} = 1 - \frac{\omega(\mathbf{q})^2}{\omega^2},} \quad (26.21)$$

onde usamos a relação de blindagem (26.3) para introduzir a frequência de fônon vestido $\omega(\mathbf{q})$. Observe que $\epsilon_{\text{vestido}}^{\text{íon}}$ tem a mesma forma que $\epsilon_{\text{nu}}^{\text{íon}}$, com a frequência de fônon nu Ω_p substituída pela frequência vestida.

---

15 Em termos de polarizabilidades esta é a asserção razoável que

$$\alpha_{\text{vestido}}^{\text{íon}} = \frac{\alpha_{\text{nu}}^{\text{íon}}}{\epsilon^{\text{el}}}.$$

16 Utilizando a constante dielétrica eletrônica estática restringimos nossa atenção a perturbações de vetor de onda **q** cuja frequência é baixa o suficiente para satisfazer $\omega << qv_F$.

17 A equação (26.19) [como (1.37), da qual ela é retirada] ignora a dependência no vetor de onda q. Isto é válido se a velocidade de partícula característica conduz a uma distância pequena em comparação com o comprimento de onda da perturbação, em um período da perturbação: $v/\omega << 1/q$, ou $\omega >> qv$. Como a velocidade iônica típica é bem menor do que v_F, há uma grande faixa de frequências e vetores de onda para a qual se pode consistentemente utilizar $\epsilon(\mathbf{q}, \omega) \approx \epsilon(\mathbf{q}, \omega = 0)$ para os elétrons (cf. nota de rodapé 16 deste capítulo) e $\epsilon(\mathbf{q}, \omega) \approx \epsilon(\mathbf{q} = 0, \omega)$ para os íons nus.

Podemos substituir (26.21) na forma (26.16) para a constante dielétrica total, para encontrar:

$$\frac{1}{\epsilon} = \left(\frac{1}{1 + k_0^2/q^2}\right)\left(\frac{\omega^2}{\omega^2 - \omega(\mathbf{q})^2}\right), \quad \textbf{(26.22)}$$

que é, naturalmente, equivalente a (26.20).

As consequências mais importantes da forma (26.22) da constante dielétrica total surge ao tratar a interação efetiva elétron-elétron em um metal. Continuamos, portanto, nossa discussão a partir deste ponto de vista.

INTERAÇÃO EFETIVA ELÉTRON-ELÉTRON

No Capítulo 17, destacamos que, para muitos propósitos, a transformada de Fourier da interação de Coulomb elétron-elétron deve ser blindada pela constante,

$$\frac{4\pi e^2}{k^2} \to \frac{4\pi e^2}{k^2 \epsilon^{\text{el}}} = \frac{4\pi e^2}{k^2 + k_0^2}, \quad \textbf{(26.23)}$$

para representar o efeito dos outros elétrons na blindagem da interação entre dado par. No entanto, os íons também blindam interações, e deveríamos ter usado não ϵ^{el}, mas a completa constante dielétrica. Usando a forma (26.22) encontramos que (26.23) deve ser substituída por

$$\frac{4\pi e^2}{k^2} \to \frac{4\pi e^2}{k^2 \epsilon} = \frac{4\pi e^2}{k^2 + k_0^2}\left(1 + \frac{\omega(\mathbf{k})^2}{\omega^2 - \omega(\mathbf{k})^2}\right). \quad \textbf{(26.24)}$$

Assim, o efeito dos íons é multiplicar (26.23) por um fator de correção que depende da frequência bem como do vetor ondulatório. A dependência da frequência reflete o fato de que a ação de blindagem dos íons não é instantânea, mas limitada pela velocidade de propagação de ondas elásticas na rede (pequena na escala de v_F). Como consequência, a parte da interação efetiva elétron-elétron mediada pelos íons é retardada.

Ao se usar (26.24) como interação efetiva entre um par de elétrons, é preciso saber como ω e $\mathbf{k}$ dependem dos números quânticos do par. Com base na análise do Capítulo 17, sabemos que ao se tomar a interação efetiva como tendo a forma independente de frequência (26.23), então $\mathbf{k}$ deve-se tomar como a diferença nos vetores ondulatórios dos dois níveis eletrônicos. Por analogia, quando a interação efetiva é dependente da frequência, tomaremos ω como a diferença nas frequências angulares (isto é, as energias divididas por $\hbar$) dos níveis. Assim, dados dois elétrons com vetores ondulatórios $\mathbf{k}$ e $\mathbf{k}'$ e energias $\mathcal{E}_{\mathbf{k}}$ e $\mathcal{E}_{\mathbf{k}'}$, tomamos sua interação efetiva como[18]

[18] Chegou-se a esta forma pelos trabalhos de Fröhlich, de Bardeen e Pines (H. Fröhlich. *Phys. Rev.*, 79, p. 845, 1950; J. Bardeen e D. Pines. *Phys. Rev.*, 99, p. 1140, 1955). O argumento que fornecemos deve ser visto mais como a indicação da plausibilidade de (26.25) do que como uma derivação. Uma derivação sistemática de (26.25), com a especificação das circunstâncias sob as quais pode ser usada como uma interação efetiva, requer o uso de métodos teóricos de campo ("função de Green").

$$v^{\text{eff}}_{\mathbf{k},\mathbf{k}'} = \frac{4\pi e^2}{q^2 + k_0^2}\left[1 + \frac{\omega(\mathbf{q})^2}{\omega^2 - \omega(\mathbf{q})^2}\right]; \quad \mathbf{q} = \mathbf{k} - \mathbf{k}', \quad \omega = \frac{\varepsilon_{\mathbf{k}} - \varepsilon_{\mathbf{k}'}}{\hbar}. \quad (26.25)$$

Há dois importantes aspectos qualitativos[19] de v^{eff}:

1. A frequência de fônon vestido $\omega(\mathbf{q})$ é da ordem de ω_D ou menos. Assim, quando a energia de dois elétrons difere em muito mais que $\hbar\omega_D$, a correção de fônon para sua interação efetiva é extremamente pequena. Como a faixa de variação de energias eletrônicas, ε_F, é, em geral, 10^2 a 10^3 vezes $\hbar\omega_D$, apenas elétrons com energias bem próximas têm interação consideravelmente afetada pelos fônons.

2. Quando, no entanto, a diferença de energia eletrônica é menor do que $\hbar\omega_D$, a contribuição de fônon tem o sinal oposto da interação eletronicamente blindada, e é maior em magnitude, ou seja, o sinal da interação efetiva elétron-elétron é invertido. Este fenômeno, conhecido como "blindagem excessiva", é um ingrediente crucial na teoria moderna de supercondutividade. Retornaremos a ela no Capítulo 34.

CONTRIBUIÇÃO DE FÔNONS PARA A RELAÇÃO ENERGIA ELETRÔNICA - VETOR ONDULATÓRIO

À parte de seu papel crucial na teoria da supercondutividade, a interação efetiva (26.25) tem importantes implicações para as propriedades menos dramáticas de elétrons de condução. No Capítulo 17, observamos que a mais simples correção à energia eletrônica $\varepsilon_{\mathbf{k}}$, devida a interações elétron-elétron, foi o termo de permuta da teoria de Hartree-Fock:

$$\Delta\varepsilon_{\mathbf{k}} = -\int \frac{d\mathbf{k}'}{(2\pi)^3} \frac{4\pi e^2}{|\mathbf{k} - \mathbf{k}'|^2} f(\mathbf{k}'). \quad (26.26)$$

Observamos que esta correção leva a uma singularidade espúria em $\partial\varepsilon/\partial\mathbf{k}$ em $k = k_F$, que removemos mediante a blindagem da interação em (26.26) com a constante dielétrica eletrônica. Em um tratamento mais preciso, a blindagem deve ser descrita não pela constante dielétrica eletrônica apenas, mas pela constante dielétrica completa do metal. Isso sugere, em conjunção com (26.25), que se deve considerar a modificação blindada do termo de permuta de Hartree-Fock como

$$\Delta\varepsilon_{\mathbf{k}} = -\int \frac{d\mathbf{k}'}{(2\pi)^3} \frac{4\pi e^2}{|\mathbf{k} - \mathbf{k}'|^2 + k_0^2} \times \left\{1 + \frac{\omega(\mathbf{k} - \mathbf{k}')^2}{[(\varepsilon_{\mathbf{k}} - \varepsilon_{\mathbf{k}'})/\hbar]^2 - \omega(\mathbf{k} - \mathbf{k}')^2}\right\} f(\mathbf{k}'). \quad (26.27)$$

---

[19] O desaparecimento de (26.25) em $\omega = 0$ não deve ser levado a sério. Significaria que, para perturbações que variam muito lentamente, os íons têm tempo de se ajustar a fim de cancelar perfeitamente o campo dos elétrons. Isto não pode ser, somente porque elétrons são partículas pontuais, enquanto íons têm níveis mais internos impenetráveis. Ignorou-se isto na derivação da constante dielétrica iônica nua, que levou em conta apenas as interações de Coulomb entre íons. Cálculos mais precisos que levam efeitos de níveis mais internos finitos em consideração eliminam o cancelamento perfeito.

Como a contribuição iônica para a blindagem depende da energia eletrônica, isto é uma equação integral bem complicada para ε_F. No entanto, explorando o fato de que a energia de fônon $\hbar\omega(\mathbf{k} - \mathbf{k}')$ é muito pequena em comparação a ε_F, é possível extrair as informações mais importantes de (26.27) sem resolver toda a equação integral (veja o Problema 3). As conclusões mais importantes são:

1. o valor de ε_F e o formato da superfície de Fermi não são afetados pela correção iônica para a blindagem, ou seja, eles são corretamente fornecidos ignorando-se o segundo termo dentro dos colchetes em (26.27);

2. quando $\varepsilon_{\mathbf{k}}$ está próximo de ε_F na escala de $\hbar\omega_D$, encontra-se que

$$\varepsilon_{\mathbf{k}} - \varepsilon_F = \frac{\varepsilon_{\mathbf{k}}^{TF} - \varepsilon_F}{1 + \lambda}, \quad \textbf{(26.28)}$$

onde $\varepsilon_{\mathbf{k}}^{TF}$ é a energia calculada na ausência da correção iônica para a blindagem, e λ é dada por uma integral sobre a superfície de Fermi:

$$\lambda = \int \frac{dS'}{8\pi^3 \hbar v(\mathbf{k}')} \frac{4\pi e^2}{(\mathbf{k} - \mathbf{k}')^2 + k_0^2}. \quad \textbf{(26.29)}$$

Em particular, isto significa que a correção de fônon para a velocidade eletrônica e a densidade de níveis na superfície de Fermi são dadas por[20]

$$\begin{aligned} \mathbf{v}(\mathbf{k}) &= \frac{1}{\hbar}\frac{\partial \varepsilon}{\partial \mathbf{k}} = \frac{1}{(1 + \lambda)} \mathbf{v}^0(\mathbf{k}), \\ g(\varepsilon_F) &= (1 + \lambda) g^0(\varepsilon_F). \end{aligned} \quad \textbf{(26.30)}$$

Estas correções aplicam-se apenas a níveis de energia monoeletrônica bem dentro de $\hbar\omega_D$ de ε_F. No entanto, em temperaturas bem abaixo da temperatura ambiente ($k_B T << \hbar\omega_D$) estes são precisamente os níveis eletrônicos que determinam grande parte das propriedades metálicas internas. Portanto, correções devidas à blindagem iônica devem ser consideradas. Isto se torna particularmente claro quando estimamos o tamanho de λ.

Como k_0 é da ordem de k_F [veja (17.55)], temos que

$$\lambda \lesssim \frac{4\pi e^2}{k_0^2} \int \frac{dS'}{8\pi^3 \hbar v(\mathbf{k}')}. \quad \textbf{(26.31)}$$

Entretanto, a partir de (17.50) e (8.63), encontramos:

$$\frac{4\pi e^2}{k_0^2} = \frac{\partial n}{\partial \mu} = \frac{1}{g(\varepsilon_F)} = \left[\int \frac{dS'}{4\pi^3 \hbar v(\mathbf{k}')} \right]^{-1}. \quad \textbf{(26.32)}$$

[20] Admitimos uma superfície de Fermi esférica, logo λ é constante. O índice inferior 0 indica o valor de Thomas-Fermi.

Assim, λ neste simples modelo é menos que — mas de ordem da — unidade. Como consequência, em muitos metais a correção devida à blindagem iônica da interação elétron-elétron (mais comumente conhecida como correção de fônon) é a principal razão para que os desvios da densidade de níveis de seu valor de elétron livre, sendo mais importante do que os efeitos de estrutura de banda ou as correções devidas às interações diretas elétron-elétron.[21]

3. Quando $\varepsilon_{\mathbf{k}}$ é diversas vezes $\hbar\omega_D$ de ε_F, então

$$\varepsilon_{\mathbf{k}} - \varepsilon_F = (\varepsilon_{\mathbf{k}}^{TF} - \varepsilon_F)\left[1 - O\left(\frac{\hbar\omega_D}{\varepsilon_{\mathbf{k}} - \varepsilon_F}\right)^2\right], \quad \textbf{(26.33)}$$

e a correção de fônon torna-se rapidamente insignificante.

Estes resultados são resumidos na Figura 26.1.

FIGURA 26.1

Correção à relação ε eletrônica *versus* **K** devido à blindagem pelos íons (correção elétron-fônon). A correção (curva mais suave) é significativa apenas dentro de $\hbar\omega_D$ de ε_F, onde a inclinação da curva não corrigida pode ser consideravelmente reduzida.

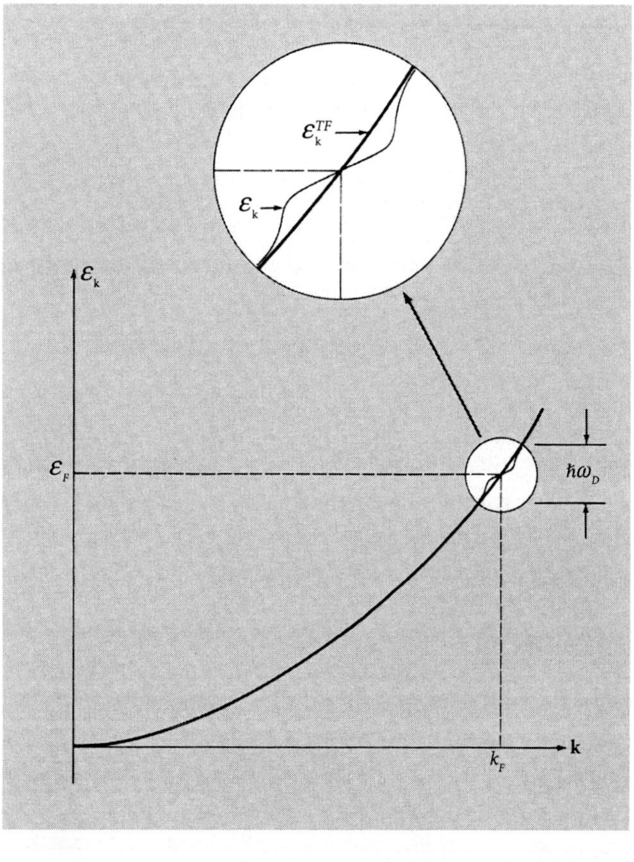

---

[21] Ao se determinar o efeito da interação elétron-fônon em várias propriedades monoeletrônicas, não é suficiente simplesmente se substituir a densidade de níveis não corrigida pela equação (26.30). Deve-se, em geral, reexaminar a completa derivação na presença da efetiva interação (26.27). Encontra-se, por exemplo, que o calor específico [equação (2.80)] deve ser corrigido pelo fator (1 + λ), mas a suscetibilidade de Pauli [equação (31.69)], não (veja a nota de rodapé 29 do Capítulo 31).

A INTERAÇÃO ELÉTRON-FÔNON

De acordo com a equação (26.27), a blindagem iônica adiciona à energia de um elétron com vetor ondulatório **k** a quantidade

$$v_{\mathbf{k},\mathbf{k}'}^{\mathrm{eff}} = \frac{1}{V}\left(\frac{4\pi e^2}{(\mathbf{k}-\mathbf{k}')^2 + k_0^2}\right)\left(\frac{[\hbar\omega(\mathbf{k}-\mathbf{k}')]^2}{[\hbar\omega(\mathbf{k}-\mathbf{k}')]^2 - (\varepsilon_{\mathbf{k}} - \varepsilon_{\mathbf{k}'})^2}\right) \quad \mathbf{(26.34)}$$

para cada nível eletrônico **k**′ ocupado (com o mesmo spin). Há, no entanto, o modo alternativo de se derivar o efeito de deformações de rede sobre a energia eletrônica. Sem se fazer nenhuma referência explícita à blindagem, pode-se simplesmente calcular a variação na energia total do metal pelo fato de que os elétrons (partículas carregadas) podem interagir com os fônons (ondas de densidade na rede carregada de íons). Se esta interação é descrita por alguma interação Hamiltoniana V^{ep}, a variação na energia do metal graças à interação será fornecida na teoria de perturbação de segunda ordem por uma expressão da forma:

$$\Delta E = \sum_i \frac{|\langle 0|V^{\mathrm{ep}}|i\rangle|^2}{E_0 - E_i}. \quad \mathbf{(26.35)}$$

Consideram-se os estados excitados mais importantes $|i>$ aqueles nos quais um elétron, que apresentava um vetor ondulatório **k** no estado fundamental, tenha emitido um fônon com vetor de onda **q**, acabando com um vetor de onda **k**′ no estado excitado. (Processos nos quais um fônon é absorvido não podem ocorrer em $T = 0$ já que nenhum fônon encontra-se presente. Demonstra-se que as transições multifônons podem ser de importância consideravelmente menor.)

Já que o momento cristalino total deve ser conservado,[22] temos que $\mathbf{k}' + \mathbf{q} = \mathbf{k}$, para dentro de um vetor de rede recíproca. A energia do estado intermediário difere daquela do estado fundamental pela energia do fônon extra e do novo nível eletrônico, menos a energia do antigo nível eletrônico:

$$E_i - E_0 = \varepsilon_{\mathbf{k}'} + \hbar\omega(\mathbf{k}-\mathbf{k}') - \varepsilon_{\mathbf{k}}. \quad \mathbf{(26.36)}$$

Tal estado intermediário é possível para todo par de níveis monoeletrônicos ocupados e não ocupados na configuração de estado fundamental original. Se considerarmos $g_{\mathbf{k},\mathbf{k}'}$ como o elemento de matriz de V^{ep} entre o estado fundamental e esse estado excitado, a soma sobre i em (26.35) é exatamente a soma de todos os pares de vetores de onda de níveis ocupados e não ocupados, e teremos:

$$\Delta E = \sum_{\mathbf{k}\mathbf{k}'} n_{\mathbf{k}}(1 - n_{\mathbf{k}'}) \frac{|g_{\mathbf{k},\mathbf{k}'}|^2}{\varepsilon_{\mathbf{k}} - \varepsilon_{\mathbf{k}'} - \hbar\omega(\mathbf{k}-\mathbf{k}')}. \quad \mathbf{(26.37)}$$

[22] Veja o Apêndice M.

É natural[23] se identificar o v^{eff} em (26.34) com

$$v^{\text{eff}}_{\mathbf{k},\mathbf{k}'} = \frac{\partial^2 \Delta E}{\partial n_{\mathbf{k}} \partial n_{\mathbf{k}'}}. \quad (26.38)$$

A equação (26.37) fornece, então:

$$\begin{aligned} v^{\text{eff}}_{\mathbf{k},\mathbf{k}'} &= -|g_{\mathbf{k},\mathbf{k}'}|^2 \left(\frac{1}{\varepsilon_{\mathbf{k}} - \varepsilon_{\mathbf{k}'} - \hbar\omega(\mathbf{k}-\mathbf{k}')} + \frac{1}{\varepsilon_{\mathbf{k}'} - \varepsilon_{\mathbf{k}} - \hbar\omega(\mathbf{k}'-\mathbf{k})} \right) \\ &= |g_{\mathbf{k},\mathbf{k}'}|^2 \left[\frac{2\hbar\omega(\mathbf{k}-\mathbf{k}')}{[\hbar\omega(\mathbf{k}-\mathbf{k}')]^2 - (\varepsilon_{\mathbf{k}} - \varepsilon_{\mathbf{k}'})^2} \right]. \end{aligned} \quad (26.39)$$

Requerendo que esta forma da interação efetiva fique de acordo com o resultado (26.34), podemos deduzir a constante de acoplamento de elétron-fônon:

$$\boxed{|g_{\mathbf{k},\mathbf{k}'}|^2 = \frac{1}{V} \frac{4\pi e^2}{|\mathbf{k}-\mathbf{k}'|^2 + k_0^2} \frac{1}{2} \hbar\omega_{\mathbf{k}-\mathbf{k}'}.} \quad (26.40)$$

O aspecto mais importante deste resultado é que, no limite de $|\mathbf{k} - \mathbf{k}'|$ pequeno, g^2 desaparece linearmente com $|\mathbf{k} - \mathbf{k}'|$. Se definirmos o cálculo de elétron livre (26.6) para k_0 na forma:

$$\frac{4\pi e^2}{k_0^2} = \frac{2\varepsilon_F}{3n_e} \quad (26.41)$$

encontramos que

$$\boxed{|g_{\mathbf{k},\mathbf{k}'}|^2 \approx \frac{\hbar\omega(\mathbf{k}-\mathbf{k}')\varepsilon_F}{3n_e V} = \frac{\hbar\omega(\mathbf{k}-\mathbf{k}')\varepsilon_F}{3NZ}, \qquad |\mathbf{k}-\mathbf{k}'| \ll k_0.} \quad (26.42)$$

O fato de que o quadrado da constante de acoplamento elétron-fônon desaparece linearmente com o vetor ondulatório do fônon tem importantes consequências para a teoria da resistividade elétrica de um metal.

A RESISTIVIDADE ELÉTRICA DE METAIS DEPENDENTE DA TEMPERATURA

Observamos[24] que os elétrons de Bloch em um potencial periódico perfeito podem sustentar uma corrente elétrica mesmo na ausência de qualquer campo elétrico forte (isto é, sua condutividade é infinita). A condutividade finita de metais se deve totalmente a desvios na rede de íons da periodicidade perfeita. Associa-se o mais importante desses desvios às

---

[23] Este argumento (que não é rigoroso) está no espírito da abordagem de Landau (Capítulo 17), que afirma que as energias de quasipartículas apropriadas resultam da primeira derivada (em relação ao número de ocupação) de (26.37) e a modificação daquelas energias devida à ocupação destes níveis, a partir da segunda derivada.

[24] Veja, por exemplo, o Capítulo 12.

vibrações térmicas dos íons em torno de suas posições de equilíbrio, já que ele é a fonte intrínseca de resistividade, presente mesmo em uma amostra perfeita livre de tais imperfeições cristalinas como impurezas, defeitos e limites.

A teoria quantitativa da dependência na temperatura da resistividade, proporcionada pelas vibrações de rede, tem início a partir da observação de que o potencial periódico de um conjunto de íons rígidos,

$$U^{\text{per}}(\mathbf{r}) = \sum_{\mathbf{R}} V(\mathbf{r} - \mathbf{R}), \quad \textbf{(26.43)}$$

é apenas a aproximação do verdadeiro, potencial aperiódico:

$$U(\mathbf{r}) = \sum_{\mathbf{R}} V[\mathbf{r} - \mathbf{R} - \mathbf{u}(\mathbf{R})] = U^{\text{per}}(\mathbf{r}) - \sum_{\mathbf{R}} \mathbf{u}(\mathbf{R}) \cdot \nabla V(\mathbf{r} - \mathbf{R}) + \cdots. \quad \textbf{(26.44)}$$

É possível considerar a diferença entre estas duas formas uma perturbação que atua nos níveis estacionários monoeletrônicos da Hamiltoniana periódica, provocando transições dentre os níveis de Bloch que levam à degradação das correntes.

Como é geralmente o caso com transições causadas por vibrações de rede, elas podem ser consideradas aqui processos nos quais um elétron absorve ou emite um fônon (ou fônons), alterando sua energia pela energia do fônon e seu vetor de onda (para dentro do vetor de rede cristalina) pelo vetor ondulatório de fônon. De fato, esta imagem do espalhamento de elétrons por vibrações de rede é muito semelhante à imagem no Capítulo 24 do espalhamento de nêutrons por vibrações de rede.

As teorias mais simples da contribuição de rede para a resistividade de metais supõe que processos nos quais um elétron emite (ou absorve) um único fônon dominam o espalhamento. Se a transição eletrônica é de um nível com vetor ondulatório **k** e energia ε_{k} para um com vetor ondulatório **k**′ e energia $\varepsilon_{\mathrm{k}'}$, a conservação de energia e de momento cristalino[25] requer que a energia do fônon envolvido satisfaça

$$\varepsilon_{\mathrm{k}} = \varepsilon_{\mathrm{k}'} \pm \hbar\omega(\mathbf{k} - \mathbf{k}'), \quad \textbf{(26.45)}$$

onde o sinal de mais (menos) se adequa à emissão de fônon (absorção)[e onde supomos que $(-\mathbf{q}) = \omega(\mathbf{q})$]. Pode-se ver esta equação como restrição sobre os vetores ondulatórios de fônons **q**, capazes de participar em um processo de um fônon com um elétron com vetor ondulatório **k**, a saber

$$\omega(\mathbf{q}) = \pm\frac{1}{\hbar}[\varepsilon_{\mathrm{k+q}} - \varepsilon_{\mathrm{k}}]. \quad \textbf{(26.46)}$$

[25] Veja o Apêndice M.

Como no caso do espalhamento de nêutrons, esta restrição, sendo única, determina a superfície bidimensional de vetores ondulatórios permitidos no espaço tridimensional de vetor ondulatório de fônon. Como $\hbar\omega(\mathbf{q})$ é a energia minuta na escala de energia eletrônica, a superfície de **q** permitida para determinado **k** está muito próxima do conjunto de vetores que conectam **k** a todos os outros pontos na superfície de energia constante $\varepsilon_{\mathrm{k}'} = \varepsilon_{\mathrm{k}}$ (veja a Figura 26.2).

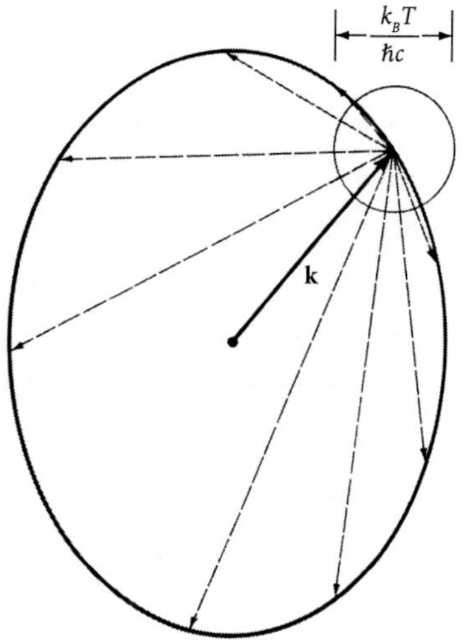

FIGURA 26.2

Construção dos vetores ondulatórios dos fônons permitidos pelas leis de conservação a participarem em um evento de espalhamento de um fônon com um elétron com vetor de onda **k**. Já que a energia de fônon é no máximo $\hbar\omega_D << \varepsilon_F$, a superfície que contém as extremidades dos vetores de onda de fônon que se originam de **k** difere apenas levemente da superfície de Fermi. Em temperaturas bem abaixo de Θ_D os únicos fônons que podem realmente participar de eventos de espalhamento têm vetores de onda cujas extremidades estão dentro da pequena esfera de tamanho $k_BT/\hbar c$ em torno da extremidade do vetor de onda **k**.

Em altas temperaturas ($T >> \Theta_D$), o número de fônons em qualquer modo normal é dado por

$$n(\mathbf{q}) = \frac{1}{e^{\beta\hbar\omega(\mathbf{q})} - 1} \approx \frac{k_BT}{\hbar\omega(\mathbf{q})}. \quad \textbf{(26.47)}$$

Assim, o número total de fônons na superfície de vetores de onda permitidos para o espalhamento de dado elétron é diretamente proporcional a T. Já que o número de espalhadores aumenta linearmente com T, também aumentará a resistividade:

$$\boxed{\rho \sim T, \qquad T \gg \Theta_D.} \quad \textbf{(26.48)}$$

Em baixas temperaturas ($T << \Theta_D$), surgem mais complicações. Primeiro, observamos que apenas fônons com $\hbar\omega(\mathbf{q})$ comparáveis a ou menores que k_BT podem ser absorvidos ou emitidos por elétrons. No caso da absorção, isto fica imediatamente óbvio, pois estes são os únicos fônons presentes em números consideráveis. Também é verdade, no caso da emissão, já que para emitir o fônon o elétron deve encontrar-se longe o suficiente acima do nível de Fermi para que o nível eletrônico final (cuja energia é menor por $\hbar\omega(\mathbf{q})$ não esteja ocupado. Como os níveis são ocupados apenas na ordem de k_BT acima de ε_F, e não ocupados apenas na ordem de k_BT abaixo, apenas fônons com energias $\hbar\omega(\mathbf{q})$ de ordem k_BT podem ser emitidos.

Bem abaixo da temperatura de Debye, a condição $\hbar\omega(\mathbf{q}) \lesssim k_BT$ exige que q seja pequeno em comparação a k_D. Nesse regime ω é da ordem de cq, então os vetores ondulatórios q dos fônons são da ordem de $k_BT/\hbar c$ ou menos. Desse modo, na superfície de fônons que as leis de conservação permitem ser absorvidos ou emitidos, apenas uma subsuperfície de dimensões lineares proporcionais a T e, consequentemente, de área proporcional a T^2 pode realmente participar.

Concluímos que o número de fônons que podem espalhar um elétron decai como T^2 bem abaixo da temperatura de Debye. No entanto, a razão do espalhamento eletrônico decai ainda mais rapidamente, já se q for pequeno, o quadrado da constante de acoplamento elétron-fônon (26.42) desaparece linearmente com q. Bem abaixo de Θ_D os fônons fisicamente relevantes têm vetores ondulatórios q da ordem de $k_BT/\hbar c$ *e*, portanto, a razão de espalhamento (proporcional ao quadrado da constante de acoplamento) para aqueles processos que podem ocorrer decai linearmente com T.

Combinando estes dois aspectos, concluímos que para T bem abaixo de Θ_D a razão líquida de espalhamento elétron-fônon declina como T^3:

$$\boxed{\frac{1}{\tau^{\text{el-ph}}} \sim T^3, \qquad T \ll \Theta_D.} \quad \textbf{(26.49)}$$

No entanto, o espalhamento de elétron-fônon de baixa temperatura é um daqueles casos em que a razão na qual a corrente degrada não é simplesmente proporcional à razão de espalhamento. Isto porque bem abaixo de Θ_D qualquer processo de determinado fônon pode alterar o vetor ondulatório eletrônico em apenas uma pequena quantidade (a saber, o vetor ondulatório do fônon que participa, que é pequeno em comparação a k_D ou k_F). Se a velocidade eletrônica $\mathbf{v}(\mathbf{k})$ não sofrer grandes variações entre os pontos da superfície de Fermi separados pelo $\mathbf{q}$ muito pequeno, a velocidade também não variará em um único evento de espalhamento. Assim, à medida que a temperatura diminui, o espalhamento torna-se mais concentrado na direção à frente e, portanto, menos efetivo na degradação de uma corrente.

As consequências quantitativas disso para a resistividade de fônon de baixa temperatura são sugeridas pela análise do Capítulo 16. Mostramos ali, no caso de espalhamento elástico em um metal isotrópico, que a razão do espalhamento efetivo que surge na resistividade é proporcional a uma média angular da razão de espalhamento real, ponderada com o fator $1 - \cos\theta$, onde θ é o ângulo de espalhamento (Figura 26.3). Em temperaturas muito baixas o espalhamento de fônons é muito elástico (e a variação de energia é pequena em comparação a $\hbar\omega_D$). Podemos aplicar este resultado com certa confiança, ao menos em metais com superfícies de Fermi isotrópicas, pois, $\text{sen}(\theta/2) = q/2k_F$ (Figura 26.3), $1 - \cos\theta = 2\,\text{sen}^2(\theta/2) = 1/2(q/k_F)^2$. Porém, $q = 0(k_BT/\hbar c)$ para T bem abaixo de Θ_D, e isso introduz um fator final de T^2 na resistividade de baixa temperatura.

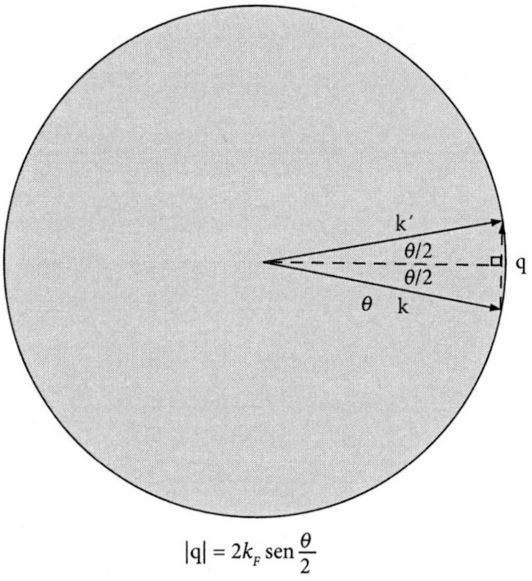

FIGURA 26.3
Espalhamento de ângulo pequeno em uma superfície de Fermi esférica. Como o espalhamento é quase elástico, $k \approx k' \approx k_F$. Quando o vetor ondulatório de fônon **q** (e, consequentemente, θ) são pequenos, temos $\theta/2 \approx q/2k_F$.

O fator de T^2 adicional, que expressa a predominância crescente de espalhamento à frente com o declínio da temperatura, surgem mesmo em metais anisiotrópicos (com exceções observadas na seção a seguir). Quando combinado à dependência T^3 de razão de espalhamento, ele leva à "lei T^5 de Bloch":

$$\boxed{\rho \sim T^5, \qquad T \ll \Theta_D.} \qquad \textbf{(26.50)}$$

MODIFICAÇÃO DA LEI T^5 POR PROCESSOS UMKLAPP

O fator de T^2 na resistividade de baixa temperatura devido à dominância de espalhamento à frente depende da suposição de que níveis eletrônicos com quase os mesmos vetores ondulatórios têm quase a mesma velocidade. Para superfícies de Fermi muito complexas, ou quando é possível o espalhamento interbandas, isto não é necessário. Nestes casos, a corrente pode ainda ser eficientemente degradada mesmo que a variação no vetor ondulatório (mas não na velocidade) seja pequena em cada ocorrência de espalhamento, e a resistividade de baixa temperatura não precisa decair tão rapidamente como T^5.

Um dos importantes exemplos de uma pequena variação no vetor ondulatório que causa grande variação na velocidade surge quando uma superfície de Fermi de elétrons quase livres aproxima-se de um plano de Bragg (Figura 26.4). Um pequeno vetor ondulatório **q** pode então se unir a níveis da superfície de Fermi em lados opostos do plano, com velocidades quase opostas. Essas ocorrências são chamadas "processos umklapp".[26] Do ponto

[26] Compare isso com a discussão realizada no Capítulo 25.

de vista do elétron quase livre, pode-se considerar a grande variação na velocidade devida a uma reflexão de Bragg induzida por fônon.[27]

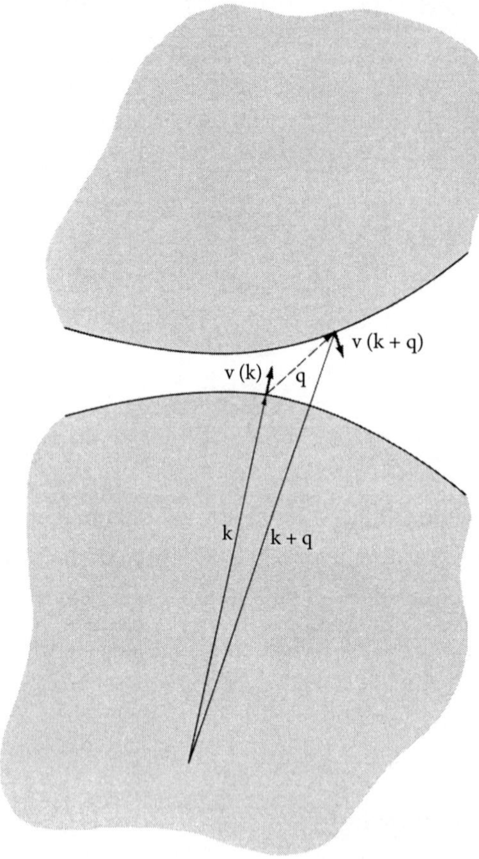

FIGURA 26.4

Um processo umklapp simples. Os vetores de onda **k** e **k** + **q** diferem por uma quantidade pequena em comparação com k_F (ou k_D), mas as velocidades **v**(**k**) e **v**(**k** + **q**) não estão próximas.

ARRASTAMENTO DE FÔNON

O físico alemão Rudolf Peierls[28] apontou um caminho no qual a resistividade de baixa temperatura pode decair mais rapidamente do que T^5. Esse comportamento ainda não foi observado, presumivelmente pelo fato de ser mascarado por espalhamento independente da temperatura por defeitos (que eventualmente domina a resistividade em temperaturas suficientemente baixas).

[27] Se a superfície de Fermi for exibida na primeira zona ao invés de em um esquema de zona estendida, então a variação no vetor ondulatório é apenas pequeno módulo de um vetor de rede recíproca. Os processos umklapp são às vezes considerados aqueles nos quais o vetor de rede recíproca aditiva que se encontra na lei de conservação de momento cristalino é diferente de zero. Como enfatizado no Capítulo 25, esta distinção não é independente da escolha da célula primitiva. O ponto crucial para o espalhamento elétron-fônon é se pequenas alterações no momento cristalino do elétron (para dentro de um vetor de rede recíproca aditiva possível) podem resultar grandes variações na velocidade do elétron. Assim colocado, o critério é independente da célula primitiva.

[28] R. E. Peierls. *Ann. Phys.*, 5, 12, p. 154, 1932.

A derivação da lei T^5 supõe que os fônons estejam em equilíbrio térmico, ao passo que de fato a natureza de não equilíbrio da distribuição eletrônica que transporta corrente deve levar, através do espalhamento elétron-fônon, a uma distribuição de fônons que está também fora do equilíbrio. Suponha (para tomar um caso simples) que a superfície de Fermi se encontre na primeira zona de Brillouin. Definimos processos umklapp como aqueles nos quais o momento cristalino total não se conserva, sob a convenção de que a célula primitiva, na qual vetores de onda individuais de elétron e fônon são especificados, é a primeira zona. Se o momento cristalino total do sistema elétron-fônon combinado fosse inicialmente diferente de zero, na ausência de processos umklapp, ele permaneceria diferente de zero em todos os momentos subsequentes, mesmo na ausência de um campo elétrico,[29] e o sistema elétron-fônon não pudesse vir a completar o equilíbrio térmico. Em vez disso, os elétrons e os fônons desviariam juntos, mantendo seu momento cristalino e uma corrente elétrica diferentes de zero.

Os metais (livres de defeitos) têm condutividade finita apenas porque os processos umklapp podem ocorrer. Estes degradam o momento cristalino total e tornam possível a uma corrente decair na ausência de um campo elétrico forte. Se, no entanto, a superfície de Fermi estiver no interior da zona, então há um vetor de onda de fônon e energia mínimos (Figura 26.5) abaixo do qual os processos umklapp não podem ocorrer. Quando $k_B T$ está bem abaixo desta energia, o número de fônons disponíveis para estes eventos deve se tornar proporcional a $\exp(-\hbar\omega_{\text{min}}/k_B T)$ e, consequentemente, a resistividade deve reduzir exponencialmente em $1/T$.

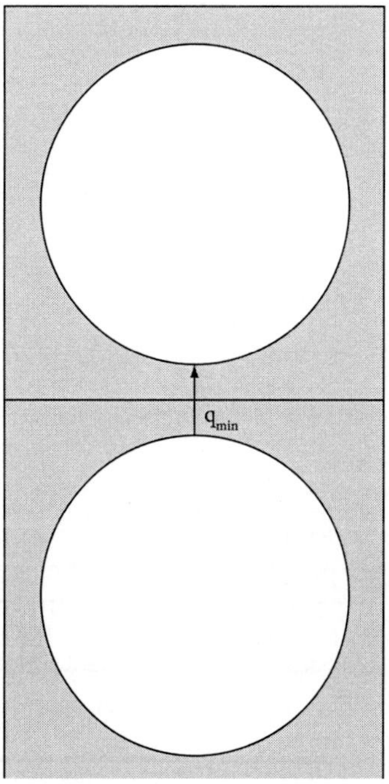

FIGURA 26.5

Imagem de zona estendida de um metal cuja superfície de Fermi está completamente contida na primeira zona. Aqui, q_{min} é o vetor de onda mínimo para um fônon que pode participar de um processo umklapp. Em temperaturas abaixo daquelas que correspondem à energia deste fônon, a contribuição do espalhamento umklapp deve cair exponencialmente.

[29] Compare com a abordagem semelhante da condutividade térmica de um isolante no Capítulo 25.

PROBLEMAS

1. *Um tratamento detalhado da relação de dispersão de fônons em metais*

Ao derivarmos a relação de Bohm-Staver (26.8), consideramos os íons partículas pontuais, que interagem apenas mediante forças de Coulomb. Um modelo mais realístico tomaria os íons como distribuições estendidas de carga, e consideraria a impenetrabilidade dos cores de íons como interação efetiva íon-íon em adição à interação de Coulomb. Como a repulsão de níveis mais internos-níveis mais internos é de curto alcance, ela não apresenta nenhuma dificuldade no tratamento usual de vibrações de rede e pode ser descrita por uma matriz dinâmica $\mathbf{D}^c$ da maneira descrita no Capítulo 22. Podemos, portanto, tratar as vibrações de rede nos metais pelos métodos do Capítulo 22, desde que tomemos a completa matriz dinâmica $\mathbf{D}$ como $\mathbf{D}^c$ mais um termo que surge das interações de Coulomb entre as distribuições iônicas de carga, como blindadas por elétrons.

Tomemos o íon na posição $\mathbf{R} + \mathbf{u}(\mathbf{R})$ como possuidor de uma distribuição de carga $\rho[\mathbf{r} - \mathbf{R} - \mathbf{u}(\mathbf{R})]$, de modo que a força eletrostática nesse íon seja dada por $\int d\mathbf{r}\, \mathbf{E}(\mathbf{r})\rho[\mathbf{r} - \mathbf{R} - \mathbf{u}(\mathbf{R})]$, onde $\mathbf{E}(\mathbf{r})$ é o campo elétrico reduzido por blindagem eletrônica,[30] por conta de todos os outros íons (cuja densidade de carga é $\Sigma_{\mathbf{R}' \neq \mathbf{R}}\, \rho[\mathbf{r} - \mathbf{R}' - \mathbf{u}(\mathbf{R}')]$).

(a) Expanda esta interação eletrostática adicional para ordem linear nos deslocamentos iônicos $\mathbf{u}$ e, supondo que a blindagem eletrônica seja descrita pela constante dielétrica estática[31] $\epsilon(\mathbf{q})$, mostre que a matriz dinâmica que aparece na equação (22.57) deve agora ser considerada como

$$D_{\mu\nu}(\mathbf{k}) = D^c_{\mu\nu}(\mathbf{k}) + V_{\mu\nu}(\mathbf{k}) + \sum_{\mathbf{K}\neq 0}[V_{\mu\nu}(\mathbf{k}+\mathbf{K}) - V_{\mu\nu}(\mathbf{K})],$$
$$V_{\mu\nu}(\mathbf{q}) = \frac{4\pi n q_\mu q_\nu |\rho(\mathbf{q})|^2}{q^2 \epsilon(q)}. \qquad \mathbf{(26.51)}$$

(b) Mostre que se não se considerar a blindagem eletrônica ($\epsilon \equiv 1$), a equação (26.51) prevê no limite de comprimento de onda longo o modo normal longitudinal na frequência de plasma iônico (26.2).

---

[30] A teoria de blindagem descrita no Capítulo 17 baseou-se na suposição de que o potencial externo constituía perturbação fraca no gás de elétrons. Este não é o caso do potencial de íons, portanto, a relação da forma $\phi^{\text{total}}(\mathbf{q}) = (1/\epsilon)\phi^{\text{ion}}(\mathbf{q})$ não é estritamente válida. Pode-se encontrar uma relação linear entre os desvios dos potenciais total e iônico a partir de seus valores de equilíbrio. Para derivá-la, entretanto, deve-se tomar o sistema perturbado pelos íons não como um gás de elétron livre, mas um gás de elétrons na presença do potencial periódico de equilíbrio completo. A fórmula que descreve a blindagem é então mais complexa. Estas dificuldades extras são chamadas efeitos de estrutura de bandas. Elas foram ignoradas neste problema.

[31] De forma mais precisa, devemos usar a função dielétrica dependente de frequência $\epsilon(\mathbf{q}, \omega)$, onde ω é a frequência do modo normal sendo examinado. Quando, no entanto, ω é menor que ωD, a dependência na frequência da função dielétrica (17.60) é intensamente desprezível. Esta observação é a justificativa analítica da aproximação adiabática.

(c) Mostre que quando se considera a blindagem mediante a função dielétrica de Thomas-Fermi (26.4), todas as frequências de fônon desaparecem linearmente com k em comprimentos de onda longos, apesar de a relação de dispersão não ser da forma simples de Bohm-Staver (26.5).

2. ***Contribuição eletrônica* versus *iônica ao calor específico de metais***

(a) Calculando a velocidade do som em um metal por meio da relação de Bohm-Staver (26.8), mostre que

$$\frac{\hbar\omega_D}{\varepsilon_F} = \left(\frac{2^{8/3}}{3}\frac{Z^{1/3}m}{M}\right)^{1/2}. \quad \textbf{(26.52)}$$

(b) Usando este resultado e a equação (23.30), mostre que a contribuição eletrônica e iônica de baixa temperatura ao calor específico estão relacionadas por

$$\frac{c_v^{\text{el}}}{c_v^{\text{ion}}} = \left(\frac{5}{12\pi^2}\right)Z\left(\frac{4Z^{1/3}m}{3M}\right)^{3/2}\left(\frac{\varepsilon_F}{k_BT}\right)^2. \quad \textbf{(26.53)}$$

(c) Calculando a massa do íon por meio de Am_p, onde A é o número de massa e M_p é a massa do próton (M_p = 1836 m), mostre que o calor específico eletrônico excede a contribuição iônica quando a temperatura cai abaixo de

$$T_0 = 5{,}3Z^{1/2}\left(\frac{Z}{A}\right)^{3/4}\left(\frac{a_0}{r_s}\right)^2 \times 10^2\text{K}. \quad \textbf{(26.54)}$$

(d) Avalie T_0 para o sódio, o alumínio e o chumbo.

(e) Mostre que a grandeza do termo principal (cúbico) no calor específico da rede é maior do que a grandeza da correção cúbica ao calor específico eletrônico [equação (2.102), avaliado na aproximação de elétron livre] por um fator

$$\frac{1}{Z}\left(\frac{3M}{Z^{1/3}m}\right)^{3/2}. \quad \textbf{(26.55)}$$

3. ***Correções de fônons à energia eletrônica***

No limite $\omega_D \to 0$, a correção (26.27) à energia eletrônica reduz-se àquela da aproximação de Hartree-Fock como modificada pela blindagem de Thomas-Fermi (Capítulo 17):

$$\varepsilon_{\mathbf{k}}^{TF} = \varepsilon_{\mathbf{k}}^0 - \int_{k'-k_F}\frac{d\mathbf{k}'}{(2\pi)^3}\frac{4\pi e^2}{|\mathbf{k}-\mathbf{k}'|^2+k_0^2}. \quad \textbf{(26.56)}$$

Quando não se considera a frequência de fônon demasiadamente pequenas, (26.27) difere razoavelmente de (26.56) apenas por aqueles valores da variável de integração $\mathbf{k}'$ para a qual $\varepsilon_{\mathbf{k}'}$ esteja dentro de $O(\hbar\omega_D)$ de ε_K. Como $\hbar\omega_D$ é pequeno em comparação com ε_F, a região de $\mathbf{k}'$ para a qual a correção é considerável é o subnível em torno da superfície $\varepsilon_{\mathbf{k}'} = \varepsilon_{\mathbf{k}}$ que é fina (na escala das dimensões da zona). Podemos explorar este fato para simplificar o termo de correção definindo a integral sobre $\mathbf{k}'$ como uma integral sobre a energia ε', e uma integral sobre as superfícies de energia constante $\varepsilon_{\mathbf{k}'} = \varepsilon'$. À medida que ε' varia, a variação do termo em $(\varepsilon_{\mathbf{k}} - \varepsilon')^2$ no denominador de (26.27) é muito importante, já que o denominador desaparece dentro desta faixa. No entanto, a dependência remanescente em ε' do integrando (pelo fato de $\mathbf{k}'$ ser restrito a uma energia de superfície ε') leva a uma variação muito pequena quando ε' varia dentro de $O(\hbar\omega_D)$ de ε_F. Deste modo, é uma boa aproximação para substituir as integrações $\mathbf{k}'$ sobre as superfícies $\varepsilon_{\mathbf{k}'} = \varepsilon'$ por integrações sobre uma única superfície $\varepsilon_{\mathbf{k}'} = \varepsilon_{\mathbf{k}}$. Após esta substituição, a única dependência em ε' que sobra vem do termo explícito em ε' no denominador. A integral sobre ε' é então facilmente realizada.

(a) Mostre que sob esta aproximação,

$$\varepsilon_{\mathbf{k}} = \varepsilon_{\mathbf{k}}^{TF} - \int_{\varepsilon_{\mathbf{k}'}=\varepsilon_{\mathbf{k}}} \frac{dS'}{8\pi^3|\partial\varepsilon/\partial\mathbf{k}|} \frac{4\pi e^2}{|\mathbf{k}-\mathbf{k}'|^2 + k_0^2} \times \frac{1}{2}\hbar\omega(\mathbf{k}-\mathbf{k}')\ln\left|\frac{\varepsilon_F - \varepsilon_{\mathbf{k}} - \hbar\omega(\mathbf{k}-\mathbf{k}')}{\varepsilon_F - \varepsilon_{\mathbf{k}} + \hbar\omega(\mathbf{k}-\mathbf{k}')}\right|. \tag{26.57}$$

(b) Mostre que (26.57) imediatamente implica que a superfície de Fermi corrigida por fônon $\varepsilon_{\mathbf{k}} = \varepsilon_F$ é idêntica à superfície de Fermi não corrigida, $\varepsilon_{\mathbf{k}}^{TF} = \varepsilon_F$.

(c) Mostre que quando $\varepsilon_{\mathbf{k}}$ é diversas vezes $\hbar\omega_D$ de ε_F, a correção de fônon é menor do que a correção de Thomas-Fermi por $O(\hbar\omega_D/\varepsilon_F)(\hbar\omega_D/[\varepsilon_{\mathbf{k}} - \varepsilon_F])$.

(d) Mostre que quando $\varepsilon_{\mathbf{k}} - \varepsilon_F$ é pequeno em comparação com $\hbar\omega_D$, (26.57) se reduz para (26.28) e (26.29).

27 Propriedades dielétricas de isolantes

A carga não flui livremente nos isolantes, assim, campos elétricos aplicados de substancial amplitude podem penetrar nela. Há, no mínimo, três contextos amplos nos quais é importante saber como a estrutura interna de um isolante, tanto eletrônico quanto iônico, reajusta quando um campo elétrico adicional é superposto no campo elétrico associado com o potencial periódico de rede:

1. Podemos colocar uma amostra do isolante em um campo elétrico estático como aquele que existe entre as placas de um capacitor. Muitas consequências importantes da distorção interna resultante podem ser deduzidas caso se conheça a constante dielétrica estática ϵ_0 do cristal, cujo cálculo é, portanto, um importante objetivo de qualquer teoria microscópica dos isolantes.

2. Podemos nos interessar pelas propriedades ópticas do isolante, isto é, em sua resposta ao campo elétrico AC associado à radiação eletromagnética. Nesse caso, a grandeza importante de se calcular é a constante dielétrica dependente de frequência $\epsilon(\omega)$ ou, de maneira equivalente, o índice de refração, $n = \sqrt{\epsilon}$.

3. Em um cristal iônico, mesmo na ausência de campos aplicados externamente, pode haver forças eletrostáticas de longo alcance entre os íons em adição ao potencial periódico de rede, quando a rede é deformada de sua configuração de equilíbrio (por exemplo, no curso de execução de um modo normal). Em geral, se lida melhor com essas forças considerando-se o campo elétrico adicional como aqueles que os originam, cujas fontes são intrínsecas ao cristal.

Ao lidar com qualquer um desses fenômenos a teoria das equações macroscópicas de Maxwell em um meio é uma ferramenta das mais valiosas. Começamos com uma revisão dos aspectos eletrostáticos desta teoria.

EQUAÇÕES ELETROSTÁTICAS MACROSCÓPICAS DE MAXWELL

Quando vista na escala atômica, a densidade de carga $\rho^{\text{micro}}(\mathbf{r})$ de qualquer isolante é uma função de posição que varia muito rapidamente, refletindo a estrutura atômica microscópica do isolante. Na mesma escala atômica, o potencial eletrostático $\phi^{\text{micro}}(\mathbf{r})$ e o campo elétrico $\mathbf{E}^{\text{micro}}(\mathbf{r}) = -\nabla\phi^{\text{micro}}(\mathbf{r})$ também têm variações fortes e rápidas já que estão relacionados a $\rho^{\text{micro}}(\mathbf{r})$ por

$$\nabla \cdot \mathrm{E}^{\text{micro}}(\mathbf{r}) = 4\pi\rho^{\text{micro}}(\mathbf{r}). \quad \mathbf{(27.1)}$$

Por outro lado, na teoria eletromagnética *macroscópica* de um isolante convencional a densidade de carga $\rho(\mathbf{r})$, potencial $\phi(\mathbf{r})$ e campo elétrico $\mathbf{E}(\mathbf{r})$ não mostram nenhuma variação rápida.[1] Especificamente, no caso de um isolante que não tem nenhum excesso de carga além daquela de seus íons componentes (ou átomos ou moléculas), determina-se o campo macroscópico eletrostático pela equação macroscópica de Maxwell:[2]

$$\nabla \cdot \mathbf{D}(\mathbf{r}) = 0, \quad \mathbf{(27.2)}$$

em conjunção com a equação que fornece o campo elétrico macroscópico **E** em termos do deslocamento elétrico **D** e da densidade de polarização **P**,

$$\mathbf{D}(\mathbf{r}) = \mathrm{E}(\mathbf{r}) + 4\pi\mathbf{P}(\mathbf{r}). \quad \mathbf{(27.3)}$$

Isto implica (na ausência de carga livre) que o campo elétrico macroscópico satisfaz

$$\nabla \cdot \mathrm{E}(\mathbf{r}) = -4\pi\nabla \cdot \mathrm{P}(\mathbf{r}), \quad \mathbf{(27.4)}$$

onde **P** (a ser definido em detalhes a seguir) é, em geral, uma função de posição que varia muito lentamente em um isolante.

---

[1] De fato, em um meio isolante, na ausência de quaisquer campos externamente aplicados, $\phi(\mathbf{r})$ é zero (ou constante).

[2] De forma genérica, escreve-se $\nabla\cdot\mathbf{D} = 4\pi\rho$, onde π é a chamada carga livre – quer dizer, aquela parte da densidade de carga macroscópica devida às cargas excedentes não intrínsecas ao meio. Por toda a discussão a seguir supomos que não há carga livre, de modo que nossa densidade de carga macroscópica é sempre a chamada carga limite da eletrostática macroscópica. A inclusão de carga livre é direta, mas não é relevante a nenhuma das aplicações que pretendemos fazer aqui.

Apesar de ser muito conveniente trabalhar com as equações macroscópicas de Maxwell, é também essencial lidar com o campo microscópico que atua sobre íons individuais.[3] Deve-se, portanto, ter em mente a relação entre grandezas macroscópicas e microscópicas. A conexão, primeiro derivada por Lorentz, pode ser feita como a seguir:[4]

Suponha que temos um isolante (não necessariamente em sua configuração de equilíbrio), descrito (em um instante) por uma densidade de carga microscópica $\rho^{\text{micro}}(\mathbf{r})$, que reflete o arranjo atômico detalhado de elétrons e núcleos e que origina o campo microscópico que varia rapidamente, $\mathbf{E}^{\text{micro}}(\mathbf{r})$. O campo macroscópico $\mathbf{E}(\mathbf{r})$ define-se como uma média de $\mathbf{E}^{\text{micro}}$ sobre uma região em torno de $\mathbf{r}$ que é pequena na escala macroscópica, mas grande comparada com dimensões atômicas características a (Figura 27.1). Realizamos o procedimento de tirar a média explicitamente usando uma função f positiva normalizada de peso, que satisfaz:

$$f(\mathbf{r}) \geqslant 0; \quad f(\mathbf{r}) = 0, \quad r > r_0; \quad \int d\mathbf{r} f(\mathbf{r}) = 1; \quad f(-\mathbf{r}) = f(\mathbf{r}). \tag{27.5}$$

A distância r_0 além da qual f desaparece é grande em comparação a dimensões atômicas a, mas pequena na escala sobre a qual as grandezas macroscopicamente definidas variam.[5]

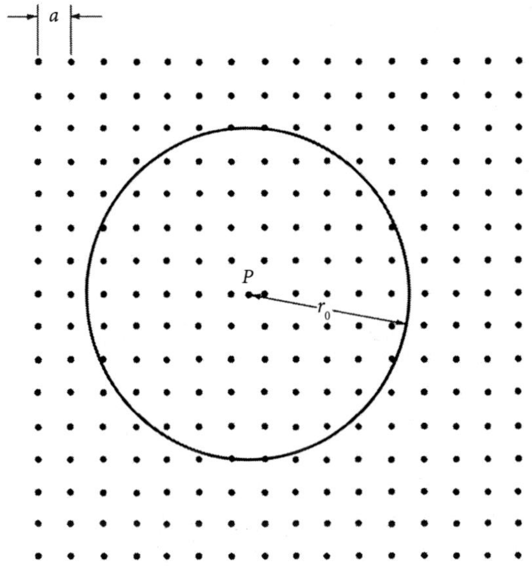

FIGURA 27.1

O valor de uma grandeza macroscópica em um ponto P é uma média da grandeza microscópica sobre uma região de dimensões r_0 na vizinhança de P, onde r_0 é grande em comparação com o espaçamento interpartículas a.

[3] Continuamos com nossa convenção de utilizar o termo simples "íon" para nos referirmos aos íons em cristais iônicos, mas também aos átomos ou moléculas que formam cristais moleculares.

[4] A discussão a seguir é bem similar à derivação de todas as equações macroscópicas de Maxwell por G. Russakoff. *Am. J. Phys.*, 10, p. 1188, 1970.

[5] Precisamente, as equações macroscópicas de Maxwell são válidas apenas quando a variação nos campos macroscópicos é suficientemente lenta para que seu comprimento de onda característico mínimo permita uma escolha de r_0 que satisfaça $\lambda >> r_0 >> a$. Esta condição pode ser satisfeita pelo campo associado com luz visível ($\lambda \sim 10^4\, a$), mas não pelo campo associado a raios X ($\lambda \sim a$).

Também requeremos que f varie lentamente (isto é, $|\nabla f|/f$ não deve ser suficientemente maior do que o valor mínimo, de ordem $1/r_0$, exigido pela equação (27.5). Além dessas suposições, a forma da teoria macroscópica é independente das propriedades da função de peso f.

Podemos agora fornecer a definição precisa do campo elétrico macroscópico **E(r)** no ponto **r**: é a média do campo microscópico em uma região de raio r_0 em torno de **r**, com pontos deslocados por $-\mathbf{r}'$ de **r** que recebem um peso proporcional a $f(\mathbf{r}')$, ou seja,

$$\mathrm{E}(\mathbf{r}) = \int d\mathbf{r}'\mathrm{E}^{\text{micro}}(\mathbf{r} - \mathbf{r}')f(\mathbf{r}'). \quad \mathbf{(27.6)}$$

Falando de forma livre, a operação especificada por (27.6) remove aqueles aspectos do campo microscópico que variam rapidamente na escala de r_0 e preserva aqueles aspectos que variam lentamente na escala de r_0 (Figura 27.2). Observe, por exemplo, que se $\mathbf{E}^{\text{micro}}$ deve variar lentamente na escala de r_0 (como seria o caso se o ponto **r** estivesse no espaço vazio, distante do isolante), **E(r)** seria igual a $\mathbf{E}^{\text{micro}}(\mathbf{r})$.

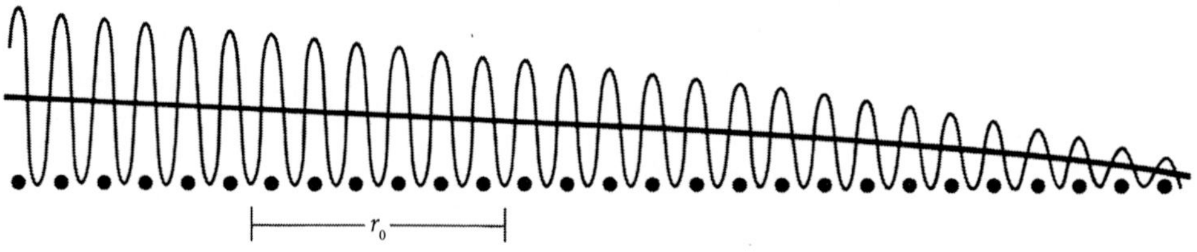

FIGURA 27.2

A curva rapidamente oscilatória mais leve ilustra a variação espacial característica de uma grandeza microscópica. A curva mais acentuada é a grandeza macroscópica correspondente. Apenas variações espaciais que ocorrem em uma escala comparável a r_0 ou maior que r_0 são preservadas na grandeza macroscópica.

As equações (27.6) e (27.1) imediatamente implicam que

$$\begin{aligned} \nabla \cdot \mathrm{E}(\mathbf{r}) &= \int d\mathbf{r}'\nabla \cdot \mathrm{E}^{\text{micro}}(\mathbf{r} - \mathbf{r}')f(\mathbf{r}') \\ &= 4\pi \int d\mathbf{r}'\rho^{\text{micro}}(\mathbf{r} - \mathbf{r}')f(\mathbf{r}'). \end{aligned} \quad \mathbf{(27.7)}$$

Portanto, para estabelecermos (27.4) devemos mostrar que

$$\int d\mathbf{r}'\rho^{\text{micro}}(\mathbf{r} - \mathbf{r}')f(\mathbf{r}')d\mathbf{r}' = -\nabla \cdot \mathbf{P}(\mathbf{r}), \quad \mathbf{(27.8)}$$

onde **P(r)** é uma função que varia lentamente e pode ser interpretada como a densidade de momento de dipolo.

Discutiremos apenas o caso no qual a densidade de carga microscópica pode ser resolvida em uma soma de contribuições de íons (ou átomos ou moléculas) que se localizam nas posições $\mathbf{r}_j$ caracterizadas pelas distribuições de carga individuais $\rho_j(\mathbf{r} - \mathbf{r}_j)$:

$$\rho^{\text{micro}}(\mathbf{r}) = \sum_j \rho_j(\mathbf{r} - \mathbf{r}_j). \quad (27.9)$$

Essa resolução é natural em sólidos iônicos ou moleculares, mas é muito mais difícil chegar a cristais covalentes, em que partes importantes da distribuição de carga eletrônica não são facilmente associadas com um local específico no cristal. A discussão é, portanto, basicamente aplicável às duas últimas categorias de isolantes. Uma abordagem diferente é necessária para se calcular as propriedades dielétricas dos cristais covalentes. Retornaremos a este ponto adiante.

Nosso interesse encontra-se nas configurações de não equilíbrio do isolante, no qual os íons deslocam-se de sua posição de equilíbrio $\mathbf{r}^0_j$ e são deformados de seu formato de equilíbrio,[6] descritos pela densidade de carga ρ^0_j. Desse modo, $\rho^{\text{micro}}(\mathbf{r})$ não será, em geral, igual à densidade de carga microscópica de equilíbrio,

$$\rho_0^{\text{micro}}(\mathbf{r}) = \sum_j \rho_j^0(\mathbf{r} - \mathbf{r}_j^0). \quad (27.10)$$

Ao usar (27.9) podemos definir (27.7) como:

$$\begin{aligned} \nabla \cdot \mathrm{E}(\mathbf{r}) &= 4\pi \sum_j \int d\mathbf{r}' \rho_j(\mathbf{r} - \mathbf{r}_j - \mathbf{r}') f(\mathbf{r}') \\ &= 4\pi \sum_j \int d\bar{\mathbf{r}} \rho_j(\bar{\mathbf{r}}) f(\mathbf{r} - \mathbf{r}_j^0 - (\bar{\mathbf{r}} + \Delta_j)), \end{aligned} \quad (27.11)$$

onde $\Delta_j = \mathbf{r}_j - \mathbf{r}^0_j$. O deslocamento Δ_j do íon de ordem j de sua posição de equilíbrio é a distância microscópica de ordem a ou menos. Além disso, a densidade de carga $\rho_j(\bar{\mathbf{r}})$ extingue-se quando excede a distância microscópica de ordem a. Como a variação na função de peso f é muito pequena em distâncias de ordem a, podemos expandir (27.11) no que é efetivamente uma série em potências de a/r_0 empregando a expansão de Taylor:

$$f(\mathbf{r} - \mathbf{r}_j^0 - (\bar{\mathbf{r}} + \Delta_j)) = \sum_{n=0}^{\infty} \frac{1}{n!}[-(\bar{\mathbf{r}} + \Delta_j) \cdot \nabla]^n f(\mathbf{r} - \mathbf{r}_j^0). \quad (27.12)$$

Se substituirmos os dois primeiros termos[7] de (27.12) em (27.11) encontramos que

[6] Temos em mente aplicações (a) a redes de Bravais monoatômicas (nas quais os $\mathbf{r}^0_j$ são exatamente os vetores **R** da rede de Bravais e todas as funções ρ^0_j são idênticas, e (b) a redes com uma base, nas quais os $\mathbf{r}^0_j$ passam por todos os vetores **R**, **R** + **d** etc. E há tantas formas funcionais distintas para os ρ^0_j como há tipos distintos de íons nas bases.

[7] Encontraremos que o primeiro termo ($n = 0$) não contribui em nada para (27.11). E devemos, portanto, manter o próximo termo ($n = 1$) para obter a contribuição principal.

$$\nabla \cdot \mathbf{E}(\mathbf{r}) = 4\pi\Big[\sum_j e_j f(\mathbf{r} - \mathbf{r}_j^0) - \sum_j (\mathbf{p}_j + e_j \Delta_j) \cdot \nabla f(\mathbf{r} - \mathbf{r}_j^0)\Big], \quad (27.13)$$

onde

$$e_j = \int d\bar{\mathbf{r}} \rho_j(\bar{\mathbf{r}}), \qquad \mathbf{p}_j = \int d\bar{\mathbf{r}} \rho_j(\bar{\mathbf{r}})\bar{\mathbf{r}}. \quad (27.14)$$

As grandezas e_j e $\mathbf{p}_j$ são simplesmente a carga total e o momento de dipolo do íon de ordem j.

No caso de uma rede de Bravais monoatômica a carga de cada "íon" deve ser zero (já que o cristal é neutro e todos os "íons" são idênticos). Além disso, a posição de equilíbrio $\mathbf{r}^0_j$ constitui os locais **R** da rede de Bravais, logo (27.13) reduz-se para

$$\nabla \cdot \mathbf{E}(\mathbf{r}) = -4\pi\nabla \cdot \sum_{\mathbf{R}} f(\mathbf{r} - \mathbf{R})\mathbf{p}(\mathbf{R}), \quad (27.15)$$

onde **p(R)** é o momento de dipolo do átomo no local **R**.

Com a generalização direta da definição de **p(R)**, este resultado permanece válido (para a ordem principal em a/r_0), mesmo quando consideramos a carga iônica e uma base poliatômica. Para perceber isso, suponha que os $\mathbf{r}_j^0$ agora percorram os locais **R** + **d** de uma rede com uma base. Podemos marcar então p_j e e_j pelo vetor **R** da rede de Bravais e o vetor **d** de base especificando a posição de equilíbrio do íon de ordem j:[8]

$$\mathbf{p}_j \to \mathbf{p}(\mathbf{R},\mathbf{d}), \quad e_j \to e(\mathbf{d}), \quad \mathbf{r}_j^0 \to \mathbf{R} + \mathbf{d}, \quad \Delta_j \to \mathbf{u}(\mathbf{R},\mathbf{d}). \quad (27.16)$$

Como d é um comprimento microscópico de ordem a, podemos executar a outra expansão:

$$f(\mathbf{r} - \mathbf{R} - \mathbf{d}) \approx f(\mathbf{r} - \mathbf{R}) - \mathbf{d} \cdot \nabla f(\mathbf{r} - \mathbf{R}). \quad (27.17)$$

Ao substituir isso em (27.13) e omitir termos de ordem linear e acima em a/r_0, recuperamos outra vez (27.15), em que **p(R)** é agora o momento de dipolo de toda a célula primitiva[9] associada a **R**:

$$\mathbf{p}(\mathbf{R}) = \sum_{\mathbf{d}} [e(\mathbf{d})\mathbf{u}(\mathbf{R},\mathbf{d}) + \mathbf{p}(\mathbf{R},\mathbf{d})]. \quad (27.18)$$

---

[8] Íons separados pelos vetores da rede de Bravais têm a mesma carga total, logo e_j depende apenas de **d**, e não de **R**.

[9] Ao derivar (27.18) utilizamos o fato de que a carga total da célula primitiva, $\Sigma e(\mathbf{d})$, extingue-se. Omitimos também um termo adicional, $\Sigma\, \mathbf{d}e(\mathbf{d})$, que é o momento de dipolo da célula primitiva no cristal de equilíbrio não distorcido. Na maioria dos cristais este termo desaparece para as escolhas mais naturais de célula primitiva. Caso não desaparecesse, o cristal teria densidade de polarização em equilíbrio na ausência de forças de distorção de campos elétricos externos. Estes cristais de fato existem, e são conhecidos como piroelétricos. Vamos discuti-los adiante neste capítulo, onde também vamos esclarecer o que se quer dizer com "escolhas mais naturais de célula primitiva".

Comparando (27.15) com a equação macroscópica de Maxwell (27.4), encontramos que as duas são consistentes se a densidade de polarização for definida por

$$\mathbf{P}(\mathbf{r}) = \sum_{\mathbf{R}} f(\mathbf{r} - \mathbf{R})\mathbf{p}(\mathbf{R}). \quad (27.19)$$

Caso lidemos com distorções de equilíbrio cuja forma não varia muito de célula para célula na escala microscópica, então **p(R)** variará apenas lentamente de célula para célula, e podemos avaliar (27.19) como uma integral:

$$\mathbf{P}(\mathbf{r}) = \frac{1}{v}\sum_{\mathbf{R}} v f(\mathbf{r} - \mathbf{R})\mathbf{p}(\mathbf{R}) \approx \frac{1}{v}\int d\bar{\mathbf{r}} f(\mathbf{r} - \bar{\mathbf{r}})\mathbf{p}(\bar{\mathbf{r}}), \quad (27.20)$$

onde $\mathbf{p}(\bar{\mathbf{r}})$ é uma função contínua que varia lentamente, igual à polarização das células na vizinhança imediata de $\bar{\mathbf{r}}$ e v é o volume da célula primitiva de equilíbrio.

Restringiremos nosso uso das equações macroscópicas de Maxwell a situações nas quais a variação na polarização celular é considerável apenas em distâncias maiores em comparação a dimensões r_0 da região de média. Isso certamente é o caso de campos cujo comprimento de onda estão na parte visível do espectro ou mais longas. Como o integrando em (27.20) desaparece quando $\bar{\mathbf{r}}$ é mais que r_0 a partir de **r**, então se $\mathbf{p}(\bar{\mathbf{r}})$ varia muito pouco em uma distância r_0 a partir de $\bar{\mathbf{r}}$, podemos substituir $\mathbf{p}(\bar{\mathbf{r}})$ por **p(r)** e trazê-lo para fora da integral para obter:

$$\mathbf{P}(\mathbf{r}) = \frac{\mathbf{p}(\mathbf{r})}{v}\int d\bar{\mathbf{r}} f(\mathbf{r} - \bar{\mathbf{r}}). \quad (27.21)$$

Já que $\int d\mathbf{r}' f(\mathbf{r}') = 1$, finalmente temos

$$\mathbf{P}(\mathbf{r}) = \frac{1}{v}\mathbf{p}(\mathbf{r}), \quad (27.22)$$

ou seja, desde que o momento de dipolo de cada célula varie consideravelmente apenas na escala macroscópica, então a equação macroscópica de Maxwell (27.4) se mantém com a densidade de polarização **P(r)** definida como o momento de dipolo de uma célula primitiva na vizinhança de **r**, dividida por seu volume de equilíbrio.[10]

TEORIA DO CAMPO LOCAL

Para se explorar a eletrostática macroscópica, é necessária uma teoria que relacione a densidade de polarização **P** de volta ao campo elétrico macroscópico **E**. Uma vez que cada íon tem dimensões microscópicas, seu deslocamento e distorção serão determinados pela força devida ao campo *microscópico* na posição do íon, diminuída pela contribuição ao campo

[10] A derivação deste resultado intuitivo permite estimar correções quando necessário.

microscópico do próprio íon. Este campo é frequentemente chamado campo local (ou efetivo), $\mathbf{E}^{loc}(\mathbf{r})$.

Podemos explorar a eletrostática macroscópica para simplificar a avaliação de $\mathbf{E}^{loc}(\mathbf{r})$ dividindo o espaço em regiões próximas e distantes de **r**. A região distante deve conter todas as fontes externas do campo, todos os pontos fora do cristal e apenas ponto dentro do cristal que estão distantes de **r** em comparação com as dimensões r_0 da região média usada na [equação (27.6)]. Diz-se que todos os outros pontos estão na região próxima (Figura 27.3). A razão para esta divisão é que a contribuição para $\mathbf{E}^{loc}(\mathbf{r})$ de toda carga na região distante variará pouquíssimo em uma distância r_0 em torno de **r**, e não seria afetada se aplicássemos o procedimento de média especificado em (27.6). Portanto, a contribuição a $\mathbf{E}^{loc}(\mathbf{r})$ de toda a carga na região distante é exatamente o campo macroscópico, $\mathbf{E}^{macro}_{distante}(\mathbf{r})$, que existiria em **r** somente se a carga na região distante estivesse presente:

$$\mathrm{E}^{loc}(\mathbf{r}) = \mathrm{E}^{loc}_{próximo}(\mathbf{r}) + \mathrm{E}^{micro}_{distante}(\mathbf{r}) = \mathrm{E}^{loc}_{próximo}(\mathbf{r}) + \mathrm{E}^{macro}_{distante}(\mathbf{r}). \quad (27.23)$$

Agora se constrói $\mathbf{E}(\mathbf{r})$, o completo campo macroscópico em **r**, pela média do campo microscópico em r_0 de **r**, devido a todas as cargas, tanto na região próxima quanto na região distante; isto é

$$\mathrm{E}(\mathbf{r}) = \mathrm{E}^{macro}_{distante}(\mathbf{r}) + \mathrm{E}^{macro}_{próximo}(\mathbf{r}), \quad (27.24)$$

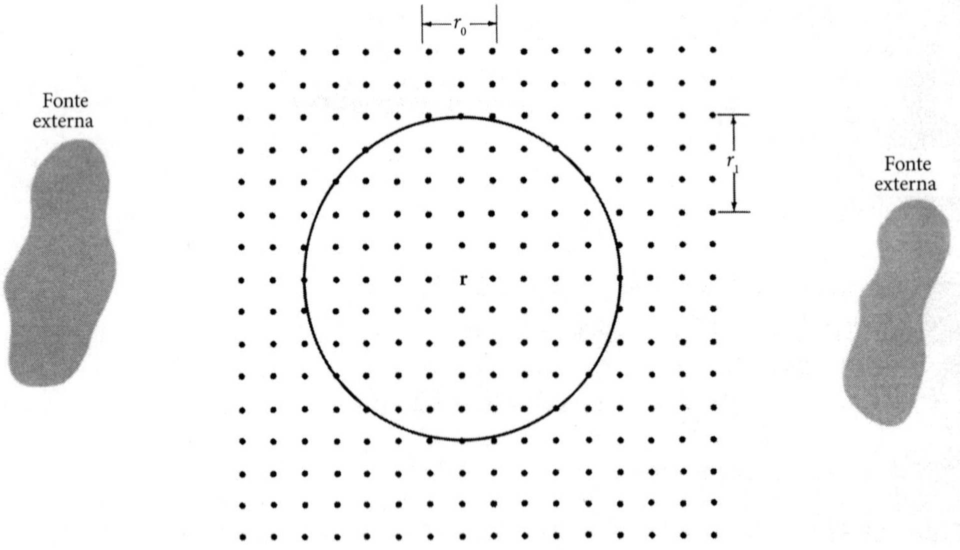

Figura 27.3

Ao se calcular o campo local em um ponto r é conveniente considerar separadamente as contribuições da *região distante* (ou seja, todo o cristal fora da esfera de raio r_1 em torno de **r** e todas as fontes externas de campo) e da *região próxima* (isto é, todos os pontos dentro da esfera em torno de **r**). A região distante é tomada como estando longe de **r** na escala do comprimento médio r_0, para se assegurar que o campo microscópico devido a cargas na região distante é igual à sua média macroscópica.

onde $\mathbf{E}^{\text{macro}}_{\text{próximo}}(\mathbf{r})$ é o campo macroscópico que existiria em **r** somente se as cargas na região próxima[11] estivessem presentes. Podemos, portanto, definir a equação (27.23) como:

$$\boxed{\mathbf{E}^{\text{loc}}(\mathbf{r}) = \mathbf{E}(\mathbf{r}) + \mathbf{E}^{\text{loc}}_{\text{próximo}}(\mathbf{r}) - \mathbf{E}^{\text{macro}}_{\text{próximo}}(\mathbf{r}).} \quad \textbf{(27.25)}$$

Assim, relacionamos o campo local desconhecido em **r** como o campo elétrico macroscópico[12] em **r** e termos adicionais que dependem apenas da configuração de cargas na região próxima.

Aplicaremos (27.25) apenas a configurações de não equilíbrio do cristal com variação espacial desprezível de célula para célula em distâncias de ordem r_1, o tamanho da região próxima.[13] Nesses casos $\mathbf{E}^{\text{macro}}_{\text{próximo}}(\mathbf{r})$ será o campo macroscópico devido ao meio *uniformemente* polarizado, cujo formato é aquele da região próxima. Caso se escolha que a região próxima seja uma esfera, então este campo é dado pelo seguinte resultado elementar da eletrostática (veja o Problema 1). O campo macroscópico em qualquer lugar dentro de uma esfera polarizada de modo uniforme é exatamente $\mathbf{E} = -4\pi\mathbf{P}/3$, onde **P** é a densidade de polarização. Portanto, se a região próxima é uma esfera sobre a qual **P** tem variação espacial desprezível, então a equação (27.25) torna-se

$$\mathbf{E}^{\text{loc}}(\mathbf{r}) = \mathbf{E}(\mathbf{r}) + \mathbf{E}^{\text{loc}}_{\text{próximo}}(\mathbf{r}) + \frac{4\pi\mathbf{P}(\mathbf{r})}{3}. \quad \textbf{(27.26)}$$

Desse modo, ficamos com o problema do cálculo do campo local microscópico $\mathbf{E}^{\text{loc}}_{\text{próximo}}(\mathbf{r})$ apropriado a uma região esférica cujo centro é tomado como o íon sobre o qual o campo atua. Nessa região a densidade de carga é a mesma em toda célula (exceto pela remoção do íon no centro no qual estamos calculando a força). Na maioria das aplicações este cálculo é feito sob as seguintes suposições para simplificações:

1. As dimensões espaciais e o deslocamento do equilíbrio de cada íon são consideradas tão pequenas que o campo de polarização que atua sobre eles pode ser considerado uniforme sobre todo o íon e igual ao valor de $\mathbf{E}^{\text{loc}}$ na posição de equilíbrio do íon.

---

[11] Incluindo, naturalmente, o íon no qual estamos calculando a força.

[12] Outra complicação de natureza puramente macroscópica é periférica ao argumento aqui, no qual se supõe que **E**(**r**) seja fornecido. Se o campo interno e a polarização são produzidos pela substituição da amostra em um campo $\mathbf{E}^{\text{ext}}$ especificado, então outro problema na eletrostática macroscópica deve ser resolvido para se determinar o campo macroscópico **E** no interior da amostra, já que a descontinuidade na densidade de polarização **P** na superfície da amostra atua como carga de superfície limitada e contribui com um termo adicional ao campo macroscópico no interior. Para algumas amostras de formato simples em campos externos uniformes, a polarização **P** induzida e o campo macroscópico **E** no interior serão ambos constantes e paralelos a $\mathbf{E}^{\text{ext}}$, e pode-se escrever: $\mathbf{E} = \mathbf{E}^{\text{ext}} - N\mathbf{P}$, onde N, o "fator de despolarização" depende da geometria da amostra. O caso elementar mais importante é a esfera, para a qual $N = 4\pi/3$. Para um elipsoide geral (em que **P** não precisa estar paralelo a E), veja E. C. Stoner. *Phil. Mag.* 36, p. 803, 1945.

[13] Observe que estamos agora de fato muito macroscópicos, requerendo que $\lambda >> r_1 >> r_0 >> a$.

2. As dimensões espaciais e o deslocamento do equilíbrio de cada íon são considerados tão pequenos que a contribuição para o campo local na posição de equilíbrio do dado íon, a partir do íon cuja posição de equilíbrio é **R** + **d**, é precisamente dada pelo campo de um dipolo de momento $e(\mathbf{d})\mathbf{u}(\mathbf{R} + \mathbf{d}) + \mathbf{p}(\mathbf{R} + \mathbf{d})$.

Os momentos de dipolo de íons em locais equivalentes (deslocados uns dos outros por vetores **R** da rede de Bravais) são idênticos na região próxima sobre a qual **P** tem variação desprezível, então, o cálculo de $\mathbf{E}^{\text{loc}}_{\text{próximo}}$ no local de equilíbrio se reduz ao tipo de soma de rede que descrevemos no Capítulo 20. Além disso, no caso especial em que todo local de equilíbrio no cristal de equilíbrio seja um centro de simetria cúbica, é facilmente demonstrável (veja o Problema 2) que esta soma de rede deve desaparecer, ou seja, $\mathbf{E}^{\text{loc}}_{\text{próximo}}(\mathbf{r}) = 0$ em todo local de equilíbrio. Já que este caso inclui tanto os gases nobres sólidos quanto os haletos alcalinos, é o único que consideramos. Para estes cristais podemos supor que o campo que polariza cada íon na vizinhança de **r** é[14]

$$\boxed{\mathbf{E}^{\text{loc}}(\mathbf{r}) = \mathbf{E}(\mathbf{r}) + \frac{4\pi\mathbf{P}(\mathbf{r})}{3}.} \quad \textbf{(27.27)}$$

Este resultado, às vezes conhecido como a relação de Lorentz, é amplamente utilizado em teorias de dielétrica. É muito importante lembrar as suposições subjacentes, particularmente a de simetria cúbica em torno de todo local de equilíbrio.

Às vezes escreve-se (27.27) em termos da constante dielétrica ϵ do meio, empregando a relação constitutiva[15]

$$\mathbf{D}(\mathbf{r}) = \epsilon\mathbf{E}(\mathbf{r}), \quad \textbf{(27.28)}$$

Com a relação (27.3) entre **D, E** e **P**, para expressar **P(r)** em termos de **E(r)**:

$$\mathbf{P}(\mathbf{r}) = \frac{\epsilon - 1}{4\pi}\mathbf{E}(\mathbf{r}). \quad \textbf{(27.29)}$$

Usando isto para eliminar **P(R)** de (27.27), encontra-se que

$$\boxed{\mathbf{E}^{\text{loc}}(\mathbf{r}) = \frac{\epsilon + 2}{3}\mathbf{E}(\mathbf{r}).} \quad \textbf{(27.30)}$$

[14] Observe que está implícito nesta relação o fato de que o campo local que atua sobre um íon depende apenas da localização geral do íon, mas não (em uma rede com uma base) do tipo de íon (isto é, ele depende de **R,** mas não de **d**). Esta simplificação conveniente é consequência de nossa suposição de que cada íon ocupa uma posição de simetria cúbica.

[15] Em cristais não cúbicos **P** e, portanto, **D**, não precisam ser paralelos a **E**, logo ϵ é um tensor.

Ainda outro meio de expressar o mesmo resultado é em termos da *polarizabilidade*, α, do meio. A polarizabilidade $\alpha(\mathbf{d})$ do tipo de íon na posição **d** na base é definida como a razão de seu momento de dipolo induzido ao campo que realmente atua sobre ele. Assim,

$$\mathbf{p}(\mathbf{R}+\mathbf{d}) + e\mathbf{u}(\mathbf{R}+\mathbf{d}) = \alpha(\mathbf{d})\mathbf{E}^{\text{loc}}(\mathbf{r})\big|_{\mathbf{r}\approx\mathbf{R}}. \quad (27.31)$$

A polarizabilidade α do meio é definida como a soma das polarizabilidades dos íons em uma célula primitiva:

$$\alpha = \sum_{\mathbf{d}} \alpha(\mathbf{d}). \quad (27.32)$$

Já que [conforme (27.18) e (27.22)].

$$\mathbf{P}(\mathbf{r}) = \frac{1}{v}\sum_{\mathbf{d}}[\mathbf{p}(\mathbf{R},\mathbf{d}) + e(\mathbf{d})\mathbf{u}(\mathbf{R},\mathbf{d})]_{\mathbf{R}\approx\mathbf{r}}, \quad (27.33)$$

segue-se que

$$\mathbf{P}(\mathbf{r}) = \frac{\alpha}{v}\mathbf{E}^{\text{loc}}(\mathbf{r}). \quad (27.34)$$

Usando (27.29) e (27.30) para expressar tanto **P** quanto $\mathbf{E}^{\text{loc}}$ em termos de **E**, encontramos que (27.34) implica

$$\boxed{\frac{\epsilon - 1}{\epsilon + 2} = \frac{4\pi\alpha}{3v}.} \quad (27.35)$$

Esta equação, conhecida como a relação de Clausius-Mossotti,[16] fornece valiosa ligação entre as teorias macroscópica e microscópica. Uma teoria microscópica é necessária para o cálculo de α, que fornece a resposta dos íons do campo $\mathbf{E}^{\text{loc}}$ real que atua sobre eles. O ϵ resultante pode então ser utilizado, em conjunção com as equações macroscópicas de Maxwell, para prever as propriedades ópticas do isolante.

TEORIA DA POLARIZABILIDADE

Dois termos contribuem para a polarizabilidade α. A contribuição de **p** [veja a equação (27.31)], a "polarizabilidade atômica", surge da distorção da distribuição de carga iônica. A contribuição de $e\mathbf{u}$, a "polarizabilidade de deslocamento", surge de deslocamentos iônicos.

[16] Quando escrita em termos do índice de refração, $n = \sqrt{\epsilon}$, a relação de Clausius-Mossotti é conhecida como relação de Lorentz-Lorenz. (Na literatura recente de física e química da Inglaterra e dos Estados Unidos tornou-se prática muito difundida de se escrever o último nome de O. F. Mossotti com um único "s", e/ou trocar suas iniciais.)

Não há polarizabilidade de deslocamento em cristais moleculares em que os "íons" não têm carga, mas em cristais iônicos ela é comparável à polarizabilidade atômica.

Polarizabilidade atômica

Permitimos que o campo local que atua sobre o íon em questão seja dependente de frequência, definindo

$$\mathbf{E}^{\text{loc}} = \text{Re}(\mathbf{E}_0 e^{-i\omega t}), \quad \textbf{(27.36)}$$

onde $\mathbf{E}_0$ é independente de posição (suposição 1). A teoria clássica mais simples da polarizabilidade atômica trata o íon como um subnível eletrônico de carga $Z_i e$ e massa $Z_i m$ ligado a um pesado, imóvel e indeformável cerne de íon, por uma mola harmônica, de constante de mola $K = Z_i m\omega_0^2$ (Figura 27.4). Se o deslocamento do subnível de sua posição de equilíbrio é dado por

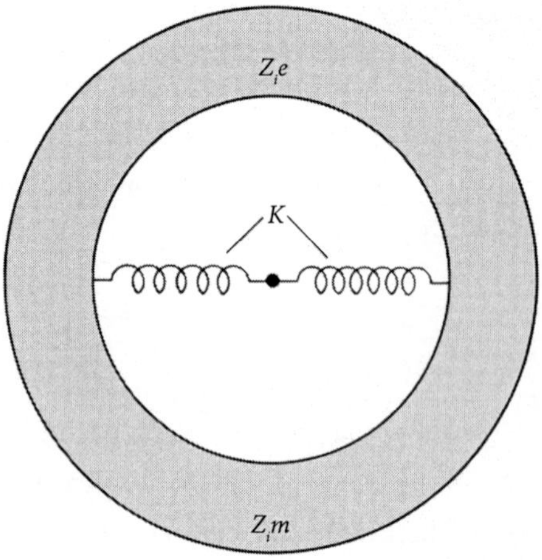

FIGURA 27.4
Modelo clássico imperfeito de polarizabilidade atômica. O íon é representado como um subnível carregado de carga $Z_i e$ e massa $Z_i m$ ligado a um núcleo imóvel por uma mola de força constante $K = Z_i m\omega_0^2$.

$$\mathbf{r} = \text{Re}(\mathbf{r}_0 e^{-i\omega t}), \quad \textbf{(27.37)}$$

então a equação de movimento do subnível,

$$Z_i m\ddot{\mathbf{r}} = -K\mathbf{r} - Z_i e\mathbf{E}^{\text{loc}}, \quad \textbf{(27.38)}$$

implica que

$$\mathbf{r}_0 = -\frac{e\mathbf{E}_0}{m(\omega_0^2 - \omega^2)}. \quad \textbf{(27.39)}$$

O momento de dipolo induzido é $\mathbf{p} = -Z_i e\mathbf{r}$, portanto, temos

$$\mathbf{p} = \mathrm{Re}(\mathbf{p}_0 e^{-i\omega t}), \quad \mathbf{(27.40)}$$

com

$$\mathbf{p}_0 = \frac{Z_i e^2}{m(\omega_0^2 - \omega^2)} \mathbf{E}_0. \quad \mathbf{(27.41)}$$

Definindo a polarizabilidade atômica dependente de frequência por

$$\mathbf{p}_0 = \alpha^{\mathrm{at}}(\omega)\mathbf{E}_0, \quad \mathbf{(27.42)}$$

temos

$$\alpha^{\mathrm{at}}(\omega) = \frac{Z_i e^2}{m(\omega_0^2 - \omega^2)}. \quad \mathbf{(27.43)}$$

O modelo que leva a (27.43) é, naturalmente, muito imperfeito. No entanto, para o nosso propósito o aspecto mais importante do resultado é que se ω for pequeno se comparado a ω_0, a polarizabilidade será independente de frequência e igual a seu valor estático:

$$\alpha^{\mathrm{at}} = \frac{Z_i e^2}{m\omega_0^2}. \quad \mathbf{(27.44)}$$

Poderíamos esperar que ω_0, a frequência de vibração do subnível eletrônico, seja da ordem de uma energia de excitação atômica dividida por $\hbar$. Isto sugere que, a não ser que $\hbar\omega$ seja da ordem de diversos elétron-volts, podemos tomar a polarizabilidade atômica como independente de frequência. Isto se confirma por cálculos quântico-mecânicos mais precisos de α.

Observe que também podemos utilizar (27.44) para estimar a frequência abaixo da qual α^{at} será independente da frequência, em termos das polarizabilidades estáticas observadas:

$$\begin{aligned}
\hbar\omega_0 &= \sqrt{\frac{\hbar^2 Z_i e^2}{m\alpha^{\mathrm{at}}}} \\
&= \sqrt{\frac{4a_0^3 Z_i}{\alpha^{\mathrm{at}}} \frac{e^2}{2a_0}}, \qquad a_0 = \frac{\hbar^2}{me^2}, \quad \mathbf{(27.45)} \\
&= \sqrt{Z_i\left(\frac{10^{-24}\,\mathrm{cm}^3}{\alpha^{\mathrm{at}}}\right)} \times 10{,}5\ \mathrm{eV}.
\end{aligned}$$

Já que as polarizabilidades medidas (veja a Tabela 27.1) são da ordem de 10^{-24} cm^3, concluímos que a dependência na frequência da polarizabilidade atômica não entrará em jogo (em todos, com exceção do mais altamente polarizável dos íons) até que frequências que correspondem à radiação ultravioleta.

Tabela 27.1

Polarizabilidades atômicas dos íons halogênios, átomos de gás nobre e íons de metais alcalinos*

Halogênios	Gases nobres	Metais alcalinos
	He 0,2	Li^+ 0,003
F^- 1,2	Ne 0,4	Na^+ 0,2
Cl^- 3	Ar 1,6	K^+ 0,9
Br^- 4,5	Kr 2,5	Rb^+ 1,7
I^- 7	Xe 4,0	Cs^+ 2,5

* Em unidades de 10^{-24} cm^3. Note que itens na mesma linha têm a mesma estrutura eletrônica de subnível, mas carga nuclear crescente.

Fonte: Dalgarno, A. *Advances phys.*, 11, p. 281, 1962.

Polarizabilidade de deslocamento

Em cristais iônicos, devemos considerar o momento de dipolo devido ao deslocamento dos íons carregados pelo campo elétrico, em adição à polarização atômica resultante da deformação de seus subníveis eletrônicos pelo campo. Começamos ignorando a polarização atômica (*aproximação de íon rígido* e para simplificar a discussão também consideramos apenas cristais com dois íons por célula primitiva, de cargas e e $-e$. Se os íons são indeformáveis, o momento de dipolo da célula primitiva é exatamente

$$\mathbf{p} = e\mathbf{w}, \qquad \mathbf{w} = \mathbf{u}^+ - \mathbf{u}^-, \quad (27.46)$$

onde $\mathbf{u}^\pm$ é o deslocamento do íon positivo ou negativo de sua posição de equilíbrio.

Para determinar $\mathbf{w}(\mathbf{r})$ observamos que as forças eletrostáticas de longo alcance entre íons já estão contidas no campo $\mathbf{E}^{loc}$. As forças interiônicas de curto alcance remanescentes (por exemplo, momentos de dipolo eletrostáticos de ordem mais alta e repulsão de níveis mais internos-níveis mais internos) decairão rapidamente com a distância, e podemos supor que elas produzem uma força de restauração para um íon em $\mathbf{r}$ que depende apenas do deslocamento dos íons em sua vizinhança. Estamos considerando perturbações que variam lentamente na escala atômica, assim, na vizinhança de $\mathbf{r}$ todos os íons de mesma carga movem-se como um todo com o mesmo deslocamento, $\mathbf{u}^+(\mathrm{r})$ ou $\mathbf{u}^-(\mathbf{r})$. Logo, a parte de curto alcance da força de restauração que atua sobre um íon em $\mathbf{r}$ simplesmente será proporcional ao[17] deslocamento relativo $\mathbf{w}(\mathbf{r}) = \mathbf{u}^+(\mathbf{r}) - \mathbf{u}^-(\mathbf{r})$ das duas sub-redes carregadas de forma oposta na vizinhança de $\mathbf{r}$.

[17] A constante de proporcionalidade em geral será um tensor, mas ele reduz a uma constante em um cristal de simetria cúbica, o único caso que consideramos aqui.

Consequentemente, em uma distorção do cristal com variação espacial lenta na escala microscópica, os deslocamentos dos íons positivos e negativos satisfazem equações da forma:

$$\begin{aligned} M_+\ddot{\mathbf{u}}^+ &= -k(\mathbf{u}^+ - \mathbf{u}^-) + e\mathbf{E}^{\text{loc}}, \\ M_-\ddot{\mathbf{u}}^- &= -k(\mathbf{u}^- - \mathbf{u}^+) - e\mathbf{E}^{\text{loc}}, \end{aligned} \quad \textbf{(27.47)}$$

que podem ser escritas

$$\ddot{\mathbf{w}} = \frac{e}{M}\mathbf{E}^{\text{loc}} - \frac{k}{M}\mathbf{w}, \textbf{(27.48)}$$

onde M é a massa iônica reduzida, M^{-1} $(M_+)^{-1} + (M_-)^{-1}$. Considerando $\mathbf{E}^{\text{loc}}$ um campo AC da forma (27.36), encontramos que

$$\mathbf{w} = \text{Re}(\mathbf{w}_0 e^{-i\omega t}), \qquad \mathbf{w}_0 = \frac{e\mathbf{E}_0/M}{\bar{\omega}^2 - \omega^2}, \textbf{(27.49)}$$

onde

$$\bar{\omega}^2 = \frac{k}{M}. \textbf{(27.50)}$$

De modo correspondente,

$$\alpha^{\text{dis}} = \frac{p_0}{E_0} = \frac{ew_0}{E_0} = \frac{e^2}{M(\bar{\omega}^2 - \omega^2)}. \textbf{(27.51)}$$

Observe que a polarizabilidade de deslocamento (27.51) tem a mesma forma que a polarizabilidade atômica (27.43). No entanto, a frequência ressonante $\bar{\omega}$ é característica de frequências vibracionais de rede e, portanto, $\hbar\bar{\omega} \approx \hbar\omega_D \approx 10^{-1}$ a 10^{-2} eV. Isso pode ser 10^2 a 10^3 vezes menor do que a frequência atômica ω_0, e, portanto, em contraste com a polarizabilidade atômica, a polarizabilidade de deslocamento tem dependência significativa de frequência na faixa de infravermelho e óptica.

Observe também que já que a massa iônica M é cerca de 10^4 vezes a massa eletrônica m, as polarizabilidades de deslocamento estático ($\omega = 0$) e iônico podem muito bem ser do mesmo tamanho. Isto significa que o modelo de íon rígido que utilizamos é injustificável, e (27.51) deve ser corrigida para também levar em consideração a polarizabilidade atômica dos íons. O modo mais ingênuo de se fazer isto é simplesmente adicionar os dois tipos de contribuição para a polarizabilidade:

$$\alpha = (\alpha^+ + \alpha^-) + \frac{e^2}{M(\bar{\omega}^2 - \omega^2)}, \textbf{(27.52)}$$

onde α^+ e α^- são as polarizabilidades atômicas dos íons positivo e negativo. Não há nenhuma justificativa real para isto, pois o primeiro termo em (27.52) foi calculado sob a suposição de que os íons eram imóveis, porém polarizáveis, enquanto o segundo foi calculado para íons que poderiam ser movidos, mas não deformados. Evidentemente, uma abordagem mais razoável combinaria os modelos que levam, por um lado, a (27.43) e, por outro, a (27.51), calculando em um passo a resposta ao campo local de íons que podem ser tanto deslocados quanto deformados. Essas teorias são conhecidas como teorias do *modelo de subnível*. Elas, em geral, levam a resultados que diferem consideravelmente em detalhes numéricos daquelas previstas pelas mais ingênuas (27.52), mas têm muitos dos mesmos aspectos estruturais básicos. Exploramos, portanto, as consequências de (27.52) mais além, indicando mais tarde como poderia ser modificada em um modelo mais razoável.

Em conjunção com a relação de Clausius-Mossotti (27.35), a aproximação expressa por (27.52) leva a uma constante dielétrica $\varepsilon(\omega)$ para um cristal iônico dado por

$$\frac{\epsilon(\omega)-1}{\epsilon(\omega)+2}=\frac{4\pi}{3v}\left(\alpha^{+}+\alpha^{-}+\frac{e^2}{M(\bar{\omega}^2-\omega^2)}\right). \quad \textbf{(27.53)}$$

Em particular, a constante estática dielétrica é dada por

$$\frac{\epsilon_0-1}{\epsilon_0+2}=\frac{4\pi}{3v}\left(\alpha^{+}+\alpha^{-}+\frac{e^2}{M\bar{\omega}^2}\right), \quad (\omega \ll \bar{\omega}), \textbf{(27.54)}$$

enquanto a constante dielétrica de alta frequência[18] satisfaz

$$\frac{\epsilon_\infty-1}{\epsilon_\infty+2}=\frac{4\pi}{3v}(\alpha^{+}+\alpha^{-}), \quad (\bar{\omega} \ll \omega \ll \omega_0). \textbf{(27.55)}$$

É conveniente escrever $\varepsilon(\omega)$ em termos de ε_0 e ε_∞, já que as duas formas limitantes são facilmente medidas: ε_0 é a constante estática dielétrica do cristal, enquanto ε_∞ é a constante dielétrica em frequências ópticas e está, portanto, relacionada ao índice de refração, n, por $n^2 = \varepsilon_\infty$. Temos

$$\frac{\epsilon(\omega)-1}{\epsilon(\omega)+2}=\frac{\epsilon_\infty-1}{\epsilon_\infty+2}+\frac{1}{1-(\omega^2/\bar{\omega}^2)}\left(\frac{\epsilon_0-1}{\epsilon_0+2}-\frac{\epsilon_\infty-1}{\epsilon_\infty+2}\right), \textbf{(27.56)}$$

que pode ser solucionada para $\varepsilon(\omega)$:

$$\epsilon(\omega)=\epsilon_\infty+\frac{\epsilon_\infty-\epsilon_0}{(\omega^2/\omega_T^2)-1}, \textbf{(27.57)}$$

onde

$$\omega_T^2=\bar{\omega}^2\left(\frac{\epsilon_\infty+2}{\epsilon_0+2}\right)=\bar{\omega}^2\left(1-\frac{\epsilon_0-\epsilon_\infty}{\epsilon_0+2}\right). \textbf{(27.58)}$$

[18] Neste contexto, por "altas frequências" queremos sempre dizer frequências altas comparadas às frequências vibracionais de rede, mas baixas se comparadas com frequências de excitação atômica. A frequência de luz visível geralmente satisfaz esta condição.

Aplicação de cristais iônicos aos modos ópticos de comprimento de onda longo

Para calcular as relações de dispersão de modo normal em um cristal iônico, poderíamos proceder às técnicas gerais descritas no Capítulo 22. No entanto, se encontrariam sérias dificuldades computacionais por causa da faixa muito longa das interações interiônicas eletrostáticas. Técnicas foram desenvolvidas para lidar com este problema, semelhantes àquelas exploradas no cálculo da energia coesiva de um cristal iônico (Capítulo 20). Entretanto, para o modo óptico de longo comprimento de onda esses cálculos podem ser evitados expressando-se o problema como da eletrostática macroscópica:

Em um modo óptico de comprimento de onda longo ($\mathbf{k} \approx \mathbf{0}$) os íons carregados opostamente em cada célula primitiva sofrem deslocamentos com sentidos se extingue. Associado a esta densidade de polarização haverá, em geral, um campo elétrico macroscópico **E** e um deslocamento elétrico **D**, relacionados por

$$\mathbf{D} = \epsilon\mathbf{E} = \mathbf{E} + 4\pi\mathbf{P}. \quad \mathbf{(27.59)}$$

Na ausência de carga livre, temos

$$\nabla \cdot \mathbf{D} = 0. \quad \mathbf{(27.60)}$$

Além disso, $\mathbf{E}^{\text{micro}}$ é o gradiente de um potencial.[19] Resulta de (27.6) que **E** é também, tal que

$$\nabla \times \mathbf{E} = \nabla \times (-\nabla\phi) = 0. \quad \mathbf{(27.61)}$$

Em um cristal cúbico **D** é paralelo a **E** (quer dizer, ϵ não é um tensor) e, portanto, a partir de (27.59), ambos são paralelos a **P**. Se os três têm a dependência espacial,

$$\begin{Bmatrix} \mathbf{D} \\ \mathbf{E} \\ \mathbf{P} \end{Bmatrix} = \text{Re} \begin{Bmatrix} \mathbf{D}_0 \\ \mathbf{E}_0 \\ \mathbf{P}_0 \end{Bmatrix} e^{i\mathbf{k}\cdot\mathbf{r}}, \quad \mathbf{(27.62)}$$

então (27.60) se reduz a $\mathbf{k} \cdot \mathbf{D}_0 = 0$, que requer que

$$\mathbf{D} = 0 \quad \text{ou} \quad \mathbf{D}, \mathbf{E}, \text{e } \mathbf{P} \perp \mathbf{k}, \quad \mathbf{(27.63)}$$

enquanto (27.61) se reduz a $\mathbf{k} \times \mathbf{E}_0 = 0$, que exige que

---

[19] Em frequências ópticas, preocupamo-nos em manter apenas campos eletrostáticos, já que o lado direto da equação completa de Maxwell, $\nabla \times \mathbf{E} = -(1/c)\, \partial\mathbf{B}/\partial t$ não precisa ser desprezível. Veremos em breve, no entanto, que um completo tratamento eletrodinâmico leva basicamente às mesmas conclusões.

$$\mathbf{E} = 0 \quad \text{ou} \quad \mathbf{E}, \mathbf{D}, \text{e } \mathbf{P} \parallel \mathbf{k}. \quad \textbf{(27.64)}$$

Em um modo óptico longitudinal a densidade de polarização **P** (diferente de zero) é paralela a **k**, e a equação (27.63), portanto, exige que **D** desapareça. Isto é consistente com (27.59) somente se

$$\mathbf{E} = -4\pi\mathbf{P}, \quad \epsilon = 0 \quad (\text{modo longitudinal}). \quad \textbf{(27.65)}$$

Por outro lado, em um modo óptico transversal, a densidade de polarização **P** (diferente de zero) é perpendicular a **k**, o que é consistente com (27.64) apenas se **E** desaparece. Isto, entretanto, é consistente com (27.59) somente se

$$\mathbf{E} = 0, \quad \epsilon = \infty \quad (\text{modo transversal}). \quad \textbf{(27.66)}$$

De acordo com (27.57), $\epsilon = \infty$ quando $\omega^2 = \omega_T^2$ e, portanto, o resultado (27.66) identifica ω_T como a frequência do modo óptico transversal de comprimento de onda longo ($\mathbf{k} \to 0$). Determina-se a frequência ω_L do modo óptico longitudinal pela condição $\epsilon = 0$ [equação (27.65)], e (27.57) portanto fornece

$$\boxed{\omega_L^2 = \frac{\epsilon_0}{\epsilon_\infty}\omega_T^2.} \quad \textbf{(27.67)}$$

Esta equação, que relaciona as frequências longitudinais e transversais de modo óptico à constante estática dielétrica e índice de refração, é conhecida como *relação de Lyddane-Sachs-Teller*. Observe que ela resulta inteiramente da interpretação de que (27.65) e (27.66) emprestam aos zeros e polos de $\epsilon(\omega)$, com a forma funcional de (27.57), ou seja, o fato de que na faixa de frequência de interesse ϵ como uma função de ω^2 é uma constante mais um polo simples. Como consequência, a relação tem validade que chega muito além da aproximação imperfeita (27.52) de polarizabilidades aditivas. Também se aplica às teorias de modelo de subnível bem mais sofisticadas de cristais iônicos diatômicas.

Como o cristal é mais polarizável em baixas frequências[20] do que em altas, ω_L excede ω_T. Parece surpreendente que ω_L deva diferir de todo de ω_T no limite de comprimentos de onda longos, já que neste limite os deslocamentos iônicos em qualquer região de extensão finita são indistinguíveis. No entanto, por causa da longa faixa das forças eletrostáticas, sua influência pode sempre persistir em distâncias comparáveis ao comprimento de onda, independente de quão longo seja aquele comprimento de onda. Assim, os modos ópticos longitudinais e transversais sempre experimentarão diferentes forças eletrostáticas

[20] Em frequências bem acima das frequências vibracionais naturais dos íons, elas falham na resposta a uma força oscilatória, e uma tem apenas polarizabilidade atômica. Em baixas frequências, ambos os mecanismos podem dar contribuição.

de restauração.[21] De fato, se usarmos a relação de Lorentz (27.27), encontramos a partir de (27.65) que a força eletrostática de restauração em um modo óptico longitudinal de comprimento de onda longo é dada pelo campo local

$$(\mathbf{E}^{\text{loc}})_L = \mathbf{E} + \frac{4\pi\mathbf{P}}{3} = -\frac{8\pi\mathbf{P}}{3} \quad \text{(longitudinal)}, \textbf{(27.68)}$$

enquanto [a partir de (27.66)] ela é dada em um modo óptico transversal de comprimento de onda longo por

$$(\mathbf{E}^{\text{loc}})_T = \frac{4\pi\mathbf{P}}{3} \quad \text{(transversal)}. \textbf{(27.69)}$$

Portanto, em um modo longitudinal o campo local atua para reduzir a polarização (adiciona à força de restauração de longo alcance proporcional a $k = M\omega^2$), enquanto em um modo transversal ele atua para apoiar a polarização (reduz a força de restauração de curto alcance). Isto é consistente com (27.58), que prevê que ω_T seja menor do que $\bar{\omega}$ (já que $\epsilon_0 - \epsilon_\infty$ é positivo). Também é consistente com (27.67), que, com a ajuda de (27.58), pode ser definida:

$$\omega_L^2 = \bar{\omega}^2\left(1 + 2\frac{\epsilon_0 - \epsilon_\infty}{\epsilon_0 + 2}\frac{1}{\epsilon_\infty}\right), \textbf{(27.70)}$$

que indica que ω_L excede $\bar{\omega}$.

A relação de Lyddane-Sachs-Teller (27.67) confirmou-se pela comparação de medições de ω_L e ω_T do espalhamento de nêutrons, com valores medidos da constante dielétrica e índice de refração. Em dois haletos alcalinos (NaI e KBr), encontrou-se que ω_L/ω_T e $(\epsilon_0/\epsilon_\infty)^{1/2}$ se harmonizam na incerteza experimental das medições (poucos por cento).[22]

No entanto, já que é meramente uma consequência da forma analítica de $\epsilon(\omega)$, a validade da relação de Lyddane-Sachs-Teller não fornece um teste rigoroso de uma teoria. A previsão mais específica pode ser construída a partir das equações (27.54), (27.55) e (27.58), que combinadas fornecem

$$\frac{9}{4\pi}\frac{(\epsilon_0 - \epsilon_\infty)}{(\epsilon_\infty + 2)^2}\omega_T^2 = \frac{e^2}{Mv}. \textbf{(27.71)}$$

Temos que e^2/Mv é inteiramente determinado pela carga iônica, portanto a massa iônica reduzida e a constante de rede, o lado direito de (27.71) é conhecido. No entanto, valores medidos de ϵ_0, ϵ_∞ e ω_T nos haletos alcalinos levam a um valor para o lado esquerdo de (27.71) que podem ser expressos na forma $(e^*)^2/Mv$, onde e^* (conhecido como a *carga de Szigeti*) varia entre cerca de 0,7*e* e 0,9*e*. Não se deve tomar isto *não*

---

[21] Este argumento, com base na ação instantânea em uma distância, deve ser reexaminado quando a aproximação eletrostática (27.61) é omitida (veja as notas de rodapé 19 e 25 deste capítulo).
[22] A. D. B. Woods *et al. Phys. Rev.*, 131, p. 1025, 1963.

como evidência de que os íons não sejam completamente carregados, mas como um sinal de que a falha da suposição imperfeita (27.52) de que as polarizabilidades atômica e de deslocamento simplesmente adicionam-se para fornecer a polarizabilidade total.

Para se remediar este defeito, deve-se voltar para uma teoria de modelo de subnível na qual as polarizações são calculadas juntas, permitindo que o subnível eletrônico se mova em relação ao cerne do íon (como foi feito anteriormente no cálculo da polarizabilidade atômica) ao mesmo tempo em que os cernes de íon são eles próprios deslocados.[23] A forma estrutural geral (27.57) de $\epsilon(\omega)$ é preservada nesta teoria, mas formas específicas para as constantes ϵ_0, ϵ_∞ e ω_T podem ser bem diferentes.

Aplicação às propriedades ópticas de cristais iônicos

A discussão anterior do modo óptico transversal não é completamente precisa, pois se baseia na aproximação eletrostática (27.61) da equação de Maxwell:[24]

$$\nabla \times \mathbf{E} = -\frac{1}{c}\frac{\partial \mathbf{B}}{\partial t}. \quad (27.72)$$

Quando (27.61) é substituída pela mais geral (27.72), a conclusão (27.66) de que a frequência do modo óptico transversal é determinada pela condição $\epsilon(\omega) = \infty$ deve ser substituída pelo resultado mais geral [equação (1.34)] de que campos transversais com frequência angular ω e vetor de onda $\mathbf{k}$ podem se propagar somente se

$$\epsilon(\omega) = \frac{k^2c^2}{\omega^2}. \quad (27.73)$$

Assim, para modos ópticos com vetores de onda que satisfazem $kc >> \omega$, a aproximação $\epsilon = \infty$ é razoável. A frequência de fônons ópticos é da ordem de $\omega_D = k_D s$, em que s é a velocidade do som no cristal, logo isto requer que

$$\frac{k}{k_D} \gg \frac{s}{c}. \quad (27.74)$$

Como k_D é comparável às dimensões da zona de Brillouin, enquanto s/c é da ordem de 10^{-4} a 10^{-5}, a aproximação eletrostática é completamente justificada exceto para modos ópticos cujo vetor de onda é apenas uma pequena fração de uma porcentagem das dimensões da zona de $\mathbf{k} = 0$.

Podemos descrever a estrutura dos modos transversais até $\mathbf{k} = 0$, representando graficamente ϵ *versus* ω [equação (27.57)] (Figura 27.5). Observe que ϵ é negativo entre ω_T e ω_L, logo a equação (27.73) requer que kC seja imaginário. Deste modo, nenhuma radiação

---

[23] Um modelo antigo e particularmente simples é dado por S. Roberts. *Phys. Rev.*, 77, p. 258, 1950.

[24] Nossa abordagem do modo óptico longitudinal é inteiramente fundamentada na equação de Maxwell $\nabla \cdot \mathbf{D} = 0$ permanece válida em uma análise completamente eletrodinâmica.

pode propagar no cristal entre as frequências ópticas transversal e longitudinal. Fora desta faixa representa-se ω graficamente *versus* k na Figura 27.6. A relação de dispersão tem dois ramos, inteiramente abaixo de ω_T e inteiramente acima de ω_L. O ramo mais baixo tem a forma $\omega \equiv \omega_T$ exceto quando k é pequeno em comparação a ω_T/c. Ele descreve o campo elétrico que acompanha um modo óptico transversal na região de frequência constante. No entanto, quando k é da ordem de ω_T/c a frequência cai abaixo de ω_T, desaparecendo como $kc/\sqrt{\epsilon_0}$, uma relação característica de radiação eletromagnética comum em um meio com constante dielétrica ϵ_0.

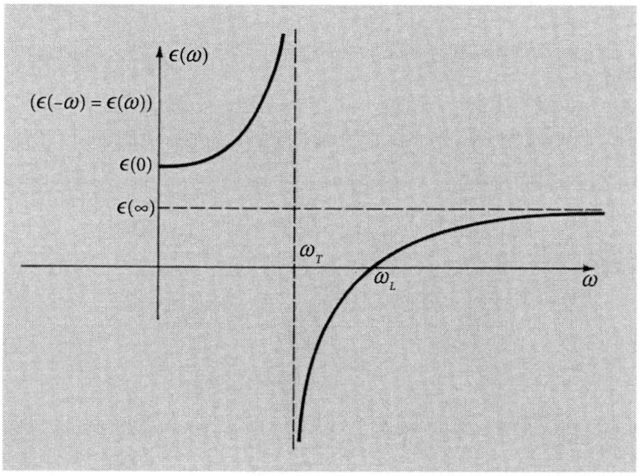

FIGURA 27.5

Constante dielétrica dependente de frequência para um cristal iônico diatômico.

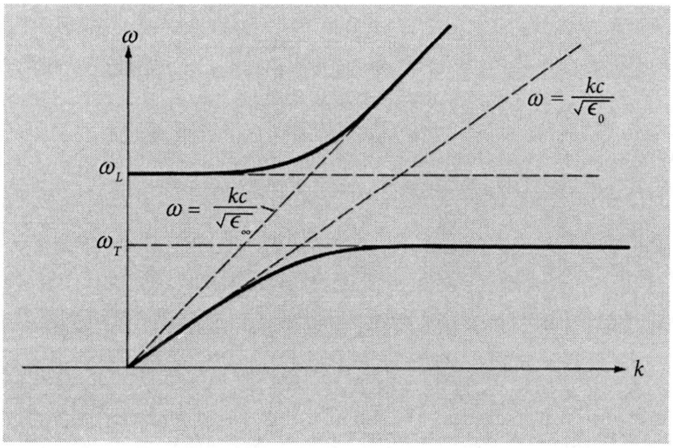

FIGURA 27.6

Soluções para a relação de dispersão $\omega = kc/\sqrt{\varepsilon(\omega)}$ para modos eletromagnéticos *transversais* propagando em um cristal iônico diatômico. (A relação com a Figura 27.5 é mais facilmente visualizada girando-se a figura em 90° e considerando-a como uma representação gráfica de $k = \omega\sqrt{\varepsilon(\omega)}/c$, *versus* ω.) Nas regiões lineares um modo é claramente parecido com fóton e um, claramente parecido com fônon óptico. Nas regiões curvas ambos os modos têm uma natureza mista, e são, às vezes, chamadas de "polaritons".

O ramo superior, por outro lado, assume a forma linear $\omega = kc/\sqrt{\epsilon_\infty}$, característica da radiação eletromagnética em um meio com constante dielétrica ϵ_∞ quando k é grande em comparação com ω_T/c, mas à medida que k se aproxima de zero, a frequência não desaparece linearmente, mas se nivela a ω_L.[25]

Finalmente, veja que, se a constante dielétrica é um número real, a reflexibilidade do cristal é dada por [veja a equação (K.6) no Apêndice K].

$$r = \left(\frac{\sqrt{\epsilon}-1}{\sqrt{\epsilon}+1}\right)^2. \quad (27.75)$$

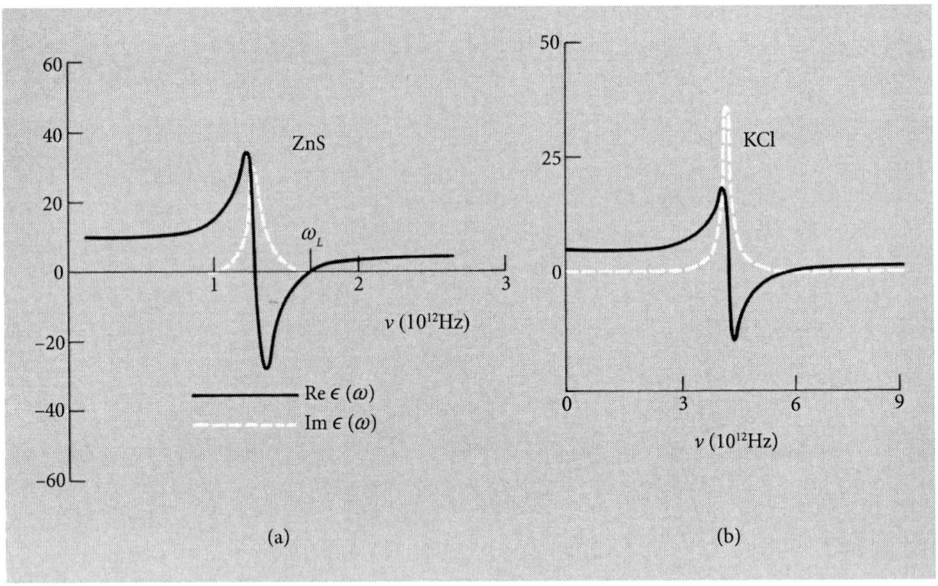

FIGURA 27.7

(a) Partes real (linha sólida) e imaginária (linha tracejada) da constante dielétrica do sulfeto de zinco. (Por Abeles, F.; Mathieu, J. P. *Annales de Physique*, 3, p. 5, 1958; citado por Burstein, E. *Phonons and phonon interactions*. Bak, T. A. (ed.). Menlo Park: W. A. Benjamin, 1964.) (b) Partes real (linha sólida) e imaginária (linha tracejada) da constante dielétrica do cloreto de potássio. (Por G. R. Wilkinson; C. Smart. Citado por Martin, D. H. *Advances Phys.*, 14, p. 39, 1965.)

Como $\epsilon \to \infty$, a refletividade se aproxima da unidade. Assim, toda radiação incidente deve ser perfeitamente refletida na frequência do modo óptico transversal. Este efeito pode ser

[25] Assim, à medida que $k \to 0$ um modo transversal *realmente* ocorre na mesma frequência que o modo longitudinal. A razão para este comportamento surgir em uma análise eletrodinâmica, mas não em uma eletrostática, é basicamente a velocidade finita de propagação de sinal em uma teoria eletrodinâmica. Sinais eletromagnéticos podem apenas se propagar com a velocidade da luz e, portanto, independente de quão longa seja sua faixa espacial, eles podem ser efetivos na distinção de modos transversal e longitudinal apenas se puderem viajar uma distância comparável a um comprimento de onda em um tempo breve em comparação a um período (ou seja, $kc >> \omega$). O argumento na página 594, que explica porque ω_L e ω_T diferem, implicitamente assume que as forças de Coulomb atuam instantaneamente em uma distância, e torna-se inválido quando esta suposição falha.

amplificado por repetidas reflexões de um raio das faces do cristal. Como *n* reflexões diminuirão a intensidade por r^n, após diversas reflexões apenas o componente de radiação com frequências muito próximas a ω_T, bem como um método para a produção de muita radiação monocromática no infravermelho.

Na extensão em que as vibrações de rede são anarmônicas (e, portanto, limitadas), ϵ também terá uma parte imaginária. Isto amplia a ressonância de raios residuais (reststrahl). O comportamento típico de constantes dielétricas dependentes da frequência observadas em cristais iônicos, como deduzido de suas propriedades ópticas, é apresentado na Figura 27.7. Propriedades de haletos alcalinos são resumidas na Tabela 27.2.

TABELA 27.2

Constante dielétrica estática, constante dielétrica óptica e frequência óptica transversal de fônon para cristais de haletos alcalinos

Composto	ϵ_0	ϵ_∞	$\hbar\omega_T/k_B$ [a]
LiF	9,01	1,96	442
NaF	5,05	1,74	354
KF	5,46	1,85	274
RbF	6,48	1,96	224
CsF	—	2,16	125
LiCl	11,95	2,78	276
NaCl	5,90	2,34	245
KCl	4,84	2,19	215
RbCl	4,92	2,19	183
CsCl	7,20	2,62	151
LiBr	13,25	3,17	229
NaBr	6,28	2,59	195
KBr	4,90	2,34	166
RbBr	4,86	2,34	139
CsBr	6,67	2,42	114
LiI	16,85	3,80	—
NaI	7,28	2,93	167
KI	5,10	2,62	156
RbI	4,91	2,59	117,5
CsI	6,59	2,62	94,6

* Do pico reststrahl; em graus Kelvin.

Fonte: Knox, R.S.; Teegarden, K. J. *Physics of color centers*. Fowler, W. B. (ed.) Nova York: Academic Press, 1968. p. 625.

ISOLANTES COVALENTES

A análise de cristais iônicos e moleculares baseou-se na possibilidade de se resolver a distribuição de carga do cristal em contribuições de íons identificáveis (átomos, moléculas) como em (27.9). Em cristais covalentes, no entanto, a densidade de carga eletrônica suficiente reside entre íons (formando as chamadas ligações covalentes). Esta parte da distribuição total de carga é unicamente uma propriedade do estado condensado da matéria, não tendo nenhuma semelhança com a distribuição de carga de íons (átomos, moléculas) individuais isolados. Além disso, ela vem dos elétrons atômicos mais fracamente ligados, assim, contribui de forma importante para a polarizabilidade do cristal. Portanto, no cálculo das propriedades dielétricas de cristais covalentes deve-se lidar com a polarizabilidade do cristal como um todo, invocando a teoria de bandas desde o início ou desenvolvendo uma fenomenologia de "polarizabilidades de ligação".

Não examinaremos este assunto aqui, mas vamos apontar que cristais covalentes podem ter constantes dielétricas bem grandes, refletindo a estrutura relativamente deslocalizada de suas distribuições de carga eletrônica. Constantes estáticas dielétricas para cristais covalentes selecionados estão listadas na Tabela 27.3. Como veremos (Capítulo 28), o fato de que as constantes dielétricas podem ser bem substanciais é ponto de considerável importância na teoria de níveis de impureza em semicondutores.

Tabela 27.3

Constantes dielétricas estáticas para cristais covalentes e iônico-covalentes selecionados das estruturas do diamente, da blenda de zinco e wurzita*

Cristal	Estrutura	ϵ_0	Cristal	Estrutura	ϵ_0
C	*d*	5,7	ZnO	*w*	4,6
Si	*d*	12,0	ZnS	*w*	5,1
Ge	*d*	16,0	ZnSe	*z*	5,8
Sn	*d*	23,8	ZnTe	*z*	8,3
SiC	*z*	6,7	CdS	*w*	5,2
GaP	*z*	8,4	CdSe	*w*	7,0
GaAs	*z*	10,9	CdTe	*z*	7,1
GaSb	*z*	14,4	BeO	*w*	3,0
InP	*z*	9,6	MgO	*z*	3,0
InAs	*z*	12,2			
InSb	*z*	15,7			

* Citado por Phillips, J. C. *Phys. Rev. Lett.*, 20, p. 550, 1968.

PIROELETRICIDADE

Ao derivarmos a equação macroscópica

$$\nabla \cdot \mathbf{E} = -4\pi\nabla \cdot \mathbf{P} \quad (27.76)$$

para cristais iônicos, admitimos (veja a nota de rodapé 9 deste capítulo) que o momento de dipolo de equilíbrio da célula primitiva,

$$\mathbf{p}_0 = \sum_{\mathbf{d}} \mathbf{d}e(\mathbf{d}), \quad \mathbf{(27.77)}$$

desapareceu e, portanto, ignoramos um termo

$$\Delta \mathrm{P} = \frac{\mathbf{p}_0}{v} \quad \mathbf{(27.78)}$$

na densidade de polarização **P**. Como a Figura 27.8 demonstra, o valor do momento de dipolo $\mathbf{p}_0$ não é independente da escolha de célula primitiva. No entanto, apenas a divergência de **P** tem importância física, então, um vetor de constante aditiva Δ**P** não afeta a física implicada pelas equações macroscópicas de Maxwell.

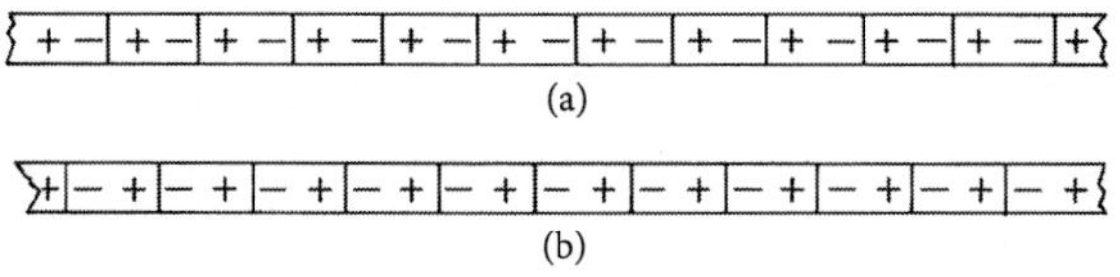

FIGURA 27.8

O momento de dipolo da célula primitiva depende da escolha da célula primitiva. Isto é ilustrado para um cristal iônico unidimensional.

Não haveria nada mais a se falar se todos os cristais fossem infinitos em extensão. No entanto, cristais reais têm superfícies, nas quais a densidade de polarização macroscópica **P** cai descontinuamente a zero. Contribui, assim, com um termo singular no lado direito de (27.76). Este termo é convencionalmente interpretado como a carga de superfície de contorno por unidade de área, cuja grandeza é o componente normal de **P** na superfície, P_n. Assim, uma constante aditiva em **P** está longe de não ser importante em um cristal finito.

Em um cristal finito, entretanto, devemos reexaminar nossa suposição de que cada célula primitiva tem carga total zero:

$$\sum_{\mathbf{d}} e(\mathbf{d}) = 0. \quad \mathbf{(27.79)}$$

Em um cristal infinito de células idênticas isto é meramente a afirmação de que o cristal como um todo é neutro, mas em um cristal com superfícies, apenas as células interiores são identicamente ocupadas, e a neutralidade de carga é perfeitamente consistente com células de superfície parcialmente preenchidas e, portanto, carregadas (Figura 27.9). Caso a escolha de célula leve a células de superfície que contêm carga líquida, um termo adicional teria que ser adicionado a (27.76) para representar esta carga de superfície de contorno, ρ_s. Quando se altera a escolha de célula, tanto P_n quanto ρ_s variarão, de tal modo que a densidade de carga de superfície macroscópica líquida total, $P_n + \rho_s$, seja inalterada.

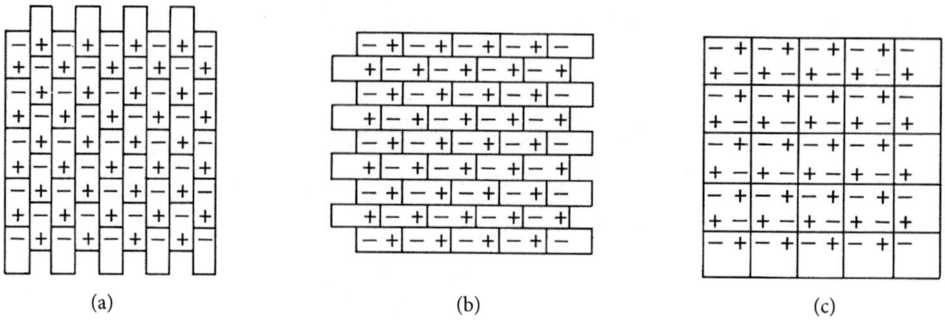

Figura 27.9

A escolha "natural" de célula primitiva é a que leva a células não carregadas na superfície. As células escolhidas em (a) e (b) violam este critério, e sua contribuição para a densidade de polarização é cancelada pela contribuição das células de superfície carregadas. A célula em (c) (que é não primitiva) leva a células de superfície não carregadas e não tem momento de dipolo.

Portanto, a escolha "natural" de célula, para a qual (27.76) é válida sem um termo adicional representando a carga de desequilíbrio em células de superfície, será a célula cuja neutralidade mantém-se mesmo em superfícies de espécimes físicas reais.[26]

Cristais cuja célula primitiva natural tem um momento de dipolo $\mathbf{p}_0$ que não desaparece são chamados *piroelétricos*.[27] Em equilíbrio, um espécime perfeito de um cristal piroelétrico tem um momento de dipolo total de $\mathbf{p}_0$ vezes o número de células no cristal,[28] e, portanto, densidade de polarização $\mathbf{P} = \mathbf{p}_0/v$ por todo o cristal, mesmo na ausência de um campo externo. Isto implica imediatamente algumas rigorosas restrições nas simetrias de grupo pontual de um cristal piroelétrico, já que uma operação de simetria deve preservar todas as propriedades cristalinas e, em particular, a direção de **P**. Desse modo, o único eixo de rotação possível é o paralelo a **P** e, além disso, não pode haver planos especulares perpendiculares àquele eixo. Isto exclui todos os grupos pontuais exceto (Tabela 7.3) C_n e C_{nv} (n = 2, 3, 4, 6) e C_1 e C_{1h}. Uma verificação da Tabela 7.3 revela que estes são os únicos

[26] Isto geralmente requer uma célula que não seja primitiva (veja a Figura 27.9), mas é facilmente verificado que a análise anterior neste capítulo não é de forma nenhuma afetada pela utilização de uma célula microscópica maior.

[27] O nome (*pyro* = fogo) reflete o fato de que, em condições normais, o momento de um cristal piroelétrico será mascarado por camadas neutralizantes de íon da atmosfera que se agrupam nas faces do cristal. Se, entretanto, o cristal for aquecido, o mascaramento não será mais completo, já que a polarização alterará devido à expansão térmica do cristal, íons neutralizantes serão evaporados etc. Assim, o efeito foi primeiro considerado a produção de um momento elétrico pelo calor. (Algumas vezes, o termo "cristal polar" é utilizado ao invés de "cristal piroelétrico". No entanto, "cristal polar" é também amplamente utilizado como um sinônimo para "cristal iônico" (sendo piroelétrico ou não) e o termo é, portanto, evitado.) A polarização líquida também pode ser mascarada por uma estrutura de domínio, como nos ferromagnetos (veja o Capítulo 33).

[28] O momento de dipolo das células de superfície não precisa ser $\mathbf{p}_0$, mas no limite de um cristal grande isto terá efeito desprezível no momento de dipolo total, já que a maioria das células estará no interior.

grupos pontuais compatíveis com a localização de um objeto direcionado (uma seta, por exemplo) em cada local.[29]

FERROELETRICIDADE

A estrutura mais estável de alguns cristais é não piroelétrica acima de determinada temperatura T_c (conhecida como a *temperatura de Curie*) e piroelétrica abaixo dela.[30] Esses cristais (são fornecidos exemplos na Tabela 27.4) são chamados ferroelétricos.[31] A transição do estado não polarizado para o estado piroelétrico é chamada primeira ordem se for descontínuo (se **P** adquire valor diferente de zero imediatamente abaixo de T_c) e de segunda ordem ou mais alta, for contínuo (se **P** aumenta continuamente a partir do zero à medida que T cai abaixo de T_c).[32]

Logo abaixo da temperatura de Curie (para a transição ferroelétrica contínua) a distorção da célula primitiva da configuração não polarizada será muito pequena e é, portanto, possível, aplicando-se um campo elétrico contrário a esta pequena polarização, para diminuí-la ou mesmo revertê-la. Quando T cai muito abaixo de T_c, a distorção da célula aumenta, e campos muito mais fortes são necessários para a reversão da direção de **P**. Isto é, às vezes, considerado o atributo essencial dos ferroelétricos, que são então definidos como cristais piroelétricos cuja polarização pode ser revertida pela aplicação de um campo elétrico forte. Isto se faz para incluir aqueles cristais que se percebe que satisfazem a primeira definição (existência de uma temperatura de Curie), a não ser que eles se fundam antes que se alcance a suposta temperatura de Curie. Bem abaixo da temperatura de Curie, no entanto, a reversão da polarização pode exigir uma reestruturação tão drástica do cristal que é impossível mesmo nos campos mais fortes atingíveis.

Imediatamente abaixo da temperatura de Curie de uma transição ferroelétrica contínua, o cristal de forma espontânea e continuamente distorce-se a um estado polarizado. Seria possível, portanto, esperar que a constante dielétrica fosse, de forma anômala, grande na vizinhança de T_c, refletindo o fato de que ele requer que o campo bem pouco aplicado altere substancialmente a polarização de deslocamento do cristal. Constantes dielétricas grandes como 10^5 têm sido observadas próximas a pontos de transição ferroelétricos. Em um experimento ideal, a constante dielétrica deve realmente se tornar infinita exatamente em T_c.

---

[29] Alguns cristais, apesar de não piroelétricos na ausência de estresses externos podem desenvolver um momento de dipolo espontâneo quando pressionados mecanicamente, ou seja, por meio da aplicação de pressão adequada, suas estruturas cristalinas podem ser distorcidas em algumas que possam sustentar um momento de dipolo. Esses cristais são chamados *piezoelétricos*. O grupo pontual de um cristal piezoelétrico (quando não pressionado) não pode conter a inversão.

[30] Transições para a frente e para trás são também conhecidas. Por exemplo, pode haver uma faixa de temperaturas para a fase piroelétrica, acima e abaixo da qual o cristal é não polarizado.

[31] O nome enfatiza a analogia com materiais ferromagnéticos, que têm um momento *magnético* líquido. Ele não tem a intenção de sugerir que o ferro tenha alguma relação especial com o fenômeno.

[32] Às vezes, reserva-se o termo "ferroelétrico" para cristais nos quais a transição seja de segunda ordem.

Para a transição contínua isto simplesmente expressa o fato de que como T_c é aproximado de cima, a força de restauração líquida contrária a uma distorção de rede da fase não polarizada para a fase polarizada desaparece.

Se a força de restauração contrária a uma distorção de rede em particular desaparece, deve haver um modo normal de frequência zero cujos vetores de polarização descrevam precisamente esta distorção. Como a distorção leva a um momento de dipolo líquido e, portanto, envolve o deslocamento relativo entre íons de cargas opostas, o modo será um modo óptico. Na vizinhança da transição deslocamentos relativos serão grandes, termos anarmônicas serão substanciais, e este modo "suave" deve ser bem fortemente restrito.

Estas duas observações (constante dielétrica estática infinita e um modo óptico de frequência zero) não são independentes. Uma implica a outra pela relação de Lyddane-Sachs-Teller (27.67), que requer que a frequência de modo óptico transversal desapareça sempre que a constante dielétrica estática seja infinita.

Talvez o tipo mais simples de cristal ferroelétrico (e o mais amplamente estudado) seja a estrutura perovisquita, apresentada na Figura 27.10. Outros ferroelétricos tendem a ser substancialmente mais complexos. Alguns exemplos característicos são dados na Tabela 27.4.

TABELA 27.4
Cristais ferroelétricos selecionados

Nome	Fórmula	T_C (K)	P (μC/cm^2)	a	T (K)
Fosfato dihidrogênio de potássio	KH_2PO_4	123	4,75		96
Fosfato dideutério de potássio	KD_2PO_4	213	4,83		180
Fosfato dihidrogênio de rubídio	RbH_2PO_4	147	5,6		90
Fosfato dideutério de rubídio	RbD_2PO_4	218	—		—
Titanato de bário	$BaTiO_3$	393	26,0		300
Titanato de chumbo	$PbTiO_3$	763	>50		300
Titanato de cádmio	$CdTiO_3$	55	—		—
Niobato de potássio	$KNbO_3$	708	30,0		523
Sal de Rochelle	$NaKC_4H_4O_6 \cdot 4D_2O$	$\left\{ \begin{matrix} 297 \\ 255 \end{matrix} \right\}$ *	0,25		278
Sal de Rochelle deuterado	$NaKC_4H_2D_2O_6 \cdot 4D_2O$	$\left\{ \begin{matrix} 308 \\ 251 \end{matrix} \right\}$ *	0,35		279

* Tem T_C mais alto e mais baixo.
Fonte: Jona, F.; Shirane, G. *Ferroelectric cristals.* Nova York: Pergamon, 1962. p. 389.

FIGURA 27.10

A estrutura perovisquita, característica do titanato de bário ($BaTiO_3$) da classe de ferroelétricos na fase não polarizada. O cristal é cúbico, com íons Ba^{++} nos cantos do cubo, íons O^{--} nos centros das faces dos cubos e íons Ti^{4+} nos centros do cubo. A primeira transição é para uma estrutura tetragonal, sendo os íons positivos deslocados em relação aos negativos, ao longo de uma direção [100]. A estrutura perovisquita constitui um exemplo de um cristal cúbico em que cada íon *não* está em um ponto de simetria cúbica completa. (Os íons Ba^{++} e Ti^{4+} estão, mas os íons O^{--}, não.) Portanto, o campo local que atua sobre os íons de oxigênio é mais complicado do que aquele dado pela fórmula simples de Lorentz. Isto é importante para a compreensão do mecanismo para a ferroeletricidade.

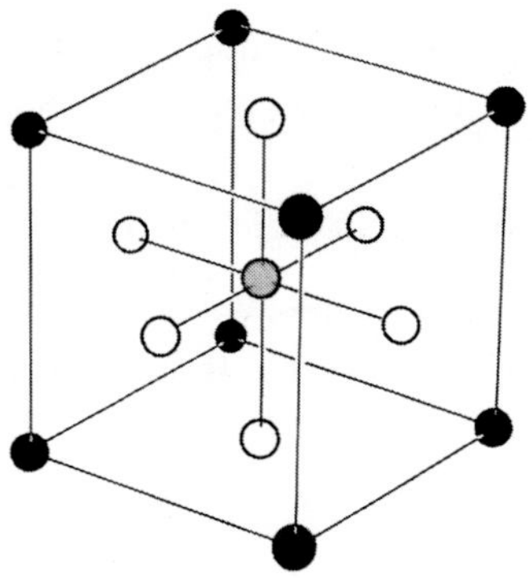

PROBLEMAS

1. *Campo elétrico de uma esfera neutra uniformemente polarizada de raio* a

Longe da esfera, o potencial ϕ será aquele de um dipolo pontual de momento $p = 4\pi Pa^3/3$:

$$\phi = \frac{P\cos\theta}{r^2}, \quad (27.80)$$

(onde o eixo polar está ao longo de **P**). Usando o fato de que a solução geral para $\nabla^2\phi = 0$ proporcional a $\cos\theta$ é

$$\frac{A\cos\theta}{r^2} + Br\cos\theta, \quad (27.81)$$

empregue as condições de contorno na superfície da esfera para demonstrar que o potencial dentro da esfera leva a um campo uniforme $\mathbf{E} = -4\pi\mathbf{P}/3$.

2. *Campo elétrico de um arranjo de dipolos idênticos com orientações idênticas, em um ponto em relação ao qual o arranjo tem simetria cúbica*

O potencial em **r** devido ao dipolo em **r**′ é

$$\phi = -\mathbf{p}\cdot\nabla\frac{1}{|\mathbf{r}-\mathbf{r}'|}. \quad (27.82)$$

Aplicando as restrições de simetria cúbica ao tensor

$$\sum_{\mathbf{r}'}\nabla_\mu\nabla_\nu\frac{1}{|\mathbf{r}-\mathbf{r}'|}, \quad (27.83)$$

e observando que $\nabla^2(1/r) = 0$, $\mathbf{r} \neq 0$, mostre que $\mathbf{E}(\mathbf{r})$ deve desaparecer, quando as posições $\mathbf{r}'$ dos dipolos têm simetria cúbica em torno de $\mathbf{r}$.

3. *Polarizabilidade de um único átomo de hidrogênio*

Suponha que um campo elétrico **E** seja aplicado (ao longo do eixo x) a um átomo de hidrogênio em seu estado fundamental com função de onda

$$\psi_0 \propto e^{-r/a_0}. \quad \textbf{(27.84)}$$

(a) Suponha uma função trial para o átomo no campo de forma

$$\psi \propto \psi_0(1 + \gamma x) = \psi_0 + \delta\psi, \quad \textbf{(27.85)}$$

e determine γ minimizando a energia total.

(b) Calcule a polarização

$$p = \int d\mathbf{r}(-e)x(\psi_0\delta\psi^* + \psi_0^*\delta\psi), \quad \textbf{(27.86)}$$

utilizando a melhor função trial, e mostre que isto leva a uma polarizabilidade $\alpha = 4a_0^3$. (A resposta exata é $4{,}5a_0^3$.)

4. *Polarização de orientação*

A situação a seguir por vezes surge em sólidos e líquidos puros cujas moléculas têm momentos de dipolo permanentes (como água e amônia) e também em sólidos como cristais iônicos com alguns íons substituídos por outros com momentos de dipolo permanentes (como OH^- em KCl).

(a) Um campo elétrico tende a alinhar tais moléculas; a desordem térmica favorece o mau alinhamento. Utilizando a mecânica estatística de equilíbrio, defina a probabilidade de o dipolo fazer um ângulo na faixa de θ a $\theta + d\theta$ com o campo aplicado. Se há N desses dipolos de momento p, mostre que seu momento de dipolo total em equilíbrio térmico é

$$Np\langle\cos\theta\rangle = NpL\left(\frac{pE}{k_BT}\right), \quad \textbf{(27.87)}$$

onde $L(x)$, a "função de Langevin", é dada por

$$L(x) = \coth x - \left(\frac{1}{x}\right). \quad \textbf{(27.88)}$$

(b) Momentos de dipolo típicos são da ordem de 1 unidade de Debye (10^{-18} em esu). Mostre que para um campo elétrico de ordem 10^4 volts/cm a polarizabilidade em temperatura ambiente pode ser escrita como

$$\alpha = \frac{p^2}{3k_BT}. \quad \textbf{(27.89)}$$

5. *Relação de Lyddane-Sachs-Teller generalizada*

Suponha que a constante dielétrica $\epsilon(\omega)$ não tenha um único polo como uma função de ω^2 [como em (27.57)] mas tem a estrutura mais geral:

$$\epsilon(\omega) = A + \sum_{i=1}^{n} \frac{B_i}{\omega^2 - \omega_i^2}. \quad \textbf{(27.90)}$$

Mostre diretamente com base em (27.90) que a relação de Lyddane-Sachs-Teller (27.67) é generalizada para

$$\frac{\epsilon_0}{\epsilon_\infty} = \prod \left(\frac{\omega_i^0}{\omega_i} \right)^2, \quad \textbf{(27.91)}$$

onde os ω_i^0 são as frequências nas quais ϵ desaparece. (*Dica*: escreva a condição $\epsilon = 0$ como um polinômio de grau de ordem n em ω^2, e observe que o produto das raízes está simplesmente relacionado ao valor do polinômio em $\omega = 0$). Qual é a importância das frequências ω_i e ω_i^0?

28 Semicondutores homogêneos

No Capítulo 12, observamos que os elétrons em uma banda completamente preenchida não podem carregar nenhuma corrente. Nesse modelo de elétron independente, este resultado constitui a base para a distinção entre isolantes e metais. No estado fundamental de um isolante todas as bandas encontram-se ou completamente preenchidas ou completamente vazias. No estado fundamental de um metal ao menos uma banda encontra-se parcialmente preenchida.

Podemos caracterizar os isolantes pelo *gap de energia*, E_g, entre o topo da(s) banda(s) mais alta(s) preenchida(s) e a base da banda(s) mais baixa(s) preenchida(s) (veja a Figura 28.1). Um sólido com um gap de energia será não condutor em $T = 0$ (a não ser que o campo elétrico DC seja tão forte e o gap de energia, tão pequeno, que o desarranjo elétrico possa ocorrer [equação (12.8)] ou a não ser que o campo AC seja de tão alta frequência que $\hbar\omega$ exceda o gap de energia).

No entanto, quando a temperatura não for zero, existe a probabilidade de não desaparecimento de que alguns elétrons serão termicamente excitados por meio do gap de energia para dentro das bandas mais baixas não ocupadas. Nesse contexto elas são chamadas *bandas de condução*, deixando para trás níveis não ocupados nas bandas mais altas ocupadas, chamadas *bandas de valência*. Os elétrons termicamente excitados podem conduzir, e pode ocorrer condução do tipo buraco na banda de onde foram excitados.

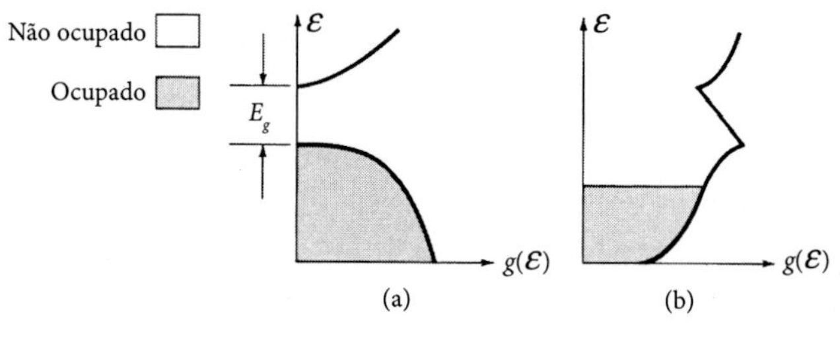

FIGURA 28.1

(a) Em um isolante há uma região de energias proibidas que separa os níveis mais altos ocupados e os níveis mais baixos não ocupados. (b) Em um metal a fronteira ocorre em uma região de níveis permitidos. Isto é indicado esquematicamente pela representação gráfica da densidade de níveis (horizontal) *versus* energia (vertical).

Se esta excitação térmica leva a uma condutividade suficiente depende criticamente do tamanho do gap de energia, já que a fração de elétrons excitados por meio do gap à temperatura T é, como veremos, aproximadamente da ordem de $e^{-E_g/2k_BT}$. Com um gap de energia de 4 eV à temperatura ambiente ($k_BT \approx 0{,}025$ eV), esse fator é $e^{-80} \approx 10^{-35}$ e, essencialmente, nenhum elétron excita-se mediante o gap. Se, no entanto, E_g é 0,25 eV, o fator à temperatura ambiente é $e^{-5} \approx 10^{-2}$, e ocorrerá condução observável.

Sólidos isolantes em $T = 0$, mas cujo gap de energia é de tal tamanho que a excitação térmica pode levar a condutividade observável em temperaturas abaixo do ponto de fusão, são conhecidos como *semicondutores*. Evidentemente, a distinção entre um semicondutor e um isolante não é acentuada, mas grosso modo, o gap de energia nos semicondutores mais importantes é menor do que 2 eV e, frequentemente, encontra-se baixo como algumas dezenas de um elétron-volt. Resistividades de temperatura ambiente típicas de semicondutores são entre 10^{-3} e 10^9 ohm-cm (em contraste com metais, onde $\rho \approx 10^{-6}$ ohm-cm, e bons isolantes, onde ρ pode ser tão grande quanto 10^{22} ohm-cm).

Como o número de elétrons excitados termicamente para dentro da banda de condução (e, portanto, o número de buracos que eles deixam para trás na banda de valência) varia exponencialmente com $1/T$, a condutividade elétrica de um semicondutor deve ser uma função da temperatura rapidamente *crescente*. Isto está em surpreendente contraste com o caso dos metais. A condutividade de um metal [equação (1.6)],

$$\sigma = \frac{ne^2\tau}{m}, \quad \textbf{(28.1)}$$

declina com o aumento da temperatura, pois a densidade de transportadores n é independente da temperatura, e toda dependência na temperatura provém do tempo de relaxação τ, que geralmente diminui com o aumento da temperatura por causa do aumento do espalhamento elétron-fônon. O tempo de relaxação em um semicondutor também diminuirá com o aumento da temperatura, mas esse efeito (em geral, descrito por uma lei de potência) é bem dominado pelo rápido aumento na densidade de transportadores com aumento da temperatura.[1]

Assim, o aspecto mais importante dos semicondutores é que, diferente dos metais, sua resistência elétrica diminui com o aumento da temperatura (ou seja, eles têm um coeficiente negativo de resistência). Foi esta propriedade que primeiro chamou a atenção de físicos no início do século XIX.[2] No fim do século XIX um considerável conjunto de conhecimentos sobre semicondutores tinha sido acumulado. Observou-se que as potências térmicas dos semicondutores eram anormalmente grandes em comparação àquelas dos metais (por um fator de 100, mais ou menos), que os semicondutores exibiam o fenômeno de fotocondutividade e que os efeitos retificantes poderiam ser obtidos na junção de dois semicondutores diferentes. No início do século XX, medições do efeito de Hall[3] foram feitas confirmando o fato de que a dependência na temperatura da condutividade era dominada por aquela do número de transportadores, e indicando que em muitas substâncias o sinal do carregador dominante era positivo ao invés de negativo.

Fenômenos como esses foram fonte de considerável mistério até o completo desenvolvimento da teoria de bandas muitos anos depois. Nessa teoria de bandas, eles encontram explicações simples. Por exemplo, a fotocondutividade (o aumento na condutividade produzido por luz brilhante sobre um material) é consequência do fato de que se o gap de banda for pequeno, então a luz visível pode excitar elétrons através do gap para dentro da banda de condução. Isso resulta em condução por aqueles elétrons e pelos buracos deixados para trás. A potência térmica, para termos outro exemplo, é aproximadamente uma centena de vezes maior em um semicondutor do que em um metal. Isto em razão de a densidade de transportadores ser tão baixa em um semicondutor que eles são apropriadamente descritos pela estatística de Maxwell-Botzmann (como veremos a seguir). Assim, o fator

---

[1] Desse modo, a condutividade de um semicondutor não é uma boa medida da taxa de colisão, como o é em um metal. Em geral, é vantajoso separar da condutividade um termo cuja dependência da temperatura reflete apenas aquele da taxa de colisão. Isto é feito definindo a *mobilidade*, μ, de um transportador, como a razão do desvio da velocidade que atinge em um campo E, pela força do campo: $v_d = \mu E$. Se os transportadores têm densidade n e carga q, a densidade decorrente será $j = nqv_d$ e, portanto, a condutividade está relacionada à mobilidade por $\sigma = nq\mu$. O conceito de mobilidade tem pouco uso independente na discussão sobre metais, já que está relacionado à condutividade por uma constante independente da temperatura. No entanto, ele tem papel importante nas descrições de semicondutores (e qualquer outro condutor onde a densidade do transportador possa variar, como nas soluções iônicas), permitindo que se desembarace duas fontes distintas de dependência na temperatura na condutividade. A utilidade da mobilidade será ilustrada em nossa discussão de semicondutores não homogêneos no Capítulo 29.

[2] Faraday, M. Experimental researches on electricity. 1839 (reimpressão da cópia do original por Taylor e Francis, Londres.). A obra de R. A. Smith, Semiconductors (Cambridge University Press, 1964), fornece uma das mais agradáveis apresentações do assunto disponíveis. A maior parte das informações em nosso breve levantamento histórico é retirada dele.

[3] Poderíamos esperar que o número de elétrons excitados fosse igual ao número de buracos deixados para trás, de modo que o efeito de Hall produzisse poucas informações diretas sobre o número de transportadores. No entanto, como veremos, o número de elétrons não precisa ser igual ao número de buracos em um semicondutor impuro, e estes eram os únicos disponíveis na época dos primeiros experimentos.

de 100 é o mesmo fator pelo qual as primeiras teorias de metais (anteriores à introdução de Sommerfeld à estatística de Fermi-Dirac) superestimaram a potência térmica.

As explicações teóricas de bandas, destas e de outras propriedades de semicondutores características, serão o assunto deste e do próximo capítulo.

Uma compilação de informações confiáveis sobre semicondutores naquele tempo era substancialmente impedida pelo fato de que os dados eram demasiadamente sensíveis à impureza da amostra. Um exemplo disso é apresentado na Figura 28.2, em que a resistividade do germânio é representada graficamente *versus* T para uma variedade de concentrações de impurezas. Observe que as concentrações tão baixas como partes em 10^8 podem levar a efeitos observáveis, e que a resistividade pode variar em certa temperatura por um fator de 10^{12}, à medida que a concentração de impurezas varia por apenas um fator de 10^3. Observe também que, para determinada concentração de impurezas, a resistividade finalmente cai em uma curva comum quando a temperatura aumenta. Esta última resistividade, que é evidentemente a resistividade de uma amostra ideal perfeitamente pura, é conhecida como resistividade *intrínseca*, enquanto os dados para as várias amostras, exceto em temperaturas tão altas que elas correspondem com a curva intrínseca, são chamadas *propriedades extrínsecas*. Genericamente, um semicondutor é intrínseco se suas propriedades eletrônicas são dominadas por elétrons termicamente excitados da banda de valência para a banda de condução, e extrínseca se suas propriedades eletrônicas são dominadas por elétrons contribuídos para a banda de condução por impurezas (ou capturados da banda de valência por impurezas) de maneira que será descrita a seguir. Retornaremos logo à questão da razão de as propriedades de semicondução serem tão sensíveis à pureza do espécime.

EXEMPLOS DE SEMICONDUTORES

Cristais semicondutores provêm basicamente da classe covalente de isolantes.[4] Os elementos simples semicondutores são da coluna IV da tabela periódica, e o silício e o germânio são os dois mais importantes semicondutores elementares. O carbono, na forma do diamante, é mais propriamente classificado como um isolante, já que seu gap de energia é da ordem de 5,5 eV. O estanho, na forma alotrópica de estanho cinza, é semicondutor, com um gap de energia muito pequeno. (O chumbo, obviamente, é metálico.) Os outros elementos semicondutores, fósforo vermelho, boro, selênio e telúrio, tendem a ter estruturas cristalinas altamente complexas, caracterizadas, no entanto, por ligações covalentes.

Além dos elementos semicondutores, existe uma variedade de compostos semicondutores. Uma ampla classe, os semicondutores III-V, consiste de cristais da estrutura da blenda (Capítulo 4) constituídos de elementos das colunas III e V da tabela periódica.

[4] Dentre as várias categorias de cristais isolantes, os cristais covalentes têm distribuição espacial de carga eletrônica mais similar aos metais (veja o Capítulo 19).

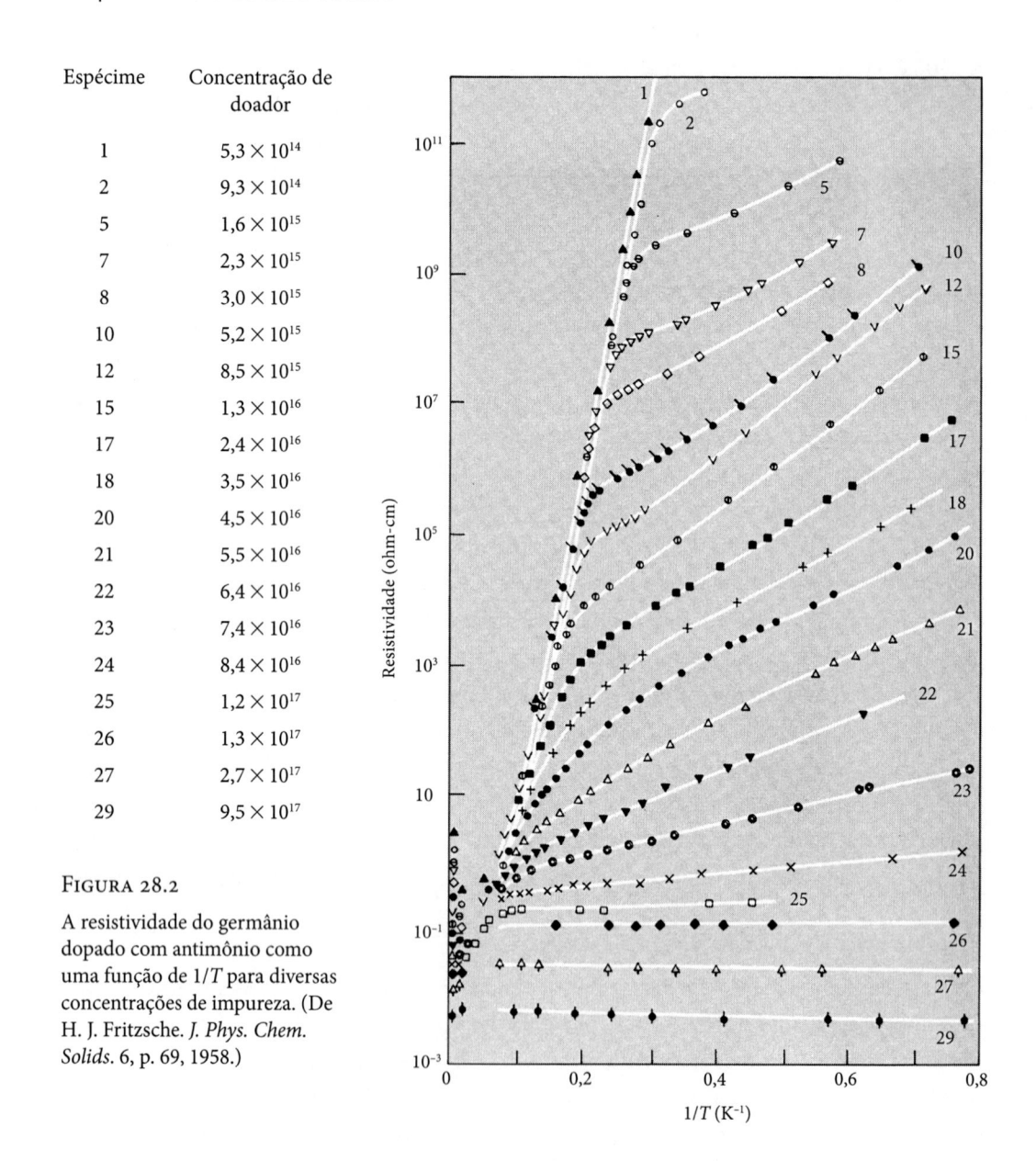

Espécime	Concentração de doador
1	$5{,}3 \times 10^{14}$
2	$9{,}3 \times 10^{14}$
5	$1{,}6 \times 10^{15}$
7	$2{,}3 \times 10^{15}$
8	$3{,}0 \times 10^{15}$
10	$5{,}2 \times 10^{15}$
12	$8{,}5 \times 10^{15}$
15	$1{,}3 \times 10^{16}$
17	$2{,}4 \times 10^{16}$
18	$3{,}5 \times 10^{16}$
20	$4{,}5 \times 10^{16}$
21	$5{,}5 \times 10^{16}$
22	$6{,}4 \times 10^{16}$
23	$7{,}4 \times 10^{16}$
24	$8{,}4 \times 10^{16}$
25	$1{,}2 \times 10^{17}$
26	$1{,}3 \times 10^{17}$
27	$2{,}7 \times 10^{17}$
29	$9{,}5 \times 10^{17}$

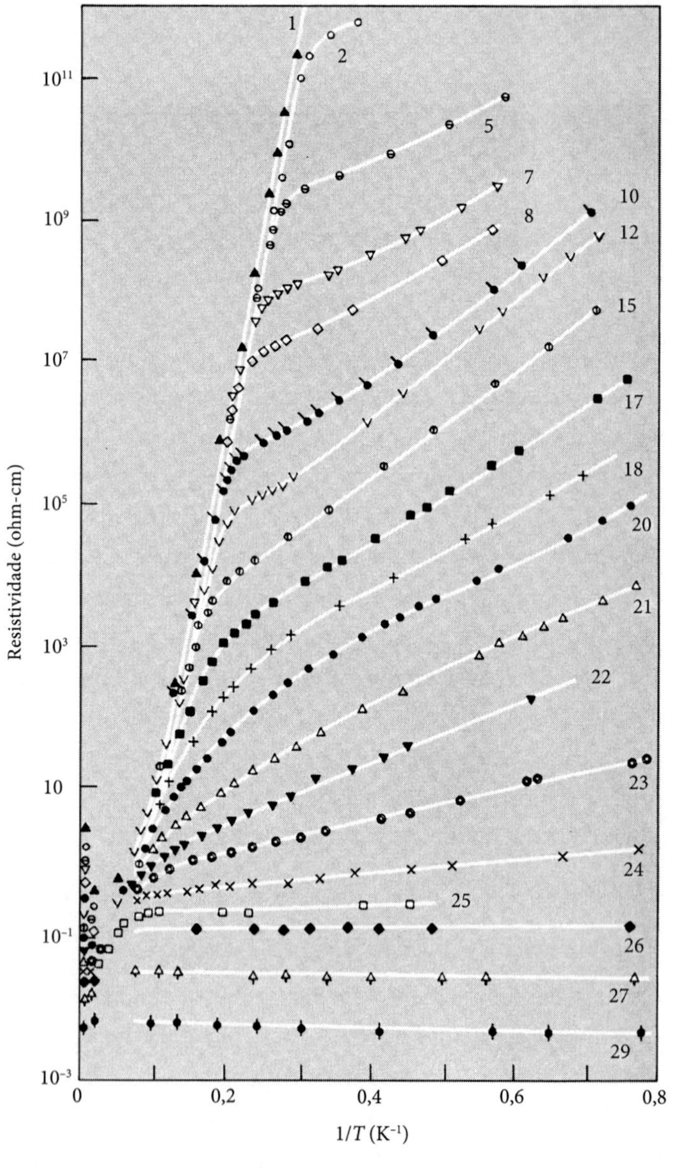

Figura 28.2

A resistividade do germânio dopado com antimônio como uma função de $1/T$ para diversas concentrações de impureza. (De H. J. Fritzsche. *J. Phys. Chem. Solids*. 6, p. 69, 1958.)

Como definido no Capítulo 19, a ligação nesses compostos é também predominantemente covalente. Cristais semicondutores formados de elementos das colunas II e VI passam a ter forte caráter iônico bem como caráter covalente. Eles são conhecidos como *semicondutores polares* e podem ter a estrutura da blenda ou, como no caso do seleneto de chumbo, telureto ou sulfeto, a estrutura do cloreto de sódio mais característica da ligação iônica. Há também muitos compostos semicondutores muito mais complicados.

Alguns exemplos dos semicondutores mais importantes são fornecidos na Tabela 28.1. Os gaps de energia citados para cada um são confiáveis até cerca de 5%. Observe que os gaps de energia são todos dependentes da temperatura, variando em cerca de

10% entre 0 K e a temperatura ambiente. Há duas fontes principais dessa dependência na temperatura. Por causa da expansão térmica, o potencial periódico experimentado pelos elétrons (e, consequentemente, a estrutura de banda e o gap de energia) pode variar com a temperatura. Além disso, o efeito das vibrações de rede na estrutura de banda e no gap de energia[5] também variam com a temperatura, refletindo a dependência na temperatura da distribuição de fônons. Em geral, esses dois efeitos são de importância comparável e levam a um gap de energia que é linear em T à temperatura ambiente e quadrático em temperaturas muitos baixas (Figura 28.3).

TABELA 28.1

Gaps de energia de semicondutores selecionados

Material	E_g (T = 300K)	E_g (T = 0K)	E_0 (extrapolação linear para T = 0)	Linear para
Si	1,12 eV	1,17	1,2	200K
Ge	0,67	0,75	0,78	150
PbS	0,37	0,29	0,25	
PbSe	0,26	0,17	0,14	20
PbTe	0,29	0,19	0,17	
InSb	0,16	0,23	0,25	100
GaSb	0,69	0,79	0,80	75
AlSb	1,5	1,6	1,7	80
InAs	0,35	0,43	0,44	80
InP	1,3		1,4	80
GaAs	1,4		1,5	
GaP	2,2		2,4	
Estanho cinza	0,1			
Selênio cinza	1,8			
Te	0,35			
B	1,5			
C (diamante)	5,5			

Fontes: Hogarth, C. A. (ed.) *Materials used in semiconductor devices*. Nova York: Interscience, 1965; Madelung, O. *Physics of III-V compounds*. Nova York: Wiley, 1964; Smith, R. A. *Semiconductors*. Cambridge University Press, 1964.

O gap de energia pode ser medido de diversas formas. As propriedades ópticas do cristal são uma das mais importantes fontes de informações. Quando a frequência de um fóton incidente torna-se grande o suficiente para que $\hbar\omega$ exceda o gap de energia, então,

[5] Por meio, por exemplo, dos tipos de efeitos descritos no Capítulo 26.

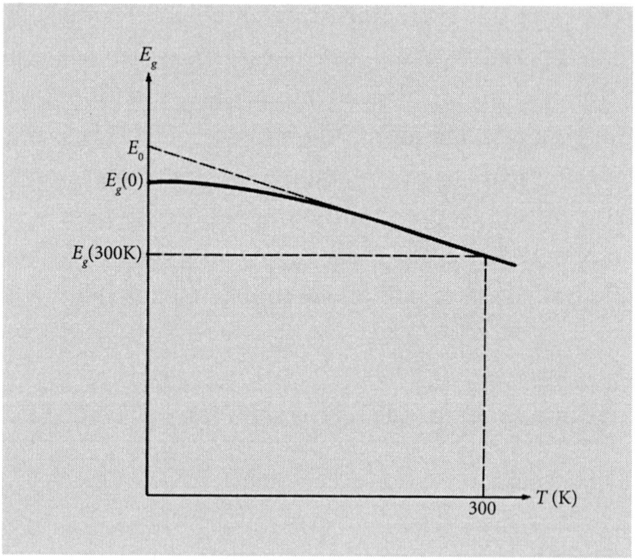

Figura 28.3

Dependência na temperatura típica do gap de energia de um semicondutor. Valores de E_0, $E_g(0)$ e $E_g(300\text{ K})$ para diversos materiais são listados na Tabela 28.1.

exatamente como nos metais (veja o Capítulo 15) haverá o aumento abrupto na absorção de radiação incidente. Se o mínimo de condução de banda ocorrer no mesmo ponto no espaço k que o máximo da banda de valência, o gap de energia pode ser diretamente determinado a partir do limiar óptico. Se, como é geralmente o caso, a mínima e a máxima ocorrem em pontos diferentes no espaço k, para que o momento cristalino seja conservado um fônon deve também participar do processo,[6] que é então conhecido como uma "transição indireta" (Figura 28.4). Como o fônon fornecerá não apenas o momento cristalino que falta $\hbar\mathbf{k}$, mas também a energia $\hbar\omega(\mathbf{k})$, no limiar óptico a energia do fóton será menor do que E_g por uma quantidade de ordem $\hbar\omega_D$. Isto significa, em geral, algumas centenas de um elétron-volt e, portanto, com pouca consequência exceto em semicondutores com gaps de energia muito pequenos.[7]

Pode-se deduzir o gap de energia também a partir da dependência da temperatura da condutividade intrínseca, predominantemente uma reflexão da dependência muito forte da temperatura de suas densidades de transportadores. Estas podem variar (como veremos) essencialmente como $e^{-E_g/2k_BT}$, de modo que se $-\ln(\sigma)$ for representado graficamente contra $\frac{1}{2}K_BT$, a inclinação[8] deve ser quase o gap de energia, E_g.

[6] Em frequências ópticas o momento cristalino fornecido pelo próprio fóton é extremamente pequeno.

[7] Para se extrair um gap de banda realmente preciso dos dados de absorção óptica, no entanto, é necessário determinar o espectro de fônon e utilizá-lo para a análise das transições indiretas.

[8] Ao deduzir o gap de energia dessa forma, deve-se lembrar que à temperatura ambiente os gaps da maioria dos semicondutores têm variação linear com a temperatura. Se $E_g = E_0 - AT$, a inclinação do gráfico não será E_g, mas E_0, a extrapolação linear do gap de temperatura ambiente à temperatura zero (Figura 28.3). Valores de E_0 extraídos deste procedimento de extrapolação linear são também fornecidos na Tabela 28.1.

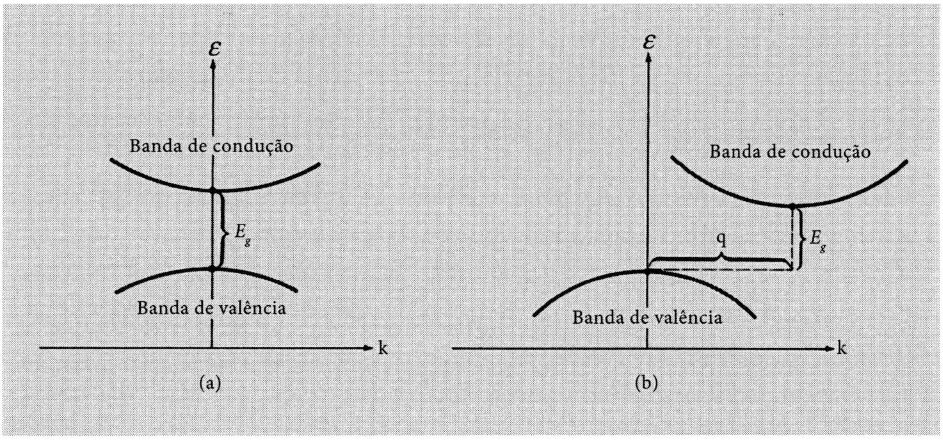

FIGURA 28.4

Absorção de fóton via transições (a) direta e (b) indireta. Em (a) o limiar óptico está em $\omega = E_g/\hbar$; em (b) ele ocorre em $E_g/\hbar - \omega(\mathbf{q})$, já que o fônon de vetor de onda **q** que deve ser absorvido para suprir o momento cristalino faltante também fornece uma energia $\hbar\omega(\mathbf{q})$.

ESTRUTURAS TÍPICAS DE BANDAS DE SEMICONDUTORES

As propriedades eletrônicas de semicondutores são completamente determinadas pelos números comparativamente pequenos de elétrons excitados para dentro da banda de condução e buracos deixados para trás na banda de valência. Os elétrons serão encontrados quase exclusivamente em níveis próximos à mínima de banda de condução, enquanto os buracos estarão confinados à vizinhança da máxima da banda de valência. Portanto, as relações de energia *versus* o vetor de onda para os transportadores podem geralmente ser aproximados pelas formas quadráticas que elas assumem na vizinhança de tal extrema:[9]

$$\begin{aligned} \varepsilon(\mathbf{k}) &= \varepsilon_c + \frac{\hbar^2}{2}\sum_{\mu\nu} k_\mu (\mathbf{M}^{-1})_{\mu\nu} k_\nu \qquad \text{(elétrons)}, \\ \varepsilon(\mathbf{k}) &= \varepsilon_v - \frac{\hbar^2}{2}\sum_{\mu\nu} k_\mu (\mathbf{M}^{-1})_{\mu\nu} k_\nu \qquad \text{(buracos)}. \end{aligned} \tag{28.2}$$

Aqui ε_c é a energia na base da banda de condução, ε_v é a energia no topo da banda de valência, e tomamos a origem do espaço *k* como estando no máximo ou mínimo da banda. Se houver mais que um máximo ou mínimo, haverá um desses termos para cada ponto. Já que o tensor $\mathbf{M}^{-1}$ é real e simétrico, pode-se encontrar um conjunto de eixos ortogonais principais para cada um desses pontos, em termos dos quais as energias têm as formas diagonais

[9] O inverso da matriz de coeficientes em (28.2) é chamado **M** porque é um caso especial do tensor de massa efetiva geral introduzido no Capítulo 12. O tensor de massa do elétron não será, naturalmente, o mesmo que o tensor de massa do buraco, mas para evitar a multiplicidade de índices inferiores utilizamos o único símbolo genérico **M** para ambos.

$$\begin{aligned}
\varepsilon(\mathbf{k}) &= \varepsilon_c + \hbar^2\left(\frac{k_1^2}{2m_1} + \frac{k_2^2}{2m_2} + \frac{k_3^2}{2m_3}\right) && \text{(elétrons)},\\
\varepsilon(\mathbf{k}) &= \varepsilon_v - \hbar^2\left(\frac{k_1^2}{2m_1} + \frac{k_2^2}{2m_2} + \frac{k_3^2}{2m_3}\right) && \text{(buracos)}.
\end{aligned} \qquad \textbf{(28.3)}$$

Assim, as superfícies de energia constante em torno da extrema são elipsoidais em forma e geralmente especificadas fornecendo os eixos principais dos elipsoides, as três "massas efetivas" e a localização no espaço *k* dos elipsoides. Alguns exemplos importantes estão a seguir.

Silício — O cristal tem a estrutura do diamante, logo, a primeira zona de Brillouin é o octaedro truncado apropriado a uma rede de Bravais cúbica de face centrada. A banda de condução tem seis mínimas relacionadas à simetria em pontos nas direções <100>, cerca de 80% do caminho para o contorno da zona (Figura 28.5).

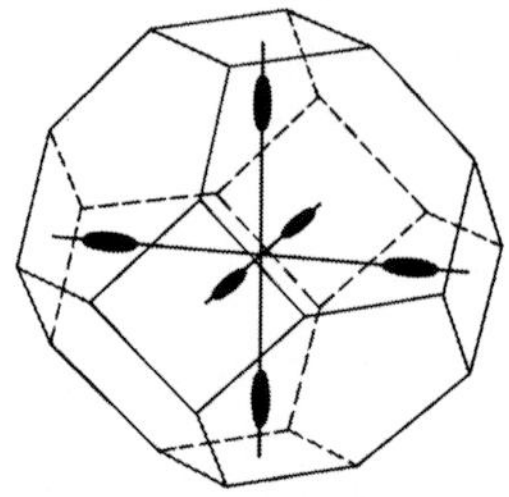

Figura 28.5

Superfícies de energia constante próximas à mínima de banda de condução no silício. Existem seis bolsos elipsoidais relacionados à simetria. Os eixos longos são direcionados ao longo das direções <100>.

Por simetria, cada um dos seis elipsoides deve ser um elipsoide de revolução em torno de um eixo do cubo. Eles têm o formato de um charuto e são alongados pelo eixo do cubo. Em termos da massa *m* do elétron livre, a massa efetiva ao longo do eixo (a massa longitudinal efetiva) é $m_L \approx 1{,}0m$, enquanto as massas efetivas perpendiculares ao eixo (a massa transversal efetiva) são $m_T \approx 0{,}2m$. Há duas máximas degeneradas de banda de valência, ambas localizadas em $\mathbf{k} = \mathbf{0}$, que são esfericamente simétricas na extensão em que a expansão elipsoidal é válida, com massas de 0,49*m* e 0,16*m* (Figura 28.6).

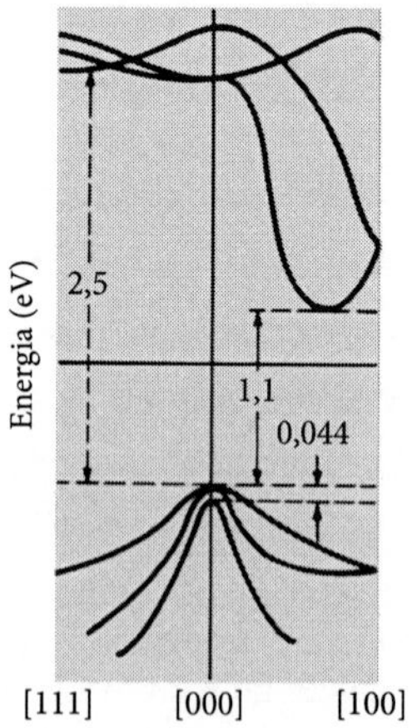

Figura 28.6

Bandas de energia no silício. Observe o mínimo da banda de condução ao longo de [100] que origina as elipsoides da Figura 28.5. O máximo da banda de valência ocorre em $\mathbf{k} = 0$, onde duas bandas degeneradas com curvaturas diferentes se encontram, originando "buracos leves" e "buracos pesados". Veja também a terceira banda, apenas 0,044 eV abaixo do máximo da banda de valência. Esta banda é separada das outras duas apenas por acoplamento spin-órbita. Em temperaturas na ordem da temperatura ambiente (k_BT = 0,025 eV) também pode ser uma fonte significativa de transportadores. (De Hogarth, C. A. (ed.) *Materials used in semiconductor devices*. Nova York: Interscience, 1965.)

Germânio — A estrutura cristalina e a zona de Brillouin são como no silício. No entanto, a mínima de banda de condução agora ocorre nos contornos da zona nas direções <111>. Mínima sobre as faces paralelas hexagonais da zona representam os mesmos níveis físicos, logo há quatro mínimas de banda de condução relacionadas à simetria. As superfícies elipsoidais de energia constante são elipsoides de revolução alongadas ao longo das direções <111>, com massas efetivas $m_L \approx 1{,}6m$, e $m_T \approx 0{,}08m$ (Figura 28.7). Há outra vez duas bandas de valência degeneradas, ambas com máxima em $\mathbf{k} = \mathbf{0}$, que são esfericamente simétricas na aproximação quadrática com massas efetivas de $0{,}28m$ e $0{,}044m$ (Figura 28.8).

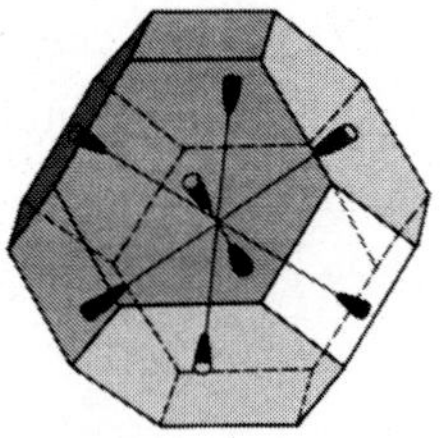

FIGURA 28.7

Superfícies de energia constante próximas à mínima de banda de condução no germânio. Há oito meias elipsoides relacionadas à simetria com longos eixos ao longo das direções <111> centradas no pontos médios das faces hexagonais da zona. Com a escolha adequada de célula primitiva no espaço *k*, pode-se representá-las como quatro elipsoides, e as meias elipsoides são em faces opostas unidas por translações mediante vetores de rede recíproca adequados.

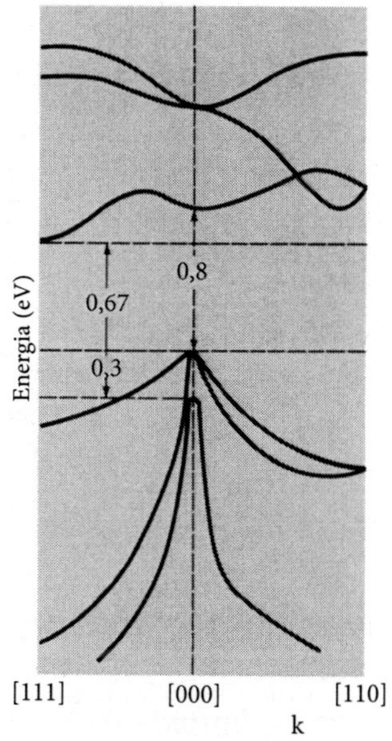

FIGURA 28.8

Bandas de energia no germânio. Observe que o mínimo de banda de condução ao longo de [111] na fronteira da zona que origina os quatro bolsos elipsoidais da Figura 28.7. O máximo da banda de valência, como no silício, está em $\mathbf{k} = \mathbf{0}$, onde duas bandas degeneradas com diferentes curvaturas se encontram, originando dois bolsos de buracos com massas efetivas distintas. (C. A. Hogarth, *op. cit.*)

Antimoneto de índio — Este composto, que tem a estrutura da blenda, é interessante porque todas as máximas de banda de valência e mínimas de banda de condução estão em $\mathbf{k} = 0$. As superfícies de energia são, portanto, esféricas. A massa efetiva de banda de condução é muito pequena, $m^* \approx 0{,}015m$. Informações sobre as massas de banda de valência são menos claras, mas parecem haver dois bolsos esféricos em torno de $\mathbf{k} = 0$, um com massa efetiva de cerca de 0,2m (buracos pesados) e outro com massa efetiva de cerca de 0,015m (buracos leves).

RESSONÂNCIA DE CICLOTRON

As massas efetivas discutidas são medidas pela técnica de ressonância de ciclotron. Considere um elétron próximo o suficiente à base da banda de condução (ou topo da banda de valência) para que a expansão quadrática (28.2) seja válida. Na presença de um campo magnético **H**, as equações semiclássicas de movimento (12.32) e (12.33) implicam que a velocidade **v(k)** obedece ao único conjunto de equações

$$\mathbf{M}\frac{d\mathbf{v}}{dt} = \mp\frac{e}{c}\mathbf{v}\times\mathbf{H}. \quad \textbf{(28.4)}$$

em um campo uniforme constante (tomado ao longo do eixo z) não é difícil de demonstrar (Problema 1) que (28.4) tem uma solução oscilatória

$$\mathbf{v} = \mathrm{Re}\,\mathbf{v}_0 e^{-i\omega t}, \quad \textbf{(28.5)}$$

desde que

$$\omega = \frac{eH}{m^* c}, \quad \textbf{(28.6)}$$

onde m^*, a "massa efetiva de ciclotron", é dada por

$$m^* = \left(\frac{\det \mathbf{M}}{M_{zz}}\right)^{1/2}. \quad \textbf{(28.7)}$$

Este resultado também pode ser escrito em termos dos autovalores e eixos principais do tensor de massa como (Problema 1):

$$m^* = \sqrt{\frac{m_1 m_2 m_3}{\hat{H}_1^2 m_1 + \hat{H}_2^2 m_2 + \hat{H}_3^2 m_3}}, \quad \textbf{(28.8)}$$

onde os $\hat{H}_i$ são os componentes ao longo dos três eixos principais de um vetor unitário paralelo ao campo.

Observe que a frequência de ciclotron depende, para determinada elipsoide, da orientação do campo magnético em relação àquela elipsoide, mas não do vetor de onda inicial ou da energia do elétron. Assim, para determinada orientação do cristal em relação ao campo, todos os elétrons em certo bolso elipsoidal de elétrons da banda de condução (e, pelo mesmo motivo, todos os buracos em um bolso elipsoidal de buracos de banda de valência) processam em uma frequência totalmente determinada pelo tensor de massa efetiva que descreve aquele bolso. Haverá, portanto, pequeno número de frequências de ciclotron distintas. Observando-se como estas frequências ressonantes mudam à medida que a orientação do campo magnético é alterada, pode-se extrair de (28.8) o tipo de informação que citamos anteriormente.

Para se observar a ressonância de ciclotron é essencial que a frequência dele (28.6) seja maior que ou comparável à frequência de colisão. Como no caso dos metais, isto geralmente requer que se trabalhe com amostras muito puras em temperaturas muito baixas, para que se reduza tanto o espalhamento por impurezas quanto o espalhamento por fônons a um mínimo. Sob tais condições, a condutividade elétrica de um semicondutor será tão pequena que [em contraste com o caso de um metal (Capítulo 14)] o forte campo eletromagnético pode penetrar o suficiente na amostra para excitar a ressonância sem nenhuma dificuldade associada à profundidade de pele. Por outro lado, sob condições de baixas temperaturas e pureza, o número de transportadores disponível em equilíbrio térmico para participar da ressonância pode ser tão pequeno que os transportadores terão que ser criados por outros meios – assim como fotoexcitação. Alguns dados típicos de ressonância de ciclotron são apresentados na Figura 28.9.

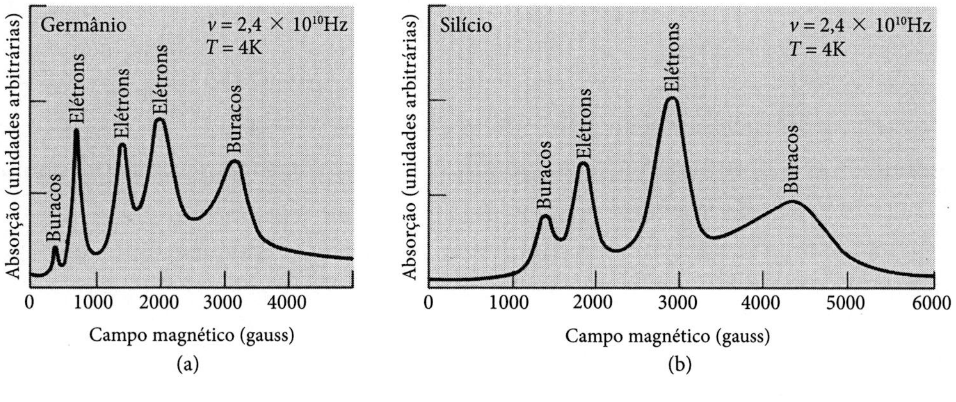

FIGURA 28.9

Sinais típicos de ressonância de ciclotron em (a) germânio e (b) silício. O campo fica em um plano (110) e forma um ângulo com o eixo [001] de 60° (Ge) e 30° (Si). (De Dresselhaus, G. *et al. Phys. Rev.*, 98, p. 368, 1955.)

NÚMERO DE TRANSPORTADORES EM EQUILÍBRIO TÉRMICO

A propriedade mais importante de qualquer semicondutor à temperatura T é o número de elétrons por unidade de volume na banda de condução, n_c, e o número de buracos[10] por unidade de volume na banda de valência, p_v. A determinação destes como função de temperatura é um exercício direto, apesar de, às vezes, algebricamen-

[10] Densidades de buraco são convencionalmente denotadas pela letra p (de positivo). Esta notação amplamente utilizada explora a coincidência de que o n que denota densidade de *número* de elétrons também pode ser considerado representante "negativo".

te complicado, na aplicação da estatística de Fermi-Dirac ao conjunto apropriado de níveis de um elétron.

Os valores de $n_c(T)$ e $p_v(T)$ dependem criticamente, como veremos, da presença de impurezas. Entretanto, há certas relações gerais que se mantêm, independente da pureza da amostra, e consideramos estas primeiro. Suponha que a densidade de níveis (Capítulo 8) seja $g_c(\varepsilon)$ na banda de condução e $g_v(\varepsilon)$ na banda de valência. O efeito de impurezas, como veremos, é o de introduzir níveis adicionais em energias entre o topo da banda de valência, ε_v, e a base da banda de condução, ε_c, sem, no entanto, alterar apreciavelmente a forma de $g_c(\varepsilon)$ e $g_v(\varepsilon)$. A condução se deve totalmente a elétrons em níveis de banda de condução ou buracos em níveis de banda de valência, não importando a concentração de impurezas, portanto, o número de transportadores presentes à temperatura T será fornecido por

$$
\begin{aligned}
n_c(T) &= \int_{\varepsilon_c}^{\infty} d\varepsilon\, g_c(\varepsilon) \frac{1}{e^{(\varepsilon-\mu)/k_BT}+1}, \\
p_v(T) &= \int_{-\infty}^{\varepsilon_v} d\varepsilon\, g_v(\varepsilon)\left(1-\frac{1}{e^{(\varepsilon-\mu)/k_BT}+1}\right) \\
&= \int_{-\infty}^{\varepsilon_v} d\varepsilon\, g_v(\varepsilon) \frac{1}{e^{(\mu-\varepsilon)/k_BT}+1}.
\end{aligned} \quad \textbf{(28.9)}
$$

As impurezas afetam a determinação de n_c e p_v apenas mediante o valor do potencial químico[11] μ a ser utilizado na equação (28.9). Para se determinar μ, deve-se conhecer algo sobre os níveis de impureza. Entretanto, pode-se extrair algumas informações úteis de (28.9) que são independentes do valor preciso do potencial químico, desde que apenas satisfaçam as condições:

$$
\begin{aligned}
\varepsilon_c - \mu &\gg k_BT, \\
\mu - \varepsilon_v &\gg k_BT.
\end{aligned} \quad \textbf{(28.10)}
$$

Haverá uma faixa de valores de μ para a qual (28.10) se mantém até para gaps de energia $E_g = \varepsilon_c - \varepsilon_v$ tão pequenos quanto algumas dezenas de um elétron-volt e temperaturas tão altas quanto a temperatura ambiente. Nosso procedimento se resumirá em admitir a validade de (28.10), utilizá-la para simplificar (28.9) e, então, a partir dos valores de n_c e p_v obtidos e das informações apropriadas sobre níveis possíveis de impurezas, computar o real valor do potencial químico para verificar se ele realmente permanece na faixa dada

[11] É prática comum referir-se ao potencial químico de um semicondutor como "o nível de Fermi", terminologia um tanto infeliz. Como o potencial químico quase sempre encontra-se no gap de energia, não há nenhum nível de um elétron cuja energia seja realmente no "nível de Fermi" (em contraste com o caso de um metal). Assim, a definição usual do nível de Fermi (aquela energia abaixo da qual os níveis de um elétron são ocupados e acima da qual eles não são ocupados no estado fundamental de um metal) não especifica a energia única no caso de um semicondutor. Qualquer energia no gap separa níveis ocupados de não ocupados em $T = 0$. O termo "nível de Fermi" deve ser considerado como nada mais que um sinônimo para "potencial químico", no contexto de semicondutores.

por (28.10). Se ele permanecer, o semicondutor será descrito como "não degenerado", e o procedimento será válido. Se ele não permanecer, estamos lidando com um "condutor degenerado" e devemos trabalhar diretamente com a equação (28.9) sem fazermos as simplificações contidas em (28.10).

Dada a equação (28.10), já que todo nível de banda de condução excede ε_c e todo nível de banda de valência é menor que ε_v, podemos simplificar os fatores estatísticos em (28.9):

$$\begin{aligned} \frac{1}{e^{(\varepsilon-\mu)/k_BT}+1} &\approx e^{-(\varepsilon-\mu)/k_BT}, \quad \varepsilon > \varepsilon_c; \\ \frac{1}{e^{(\mu-\varepsilon)/k_BT}+1} &\approx e^{-(\mu-\varepsilon)/k_BT}, \quad \varepsilon < \varepsilon_v. \end{aligned} \qquad \textbf{(28.11)}$$

As equações (28.9) desse modo se reduzem a

$$\boxed{\begin{aligned} n_c(T) &= N_c(T)e^{-(\varepsilon_c-\mu)/k_BT}, \\ p_v(T) &= P_v(T)e^{-(\mu-\varepsilon_v)/k_BT}, \end{aligned}} \qquad \textbf{(28.12)}$$

onde

$$\begin{aligned} N_c(T) &= \int_{\varepsilon_c}^{\infty} d\varepsilon\; g_c(\varepsilon)e^{-(\varepsilon-\varepsilon_c)/k_BT}, \\ P_v(T) &= \int_{-\infty}^{\varepsilon_v} d\varepsilon\; g_v(\varepsilon)e^{-(\varepsilon_v-\varepsilon)/k_BT}. \end{aligned} \qquad \textbf{(28.13)}$$

As faixas de integração em (28.13) incluem os pontos em que os argumentos das exponenciais desaparecem, $N_c(T)$ e $P_v(T)$ são funções de temperatura, que variam de modo relativamente lento, comparado aos fatores exponenciais que eles multiplicam em (28.12). Este é seu mais importante aspecto. Em geral, pode-se avaliá-los explicitamente. Por causa dos fatores exponenciais nos integrandos de (28.13) apenas energias em k_BT das bordas da banda contribuem de forma suficiente, e, nesta faixa, a aproximação quadrática, (28.2) ou (28.3), é geralmente excelente. As densidades de nível podem então ser tomadas como (Problema 3):

$$g_{c,v}(\varepsilon) = \sqrt{2|\varepsilon - \varepsilon_{c,v}|}\,\frac{m_{c,v}^{3/2}}{\hbar^3\pi^2}, \qquad \textbf{(28.14)}$$

e as integrais (28.13) então fornecem

$$\begin{aligned} N_c(T) &= \frac{1}{4}\left(\frac{2m_c k_BT}{\pi\hbar^2}\right)^{3/2}, \\ P_v(T) &= \frac{1}{4}\left(\frac{2m_v k_BT}{\pi\hbar^2}\right)^{3/2}. \end{aligned} \qquad \textbf{(28.15)}$$

Aqui m_c^3 é o produto dos valores principais do tensor de massa efetiva de banda de condução (ou seja, sua determinante),[12] e define-se m_v^3 de modo semelhante.

A equação (28.15) pode ser calculada nas formas numericamente convenientes:

$$N_c(T) = 2,5\left(\frac{m_c}{m}\right)^{3/2}\left(\frac{T}{300\text{K}}\right)^{3/2} \times 10^{19}/\text{cm}^3,$$
$$P_v(T) = 2,5\left(\frac{m_v}{m}\right)^{3/2}\left(\frac{T}{300\text{K}}\right)^{3/2} \times 10^{19}/\text{cm}^3, \quad \textbf{(28.16)}$$

onde T deve ser medido em Kelvin. Já que os fatores exponenciais em (28.12) são menos que unidade por ao menos uma ordem de grandeza, e como m_c/m e m_v/m são, em geral, da ordem da unidade, a equação (28.16) indica que 10^{18} ou 10^{19} transportadores/cm^3 é um limite superior absoluto à concentração de transportadores em um semicondutor não degenerado.

Ainda não podemos inferir $n_c(T)$ e $p_v(T)$ de (28.12) até que saibamos o valor do potencial químico μ. No entanto, a dependência em μ desaparece do produto das duas densidades:

$$n_c p_v = N_c P_v e^{-(\varepsilon_c - \varepsilon_v)/k_B T}$$
$$= N_c P_v e^{-E_g/k_B T}. \quad \textbf{(28.17)}$$

Este resultado (às vezes denominado "lei de ação de massa"[13]) significa que a dada temperatura é suficiente saber a densidade de um tipo de transportador para se determinar a do outro. Como esta determinação é feita depende de quão importantes sejam as impurezas como fonte de transportadores.

Caso intrínseco

Se o cristal for tão puro que impurezas contribuam de forma desprezível para as densidades do transportador, fala-se de um "semicondutor intrínseco". No caso intrínseco, os elétrons da banda de condução podem apenas ter vindo de níveis de bandas de valência anteriormente ocupados, deixando buracos atrás de si. O número de elétrons de bandas de condução é, portanto, igual ao número de buracos de bandas de valência:

$$n_c(T) = p_v(T) \equiv n_i(T). \quad \textbf{(28.18)}$$

Como $n_c = p_v$, podemos definir seu valor comum n_i como $(n_c p_v)^{1/2}$. A equação (28.17) fornece, então

[12] Se há mais que um mínimo de banda de condução, deve-se adicionar termos da forma (28.14) e (28.15) para cada mínimo. Essas somas continuarão a ter as mesmas formas que (28.14) e (28.15), desde que a definição de m_c seja alterada para $m_c^{3/2} \to \Sigma\, m_c^{3/2}$.

[13] A analogia com reações químicas é bem precisa: Um transportador é fornecido pela dissociação de elétron e buraco combinados.

$$n_i(T) = [N_c(T)P_v(T)]^{1/2} e^{-E_g/2k_BT}, \quad \mathbf{(28.19)}$$

ou, de (28.15) e (28.16):

$$\boxed{\begin{aligned} n_i(T) &= \frac{1}{4}\left(\frac{2k_BT}{\pi\hbar^2}\right)^{3/2} (m_c m_v)^{3/4} e^{-E_g/2k_BT} \\ &= 2,5\left(\frac{m_c}{m}\right)^{3/4}\left(\frac{m_v}{m}\right)^{3/4}\left(\frac{T}{300\text{K}}\right)^{3/2} e^{-E_g/2k_BT} \times 10^{19}/\text{cm}^3. \end{aligned}} \quad \mathbf{(28.20)}$$

Podemos agora estabelecer no caso intrínseco a condição para a validade da suposição (28.10) na qual nossa análise se baseou. Definindo μ_i como o valor do potencial químico no caso intrínseco, encontramos que as equações (28.12) fornecem valores de n_c e p_v igual a n_i [equação (28.19)], desde que

$$\mu = \mu_i = \varepsilon_v + \tfrac{1}{2}E_g + \tfrac{1}{2}k_BT\ln\left(\frac{P_v}{N_c}\right), \quad \mathbf{(28.21)}$$

ou, da equação (28.15),

$$\boxed{\mu_i = \varepsilon_v + \tfrac{1}{2}E_g + \tfrac{3}{4}k_BT\ln\left(\frac{m_v}{m_c}\right).} \quad \mathbf{(28.22)}$$

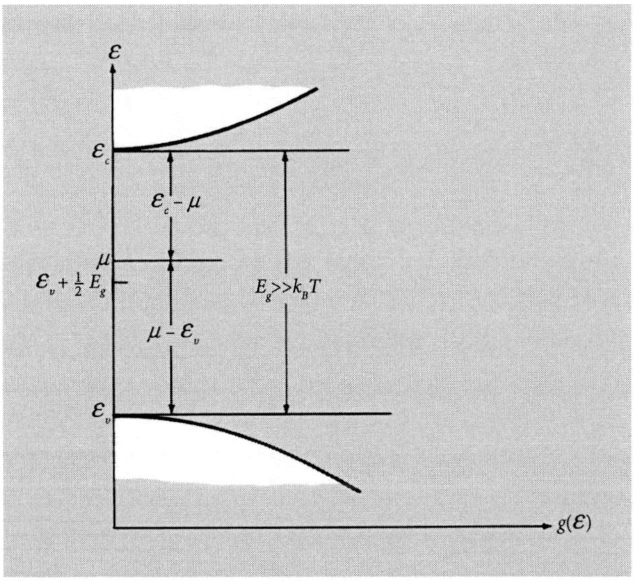

FIGURA 28.10

Em um semicondutor intrínseco com um gap de energia E_g grande em comparação com k_BT, o potencial químico μ fica dentro da ordem k_BT do centro do gap de energia e está, portanto, distante em comparação com k_BT de ambas as fronteiras do gap em ε_c e ε_v.

Isto afirma que como $T \to 0$, o potencial químico μ_i encontra-se precisamente no meio do gap de energia. Além disso, como $\ln(m_v/m_c)$ é um número da ordem da unidade, μ_i não vagueará do centro do gap de energia por mais que a ordem k_BT. Consequentemente, em temperaturas k_BT pequenas em comparação com E_g, o potencial químico será encontrado distante das fronteiras da região proibida, ε_c e ε_v, comparado a k_BT (Figura 28.10), e a condição para a não degeneração (28.10) será satisfeita. Portanto, (28.20) é uma avaliação válida do valor comum de n_c e p_v no caso intrínseco, desde que apenas E_g seja grande em comparação a k_BT, uma condição que é satisfeita em quase todos os semicondutores na temperatura ambiente e abaixo.

Caso extrínseco: alguns aspectos gerais

Se impurezas contribuem com uma fração significativa dos elétrons da banda de condução e/ou buracos da banda de valência, fala-se de um "semicondutor extrínseco". Por causa dessas fontes adicionadas de transportadores, a densidade dos elétrons da banda de condução não precisa mais ser igual à densidade dos buracos da banda de valência:

$$n_c - p_v = \Delta n \neq 0. \quad \textbf{(28.23)}$$

A lei de ação de massas, equação (28.17), mantém-se independente da importância de impurezas, então, podemos utilizar a definição (28.19) de $n_i(T)$ para definir genericamente,

$$n_c p_v = n_i^2. \quad \textbf{(28.24)}$$

As equações (28.24) e (28.23) permitem que se expressem as densidades do transportador no caso extrínseco em termos de seus valores intrínsecos n_i e o desvio Δn do comportamento intrínseco:

$$\boxed{\begin{Bmatrix} n_c \\ p_v \end{Bmatrix} = \frac{1}{2}[(\Delta n)^2 + 4n_i^2]^{1/2} \pm \tfrac{1}{2}\Delta n.} \quad \textbf{(28.25)}$$

À grandeza $\Delta n/n_i$, que mede a importância das impurezas como fonte de transportadores, pode ser fornecida uma expressão particularmente simples como função do potencial químico μ, se notarmos que as equações (28.12) têm a forma[14]

$$n_c = e^{\beta(\mu-\mu_i)} n_i; \qquad p_v = e^{-\beta(\mu-\mu_i)} n_i. \quad \textbf{(28.26)}$$

Portanto,

$$\boxed{\frac{\Delta n}{n_i} = 2\sinh\beta(\mu - \mu_i).} \quad \textbf{(28.27)}$$

[14] Para se verificar estas relações não é preciso substituir as definições explícitas de n_i e μ_i. É suficiente observar que n_c e p_v são proporcionais à exp $(\beta\mu)$ e exp $(-\beta\mu)$, respectivamente, e que ambas se reduzem a n_i quando $\mu = \mu_i$.

Observamos que se o gap de energia E_g é grande em comparação a k_BT, o potencial químico intrínseco μ_i satisfará a suposição (28.10) de não degeneração. Porém, a equação (28.27) requer que se μ_i estiver distante de ε_c ou ε_v na escala de k_BT, μ deverá estar também, a não ser que Δn seja muitas ordens de grandeza maior que a densidade de transportador intrínseco n_i. Assim, a suposição de não degeneração subjacente à derivação de (28.27) é válida quando $E_g >> K_BT$, a não ser que estejamos em uma região de comportamento extrínseco extremo.

Observe também que, quando Δn é grande em comparação com n_i, a equação (28.25) afirma que a densidade de um tipo de transportador é essencialmente igual a Δn, enquanto aquela do outro tipo é menor por um fator da ordem $(n_i/\Delta n)^2$. Assim, quando impurezas realmente fornecem a fonte principal de transportadores, um dos dois tipos de transportadores será dominante. Um semicondutor extrínseco é chamado "tipo *n*" ou "tipo *p*" de acordo com os transportadores dominantes, se são elétrons ou buracos.

Para completar a especificação das densidades de transportador em semicondutores extrínsecos, deve-se determinar Δn ou μ. Para isto, devemos examinar a natureza dos níveis eletrônicos introduzidos pelas impurezas e a mecânica estatística da ocupação desses níveis no equilíbrio térmico.

NÍVEIS DE IMPUREZA

Impurezas que contribuem para a densidade do transportador de um semicondutor são chamadas *doadoras*, caso forneçam elétrons adicionais para a banda de condução, e *receptores*, caso forneçam buracos adicionais à (ou seja, capturem elétrons da) banda de valência. As impurezas doadoras são átomos que têm valência química mais alta do que os átomos que formam o material puro (hospedeiro), enquanto os receptores têm valência química mais baixa.

Considere, por exemplo, o caso de impurezas substitucionais em um grupo IV semicondutor. Suponha que tomamos um cristal de germânio puro e substituímos um átomo de germânio ocasional por seu vizinho à direita da tabela periódica, arsênio (Figura 28.11). O íon de germânio tem carga 4*e* e contribui com quatro elétrons de valência, enquanto o íon de arsênio tem carga 5*e* e contribui com 5 elétrons de valência. Se, para a primeira aproximação, ignorarmos a diferença na estrutura entre os níveis mais internos de íon do arsênio e do germânio, podemos representar a substituição de um átomo de arsênio por um átomo de germânio por meio de modificação um pouco menos drástica, na qual o átomo de germânio não seja removido, mas uma carga positiva adicional fixa de *e* é colocada em seu local, com um elétron adicional.

Isto é o modelo geral para um semicondutor dopado com impurezas doadoras. Distribuídos irregularmente[15] por todo o cristal puro perfeito estão N_D centros atrativos

[15] Sob circunstâncias muito especiais pode ser que as próprias impurezas sejam regularmente arranjadas no espaço. Essa possibilidade, aqui, não será considerada.

fixos de carga $+e$, por unidade de volume, com o mesmo número de elétrons adicionais. Como esperado, cada um desses centros de carga $+e$, pode ligar[16] um dos elétrons adicionais de carga $-e$. Se a impureza não estivesse incrustada no semicondutor, mas no espaço vazio, a energia de ligação do elétron seria apenas o primeiro potencial de ionização do átomo impuro, 9,81 eV para o arsênio. No entanto, (*e isto é crucialmente importante na teoria de semicondutores*), já que a impureza está incrustada no meio do semicondutor puro, esta energia de ligação é enormemente reduzida (para 0,013 eV para o caso do arsênio no germânio). Isto ocorre por duas razões.

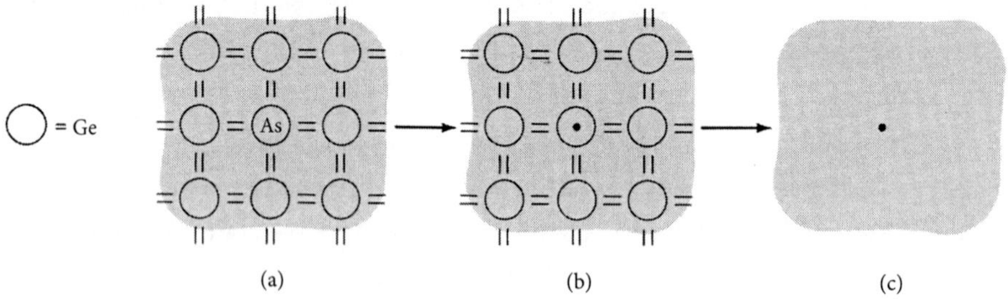

FIGURA 28.11

(a) Representação esquemática de uma impureza doadora de arsênio substitucional (valência 5) em um cristal de germânio (valência 4). (b) O arsênio (As) pode ser representado como um átomo de germânio *mais* uma unidade adicional de carga positiva fixada no local do átomo (ponto circulado). (c) Na aproximação semiclássica, na qual o semicondutor puro é tratado como um meio homogêneo, a impureza de arsênio é representada como uma carga de ponto fixa $+e$ (ponto).

1. O campo da carga que representa a impureza deve ser reduzido pela constante dielétrica estática ϵ do semicondutor.[17] Esses são bem grandes ($\epsilon \approx 16$ no germânio), sendo normalmente entre cerca de 10 e 20, mas variam em alguns casos tanto quanto 100 ou mais. As grandes constantes dielétricas são consequência dos pequenos gaps de energia. Se não houvesse nenhum gap de energia global, o cristal seria um metal em vez de um semicondutor, e a constante dielétrica estática seria infinita, refletindo o fato de que o campo elétrico estático pode induzir uma corrente na qual elétrons se movimentam arbitrariamente para longe de sua posição original. Se o gap de energia não for zero, mas pequeno, a constante dielétrica não será infinita, no entanto, pode ser bem grande, refletindo a relativa facilidade com que a distribuição espacial de elétrons pode ser deformada.[18]

[16] Como veremos, a ligação é muito fraca, e os elétrons ligados ao centro são facilmente liberados por excitação térmica.

[17] Este uso da eletrostática macroscópica para a descrição da ligação de um único elétron é justificado pelo fato (estabelecido a seguir) de que a função de onda do elétron ligado se estende sobre muitas centenas de angströms.

[18] A conexão entre gaps pequenos de energia e grandes constantes dielétricas também pode ser compreendida do ponto de vista da teoria da perturbação. O tamanho da constante dielétrica é uma medida da extensão na qual um campo elétrico fraco distorce a função de onda eletrônica. Porém, um pequeno gap de energia significa que haverá pequenos denominadores de energia e, consequentemente, grandes alterações, nas funções de onda de primeira ordem.

2. Um elétron que se movimenta no meio do semicondutor deve ser descrito não pela relação do momento de energia de espaço livre, mas pela relação clássica (Capítulo 12) $\mathcal{E}(\mathbf{k}) = \mathcal{E}_c(\mathbf{k})$, onde $\hbar\mathbf{k}$ é o momento cristalino eletrônico, e $\mathcal{E}_c(\mathbf{k})$ é a relação de momento de energia de banda de condução. Ou seja, deve-se pensar o elétron adicional introduzido pela impureza como estando em uma superposição de níveis de bandas de condução do material puro hospedeiro, que é alterado, de forma apropriada, pela carga localizada adicional $+e$ que representa a impureza. O elétron pode minimizar sua energia utilizando apenas níveis próximos da base da banda de semicondução, para os quais a aproximação quadrática (28.2) é válida. Se o mínimo da banda de condução estiver em um ponto de simetria cúbica, o elétron então se comportaria de modo bem parecido com o de um elétron livre, mas com massa efetiva que difere da massa m do elétron livre. De forma genérica, a relação do vetor de onda de energia será uma função quadrática anisotrópica de k. Em ambos os casos, no entanto, para a primeira aproximação, podemos representar o elétron se movendo no espaço livre com massa determinada por alguma massa efetiva m^* adequadamente definida, ao invés da massa do elétron livre. Em geral, esta massa será menor do que a massa do elétron livre, frequentemente por um fator de 0,1 ou ainda menor.

Essas duas observações sugerem que podemos representar um elétron na presença de alguma impureza doadora de carga e dentro do meio do semicondutor, como uma partícula de carga $-e$ e massa m^*, movendo-se no espaço livre na presença de um centro atrativo de carga e/ϵ. Este é precisamente o problema de um átomo de hidrogênio, exceto que o produto $-e^2$ das cargas nuclear e eletrônica devem ser substituídas por $-e^2/\epsilon$, e a massa de elétron livre, m, por m^*. Assim, o raio da primeira órbita de Bohr, $a_0 = \hbar^2/me^2$, torna-se

$$r_0 = \frac{m}{m^*}\epsilon a_0, \quad \textbf{(28.28)}$$

e a energia de ligação do estado fundamental, $me^4/2\hbar^2 = 13{,}6$ eV torna-se

$$\mathcal{E} = \frac{m^*}{m}\frac{1}{\epsilon^2} \times 13{,}6\ \text{eV}. \quad \textbf{(28.29)}$$

Para valores razoáveis de m^*/m e ϵ, o raio r_0 pode ser 100 Å ou mais. Isto é muito importante para a consistência de todo o argumento, já que tanto o uso do modelo semiclássico quanto o uso da constante dielétrica macroscópica são previstos na suposição de que os campos descritos variam lentamente na escala de uma constante de rede.

Além disso, valores típicos de m^*/m e ϵ podem levar a uma energia de ligação $\mathcal{E}$ menor do que 13,6 eV por um fator de mil ou mais. De fato, como os gaps de energia pequenos são geralmente associados a grandes constantes dielétricas, é quase sempre o caso que *a energia de ligação de um elétron com uma impureza doadora seja pequena em comparação com o gap de energia do semicondutor.* Esta energia de ligação se mede em relação à energia dos níveis de bandas de condução das quais o nível de impureza ligado é formado. Portanto, concluímos que impurezas doadoras introduzem níveis eletrônicos adicionais nas energias ε_d que são menores do que a energia ε_c na base da banda de condução por uma quantidade que é pequena em comparação ao gap de energia E_g (Figura 28.12).

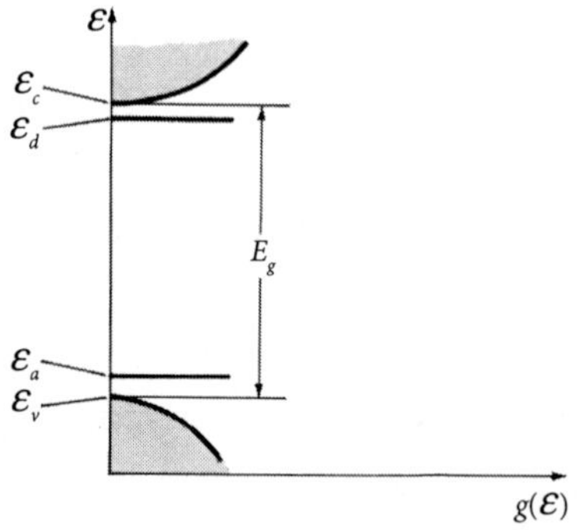

FIGURA 28.12

Densidade de nível para um semicondutor que contém ambas as impurezas doadora e receptora. Os níveis doadores ε_d estão em geral próximos à base da banda de condução, ε_c em comparação a E_g, e os níveis receptores, ε_a, estão, em geral, próximos ao topo da banda de valência, ε_v.

Um argumento similar pode ser aplicado a impurezas receptoras, cuja valência é menor do que aquela dos átomos hospedeiros (por exemplo, gálio em germânio). Essa impureza pode ser representada pela superposição de uma carga fixa $-e$ sobre um átomo hospedeiro, com a presença de um elétron a menos no cristal. O elétron faltante pode ser representado como um buraco com limite, atraído pela carga negativa em excesso que representa a impureza, com energia de ligação que é, outra vez, pequena[19] na escala do gap de energia, E_g. Em termos da imagem do elétron, esse buraco com limite se manifestará como um nível eletrônico adicional em uma energia ε_a que fica um pouco acima do topo da banda de valência (Figura 28.12). O buraco é limitado quando o nível está vazio. A energia de ligação do buraco é exatamente a energia $\varepsilon_a - \varepsilon_v$ necessária para excitar um elétron do topo da banda de valência para o nível receptor, desse modo preenchendo o buraco na vizinhança do receptor e criando um buraco livre na banda de valência.

O mais importante fato individual sobre estes níveis doador e receptor é que eles se encontram muito próximos das fronteiras da região de energia proibida.[20] Termicamente, é muito mais fácil excitar um elétron para a banda de condução de um nível doador, ou um buraco para uma banda de valência de um nível receptor, do que excitar um elétron por meio de todo o gap de energia da banda de valência para a banda de condução. A não ser que a concentração de impurezas doadoras e receptoras seja muito pequena, elas serão portanto, uma fonte de carregadores muito mais importante do que o mecanismo intrínseco de excitação de carregadores por todo o gap.

[19] Pelas mesmas razões que no caso de impurezas doadoras, a energia de ligação do buraco é fraquíssima, ou seja, elétrons da banda de valência são facilmente elevados ao nível receptor por excitação térmica.
[20] Alguns níveis doadores e receptores medidos são fornecidos na Tabela 28.2.

TABELA 28.2

Níveis de impurezas do grupo V (doadores) e do grupo III (receptores) no silício e no germânio

Receptores do grupo III (item da tabela é $\varepsilon_a - \varepsilon_v$)

	B	Al	Ga	In	Tl
Si	0,046 eV	0,057	0,065	0,16	0,26
Ge	0,0104	0,0102	0,0108	0,0112	0,01

Doadores do grupo V (item da tabela é $\varepsilon_c - \varepsilon_d$)

	P	As	Sb	Bi
Si	0,044 eV	0,049	0,039	0,069
Ge	0,0120	0,0127	0,0096	—

Gaps de energia em temperatura ambiente ($E_g = \varepsilon_c - \varepsilon_v$)

Si	1,12 eV
Ge	0,67 eV

Fonte: Aigrain, P.; Balkanski, M. *Selected constants relative to semiconductors.* Nova York: Pergamon, 1961.

POPULAÇÃO DE NÍVEIS DE IMPUREZA EM EQUILÍBRIO TÉRMICO

Para avaliar a extensão na qual os transportadores podem ser termicamente excitados de níveis de impureza, devemos computar o número médio de elétrons nos níveis em uma dada temperatura e um dado potencial químico. Supomos que a densidade de impurezas seja baixa o suficiente para que a interação de elétrons (ou buracos) ligados em diferentes zonas de impurezas seja desprezível. Podemos então calcular a densidade de número de elétrons n_d (ou buracos p_a) ligados a locais doadores (ou receptores) simplesmente multiplicando pela densidade de doadores N_d (ou receptores N_a) o número médio de elétrons (ou buracos) que haveria se existisse uma única impureza. Para simplificar, admitimos que a impureza introduz apenas um único nível de orbital monoeletrônico.[21] Calculamos sua ocupação média da seguinte forma:

Nível doador — Se ignorássemos as interações elétron-elétron, o nível poderia estar vazio, poderia conter um elétron de cada spin, ou dois elétrons de spins opostos. Entretanto, a repulsão de Coulomb de dois elétrons localizados eleva a energia do nível duplamente

[21] Não há nenhuma razão geral para um sítio doador não poder ter mais do que um nível ligado, e assumimos um único apenas para simplificar nossa discussão. Nossas conclusões qualitativas, no entanto, são bem gerais (veja o Problema 4c).

ocupado de modo tão alto que a ocupação dupla é essencialmente proibida. De modo bem genérico, o número médio de elétrons de um sistema em equilíbrio térmico é dado por:

$$\langle n \rangle = \frac{\sum N_j e^{-\beta(E_j - \mu N_j)}}{\sum e^{-\beta(E_j - \mu N_j)}}, \quad \textbf{(28.30)}$$

onde a soma é sobre todos os estados do sistema, E_j e N_j são a energia e o número de elétrons no estado j, e μ é o potencial químico. Neste caso, o sistema é uma impureza única com apenas três estados: um sem elétrons presentes que não faz nenhuma contribuição para a energia, e dois com um único elétron presente de energia ε_d. Portanto, (28.30) fornece

$$\langle n \rangle = \frac{2e^{-\beta(\varepsilon_d - \mu)}}{1 + 2e^{-\beta(\varepsilon_d - \mu)}} = \frac{1}{\frac{1}{2}e^{\beta(\varepsilon_d - \mu)} + 1}, \quad \textbf{(28.31)}$$

de tal forma que[22]

$$\boxed{n_d = \frac{N_d}{\frac{1}{2}e^{\beta(\varepsilon_d - \mu)} + 1}.} \quad \textbf{(28.32)}$$

Nível receptor — Em contraste com um nível doador, quando visto como um nível eletrônico, pode ser simples ou duplamente ocupado, mas não vazio. Isto é facilmente visualizado do ponto de vista do buraco. Uma impureza receptora pode ser considerada um centro atrativo fixo, negativamente carregado, superposto em um átomo hospedeiro inalterado. Esta carga adicional $-e$ pode ligar-se fracamente com um buraco (correspondendo a um elétron estando no nível receptor). A energia de ligação do buraco é $\varepsilon_a - \varepsilon_v$, e quando o buraco é "ionizado" um elétron adicional move-se para dentro de um nível receptor. Entretanto, a configuração na qual nenhum elétron se encontra no nível receptor corresponde a dois buracos localizados na presença de uma impureza receptora, que tem energia muito alta por causa da repulsão mutual de Coulomb dos buracos.[23]

Tendo isto em mente, podemos calcular o número médio de elétrons em um nível receptor a partir de (28.30), observando-se que o estado com nenhum elétron é agora proibido, enquanto o estado de dois elétrons tem energia que é ε_a mais alta que os dois estados monoeletrônicos. Portanto,

$$\langle n \rangle = \frac{2e^{\beta\mu} + 2e^{-\beta(\varepsilon_a - 2\mu)}}{2e^{\beta\mu} + e^{-\beta(\varepsilon_a - 2\mu)}} = \frac{e^{\beta(\mu - \varepsilon_a)} + 1}{\frac{1}{2}e^{\beta(\mu - \varepsilon_a)} + 1}. \quad \textbf{(28.33)}$$

[22] Alguma compreensão sobre o curioso fator de ½ que surge em (28.32) em contraste com a função de distribuição mais familiar da estatística de Fermi-Dirac pode ser obtida mediante o exame do que ocorre quando a energia do nível duplamente ocupado cai de $+\infty$ para $2\varepsilon_d$ (veja o Problema 4).

[23] Quando se descreve os níveis receptores como níveis eletrônicos geralmente se ignora o elétron que *deve* estar no nível, considerando-se apenas a presença ou a ausência do segundo elétron. Descreve-se o nível como vazio ou preenchido de acordo com o segundo elétron estar ausente ou presente.

O número médio de buracos no nível constitui a diferença entre o número máximo de elétrons que o nível pode manter (dois) e o número médio real de elétrons no nível ($\langle n \rangle$): $\langle p \rangle = 2 - \langle n \rangle$ e, portanto, $p_a = N_a \langle p \rangle$ é dado por

$$p_a = \frac{N_a}{\frac{1}{2}e^{\beta(\mu-\varepsilon_a)} + 1}. \tag{28.34}$$

DENSIDADES DE TRANSPORTADORES EM EQUILÍBRIO TÉRMICO DE SEMICONDUTORES IMPUROS

Considere um semicondutor dopado com impurezas doadoras N_d e impurezas receptoras N_a por unidade de volume. Para determinar as densidades de transportadores devemos generalizar a restrição $n_c = p_v$ [equação(28.18)] que nos permitiu encontrar estas densidades no caso intrínseco (puro). Podemos fazer isto primeiro considerando a configuração eletrônica em $T = 0$. Suponha que $N_d \geq N_a$. [O caso $N_d < N_a$ é igualmente direto e leva ao mesmo resultado (28.35).] Então, em uma unidade de volume de semicondutor N_a dos elétrons N_d fornecidos pelas impurezas doadoras pode cair dos níveis doadores para os níveis receptores.[24] Isto fornece a configuração eletrônica de estado fundamental na qual a banda de valência e os níveis receptores estão ocupados, $N_d - N_a$ dos níveis doadores são preenchidos, e os níveis de banda de condução estão vazios. No equilíbrio térmico à temperatura T, os elétrons serão redistribuídos entre estes níveis. No entanto, como seu número total permanece o mesmo, o número de elétrons na banda de condução ou níveis doadores, $n_c + n_d$, deve exceder seu valor em $T = 0$, $N_d - N_a$, precisamente pelo número de níveis vazios (ou seja, buracos), $p_v + p_a$, na banda de valência e níveis receptores:

$$n_c + n_d = N_d - N_a + p_v + p_a. \tag{28.35}$$

Esta equação, com as formas explícitas que encontramos para n_c, p_v, n_d e n_a como funções de μ e T, permite que se encontre μ como uma função de T. Portanto, permite que se encontrem as densidades de transportador de equilíbrio térmico em qualquer temperatura. A análise geral é bem complexa, e consideramos aqui apenas um caso particularmente simples e importante:

Suponha que

$$\begin{aligned} \varepsilon_d - \mu &\gg k_B T, \\ \mu - \varepsilon_a &\gg k_B T. \end{aligned} \tag{28.36}$$

[24] Uma vez que ε_d está logo abaixo do mínimo da banda de condução ε_c, e ε_a é logo acima do máximo da banda de valência, ε_v, temos que $\varepsilon_d > \varepsilon_a$ (veja a Figura 28.12).

Já que ε_d e ε_a estão próximos das extremidades do gap, isto é apenas um pouco mais restritivo do que a suposição de não degeneração (28.10). A condição (28.36) e as expressões (28.32) e (28.34) para n_d e p_a asseguram que a excitação térmica "ioniza" completamente as impurezas, deixando apenas uma fração desprezível com elétrons ou buracos ligados: $n_d << N_d$, $p_a << N_a$. A equação (28.35) torna-se, então

$$\Delta n = n_c - p_v = N_d - N_a, \quad \textbf{(28.37)}$$

logo, as equações (28.25) e (28.27) fornecem agora as densidades de transportadores e o potencial químico como funções explícitas apenas da temperatura:

$$\begin{Bmatrix} n_c \\ p_v \end{Bmatrix} = \frac{1}{2}[(N_d - N_a)^2 + 4n_i^2]^{1/2} \pm \frac{1}{2}[N_d - N_a] \quad \textbf{(28.38)}$$

$$\frac{N_d - N_a}{n_i} = 2\sinh \beta(\mu - \mu_i). \quad \textbf{(28.39)}$$

Se o gap é grande em comparação a k_BT, a suposição (28.36) com a qual começamos deve permanecer válida a não ser que μ esteja muito longe de μ_i na escala de k_BT. De acordo com a equação (28.39), isto apenas ocorrerá quando $|N_d - N_a|$ for diversas ordens de grandeza maior do que a densidade intrínseca de transportador, n_i. Portanto, a equação (28.38) descreve corretamente a transição do comportamento intrínseco predominantemente ($n_i >> |N_d - N_a|$) bem dentro da região de comportamento extrínseco predominantemente ($n_i << |N_d - N_a|$). Expandindo (28.38), encontramos que em baixas concentrações de impureza as correções às densidades de transportador puramente intrínsecas são

$$\begin{Bmatrix} n_c \\ p_v \end{Bmatrix} \approx n_i \pm \tfrac{1}{2}(N_d - N_a), \quad \textbf{(28.40)}$$

enquanto para considerável faixa de concentrações de transportadores no regime extrínseco,

$$\left.\begin{aligned} n_c &\approx N_d - N_a \\ p_v &\approx \frac{n_i^2}{N_d - N_a} \end{aligned}\right\} N_d > N_a; \qquad \left.\begin{aligned} n_c &\approx \frac{n_i^2}{N_a - N_d} \\ p_v &\approx N_a - N_d \end{aligned}\right\} N_a > N_d. \quad \textbf{(28.41)}$$

A equação (28.41) é muito importante na teoria de aparelhos semicondutores (Capítulo 29). Ela afirma que o excesso líquido de elétrons (ou buracos) $N_d - N_a$ introduzido pelas impurezas é quase inteiramente doado para a banda de condução (ou de valência). A outra banda tem a densidade de transportador muito menor $n_i^2/(N_d - N_a)$, como exigido pela lei de ação de massas, (28.24).

Se a temperatura é baixa demais (ou a concentração de impureza é muito alta), a condição (28.36) por fim falha em sua manutenção, e n_d/N_d ou p_a/N_a (mas não ambas) deixa de ser desprezível. Ou seja, um dos tipos de impureza não é mais completamente ionizado pela excitação térmica. Como consequência, a densidade de transportador dominante decai com a diminuição da temperatura (Figura 28.13).[25]

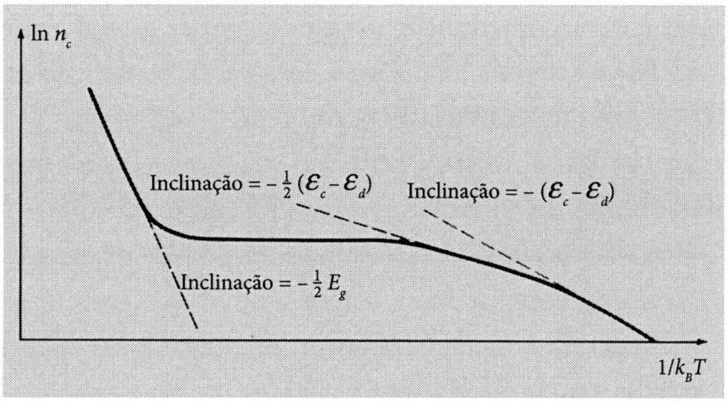

FIGURA 28.13

Dependência na temperatura da maior parte da densidade de transportador (para o caso $N_d > N_a$). Os dois regimes de alta temperatura são discutidos no texto; o comportamento de muito baixa temperatura é descrito no Problema 6.

CONDUÇÃO DE BANDA DE IMPUREZA

À medida que a temperatura se aproxima de zero, também o faz a fração de impurezas ionizadas e, portanto, também a densidade de transportadores nas bandas de condução ou de valência. Todavia, alguma pequena condutividade residual é observada mesmo em temperaturas mais baixas, porque a função de onda de um elétron (ou buraco) ligado a uma zona de impurezas tem considerável extensão espacial. Assim, a superposição de funções de ondas em diferentes locais de impureza é possível mesmo em concentrações muito baixas. Quando esta superposição não é desprezível, é possível para um elétron se mover em túnel de um local para o outro. O transporte de carga resultante é conhecido como "condução de banda de impureza".

O uso do termo "banda" neste contexto se baseia em uma analogia com o método de ligação forte (Capítulo 10), que mostra que um conjunto de níveis atômicos com uma única energia pode se ampliar em uma banda de energias, quando a superposição de função de onda é levada em consideração. As impurezas, no entanto, geralmente não estão situadas nos locais de uma rede de Bravais. Deve-se, portanto, ter cautela para atribuir à impureza características de "bandas" associadas às bandas eletrônicas em potenciais *periódicos*.[26]

---

[25] Este comportamento é descrito mais quantitativamente no Problema 6.

[26] O problema do comportamento eletrônico em potenciais aperiódicos (que surge não apenas em conexão com bandas de impurezas, mas também, por exemplo, no caso de ligas desordenadas) ainda está em seu início, e é uma das áreas muito ativas da pesquisa atual em física do estado sólido.

A TEORIA DE TRANSPORTE EM SEMICONDUTORES NÃO DEGENERADOS

Constitui uma consequência direta (veja o Problema 7) da estatística de Fermi-Dirac e da suposição de não degeneração (28.10) que a distribuição de velocidade de equilíbrio térmico para elétrons próximos de um mínimo de banda de condução (ou buracos próximos a um máximo específico de banda de valência) tenha a forma:

$$f(\mathbf{v}) = n\frac{|\det \mathbf{M}|^{1/2}}{(2\pi k_B T)^{3/2}}\exp\left\{-\frac{\beta}{2}\sum_{\mu\nu} v_\mu \mathbf{M}_{\mu\nu} v_\nu\right\}, \quad \textbf{(28.42)}$$

onde n é sua contribuição para a densidade total de transportador.

Isto é apenas a forma assumida pela distribuição de velocidade molecular de equilíbrio térmico em um gás clássico, com duas exceções:

1. Em um gás clássico, a densidade de moléculas n é especificada; em um semicondutor, n é uma função extremamente sensível da temperatura.

2. Em um gás clássico, o tensor de massa **M** é diagonal.

Como consequência, a teoria de transporte em um semicondutor não degenerado é semelhante à teoria de transporte em um gás clássico de diversos componentes carregados,[27] e muitos resultados da teoria clássica podem ser aplicados diretamente a semicondutores, quando se dá permissão para que a dependência da temperatura das densidades de transportador e caráter de tensor da massa. Por exemplo, a potência térmica alta de um semicondutor (página 609) é apenas anormal em comparação com a potência térmica de metais; ela está bem de acordo com as propriedades de um gás clássico carregado. De fato, considerou-se a potência térmica de metais anormalmente baixa no início da teoria do elétron, antes que fosse percebido que elétrons metálicos devem ser descritos pela estatística de Fermi-Dirac, ao invés da estatística clássica.

PROBLEMAS

1. *Ressonância de ciclotron em semicondutores*

(a) Mostre que as fórmulas (28.6) e (28.7) para a frequência de ressonância de ciclotron seguem da substituição da velocidade oscilatória (28.5) na equação de movimento semiclássica (28.4), e do requerimento de que a equação homogênea resultante tenha uma solução diferente de zero.

(b) Mostre que (28.7) e (28.8) são representações equivalentes da massa efetiva de ciclotron avaliando (28.7) no sistema coordenado no qual o tensor de massa **M** é diagonal.

[27] Esta teoria foi extensivamente desenvolvida por Lorentz, como tentativa de se refinar o modelo de metais de Drude. Apesar de a teoria de Lorentz exigir que se aplique uma modificação substancial a metais (isto é, a introdução da estatística de Fermi-Dirac e estrutura de bandas), muitos de seus resultados podem ser aplicados à descrição de semicondutores não degenerados com pouquíssimas alterações.

2. *Interpretação de dados de ressonância de ciclotron*

(a) Compare o sinal de ressonância de ciclotron do silício na Figura 28.9b com a geometria das elipsoides da banda de condução apresentadas na Figura 28.5 e explique por que há apenas dois picos de elétron apesar de haver seis bolsos de elétrons.

(b) Verifique que as posições da ressonância de elétrons na Figura 28.9b são consistentes com as massas efetivas de elétron dadas para o silício na página 616 e as fórmulas, (28.6) e (28.8), para a frequência de ressonância.

(c) Repita (a) para a ressonância no germânio (Figura 28.9a), observando que a Figura 28.7 mostra quatro bolsos de elétrons.

(d) Verifique que as posições das ressonâncias de elétron na Figura 28.9a são consistentes com as massas efetivas de elétron dadas para o germânio na página 617.

3. *Densidade de nível para bolsos elipsoidais*

(a) Mostre que a contribuição de um bolso elipsoidal de elétrons para a densidade de banda de condução de níveis $g_c(\varepsilon)$ é dada por $(d/d\varepsilon)h(\varepsilon)$, onde $h(\varepsilon)$ é o número de níveis por unidade de volume no bolso com energias menores que ε.

(b) Mostre, de maneira similar, que a contribuição de um bolso elipsoidal de buracos para a densidade de banda de valência de níveis $g_v(\varepsilon)$ é dada por $(d/d\varepsilon)h(\varepsilon)$, onde $h(\varepsilon)$ é o número de níveis eletrônicos por unidade de volume no bolso com energias maiores que ε.

(c) Fazendo uso do fato de que um volume Ω do espaço k contém $\Omega/4\pi^3$ níveis eletrônicos por centímetro cúbico e a fórmula $V = (4\pi/3)abc$ para o volume da elipsoide $x^2/a^2 + y^2/b^2 + z^2/c^2 = 1$, mostre que as fórmulas (28.14) resultam diretamente de (a) e (b), quando a banda de condução (ou de valência) tem um único bolso elipsoidal.

4. *Estatística de níveis doadores*

(a) Mostre que se a energia de um nível doador duplamente ocupado é considerada como $2\varepsilon_d + \Delta$, então a equação (28.32) deve ser substituída por

$$n_d = N_d \frac{1 + e^{-\beta(\varepsilon_d - \mu + \Delta)}}{\frac{1}{2}e^{\beta(\varepsilon_d - \mu)} + 1 + \frac{1}{2}e^{-\beta(\varepsilon_d - \mu + \Delta)}}. \quad \mathbf{(28.43)}$$

(b) Verifique que a equação (28.43) se reduz para (28.32) quando $\Delta \to \infty$, e que ela se reduz ao resultado esperado para elétrons independentes quando $\Delta \to 0$.

(c) Considere uma impureza doadora com muitos níveis orbitais eletrônicos ligados, com energias ε_i. Admitindo-se que a repulsão elétron-elétron de Coulomb proíbe que mais que um único elétron esteja ligado à impureza, mostre que a generalização apropriada de (28.32) é

$$\frac{N_d}{1 + \frac{1}{2}(\sum e^{-\beta(\varepsilon_i - \mu)})^{-1}} \quad \mathbf{(28.44)}$$

Indique como isto altera (se é que altera) os resultados descritos nas páginas 582-584.

5. *Restrição sobre densidades de carregador em semicondutores do tipo p*

Descreva a configuração eletrônica de um semicondutor dopado quando $T \to 0$, quando $N_a > N_d$. Explique por que (28.35) (derivada no texto quando $N_d \geq N_a$) continua a fornecer uma restrição correta sobre as densidades eletrônicas e de buraco em temperaturas diferentes de zero, quando $N_a > N_d$.

6. *Estatísticas de transportador em semicondutores entorpecidos em baixas temperaturas*

Considere um semicondutor dopado com $N_d > N_a$. Suponha que a condição de não degeneração (28.10) se mantenha, mas que $(N_d - N_a)/n_i$ seja tão grande que (28.39) não necessariamente produz um valor de μ compatível com (28.36).

(a) Mostre, sob estas condições, que p_v é desprezível comparado a n_c, e p_a é desprezível comparado a N_a, de tal forma que o potencial químico seja dado pela equação quadrática

$$N_c e^{-\beta(\varepsilon_c - \mu)} = N_d - N_a - \frac{N_d}{\frac{1}{2}e^{\beta(\varepsilon_d - \mu)} + 1}. \quad \textbf{(28.45)}$$

(b) Deduza disso que, se a temperatura baixar tanto que n_c não seja mais dada por $N_d - N_a$ [equação (28.41)], existe transição para um regime no qual

$$n_c = \sqrt{\frac{N_c(N_d - N_a)}{2}}\, e^{-\beta(\varepsilon_c - \varepsilon_d)/2}. \quad \textbf{(28.46)}$$

(c) Mostre que, à medida que a temperatura cai ainda mais, há outra transição para um regime no qual

$$n_c = \frac{N_c(N_d - N_a)}{N_a} e^{-\beta(\varepsilon_c - \varepsilon_d)}. \quad \textbf{(28.47)}$$

(d) Derive os resultados análogos a (28.45)–(28.47) quando $N_a > N_d$.

7. *Distribuição de velocidade para carregadores em um bolso elipsoidal*

Derive a distribuição de velocidade (28.42) a partir da função de distribuição no espaço **k**

$$f(\mathbf{k}) \propto \frac{1}{e^{\beta(\varepsilon(\mathbf{k}) - \mu)} + 1}, \quad \textbf{(28.48)}$$

admitindo a condição de não degeneração (28.10), alterando da variável **k** para a variável **v**, e observando que a contribuição do bolso para a densidade do transportador é exatamente $n = \int d\mathbf{v}\, f(\mathbf{v})$.

29 Semicondutores não homogêneos

Como usado por amantes da música, o termo "física do estado sólido" se refere apenas ao assunto dos semicondutores não homogêneos, e seria mais preciso se fosse este último termo o que enfeitasse a parte dianteira de incontáveis sintonizadores e amplificadores. O uso primordial reflete o fato de que a física moderna do estado sólido teve suas mais drásticas e extensivas consequências tecnológicas por meio de propriedades eletrônicas de aparelhos de semicondução. Estes aparelhos utilizam cristais de semicondutores nos quais a concentração de impurezas doadoras e receptoras tornou-se não uniforme de modo cuidadosamente controlado. Não tentaremos analisar aqui a grande variedade de aparelhos de semicondução, mas apenas descreveremos os amplos princípios físicos subjacentes à sua operação. Estes princípios entram em jogo para determinar como as densidades e correntes de elétrons e buracos são distribuídas em um semicondutor não homogêneo, tanto na ausência quanto na presença de um potencial eletrostático aplicado.

Os semicondutores não homogêneos de interesse são, idealmente, cristais individuais nos quais a concentração local de impurezas doadoras e receptoras varia com a posição. Um modo de se formar esses cristais é variar a concentração de impurezas na "fundição" enquanto o cristal em formação é lentamente extraído. Assim se produz uma variação de concentração de impurezas ao longo da direção espacial. Métodos delicados de fabricação são necessários porque é em geral importante para uma operação eficiente, que não haja grande aumento no espalhamento eletrônico associado à variação na concentração de impurezas.

Vamos ilustrar a física de semicondutores não homogêneos considerando o exemplo mais simples, a junção *p-n*. Trata-se de um cristal semicondutor no qual a concentração de impurezas varia apenas ao longo de determinada direção (tomada como o eixo x) e somente em uma pequena região (tomada em torno de $x = 0$). Para x negativo o cristal tem preponderância de impurezas doadoras (ou seja, ele é do tipo *p*) enquanto para x positivo ele tem preponderância de impurezas doadoras (ele é do tipo *n*) (Figura 29.1). A maneira como as densidades de doadores e receptores $N_d(x)$ e $N_a(x)$ variam com a posição é chamada "perfil de dopagem". O termo "junção" é empregado para se referir tanto ao aparelho como um todo quanto, de modo mais específico, à região de transição em torno de $x = 0$, na qual o perfil de dopagem é não uniforme.

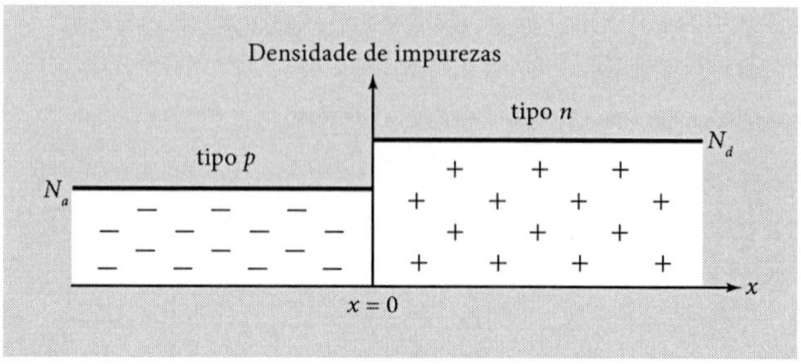

Figura 29.1

As densidades de impureza ao longo de uma junção *p-n* no caso de uma junção "abrupta", para a qual as impurezas doadoras dominam em x positivo, e impurezas receptoras em x negativo. Os doadores são representados por (+) para indicar sua carga quando ionizados, e os receptores, por (−). Para uma junção ser abrupta, a região em torno de $x = 0$ onde as concentrações de impureza variam deve ser estreita em comparação à "camada de depleção" na qual as densidades de transportador são não uniformes. (Representações típicas das densidades de transportador são superpostas na Figura 29.3)

Como veremos adiante, a não uniformidade em concentrações de impureza induz a uma não uniformidade nas densidades $n_c(x)$ e $p_v(x)$ de elétrons de banda de condução e buracos de banda de valência, que, por sua vez, origina um potencial $\phi(x)$. A região na qual esta densidade de transportador é não uniforme é conhecida como "camada de depleção" (ou "região de carga de espaço").

A camada de depleção pode se estender por uma faixa de cerca de 10^2 a 10^4 Å em torno da região de transição (em geral, mais estreita), na qual o perfil de dopagem varia, como veremos. Nessa camada de depleção, exceto nas proximidades de suas fronteiras, a densidade total de transportadores é muito menor do que nas regiões homogêneas mais distantes da região de transição. A existência de uma camada de depleção é uma das importantes propriedades da junção *p-n*. Uma de nossas principais preocupações será explicar por que essa camada é induzida pela variação de concentrações de impureza, e como sua estrutura se altera com a aplicação de um potencial externo V.

Para simplificar, consideraremos aqui apenas as "junções abruptas" nas quais a região de transição é tão pronunciada que a variação em concentrações de impurezas[1] pode ser representada por uma única variação descontínua em $x = 0$:

$$N_d(x) = \begin{Bmatrix} N_d, & x > 0 \\ 0, & x < 0 \end{Bmatrix}, \quad N_a(x) = \begin{Bmatrix} 0, & x > 0 \\ N_a, & x < 0 \end{Bmatrix}. \qquad \textbf{(29.1)}$$

Junções abruptas são não apenas as mais simples conceitualmente, mas também o tipo de maior interesse prático. Quão pronunciada deve-se tornar a real região de transição para que (29.1) forneça um modelo razoável de uma junção física surgirá na análise a seguir. Vamos descobrir que uma junção pode ser considerada abrupta se a região de transição no perfil de dopagem real for pequena em extensão se comparada à camada de depleção. Na maioria dos casos isto permite que a região de transição se estenda por 100 Å ou mais. Uma junção que não pode ser tratada como abrupta é chamada "junção gradativa".

O MODELO SEMICLÁSSICO

Para calcular a resposta de um semicondutor não homogêneo a um potencial eletrostático aplicado, ou mesmo para computar a distribuição de carga elétrica na ausência de um potencial aplicado, quase sempre se utiliza o modelo semiclássico do Capítulo 12. Quando um potencial $\phi(x)$ é superposto no potencial periódico do cristal, o modelo semiclássico trata os elétrons na banda de ordem n como partículas clássicas (isto é, como pacotes de ondas) governado pela Hamiltoniana

$$H_n = \varepsilon_n\left(\frac{\mathbf{p}}{\hbar}\right) - e\phi(x). \qquad \textbf{(29.2)}$$

esse tratamento é válido desde que o potencial $\phi(x)$ varie de forma suficientemente lenta. Quão lenta esta variação deve ser é, em geral, uma questão muito difícil de responder. No mínimo, exige-se que a variação na energia eletrostática $e\Delta\phi$ sobre uma distância da ordem da constante de rede seja pequena em comparação com o gap de banda E_g, mas a condição pode muito bem ser até mais rigorosa do que isto.[2] No caso da junção p-n o potencial ϕ tem quase toda sua variação espacial na camada de depleção. Lá, como veremos, a energia $e\phi$ varia em torno de E_g, em uma distância que é, em

[1] Não é essencial aqui que ocorram apenas impurezas doadoras na região do tipo n e apenas impurezas receptoras na região do tipo p. É suficiente que cada tipo de impureza seja a dominante em sua própria região. No que resulta que N_d pode ser visto como a densidade do excesso de doadores sobre receptores e N_a como a densidade de excesso de receptores sobre doadores.

[2] Um argumento imperfeito apropriado a metais é fornecido no Apêndice J. Argumentos análogos (de imperfeição comparável) podem ser desenvolvidos para semicondutores.

geral, algumas centenas de angströms ou mais (de modo que o campo na camada de depleção possa ser grande como 10^6 volts por metro). Apesar disso, satisfazer a condição mínima necessária para a validade do modelo semiclássico (a variação em $e\phi$ sobre uma constante de rede não é mais que uma fração de 1% de E_g), a variação é forte o bastante para não excluir a possibilidade de que a descrição semiclássica falhe na camada de depleção. Assim, deve-se ter em mente a possibilidade de que o campo na camada de depleção seja forte o bastante para induzir o tunelamento de elétrons dos níveis da banda de valência para os níveis da banda de condução, levando a condutividade consideravelmente em excesso da previsão semiclássica.

Tendo feito esta advertência, seguiremos a prática geral de assumir a validade da descrição semiclássica, de modo que possamos explorar suas consequências. Antes de descrever a teoria semiclássica das correntes que fluem em uma junção *p-n* na presença de um potencial aplicado, examinaremos primeiro o caso da junção *p-n* em equilíbrio térmico, na ausência de potenciais aplicados e fluxo de corrente.

A JUNÇÃO *p-n* EM EQUILÍBRIO

Queremos determinar a densidade do transportador e o potencial eletrostático $\phi(x)$ induzido pela dopagem não uniforme. Admitimos que as condições não degeneradas se mantêm por todo o material, de modo que a densidade do transportador em cada posição x tenha a forma "Maxwelliana" análoga à densidade (28.12) que encontramos no caso uniforme. No caso não uniforme, para derivar a densidade do transportador na posição x ao longo da junção na presença de um potencial $\phi(x)$, o procedimento semiclássico é simplesmente o de se repetir a análise para o caso uniforme, utilizando-se, porém, a energia monoeletrônica clássica (29.2), na qual cada nível é trocado por $-e\phi(x)$. Utilizando as formas (28.3) do $\varepsilon(\mathbf{k})$ apropriadas a níveis próximos do mínimo da banda de condução ou máximo da banda de valência, vemos que o efeito disso é simplesmente trocar as constantes ε_c e ε_v por $-e\phi(x)$. Assim, a equação (28.12) para a densidade de transportador de equilíbrio é generalizada para

$$\begin{aligned} n_c(x) &= N_c(T)\exp\left\{-\frac{[\varepsilon_c - e\phi(x) - \mu]}{k_BT}\right\}, \\ p_v(x) &= P_v(T)\exp\left\{-\frac{[\mu - \varepsilon_v + e\phi(x)]}{k_BT}\right\}. \end{aligned} \qquad \textbf{(29.3)}$$

O potencial $\phi(x)$ deve ser determinado de modo autoconsistente, como aquele do potencial que surge (mediante a equação de Poisson), quando a densidade de transportador têm a forma (29.3). Examinaremos este problema no caso especial (mais uma vez, o caso de maior interesse prático) no qual, distantes da região de transição em qualquer um dos lados, prevalecem as condições extrínsecas, nas quais as impurezas são completamente "ionizadas" (veja as páginas 631 e 632). Assim, distante do lado *n*, a densidade dos elétrons da banda de condução é quase igual à densidade N_d dos doadores, enquanto distante do lado p a densidade de buracos da banda de valências é quase igual à densidade N_a de receptores:

$$\begin{aligned} N_d &= n_c(\infty) = N_c(T)\exp\left\{-\frac{[\varepsilon_c - e\phi(\infty) - \mu]}{k_B T}\right\}, \\ N_a &= p_v(-\infty) = P_v(T)\exp\left\{-\frac{[\mu - \varepsilon_v + e\phi(-\infty)]}{k_B T}\right\}. \end{aligned} \quad \textbf{(29.4)}$$

Todo o cristal está em equilíbrio térmico, então, o potencial químico não varia com a posição. Em particular, o mesmo valor de μ encontra-se em qualquer uma das equações (29.4). Isso exige imediatamente que a queda total do potencial por meio da junção seja fornecida por[3]

$$e\phi(\infty) - e\phi(-\infty) = \varepsilon_c - \varepsilon_v + k_B T \ln\left[\frac{N_d N_a}{N_c P_v}\right], \quad \textbf{(29.5)}$$

ou

$$\boxed{e\Delta\phi = E_g + k_B T \ln\left[\frac{N_d N_a}{N_c P_v}\right].} \quad \textbf{(29.6)}$$

Um modo alternativo de se representar as informações em (29.3) e (29.6) é algumas vezes útil. Se definirmos um "potencial eletroquímico" dependente de posição $\mu_e(x)$ por

$$\mu_e(x) = \mu + e\phi(x), \quad \textbf{(29.7)}$$

podemos escrever a densidade de transportador (29.3) como

$$\begin{aligned} n_c(x) &= N_c(T)\exp\left\{-\frac{[\varepsilon_c - \mu_e(x)]}{k_B T}\right\}, \\ p_v(x) &= P_v(T)\exp\left\{-\frac{[\mu_e(x) - \varepsilon_v]}{k_B T}\right\}. \end{aligned} \quad \textbf{(29.8)}$$

Esta tem precisamente a forma das relações (28.12) para um condutor homogêneo, com exceção de que o potencial químico constante μ é substituído pelo potencial eletroquímico μ_{ie}(x). Assim, $\mu_e(\infty)$ é o potencial químico de um cristal homogêneo do tipo p, cujas propriedades são idênticas àquelas do cristal não homogêneo distante no lado n da região de transição, enquanto $\mu_e(-\infty)$ é o potencial químico de um cristal homogêneo do tipo p, idêntico ao cristal não homogêneo distante no lado p. A relação (29.6) pode ser igualmente bem ser definida como[4]

[3] A derivação de (29.5) exige a validade de (29.3) apenas distante da camada de depleção, onde ϕ está, de fato, variando lentamente. Ele, portanto, mantém-se mesmo quando o modelo semiclássico falha na região de transição.
[4] Isto resulta diretamente de (29.7). Algumas vezes resume-se à equação (29.9, na regra de que a queda total de potencial é tamanha que traz os "níveis de Fermi nas duas extremidades da junção" para coincidir. Este ponto de vista é evidentemente inspirado na representação da Figura 29.2b.

$$e\Delta\phi = \mu_e(\infty) - \mu_e(-\infty). \quad \textbf{(29.9)}$$

A Figura 29.2a mostra o potencial eletroquímico representado graficamente como função da posição ao longo da junção *p-n*. Admitimos (como será demonstrado adiante) que ϕ varia monotonicamente de uma extremidade para a outra. A Figura 29.2b ilustra uma representação alternativa da mesma informação na qual se considera o potencial ϕ que fornece a dependência na posição em (29.3) como trocando ε_c (ou ε_v) ao invés de μ. Em qualquer um dos casos, a importância dos diagramas é que, em qualquer posição *x* em particular ao longo da junção, a densidade de transportador é aquela que seria encontrada em um pedaço de material homogêneo, com as concentrações de impureza prevalecendo em *x* e com um potencial químico posicionado em relação às bordas da banda, como foi apresentado na seção vertical dos diagramas em *x*.

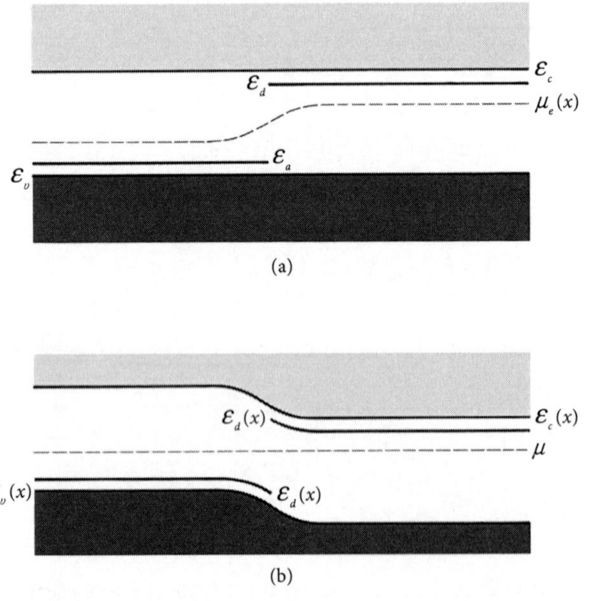

FIGURA 29.2

Dois modos equivalentes de se representar o efeito do potencial interno $\phi(x)$ sobre as densidades de elétron e de buraco de uma junção *p-n*. (a) O potencial eletroquímico $\mu_e(x) = \mu + e\phi(x)$ está representado ao longo da junção *p-n*. As densidades de transportador em qualquer ponto *x* são aquelas que seriam encontradas em um semicondutor uniforme caracterizado pela banda fixa e energias de impurezas ε_c, ε_v ε_d e ε_a, em um potencial químico igual a $\mu_e(x)$. (b) Aqui, $\varepsilon_c(x) = \varepsilon_c - e\phi(x)$ é a energia de um pacote de ondas de elétrons localizado em torno de *x* formado a partir de níveis muito próximos do mínimo da banda de condução, e de modo similar para $\varepsilon_v(x)$. As energias dos níveis locais de impureza são $\varepsilon_d(x) = \varepsilon_d - e\phi(x)$ e $\varepsilon_a(x) = \varepsilon_a - e\phi(x)$. O potencial químico (constante) é também apresentado. As densidades de transportador em qualquer ponto *x* são aquelas que seriam encontradas em um semicondutor uniforme caracterizado por energias de banda e de impureza iguais a $\varepsilon_c(x)$, $\varepsilon_d(x)$,$\varepsilon_a(x)$ e $\varepsilon_v(x)$ no potencial químico fixo μ.

A equação (29.6) [ou sua forma equivalente, (29.9)] funciona como condição de contorno em uma equação diferencial que determina o potencial $\phi(x)$. A equação diferencial é simplesmente a equação de Poisson,[5]

$$-\nabla^2\phi = -\frac{d^2\phi}{dx^2} = \frac{4\pi\rho(x)}{\epsilon}, \quad \mathbf{(29.10)}$$

que relaciona o potencial $\phi(x)$ à distribuição de carga $\rho(x)$ dando origem a ele. Para expressar $\rho(x)$ em termos de ϕ e obter uma equação fechada, primeiro observamos que, se (como assumimos) as impurezas são completamente ionizadas distantes da junção, elas permanecerão completamente ionizadas[6] em todo x. Consequentemente, a densidade de carga devida às impurezas e aos transportadores é[7]

$$\rho(x) = e[N_d(x) - N_a(x) - n_c(x) + p_v(x)]. \quad \mathbf{(29.11)}$$

Quando a densidade de transportador e de impurezas (29.3) e (29.1) é substituída na forma (29.11) para a densidade de carga, e o resultado é substituído na equação de Poisson (29.10), encontra-se uma equação diferencial não linear para $\phi(x)$ cuja solução exata em geral requer técnicas numéricas.[8] Entretanto, uma descrição bem razoável de $\phi(x)$ pode ser obtida mediante a exploração do fato de que a variação total em $e\phi$ é da ordem de $E_g i >> k_BT$. A relevância desse fato surge quando combinamos (29.3) e (29.4) para definir

$$\begin{aligned} n_c(x) &= N_d e^{-e[\phi(\infty)-\phi(x)]/k_BT}, \\ p_v(x) &= N_a e^{-e[\phi(x)-\phi(-\infty)]/k_BT}. \end{aligned} \quad \mathbf{(29.12)}$$

Suponha que a variação em ϕ ocorra em uma região $-d_p \leq x \leq d_n$. Fora dessa região, ϕ tem seu valor assintótico e, portanto, $n_c = N_d$ no lado n, $p_v = N_a$ no lado p, e $\rho = 0$. Na região, exceto bem próximo das fronteiras, $e\phi$ difere por muitos k_BT de seu valor assintótico, logo

---

[5] Aqui, ϵ é a constante dielétrica estática do semicondutor. O uso da equação macroscópica é possível porque ϕ varia sobre a camada de depleção, que é grande na escala interatômica.

[6] Se ϕ é monotônico (como abordaremos adiante), isto resulta do fato de que o grau de ionização de uma impureza aumenta quanto mais distante estiver o potencial químico do nível de impureza [veja a Figura 29.2 e as equações (28.32) e (28.34)].

[7] A densidade de buracos no lado n distante tem o valor $p_v(\infty) = n_i^2/N_d$ muito pequeno requerido pela lei de ação de massas. No entanto, a densidade de elétrons no lado n distante de fato excede N_d por esta mesma pequena quantidade de modo a assegurar que $n_c(\infty) - p_v(\infty) = N_d$. Ao computar a densidade de carga total, se ignorarmos esta pequena correção em n_c (como fizemos ao escrever (29.4)), devemos também ignorar a pequena densidade de compensação de buracos no lado n distante. Observações semelhantes aplicam-se à pequena concentração de elétrons no lado p distante. Estas "densidades de transportador minoritário" têm efeito desprezível no equilíbrio total de cargas. Veremos a seguir, no entanto, que elas têm papel importante na determinação do fluxo de correntes na presença de um potencial aplicado.

[8] Alguns aspectos daquela equação são investigados no Problema 1.

$n_c << N_d$, $p_v << N_a$. Assim, exceto na vizinhança de $x = -d_p$ e $x = d_n$, a densidade de carga (29.11) entre $-d_p$ e d_n é precisamente dada por $\rho(x) = e[N_d(x) - N_a(x)]$, não havendo nenhuma carga de transportador apreciável para anular as cargas das impurezas "ionizadas". Os pontos $x = -d_p$ e $x = d_n$ marcam, então, as fronteiras da camada de depleção.

Combinando estas observações e utilizando a forma (29.1) para a densidade de impurezas, vimos que, exceto x um pouco maior do que $-d_p$ ou um pouco menor do que d_n, a equação de Poisson é bem aproximada por

$$\phi''(x) = \begin{cases} 0, & x > d_n, \\ \dfrac{-4\pi e N_d}{\epsilon}, & d_n > x > 0, \\ \dfrac{4\pi e N_a}{\epsilon}, & 0 > x > -d_p, \\ 0, & -d_p > x. \end{cases} \quad \textbf{(29.13)}$$

Isto se integra imediatamente para fornecer

$$\phi(x) = \begin{cases} \phi(\infty), & x > d_n, \\ \phi(\infty) - \left(\dfrac{2\pi e N_d}{\epsilon}\right)(x - d_n)^2, & d_n > x > 0, \\ \phi(-\infty) + \left(\dfrac{2\pi e N_a}{\epsilon}\right)(x + d_p)^2, & 0 > x > -d_p, \\ \phi(-\infty), & x < -d_p. \end{cases} \quad \textbf{(29.14)}$$

As condições de contorno (continuidade de ϕ e sua primeira derivada) são explicitamente obedecidas pela solução (29.14) em $x = -d_p$ e $x = d_n$. A exigência de que elas se mantenham em $x = 0$ fornece duas equações adicionais que determinam os comprimentos d_n e d_p. A continuidade de ϕ' em $x = 0$ implica que

$$N_d d_n = N_a d_p, \quad \textbf{(29.15)}$$

que é exatamente a condição de que o excesso de carga positiva no lado n da junção seja igual ao excesso de carga negativa no lado p. A continuidade de ϕ em $x = 0$ requer que

$$\left(\frac{2\pi e}{\epsilon}\right)(N_d d_n^2 + N_a d_p^2) = \phi(\infty) - \phi(-\infty) = \Delta\phi. \quad \textbf{(29.16)}$$

Junto a (29.15) isto determina os comprimentos d_n e d_p:

$$d_{n,p} = \left\{ \frac{(N_a/N_d)^{\pm 1}}{(N_d + N_a)} \frac{\epsilon \Delta\phi}{2\pi e} \right\}^{1/2}. \quad \textbf{(29.17)}$$

Para estimar o tamanho desses comprimentos podemos definir a equação (29.17) da forma numérica mais conveniente

$$d_{n,p} = 105\left\{\frac{(N_a/N_d)^{\pm 1}}{10^{-18}(N_d+N_a)}[\epsilon e\Delta\phi]_{\text{eV}}\right\}^{1/2} \text{Å}. \quad \textbf{(29.18)}$$

A grandeza $\epsilon e\Delta\phi$ é, em geral, da ordem de 1 eV e, já que concentrações de impurezas típicas estão na faixa de 10^{14} a 10^{18} por centímetro cúbico, os comprimentos d_n e d_p, que fornecem a extensão da camada de depleção, serão geralmente de 10^4 a 10^2 Å. O campo dentro da camada de depleção é da ordem de $\Delta\phi(d_n + d_p)$, e para d's desse tamanho é, portanto, na faixa de 10^5 a 10^7 volts por metro, para um gap de energia de 0,1 eV.

A imagem resultante da camada de depleção é apresentada na Figura 29.3. O potencial ϕ varia monotonicamente através da camada, como se afirmou anteriormente. Exceto nas fronteiras da camada, a concentração do transportador é desprezível comparada à concentração de impurezas, logo a densidade de carga é aquela das impurezas ionizadas. Fora da camada de depleção a concentração de transportador equilibra a concentração de impurezas, e a densidade de carga é zero.

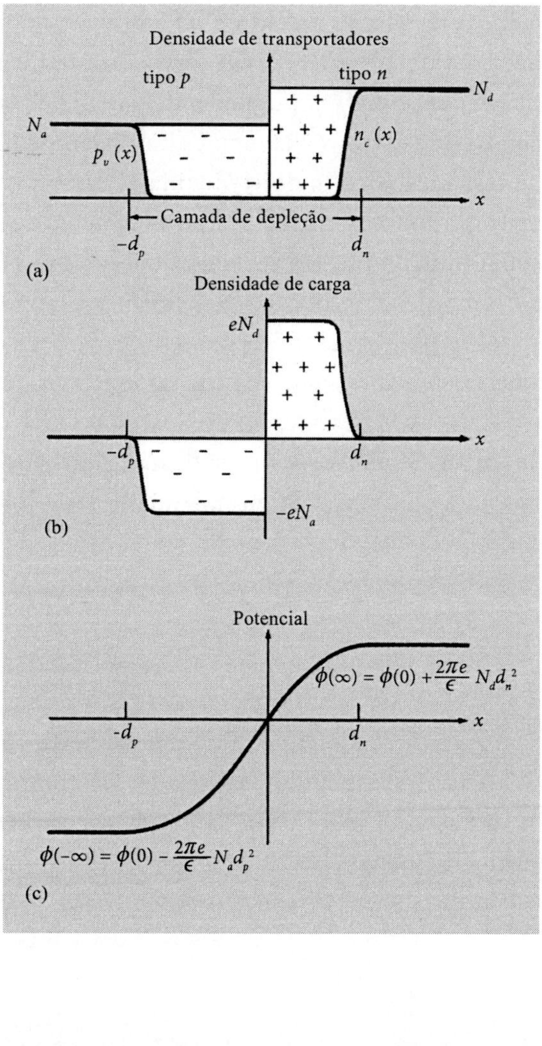

FIGURA 29.3

(a) Densidades de transportador, (b) densidade de carga e (c) potencial $\phi(x)$ representados *versus* posição através de uma junção *p-n* abrupta. Na análise no texto a aproximação foi feita para que as densidades de transportador e a densidade de carga sejam constantes com exceção das variações descontínuas em $x = -d_p$ e $x = d_n$. Mais precisamente, (veja o Problema 1), estas grandezas sofrem rápida variação em regiões logo dentro da camada de depleção cuja extensão é uma fração de ordem $(k_BT/E_g)^{1/2}$ da extensão total da camada de depleção. A extensão da camada de depleção é, em geral, de 10^2 a 10^4 Å.

O mecanismo que estabelece tal região de densidades de transportador pronunciadamente reduzidas é relativamente simples. Suponha que se pudesse inicialmente impor concentrações de transportador que fornecessem neutralidade de carga em todo ponto no cristal. Essa configuração não poderia ser mantida, já que os elétrons começariam a se espalhar do lado n (onde sua concentração era alta) para o lado p (onde sua concentração era muito baixa), e buracos se espalhariam na direção oposta. À medida que esta difusão continuasse, a transferência resultante de carga formaria um campo elétrico oposto a correntes ainda mais difusas, até que se alcançasse uma configuração de equilíbrio na qual o efeito do campo nas correntes anulassem de forma o efeito da difusão. Como os transportadores são altamente móveis, nesta configuração de equilíbrio a densidade de transportador é muito baixa onde quer que o campo tenha um valor apreciável. Esse é exatamente o estado das coisas representado na Figura 29.3.

IMAGEM ELEMENTAR DA RETIFICAÇÃO POR UMA JUNÇÃO *p-n*

Consideramos agora o comportamento de uma junção p-n quando a voltagem externa V é aplicada. Tomaremos V como positiva se sua aplicação aumentar o potencial do lado p em relação ao lado n. Quando $V = 0$, há uma camada de depleção de extensão de cerca de 10^2 a 10^4 Å em torno do ponto de transição em que a dopagem varia do tipo p para o tipo n, no qual a densidade de transportadores é extremamente reduzida abaixo de seu valor nas regiões homogêneas mais distantes. Por causa de sua densidade de transportador muito reduzida, a camada de depleção terá resistência elétrica bem mais alta do que as regiões homogêneas, e todo o aparelho pode, portanto, ser visto como um circuito em série no qual uma resistência relativamente alta. Faz as vezes de um sanduíche entre duas resistências relativamente baixas. Quando um potencial V é aplicado por esse circuito, quase toda a queda de potencial ocorrerá através da região de alta resistência. Assim, mesmo na presença de um potencial V aplicado, esperamos que o potencial $\phi(x)$ ao longo do aparelho varie de forma suficiente apenas na camada de depleção. Quando $V = 0$, verificamos que $\phi(x)$ se elevou do lado p da camada de depleção para o lado n pela mesma quantidade [que agora denotamos por $(\Delta\phi)_0$ dado pela equação (29.6)], logo concluímos que quando $V \neq 0$, a variação no potencial através da camada de depleção é modificado para

$$\Delta\phi = (\Delta\phi)_0 - V. \quad \textbf{(29.19)}$$

Associada a esta variação na queda de potencial através da camada de depleção há a variação no tamanho da camada. Os comprimentos d_n e d_p que fornecem a extensão da camada nos lados n e p da junção são determinados pelas equações (29.15) e (29.16), que usam apenas o valor da queda total de potencial através da camada, e a suposição de que as densidades de transportador são em muito reduzidas por quase toda a camada. A seguir, verificaremos que esta suposição permanece válida quando $V \neq 0$ e, portanto, d_n e d_p continuam a ser fornecidos pela equação (29.17) desde que tomemos o valor de $\Delta\phi$ como $(\Delta\phi)_0 - V$. Já que d_n e d_p variam à medida que $(\Delta\phi)^{1/2}$ de acordo com a equação (29.17), concluímos que quando $V \neq 0$,

$$d_{n,p}(V) = d_{n,p}(0)\left[1 - \frac{V}{(\Delta\phi)_0}\right]^{1/2}. \quad \textbf{(29.20)}$$

Este comportamento de ϕ e a extensão da camada de depleção são ilustrados na Figura 29.4.

Para deduzir a dependência em V da corrente que flui quando uma junção *p*-*n* é "tendenciosa" pela aplicação de uma voltagem externa, devemos considerar em separado as correntes de elétrons e de buracos. Por toda a discussão a seguir, utilizaremos o símbolo J para densidades de número de corrente e j para densidades de corrente elétrica, de tal forma que

$$j_e = -eJ_e, \quad j_h = eJ_h. \quad \textbf{(29.21)}$$

Quando $V = 0$, tanto J_e quanto J_h desaparecem. Isto não significa, naturalmente, que nenhum transportador individual flua através da junção, mas apenas que tantos elétrons (ou buracos) fluem em um sentido quantos fluem no outro. Quando $V \neq 0$, este equilíbrio se rompe. Considere, por exemplo, a corrente de buracos através da camada de depleção, que tem dois componentes:

1. Uma corrente de buracos flui do lado *n* para o lado *p* da junção, conhecida como *corrente de geração* de buraco. Como o nome indica, esta corrente surge de buracos que são gerados apenas no lado *n* da camada de depleção pela excitação térmica de elétrons para fora dos níveis de banda de valência. Apesar de a densidade desses buracos no lado *n* ("transportadores minoritários") ser pequena em comparação à densidade de elétrons ("transportadores majoritários"), eles têm importante papel no transporte de corrente através da junção. Isto se dá porque qualquer um destes buracos que vagueiam para a camada de depleção é imediatamente varrido para o lado *p* da junção pelo forte campo elétrico que prevalece na camada. A corrente de geração resultante é insensível ao tamanho da queda de potencial através da camada de depleção, já que qualquer buraco, tendo entrado na camada do lado *n*, será varrido para o lado *p*;[9]

---

[9] A densidade de buracos que origina a corrente geradora de buracos também será insensível ao tamanho de V, desde que eV seja pequeno em comparação a E_g, já que esta densidade é totalmente determinada pela lei de ação de massa e a densidade de elétrons. A última densidade difere apenas levemente do valor N_c fora da camada de depleção quando eV é pequeno em comparação a E_g, como surgirá da análise detalhada.

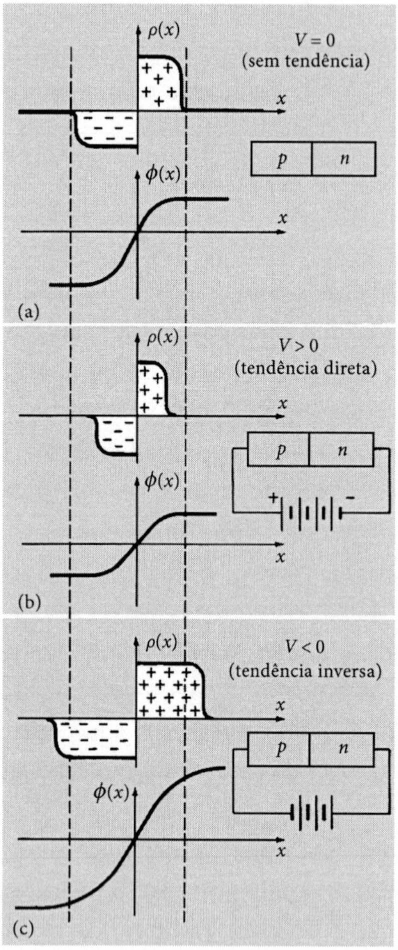

Figura 29.4

A densidade de carga ρ e o potencial ϕ na camada de depleção (a) para a junção não tendenciosa, (b) para a junção com $V > 0$ (tendência direta) e (c) para a junção com $V < 0$ (tendência inversa). As posições $x = d_n$ e $x = -d_p$ que marcam as fronteiras da camada de depleção quando $V = 0$ são dadas pelas linhas tracejadas. A camada de depleção e a variação em ϕ são reduzidas por uma tendência direta e aumentadas por uma tendência inversa.

2. Uma corrente de buracos flui do lado *p* para o lado *n* da junção, conhecida como *corrente de recombinação* de buraco.[10] O campo elétrico na camada de depleção atua para se opor a essa corrente, e apenas buracos que chegam à borda da camada de depleção com energia térmica suficiente para transpor a barreira do potencial contribuirão para a corrente de recombinação. O número desses buracos é proporcional a $e^{-e\Delta\phi/k_BT}$ e, portanto,[11]

$$J_h^{\text{rec}} \propto e^{-e[(\Delta\phi)_0 - V]/k_BT}. \quad \textbf{(29.22)}$$

[10] Este nome se deve ao destino que têm esses buracos ao chegar ao lado n da junção, onde um dos elétrons abundantes cairá para o nível vazio que constitui o buraco.

[11] Ao se admitir que (29.22) fornece a dependência dominante da corrente de recombinação de buraco sobre V, assume-se que a densidade de buracos apenas no lado *p* da camada de depleção difere levemente de N_a. Encontraremos que isto é também o caso desde que eV seja pequeno em comparação ao gap de energia E_g.

Em contraste com a corrente de geração, a corrente de recombinação é altamente sensível à voltagem V aplicada. Podemos comparar suas grandezas observando que quando $V = 0$ não pode haver nenhuma corrente de buraco líquida através da junção:

$$J_h^{\text{rec}}\Big|_{V=0} = J_h^{\text{gen}}. \quad \textbf{(29.23)}$$

Tomado com a equação (29.22), isto requer que

$$J_h^{\text{rec}} = J_h^{\text{gen}} e^{eV/k_BT}. \quad \textbf{(29.24)}$$

A corrente total de buracos que flui do lado p para o lado n da junção é dada pela corrente de recombinação menos a corrente de geração:

$$J_h = J_h^{\text{rec}} - J_h^{\text{gen}} = J_h^{\text{gen}}\left(e^{eV/k_BT} - 1\right). \quad \textbf{(29.25)}$$

A mesma análise se aplica aos componentes da corrente de elétrons, exceto pelo fato de as correntes de geração e de recombinação de elétrons fluírem de modo contrário às correntes de buracos correspondentes. Como, no entanto, os elétrons são opostamente carregados, as correntes elétricas de geração e de recombinação de elétrons são paralelas às correntes elétricas de geração e de recombinação de buracos. A densidade de corrente elétrica total é, portanto:

$$\boxed{j = e\left(J_h^{\text{gen}} + J_e^{\text{gen}}\right)\left(e^{eV/k_BT} - 1\right).} \quad \textbf{(29.26)}$$

Isto tem a forma altamente assimétrica característica de retificadores, como apresentado na Figura 29.5.

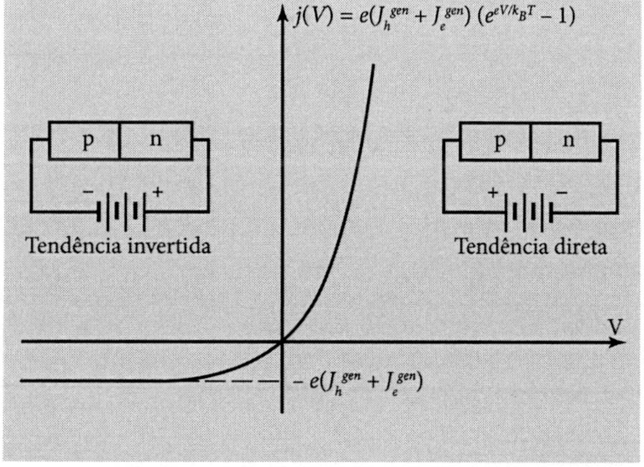

FIGURA 29.5

Corrente *versus* voltagem V aplicada para uma junção p-n. A relação é válida para eV pequeno em comparação ao gap de energia, E_g. A corrente de saturação, $(eJ_h^{\text{gen}} + eJ_e^{\text{gen}})$ varia com a temperatura como $e^{-e\Delta\phi/k_BT}$, como estabelecido a seguir.

ASPECTOS FÍSICOS GERAIS DO CASO DE NÃO EQUILÍBRIO

A discussão a seguir não fornece nenhuma estimativa do tamanho do prefator $e(J_h^{\text{gen}} + J_e^{\text{gen}})$ que se encontra em (29.26). Além disso, no caso de não equilíbrio ($V \neq 0$), a densidade do transportador local não será em geral determinada pelo potencial local ϕ por simples relações de equilíbrio de Maxwell (29.3). No caso de não equilíbrio é necessária outra análise para se construir uma imagem das densidades de transportador na vizinhança da região de transição, que é comparável em detalhes à imagem que fornecemos para o caso de equilíbrio.

Nesta abordagem detalhada não é especialmente útil se resolverem as correntes de elétrons e buracos através da junção em correntes de geração e de recombinação. Em lugar disso, em cada ponto x (tanto dentro quanto fora da camada de depleção) definiremos equações que relacionam as correntes totais de elétrons e de buracos, $J_e(x)$ e $J_h(x)$, as densidades de elétrons e de buracos, $n_c(x)$ e $p_v(x)$, e o potencial $\phi(x)$(ou, de modo equivalente, o campo elétrico, $E(x) = -d\phi(x)/dx$). Vamos encontrar cinco destas equações, que nos habilitarão, em princípio, a encontrar as cinco grandezas. Esse método é uma generalização direta da abordagem que seguimos em nossa análise do caso de equilíbrio ($V = 0$). No equilíbrio as correntes de elétrons e de buracos desaparecem, há apenas três incógnitas, e as três equações que utilizamos foram a equação de Poisson e as duas equações (29.3) que relacionam $n_c(x)$ e $p_v(x)$ *a* $\phi(x)$ no equilíbrio térmico. Assim, o problema do não equilíbrio pode ser visto como aquele de se encontrar as equações apropriadas para substituir a relação de equilíbrio (29.3), quando $V \neq 0$ e correntes fluem.

Observamos primeiro que, na presença tanto de um campo elétrico quanto de um gradiente de densidade de transportador, a densidade de corrente de transportador pode ser definida como a soma de um termo proporcional ao campo (a *corrente de desvio*) e um termo proporcional ao gradiente de densidade (a *corrente de difusão*):

$$\begin{aligned} J_e &= -\mu_n n_c E - D_n \frac{dn_c}{dx}, \\ J_h &= \mu_p p_v E - D_p \frac{dp_v}{dx}. \end{aligned} \qquad \textbf{(29.27)}$$

As constantes de proporcionalidade positivas[12] μ_n e μ_p que aparecem na equação (29.27) são conhecidas como *mobilidades* de elétrons e buracos. Introduzimos as mobilidades, ao invés de escrevermos a corrente de desvio em termos de condutividades, para tornar explícita a maneira na qual a corrente de desvio depende das densidades do transportador. Se apenas elétrons em densidade uniforme estiverem presentes, então $\sigma E = j = -eJ_e = e\mu_n nE$. Utilizando a forma de Drude $\sigma = ne^2\tau/m$ para a condutividade [equação (1.6)], descobrimos que

[12] Os sinais na equação (29.27) foram escolhidos para tornar as mobilidades positivas. A corrente de desvio de buraco está ao longo do campo, e a corrente de desvio de elétron está oposta ao campo.

$$\mu_n = \frac{e\tau_n^{\text{col}}}{m_n}, \quad (29.28)$$

e, de modo similar,

$$\mu_p = \frac{e\tau_p^{\text{col}}}{m_p}, \quad (29.29)$$

onde m_n e m_p são as massas efetivas apropriadas, e τ^{col}_n e τ^{col}_p são os tempos de colisão do transportador.[13]

As constantes de proporcionalidade positivas[14] D_n e D_p que aparecem na equação (29.27) são conhecidas como *constantes de difusão* de elétron e de buraco. Elas estão relacionadas às mobilidades pelas *relações de Einstein*:[15]

$$\boxed{\mu_n = \frac{eD_n}{k_B T}, \qquad \mu_p = \frac{eD_p}{k_B T}.} \quad (29.30)$$

As relações de Einstein resultam diretamente do fato de que as correntes de elétron e de buraco devem desaparecer no equilíbrio térmico. Somente se as mobilidades e as constantes de difusão estiverem relacionadas por (29.30) as correntes dadas por (29.27) serão zero quando a densidade do transportador tiver a forma de equilíbrio (29.3)[16] [como se verifica facilmente pela substituição direta de (29.30) em (29.27)].

A relação (29.27), que fornece as correntes em termos dos gradientes de densidade e campo, com as formas (29.28)-(29.30) para as mobilidades e constantes de difusão, também podem ser derivadas diretamente do tipo de argumento cinético simples usado no Capítulo 1 (veja o Problema 2).

Observe que no equilíbrio térmico, a equação (29.27) e as condições $j_e = J_h = 0$ contêm todas as informações necessárias para se determinarem as densidades de transportador, já que quando as correntes desaparecem podemos integrar a equação (29.27) para derivar novamente [com a ajuda das relações de Einstein (29.30)] as densidades do equilíbrio térmico (29.3). Quando $V \neq 0$ e as correntes fluem, requeremos outra equação, que pode ser visualizada como a generalização para o caso de não equilíbrio das condições de equilíbrio de correntes que desaparecem. Se os números de transportadores se conservassem, a generalização exigida seria simplesmente as equações de continuidade,

---

[13] Em semicondutores há outro tempo de vida de fundamental importância (veja a seguir), o *tempo de recombinação*. O índice superior "col" foi fixado para os tempos médios livres de colisão para distingui-los dos tempos de recombinação.

[14] Elas são positivas porque a corrente de difusão flui da região de alta densidade para a de baixa densidade. Em campo zero, a equação (29.27) é, às vezes, conhecida como lei de Fick.

[15] As relações de Einstein são muito gerais e surgem em qualquer tratamento de partículas carregadas que obedecem à estatística de Maxwell-Boltzmann, como os íons em uma solução eletrolítica.

[16] A generalização de (29.30) para o caso degenerado é descrita no Problema 3.

$$\begin{aligned}\frac{\partial n_c}{\partial t} &= -\frac{\partial J_e}{\partial x},\\ \frac{\partial p_v}{\partial t} &= -\frac{\partial J_h}{\partial x},\end{aligned} \qquad \textbf{(29.31)}$$

que expressam o fato de que a alteração no número de transportadores em uma região é inteiramente determinada pela razão na qual os transportadores fluem para dentro e para fora da região. No entanto, números de transportadores não são conservados. Um elétron de banda de condução e um buraco da banda de valência podem ser *gerados* pela excitação térmica de um elétron para fora de um nível de banda de valência. Além disso, um elétron de banda de condução e um buraco de banda de valência podem *se recombinar* (ou seja, o elétron pode cair no nível vazio que é o buraco), resultando no desaparecimento de um transportador de cada tipo. Termos devem ser adicionados para as equações de continuidade que descrevem estes outros meios nos quais o número de transportadores em uma região pode variar:

$$\begin{aligned}\frac{\partial n_c}{\partial t} &= \left(\frac{dn_c}{dt}\right)_{g-r} - \frac{\partial J_e}{\partial x},\\ \frac{\partial p_v}{\partial t} &= \left(\frac{dp_v}{dt}\right)_{g-r} - \frac{\partial J_h}{\partial x}.\end{aligned} \qquad \textbf{(29.32)}$$

Para determinar as formas de $(dn_c/dt)_{g-r}$ e $(dp_v/dt)_{g-r}$, observamos que a geração e a recombinação atuam para restaurar o equilíbrio térmico quando a densidade do transportador se desvia de seus valores de equilíbrio. Em regiões onde n_c e p_v excedem seus valores de equilíbrio, a recombinação ocorre mais rapidamente do que a geração, levando à diminuição na densidade do transportador, enquanto em regiões onde eles ficam aquém de seus valores de equilíbrio, a geração ocorre mais rapidamente que a recombinação, levando ao aumento na densidade de transportador. Nos modelos mais simples estes processos são descritos mediante a meia-vida dos elétrons e buracos,[17] τ_n e τ_p. A razão na qual cada densidade de transportador altera devido à recombinação e à geração se estabelece como proporcional ao seu desvio da forma determinada pela outra densidade de transportador e a lei de ação de massas (28.24):

$$\begin{aligned}\left(\frac{dn_c}{dt}\right)_{g-r} &= -\frac{(n_c - n_c^0)}{\tau_n},\\ \left(\frac{dp_v}{dt}\right)_{g-r} &= -\frac{(p_v - p_v^0)}{\tau_p},\end{aligned} \qquad \textbf{(29.33)}$$

onde $n_c^0 = n_i^2/p_v$, e $p_v^0 = n_i^2/n_c$.

[17] Também conhecidas como "tempos de recombinação". A conservação da carga elétrica total requer que as razões de recombinação sejam proporcionais à densidade do outro tipo de transportador: $(1/\tau_n)/(1/\tau_p) = p_v/n_c$.

Para interpretar estas equações, observe que a primeira, por exemplo, expressa a variação na densidade do transportador de elétron devida à geração e à recombinação em um tempo infinitesimal *dt* como

$$n_c(t + dt) = \left(1 - \frac{dt}{\tau_n}\right)n_c(t) + \left(\frac{dt}{\tau_n}\right)n_c^0. \quad \textbf{(29.34)}$$

O primeiro termo à direita da equação (29.34) expressa a destruição, por meio de recombinação, de uma fração dt/τ_n dos transportadores de elétron, ou seja, τ_n é a meia-vida média eletrônica antes de a recombinação ocorrer. O segundo termo à direita expressa a criação através de geração térmica de n^0/τ_n transportadores de elétron por unidade de volume, por unidade de tempo. Observe que, como requerido, as equações (29.33) fornecem densidades de transportador que diminuem quando excedem seus valores de equilíbrio, aumentam quando são menores que seus valores de equilíbrio e não se alteram quando eles são iguais a seus valores de equilíbrio.

As meias-vidas τ_n e τ_p são, em geral, muito mais longas do que o tempo global de colisão de elétrons ou buracos, $\tau^{\text{col}}{}_n$ e $\tau^{\text{col}}{}_p$, já que a recombinação (ou geração) de um elétron e de um buraco é a transição interbandas [o elétron vai da banda de valência para a banda de condução (geração) ou da banda de condução para a banda de valência (recombinação)]. Colisões comuns, que conservam o número de transportadores, são transições intrabandas. Refletindo isto, as meias-vidas típicas variam entre 10^{-3} e 10^{-8} segundo, enquanto os tempos de colisão são semelhantes àqueles encontrados nos metais, isto é, 10^{-12} ou 10^{-13} segundo.

Na presença de um potencial estático externo à junção *p-n*, apesar de não estar em equilíbrio térmico, está em um estado estável. A densidade de transportador será constante em tempo: $dn_c/dt = dp_v/dt = 0$. Usando este fato e as formas (29.33) para as razões nas quais a recombinação e a geração alteram a densidade de transportador, descobrimos que a equação de continuidade (29.32) requer que

$$\boxed{\begin{aligned} \frac{dJ_e}{dx} + \frac{n_c - n_c^0}{\tau_n} &= 0, \\ \frac{dJ_h}{dx} + \frac{p_v - p_v^0}{\tau_p} &= 0. \end{aligned}} \quad \textbf{(29.35)}$$

Estas são as equações que substituem as condições de equilíbrio $J_e = J_h = 0$, quando $V \neq 0$.

Uma aplicação muito importante das equações (29.35) e (29.27) está nas regiões onde o campo elétrico *E* é extremamente pequeno e a maior parte da densidade de transportador é constante. Nesse caso, pode-se ignorar a corrente de desvio de transportador minoritário em comparação à corrente de difusão de transportador minoritário, e as equações (29.27) e (29.35) se reduzem a uma única equação para a densidade de transportador minoritário com um tempo de recombinação constante:

Tabela 29.1

As três regiões características em uma junção p-n tendenciosa*

	TIPO p HOMOGÊNEO	REGIÃO DE DIFUSÃO ←— $O(L_p)$ —→	CAMADA DE DEPLEÇÃO ←— d_p —→←— d_n —→	REGIÃO DE DIFUSÃO ←— $O(L_n)$ —→	TIPO n HOMOGÊNEO
Campo elétrico ou carga espacial	Pequeno		Grande	Pequeno	
∇p, ∇n	Pequeno	Grande			Pequeno
p	Grande		Pequeno		
n	Pequeno			Grande	
j_h^{desvio}	$\approx j$	$O(j)$	$\gg j$	≈ 0	≈ 0
$j_h^{\text{difusão}}$	≈ 0	$O(j)$	$\gg j$	$O(j)$	≈ 0
$j_e^{\text{difusão}}$	≈ 0	$O(j)$	$\gg j$	$O(j)$	≈ 0
j_e^{desvio}	≈ 0	≈ 0	$\gg j$	$O(j)$	$\approx j$

* As posições e a extensão das regiões são indicadas no topo da tabela. A coluna abaixo de cada região fornece as ordens de magnitude das grandezas físicas importantes.

$$\boxed{\begin{aligned} D_n \frac{d^2 n_c}{dx^2} &= \frac{n_c - n_c^0}{\tau_n}, \\ D_p \frac{d^2 p_v}{dx^2} &= \frac{p_v - p_v^0}{\tau_p}. \qquad (E \approx 0) \end{aligned}} \quad \textbf{(29.36)}$$

As soluções para estas equações variam exponencialmente em x/L, onde os comprimentos

$$L_n = (D_n \tau_n)^{1/2}, \quad L_p = (D_p \tau_p)^{1/2}, \textbf{(29.37)}$$

são conhecidos como *comprimentos de difusão* de elétrons e buracos. Suponha, por exemplo (para tomarmos um caso que será de alguma importância, adiante), que estamos na região de potencial uniforme no lado n da camada de depleção, de tal forma que a densidade de equilíbrio $p_v{}^0$ tenha o valor constante $p_v(\infty)$, $= n_i/N_d$. Se a densidade de buracos é restrita para ter o valor $p_v(x_0) \neq p_v(\infty)$ em um ponto x_0, a solução para a equação (29.36) para $x \geq x_0$ é

$$p_v(x) = p_v(\infty) + [p_v(x_0) - p_v(\infty)]e^{-(x-x_0)/L_p}. \textbf{(29.38)}$$

Assim, o comprimento de difusão é uma medida da distância que a densidade leva para relaxar de volta a seu valor de equilíbrio.

Pode-se esperar que a distância L sobre a qual um desvio da densidade de equilíbrio pode ser mantida seja aproximadamente a distância que um transportador pode viajar antes de sofrer recombinação. Isto não é imediatamente óbvio a partir das formas (29.37) para os comprimentos de difusão L_n e L_p, mas se revela quando se reescreve (29.37) empregando (a) as relações de Einstein (29.30) entre a constante de difusão e a mobilidade, (b) a forma de Drude (29.28), ou (29.29), para a mobilidade, (c) a relação $\frac{1}{2}mv_{th}{}^2 = \frac{3}{2}k_BT$ entre a velocidade média quadrática de transportador e a temperatura sob condições não degeneradas, e (d) a definição $\ell = v_{th}\tau^{col}$ do caminho livre médio do transportador entre colisões. Fazendo estas substituições, encontra-se

$$\begin{aligned} L_n &= \left(\frac{\tau_n}{3\tau_n^{col}}\right)^{1/2} \ell_n, \\ L_p &= \left(\frac{\tau_p}{3\tau_p^{col}}\right)^{1/2} \ell_p. \end{aligned} \quad \textbf{(29.39)}$$

Assumindo que a direção de um transportador é aleatória após cada colisão, uma série de N colisões pode ser vista como um passeio aleatório de comprimento de passo ℓ. É facilmente demonstrado[18] que neste passeio o deslocamento total é $N^{1/2}\ell$. Já que o número de colisões que um transportador pode sofrer em um tempo de recombinação é a razão do

[18] Veja, por exemplo, Reif, F. *Fundamentals of statistical and thermal physics*. Nova York: McGraw-Hill, 1965. p. 16.

tempo de recombinação para o tempo de colisão, a equação (29.39) mostra, de fato, que o comprimento de difusão mede a distância que um transportador pode viajar antes de sofrer recombinação.

Usando os valores típicos fornecidos na página 655 para o tempo de colisão e o tempo de recombinação (muito mais longo), encontramos que (29.39) fornece um comprimento de difusão que pode estar entre 10^2 e 10^5 caminhos médios livres.

Podemos estimar o tamanho das correntes de geração que aparecem na relação *I*-*V* (29.26), em termos dos comprimentos de difusão e meias-vidas dos transportadores. Primeiro, notamos que, por definição da vida útil, os buracos são criados por geração térmica em uma razão p_v^0/τ_p por unidade de volume. Tal buraco tem chance suficiente de entrar na camada de depleção (e então ser rapidamente varrido para o lado *n*) antes de sofrer recombinação, desde que seja criado em um comprimento de difusão L_p da fronteira da camada de depleção. Portanto, o fluxo de buracos termicamente gerados por unidade de área para dentro da camada de depleção por segundo será da ordem $L_p p_v^0/\tau_p$. Como $p_v^0 = n_i^2/N_d$, temos

$$J_h^{\text{gen}} = \left(\frac{n_i^2}{N_d}\right)\frac{L_p}{\tau_p}, \quad \textbf{(29.40)}$$

e, de modo similar,

$$J_e^{\text{gen}} = \left(\frac{n_i^2}{N_a}\right)\frac{L_n}{\tau_n}. \quad \textbf{(29.41)}$$

A soma das correntes que aparecem em (29.40) e (29.41) é conhecida como *corrente de saturação*, já que ela é a corrente máxima que pode fluir pela junção quando *V* é negativo ("tendência inversa"). Porque a dependência na temperatura de n_i^2 é dominada pelo fator e^{-E_g/k_BT} [equação (28.19)], a corrente de saturação é fortemente dependente de temperatura.

UMA TEORIA MAIS DETALHADA DA JUNÇÃO *p*-*n* DE NÃO EQUILÍBRIO

Utilizando os conceitos de correntes de desvio e de difusão podemos fornecer uma descrição detalhada do comportamento da junção *p*-*n* quando $V \neq 0$. A junção *p*-*n* de equilíbrio tem duas regiões características: a camada de depleção, na qual o campo elétrico, a carga espacial e os gradientes de densidade do transportador são grandes, e as regiões homogêneas fora da camada de depleção, nas quais são muito pequenas. No caso de não equilíbrio a posição além da qual o campo elétrico e a carga espacial são pequenos difere da posição além da qual os gradientes de densidade do transportador são pequenos. Desse modo, quando $V \neq 0$, a junção *p*-*n* é caracterizada não por duas, mas por três regiões diferentes (descritas compactamente na Tabela 29.1):

1. A camada de depleção — Como no caso de equilíbrio, esta é uma região na qual o campo elétrico, a carga espacial e os gradientes de densidade de transportador são todos grandes. Quando $V \neq 0$, de acordo com a equação (29.20) a camada de depleção é mais estreita que ou mais ampla que é o caso para $V = 0$ dependendo se V for positivo (tendência direta) ou negativo (tendência inversa).

2. As regiões de difusão — Estas são regiões (estendendo-se uma distância da ordem de um comprimento de difusão para fora das fronteiras da camada de depleção) nas quais o campo elétrico e a carga espacial são pequenos, mas os gradientes de densidade de transportador permanecem significativas (apesar de não tão grande quanto na camada de depleção).

3. As regiões homogêneas — Além das regiões de difusão o campo elétrico, a carga espacial e os gradientes de densidade de transportador são todos muito pequenos, como nas regiões homogêneas de equilíbrio.

A região de difusão (2) não está presente no caso de equilíbrio. Ela aparece quando $V \neq 0$ pela seguinte razão:

No equilíbrio ($V = 0$) a variação nas densidades de transportador através da camada de depleção é apenas o suficiente para unir os valores de equilíbrio homogêneo nos lados de alta densidade ($n_c(\infty) = N_d$, $p_v(-\infty) = N_a$), aos valores de equilíbrio homogêneo nos lados de baixas densidades[19] ($n_c(-\infty) = n_i^2/N_a$, $p_v(+\infty) = n_i^2/N_d$). Quando $V \neq 0$, no entanto, observamos que a extensão da camada de depleção e o tamanho da queda de potencial através da camada difere de seus valores de equilíbrio. Consequentemente (como veremos explicitamente a seguir), a variação nas densidades do transportador através da camada não podem mais se ajustar à diferença nos valores de equilíbrio homogêneo apropriados aos dois lados, e outra região deve surgir, na qual a densidade de transportador relaxa de seus valores nas fronteiras da camada de depleção para os valores apropriados à região homogênea mais remota (Figura 29.6).

A Tabela 29.1 resume estas propriedades e também indica o comportamento característico das correntes de desvio e difusão do elétron e do buraco em cada uma das três regiões, quando uma corrente j flui na junção:[20]

1. *Na camada de depleção* há ambas as correntes de desvio e de difusão. No caso de equilíbrio elas são iguais e opostas para cada tipo de transportador, não produzindo nenhuma corrente líquida de elétrons ou buracos. No caso de não equilíbrio, a corrente líquida que flui através da camada de depleção resulta de um leve desequilíbrio entre as correntes de desvio e de difusão de cada tipo de transportador, ou seja, as correntes de desvio e de

[19] Ao discutir o caso de equilíbrio, aproximamos as densidades de transportador minoritário (isto é, os valores de equilíbrio homogêneo no lado de baixa densidade) para zero (conforme nota 7). Isto foi apropriado porque estávamos descrevendo apenas a densidade de espaço-carga, para a qual os transportadores minoritários contribuem pouco em comparação aos transportadores majoritários. A contribuição dos transportadores minoritários para a corrente, entretanto, não é desprezível, e é necessário que utilizemos os valores citados aqui (determinados pelos valores das densidades e pela lei de ação de massa).

[20] No estado estável a corrente elétrica total é uniforme ao longo da junção: j não pode depender de x.

difusão são separadamente muito grandes em comparação à corrente total. Caso tenhamos construído uma imagem completa das correntes que fluem na junção, torna-se fácil verificar isto explicitamente (Problema 4). É uma consequência de campo elétrico e dos gradientes de densidade muito grandes na camada de difusão (o que mais que compensa as densidades de transportador muito baixas);

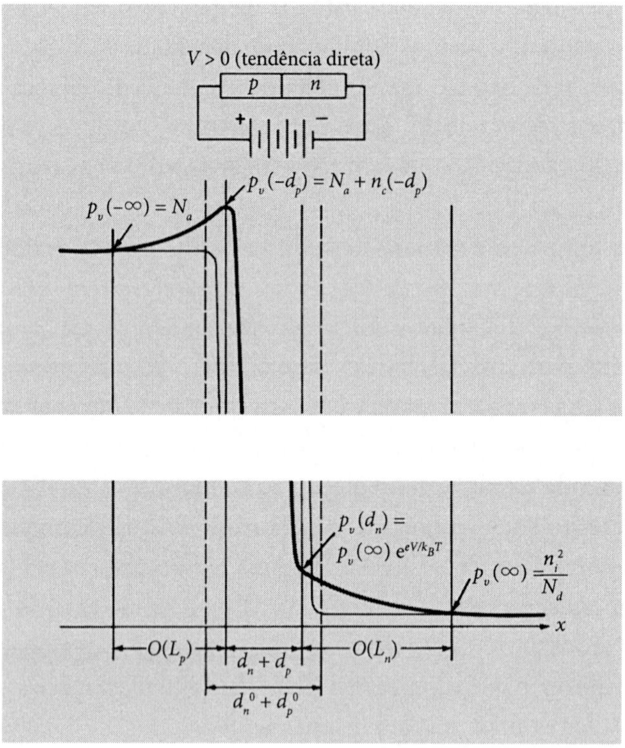

FIGURA 29.6

A densidade de buracos (curva pronunciada) ao longo de uma junção p-n com $V > 0$ (tendência direta). As linhas sólidas verticais fornecem as fronteiras da camada de depleção e as regiões de difusão. Note a interrupção na escala vertical. Para comparação, a densidade de buracos quando $V = 0$ (junção sem tendência) é apresentado como a curva suave, com as fronteiras da camada de depleção no caso de não tendência (linhas tracejadas verticais). A densidade de elétrons se comporta de maneira similar. Quando V é negativo, (tendência inversa), a densidade de buracos cai abaixo de seu valor assintótico na região de difusão. Observe que apesar de o excesso de densidade no caso de tendência sobre o caso sem tendência tem o mesmo tamanho em ambas as regiões de difusão, no lado p que ele representa uma variação de porcentagem pequena na densidade de transportador, enquanto que no lado n é uma variação de porcentagem muito grande.

2. *Nas regiões de difusão*, as densidades de transportador estão mais próximas dos valores que elas têm nas regiões homogêneas. A maior parte da densidade de transportador tornou-se tão grande que sua corrente de desvio é suficiente, mesmo que o campo seja agora muito pequeno. A corrente de desvio de transportador minoritário é desprezível em comparação. Como as densidades de transportador continuam a variar nas regiões de difusão, ambas as correntes de difusão (proporcionais não à densidade, mas a seu gradiente) são consideráveis. Em geral, todas as correntes na região de difusão, com exceção da corrente de desvio de transportador minoritário desprezível são da ordem de j;

3. *Nas regiões homogêneas,* as correntes de difusão são desprezíveis e toda a corrente é carregada pela corrente de desvio de transportador majoritário.

Fornecida esta imagem das correntes individuais de transportadores de desvio e difusão, podemos rapidamente calcular a corrente total j que flui na junção para dado valor de V. Para simplificar a análise, faremos outra suposição.[21] Admitimos que a passagem de transportadores pela camada de depleção seja tão rápida que ocorra geração e recombinação desprezível dentro da camada. Se isto for assim, as correntes totais de elétrons e buracos, J_e e J_h, serão constantes através da camada de depleção no estado estável. Consequentemente, na expressão $j = -eJ + eJ_h$ para a corrente total, podemos avaliar separadamente J_e e J_h em quaisquer pontos ao longo da camada de depleção que forem mais convenientes. O ponto mais conveniente para a corrente de elétron está na fronteira entre a camada de depleção e a região de difusão no lado p, e o ponto mais conveniente para a corrente de buraco está na outra fronteira.[22] Definimos, portanto

$$j = -eJ_e(-d_p) + eJ_h(d_n). \quad \textbf{(29.42)}$$

Esta representação é útil já que nas fronteiras entre a camada de depleção e as regiões de difusão as correntes de transportador minoritário são puramente difusas (veja a Tabela 29.1). Assim, se pudéssemos calcular a dependência na posição das densidades de transportador minoritário nas regiões de difusão, poderíamos imediatamente calcular suas correntes, utilizando a equação (29.27) (com $E = 0$):

$$\begin{aligned} J_e(-d_p) &= -D_n \frac{dn_c}{dx}\bigg|_{x=-d_p}, \\ J_h(d_n) &= -D_p \frac{dp_v}{dx}\bigg|_{x=d_n}. \end{aligned} \quad \textbf{(29.43)}$$

Entretanto, as correntes de desvio de transportador minoritário são desprezíveis nas regiões de difusão, então, a densidade de transportador minoritário satisfaz a equação de difusão (29.36). Se considerarmos $p_v(d_n)$ como a densidade de buracos na fronteira da camada de depleção no lado n, e se observarmos que distante daquela fronteira no lado n p_v se aproxima do valor $p_v(\infty) = n_i^2/N_d$, a solução (29.38) para a equação de difusão (29.36) é

$$p_v(x) = \frac{n_i^2}{N_d} + \left[p_v(d_n) - \frac{n_i^2}{N_d}\right]e^{-(x-d_n)/L_p}, \quad x \geqslant d_n. \quad \textbf{(29.44)}$$

De modo similar, a densidade de elétrons na região de difusão no lado p é dada por

$$n_c(x) = \frac{n_i^2}{N_a} + \left[n_c(-d_p) - \frac{n_i^2}{N_a}\right]e^{(x+d_p)/L_n}, \quad x \leqslant -d_p. \quad \textbf{(29.45)}$$

---

[21] Em geral, também é o caso. Quando a suposição falha, todo o conjunto de equações deve ser integrado pela camada de depleção.

[22] A imagem mais elementar de retificação dada também enfocou a corrente de elétron que se origina no lado do buraco da junção, e vice-versa.

Substituindo estas densidades em (29.43), verificamos que as correntes de transportador minoritário nas fronteiras da camada de depleção são

$$\begin{aligned} J_e(-d_p) &= -\frac{D_n}{L_n}\left[n_c(-d_p) - \frac{n_i^2}{N_a}\right], \\ J_h(d_n) &= \frac{D_p}{L_p}\left[p_v(d_n) - \frac{n_i^2}{N_d}\right], \end{aligned} \quad \textbf{(29.46)}$$

de modo que a corrente total, (29.42), seja

$$j = \frac{eD_n}{L_n}\left[n_c(-d_p) - \frac{n_i^2}{N_a}\right] + \frac{eD_p}{L_p}\left[p_v(d_n) - \frac{n_i^2}{N_d}\right]. \quad \textbf{(29.47)}$$

Só nos resta encontrar as quantidades pelas quais as densidades de transportador minoritário diferem de seus valores de equilíbrio homogêneo nas fronteiras da camada de depleção. No equilíbrio encontramos a variação em densidades de transportador pela camada de depleção usando a expressão de equilíbrio (29.3) para a variação das densidades de transportador em um potencial $\phi(x)$. Observamos que esta expressão provém do fato de que em equilíbrio as correntes de desvio são iguais e opostas às correntes de difusão. No caso geral de não equilíbrio (por exemplo, na região de difusão), as correntes de desvio e difusão não estão em equilíbrio, e a Equação (29.3) não se mantém. No entanto, na camada de depleção há quase equilíbrio entre as correntes de desvio e difusão,[23] e, portanto, para a aproximação razoável as densidades de transportador realmente obedecem à equação (29.3), alterando por um fator $e^{-e\Delta\phi/k_BT}$ à medida que a camada de depleção é atravessada:

$$\begin{aligned} n_c(-d_p) &= n_c(d_n)e^{-e\Delta\phi/k_BT} = \left[n_c(d_n)e^{-e(\Delta\phi)_0/k_BT}\right]e^{eV/k_BT}, \\ p_v(d_n) &= p_v(-d_p)e^{-e\Delta\phi/k_BT} = \left[p_v(-d_p)e^{-e(\Delta\phi)_0/k_BT}\right]e^{eV/k_BT}. \end{aligned} \quad \textbf{(29.48)}$$

Quando $eV << E_g$, então V será pequeno em comparação a $(\Delta\phi)_0$, e as densidades de transportador no lado minoritário $[n_c(-d_p)$ e $p_v(d_n)]$ continuarão a ser muito pequenas comparadas a seus valores do lado majoritário $[n_c(-d_n)$ e $p_v(-d_p)]$, assim como são quando $V = 0$. Consequentemente, as condições para que a carga espacial desapareça nas fronteiras da camada de depleção,

$$\begin{aligned} n_c(d_n) - p_v(d_n) &= N_d, \\ p_v(-d_p) - n_c(-d_p) &= N_a, \end{aligned} \quad \textbf{(29.49)}$$

fornecem valores para as densidades de transportador majoritário $n_c(d_n)$ e $p_v(-d_p)$ que diferem de seus valores de equilíbrio N_d e N_a apenas por fatores que estão próximos à unidade. Assim, para uma excelente aproximação, quando $eV << E_g$,

[23] Isto se verifica no Problema 4.

$$\begin{aligned} n_c(-d_p) &= [N_d e^{-e(\Delta\phi)_0/k_BT}]e^{eV/k_BT}, \\ p_v(d_n) &= [N_a e^{-e(\Delta\phi)_0/k_BT}]e^{eV/k_BT}, \end{aligned} \quad \textbf{(29.50)}$$

ou, de modo equivalente,[24]

$$\begin{aligned} n_c(-d_p) &= \frac{n_i^2}{N_a}e^{eV/k_BT}, \\ p_v(d_n) &= \frac{n_i^2}{N_d}e^{eV/k_BT}. \end{aligned} \quad \textbf{(29.51)}$$

Substituindo estes resultados na expressão (29.47) para a corrente total, observamos que

$$j = en_i^2\left(\frac{D_n}{L_nN_a} + \frac{D_p}{L_pN_d}\right)(e^{eV/k_BT} - 1). \quad \textbf{(29.52)}$$

Isto tem a forma (29.26) com as correntes de geração dadas explicitamente por

$$\boxed{\begin{aligned} J_e^{\text{gen}} &= \left(\frac{n_i^2}{N_a}\right)\frac{D_n}{L_n}, \\ J_h^{\text{gen}} &= \left(\frac{n_i^2}{N_d}\right)\frac{D_p}{L_p}. \end{aligned}} \quad \textbf{(29.53)}$$

Se eliminarmos as constantes de difusão que aparecem em (29.53) com a ajuda de (29.37), as expressões para as correntes de geração estão de acordo com as estimativas aproximadas (29.40) e (29.41).

PROBLEMAS

1. *A camada de depleção em equilíbrio térmico*

(a) Mostre que a forma exata (não degenerada) (29.3) é mantida para a densidade de transportador, logo, a equação de Poisson [a qual aproximamos pela equação (29.13) no texto]) torna-se a seguinte equação diferencial para a variável $\psi = (e\phi + \mu - \mu_i)/k_BT$:

$$\frac{d^2\psi}{dx^2} = K^2\left(\sinh\psi - \frac{\Delta N(x)}{2n_i}\right), \quad \textbf{(29.54)}$$

[24] Resulta da forma (29.6) de $(\Delta\phi)_0$ e da forma (28.19) de n_i. Também se origina diretamente de (29.50), requerendo que ela forneça os valores corretos de equilíbrio $n_c(-d_p) = n_i^2/N_a$ e $p_v(d_n) = n_i^2/N_c$, quando $V = 0$.

onde $K^2 = 8\pi n_i e^2/k_B T\epsilon$, $\Delta N(x)$ é o perfil de dopagem, $\Delta N(x) = N_d(x) - N_a(x)$ e n_i e μ_i são a densidade de transportador e o potencial químico para uma amostra livre de impurezas na mesma temperatura.

(b) O texto discutiu o caso de uma junção *p-n* formada de material altamente extrínseco, com $N_d, N_a >> n_i$. No caso oposto de um semicondutor quase intrínseco levemente dopado, com

$$n_i \gg N_d, N_a, \quad \textbf{(29.55)}$$

podemos encontrar o potencial eletrostático em alta precisão para um perfil arbitrário de dopagem, como a seguir:

(i) Suponha que $\psi << 1$, tal que senh $\psi \approx \psi$. Mostre que a solução para (29.54) é, então, dada por:

$$\psi(x) = \frac{1}{2} K \int_{-\infty}^{\infty} dx' e^{-K|x-x'|} \frac{\Delta N(x')}{2n_i}. \quad \textbf{(29.56)}$$

(ii) Mostre que esta solução e (29.55) implicam que ψ é de fato muito menor do que 1, justificando a configuração inicial.

(iii) Mostre que se ΔN varia ao longo de mais de uma dimensão, então no caso quase intrínseco:

$$\phi(\mathbf{r}) = e \int d\mathbf{r}' \Delta N(\mathbf{r}') \frac{e^{-K|\mathbf{r}-\mathbf{r}'|}}{|\mathbf{r} - \mathbf{r}'|}. \quad \textbf{(29.57)}$$

(iv) O resultado anterior é idêntico em forma ao potencial blindado de Thomas-Fermi produzido por impurezas em um metal [equação (17.54)]. Mostre que o vetor de onda de Thomas-Fermi [equação (17.50)] para um gás de elétron livre tem exatamente a forma de K, exceto que v_F seja substituído pela velocidade térmica apropriada à estatística de Boltzmann, e a densidade de transportador deva ser tomada como $2n_i$. (Por que este último fator de 2?) A grandeza K é o comprimento de blindagem da teoria de Debye-Hückel.

(c) Pode-se obter alguma compreensão da solução geral para (29.54) pelo simples expediente de se alterar os nomes das variáveis:

$$\psi \to u, \quad x \to t, \quad K^2 \to \frac{1}{m}. \quad \textbf{(29.58)}$$

A equação descreve então o deslocamento u de uma partícula de massa m que se move sob a influência de uma força que depende da posição (u) e do tempo (t). No caso de uma junção abrupta, esta força é dependente de tempo antes e após $t = 0$. Esboce a "energia potencial" antes e após $t = 0$, e deduza a partir de seu esboço um argumento qualitativo de que a solução para (29.54) que se torna assintoticamente constante quando $x \to \pm\infty$ pode variar consideravelmente apenas na vizinhança de $x = 0$.

(d) Mostre que a conservação de "energia" antes e depois de $t = 0$ no modelo mecânico para a junção abrupta descrita anteriormente permite que se mostre que o potencial exato em $x = 0$ é aquele dado pela solução aproximada (29.14) mais uma correção $\Delta\phi$, dada por:

$$\Delta\phi = -\frac{kT}{e}\left(\frac{\sqrt{N_d^2 + 4n_i^2} - \sqrt{N_a^2 + 4n_i^2}}{N_d + N_a}\right). \quad \textbf{(29.59)}$$

Comente sobre quão importante esta correção a ϕ é e quão confiáveis as densidades de transportador (29.12) dadas pela solução aproximada (29.14) podem estar na região de depleção.

(e) Como em (d), encontre e discuta sobre o campo aproximado e o exato em $x = 0$.

2. *Derivação das relações de Einstein a partir da teoria cinética*

Mostre que as equações fenomenológicas (29.27) que relacionam as correntes de transportador ao campo elétrico e gradientes de densidade de transportador, seguem dos argumentos cinéticos elementares tal como foram usados no Capítulo 1, com mobilidades da forma (29.28) e (29.29), e constantes de difusão da forma

$$D = \tfrac{1}{3}\langle v^2\rangle\tau^{\text{col}}. \quad \textbf{(29.60)}$$

Mostre que as relações de Einstein (29.30) são satisfeitas desde que a velocidade térmica quadrada média $<v^2>$ seja dada pela estatística de Maxwell-Boltzmann.

3. *Relações de Einstein no caso degenerado*

Ao lidar com semicondutores não homogêneos degenerados deve-se generalizar as densidades de transportador de equilíbrio (29.3) para

$$\begin{aligned} n_c(x) &= n_c^0(\mu + e\phi(x)), \\ p_v(x) &= p_v^0(\mu + e\phi(x)), \end{aligned} \quad \textbf{(29.61)}$$

onde $n_c^0(\mu)$ e $p_v(\mu)$ são as densidades de transportador do semicondutor homogêneo como uma função do potencial químico.[25]

(a) Mostre que a expressão (29.9) para $\Delta\phi$ *e a interpretação que a precede* continua a resultar diretamente de (29.61).

(b) Mostre por uma leve generalização do argumento na página 652 que

$$\mu_n = eD_n\frac{1}{n}\frac{\partial n}{\partial \mu}, \qquad \mu_p = -eD_p\frac{1}{p}\frac{\partial p}{\partial \mu}. \quad \textbf{(29.62)}$$

[25] Observe que as formas funcionais de $n_c^0(\mu)$ e $p_v^0(\mu)$ *não* dependem da dopagem (apesar, naturalmente, de o valor de μ depender).

(c) Em um semicondutor não homogêneo, em não equilíbrio, com densidade de transportador $n_c(x)$ e $p_v(x)$, define-se às vezes *potenciais quasiquímicos* de elétron e buraco[26] $\tilde{\mu}_e(x)$ e $\tilde{\mu}_h(x)$ requerendo-se que as densidades de transportador tenham a forma de equilíbrio (29.61):

$$n_c(x) = n_c^0(\tilde{\mu}_e(x) + e\phi(x)), \qquad p_v(x) = p_v^0(\tilde{\mu}_h(x) + e\phi(x)). \quad \textbf{(29.63)}$$

Mostre que, como uma consequência das relações de Einstein (29.62), as correntes de desvio total mais de difusão são exatamente

$$\begin{aligned} J_e &= -\mu_n n_c \frac{d}{dx}\frac{1}{e}\tilde{\mu}_e(x), \\ J_h &= \mu_p p_v \frac{d}{dx}\frac{1}{e}\tilde{\mu}_h(x). \end{aligned} \quad \textbf{(29.64)}$$

Observe que estes têm a forma de correntes de desvio puro em um potencial eletrostático $\phi = (-1/e)\tilde{\mu}$.

4. *Correntes de Desvio e Difusão na Camada de Depleção*

Observando-se que o campo elétrico na camada de depleção é da ordem de $\Delta\phi/d$, $d = d_n$, e que as densidades de transportador lá excedem seus valores minoritários substancialmente (exceto nas bordas da camada), mostre que a suposição de que as correntes de desvio (e, consequentemente, de difusão) na camada de depleção excedem grandemente a corrente total é muito bem satisfeita.

5. *Campos na Região de Difusão*

Verifique a suposição de que o potencial ϕ sofre variação desprezível na região de difusão, estimando sua variação através da região de difusão como se segue:

(a) Encontre a corrente de desvio de elétron em d_n observando que a corrente total de elétron é contínua através da camada de depleção e calculando explicitamente a corrente de difusão de elétron em d_n.

(b) Observando que a densidade de elétron é muito próxima a N_d em d_n, encontre uma expressão para o campo elétrico em d_n necessário para produzir uma corrente de desvio calculada em (a).

(c) Admitindo que o campo encontrado em (b) estabelece a escala para o campo elétrico na região de difusão, mostre que a variação em ϕ através da região de difusão é da ordem de $(k_BT/e)(n_i/N_d)^2$.

(d) Por que isto é de fato desprezível?

[26] Já que não estamos em equilíbrio, $\tilde{\mu}_e$ não precisa ser igual a $\tilde{\mu}_h$.

6. *Corrente de saturação*

Calcule o tamanho da corrente elétrica de saturação em uma junção *p*-*n* na temperatura ambiente, se o gap de banda é 0,5 eV, as concentrações de doadores (ou receptores) $10^{18}/cm^3$, os tempos de recombinação 10^{-5} segundo, e os comprimentos de difusão 10^{-4} cm.

30 Defeitos em cristais

Termodinâmica de defeitos pontuais
Defeitos de Schottky e Frenkel
Recozimento
Condutividade elétrica de cristais iônicos
Centros de cor
Pólarons e éxcitons
Deslocamentos
Força de cristais
Crescimento de cristais
Falhas de empilhamento e contornos de grãos

Por defeito cristalino geralmente se quer dizer qualquer região em que o arranjo microscópico de íons difere drasticamente daquele de um cristal perfeito. Defeitos são chamados superfície, linha ou defeitos pontuais, de acordo com o fato de a região imperfeita ser ligada na escala atômica em uma, duas ou três dimensões.

Do mesmo modo que defeitos humanos, existe uma variedade infinita de muitos defeitos dos cristais, terríveis e deprimentes, mas alguns deles são fascinantes. Neste capítulo descreveremos algumas destas imperfeições cuja presença tem efeito profundo em pelo menos uma propriedade física principal do sólido. Pode-se argumentar que qualquer defeito satisfaz este teste. Por exemplo, a não homogeneidade isotrópica pode alterar tanto o espectro de fônon quanto o caráter do espalhamento de nêutrons. Os exemplos que consideraremos, no entanto, são um tanto mais drásticos.[1] Os dois tipos mais importantes de defeitos serão mencionados a seguir.

1. Vagas e intersticiais — São defeitos pontuais, que consistem na ausência de íons (ou presença de íons extras). Esses defeitos são inteiramente responsáveis pela condutividade elétrica observada em cristais iônicos e podem alterar profundamente suas propriedades ópticas (em particular, sua cor). Além disso, sua presença é um fenômeno de equilíbrio térmico normal, logo, eles podem constituir um aspecto intrínseco de cristais reais.

[1] Não só nossa escolha de defeitos é altamente seletiva, mas também incluímos no capítulo alguns fenômenos (pólarons e éxcitons) que, em geral, não são considerados defeitos. Isto porque eles têm fortes semelhanças com outros fenômenos que são considerados defeitos e, portanto, surgem naturalmente nesta discussão.

2. Deslocamentos — São defeitos de linha, apesar de provavelmente ausentes do cristal ideal em equilíbrio térmico, estão invariavelmente presentes em qualquer espécime real. Os deslocamentos são essenciais para explicar a força observada (ou melhor, a falta de força de cisalhamento) de cristais reais e as taxas observadas de crescimento de cristais.

DEFEITOS PONTUAIS: ASPECTOS TERMODINÂMICOS GERAIS

Defeitos pontuais podem ser encontrados mesmo no cristal em equilíbrio térmico, como ilustramos, considerando apenas o tipo mais simples: uma *vaga* ou *defeito de Schottky* em uma rede de Bravais monoatômica. Uma vaga ocorre sempre que um local da rede de Bravais, que seria normalmente ocupado por um íon no cristal perfeito, não tem nenhum íon associado a ele (Figura 30.1). Se o número, n, de tais vagas à temperatura T é uma variável termodinâmica extensiva (ou seja, se é proporcional ao número total de íons, N, quando N é muito grande), podemos então calcular seu tamanho minimizando o potencial termodinâmico apropriado. Se o cristal está à pressão constante P, isto será a energia livre de Gibbs,

$$G = U - TS + PV.$$

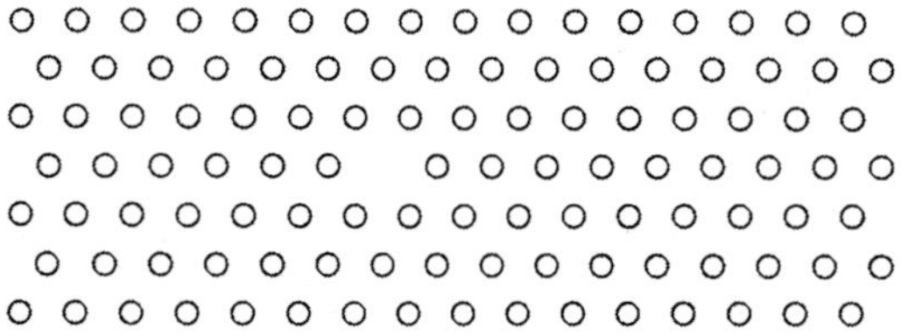

FIGURA 30.1

Uma porção de uma rede de Bravais monoatômica que contém uma vaga ou um defeito de Schottky.

Para se ver como G depende de n, é mais simples pensar em um cristal de N íons que contém n locais vagos, como um cristal perfeito de $(N + n)$ íons, do qual n íons foram removidos. Assim, o volume, $V(n)$, será, para a primeira aproximação, apenas $(N + n)v_0$, onde v_0 é o volume por íon no cristal perfeito.

Para qualquer escolha em particular dos n locais a ser privados de seus íons podemos, a princípio, calcular $F_0(n) = U - TS$ para aquele cristal imperfeito específico. Se n é muito pequeno[2] em comparação com N, poderíamos esperar que isto dependesse apenas do número de vagas, mas não de seu arranjo espacial.[3] Devemos adicionar S à entropia para a configuração fixa de vagas, outra contribuição S^{config} expressando a desordem que surge dos $(N + n)!/N!n!$ modos de se escolher os n locais vazios dentre os $N + n$:

---

[2] Isto não é inconsistente com nossa afirmativa de que n é uma variável extensiva de ordem N. A extensividade requer $\lim_{N\to\infty}(n/N) \neq 0$. No entanto, sendo n pequeno em comparação a N requer não que o limite desapareça, mas apenas que ele seja menor que a unidade. Este é sempre o caso para defeitos pontuais em cristais. De fato, se o número de defeitos fosse próximo ao número de íons, não teríamos nada a dizer de um cristal.

[3] Certamente não será verdadeiro para configurações em que números suficientes de vagas ficassem muito próximas, já que a presença de uma pode então afetar a energia requerida para formar a outra. No entanto, quando $n << N$, essas configurações serão raras.

$$S^{\text{config}} = k_B \ln \frac{(N+n)!}{N!n!}. \quad \textbf{(30.1)}$$

Assim, a energia livre de Gibbs total é

$$G(n) = F_0(n) - TS^{\text{config}}(n) + P(N+n)v_0. \quad \textbf{(30.2)}$$

Empregando a fórmula de Stirling, válida para X grande,

$$\ln X! \approx X(\ln X - 1) \quad \textbf{(30.3)}$$

podemos avaliar

$$\frac{\partial S^{\text{config}}}{\partial n} = k_B \ln\left(\frac{N+n}{n}\right) \approx k_B \ln\left(\frac{N}{n}\right); \qquad n \ll N, \quad \textbf{(30.4)}$$

e, portanto,

$$\frac{\partial G}{\partial n} = \frac{\partial F_0}{\partial n} + Pv_0 - k_B T \ln\left(\frac{N}{n}\right). \quad \textbf{(30.5)}$$

Quando $n << N$, podemos definir

$$\frac{\partial F_0}{\partial n} \approx \left.\frac{\partial F_0}{\partial n}\right|_{n=0} = \varepsilon, \quad \textbf{(30.6)}$$

onde ε é independente de n. Portanto, (30.5) nos diz que G é minimizado por

$$n = Ne^{-(\varepsilon + Pv_0)/k_B T}. \quad \textbf{(30.7)}$$

Para calcular ε poderíamos (como no Capítulo 22) escrever a energia potencial total de uma típica $(N + n)$ rede de íons com n vagas como $U = U^{\text{eq}} + U^{\text{harm}}$ [veja a equação (22.8)]. Poderíamos então calcular F_0 a partir da função de partição

$$e^{-\beta F_0} = \sum_E e^{-\beta E} = e^{-\beta U^{\text{eq}}} \sum_{E_{\text{harm}}} e^{-\beta E_{\text{harm}}}, \qquad \beta = \frac{1}{k_B T}, \quad \textbf{(30.8)}$$

onde E^{harm} passa pelos autovalores da parte harmônica da Hamiltoniana. Evidentemente, isto produzirá um F_0, que é a energia potencial de equilíbrio da rede com vagas mais a energia livre dos fônons

$$F_0 = U^{\text{eq}} + F^{\text{ph}}. \quad \textbf{(30.9)}$$

O segundo termo é geralmente pequeno em comparação ao primeiro, de tal forma que para a primeira aproximação, ε é exatamente

$$\varepsilon_0 = \left.\frac{\partial U^{\text{eq}}}{\partial n}\right|_{n=0}, \textbf{(30.10)}$$

a energia potencial independente de temperatura requerida para se remover um íon. Em pressões normais (por exemplo, atmosférica), Pv_0 é desprezível em comparação e, portanto,

$$n = Ne^{-\beta\varepsilon_0}. \textbf{(30.11)}$$

Como se pode esperar que ε_0 seja da ordem de elétron-volts,[4] n/N será, de fato, pequeno, mas diferente de zero.

A correção de fônon para (30.11) a partir do segundo termo em (30.9) geralmente aumenta um pouco n. Isto porque a introdução de vagas tende a diminuir algumas das frequências de modo normal (e, consequentemente, as energias de fônon associadas), levando deste modo a um $\partial F^{ph}/\partial n$ negativo. Um modelo simples deste efeito é discutido no Problema 1.

A análise anterior supôs que apenas um tipo de defeito pontual pode ocorrer: uma vaga em um local da rede de Bravais. Em geral, é claro, pode haver mais de um tipo de vaga (em redes poliatômicas). Existe também a possibilidade de íons extras ocuparem regiões não ocupadas no cristal perfeito, um tipo de defeito pontual conhecido como *intersticial*. Assim, deve-se generalizar essa análise para permitir n_j defeitos pontuais do tipo de ordem j. Se todos os n_j forem pequenos em comparação a N, cada tipo de defeito ocorrerá em números dados pela generalização óbvia de (30.7) (ignorando-se a pequena correção Pv_0):

$$n_j = N_j e^{-\beta\varepsilon_j}, \quad \varepsilon_j = \left.\frac{\partial F_0}{\partial n_j}\right|_{n_j=0}, \textbf{(30.12)}$$

onde N_j é o número de locais em que um defeito do tipo j pode ocorrer.

Os ε_j são geralmente muito grandes se comparados a k_BT, logo, n_1 será muito maior do que todos os outros n_j, ou seja, o defeito com o menor ε_j será predominantemente o tipo mais abundante.

Entretanto, a equação (30.12) apenas está correta se os números de cada tipo de defeito são independentes, já que ela segue da minimização da energia livre, independentemente, em relação a todos os n_j. Se houver restrições dentre os n_j, deve-se reexaminar o problema. A mais importante dessas restrições é a neutralidade de carga. Não podemos ter um conjunto de defeitos que consiste inteiramente de vagas de íons positivos em um cristal iônico, sem criar uma carga positiva desequilibrada, com sua energia de Coulomb proibitivamente grande. Esse excesso de carga deve ser equilibrado ou por intersticiais de

[4] Esperaríamos que fosse aproximadamente da intensidade da energia coesiva por partícula (veja o Capítulo 20).

íon positivo, vagas de íon negativo ou alguma combinação destes.[5] Assim, a energia livre deve ser minimizada sujeita à restrição:

$$0 = \sum q_j n_j, \quad \textbf{(30.13)}$$

onde q_j é a carga do tipo de defeito de ordem j ($q_j = +e$ para uma vaga de íon negativa ou intersticial de íon positivo, e $q_j = -e$ para uma vaga de íon positiva ou intersticial de íon negativo). Se introduzirmos um multiplicador de Lagrange λ, pode-se levar a restrição em consideração, minimizando não G, mas $G + (\lambda \Sigma q_j n_j)$. Chega-se então à substituição de (30.12) por

$$n_j = N_j e^{-\beta(\varepsilon_j + \lambda q_j)}, \quad \textbf{(30.14)}$$

onde a incógnita λ é determinada pelo requerimento de que (30.14) satisfaça a restrição (30.13).

Em geral, o mais baixo ε_j para cada tipo de carga é separado em energia por muitos $k_B T$ do próximo mais baixo.[6] Consequentemente, haverá um tipo dominante de defeito de cada carga, cujos números são dados por

$$\begin{aligned} n_+ &= N_+ e^{-\beta(\varepsilon_+ + \lambda e)} \\ n_- &= N_- e^{-\beta(\varepsilon_- + \lambda e)}, \qquad \varepsilon_\pm = \min_{(q_j = \pm e)} (\varepsilon_j) \end{aligned} \quad \textbf{(30.15)}$$

Já que as densidades de todos os outros tipos de defeitos satisfazem

$$\begin{aligned} n_j &\ll n_+, \quad q_j = +e, \\ n_j &\ll n_-, \quad q_j = -e, \end{aligned} \quad \textbf{(30.16)}$$

a neutralidade de carga requer para alta precisão que

$$n_+ = n_-. \quad \textbf{(30.17)}$$

Como (30.15) também requer

$$n_+ n_- = N_+ N_- e^{-\beta(\varepsilon_+ + \varepsilon_-)}, \quad \textbf{(30.18)}$$

encontramos que

$$n_+ = n_- = \sqrt{N_+ N_-}\, e^{-\beta(\varepsilon_+ + \varepsilon_-)/2}. \quad \textbf{(30.19)}$$

---

[5] Ignoramos a possibilidade de formação de centro de cor. Veja adiante.

[6] Quando este não for o caso, não se pode fazer a distinção desenvolvida a seguir entre defeitos de Schottky e Frenkel (veja o Problema 2).

Assim, a restrição de neutralidade de carga reduz a concentração de tipo de defeito mais abundante e aumenta a concentração do tipo mais abundante da carga oposta. Ela o faz de modo que altera os valores que eles teriam na ausência de uma restrição para o meio geométrico daqueles valores.

Mesmo em cristais iônicos diatômicos simples, existem diversos modos nos quais a neutralidade de carga pode assim ser atingida (Figura 30.2). Podem haver essencialmente números iguais de vagas de íons positivos e negativos, conhecidos também, neste contexto, como *defeitos de Schottky*. Por outro lado, existem essencialmente números iguais de vagas e intersticiais do mesmo íon, conhecidos como *defeitos de Frenkel*. Haletos alcalinos apresentam defeitos do tipo Schottky; haletos de prata, do tipo de Frenkel. (A terceira possibilidade, números iguais de intersticiais de íons positivos e negativos, não parece ocorrer, sendo as intersticiais, em geral, mais dispendiosas em energia do que vagas do mesmo íon.)

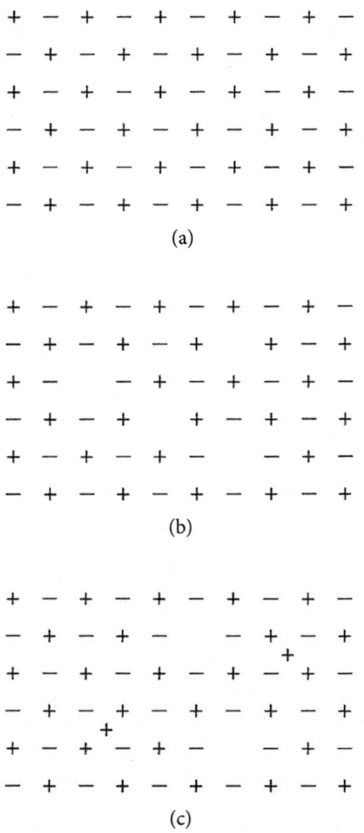

FIGURA 30.2

(a) Um cristal iônico perfeito. (b) Um cristal iônico com defeitos pontuais do tipo Schottky (números iguais de vagas de íons positivas e negativas). (c) Um cristal iônico com defeitos do tipo Frenkel (números iguais de vagas e intersticiais de íon positivo).

DEFEITOS E EQUILÍBRIO TERMODINÂMICO

É pouco provável que os defeitos *de linha* e *de superfície* possam, como defeitos pontuais, ter concentração que não desapareça em equilíbrio térmico. A energia de formação de um desses defeitos mais estendidos será proporcional às dimensões lineares ($N^{1/3}$) ou área transversal ($N^{2/3}$) do cristal. No entanto, o número de meios de se introduzir uma [contanto que ela não seja excessivamente "ondulada" (linhas) ou "oscilante" (superfícies)] não parece ser mais que logarítmico em N, como para os defeitos pontuais. Assim, apesar de o custo de energia de um único defeito pontual (independente de N) ser mais que compensado pelo ganho em entropia (da ordem de ln N), isto provavelmente não é o caso para os defeitos de linha e de superfície.

Os defeitos de linha e de superfície são, com toda a probabilidade, configurações metaestáveis do cristal. Entretanto, o equilíbrio térmico pode muito bem ser abordado de forma tão lenta que, para fins práticos, os defeitos podem ser considerados congelados. Também é fácil arranjar concentrações de não equilíbrio de defeitos pontuais, que podem ter considerável permanência (por exemplo, rapidamente resfriando um cristal que estava em equilíbrio). A concentração de equilíbrio de defeitos pontuais pode ser trazida de volta à forma de Maxwell-Boltzmann, e a densidade de defeitos de linha e de superfície, reduzida de modo correspondente em direção a zero pela lenta aplicação e remoção de calor. A restauração de concentrações de defeitos de equilíbrio realizada desse modo é conhecida como *recozimento*.

DEFEITOS PONTUAIS: A CONDUTIVIDADE ELÉTRICA DE CRISTAIS IÔNICOS

Cristais iônicos, isolantes eletrônicos *por excelência*, têm condutividade elétrica que não desaparece. Resistividades típicas dependem sensivelmente da temperatura e da pureza do espécime e podem variar, em cristais de haletos alcalinos, de 10^2 a 10^8 ohm-cm (que deve ser comparado às resistividades metálicas típicas, que são da ordem de microhm centímetros). A condução não se deve à excitação térmica de elétrons das bandas de valência para a de condução, como nos semicondutores [equação (28.20)], já que o gap de banda é tão grande que poucos, se algum, dos 10^{23} elétrons podem ser excitados. Há evidências diretas de que a carga é transportada não por elétrons, mas pelos próprios íons. Após a passagem de uma corrente, átomos que correspondem aos íons adequados são encontrados depositados nos eletrodos em números proporcionais à carga total transportada pela corrente.

A habilidade dos íons de assim transportar é muito acentuada pela presença de vagas. Muito menos trabalho é necessário para se mover uma vaga através de um cristal do que forçar um íon através do denso arranjo iônico de um cristal perfeito (Figura 30.3).

Há evidências em abundância de que a condução iônica depende do movimento de vagas. Observa-se que a condutividade aumenta exponencialmente com a temperatura em $1/T$, refletindo a dependência na temperatura da concentração de vagas em equilíbrio térmico (30.14).[7] Além disso, em baixas temperaturas, encontra-se que a condutividade

[7] Isto por si só não é totalmente convincente, já que a constante de difusão iônica, que depende da probabilidade de o íon ter energia térmica para cruzar uma barreira potencial também variará exponencialmente em $1/T$. Consequentemente, também variará a mobilidade e a condutividade (veja o Capítulo 29 para definições de constante de difusão e mobilidade.)

de um cristal iônico monovalente dopado com impurezas bivalentes (por exemplo, Ca no NaCl) é proporcional à concentração de impurezas bivalentes, apesar do fato de que o material depositado no catodo continua a ser o átomo monovalente. Como apresentado na Figura 30.4, a importante função da impureza é forçar, pela neutralidade de carga, a criação de uma vaga de Na^+ para cada íon Ca^{++} incorporado de modo substitucional na rede em um local de Na^+.[8] Assim, quanto mais Ca introduzido, maior o número de vagas de Na^+, e maior a condução.[9]

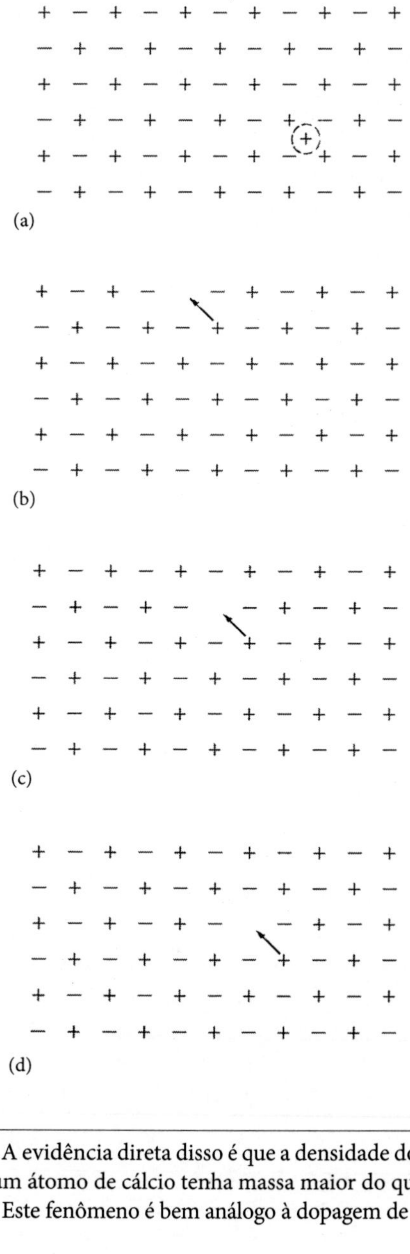

FIGURA 30.3

(a) É muito difícil mover um íon extra carregado positivamente através de um cristal perfeito. No entanto, pelo movimento sucessivo de íons carregados positivamente para dentro das vagas vizinhas, (b)–(d), uma unidade de carga positiva pode ser movida com relativa facilidade por todo o cristal.

[8] A evidência direta disso é que a densidade do cristal dopado é menor do que aquela do cristal puro, mesmo que um átomo de cálcio tenha massa maior do que a do sódio.

[9] Este fenômeno é bem análogo à dopagem de impurezas em semicondutores (veja o Capítulo 28 e o Problema 3).

CENTROS DE COR

Indicamos que a neutralidade de carga requer que as vagas do constituinte de um cristal iônico diatômico se equilibrem, ou por um número igual de intersticiais do mesmo constituinte (Frenkel) ou por um número igual de vagas do outro constituinte (Schottky). Também é possível, entretanto, equilibrar-se a carga faltante de uma vaga de íon negativo com um elétron localizado na vizinhança do defeito de ponto cuja carga ele esteja substituindo.

Pode-se considerar esse elétron como ligado a um centro efetivamente carregado positivamente e, em geral, terá um espectro de níveis de energia.[10] As excitações entre estes níveis produzem uma série de linhas ópticas de absorção bem análogas àquelas dos átomos individuais isolados. Estas energias de excitação ocorrem na banda oticamente proibida entre $\hbar\omega_T$ e $\hbar\omega_L$, para o cristal perfeito (veja o Capítulo 27), e portanto chama a atenção como picos notáveis no espectro de absorção óptica (Figura 30.5). Estas e outras estruturas iguais de defeito-elétron são conhecidas como centros de cor, pois sua presença fornece uma cor forte para outro cristal perfeito, antes transparente.

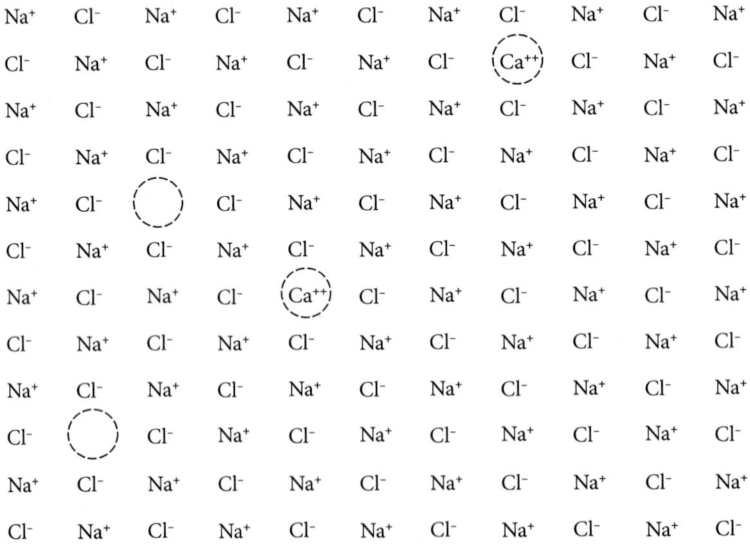

Figura 30.4

A introdução de n íons Ca^{++} em NaCl resulta em n íons Na^+ substituídos por Ca^{++} e na criação de um adicional de n vagas Na^+ para preservar a neutralidade de carga.

Centros de cor foram muito estudados nos haletos alcalinos, que podem ser coloridos por exposição à radiação X ou γ (com a resultante produção de defeitos por fótons de energia altíssima) ou, de forma instrutiva, pelo aquecimento de um cristal de haleto alcalino em um vapor do metal alcalino. Neste último caso, o excesso de átomos alcalinos (cujos

[10] Veja o Problema 5.

números podem variar de um em 10^7 a tanto quanto um em 10^3) são incorporados no cristal, como a análise química subsequente demonstra. No entanto, a densidade de massa do cristal colorido diminui em proporção à concentração de excesso de átomos alcalinos, demonstrando que os átomos não são absorvidos de forma intersticial. Em vez disso, os átomos do metal alcalino são ionizados e assumem posições nos sítios de uma sub-rede perfeita carregada positivamente, e o excesso de elétrons liga-se a um número igual de vagas de íons negativos (Figura 30.6).

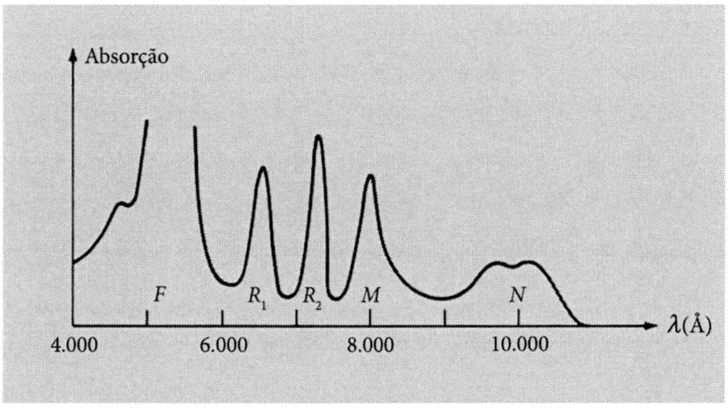

FIGURA 30.5

O espectro de absorção de KCl mostra picos associados a várias combinações de centros *F*. Por exemplo, o próprio centro *F*, o centro *M* e o centro *R*. (Silsbee, R. H. *Phys. Rev.*, A180, p. 138, 1965.)

FIGURA 30.6

O aquecimento de um cristal de haleto alcalino no vapor do metal alcalino pode produzir um cristal com excesso de íons alcalinos. Há uma concentração correspondente de vagas de íon negativos cujos locais estão agora ocupados pelos elétrons (altamente localizados) em excesso.

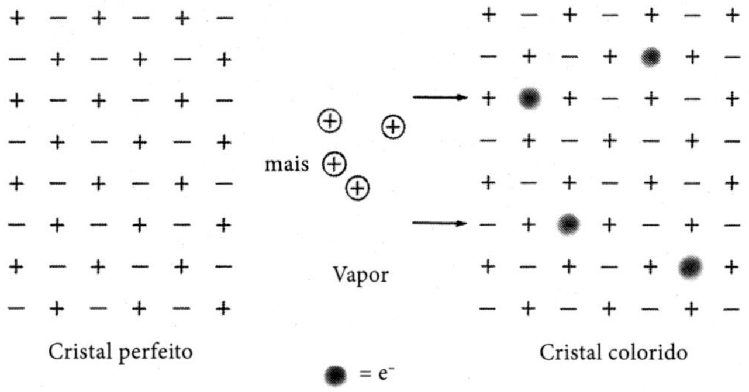

Evidências surpreendentes para a validade deste quadro são fornecidas pelo fato de que o espectro de absorção assim produzido não é substancialmente alterado se, por exemplo, aquecermos cloreto de potássio em um vapor de sódio ao invés de metal de potássio. Isto confirma o fato de que o papel principal dos átomos metálicos é introduzir vagas de íon negativo e suprir o elétron neutralizante, cujos níveis de energia produzem o espectro de absorção.

Um elétron ligado a uma vaga de íon negativo (conhecida como um centro *F*[11]) é capaz de reproduzir muitos dos aspectos qualitativos de espectros atômicos comuns, com a complicação adicional de que ele se move em um campo de simetria cúbica, ao invés de esférica.

[11] Abreviação para o alemão *Farbzentrum*.

Isto permite que se exercite o conhecimento da teoria de grupo (por exemplo, como multipletos de momento angular são divididos por campos cúbicos). De fato, pressionando-se o cristal pode-se reduzir a simetria cúbica, produzindo perturbações diagnósticas, que são úteis para o desembaraço de uma profusão de estrutura adicional no espectro de absorção. A estrutura extra encontra-se presente porque o centro *F* simples não é o único modo que elétrons e vagas podem conspirar para colorir o cristal.[12] Duas outras possibilidades são: (a) o centro *M* (Figura 30.7a), no qual duas vagas de íon negativo vizinhas em um plano (100) ligam-se a dois elétrons; e (b) o centro *R* (Figura 30.7b), no qual três vagas de íon negativo vizinhas em um plano (111) ligam-se a três elétrons.

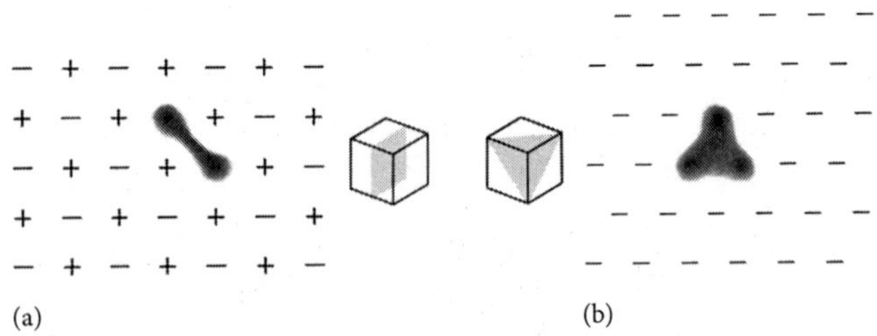

Figura 30.7
(a) O centro *M*, no qual duas vagas vizinhas de íon negativo em um plano (100) ligam dois elétrons; (b) o centro *R*, no qual três vagas de íon negativo em um plano (111) ligam três elétrons.

Demonstrar que estas diversas categorias de defeitos eram, de fato, responsáveis pelos espectros observados exigiu considerável engenhosidade. A identificação é possível pela observação de que cada uma tem uma resposta característica aos efeitos de estresse ou campos elétricos em sua estrutura de nível.

As ressonâncias na absorção óptica produzida por centros de cor não são nem de perto tão pronunciadas quanto aquelas produzidas pela excitação de átomos isolados. Isto porque a espessura da linha é inversamente proporcional à meia-vida do estado excitado. Átomos isolados só podem decair radiativamente, o que é um processo relativamente lento, mas o "átomo" representado por um centro *F* é fortemente acoplado ao restante do sólido e pode perder sua energia pela emissão de fônons.

Pode-se pensar que, mediante o aquecimento de um cristal de haleto alcalino em gás *halogênio*, também se introduzem vagas de metal alcalino com os quais buracos poderiam ser ligados. Mas estes *antimorfos* ao centro *F* e seus primos não foram observados. Buracos podem se ligar a imperfeições pontuais, mas não se observou que as imperfeições sejam vagas de íon positivo. De fato, o centro de buraco mais estudado, o centro V_{k-}, não se baseia em nenhuma vaga, mas apenas na possibilidade de um buraco ligar dois íons negativos vizinhos (por exemplo, cloro) em algo que tem um espectro bem parecido com Cl_2^- (Figura 30.8). Um "centro de buraco" semelhante, o centro *H*, aparentemente resulta de um íon de cloro intersticial sendo assim ligado a um íon de rede (simetricamente situado) por um buraco (Figura 30.9). Ou seja, a molécula de cloro simplesmente ionizada é forçada a ocupar

[12] Ele é, no entanto, o mais abundante dos centros.

um único local de íon negativo. Os espectros dos centros V_k e H são semelhantes o bastante para ter impedido esforços para estabelecer classificações definitivas.

FIGURA 30.8

Centros de cor que envolvem a ligação de buracos não envolvem vagas de íon positivo. O centro V_k baseia-se na possibilidade de um buraco ligar dois íons negativos vizinhos.

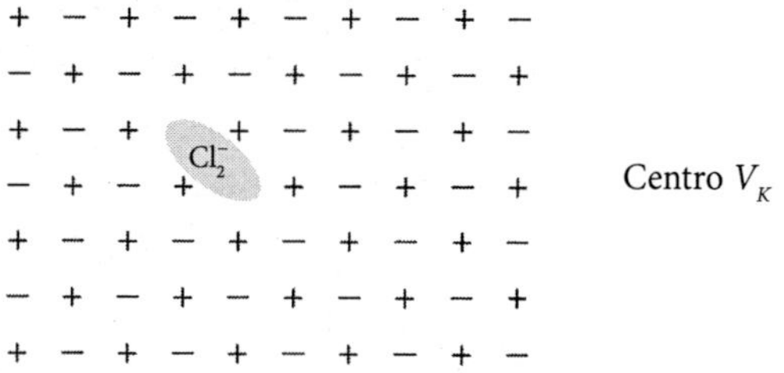

FIGURA 30.9

O centro H, que parece resultar da ligação (por um buraco) de um íon de cloro intersticial a um íon de rede simetricamente situado. O resultado é uma molécula de cloro individualmente ionizada forçada a ocupar um único local de íon negativo.

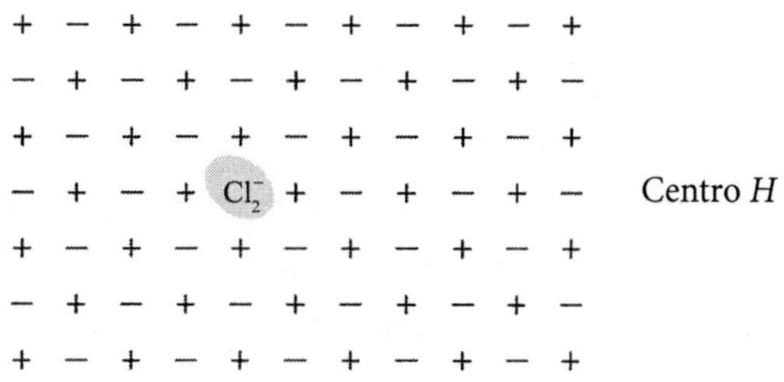

Tendo iniciado o diagnóstico e a construção de centros de cor, pode-se continuar por algum tempo. Por exemplo, pode-se buscar, ou fazer, um centro F simples no qual um dos seis íons positivos vizinhos mais próximos foi substituído por uma impureza (Figura 30.10). Tem-se, então, um centro F_A, cuja simetria reduzida encanta espectroscopistas.

FIGURA 30.10

O centro F_A, no qual um dos seis íons positivos vizinhos mais próximos que circundam uma vaga de íon negativo é substituído por um íon de impureza, deste modo diminuindo a simetria dos níveis do elétron ligado. Este tipo de conjunção de impureza e vaga é geralmente energeticamente favorável.

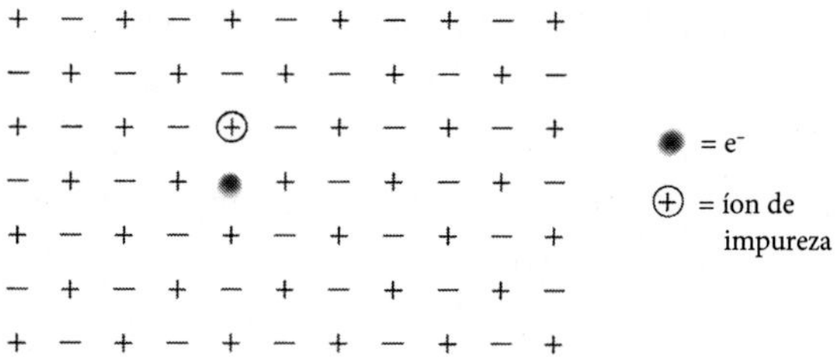

Finalmente, prosseguindo na busca por opostos, poderíamos perguntar se o antimorfo do centro V_k foi observado: um elétron localizado, servindo para ligar dois íons vizinhos carregados positivamente. Como (por exemplo) moléculas de Cl_2 existem (ligadas covalentemente) e moléculas de Na_2, em geral, não, a resposta é não. De fato, a assimetria entre centros de elétron e de buraco é precisamente devida à crucial diferença nos elétrons de valência do sódio (nível s) e do cloro (nível p), que formam ligações covalentes apenas no último caso. No entanto, algo bem menos localizado do que o antimorfo de V_k realmente existe, e é conhecido como *pólaron*.

PÓLARONS

Quando um elétron é introduzido na banda de condução de um cristal iônico perfeito, pode ser energeticamente favorável que ele se mova em um nível espacialmente localizado, acompanhado por uma deformação local no arranjo iônico previamente perfeito (ou seja, uma polarização da rede) que serve para blindar seu campo e reduzir sua energia eletrostática. Essa entidade (elétron mais polarização de rede induzida) é bem mais móvel do que os defeitos que descrevemos até agora, e em geral não se considera um defeito, mas uma importante complicação na teoria de mobilidade de elétron em cristais iônicos ou parcialmente iônicos. Teorias de pólarons são bem complexas, já que requerem que se considere a dinâmica de um elétron que está fortemente acoplado aos graus iônicos de liberdade.[13]

ÉXCITONS

Os defeitos pontuais mais óbvios de íons faltantes (vagas), excesso de íons (intersticiais) ou o tipo errado de íons (impurezas substitucionais). Uma possibilidade mais sutil é o caso de um íon em um cristal perfeito, que difere de seus colegas apenas estando em um estado eletrônico excitado. Tal "defeito" é chamado *éxciton de Frenkel.* Qualquer íon é capaz de ser assim excitado, e já que o acoplamento entre os subníveis eletrônicos externos de íons é forte, a energia de excitação pode realmente ser transferida de íon para íon. Assim, o éxciton de Frenkel pode se mover pelo cristal sem que os próprios íons tenham que mudar de lugar, como resultado do que é (como o pólaron) bem mais móvel do que as vagas, as intersticiais ou as impurezas substitucionais. De fato, para a maioria dos propósitos, é melhor pensar sobre o éxciton como não estando sequer localizado. É mais correto descrever a estrutura eletrônica de um cristal que contém um éxciton como superposição quantum-mecânica de estados, na qual é igualmente provável que a excitação seja associada com qualquer íon no cristal. Esta última visão tem a mesma relação com os íons específicos excitados, como os níveis de ligação forte de Bloch (Capítulo 10) têm com níveis atômicos individuais, na teoria de estruturas de bandas.

Assim, provavelmente o éxciton seja mais considerado uma das mais complexas manifestações de estrutura de bandas eletrônicas do que um defeito do cristal. De fato, uma vez que se reconhece que a descrição própria de um éxciton é realmente um problema na estrutura de banda eletrônica, pode-se adotar uma visão bem diferente do mesmo fenômeno.

Suponha que tenhamos calculado o estado fundamental eletrônico de um isolante na aproximação eletrônica independente. O estado excitado mais baixo do isolante será evidentemente fornecido pela remoção de um elétron do nível mais alto na banda ocupada

---

[13] Duas referências gerais sobre pólarons são: Kuper, C. G.; Whitfield, G. D. (eds.). *Polarons and excitons.* Nova York: Plenum Press, 1963, e o artigo de Appel, J. In *Solid state physics.* v. 21. Nova York: Academic Press, 1968. p. 193. (Advertimos o leitor de que nossa introdução do pólaron como antimorfo móvel do centro V_K reflete apenas nossos intensos esforços pela continuidade literária. Não é o ponto de vista ortodoxo.)

mais alta (a banda de valência) e por sua colocação no nível mais baixo da banda desocupada mais baixa (banda de condução).[14] Esse rearranjo da distribuição de elétrons não altera o potencial periódico autoconsistente no qual eles se movimentam [equações (17.7) ou (17.15)]. Isto porque os elétrons de Bloch não são localizados (já que $|\psi_{nk}(r)|^2$ é periódico) e, portanto, a variação na densidade de carga local produzida pela troca do nível de um único elétron será da ordem de $1/N$ (já que apenas um N-ésimo da carga do elétron estará em qualquer determinada célula), isto é, extremamente pequena. Assim, os níveis de energia eletrônica não têm que ser recalculados para a configuração excitada, e o primeiro estado excitado será a energia $\varepsilon_c - \varepsilon_v$ acima da energia do estado fundamental, onde ε_c é o mínimo da banda de condução e ε_v, o máximo da banda de valência.

No entanto, há outro meio de obter um estado excitado. Suponha que formemos um nível monoeletrônico superpondo muitos níveis próximos ao mínimo da banda de condução para formar um pacote de onda bem localizado. Como precisamos de níveis na vizinhança do mínimo para produzir o pacote de onda, a energia $\bar{\varepsilon}_c$ do pacote de onda será um pouco maior do que ε_c. Além disso, suponha que o nível de banda de valência que despovoamos seja também um pacote de onda, formado de níveis na vizinhança do máximo de banda de valência (de tal forma que sua energia $\bar{\varepsilon}_v$ seja um pouco menor que ε_v), e escolhido de modo que o centro do pacote de onda esteja espacialmente bem próximo ao centro do pacote de onda da banda de condução. Se ignorássemos as interações elétron-elétron, a energia necessária para mover um elétron dos pacotes de onda da banda de valência para a de condução seria $\bar{\varepsilon}_c - \bar{\varepsilon}_v > \varepsilon_c - \varepsilon_v$, mas como os níveis são localizados, haverá também uma quantidade não desprezível de energia de Coulomb negativa em virtude da atração eletrostática do elétron da banda de condução (localizado) e do buraco da banda de valência (localizado).

Esta energia eletrostática negativa adicional pode reduzir a energia total de excitação a uma quantidade que é menor do que $\varepsilon_c - \varepsilon_v$, logo o tipo mais complicado de estado excitado, no qual o elétron da banda de condução é espacialmente correlacionado ao buraco da banda de valência que ele deixou para trás, é o verdadeiro estado excitado mais baixo do cristal. A evidência para tanto é (a) o início de absorção óptica em energias abaixo do limiar *continuum* interbandas (Figura 30.11), e (b) o argumento teórico elementar a seguir, indicando ser sempre melhor explorar a atração elétron-buraco.

Vamos considerar o caso no qual os níveis de elétrons de buracos localizados estendam-se a muitas constantes de rede. Podemos então fazer o mesmo tipo de argumento semiclássico que utilizamos para deduzir a forma dos níveis de impureza em semicondutores (Capítulo 28). Consideramos o elétron e o buraco partículas de massas m_c e m_v — as massas efetivas de bandas de condução e de valência [veja (28.3)], que tomamos, para simplificar, como isotrópicas. Elas interagem mediante a interação de Coulomb atrativa blindada pela constante dielétrica ϵ do cristal. Evidentemente, isto é apenas o problema do átomo de hidrogênio,

[14] Utilizamos a nomenclatura introduzida na página 609.

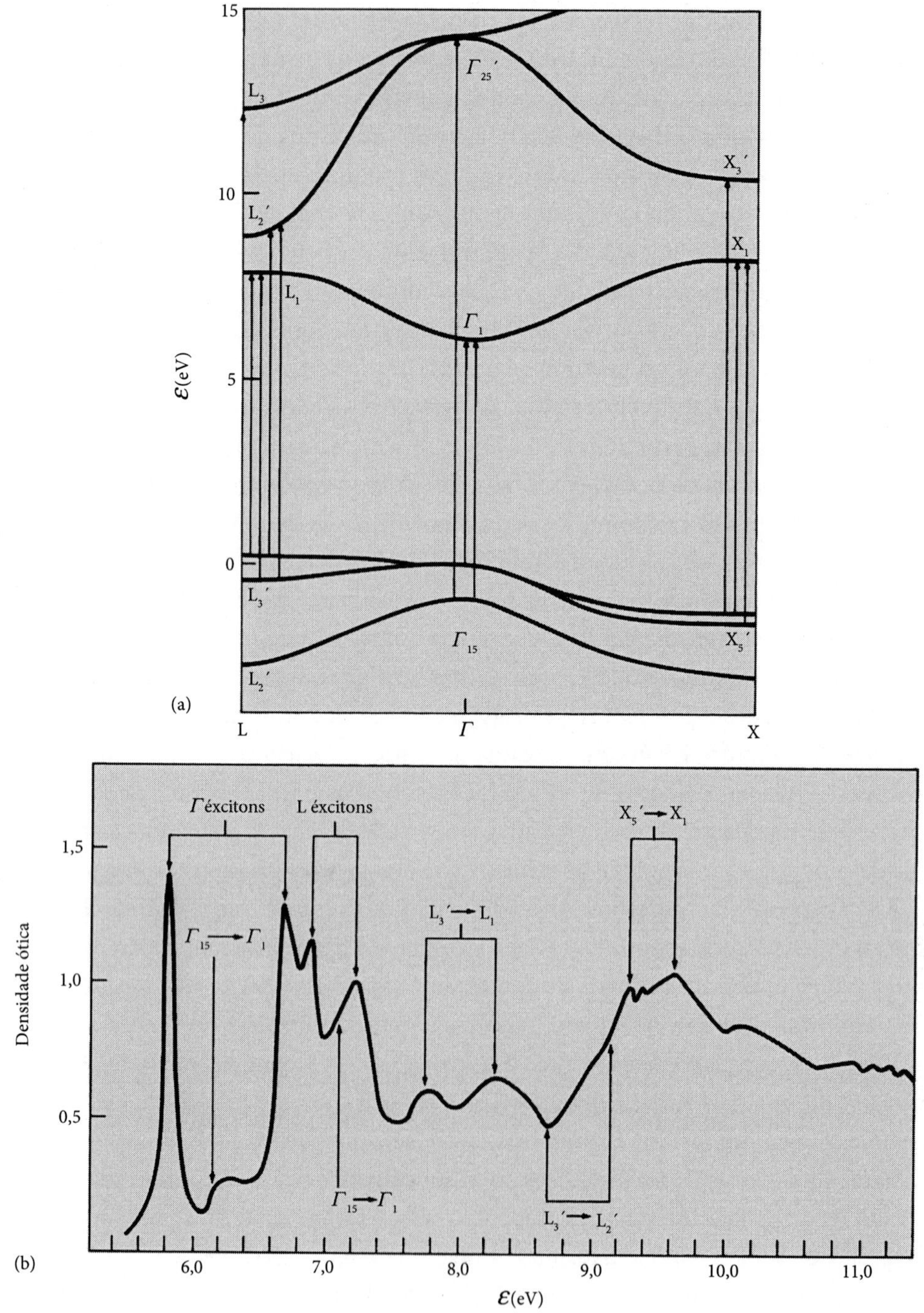

Figura 30.11

(a) A estrutura de bandas de KI, como inferido por J. C. Phillips (*Phys. Rev.*, 136, p. A1705, 1964) de seu espectro de absorção óptica. (b) O espectro de éxciton associado às várias máximas e mínimas de banda de condução e de valência. (Por Eby, J. E.; Teegarden, K. J.; Dutton, D. B. *Phys. Rev.*, 116, p. 1099, 1959, como resumido por Phillips, J. C. Fundamental optical spectra of solids. *In Solid state physics*. v. 18. Nova York: Academic Press, 1966.)

com a massa reduzida μ do átomo de hidrogênio ($1/\mu = 1/M_{\text{próton}} + 1/m_{\text{elétron}} \approx 1/m_{\text{elétron}}$) substituída pela massa efetiva reduzida m^* ($1/m^* = 1/m_c + 1/m_v$) e a carga eletrônica substituída por e^2/ϵ. Deste modo, existirão estados ligados, o mais baixo deles se estende sobre um raio de Bohr dado por:

$$a_{ex} = \frac{\hbar^2}{m^*(e^2/\epsilon)} = \epsilon \frac{m}{m^*} a_0. \quad \mathbf{(30.20)}$$

A energia do estado ligado será menor do que a energia ($\varepsilon_c - \varepsilon_v$) do elétron e buraco que não interagem por

$$\begin{aligned} E_{ex} &= \frac{(e^2/\epsilon)}{2a_0^*} = \frac{m^*}{m}\frac{1}{\epsilon^2}\frac{e^2}{2a_0} \\ &= \frac{m^*}{m}\frac{1}{\epsilon^2}(13{,}6)\text{eV}. \end{aligned} \quad \mathbf{(30.21)}$$

A validade deste modelo requer que a_{ex} seja grande na escala de uma rede (ou seja, $a_{ex} >> a_0$), mas já que isolantes com gaps de energia pequenos tendem a ter massas efetivas pequenas e constantes dielétricas grandes, isto não é difícil de alcançar, particularmente em semicondutores. Esses espectros hidrogênicos foram de fato observados na absorção óptica que ocorre abaixo do limiar interbandas.

O éxciton descrito por este modelo é conhecido como *éxciton de Mott-Wannier*. Evidentemente, à medida que os níveis atômicos dos quais os níveis de banda são formados se tornam mais fortemente ligados, ϵ diminuirá, m^* aumentará, a_0^* diminuirá, o éxciton se tornará mais localizado, e a imagem de Mott-Wannier, por fim, falhará. O éxciton de Mott-Wannier e o éxciton de Frenkel são extremos opostos do mesmo fenômeno. No caso de Frenkel, como ele se baseia em um único nível iônico excitado, o elétron e o buraco estão nitidamente localizados na escala atômica. Os espectros de éxciton dos gases raros sólidos ficam nesta classe.[15]

DEFEITOS DE LINHA: DESLOCAMENTOS

Uma das mais espetaculares falhas do modelo de um sólido como cristal perfeito é sua incapacidade de responder pela ordem de grandeza da força necessária para deformar um cristal plasticamente (quer dizer, permanente e irreversivelmente). Supondo que o sólido seja um cristal perfeito, pode-se facilmente calcular esta força.

Suponha, como na Figura 30.12, que resolvemos o cristal em uma família de planos de rede paralelos, separados por uma distância *d*, e considere uma deformação de cisalhamento do cristal no qual cada plano é deslocado paralelamente a si em uma direção especificada $\hat{\mathbf{n}}$ por uma quantidade *x*, em relação ao plano imediatamente abaixo dele. Considere a energia extra por unidade de volume associado ao cisalhamento como *u(x)*. Para *x* pequeno,

---

[15] Para referência geral sobre éxcitons, veja Knox, R. S. *Excitons*. Nova York: Academic Press, 1963.

esperamos que u seja quadrático em x ($x = 0$ corresponde ao equilíbrio) e dado pela teoria de elasticidade descrita no Capítulo 22. Por exemplo, se o cristal é cúbico, os planos são planos (100), e a direção é [010], então (Problema 4)

$$u = 2\left(\frac{x}{d}\right)^2 C_{44}. \quad \textbf{(30.22)}$$

Genericamente, teremos uma relação da forma:

$$u = \frac{1}{2}\left(\frac{x}{d}\right)^2 G, \quad \textbf{(30.23)}$$

onde G é o tamanho de uma constante elástica típica e, portanto, (Tabela 22.2) de ordem 10^{11} a 10^{12} dinas/cm^2.

A forma (30.23) certamente falhará quando x for muito grande. Para tomar um caso extremo, se x for tão grande quanto o menor vetor **a** da rede de Bravais paralelo a $\hat{\mathbf{n}}$, então a configuração deslocada (ignorando-se pequenos efeitos de superfície) será indistinguível do cristal não deformado, e $u(a)$ será 0. De fato, como função de x, u será periódico com período a: $u(x + a) = u(x)$, reduzindo para a forma (30.23) apenas quando $x << a$ (Figura 30.13a).

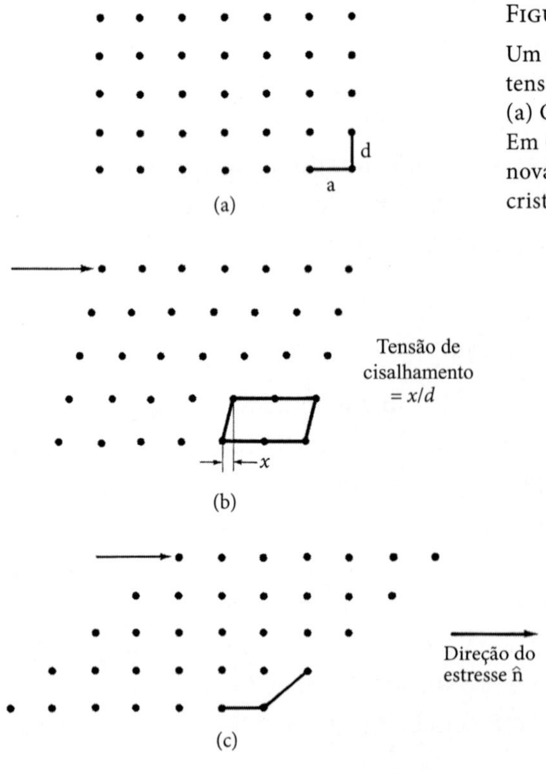

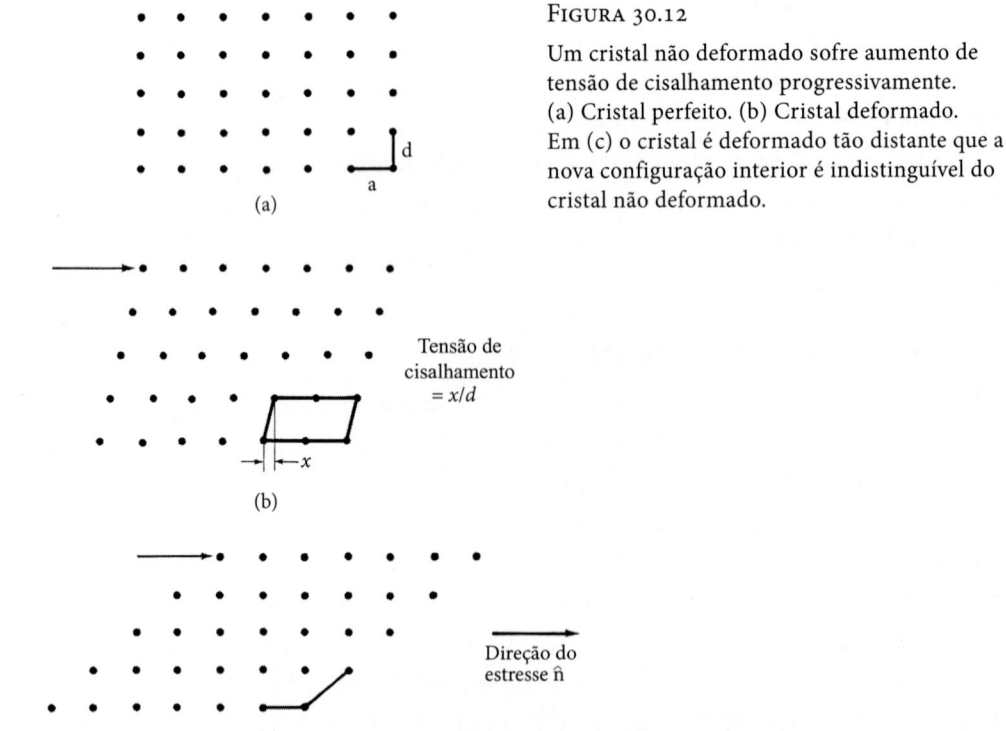

FIGURA 30.12

Um cristal não deformado sofre aumento de tensão de cisalhamento progressivamente. (a) Cristal perfeito. (b) Cristal deformado. Em (c) o cristal é deformado tão distante que a nova configuração interior é indistinguível do cristal não deformado.

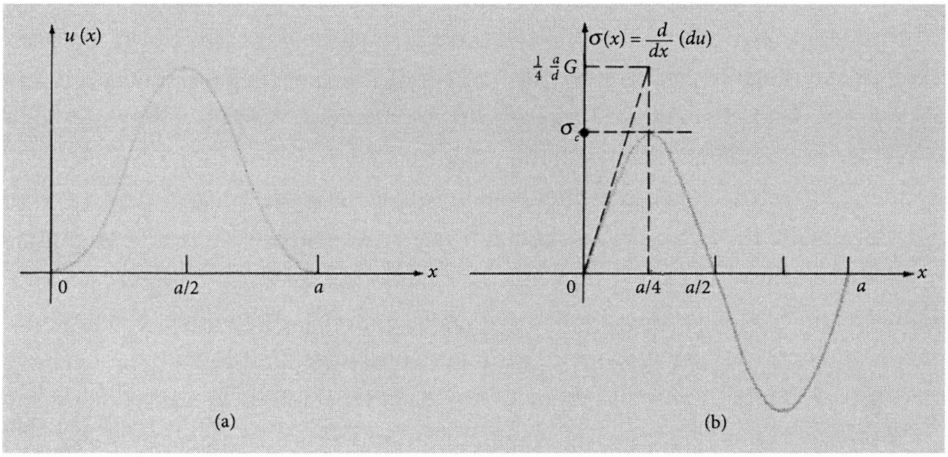

FIGURA 30.13

(a) O comportamento da energia adicional por unidade de volume, $u(x)$, em virtude da tensão de cisalhamento x. Observe que $u(x + a) = u(x)$. (b) Uma representação gráfica da força por unidade de área por plano necessária para manter a tensão x. Neste simples modelo a ordem de grandeza do estresse máximo ou crítico σ_c pode ser calculada tomando-se o valor de σ em $x = a/4$, ou alternativamente extrapolando-se a região linear de $\sigma(x)$ para este valor de x.

Como consequência, começando pelo cristal perfeito a força $\sigma(x)$ por unidade de área de plano (por plano) necessária para manter o deslocamento x, conhecida como a tensão de cisalhamento, não aumentará indefinidamente com x. Calculamos seu tamanho máximo como descrito a seguir.

Se o cristal é formado por N planos de área A, então o volume é $V = And$, e a tensão de cisalhamento é dada por

$$\sigma = \frac{1}{NA}\frac{d}{dx}(Vu) = d\left(\frac{du}{dx}\right). \quad \textbf{(30.24)}$$

Isto será máximo em algum deslocamento x_0 entre 0 e $a/2$ (Figura 30.13b). Se calcularmos aproximadamente o valor no máximo extrapolando a região linear de $\sigma(x)$ (válida para x pequeno) de $x = a/4$, então encontramos que a tensão de cisalhamento crítica é da ordem de:

$$\sigma_c \approx \frac{d}{dx}\frac{1}{2}G\left.\frac{x^2}{d}\right|_{x=a/4} = \frac{1}{4}\frac{a}{d}G \approx 10^{11}\text{dinas/cm}^2. \quad \textbf{(30.25)}$$

Se um cisalhamento maior do que σ_c for aplicado, não há nada para impedir que um plano deslize sobre outro, ou seja, o cristal sofre *deslize*. É evidente pela Figura 30.13b que (30.25) fornece apenas uma estimativa aproximada da tensão de cisalhamento crítico. No entanto, a tensão de cisalhamento crítico observada em "cristais individuais" aparentemente bem preparados pode ser menor do que a estimativa (30.25) por um fator tanto quanto 10^4. Um erro dessa grandeza sugere que a descrição de deslize, na qual a estimativa (30.25) se baseia, é simplesmente incorreta.

O processo real pelo qual o deslize ocorre na maioria dos casos é bem mais sutil. Um tipo especial de defeito linear conhecido como *deslocamento* tem papel crucial. Os dois tipos mais simples, *deslocamentos de parafuso* e *deslocamentos de borda* são ilustrados na Figura 30.14, e descrito detalhadamente adiante. As densidades de deslocamento em cristais reais dependem da preparação do espécime,[16] mas podem variar de 10^2 a $10^{12}/cm^2$. Ao longo de um deslocamento linear o cristal está em um estado tão alto de distorção local que a distorção adicional necessária para se mover o deslocamento lateralmente por uma constante de rede requer relativamente pouca tensão adicional aplicada. Além disso, o efeito líquido de se mover um deslocamento por meio de muitas constantes de rede é um deslocamento por uma constante de rede[17] das duas metades do cristal separadas pelo plano de movimento.[18]

Pode-se imaginar a construção de um deslocamento de borda (Figura 30.14a) removendo-se do cristal um meio plano de átomos terminando na linha de deslocamento e, então, cuidadosamente unindo de volta os dois planos de cada lado do plano faltante de um modo que restaura a ordem básica do cristal perfeito em todos os lugares menos na vizinhança da linha de deslocamento.[19]

De modo similar, um deslocamento de parafuso (Figura 30.14b) pode ser "construído" imaginando-se um plano terminado na linha de deslocamento, acima da qual o cristal foi deslocado por um vetor de rede paralelo à linha e então reunido à parte do cristal abaixo de um modo que preserva a ordem cristalina básica em todo lugar exceto próximo à própria linha.

Genericamente, deslocamentos não precisam ser retilíneos. Pode-se descrever um deslocamento geral como qualquer região linear no cristal (ou uma curva fechada ou uma curva que termina na superfície) com as propriedades a seguir.

1. Longe da região o cristal é localmente apenas pouquíssimo diferente do cristal perfeito.

2. Na vizinhança da região as posições atômicas são substancialmente diferentes das zonas cristalinas originais.

3. Existe um *vetor de Burgers* que não desaparece.

---

[16] Como mencionado, defeitos lineares não são um fenômeno de equilíbrio termodinâmico. Não há, portanto, nenhum valor intrínseco para a densidade de deslocamento (que pode ser consideravelmente reduzida por recozimento).

[17] Há outro tipo de deslize, mediado por deslocamentos, no qual a porção deslizada do cristal tem relação mais complexa com a parte não deslizada. Veja adiante a descrição de "igualdade".

[18] A analogia se faz geralmente com a passagem de uma ondulação linear por um tapete. O efeito é um leve deslocamento do carpete, tornado bem mais simples do que o deslizamento de todo o carpete não deformado pela mesma distância.

[19] No entanto, apenas a própria linha de deslocamento tem significado absoluto. Dado um deslocamento de borda, há qualquer número de lugares de onde o "plano removido" possa ter sido retirado. De fato, também se pode pensar n deslocamento como tendo sido construído pela inserção de um plano extra (Figura 30.15). O mesmo é verdadeiro para deslocamentos de parafuso.

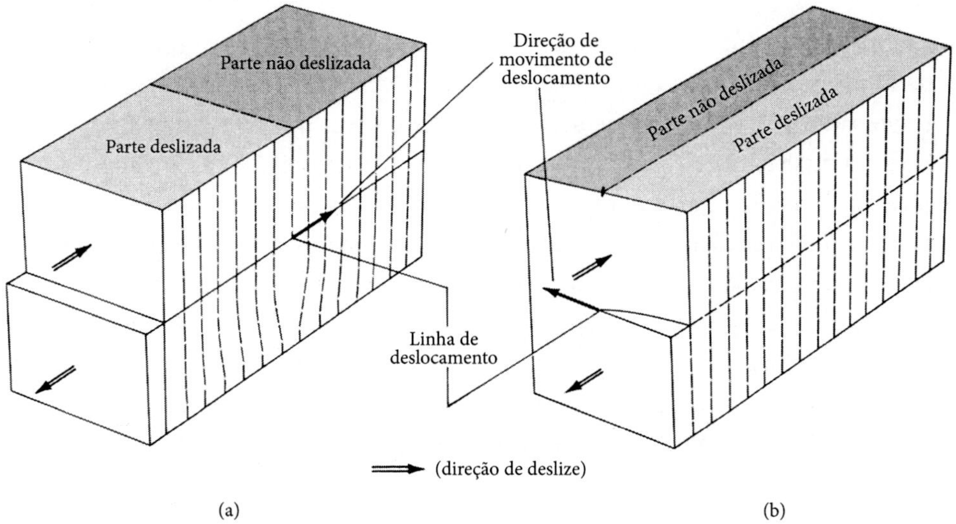

FIGURA 30.14

(a) Deslize em um cristal por meio de movimento de um deslocamento de *borda*. (b) Deslize em um cristal por meio de movimento de um deslocamento de *parafuso*.

FIGURA 30.15

Ambiguidades na definição "construtiva" de um deslocamento. Um plano de um cristal é mostrado, perpendicular a um único deslocamento de borda. (O ponto em que o deslocamento cruza o plano é mais facilmente percebido visualizando-se a figura em um ângulo baixo ao longo de uma das famílias de linhas paralelas.) Pode-se descrever o deslocamento como produzido pela inserção do plano extra de átomos que cruza a metade superior da figura na linha 6 ou, igualmente bem, pela inserção do plano extra de átomos que cruza a metade superior da figura na linha *F*. De modo alternativo, o deslocamento pode ser visto como produzido pela remoção de um plano da metade inferior da figura, e aquele plano pode ser o que estava entre 5 e 7 ou entre *E* e *G*. A figura se baseou nas fotografias de "balsa de bolhas" de Bragg e Nye (*Proc. Roy. Soc.*, A190, p. 474, 1947.).

Define-se o vetor de Burgers da seguinte maneira: considere uma curva fechada no cristal perfeito que passa por uma sucessão de vetores de rede, que portanto podem ser atravessados por uma série de deslocamentos por vetores da rede de Bravais (Figura 30.16, curva mais baixa). Agora atravesse a mesma sequência de deslocamentos da rede de Bravais no cristal supostamente deslocado (curva superior na Figura 30.16). O caminho de teste deve ser distante o suficiente do deslocamento para que a configuração do cristal em sua vizinhança quase não se diferencie do cristal não distorcido, fornecendo um significado claro à frase "mesma sequência de deslocamentos da rede de Bravais". Se a série de deslocamentos agora falha em trazer um de volta a seu ponto de partida, então a curva circundou um deslocamento. O vetor **b** da rede de Bravais pelo qual o ponto terminal falha em coincidir com o ponto inicial é chamado de vetor Burgers do deslocamento.[20]

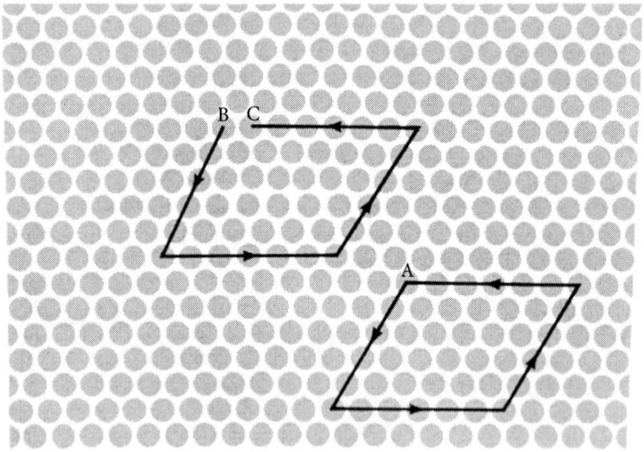

Figura 30.16

Dois caminhos em um plano de rede. O caminho mais baixo está em uma região sem deslocamento. Caso inicie-se em *A* e mova-se cinco passos para baixo, seis para a direta, cinco para cima e seis para a esquerda, retorna-se a *A*. O caminho superior circunda um deslocamento. (A linha de deslocamento é perpendicular ao plano de rede.) Iniciando-se em *B* e movendo-se pela mesma sequência de passos (cinco para baixo, seis para a direita, cinco para cima e seis para a esquerda), não se retorna ao ponto inicial *B*, mas a *C*. O vetor de *B* para *C* é o vetor de Burgers **b**. (O deslocamento que o segundo caminho circunda é mais facilmente percebido visualizando a página em um ângulo bem baixo.)

Uma reflexão deve convencer que o vetor de Burgers de determinado deslocamento não depende do caminho em torno do deslocamento escolhido para o teste. O vetor de Burgers é perpendicular a um deslocamento de borda, e paralelo a um deslocamento de parafuso. Deslocamentos mais complexos que de borda ou de parafuso ainda podem ser descritos por um vetor de Burgers individual independentemente de caminho, apesar de a relação entre a

[20] Se $\mathbf{b} = 0$, o defeito linear não é um deslocamento (a não ser que aconteça de o caminho ter circundado dois deslocamentos com vetores de Burgers de magnitudes iguais e sentidos opostos). Um arranjo linear de vagas, por exemplo, satisfaz os critérios 1 e 2, mas não configura um deslocamento. (Se um íon no interior da curva mais baixa na Figura 30.16 é retirado, o caminho ainda fecha.)

direção do vetor de Burgers e a geometria da região deslocada não ser tão simples como no caso dos deslocamentos de borda e de parafuso.[21]

FORÇA CRISTALINA

A fragilidade de bons cristais foi um mistério por muitos anos, em parte, sem dúvida, porque os dados observados facilmente conduziam à conclusão equivocada. Sabia-se que cristais preparados de modo relativamente deficiente produziam forças próximas ao alto valor que calculamos primeiro para o cristal perfeito. No entanto, à medida que os cristais eram aprimorados (por exemplo, por recozimento), encontrava-se que as forças produzidas caíam drasticamente, decaindo várias ordens de grandeza em cristais muito bem preparados. Era natural assumir que a força produzida estava se aproximando daquela de um cristal perfeito quando os espécimes eram aperfeiçoados, mas, de fato, acontecia o oposto.

Três pessoas, de modo independente, vieram com a explicação em 1934,[22] criando[23] o deslocamento como modo de explicar os dados. Eles sugeriram que quase todos os cristais reais contêm deslocamentos, e que o deslize plástico ocorre por intermédio de seu movimento como descrito anteriormente. Há então dois modos de se produzir um cristal forte. Um deles é produzir um cristal essencialmente perfeito, livre de todos os deslocamentos. Isto é extremamente difícil de se alcançar.[24] Outro modo é convencionar o impedimento do fluxo de deslocamentos, já que, apesar de os deslocamentos se moverem com relativa facilidade em um cristal perfeito, se eles encontram intersticiais, impurezas ou mesmo outros deslocamentos cruzando seu caminho, o trabalho necessário para movê-los aumenta consideravelmente.

Assim, o cristal preparado de modo deficiente é difícil porque ele está infestado de deslocamentos e defeitos, e estes interferem tão seriamente no movimento um do outro que o deslize pode ocorrer apenas pelos meios mais drásticos descritos anteriormente. Entretanto, à medida que o cristal se purifica e se aperfeiçoa, os deslocamentos movem-se para fora dele, vagas e intersticiais são reduzidas às suas concentrações (baixas) de equilíbrio térmico e o movimento não impedido daqueles deslocamentos que permanecem torna possível que o cristal se deforme com facilidade. Nesse ponto, o cristal é muito macio. Se pudéssemos continuar o processo de refinamento até o ponto em que todos os deslocamentos fossem

---

[21] Se imagina percorrer um deslocamento fechado com escalpelo e cola, cortando a superfície que liga um circuito no cristal, deslocando as superfícies em cada lado do corte e, então, colando-os de volta após a remoção ou a adição de quaisquer átomos que sejam agora necessários para a restauração da ordem perfeita, então o vetor de Burgers é a quantidade pela qual as superfícies foram deslocadas. A definição topológica (que é equivalente) é talvez mais intuitiva já que não requer contemplação dessas operações confusas.

[22] Taylor, G. I.; Orowan, E.; Polyani, G. *Proc. Roy. Soc.*, A145, p. 362, 1934; Orowan, E. Z. *Phys.*, 89, p. 614, 1934; Polyani, G. Z. *Phys.*, 98, p. 660, 1934. Os deslocamentos foram introduzidos na teoria de elasticidade *continuum*, cerca de 30 anos antes, por V. Volterra.

[23] Os deslocamentos não foram observados diretamente por outros quase dez anos.

[24] Entretanto, veja adiante a descrição de "whiskers".

removidos, o cristal se tornaria outra vez rígido. Em certos casos isto foi de fato observado, como veremos a seguir.

ENDURECIMENTO DE TRABALHO

É um fato muito familiar que uma barra de metal macio, após repetidas flexões para a frente e para trás, mais cedo ou mais tarde se recuse a ser flexionada, e se quebre. Este é um exemplo de *endurecimento de trabalho*. Com cada flexão, mais e mais deslocamentos fluem para dentro do metal, até que haja tantos que eles impedem o fluxo uns dos outros. Então o cristal é incapaz de mais deformação plástica, e se quebra sob estresse subsequente.

DESLOCAMENTOS E CRESCIMENTO DE CRISTAL

O problema de fluxo plástico (irreversível) foi desvendado por meio de sua atribuição ao movimento dos deslocamentos. Um problema igualmente desconcertante foi o do crescimento do cristal, que foi resolvido invocando-se a existência de deslocamentos de parafuso. Suponha que se produza um grande cristal pela exposição de um pequeno pedaço do cristal a um vapor dos mesmos átomos. Os átomos do vapor condensarão em posições da rede mais facilmente se vizinhos que circundam o local já estiverem em seu lugar. Assim, um átomo é relativamente atraído fracamente a um plano de cristal perfeito, mais fortemente atraído a uma etapa entre dois planos e mais fortemente atraído a um canto (Figura 30.17).

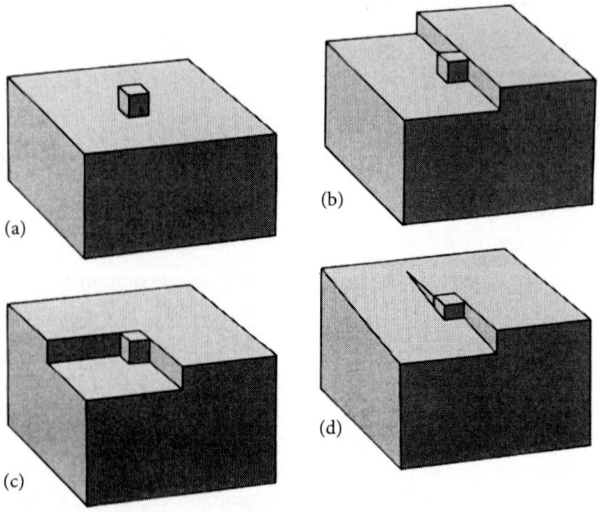

FIGURA 30.17

Átomos são relativamente atraídos fracamente a planos de cristais perfeitos (a), são mais fortemente atraídos a um passo entre dois planos (b), e são mais fortemente atraídos a um canto (c). Se o cristal contém o deslocamento em parafuso, como em (d), então a adição de átomos como é apresentada, a estrutura planar local pode espiralar-se continuamente em torno do deslocamento. Cristais podem ser produzidos bem mais rapidamente dessa forma, já que a nucleação de novos planos pelo processo apresentado em (a) nunca é necessária.

Caso assuma-se que cristais produzidos sejam perfeitos, e que a produção ocorra plano a plano, então sempre que um novo plano for requerido, átomos devem condensar-se no plano inferior, como na Figura 30.17a. Por causa da ligação relativamente fraca neste caso, esses processos (conhecidos como "nucleação da próxima camada") ocorrem de forma demasiadamente lenta para explicar a taxa de produção de cristal observada. Se, no entanto, o cristal contém um deslocamento de parafuso, nunca será necessário nuclear um novo plano, já que a estrutura local planar pode enrolar-se continuamente em torno do deslocamento de parafuso como uma rampa em espiral (Figura 30.17d).

WHISKERS

O tipo de produção de cristal descrito pode levar a um cristal muito longo, fino, em forma de costeletas e enrolado, estendendo-se em um único deslocamento em parafuso. Esses whiskers podem conter apenas um único deslocamento (o próprio deslocamento de nucleação em parafuso), e observa-se que eles produzem forças comparáveis àquelas previstas pelo modelo de cristal perfeito.

OBSERVAÇÃO DE DESLOCAMENTOS E OUTROS DEFEITOS

Uma das mais antigas confirmações de que os deslocamentos (e outras variedades de defeitos) podem de fato existir em cristais formados naturalmente provém das observações de Bragg e Nye[25] de balsas de bolhas idênticas flutuando na superfície de soluções de sabão. As bolhas são mantidas unidas por tensão de superfície e um arranjo bidimensional delas se aproxima muito de uma seção do cristal. Descobriu-se que defeitos pontuais, deslocamentos e contornos de grãos ocorriam nos arranjos de bolhas.

Observações diretas em sólidos foram a partir de então realizadas pela técnica de microscopia de transmissão eletrônica. Gravações químicas também revelam a interseção de deslocamentos com superfícies de sólidos. Nesses pontos o sólido está em um estado de considerável pressão e os átomos próximos podem ser preferencialmente desalojados por meio de ação química.

IMPERFEIÇÕES DE SUPERFÍCIE: FALHAS DE EMPILHAMENTO

Há um tipo mais complexo de deslize, mediado por deslocamentos, no qual o estresse aplicado causa a formação coerente de deslocamentos em sucessivos planos cristalinos. À medida que cada deslocamento se move pelo cristal, ele deixa em seu rastro um plano de rede deslocado por um vetor de rede não de Bravais, e o resultado da passagem da família de deslocamentos é uma região na qual o ordenamento cristalino é a imagem especular (no plano de deslize) do cristal original. Esses processos são conhecidos como "acasalamento", e a região invertida é conhecida como "duplo de deformação".

[25] Bragg, W. L.; Nye, J. F. *Proc. Roy. Soc.*, A190, p. 474, 1947.

Por exemplo, em um cubo de face centrada perfeito, planos (111) perfeitos são ordenados no padrão

$$\ldots\overset{\frown}{\text{ABC}}\overset{\frown}{\text{ABC}}\overset{\frown}{\text{ABC}}\overset{\frown}{\text{ABC}}\ldots \quad \textbf{(30.26)}$$

como na Figura 4.21. Após o deslize originar um duplo de deformação, o padrão será

$$\ldots\overrightarrow{\text{ABC}}\,\overrightarrow{\text{ABC}}\,\overrightarrow{\text{ABC}}\,\overrightarrow{\text{AB}}\overset{\Downarrow}{\text{C}}\overleftarrow{\text{BAC}}\,\overleftarrow{\text{BAC}}\,\overleftarrow{\text{BAC}}\,\overleftarrow{\text{BA}}\ldots \quad \textbf{(30.27)}$$

onde a seta dupla indica o contorno da região deslizada.

Planos extraviados de átomos como estes são conhecidos como "falhas de empilhamento". Outro exemplo é o arranjo

$$\ldots\overrightarrow{\text{ABC}}\,\overrightarrow{\text{ABC}}\,\overrightarrow{\text{AB}}\overset{\Downarrow}{\text{A}}\overrightarrow{\text{BC}}\,\overrightarrow{\text{ABC}}\,\overrightarrow{\text{ABC}}\ldots \quad \textbf{(30.28)}$$

no qual determinado plano (indicado pela seta dupla) está em desacordo, caindo na sequência hexagonal de empacotamento denso ao invés daquela apropriada ao cubo de face centrada, após o qual o arranjo fcc regular (não especular) é retomado.

CONTORNO DE GRÃO DE ÂNGULO BAIXO

Um *contorno de grão* forma-se pela junção de dois cristais individuais de orientações diferentes ao longo de uma superfície planar em comum. Quando a diferença em orientações é *pequena*, o contorno se chama contorno de grão de *ângulo baixo*. Apresenta-se um exemplo conhecido como contorno *tombado* na Figura 30.18. Ele se forma de uma sequência linear de deslocamentos de borda. Há também um contorno de *torcedura*, que é formado de uma sequência de deslocamentos de parafuso. Em geral, contornos de grão de ângulo baixo são compostos de uma mistura dos dois tipos.

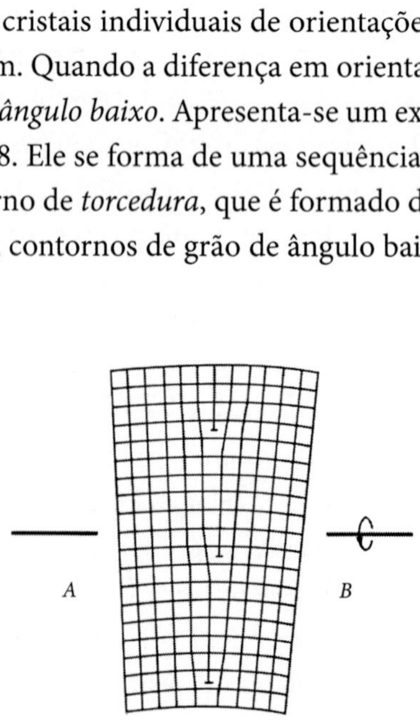

FIGURA 30.18

Um contorno tombado de ângulo baixo (um tipo de contorno de grão de baixo ângulo) pode ser considerado como formado a partir de uma sequência de deslocamentos de borda. Caso se gire a seção *B* do cristal em relação a *A* em torno do eixo mostrado por uma pequena quantidade, podemos gerar (também) um componente de giro no contorno. Um contorno de giro, se de pequeno ângulo, pode-se ver como composto de uma sequência de deslocamentos em parafuso.

A não ser que cuidadosamente preparados, a maioria dos cristais reais consiste de muitos grãos levemente desalinhados, separados por contornos de grão de ângulo baixo. O desalinhamento é pequeno o suficiente para que a difração de raios X revele picos de Bragg pronunciados, mas a existência dos grãos tem um importante efeito na intensidade dos picos.

PROBLEMAS

1. ***Correção de fônon para a densidade de vagas***

O tratamento mais acurado do número de equilíbrio de vagas em uma rede de Bravais monoatômica multiplicaria (30.11) por uma correção de fônon [veja (30.9)]:

$$n = Ne^{-\beta\varepsilon_0}e^{-\beta(\partial F^{ph}/\partial n)}. \quad \textbf{(30.29)}$$

Faça uma simples teoria de Einstein dos modos normais do cristal com vagas, ou seja, trate cada íon como um oscilador independente, mas permita que a frequência do oscilador seja ω_E ou $-\omega_E$, de acordo com o íon ter ou não ter um de seus (z) sítios de vizinho mais próximo vazio. Mostre que este modelo (30.29) torna-se:

$$n = Ne^{-\beta\varepsilon_0}\left[\frac{1 - e^{-\beta\hbar\omega_E}}{1 - e^{-\beta\hbar\bar{\omega}_E}}\right]^{3z} \quad \textbf{(30.30)}$$

Como $-\omega_E < \omega_E$ (por quê?) a correção de fônon favorece a formação de vaga. Discuta sua forma quando $T >> \Theta_E$ e quando $T << \Theta_E$.

2. ***Defeitos de Schottky e Frenkel mesclados***

Considere um cristal iônico diatômico no qual as energias de formação para vagas de íon positivo e negativo e intersticiais são dadas por ε_{+v}, ε_{-v}, ε_{+i}, ε_{-i}. Se intersticiais de íon negativo são proibidas (isto é, se ε_{-i} é bem maior do que os outros na escala de k_BT), vagas de íon positivo serão os únicos defeitos carregados negativamente possíveis. Sua carga pode se equilibrar por vagas de íon negativo (Schottky) ou por intersticiais de íon positivo (Frenkel) dependendo se $\varepsilon_{+i} - \varepsilon_{-v} >> k_BT$ ou $\varepsilon_{-v} - \varepsilon_{+i} >> k_BT$, respectivamente. No caso de Schottky a equação (30.19) fornece

$$(n_+^v)_s = (n_-^v)_s = [N_+^v N_-^v e^{-\beta(\varepsilon_+^v + \varepsilon_-^v)}]^{1/2}, \quad \textbf{(30.31)}$$

e no caso de Frenkel,

$$(n_+^v)_f = (n_+^i)_f = [N_+^v N_+^i e^{-\beta(\varepsilon_+^v + \varepsilon_+^i)}]^{1/2}. \quad \textbf{(30.32)}$$

Mostre que se nenhum caso se aplica (se $\varepsilon_{+i} - \varepsilon_{-v} = O(k_BT)$, então as concentrações de três tipos de defeitos serão dadas por

$$\begin{aligned} n_+^v &= [(n_+^v)_S^2 + (n_+^v)_f^2]^{1/2}, \\ n_+^i &= \frac{(n_+^i)_f^2}{n_+^v}, \\ n_-^v &= \frac{(n_-^v)_S^2}{n_+^v}. \end{aligned} \quad \textbf{(30.33)}$$

Verifique que estas reduzem de volta a (30.31) e (30.32) nos limites apropriados.

3. *Defeitos pontuais no cloreto de sódio dopado por cálcio*

Considere um cristal de NaCl dopado por Ca, com n_{Ca} átomos de cálcio por centímetro cúbico. Observando que NaCl puro tem defeitos do tipo Schottky com concentrações

$$n_+^v = n_-^v = n_i = (N_+N_-)^{1/2} e^{-\beta(\varepsilon_+ + \varepsilon_-)/2}, \textbf{(30.34)}$$

mostre que as densidades de defeitos no cristal dopado são dadas por

$$\begin{aligned} n_+^v &= \frac{1}{2}[\sqrt{4n_i^2 + n_{Ca}^2} + n_{Ca}], \\ n_-^v &= \frac{1}{2}[\sqrt{4n_i^2 + n_{Ca}^2} - n_{Ca}]. \end{aligned} \quad \textbf{(30.35)}$$

[Observe a similaridade com a teoria de semicondutores dopados; veja a equação (28.38).]

4. *Tensão de cisalhamento de um cristal perfeito*

Mostre, a partir de (22.82) que (30.22) é válida para um cristal cúbico.

5. *Modelo simples de um centro F*

A Figura 30.19b mostra as posições da máxima de bandas de centro *F* (ilustradas para os cloretos na Figura 30.19a) como uma função da constante de rede *a*. Tome como um modelo do centro *F* um elétron aprisionado por um potencial de vaga da forma $V(r) = 0, r < d$; $V(r) = \infty, r > d$, onde *d* é proporcional à constante de rede *a*. Mostre que as escalas do espectro quando $1/d^2$, de tal forma que picos são associados com os mesmos tipos de excitação,

$$\lambda_{\max} \propto a^2 \textbf{ (30.36)}$$

onde $\lambda_{\max}$ é o comprimento de onda que corresponde à máxima observada na absorção de banda *F*. [A equação (30.36) é conhecida como a relação de Mollwo.]

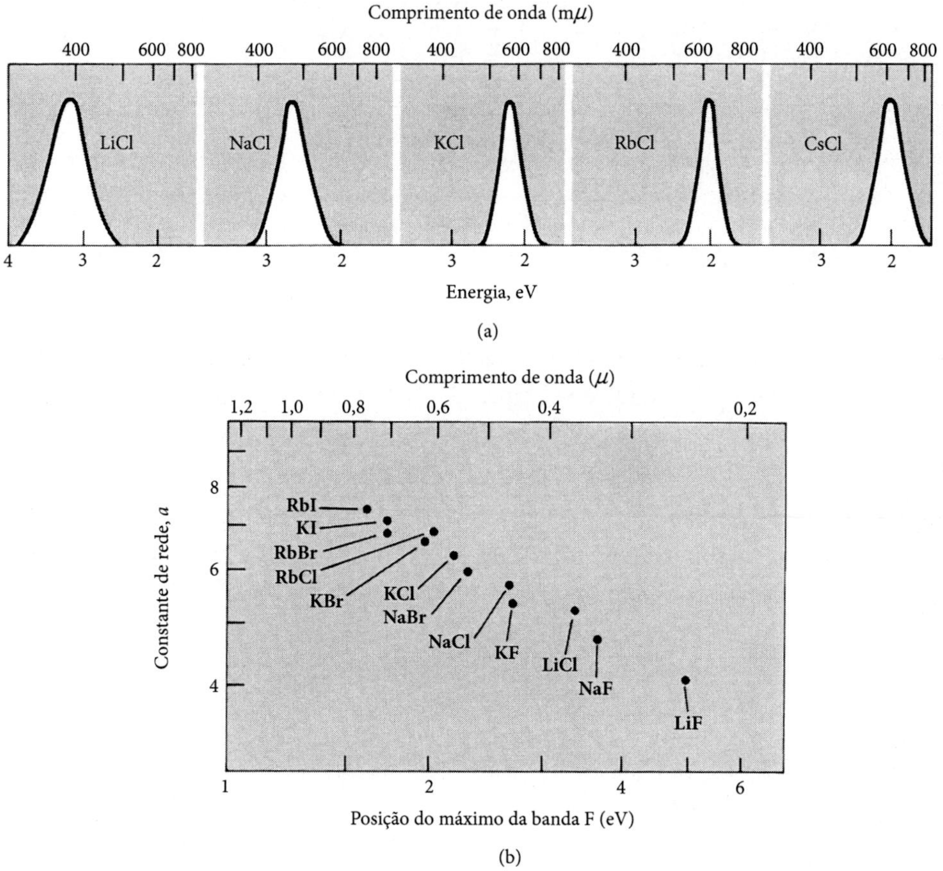

FIGURA 30.19

(a) Bandas de absorção de centros *F* em alguns cloretos alcalinos; (b) a dependência na constante de rede do máximo na banda de absorção do centro *F*. (De Schulman; Compton. *Color centers in solids*. Nova York: Pergamon, 1962.)

6. *Vetor de Burgers*

Qual é o menor vetor de Burgers paralelo a uma direção [111] que um deslocamento pode ter em um cristal fcc?

7. *Energia elástica de um deslocamento em parafuso*

Considere uma região do cristal de raio r em torno de um deslocamento em parafuso com vetor de Burgers $\mathbf{b}$ (Figura 30.20). Contanto que r seja suficientemente grande, a tensão de cisalhamento é $b/2\pi r$. (O que ocorre próximo ao deslocamento?)

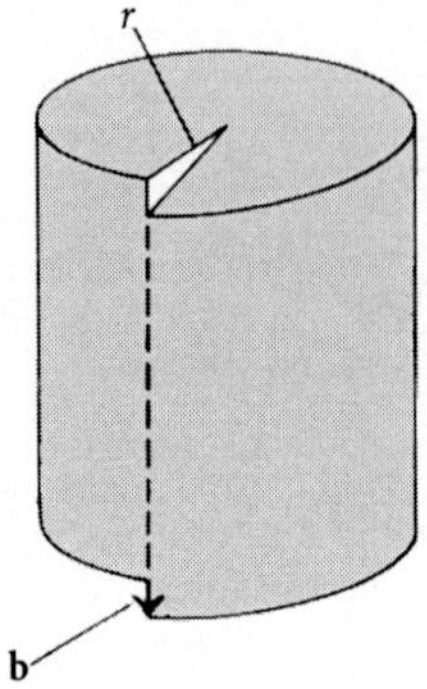

FIGURA 30.20

Deslocamento em parafuso e seu vetor de Burgers **b**.

Assumindo que estresse e tensão estão relacionados pela a equação (30.23), mostre que a energia elástica total por unidade de comprimento do deslocamento em parafuso é

$$G\frac{b^2}{4\pi}\ln\frac{R}{r_0}, \quad \mathbf{(30.37)}$$

onde R e r_0 são limites superiores e inferiores em r. Quais considerações físicas determinam valores razoáveis para estas quantidades?

31 Diamagnetismo e paramagnetismo

A interação de sólidos com campos magnéticos
Diamagnetismo de Larmor
Regras de Hund
Paramagnetismo de Van-Vleck
Lei de Curie para íons livres
Lei de Curie em sólidos
Desmagnetização adiabática
Paramagnetismo de Pauli
Diamagnetismo de elétron de condução
Ressonância magnética nuclear: a troca de Knight
Diamagnetismo de elétron em semicondutores dopados

Nos capítulos anteriores consideramos o efeito de um campo magnético apenas nos metais, e apenas à medida em que o movimento de elétrons de condução no campo revelava a superfície de Fermi do metal. Nos próximos três capítulos voltaremos nossa atenção a algumas das propriedades mais intrinsecamente magnéticas dos sólidos: os momentos magnéticos que eles exibem na presença (e, às vezes, mesmo na ausência) de campos magnéticos aplicados.

Neste capítulo, em princípio, vamos rever a teoria do magnetismo atômico. Então, consideraremos as propriedades magnéticas dos sólidos isolantes que possam ser compreendidas em termos das propriedades de seus átomos ou íons individuais, se necessário, com modificações adequadas para levar em conta efeitos do ambiente cristalino. Vamos também levar em conta as propriedades magnéticas dos metais que possam ser ao menos qualitativamente compreendidas na aproximação de elétron independente.

Em nenhuma das aplicações deste capítulo discutiremos detalhadamente as interações elétron-elétron. Isso porque, no caso dos isolantes, fundamentaremos nossa análise nos resultados da física atômica (cuja derivação depende decisivamente, é claro, dessas interações) e porque, no caso dos metais, os fenômenos que descreveremos aqui são, de forma aproximada, considerados em um modelo de elétron independente. No Capítulo 32 voltaremo-nos a um exame da física subjacente àquelas interações elétron-elétron que podem afetar profundamente as propriedades caracteristicamente magnéticas dos metais e isolantes. No Capítulo 33, descreveremos outros fenômenos magnéticos (como o ferromagnetismo e o antiferromagnetismo), que podem resultar destas interações.

DENSIDADE DE MAGNETIZAÇÃO E SUSCETIBILIDADE

Em $T = 0$, a *densidade de magnetização M(H)* de um sistema quântico-mecânico de volume V em um campo magnético uniforme[1] H é definida como[2]

$$M(H) = -\frac{1}{V}\frac{\partial E_0(H)}{\partial H}, \quad \textbf{(31.1)}$$

onde $E_0(H)$ é a energia do estado fundamental na presença do campo H. Se o sistema está em equilíbrio térmico à temperatura T, define-se a densidade de magnetização como a média de equilíbrio térmico da densidade de magnetização de cada estado excitado de energia $E_n(H)$:

$$M(H,T) = \frac{\sum_n M_n(H)e^{-E_n/k_BT}}{\sum_n e^{-E_n/k_BT}}, \quad \textbf{(31.2)}$$

em que

$$M_n(H) = -\frac{1}{V}\frac{\partial E_n(H)}{\partial H}. \quad \textbf{(31.3)}$$

Isto também pode ser representado pela forma termodinâmica

$$M = -\frac{1}{V}\frac{\partial F}{\partial H}, \quad \textbf{(31.4)}$$

onde F, a energia magnética livre de Helmholtz, é definida pela regra fundamental da mecânica estatística:

$$e^{-F/k_BT} = \sum_n e^{-E_n(H)/k_BT}. \quad \textbf{(31.5)}$$

A *suscetibilidade* é definida como[3]

---

[1] Tomaremos H como o campo que atua nos momentos magnéticos microscópicos individuais no sólido. Como no caso de um sólido dielétrico (conforme Capítulo 27), este não precisa ser o mesmo do campo aplicado. No entanto, para as substâncias paramagnéticas e diamagnéticas discutidas neste capítulo, as correções de campo local são muito pequenas e serão ignoradas.

[2] Para simplificar, assumimos que **M** seja paralelo a **H**. Genericamente, deve-se escrever uma equação de vetor: $M_\mu = -(1/V)\partial E_0/\partial H_\mu$, e a suscetibilidade (definida a seguir) será um tensor. No Problema 1, demonstra-se que esta definição é equivalente à mais familiar de Ampère, encontrada nas formulações convencionais da eletrodinâmica macroscópica clássica.

[3] Em geral, como veremos, M é precisamente linear em H para forças de campo atingíveis, em cujo caso a definição se reduz para $\chi = M/H$. Observe também que χ não tem dimensão (em unidades CGS) já que H^2 tem as dimensões da energia por unidade de volume.

$$\chi = \frac{\partial M}{\partial H} = -\frac{1}{V}\frac{\partial^2 F}{\partial H^2}. \quad \textbf{(31.6)}$$

A magnetização pode ser medida gravando-se a força exercida em um espécime por um campo não homogêneo que varia lentamente sobre a amostra, já que a variação em energia livre, ao se mover o espécime[4] de x para $x + dx$, será:[5]

$$dF = F(H(x+dx)) - F(H(x)) = \frac{\partial F}{\partial H}\frac{\partial H}{\partial x}dx = -\,VM\frac{\partial H}{\partial x}dx, \quad \textbf{(31.7)}$$

e, portanto, a força por unidade de volume f exercida no espécime pelo campo é

$$f = -\frac{1}{V}\frac{dF}{dx} = M\frac{\partial H}{\partial x}. \quad \textbf{(31.8)}$$

CÁLCULO DE SUSCETIBILIDADES ATÔMICAS: FORMULAÇÃO GERAL

Na presença de um campo magnético uniforme, a Hamiltoniana de um íon (ou átomo) é modificada das seguintes maneiras principais:[6]

1. Na energia cinética eletrônica total, $T_0 = \Sigma\, pi^2/2m$, o momento de cada elétron (de carga $-e$) é substituído por[7]

$$\mathbf{p}_i \rightarrow \mathbf{p}_i + \frac{e}{c}\mathbf{A}(\mathbf{r}_i), \quad \textbf{(31.9)}$$

---

[4] Equivalente ao trabalho mecânico feito sobre o espécime se a temperatura for mantida constante.

[5] Consideramos que o campo esteja ao longo da direção z e se mova na amostra na direção x.

[6] Observe as seguintes maneiras nas quais, em geral, não se importa em modificá-lo. Deve-se sempre desprezar os efeitos do campo magnético no movimento translacional do íon, ou seja, não se faz a substituição (31.9) para os operadores de momento que descrevem os núcleos iônicos. Além disso, a não ser que se esteja explicitamente interessado em efeitos de spin nuclear (como no caso de experimentos de ressonância magnética) ignora-se o análogo de (31.12) para os spins nucleares. Em ambos os casos estas simplificações são justificadas pela massa nuclear muito maior, que torna a contribuição nuclear para o momento magnético do sólido. Algumas 10^6 a 10^8 vezes menor do que a contribuição eletrônica. Finalmente, a substituição de (31.9) nos operadores de momento de elétrons que aparecem nos termos que descrevem acoplamento spin-órbita leva a correções muito pequenas comparadas ao acoplamento direto do spin eletrônico com o campo magnético, e em geral também se ignora.

[7] Em uma teoria puramente clássica (considerando o spin eletrônico um fenômeno quântico) isto seria o único efeito do campo. Pode então facilmente se demonstrar a partir da mecânica estatística clássica que uma magnetização de equilíbrio térmico deve sempre desaparecer (teorema de Bohr-von Leeuwen), já que a soma que define a energia livre se torna uma integral sobre um espaço de fase com dimensão 6N de N elétrons:

$$e^{-\beta F} = \int \prod_{i=1}^{N} d\mathbf{p}_i\, d\mathbf{r}_i \exp[-\beta H(\mathbf{r}_1,\ldots,\mathbf{r}_N;\mathbf{p}_1,\ldots,\mathbf{p}_N)].$$

Como o campo magnético entra apenas na forma $\mathbf{p}_i + e\mathbf{A}(\mathbf{r}_i)/c$, ele pode ser completamente eliminado por uma simples troca da origem nas integrações de momento (cujos limites vão de $-\infty$ a ∞ e, portanto, não são afetados pela troca). Porém, se F não depende de H, então a magnetização, sendo proporcional a $\partial F/\partial H$, deve desaparecer. Assim, uma teoria quântica é necessária a partir do início para explicar qualquer fenômeno magnético.

onde **A** é o potencial do vetor. Neste capítulo consideramos que *N* em um campo uniforme **H** tenha a forma:

$$\mathbf{A} = -\tfrac{1}{2}\mathbf{r} \times \mathbf{H}, \quad \textbf{(31.10)}$$

de modo que as condições

$$\mathbf{H} = \nabla \times \mathbf{A} \text{ e } \nabla \cdot \mathbf{A} = 0 \quad \textbf{(31.11)}$$

sejam ambas satisfeitas.

2. A energia de interação do campo com o spin eletrônico $\mathbf{s}^i = 1/2\sigma_i$ deve ser adicionada à Hamiltoniana:[8]

$$\Delta\mathcal{H} = g_0\mu_B H\mathbf{S}_z, \qquad \left(\mathbf{S}_z = \sum_i \mathbf{S}_z^i\right). \quad \textbf{(31.12)}$$

Aqui μ_B, o *magneton de Bohr*, é dado por

$$\begin{aligned}\mu_B = \frac{e\hbar}{2mc} &= 0,927 \times 10^{-20}\,\mathrm{erg/G} \\ &= 0,579 \times 10^{-8}\,\mathrm{eV/G},\end{aligned} \quad \textbf{(31.13)}$$

e g_0, o *fator g* eletrônico, é dado por

$$\begin{aligned}g_0 &= 2\left[1 + \frac{\alpha}{2\pi} + O(\alpha^2) + \ldots\right], \qquad \alpha = \frac{e^2}{\hbar c} \approx \frac{1}{137} \\ &= 2,0023,\end{aligned} \quad \textbf{(31.14)}$$

que, para a precisão da maioria das medições de interesse em sólidos, pode ser considerado como precisamente 2.

Como consequência de (31.9), o operador de energia cinética eletrônica total deve ser substituído por

$$T = \frac{1}{2m}\sum_i \left[\mathbf{p}_i + \frac{e}{c}\mathbf{A}(\mathbf{r}_i)\right]^2 = \frac{1}{2m}\sum_i \left(\mathbf{p}_i - \frac{e}{2c}\mathbf{r}_i \times \mathbf{H}\right)^2, \quad \textbf{(31.15)}$$

que pode ser expandido para fornecer

$$T = T_0 + \mu_B \mathbf{L} \cdot \mathbf{H} + \frac{e^2}{8mc^2}H^2 \sum_i (x_i^2 + y_i^2), \quad \textbf{(31.16)}$$

---

[8] Em problemas magnéticos usamos a letra $\mathcal{H}$ para a Hamiltoniana, a fim de evitar confusão com a força do campo magnético *H*. Usamos também spins sem dimensão (com valores integrais ou meio integrais), de modo que o momento angular seja $\hbar$ vezes o spin.

onde **L** é o momento orbital eletrônico angular:[9]

$$\hbar\mathbf{L} = \sum_i \mathbf{r}_i \times \mathbf{p}_i. \quad (31.17)$$

O termo de spin (31.12) combina-se com (31.16) para fornecer os seguintes termos dependentes do campo na Hamiltoniana:

$$\Delta\mathcal{H} = \mu_B(\mathbf{L} + g_0\mathbf{S})\cdot\mathbf{H} + \frac{e^2}{8mc^2}H^2\sum_i(x_i^2 + y_i^2). \quad (31.18)$$

Veremos a seguir que as trocas de energia produzidas por (31.18) são em geral muito pequenas na escala de energias de excitação atômica, mesmo para as forças de campo mais altas alcançadas em laboratório atualmente. Portanto, é possível computar as variações nos níveis de energia induzidas pelo campo com a teoria da perturbação comum. Para se calcular a suscetibilidade, uma segunda derivativa em relação ao campo, deve-se manter termos até a segunda ordem em *H*, e então usar o famoso resultado da teoria da perturbação de segunda ordem:[10]

$$E_n \to E_n + \Delta E_n; \quad \Delta E_n = \langle n|\Delta\mathcal{H}|n\rangle + \sum_{n'\neq n}\frac{|\langle n|\Delta\mathcal{H}|n'\rangle|^2}{E_n - E_{n'}}. \quad (31.19)$$

Inserindo (31.18) em (31.19) e mantendo termos através daqueles quadráticos em *H*, encontramos para segunda ordem[11]

$$\boxed{\Delta E_n = \mu_B\mathbf{H}\cdot\langle n|\mathbf{L} + g_0\mathbf{S}|n\rangle + \sum_{n'\neq n}\frac{|\langle n|\mu_B\mathbf{H}\cdot(\mathbf{L} + g_0\mathbf{S})|n'\rangle|^2}{E_n - E_{n'}} + \frac{e^2}{8mc^2}H^2\left\langle n\left|\sum_i(x_i^2 + y_i^2)\right|n\right\rangle.} \quad (31.20)$$

A equação (31.20) é a base para as teorias da suscetibilidade magnética de átomos, íons ou moléculas individuais. Ela também é a base de teorias das suscetibilidades dos sólidos que podem ser representados como uma coleção de íons individuais apenas levemente deformados, isto é, sólidos iônicos e moleculares. Em tais casos, a suscetibilidade é computada íon por íon.

---

[9] Medimos **L** com as mesmas unidades sem dimensão do spin, de modo que cada componente de **L** tenha autovalores idênticos e o momento orbital angular em unidades convencionais seja $\hbar\mathbf{L}$. Utilizamos também a tipologia *sans serif* em negrito para denotar os operadores de momento angular. Observe também que, por L, referimo-nos ao operador de vetor cujos componentes são $\mathbf{L}_x$, $\mathbf{L}_y$ e $\mathbf{L}_z$. (Observações similares aplicam-se ao operador de spin S e o operador de momento angular total J.)

[10] Park, D. *Introduction to the quantum theory*. Nova York, McGraw-Hill, 1964, Capítulo 8. Observe que se o nível de ordem *n* é degenerado, como frequentemente é o caso, os estados *n* devem ser escolhidos de modo a diagonalizar $\Delta\mathcal{H}$ no subespaço degenerado. Isto não é difícil de ordenar, como veremos.

[11] A grandeza e^2/mc^2 pode ser escrita como $\alpha^2 a_0$.

Antes de aplicarmos (31.20) a casos particulares, primeiro observamos que, a não ser que o termo que é linear em H desapareça de forma idêntica (como às vezes ocorre), ele quase sempre será o termo dominante, mesmo quando o campo for muito forte (~ 10^4 gauss). Caso não desapareça, $<n|(\mathbf{L}_z + g_0\mathbf{S}_z)|n>$ será da ordem de unidade, de forma que

$$\mu_B \mathbf{H} \cdot \langle n | \mathbf{L} + g_0 \mathbf{S} | n \rangle = O(\mu_B H) \sim \frac{\hbar e H}{mc} \sim \hbar\omega_c. \quad \textbf{(31.21)}$$

Isto é da ordem de 10^{-4} eV quando H é da ordem de 10^4 gauss (desse modo, substancia-se nossa afirmativa anterior de que as trocas de energia sejam pequenas). Para calcular o tamanho do último termo em $\Delta\mathcal{H}$, observamos que $<n|(x_i^2 + y_i^2)|n>$ será da ordem do quadrado de uma típica dimensão atômica, de forma que

$$\frac{e^2}{8mc^2} H^2 \left\langle n \middle| \sum_i (x_i^2 + y_i^2) \middle| n \right\rangle = O\left[\left(\frac{eH}{mc}\right)^2 m a_0^2\right] \approx (\hbar\omega_c)\left(\frac{\hbar\omega_c}{e^2/a_0}\right). \quad \textbf{(31.22)}$$

Já que e^2/a_0 equivale a 27 eV, este termo é menor do que o termo linear (31.21) por um fator de cerca de 10^{-5}, mesmo em campos tão altos quanto 10^4 gauss. Também pode-se demonstrar que o segundo termo em (31.20) é menor que o primeiro por um fator de ordem $\hbar\omega_c/\Delta$, em que $\Delta = \min|E_n - E_{n'}|$ é uma típica energia de excitação atômica. Na maioria dos casos, Δ será grande o suficiente para tornar este fator muito pequeno.

SUSCETIBILIDADE DE ISOLANTES COM TODOS OS SUBNÍVEIS PREENCHIDOS: DIAMAGNETISMO DE LARMOR

A aplicação mais simples destes resultados se dá a um sólido composto de íons[12] com todos os subníveis eletrônicos preenchidos. Tal íon tem spin zero e momento orbital angular em seu estado fundamental[13] $|0>$

$$\mathbf{J}|0\rangle = \mathbf{L}|0\rangle = \mathbf{S}|0\rangle = 0. \quad \textbf{(31.23)}$$

Consequentemente, apenas o terceiro termo em (31.20) contribui para a troca induzida por campo na energia de estado fundamental:[14]

$$\Delta E_0 = \frac{e^2}{8mc^2} H^2 \left\langle 0 \middle| \sum_i (x_i^2 + y_i^2) \middle| 0 \right\rangle = \frac{e^2}{12mc^2} H^2 \langle 0 | \sum r_i^2 | 0 \rangle. \quad \textbf{(31.24)}$$

[12] Como em capítulos anteriores continuamos usando o termo "íon" para íon ou átomo, sendo o último um íon de carga 0.

[13] Isto se deve ao fato de o estado fundamental de um íon de subnível fechado ser esfericamente simétrico. E também é consequência especialmente simples das regras de Hund (veja adiante).

[14] A última forma é consequência da simetria esférica do íon de subnível fechado:

$$\langle 0 | \Sigma x_i^2 | 0 \rangle = \langle 0 | \Sigma y_i^2 | 0 \rangle = \langle 0 | \Sigma z_i^2 | 0 \rangle = \tfrac{1}{3} \langle 0 | \Sigma r_i^2 | 0 \rangle$$

Se (como é o caso em todas as temperaturas, exceto naquelas excessivamente altas) houver uma probabilidade desprezível de o íon estar em qualquer estado que não seu estado fundamental no equilíbrio térmico, a suscetibilidade de um sólido composto de *N* destes íons é dada por

$$\chi = -\frac{N}{V}\frac{\partial^2 \Delta E_0}{\partial H^2} = -\frac{e^2}{6mc^2}\frac{N}{V}\left\langle 0\left|\sum_i r_i^2\right|0\right\rangle. \quad \textbf{(31.25)}$$

Isto é conhecido como *suscetibilidade diamagnética de Larmor*.[15] O termo *diamagnetismo* é aplicado a casos de suscetibilidade negativa, isto é, casos nos quais o momento induzido é oposto ao campo aplicado.

A equação (31.25) deve descrever a resposta magnética dos gases nobres sólidos de cristais iônicos simples, tais como os haletos alcalinos, já que nestes sólidos os íons são apenas levemente distorcidos por seu ambiente cristalino. De fato, nos haletos alcalinos as suscetibilidades podem ser representadas, numa pequena porcentagem, como a soma de suscetibilidades independentes para os íons positivos e negativos. Essas suscetibilidades iônicas também fornecem de forma precisa a contribuição dos haletos alcalinos para a suscetibilidade das soluções nas quais eles são dissolvidos.

As suscetibilidades são geralmente expressas como suscetibilidades molares, com base na magnetização por mol, ao invés de por centímetro cúbico. Assim, χ^{molar} é dado pela multiplicação de χ pelo volume de um mol, $N_A/[N/V]$, em que N_A é o número de Avogadro. Também por convenção, define-se um raio iônico quadrado médio por

$$\langle r^2\rangle = \frac{1}{Z_i}\sum\langle 0|r_i^2|0\rangle, \quad \textbf{(31.26)}$$

onde Z_i é o número *total* de elétrons no íon. Desse modo, a suscetibilidade molar é:

$$\chi^{\text{molar}} = -Z_i N_A \frac{e^2}{6mc^2}\langle r^2\rangle = -Z_i\left(\frac{e^2}{\hbar c}\right)^2\frac{N_A a_0^3}{6}\langle (r/a_0)^2\rangle. \quad \textbf{(31.27)}$$

já que $a_0 = 0{,}529$ Å, $e^2/\hbar c = 1/137$ e $N_A = 0{,}6022 \times 10^{24}$,

$$\chi^{\text{molar}} = -0{,}79 Z_i \times 10^{-6}\langle (r/a_0)^2\rangle \text{cm}^3/\text{mol}. \quad \textbf{(31.28)}$$

A grandeza $\langle (r/a_0)^2\rangle$ é da ordem de unidade, como é a quantidade de matéria por centímetro cúbico [pela qual a suscetibilidade deve ser multiplicada para se obter a suscetibilidade sem dimensão definida em (31.6)]. Concluímos que as suscetibilidades diamagnéticas são tipicamente da ordem de 10^{-5}, isto é, *M* é pequeno em comparação a *H*.

As suscetibilidades molares para os gases nobres e íons de haletos alcalinos são fornecidas na Tabela 31.1.

[15] Também é frequentemente chamada suscetibilidade de Langevin.

Tabela 31.1

Suscetibilidades molares de átomos de gases nobres e íons de haletos alcalinos*

Suscetibilidade do elemento		Suscetibilidade do elemento		Suscetibilidade do elemento	
		He	−1,9	Li^+	−0,7
F^-	−9,4	Ne	−7,2	Na^+	−6,1
Cl^-	−24,2	A	−19,4	K^+	−14,6
Br^-	−34,5	Kr	−28	Rb^+	−22,0
I^-	−50,6	Xe	−43	Cs^+	−35,1

* Em unidades de 10^{-6} cm^3/mol. Íons em cada linha têm a mesma configuração eletrônica.

Fonte: Kubo, R.; Nagamiya, T. (eds.). *Solid state physics*. Nova York: McGraw-Hill, 1969. p. 439.

Quando um sólido contém alguns íons com subníveis eletrônicos parcialmente preenchidos, seu comportamento magnético é muito diferente. Antes de aplicar o resultado geral (31.20) a este caso, devemos rever os fatos básicos sobre os estados baixos desses íons.

ESTADO FUNDAMENTAL DE ÍONS COM UM SUBNÍVEL PARCIALMENTE PREENCHIDO: REGRAS DE HUND

Suponha que temos um íon ou átomo livre[16] em que os subníveis eletrônicos estejam todos preenchidos ou vazios, exceto um, cujos níveis monoeletrônicos são caracterizados pelo momento orbital angular l. Já que para o l dado há $2l + 1$ valores que l_z pode ter ($l, l - 1, l - 2, \ldots, -l$), além de duas direções de spin possíveis para cada l_z, tal subnível conterá $2(2l + 1)$ níveis monoeletrônicos. Considere n o número de elétrons em um subnível, com $0 < n < 2(2l + 1)$. Se os elétrons não interagissem entre si, o estado fundamental iônico seria degenerado, refletindo o grande número de modos de se colocar n elétrons em mais de n níveis. No entanto, esta degeneração é consideravelmente (embora, em geral, não completamente) elevada pelas interações elétron-elétron de Coulomb, bem como pela interação spin-órbita de elétrons. Com exceção dos íons realmente muito pesados (nos quais o acoplamento spin-órbita é muito forte), os níveis mais baixos após a degeneração ser elevada podem ser descritos por um simples conjunto de regras, que se justifica tanto por cálculos complexos quanto pela análise de espectros atômicos. Aqui, vamos simplesmente expor as regras, já que estamos mais interessados em suas implicações para as propriedades magnéticas dos sólidos do que em comprová-las.[17]

[16] Adiante neste capítulo, discutiremos como o comportamento de um átomo ou íon livre é modificado pelo ambiente cristalino.

[17] As regras são discutidas na maioria dos livros de mecânica quântica. Veja, por exemplo, Landau, L. D.; Lifshitz, E. M. *Quantum mechanics*. Reading: Addison Wesley, 1965.

1. ***Acoplamento de Russel-Saunders*** — Para uma boa aproximação,[18] a Hamiltoniana do átomo ou íon pode ser comutada aos momentos de spin eletrônico total e orbital angular, **S** e **L**, bem como ao momento eletrônico angular total **J** = **L** + **S**. Portanto, os estados do íon podem ser descritos por números quânticos L, L_z, S, S_z, J e J_z, indicando que eles são autoestados dos operadores $\mathbf{L}^2$, $\mathbf{L}_z$, $\mathbf{S}^2$, $\mathbf{S}_z$, $\mathbf{J}^2$ e $\mathbf{J}_z$ com autovalores $L(L + 1)$, L_z, $S(S + 1)$, S_z, $J(J + 1)$ e J_z, respectivamente. Como subníveis preenchidos têm orbital, spin e momento angular total zero, estes números quânticos descrevem a configuração eletrônica do subnível parcialmente preenchido, bem como o íon como um todo.

2. ***Primeira regra de Hund*** — Dentre os muitos estados que podem ser formados mediante a colocação de n elétrons nos níveis $2(2l + 1)$ do subnível parcialmente preenchido, aqueles que ficam mais baixos em energia têm o maior spin total S que é consistente com o princípio da exclusão. Para se determinar qual valor é aquele, observa-se que o maior valor que S pode ter é igual à maior magnitude que S_z pode ter. Se $n \leq 2l + 1$, todos os elétrons podem ter spins paralelos sem ocupação múltipla de nenhum nível monoeletrônico no subnível, atribuindo-se a eles níveis com diferentes valores de l_z. Consequentemente, $S = 1/2n$, onde $n \leq 2l + 1$. Quando $n = 2l + 1$, S tem seu valor máximo, $l + ½$. Como o princípio da exclusão requer que elétrons após o termo de ordem $(2l + 1)$ tenham seus spins opostos aos spins dos primeiros $2l + 1$, S é reduzido de seu valor máximo por metade de uma unidade para cada elétron após o termo de ordem $(2l + 1)$.

3. ***Segunda regra de Hund*** — O momento orbital angular total L dos estados mais baixos possui o maior valor que seja consistente com a primeira regra de Hund e com o princípio da exclusão. Para se determinar este valor, observa-se que ele é igual à maior magnitude que L_z pode ter. Assim, o primeiro elétron no subnível irá para um nível com $|l_z|$ igual a seu valor máximo l. O segundo, de acordo com a regra 2, deve ter o mesmo spin do primeiro, e é, portanto, proibido pelo princípio da exclusão de ter o mesmo valor de l_z. O melhor que ele pode fazer é ter $|l_z| = l - 1$, o que leva a um L total de $l + (l - 1) = 2l - 1$. Continuando desta maneira, se o subnível for preenchido em menos da metade, teremos $L = l + (l - 1) + \ldots + [l - (n - 1)]$. Quando o subnível está preenchido precisamente na metade, todos os valores de l_z devem ser assumidos e, portanto, $L = 0$. A segunda metade do subnível é preenchida com elétrons com spin oposto àqueles da primeira metade e, portanto, o princípio da exclusão nos permite mais uma vez ir pela mesma série de valores para L que atravessamos ao preencher a primeira metade.

4. ***Terceira Regra de Hund*** — As primeiras duas regras determinam os valores de L e S assumidos pelos estados de mais baixa energia. Isto ainda permite $(2L + 1)(2S + 1)$ estados possíveis. Estes podem ser também classificados de acordo com seu momento angular total J, que, de acordo com as regras básicas de composição de momento angular,

[18] O momento angular total J é sempre um bom número quântico para o átomo ou o íon, mas L e S são bons números quânticos apenas na extensão em que o acoplamento spin-órbita não seja importante.

podem adotar todos os valores integrais entre $|L - S|$ e $L + S$. A degeneração do conjunto de $(2L + 1)(2S + 1)$ estados é elevada pelo acoplamento spin-órbita, o qual, dentro deste conjunto de estados, pode ser representado por um termo na Hamiltoniana da forma simples $\lambda(\mathbf{L}\cdot\mathbf{S})$. O acoplamento spin-órbita favorecerá o J máximo (momentos de orbital paralelo e de spin angular) se λ for positivo. Como se vê, λ é positivo para subníveis que estejam preenchidos em menos da metade e negativo para subníveis que estejam preenchidos em mais da metade. Como consequência, o valor que J assume nos estados de mais baixa energia é:

$$\begin{aligned} J &= |L - S|, \quad & n \leqslant (2l + 1), \\ J &= L + S, \quad & n \geqslant (2l + 1). \end{aligned} \tag{31.29}$$

Em problemas magnéticos, em geral se lida apenas com o conjunto de $(2L + 1)(2S + 1)$ estados determinados pelas primeiras duas regras de Hund, já todas as outras pressupõem doses tão altas de energia que não se tornam alvo de interesse. Além disso, basta considerar apenas os mais baixos $2J + 1$ dentre os especificados pela terceira regra.

As regras são de aplicação mais fácil do que sua descrição possa sugerir. De fato, ao se determinar o multipleto J mais baixo (conhecido como *termo*) para os íons de um sólido, realmente são encontrados apenas 22 casos de interesse: 1 a 9 elétrons em um subnível d ($l = 2$) ou 1 a 13 elétrons em um subnível f ($l = 3$).[19] Por infelizes razões históricas, o multipleto de estado fundamental nestes casos não é descrito pela simples tríade de números SLJ. Em vez disso, o momento orbital angular L é dado por uma letra, de acordo com o código espectroscópico consagrado:

$$\begin{aligned} L &= 0\;1\;2\;3\;4\;5\;6 \\ X &= S\;P\;D\;F\;G\;H\;I \end{aligned} \tag{31.30}$$

Especifica-se o spin pela aposição do número $2S + 1$ (conhecido como sua multiplicidade) à letra, como um prefixo de índice superior, e apenas J é dado como o número J, afixado como o índice inferior à direita. Assim, o multipleto J mais baixo é descrito pelo símbolo: ${}^{(2S+1)}X_J$.

Os casos de maior interesse para o estudo do magnetismo em sólidos são fornecidos na Tabela 31.2.

[19] Subníveis p parcialmente preenchidos contêm elétrons de valência. Invariavelmente eles se estendem em bandas no sólido. Assim, a configuração dos elétrons que eles contêm no sólido não é, de modo nenhum, uma leve distorção da configuração no átomo livre, e a análise deste capítulo não é aplicável.

TABELA 31.2

Estados fundamentais de íons com subníveis *d* ou *f* parcialmente preenchidos, de acordo com as regras de hund*

subnível *d* (*l*=2)										
n	l_z=2,	1,	0,	1,	2,	S	$L=\|\Sigma\, l_z\|$	J		Símbolo
1	↓					1/2	2	3/2		$^2D_{3/2}$
2	↓	↓				1	3	2	$J = \|L-S\|$	$^3F_2$
3	↓	↓	↓			3/2	3	3/2		$^4F_{3/2}$
4	↓	↓	↓	↓		2	2	0		$^5D_0$
5	↓	↓	↓	↓	↓	5/2	0	5/2		$^6S_{5/2}$
6	↓↑	↑	↑	↑	↑	2	2	4		$^5D_4$
7	↓↑	↓↑	↑	↑	↑	3/2	3	9/2	$J = L+S$	$^4F_{9/2}$
8	↓↑	↓↑	↓↑	↑	↑	1	3	4		$^3F_4$
9	↓↑	↓↑	↓↑	↓↑	↑	1/2	2	5/2		$^2D_{5/2}$
10	↓↑	↓↑	↓↑	↓↑	↓↑	0	0	0		$^1S_0$

subnível *f* (*l*=3)												
n	l_z=3,	2,	1,	0,	−1,	−2,	−3	S	$L=\|\Sigma\, l_z\|$	J		
1	↓							1/2	3	5/2		$^2F_{5/2}$
2	↓	↓						1	5	4		$^3H_4$
3	↓	↓	↓					3/2	6	9/2		$^4I_{9/2}$
4	↓	↓	↓	↓				2	6	4	$J = \|L-S\|$	$^5I_4$
5	↓	↓	↓	↓	↓			5/2	5	5/2		$^6H_{5/2}$
6	↓	↓	↓	↓	↓	↓		3	3	0		$^7F_0$
7	↓	↓	↓	↓	↓	↓	↓	7/2	0	7/2		$^8S_{7/2}$
8	↓↑	↑	↑	↑	↑	↑	↑	3	3	6		$^7F_6$
9	↓↑	↓↑	↑	↑	↑	↑	↑	5/2	5	15/2		$^6H_{15/2}$
10	↓↑	↓↑	↓↑	↑	↑	↑	↑	2	6	8		$^5I_8$
11	↓↑	↓↑	↓↑	↓↑	↑	↑	↑	3/2	6	15/2	$J = L+S$	$^4I_{15/2}$
12	↓↑	↓↑	↓↑	↓↑	↓↑	↑	↑	1	5	6		$^3H_6$
13	↓↑	↓↑	↓↑	↓↑	↓↑	↓↑	↑	1/2	3	7/2		$^2F_{7/2}$
14	↓↑	↓↑	↓↑	↓↑	↓↑	↓↑	↓↑	0	0	0		$^1S_0$

* ↑ = spin ½; ↓ = spin −½

SUSCETIBILIDADE DE ISOLANTES QUE CONTÊM ÍONS COM UM SUBNÍVEL PARCIALMENTE PREENCHIDO: PARAMAGNETISMO

Há dois casos para se distinguir:

1. Se o subnível tem $J = 0$ (como é o caso de subníveis aos quais falta um elétron para que haja preenchimento pela metade), o estado fundamental é não degenerado (como no caso de um subnível preenchido) e o termo linear na troca de energia (31.20) desaparece.[20] No entanto (em contraste com o caso de um subnível preenchido), o segundo termo em (31.20) não precisa desaparecer, e a troca na energia de estado fundamental em virtude do campo será dada por

$$\Delta E_0 = \frac{e^2}{8mc^2}H^2\left\langle 0\left|\sum_i (x_i^2 + y_i^2)\right|0\right\rangle - \sum_n \frac{|\langle 0|\mu_B \mathbf{H}\cdot(\mathbf{L} + g_0\mathbf{S})|n\rangle|^2}{E_n - E_0}. \quad \textbf{(31.31)}$$

Quando o sólido contém N/V desses íons por unidade de volume, a suscetibilidade é

$$\begin{aligned}\chi &= -\frac{N}{V}\frac{\partial^2 E_0}{\partial H^2} \\ &= -\frac{N}{V}\left[\frac{e^2}{4mc^2}\left\langle 0\left|\sum_i (x_i^2 + y_i^2)\right|0\right\rangle - 2\mu_B^2 \sum_n \frac{|\langle 0|(\mathbf{L}_z + g_0\mathbf{S}_z)|n\rangle|^2}{E_n - E_0}\right].\end{aligned} \quad \textbf{(31.32)}$$

O primeiro termo corresponde exatamente à suscetibilidade diamagnética de Larmor abordada anteriormente. O segundo termo tem um sinal oposto àquele do primeiro (já que as energias de estados excitados necessariamente excedem aquela do estado fundamental). Ele, portanto, favorece o alinhamento do momento paralelo ao campo, comportamento conhecido como *paramagnetismo*. Esta correção paramagnética à suscetibilidade diamagnética de Larmor é conhecida como *paramagnetismo de Van Vleck*.[21] O comportamento magnético de íons dotados de subnível ao qual falta um elétron para o preenchimento pela metade é determinado pelo equilíbrio entre o diamagnetismo de Larmor e o paramagnetismo de Van Vleck, *contanto* que apenas o estado fundamental seja ocupado com considerável probabilidade em equilíbrio térmico, de modo que a energia livre seja exatamente a energia do estado fundamental. Em muitos desses casos, entretanto, o próximo multipleto J mais baixo está tão próximo de $J = 0$ do estado fundamental que sua contribuição para a energia livre (e, consequentemente, para a suscetibilidade) é significativa – e uma fórmula diferente de (31.32) é necessária.

2. Se o subnível não tem $J = 0$ (ou seja, em todos os casos, com exceção de subníveis fechados e subníveis aos quais falta um elétron para o preenchimento pela metade), o primeiro termo na troca de energia (31.20) não desaparecerá e, como indicamos, será quase sempre tão maior que os outros dois que estes podem ser seguramente ignorados. Neste caso, o

[20] Isto resulta da simetria de estados com J = 0, como apresentado no Problema 4.

[21] O paramagnetismo de Van Vleck também surge nas suscetibilidades de moléculas que têm estrutura mais complexa do que a dos íons individuais considerados aqui.

estado fundamental é degenerado com dobra $(2J + 1)$ em campo zero, e estamos ante o problema de avaliar e diagonalizar a matriz quadrada com dimensão $(2J + 1)$[22]

$$\langle JLSJ_z|(L_z + g_0 S_z)|JLSJ_z'\rangle; \qquad J_z J_z' = -J, \ldots, J. \quad (31.33)$$

Esta tarefa se torna simples graças a um teorema (Wigner-Eckart)[23] que afirma que os elementos matriciais de qualquer operador de vetor no espaço de dimensão $(2J + 1)$ de autoestados $\mathbf{J}^2$ e $\mathbf{J}_z$, com dado valor de J, são proporcionais aos elementos matriciais do próprio $\mathbf{J}$:

$$\langle JLSJ_z|(\mathbf{L} + g_0\mathbf{S})|JLSJ_z'\rangle = g(JLS)\langle JLSJ_z|\,\mathbf{J}\,|JLSJ_z'\rangle. \quad (31.34)$$

O aspecto importante deste resultado é que a constante de proporcionalidade $g(JLS)$ não depende dos valores de J_z ou J_z'.

Em particular, como os elementos matriciais de $\mathbf{J}_z$ são

$$\langle JLSJ_z|\,\mathbf{J}_z\,|JLSJ_z'\rangle = J_z\delta_{J_z,J_z'} \quad (31.35)$$

temos que

$$\langle JLSJ_z|(\mathbf{L}_z + g_0\mathbf{S}_z)|JLSJ_z'\rangle = g(JLS)J_z\delta_{J_z,J_z'}. \quad (31.36)$$

Isso soluciona o problema: a matriz já é diagonal nos estados do J_z definido, e o estado fundamento degenerado de dobra $(2J + 1)$ é, portanto, dividido em dois estados com valores definidos de J_z, cujas energias são uniformemente separadas por $g(JLS)\mu_B H$.

O valor de $g(JLS)$ (conhecido como fator g de Landé) é facilmente calculado (Apêndice P):

$$g(JLS) = \tfrac{1}{2}(g_0 + 1) - \tfrac{1}{2}(g_0 - 1)\frac{L(L+1) - S(S+1)}{J(J+1)}, \quad (31.37)$$

ou, tomando-se o fator g de elétron g_0 como exatamente 2,

$$g(JLS) = \frac{3}{2} + \frac{1}{2}\left[\frac{S(S+1) - L(L+1)}{J(J+1)}\right]. \quad (31.38)$$

---

[22] Veja observação na nota 10 deste capítulo.

[23] Para uma prova veja, por exemplo, Gottfried, K. *Quantum mechanics*. v. 1. Menlo Park: W. A. Benjamin, 1966. p. 302-304.

Às vezes, encontra-se o resultado (31.34), que pode ser representado da forma equivalente,

$$\langle JLSJ_z|(\mathbf{L} + g_0\mathbf{S})|JLSJ_z'\rangle = \langle JLSJ_z|\, g(JLS)\mathbf{J}\,|JLSJ_z'\rangle, \quad \mathbf{(31.39)}$$

ou sem os vetores de estado circundantes:

$$\mathbf{L} + g_0\mathbf{S} = g(JLS)\mathbf{J}. \quad \mathbf{(31.40)}$$

Enfatizamos que esta relação é válida apenas dentro do conjunto de dimensão $(2J + 1)$ de estados que formam o estado fundamental atômico degenerado em campo zero, isto é, obedece-se (31.40) apenas para elementos matriciais tomados entre estados que sejam diagonais em J, L e S. Se a divisão entre o multipleto de estado fundamental atômico de campo zero e o primeiro multipleto excitado for grande em comparação a k_BT (como é frequentemente o caso), apenas os estados $(2J + 1)$ no multipleto de estado fundamental contribuirão decisivamente para a energia livre. Neste caso (e apenas neste caso), a equação (31.40) permite que se interprete o primeiro termo na troca de energia (31.20) como se ele expressasse a interação $(-\boldsymbol{\mu}\ \mathbf{H})$ do campo com um momento magnético proporcional ao momento angular total do íon,[24]

$$\boldsymbol{\mu} = -\, g(JLS)\mu_B\mathbf{J}. \quad \mathbf{(31.41)}$$

Em virtude de o estado fundamental de campo zero ser degenerado, não se admite calcular a suscetibilidade igualando-se a energia livre à energia de estado fundamental (como fizemos no caso dos subníveis não degenerados com $J = 0$), já que, à medida que o campo chega a zero, a divisão dos estados $(2J + 1)$ mais baixos é pequena se comparada a k_BT. Para obter a suscetibilidade, devemos, portanto, lançar mão de um cálculo mecânico estatístico adicional.

Magnetização de um conjunto de íons idênticos de momento angular *J*: lei de Curie

Se apenas os estados $2J + 1$ mais baixos forem termicamente excitados com probabilidade significativa, a energia livre (31.5) será dada por:

$$e^{-\beta F} = \sum_{J_z=-J}^{J} e^{-\beta\gamma H J_z}, \qquad \gamma = g(JLS)\mu_B, \qquad \beta = \frac{1}{k_BT}. \quad \mathbf{(31.42)}$$

Essa série geométrica é facilmente somada para fornecer:

$$e^{-\beta F} = \frac{e^{\beta\gamma H(J+1/2)} - e^{-\beta\gamma H(J+1/2)}}{e^{\beta\gamma H/2} - e^{-\beta\gamma H/2}}. \quad \mathbf{(31.43)}$$

---

[24] No multipleto de estado fundamental a energia do íon em um campo **H** é então fornecida pelo operador $-\boldsymbol{\mu}\cdot\mathbf{H}$. Este é um exemplo muito simples de uma "Hamiltoniana de spin" (veja as páginas 736-738).

A expressão (31.4) para a magnetização de N destes íons em um volume V fornece, então

$$M = -\frac{N}{V}\frac{\partial F}{\partial H} = \frac{N}{V}\gamma J B_J(\beta\gamma J H), \quad \textbf{(31.44)}$$

onde a *função de Brillouin* $B_J(x)$ é definida por

$$B_J(x) = \frac{2J+1}{2J}\coth\frac{2J+1}{2J}x - \frac{1}{2J}\coth\frac{1}{2J}x, \quad \textbf{(31.45)}$$

que está representada graficamente na Figura 31.1 para diversos valores de J.

Observe que, como $T \to 0$ para H fixo, $M \to (N/V)\gamma J$, ou seja, cada íon alinha-se completamente pelo campo, $|J_z|$ tendo seu valor máximo (ou "de saturação") J. No entanto, este caso surge apenas quando $k_B T << \gamma H$;

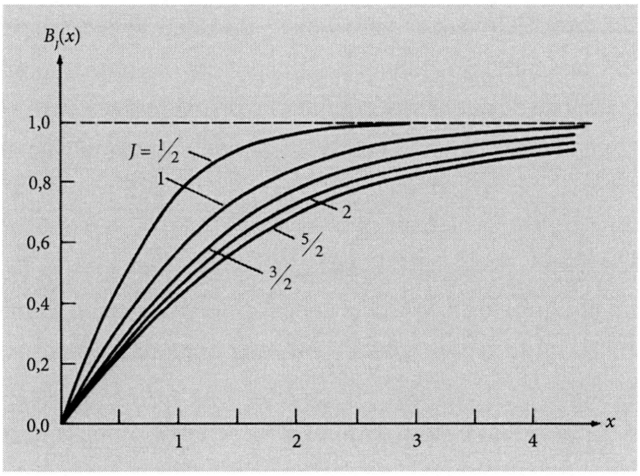

FIGURA 31.1

Representação gráfica da função de Brillouin $B_J(x)$ para os diversos valores do spin J.

como $\gamma H/k_B \approx \hbar\omega_c/k_B \approx 1$ K em um campo de 10^4 gauss, normalmente encontra-se o limite oposto, exceto nas temperaturas mais baixas e nos campos mais altos.

Quando $\gamma H << k_B T$, a expansão x pequena,

$$\coth x \approx \frac{1}{x} + \tfrac{1}{3}x + O(x^3), \qquad B_J(x) \approx \frac{J+1}{3J}x + O(x^3), \quad \textbf{(31.46)}$$

fornece

$$\boxed{\chi = \frac{N}{V}\frac{(g\mu_B)^2}{3}\frac{J(J+1)}{k_B T}, \qquad (k_B T \gg g\mu_B H),} \quad \textbf{(31.47)}$$

ou

$$\chi^{\text{molar}} = N_A \frac{(g\mu_B)^2}{3} \frac{J(J+1)}{k_B T}. \quad \textbf{(31.48)}$$

Esta variação inversamente proporcional da suscetibilidade em relação à temperatura é conhecida como lei de Curie. Ela caracteriza sistemas paramagnéticos com "momentos permanentes", cujo alinhamento é favorecido pelo campo e contraposto por desordem térmica. Apesar da condição $k_B T >> g\mu_B H$, para que a validade da lei de Curie seja satisfeita para uma enorme gama de campos e temperaturas, é importante lembrar que a "lei" está sujeita a esta restrição.[25]

A suscetibilidade paramagnética (31.47) é maior do que a suscetibilidade diamagnética de Larmor independente da temperatura (31.25) por um fator de ordem 500 à temperatura ambiente (Problema 7) e, portanto, quando um íon que tem um subnível parcialmente preenchido está presente com J diferente de zero, a contribuição do subnível para a suscetibilidade total do sólido domina completamente a contribuição diamagnética dos outros subníveis (preenchidos). A partir de nossa estimativa de que as suscetibilidades diamagnéticas são da ordem de 10^{-5} concluímos que as suscetibilidades paramagnéticas de temperatura ambiente devem ser da ordem de 10^{-2} a 10^{-3}.

Lei de Curie em sólidos

Examinamos agora até que ponto a teoria mencionada sobre o paramagnetismo de íons livres continua descrevendo o comportamento dos íons quando eles são parte da estrutura de um sólido.

Sabe-se que cristais isolantes que contêm íons de terras raras (que têm subníveis f eletrônicos parcialmente preenchidos) obedecem à lei de Curie. Frequentemente, define-se a lei na forma:

$$\chi = \frac{1}{3} \frac{N}{V} \frac{\mu_B^2 p^2}{k_B T}, \quad \textbf{(31.49)}$$

onde p, o "número de magneton efetivo de Bohr", é dado por

$$p = g(JLS)[J(J+1)]^{1/2}. \quad \textbf{(31.50)}$$

Na Tabela 31.3, o valor de p determinado pelo coeficiente de $1/T$ na suscetibilidade medida é comparado àquele dado por (31.50) e pelo fator g de Landé (31.38).

[25] Por outro lado, a lei se mantém em temperaturas muito altas mesmo quando há interações magnéticas consideráveis dentre os íons [veja a equação (33.50)].

TABELA 31.3

Números efetivos de magnétons *p* calculados e medidos para íons de terras raras*

Elemento (triplamente ionizado)	Configuração eletrônica básica	Termo de estado fundamental	*p* calculado**	*p* medido***
La	$4f^0$	^1S	0,00	diamagnético
Ce	$4f^1$	$^2F_{5/2}$	2,54	2,4
Pr	$4f^2$	$^3H_4$	3,58	3,5
Nd	$4f^3$	$^4I_{9/2}$	3,62	3,5
Pm	$4f^4$	$^5I_4$	2,68	—
Sm	$4f^5$	$^6H_{5/2}$	0,84	1,5
Eu	$4f^6$	$^7F_0$	0,00	3,4
Gd	$4f^7$	$^8S_{7/2}$	7,94	8,0
Tb	$4f^8$	$^7F_6$	9,72	9,5
Dy	$4f^9$	$^6H_{15/2}$	10,63	10,6
Ho	$4f^{10}$	$^5I_8$	10,60	10,4
Er	$4f^{11}$	$^4I_{15/2}$	9,59	9,5
Tm	$4f^{12}$	$^3H_6$	7,57	7,3
Yb	$4f^{13}$	$^2F_{7/2}$	4,54	4,5
Lu	$4f^{14}$	^1S	0,00	diamagnético

* Observe que a discrepância em Sm e Eu tem sua origem nos multipletos *J* baixos, considerados ausentes na teoria.

** Equação (31.50).

*** Equação (31.49).

Fonte: Van Vleck, J. H. *The theory of electric and magnetic susceptibilities.* Oxford, 1952. p. 243. Veja também Kubo, R.; Nagamiya, T. (eds.). *Solid state physics.* Nova York: McGraw-Hill, 1969. p. 451.

A aplicação é excelente, exceto para o samário e o európio. No último caso, temos $J = 0$, e nossa análise claramente não se aplica. Entretanto, em ambos os casos a discrepância se explica pelo reconhecimento de que o multipleto *J* que fica logo acima do estado fundamental é tão próximo em energia que: (a) os denominadores de energia no segundo termo na energia (31.20) (omitidos na derivação da lei de Curie) são suficientemente pequenos para que ele seja importante; e (b) a probabilidade de alguns íons serem termicamente excitados para fora do(s) estado(s) de mais baixo *J* (o que também se omite na derivação da lei de Curie) pode ser considerável.

Desse modo, em todos os casos o magnetismo de íons de terras raras em um sólido isolante é bem descrito quando são tratados como íons isolados. Este não é o caso, no entanto, para íons de *metais de transição* em um sólido isolante. De fato, para íons de metais de transição do grupo do ferro, embora possa se obedecer a lei de Curie, o valor de *p* determinado a partir dela será fornecido por (31.50) apenas no caso de se assumir que, apesar de *S* ainda ser dado pelas regras de Hund, *L* é zero e, consequentemente, *J* é igual a *S* (veja a

Tabela 31.4). Este fenômeno é conhecido como a *extinção* do momento orbital angular, e é um exemplo particular de um fenômeno geral conhecido como *divisão de campo cristalino.*

TABELA 31.4

Números efetivos de magnétons p calculados e medidos para os íons do grupo do ferro (3D)*

Elemento (e ionização)	Configuração eletrônica básica	Termo de estado fundamental	p calculado** ($J = S$)	($J = \|L \pm S\|$)	p medido***
Ti^{3+}	$3d^1$	$^2D_{3/2}$	1,73	1,55	—
V^{4+}	$3d^1$	$^2D_{3/2}$	1,73	1,55	1,8
V^{3+}	$3d^2$	$^3F_2$	2,83	1,63	2,8
V^{2+}	$3d^3$	$^4F_{3/2}$	3,87	0,77	3,8
Cr^{3+}	$3d^3$	$^4F_{3/2}$	3,87	0,77	3,7
Mn^{4+}	$3d^3$	$^4F_{3/2}$	3,87	0,77	4,0
Cr^{2+}	$3d^4$	$^5D_0$	4,90	0	4,8
Mn^{3+}	$3d^4$	$^5D_0$	4,90	0	5,0
Mn^{2+}	$3d^5$	$^6S_{5/2}$	5,92	5,92	5,9
Fe^{3+}	$3d^5$	$^6S_{5/2}$	5,92	5,92	5,9
Fe^{2+}	$3d^6$	$^5D_4$	4,90	6,70	5,4
Co^{2+}	$3d^7$	$^4F_{9/2}$	3,87	6,54	4,8
Ni^{2+}	$3d^8$	$^3F_4$	2,83	5,59	3,2
Cu^{2+}	$3d^9$	$^2D_{5/2}$	1,73	3,55	1,9

* Por causa da extinção, valores teóricos bem melhores são obtidos considerando-se J igual a S, que é o spin total, e então tomando-se como apropriado ao íon livre o valor $J = |L \pm S|$.
** Equação (31.50). No caso de $J = S$, considera-se $L = 0$.
*** Equação (31.49).
Fonte: Van Vleck, op. cit., p. 285; Kubo, Nagamiya, op. cit., p. 453.

A divisão de campo cristalino não é importante para íons de terras raras, já que seus subníveis $4f$ parcialmente preenchidos localizam-se no interior profundo do íon (abaixo dos subníveis preenchidos $5s$ e $5p$). Em contraste, os subníveis d parcialmente preenchidos dos íons de metais de transição são os subníveis eletrônicos mais externos, portanto, são muito mais influenciados por seu ambiente cristalino. Os elétrons nos subníveis d parcialmente preenchidos estão sujeitos a campos elétricos não desprezíveis que não possuem simetria esférica, apenas a simetria da região cristalina na qual o íon está localizado. Como consequência, a base para as regras de Hund torna-se parcialmente invalidada.

Como se vê, as duas primeiras regras de Hund podem ser mantidas, mesmo no ambiente cristalino. O campo cristalino deve, entretanto, ser introduzido como uma perturbação no conjunto de dobras $(2S + 1)(2L + 1)$ de estados determinado pelas duas primeiras regras. Esta perturbação atua complementando o acoplamento spin-órbita. Portanto, a terceira regra de Hund (que resultou apenas da ação do acoplamento spin-órbita) deve ser modificada.

No caso dos íons de metais de transição do grupo do ferro (subníveis 3*d* parcialmente preenchidos), o campo cristalino é muito maior do que o acoplamento spin-órbita, de modo que, para uma primeira aproximação, pode-se construir uma nova versão da terceira regra de Hund, na qual a perturbação do acoplamento spin-órbita é de todo ignorada, em favor da perturbação de campo cristalino. Esta última perturbação *não* dividirá a degeneração de spin, já que ela depende apenas de variáveis espaciais e, portanto, comuta com **S**, mas pode elevar completamente a degeneração do multipleto de orbital *L*, caso ela seja suficientemente assimétrica.[26] O resultado será, então, um multipleto no qual o valor médio de cada componente de **L** desaparece [embora $\mathbf{L}^2$ ainda tenha o valor médio $L(L + 1)$]. A interpretação clássica é que isso advém de uma precessão do momento orbital angular no campo cristalino, de modo que, apesar de sua magnitude permanecer inalterada, todos os seus componentes convergem a zero.

A situação para a série mais alta dos metais de transição (subníveis 4*d* ou 5*d* parcialmente preenchidos) é mais complexa, já que nos elementos mais pesados o acoplamento spin-órbita é mais forte. A divisão de multipleto devida ao acoplamento spin-órbita pode ser comparável à divisão de campo cristalino ou maior do que ela. Em casos gerais como esses, considerações sobre como os campos cristalinos podem rearranjar os níveis em estruturas diferentes daquelas contidas na terceira regra de Hund se baseiam em aplicações bem sutis da teoria de grupo. Não vamos explorá-las aqui, mas mencionaremos dois importantes princípios que entram em jogo:

1. Quanto menos simétrico for o campo cristalino, mais baixa é a degeneração que se espera que o estado fundamental iônico exato tenha. Há, entretanto, um importante teorema (proposto por Kramers) que afirma que não importa quão não simétrico seja o campo cristalino, um íon que possui um número ímpar de elétrons deve ter um estado fundamental que seja ao menos duplamente degenerado, mesmo na presença de campos cristalinos e interações spin-órbita.

2. Seria de se esperar que o campo cristalino frequentemente tivesse uma simetria tão alta (como em regiões de simetria cúbica) que produziria menos do que o máximo de elevação de degeneração permitida pelo teorema de Kramers. No entanto, outro teorema, proposto por Jahn e Teller, afirma que, se um íon magnético está em uma região cristalina de simetria tão alta que sua degeneração de estado fundamental não é o mínimo de Kramers, será energicamente favorável para o cristal se distorcer (por exemplo, para a posição de equilíbrio do

[26] Caso se adicione o acoplamento spin-órbita à Hamiltoniana, como uma perturbação adicional no campo cristalino, mesmo a degeneração de dobra (2S + 1) remanescente do estado fundamental será dividida. No entanto, esta divisão adicional pode ser pequena em comparação tanto a k_BT quanto à divisão em um campo magnético aplicado, caso em que ela pode ser ignorada. Evidentemente, este é o caso para os íons de metais de transição.

íon a ser substituído), de modo a se baixar suficientemente a simetria para que se remova a degeneração. Se esta elevação de degeneração é grande o suficiente para ser importante (isto é, comparável a k_BT ou à divisão em campos magnéticos aplicados), o teorema não garante. Se ela não for grande o bastante, o efeito de Jahn-Teller não será observável.

PROPRIEDADES TÉRMICAS DE ISOLANTES PARAMAGNÉTICOS: DESMAGNETIZAÇÃO ADIABÁTICA

Uma vez que a energia livre de Helmholtz é $F = U - TS$, onde U é a energia interna, a entropia magnética $S(H, T)$ é dada por

$$S = k_B\beta^2 \frac{\partial F}{\partial \beta}, \quad \beta = \frac{1}{k_BT}, \quad \textbf{(31.51)}$$

[já que $U = (\partial/\partial\beta)\beta F$]. A expressão (31.42) para a energia livre de um conjunto de íons paramagnéticos que não interagem revela que βF depende de β e H apenas mediante seu produto, isto é, F tem a forma

$$F = \frac{1}{\beta}\Phi(\beta H). \quad \textbf{(31.52)}$$

Consequentemente, a entropia tem a forma

$$S = k_B[-\Phi(\beta H) + \beta H\Phi'(\beta H)], \quad \textbf{(31.53)}$$

que depende apenas do produto $\beta H = H/k_BT$. Como consequência, diminuindo adiabaticamente (isto é, em S fixo) o campo que atua em um sistema de spin (lentamente o suficiente para que o equilíbrio térmico seja sempre mantido), diminuímos a temperatura do sistema de spin proporcionalmente, já que, se o S é inalterado, H/T também não se pode alterar, portanto,

$$T_{\text{final}} = T_{\text{inicial}}\left(\frac{H_{\text{final}}}{H_{\text{inicial}}}\right). \quad \textbf{(31.54)}$$

Isso pode ser utilizado como método prático para a obtenção de baixas temperaturas apenas em uma faixa de temperaturas em que o calor específico do sistema de spin é a contribuição dominante ao calor específico de todo o sólido. Na prática, isso nos restringe a temperaturas bem abaixo da temperatura de Debye (veja o Problema 10), e a técnica se provou útil para o resfriamento desde alguns graus Kelvin até a centésima (ou, se houver condições, a milionésima) parte de um grau.

O limite nas temperaturas que se pode alcançar pela desmagnetização adiabática é estabelecido pelos limites da validade da conclusão de que a entropia depende apenas de H/T. Se isto fosse rigorosamente correto, se poderia resfriar até a temperatura zero pela remoção completa do campo. Mas esta suposição deve falhar em pequenos campos, já que, de outro modo, a entropia de campo zero não dependeria da temperatura. Na realidade, a entropia no campo zero deve depender da temperatura, de modo que a densidade de entropia possa cair para zero com a diminuição desta temperatura, como requerido pela terceira lei da termodinâmica. A dependência da temperatura da entropia de campo zero é provocada pela existência de interações magnéticas entre os íons paramagnéticos, a importância crescente da divisão de campo cristalino em baixas temperaturas e outros efeitos parecidos que são deixados de fora da análise que leva a (31.53). Quando estes são levados em conta, o resultado (31.54) para a temperatura final deve ser substituído pelo resultado geral $S(H_{\text{inicial}}, T_{\text{inicial}}) = S(0, T_{\text{final}})$ e deve-se ter um conhecimento detalhado da dependência da temperatura da entropia de campo zero para se computar a temperatura final (veja a Figura 31.2).

Evidentemente, os materiais mais efetivos são aqueles em que o declínio inevitável da temperatura da entropia de campo zero se inicia na temperatura mais baixa possível. Usam-se, portanto, sais paramagnéticos com íons magnéticos bem protegidos (para se minimizar a divisão de campo cristalino) e bem separados (para se minimizar as interações magnéticas). Em contrapartida, naturalmente, há o calor específico magnético mais baixo resultante de uma densidade mais baixa de íons magnéticos. As substâncias mais populares utilizadas no presente são do tipo $Ce_2Mg_3(NO_3)_{12}\cdot(H_2O)_{24}$.

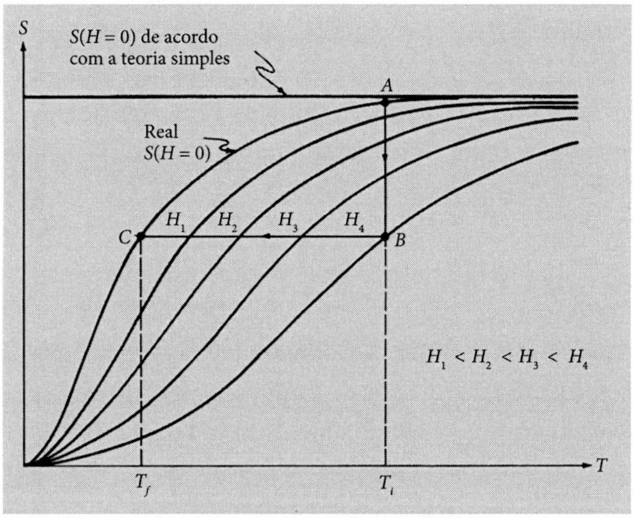

FIGURA 31.2

Representações gráficas da entropia de um sistema de spins que interagem para diversos valores de campo magnético externo, H. (A linha tracejada representa a constante $Nk_B \ln(2J + 1)$ para spins independentes em campo zero.) Este é o ciclo de resfriamento, começando em $A(T_i, H = 0)$, procedemos isotermicamente para B, elevando o campo no processo de zero a H_4i. A próxima etapa é remover o campo adiabaticamente (constante S), indo deste modo a C e atingindo a temperatura T_f*i*.

SUSCETIBILIDADE DE METAIS: PARAMAGNETISMO DE PAULI

Nenhuma das discussões anteriores tem ligação com o problema da contribuição de elétrons de condução para o momento magnético de um metal. Os elétrons de condução não se localizam espacialmente como os elétrons em subníveis iônicos parcialmente preenchidos, tampouco respondem independentemente como elétrons localizados em diferentes íons, em virtude das restrições severas do princípio da exclusão.

No entanto, na aproximação de elétron independente, o problema do magnetismo de elétron de condução pode ser resolvido. A solução é complicada, devido ao modo intricado como o movimento de orbital eletrônico responde ao campo. Se omitirmos a resposta orbital (isto é, se considerarmos que o elétron tem apenas um momento magnético de spin, mas nenhuma carga), podemos prosseguir da forma a seguir:

Cada elétron contribuirá com $-\mu_B/V$ (considerando-se $g_0 = 2$) para a densidade de magnetização, se seu spin for paralelo ao campo H, e com μ_B/V, se antiparalelo. Consequentemente, se $n_\pm$ é o número de elétrons por unidade de volume com spin paralelo (+) ou antiparalelo (−) a H, a densidade de magnetização será

$$M = -\mu_B(n_+ - n_-). \quad \textbf{(31.55)}$$

Se os elétrons interagem com o campo apenas por meio de seus momentos magnéticos, o único efeito do campo será trocar a energia de cada nível eletrônico por $\pm\mu_B H$, dependendo de o spin ser paralelo (+) ou antiparalelo (−) a H. Podemos expressar isto simplesmente em termos da densidade de níveis para determinado spin. Considere $g_\pm(\varepsilon)d\varepsilon$ o número de elétrons do spin especificado por unidade de volume na faixa de energia ε a $\varepsilon + d\varepsilon$.[27] Na ausência do campo, teríamos

$$g_\pm(\varepsilon) = \tfrac{1}{2}g(\varepsilon), \qquad (H = 0), \quad \textbf{(31.56)}$$

onde $g(\varepsilon)$ é a densidade normal de níveis. Como a energia de cada nível eletrônico com spin paralelo ao campo é trocada de seu valor de campo zero por $\mu_B H$, o número de níveis com energia ε na presença de H é o mesmo do número com energia $\varepsilon - \mu_B H$ na ausência de H:

$$g_+(\varepsilon) = \tfrac{1}{2}g(\varepsilon - \mu_B H). \quad \textbf{(31.57)}$$

De maneira semelhante,

$$g_-(\varepsilon) = \tfrac{1}{2}g(\varepsilon + \mu_B H). \quad \textbf{(31.58)}$$

[27] Para evitar que se confunda a densidade de níveis com o fator g, sempre tornaremos o argumento de energia da densidade de nível explícito. Um índice inferior distingue o magneton de Bohr μB do potencial químico μ.

O número de elétrons por unidade de volume de cada espécie de spin é dado por

$$n_{\pm} = \int d\varepsilon g_{\pm}(\varepsilon) f(\varepsilon), \quad \textbf{(31.59)}$$

onde f é a função de Fermi

$$f(\varepsilon) = \frac{1}{e^{\beta(\varepsilon-\mu)} + 1}. \quad \textbf{(31.60)}$$

Determina-se o potencial químico μ observando-se que a densidade eletrônica total é dada por

$$n = n_{+} + n_{-}. \quad \textbf{(31.61)}$$

Eliminando μ mediante esta relação, podemos usar (31.59) e (31.55) para encontrar a densidade de magnetização como função da densidade eletrônica n. No caso não degenerado ($f \approx e^{-\beta(\varepsilon-\mu)}$), isso nos leva de volta à nossa teoria anterior de paramagnetismo, dando precisamente (31.44) com $J = ½$ (veja o Problema 8).

No entanto, em metais, estamos realmente no caso degenerado. A variação importante na densidade de níveis $g(\varepsilon)$ está na escala de ε_F, e já que $\mu_B H$ é apenas da ordem de $10^{-4}\varepsilon_F$ mesmo a 10^4 gauss, podemos, com erro desprezível, expandir a densidade dos níveis:

$$g_{\pm}(\varepsilon) = \tfrac{1}{2} g(\varepsilon \pm \mu_B H) = \tfrac{1}{2} g(\varepsilon) \pm \tfrac{1}{2}\mu_B H g'(\varepsilon). \quad \textbf{(31.62)}$$

Em conjunção com (31.59), temos

$$n_{\pm} = \tfrac{1}{2}\int g(\varepsilon) f(\varepsilon) d\varepsilon \mp \tfrac{1}{2}\mu_B H \int d\varepsilon g'(\varepsilon) f(\varepsilon), \quad \textbf{(31.63)}$$

de tal forma que, a partir de (31.61),

$$n = \int g(\varepsilon) f(\varepsilon) d\varepsilon. \quad \textbf{(31.64)}$$

Esta é precisamente a fórmula para a densidade eletrônica na ausência do campo, e, assim, pode-se considerar que o potencial químico μ tem seu valor de campo zero, equação (2.77):

$$\mu = \varepsilon_F\left[1 + O\left(\frac{k_B T}{\varepsilon_F}\right)^2\right]. \quad \textbf{(31.65)}$$

Em conjunção com a equação (3.55), a equação (31.63) fornece uma densidade de magnetização

$$M = \mu_B^2 H \int g'(\varepsilon) f(\varepsilon) d\varepsilon, \quad \textbf{(31.66)}$$

ou, integrando por partes,

$$M = \mu_B^2 H \int g(\varepsilon)\left(-\frac{\partial f}{\partial \varepsilon}\right) d\varepsilon. \quad \textbf{(31.67)}$$

À temperatura zero, $-\partial f/\partial\varepsilon = \delta(\varepsilon - \varepsilon_F)$, de forma que

$$M = \mu_B^2 H g(\varepsilon_F). \quad \textbf{(31.68)}$$

Como (veja o Capítulo 2) as correções $T \neq 0$ para $\partial f/\partial\varepsilon$ são da ordem de $(k_B T/\varepsilon_F)^2$, a equação (31.68) também é válida em todas as temperaturas, exceto nas muito altas ($T \approx 10^4$K).

Resulta de (31.68) que a suscetibilidade é

$$\boxed{\chi = \mu_B^2 g(\varepsilon_F).} \quad \textbf{(31.69)}$$

mais conhecida como *suscetibilidade paramagnética de Pauli.* Em contraste com a suscetibilidade de íons paramagnéticos dada pela lei de Curie, a suscetibilidade de Pauli de elétrons de condução é essencialmente independente da temperatura. No caso do elétron livre, a densidade de níveis tem a forma $g(\varepsilon_F) = mk_F/\hbar^2\pi^2$, e a suscetibilidade de Pauli adota a forma simples

$$\chi_{\text{Pauli}} = \left(\frac{\alpha}{2\pi}\right)^2 (a_0 k_F), \quad \textbf{(31.70)}$$

onde $\alpha = e^2/\hbar c = 1/137$. Uma forma alternativa é

$$\chi_{\text{Pauli}} = \left(\frac{2,59}{r_s/a_0}\right) \times 10^{-6}. \quad \textbf{(31.71)}$$

Estas expressões revelam que χ_{pauli} tem o tamanho minuto característico de suscetibilidades diamagnéticas, em contraste com as suscetibilidades paramagnéticas maiores de íons magnéticos. Isto se dá porque o princípio de exclusão é bem mais efetivo do que a desordem térmica na supressão da tendência dos momentos magnéticos de spin de se alinharem com o campo. Outro meio de se comparar o paramagnetismo de Pauli com o paramagnetismo de íons magnéticos é observar que a suscetibilidade de Pauli pode ser calculada na forma da lei de Curie [equação (31.47)], mas com temperatura fixa da ordem de T_F fazendo o papel de T. Assim, a suscetibilidade de Pauli é centenas de vezes menor, mesmo em temperatura ambiente.[28]

[28] Até a teoria de Pauli, a ausência de forte paramagnetismo da lei de Curie em metais era mais uma das grandes anomalias na teoria de elétrons livres de metais. Como no caso do calor específico, se removia a anomalia pela observação de que os elétrons obedecem à estatística de Fermi-Dirac, em vez da clássica.

Valores da suscetibilidade de Pauli para os metais alcalinos, tanto os mensurados quanto os teóricos [da equação (31.71)], são dados na Tabela 31.5. A discrepância bem significativa entre os dois conjuntos de figuras é principalmente resultado das interações elétron-elétron omitidas (veja o Problema 12).[29]

TABELA 31.5

Comparação entre elétron livre e suscetibilidades de Pauli medidas

Elemento	r_s/a_0	$10^6\ \chi_{\text{Pauli}}$ [da equação (31.71)]	$10^6\ \chi_{\text{Pauli}}$ (medida)*
Li	3,25	0,80	2,0
Na	3,93	0,66	1,1
K	4,86	0,53	$0{,}8_5$
Rb	5,20	0,50	0,8
Cs	5,62	0,46	0,8

* Os valores medidos são retirados das seguintes fontes: Li: Schumacher, R. T.; Slichter, C. P. *Phys. Rev.*, 101, p. 58, 1956; Na: Schumacher, R. T.; Vehse,W. E. *J. Phys. Chem. Solids*, 24, p. 297, 1965; K: Schultz, S.; Dunifer,G. *Phys. Rev. Lett.*, 18, p. 283, 1967; Rb, Cs: Kaeck, J. A. *Phys. Rev.*, 175, p. 897, 1968.

DIAMAGNETISMO DE ELÉTRON DE CONDUÇÃO

Na discussão anterior sobre o magnetismo de elétron de condução, consideramos apenas os efeitos paramagnéticos que surgem do acoplamento do spin intrínseco dos elétrons com o campo aplicado H. Há também efeitos diamagnéticos que surgem do acoplamento do campo com o movimento orbital dos elétrons. Isso foi discutido razoavelmente no Capítulo 14, no qual vimos que, em temperaturas muito baixas, campos altos e altas purezas ($\omega_c\tau = eH\tau/mc >> 1$) havia uma complicada estrutura oscilatória para a dependência de M sobre

[29] O leitor que se lembrar da grande correção à densidade eletrônica de níveis que aparecem no calor específico eletrônico, que surge da interação elétron-fônon, pode ficar surpreso ao ver que uma correção semelhantemente grande não surge na suscetibilidade de Pauli. Há uma importante diferença entre os dois casos. Quando o calor específico é computado, calcula-se uma correção independente de temperatura à densidade eletrônica de níveis, e então insere-se aquela densidade *fixa* de níveis em fórmulas [como (2.79) dizendo de que modo a energia varia quando a temperatura varia]. Quando um campo magnético é variado, no entanto, a própria densidade de níveis varia. Já observamos, por exemplo (ignorando correções de fônon), que a densidade de níveis para cada população de spin é trocada para cima ou para baixo em energia com a variação do campo. A correção de fônon a este resultado ocorre em uma vizinhança (de largura $\hbar\omega_D$, que é grande em comparação à troca $\hbar\omega_D$ devido ao campo) do nível de Fermi. Mas o nível de Fermi não troca com o campo, em contraste com a densidade não corrigida de níveis. Consequentemente, não se pode simplesmente substituir uma densidade corrigida por fônon de níveis em (31.68) como se pode em (2.79) porque a densidade corrigida de níveis varia com o campo de um modo intrinsecamente diferente do não corrigido. A análise cuidadosa revela que porque a correção de fônon está ligada ao nível de Fermi, ela tem efeito muito pequeno na magnetização quando o campo varia, levando a um fator de correção na suscetibilidade apenas da ordem de $(m/M)^{1/2}$ (em contraste à correção de ordem de unidade no calor específico).

H. Em espécimes comuns, não se satisfaz a condição de $\omega_c\tau$ alto e a estrutura oscilatória não é perceptível. No entanto, a dependência de M em H não resulta em zero: há uma magnetização líquida que não desaparece antiparalela a H, conhecida como *diamagnetismo de Landau*, que se deve ao movimento eletrônico orbital induzido pelo campo. Para elétrons *livres* pode-se demonstrar[30] que

$$\chi_{\text{Landau}} = -\tfrac{1}{3}\chi_{\text{Pauli}}. \quad (31.72)$$

Se os elétrons se movimentam em um potencial periódico, mas, fora isso, são independentes, a análise se torna muito complicada. Porém, mais uma vez, ela resulta em uma suscetibilidade diamagnética da mesma ordem de grandeza da suscetibilidade paramagnética. Na prática, naturalmente, é a suscetibilidade *total* que se revela por uma medição do momento bulk induzido por um campo, e esta é uma combinação da suscetibilidade paramagnética de Pauli, da diamagnética de Landau e da suscetibilidade diamagnética de Larmor (dos níveis mais internos de íons de subnível fechado). Como consequência, não é de modo algum um problema corriqueiro isolar-se experimentalmente um termo em particular na suscetibilidade. Por conta disso, as suscetibilidades de Pauli citadas na Tabela 31.5 foram obtidas por métodos bastante indiretos, um dos quais descreveremos agora.

MEDIÇÃO DO PARAMAGNETISMO DE PAULI POR RESSONÂNCIA MAGNÉTICA NUCLEAR

Para se distinguir a contribuição paramagnética do spin de elétron para a suscetibilidade de um metal das outras fontes de magnetização, precisamos de uma sonda que se una muito mais fortemente aos momentos magnéticos de spin dos elétrons de condução do que aos campos que surgem do movimento eletrônico translacional. Os momentos magnéticos dos *núcleos* iônicos fornecem tal sonda.

Um núcleo de momento angular I possui um momento magnético $\mathbf{m}_N = \gamma_N \mathbf{I}$ (normalmente menor em ordem de grandeza do que o momento eletrônico magnético pelo elétron para a razão de massa nuclear). Em um campo magnético aplicado, os níveis $(2I + 1)$ degenerados de spin nuclear são divididos por uma quantidade $\gamma_N H$. Esta divisão pode ser detectada pela observação da absorção ressonante de energia na frequência angular $\gamma_N H/\hbar$.[31,32]

O campo que determina a frequência da ressonância magnética nuclear é, naturalmente, o campo que atua diretamente no núcleo. Em substâncias não paramagnéticas,

---

[30] Veja, por exemplo, Peierls, R. E. *Quantum theory of solids*. Oxford, 1955. p. 144-149. Uma análise que leva a estrutura de bandas em conta pode ser encontrada em Misra, P. K.; Roth, L. M. *Phys. Rev.*, 177, p. 1089, 1969, e referências.

[31] Em experimentos práticos de ressonância magnética nuclear a ressonância é observada mediante a fixação da frequência do campo de perturbação por radiofrequência (RF) e variando-se o campo magnético aplicado.

[32] Uma excelente introdução à ressonância magnética nuclear é dada por Slichter, C. *Principles of magnetic resonance*. Nova York: Harper Row, 1963.

o campo no núcleo difere por pequenas correções diamagnéticas (conhecidas como troca química) do campo externamente aplicado. Em metais, no entanto, há uma fonte mais importante[33] de campo no núcleo.

Os elétrons de condução (cuja função de onda geralmente origina-se, ao menos em parte, de subníveis atômicos *s*) têm funções de onda que não desaparecem nos núcleos iônicos. Quando um elétron de fato superpõe-se ao núcleo, no entanto, há um acoplamento magnético direto de seus momentos proporcional a $\mathbf{m}_e \cdot \mathbf{m}_N$.[34] Se o gás de elétron de condução não tivesse nenhum momento magnético líquido, este acoplamento não produziria nenhuma troca líquida na ressonância nuclear, já que elétrons de todas as orientações de spin seriam encontrados, com igual probabilidade, na posição nuclear.[35] Entretanto, o mesmo campo no qual os núcleos sofrem precessão também produz o desequilíbrio paramagnético de Pauli nas populações de spin eletrônico. Há, portanto, um momento eletrônico líquido que leva a um campo efetivo no núcleo, e que é proporcional à suscetibilidade de spin de elétron de condução.

A troca produzida por este campo, conhecida como troca de Knight, é medida por meio da observação da diferença na frequência ressonante entre o elemento metálico em um sal não paramagnético (por exemplo) e no seu estado metálico. Infelizmente, a troca de Knight é proporcional não apenas à suscetibilidade de Pauli, mas também à magnitude quadrada da função de onda de elétron de condução no núcleo iônico. Portanto, é necessário que se tenha uma estimativa disto (o que em geral ocorre a partir de um cálculo) para se extrair a suscetibilidade de Pauli da troca de Knight medida.

DIAMAGNETISMO DE ELÉTRONS EM SEMICONDUTORES DOPADOS

Os semicondutores dopados fornecem um exemplo de um material condutor no qual o diamagnetismo de elétron de condução pode ser substancialmente maior do que o paramagnetismo. Primeiro, mede-se a suscetibilidade do material intrínseco em temperaturas muito baixas, nas quais ela se deve, quase que inteiramente, ao diamagnetismo dos níveis mais internos de íons. Esta contribuição também estará presente no material dopado – e, quando a subtraímos da suscetibilidade total, podemos extrair a contribuição à suscetibilidade do material dopado causada pelos transportadores introduzidos pela dopagem.[36]

[33] Uma vez que é difícil trabalhar núcleos isolados, geralmente se lida apenas com trocas relativas. Sabe-se que a troca em metais é mais importante porque ela difere da troca em sais do mesmo metal por muito mais do que a troca de um sal para o outro.

[34] Conhecido, de modo variado, como a interação hiperfina, a interação de Fermi ou a interação de contato.

[35] Este quadro assume, é claro, que o núcleo experimenta o campo eletrônico médio, ou seja, que cada núcleo interage com muitos spins de elétrons no tempo que leva para completar um único período de precessão. Já que este tempo é tipicamente 10^{-6} segundos em um campo forte, a condição é plenamente satisfeita, já que um elétron de condução se move com velocidade v_F (de ordem 10^8 cm/s) e, portanto, leva cerca de 10^{-21} segundo para cruzar um núcleo atômico (cujo raio é da ordem de 10^{-13}cm).

[36] A variação na suscetibilidade devida à estrutura de subnível diferente dos íons doadores fornece uma correção muito pequena.

Considere um caso em que os transportadores entram em bandas com simetria esférica, de forma que $\mathcal{E}(\mathbf{k}) = \hbar^2k^2/m^*$. (Para que haja solidez, consideramos impurezas doadoras, e medimos **k** em relação ao mínimo da banda de condução.) De acordo com (31.69), a suscetibilidade paramagnética é proporcional à densidade de níveis.[37] Sendo proporcional a m para elétrons livres, a suscetibilidade de Pauli dos transportadores será reduzida[38] por um fator m^*/m. Por outro lado, a suscetibilidade de Landau é melhorada por um fator m/m^*, já que o acoplamento do movimento orbital eletrônico para campos é proporcional a $e(\mathbf{v}/c) \times \mathbf{H}$, que é inversamente proporcional a m^*. Como consequência,

$$\frac{\chi_{\text{Landau}}}{\chi_{\text{Pauli}}} \sim \left(\frac{m}{m^*}\right)^2. \quad \mathbf{(31.73)}$$

Assim, há semicondutores nos quais o diamagnetismo eletrônico de Landau domina completamente o paramagnetismo de spin de Pauli, podendo, portanto, ser diretamente extraído pela medição da suscetibilidade que excede aquela do material não dopado.[39]

Com isso, completamos nossa análise das propriedades magnéticas dos sólidos que podem ser compreendidas sem que se levem em conta explicitamente as interações entre as fontes de momento magnético. No Capítulo 32, voltaremo-nos para a teoria subjacente a tais interações e, no Capítulo 33, retornaremos ao exame de outras propriedades magnéticas dos sólidos que delas dependem crucialmente.

PROBLEMAS

1. A definição clássica do momento magnético **m** de uma partícula de carga $-e$, mediante seu movimento orbital, foi dada por Ampère como a média sobre a órbita de

$$-\frac{e}{2c}(\mathbf{r} \times \mathbf{v}). \quad \mathbf{(31.74)}$$

Mostre que nossa definição, $\mathbf{m} = -\partial E/\partial \mathbf{H}$, reduz-se a esta forma, demonstrando, a partir de (31.15), que

$$\mathbf{m} = -\frac{e}{2mc}\sum_i \mathbf{r}_i \times \left(\mathbf{p}_i - \frac{e}{2c}\mathbf{r}_i \times \mathbf{H}\right) \quad \mathbf{(31.75)}$$

e

[37] Pode-se demonstrar que estas considerações permanecem válidas mesmo se os elétrons da banda de condução não forem degenerados.

[38] A razão m^*/m é tipicamente 0,1 ou menor.

[39] Para uma revisão, veja Bowers, R. J. *Phys. Chem. Solids*, 8, p. 206, 1959.

$$\mathbf{v}_i = \frac{\partial H}{\partial \mathbf{p}_i} = \frac{1}{m}\left(\mathbf{p}_i - \frac{e}{2c}\mathbf{r}_i \times \mathbf{H}\right). \quad \textbf{(31.76)}$$

2. As matrizes de spin de Pauli satisfazem a identidade simples

$$(\mathbf{a}\cdot\boldsymbol{\sigma})(\mathbf{b}\cdot\boldsymbol{\sigma}) = \mathbf{a}\cdot\mathbf{b} + i(\mathbf{a}\times\mathbf{b})\cdot\boldsymbol{\sigma} \quad \textbf{(31.77)}$$

desde que todos os componentes de **a** e **b** comutem com aqueles de σ. Se os componentes de **a** comutam entre si, $\mathbf{a} \times \mathbf{a} = 0$. Como os componentes de **p** também comutam dessa maneira, poderíamos representar, na ausência de um campo magnético, a energia cinética de uma partícula de spin ½ na forma $(\sigma\cdot\mathbf{p})^2/2m$. No entanto, quando há um campo presente, os componentes de $\mathbf{p} + e\mathbf{A}/c$ não mais comutam entre si. Mostre, como consequência, que (31.77) implica:

$$\frac{1}{2m}\left[\boldsymbol{\sigma}\cdot\left(\mathbf{p} + \frac{e\mathbf{A}}{c}\right)\right]^2 = \frac{1}{2m}\left(\mathbf{p} + \frac{e\mathbf{A}}{c}\right)^2 + \frac{e\hbar}{mc}\frac{1}{2}\boldsymbol{\sigma}\cdot\mathbf{H}, \quad \textbf{(31.78)}$$

o que, desse modo, fornece tanto as contribuições de spin quanto de orbital à parte magnética da Hamiltoniana em uma fórmula compacta (desde que $g_0 = 2$).

3. (a) Mostre que as regras de Hund para um subnível de momento angular l contendo n elétrons podem ser resumidas nas fórmulas:

$$\begin{aligned} S &= \tfrac{1}{2}[(2l+1) - |2l+1-n|], \\ L &= S|2l+1-n|, \\ J &= |2l-n|S. \end{aligned} \quad \textbf{(31.79)}$$

(b) Verifique que os dois modos de se contar a degeneração de um multipleto LS específico fornecem a mesma resposta, isto é, verifique que

$$(2L+1)(2S+1) = \sum_{|L-S|}^{L+S}(2J+1). \quad \textbf{(31.80)}$$

(c) Mostre que a divisão total de um multipleto LS resultante da interação spin órbita $\lambda(\mathbf{L}\cdot\mathbf{S})$ é

$$\begin{aligned} E_{J_{\max}} - E_{J_{\min}} &= \lambda S(2L+1), \qquad L > S, \\ &= \lambda L(2S+1), \qquad S > L, \end{aligned} \quad \textbf{(31.81)}$$

e que as divisões entre sucessivos multipletos J no multipleto LS é

$$E_{J+1} - E_J = \lambda(J+1). \quad \textbf{(31.82)}$$

4. (a) As relações de comutação de momento angular podem ser resumidas nas identidades de operador de vetor

$$\mathbf{L} \times \mathbf{L} = i\mathbf{L}, \qquad \mathbf{S} \times \mathbf{S} = i\mathbf{S}. \quad \textbf{(31.83)}$$

Deduza, a partir destas densidades e do fato de que todos os componentes de **L** comutam com todos os componentes de **S**, que

$$[\mathbf{L} + g_0\mathbf{S}, \hat{\mathbf{n}} \cdot \mathbf{J}] = i\hat{\mathbf{n}} \times (\mathbf{L} + g_0\mathbf{S}), \quad \textbf{(31.84)}$$

para qualquer (número c) de vetor unitário $\hat{\mathbf{n}}$.

(b) Um estado |0> com momento angular total zero satisfaz

$$\mathbf{J}_x|0\rangle = \mathbf{J}_y|0\rangle = \mathbf{J}_z|0\rangle = 0. \quad \textbf{(31.85)}$$

Deduza de (31.84) que

$$\langle 0|(\mathbf{L} + g_0\mathbf{S})|0\rangle = 0, \quad \textbf{(31.86)}$$

embora $\mathbf{L}^2$ e $\mathbf{S}^2$ não precisem desaparecer no estado |0>, e ($\mathbf{L} + g_0\mathbf{S}$|0> não precise ser zero.

(c) Deduza o teorema de Wigner-Eckart [equação (31.34)] no caso especial J = ½, a partir das relações de comutação (31.84).

5. Suponha que no conjunto de $(2L + 1)(2S + 1)$ estados iônicos mais baixos o campo cristalino possa ser representado na forma $a\mathbf{L}_x^{\,2} + b\mathbf{L}_y^{\,2}\, c\mathbf{L}_z^{\,2}$, com a, b e c diferentes. Mostre no caso especial $L = 1$ que, se o campo cristalino é a perturbação dominante (comparada ao acoplamento spin-órbita), ela produzirá um conjunto de dobra $(2S + 1)$ de estados fundamentais degenerados no qual todo elemento matricial de cada componente de **L** desaparece.

6. A suscetibilidade de um metal simples tem uma contribuição $\chi_{\mathrm{c,e}}$ dos elétrons de condução e uma contribuição $\chi_{\mathrm{íon}}$ da resposta diamagnética dos elétrons de níveis mais internos de subnível fechado. Tomando-se a suscetibilidade do elétron de condução como dada pelos valores de elétron livre das suscetibilidades paramagnética de Pauli e diamagnética de Landau, mostre que

$$\frac{\chi_{\mathrm{ion}}}{\chi_{\mathrm{c.e.}}} = \frac{1}{3}\frac{Z_c}{Z_v}\langle (k_F r)^2 \rangle, \quad \textbf{(31.87)}$$

onde Z_v é a valência, Z_c é o número de elétrons de nível mais interno e $\langle r^2 \rangle$ é o raio iônico quadrado médio definido em (31.26).

7. Considere um íon com um subnível parcialmente preenchido de momento angular J e Z elétrons adicionais em subníveis preenchidos. Mostre que a razão da suscetibilidade paramagnética da lei de Curie pela suscetibilidade diamagnética de Larmor é

$$\frac{\chi_{\text{par}}}{\chi_{\text{dia}}} = -\frac{2J(J+1)}{Zk_BT}\frac{\hbar^2}{m\langle r^2\rangle}, \quad \textbf{(31.88)}$$

e deduza daí a estimativa numérica da página 710.

8. Mostre que a magnetização de um gás de elétron *não degenerado* é fornecida de modo preciso pelo resultado (31.44) para momentos independentes (com J igual a ½), inserindo-se a expansão de baixa densidade da função de Fermi, $f \approx e^{-\beta(\varepsilon-\mu)}$, em (31.59).

9. Se representarmos a energia livre (31.5) pela forma

$$e^{-\beta F} = \sum_n e^{-\beta E_n} = \sum_n \langle n| e^{-\beta \mathcal{H}} |n\rangle = \text{Tr}\, e^{-\beta\mathcal{H}}, \quad \textbf{(31.89)}$$

torna-se fácil deduzir diretamente a lei de Curie em alta temperatura sem que se passe pela álgebra das funções de Brillouin, já que, quando $\mathcal{H} << K_BT$, é possível expandir $e^{-\beta\mathcal{H}} = 1 - \beta\mathcal{H} + (\beta\mathcal{H})^2/2 - \ldots$ Avalie a energia livre para a segunda ordem no campo, tendo em mente que

$$\text{Tr}(\mathbf{J}_\mu \mathbf{J}_\nu) = \tfrac{1}{3}\delta_{\mu\nu}\, \text{Tr}\, \mathbf{J}^2,$$

e extraia a suscetibilidade de alta temperatura (31.47).

10. Mostre que para um paramagneto ideal, cuja energia livre tem a forma (31.52), o calor específico em campo constante está simplesmente relacionado à suscetibilidade por

$$c_H = T\left(\frac{\partial s}{\partial T}\right)_H = \frac{H^2\chi}{T}, \quad \textbf{(31.90)}$$

ou, quando a lei de Curie é válida,

$$c_H = \frac{1}{3}\frac{N}{V}k_BJ(J+1)\left(\frac{g\mu_BH}{k_BT}\right)^2. \quad \textbf{(31.91)}$$

Estimando a contribuição vibracional de rede ao calor específico pela equação (23.27), mostre que a contribuição de rede cai abaixo daquela dos spins à temperatura T_0 de ordem

$$T_0 \approx \left(\frac{N}{N_i}\right)^{1/5} \left(\frac{g\mu_B H}{k_B \Theta_D}\right)^{2/5} \Theta_D. \quad \textbf{(31.92)}$$

(Aqui, N_i é o número total de íons e N é o número de íons paramagnéticos.) Qual o tamanho típico de $g\mu_B H/k_B\Theta_D$ em um campo de 10^4 gauss?

11. Mostre que, se T é pequeno em comparação à temperatura de Fermi, a correção dependente de temperatura à suscetibilidade de Pauli (31.69) é dada por

$$\chi(T) = \chi(0)\left(1 - \frac{\pi^2}{6}(k_B T)^2\left[\left(\frac{g'}{g}\right)^2 - \frac{g''}{g}\right]\right) \quad \textbf{(31.93)}$$

onde g, g' e g'' são a densidade de níveis e suas derivadas na energia de Fermi. Mostre que para elétrons livres isso se reduz a

$$\chi(T) = \chi(0)\left(1 - \frac{\pi^2}{12}\left(\frac{k_B T}{\varepsilon_F}\right)^2\right). \quad \textbf{(31.94)}$$

12. Por causa das interações elétron-elétron, a troca na energia de um elétron causada pela interação de seu momento magnético de spin com um campo H terá um termo adicional que expressa a variação na distribuição de elétrons com a qual dado elétron interage. Na aproximação de Hartree-Fock [veja, por exemplo, a equação (17.19)], isto se dá na forma

$$\varepsilon_\pm(\mathbf{k}) = \varepsilon_0(\mathbf{k}) \pm \mu_B H - \int \frac{d\mathbf{k}'}{(2\pi)^3} v(|\mathbf{k} - \mathbf{k}'|) f(\varepsilon_\pm(\mathbf{k})). \quad \textbf{(31.95)}$$

Mostre que, quando $K_B T << \varepsilon_F$, somos levados a uma equação integral para $\varepsilon_+ - \varepsilon_-$ que tem como solução:

$$[\varepsilon_+(\mathbf{k}) - \varepsilon_-(\mathbf{k})]_{k=k_F} = \frac{2\mu_B H}{1 - v_0 g(\varepsilon_F)}, \quad \textbf{(31.96)}$$

onde v_0 é uma média de v sobre *todos* os ângulos do sólido,

$$v_0 = \frac{1}{2}\int_{-1}^{1} dx\, v\left(\sqrt{2k_F^2(1-x)}\right). \quad \textbf{(31.97)}$$

Por qual fator a suscetibilidade de Pauli é modificada agora?

32 Interações eletrônicas e estrutura magnética

A teoria simples do paramagnetismo em sólidos, descrita no Capítulo 31, supõe que as fontes discretas do momento magnético (por exemplo, os subníveis iônicos de momento angular diferente de zero em isolantes, ou os elétrons de condução em metais simples) não interagem entre si. Vimos que esta suposição deve ser deixada de lado, por exemplo, na previsão das temperaturas mais baixas que se pode alcançar por desmagnetização adiabática ou na estimativa precisa do paramagnetismo de spin de Pauli dos elétrons de condução metálicos.

Há, no entanto, consequências mais espetaculares de interações magnéticas.[1] Alguns sólidos, conhecidos como ferromagnetos, têm um momento magnético que não desaparece, ou uma "organização espontânea", mesmo na ausência de um campo magnético.[2] Se não

[1] Utilizamos o termo "interação magnética" para descrever qualquer dependência da energia de dois ou mais momentos magnéticos em suas direções relativas. Veremos que a contribuição mais importante para esta dependência na energia é em geral eletrostática ao invés de magnética em origem. A nomenclatura pode ser confusa caso se esqueça que "magnético" se refere apenas aos efeitos das interações e não, necessariamente, a suas fontes.

[2] A magnetização espontânea diminui com o aumento da temperatura e desaparece quando se passa de determinada temperatura crítica (veja o Capítulo 33). Quando utilizamos o termo "ferromagneto", referimo-nos a um material ferromagnético abaixo de sua temperatura crítica. Usamos o termo "antiferromagneto" com o mesmo entendimento.

houvesse interações magnéticas, os momentos magnéticos individuais seriam, na ausência de um campo, termicamente desordenados, apontariam direções aleatórias e não poderiam se somar a um momento líquido para o sólido como um todo (Figura 32.1a). A orientação paralela líquida dos momentos em um ferromagnético (Figura 32.1b) se deve a interações entre eles. Em outros sólidos, conhecidos como antiferromagnetos, apesar de não haver nenhum momento total líquido na ausência de um campo, há um padrão espacial dos momentos magnéticos individuais longe de ser aleatório, devido às interações magnéticas que favorecem as orientações antiparalelas dos momentos vizinhos (Figura 32.1c).

A teoria da origem das interações magnéticas é uma das menos desenvolvidas das áreas fundamentais da física do estado sólido. O problema é mais bem compreendido em isolantes, nos quais os íons

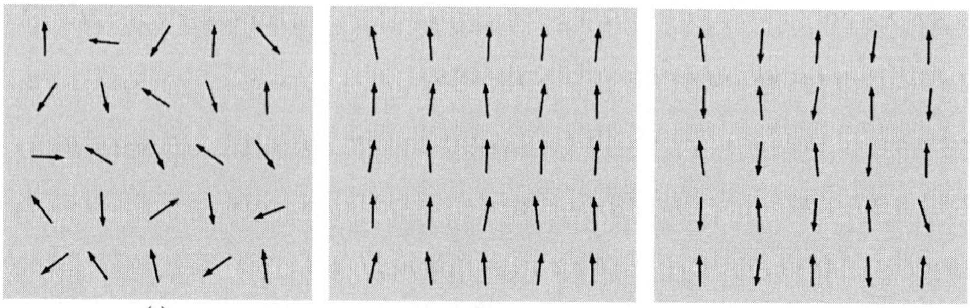

Figura 32.1

Distribuição típica de direções para os momentos magnéticos locais quando nenhum campo magnético encontra-se presente (a) em um sólido com interações magnéticas inconsequenciais, (b) em um sólido ferromagnético abaixo de sua temperatura crítica e (c) em um sólido antiferromagnético abaixo de sua temperatura crítica. Os casos (b) e (c) ilustram estados *magneticamente ordenados.*

magnéticos estão bem separados – e mesmo aqui a teoria já é bem complexa. Para manter as coisas tão simples quanto possível, ilustraremos aspectos da física básica aplicável aos isolantes (e, com modificações consideráveis e algum embelezamento, também aos metais) apenas no caso simples de uma única molécula de hidrogênio, que o leitor deve considerar um sólido com $N = 2$, ao invés de $O(10^{23})$. Vamos então indicar como as ideias sugeridas pela molécula de hidrogênio se generalizam para sólidos reais que contêm grandes números de átomos. Finalmente, abordaremos algumas das outras complexidades encontradas na teoria dos momentos magnéticos e suas interações nos metais.

Os leitores que preferem ser poupados desta exposição desconfortavelmente comprometida a que somos forçados a recorrer, devido à dificuldade e à incompletude do assunto, podem simplesmente observar os dois pontos principais a seguir, que o restante do capítulo servirá para ilustrar detalhadamente:

1. Talvez a sua primeira expectativa seja de que as interações magnéticas entre momentos discretos surgem de seus campos magnéticos, diretamente por meio das interações magnéticas dipolo-dipolo ou, menos diretamente, pelo acoplamento spin-órbita. Estas, no entanto, não são em geral a interação magnética dominante. De longe, a fonte mais importante de interação magnética é a interação *eletrostática* comum elétron-elétron. De fato, para uma primeira aproximação, muitas teorias sobre o magnetismo ignoram os acoplamentos dipolo-dipolo e spin-órbita como um todo, mantendo apenas as interações de Coulomb.

2. Para se explicar o ordenamento magnético em sólidos, na maioria dos casos é necessário que se vá muito além da aproximação de elétron independente, sobre a qual se baseia a teoria de bandas, com seus impressionantes sucessos em explicar as propriedades não magnéticas. Raramente é suficiente apenas introduzir interações elétron-elétron na teoria de bandas na forma de campos autoconsistentes. Na realidade, o desenvolvimento de um modelo tratável de um metal magnético, capaz de descrever tanto as correlações características elétron-spin quanto as propriedades de transporte eletrônico previstas pela simples teoria de bandas, permanece um dos principais problemas não solucionados da teoria moderna do estado sólido.

ESTIMATIVA DAS ENERGIAS DE INTERAÇÃO MAGNÉTICA BIPOLAR

Antes de explicar como as interações magnéticas podem surgir de acoplamentos puramente eletrostáticos, calculamos a energia de interação bipolar direta de dois dipolos magnéticos $\mathbf{m}_1$ e $\mathbf{m}_2$, separados por $\mathbf{r}$:

$$U = \frac{1}{r^3}[\mathbf{m}_1 \cdot \mathbf{m}_2 - 3(\mathbf{m}_1 \cdot \hat{\mathbf{r}})(\mathbf{m}_2 \cdot \hat{\mathbf{r}})]. \quad \mathbf{(32.1)}$$

Momentos dipolo magnéticos atômicos têm magnitude $m_1 \approx m_2 \approx g\mu_B \approx e\hbar/mc$ (Capítulo 31). Consequentemente, o tamanho de U (ignorando-se sua dependência angular) será

$$U \approx \frac{(g\mu_B)^2}{r^3} \approx \left(\frac{e^2}{\hbar c}\right)^2 \left(\frac{a_0}{r}\right)^3 \frac{e^2}{a_0} \approx \frac{1}{(137)^2}\left(\frac{a_0}{r}\right)^3 \text{Ry}. \quad \mathbf{(32.2)}$$

Em um sólido magnético, os momentos estão distanciados tipicamente por cerca de 2 Å e, por conseguinte, U não é mais que 10^{-4} eV. É um valor mínimo em comparação às diferenças de energia eletrostáticas entre estados atômicos, que são normalmente uma fração de um elétron volt. Portanto, se podemos encontrar uma razão por que a energia eletrostática de um par de íons magnéticos (ou elétrons) depende da direção de seus momentos (e essa razão é fornecida pelo princípio da exclusão de Pauli, como veremos a seguir), é de se esperar que aquela fonte de interação magnética seja muito mais importante do que a interação dipolar.[3]

[3] Uma forte evidência de que a interação dipolar é fraca demais é fornecida pelas temperaturas críticas ferromagnéticas no ferro, no cobalto e no níquel, que são da ordem de muitas centenas de graus K. Se os spins fossem alinhados por interações dipolares magnéticas, seria de se esperar que o alinhamento ferromagnético fosse termicamente destruído em temperaturas superiores a alguns graus K (1K ~10^{-4} eV). Por outro lado, em sólidos com momentos magnéticos amplamente separados, as interações bipolares podem dominar aqueles de origem eletrostática. Interações bipolares são também de crucial importância para se explicar o fenômeno dos domínios ferromagnéticos (veja no Capítulo 33).

Pode-se também desconsiderar o acoplamento spin-órbita como importante fonte de interação magnética. Seguramente, ele é muito importante na determinação do momento magnético total de átomos individuais, tratando-se, portanto, de uma fonte intra-atômica significativa de interação magnética. Mesmo neste caso, entretanto, as duas primeiras regras de Hund (Capítulo 31) são determinadas somente pelas considerações da energia eletrostática. Apenas a terceira regra, que fornece a divisão final no multipleto *LS*, se baseia no acoplamento spin-órbita. Nos isolantes paramagnéticos em que a divisão de campo cristalino conquista o momento orbital angular, até mesmo esta consequência do acoplamento spin-órbita é suplantada por efeitos puramente eletrostáticos.

PROPRIEDADES MAGNÉTICAS DE UM SISTEMA DE DOIS ELÉTRONS: ESTADOS DE SIMPLETOS E TRIPLETOS

Para ilustrar como o princípio de Pauli pode levar a efeitos magnéticos mesmo quando não há termos dependentes de spin na Hamiltoniana, consideramos um sistema de dois elétrons com Hamiltoniana *independente de spin*. Uma vez que H não depende do spin, o estado estacionário geral ψ será o produto de um estado estacionário puramente orbital cuja função de onda $\psi(\mathbf{r}_1,\mathbf{r}_2)$ satisfaz a equação orbital de Schrödinger,

$$H\psi = -\frac{\hbar^2}{2m}(\nabla_1^2 + \nabla_2^2)\psi + V(\mathbf{r}_1,\mathbf{r}_2)\psi = E\psi, \quad \textbf{(32.3)}$$

com qualquer combinação linear dos quatro estados de spin[4]

$$|\uparrow\uparrow\rangle, \quad |\uparrow\downarrow\rangle, \quad |\downarrow\uparrow\rangle, \quad |\downarrow\downarrow\rangle. \quad \textbf{(32.4)}$$

Podemos estabelecer que estas combinações lineares tenham valores definidos do spin total S e seu componente S_z, ao longo de um eixo. As combinações lineares apropriadas podem ser tabuladas como a seguir:[5]

Estado	S	S_z
$\frac{1}{\sqrt{2}}(\lvert\uparrow\downarrow\rangle - \lvert\downarrow\uparrow\rangle)$	0	0
$\lvert\uparrow\uparrow\rangle$	1	1
$\frac{1}{\sqrt{2}}(\lvert\uparrow\downarrow\rangle + \lvert\downarrow\uparrow\rangle)$	1	0
$\lvert\downarrow\downarrow\rangle$	1	-1

[4] Estes símbolos denotam estados de spin com ambos os elétrons em níveis de s_z definidos. No estado $|\uparrow\downarrow\rangle$, por exemplo, o elétron 1 tem $s_z = ½$ e o elétron 2, $s_z = -\frac{1}{2}$.

[5] Veja, por exemplo, Park, D. *Introduction to the quantum theory.* Nova York: McGraw-Hill, 1964. p. 154-156.

Observe que o único estado com $S = 0$ (conhecido como o estado de simpleto) altera o sinal quando os spins dos dois elétrons são permutados, enquanto os três estados com $S = 1$ (conhecidos como os estados tripletos), não. O princípio da exclusão de Pauli requer que a função de onda *total* ψ varie o sinal sob a permuta simultânea de ambas as coordenadas de espaço e spin. Como a função de onda total é o produto de seu spin e de suas partes orbitais, segue-se que as soluções para a equação orbital de Schrödinger (32.3) que não variam o sinal sob a permuta de $\mathbf{r}_1$ e $\mathbf{r}_2$ (soluções simétricas) devem descrever estados com $S = 0$, ao passo que as soluções que realmente variam o sinal (soluções antissimétricas) devem ser com $S = 1$.[6] Há, desse modo, uma estrita correlação entre a simetria espacial da solução para a equação orbital de Schrödinger (independente de spin) e o spin total: soluções simétricas requerem estados de spin simpletos; soluções antissimétricas, tripletos.

Se E_s e E_t forem os autovalores mais baixos de (32.3) associados às soluções de simpleto (simétrico) e de tripleto (antissimétrico), o estado fundamental terá spin zero ou um, dependendo apenas de E_s ser menor ou maior que E_t, uma questão, enfatizamos mais uma vez, completamente estabelecida pelo exame da equação de Schrödinger *independente de spin* (32.3).

Como se vê, para sistemas de dois elétrons há um teorema elementar que postula que a função de onda de estado fundamental para (32.3) deve ser simétrica.[7] Deste modo, E_s deve ser menor do que E_t, e o estado fundamental deve ter spin total zero. No entanto, o teorema se mantém apenas para sistemas de dois elétrons,[8] sendo, portanto, importante encontrar um meio de se calcular $E_s - E_t$ que possa ser generalizado para um problema análogo com um sólido de N átomos. Continuamos a utilizar o sistema de dois elétrons para ilustrar este método (apesar de o teorema nos garantir que o estado simpleto tem a energia mais baixa) porque ele revela de modo mais simples a impropriedade da aproximação de elétron independente em problemas magnéticos.

CÁLCULO DA DIVISÃO SIMPLETO-TRIPLETO: FALHA DA APROXIMAÇÃO DE ELÉTRON INDEPENDENTE

A divisão de energia simpleto-tripleto mede até que ponto o alinhamento de spin ($S = 0$) antiparalelo de dois elétrons é mais favorável do que o paralelo ($S = 1$). Já que $E_s - E_t$ é a diferença entre autovalores de uma Hamiltoniana que contém apenas interações eletrostáticas, esta energia deve ser da ordem das diferenças de energia eletrostática e, portanto, bem capaz de ser a fonte dominante de interação magnética, mesmo quando interações explicitamente

---

[6] Todas as soluções para (32.3) podem ser tomadas como simétricas ou antissimétricas por causa da simetria de V (que contém todas as interações eletrostáticas dentre os dois elétrons e os dois prótons fixados em $\mathbf{R}_1$ e $\mathbf{R}_2$). Veja o Problema 1.

[7] Veja o Problema 2.

[8] Em *uma* dimensão espacial provou-se que o estado fundamental de *qualquer* número de elétrons com interações arbitrárias independentes de spin devem ter spin total zero (Lieb, E.; Mattis, D. *Phys. Rev.*, 125, p. 164, 1962). O teorema não pode ser generalizado para três dimensões [em que, por exemplo, as regras de Hund (veja o Capítulo 31) fornecem diversos contraexemplos].

dependentes de spin são adicionadas à Hamiltoniana. Vamos descrever alguns métodos aproximados para o cálculo de $E_s - E_t$. Nosso objetivo não é extrair resultados numéricos (embora os métodos sejam usados para este propósito), mas ilustrar no caso muito simples de dois elétrons as inadequações muito sutis (especialmente quando N é grande) da aproximação de elétron independente quando lidamos com correlações elétron-spin.

Suponha, então, que começamos tentando solucionar o problema de dois elétrons (32.3) na aproximação de elétron independente, isto é, ignoramos a interação elétron-elétron de Coulomb em $V(\mathbf{r}_1,\mathbf{r}_2)$, mantendo apenas a interação de cada elétron com os dois íons (que consideramos fixados em $\mathbf{R}_1$ e $\mathbf{R}_2$). A equação de dois elétrons de Schrödinger (32.3) assume, então, a forma

$$(h_1 + h_2)\psi(\mathbf{r}_1, \mathbf{r}_2) = E\psi(\mathbf{r}_1, \mathbf{r}_2), \quad \textbf{(32.5)}$$

onde[9]

$$h_i = -\frac{\hbar^2}{2m}\nabla_i^2 - \frac{e^2}{|\mathbf{r}_i - \mathbf{R}_1|} - \frac{e^2}{|\mathbf{r}_i - \mathbf{R}_2|}, \qquad i = 1, 2. \quad \textbf{(32.6)}$$

Como a Hamiltoniana em (32.5) é uma soma das Hamiltonianas de um elétron, a solução pode ser construída a partir de soluções da equação de Schrödinger de um elétron:

$$h\psi(\mathbf{r}) = \varepsilon\psi(\mathbf{r}). \quad \textbf{(32.7)}$$

Se $\psi_0(\mathbf{r})$ e $\psi_1(\mathbf{r})$ são as duas soluções para (32.7) de menor energia, com energias $\varepsilon_0 < \varepsilon_1$, a solução simétrica de mais baixa energia para a equação de Schrödinger aproximada de dois elétrons (32.5) será

$$\psi_s(\mathbf{r}_1, \mathbf{r}_2) = \psi_0(\mathbf{r}_1)\psi_0(\mathbf{r}_2), \qquad E_s = 2\varepsilon_0, \quad \textbf{(32.8)}$$

e a solução antissimétrica mais baixa é

$$\psi_t(\mathbf{r}_1, \mathbf{r}_2) = \psi_0(\mathbf{r}_1)\psi_1(\mathbf{r}_2) - \psi_0(\mathbf{r}_2)\psi_1(\mathbf{r}_1), \qquad E_t = \varepsilon_0 + \varepsilon_1. \quad \textbf{(32.9)}$$

A divisão de energia simpleto-tripleto é, então

$$E_s - E_t = \varepsilon_0 - \varepsilon_1, \quad \textbf{(32.10)}$$

que é consistente com o teorema geral $E_s < E_t$ para sistemas de dois elétrons.

---

[9] A discussão a seguir se aplicaria sem alterações caso se fosse aproximar a interação elétron-elétron por um campo autoconsistente que modificou a interação nua elétron-íon de Coulomb.

Chegando à energia de estado fundamental $2\varepsilon_0$, apenas seguimos os passos da teoria de bandas, especificada ao caso de um "sólido" $N = 2$, primeiro, solucionando o problema de um elétron (32.7) e, depois preenchendo os níveis monoeletrônicos mais baixos $N/2$ com dois elétrons (de spins opostos) por nível. Apesar da familiaridade prazerosa, a função de onda (32.8) é manifestamente uma aproximação muito ruim para o estado fundamental da equação exata de Schrödinger (32.3), quando os prótons estão muito distantes entre si, já que, neste caso, ela falha em lidar com a interação elétron-elétron de Coulomb. Isso fica evidente quando se examina a estrutura das funções de onda $\psi_0(\mathrm{r})$ e $\psi_1(\mathbf{r})$ de um elétron. Para prótons bem separados, tais soluções para (32.7) garantem uma excelente aproximação pelo método de ligação forte (Capítulo 10), especificado para o caso de $N = 2$. O método da ligação forte trata as funções de onda do estado estacionário de um elétron do sólido como combinações lineares de funções de onda atômicas de estado estacionário centradas nos pontos de rede $\mathbf{R}$. Quando $N = 2$, as combinações lineares corretas são[10]

$$\begin{aligned}\psi_0(\mathbf{r}) &= \phi_1(\mathbf{r}) + \phi_2(\mathbf{r}),\\ \psi_1(\mathbf{r}) &= \phi_1(\mathbf{r}) - \phi_2(\mathbf{r}),\end{aligned} \qquad \textbf{(32.11)}$$

onde $\phi_i(\mathbf{r})$ é a função de onda eletrônica de estado fundamental para um único átomo de hidrogênio cujo próton é fixado em $\mathbf{R}_i$. Se os níveis monoeletrônicos têm esta forma (que é essencialmente exata para prótons bem separados), as funções de onda de dois elétrons (32.8) e (32.9) (dadas pela aproximação do elétron independente) tornam-se

$$\psi_s(\mathbf{r}_1, \mathbf{r}_2) = \phi_1(\mathbf{r}_1)\phi_2(\mathbf{r}_2) + \phi_2(\mathbf{r}_1)\phi_1(\mathbf{r}_2) + \phi_1(\mathbf{r}_1)\phi_1(\mathbf{r}_2) + \phi_2(\mathbf{r}_1)\phi_2(\mathbf{r}_2), \qquad \textbf{(32.12)}$$

e

$$\psi_t(\mathbf{r}_1, \mathbf{r}_2) = 2[\phi_2(\mathbf{r}_1)\phi_1(\mathbf{r}_2) - \phi_1(\mathbf{r}_1)\phi_2(\mathbf{r}_2)]. \qquad \textbf{(32.13)}$$

A equação (32.12) fornece uma excelente aproximação para o estado fundamental da equação de Schrödinger (32.5), na qual as interações elétron-elétron são ignoradas. No entanto, ela fornece uma aproximação muito ruim para a equação original de Schrödinger (32.3), na qual as interações elétron-elétron são mantidas. Para certificar-se disso, observe que o primeiro e o segundo termos em (32.12) são bem diferentes do terceiro e do quarto. Nos primeiros dois termos, cada elétron está localizado em uma órbita hidrogênica na vizinhança de um núcleo diferente. Quando os dois prótons estão distantes, a energia de interação dos dois elétrons é pequena, e a descrição da molécula como dois átomos levemente perturbados [sugerida pelos dois primeiros termos em (32.12)] é bem razoável. No entanto, em cada um dos dois últimos termos em (32.12), ambos os elétrons estão

[10] Veja o Problema 3. Se escolhermos fases de modo que ϕ_i sejam reais e positivos (o que pode ser feito para o estado fundamental do átomo de hidrogênio), a combinação linear com o sinal positivo terá a energia mais baixa, já que não possui nenhum nó.

localizados em órbitas hidrogênicas em torno do *mesmo* próton. Sua energia de interação é, portanto, considerável, independentemente de quão distantes estejam os prótons. Desse modo, os últimos dois termos em (32.12) descrevem a molécula de hidrogênio como um íon H^- e um próton nu – uma imagem bastante imprecisa quando as interações elétron-elétron são consideradas.[11]

O estado fundamental (32.12) da aproximação do elétron independente, portanto, fornece uma probabilidade de 50% de ambos os elétrons estarem juntos no mesmo íon. O estado do tripleto de elétron independente (32.13) não sofre deste defeito. Consequentemente, quando introduzimos interações elétron-elétron na Hamiltoniana, o tripleto (32.13) certamente fornecerá uma energia média mais baixa do que o simpleto (32.12), quando os prótons estão distantes o suficiente um do outro.

Isto não significa, entretanto, que o verdadeiro estado fundamental seja um tripleto. Um estado simétrico que nunca coloca dois elétrons no mesmo próton, e que é, portanto, de mais baixa energia do que o estado fundamental de elétron independente, é dado tomando-se apenas os dois primeiros termos em (32.12):

$$\bar{\psi}_s(\mathbf{r}_1, \mathbf{r}_2) = \phi_1(\mathbf{r}_1)\phi_2(\mathbf{r}_2) + \phi_2(\mathbf{r}_1)\phi_1(\mathbf{r}_2). \quad \textbf{(32.14)}$$

A teoria que leva suas aproximações para os estados fundamentais do simpleto e tripleto da completa Hamiltoniana (32.3) como proporcionais a (32.14) e (32.13) é conhecida como aproximação de Heitler-London.[12] Evidentemente, o estado de simpleto de Heitler-London (32.14) é bem mais preciso para prótons amplamente separados do que o estado de simpleto de elétron independente (32.12). Quando generalizado de modo apropriado, deve ser mais adequado para a discussão de íons magnéticos em um cristal isolante.

Por outro lado, quando os prótons estão muito próximos entre si, a aproximação do elétron independente (32.8) está mais próxima do verdadeiro estado fundamental do que a aproximação de Heitler-London (32.14), como é facilmente observado no caso extremo de os dois prótons de fato coincidirem. A aproximação do elétron independente começa com

---

[11] Esta falha da aproximação de elétron independente em descrever precisamente a molécula de hidrogênio é análoga à falha da aproximação de elétron independente tratada em nossa discussão do método de ligação forte no Capítulo 10. O problema não surge no caso de uma banda preenchida (ou, na analogia molecular, dois átomos de hélio próximos) porque uma função de onda mais precisa também deve colocar dois elétrons em cada orbital localizado.

[12] No contexto da física molecular, a descrição baseada no estado fundamental do elétron independente (32.12) é conhecida como aproximação de Hund-Mulliken, ou método de orbitais moleculares. Outra terminologia está associada ao fato de que a aproximação de Heitler-London ao estado fundamental pode ser representada como uma combinação linear de *dois* estados de dois elétrons de aproximação de elétron independente:

$$\bar{\psi}(\mathbf{r}_1, \mathbf{r}_2) = \psi_0(\mathbf{r}_1)\psi_0(\mathbf{r}_2) - \psi_1(\mathbf{r}_1)\psi_1(\mathbf{r}_2),$$

um exemplo simples de um estado de coisas denominado "mistura de configuração". Os estados de Heitler-London ψ_s e ψ_t são conhecidos como estados "ligantes" e "antiligantes".

duas funções de onda de um elétron adequadas a um único núcleo duplamente carregado, ao passo que a aproximação de Heitler-London trabalha com funções de onda de um elétron para um núcleo carregado simplesmente. Estas estão muito estendidas no espaço para que formem um razoável ponto de partida para a descrição do que é agora não uma molécula de hidrogênio, mas um átomo de hélio.

A análise anterior pretendia basicamente enfatizar, por meio do exemplo simples de um sistema de dois elétrons, que não se pode aplicar os conceitos da teoria de bandas — baseada, como é, na aproximação do elétron independente — para explicar as interações magnéticas em cristais isolantes. Quanto ao método de Heitler-London em si, ele também possui falhas, já que, apesar de fornecer energias de simpleto e de tripleto bem precisas para grandes separações espaciais,[13] sua previsão para a divisão de energia simpleto-tripleto muito pequena é consideravelmente menos confiável quando os íons estão distantes entre si. O método é, portanto, bem traiçoeiro para ser utilizado indiscriminadamente.[14] Todavia, fornecemos a seguir a forma do resultado de Heitler-London para $E_s - E_t$, já que ele é tanto um ponto de partida para tratamentos mais refinados quanto a fonte de uma nomenclatura que permeia muito do assunto magnetismo.

A aproximação de Heitler-London utiliza as funções de onda de simpleto e de tripleto (32.14) e (32.13) para calcular a divisão de simpleto-tripleto como

$$E_s - E_t = \frac{(\bar{\psi}_s, H\bar{\psi}_s)}{(\bar{\psi}_s, \bar{\psi}_s)} - \frac{(\psi_t, H\psi_t)}{(\psi_t, \psi_t)}, \quad \textbf{(32.15)}$$

onde H é a completa Hamiltoniana (32.3). No limite das grandes separações espaciais, pode-se mostrar que esta divisão (Problema 4) se reduz simplesmente a

$$\frac{1}{2}(E_s - E_t) = \int d\mathbf{r}_1 d\mathbf{r}_2 [\phi_1(\mathbf{r}_1)\phi_2(\mathbf{r}_2)] \left(\frac{e^2}{|\mathbf{r}_1 - \mathbf{r}_2|} + \frac{e^2}{|\mathbf{R}_1 - \mathbf{R}_2|} - \frac{e^2}{|\mathbf{r}_1 - \mathbf{R}_1|} - \frac{e^2}{|\mathbf{r}_2 - \mathbf{R}_2|}\right)[\phi_2(\mathbf{r}_1)\phi_1(\mathbf{r}_2)]. \quad \textbf{(32.16)}$$

Como se trata de um elemento matricial entre dois estados que diferem somente pela permuta de coordenadas dos dois elétrons, a diferença de energia simpleto-tripleto é chamada *divisão de permuta* ou, quando vista como fonte de interação magnética, chama-se *interação de permuta.*[15]

Já que o orbital atômico $\phi_i(\mathbf{r})$ está fortemente localizado na vizinhança de $\mathbf{r} = \mathbf{R}_i$, os fatores $\phi_1(\mathbf{r}_1)\phi_2(\mathbf{r}_1)$ e $\phi_1(\mathbf{r}_2)\phi_2(\mathbf{r}_2)$ no integrando de (32.16) asseguram que a divisão de energia de simpleto-tripleto diminuirá rapidamente com a distância $|\mathbf{R}_1 - \mathbf{R}_2|$ entre prótons.

---

[13] Diferentemente da aproximação do elétron independente.

[14] A crítica completa do método de Heitler-London foi dada por Herring, C. "Direct exchange between well separated atoms". In: Rado, G. T.; Suhl, H. (eds.) *Magnetism*. v. 2B. Nova York: Academic Press, 1965.

[15] Não se deve esquecer, no entanto, em virtude desta nomenclatura, que por trás da interação de permuta nada há além de energias de interação eletrostática e o princípio de exclusão de Pauli.

A HAMILTONIANA DE SPIN E O MODELO DE HEISENBERG

Há um meio de se expressar a dependência do spin de um sistema de dois elétrons na divisão de energia simpleto-tripleto, que, apesar de desnecessariamente complicado neste caso simples, é de fundamental importância na análise da energética das configurações de spin de sólidos isolantes reais. Deve-se primeiro observar que, quando os dois prótons estão distantes, o estado fundamental descreve dois átomos de hidrogênio independentes e é, portanto, degenerado em quatro dobras (pois cada elétron pode ter duas orientações de spin). Em seguida, consideramos os prótons como trazidos um pouco mais para perto, de modo que haja uma divisão ($E_s \neq E_t$) da degeneração de quatro dobras devido às interações entre os átomos, que é, no entanto, pequena em comparação com todas as outras energias de excitação do sistema de dois elétrons. Sob tais condições, esses quatro estados terão papel dominante na determinação de muitas propriedades importantes da molécula,[16] e em geral simplifica-se a análise ignorando-se todos os estados mais altos e representando-se a molécula como um simples sistema de quatro estados. Se representarmos de fato o estado geral da molécula como uma combinação linear dos quatro estados mais baixos, é conveniente que haja um operador, conhecido como a Hamiltoniana de spin, cujos autovalores são os mesmos daqueles da Hamiltoniana original dentro das dobras de quatro estados e cujas autofunções fornecem o spin dos estados correspondentes.

Para construir a Hamiltoniana de spin para um sistema de dois elétrons, observe que cada operador de spin de elétron individual satisfaz $\mathbf{S}_i^2 = ½(½ + 1) = ¾$, de forma que o spin total $\mathbf{S}$ satisfaça

$$\mathbf{S}^2 = (\mathbf{S}_1 + \mathbf{S}_2)^2 = \tfrac{3}{2} + 2\mathbf{S}_1 \cdot \mathbf{S}_2. \quad \mathbf{(32.17)}$$

Já que $\mathbf{S}^2$ tem o autovalor $S(S + 1)$ em estados de spin S, resulta de (32.17) que o operador $\mathbf{S}_1 \cdot \mathbf{S}_2$ tem autovalor $-¾$ no estado de simpleto ($S = 0$) e $+¼$ nos estados de tripleto ($S = 1$). Consequentemente, o operador

$$\mathcal{H}^{\text{spin}} = \tfrac{1}{4}(E_s + 3E_t) - (E_s - E_t)\mathbf{S}_1 \cdot \mathbf{S}_2 \quad \mathbf{(32.18)}$$

tem autovalor E_s no estado de singleto e E_t em cada um dos três estados de tripleto, sendo a Hamiltoniana de spin desejada.

Redefinindo o zero de energia, podemos omitir a constante $(E_s - 3E_t)/4$ comum a todos os quatro estados e representar a Hamiltoniana de spin como

$$\mathcal{H}^{\text{spin}} = -J\mathbf{S}_1 \cdot \mathbf{S}_2, \quad J = E_s - E_t. \quad \mathbf{(32.19)}$$

[16] Por exemplo, as propriedades de equilíbrio térmico quando k_BT é comparável a $E_s - E_t$, mas pequeno o suficiente para que nenhum estado além dos quatro seja termicamente excitado.

Já que $\mathcal{H}^{spin}$ é o produto escalar dos operadores de vetor de spin $\mathbf{S}_1$ e $\mathbf{S}_2$, ele favorecerá spins paralelos se J for positivo e antiparalelos se J for negativo.[17] Observe que, em contraste com a interação magnética bipolar (32.1), o acoplamento na Hamiltoniana de spin depende apenas da orientação relativa dos dois spins, mas não de suas direções em relação a $\mathbf{R}_1 - \mathbf{R}_2$. Esta é a consequência geral da independência do spin na Hamiltoniana original e (deve-se notar) mantém-se sem nenhuma suposição em torno de sua simetria espacial. É preciso incluir termos que quebrem a simetria rotacional no espaço de spin (como interações bipolares ou o acoplamento spin-órbita) na Hamiltoniana original para se produzir uma Hamiltoniana de spin com acoplamento anisotrópico.[18]

Quando N é elevado, em vez de reexpressar meramente algum resultado conhecido (como quando $N = 2$), a Hamiltoniana de spin contém em forma altamente compacta informações excessivamente complexas sobre os níveis mais baixos.[19] Quando N íons de spin S estão amplamente separados,[20] o estado fundamental será degenerado de $(2S + 1)^N$ dobra. A Hamiltoniana de spin descreve a divisão deste estado fundamental amplamente degenerado quando os íons estão um pouco mais próximos entre si, mas ainda distantes o suficiente para que as divisões sejam pequenas em comparação a quaisquer outras energias de excitação. Pode-se (de diversas maneiras) construir uma função de operador dos $\mathbf{S}_i$ cujos autovalores fornecem os níveis divididos. É notável, no entanto, que, para muitos casos de interesse, a forma da Hamiltoniana de spin é simplesmente aquela para o caso de dois spins, somada a todos os pares de íons:

$$H^{spin} = -\sum J_{ij}\mathbf{S}_i \cdot \mathbf{S}_j. \quad \mathbf{(32.20)}$$

Não entraremos no mérito de quando se pode justificar (32.20), pois trata-se de um assunto bem complexo.[21] Entretanto, deve-se observar:

1. Para que apenas produtos de pares de operadores de spin apareçam em (33.20), é necessário que todos os íons magnéticos estejam suficientemente distantes para que a superposição de suas funções de onda eletrônicas seja muito pequena.

[17] Como J é positivo ou negativo dependendo de E_t ou E_s ser o mais baixo, isto simplesmente reafirma o fato de os spins serem paralelos no estado de tripleto e antiparalelos no singleto.

[18] Tal anisotropia é de suma importância para a compreensão da existência de direções fácil e difícil de magnetização e tem um importante papel na teoria de formação de domínio (veja o Capítulo 33).

[19] Em geral, não se extrai facilmente essa informação, mesmo de uma Hamiltoniana de spin. Em contraste com o caso $N = 2$, não se conhecem os níveis mais baixos de início, e encontrar uma Hamiltoniana de spin é apenas metade do problema. Permanece a questão altamente complexa de se encontrar os autovalores daquela Hamiltoniana de spin (veja, por exemplo, as páginas 759-768).

[20] Para simplificar, assim assumimos para cada íon $J = S$ (isto é, $L = 0$). Tal restrição não é essencial para o desenvolvimento de uma Hamiltoniana de spin.

[21] Há uma discussão bem completa em Herring, C., op.cit.

2. Quando o momento angular de cada íon contém um orbital, bem como uma parte de spin, o acoplamento na Hamiltoniana de spin pode depender tanto das orientações de spin absolutas quanto das relativas.

A Hamiltoniana de spin (32.20) é conhecida como Hamiltoniana de Heisenberg,[22] e os J_{ij} são conhecidos como constantes (ou parâmetros, ou coeficientes) de acoplamento de permuta. A extração de informações da Hamiltoniana de Heisenberg é, em geral, uma tarefa tão difícil que por si só é o ponto de partida de muitas investigações extremamente profundas sobre o magnetismo em sólidos. Deve-se lembrar, no entanto, que física muito sutil e aproximações bastante complexas devem ser levadas a cabo antes que se possa chegar a uma Hamiltoniana de Heisenberg.

PERMUTA DIRETA, SUPERPERMUTA, PERMUTA INDIRETA E PERMUTA ITINERANTE

A interação magnética que acabamos de descrever é conhecida como *permuta direta*, pois surge da interação direta de Coulomb entre elétrons dos dois íons. Ocorre com frequência de dois íons magnetos estarem separados por um íon não magnético (isto é, com todos os níveis eletrônicos fechados). É possível, então, que os íons magnéticos tenham interação magnética mediada pelos elétrons de seus vizinhos não magnéticos, o que é mais importante do que sua interação de permuta direta. Este tipo de interação magnética é chamado *superpermuta* (veja a Figura 32.2).

Outra fonte de interação magnética ainda pode ocorrer entre elétrons nos subníveis f parcialmente preenchidos nos metais de terras raras. Além do acoplamento de permuta direta, os elétrons f se acoplam mediante interações com os elétrons de condução. Este mecanismo (de certo modo, o análogo metálico de superpermuta em isolantes) é conhecido como *permuta indireta*. Ela pode ser mais forte do que o acoplamento de permuta direta, já que os subníveis f geralmente se superpõem muito pouco.

Há também importantes interações de permuta nos metais entre os próprios elétrons de condução, sendo em geral chamadas *permutas itinerantes*.[23] Para enfatizar a grande generalidade das interações de permuta, fornecemos a seguir uma breve discussão sobre a permuta itinerante no caso mais distante dos elétrons bem localizados para os quais a teoria de Heitler-London sobre a permuta direta se baseou: o gás de elétron livre.

[22] Na literatura mais antiga, ela é conhecida como Hamiltoniana de Heisenberg-Dirac.

[23] Uma discussão sobre permuta itinerante é feita por Herring, C. em *Magnetism*. Rado, G. T.; Suhl, H. (eds.). Nova York: Academic Press, 1966. v. 4.

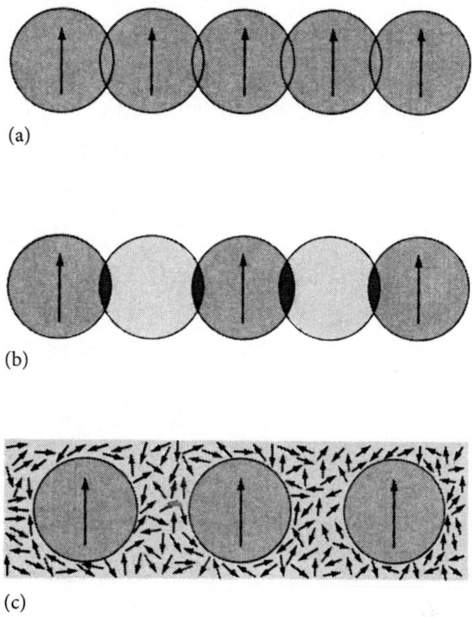

FIGURA 32.2
Ilustrações esquemáticas de (a) permuta direta, na qual os íons magnéticos interagem porque suas distribuições de carga se superpõem; (b) superpermuta, na qual íons magnéticos com distribuições de carga não superpostas interagem porque ambas têm superposição com o mesmo íon não magnético; (c) permuta indireta, na qual, na ausência de superposição, uma interação magnética é mediada por interações com os elétrons de condução.

INTERAÇÕES MAGNÉTICAS NO GÁS DE ELÉTRON LIVRE

A teoria do magnetismo em um gás de elétron livre é inadequada como abordagem do problema de magnetismo em metais reais. No entanto, o assunto não é destituído de interesse porque (a) ele fornece outro modelo simples no qual a estrutura magnética é envolvida na ausência de interações explicitamente dependentes de spin, (b) sua complexidade indica a magnitude do problema que se enfrenta em metais reais e (c) uma teoria geral correta (atualmente inexistente) do magnetismo em metais teria sem dúvida que encontrar um modo de lidar simultaneamente com os aspectos de permuta localizados (como descrito anteriormente) *e* com os itinerantes (como descrito a seguir).

F. Bloch[24] foi o primeiro a apontar que a aproximação de Hartree-Fock pode prever o ferromagnetismo em um gás de elétrons que interage apenas por meio de suas interações de Coulomb mútuas. Nessa aproximação, mostramos no Capítulo 17 que, se cada nível eletrônico com vetor de onda menor que k_F estiver ocupado por dois elétrons de spin opostos, a energia de estado fundamental de N elétrons livres será [equação (17.23)]:

$$E = N\Big[\frac{3}{5}(k_F a_0)^2 - \frac{3}{2\pi}(k_F a_0)\Big]\text{Ry} \qquad \Big(1\text{Ry} = \frac{e^2}{2a_0}\Big). \quad \textbf{(32.21)}$$

O primeiro termo em (32.21) é a energia cinética total e o segundo, conhecido como energia de permuta, é a aproximação de Hartree-Fock para o efeito de interações elétron-elétron de Coulomb.

[24] Bloch, F. *Z. Physik*, 57, p. 545, 1929.

Derivando (32.21), entretanto, admitimos que todo nível de orbital monoeletrônico ocupado seria preenchido por dois elétrons de spins opostos. A possibilidade mais geral, que leva a um desequilíbrio líquido de spin, seria preencher cada nível monoeletrônico com k menor que algum $k_\uparrow$ com elétrons de spin para cima, e cada um com $k < k_\downarrow$, com elétrons de spin para baixo.

Como [veja a equação (17.15)] a interação de permuta na teoria de Hartree-Fock é apenas entre elétrons de mesmo spin, temos uma equação de forma (32.21) para cada população de spin:

$$\begin{aligned} E_\uparrow &= N_\uparrow\left[\frac{3}{5}(k_\uparrow a_0)^2 - \frac{3}{2\pi}(k_\uparrow a_0)\right]\text{Ry}, \\ E_\downarrow &= N_\downarrow\left[\frac{3}{5}(k_\downarrow a_0)^2 - \frac{3}{2\pi}(k_\downarrow a_0)\right]\text{Ry}, \end{aligned} \quad \textbf{(32.22)}$$

onde a energia total e o número total de elétrons são

$$\begin{aligned} E &= E_\uparrow + E_\downarrow, \\ \frac{N}{V} &= \frac{N_\uparrow}{V} + \frac{N_\downarrow}{V} = \frac{k_\uparrow^3}{6\pi^2} + \frac{k_\downarrow^3}{6\pi^2} = \frac{k_F^3}{3\pi^2}. \end{aligned} \quad \textbf{(32.23)}$$

A equação (32.21) é a forma que N toma se $N_\uparrow = N_\downarrow = N/2$, mas podemos agora perguntar se não se pode obter energia menor deixando-se de lado esta suposição. Em caso positivo, o estado fundamental terá densidade de magnetização que não desaparece,

$$M = -\, g\mu_B \frac{N_\uparrow - N_\downarrow}{V}, \quad \textbf{(32.24)}$$

e o gás de elétron será ferromagnético.

Para simplificar, consideramos apenas o extremo oposto,[25] tomando $N_\downarrow = N$ e $N_\uparrow = 0$. Neste caso, E será $E_\downarrow$ e $k_\downarrow$ será $2^{1/3}\,k_F$ [de acordo com (32.23)], portanto,

$$E = N\left[\frac{3}{5}2^{2/3}(k_F a_0)^2 - \frac{3}{2\pi}2^{1/3}(k_F a_0)\right]. \quad \textbf{(32.25)}$$

Comparada ao caso não magnético (32.21), a energia cinética positiva em (32.25) é maior por $2^{2/3}$, e a magnitude da energia de permuta negativa é maior por $2^{1/3}$. Por isso, a energia do estado completamente magnetizado é mais baixa do que aquela do estado não magnetizado quando a energia de permuta domina a energia cinética. Isso ocorre para baixos k_F, isto é, em baixas densidades. À medida que a densidade diminui, a transição do estado não magnético para o estado fundamental totalmente magnético ocorre quando as energias (32.21) e (32.25) se tornam iguais, ou seja, quando

[25] Pode-se demonstrar que valores de $N_\uparrow$ e $N_\downarrow$ entre os extremos $N_\uparrow = N_\downarrow$ e $N_\uparrow$ (ou $N_\downarrow$) $= N_\downarrow$ (ou $N_\uparrow$) $= 0$ fornecem energia mais alta do que um ou outro caso limitante.

$$k_F a_0 = \frac{5}{2\pi}\frac{1}{2^{1/3}+1}, \quad (32.26)$$

ou [veja equação (2.22)] quando

$$\frac{r_s}{a_0} = \frac{2\pi}{5}(2^{1/3}+1)\left(\frac{9\pi}{4}\right)^{1/3} = 5,45. \quad (32.27)$$

O césio é o único elemento metálico com densidade eletrônica de condução tão baixa que r_s excede este valor, mas há compostos metálicos[26] com $r_s/a_0 > 5,45$. Em nenhum destes casos, entretanto, os materiais são ferromagnéticos, embora suas estruturas de bandas sejam razoavelmente bem descritas pelo modelo do elétron livre.

O simples critério (32.26) para o ferromagnetismo de baixa densidade é invalidado por outras considerações teóricas:

1. Mesmo na aproximação de Hartree-Fock, ainda há escolhas mais complicadas de níveis monoeletrônicos que levam a energia mais baixa do que qualquer uma das soluções completamente magnetizada ou não magnética. Essas soluções, chamadas ondas de densidade de spin, foram descobertas por Overhouser[27] e fornecem um estado fundamental antiferromagnético em densidades próximas àquela dada por (32.27).

2. A aproximação de Hartree-Fock é aperfeiçoada caso se deixe que os elétrons blindem a interação de permuta (Capítulo 17) e, deste modo, reduzam sua faixa espacial. Este aprimoramento altera a previsão de Hartree-Fock de modo drástico. Por exemplo, no caso extremo de curto alcance de um potencial de função delta, ela prevê o ferromagnetismo em *altas* densidades e um estado não magnético em *baixas* densidades.

3. Em densidades muito baixas, o verdadeiro estado fundamental do gás de elétron *livre* não tem qualquer semelhança com nenhuma das formas descritas anteriormente. No limite de baixa densidade, pode-se demonstrar que o gás de elétron livre cristaliza-se, adotando uma configuração (o *cristal de Wigner*) cuja descrição encontra-se um tanto além do alcance da aproximação do elétron independente.[28]

Desse modo, o estado fundamental de Hartree-Fock mais adequado não é de forma nenhuma óbvio. E, pior, tentativas simples de melhorar a sua teoria de Hartree-Fock podem alterar drasticamente suas previsões. Hoje em dia, acredita-se que o gás de elétron livre provavelmente não é ferromagnético em nenhuma densidade, mas uma prova rigorosa disso

---

[26] Por exemplo, as aminas metálicas. Veja Lagowski, J. J.; Sienko, M. J. (eds.) *Metal ammonia solutions*. Londres: Butterworth, 1970.

[27] Overhauser, A. W. *Phys. Rev. Lett.*, 4, p. 462, 1960; *Phys. Rev.*, 128, p. 1437, 1962. Veja também Herring, C., *Magnetism*, v. 4, op. cit. A introdução da blindagem elimina a onda de densidade de spin. Entretanto, alguns aspectos especiais da estrutura de bandas do cromo possibilitam o ressurgimento da onda de densidade de spin, introduzindo a estrutura de bandas na teoria de um modo bem simples. Atualmente, acredita-se que tal teoria explique o antiferromagnetismo do cromo. Veja, por exemplo, Rice, T. M. *Phys. Rev.*, B2, p. 3619, 1970, e referências citadas ali.

[28] Wigner, E. *Trans. Farad. Soc.*, 34, p. 678, 1938.

ainda não existe. Certamente, o ferromagnetismo foi apenas observado experimentalmente em metais cujos íons livres contêm subníveis *d* ou *f* parcialmente preenchidos, um estado de coisas muito além da faixa de competência do modelo de elétron livre. Para explicar o ordenamento magnético nos metais, as interações de permuta itinerante devem ser combinadas a aspectos específicos da estrutura de bandas[29] e/ou aos tipos de considerações atômicas que levam às regras de Hund.

O MODELO DE HUBBARD

J. Hubbard[30] propôs um modelo altamente simplificado que tenta resolver esses problemas. Seu modelo contém o mínimo de aspectos necessários para se produzir um comportamento tanto de banda quanto localizado em limites adequados. No modelo de Hubbard, o vasto conjunto de níveis eletrônicos limitados e contínuos de cada íon é reduzido a um único nível de orbital localizado. Os estados do modelo são dados pela especificação das quatro configurações possíveis de cada íon (seu nível pode estar vazio, conter um elétron com qualquer um dos dois spins ou dois elétrons com spins opostos). A Hamiltoniana para o modelo de Hubbard contém dois tipos de termos: (a) um termo diagonal nestes estados, que é apenas uma energia positiva U vezes o número de níveis iônicos duplamente ocupados [mais uma energia (não importante) ε vezes o número de elétrons], e (b) um termo fora da diagonal nestes estados que tem elementos matriciais t que não desaparecem exatamente entre aqueles pares de estados que se diferenciam apenas por um único elétron ter sido movido (sem alteração no spin) de determinado íon para um de seus vizinhos. O primeiro conjunto de termos, na ausência do segundo, favoreceria momentos magnéticos locais, já que suprimiria a possibilidade de haver um segundo elétron (com spin opostamente direcionado) em regiões ocupadas por apenas um. Demonstra-se que o segundo conjunto de termos na ausência do primeiro leva a um espectro de banda convencional de níveis monoeletrônicos de Bloch nos quais cada

[29] A visão bem disseminada do ferromagnetismo do níquel, por exemplo, simplesmente combina a imagem do elétron livre do ferromagnetismo itinerante com a teoria de bandas. Assim, as bandas de energia do níquel são calculadas do modo usual, exceto pelo fato de se permitir um campo de permuta autoconsistente (frequentemente encarado como simplesmente uma constante) que pode diferir para elétrons de spins opostos quando as duas populações de spin são diferentes. Escolhendo-se adequadamente o campo de permuta, é possível construir um estado fundamental para o níquel (que tem um total de dez elétrons nos níveis $3d$ e $4s$ no estado atômico), no qual uma banda d é preenchida (cinco elétrons por átomo) com elétrons de spin para cima. A segunda banda d contém elétrons com spin para baixo, mas é deslocada (em relação à primeira) para cima em energia através do nível de Fermi, de forma que está prestes a ser preenchida (contendo apenas 4,4 elétrons por átomo). O 0,6 de elétron por átomo que falta reside em uma banda de elétron livre, com spins orientados de modo aleatório. Já que a população da banda de spin para cima excede aquela da banda de spin para baixo por 0,6 elétron por átomo, o sólido tem magnetização líquida. Para um exame do trabalho mais recente ao longo destas linhas, veja Stoner, E. C. *Rept. Prog. Phys.*, 11, p. 43, 1947, para o levantamento mais atualizado. veja Herring, C., *Magnetism*, v. 4, op. cit.

[30] Hubbard, J. *Proc. Roy. Soc.*, A276, p. 238, 1963; A277, p. 237, 1964; A281, p. 401, 1964. O modelo é aplicado à molécula de hidrogênio no Problema 5.

elétron é distribuído por todo o cristal. Quando os dois conjuntos de termos estão presentes, mesmo este simples modelo se provou muito difícil para uma análise exata, apesar de muitas informações interessantes terem sido extraídas em casos especiais. Se, por exemplo, o número total de elétrons é igual ao número total de regiões, tem-se, no limite desprezível de repulsão intrarregiões ($t >> U$), uma banda metálica comum preenchida pela metade. No limite oposto ($U >> t$), no entanto, pode-se derivar uma Hamiltoniana de spin de Heisenberg antiferromagnética (que tem uma constante de permuta $|J| = 4t^2/U$) para descrever as excitações baixas. Ninguém, entretanto, forneceu uma solução rigorosa para como o modelo varia de um metal não magnético para um isolante antiferromagnético quando t/U varia.

MOMENTOS LOCALIZADOS EM LIGAS

Apontamos os perigos de se tratar o magnetismo nos condutores a partir de um ponto de vista puramente itinerante. Por outro lado, em metais para os quais os íons magnéticos apresentam um subnível *d* parcialmente preenchido no átomo livre, a inclinação natural seria nos dirigirmos para o outro extremo, tratando os elétrons *d* com as mesmas técnicas utilizadas nos isolantes magnéticos, ou seja, com o conceito de permuta direta (suplementado pela permuta indireta que também pode surgir em metais).[31] Esta abordagem é também perigosa. Um íon que em isolantes tem um subnível eletrônico magnético pode reter apenas uma fração de seu momento magnético, ou até mesmo momento nenhum, quando colocado em um ambiente metálico. Pode-se ilustrar isso muito bem com as propriedades de ligas magnéticas diluídas.

Quando pequenas quantidades de elementos dos metais de transição são dissolvidas em um metal não magnético (em geral similar ao de elétron livre), a liga resultante pode ou não exibir um momento localizado (Tabela 32.1).[32] O momento do íon livre é determinado pelas regras de Hund (Capítulo 31), que, por sua vez, se baseiam em considerações das interações intraiônicas de Coulomb (e, em grau menor, de spin-órbita). Uma teoria de momentos localizados em ligas magnéticas diluídas deve determinar como tais considerações são modificadas quando o íon não está livre, mas contido em um metal.[33]

---

[31] Com os subníveis *f* em metais de terras raras, trata-se provavelmente de um procedimento razoável.

[32] O critério para um momento localizado é um termo na suscetibilidade magnética inversamente proporcional à temperatura, com coeficiente proporcional à densidade de íons magnéticos, como previsto pela lei de Curie, equação (31.47).

[33] No Capítulo 31, consideramos o problema análogo que surge quando o íon estava contido em um isolante. Vimos que os efeitos do campo cristalino poderiam ser facilmente mais importantes do que os acoplamentos das regras de Hund, com uma alteração correspondente no momento magnético líquido.

Tabela 32.1

Presença ou ausência de momentos localizados quando impurezas de metais de transição são dissolvidas em hospedeiros não magnéticos*

Impureza	Hospedeiro			
	Au	Cu	Ag	Al
Ti	Não	—	—	Não
V	?	—	—	Não
Cr	Sim	Sim	Sim	Não
Mn	Sim	Sim	Sim	—
Fe	Sim	Sim	—	Não
Co	?	?	—	Não
Ni	Não	Não	—	Não

*A presença é indicada por um item "Sim"; a ausência, por "Não". Um ponto de interrogação indica que a situação é incerta. Para algumas combinações de hospedeiro e impureza, há dificuldades metalúrgicas de se atingir ligas diluídas reprodutíveis, devido principalmente a problemas de insolubilidade. Isso explica a maioria dos itens em branco.

Fonte: Heeger, A. J. Seitz, F.; Turnbull, D. (eds.). *Solid state physics*. v. 23. Nova York: Academic Press, 1969.

Mesmo se ignorássemos todas as interações entre os elétrons no íon magnético e entre os elétrons e os íons do metal hospedeiro, ainda assim haveria um mecanismo simples pelo qual o momento líquido do íon poderia ser alterado. Dependendo da posição dos níveis do íon em relação ao nível metálico de Fermi, os elétrons poderiam deixar o íon para a banda de condução do hospedeiro ou cair da banda de condução para os níveis iônicos mais baixos, deste modo alternando ou, em alguns casos, até mesmo eliminando o momento do íon. Além disso, já que os níveis do íon se degeneram com o *continuum* dos níveis da banda de condução no hospedeiro, haverá uma mistura de níveis, na qual os níveis iônicos se tornam espacialmente menos localizados, enquanto os níveis de banda de condução das proximidades têm suas distribuições de carga alteradas nas imediações do íon magnético. Isto, por sua vez, altera radicalmente as energéticas intraiônicas que determinam a configuração de spin líquida dos elétrons localizados próximos ao íon. Por exemplo, à medida que os níveis iônicos tornam-se menos localizados, a repulsão intraiônica de Coulomb torna-se progressivamente menos importante.

Em resumo, o problema é de considerável complexidade. Alguma contribuição a ele foi dada por um modelo proposto por P. W. Anderson,[34] no qual todos os níveis do íon magnético são substituídos por um único nível localizado (da mesma forma como os íons

[34] Anderson, P. W. *Phys. Rev.*, 124, p. 41, 1961. Veja também Heeger, A. J., op. cit. p. 293.

são tratados no modelo de Hubbard), e o acoplamento entre níveis localizados e de bandas é reduzido a um mínimo. É uma medida da complexidade dos problemas nos quais ambos os aspectos localizado e de bandas têm papel importante, aos quais mesmo o modelo altamente simplificado de Anderson falhou em chegar a uma solução exata, apesar de ter sido submetido a ataques intensivos de análise teórica.

A TEORIA DE KONDO DO MÍNIMO DE RESISTÊNCIA

A existência de momentos localizados em ligas diluídas que se acoplam aos elétrons de condução tem importante consequência para a condutividade elétrica. As impurezas magnéticas atuam como centros de espalhamento — e, se forem o tipo predominante de impureza ou imperfeição de rede, o espalhamento que causam será a fonte primária de resistência elétrica em temperaturas suficientemente baixas.[35] No Capítulo 16, descobrimos que espalhadores não magnéticos levam a um termo independente de temperatura em direção ao qual a resistividade cai monotonicamente com a diminuição da temperatura (é a chamada resistividade residual). Em ligas magnéticas, no entanto, sabe-se desde 1930[36] que, em vez de cair monotonicamente, a resistividade tem um mínimo muito superficial, que ocorre a uma temperatura baixa ($O(10\text{K})$) e pouco depende da concentração de impurezas magnéticas (Figura 32.3).

Foi apenas em 1963 que J. Kondo[37] demonstrou que este mínimo surge apenas quando o centro de espalhamento possui um momento magnético. Nesse caso, a interação de permuta entre os elétrons de condução e o momento local acarreta eventos de espalhamento nos quais o spin eletrônico é virado (com uma alteração compensatória de spin no momento local). Antes da análise de Kondo, este espalhamento foi tratado apenas para a ordem dominante na teoria da perturbação, e encontrou-se que não se diferenciava qualitativamente do espalhamento não magnético, como descrevemos no Capítulo 16. Kondo descobriu, entretanto, que em todas as ordens mais altas da teoria da perturbação a seção transversal do espalhamento magnético é divergente, produzindo-se resistividade infinita.

A divergência depende abolutamente de que haja forte queda na distribuição do vetor de onda do elétron de condução, como há em $T = 0$. A análise subsequente de Kondo e outros mostrou que a volta térmica da distribuição eletrônica remove a divergência, produzindo-se um termo na contribuição de impureza para a resistividade que *aumenta* com a diminuição da temperatura. É o equilíbrio desse termo contra a contribuição de fônon que diminui quando a temperatura cai, que resulta no mínimo de resistência.

---

[35] Lembre-se de que a contribuição devida ao espalhamento de fônon diminui como T^5.

[36] Meissner, W.; Voigt, B. *Ann. Phys.*, 7, p. 761, 892, 1930.

[37] Kondo, J. *Prog. Theoret. Phys.*, 32, p. 37, 1964; Seitz, F.; Turnbull, D., op. cit., p. 183.

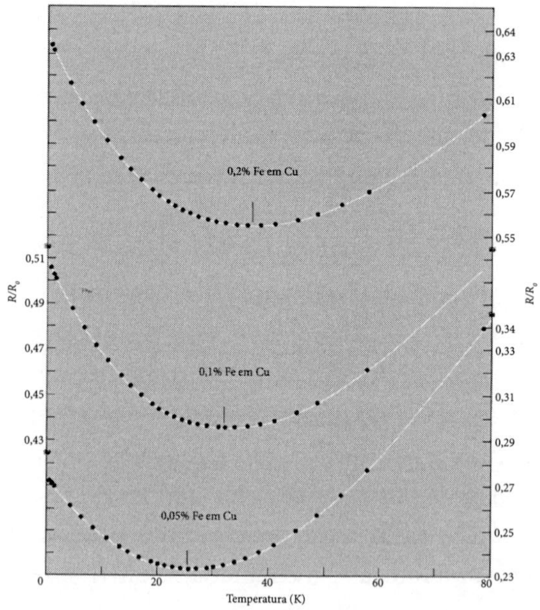

Figura 32.3
O mínimo de resistência para diversas ligas diluídas do ferro em cobre. (R_0 é a resistividade em 0°C.) A posição do mínimo depende da concentração de ferro. (De Franck, J. P. *et al.* *Proc. Roy. Soc.*, A263, p. 494, 1961.)

O que descrevemos até aqui oferece pouco mais do que uma pequena ideia das questões sutis, difíceis e frequentemente fascinantes que se pode encontrar em quase toda tentativa de explicar as interações magnéticas. No entanto, é apenas metade do problema. Mesmo que se forneça um modelo adequadamente simplificado das importantes interações magnéticas [por exemplo, a Hamiltoniana de Heisenberg (32.20)], é preciso ainda enfrentar a tarefa de se extrair informações de interesse físico do modelo. Em geral, isto acaba sendo tão difícil, sutil e fascinante quanto o próprio problema de se derivar o modelo. Uma visão deste aspecto do magnetismo é fornecida no Capítulo 33.

PROBLEMAS

1. *Simetria de funções de onda de orbitais bieletrônicos*

Prove que os estados estacionários da equação de orbital de Schrödinger para um sistema bieletrônico com um potencial simétrico — isto é, equação (32.3) com $V(\mathbf{r}_1,\mathbf{r}_2) = V(\mathbf{r}_2,\mathbf{r}_1)$ — podem ser escolhidos como simétricos ou antissimétricos. (A prova é bastante similar à primeira prova do teorema de Bloch no Capítulo 8.)

2. *Prova de que o estado fundamental bieletrônico de uma Hamiltoniana independente de spin é um simpleto*

(a) A energia média de um sistema bieletrônico com Hamiltoniana (32.3) no estado ψ pode ser representada (após uma integração por partes no termo da energia cinética) pela forma:

$$E = \int d\mathbf{r}_1 d\mathbf{r}_2 \left[\frac{\hbar^2}{2m} \{ |\nabla_1 \psi|^2 + |\nabla_2 \psi|^2 \} + V(\mathbf{r}_1, \mathbf{r}_2) |\psi|^2 \right]. \quad (32.28)$$

Mostre que o valor mais baixo que (32.28) assume em todas as funções de onda normalizadas antissimétricas ψ que desaparecem no infinito é a energia de estado fundamental de tripleto E_t, e que quando as funções simétricas são usadas o valor mais baixo é a energia de estado fundamental do simpleto E_s.

(b) Usando (i) o resultado de (a), (ii) o fato de que o estado fundamental do tripleto ψ_t pode ser considerado real quando V é real e (iii) o fato de que $|\psi_t|$ é simétrico, deduza que $E_s \leq E_t$.

3. ***Simetria de funções de onda monoeletrônicas para a molécula de hidrogênio***

Prove (quase do mesmo modo que no Problema 1) que, se um potencial monoeletrônico tem um plano de simetria especular, os níveis estacionários monoeletrônicos podem ser escolhidos de modo que sejam invariantes ou que variam o sinal sob reflexão naquele plano [estabelecendo-se assim que a equação (32.11) fornece as combinações lineares corretas de orbitais atômicos para o potencial de dois prótons].

4. ***Divisão de simpleto-tripleto de Heitler-London***

Derive o cálculo de Heitler-London (32.16) para a diferença nas energias do estado fundamental de simpletos e tripletos para a molécula de hidrogênio. [Na demonstração de que (32.15) se reduz a (32.16) para prótons bem separados, é essencial levar em conta os seguintes pontos: (a) as funções de onda monoeletrônicas ϕ_1 e ϕ_2 das quais (32.13) e (32.14) se constroem são funções de onda do estado fundamental exatas para um único elétron em um átomo de hidrogênio em $\mathbf{R}_1$ e $\mathbf{R}_2$, respectivamente; (b) o critério para prótons muito separados é que eles estejam muito distantes em comparação à faixa de uma função de onda hidrogênica monoeletrônica; (c) o campo eletrostático fora de uma distribuição esfericamente simétrica de carga é precisamente o campo que se teria se toda a carga fosse concentrada em um único ponto de carga no centro da esfera. Também é conveniente incluir na Hamiltoniana a energia de interação (constante) $e^2/|\mathbf{R}_1 - \mathbf{R}_2|$ dos dois prótons.]

5. ***Modelo de Hubbard da molécula de hidrogênio***

O modelo de Hubbard representa um átomo em **R** por um nível eletrônico de orbital único $|\mathbf{R}\rangle$. Se o nível está vazio (nenhum elétron no átomo), a energia é zero; se um elétron (de qualquer spin) está no nível, a energia é ε; se dois elétrons (necessariamente de spins opostos) estão no nível, a energia é $2\varepsilon + U$, e a energia U positiva adicional representa a repulsão intra-atômica de Coulomb entre os dois elétrons localizados (o princípio da exclusão impede que mais que dois elétrons ocupem o nível).

O modelo de Hubbard para uma molécula de dois átomos consiste em dois destes níveis de orbitais, $|\mathbf{R}\rangle$ e $|\mathbf{R}'\rangle$, que representam elétrons localizados em **R** e **R**′, respectivamente. Para simplificar, consideramos ortogonais os dois níveis:

$$\langle \mathbf{R} | \mathbf{R}' \rangle = 0. \quad \textbf{(32.29)}$$

Abordemos primeiro o problema de dois "prótons" e um elétron (isto é, H_2^+). Se a Hamiltoniana monoeletrônica h fosse diagonal em $|\mathbf{R}\rangle$ e $|\mathbf{R}'\rangle$, os níveis estacionários descreveriam um átomo de hidrogênio e um próton. Sabemos, no entanto, que se os prótons não estão muito distantes entre si, há a probabilidade de tunelamento eletrônico de um para o outro, o que produz uma molécula de hidrogênio ionizada. Representamos esta amplitude para o tunelamento por um termo fora da diagonal na Hamiltoniana monoeletrônica:

$$\langle \mathbf{R} | h | \mathbf{R}' \rangle = \langle \mathbf{R}' | h | \mathbf{R} \rangle = -\, t, \quad \textbf{(32.30)}$$

onde podemos escolher as fases de $|\mathbf{R}\rangle$ e $|\mathbf{R}'\rangle$ para tornar o número t real e positivo. Isto, em conjunção com os termos diagonais

$$\langle \mathbf{R} | h | \mathbf{R} \rangle = \langle \mathbf{R}' | h | \mathbf{R}' \rangle = \varepsilon, \quad \textbf{(32.31)}$$

define o problema monoeletrônico.

(a) Mostre que os níveis monoeletrônicos estacionários são

$$\frac{1}{\sqrt{2}}(|\mathbf{R}\rangle \mp |\mathbf{R}'\rangle) \quad \textbf{(32.32)}$$

com autovalores correspondentes

$$\varepsilon \pm t. \quad \textbf{(32.33)}$$

Como primeira abordagem ao problema bieletrônico (a molécula de hidrogênio), fazemos a aproximação de elétron independente para o estado fundamental do simpleto (espacialmente simétrico), colocando os dois elétrons no nível monoeletrônico de mais baixa energia para obtermos a energia total de $2(\varepsilon - t)$. Desse modo, ignora-se completamente a energia de interação U que surge quando dois elétrons são encontrados no mesmo próton. O modo mais grosseiro de se melhorar a estimativa $2(\varepsilon - t)$ é adicionar a energia U, multiplicada pela probabilidade de realmente se encontrarem dois elétrons no mesmo próton quando a molécula está no estado fundamental da aproximação do elétron independente.

(b) Mostre que esta probabilidade é ½, de forma que a estimativa de elétron independente aperfeiçoada da energia de estado fundamental seja

$$E_{ie} = 2(\varepsilon - t) + \tfrac{1}{2}U. \quad \textbf{(32.34)}$$

[Este resultado é exatamente a aproximação de Hartree (ou campo autoconsistente) aplicada ao modelo de Hubbard (veja os capítulos 11 e 17)].

O conjunto completo de estados de simpleto (espacialmente simétricos) do problema bieletrônico são:

$$\begin{aligned} \Phi_0 &= \frac{1}{\sqrt{2}}(|\mathbf{R}\rangle|\mathbf{R}'\rangle + |\mathbf{R}'\rangle|\mathbf{R}\rangle), \\ \Phi_1 &= |\mathbf{R}\rangle|\mathbf{R}\rangle, \quad \Phi_2 = |\mathbf{R}'\rangle|\mathbf{R}'\rangle, \end{aligned} \quad \mathbf{(32.35)}$$

onde $|\mathbf{R}\rangle|\mathbf{R}'\rangle$ tem elétron 1 no íon em **R** e elétron 2 no íon em **R**′ etc.

(c) Mostre que a função de onda de estado fundamental aproximado na aproximação do elétron independente pode ser representada em termos dos estados (32.35) como

$$\Phi_{ie} = \frac{1}{\sqrt{2}}\Phi_0 + \frac{1}{2}(\Phi_1 + \Phi_2) \mathbf{(32.36)}$$

Os elementos matriciais da Hamiltoniana bieletrônica *completa*,

$$H = h_1 + h_2 + V_{12}, \mathbf{(32.37)}$$

no espaço de estados de simpleto são $H_{ij} = (\Phi_i, H\Phi_j)$, onde

$$\begin{pmatrix} H_{00} & H_{01} & H_{02} \\ H_{10} & H_{11} & H_{12} \\ H_{20} & H_{21} & H_{22} \end{pmatrix} = \begin{pmatrix} 2\varepsilon & -\sqrt{2}t & -\sqrt{2}t \\ -\sqrt{2}t & 2\varepsilon + U & 0 \\ -\sqrt{2}t & 0 & 2\varepsilon + U \end{pmatrix} \mathbf{(32.38)}$$

Observe que os elementos diagonais nos estados Φ_1 e Φ_2 que colocam dois elétrons no mesmo próton contêm a repulsão extra de Coulomb U. A repulsão de Coulomb não está presente no elemento diagonal no estado Φ_0, já que em Φ_0 os elétrons estão em prótons diferentes. Esta aparência de U é o único efeito da interação elétron-elétron V_{12}. Observe também que a amplitude de tunelamento de um elétron t conecta apenas estados nos quais um único elétron foi movido de um próton para o outro (seria necessário que houvesse outra interação de dois corpos para fornecer um elemento matricial que não desaparecesse entre estados nos quais as posições dos dois elétrons são alteradas). Convença-se de que o fator de $\sqrt{2}$ em (32.38) esteja correto.

A aproximação de Heitler-London para o estado fundamental de simpleto é exatamente Φ_0, portanto, a estimativa de Heitler-London da energia do estado fundamental é exatamente H_{00}. Logo,

$$E_{HL} = 2\varepsilon. \mathbf{(32.39)}$$

(d) Mostre que a energia do estado fundamental exata da Hamiltoniana (32.38) é

$$E = 2\varepsilon + \tfrac{1}{2}U - \sqrt{4t^2 + \tfrac{1}{4}U^2}\,. \textbf{(32.40)}$$

Represente graficamente esta energia, a aproximação do elétron independente (32.34) para a energia do estado fundamental e a aproximação de Heitler-London para a energia do estado fundamental como funções de *U* (para ε fixo e *t*). Comente o comportamento para *U*/*t* grande e pequeno e por que ele é fisicamente razoável. Como essas três energias se comparam quando $U = 2t$?

(e) Mostre que o estado fundamental exato da Hamiltoniana (32.38) é (em uma constante de normalização)

$$\Phi = \frac{1}{\sqrt{2}}\Phi_0 + \left(\sqrt{1 + \left(\frac{U}{4t}\right)^2} - \frac{U}{4t}\right)\frac{1}{2}(\Phi_1 + \Phi_2) \textbf{(32.41)}$$

Qual é a probabilidade, neste estado, de haver dois elétrons no mesmo íon? Represente graficamente sua resposta como uma função de *U* (para ε e *t* fixos) e comente seu comportamento para *U*/*t* grande e pequeno.

33 Ordenamento magnético

Nos dois capítulos anteriores, nossa preocupação principal foi determinar como os momentos magnéticos podem ser estabelecidos em sólidos e como as interações elétron-elétron de Coulomb, com o princípio da exclusão de Pauli, podem originar interações efetivas entre momentos. Neste capítulo, começamos com a existência de tais momentos de interação, sem nos aprofundarmos muito na teoria de sua origem. Examinaremos os tipos de estrutura magnética que os momentos produzem e alguns problemas típicos encontrados durante a tentativa de se deduzir o comportamento dessas estruturas, mesmo quando o ponto de partida não for a Hamiltoniana fundamental do sólido, mas um "simples" modelo fenomenológico de momentos de interação.

Ao descrever as propriedades observadas das estruturas magnéticas, evitaremos nos prender a um modelo em particular das interações magnéticas subjacentes. Na maior parte de nossa análise teórica, no entanto, vamos utilizar a Hamiltoniana de spin (32.20) de Heisenberg. Na realidade, mesmo partindo-se do modelo de Heisenberg, a dedução das propriedades magnéticas de um sólido à medida que a temperatura e o campo aplicado variam é uma tarefa extremamente difícil. Nenhuma solução sistemática sequer foi encontrada para este problema de modelo simplificado, embora muitas informações parciais tenham sido extraídas de uma variedade de casos importantes.

Discutiremos os seguintes pontos representativos:

1. Os tipos de ordenamento magnético que foram observados.

2. A teoria dos estados muito baixos de sistemas magneticamente ordenados.

3. A teoria das propriedades magnéticas de alta temperatura.

4. A região crítica de temperaturas na qual o ordenamento magnético desaparece.

5. Uma teoria fenomenológica um tanto imperfeita sobre o ordenamento magnético (teoria do campo médio).

6. Algumas consequências importantes das interações magnéticas bipolares em sólidos ferromagneticamente ordenados.

TIPOS DE ESTRUTURA MAGNÉTICA

Vamos utilizar a linguagem apropriada aos sólidos, nos quais os íons magnéticos estão localizados em sítios de rede, indicando a seguir como uma discussão pode ser generalizada para o magnetismo de elétron itinerante.

Se não houvesse interações magnéticas, momentos magnéticos individuais seriam, na ausência de um campo, termicamente desordenados em qualquer temperatura, e o momento vetor de cada íon magnético chegaria a zero.[1] No entanto, em alguns sólidos, íons magnéticos individuais têm momentos de vetor médio que não desaparecem abaixo de uma temperatura crítica T_c. Tais sólidos são considerados *ordenados magneticamente.*

Os momentos individuais localizados em um sólido magneticamente ordenado podem ou não se acumular até a densidade de magnetização líquida para o sólido como um todo. Se o fizerem, o ordenamento magnético microscópico será revelado pela existência de uma densidade de magnetização macroscópica como um todo (mesmo na ausência de um campo aplicado), conhecida como *magnetização espontânea*, e o estado ordenado é descrito como *ferromagnético.*

Mais comum é o caso em que os momentos locais individuais somam momento total zero e nenhuma magnetização espontânea está presente para revelar o ordenamento microscópico. Esses estados magneticamente ordenados são chamados *antiferromagnéticos.*

Nos ferromagnetos mais simples, todos os momentos locais têm a mesma magnitude e direção média. O estado antiferromagnético mais simples surge quando os momentos locais caem em duas *sub-redes* interpenetrantes de estrutura idêntica.[2] Em cada sub-rede, os momentos têm a mesma magnitude e direção média, mas os momentos líquidos das duas sub-redes são direcionados contrariamente, somando momento total zero (veja a Figura 33.1).

---

[1] Conforme se demonstrou no Capítulo 31. A equação (31.44) fornece $M = 0$ quando $H = 0$ em qualquer T.

[2] Por exemplo, uma rede cúbica simples pode ser vista como duas redes cúbicas de face centrada. Uma rede cúbica de corpo centrado pode ser vista como duas redes cúbicas simples interpenetrantes. Uma rede cúbica de face centrada, no entanto, não pode ser representada assim.

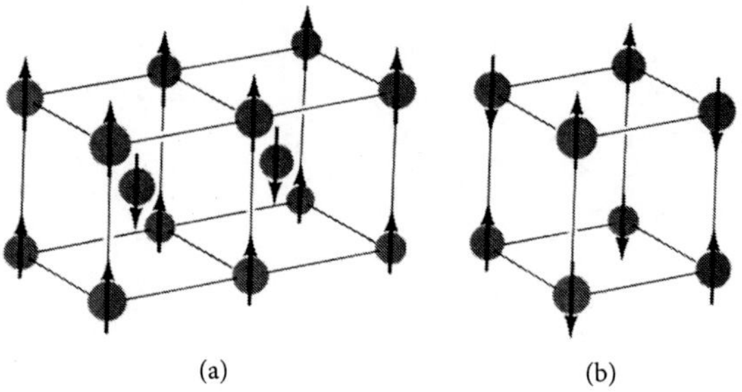

FIGURA 33.1

Alguns arranjos simples de spin antiferromagnéticos. (a) Ordenamento antiferromagnético em uma rede cúbica de corpo centrado. Spins do mesmo tipo formam duas redes cúbicas interpenetrantes simples. (b) Ordenamento antiferromagnético em uma rede cúbica simples. Spins do mesmo tipo formam duas redes cúbicas interpenetrantes simples de face centrada.

O termo "ferromagnético" também é utilizado em sentido mais restrito, quando se distingue, dentre as variedades de estados ferromagnéticos que podem ocorrer, quando há muitos íons magnéticos (não necessariamente idênticos) por célula primitiva. Nesses contextos, o termo "ferromagnético" é geralmente reservado para estruturas magnéticas em que *todos* os momentos locais apresentam um componente positivo ao longo da direção da magnetização espontânea. Sólidos que apresentam uma magnetização espontânea que não satisfaça este critério são chamados *ferrimagnetos*.[3] Em um ferrimagneto simples, o acoplamento de permuta entre vizinhos mais próximos pode favorecer o alinhamento antiparalelo, porém, já que os íons magnéticos vizinhos não são idênticos, seus momentos não se anularão, resultando num momento líquido para o sólido como um todo.

Alguns dos vários tipos de ordenamento magnético são ilustrados esquematicamente na Figura 33.2. Muitas estruturas magnéticas são tão complexas que é melhor descrevê-las explicitamente em vez de usar uma das três categorias anteriores.

Distinções semelhantes podem ser feitas para metais magneticamente ordenados, embora o conceito de um íon magnético localizado possa ser inaplicável. Especifica-se o ordenamento em termos da densidade de spin, que é definida de modo que em qualquer ponto $\mathbf{r}$ e ao longo de qualquer direção $\hat{\mathbf{z}}$, $s_z(\mathbf{r}) = \frac{1}{2}\,[n_\uparrow(\mathbf{r}) - n_\downarrow(\mathbf{r})]$, onde $n_\uparrow(\mathbf{r})$ e $n_\downarrow(\mathbf{r})$ são as contribuições das duas populações de spin à densidade eletrônica quando os spins estão resolvidos dentro dos componentes ao longo do eixo z. Em um metal magneticamente ordenado, a densidade de spin local não desaparece. Em um metal ferromagnético, $\int d\mathbf{r}s_z(\mathbf{r})$ também não desaparece para alguma direção $\mathbf{z}$, enquanto é zero para qualquer escolha de $\mathbf{z}$ em um metal antiferromagnético, embora o próprio $s_z(\mathbf{r})$ não desapareça.

As estruturas magnéticas observadas em metais também podem ser bem complexas. O cromo antiferromagnético, por exemplo, tem densidade que não desaparece de spin periódico, cujo período não está relacionado à periodicidade da rede sob condições normais, sendo determinado, então, pela geometria da superfície de Fermi.

---

[3] Após as ferritas. Para um exame, veja Wolf, W. P. *Repts. Prog. Phys.*, 24, p. 212, 1961.

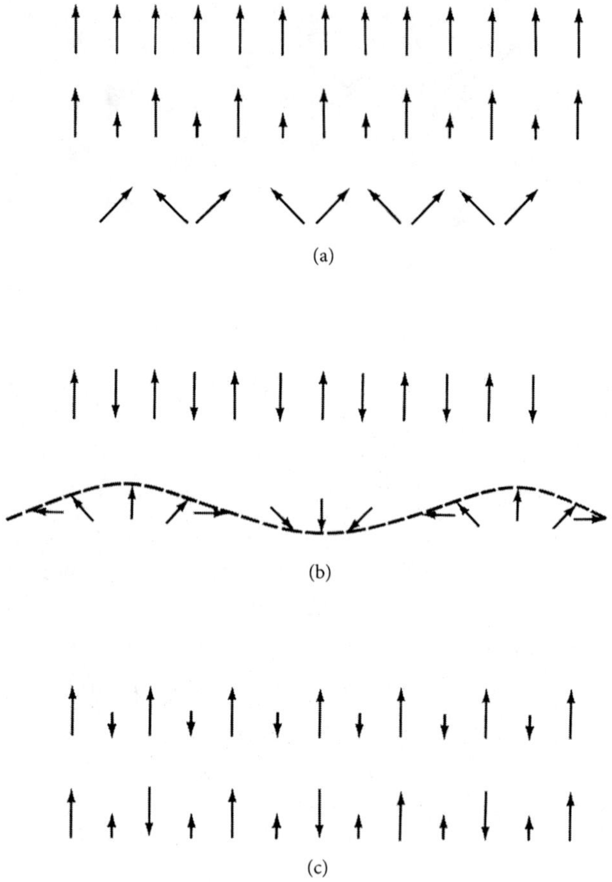

Figura 33.2
Arranjos lineares de spins ilustram possíveis ordenamentos (a) ferromagnéticos, (b) antiferromagnéticos e (c) ferrimagnéticos.

Alguns exemplos de sólidos magneticamente ordenados são apresentados nas Tabelas 33.1 a 33.3.

OBSERVAÇÃO DE ESTRUTURAS MAGNÉTICAS

O ordenamento magnético de um sólido com magnetização espontânea é claramente revelado pelo campo magnético microscópico resultante.[4] Qualquer que seja o ordenamento magnético em sólidos antiferromagnéticos, ele não produz nenhum campo macroscópico, e deve ser diagnosticado por meios mais sutis. Nêutrons de baixa energia são prova excelente dos momentos locais, já que o nêutron tem um momento magnético que se acopla ao spin eletrônico nos sólidos. Com isso, há picos na seção transversal de espalhamento elástico de nêutron adicionalmente àqueles devidos à reflexão não magnética de Bragg dos nêutrons pelos núcleos iônicos (veja o Capítulo 24). As reflexões magnéticas podem se distinguir das não magnéticas porque elas se enfraquecem e desaparecem à medida que a temperatura aumenta mediante a temperatura crítica na

[4] Um *caveat*, geralmente mascarado por uma estrutura de domínio (veja as páginas 779-783).

qual o ordenamento desaparece, e também pelo modo como variam com os campos magnéticos aplicados[5] (veja a Figura 33.3).

TABELA 33.1

Ferromagnetos selecionados, com temperaturas críticas t_c e magnetização de saturação m_0

Material	T_c (K)	M_0 (gauss)*
Fe	1043	1752
Co	1388	1446
Ni	627	510
Gd	293	1980
Dy	85	3000
$CrBr_3$	37	270
Au_2MnAl	200	323
Cu_2MnAl	630	726
Cu_2MnIn	500	613
EuO	77	1910
EuS	16,5	1184
MnAs	318	870
MnBi	670	675
$GdCl_3$	2,2	550

* Em $T = 0$(K).

Fonte: Keffer, F. *Handbuch der physik*. v. 18, pt. 2. Nova York: Springer, 1966; Heller, P. *Rep. Progr. Phys.*, 30, pt. II, p. 731, 1967.

TABELA 33.2

Antiferromagnetos selecionados, com temperaturas críticas t_c

Material	T_c (K)	Material	T_c (K)
MnO	122	$KCoF_3$	125
FeO	198	MnF_2	67,34
CoO	291	FeF_2	78,4
NiO	600	CoF_2	37,7
$RbMnF_3$	54,5	$MnCl_2$	2
$KFeF_3$	115	VS	1040
$KMnF_3$	88,3	Cr	311

Fonte: Keffer, F., op. cit.

[5] Pode-se encontrar o exame abrangente dos aspectos teórico e experimental de espalhamento de nêutrons de sólidos magneticamente ordenados em Izyumov, Y. A.; Ozerov, R. P. *Magnetic neutron diffraction*. Nova York: Plenum Press, 1970.

TABELA 33.3

Ferromagnetos selecionados, com temperaturas críticas t_c e magnetização de saturação m_0

Material	T_c (K)	M_0 (gauss)*
Fe_3O_4 (magnetite)	858	510
$CoFe_2O_4$	793	475
$NiFe_2O_4$	858	300
$CuFe_2O_4$	728	160
$MnFe_2O_4$	573	560
$Y_3Fe_5O_{12}$	560	195

* Em $T = 0$(K).

Fonte: Keffer, F., *op. cit.*

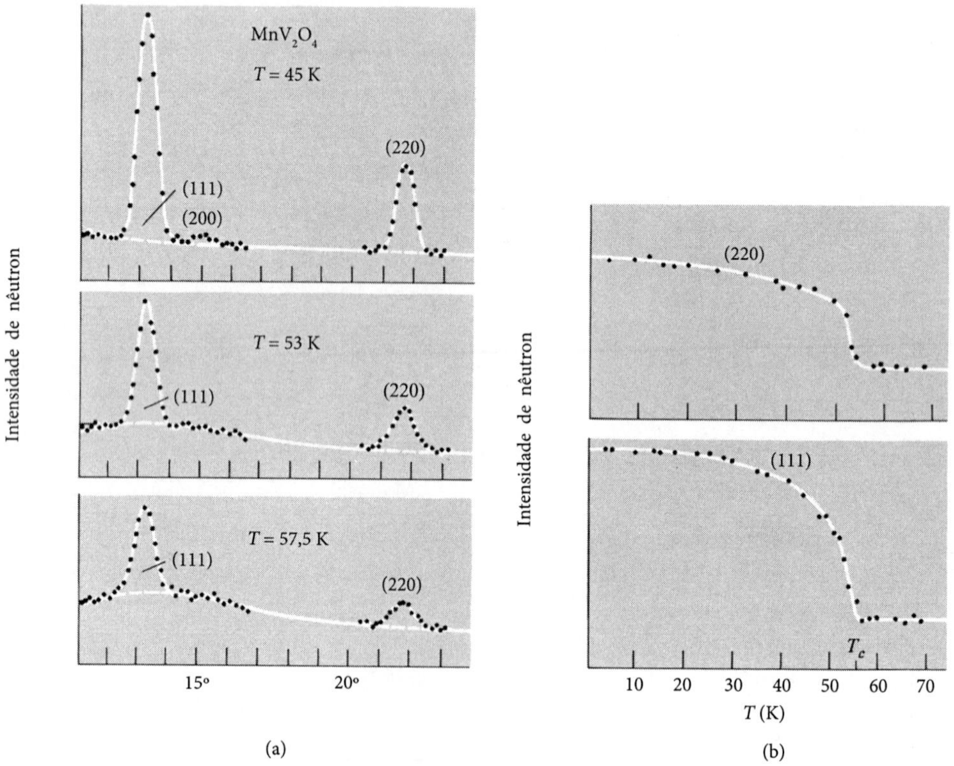

FIGURA 33.3

(a) Picos de nêutrons de Bragg no vanadeto de manganês (MnV_2O_4), um antiferromagneto com $T_c = 56$ K. A intensidade dos picos diminui à medida que T se eleva para T_c.
(b) Intensidade dos picos (220) e (111) *versus* temperatura. Acima de T_c a dependência da temperatura é muito leve (Plumier, R. *Proceedings of the International Conference on Magnetism,*. Nottingham, 1964).

A ressonância magnética nuclear[6] oferece outro meio de se provar a estrutura de spin microscópico. Os núcleos iônicos percebem os campos magnéticos bipolares de elétrons vizinhos. A ressonância magnética nuclear em sólidos magneticamente ordenados pode, portanto, ser observada mesmo na ausência de campos aplicados, sendo o campo no núcleo (e, consequentemente, a frequência de ressonância) inteiramente resultante dos momentos ordenados. Assim, a ressonância magnética nuclear pode ser usada, por exemplo, para medir a magnetização líquida macroscopicamente inacessível de cada sub-rede antiferromagnética (veja, por exemplo, a Figura 33.4).

PROPRIEDADES TERMODINÂMICAS NO COMEÇO DO ORDENAMENTO MAGNÉTICO

A temperatura crítica T_c acima, que o ordenamento magnético faz desaparecer, é conhecida como temperatura de Curie em ferromagnetos (ou ferrimagnetos) e temperatura Néel (em geral representada por T_N) em antiferromagnetos. Quando a temperatura crítica é atingida de baixo, a magnetização espontânea (ou, em antiferromagnetos, a magnetização de sub-rede) cai continuamente para zero. A magnetização observada logo abaixo de T_c é bem descrita por uma lei de potência.

$$M(T) \sim (T_c - T)^{\beta}, \quad \textbf{(33.1)}$$

onde β encontra-se tipicamente entre 0,33 e 0,37 (veja Figura 33.4).

O começo do ordenamento é também sinalizado quando a temperatura cai para T_c de cima, mais notadamente pela suscetibilidade de campo zero. Na ausência de interações magnéticas, a suscetibilidade varia inversamente com T em todas as temperaturas (lei de Curie, Capítulo 31). Em um ferromagneto, entretanto, observa-se que a suscetibilidade diverge quando T cai para T_c, seguindo a lei de potência:

$$\chi(T) \sim (T - T_c)^{-\gamma}, \quad \textbf{(33.2)}$$

onde γ encontra-se tipicamente entre 1,3 e 1,4 (veja Figura 33.5). Em um antiferromagneto, a suscetibilidade se eleva para um máximo pouco acima de T_c, e então cai em direção a T_c, com um grande máximo em sua inclinação no ponto crítico (veja figura 33.6).

Há também uma singularidade característica no calor específico de campo zero em um ponto magnético crítico:

$$c(T) \sim (T - T_c)^{-\alpha}. \quad \textbf{(33.3)}$$

[6] Veja o Capítulo 31.

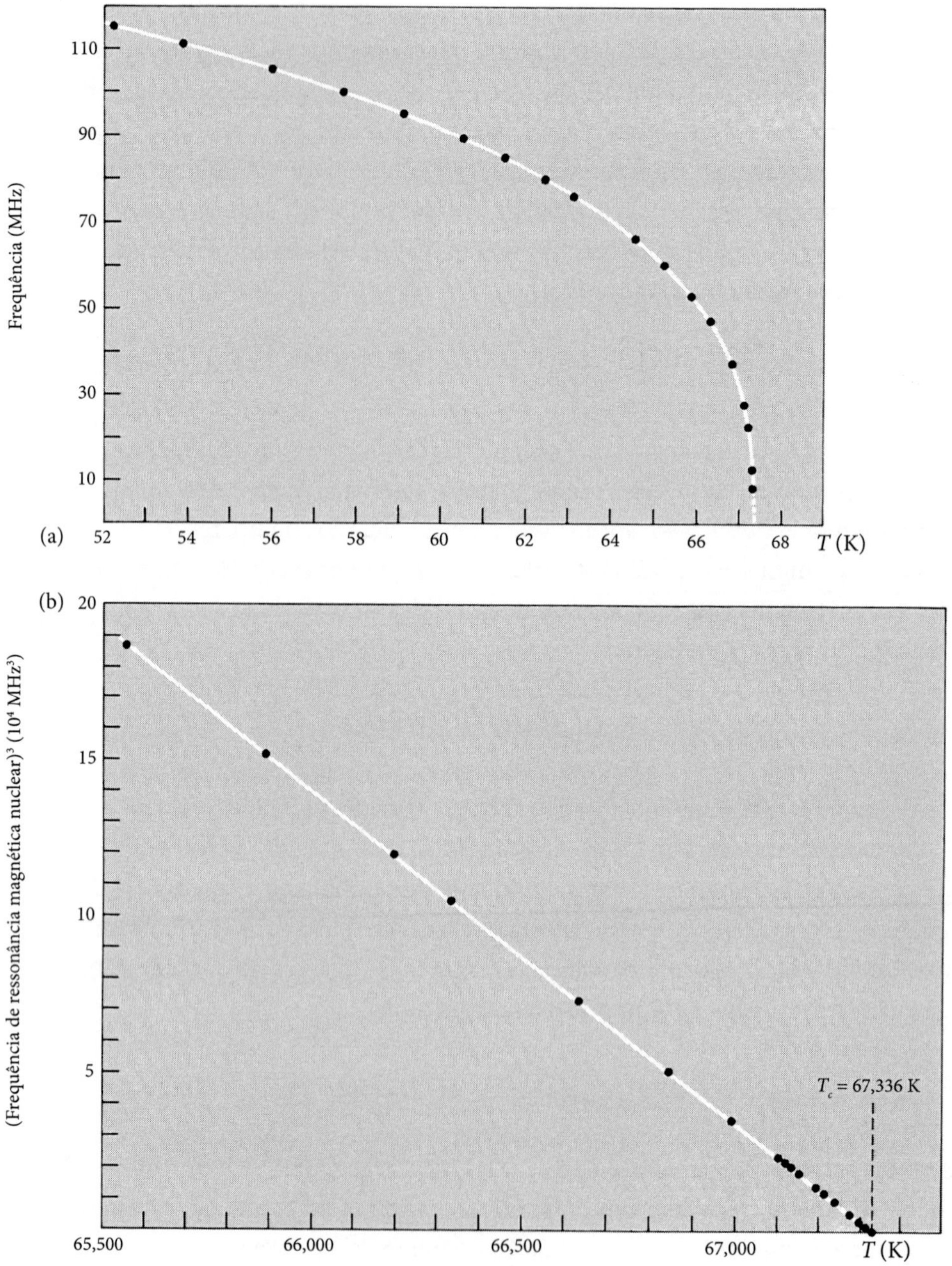

Figura 33.4

(a) A dependência da temperatura na frequência de ressonância magnética nuclear ^{19}F de campo zero no antiferromagneto MnF_2. A frequência de ressonância desaparece na temperatura crítica antiferromagnética T_c = 67,336 K (Heller P.; Benedek, G. B. *Phys. Rev. Lett.*, 8, p. 428, 1962).

(b) A dependência da temperatura na frequência de ressonância magnética nuclear ^{19}F do cubo de campo zero no antiferromagneto MnF_2 nas imediações imediatas de T_c [observe que a escala de temperatura é muito expandida em comparação àquela em (a)]. Se a frequência for proporcional à magnetização de sub-rede, demonstra-se que a magnetização desaparece como $(T_c - T)^{1/3}$ para precisão muito alta.

A singularidade não é nem de perto tão forte quanto na suscetibilidade, sendo o expoente α da ordem de 0,1 ou menos.[7]

É provável que a região crítica de temperaturas seja a mais difícil de lidar teoricamente. Comentaremos mais profundamente a teoria da região crítica a seguir, mas primeiro voltaremos nossa atenção para os regimes de temperatura baixa ($T << T_c$) e alta ($T >> T_c$), mais amenos para análise.

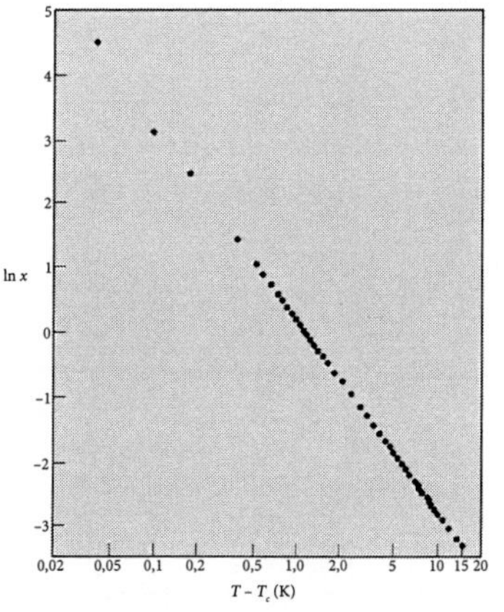

FIGURA 33.5

A suscetibilidade do ferro (com pequena quantidade de tungstênio dissolvido) acima da temperatura crítica $T_c = 1043$ K. Obedece-se consideravelmente a uma lei de potência nesta faixa, e a inclinação fornece $\chi \sim (T - T_c)^{-1,33}$ (Noakes, J. E. *et al. J. Appl. Phys.*, 37, p. 1264, 1966. Observe que $\log_{10}\chi = 0,4343 \ln\chi$.).

PROPRIEDADES DE TEMPERATURA ZERO: ESTADO FUNDAMENTAL DO FERROMAGNETO DE HEISENBERG

Consideramos um conjunto de íons magnéticos em regiões **R** da rede de Bravais, cujas excitações baixas podem ser descritas por uma Hamiltoniana ferromagnética de Heisenberg [equação (32.20)],[8]

$$\mathcal{H} = -\frac{1}{2}\sum_{\mathbf{RR}'} \mathbf{S}(\mathbf{R}) \cdot \mathbf{S}(\mathbf{R}') J(\mathbf{R} - \mathbf{R}') - g\mu_B H \sum_{\mathbf{R}} S_z(\mathbf{R}),$$
$$J(\mathbf{R} - \mathbf{R}') = J(\mathbf{R}' - \mathbf{R}) \geqslant 0. \tag{33.4}$$

Descrevemos esta Hamiltoniana como ferromagnética porque uma interação de permuta J positiva favorece o alinhamento paralelo de spin. Efeitos devidos ao acoplamento magnético

[7] Uma variedade de outros expoentes críticos também pode ser definida e medida. Excelentes estudos sobre pontos magnéticos e outros foram feitos por Fisher, M. E. *Rep. Progr. Phys.*, 30, pt. II, p. 615, 1967; Heller, P. *Rep. Progr. Phys.*, 30, pt II, p. 731, 1967; Kadanoff, L. P. *et al. Rev. Mod. Phys.*, 39, p. 395, 1967. A teoria do ponto crítico que permite o cálculo numérico dos expoentes críticos foi desenvolvida por K. G. Wilson. Ela se baseia nos métodos do grupo de renormalização e um estudo elementar foi feito por Ma, S. *Rev. Mod. Phys.*, 45, p. 589, 1973. Veja também Fisher, M. E. *Rev. Mod. Phys.*, 46, p. 597, 1974.

[8] É prática comum referir-se aos operadores na Hamiltoniana de Heisenberg como operadores de spin, mesmo que o operador de spin para cada íon represente aqui seu momento angular *total*, que, em geral, tem tanto uma parte de spin quanto uma parte de orbital. Também é prática comum considerar esses spins fictícios como paralelos ao momento magnético do íon, em vez de seu momento angular total, ou seja, o termo em H em (33.4) é precedido por um sinal de menos (para $g\mu_B$) quando **H** se encontra ao longo do eixo z positivo.

bipolar entre os momentos não estão incluídos na interação J, mas podem ser levados em conta por uma definição adequada do campo **H** (cuja direção consideramos para definir o eixo z) que atua nos spins locais. Isso será desenvolvido adiante (p. 783), mas por ora simplesmente observe que **H** é o campo local (no sentido do Capítulo 27) que atua em cada íon magnético, que não é necessariamente igual ao campo aplicado externamente.

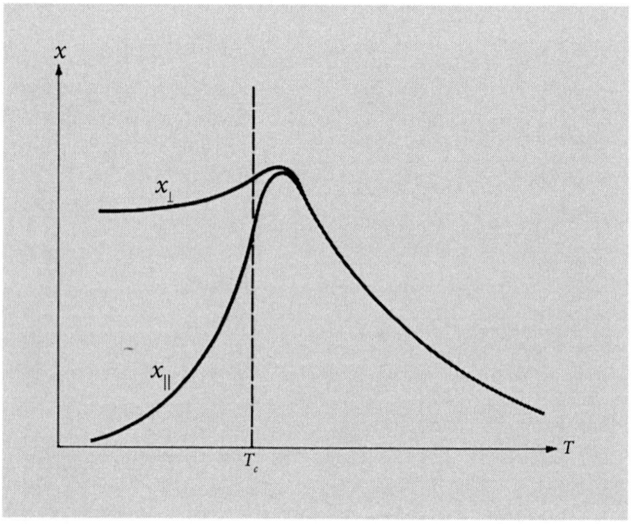

Figura 33.6
Dependência da temperatura característica da suscetibilidade de um antiferromagneto próximo da temperatura crítica. Abaixo de T_c, a suscetibilidade depende muito de o campo ser aplicado paralela ou perpendicularmente à direção da magnetização da sub-rede. Observe que, se o antiferromagneto fosse perfeitamente isotrópico, o caso seria outro: qualquer que fosse a direção do campo aplicado, a magnetização da sub-rede giraria na orientação mais energeticamente favorável em relação ao campo (presumivelmente perpendicular) e haveria apenas uma suscetibilidade (χ_1). A dependência da orientação abaixo de T_c se deve à anisotropia cristalina. A anisotropia é também responsável pela pequena diferença em $\chi_{\|}$ e $\chi_{\perp}$ acima de T_c, em que paralelo e perpendicular se referem agora ao eixo ao longo do qual (por causa da anisotropia) a magnetização de sub-rede abaixo de T_c prefere estabelecer-se (veja Fisher, M. E. *Phil. Mag.*, 7, p. 1731, 1962.).

Se considerássemos vetores clássicos os spins que aparecem na Hamiltoniana (33.4), seria de se esperar que o estado de mais baixa energia fosse aquele com todos os spins alinhados ao longo do eixo z, paralelos ao campo magnético e entre si. Isso sugere, como candidato para o estado fundamental mecânico-quântico |0>, aquele que seja um autoestado de $\mathbf{S}_z(\mathbf{R})$ para todo **R** com o autovalor máximo, S:

$$|0\rangle = \prod_{\mathbf{R}} |S\rangle_{\mathbf{R}}, \quad \textbf{(33.5)}$$

onde

$$\mathbf{S}_z(\mathbf{R})|S\rangle_{\mathbf{R}} = S|S\rangle_{\mathbf{R}}. \quad \textbf{(33.6)}$$

Para verificarmos que |0> é de fato um autoestado de $\mathcal{H}$, redefinimos a Hamiltoniana (33.4) em termos dos operadores

$$\mathbf{S}_{\pm}(\mathbf{R}) = \mathbf{S}_x(\mathbf{R}) \pm i\mathbf{S}_y(\mathbf{R}), \textbf{(33.7)}$$

que têm a propriedade[9]

$$\mathbf{S}_{\pm}(\mathbf{R})|S_z\rangle_{\mathbf{R}} = \sqrt{(S \mp S_z)(S + 1 \pm S_z)}\,|S_z \pm 1\rangle_{\mathbf{R}}. \textbf{(33.8)}$$

Separando os termos em $\mathbf{S}_z$ daqueles que contêm $\mathbf{S}_+$ ou $\mathbf{S}_-$, podemos escrever

$$\begin{aligned}\mathcal{H} = &-\frac{1}{2}\sum_{\mathbf{RR'}} J(\mathbf{R}-\mathbf{R'})\mathbf{S}_z(\mathbf{R})\mathbf{S}_z(\mathbf{R'}) - g\mu_B H \sum_{\mathbf{R}} \mathbf{S}_z(\mathbf{R}) \\ &-\frac{1}{2}\sum_{\mathbf{RR'}} J(\mathbf{R}-\mathbf{R'})\mathbf{S}_-(\mathbf{R'})\mathbf{S}_+(\mathbf{R}).\end{aligned} \qquad \textbf{(33.9)}$$

Como $\mathbf{S}_+(\mathbf{R})|S_z>_{\mathbf{R}} = 0$ quando $S_z = S$, ocorre que, quando $\mathcal{H}$ age sobre |0>, apenas os termos em $\mathbf{S}_z$ contribuem para o resultado. Mas |0> é construído para ser um autoestado de cada $\mathbf{S}_z(\mathbf{R})$ com autovalor S, portanto

$$\mathcal{H}|0\rangle = E_0|0\rangle, \textbf{(33.10)}$$

onde

$$E_0 = -\frac{1}{2}S^2\sum_{\mathbf{R,R'}} J(\mathbf{R}-\mathbf{R'}) - Ng\mu_B HS. \textbf{(33.11)}$$

Assim, |0> é de fato um autoestado de $\mathcal{H}$. Para provar que E_0 é a energia do estado *fundamental*, consideramos qualquer outro autoestado |0′> de $\mathcal{H}$ com autovalor E_0'. Como

$$E_0' = \langle 0'|\mathcal{H}|0'\rangle, \textbf{(33.12)}$$

temos como consequência que, quando todos os $J(\mathbf{R} - \mathbf{R'})$ são positivos, E_0' tem o limite mais baixo

$$-\frac{1}{2}\sum_{\mathbf{RR'}} J(\mathbf{R}-\mathbf{R'})\,\text{máx}\langle \mathbf{S}(\mathbf{R})\cdot\mathbf{S}(\mathbf{R'})\rangle - g\mu_B H\sum_{\mathbf{R}}\text{máx}\langle \mathbf{S}_z(\mathbf{R})\rangle \textbf{(33.13)}$$

[9] Veja, por exemplo, Messiah, A. *Quantum mechanics*. Nova York: Wiley, 1962. p. 512.

onde Max <X> é o maior elemento matricial diagonal que o operador X pode assumir (qualquer que seja o estado). No Problema 1, demonstra-se que[10]

$$\begin{aligned} \langle \mathbf{S}(\mathbf{R})\cdot\mathbf{S}(\mathbf{R}')\rangle &\leqslant S^2, \quad \mathbf{R}\neq\mathbf{R}', \\ \langle S_z(\mathbf{R})\rangle &\leqslant S. \end{aligned} \qquad \textbf{(33.14)}$$

Combinando-se essas desigualdades com o limite (33.13) para E_0' e comparando-se a desigualdade resultante com a forma (33.11) de E_0, concluímos que E_0' não pode ser menor que E_0 e, portanto, E_0 deve ser a energia do estado fundamental.

PROPRIEDADES DE TEMPERATURA ZERO: ESTADO FUNDAMENTAL DO ANTIFERROMAGNETO DE HEISENBERG

Encontrar o estado fundamental do antiferromagneto de Heisenberg é um problema sem solução, exceto no caso especial de um arranjo unidimensional de íons de spin ½ com acoplamento apenas entre vizinhos mais próximos.[11] A dificuldade é ilustrada pelo caso em que os spins ficam em duas sub-redes, e cada um interage apenas com aqueles na outra sub-rede. Na ausência de um campo aplicado, a Hamiltoniana é

$$\mathcal{H} = \frac{1}{2}\sum_{\mathbf{R},\mathbf{R}'} |J(\mathbf{R}-\mathbf{R}')|\,\mathbf{S}(\mathbf{R})\cdot\mathbf{S}(\mathbf{R}'). \qquad \textbf{(33.15)}$$

Uma dica para o estado fundamental é colocar cada sub-rede no estado fundamental ferromagnético da forma (33.5), com magnetizações de sub-rede opostamente direcionadas. Se os spins fossem vetores clássicos, seria possível tirar vantagem máxima do acoplamento antiferromagnético entre sub-redes, produzindo-se uma energia de estado fundamental

$$E_0 = -\frac{1}{2}\sum_{\mathbf{R},\mathbf{R}'} |J(\mathbf{R}-\mathbf{R}')|\,S^2. \qquad \textbf{(33.16)}$$

Em contraste com o caso ferromagnético, no entanto, os termos $\mathbf{S}_-(\mathbf{R})\mathbf{S}_+(\mathbf{R}')$ na Hamiltoniana (33.9), ao atuar nesse estado, nem sempre resultam zero, mas também produzem um estado em que um spin na sub-rede "de cima" teve seu componente z reduzido pela unidade e um spin na sub-rede "para baixo" é, de modo correspondente, elevado. Assim, o estado *não* é um autoestado.

Tudo que se pode estabelecer facilmente é que (33.16) é um limite superior à verdadeira energia de estado fundamental (Problema 2). Um limite inferior também pode ser encontrado (Problema 2), o que leva à desigualdade:

---

[10] Esses resultados podem parecer "óbvios" para a intuição clássica, mas deve-se considerar que min $\langle \mathbf{S}(\mathbf{R})\cdot\mathbf{S}(\mathbf{R}')\rangle$ não é $-S^2$, mas $-S(S+1)$ (Problema 1). E, naturalmente, se $\mathbf{R}=\mathbf{R}'$, Max $\langle \mathbf{S}(\mathbf{R})\cdot\mathbf{S}(\mathbf{R}')\rangle$ não será $-S^2$, mas $S(S+1)$.

[11] Bethe, H. A. *Z. Physik*, 71, p. 205, 1931.

$$-\frac{1}{2}S(S+1)\sum_{\mathbf{R},\mathbf{R}'}|J(\mathbf{R}-\mathbf{R}')| \leqslant E_0 \leqslant -\frac{1}{2}S^2\sum_{\mathbf{R},\mathbf{R}'}|J(\mathbf{R}-\mathbf{R}')|. \quad \textbf{(33.17)}$$

No limite de grande spin (quando os spins se tornam, de fato, vetores clássicos), a razão destes limites se aproxima da unidade. No entanto, eles estão longe de ser restritivos quando S é pequeno. Na cadeia unidimensional de spin ½ de vizinho mais próximo, por exemplo, os limites fornecem $-0{,}25\ NJ \geq E_0 \geq -0{,}75NJ$, enquanto o resultado exato de Bethe é $E_0 = -NJ[\ln 2 - (1/4)] = 0{,}443NJ$. Desse modo, uma análise mais elaborada é necessária para se estimar precisamente a energia antiferromagnética de estado fundamental.

COMPORTAMENTO DE BAIXA TEMPERATURA DO FERROMAGNETO DE HEISENBERG: ONDAS DE SPIN

Não só podemos exibir o estado fundamental exato do ferromagneto de Heisenberg como também encontrar alguns de seus estados excitados baixos. O conhecimento destes estados é subjacente à teoria das propriedades de baixa temperatura do ferromagneto de Heisenberg.

À temperatura zero, o ferromagneto está em seu estado fundamental (33.5), o "spin" médio de cada íon é S e a densidade de magnetização (conhecida como *magnetização de saturação*) é

$$M = g\mu_B \frac{N}{V} S. \quad \textbf{(33.18)}$$

Quando $T \neq 0$, devemos ponderar a magnetização média de todos os estados com o fator de Boltzmann e^{-E/k_BT}. Muito próximos de $T = 0$, apenas os estados baixos terão peso apreciável. Para construir alguns desses estados baixos, examinamos um estado[12] $|\mathbf{R}\rangle$ que difere do estado fundamental $|0\rangle$ apenas porque o spin na região $\mathbf{R}$ teve seu componente z reduzido de S para $S - 1$:

$$|\mathbf{R}\rangle = \frac{1}{\sqrt{2S}} \mathbf{S}_-(\mathbf{R})|0\rangle. \quad \textbf{(33.19)}$$

O estado $|\mathbf{R}\rangle$ permanece um autoestado dos termos que contêm $\mathbf{S}_z$ na Hamiltoniana (33.9). Como, no entanto, o spin em $\mathbf{R}$ não assume seu componente z máximo, $\mathbf{S}_+(\mathbf{R})|\mathbf{R}\rangle$ não desaparecerá, e $\mathbf{S}_-(\mathbf{R}')\mathbf{S}_+(\mathbf{R})$ simplesmente troca a região na qual o spin é reduzido de $\mathbf{R}$ para $\mathbf{R}'$. Assim,[13]

$$\mathbf{S}_-(\mathbf{R}')\mathbf{S}_+(\mathbf{R})|\mathbf{R}\rangle = 2S|\mathbf{R}'\rangle. \quad \textbf{(33.20)}$$

Se, além disso, observamos que

---

[12] Exercício: verifique que $|\mathbf{R}\rangle$ é normalizado à unidade.

[13] Exercício: verifique se o fator numérico $2S$ está correto.

$$\begin{aligned} S_z(\mathbf{R}')|\mathbf{R}\rangle &= S|\mathbf{R}\rangle, \qquad \mathbf{R}' \neq \mathbf{R}, \\ &= (S-1)|\mathbf{R}\rangle, \quad \mathbf{R}' = \mathbf{R}, \end{aligned} \quad \textbf{(33.21)}$$

Chega-se em seguida a

$$\mathcal{H}|\mathbf{R}\rangle = E_0|\mathbf{R}\rangle + g\mu_B H|\mathbf{R}\rangle + S\sum_{\mathbf{R}'} J(\mathbf{R}-\mathbf{R}')[|\mathbf{R}\rangle - |\mathbf{R}'\rangle], \quad \textbf{(33.22)}$$

onde E_0 é a energia do estado fundamental (33.11).

Embora $|\mathbf{R}>$ não seja, portanto, um autoestado de $\mathcal{H}$, $\mathcal{H}|\mathbf{R}>$ *é* uma combinação linear de $|\mathbf{R}>$ e outros estados com apenas um único spin rebaixado. Como J depende de $\mathbf{R}$ e de $\mathbf{R}'$ apenas na combinação translacionalmente invariante $\mathbf{R} - \mathbf{R}'$, é direta a forma de se encontrar combinações lineares destes estados que *são* autoestados.[14] Considere

$$|\mathbf{k}\rangle = \frac{1}{\sqrt{N}}\sum_{\mathbf{R}} e^{i\mathbf{k}\cdot\mathbf{R}}|\mathbf{R}\rangle. \quad \textbf{(33.23)}$$

A equação (33.22) implica que

$$\begin{aligned} \mathcal{H}|\mathbf{k}\rangle &= E_{\mathbf{k}}|\mathbf{k}\rangle, \\ E_{\mathbf{k}} &= E_0 + g\mu_B H + S\sum_{\mathbf{R}} J(\mathbf{R})(1 - e^{i\mathbf{k}\cdot\mathbf{R}}). \end{aligned} \quad \textbf{(33.24)}$$

Aproveitando a simetria $J(-\mathbf{R}) = J(\mathbf{R})$, podemos representar a energia de excitação $\mathcal{E}(\mathbf{k})$ do estado $|\mathbf{k}>$ (isto é, a quantidade pela qual sua energia excede aquela do estado fundamental) como

$$\mathcal{E}(\mathbf{k}) = E_{\mathbf{k}} - E_0 = 2S\sum_{\mathbf{R}} J(\mathbf{R})\sin^2(\tfrac{1}{2}\mathbf{k}\cdot\mathbf{R}) + g\mu_B H. \quad \textbf{(33.25)}$$

Para fornecer a interpretação física do estado $|\mathbf{k}>$, observamos o seguinte:

1. Como $|\mathbf{k}>$ é uma superposição de estados em cada qual o spin total é diminuído de seu valor de saturação NS por uma unidade, o spin total no estado $|\mathbf{k}>$ em si tem o valor $NS - 1$.

2. A probabilidade de o spin rebaixado ser encontrado em uma localização $\mathbf{R}$ em particular no estado $|\mathbf{k}>$ é $|<\mathbf{k}|\mathbf{R}>|^2 = 1/N$, ou seja, o spin rebaixado é distribuído com igual probabilidade entre todos os íons magnéticos.

3. Definimos a função de correlação de spin transverso no estado $|\mathbf{k}>$ como o valor esperado de

$$\mathbf{S}_\perp(\mathbf{R})\cdot\mathbf{S}_\perp(\mathbf{R}') = S_x(\mathbf{R})S_x(\mathbf{R}') + S_y(\mathbf{R})S_y(\mathbf{R}'). \quad \textbf{(33.26)}$$

---

[14] A análise a seguir é paralela à discussão do Capítulo 22 sobre os modos normais em um cristal harmônico. Particularmente, o estado $|\mathbf{k}>$ pode ser formado para apenas N vetores de onda distintos que fiquem na primeira zona de Brillouin, caso invoquemos a condição de contorno de Born-von Karman. Como valores de $\mathbf{k}$ que diferem por um vetor de rede recíproca levam a estados idênticos, é suficiente considerar apenas estes N valores. O leitor deve também verificar, usando as identidades apropriadas do Apêndice F, que os estados $|\mathbf{k}>$ são ortonormais: $<\mathbf{k}|\mathbf{k}'> = \delta_{\mathbf{k}\mathbf{k}'}$.

Uma avaliação direta (Problema 4) fornece

$$\langle \mathbf{k} | \mathbf{S}_\perp(\mathbf{R}) \cdot \mathbf{S}_\perp(\mathbf{R}') | \mathbf{k} \rangle = \frac{2S}{N} \cos[\mathbf{k} \cdot (\mathbf{R} - \mathbf{R}')], \qquad \mathbf{R} \neq \mathbf{R}'. \quad \mathbf{(33.27)}$$

Desse modo, na média, cada spin tem um pequeno componente transverso, perpendicular à direção de magnetização, de tamanho $(2S/N)^{1/2}$. As orientações dos componentes transversos de dois spins separados por $\mathbf{R} - \mathbf{R}'$ diferem por um ângulo $\mathbf{k} \cdot (\mathbf{R} - \mathbf{R}')$.

A magnetização microscópica no estado $|\mathbf{k}>$ sugerida por estes fatos é ilustrada na Figura 33.7. Descreve-se o estado $|\mathbf{k}>$ como aquele que contém uma onda de spin (ou "magnon") de vetor de onda $\mathbf{k}$ e energia $\varepsilon(\mathbf{k})$ [equação (33.25)].

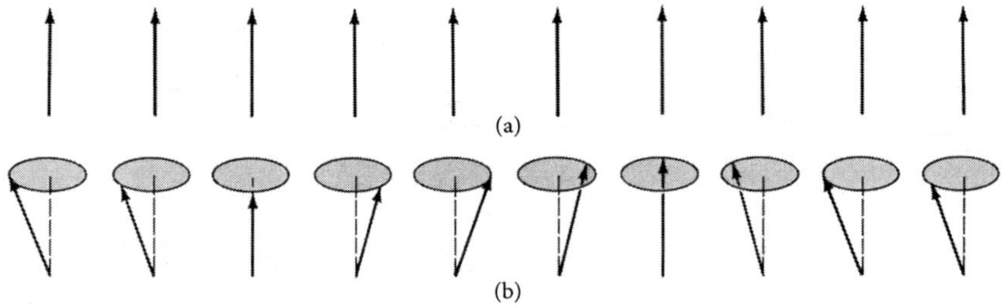

FIGURA 33.7

Representações esquemáticas das orientações em uma linha de spins em (a) estado fundamental ferromagnético e (b) um estado de onda de spin.

Estes estados de onda de um spin são autoestados exatos da Hamiltoniana de Heisenberg. Para o cálculo das propriedades de baixa temperatura, geralmente supõe-se que autoestados de onda de muitos spins adicionais com energias de excitação $\varepsilon(\mathbf{k}_1) + \varepsilon(\mathbf{k}_2)$ +...+ $\varepsilon(\mathbf{k}_{N0})$ podem ser construídos pela superposição de N_0 ondas de spin com vetores de onda $\mathbf{k}_1$,...$\mathbf{k}_{N0}$. Com base na analogia dos fônons em um cristal harmônico (em que estados de muitos fônons são estados estacionários exatos, assim como estados de um único fônon também o são), parece ser uma suposição razoável. No entanto, no caso de ondas de spin, trata-se apenas de uma aproximação. Ondas de spin *não* obedecem rigorosamente o princípio da superposição. Todavia, demonstrou-se que esta aproximação reproduz corretamente o termo dominante na magnetização espontânea de baixa temperatura. Portanto, levamos a aproximação um pouco além, utilizando-a para calcular $M(T)$, tendo em mente que, caso se queira transpor a correção principal para o resultado $T = 0$, deve-se recorrer a análise bem mais sofisticada.

Se os estados excitados baixos do ferromagneto apresentam energias de excitação da forma

$$\sum \varepsilon(\mathbf{k}) n_{\mathbf{k}}, \qquad n_{\mathbf{k}} = 0, 1, 2, \ldots, \quad \mathbf{(33.28)}$$

o número médio de ondas de spin com vetor de onda **k** à temperatura T será dado por[15]

$$n(\mathbf{k}) = \langle n_{\mathbf{k}} \rangle = \frac{1}{(e^{\varepsilon(\mathbf{k})/k_B T} - 1)}. \quad \textbf{(33.29)}$$

Já que o spin total é reduzido de seu valor de saturação NS em uma unidade por onda de spin, a magnetização à temperatura T satisfaz

$$M(T) = M(0)\left[1 - \frac{1}{NS}\sum_{\mathbf{k}} n(\mathbf{k})\right], \quad \textbf{(33.30)}$$

ou

$$M(T) = M(0)\left[1 - \frac{V}{NS}\int \frac{d\mathbf{k}}{(2\pi)^3}\frac{1}{(e^{\varepsilon(\mathbf{k})/k_B T} - 1)}\right]. \quad \textbf{(33.31)}$$

A magnetização *espontânea* é avaliada a partir de (33.31) usando-se a forma (33.25) assumida pelo $\varepsilon(\mathbf{k})$ no limite do campo magnético que desaparece:

$$\varepsilon(\mathbf{k}) = 2S\sum_{\mathbf{R}} J(\mathbf{R})\,\text{sen}^2\left(\tfrac{1}{2}\mathbf{k}\cdot\mathbf{R}\right). \quad \textbf{(33.32)}$$

Em temperaturas muito baixas, podemos avaliar (33.31) do mesmo modo que extraímos o calor específico de rede de baixa temperatura no Capítulo 23. Quando $T \to 0$, apenas ondas de spin com energias de excitação pequenas para desaparecer vão contribuir significativamente para o integral. Já que consideramos positivas todas as constantes de permuta $J(\mathbf{R})$, a energia de uma onda de spin é pequena, quase inexistente, apenas no limite $k \to 0$, quando se torna:

$$\varepsilon(\mathbf{k}) \approx \frac{S}{2}\sum_{\mathbf{R}} J(\mathbf{R})(\mathbf{k}\cdot\mathbf{R})^2. \quad \textbf{(33.33)}$$

Podemos inserir esta forma em (33.31) para todo **k**, pois quando a aproximação (33.33) não é mais válida, tanto o $\varepsilon(\mathbf{k})$ aproximado quanto o exato são tão grandes que fornecem contribuição extremamente pequena para a integral quando $T \to 0$. Pela mesma razão, podemos estender a integração sobre a primeira zona de Brillouin para todo o espaço k com erro desprezível em baixas temperaturas. Se, finalmente, fizermos a troca de variáveis $\mathbf{k} = (k_B T)^{1/2}\mathbf{q}$, chegamos ao resultado:

$$M(T) = M(0)\left[1 - \frac{V}{NS}(k_B T)^{3/2}\int \frac{d\mathbf{q}}{(2\pi)^3}\left\{\exp\left[S\sum_{\mathbf{R}} J(\mathbf{R})\frac{(\mathbf{q}\cdot\mathbf{R})^2}{2}\right] - 1\right\}^{-1}\right]. \quad \textbf{(33.34)}$$

[15] Veja a discussão análoga para os fônons no Capítulo 23.

Com isso, à medida que a temperatura sobe de $T = 0$, a magnetização espontânea deve se desviar de seu valor de saturação por uma quantidade proporcional a $T^{3/2}$, resultado conhecido como lei $T^{3/2}$ de Bloch. A lei $T^{3/2}$ é confirma-se por experimentos[16] (Figura 33.8). Também foi demonstrado que o resultado (33.34)[17] é justamente o termo principal na expansão de baixa temperatura do desvio da magnetização espontânea de saturação.

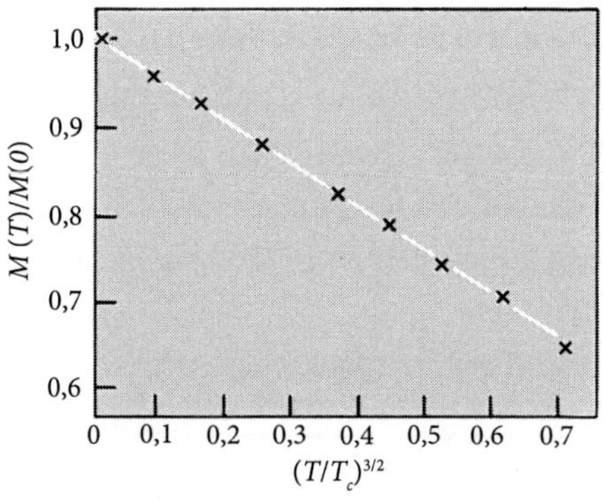

FIGURA 33.8

A razão da magnetização espontânea na temperatura T para seu valor de saturação ($T = 0$) como função de $(T/T_c)^{3/2}$ para o gadolínio ($T_c = 293$ K). A linearidade da curva está de acordo com a lei de $T^{3/2}$ de Bloch. (Holtzberg, F. *et al. J. Appl. Phys.*, 35, p. 1033, 1964.)

Outra implicação de (33.34) também foi rigorosamente verificada. Em uma ou duas dimensões espaciais, a integral em (33.34) diverge com q pequeno. Em geral, a interpretação que se dá é que, em qualquer temperatura diferente de zero, tantas ondas spin são excitadas que a magnetização é completamente eliminada. Essa conclusão, de que não pode haver nenhuma magnetização espontânea nos modelos isotrópicos uni e bidimensionais de Heisenberg, comprovou-se diretamente sem que se fizesse a aproximação de onda de spin.[18]

Ondas de spin não são peculiares ao ferromagneto isotrópico de Heisenberg. Há uma teoria de onda de spin de excitações baixas do antiferromagneto muito mais complexa, como se pode imaginar pelo fato de que até o estado fundamental do antiferromagneto é desconhecido. A teoria prevê energia de excitação de onda de spin que, em contraste com o caso ferromagnético, é linear em k em grandes comprimentos de onda.[19]

Teorias de onda de spin também foram construídas para modelos itinerantes de magnetismo. De modo geral, espera-se que ondas de spin existam sempre que haja uma direção associada ao ordenamento local, que pode variar espacialmente de um modo contínuo a

---

[16] Em ferromagnetos isotrópicos. Se há anisotropia significativa no acoplamento de permuta, a energia de excitação de onda de spin não desaparece para k pequeno, e a lei $T^{3/2}$ falha (veja o Problema 5).

[17] Dyson, F. *Phys. Rev.*, 102, 1230, 1956. Dyson também calculou diversas correções de ordem mais alta. Que seus cálculos são praticamente um *tour de force* confirma-se pelo fato de que, anteriormente a seu trabalho, havia quase tantas "correções" discordantes ao termo $T^{3/2}$ quanto artigos publicados sobre o assunto.

[18] A prova (Mermin, N. D.; Wagner, H. *Phys. Rev. Lett.*, 17, p. 1133, 1966) se baseia em um argumento de P. C. Hohenberg. Para o exame e outras aplicações do método em sólidos, veja Mermin, N. D. *J. Phys. Soc. Japan*, 26, Suplemento, p. 203, 1969.

[19] Uma análise fenomenológica elementar é dada por Keffer, F. *et al. Am. J. Phys.*, 21, p. 250, 1953.

um custo em energia que se torna pequeno quando o comprimento de onda da variação se torna muito longo.

Observamos que o espalhamento elástico magnético de nêutrons pode revelar estrutura magnética, assim como o espalhamento elástico não magnético de nêutrons pode revelar o arranjo espacial dos íons. A analogia se estende ao espalhamento inelástico: o espalhamento inelástico magnético de nêutrons revela o espectro de onda de spin do mesmo modo que o espalhamento inelástico não magnético de nêutrons revela o espectro de fônons. Assim, há picos de "onda de um spin" na parte magnética da seção transversal de espalhamento inelástico, na energia e no vetor de onda de uma onda de spin. A observação desses picos confirma a dependência de k^2 da energia de excitação de onda de spin em ferromagnetos (e também a dependência linear sobre k em antiferromagnetos) (veja a Figura 33.9).

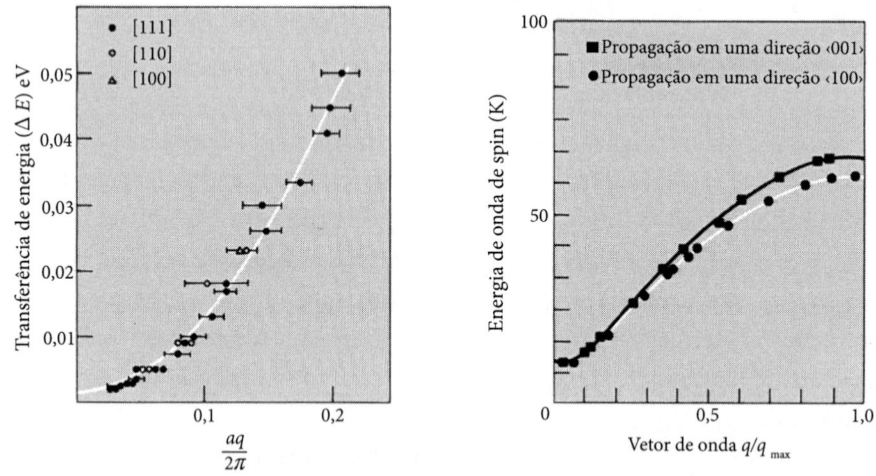

(a) (b)

Figura 33.9

Espectros de onda de spin característicos, medidos por espalhamento inelástico de nêutrons em: (a) um ferromagneto, e (b) um antiferromagneto. (a) Espectro de onda de spin para três direções cristalográficas em uma liga de cobalto com 8% de ferro. (Sinclair, R. N.; Brockhouse, B. N. *Phys. Rev.*, 120, p. 1638, 1960.) A curva é parabólica, como esperado para um ferromagneto, com um gap em $q = 0$ devido à anisotropia (veja o Problema 5). (b) Espectro de onda de spin para duas direções cristalográficas em MnF_2. (Low, G. G. *et al.* *J. Appl. Phys.*, 35, p. 998, 1964.) A curva exibe o comportamento de q pequeno e linear característico de um antiferromagneto. O gap em $q = 0$ deve-se, mais uma vez, à anisotropia.

SUSCETIBILIDADE DE ALTA TEMPERATURA

Exceto em modelos artificialmente simplificados, ninguém obteve êxito no cálculo da suscetibilidade de campo zero $\chi(T)$ do modelo de Heisenberg de forma fechada, quando interações magnéticas estão presentes. Foi possível, entretanto, computar muitos termos na expansão da suscetibilidade em potência inversa da temperatura. O termo principal é inversamente proporcional a T, independentemente das constantes de permuta, e, por si só, fornece a suscetibilidade da lei de Curie (Capítulo 31) característica de momentos que não interagem. Termos subsequentes fornecem correções à lei de Curie.

A expansão de alta temperatura começa a partir da identidade exata[20]

$$\begin{aligned}\chi(T) &= \frac{g\mu_B}{V}\frac{\partial}{\partial H}\Big\langle\sum_{\mathbf{R}} S_z(\mathbf{R})\Big\rangle\Big|_{H=0} \\ &= \frac{1}{V}\frac{1}{k_BT}(g\mu_B)^2\Big\langle\Big[\sum_{\mathbf{R}} S_z(\mathbf{R})\Big]^2\Big\rangle_{H=0}.\end{aligned} \quad \textbf{(33.35)}$$

Aqui, os colchetes angulares denotam a média de equilíbrio na ausência de um campo aplicado:

$$\langle X\rangle_{H=0} = \frac{\sum_\alpha \langle\alpha|X|\alpha\rangle e^{-\beta E_\alpha}}{\sum_\alpha e^{-\beta E_\alpha}} = \frac{\mathrm{Tr}\, Xe^{-\beta\mathcal{H}_0}}{\mathrm{Tr}\, e^{-\beta\mathcal{H}_0}}, \quad \textbf{(33.36)}$$

onde

$$\mathcal{H}_0 = -\frac{1}{2}\sum_{\mathbf{R}\neq\mathbf{R}'} J(\mathbf{R}-\mathbf{R}')\mathbf{S}(\mathbf{R})\cdot\mathbf{S}(\mathbf{R}'). \quad \textbf{(33.37)}$$

É conveniente expressar o componente z quadrado médio do spin na forma:

$$\Big\langle\Big[\sum_{\mathbf{R}} S_z(\mathbf{R})\Big]^2\Big\rangle = \sum_{\mathbf{R}'\mathbf{R}} \Gamma(\mathbf{R},\mathbf{R}'), \quad \textbf{(33.38)}$$

onde Γ é a função de correlação de spin,

$$\Gamma(\mathbf{R},\mathbf{R}') = \langle S_z(\mathbf{R})S_z(\mathbf{R}')\rangle_{H=0}. \quad \textbf{(33.39)}$$

O termo principal na suscetibilidade em altas temperaturas é encontrado pela avaliação de Γ no limite quando $T \to \infty$ (isto é, $e^{-\mathcal{H}_0/k_BT} \to 1$). No limite da temperatura infinita, as interações são insignificantes (formalmente, $e^{-J/k_BT} \to 1$ é tanto o limite de alta temperatura quanto o de interação zero), portanto, spins em diferentes regiões são completamente não correlacionados. Desse modo,[21]

$$\langle S_z(\mathbf{R})S_z(\mathbf{R}')\rangle_0 = \langle S_z(\mathbf{R})\rangle_0\langle S_z(\mathbf{R}')\rangle_0 = 0, \qquad \mathbf{R}\neq\mathbf{R}', \quad \textbf{(33.40)}$$

---

[20] Se os spins na Hamiltoniana (33.4) fossem vetores clássicos, o resultado seria diretamente a definição (31.6). O fato de ser operadores não invalida a derivação, contanto que o componente do spin total ao longo do campo comute com a Hamiltoniana.

[21] Introduzimos a notação $\langle X\rangle_0 = \lim_{T\to\infty}\langle X\rangle$. Observe que $\langle X\rangle_0 = \mathrm{Tr}\, X/\mathrm{Tr}\,\mathbf{1}$.

mas,

$$\langle S_z(\mathbf{R})S_z(\mathbf{R})\rangle_0 = \tfrac{1}{3}\langle(\mathbf{S}(\mathbf{R}))^2\rangle_0 = \tfrac{1}{3}S(S+1). \quad \textbf{(33.41)}$$

Combinando, temos

$$\langle S_z(\mathbf{R})S_z(\mathbf{R}')\rangle_0 = \tfrac{1}{3}S(S+1)\delta_{\mathbf{R},\mathbf{R}'}. \quad \textbf{(33.42)}$$

A correção principal para o comportamento de Γ para $T \to \infty$ é dada pela retenção do primeiro termo na expansão da ponderação estatística:

$$e^{-\beta\mathcal{H}_0} = 1 - \beta\mathcal{H}_0 + O(\beta\mathcal{H}_0)^2. \quad \textbf{(33.43)}$$

Inserindo isto em (33.39), encontramos que

$$\Gamma(\mathbf{R},\mathbf{R}') \approx \frac{\tfrac{1}{3}S(S+1)\delta_{\mathbf{R},\mathbf{R}'} - \beta\langle S_z(\mathbf{R})S_z(\mathbf{R}')\mathcal{H}_0\rangle_0}{1 - \beta\langle\mathcal{H}_0\rangle_0}. \quad \textbf{(33.44)}$$

Em T infinito (isto é, na ausência de interações), temos

$$\begin{aligned} \langle \mathbf{S}(\mathbf{R})\cdot\mathbf{S}(\mathbf{R}')\rangle_0 &= 0, \quad \mathbf{R} \neq \mathbf{R}', \\ \langle\mathcal{H}_0\rangle_0 &= 0, \end{aligned} \quad \textbf{(33.45)}$$

logo, o denominador em (33.44) permanece a unidade. A correção ao termo principal no numerador, no entanto, é

$$\beta\frac{1}{2}\sum_{\mathbf{R}_1,\mathbf{R}_2} J(\mathbf{R}_1 - \mathbf{R}_2)\langle S_z(\mathbf{R})S_z(\mathbf{R}')\,\mathbf{S}(\mathbf{R}_1)\cdot\mathbf{S}(\mathbf{R}_2)\rangle_0. \quad \textbf{(33.46)}$$

Como os spins em diferentes regiões são independentes no limite $T \to \infty$, (33.46) não desaparece apenas quando $\mathbf{R}_1 = \mathbf{R}$, $\mathbf{R}_2 = \mathbf{R}'$, ou vice-versa. Ela, portanto, se reduz para

$$\beta J(\mathbf{R} - \mathbf{R}') \sum_{\mu=x,y,z} \langle S_z(\mathbf{R})S_\mu(\mathbf{R})\rangle_0 \langle S_z(\mathbf{R}')S_\mu(\mathbf{R}')\rangle_0. \quad \textbf{(33.47)}$$

Já que diferentes componentes de determinado spin não são correlacionados, pode-se simplificar ainda para

$$\beta J(\mathbf{R} - \mathbf{R}')\langle S_z^2(\mathbf{R})\rangle_0\langle S_z^2(\mathbf{R}')\rangle_0 = \beta J(\mathbf{R} - \mathbf{R}')\left(\frac{S(S+1)}{3}\right)^2. \quad \textbf{(33.48)}$$

Juntando esses resultados, encontramos que a expansão de alta temperatura (33.44) produz

$$\Gamma(\mathbf{R},\mathbf{R}') = \frac{S(S+1)}{3}\left[\delta_{\mathbf{R},\mathbf{R}'} + \frac{S(S+1)}{3}\beta J(\mathbf{R} - \mathbf{R}') + O(\beta J)^2\right]. \quad \textbf{(33.49)}$$

Assim, em altas temperaturas, a função de correlação para dois spins distintos é simplesmente proporcional à própria interação de permuta. Isto é razoável, já que se espera que um acoplamento de permuta positivo (isto é, ferromagnético) entre dois spins favoreça seu alinhamento paralelo (e, em consequência, leve a um valor positivo de seu produto interno), enquanto um acoplamento negativo (isto é, antiferromagnético) deve favorecer o alinhamento antiparalelo. O resultado omite, no entanto, a possibilidade de que dois spins distintos podem estar mais fortemente correlacionados por seu acoplamento comum a outros spins do que por seu acoplamento direto. Termos que podem ser interpretados desta forma surgem quando se leva a expansão de alta temperatura para ordens ainda mais altas em J/k_BT.

Inserindo a função de correlação (33.49) na suscetibilidade (33.35), usando a equação (33.38), encontramos a suscetibilidade de alta temperatura:

$$\chi(T) = \frac{N}{V}\frac{(g\mu_B)^2}{3k_BT}S(S+1)\left[1+\frac{\theta}{T}+O\left(\frac{\theta}{T}\right)^2\right], \quad \textbf{(33.50)}$$

onde

$$\theta = \frac{S(S+1)}{3}\frac{J_0}{k_B}, \qquad J_0 = \sum_{\mathbf{R}} J(\mathbf{R}). \quad \textbf{(33.51)}$$

A suscetibilidade (33.50) tem a forma da lei de Curie [equação (31.47)] multiplicada pelo fator de correção $(1 + \theta/T)$, que é maior ou menor que a unidade, dependendo de o acoplamento ser predominantemente ferromagnético ou antiferromagnético.[22] Assim, mesmo quando muito acima da temperatura crítica, pode-se ter ideia da natureza do ordenamento que se estabelece abaixo de T_c a partir da dependência de temperatura da suscetibilidade.[23]

ANÁLISE DO PONTO CRÍTICO

Teorias quantitativas de ordenamento magnético se provaram mais difíceis de construir próximo à temperatura crítica T_c na qual o ordenamento desaparece. A dificuldade não é exclusiva do problema do magnetismo. Os pontos críticos das transições líquido-vapor, das transições supercondutoras (Capítulo 34), da transição de superfluido em He_4 líquido

---

[22] Quando esta análise é generalizada para estruturas cristalinas mais complexas (o que se dá diretamente), o resultado (33.51) fornece o meio de se distinguir sólidos ferromagnéticos simples dos ferromagnéticos simples. Se a magnetização espontânea (abaixo de T_c) se deve a uma interação de permuta positiva (ferromagnetismo), o termo em $1/T^2$ na suscetibilidade de alta temperatura deverá ser positivo; caso se deva a um acoplamento negativo (antiferromagnético) entre spins diferentes, o termo em $1/T^2$ na suscetibilidade de alta temperatura deverá ser negativo.

[23] Este é o conteúdo mais importante da modificação fenomenológica da lei de Curie, conhecida como lei de Curie-Weiss. Veja a discussão da teoria de campo médio a seguir.

e das transições de ordem-desordem em ligas, para mencionar apenas algumas, apresentam semelhanças bem fortes e originam dificuldades teóricas similares.

Uma abordagem computacional[24] permitiu que se calculassem tantos termos quanto possível na expansão de alta temperatura da suscetibilidade, por exemplo, extrapolando-se os resultados para T na singularidade e, deste modo, obtendo-se tanto a temperatura crítica como o expoente γ [equação (33.2)]. Técnicas de extrapolação altamente sofisticadas foram desenvolvidas[25] e o valor de γ assim obtido é bastante compatível com a divergência observada. Infelizmente, uma abordagem similar não pode ser facilmente utilizada para a magnetização espontânea do modelo de Heisenberg. Se a expansão em série para $M(T)$ fosse conhecida em torno de $T = 0$, seria possível extrapolar para cima para a singularidade, obtendo tanto uma verificação no T_c avaliado pela extrapolação da suscetibilidade para baixo quanto o expoente crítico β [equação (33.1)]. Infelizmente, no entanto, expansões de baixa temperatura de $M(T)$ requerem correções de cálculos para a aproximação de onda de spin. Embora seja possível fazê-lo em extensão limitada, não se chega nem perto do nível do procedimento sistemático disponível para o cálculo de expansões de alta temperatura.

Outra abordagem é simplificar ainda mais a Hamiltoniana. O preço que se paga é um modelo que tem apenas semelhança genérica com o problema físico original, com a exceção ocasional dos casos peculiares (geralmente *ex post facto*) que acabam se parecendo com os novos modelos. O que se ganha é um modelo consideravelmente mais tratável do ponto de vista analítico. A análise teórica detalhada desses modelos é valiosa tanto para o que eles sugerem sobre o modelo mais realístico de Heisenberg como porque se trata de um terreno de testes preliminares para diversas técnicas de aproximação.

De longe, a simplificação mais importante do modelo de Heisenberg é o modelo de Ising, no qual os termos em $\mathbf{S}_+$ e $\mathbf{S}_-$ são simplesmente retirados da Hamiltoniana de Heisenberg (33.9), resultando em

$$\mathcal{H}^{\text{Ising}} = -\frac{1}{2}\sum_{\mathbf{R},\mathbf{R}'} J(\mathbf{R}-\mathbf{R}')\mathbf{S}_z(\mathbf{R})\mathbf{S}_z(\mathbf{R}') - g\mu_B H \sum_{\mathbf{R}} \mathbf{S}_z(\mathbf{R}). \quad \textbf{(33.52)}$$

Como todos os $\mathbf{S}_z(\mathbf{R})$ comutam, $\mathcal{H}^{\text{Ising}}$ é explicitamente diagonal na representação em que cada $\mathbf{S}_z(\mathbf{R})$ é diagonal, isto é, todas as autofunções e autovalores da Hamiltoniana são conhecidos. Apesar disso, o cálculo da função de partição *ainda* é uma tarefa muito difícil. No entanto, a expansão de alta temperatura é mais facilmente avaliada e pode ser realizada em mais termos do que no modelo de Heisenberg, de modo que as profundas dificuldades na expansão de baixa temperatura desaparecem (junto, infelizmente, com a lei $T^{3/2}$ de Bloch).

[24] Examinada por Fisher, M. E., op. cit., p. 615.

[25] O mais importante é o método de aproximantes de Padé, examinado por Baker, G. A. *Advances in theoretical physics I*. Brueckner, K. A. (ed.). Nova York: Academic Press, 1965.

Próximo ao ponto crítico, entretanto, pode-se ainda fazer mais do que extrapolar as expansões de alta e baixa temperatura, exceto no caso do modelo bidimensional de Ising com apenas interações de vizinho mais próximo.[26] Neste caso específico, para diversas redes simples (por exemplo, quadrada, triangular, favo de mel), a energia livre exata é conhecida[27] em campo magnético zero, com a magnetização espontânea. É importante notar que o cálculo destes resultados está entre as mais impressionantes *tours de force* alcançadas por físicos teóricos, apesar das extensivas simplificações que tiveram que ser feitas para se construir um modelo tão maleável.

De acordo com a solução exata de Onsager, o calor específico do modelo bidimensional de Ising tem singularidade logarítmica em campo magnético quando se alcança a temperatura crítica T_c ou de cima ou de baixo. A magnetização espontânea desaparece quando $(T_c - T)^{1/8}$, e a suscetibilidade diverge quando $(T - T_c)^{-7/4}$. Observe que estes expoentes são bem diferentes dos valores observados descritos na página 757 exceto, talvez, pela singularidade de calor específico (divergência bem pequena da lei de potência, difícil de distinguir de uma singularidade logarítmica). Isso é consequência da estrutura bidimensional do modelo. Expansões em série em três dimensões indicam singularidades mais próximas daquelas observadas.

Finalmente, observamos mais uma abordagem para a região crítica que surge da hipótese[28] de que, na vizinhança de $T = T_c$ e $H = 0$, a equação magnética de estado deve ter a forma

$$\frac{H}{|T_c - T|^{\beta+\gamma}} = f_{\pm}\left(\frac{M}{|T_c - T|^{\beta}}\right), \qquad T \gtrless T_c, \quad \textbf{(33.53)}$$

que se conhece como uma equação de escala de estado. Graças a esta forma, podemos deduzir certas relações entre os expoentes que descrevem as singularidades de ponto crítico – por exemplo [veja as equações (33.1), (33.2) e (33.3)], $\alpha + 2\beta + \gamma = 2$ – que apenas podem ser *provadas*[29] como desigualdades, mas aparentam ser satisfeitas em sistemas reais como igualdades restritas. O conceito de escala foi aplicado à função

[26] Observe, todavia, a observação sobre os métodos de grupo de renormalização na nota 7 deste capítulo. O modelo também pode ser analisado completamente em uma dimensão, mas, para qualquer faixa finita de interação, não há nenhum ordenamento magnético em qualquer temperatura.

[27] A solução foi encontrada por Onsager, L. *Phys. Rev.*, 65, p. 117, 1944. O primeiro cálculo publicado da magnetização espontânea (Onsager relatou o resultado, mas nunca publicou seu cálculo) é de Yang, C. N. *Phys. Rev.*, 85, p. 808, 1952. Uma versão relativamente acessível dos cálculos de Onsager sobre a energia livre foi dada por Schultz, T. *et al. Rev. Mod. Phys.*, 36, p. 856, 1964.

[28] Widom, B. *J. Chem. Phys.*, 43, p. 3898, 1965; Kadanoff, L. P. *Physics*, 2, p. 263, 1966.

[29] Griffiths, R. B. *J. (Chem. Phys.*, 43, p. 1958, 1965) fornece inúmeras desigualdades termodinâmicas – que podem ser provadas – sobre quantidades singulares próximas do ponto crítico.

estática de correlação[30] e até mesmo à função de correlação dependente de tempo.[31] Ele estabeleceu o direcionamento de muitos experimentos sobre o ponto crítico que, por sua vez, confirmaram a conjectura original (veja, por exemplo, a Figura 33.10). Entretanto, somente com o recente trabalho teórico de K. G. Wilson, surgiu uma base sólida para a hipótese de escala.[32]

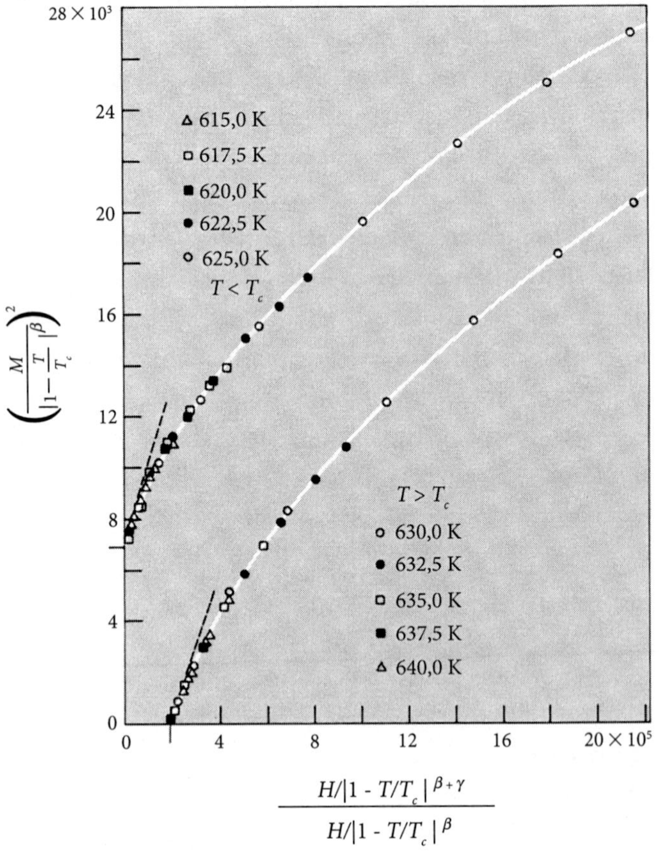

FIGURA 33.10

A equação magnética de estado do níquel próximo a $T_c = 627{,}4$ K. Se a hipótese de escala for correta, deve haver dois expoentes β *e* γ independentes de temperatura, de forma que $H/|T - T_c|^{\beta+\gamma}$ depende de M e T apenas na combinação $M/|T - T_c|^{\beta}$. (Entretanto, acima e abaixo de T_c as relações funcionais não serão as mesmas) Representando $M/|1 - (T/T_c)|^{\beta}]^2$ *versus* $H/|1 - (T/T_c)|^{\beta+\gamma}]/[M/|1 - (T/T_c)|^{\beta}]$, pode-se demonstrar a extensão com que se satisfaz a hipótese. Para cinco temperaturas diferentes acima de T_c, os pontos assim representados graficamente ficam todos em uma curva universal. Encontra-se o mesmo comportamento para cinco diferentes temperaturas abaixo de T_c. Os expoentes usados são $\beta = 0{,}378$ e $\gamma = 1{,}34$. (As escalas baseiam-se em H em Gauss e M em emu/gm). (Kouvel J. S.; Comly, J. B. *Phys. Rev.*, 20, p. 1237, 1968.)

---

[30] Em sua forma mais simples, a escala afirma (Fisher, M. E. *J. Math. Phys.*, 5, p. 944, 1964) que a função de correlação tem a forma

$$\Gamma(\mathbf{R}) = \frac{1}{R^p} f\left(\frac{R}{\xi}\right),$$

onde ξ (T), conhecido como comprimento de correlação, diverge na temperatura crítica. Fica claro, a partir do fato de que a suscetibilidade diverge no ponto crítico, que a função de correlação deve adquirir uma faixa espacial muito longa em T_c [veja equações (33.35) e (33.38)]. A hipótese de escala forma as suposições adicionais de que a função de correlação cai como uma simples potência de R em T_c, e que ela depende da temperatura apenas através da variável $R/\xi(T)$.

[31] Halperin, B. I.; Hohenberg, P. C. *Phys. Rev. Lett.*, 19, p. 700, 1967.

[32] Veja nota 7 e também Wegner, F. J. *Phys. Rev.*, B5, p. 4529, 1972.

TEORIA DO CAMPO MÉDIO

A primeira tentativa de análise quantitativa da transição ferromagnética foi realizada por P. Weiss e é conhecida como teoria do campo médio (ou molecular).[33] A teoria do campo médio fornece um quadro inadequado da região crítica, falha na previsão de ondas de spin em baixas temperaturas e mesmo em altas temperaturas reproduz sem erros apenas a correção principal à lei de Curie. Todavia, ela é mencionada aqui porque (a) foi tão amplamente utilizada e citada que se deve aprender a identificá-la e reconhecer suas impropriedades; (b) quando se é confrontado com uma nova situação (por exemplo, um arranjo particularmente complicado de spins em uma estrutura cristalina com diversos tipos de acoplamento), a teoria do campo médio provavelmente ofereça o caminho mais simples para a classificação dos tipos de estrutura que se pode esperar que surjam; e (c) a teoria do campo médio é às vezes tomada como ponto de partida para cálculos mais sofisticados.

Suponha que na Hamiltoniana de Heisenberg (33.4) enfoquemos uma localização **R** em particular e isolemos de $\mathcal{H}$ os termos que contêm **S**(**R**):

$$\Delta\mathcal{H} = -\,\mathbf{S}(\mathbf{R})\cdot\left(\sum_{\mathbf{R}\neq\mathbf{R}'} J(\mathbf{R}-\mathbf{R}')\mathbf{S}(\mathbf{R}') + g\mu_B\mathbf{H}\right). \quad \mathbf{(33.54)}$$

Obtém-se a forma da energia de um spin em um campo externo efetivo:

$$\mathbf{H}_{\text{eff}} = \mathbf{H} + \frac{1}{g\mu_B}\sum_{\mathbf{R}'} J(\mathbf{R}-\mathbf{R}')\mathbf{S}(\mathbf{R}'), \quad \mathbf{(33.55)}$$

mas o "campo" $\mathbf{H}_{\text{efetivo}}$ é um operador que depende de um modo complicado na configuração detalhada de todos os outros spins em localizações diferentes de **R**. A aproximação de campo médio evita esta complexidade pela substituição do $\mathbf{H}_{\text{efetivo}}$ por seu valor médio de equilíbrio térmico. No caso de um ferromagneto,[34] todo spin tem o mesmo valor médio, o que pode ser representado em termos da densidade de magnetização total como

$$\langle \mathbf{S}(\mathbf{R})\rangle = \frac{V}{N}\frac{\mathbf{M}}{g\mu_B}. \quad \mathbf{(33.56)}$$

Se substituirmos cada spin na equação (33.55) por seu valor médio (33.56), chegamos ao campo efetivo,

$$\mathbf{H}_{\text{efetivo}} = \mathbf{H} + \lambda\mathbf{M}, \quad \mathbf{(33.57)}$$

---

[33] A teoria é facilmente generalizada para descrever todas as variedades de ordenamento magnético, é quase análoga à teoria de Van der Waals sobre a transição líquido-vapor e é um exemplo particular de teoria geral de transições de fase proposta por Landau.

[34] Para outros casos, veja o Problema 7. Em geral, faz-se um *ansatz* inicial para a média de equilíbrio de cada **S**(**R**), que depois é utilizado para se construir o campo médio. Por fim, exige-se (autoconsistência) que a média de equilíbrio de cada spin **S**(**R**), computada como se fosse um spin livre na média do campo médio, concorde como o *ansatz* inicial.

onde

$$\lambda = \frac{V}{N}\frac{J_0}{(g\mu_B)^2}, \qquad J_0 = \sum_{\mathbf{R}} J(\mathbf{R}). \quad \textbf{(33.58)}$$

A teoria do campo médio de um ferromagneto assume que o único efeito das interações é substituir o campo que cada spin percebe pelo $\mathbf{H}_{\text{efetivo}}$, o que raramente se justifica em casos de interesse prático, já que requer ou que direções de spin individual não se desviem drasticamente de seus valores médios ou que a interação de permuta seja de faixa tão longa que muitos spins contribuam para (33.55), com flutuações de spins individuais em torno da média anulando-se entre si.

Se, mesmo assim, efetuamos a aproximação de campo médio, então a densidade de magnetização é dada pela solução de

$$M = M_0\left(\frac{H_{\text{efetivo}}}{T}\right), \quad \textbf{(33.59)}$$

onde M_0 é a densidade de magnetização no campo H à temperatura T, calculada na ausência de interações magnéticas. Computamos M_0 no Capítulo 31, em que determinamos [veja a equação (31.44)] que ele dependia de H e T apenas por sua razão, como a equação (33.59) leva explicitamente em conta. Se houver magnetização espontânea $M(T)$ a uma temperatura T, ela será dada por uma solução diferente de zero para (33.59) quando o campo aplicado desaparecer. Já que $H_{\text{efetivo}} = \lambda M$ quando $H = 0$, devemos ter

$$M(T) = M_0\left(\frac{\lambda M}{T}\right). \quad \textbf{(33.60)}$$

As diferentes soluções possíveis para a equação (33.60) são mais facilmente investigadas pelo modo gráfico. Se o construirmos a partir do par de equações

$$\begin{aligned} M(T) &= M_0(x), \\ M(T) &= \frac{T}{\lambda}x, \end{aligned} \quad \textbf{(33.61)}$$

haverá soluções sempre que o gráfico de $M_0(x)$ interceptar a linha reta $(T/\lambda)x$ (veja a Figura 33.11). Isso ocorre em valores de x diferentes de zero se, e somente se, a inclinação da linha reta, T/λ, for menor do que a inclinação de $M_0(x)$ na origem, $M_0'(0)$. A última inclinação, entretanto, pode ser expressa em termos da suscetibilidade de campo zero χ_0 calculada na ausência de interações, para

$$\chi_0 = \left(\frac{\partial M_0}{\partial H}\right)_{H=0} = \frac{M_0'(0)}{T}. \quad \textbf{(33.62)}$$

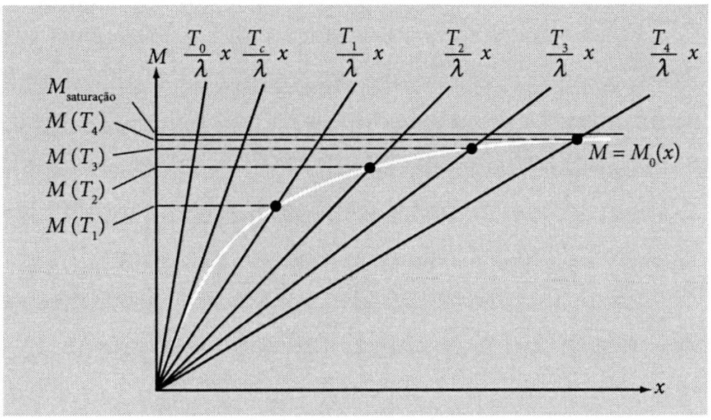

FIGURA 33.11

Solução gráfica para as equações de campo médio (33.61). Se T tiver um valor que excede T_c (por exemplo, $T = T_0$), não há solução exceto $M = 0$. Se T for menor do que T_c (por exemplo, $T = T_1, ...T_4$), há soluções com M diferente de zero. O valor crítico de T, T_c, é determinado pela condição geométrica de que a inclinação de $M_0(x)$ na origem seja T_c/λ.

Comparando isto à forma explícita (31.47) da lei de Curie, podemos descartar o valor de $M_0'(0)$ e concluir que a temperatura crítica T_c abaixo da qual magnetização espontânea diferente de zero pode ser encontrada é dada por

$$T_c = \frac{N}{V}\frac{(g\mu_B)^2}{3k_B}S(S+1)\lambda = \frac{S(S+1)}{3k_B}J_0. \quad \mathbf{(33.63)}$$

Na Tabela 33.4, esta previsão é comparada às temperaturas críticas exatas para diversos modelos bi e tridimensionais de Ising.[35] As temperaturas críticas reais são menores do que a previsão de campo médio por um fator de 2. No entanto, o acordo de fato melhora com o aumento da dimensionalidade de rede e o número de coordenação, como seria de se esperar.

TABELA 33.4

Razão das temperaturas críticas exatas para aquelas previstas pela teoria do campo médio (MFT) em diversos modelos de vizinho mais próximo de Ising*

Rede	Dimensionalidade	Número de coordenação	T_c/T_c^{mft}
Favo de mel	2	3	0,5062173
Quadrada	2	4	0,5672963
Triangular	2	6	0,6068256
Diamante	3	4	0,67601
Cúbica simples	3	6	0,75172
Cúbica de corpo centrado	3	8	0,79385
Cúbica de face centrada	3	12	0,8162

* Os dois valores bidimensionais de T_c são conhecidos em forma fechada. Os valores em três dimensões foram computados por técnicas de extrapolação para a precisão citada.
Fonte: Fisher, M. E. *Repts. Prog. Phys.*, 30, pt. II, p. 615, 1967.

[35] Ao aplicar (33.63) ao modelo de Ising, $1/3S(S+1)$ deve ser substituído pelo termo do qual ele surgiu; o valor médio de S_z^2 para um spin orientado de modo aleatório.

Logo abaixo de T_c, a equação (33.60) fornece a magnetização espontânea que varia como $(T_c - Ti)^{1/2}$, independentemente da dimensionalidade da rede (veja o Problema 6). É um notável contraste com os resultados conhecidos $M \sim (T_c - T)^{\beta}$, com $\beta = 1/8$ para o modelo bidimensional de Ising, e $\beta \sim - 1/3$ para a maioria dos modelos e sistemas físicos tridimensionais. Todavia, veja que o acordo com a teoria do campo médio melhora outra vez à medida que a dimensionalidade aumenta.[36]

Próximo à temperatura zero, a teoria de campo médio prevê que a magnetização espontânea se desvia de seu valor de saturação por um termo da ordem $e^{-J_0 S/k_B T}$ (Problema 9), o que contrasta com a dependência de $T^{2/3}$ que uma análise mais precisa do modelo isotrópico[37] de Heisenberg prevê e que experimentos confirmaram.

A suscetibilidade na aproximação de campo médio é dada pela diferenciação de (33.59):

$$\chi = \frac{\partial M}{\partial H} = \frac{\partial M_0}{\partial H_{\text{eff}}} \frac{\partial H_{\text{eff}}}{\partial H} = \chi_0 (1 + \lambda \chi). \quad \textbf{(33.64)}$$

Consequentemente,

$$\chi = \frac{\chi_0}{1 - \lambda \chi_0}, \quad \textbf{(33.65)}$$

onde χ_0 é avaliado no campo H_{efetivo}. Acima de T_c no limite do campo aplicado zero, o H_{efetivo} desaparece e a suscetibilidade χ_0 assume a forma da lei de Curie (31.47). A equação (33.65) fornece, então, a suscetibilidade de campo zero

$$\chi = \frac{\chi_0}{1 - (T_c/T)}. \quad \textbf{(33.66)}$$

Este resultado é idêntico em forma à lei de Curie para um paramagneto ideal [equação (31.47)], com exceção de que T no denominador foi substituído por $T - T_c$, modificação conhecida como lei de Curie-Weiss. O termo "lei" é infeliz, já que próximo a T_c as suscetibilidades medidas e calculadas dos ferromagnetos tridimensionais divergem como uma potência inversa de $T - T_c$ em algum lugar entre $5/4$ e $4/3$, ao invés do simples polo que (33.66) prevê.[38] No entanto, a correção dominante (ordem $1/T^2$) à suscetibilidade de alta temperatura da lei de Curie dada por (33.66) de fato concorda com o resultado exato (33.50), e este é o único conteúdo real da lei de Curie-Weiss: a correção de alta

---

[36] Acredita-se que em mais de quatro dimensões os índices críticos de campo médio são corretos.

[37] A magnetização espontânea do modelo anisiotrópico de Heisenberg de fato se desvia apenas exponencialmente da saturação. No entanto, J_0/k_BT é substituído por $\Delta J/k_BT$, onde ΔJ é uma medida da anisotropia no acoplamento de permuta bem menor do que J_0 quando a anisotropia é fraca (veja o Problema 5).

[38] No modelo bidimensional de Ising, a suscetibilidade diverge como $(T - T_c)^{-7/4}$, saída ainda mais ampla da previsão de Curie-Weiss. Observe mais uma vez, no entanto, que a previsão de campo médio melhora com o aumento da dimensionalidade.

temperatura à suscetibilidade de um ferromagneto a torna maior do que o valor previsto pela lei de Curie.[39] Correções além da dominante em altas temperaturas estão em desacordo com a previsão de (33.66), portanto, uma vez que se deixa o regime de alta temperatura, a lei de Curie-Weiss é um pouco mais que um modo particularmente simples e não muito confiável de se extrapolar a série de suscetibilidade de alta temperatura para baixo para diminuir T.

CONSEQUÊNCIAS DE INTERAÇÕES BIPOLARES EM FERROMAGNETOS: DOMÍNIOS

Embora a temperatura crítica do ferro seja superior a 1000 K, um pedaço qualquer de ferro normalmente parece não ser magnetizado. O mesmo pedaço de ferro, no entanto, é atraído por campos magnéticos de modo muito mais forte do que uma substância paramagnética, e pode ser "magnetizado" esfregando-se sua superfície com um "magneto permanente".

Para explicar esses fenômenos, é necessário considerar as interações magnéticas bipolares omitidas entre os spins. Enfatizamos no Capítulo 32 que esta interação é muito fraca, sendo o acoplamento bipolar entre vizinhos mais próximos cerca de mil vezes menor do que o acoplamento de permuta. Entretanto, a interação de permuta é de faixa bem pequena (caindo exponencialmente com a separação de spin em um isolante ferromagnético), ao passo que a interação bipolar, não (caindo apenas como o cubo inverso da separação). Como consequência, a configuração magnética de uma amostra macroscópica pode ser bastante complexa, já que as energias bipolares tornam-se significativas quando grandes números de spins estão envolvidos e podem então alterar consideravelmente a configuração de spin favorecida pelas interações de permuta de curto alcance.

Em particular, uma configuração uniformemente magnetizada como a que utilizamos para caracterizar o estado ferromagnético é demasiadamente não econômica na energia bipolar. A energia bipolar pode ser substancialmente reduzida (Figura 33.12) pela divisão do espécime em *domínios* uniformemente magnetizados de tamanho macroscópico, cujos vetores de magnetização apontam em direções amplamente diferentes. Tal subdivisão é compensada pela troca de energia, já que os spins próximos à fronteira de um domínio experimentam interações de permuta desfavoráveis com os spins próximos no domínio vizinho desalinhado. Como, no entanto, a interação de permuta é de curto alcance, apenas os spins próximos às fronteiras de domínio terão suas energias de permuta aumentadas. Em contraste, o ganho em energia magnética bipolar é um efeito bulk: por causa da longa faixa de interação, a energia bipolar de *todo* spin cai quando os domínios são formados. Portanto, contanto que os domínios não sejam pequenos demais, a formação de domínio será favorecida, apesar da força muito maior

---

[39] Em antiferromagnetos, a teoria de campo médio conduz, acima de T_c, a uma suscetibilidade da forma (33.66), mas com um polo em T negativo (veja o Problema 7). Aqui, mais uma vez, este resultado não é confiável exceto por sua previsão do sinal da correção de alta temperatura à lei de Curie.

da interação de permuta. Todo spin pode diminuir sua (pequena) energia bipolar, mas apenas alguns (aqueles próximos às fronteiras do domínio) têm sua (grande) energia de permuta aumentada.

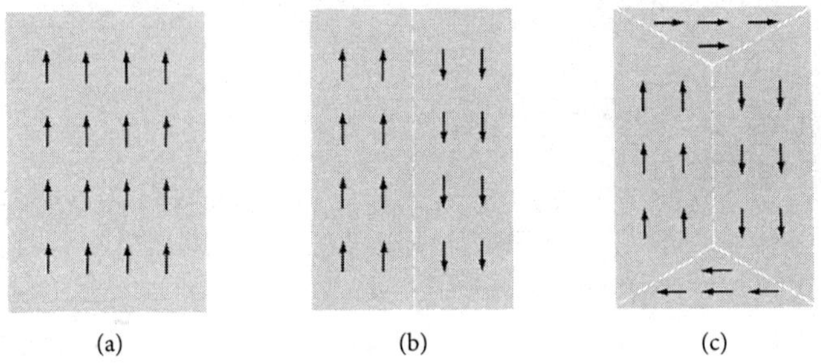

FIGURA 33.12

Um sólido ordenado ferromagneticamente pode reduzir sua energia magnética bipolar quebrando-se em um estrutura complexa de domínios. Assim, a estrutura de domínio único (a) tem uma energia bipolar bem mais alta do que a estrutura (b) que consiste de dois domínios. [Para visualizar isto, pense nas duas metades de (b) como dois magnetos de barra. Para formar o domínio único (a), um dos magnetos em (b) deve ser invertido, alterando assim a configuração na qual polos opostos estão próximos entre si para outra em que polos iguais estão próximos entre si.] A estrutura de dois domínios (b) pode diminuir sua energia bipolar ainda mais produzindo os domínios adicionais mostrados em (c).

A facilidade com que um ferromagneto abaixo de T_c retém ou perde (quebrando-se em domínios) sua magnetização espontânea, bem como o processo pelo qual a aplicação de um campo força a magnetização espontânea a reaparecer, está intimamente ligada à física de como os domínios alteram seu tamanho e orientação. A estrutura da fronteira entre dois domínios (conhecida como parede de domínio, ou parede de Bloch) tem papel importante nesses processos. Uma fronteira abrupta (Figura 33.13a) entre dois domínios é desnecessariamente dispendiosa na troca de energia. Pode-se diminuir a energia de superfície de uma parede de domínio espalhando-se a direção de spin inversa sobre muitos spins.[40] Se a reversão de spin for espalhada por n spins, cada um deles será visto diferindo em orientação de seu vizinho por um ângulo π/n (Figura 33.13b) quando algum deles passar pela parede. Em um quadro clássico, a energia de permuta de pares sucessivos não será, portanto, o valor mínimo $-JS^2$, mas $-JS^2 \cos(\pi/n) \approx -JS^2[1 - \frac{1}{2} (\pi/n)^2]$. Já que são necessários n passos para se reverter o spin, o custo de se atingir uma reversão de spin de 180° para uma linha de n spins será que é menor que o custo de uma reversão abrupta (um passo) pelo fator π^2/n.

[40] Consideramos o caso em que a parede não é tão espessa para que a energia bipolar da fronteira em si seja desprezível.

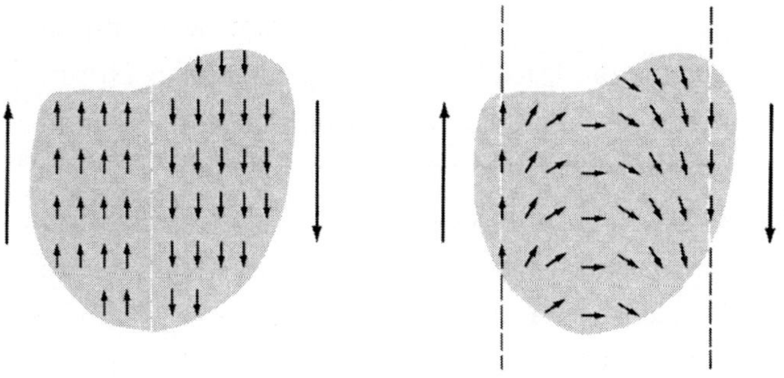

FIGURA 33.13

Vista detalhada de uma porção da parede do domínio mostrando (a) uma fronteira abrupta e (b) uma fronteira gradual. O último tipo é menos dispendioso em energia de permuta.

$$\Delta E = n\left[-JS^2\cos\left(\frac{\pi}{n}\right) - (-JS^2)\right] = \frac{\pi^2}{2n}JS^2. \quad \mathbf{(33.67)}$$

Se esta fosse a única consideração, a parede do domínio se ampliaria a uma espessura limitada apenas por interações bipolares. No entanto, a análise anterior assumiu que o acoplamento de permuta entre spins vizinhos era perfeitamente isotrópico, dependendo apenas do ângulo entre eles. Embora as interações na Hamiltoniana de Heisenberg (33.4) apresentem essa isotropia, isto só se dá porque o acoplamento spin-órbita foi omitido em sua derivação. Em um sólido real, os spins serão acoplados à densidade de carga eletrônica pelo acoplamento spin-órbita, e sua energia, portanto, dependerá até certo ponto de sua orientação absoluta em relação aos eixos do cristal, bem como de sua orientação relativa entre si mesmos. Embora essa dependência da energia do spin na orientação absoluta (conhecida como *energia anisotrópica*) possa ser bem fraca, ela vai, em média, contribuir com uma energia fixa por spin à energia de uma linha de spins desviantes, e, no fim das contas, ultrapassar o peso de reduções pequenas em energia de permuta possíveis devido a sucessivas extensões da espessura da parede do domínio. Assim, na prática, a espessura de uma parede de domínio é determinada pelo equilíbrio entre as energias de permuta e de anisotropia.[41]

A "magnetização" de um pedaço de ferro "não magnetizado" pela aplicação de um campo (bem abaixo de T_c) é um processo no qual domínios são reordenados e reorientados. Quando um campo *fraco* é aplicado, domínios orientados ao longo do campo podem crescer à custa de domínios orientados contrariamente pelo leve movimento das paredes do domínio (Figura 33.14).[42] O processo de magnetização em campos fracos é reversível:

[41] A energia de anisotropia é também responsável pelo fenômeno dos eixos de "fácil" e "difícil" magnetização.

[42] A gradual reversão de spins na parede é importante para a suavidade de seu movimento. Para mover uma parede abrupta por uma série de voltas de 180° de spins individuais requer-se que se mova cada spin por uma grande barreira de energia (de permuta).

à medida que o campo de alinhamento retorna a zero, os domínios revertem-se a suas formas originais (com magnetização bulk zero para todo o espécime). Se, no entanto, o campo de alinhamento não for fraco, domínios alinhados de modo favorável também podem se estender por processos irreversíveis. Por exemplo, o movimento de campo baixo reversível de paredes de domínio pode ser ampliado por imperfeições cristalinas por meio das quais a parede passará apenas se o ganho em energia de campo externo for suficientemente grande. Quando o campo de alinhamento é removido, esses defeitos podem impedir que as paredes do domínio retornem à sua configuração desmagnetizada original. Portanto, torna-se necessário aplicar um campo ainda mais forte na direção oposta para se restaurar a configuração desmagnetizada. Este fenômeno é conhecido como *histerese*, e o campo necessário para se restaurar a magnetização zero (geralmente de saturação) é conhecido como *força coerciva*. Evidentemente, o valor da força coerciva depende do estado de preparação do espécime.

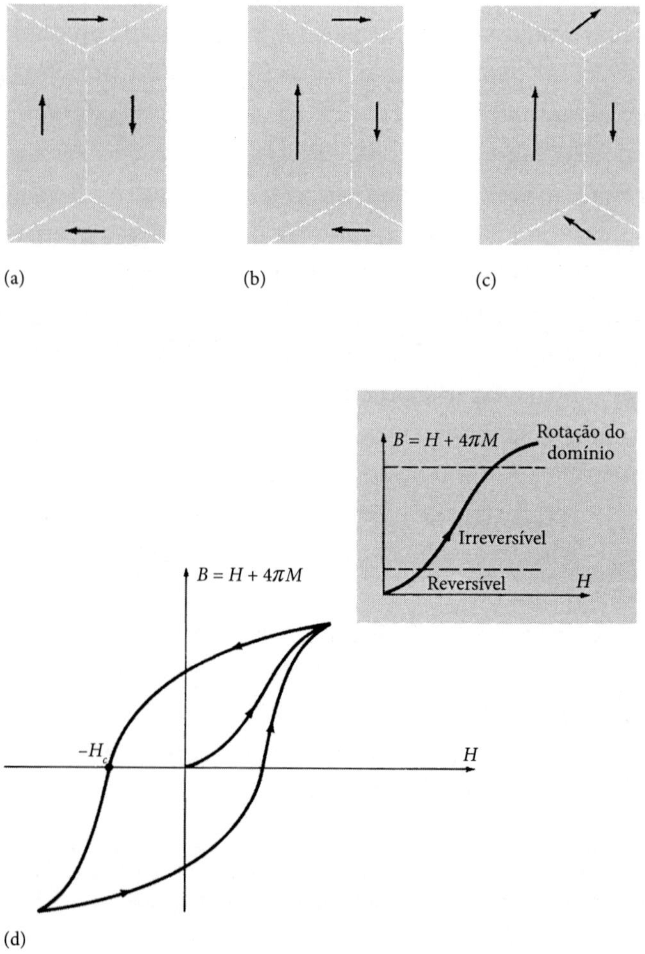

Figura 33.14

O processo de magnetização. (a) Um espécime não magnetizado. (b) O espécime em um campo fraco que favorece o spin para cima. O domínio de spins para cima cresceu à custa do domínio de spins para baixo pelo movimento da parede do domínio à direita. Em (c), o campo aplicado é mais forte, e a rotação do domínio está começando a ocorrer. A curva de magnetização (convencionalmente representada por $B = H + 4\pi M$ vs. H), de magnetização zero (configuração (a) em campo zero) até saturação, é mostrada na inserção. Caso se reduza subsequentemente o campo, a magnetização não retorna a zero com ele, e uma curva de histerese (d) ocorre. No campo $-H_c$, B desaparece. Às vezes, toma-se isso como uma definição alternativa da força coerciva.

Em campos muito grandes, pode se tornar energeticamente favorável para domínios inteiros que girem como um todo, apesar do custo em energia de anisotropia. Uma vez magnetizado desta forma, pode ser muito difícil para uma substância reformar-se em domínios, a não ser que algum remanescente da estrutura do domínio seja deixada para fornecer centros de nucleação para o tipo menos catastrófico de crescimento de domínio por meio do movimento das paredes.

CONSEQUÊNCIAS DAS INTERAÇÕES BIPOLARES

FATORES DE DESMAGNETIZAÇÃO

Por fim, observamos que as interações magnéticas bipolares podem resultar em campos internos fortes que atuam em cada região de spin, fazendo com que o campo local **H** que um spin realmente experimenta se diferencie substancialmente do campo externo aplicado. O fenômeno elétrico análogo em isolantes foi discutido em detalhes no Capítulo 27. Aqui, apenas observamos, adicionalmente, que o efeito em materiais ferromagnéticos pode ser bastante considerável: o campo local interno em um ferromagneto pode ter milhares de gauss em campo externo zero. Como no caso da dielétrica, o valor do campo interno depende de um modo complicado da forma do espécime. Em geral, se introduz um "fator de desmagnetização" para converter o campo aplicado ao verdadeiro campo local.

PROBLEMAS

1. ***Limites para produtos de operadores de spin***

(a) A partir do fato de que os autoestados de uma matriz Hermitiana formam um conjunto ortonormal completo, deduza que o maior (menor) elemento matricial diagonal que um operador Hermitiano pode ter é igual ao seu maior (menor) autovalor.

(b) Prove que o maior elemento matricial diagonal que $\mathbf{S}(\mathbf{R}) \cdot \mathbf{S}(\mathbf{R}')$ pode ter quando $\mathbf{R} \neq \mathbf{R}'$ é S^2. [*Dica:* escreva o operador em termos do quadrado de $\mathbf{S}(\mathbf{R}) + \mathbf{S}(\mathbf{R}')$].

(c) Prove que o menor elemento matricial diagonal que $\mathbf{S}(\mathbf{R}) \cdot \mathbf{S}(\mathbf{R}')$ pode ter é $-S(S+1)$.

2. ***Limites para a energia de estado fundamental de um antiferromagneto***

Derive o limite mais baixo em (33.17) para a energia de estado fundamental de um antiferromagneto de Heisenberg a partir de um dos resultados do Problema 1. Derive o limite superior em (33.17) de um argumento variacional, usando como teste de estado fundamental aquele descrito na página 762.

3. *Energia de estado fundamental exato de um "antiferromagneto" simples*

Mostre que a energia do estado fundamental da cadeia linear de quatro spins do vizinho antiferromagnético mais próximo de Heisenberg,

$$\mathcal{H} = J(\mathbf{S}_1 \cdot \mathbf{S}_2 + \mathbf{S}_2 \cdot \mathbf{S}_3 + \mathbf{S}_3 \cdot \mathbf{S}_4 + \mathbf{S}_4 \cdot \mathbf{S}_1), \quad \textbf{(33.68)}$$

é

$$E_0 = -4JS^2\left[1 + \frac{1}{2S}\right]. \quad \textbf{(33.69)}$$

(*Dica:* represente a Hamiltoniana na forma

$$\mathcal{H} = \tfrac{1}{2}J[(\mathbf{S}_1 + \mathbf{S}_2 + \mathbf{S}_3 + \mathbf{S}_4)^2 - (\mathbf{S}_1 + \mathbf{S}_3)^2 - (\mathbf{S}_2 + \mathbf{S}_4)^2]. \quad \textbf{(33.70)}$$

4. *Propriedades de estados de ondas de spin*

(a) Confirme a normalização nas equações (33.19) e (33.20).

(b) Derive a equação (33.27).

(c) Mostre que $\langle \mathbf{k}|\mathbf{S}_{\perp}(\mathbf{R})|\mathbf{k}\rangle = 0$, isto é, que a fase da onda de spin é não especificada no estado $|\mathbf{k}\rangle$.

5. *Modelo anisotrópico de Heisenberg*

Considere a Hamiltoniana de spin anisotrópica de Heisenberg

$$\mathcal{H} = -\tfrac{1}{2}\sum_{\mathbf{RR}'}[J_z(\mathbf{R}-\mathbf{R}')S_z(\mathbf{R})S_z(\mathbf{R}') + J(\mathbf{R}-\mathbf{R}')\mathbf{S}_{\perp}(\mathbf{R})\cdot\mathbf{S}_{\perp}(\mathbf{R}')] \quad \textbf{(33.71)}$$

com $J_z(\mathbf{R}-\mathbf{R}') > J(\mathbf{R}-\mathbf{R}') > 0$.

(a) Mostre que o estado fundamental (33.5) e os estados de onda de um spin (33.23) continuam sendo autoestados de $\mathcal{H}$, mas que as energias de excitação de onda de spin são elevadas por

$$S\sum_{\mathbf{R}}[J_z(\mathbf{R}) - J(\mathbf{R})]. \quad \textbf{(33.72)}$$

(b) Mostre que a magnetização espontânea de baixa temperatura agora desvia da saturação apenas exponencialmente em $-1/T$.

(c) Mostre que o argumento da página 767, de que não pode haver magnetização espontânea em duas dimensões, não funciona mais.

6. *Teoria do campo médio próximo ao ponto crítico*

Para um x pequeno, a função de Brillouin $B_J(x)$ tem a forma $Ax - Bx^3$, em que A e B são positivos.

(a) Deduza que quando T se aproxima de T_c por baixo, a magnetização espontânea de um ferromagneto desaparece como $(T_c - T)^{1/2}$, de acordo com a teoria do campo médio.

(b) Deduza que em T_c a densidade de magnetização $M(H,T_c)$ desaparece como $H^{1/3}$ na teoria do campo médio. (Observações e cálculos indicam um expoente mais próximo de $\frac{1}{5}$ para sistemas tridimensionais. O expoente para o modelo bidimensional de Ising é $\frac{1}{15}$.)

7. ***Teoria de campo médio de ferromagnetismo e antiferromagnetismo***

Considere uma estrutura magnética formada por dois tipos de spins que ocupam duas sub--redes interpenetrantes. Considere que os spins dentro da sub-rede 1 sejam acoplados por constantes de permuta J_1; dentro da sub-rede 2, por J_2; e entre as sub-redes 1 e 2, por J_3.

(a) Generalize para esta estrutura a teoria de campo médio para ferromagnetos simples, mostrando que a equação (33.59) para a magnetização espontânea se generaliza para duas equações acopladas para as duas magnetizações de sub-rede da forma:

$$\begin{aligned} M_1 &= M_0[(H + \lambda_1 M_1 + \lambda_3 M_2)/T], \\ M_2 &= M_0[(H + \lambda_2 M_2 + \lambda_3 M_1)/T]. \end{aligned} \quad \textbf{(33.73)}$$

(b) Deduza, a partir disto, que, acima de T_c, a suscetibilidade de campo zero é a razão de uma linear polinomial em T para uma quadrática em T.

(c) Verifique que a suscetibilidade reduz-se de volta à forma de Curie-Weiss quando os íons nas duas sub-redes são idênticos e ferromagneticamente acoplados ($\lambda_1 = \lambda_2 > 0$, $\lambda_3 > 0$).

(d) Verifique que, quando os íons nas duas sub-redes são idênticos ($\lambda_1 = \lambda^2 > 0$) e antiferromagneticamente acoplados ($\lambda_3 < 0$) com $|\lambda_3| > |\lambda_1|$, a temperatura na "lei" de Curie-Weiss torna-se negativa.

8. ***Suscetibilidade de alta temperatura de ferromagnetos e antiferromagnetos***

Generalize a expansão de suscetibilidade de alta temperatura ao caso da estrutura descrita no Problema 7 e compare a correção principal exata ($O(1/T^2)$) da lei de Curie ao resultado de campo médio.

9. ***Magnetização espontânea de baixa temperatura na teoria do campo médio***

Mostre que quando T está muito abaixo de T_c a teoria de campo médio de um ferromagneto prevê uma magnetização espontânea que difere de seu valor de saturação exponencialmente em $-1/T$.

34 Supercondutividade

No Capítulo 32 descobrimos que a aproximação do elétron independente não descreve de modo adequado a maioria dos sólidos ordenados magneticamente. Em muitos metais sem qualquer ordenamento magnético, uma falha ainda maior da aproximação do elétron independente ocorre em temperaturas muito baixas, e nelas outro tipo de estado eletronicamente ordenado, conhecido como estado de supercondução, se estabelece. A supercondutividade não se restringe a alguns poucos metais: mais de 20 elementos metálicos podem se tornar supercondutores (Tabela 34.1). Mesmo alguns semicondutores podem se tornar supercondutores em condições adequadas,[1] e a lista de ligas cujas propriedades supercondutoras foram medidas chega a milhares.[2]

[1] Tal como a aplicação de alta pressão, ou a preparação do espécime em filmes muito finos. Um exemplo surpreendente das formas inesperadas em que a supercondutividade pode ser aprimorada é fornecido pelo bismuto: o bismuto amorfo é um supercondutor em temperaturas *mais altas* do que o bismuto cristalino, o que não faz nenhum sentido na aproximação do elétron independente.
[2] Veja Roberts, B. W. *Progr. Cryog.*, 4, p. 161, 1964.

Tabela 34.1

Elementos supercondutores*

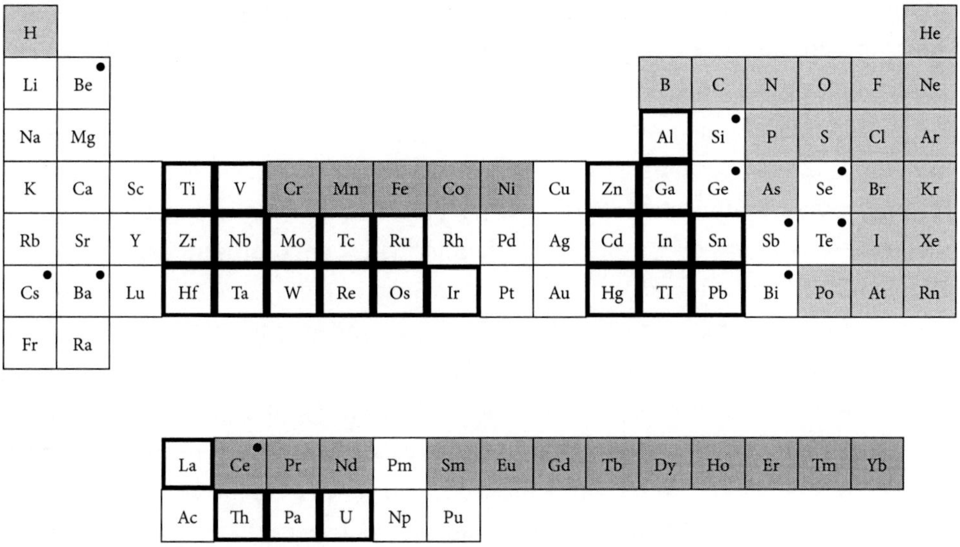

*Elementos que são supercondutores apenas sob condições especiais são indicados separadamente. Observe a incompatibilidade de ordem de supercondutores e magnética. (Por Gladstone, G. *et al.* Parks, *op. cit*, nota 6).

Legenda:

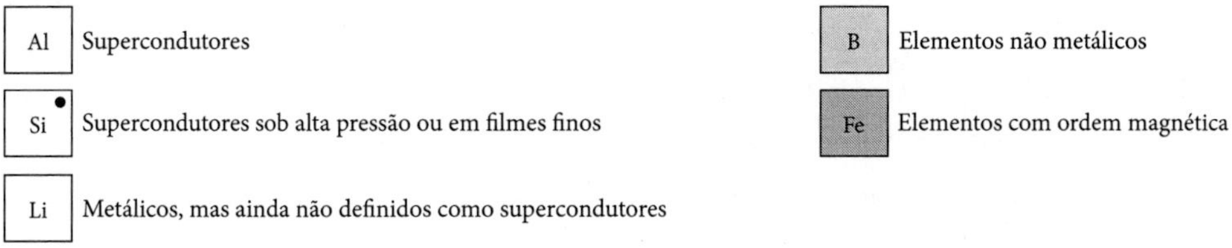
Al
Supercondutores
B
Elementos não metálicos
Si
Supercondutores sob alta pressão ou em filmes finos
Fe
Elementos com ordem magnética
Li
Metálicos, mas ainda não definidos como supercondutores

As propriedades características de metais no estado de supercondução parecem altamente anômalas quando consideradas do ponto de vista da aproximação do elétron independente. Os aspectos mais notáveis de um supercondutor são:

1. Um supercondutor pode se comportar como se não tivesse nenhuma resistividade elétrica DC mensurável. Foram estabelecidas correntes em supercondutores que, apesar da ausência de qualquer campo forte, não apresentaram nenhuma queda discernível por todo o tempo que se observou.[3]

2. O supercondutor pode se comportar como um perfeito diamagneto. Uma amostra em equilíbrio térmico em um campo magnético aplicado, contanto que o campo não seja muito forte, tem correntes elétricas de superfície. Essas correntes produzem um campo magnético adicional que anula justamente o campo magnético aplicado no interior do supercondutor.

[3] O recorde parece ser dois anos e meio; (Collins, S. C., citado em Lynton, E. A. *Superconductivity.* Nova York: Wiley, 1969).

3. O supercondutor geralmente se comporta como se houvesse um gap de energia de largura 2Δ centrado em torno da energia de Fermi, no conjunto de níveis monoeletrônicos permitidos.[4] Assim, um elétron de energia ε pode ser acomodado por (ou extraído de) um supercondutor[5] apenas se $\varepsilon - \varepsilon_F$ (ou $\varepsilon_F - \varepsilon$) exceder Δ. O gap de energia Δ aumenta em tamanho à medida que a temperatura cai, nivelando-se a um valor máximo de $\Delta(0)$ em temperaturas muito baixas.

A teoria da supercondutividade é bastante extensa e altamente especializada. Como as teorias que descrevemos neste livro até aqui, baseia-se na mecânica quântica não relativística de elétrons e íons, mas, fora isso, sua similaridade com outros modelos e teorias que examinamos diminui rapidamente. A teoria microscópica da supercondutividade não pode ser descrita na linguagem da aproximação do elétron independente. Mesmo cálculos microscópicos comparativamente elementares para supercondutores se baseiam em técnicas formais (métodos teóricos de campo). Embora não mais sofisticadas do que os métodos comuns da mecânica quântica conceitualmente, essas técnicas requerem considerável experiência e prática para que se possa utilizá-las com segurança e compreensão.

Consequentemente, em maior grau do que em outros capítulos, limitaremos nosso exame da teoria da supercondutividade a descrições qualitativas de alguns dos principais conceitos, bem como à abordagem de algumas das suas previsões mais simples. O leitor que deseje adquirir conhecimento mais amplo do assunto deve consultar algum dos diversos livros disponíveis.[6]

Este capítulo foi organizado da seguinte maneira:

1. Um exame dos fatos empíricos básicos relacionados à supercondutividade.

2. A descrição da equação fenomenológica de London e sua relação com o diamagnetismo perfeito.

3. A descrição qualitativa da teoria microscópica de Bardeen, Cooper e Schrieffer.

---

[4] Em uma variedade de condições especiais, a supercondutividade pode também ocorrer sem um gap de energia. A supercondutividade sem gap pode ser produzida, por exemplo, introduzindo-se a adequada concentração de impurezas magnéticas. Um exame foi feito por K. Maki em Parks, R. D. (ed.). *Superconductivity*. Nova York: Dekker, 1969. No contexto da supercondutividade, o termo "gap de energia" sempre se refere à grandeza Δ.

[5] Isto se observa mais diretamente em experimentos de tunelamento de elétron, que são descritos a seguir com outras manifestações do gap de energia.

[6] Duas referências fundamentais sobre a teoria fenomenológica são London, F. *Superfluids*. v. 1. Nova York: Wiley, 1954, e Nova York, Dover, 1954; e Shoenberg, D. *Superconductivity*. Cambridge: 1962. Um exame sucinto é fornecido por Lynton, E. A. *Superconductivity*. Londres: Methuen, 1969. A teoria microscópica é abordada em Schrieffer, J. R. *Superconductivity*. Nova York: W. A. Benjamin, 1964, e no capítulo final de Abrikosov, A. A.; Gorkov, L. P.; Dzyaloshinski, I. E. *Methods of quantum field theory em statistical physics*. Englewood Cliffs: Prentice-Hall, 1963. O exame detalhado dos aspectos teóricos do assunto foi feito por Rickayzen, G. *Theory of superconductivity*. Nova York: Interscience, 1965, e, um pouco menos detalhado, por Gennes, P. de. *Superconductivity of metals and alloys*. Menlo Park: W. A. Benjamin, 1966. O estudo de todos os aspectos do assunto, teóricos e práticos, feito por muitos dos principais estudiosos da área, encontra-se em Parks, R. D. (ed.). *Superconductivity*. Nova York: Dekker, 1969.

4. O resumo de algumas das previsões de equilíbrio fundamental da teoria microscópica e como se comparam aos experimentos.
5. Uma discussão qualitativa da relação entre a teoria microscópica, o conceito de um "parâmetro de ordenamento" e as propriedades de transporte de supercondutores.
6. A descrição dos notáveis fenômenos de tunelamento entre supercondutores previstos por B. D. Josephson.

TEMPERATURA CRÍTICA

A transição para o estado de supercondução é diferente em espécimes como um todo. Acima de uma temperatura crítica[7] T_c, as propriedades dos metais são completamente normais; abaixo de T_c, as propriedades de supercondução são exibidas, sendo a mais drástica a ausência de qualquer resistência elétrica DC mensurável. Temperaturas críticas mensuráveis variam de alguns miliKelvins[8] a pouco mais de 20 K. A energia térmica correspondente $K_B T_c$ varia de cerca de 10^{-7} eV a alguns milésimos de um elétron-volt. Isso é bem pequeno comparado às energias que costumamos considerar significativas em sólidos.[9] As temperaturas de transição dos elementos supercondutores estão listadas na Tabela 34.2.

CORRENTES PERSISTENTES

A Figura 34.1 mostra a resistividade de um metal supercondutor *versus* a temperatura quando se atravessa a temperatura crítica. Acima de T_c, a resistividade tem a forma característica de um metal comum, $\rho(T) = \rho_0 + BT^5$, o termo constante que surge da impureza[10] e do espalhamento de defeitos, e o termo em T^5, que surge do espalhamento de fônons. Abaixo de T_c esses mecanismos perdem a força para degradar a corrente elétrica, e a resistividade cai abruptamente a zero. As correntes podem fluir em um supercondutor sem nenhuma dissipação discernível de energia.[11] Existem, no entanto, algumas limitações:
1. A supercondutividade é destruída pela aplicação de um campo magnético suficientemente grande (veja a seguir).

---

[7] A temperatura crítica é aquela na qual a transição ocorre na ausência de um campo magnético aplicado. Quando um campo magnético está presente (veja adiante), a transição ocorre a uma temperatura mais baixa, e a natureza da transição varia de segunda ordem para a primeira, isto é, há calor latente em campo diferente de zero.

[8] As temperaturas mais baixas em que já se obteve supercondutividade.

[9] Desse modo, $\varepsilon_F \sim 10$ eV, $\hbar\omega_D \sim 0{,}1$ eV.

[10] Supomos que não haja impurezas magnéticas presentes (veja o Capítulo 32).

[11] Quando Ampère propôs inicialmente que o magnetismo poderia ser compreendido em termos de correntes elétricas fluindo em moléculas individuais, houve objeção de que não se conheciam correntes que fluíssem sem dissipação. Ampère persistiu neste ponto de vista, confirmado pela teoria quântica, que admite estados moleculares estacionários nos quais flui uma corrente líquida (veja o Capítulo 31). Um sólido no estado de supercondução se comporta como uma enorme molécula. A presença de corrente elétrica sem dissipação em um supercondutor é uma dramática manifestação macroscópica da mecânica quântica.

Tabela 34.2

Valores de T_c e H_c para os elementos supercondutores*

Elemento		$T_c(K)$	H_c(Gauss)**
Al		1,196	99
Cd		0,56	30
Ga		1,091	51
Hf		0,09	—
Hg	α(rômbico)	4,15	411
	β	3,95	339
In		3,40	293
Ir		0,14	19
La	α(hcp)	4,9	798
	β(fcc)	6,06	1.096
Mo		0,92	98
Nb		9,26	1.980
Os		0,655	65
Pa		1,4	—
Pb		7,19	803
Re		1,698	198
Ru		0,49	66
Sn		3,72	305
Ta		4,48	830
Tc		7,77	1.410
Th		1,368	162
Ti		0,39	100
Tl		2,39	171
U	α	0,68	—
	γ	1,80	—
V		5,30	1.020
W		0,012	1
Zn		0,875	53
Zr		0,65	47

* Para supercondutores do tipo II, o mencionado campo crítico de temperatura zero foi obtido a partir da construção de área igual: extrapolou-se o campo baixo de magnetização ($H < H_{c1}$) linearmente para um campo H_c escolhido para que se desse uma área fechada igual às áreas sob a curva de magnetização real.

** Em $T = 0$ (K).

Fontes: Roberts, B. W. *Progr. Cryog.*, 4, p. 161, 1964; Gladstone, G.; Jensen, M. A.; Schrieffer, J. R. *Superconductivity.* Parks, R. D. (ed.). Nova York: Dekker, 1969; *Handbook of chemistry and physics.* 55. ed. Cleveland: Chemical Rubber Publishing Co., 1974-1975.

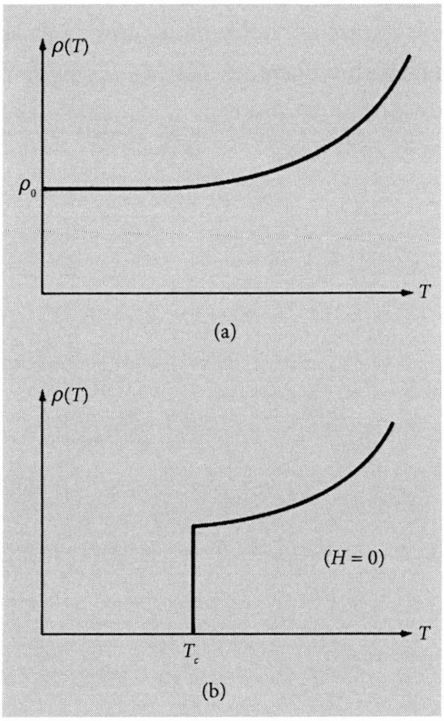

FIGURA 34.1

(a) Resistividade de baixa temperatura de um metal normal ($\rho(T) = \rho_0 + BT^5$) que contém impurezas não magnéticas. (b) Resistividade de baixa temperatura de um supercondutor (em campo magnético zero) que contém impurezas não magnéticas. Em T_c, ρ cai abruptamente a zero.

2. Se a corrente excede uma "corrente crítica", o estado de supercondução será destruído (efeito Silsbee). A intensidade da corrente crítica (que pode ser de 100 A em um fio de 1 mm) depende da natureza e da geometria do espécime, e está relacionado ao fato de o campo magnético produzido pela corrente exceder ou não o campo crítico na superfície do supercondutor.[12]
3. Um supercondutor bem abaixo de sua temperatura de transição também responderá sem dissipação a um campo elétrico AC, desde que a frequência não seja grande demais. A mudança de resposta sem dissipação para resposta normal ocorre em uma frequência ω de ordem $\hbar/\Delta$, em que Δ é o gap de energia.

PROPRIEDADES TERMOELÉTRICAS

Na aproximação de elétron independente, bons condutores elétricos são também bons condutores de calor, já que os elétrons de condução transportam tanto entropia como carga elétrica.[13] Os supercondutores, de maneira oposta, são maus condutores térmicos (Figura 34.2).[14] Eles também não exibem o efeito Peltier, ou seja, a corrente elétrica à temperatura uniforme em um supercondutor não é acompanhada por uma corrente térmica, como ocorre em um metal comum. A ausência do efeito Peltier indica que os elétrons partici-

[12] Veja o Problema 3.
[13] Veja o Capítulo 13.
[14] Explora-se esta propriedade para a fabricação de dispositivos para fechar ou abrir correntes térmicas.

pantes da corrente persistente não carregam entropia. A má condutividade térmica indica que, mesmo quando um supercondutor não está carregando corrente elétrica, apenas uma fração de seus elétrons de condução é capaz de transportar entropia.[15]

Figura 34.2

A condutividade térmica do chumbo. Abaixo de T_c, a curva mais baixa fornece a condutividade térmica no estado de supercondução; a curva mais alta, no estado normal. A amostra normal é produzida abaixo de T_c pela aplicação de um campo magnético, que se admite, de outro modo, não ter nenhum efeito apreciável na condutividade térmica. (Reproduzido com a permissão de National Research Council of Canadá. Watson, J. H. P.; Graham, G. M. *Can. J. Phys.*, 41, p. 1738, 1963.)

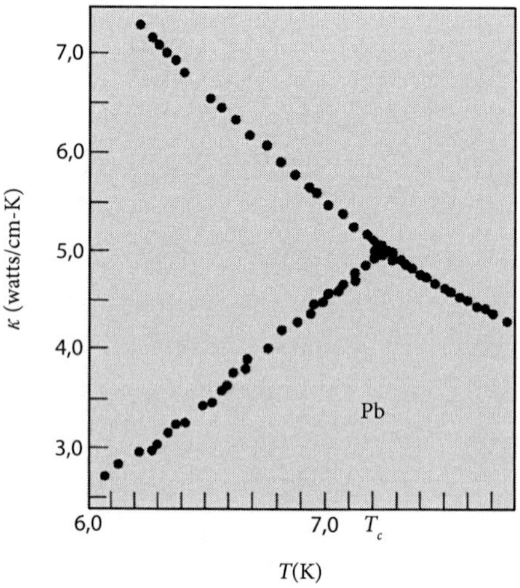

PROPRIEDADES MAGNÉTICAS: DIAMAGNETISMO PERFEITO

Um campo magnético (contanto que não seja muito forte) não consegue penetrar no interior de um supercondutor. Isso pode ser ilustrado pelo efeito Meissner-Ochsenfeld: caso se resfrie um metal comum em um campo magnético[16] abaixo de sua temperatura de transição de supercondução, o fluxo magnético é expelido abruptamente. Logo, a transição, quando ocorre em um campo magnético, é acompanhada do surgimento de quaisquer correntes de superfície necessárias para anular o campo magnético no interior do espécime.

Observe que nada disso está implícito pela condutividade perfeita (ou seja, $\sigma = \infty$) apenas, embora graças a ela torne-se implícita uma propriedade bastante relacionada: se um condutor perfeito, inicialmente em campo magnético zero, for movido para uma região de campo não zero (ou se um campo é ligado), a lei de Faraday de indução origina correntes espirais que anulam o campo magnético no interior. Se, entretanto, um campo magnético fosse estabelecido em um condutor perfeito, sua expulsão sofreria igual resistência. Correntes espirais seriam induzidas para manter o campo se a amostra não fosse movida para dentro de uma região livre de campo (ou se o campo aplicado fosse desligado). Assim, a condutividade perfeita implica um campo magnético independente de tempo no interior. Mas não tem nada que ver com o valor

[15] Presumivelmente a eficácia dos fônons na condução de calor permanece não diminuída, mas isto é geralmente uma contribuição menos importante para a condutividade térmica do que aquela dos elétrons de condução.

[16] Um metal comum é apenas fracamente paramagnético ou diamagnético (nenhum metal magneticamente ordenado é supercondutor) e um campo magnético aplicado pode penetrá-lo.

que aquele campo deve ter. Em um supercondutor, o campo não é apenas independente de tempo, mas é também equivalente a zero.

Examinamos a relação entre a condutividade perfeita e o efeito Meissner de modo um pouco mais quantitativo em nossa abordagem da equação de London abaixo.

PROPRIEDADES MAGNÉTICAS: O CAMPO CRÍTICO

Considere um supercondutor a uma temperatura T abaixo de sua temperatura crítica T_c. Quando se liga um campo magnético H, despende-se certa quantidade de energia para estabelecer o campo magnético das correntes de blindagem que cancela o campo no interior do supercondutor. Se o campo aplicado for suficientemente grande, será energeticamente vantajoso para o espécime reverter-se ao estado normal, permitindo que o campo penetre. Pois, embora o estado normal tenha uma energia livre mais alta do que o estado de supercondução abaixo de T_c em campo zero, em campos altos o bastante este aumento em energia livre será mais que compensado pela diminuição da energia do campo magnético que ocorre quando as correntes de blindagem desaparecem e o campo pode entrar no espécime.

O modo pelo qual a penetração ocorre com o aumento da força do campo depende, de modo geral, da geometria do espécime. No entanto, para a geometria mais simples - amostras com formato longo, fino e cilíndrico, com seus eixos paralelos ao campo magnético aplicado -, há dois tipos distintos de comportamento.

Tipo I - Abaixo de um *campo crítico* $H_c(T)$ que aumenta quando T cai abaixo de T_c, não há penetração de fluxo. Quando o campo aplicado excede $H_c(T)$, todo o espécime se reverte ao estado normal e o campo penetra perfeitamente.[17] O diagrama de fase resultante no plano H–T é ilustrado na Figura 34.3.[18] Em geral, descreve-se esse tipo de penetração de campo com a representação gráfica da densidade de magnetização diamagnética macroscópica M *versus* o campo aplicado H (Figura 34.4a).

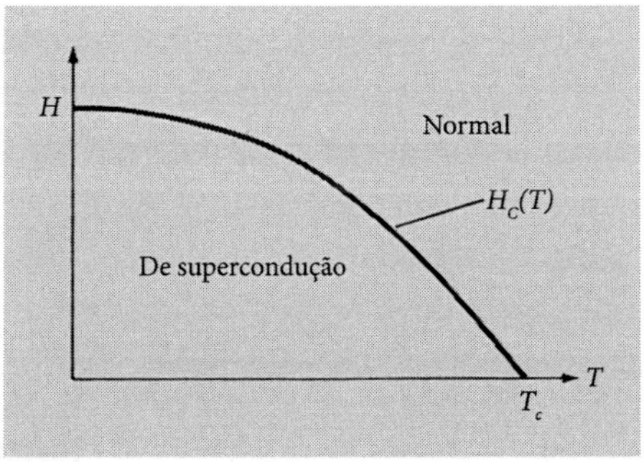

FIGURA 34.3
A fronteira de fase entre os estados de condução e normal de um condutor do tipo I no plano $H-T$. A fronteira é dada pela curva $H_c(T)$.

[17] Exceto pelos pequenos efeitos diamagnéticos e paramagnéticos característicos dos metais comuns.
[18] Algumas consequências termodinâmicas desse comportamento são exploradas no Problema 1.

Tipo II – Abaixo de um *campo crítico mais baixo* $H_{c1}(T)$, não há penetração do fluxo. Quando o campo aplicado excede um *campo crítico mais alto* $H_{c2}(T)>H_{c1}(T)$, o espécime inteiro reverte-se ao seu estado normal, e o campo penetra perfeitamente. Quando o campo aplicado encontra-se entre $H_{c1}(T)$ e $H_{c2}(T)$, há penetração parcial do fluxo, e a amostra desenvolve uma estrutura microscópica bastante complicada tanto da região normal quanto na região de supercondução, o que se conhece como *estado misto*.[19] A curva de magnetização que corresponde ao comportamento do Tipo II é mostrada na Figura 34.4b.

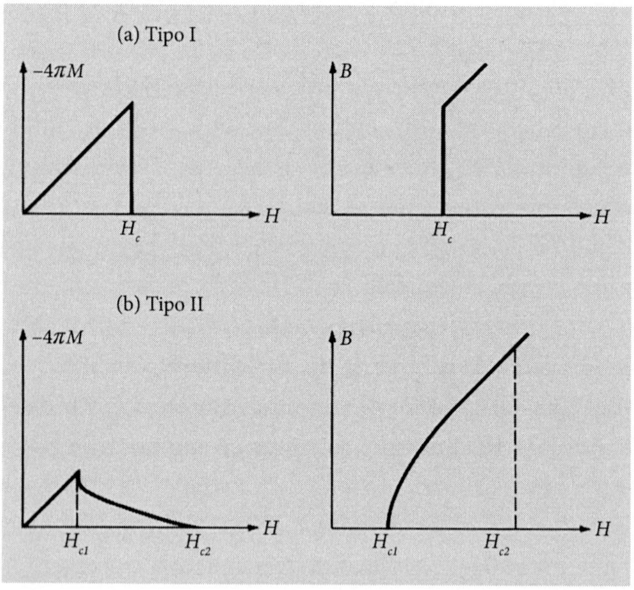

FIGURA 34.4

(a) Curva de magnetização de um supercondutor do Tipo I. Abaixo de H_c, nenhum campo penetra: $B = 0$ (ou $M = -H/4\pi$). (Veja a nota 30 para a distinção entre B e H em um supercondutor.)(b) Curva de magnetização de um supercondutor do Tipo II. Abaixo de H_{c1}, o comportamento se dá como no caso do Tipo I. Entre H_{c1} e H_{c2}, M cai suavemente a zero e B se eleva suavemente a H.

A. A. Abrikosov propôs, e subsequentemente confirmou-se de modo empírico (Figura 34.5), que, no estado misto, o campo penetra parcialmente a amostra na forma de finos filamentos de fluxo. Dentro de cada filamento, o campo é alto, e o material não é supercondutor. Fora do núcleo dos filamentos, o material permanece supercondutor, e o campo decai de modo determinado pela equação de London (veja a seguir). Circulando em torno de cada filamento está um vórtex da corrente de blindagem.[20]

---

[19] Que não deve ser confundido com o *estado intermediário*, configuração que um supercondutor do Tipo I pode assumir quando sua forma é mais complexa do que um cilindro paralelo ao campo e no qual as regiões macroscópicas normal e de supercondução são ordenadas em camadas alternadas. Assim, diminuem a energia do campo magnético em mais que o custo em energia livre nas regiões normais.

[20] O termo "vórtex" é em geral usado para se referir aos próprios filamentos, bem como à estrutura da corrente na vizinhança de cada filamento. Pode-se demonstrar que o fluxo magnético contido em cada vórtex é exatamente igual ao quantum de fluxo magnético, *HC/2e* (veja a nota 60).

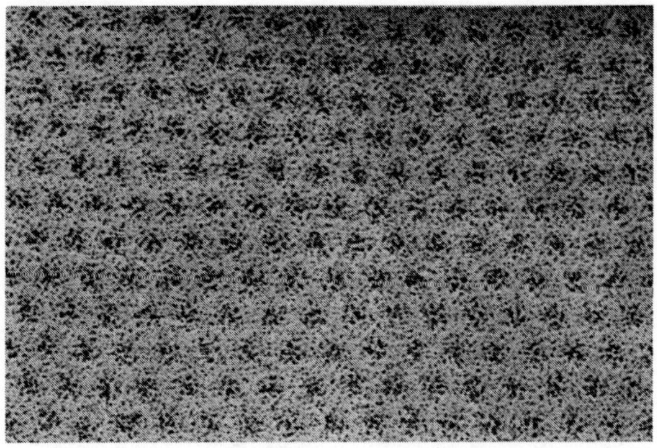

FIGURA 34.5
Arranjo triangular de linhas de vórtices que emergem através da superfície de uma chapa de $Pb_{0,98}In_{0,02}$ supercondutora em um campo de 80 gauss normal em relação à superfície (Cortesia de J. Silcox e G. Dolan). Os vórtices são revelados pela coagulação de finas partículas ferromagnéticas. Vórtices vizinhos estão à distância de cerca de meio mícron.

Campos críticos típicos nos supercondutores do Tipo I estão cerca de 10^2 gauss abaixo da temperatura de transição. Entretanto, nos condutores chamados "duros" do Tipo II, o campo crítico superior pode ter altura de 10^5 gauss, o que torna os materiais do Tipo II de considerável importância prática em projetos de magnetos de campo alto.

Campos críticos de baixa temperatura para os supercondutores elementares são fornecidos na Tabela 34.2.

CALOR ESPECÍFICO

Em baixas temperaturas, o calor específico de um metal normal tem a forma $AT + BT^3$, em que o termo linear se deve às excitações eletrônicas e o termo cúbico, às vibrações de rede. Abaixo da temperatura crítica de supercondução, este comportamento é substancialmente alterado. Quando a temperatura cai abaixo de T_c (em campo magnético zero), o calor específico atinge valor mais alto e, então, diminui lentamente, por fim caindo bem abaixo do valor que se espera para um metal comum (Figura 34.6). Aplicando-se um campo magnético para levar o metal ao estado normal, pode-se comparar os calores específicos dos estados normal de supercondução abaixo da temperatura crítica.[21] Esta análise revela que, no estado de supercondução, substituiu-se a contribuição eletrônica linear para o calor específico por um termo que desaparece bem mais rapidamente em baixas temperaturas e que tem comportamento dominante de forma $\exp(-\Delta/k_BT)$ em baixa temperatura. Esse é o comportamento térmico característico de um sistema cujos estados excitados são separados do estado fundamental por uma energia 2Δ.[22] Tanto a teoria [veja a equação (34.19)] quanto a prática (veja a Tabela 34.3) indicam que o gap de energia Δ é da ordem de k_BT_c.

[21] O calor específico normal não é significativamente afetado pela presença de um campo magnético.

[22] Veja o item 3, na página 783.

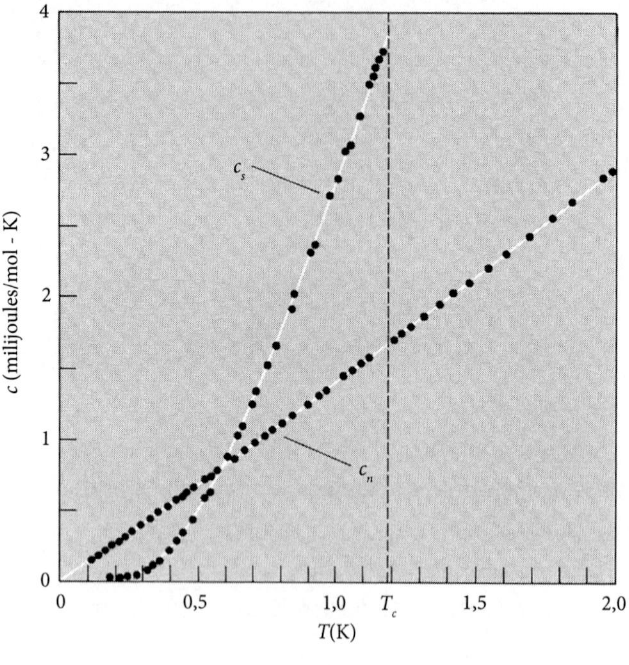

FIGURA 34.6

Calor específico de baixa temperatura do alumínio normal e do alumínio supercondutor. A fase normal é produzida abaixo de T_c pela aplicação de um campo magnético fraco (300 gauss). Esse campo destrói o ordenamento de supercondução, mas tem efeito desprezível no calor específico. A temperatura de Debye é bastante alta no alumínio, por isso, a contribuição eletrônica domina o calor específico por toda essa faixa de temperatura (como se pode observar pelo fato de a curva de estado normal ser quase linear). A descontinuidade em T_c está de acordo com a previsão teórica (34.22) $[c_s - c_n]/c_n = 1{,}43$. Bem abaixo de T_c, c_s cai muito abaixo de c_n, o que sugere a existência de um gap de energia. (Phillips, N. E. *Phys. Rev.*, 114, p. 676, 1959.)

OUTRAS MANIFESTAÇÕES DO GAP DE ENERGIA

Tunelamento normal

Os elétrons de condução de um metal supercondutor e de um metal normal podem ser trazidos para o equilíbrio térmico entre si colocando-se os dois em contato tão próximo que eles se separem apenas por uma fina camada isolante,[23] que os elétrons conseguem atravessar pelo tunelamento quântico-mecânico. No equilíbrio térmico, elétrons em número suficiente passaram de um metal para o outro a fim de tornar iguais os potenciais químicos de elétrons em ambos.[24] Quando os dois metais são normais, a aplicação de uma diferença de potencial eleva, então, o potencial químico de um em relação ao outro, e mais elétrons fazem o tunelamento pela camada isolante. Observou-se que essas "correntes de tunelamento" em junções metálicas normais obedecem à lei de Ohm. No entanto, quando um dos metais é um supercondutor bem abaixo de sua temperatura crítica, não se observa, então, nenhuma corrente que flua até que o potencial V atinja um valor limite, $eV = \Delta$ (veja a Figura 34.7). A intensidade de Δ está de acordo com o valor inferido das medições de calor específico de baixa temperatura, confirmando a imagem de um gap na densidade de níveis monoeletrônicos no supercondutor. Na

[23] Por exemplo, a fina camada de óxido nas superfícies dos dois espécimes.

[24] Veja o Capítulo 18.

medida em que a temperatura se eleva em direção a T_c, a voltagem limite declina,[25] indicando que o próprio gap de energia está declinando com o aumento da temperatura.

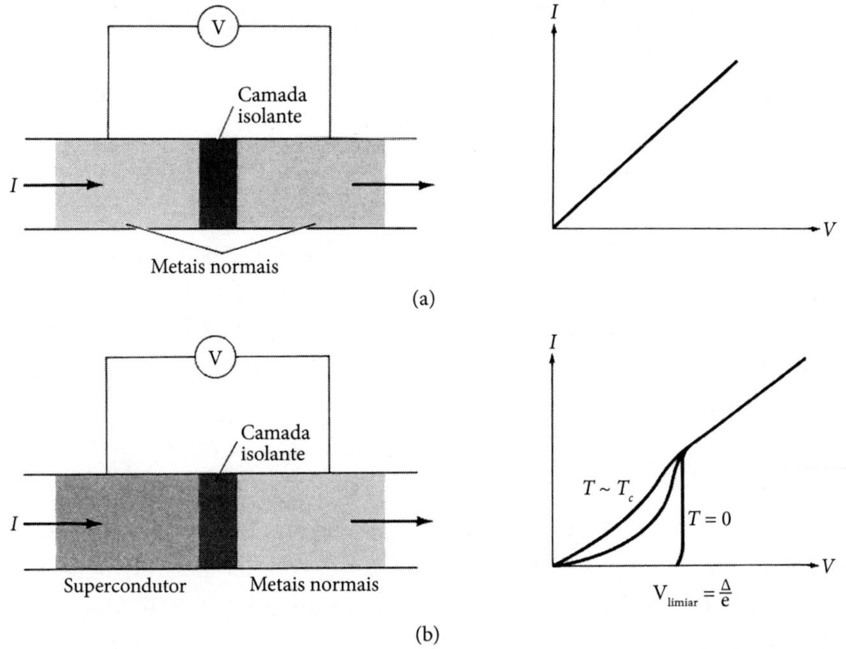

FIGURA 34.7

(a) Relação corrente-voltagem para o tunelamento de elétrons através de uma fina barreira isolante entre dois metais normais. Para pequenas correntes e voltagens, a relação é linear. (b) Relação corrente-voltagem para o tunelamento de elétrons através de uma fina barreira isolante entre um supercondutor e um metal normal. A relação é fortemente dependente da temperatura. Em $T = 0$, ocorre pronunciado limiar, obscurecido em temperaturas mais altas devido à excitação térmica dos elétrons ao longo do gap de energia dentro do supercondutor.

Comportamento eletromagnético dependente de frequência

Determina-se a resposta de um metal à radiação eletromagnética (por exemplo, a transmissão por filmes finos ou a reflexão de amostras bulk) pela condutividade dependente da frequência. Esta, por sua vez, depende dos mecanismos disponíveis para a absorção de energia pelos elétrons de condução na frequência dada. Como o espectro de absorção eletrônica no estado de supercondução caracteriza-se por um gap de energia Δ, espera-se que a condutividade AC se diferencie substancialmente de sua forma de estado normal em frequências pequenas comparadas a $\Delta/\hbar$, que seja essencialmente a mesma nos estados de supercondução e que seja normal em grandes frequências comparadas a $\Delta/\hbar$. Exceto próximo à temperatura crítica (veja a página 744), $\Delta/\hbar$ normalmente se

---

[25] O limite também torna-se indistinto devido à presença de elétrons termicamente excitados, que precisam de menos energia para que ocorra o tunelamento.

encontra na faixa entre as frequências de micro-ondas e infravermelho. No estado de supercondução, observa-se comportamento AC indistinguível daquele no estado normal em frequências ópticas. Desvios do comportamento do estado normal surgem primeiro no infravermelho, e apenas em frequências de micro-ondas o comportamento AC que exibe completamente a falta de absorção eletrônica característica de um gap de energia torna-se completamente desenvolvido.

Atenuação acústica

Quando uma onda sonora se propaga através de um metal, os campos elétricos microscópicos criados pelo deslocamento dos íons podem emprestar energia aos elétrons próximos ao nível de Fermi, removendo assim energia da onda.[26] Bem abaixo de T_c, a razão de atenuação é muito menor em um supercondutor do que em um metal comum, como se esperaria para ondas sonoras, em que $\hbar\omega < 2\Delta$.

A EQUAÇÃO DE LONDON

Os físicos F. London e H. London inicialmente examinaram de modo quantitativo o fato fundamental de que um metal no estado de supercondução não permite nenhum campo magnético em seu interior.[27] Essa análise parte do modelo de dois fluidos de Gorter e Casimir.[28] A única suposição crucial do modelo que utilizaremos é que, em um supercondutor à temperatura $T < T_c$, apenas uma fração $n_s(T)/n$ do número total de elétrons de condução consegue participar de uma supercorrente. A grandeza $n_s(T)$ é conhecida como densidade de elétrons de condução e se aproxima da densidade eletrônica total n quando T cai muito abaixo de T_c, mas cai a zero quando T se eleva para T_c. A fração remanescente de elétrons supostamente constitui um "fluido normal" de densidade $n - n_s$, que não consegue carregar corrente elétrica sem dissipação normal. Supõe-se que a corrente normal e a supercorrente fluam paralelamente. Já que a última flui sem nenhuma resistência, ela carregará toda a corrente induzida por qualquer campo elétrico transitório pequeno, e os elétrons normais permanecerão praticamente inertes. Elétrons normais serão, portanto, ignorados na discussão a seguir.

Suponha que um campo elétrico se origine momentaneamente em um supercondutor. Os elétrons de supercondução serão livremente acelerados sem dissipação, de modo que sua velocidade média $\mathbf{v}_s$ satisfaça[29]

---

[26] Veja as páginas 300-302.

[27] London, F.; London, H. *Proc. Roy. Soc.* (Londres), A149, p. 71, 1935; *Physica*, 2, p. 341, 1935; London, F. *Superfluids*. v. 1. Nova York: Wiley, 1954, e Nova York: Dover, 1954.

[28] O modelo de dois fluidos é também utilizado para descrever o hélio-4 superfluido. Ele é descrito em ambos os volumes por London, F. *Superfluids*. v. 1 e 2, *ibidem*.

[29] Ignoramos os efeitos da estrutura de bandas neste capítulo e descrevemos os elétrons pela dinâmica do elétron livre.

$$m\frac{d\mathbf{v}_s}{dt} = -e\mathbf{E}. \quad \textbf{(34.1)}$$

Já que a densidade de corrente transportada por estes elétrons é $\mathbf{j} = -e\mathbf{v}_s n_s$, a equação (34.1) pode ser escrita da seguinte forma:

$$\frac{d}{dt}\mathbf{j} = \frac{n_s e^2}{m}\mathbf{E}. \quad \textbf{(34.2)}$$

Observe que a transformação de Fourier em (34.2) fornece a condutividade AC comum para um gás de elétrons de densidade n_s no modelo de Drude, equação (1.29), quando o tempo de relaxação τ torna-se infinitamente grande:

$$\begin{aligned} \mathbf{j}(\omega) &= \sigma(\omega)\mathbf{E}(\omega), \\ \sigma(\omega) &= i\frac{n_s e^2}{m\omega}. \end{aligned} \quad \textbf{(34.3)}$$

Substituindo (34.2) na lei de indução de Faraday,

$$\nabla \times \mathbf{E} = -\frac{1}{c}\frac{\partial \mathbf{B}}{\partial t}, \quad \textbf{(34.4)}$$

fornece a seguinte relação entre a densidade de corrente e o campo magnético:

$$\frac{\partial}{\partial t}\left(\nabla \times \mathbf{j} + \frac{n_s e^2}{mc}\mathbf{B}\right) = 0. \quad \textbf{(34.5)}$$

Esta relação, com a equação de Maxwell[30]

$$\nabla \times \mathbf{B} = \frac{4\pi}{c}\mathbf{j}, \quad \textbf{(34.6)}$$

determina os campos magnéticos e as densidades de corrente que podem existir em um condutor perfeito.

Observe particularmente que qualquer campo estático **B** determina uma densidade de corrente estática **j** pela equação (34.6). Já que quaisquer **B** e **j** independentes de tempo são soluções triviais de (34.5), as duas equações são consistentes com um campo magnético estático arbitrário, o que é incompatível com o comportamento observado de supercondutores, que não permite *nenhum* campo em seu interior. F. London e H.

[30] Admitimos que a razão da variação de tempo é tão lenta que a corrente de deslocamento pode ser omitida. Consideramos também o campo em (34.6) como **B** em vez de **H**, porque **j** representa a corrente *microscópica* média que flui no supercondutor. O campo **H** apareceria apenas se representássemos **j** por uma densidade de magnetização efetiva que satisfizesse $\nabla \times \mathbf{M} = \mathbf{j}/c$, e definisse **H** do modo usual como $\mathbf{H} = \mathbf{B} - 4\pi\mathbf{M}$. Neste caso, a equação (34.6) seria substituída pela equação $\nabla \times \mathbf{H} = 0$. Dadas as definições de **H** e **M**, esta seria uma formulação completamente equivalente.

London descobriram que este comportamento característico de supercondutores poderia ser obtido restringindo-se todo o conjunto de soluções de (34.5) àquelas que obedecem[31]

$$\nabla \times \mathbf{j} = -\frac{n_s e^2}{mc}\mathbf{B}, \quad \mathbf{(34.7)}$$

que é conhecida como equação de London. A equação (34.5), que caracteriza qualquer meio que conduz eletricidade sem dissipação, requer que $\nabla \times \mathbf{j} + (n_s e^2/mc)\mathbf{B}$ seja independente de tempo. A equação de London, que é mais restritiva e caracteriza especificamente os supercondutores, distinguindo-os de meros "condutores perfeitos", requer ainda que o valor independente de tempo seja igual a zero.

A razão para a substituição de (34.5) pela equação mais restritiva de London é que a última leva diretamente ao efeito de Meissner.[32] As equações (34.6) e (34.7) implicam que

$$\begin{aligned} \nabla^2 \mathbf{B} &= \frac{4\pi n_s e^2}{mc^2}\mathbf{B}, \\ \nabla^2 \mathbf{j} &= \frac{4\pi n_s e^2}{mc^2}\mathbf{j}. \end{aligned} \quad \mathbf{(34.8)}$$

Estas equações, por sua vez, preveem que correntes e campos magnéticos em supercondutores podem existir apenas em uma camada de espessura Λ da superfície, onde Λ, conhecida como a profundidade de penetração de London, é dada por[33]

---

[31] Esta é uma relação local, isto é, a corrente no ponto **r** é relacionada ao campo no mesmo ponto. A. B. Pippard apontou que, genericamente, deve-se determinar a corrente em **r** pelo campo nas imediações do ponto **r** de acordo com uma relação da forma

$$\nabla \times \mathbf{j}(\mathbf{r}) = -\int d\mathbf{r}' K(\mathbf{r}-\mathbf{r}')\mathbf{B}(\mathbf{r}'),$$

onde o kernel $k(\mathbf{r})$ é considerável apenas para r menor que um comprimento ξ_0. A distância ξ_0 é um de diversos comprimentos fundamentais que caracterizam um supercondutor – todos eles, infelizmente, são indiscriminadamente conhecidos como "comprimento de coerência". Em materiais puros bem abaixo da temperatura crítica, esses comprimentos de coerência são os mesmos, mas próximo a T_c ou em materiais com caminhos livres médios de impureza curtos, o "comprimento de coerência" pode variar de um contexto para o outro. Vamos evitar este emaranhado de comprimentos de coerência restringindo nossos comentários à sua importância para o caso puro de baixa temperatura, em que todos os comprimentos de coerência estão de acordo. Ocorre que, nesses casos, o critério para um supercondutor ser do Tipo I ou II é que o comprimento de coerência seja grande (Tipo I) ou pequeno (Tipo II) em comparação à profundidade de penetração de London Λ [equação (34.9)].

[32] Veremos adiante que a equação de London é também sugerida por certos aspectos do ordenamento eletrônico microscópico.

[33] Considere, por exemplo, o caso de um supercondutor semi-infinito que ocupa o meio espaço $x > 0$. Logo, a equação (34.8) implica que as soluções físicas decaiam exponencialmente:

$$B(x) = B(0)e^{-x/\Lambda}.$$

Examinam-se outras geometrias no Problema 2.

$$\Lambda = \left(\frac{mc^2}{4\pi n_s e^2}\right)^{1/2} = 41{,}9\left(\frac{r_s}{a_0}\right)^{3/2}\left(\frac{n}{n_s}\right)^{1/2}\text{Å}. \quad \textbf{(34.9)}$$

Assim, a equação de London acarreta no efeito Meissner, com um quadro específico das correntes de superfície que blindam o campo aplicado. Estas correntes ocorrem em uma camada de superfície de espessura de $10^2 - 10^3$ Å (bem abaixo de T_c – a espessura pode ser consideravelmente maior próximo à temperatura crítica, quando n_s se aproxima de zero). Nessa mesma camada de superfície, o campo cai continuamente a zero. Estas previsões se confirmam pelo fato de a penetração do campo não ser completa em filmes supercondutores tão ou mais finos do que a profundidade de penetração Λ.

TEORIA MICROSCÓPICA: ASPECTOS QUALITATIVOS

A teoria microscópica de supercondutividade foi apresentada por Bardeen, Cooper e Schrieffer em 1957.[34] Em uma análise generalista como esta, não podemos desenvolver o formalismo necessário para expor adequadamente sua teoria, mas apenas descrever de modo qualitativo seus princípios físicos subjacentes e suas principais previsões teóricas.

A teoria da supercondutividade requer, para começar, uma interação *atrativa* líquida entre elétrons nas imediações da superfície de Fermi. Apesar de a interação eletrostática direta ser repulsiva, é possível que o movimento iônico "blinde" a interação de Coulomb, o que leva a uma atração líquida.[35] Descrevemos esta possibilidade no Capítulo 26, quando demonstramos, mediante o modelo simplificado, que, permitindo-se que os íons se movam em resposta a movimentos dos elétrons, chega-se à interação líquida entre elétrons com vetores de onda **k** e **k**′ da forma[36]

$$v_{\mathbf{k},\mathbf{k}'}^{\text{efetivo}}(\mathbf{k},\mathbf{k}') = \frac{4\pi e^2}{q^2 + k_0^2} \cdot \frac{\omega^2}{\omega^2 - \omega_q^2}, \quad \textbf{(34.10)}$$

onde $\hbar\omega$ é a diferença em energias eletrônicas, k_0 é o vetor de onda de Thomas-Fermi (17.50), **q** é a diferença em vetores de onda de elétrons e $\omega_{\mathbf{q}}$, a frequência de um fônon de vetor de onda **q**.

Portanto, a blindagem pelo movimento iônico pode produzir interação líquida atrativa entre elétrons com energias suficientemente próximas entre si (grosso modo, separadas por

[34] Bardeen, J.; Cooper, L. N.; Schrieffer, J. R. *Phys. Rev.*, 108, p. 1175, 1957. A teoria é genericamente conhecida como teoria BCS.

[35] Evidências diretas de que o movimento iônico tem importante papel no estabelecimento da supercondutividade são fornecidas pelo *efeito isótopo*: a temperatura crítica de diferentes isótopos de determinado elemento metálico varia de um isótopo para o outro, frequentemente (mas nem sempre) como o inverso da raiz quadrada da massa iônica. O fato de haver qualquer dependência da massa iônica demonstra que os íons não podem ter papel meramente estático na transição, mas devem estar dinamicamente envolvidos nela.

[36] Veja o Capítulo 26. H. Frölich foi quem primeiro enfatizou que tal atração era possível e podia ser a fonte da supercondutividade.

menos que $\hbar\omega_D$, uma medida da energia típica de fônons). Essa atração[37] fundamenta a teoria da supercondutividade.

Dado que os elétrons cujas energias diferem por $O(\hbar\omega_D)$ podem experimentar atração líquida, surge a possibilidade desses elétrons formarem pares ligados,[38] o que pareceria duvidoso, já que, em três dimensões, duas partículas devem interagir com um mínimo de força para formar um estado ligante, condição que esta limitada atração efetiva não satisfaria. No entanto, Cooper[39] argumentou que essa possibilidade aparentemente implausível torna-se bastante provável pela influência dos $N - 2$ elétrons remanescentes no par de interação, pelo princípio da exclusão de Pauli.

Cooper considerou o problema de dois elétrons com uma interação atrativa fraca demais para ligá-los se estivessem isolados. Ele demonstrou que, na presença de uma esfera de Fermi de elétrons adicionais,[40] o princípio da exclusão altera radicalmente o problema dos dois elétrons, de forma que um estado ligante se faça presente independentemente de a atração ser fraca. Além de indicar que a atração líquida não precisa ter força mínima para ligar um par, o cálculo de Cooper também indicou como a temperatura de transição de supercondução poderia ser tão baixa em comparação a todas as outras temperaturas características do sólido. Isso foi resultado da forma de sua solução, que forneceu energia ligante muito pequena se comparada à energia potencial de atração quando a atração era fraca.

O argumento de Cooper se aplica a um único par de elétrons na presença de uma distribuição de Fermi normal de elétrons adicionais. A teoria de Bardeen, Cooper e Schrieffer deu o próximo passo, construindo um estado fundamental no qual *todos* os elétrons formam pares ligantes. Trata-se de uma extensão considerável do modelo de Cooper, já que agora cada elétron tem dois papéis: fornece a restrição necessária em vetores de onda permitidos (pelo princípio da exclusão) que torna possível a ligação de outros pares apesar da fraqueza da atração e, ao mesmo tempo, o próprio elétron participa de um dos pares ligantes.

A aproximação BCS para a função de onda do estado fundamental eletrônico pode ser descrita como a seguir: agrupe os N elétrons de condução em $N/2$ pares[41] e deixe que cada par seja descrito por uma função de onda de estado ligado $\phi(\mathbf{r}s,\mathbf{r}'s')$, em que $\mathbf{r}$ é a posição eletrônica e s é o número quântico de spin. Considere, então, a função

[37] Qualquer outro mecanismo que leva a interação líquida atrativa entre elétrons próximos à superfície de Fermi também levaria ao estado de supercondução em uma temperatura baixa. Entretanto, não se estabeleceu nenhum caso de supercondutividade por conta de outros mecanismos de modo convincente em metais.

[38] Genericamente, pode-se pensar na possibilidade de n elétrons se ligando, mas a fraca interação e o princípio da exclusão de Pauli tornam o caso $n = 2$ o mais promissor.

[39] Cooper, L. N. *Phys. Rev.*, 104, p. 1189, 1956.

[40] Considerava-se que a distribuição degenerada de Fermi de elétrons adicionais não tinha outro papel senão o de proibir os dois elétrons de ocuparem quaisquer níveis com vetores de onda menores que k_F. Assim, o cálculo de Cooper foi basicamente o cálculo de dois elétrons, exceto pelo fato de a análise se restringir a estados formados de níveis monoeletrônicos, dos quais ondas planas com vetores de onda menores que k_F tinham sido excluídas (veja o Problema 4).

[41] O elétron ímpar (se N for ímpar) não tem importância no limite de um grande sistema.

de onda de N elétrons, que é exatamente o produto de $N/2$ *idêntico* a tais funções de onda de dois elétrons:

$$\Psi(\mathbf{r}_1 s_1, \ldots, \mathbf{r}_N s_N) = \phi(\mathbf{r}_1 s_1, \mathbf{r}_2 s_2) \ldots \phi(\mathbf{r}_{N-1} s_{N-1}, \mathbf{r}_N s_N). \quad \mathbf{(34.11)}$$

que descreve um estado no qual todos os elétrons estão ligados, em pares, em estados idênticos de dois elétrons. Entretanto, falta a simetria necessária pelo princípio de Pauli. Para construir um estado que mude o sinal sempre que as coordenadas de espaço e spin de quaisquer dois elétrons sejam permutadas, devemos antissimetrizar o estado (34.11), o que leva ao estado fundamental BCS:[42]

$$\Psi_{\text{BCS}} = \alpha\Psi. \quad \mathbf{(34.12)}$$

Pode parecer surpreendente o fato de o estado (34.12) satisfazer o princípio de Pauli apesar de todas as funções de onda pares ϕ que aparecem nele serem idênticas. De fato, se tivéssemos construído um estado produto análogo a (34.11) de N níveis *mono*eletrônicos idênticos, a antissimetrização subsequente faria com que ele desaparecesse. A exigência fundamental da antissimetria implica que nenhum nível monoeletrônico pode ser duplamente ocupado quando os estados são produtos antissimetrizados dos níveis monoeletrônicos. No entanto, a exigência da antissimetria não implica a restrição correspondente na ocupação de níveis de dois elétrons em estados que sejam produtos antissimetrizados de níveis de dois elétrons.[43]

Pode-se demonstrar que, se o estado (34.12) se define como o estado triplo em uma estimativa variacional da energia do estado fundamental, a escolha ótima de ϕ deve levar a energia mais baixa do que a melhor escolha de determinantes de Slater (ou seja, a melhor função tripla de elétron independente) para qualquer interação atrativa, não importando sua fraqueza.

Na teoria BCS, as funções de onda pares ϕ são definidas como estados de simpleto,[44] ou seja, os dois elétrons no par têm spins opostos, e a parte orbital da função de onda

[42] O antissimetrizador Ɲ simplesmente adiciona à função sobre a qual atua cada uma das $N! - 1$ funções obtidas por todas as permutas possíveis dos argumentos, ponderadas com $+1$ ou -1, dependendo de a permuta ser construída ou não de um número par ou ímpar de permutas de pares.

[43] Por conta disso, é possível que um par de férmions se comporte estatisticamente como um bóson. De fato, se a energia de ligação de cada par fosse tão forte, a ponto de o tamanho do par ser pequeno em comparação ao espaçamento interpartículas r_s, o estado fundamental consistiria de $N/2$ bósons, todos condensados no mesmo nível de dois elétrons. Entretanto, como veremos, o tamanho de um par de Cooper é grande em comparação a r_s, e pode ser altamente confuso visualizar os pares de Cooper como bósons independentes.

[44] Se os estados pares fossem tripletos (spin 1), haveria propriedades magnéticas características não observadas. O pareamento triplo, no entanto, foi observado no hélio-3 líquido – um líquido degenerado de Fermi que possui muitas semelhanças com o gás de elétrons em metais. Veja, por exemplo, Lundqvist, B.; Lundqvist, S. (eds.). *Nobel Symposium* 24, *Collective properties of physical systems.* Nova York: Academic Press, 1973. p. 84-120.

$\phi(\mathbf{r},\mathbf{r}')$ é simétrica. Se o estado par for definido como transacionalmente invariante (que ignora possíveis complicações devido ao potencial periódico da rede), de forma que $\phi(\mathbf{r},\mathbf{r}')$ tem a forma $\chi(\mathbf{r}-\mathbf{r}')$, pode-se escrever:

$$\chi(\mathbf{r}-\mathbf{r}') = \frac{1}{V}\sum_{\mathbf{k}} \chi_{\mathbf{k}} e^{i\mathbf{k}\cdot\mathbf{r}} e^{-i\mathbf{k}\cdot\mathbf{r}'}. \quad \mathbf{(34.13)}$$

Assim, pode-se ver χ como uma superposição de produtos de níveis monoeletrônicos, em cujos termos estão emparelhados elétrons com vetores de onda iguais e opostos.[45]

Um resultado do cálculo variacional de ψ_{BCS} é que a faixa espacial ξ_0 da função de onda par[46] é muito grande em comparação ao espaçamento entre elétrons r_s. A estimativa aproximada de ξ_0 pode ser construída da seguinte maneira: a função de onda par $\phi(\mathbf{r})$ é presumivelmente a superposição de níveis monoeletrônicos com energias entre $O(\Delta)$ de ε_F, já que fora daquela faixa de energia experimentos de tunelamento indicam que a densidade de nível monoeletrônico pouco se altera em relação à forma que tem em um metal comum. O espalhamento em momentos dos níveis monoeletrônicos que formam o estado de par é, portanto, fixado pela condição

$$\Delta = \delta\varepsilon = \delta\left(\frac{p^2}{2m}\right) = \left(\frac{p_F}{m}\right)\delta p \approx v_F \delta p. \quad \mathbf{(34.14)}$$

A faixa espacial de $\phi(\mathbf{r})$ é, desse modo, da ordem

$$\xi_0 \sim \frac{\hbar}{\delta p} \sim \frac{\hbar v_F}{\Delta} \sim \frac{1}{k_F}\frac{\varepsilon_F}{\Delta}. \quad \mathbf{(34.15)}$$

Já que ε_F é tipicamente $10^3 - 10^4$ vezes Δ, e k_F é da ordem de 10^8 cm^{-1}, ξ_0 é tipicamente 10^3 Å.

Assim, na região ocupada por determinado par serão encontrados os centros de muitos (milhões, ou mais) pares. Este é um aspecto crucial do estado de supercondução: não se pode pensar nos pares como partículas independentes, mas como se estivessem interligadas espacialmente de modo muito intrincado, o que é essencial para a estabilidade do estado.

Essa exposição resume os aspectos essenciais do estado fundamental eletrônico em um supercondutor. Para se descreverem os estados excitados e as propriedades térmicas e

---

[45] Este aspecto do estado fundamental é geralmente enfatizado, e postula-se que elétrons com spins e vetores de onda opostos são ligados em pares, o que não é mais (nem menos) preciso do que afirmar que qualquer estado ligante translacionalmente invariante de duas partículas idênticas os pareia com momentos iguais e opostos, isto é, a afirmativa enfoca corretamente o fato de que o momento total do par ligado é zero, mas curiosamente não atenta para o fato de que o estado é uma superposição de tais pares, e, portanto, localiza-se na coordenada de posição relativa (diferentemente de um único produto de ondas planas).

[46] Em supercondutores puros bem abaixo de T_c, isso acaba sendo o mesmo que o comprimento de coerência, descrito na nota 31. Ele é, portanto, representado pelo mesmo símbolo.

de transporte de um supercondutor, deve-se recorrer a formalismos mais sofisticados, o que não será feito aqui. Porém, enfatizamos que a imagem física subjacente permanece a mesma de um sistema de elétrons pareados. Em processo de não equilíbrio, o estado par pode ser mais complexo. Em temperaturas diferentes de zero, uma fração dos pares está termicamente dissociada, e a densidade dos elétrons de supercondução n_s é determinada pela fração que permanece pareada. Além disso, por conta da natureza autoconsistente intrincada do emparelhamento, a dissociação térmica de alguns dos pares em temperatura diferente de zero resulta em uma dependência da temperatura nas propriedades características (por exemplo, a faixa de função par) daqueles pares que permanecem ligados. Quando T se eleva para T_c, todos os pares tornam-se dissociados, e o estado fundamental reverte-se continuamente de volta ao estado fundamental normal da aproximação do elétron independente.

PREVISÕES QUANTITATIVAS DA TEORIA MICROSCÓPICA ELEMENTAR

Em sua forma mais simples, a teoria BCS incorre em duas simplificações grosseiras da Hamiltoniana básica que descreve os elétrons de condução:

1. Os elétrons de condução são tratados na aproximação do elétron livre; efeitos da estrutura de banda são ignorados.

2. A interação líquida atrativa um tanto complicada[47] (34.10) entre elétrons próximos à energia de Fermi é ainda mais simplificada para a interação efetiva V. O elemento matricial de V, entre um estado de dois elétrons com vetores de onda eletrônicos $\mathbf{k}_1$ e $\mathbf{k}_2$, e um segundo com vetores de onda $\mathbf{k}_3$ e $\mathbf{k}_4$, é tomado em um volume Ω como

$$\begin{aligned} \langle \mathbf{k}_1 \mathbf{k}_2 | V | \mathbf{k}_3 \mathbf{k}_4 \rangle &= -V_0/\Omega, \text{ quando } \mathbf{k}_1 + \mathbf{k}_2 = \mathbf{k}_3 + \mathbf{k}_4, \\ &\quad |\varepsilon(\mathbf{k}_i) - \varepsilon_F| < \hbar\omega, i = 1, \ldots, 4, \quad \mathbf{(34.16)} \\ &= 0, \text{ de outro modo.} \end{aligned}$$

A restrição a vetores de onda é necessária para qualquer potencial translacionalmente invariante; o aspecto importante da interação (34.16) é a atração *experimentada* sempre que as quatro energias de elétron livre estejam em uma quantidade $\hbar\omega$ (em geral considerada de ordem $\hbar\omega_D$) da energia de Fermi.

A equação (34.16) é uma simplificação da real interação líquida, e quaisquer resultados que dependam de seus aspectos devem ser vistos com suspeitas. Felizmente, a teoria prevê um número de relações das quais os dois parâmetros fenomenológicos V_0 e $\hbar\omega$ estão ausentes. São relações perfeitamente obedecidas por uma grande classe de supercondutores, com algumas exceções (como o chumbo e o mercúrio). Todavia, mesmo essas exceções, conhecidas como "supercondutores de forte acoplamento", podem ser trazidas de modo

---

[47] Não se deve esquecer que até mesmo a equação (34.10) é uma representação comparativamente aproximada da interação dinâmica detalhada induzida entre os elétrons pelos fônons. Para os chamados supercondutores de acoplamento forte (veja a seguir), a equação (34.10) é inadequada.

convincente para a estrutura mais geral da teoria BCS, contanto que as simplificações inerentes à interação aproximada (34.16) sejam abandonadas, com algumas outras representações excessivamente simplórias dos efeitos dos fônons.[48]

Da Hamiltoniana modelo (34.16), a teoria BCS deduz as principais previsões de equilíbrio seguintes:

Temperatura crítica

Em um campo magnético zero, o ordenamento de supercondução se inicia a uma temperatura crítica dada por

$$k_B T_c = 1,13\hbar\omega e^{-1/N_0 V_0}, \quad \mathbf{(34.17)}$$

onde N_0 é a densidade de níveis eletrônicos para uma única população de spin no metal comum[49] e ω e V_0 são os parâmetros da Hamiltoniana modelo (34.16). Por conta da dependência do exponencial, não se pode determinar o acoplamento efetivo V_0 com exatidão suficiente para permitir computações muito precisas da temperatura crítica a partir de (34.17). No entanto, essa mesma dependência exponencial explica as temperaturas críticas muito baixas (normalmente, uma a três ordens de magnitude abaixo da temperatura de Debye), já que, apesar de $\hbar\omega$ ser da ordem de $k_B\Theta_D$, a forte dependência em N_0V_0 poder levar à faixa observada de temperaturas críticas com N_0V_0 na faixa de 0,1 a 0,5, ou seja, com $V_0 n$ na faixa[50] de 0,5 ε_F a 0,5 ε_F. Observe também que, independentemente da intensidade da fraqueza do acoplamento V_0, a teoria prevê uma transição, embora a temperatura de transição (34.17) possa ser imperceptivelmente baixa.

Gap de energia

Prevê-se uma fórmula similar a (34.17) para o gap de energia de temperatura zero:

$$\Delta(0) = 2\hbar\omega e^{-1/N_0 V_0}. \quad \mathbf{(34.18)}$$

A razão (34.18) por (34.17) fornece uma fórmula fundamental independente dos parâmetros fenomenológicos:

---

[48] Na teoria dos supercondutores de forte acoplamento, trata-se do sistema elétron-fônon completo sem que, no início, se tente eliminar os fônons em favor de uma interação efetiva da forma (34.16) ou até mesmo da forma (34.10). Como consequência, a interação líquida entre elétrons torna-se mais complicada e não mais instantânea, mas retardada. Além disso, a vida útil, em virtude do espalhamento elétron-fônon dos níveis eletrônicos em $\hbar\omega_D$ do nível de Fermi, pode ser tão curta que a imagem de níveis monoeletrônicos bem definidos dos quais os pares são formados também requer modificações.

[49] A grandeza N_0 é simplesmente $g(\varepsilon_F)/2$. Esta notação para a densidade de níveis é amplamente utilizada na literatura sobre supercondutividade.

[50] A grandeza N_0 é da ordem de n/ε_F [veja a equação (2.65)].

$$\frac{\Delta(0)}{k_B T_c} = 1,76. \quad \textbf{(34.19)}$$

O resultado se mantém para um grande número de supercondutores, em até cerca de 10% (Tabela 34.3). Aqueles para os quais ele falha (por exemplo, chumbo e mercúrio, nos quais a discrepância é mais próxima de 30%) tendem sistematicamente a se desviar também de outras previsões da teoria simples, obedecendo de forma mais adequada a previsões teóricas que utilizem abordagens mais elaboradas, como a teoria do forte acoplamento.

A teoria elementar também prevê que, próximo à temperatura crítica (em campo zero), o gap de energia desaparece de acordo com a lei universal[51]

$$\frac{\Delta(T)}{\Delta(0)} = 1,74\left(1 - \frac{T}{T_c}\right)^{1/2}, \qquad T \approx T_c. \quad \textbf{(34.20)}$$

TABELA 34.3
Valores medidos* de $2\delta(0)/K_b T_c$

Elemento	$2\Delta(0)/k_B T_C$
Al	3,4
Cd	3,2
Hg(α)	4,6
In	3,6
Nb	3,8
Pb	4,3
Sn	3,5
Ta	3,6
Tl	3,6
V	3,4
Zn	3,2

* $\Delta(0)$ é extraído de experimentos de tunelamento. Observe que o valor BCS para esta razão é 3,53. A maior parte dos valores listados tem incerteza de ±0,1.
Fonte: Mersevey, R.; Schwartz, B. B. *Superconductivity.* Parks, R. D. (ed.). Nova York: Dekker, 1969.

[51] A equação (34.20) é resultado característico da teoria do campo médio (compare com a previsão da teoria do campo médio de que a magnetização espontânea desaparece quando $(T_c - T)^{1/2}$, Capítulo 33, Problema 6). A teoria do campo médio não funciona em ferromagnetos suficientemente próximos à temperatura crítica. Presumivelmente, ela falha em supercondutores suficientemente próximos a T_c também, mas argumenta-se que a região na qual a teoria do campo médio falha é excessivamente pequena (normalmente $(T_c - T)/T_c \approx 10^{-8}$). Os supercondutores fornecem um raro exemplo de transição de fase, muito bem descrita por uma teoria de campo médio próximo ao ponto crítico.

Campo crítico

A previsão BCS elementar para $H_c(T)$ é em geral expressa em termos do desvio da lei empírica:[52]

$$\frac{H_c(T)}{H_c(0)} \approx 1 - \left(\frac{T}{T_c}\right)^2. \quad \textbf{(34.21)}$$

A grandeza $[H_c(T)/H_c(0)] - [1 - (T/T_c)^2]$ é mostrada para diversos supercondutores na Figura 34.8, com a previsão BCS. A saída é pequena em todos os casos, mas observe que os supercondutores de forte acoplamento chumbo e mercúrio estão mais fora de linha do que os outros.

Calor específico

Na temperatura crítica (em campo magnético zero), a teoria BCS elementar prevê uma descontinuidade do calor específico que pode também ser colocada em uma forma independente dos parâmetros da Hamiltoniana modelo (34.16):[53]

$$\left.\frac{c_s - c_n}{c_n}\right|_{T_c} = 1,43. \quad \textbf{(34.22)}$$

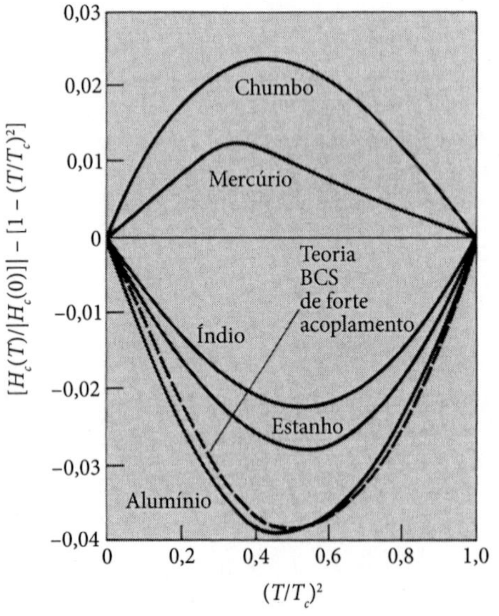

FIGURA 34.8
O desvio da relação empírica $H_cT/H_c(0) \approx 1 - [T/T_c]^2$, como medido em diversos metais e como previsto pela teoria BCS simples. Desvios da simples previsão BCS são mais pronunciados nos supercondutores de "forte acoplamento", chumbo e mercúrio. (Swihart, J. C. *et al. Phys. Rev. Lett.*, 14, p. 106, 1965.)

[52] A previsão BCS pode outra vez ser computada em uma forma independente de parâmetro. Em baixas temperaturas, ela é $H_c(T)/H_c(0) \approx 1 - 1,06(T/T_c)^2$, enquanto que, próximo a T_c, ela é $H_c(T)/H_c(0) = 1.74[1 - (T/T_c)]$.

[53] Uma descontinuidade do calor específico em T_c é também resultado característico da teoria do campo médio. Presumivelmente, quando *muito* próximo a T_c, o calor específico pode diferir.

A concordância desta previsão com o experimento é mais uma vez adequada em cerca de 10%, com exceção dos supercondutores de acoplamento forte (Tabela 34.4).

TABELA 34.4
Valores medidos da razão*

Elemento	$\left[\frac{c_s - c_n}{c_n}\right]_{T_c}$
Al	1,4
Cd	1,4
Ga	1,4
Hg	2,4
In	1,7
La(HCP)	1,5
Nb	1,9
Pb	2,7
Sn	1,6
Ta	1,6
Tl	1,5
V	1,5
Zn	1,3

*A simples previsão BCS é $[(c_s - c_n)/c_n]T_c = 1{,}43$.
Fonte: Mersevey R.; Schwartz, B. B. *Superconductivity.* Parks, R. D. (ed.). Nova York: Dekker, 1969.

O calor específico eletrônico de baixa temperatura também pode ser calculado em uma forma independente de parâmetro,

$$\frac{c_s}{\gamma T_c} = 1{,}34\left(\frac{\Delta(0)}{T}\right)^{3/2} e^{-\Delta(0)/T}, \quad \textbf{(34.23)}$$

onde γ é o coeficiente do termo linear no calor específico do metal no estado normal [equação (2.80)]. Observe a queda exponencial, em uma escala determinada pelo gap de energia $\Delta(0)$.

TEORIA MICROSCÓPICA E O EFEITO MEISSNER

Na presença de um campo magnético, as correntes diamagnéticas fluirão no estado de equilíbrio de um metal, independentemente de ele ser normal ou de supercondução, embora as correntes sejam bem maiores em um supercondutor. Em um modelo de elétron livre, a corrente será determinada para primeira ordem no campo por uma equação da forma[54]

$$\nabla \times \mathbf{j}(\mathbf{r}) = -\int d\mathbf{r}' K(\mathbf{r} - \mathbf{r}')\mathbf{B}(\mathbf{r}'). \quad \textbf{(34.24)}$$

[54] Este é o mesmo kernel K mencionado na nota 31 deste capítulo.

Caso ocorra de o kernel $K(\mathbf{r})$ satisfazer

$$\int d\mathbf{r}\, K(\mathbf{r}) = K_0 \neq 0, \quad \mathbf{(34.25)}$$

Então, no limite de campos magnéticos que variam lentamente pela faixa de $K(\mathbf{r})$, a equação (34.24) se reduz a

$$\nabla \times \mathbf{j}(\mathbf{r}) = -K_0\mathbf{B}(\mathbf{r}), \quad \mathbf{(34.26)}$$

o que nada mais é do que a equação de London (34.7), com n_s dado por

$$n_s = \frac{mc}{e^2}K_0. \quad \mathbf{(34.27)}$$

Como a equação de London implica o efeito Meissner, segue-se que em metais normais a constante K_0 deve desaparecer. Para demonstrar que a teoria BCS implica o efeito Meissner, calcula-se o kernel $K(\mathbf{r})$ pela teoria da perturbação no campo aplicado e verifica-se explicitamente que $K_0 \neq 0$.

A demonstração fática de que $K_0 \neq 0$ é uma aplicação bastante complexa da teoria BCS. No entanto, uma explicação mais intuitiva para a equação de London foi oferecida quando de sua primeira exposição, pelos próprios London. Pode-se tornar a explicação um pouco mais atrativa graças à teoria fenomenológica de V. L. Ginzburg e L. D. Landau,[55] que, apesar de ter sido proposta sete anos antes da teoria BCS, pode ser descrita de modo bastante natural nos termos de algumas das noções fundamentais da teoria microscópica.

A TEORIA DE GINZBURG-LANDAU

Ginzburg e Landau afirmaram que o estado de supercondução poderia ser caracterizado por um complexo "parâmetro de ordem" $\psi(\mathbf{r})$, que desaparece acima de T_c e cuja magnitude mede o grau de ordem de supercondução na posição **r** abaixo de T_c.[56] A partir da perspectiva da teoria BCS, o parâmetro de ordem pode ser visto como função de onda de uma partícula que descreve a posição do centro de massa de um par de Cooper. Já que todos os pares de Cooper estão no mesmo estado de dois elétrons, uma única função é suficiente. Como o parâmetro de ordem não se refere à coordenada relativa dos dois elétrons no par, a descrição

[55] Ginzburg, V. L.; Landau, L. D. *Zh, Eksp. Teor. Fiz.*, 20, p. 1064, 1950.

[56] É às vezes útil se ter em mente uma analogia com o ferromagneto de Heisenber, em que o parâmetro de ordem pode ser visto como o valor médio do spin local $\mathbf{s}(\mathbf{r})$. Acima de T_c, $\mathbf{s}(\mathbf{r})$ desaparece; abaixo, fornece o valor local da magnetização espontânea. No estado fundamental, $\mathbf{s}(\mathbf{r})$ é independente de **r** [e, de modo correspondente, em um supercondutor uniforme que não tem corrente, $\psi(\mathbf{r})$ é constante]. No entanto, podemos considerar as configurações mais complicadas do ferromagneto, nas quais, por exemplo, a magnetização se restringe por campos aplicados que apontam diferentes direções em duas extremidades de uma barra. Um $\mathbf{s}(\mathbf{r})$ dependente de posição é utilizado para investigar as configurações com corrente de um supercondutor.

de um supercondutor em termos de $\psi(\mathbf{r})$ é válida apenas para fenômenos que variam lentamente na escala[57] das dimensões do par.

No estado fundamental do supercondutor, cada par está em um estado translacionalmente invariante que não depende da coordenada do centro de massa, ou seja, o parâmetro de ordem é uma constante. O parâmetro de ordem desenvolve uma estrutura interessante quando as correntes fluem ou quando um campo aplicado se faz presente. Uma suposição fundamental da teoria de Ginzburg-Landau é que a corrente que flui em um supercondutor caracterizado pelo parâmetro de ordem $\psi(\mathbf{r})$, na presença de um campo magnético dado pelo vetor potencial $\mathbf{A}(\mathbf{r})$, é dada por uma fórmula ordinária quântico-mecânica para a corrente devido a uma partícula de carga $-2e$ e massa $2m$ (ou seja, o próprio par de Cooper) descrita por uma função de onda $\psi(\mathbf{r})$, a saber

$$\mathbf{j} = -\frac{e}{2m}\left[\psi^* \left\{\left(\frac{\hbar}{i}\nabla + \frac{2e}{c}\mathbf{A}\right)\psi\right\} + \left\{\left(\frac{\hbar}{i}\nabla + \frac{2e}{c}\mathbf{A}\right)\psi\right\}^* \psi\right]. \quad \textbf{(34.28)}$$

A equação de London (34.7) resulta de (34.28), desde que também se admita que a variação espacial importante do parâmetro de ordem $\psi = |\psi|e^{i\phi}$ se dá por meio da fase ϕ, não da magnitude $|\psi|$. Como a magnitude do parâmetro de ordem mede o grau de ordenamento da supercondução, essa suposição restringe as considerações relacionadas às perturbações nas quais a densidade dos pares de Cooper não é significativamente alterada de seu valor de equilíbrio térmico uniforme. Este deve ser o caso em fenômenos nos quais os pares podem fluir, mas não se acumular ou ser destruídos.[58]

Dada esta suposição, a relação (34.28) para a corrente simplifica-se em

$$\mathbf{j} = -\left[\frac{2e^2}{mc}\mathbf{A} + \frac{e\hbar}{m}\nabla\phi\right]|\psi|^2. \quad \textbf{(34.29)}$$

Como a ondulação de qualquer gradiente desaparece e $|\psi|^2$ é essencialmente constante, deduzimos imediatamente a equação de London (34.7), contanto que identifiquemos a densidade de superfluido n_s com $2|\psi|^2$, o que é razoável, em vista da interpretação de ψ como uma função de onda que caracteriza partículas de carga $2e$.

[57] Bem abaixo de T_c isto é exatamente o comprimento ζ_0, descrito na página 804.

[58] Genericamente, quando o grau de ordem de supercondução tem variação espacial significativa, deve-se usar a segunda equação de Ginzburg-Landau em conjunção com (34.28) para determinar-se tanto ψ quanto a corrente. A segunda equação relaciona a taxa espacial de variação do parâmetro de ordem ao potencial de vetor, e tem semelhança (até certo ponto enganosa) com a equação de uma partícula de Schrödinger. O uso do conjunto completo de equações de Ginzburg-Landau é essencial, por exemplo, na descrição de vórtices em supercondutores do Tipo II, porque na parte mais interna do vórtice a magnitude do parâmetro de ordem cai rapidamente a zero, formando uma região em que o fluxo magnético é significativo.

QUANTIZAÇÃO DE FLUXO

A equação (34.29) tem implicação ainda mais surpreendente do que a equação de London. Considere um supercondutor na forma de um anel (Figura 34.9). Se integrarmos (34.29) a um caminho dentro do material de supercondução que fecha o orifício do anel, então, já que correntes significativas podem fluir apenas próximo à superfície do supercondutor, encontramos que

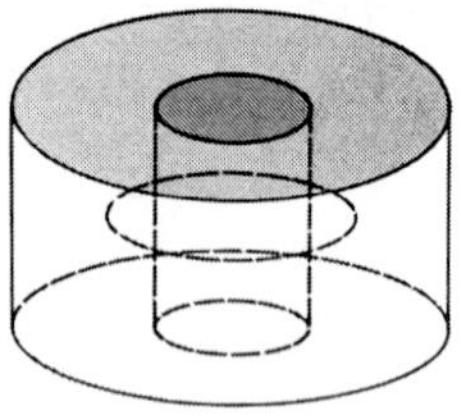

FIGURA 34.9
Um anel de material supercondutor mostra o caminho que circunda a abertura e que se localiza bem no interior do supercondutor.

$$0 = \oint \mathbf{j} \cdot d\ell = \oint \left(\frac{2e^2}{mc} \mathbf{A} + \frac{e\hbar}{m} \nabla\phi \right) \cdot d\ell. \quad \mathbf{(34.30)}$$

O teorema de Stokes fornece

$$\int \mathbf{A} \cdot d\ell = \int \nabla \times \mathbf{A} \cdot d\mathbf{S} = \int \mathbf{B} \cdot d\mathbf{S} = \Phi, \quad \mathbf{(34.31)}$$

onde Φ é o fluxo incluso pelo anel.[59] Além disso, já que o parâmetro de ordem tem apenas um valor, sua fase deve mudar por 2π vezes um número inteiro n quando o anel está circundado:

$$\oint \nabla\phi \cdot d\ell = \Delta\phi = 2\pi n. \quad \mathbf{(34.32)}$$

Combinando esses resultados, concluímos que o fluxo magnético incluso pelo anel deve ser quantizado:

$$|\Phi| = \frac{nhc}{2e} = n\Phi_0. \quad \mathbf{(34.33)}$$

A grandeza $\Phi_0 = hc/2e = 2{,}0679 \times 10^{-7}$ gauss-cm^2 é conhecida como fluxoide ou quantum de fluxo. A quantização de fluxo já foi observada e é uma das evidências mais definitivas da validade da descrição de um supercondutor por meio de um parâmetro de ordem complexo.[60]

[59] Como o campo magnético não pode penetrar no material de supercondução, o fluxo considerado não dependerá da escolha do caminho, ao menos enquanto o caminho estiver bem no interior do material.

[60] Deaver B. S.; Fairbank, W. M. *Phys. Rev. Lett.*, 7, p. 43, 1961; Doll R., Näbauer, M. *Phys. Rev. Lett.*, 7, p. 51, 1961. A teoria de Ginzburg-Landau também prevê, e experimentos confirmam, que cada vórtice em um supercondutor do Tipo II contém um único quantum de fluxo magnético.

TEORIA MICROSCÓPICA E CORRENTES PERSISTENTES

A propriedade graças à qual os supercondutores têm esse nome é, infelizmente, uma das mais difíceis de extrair da teoria microscópica. De certa forma, a condutividade perfeita é subentendida pelo efeito Meissner, já que correntes macroscópicas devem fluir sem dissipação para que blindem campos magnéticos macroscópicos em equilíbrio. De fato, a derivação microscópica direta de correntes persistentes não é diferente daquela do efeito Meissner. Calcula-se para uma ordem linear a corrente induzida por um campo elétrico e demonstra-se que há uma parte na condutividade AC que tem a forma (34.3) adequada a um gás de elétrons sem dissipação. Para tanto, é suficiente provar-se que[61]

$$\lim_{\omega \to 0} \omega \, \mathrm{Im}\, \sigma(\omega) \neq 0. \quad \textbf{(34.34)}$$

O valor da constante diferente de zero determina, pela comparação com (34.3), o valor da densidade de elétrons de supercondução n_s.

Demonstrar que (34.34) se mantém é mais complicado do que demonstrar a condição (34.25) para o efeito Meissner, pois é essencial incluir os efeitos de espalhamento: se não houvesse espalhamento, qualquer metal obedeceria (34.34), mas mesmo na ausência de espalhamento o cálculo do diamagnetismo em um metal normal não revela nenhum efeito Meissner. No entanto, o cálculo foi feito[62] e encontra-se que o valor de n_s deduzido da condutividade de baixa frequência está de acordo com aquele deduzido do cálculo do efeito Meissner. Esse cálculo é bastante formal e não fornece explicação intuitiva para o fato de que nenhum dos mecanismos conhecidos de espalhamento é efetivo para a degradação de uma corrente, já que foi estabelecido em um metal de supercondução. Tal explicação intuitiva é ao menos sugerida pela linha de pensamento a seguir:[63]

Suponha que utilizamos um campo elétrico para estabelecer uma corrente em um metal, e então desligamos o campo e perguntamos como a corrente pode decair. Em um metal normal, a corrente pode ser degradada um elétron por vez, ou seja, processos de espalhamento podem reduzir o momento total do sistema eletrônico por uma série de colisões

---

[61] A equação (34.34) não é diferente em estrutura da condição (34.25) para um efeito Meissner. A integral sobre todo o espaço do kernel K é igual ao limite $k = 0$ de sua transformada de Fourier espacial. Em ambos os casos, deve-se estabelecer a falha de certa função de resposta eletromagnética desaparecer, em um limite adequado de longo comprimento de onda ou de baixa frequência.

[62] Veja, por exemplo, Abrikosov, A. A.; Gorkov, L. P.; Dzyaloshinski, I. E. *Methods of quantum field theory in statistical physics*. Englewood Cliffs: Prentice-Hall, 1963. p. 334-341.

[63] Há uma variedade de argumentos "intuitivos" sobre este ponto, muitos deles bem espúrios. Há, por exemplo, o argumento (baseado em um antigo argumento de Landau para explicar a superfuidez em ^{4}He) que pretende deduzir correntes persistentes da existência de um gap no espectro de excitação monoeletrônica. Mas isto apenas explica por que as correntes não podem ser degradadas por excitações monoeletrônicas, deixando em aberto a possibilidade de se degradar a corrente par a par. O argumento que indicamos aqui pode ser encontrado sob muitas formas, associado a noções de "rigidez da função de onda", "ordem de longo alcance fora da diagonal" ou "coerência de fase de longo alcance".

de elétrons individuais com impurezas, fônons, imperfeições etc., e cada um dos quais, na média, conduz a distribuição de *momento* de volta a sua forma de equilíbrio, na qual a corrente total desaparece. Quando uma corrente se estabelece em um supercondutor, todos os pares de Cooper se movem juntos: o simples estado de dois elétrons que descreve cada um dos pares é o que possui um centro diferente de zero de *momento* de massa.[64] Pode-se esperar que tal corrente seja degradada por colisões de pares individuais, análogas às colisões monoeletrônicas em um metal normal, no qual pares individuais têm seus *momentos* de centro de massa reduzidos de volta a zero pelas colisões. Essa sugestão, no entanto, não leva em conta a delicada interdependência dos pares.[65] Essencial para a estabilidade do estado emparelhado é o fato de que todos os outros pares existem e são descritos por funções de onda de pares idênticas. Assim, não é possível trocar as funções de onda de par individualmente sem que se destrua o estado de emparelhamento também, com enorme custo de energia livre.

A transição da degradação de supercorrente menos dispendiosa em energia livre depende, em geral, da geometria do espécime, mas geralmente requer a destruição do emparelhamento em alguma porção macroscópica da amostra. Esses processos são possíveis, mas o custo em energia livre será normalmente tão grande que a vida útil da supercorrente é infinita em qualquer escala prática de tempo.[66]

TUNELAMENTO DE SUPERCORRENTE: OS EFEITOS JOSEPHSONS

Descrevemos (veja a página 796) o tunelamento de elétrons individuais de um metal de supercondução através de uma fina barreira isolante para um metal normal, e indicamos como as medidas da corrente de tunelamento fornecem informações sobre a densidade dos níveis monoeletrônicos no supercondutor. Medições das correntes de tunelamento também podem ser feitas quando os metais são supercondutores, e os resultados se encaixam caso suponha-se que ambos os metais tenham densidades de nível monoeletrônicos na forma prevista pela teoria BCS (Figura 34.10). Em 1962, Josephson[67] previu que, além desse "tunelameno comum" de elétrons individuais, deveria haver outro componente nesta corrente de tunelamento conduzida por elétrons emparelhados: contanto que a barreira não fosse

[64] Confirma-se, pelo fato de não haver efeitos termoelétricos em um supercondutor, que a supercorrente é bem descrita com a consideração de que todos os elétrons emparelhados ocupam um único estado quântico (veja a página 792). Se uma supercorrente se assemelhasse ao fluxo desordenado de elétrons que constitui a corrente em um metal normal, a corrente térmica estaria envolvida também (efeito de Peltier).

[65] Lembre-se (página 804) de que dentro do raio de determinado par serão encontrados os centros de milhões de outros pares.

[66] Assim, em princípio, os estados com supercorrentes são apenas metaestáveis. Para geometrias adequadas (isto é, para espécimes muito pequenos em uma dimensão espacial ou mais), as flutuações necessárias para destruir uma supercorrente não precisam ser surpreendentemente improváveis, podendo observar-se o decaimento da "corrente persistente". Uma imagem microscópica muito interessante desses processos foi dada por Ambegaokar, V.; Langer, J. S. *Phys. Rev.*, 164, p. 498, 1967.

[67] Josephson, B. D. *Phys. Rev. Lett.* 1, p. 251, 1962. Veja também os artigos de Josephson e Mercereau em Parks, R. D. (ed.). *Superconductivity*. Nova York: Dekker, 1969.

espessa demais, os pares de elétrons poderiam atravessar a junção de um supercondutor para o outro sem dissociarem-se.

Uma consequência imediata desta observação é que uma supercorrente de pares deve fluir através da junção na ausência de qualquer campo elétrico aplicado (o efeito DC de Josephson). Como os dois supercondutores são apenas fracamente acoplados (isto é, como os elétrons pareados devem cruzar um gap de material que não é supercondutor), a corrente típica de tunelamento na junção será bem menor do que as correntes críticas típicas nos espécimes individuais.

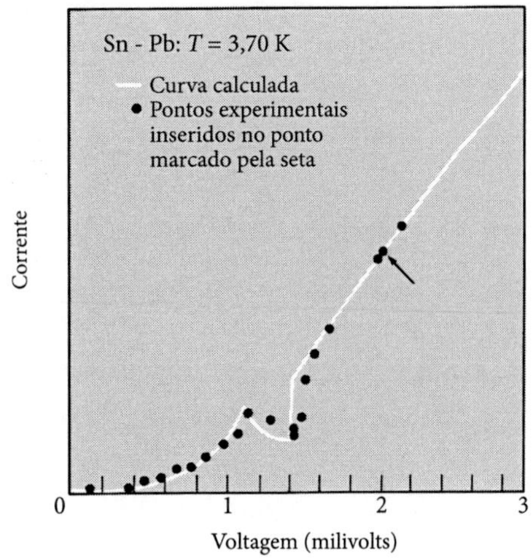

FIGURA 34.10
Corrente de tunelamento normal entre dois supercondutores (estanho e chumbo). A curva sólida é a previsão da teoria BCS. (Shapiro, S. *et al. IBM J. Res. Develop.*, 6, p. 34, 1962.)

Josephson previu uma variedade de outros efeitos ao admitir que o ordenamento de supercondução de ambos os lados da junção poderia ser descrito por um único parâmetro de ordem $\psi(\mathbf{r})$. Ele demonstrou que a corrente de tunelamento seria determinada pela mudança de fase do parâmetro de ordem por meio da junção. Além disso, utilizando invariância de Gauge para relacionar a fase do parâmetro de ordem ao valor de um potencial de vetor aplicado, conseguiu demonstrar que a corrente de tunelamento dependeria de modo sensível de qualquer campo magnético presente na junção. Especificamente, a corrente de tunelamento na presença de um campo magnético deve ter a forma

$$I = I_0 \frac{\operatorname{sen} \pi\Phi/\Phi_0}{\pi\Phi/\Phi_0}, \quad \textbf{(34.35)}$$

onde Φ é o fluxo magnético total na junção, Φ_0 é o fluxo quântico $hc/2e$ e I_0 depende da temperatura e da estrutura da junção, mas não do campo magnético. Esses efeitos foram depois observados (Figura 34.11), o que garantiu a confirmação da validade fundamental da descrição do parâmetro de ordem do estado de supercondução e consagrou a teoria altamente imaginativa de Josephson.[68]

[68] O valor do quantum de fluxo é excessivamente pequeno, dando grande importância prática ao efeito e tornando-o um modo altamente sensível de se medir forças de campos magnéticos.

Considerações similares levaram Josephson a prever ainda que, se um potencial elétrico DC fosse aplicado através de tal junção, a supercorrente induzida seria oscilatória (o efeito AC de Josephson) com frequência angular

$$\omega_J = \frac{2eV}{\hbar}. \quad \mathbf{(34.36)}$$

Este surpreendente resultado – de que um campo elétrico DC deve induzir uma corrente alternada – não apenas foi observado como se tornou a base para técnicas altamente precisas de medição de voltagens e o valor preciso da constante fundamental e/h.[69]

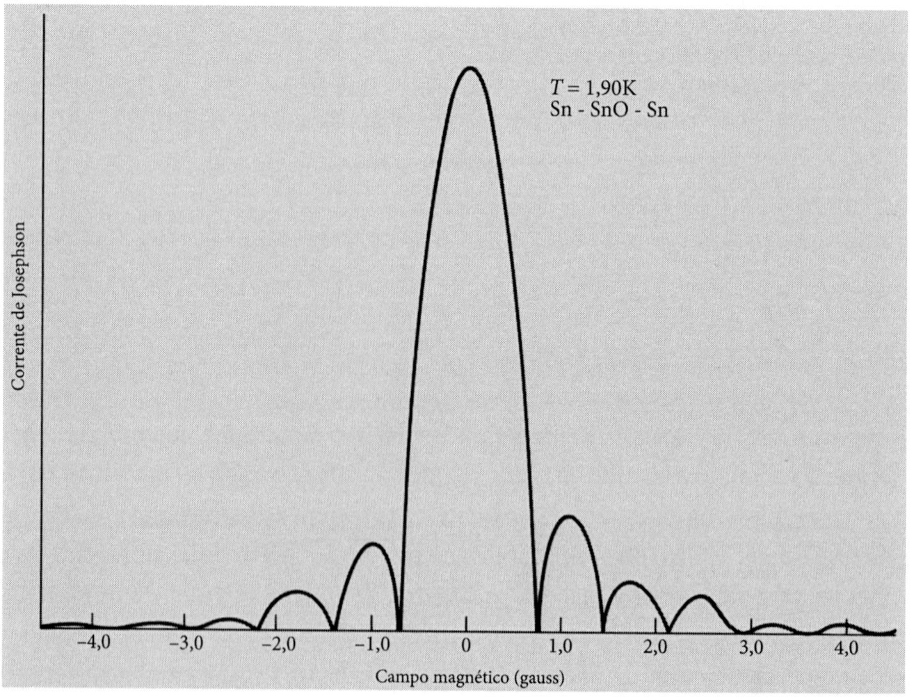

Figura 34.11

Corrente de tunelamento de Josephson como função do campo magnético em uma junção Sn-SnO-Sn. (Jaklevic, R. C., citado em Mercereau, James E. *Superconductivity.* v. 1. Parks, R. D. (ed.). Nova York: Dekker, 1969. p. 393.)

É conveniente que este volume chegue à sua conclusão com um exame tão incompleto e apenas esboçado da supercondutividade. As teorias, ricas e altamente originais, tanto microscópicas quanto fenomenológicas, que evoluíram nas últimas duas décadas no sentido de explicar os fenômenos que envolvem a supercondutividade são indicativas da saúde fundamental e uma promessa futura da teoria contemporânea de sólidos. Apesar da novidade

[69] Parker, W. H. *et al. Phys. Rev.*, 177, p. 639, 1969.

e, por vezes, da proibitiva complexidade dos conceitos nos quais a teoria da supercondutividade se baseia, não se deve esquecer que ela repousa sobre uma fundação sólida que se estende por quase todas as áreas importantes da teoria de sólidos que examinamos em capítulos anteriores. Em nenhuma outra disciplina os dois ramos fundamentais da física do estado sólido - a dinâmica dos elétrons e as vibrações da rede de íons - estão tão intimamente fundidos e com consequências tão espetaculares.

PROBLEMAS

1. *Termodinâmica do estado de supercondução*

O estado de equilíbrio de um supercondutor em um campo magnético uniforme é determinado pela temperatura T e pela magnitude do campo H. (Suponha que a pressão P seja fixa e que o supercondutor seja um longo cilindro paralelo ao campo, de modo que os efeitos de desmagnetização sejam insignificantes.) A identidade termodinâmica é de forma conveniente representada em termos da energia livre de Gibbs G:

$$dG = -\, S\, dT - \mathfrak{M}\, dH \quad \textbf{(34.37)}$$

onde S é a entropia e M, a magnetização total (M = MV, onde M é a densidade de magnetização). A fronteira de fase entre os estados normal e de supercondução no plano H-T é dada pela curva crítica de campo, $H_c(T)$ (Figura 34.3).

(a) Deduza, a partir do fato de G ser contínuo ao longo da fronteira de fase, que

$$\frac{dH_c(T)}{dT} = \frac{S_n - S_s}{\mathfrak{M}_s - \mathfrak{M}_n}, \quad \textbf{(34.38)}$$

(onde os subscritos s e n indicam valores nas fases de supercondução e normal, respectivamente).

(b) Usando o fato de que o estado de supercondução exibe diamagnetismo perfeito ($B = 0$), enquanto o estado normal possui diamagnetismo desprezível ($M \approx 0$), mostre a partir de (34.38) que a descontinuidade de entropia ao longo da fronteira de fase é

$$S_n - S_s = -\frac{V}{4\pi} H_c \frac{dH_c}{dT}, \quad \textbf{(34.39)}$$

e assim o calor latente, quando a transição ocorre em um campo é

$$Q = -\, TV \frac{H_c}{4\pi} \frac{dH_c}{dT}. \quad \textbf{(34.40)}$$

(c) Mostre que, quando a transição ocorre em campo zero (isto é, no ponto crítico), há descontinuidade de calor específico dada por

$$(c_p)_n - (c_p)_s = -\frac{T}{4\pi}\left(\frac{dH_c}{dT}\right)^2. \quad \textbf{(34.41)}$$

2. *A equação de London para uma placa de supercondução*

Considere uma placa infinita de supercondução limitada por dois planos paralelos perpendiculares ao eixo y em $y = \pm d$. Considere que um campo magnético uniforme de força H_0 seja aplicado ao longo do eixo z.

(a) Considerando como condição de contorno que o componente paralelo de **B** seja contínuo na superfície, deduza a partir da equação de London (34.7) e da equação de Maxwell (34.6) que dentro do supercondutor

$$\mathbf{B} = B(y)\hat{\mathbf{z}}, \qquad B(y) = H_0\frac{\cosh(y/\Lambda)}{\cosh(d/\Lambda)}. \quad \textbf{(34.42)}$$

(b) Mostre que a densidade de corrente diamagnética que flui em equilíbrio é

$$\mathbf{j} = j(y)\hat{\mathbf{x}}, \qquad j(y) = \frac{c}{4\pi\Lambda}H_0\frac{\operatorname{senh}(y/\Lambda)}{\cosh(d/\Lambda)}.$$

(c) A densidade de magnetização em um ponto na placa é $\mathbf{M(y)} = (\mathbf{B(y)} - \mathbf{H}_0)/4\pi$. Mostre que a densidade de magnetização média (ponderada pela espessura da placa) é

$$\bar{M} = -\frac{H_0}{4\pi}\left(1 - \frac{\Lambda}{d}\tanh\frac{d}{\Lambda}\right), \quad \textbf{(34.43)}$$

e forneça a forma limitante para a suscetibilidade quando a placa for espessa ($d >> \Lambda$).

3. *Corrente crítica em um fio cilíndrico*

Uma corrente de I ampères flui em um fio supercondutor cilíndrico de raio r cm. Mostre que, quando o campo produzido pela corrente imediatamente fora do fio é H_c (em gauss), tem-se

$$I = 5rH_c. \quad \textbf{(34.44)}$$

4. *O problema Cooper*

Considere um par de elétrons em estado de simpleto, descrito pela função de onda espacial simétrica

$$\phi(\mathbf{r} - \mathbf{r}') = \int \frac{d\mathbf{k}}{(2\pi)^3}\chi(\mathbf{k})e^{i\mathbf{k}\cdot(\mathbf{r}-\mathbf{r}')}. \quad \textbf{(34.45)}$$

Na representação de *momento*, a equação de Schrödinger tem a forma

$$\left(E - 2\frac{\hbar^2 k^2}{2m}\right)\chi(\mathbf{k}) = \int \frac{d\mathbf{k}'}{(2\pi)^3} V(\mathbf{k}, \mathbf{k}')\chi(\mathbf{k}'). \quad \textbf{(34.46)}$$

Admitimos que os dois elétrons interagem na presença de um gás de elétron livre degenerado, cuja existência se determina apenas pelo princípio de exclusão: níveis eletrônicos com $k < k_F$ são proibidos para cada um dos dois elétrons, o que fornece a restrição:

$$\chi(\mathbf{k}) = 0, \quad k < k_F. \quad \textbf{(34.47)}$$

Tomamos a interação do par como tendo a forma atrativa simples [compare à equação (34.16)]:

$$\begin{aligned} V(\mathbf{k}_1 \mathbf{k}_2) &\equiv -V, \quad \varepsilon_F \leqslant \frac{\hbar^2 k_i^2}{2m} \leqslant \varepsilon_F + \hbar\omega, \quad i = 1, 2; \\ &= 0, \quad \text{de outro modo,} \end{aligned} \quad \textbf{(34.48)}$$

e procuramos uma solução de estado limitado para a equação de Schrödinger (34.46) consistente com a restrição (34.47). Como consideramos apenas níveis monoeletrônicos que, na ausência da atração, possuem energias em excesso de $2\varepsilon_F$, um estado limitado terá energia E menor do que $2\varepsilon_F$ e a energia de ligação será

$$\Delta = 2\varepsilon_F - E. \quad \textbf{(34.49)}$$

(a) Mostre que um estado limitado de energia E existe, desde que

$$1 = V\int_{\varepsilon_F}^{\varepsilon_F + \hbar\omega} \frac{N(\varepsilon)d\varepsilon}{2\varepsilon - E}, \quad \textbf{(34.50)}$$

onde $N(\varepsilon)$ é a densidade dos níveis monoeletrônicos de determinado spin.

(b) Mostre que a equação (34.50) tem uma solução com $E/2\varepsilon_F$ para V arbitrariamente fraco, desde que $N(\varepsilon_F) \neq 0$. (Observe o papel crucial do princípio da exclusão: se o corte mais baixo não fosse ε_F, mas 0, *não* haveria solução para o acoplamento arbitrariamente fraco, já que $N(0) = 0$.)

(c) Admitindo-se que $N(\varepsilon)$ pouco ou nada difere de $N(\varepsilon_F)$ na faixa $\varepsilon_F < \varepsilon < \varepsilon_F + \hbar\omega$, mostre que a energia de ligação é dada por

$$\Delta = 2\hbar\omega \frac{e^{-2/N(\varepsilon_F)V}}{1 - e^{-2/N(\varepsilon_F)V}}, \quad \textbf{(34.51)}$$

ou, no limite do acoplamento fraco:

$$\Delta = 2\hbar\omega e^{-2/N(\varepsilon_F)V}. \quad \textbf{(34.52)}$$

Apêndice A

Resumo de importantes relações numéricas na teoria do elétron livre de metais

Reunimos aqui os resultados úteis da teoria do elétron livre dos Capítulos 1 e 2 para as estimativas numéricas aproximadas de propriedades metálicas. Usamos os seguintes valores das constantes fundamentais:[1]

Carga eletrônica:	$e = 1,60219 \times 10^{-19}$ coulomb
	$= 4,80324 \times 10^{-10}$ esu
Velocidade da luz:	$c = 2,997925 \times 10^{10}$ cm/s
Constante de Planck:	$h = 6,6262 \times 10^{-27}$ erg – s
	$h/2\pi = \hbar = 1,05459 \times 10^{-27}$ erg – s
Massa eletrônica:	$m = 9,1095 \times 10^{-28}$ gm
Constante de Boltzman:	$k_B = 1,3807 \times 10^{-16}$ erg/K
	$= 0,8617 \times 10^{-4}$ eV/K
Raio de Bohr:	$\hbar^2/me^2 = a_0 = 0,529177$ Å
Rydberg:	$e^2/2a_0 = 13,6058$ eV
Elétron-volt:	$1\,\text{eV} = 1,60219 \times 10^{-12}$ erg
	$= 1,1604 \times 10^4$ K

GÁS IDEAL DE FERMI

$$k_F = [3,63\text{Å}^{-1}] \times [r_s/a_0]^{-1} \quad \textbf{(2.23)}$$

$$v_F = [4,20 \times 10^8 \text{cm/sec}] \times [r_s/a_0]^{-1} \quad \textbf{(2.24)}$$

$$\varepsilon_F = [50,1\,\text{eV}] \times [r_s/a_0]^{-2} \quad \textbf{(2.26)}$$

$$T_F = [58,2 \times 10^4 \text{K}] \times [r_s/a_0]^{-2} \quad \textbf{(2.33)}$$

[1] Taylor, B. N.; Parker, W. H.; Langenberg, D. N. *Rev. Mod. Phys.*, 41, p. 375, 1969. Listamos os valores com muito mais precisão do que o necessário, para uso nos cálculos do elétron livre. Outras constantes são fornecidas no final do livro.

A grandeza r_s [equação (1.2)] foi listada para metais selecionados na Tabela 1.1 e é numericamente fornecida por

$$\frac{r_s}{a_0} = 5,44[n_{22}]^{-1/3},$$

onde a densidade eletrônica é $n = n_{22}$ x $10^{22}/\text{cm}^3$.

TEMPO DE RELAXAÇÃO E CAMINHO MÉDIO LIVRE

$$\tau = [2,2 \times 10^{-15} \sec] \times [(r_s/a_0)^3/\rho_\mu] \quad \textbf{(1.8)}$$

$$l = [92\text{Å}] \times [(r_s/a_0)^2/\rho_\mu] \quad \textbf{(2.91)}$$

Aqui, ρ_μ é a resistividade em microhm centímetros, listada para metais selecionados na Tabela 1.2.

FREQUÊNCIA DE CICLOTRON

$$\begin{aligned} \nu_c = \omega_c/2\pi &= 2,80H \times 10^6 \text{Hz} \\ \hbar\omega_c &= 1,16H \times 10^{-8} \text{eV} \\ &= 1,34H \times 10^{-4} \text{K} \end{aligned} \quad \textbf{(1.22)}$$

Aqui, $\omega_c = eH/mc$ [equação (1.18)] e H (acima) é o campo magnético em gauss.

FREQUÊNCIA DE PLASMA

$$\begin{aligned} \nu_P = \omega_P/2\pi &= [11,4 \times 10^{15} \text{Hz}] \times (r_s/a_0)^{-3/2} \\ \hbar\omega_P &= [47,1 \text{ eV}] \times (r_s/a_0)^{-3/2} \end{aligned} \quad \textbf{(1.40)}$$

Aqui, $\omega_p = [4\pi ne^2/m]^{1/2}$ [equação (1.38)].

Apêndice B

O potencial químico

Acredita-se[2] que, no limite de um grande sistema, a energia livre de Helmholtz por unidade de volume aproxima-se de uma função suave de densidade e temperatura:

$$\lim_{\substack{N,V\to\infty \\ N/V\to n}} \frac{1}{V} F(N,V,T) = f(n,T), \quad \textbf{(B.1)}$$

ou, para uma excelente aproximação em N e V elevados,

$$F(N,V,T) = Vf(n,T). \quad \textbf{(B.2)}$$

Como [equação (2.45)] o potencial químico é definido por

$$\mu = F(N+1,V,T) - F(N,V,T), \quad \textbf{(B.3)}$$

temos, para um sistema grande,

$$\begin{aligned} \mu = V\left[f\left(\frac{N+1}{V},T\right) - f\left(\frac{N}{V},T\right)\right] &= V\left[f\left(n+\frac{1}{V},T\right) - f(n,T)\right], \\ &\xrightarrow[V\to\infty]{} \left(\frac{\partial f}{\partial n}\right)_T. \end{aligned} \quad \textbf{(B.4)}$$

A pressão é dada por $P = -(\partial F/\partial V)_T$, que (B.2) e (B.4) reduzem a $P = -f + \mu n$. Como $F = U - TS$, em que U é a energia interna e S, a entropia, temos que o potencial químico é exatamente a energia livre de Gibbs por partícula:

$$\mu = \frac{G}{N}, \qquad G = U - TS + PV. \quad \textbf{(B.5)}$$

[2] Em muitos casos, isso pode ser provado. Veja, por exemplo, Lebowitz, J. L.; Lieb, E. H. *Phys. Rev. Lett.*, 22, p. 631, 1969.

Uma vez que $T = (\partial u/\partial s)_n$ [em que a densidade de energia $u = U/V$ e a densidade de entropia $s = S/V$ são definidas do mesmo modo que a densidade de energia livre f foi definida em (B.1)], resulta de (B.4) que μ também pode ser representado nas formas

$$\mu = \left(\frac{\partial u}{\partial n}\right)_s, \quad \textbf{(B.6)}$$

ou

$$\mu = -T\left(\frac{\partial s}{\partial n}\right)_u. \quad \textbf{(B.7)}$$

Apêndice C

A expansão de Sommerfeld

A expansão de Sommerfeld é aplicada a integrais de forma

$$\int_{-\infty}^{\infty} d\varepsilon H(\varepsilon) f(\varepsilon), \qquad f(\varepsilon) = \frac{1}{e^{(\varepsilon - \mu)/k_B T} + 1}, \quad \textbf{(C.1)}$$

onde $H(\varepsilon)$ desaparece quando $\varepsilon \to -\infty$ e desvia-se não mais rapidamente do que alguma potência de ε quando $\varepsilon \to +\infty$. Se definirmos

$$K(\varepsilon) = \int_{-\infty}^{\varepsilon} H(\varepsilon')d\varepsilon', \quad \textbf{(C.2)}$$

de forma que

$$H(\varepsilon) = \frac{dK(\varepsilon)}{d\varepsilon}, \quad \textbf{(C.3)}$$

podemos integrar por partes[3] em (C.1) para obter

$$\int_{-\infty}^{\infty} H(\varepsilon) f(\varepsilon) d\varepsilon = \int_{-\infty}^{\infty} K(\varepsilon)\left(-\frac{\partial f}{\partial \varepsilon}\right) d\varepsilon. \quad \textbf{(C.4)}$$

Como f é indistinguível de zero quando ε é mais que alguns $K_B T$ maior que μ e indistinguível da unidade quando ε é mais que alguns $K_B T$ menor que μ, sua derivada ε será considerável apenas em alguns $K_B T$ de μ. Contanto que H não seja singular e não varie tão rapidamente nas imediações de $\varepsilon = \mu$, é muito razoável avaliar (C.4) expandindo-se $K(\varepsilon)$ em uma série de Taylor em torno de $\varepsilon = \mu$, com a expectativa de que apenas os primeiros termos serão importantes:

$$K(\varepsilon) = K(\mu) + \sum_{n=1}^{\infty} \left[\frac{(\varepsilon - \mu)^n}{n!}\right]\left[\frac{d^n K(\varepsilon)}{d\varepsilon^n}\right]_{\varepsilon = \mu}. \quad \textbf{(C.5)}$$

[3] O termo integrado desaparece no ∞ porque a função de Fermi desaparece mais rapidamente do que K desvia; desaparece em $-\infty$ porque a função de Fermi aproxima-se da unidade enquanto K se aproxima de zero.

Quando substituímos (C.5) em (C.4), o termo principal fornece apenas *K* (μ), já que

$$\int_{-\infty}^{\infty}(-\partial f/\partial\varepsilon)d\varepsilon = 1.$$

Além disso, já que $\partial f/\partial\varepsilon$ é uma função par de $\varepsilon - \mu$, apenas termos com *n* par em (C.5) contribuem para (C.4). Além disso, se expressarmos *K* outra vez em termos da função original *H* por (C.2), encontramos:

$$\int_{-\infty}^{\infty} d\varepsilon H(\varepsilon)f(\varepsilon) = \int_{-\infty}^{\mu} H(\varepsilon)d\varepsilon + \sum_{n=1}^{\infty}\int_{-\infty}^{\infty}\frac{(\varepsilon-\mu)^{2n}}{(2n)!}\left(-\frac{\partial f}{\partial\varepsilon}\right)d\varepsilon\frac{d^{2n-1}}{d\varepsilon^{2n-1}}H(\varepsilon)\big|_{\varepsilon=\mu}. \quad \textbf{(C.6)}$$

Finalmente, fazendo-se a substituição $(\varepsilon - \mu)/K_BT = x$, encontramos

$$\int_{-\infty}^{\infty} H(\varepsilon)f(\varepsilon)d\varepsilon = \int_{-\infty}^{\mu} H(\varepsilon)d\varepsilon + \sum_{n=1}^{\infty} a_n(k_BT)^{2n}\frac{d^{2n-1}}{d\varepsilon^{2n-1}}H(\varepsilon)\big|_{\varepsilon=\mu}, \quad \textbf{(C.7)}$$

onde os a_n são números sem dimensão dados por

$$a_n = \int_{-\infty}^{\infty}\frac{x^{2n}}{(2n)!}\left(-\frac{d}{dx}\frac{1}{e^x+1}\right)dx. \quad \textbf{(C.8)}$$

Pode-se mostrar, por meio de manipulações elementares, que

$$a_n = 2\left(1 - \frac{1}{2^{2n}} + \frac{1}{3^{2n}} - \frac{1}{4^{2n}} + \frac{1}{5^{2n}} - \cdots\right). \quad \textbf{(C.9)}$$

em geral representado em termos da função zeta de Riemann, $\zeta(2n)$, como

$$a_n = \left(2 - \frac{1}{2^{2(n-1)}}\right)\zeta(2n), \quad \textbf{(C.10)}$$

onde

$$\zeta(n) = 1 + \frac{1}{2^n} + \frac{1}{3^n} + \frac{1}{4^n} + \cdots. \quad \textbf{(C.11)}$$

Para os primeiros *n*, $\zeta(2n)$ tem os valores[4]

$$\zeta(2n) = 2^{2n-1}\frac{\pi^{2n}}{(2n)!}B_n \quad \textbf{(C.12)}$$

onde os B_n são conhecidos como números de Bernoulli, e

$$B_1 = \frac{1}{6}, \quad B_2 = \frac{1}{30}, \quad B_3 = \frac{1}{42}, \quad B_4 = \frac{1}{30}, \quad B_5 = \frac{5}{66}. \quad \textbf{(C.13)}$$

[4] Veja, por exemplo, Jahnke, E.; Emde, F. *Tables of functions*. 4. ed. Nova York: Dover, 1945. p. 272.

Na maior parte dos cálculos práticos da física de metais, raramente é necessário saber mais do que $\zeta(2) = \pi^2/6$, e nunca se vai além de $\zeta(4) = \pi^4/90$. Todavia, caso se queira levar a expansão de Sommerfeld (2.70) além de $n = 5$ [e, desse modo, além dos valores dos B_n listados em (C.13)], quando $2n$ for tão grande quanto 12 os *na* podem ser avaliados por precisão de cinco dígitos, retendo-se apenas os dois primeiros termos na série alternada (C.9).

Apêndice D

Expansões de onda plana das funções periódicas em mais de uma dimensão

Começamos a partir da observação geral de que as ondas planas $e^{i\mathbf{k}\cdot\mathbf{r}}$ formam um conjunto completo de funções no qual qualquer função (sujeita a condições adequadas de regularidade) pode ser expandida.[5] Se uma função $f(\mathbf{r})$ tem a periodicidade de uma rede de Bravais, isto é, se $f(\mathbf{r}+\mathbf{R}) = f(\mathbf{r})$ para todo $\mathbf{r}$ e todo $\mathbf{R}$ na rede de Bravais, apenas ondas planas com a periodicidade da rede de Bravais poderão ocorrer na expansão. Já que o conjunto de vetores de onda para ondas planas com a periodicidade da rede é exatamente a rede recíproca, uma função periódica na rede direta terá expansão de onda plana da forma

$$f(\mathbf{r}) = \sum_{\mathbf{K}} f_{\mathbf{K}} e^{i\mathbf{K}\cdot\mathbf{r}}, \quad \textbf{(D.1)}$$

onde a soma se dá sobre todos os vetores $\mathbf{K}$ da rede recíproca.

Os coeficientes de Fourier $f_{\mathbf{k}}$ são dados por

$$f_{\mathbf{K}} = \frac{1}{v}\int_C d\mathbf{r}\, e^{-i\mathbf{K}\cdot\mathbf{r}} f(\mathbf{r}) \quad \textbf{(D.2)}$$

onde a integral se dá sobre qualquer célula primitiva C da rede direta, e v é o volume da célula primitiva.[6] Em particular, ela não será alterada se fizermos a translação da célula primitiva C por um vetor $\mathbf{d}$ (não necessariamente um vetor da rede de Bravais). No entanto, a integral sobre a célula que sofreu a translação C' pode ser escrita como a integral de $e^{i\mathbf{K}\cdot\mathbf{r}}/v$ sobre a célula original. Assim,

$$\int_C d\mathbf{r}\, e^{i\mathbf{K}\cdot\mathbf{r}} = 0 \,\textbf{(D.3)}$$

[5] Não se fez nenhuma tentativa de se alcançar o rigor matemático aqui. As sutilezas matemáticas em três dimensões não são mais difíceis do que o são em uma, já que a função pode ser considerada uma variável por vez. Nossa preocupação é mais de contabilidade e notação – como expressar de modo mais compacto as fórmulas básicas de séries tridimensionais de Fourier –, não o rigor acerca de como podem ser derivadas.

[6] A escolha de célula é imaterial, já que o integrando é periódico. O fato de a integral de uma função periódica sobre uma célula primitiva não depender da escolha de células é mais facilmente observado se nos lembrarmos de que qualquer célula primitiva pode ser cortada e rejuntada a outra pela translação de suas partes por meio de vetores da rede de Bravais. Porém, a translação de uma função periódica por um vetor da rede de Bravais a deixa sem alterações.

$$\int_C d\mathbf{r}\; e^{i\mathbf{K}\cdot(\mathbf{r}+\mathbf{d})} = \int_{C'} d\mathbf{r}\; e^{i\mathbf{K}\cdot\mathbf{r}} = \int_C d\mathbf{r}\; e^{i\mathbf{K}\cdot\mathbf{r}} \quad \textbf{(D.4)}$$

ou

$$(e^{i\mathbf{K}\cdot\mathbf{d}} - 1)\int_C d\mathbf{r}\; e^{i\mathbf{K}\cdot\mathbf{r}} = 0. \quad \textbf{(D.5)}$$

Já que $e^{i\mathbf{K}\cdot\mathbf{d}} - 1$ pode desaparecer para **d** arbitrário apenas se o próprio **K** desaparece, estabelece-se (D.3) para **K** diferente de zero.

Tais fórmulas possuem diversas utilidades. Elas podem ser aplicadas diretamente em funções com a periodicidade de espaço real de uma rede cristalina de Bravais. Também podem ser aplicadas a funções que são periódicas no espaço k com a periodicidade da rede recíproca. Neste caso, observando-se que a recíproca da recíproca é a rede direta e que o volume de uma célula primitiva de rede recíproca é $(2\pi)^3/v$, podemos transcrever (D.1) e (D.2) para obter:

$$\boxed{\phi(\mathbf{k}) = \sum_{\mathbf{R}} e^{+i\mathbf{R}\cdot\mathbf{k}}\phi_{\mathbf{R}}} \quad \textbf{(D.6)}$$

para qualquer $\phi(\mathbf{k})$ com a periodicidade da rede recíproca [$\phi(\mathbf{k} + \mathbf{K}) = \phi(\mathbf{K})$ para todo **k** e todos os vetores **K** da rede recíproca], em que a soma se dá sobre todos os vetores **R** da rede direta e

$$\boxed{\phi_{\mathbf{R}} = v\int \frac{d\mathbf{k}}{(2\pi)^3} e^{-i\mathbf{R}\cdot\mathbf{k}}\phi(\mathbf{k}),} \quad \textbf{(D.7)}$$

onde v é o volume da célula primitiva da rede direta, e a integral se dá sobre qualquer célula primitiva da rede recíproca (tal como a primeira zona de Brillouin).

Outra importante aplicação é a função no espaço real, cuja única periodicidade é aquela imposta pela condição de contorno de Born-von Karman [equação (8.22)]:

$$f(\mathbf{r} + N_i\mathbf{a}_i) = f(\mathbf{r}), \qquad i = 1, 2, 3. \quad \textbf{(D.8)}$$

Essas funções são periódicas em uma rede de Bravais muito grande (e não física) gerada pelos três vetores primitivos $N_i\mathbf{a}_i$, i = 1,2,2. A recíproca a esta rede tem vetores primitivos $\mathbf{b}_i/N_i$, em que os $\mathbf{b}_i$ estão relacionados aos $\mathbf{a}_i$ pela equação (5.3). Um vetor desta rede recíproca tem a forma

$$\mathbf{k} = \sum_{i=1}^{3} \frac{m_i}{N_i}\mathbf{b}_i, \qquad \text{integral de } m_i. \quad \textbf{(D.9)}$$

Já que o volume da célula primitiva associada à periodicidade de Born-von Karman é o volume V de todo o cristal, (D.1) e (D.2) tornam-se agora

$$\boxed{f(\mathbf{r}) = \sum_{\mathbf{k}} f_{\mathbf{k}} e^{i\mathbf{k}\cdot\mathbf{r}}} \quad \textbf{(D.10)}$$

para qualquer *f* que satisfaça a condição de contorno de Born-von Karman (D.8), em que a soma se dá sobre todo **k** da forma (D.9) e

$$\boxed{f_{\mathbf{k}} = \frac{1}{V}\int d\mathbf{r}\, e^{-i\mathbf{k}\cdot\mathbf{r}} f(\mathbf{r}),} \quad \textbf{(D.11)}$$

onde a integral se dá sobre todo o cristal. Observe também o análogo de (D.3):

$$\int_V d\mathbf{r}\, e^{i\mathbf{k}\cdot\mathbf{r}} = 0 \quad \textbf{(D.12)}$$

para qualquer **k** da forma (D.9) diferente de 0.

Apêndice E

A velocidade e a massa efetiva dos elétrons de Bloch

Pode-se avaliar as derivadas $\partial\varepsilon_n/\partial k_i$ e $\partial^2\varepsilon_n/\partial k_i\partial k_j$ observando-se que elas são os coeficientes dos termos linear e quadráticos em **q**, na expansão

$$\varepsilon_n(\mathbf{k}+\mathbf{q}) = \varepsilon_n(\mathbf{k}) + \sum_i \frac{\partial \varepsilon_n}{\partial k_i} q_i + \frac{1}{2}\sum_{ij} \frac{\partial^2 \varepsilon_n}{\partial k_i \partial k_j} q_i q_j + O(q^3). \quad \textbf{(E.1)}$$

Já que, no entanto, $\varepsilon_n(\mathbf{k}+\mathbf{q})$ é o autovalor de $H_{\mathbf{k}+\mathbf{q}}$ [equação (8.48)], podemos calcular os termos requeridos a partir do fato de que

$$H_{\mathbf{k}+\mathbf{q}} = H_{\mathbf{k}} + \frac{\hbar^2}{m}\mathbf{q}\cdot\left(\frac{1}{i}\nabla + \mathbf{k}\right) + \frac{\hbar^2}{2m}q^2, \quad \textbf{(E.2)}$$

como um exercício da teoria da perturbação.

A teoria da perturbação afirma que, se $H = H_0 + V$ e os autovetores normalizados e autovalores de H_0 são

$$H_0\psi_n = E_n^0\psi_n, \quad \textbf{(E.3)}$$

para a segunda ordem em V, os autovalores correspondentes de H são

$$E_n = E_n^0 + \int d\mathbf{r}\,\psi_n{}^* V\psi_n + \sum_{n'\neq n} \frac{\left|\int d\mathbf{r}\,\psi_n{}^* V\psi_{n'}\right|^2}{(E_n^0 - E_{n'}^0)} + \cdots. \quad \textbf{(E.4)}$$

Para calcular para a ordem linear em **q**, temos apenas que manter o termo linear em **q** em (E.2) e inseri-lo no termo de primeira ordem em (E.4). Desse modo, encontramos que

$$\sum_i \frac{\partial \varepsilon_n}{\partial k_i} q_i = \sum_i \int d\mathbf{r}\, u_{n\mathbf{k}}{}^* \frac{\hbar^2}{m}\left(\frac{1}{i}\nabla + \mathbf{k}\right)_i q_i u_{n\mathbf{k}}, \quad \textbf{(E.5)}$$

(onde as integrações se dão ou sobre uma célula primitiva ou sobre todo o cristal, dependendo se a integral de normalização $\int d\mathbf{r}\,|u_{n\mathbf{k}}|^2$ for igual à unidade sobre uma célula primitiva ou sobre todo o cristal). Portanto,

$$\frac{\partial \varepsilon_n}{\partial \mathbf{k}} = \frac{\hbar^2}{m}\int d\mathbf{r}\; u_{n\mathbf{k}}{}^*\left(\frac{1}{i}\nabla + \mathbf{k}\right)u_{n\mathbf{k}}. \quad \textbf{(E.6)}$$

que, se expresso em termos das funções de Bloch $\psi_{n\mathbf{k}}$ por meio de (8.3), pode ser escrito como

$$\boxed{\frac{\partial \varepsilon_n}{\partial \mathbf{k}} = \frac{\hbar^2}{m}\int d\mathbf{r}\; \psi_{n\mathbf{k}}{}^*\frac{1}{i}\nabla\psi_{n\mathbf{k}}.} \quad \textbf{(E.7)}$$

Como $(1/m)(\hbar/i)\nabla$ é o operador de velocidade,[7] estabelece-se que $(1/\hbar)(\partial\varepsilon_n(\mathbf{k})/\partial\mathbf{k})$ é a velocidade média de um elétron no nível de Bloch dado por n, $\mathbf{k}$.

Para calcular $\partial^2\varepsilon_n/\partial k_i\partial k_j$, precisamos de $\varepsilon_n(\mathbf{k}+\mathbf{q})$ para segunda ordem em q. As equações (E.2) e (E.4) fornecem[8]

$$\sum_{ij}\frac{1}{2}\frac{\partial^2\varepsilon_n}{\partial k_i\partial k_j}q_iq_j = \frac{\hbar^2}{2m}q^2 + \sum_{n'\neq n}\frac{\left|\int d\mathbf{r}\; u_{n\mathbf{k}}{}^*\frac{\hbar^2}{m}\mathbf{q}\cdot\left(\frac{1}{i}\nabla + \mathbf{k}\right)u_{n'\mathbf{k}}\right|^2}{\varepsilon_{n\mathbf{k}} - \varepsilon_{n'\mathbf{k}}}. \quad \textbf{(E.8)}$$

Usando (8.3) novamente, podemos expressar (E8) em termos das funções de Bloch:

$$\sum_{ij}\frac{1}{2}\frac{\partial^2\varepsilon_n}{\partial k_i\partial k_j}q_iq_j = \frac{\hbar^2}{2m}q^2 + \sum_{n'\neq n}\frac{\left|\left\langle n\mathbf{k}\left|\frac{\hbar^2}{mi}\mathbf{q}\cdot\nabla\right|n'\mathbf{k}\right\rangle\right|^2}{\varepsilon_{n\mathbf{k}} - \varepsilon_{n'\mathbf{k}}}, \quad \textbf{(E.9)}$$

onde usamos a notação:

$$\int d\mathbf{r}\; \psi_{n\mathbf{k}}{}^* X\psi_{n'\mathbf{k}} = \langle n\mathbf{k}|\,X\,|n'\mathbf{k}\rangle. \quad \textbf{(E.10)}$$

Consequentemente,

$$\boxed{\frac{\partial^2\varepsilon_n(\mathbf{k})}{\partial k_i\partial k_j} = \frac{\hbar^2}{m}\delta_{ij} + \left(\frac{\hbar^2}{m}\right)^2\sum_{n'\neq n}\frac{\langle n\mathbf{k}|\frac{1}{i}\nabla_i|n'\mathbf{k}\rangle\langle n'\mathbf{k}|\frac{1}{i}\nabla_j|n\mathbf{k}\rangle + \langle n\mathbf{k}|\frac{1}{i}\nabla_j|n'\mathbf{k}\rangle\langle n'\mathbf{k}|\frac{1}{i}\nabla_i|n\mathbf{k}\rangle}{\varepsilon_n(\mathbf{k}) - \varepsilon_{n'}(\mathbf{k})}.}$$

(E.11)

A grandeza à direita de (E.11) (vezes um fator $1/\hbar^2$) é o "tensor de massa efetiva" inverso (página 228), e a fórmula (E.11) é geralmente chamada "teorema da massa efetiva".

---

[7] O operador de velocidade é $\mathrm{v} = d\mathbf{r}/dt = (1/i\hbar)[\mathbf{r},\mathbf{H}] = \mathbf{p}/m = \hbar\nabla/mi$.

[8] O primeiro termo à direita de (E.8) vem da colocação do termo de segunda ordem em $H_{\mathbf{k+q}}$ [equação (E.2)] no termo de primeira ordem na fórmula da teoria da perturbação [equação (E.4)]. O segundo termo à direita vem da colocação do termo de primeira ordem em $H_{\mathbf{k+q}}$ no termo de segunda ordem na fórmula da teoria da perturbação.

Apêndice F

Algumas identidades relativas à análise de Fourier dos sistemas periódicos

Para derivar as fórmulas de inversão de Fourier, basta estabelecer a identidade

$$\boxed{\sum_{\mathbf{R}} e^{i\mathbf{k}\cdot\mathbf{R}} = N\delta_{\mathbf{k},0},} \quad \textbf{(F.1)}$$

onde **R** passa pelas regiões N da rede de Bravais

$$\mathbf{R} = \sum_{i=1}^{3} n_i \mathbf{a}_i, \qquad 0 \leqslant n_i < N_i, \qquad N_1 N_2 N_3 = N, \quad \textbf{(F.2)}$$

e **k** é qualquer vetor na primeira zona de Brillouin consistente com a condição de contorno de Born-von Karman adequada aos N pontos especificados por (F.2).

A identidade é provada de modo mais simples observando-se que, como **k** é consistente com a condição de contorno periódico de Born-von Karman, o valor da soma em (F.1) mantém-se inalterado se todo **R** for deslocado pelo mesmo $\mathbf{R}_0$, sendo $\mathbf{R}_0$, ele próprio, qualquer vetor da forma (F.2):

$$\sum_{\mathbf{R}} e^{i\mathbf{k}\cdot\mathbf{R}} = \sum_{\mathbf{R}} e^{i\mathbf{k}\cdot(\mathbf{R}+\mathbf{R}_0)} = e^{i\mathbf{k}\cdot\mathbf{R}_0} \sum_{\mathbf{R}} e^{i\mathbf{k}\cdot\mathbf{R}}. \quad \textbf{(F.3)}$$

Consequentemente, a soma deve desaparecer, a não ser que $e^{i\mathbf{k}\cdot\mathbf{R}_0} = 1$, para todo $\mathbf{R}_0$ da forma (F.2), ou seja, para todos os vetores $\mathbf{R}_0$ da rede de Bravais. Isto é possível somente se **k** for um vetor da rede recíproca. Mas $\mathbf{k} = \mathbf{0}$ é o único vetor de rede recíproca na primeira zona de Brillouin.[9] Portanto, o lado esquerdo de (F.1) de fato desaparece se $\mathbf{k} \neq \mathbf{0}$, e normalmente é igual a N quando $\mathbf{k} = \mathbf{0}$.

Uma identidade intimamente relacionada de similar importância é

$$\boxed{\sum_{\mathbf{k}} e^{i\mathbf{k}\cdot\mathbf{R}} = N\delta_{\mathbf{R},0},} \quad \textbf{(F.4)}$$

[9] Se **k** não for restrito à primeira zona, a soma em (F.1), portanto, desaparecerá, a não ser que **k** seja um vetor **K** da rede recíproca, caso em que ele será igual a N.

onde **R** é qualquer vetor da forma (F.2) e a soma em **k** passa por todos as regiões na primeira zona de Brillouin consistente com a condição de contorno de Born-von Karman. A soma em (F.4) é agora inalterada se cada **k** transladado pelo mesmo vetor $\mathbf{k}_0$, que se encontra na célula primitiva construída pela substituição de toda a primeira zona por $\mathbf{k}_0$, puder ser rejuntado na primeira zona mediante a substituição de suas partes adequadas por meio vetores da rede recíproca. Como nenhum termo da forma $e^{i\mathbf{k}\cdot\mathbf{R}}$ se altera quando **k** é substituído por um vetor da rede recíproca, a soma sobre a zona substituída é idêntica à soma sobre a zona original. Assim:

$$\sum_{\mathbf{k}} e^{i\mathbf{k}\cdot\mathbf{R}} = \sum_{\mathbf{k}} e^{i(\mathbf{k}+\mathbf{k}_0)\cdot\mathbf{R}} = e^{i\mathbf{k}_0\cdot\mathbf{R}} \sum_{\mathbf{k}} e^{i\mathbf{k}\cdot\mathbf{R}}, \quad \textbf{(F.5)}$$

e, portanto, a soma no lado esquerdo de (F.4) deve desaparecer, a não ser que $e^{i\mathbf{k}_0\cdot\mathbf{R}}$ seja a unidade para todo $\mathbf{k}_0$ consistente com a condição de contorno de Born-von Karman. O único **R** da forma (F.2) para o qual isso é possível é $\mathbf{R} = \mathbf{0}$. Por fim, quando $\mathbf{R} = \mathbf{0}$, a soma em (F.4) é normalmente igual a N.

Apêndice G

O princípio variacional para a equação de Schrödinger

Desejamos mostrar que $E[\psi]$ funcional [equação (11.17)] torna-se estacionário sobre todas as funções ψ diferenciáveis que satisfazem a condição de Bloch com vetor de onda **k**, pelo $\psi_{\mathbf{k}}$ que satisfaz a equação de Schrödinger:

$$-\frac{\hbar^2}{2m}\nabla^2\psi_{\mathbf{k}} + U(\mathbf{r})\psi_{\mathbf{k}} = \varepsilon_{\mathbf{k}}\psi_{\mathbf{k}} \quad \textbf{(G.1)}$$

Com isso, queremos dizer o seguinte: considere que ψ está próximo de um dos $\psi_{\mathbf{k}}$, de forma que

$$\psi = \psi_{\mathbf{k}} + \delta\psi, \quad \textbf{(G.2)}$$

em que $\delta\psi$ é pequeno. Considere que ψ satisfaz a condição de Bloch com vetor de onda **k**, de forma que $\delta\psi$ também a satisfaça. Logo

$$E[\psi] = E[\psi_{\mathbf{k}}] + O(\delta\psi)^2. \quad \textbf{(G.3)}$$

Para que se mantenha a notação simples na prova, é útil que se defina

$$F[\phi,\chi] = \int d\mathbf{r}\left(\frac{\hbar^2}{2m}\nabla\phi^*\cdot\nabla\chi + U(\mathbf{r})\phi^*\chi\right), \quad \textbf{(G.4)}$$

e que se utilize a notação padrão

$$(\phi,\chi) = \int d\mathbf{r}\,\phi^*\chi. \quad \textbf{(G.5)}$$

Observe que $E[\psi]$ é, então, fornecido por

$$E[\psi] = \frac{F[\psi,\psi]}{(\psi,\psi)}. \quad \textbf{(G.6)}$$

O princípio variacional resulta diretamente do fato de que

$$F[\phi, \psi_{\mathbf{k}}] = \varepsilon_{\mathbf{k}}(\phi, \psi_{\mathbf{k}}),$$
$$F[\psi_{\mathbf{k}}, \phi] = \varepsilon_{\mathbf{k}}(\psi_{\mathbf{k}}, \phi), \quad \textbf{(G.7)}$$

para um ϕ arbitrário que satisfaça a condição de Bloch com vetor de onda **k**. Isso porque a condição de Bloch requer que os integrandos em (G.7) tenham a periodicidade da rede. Consequentemente, é possível utilizar as fórmulas de integração por partes do Apêndice I para transferir os dois gradientes para $\psi_{\mathbf{k}}$; (G.7), então, resulta do fato de que $\psi_{\mathbf{k}}$ satisfaz a equação de Schrödinger (G.1).

Podemos agora escrever

$$\begin{aligned} F[\psi, \psi] &= F[\psi_{\mathbf{k}} + \delta\psi, \psi_{\mathbf{k}} + \delta\psi] \\ &= F[\psi_{\mathbf{k}}, \psi_{\mathbf{k}}] + F[\delta\psi, \psi_{\mathbf{k}}] + F[\psi_{\mathbf{k}}, \delta\psi] + O(\delta\psi)^2 \quad \textbf{(G.8)} \\ &= \varepsilon_{\mathbf{k}}\{(\psi_{\mathbf{k}}, \psi_{\mathbf{k}}) + (\psi_{\mathbf{k}}, \delta\psi) + (\delta\psi, \psi_{\mathbf{k}})\} + O(\delta\psi)^2. \end{aligned}$$

Além disso,

$$(\psi, \psi) = (\psi_{\mathbf{k}}, \psi_{\mathbf{k}}) + (\psi_{\mathbf{k}}, \delta\psi) + (\delta\psi, \psi_{\mathbf{k}}) + O(\delta\psi)^2. \quad \textbf{(G.9)}$$

Dividindo-se (G.8) por (G.9), temos

$$E[\psi] = \frac{F[\psi, \psi]}{(\psi, \psi)} = \varepsilon_{\mathbf{k}} + O(\delta\psi)^2, \quad \textbf{(G.10)}$$

o que estabelece o princípio variacional. [O fato de que $E[\psi_{\mathbf{k}}] = \varepsilon_{\mathbf{k}}$ resulta diretamente de (G.10) quando se estabelece $\delta\psi$ igual a zero.]

Observe que nada na derivação exige que ψ tenha uma primeira derivativa contínua.

Apêndice H

Formulação da Hamiltoniana das equações semiclássicas de movimento e teorema de Liouville.

As equações semiclássicas de movimento (12.6a) e (12.6b) podem ser escritas na forma da Hamiltoniana canônica

$$\dot{\mathbf{r}} = \frac{\partial H}{\partial \mathbf{p}}, \quad \dot{\mathbf{p}} = -\frac{\partial H}{\partial \mathbf{r}}, \quad \textbf{(H.1)}$$

onde a Hamiltoniana para elétrons na *enésima* banda é

$$H(\mathbf{r},\mathbf{p}) = \varepsilon_n\left(\frac{1}{\hbar}\left[\mathbf{p} + \frac{e}{c}\mathbf{A}(\mathbf{r},t)\right]\right) - e\phi(\mathbf{r},t), \quad \textbf{(H.2)}$$

os campos são dados em termos dos potenciais de vetor e escalar por

$$\mathbf{H} = \nabla \times \mathbf{A}, \qquad \mathbf{E} = -\nabla\phi - \frac{1}{c}\frac{\partial \mathbf{A}}{\partial t}, \quad \textbf{(H.3)}$$

e a variável **k**, que aparece em (12.6a) e (12.6b), é definida como sendo

$$\hbar\mathbf{k} = \mathbf{p} + \frac{e}{c}\mathbf{A}(\mathbf{r},t). \quad \textbf{(H.4)}$$

Verificar que (12.6a) e (12.6b) resultam de (H.1) por (H.4) é um exercício um pouco complicado, mas conceitualmente direto, de diferenciação (tal como o é no caso do elétron livre).

Observe que o momento cristalino canônico (a variável que tem o papel do momento canônico na formulação Hamiltoniana) não é $\hbar\mathbf{k}$, mas [da equação(H.4)],

$$\mathbf{p} = \hbar\mathbf{k} - \frac{e}{c}\mathbf{A}(\mathbf{r},t). \quad \textbf{(H.5)}$$

Como as equações semiclássicas para cada banda têm a forma da Hamiltoniana canônica, o teorema de Liouville[10] sugere que regiões do espaço *rp* de seis dimensões evoluem

[10] A prova depende apenas das equações de movimento que têm a forma (H.1). Veja, por exemplo, Symon, Keith R. *Mechanics*. 3. ed. Reading: Addison-Wesley, 1971. p. 395.

no tempo de modo a preservar seu volume. Entretanto, como **k** difere de **p** apenas por um vetor aditivo que não depende de **p**, qualquer região no espaço *rp* tem o mesmo volume que a região correspondente no espaço *rk*,[11] estabelecendo-se assim o teorema de Liouville na forma utilizada nos Capítulos 12 e 13.

[11] Formalmente, a Jacobiana $\partial(\mathbf{r},\mathbf{p})/\partial(\mathbf{r},\mathbf{k})$ é a unidade.

Apêndice I

Teorema de Green para funções periódicas

Se tanto $u(\mathbf{r})$ quanto $v(\mathbf{r})$ possuem a periodicidade de uma rede de Bravais,[12] as seguintes identidades se mantêm para integrais consideradas de uma célula primitiva C:

$$\int_C d\mathbf{r}\; u\, \nabla v = -\int_C d\mathbf{r}\; v\, \nabla u, \quad \textbf{(I.1)}$$

$$\int_C d\mathbf{r}\; u\, \nabla^2 v = \int_C d\mathbf{r}\; v\, \nabla^2 u. \quad \textbf{(I.2)}$$

Elas são postas à prova como a seguir:

Considere que $f(\mathbf{r})$ seja qualquer função com a periodicidade da rede de Bravais. Já que C é uma célula primitiva, a integral

$$I(\mathbf{r}') = \int_C d\mathbf{r}\; f(\mathbf{r} + \mathbf{r}') \quad \textbf{(I.3)}$$

é independente de $\mathbf{r}'$. Portanto, em particular,

$$\nabla' I(\mathbf{r}') = \int_C d\mathbf{r}\; \nabla' f(\mathbf{r} + \mathbf{r}') = \int_C d\mathbf{r}\; \nabla f(\mathbf{r} + \mathbf{r}') = 0, \quad \textbf{(I.4)}$$

$$\nabla'^2 I(\mathbf{r}') = \int_C d\mathbf{r}\; \nabla'^2 f(\mathbf{r} + \mathbf{r}') = \int_C d\mathbf{r}\; \nabla^2 f(\mathbf{r} + \mathbf{r}') = 0. \quad \textbf{(I.5)}$$

Ao avaliá-las em $\mathbf{r}' = 0$, encontramos que qualquer f periódico satisfaz

$$\int_C d\mathbf{r}\; \nabla f(\mathbf{r}) = 0, \quad \textbf{(I.6)}$$

$$\int_C d\mathbf{r}\; \nabla^2 f(\mathbf{r}) = 0. \quad \textbf{(I.7)}$$

[12] Utilizamos a notação de espaço real, apesar de o teorema, obviamente, também ser mantido para funções periódicas no espaço k.

A equação (I.1) resulta diretamente de (I.6) aplicada ao caso $f = uv$. Para derivar (I.2), estabeleça $f = uv$ em (I.7) para encontrar

$$\int_C d\mathbf{r}\,(\nabla^2 u)v + \int_C d\mathbf{r}\,u(\nabla^2 v) + 2\int_C d\mathbf{r}\,\nabla u \cdot \nabla v = 0. \quad \textbf{(I.8)}$$

Podemos aplicar (I.1) ao último termo em (I.8), tomando as duas funções periódicas em (I.1) como v e os diversos componentes do gradiente de u. Isto fornece

$$2\int_C d\mathbf{r}\,\nabla u \cdot \nabla v = -\,2\int_C d\mathbf{r}\,u\nabla^2 v, \quad \textbf{(I.9)}$$

que reduz (I.8) em (I.2).

Apêndice J

Condições para a ausência de transições interbandas em campos elétricos ou magnéticos uniformes

As teorias de desarranjo elétrico e ruptura magnética que fundamentam as condições (12.8) e (12.9) são muito complexas. Neste apêndice, apresentamos alguns meios imperfeitos de se compreender as condições.

No limite do potencial periódico desprezivelmente pequeno, o desarranjo ocorre sempre que o vetor de onda de um elétron cruza um plano de Bragg (página 219). Quando o potencial periódico é fraco, mas diferente de zero, podemos perguntar por que ainda se espera que o ocorra próximo a um plano de Bragg e qual deve ser a intensidade do potencial para que esta possibilidade seja excluída.

Em um potencial periódico fraco, pontos próximos aos planos de Bragg se caracterizam por $\mathcal{E}(\mathbf{k})$ com grande curvatura (veja, por exemplo, a Figura 9.3). Como consequência, próximo a um plano de Bragg, uma pequena expansão em vetor de onda pode causar grande expansão na velocidade, já que

$$\Delta v(\mathbf{k}) = \frac{\partial v}{\partial \mathbf{k}} \cdot \Delta \mathbf{k} \approx \frac{1}{\hbar}\left(\frac{\partial^2 \mathcal{E}}{\partial k^2}\right)\Delta k. \quad \textbf{(J.1)}$$

Para que o quadro semiclássico permaneça válido, a incerteza em velocidade deve permanecer pequena se comparada a uma velocidade eletrônica típica v_F, estabelecendo-se um limite superior sobre Δk:

$$\Delta k \ll \frac{\hbar v_F}{\partial^2 \mathcal{E}/\partial k^2}. \quad \textbf{(J.2)}$$

Como o potencial periódico é fraco, podemos estimar o valor máximo de $\partial^2\mathcal{E}/\partial k^2$ diferenciando o plano de Bragg do resultado de elétron quase livre (9.26) em uma direção normal e, então, avaliando o resultado no plano:

$$\frac{\partial^2 \mathcal{E}}{\partial k^2} \approx \frac{(\hbar^2 \mathbf{K}/m)^2}{|U_{\mathbf{K}}|}. \quad \textbf{(J.3)}$$

Já que $\hbar K/m \approx v_F$ e $\mathcal{E}_{\text{gap}} \approx |U_K|$ [veja equação (9.27)], a equação (J.2) torna-se

$$\Delta k \ll \frac{\varepsilon_{\text{gap}}}{\hbar v_F}, \quad \textbf{(J.4)}$$

o que estabelece um limite mais baixo sobre a incerteza na posição do elétron,

$$\Delta x \sim \frac{1}{\Delta k} \gg \frac{\hbar v_F}{\varepsilon_{\text{gap}}}. \quad \textbf{(J.5)}$$

Como resultado dessa incerteza na posição, a energia potencial do elétron no campo aplicado é incerta por

$$e\,\Delta\phi = eE\,\Delta x \gg \frac{eE\hbar v_F}{\varepsilon_{\text{gap}}}. \quad \textbf{(J.6)}$$

Se esta incerteza em energia potencial torna-se comparável ao gap de banda, uma transição interbandas pode ocorrer sem que se viole a conservação de energia. Para que isso não ocorra, devemos ter

$$\varepsilon_{\text{gap}} \gg \frac{eE\hbar v_F}{\varepsilon_{\text{gap}}}. \quad \textbf{(J.7)}$$

Como $\hbar v_F/a \approx \varepsilon_F$ quando a é a constante de rede, (J.7) também pode ser escrita na forma

$$\frac{\varepsilon_{\text{gap}}^{\;2}}{\varepsilon_F} \gg eEa. \quad \textbf{(J.8)}$$

Um argumento igualmente imperfeito fornece a condição para a ruptura magnética. Já que a energia não pode ser ganha de um campo magnético, a ruptura requer falta de definição em um vetor de onda de um elétron comparável à distância entre pontos de igual energia em dois diferentes ramos da superfície de Fermi. A distância do espaço k a ser atravessada é da ordem de $\varepsilon_{\text{gap}}/|\partial\varepsilon/\partial\mathbf{k}|$ (Figura J1), que é da ordem de $\varepsilon_{\text{gap}}/\hbar v_F$. Condição que proíbe a ruptura é, portanto

$$\Delta k \ll \frac{\varepsilon_{\text{gap}}}{\hbar v_F}. \quad \textbf{(J.9)}$$

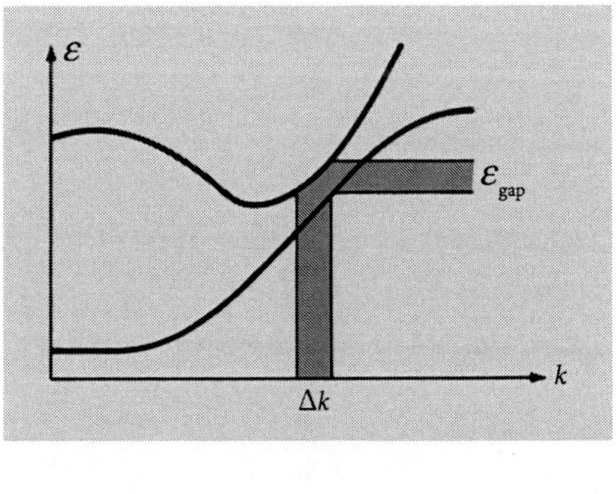

FIGURA J.1

Quando duas bandas chegam muito próximas, a separação no espaço k de pontos com a mesma energia é aproximadamente $\Delta k = \varepsilon_{\text{gap}}/|\partial\varepsilon/\partial\mathbf{k}|$. Aqui, ε_{gap} é a separação vertical mínima entre as duas bandas.

Na página 230, vimos que, em um campo magnético, a órbita semiclássica no espaço real é dada pela rotação da órbita do espaço k por 90° em torno da direção do campo e por sua elevação com o fator $\hbar c/eH$. Consequentemente, a relação de incerteza

$$\Delta k_y \, \Delta y > 1 \quad \textbf{(J.10)}$$

implica uma relação de incerteza no espaço k:

$$\Delta k_y \Delta k_x > \frac{eH}{\hbar c}. \quad \textbf{(J.11)}$$

Assim, em um campo magnético, um elétron não pode ser localizado no espaço k por mais que uma região de dimensões

$$\Delta k \approx \left(\frac{eH}{\hbar c}\right)^{1/2} \quad \textbf{(J.12)}$$

Em conjunção com (J.9), isso significa que, para evitar a ruptura, é necessário que

$$\left(\frac{eH}{\hbar c}\right)^{1/2} \ll \frac{\varepsilon_{\text{gap}}}{\hbar v_F}. \quad \textbf{(J.13)}$$

Considerando-se $\varepsilon_F = 1/2mv_F^2$, podemos reescrever esta condição como

$$\hbar\omega_c \ll \frac{\varepsilon_{\text{gap}}^{\ 2}}{\varepsilon_F}. \quad \textbf{(J.14)}$$

Apêndice K

Propriedades ópticas dos sólidos

Considere uma onda eletromagnética plana com frequência angular ω propagando-se ao longo do eixo z em um meio que apresenta condutividade $\sigma(\omega)$ e constante dielétrica[13] $\epsilon^0(\omega)$. (Ignoramos nesta discussão o caso de meios magnéticos, admitindo-se que a permeabilidade magnética μ é a unidade, ou seja, considerando **B** igual a **H** nas equações de Maxwell.) Se definirmos $\mathbf{D}(z,\omega)$, $\mathbf{E}(z,\omega)$ e $\mathbf{j}(z,\omega)$ da maneira usual:

$$\mathbf{j}(z,t) = \mathrm{Re}[\mathbf{j}(z,t)e^{-i\omega t}] \quad \text{etc.,} \tag{K.1}$$

o deslocamento elétrico e a densidade de corrente estarão relacionadas com o campo elétrico por:

$$\mathbf{j}(z,\omega) = \sigma(\omega)\mathrm{E}(z,\omega); \quad \mathrm{D}(z,\omega) = \epsilon^0(\omega)\mathrm{E}(z,\omega). \tag{K.2}$$

SUPOSIÇÃO DE LOCALIDADE

A equação (K.2) é uma relação local, ou seja, a corrente ou o deslocamento em um ponto determinam-se totalmente pelo valor do campo elétrico no mesmo ponto. Esta suposição é válida (veja as páginas 16-17) desde que a variação espacial dos campos seja pequena em comparação ao caminho livre médio eletrônico no meio. Como os campos foram calculados supondo a localidade, a suposição é facilmente verificada e válida em frequências ópticas.

SUPOSIÇÃO DE ISOTROPIA

Para simplificar, admitamos que o meio seja suficientemente simples para que $\sigma_{ij}(\omega) = \sigma(\omega)\delta_{ij}$, $\epsilon^0_{ij}(\omega) = \epsilon^0(\omega)\delta_{ij}$, isto é, **D** e **j** são paralelos a **E**. Isto será verdade, por exemplo,

[13] Podemos usar unidades gaussianas, nas quais a constante dielétrica do espaço vazio seja a unidade. Utilizamos ϵ^0 para a constante dielétrica do meio.

para qualquer cristal com simetria cúbica ou para qualquer espécime policristalino. Para estudar cristais birrefringentes, a suposição deve ser deixada de lado.

NATUREZA CONVENCIONAL DA DISTINÇÃO ENTRE $\epsilon^0(\omega)$ E $\sigma(\omega)$

A constante dielétrica e a condutividade entram em uma determinação das propriedades ópticas de um sólido apenas na combinação:

$$\epsilon(\omega) = \epsilon^0(\omega) + \frac{4\pi i\sigma(\omega)}{\omega}. \quad \textbf{(K.3)}$$

Como resultado, há liberdade para se redefinir ϵ^0 adicionando-se a ele uma função arbitrária de frequência, contanto que se faça a redefinição correspondente de σ de tal forma que a combinação (K.3) seja preservada:

$$\epsilon^0(\omega) \rightarrow \epsilon^0(\omega) + \delta\epsilon(\omega), \quad \sigma(\omega) \rightarrow \sigma(\omega) - \frac{\omega}{4\pi i}\delta\epsilon(\omega). \quad \textbf{(K.4)}$$

Esta liberdade de escolha reflete a ambiguidade genuína nas definições físicas de ϵ^0 e σ, que descrevem processos físicos distinguíveis apenas no caso DC, em que σ descreve as "cargas livres" (aquelas que podem se movimentar livremente por distâncias arbitrárias em resposta ao campo DC) e ϵ^0 descreve as "cargas limitadas" (aquelas que são limitadas a posições de equilíbrio e apenas estendidas a novas posições de equilíbrio pelo campo DC; veja Figura K.1).

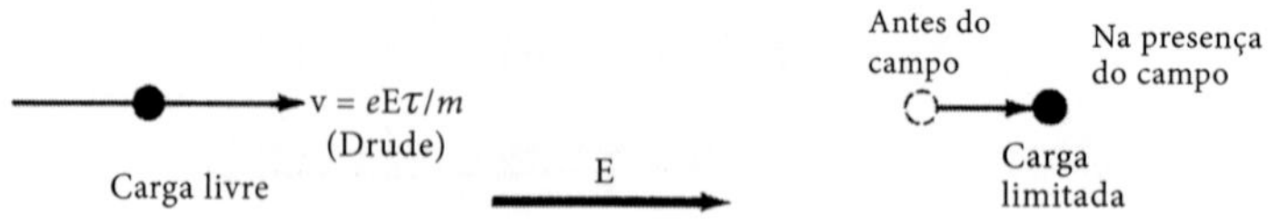

Figura K.1

A resposta de cargas "livres" e "limitadas" a um campo elétrico DC. A carga livre move-se enquanto o campo atua, mas a carga limitada é restrita por forças de restauração e pode ser deslocada ("polarizada") apenas para uma nova posição de equilíbrio.

No caso de um campo AC, a distinção torna-se obscura. As cargas livres não se movem arbitrariamente para longe, mas oscilam para a frente e para trás com a frequência do campo, ao passo que as cargas limitadas não mais repousam em novas posições de equilíbrio, mas também oscilam na frequência do campo.

Se a frequência do campo é suficientemente baixa ($\omega << 1/\tau$), a distinção pode ainda ser preservada, mas em bases bem diferentes: as velocidades da carga livre responderão em fase com o campo [isto é, $\sigma(\omega)$ será predominantemente real], enquanto as velocidades de carga limitada responderão fora de fase com o campo [isto é, $\epsilon^0(\omega)$ será predominantemente real]. Em frequências mais altas, até esta distinção desaparece: as cargas livres podem ter uma resposta fora de fase substancial [de fato, $\sigma(\omega)$ é predominantemente imaginário nos metais, quando em frequências ópticas] e as cargas limitadas podem ter uma resposta em fase considerável (que pode estar presente ou não em frequências ópticas, dependendo do material).

Assim, em altas frequências, a distinção entre cargas livre e limitada [e, consequentemente, entre $\sigma(\omega)$ e $\epsilon^0(\omega)$] é totalmente convencional. Na discussão de metais, ao menos duas convenções diferentes são amplamente utilizadas:

1. σ é reservado para a resposta de elétrons em bandas parcialmente preenchidas (isto é, os elétrons de condução) e ϵ^0 descreve a resposta dos elétrons em bandas completamente preenchidas (por exemplo, dos elétrons de níveis mais internos).[14]

2. A resposta de todos os elétrons (de níveis mais internos e de condução) é considerada globalmente na constante dielétrica individual,

$$\epsilon(\omega) = \epsilon^0(\omega) + \frac{4\pi i \sigma(\omega)}{\omega}, \quad \textbf{(K.5)}$$

na qual $\epsilon(\omega)$ agora inclui as contribuições tanto da banda parcialmente preenchida quanto da banda preenchida para a corrente. Esta convenção possibilita que as teorias ópticas de metais utilizem a mesma notação usada para isolantes, nas quais, por convenção universal, toda carga é considerada limitada.

A REFLETIVIDADE

Quando uma onda plana é normalmente incidente do vácuo em um meio com constante dielétrica ϵ [no sentido da equação (K.5)], a fração r de potência refletida (a refletividade) é dada por[15]

$$\boxed{r = \frac{|E^r|^2}{|E^i|^2} = \left|\frac{1-\kappa}{1+\kappa}\right|^2 = \frac{(1-n)^2 + k^2}{(1+n)^2 + k^2}} \quad \textbf{(K.6)}$$

onde

$$\kappa = \sqrt{\epsilon}, \qquad n = \operatorname{Re}\kappa, \qquad k = \operatorname{Im}\kappa. \quad \textbf{(K.7)}$$

DETERMINAÇÃO DE $\epsilon(\omega)$ A PARTIR DA REFLETIVIDADE MEDIDA

Para se determinar n e k [e, consequentemente, $\epsilon = (n + ik)^2$] a partir da refletividade (K.6), mais informações são necessárias. Duas abordagens podem ser seguidas:

---

[14] Do ponto de vista da teoria semiclássica dos Capítulos 12 e 13, as bandas preenchidas são inertes e não respondem aos campos. Entretanto, correções à teoria semiclássica preveem alguma polarização em níveis mais internos.

[15] Este resultado é provado na maior parte dos livros sobre eletromagnetismo. Veja, por exemplo, Landau, L. D.; Lifshitz, E. M. *Electrodynamics of continuous media*. Reading: Addison-Wesley, 1960. p. 274. As grandezas E^i e E^r são as amplitudes dos campos elétricos incidente e refletido. A raiz quadrada em (K.7) é a que produz n não negativo.

1. Pode-se explorar o fato de n e k estarem relacionados pelas relações de Kramers-Kronig:[16]

$$n(\omega) = 1 + P\int_{-\infty}^{\infty} \frac{d\omega'}{\pi} \frac{k(\omega')}{\omega' - \omega}, \quad k(\omega) = -P\int_{-\infty}^{\infty} \frac{d\omega'}{\pi} \frac{n(\omega') - 1}{\omega' - \omega} \quad \textbf{(K.8)}$$

Essas equações, mais o conhecimento de $r(\omega)$ em *todas* as frequências, permitem que, em princípio, se desembaracem os valores separados de $n(\omega)$ e $k(\omega)$. Na prática, a análise numérica pode ser muito complicada, e o método tem a desvantagem de requerer que medições sejam feitas em frequências suficientes, de modo que haja extrapolações confiáveis para toda a faixa de frequência, como requerido em (K.8).

2. Pode-se utilizar a generalização de (K.6) para ângulos não normais de incidência.[17] Obtém-se, então, uma segunda expressão para a refletividade em ângulo de incidência θ, envolvendo θ, $n(\omega)$, $k(\omega)$ e a polarização da radiação incidente. Em comparação à refletividade medida no ângulo θ, obtém-se uma segunda equação envolvendo $n(\omega)$ e $k(\omega)$, e as duas podem, então, ser extraídas.

A RELAÇÃO ENTRE ϵ E A ABSORÇÃO INTERBANDAS EM UM METAL

Em um metal, a polarização de nível mais interno geralmente leva a contribuição real para ϵ^0, e a equação (K.5) fornece, para a parte imaginária,

$$\text{Im}\,\epsilon = \frac{4\pi}{\omega}\text{Re}\,\sigma. \quad \textbf{(K.8)}$$

Na teoria semiclássica, a condutividade AC (13.34) tem uma parte real apenas em virtude das colisões. Na ausência de colisões, a condutividade semiclássica é puramente imaginária e ϵ, inteiramente real. Isso significa que não há qualquer dissipação de energia eletromagnética no metal. Se, entretanto, usarmos a correção para o resultado semiclássico (13.37), a condutividade terá uma parte real na ausência de colisões, e encontramos que[18]

$$\text{Im}\,\epsilon = \frac{4\pi^2 e^2}{\omega}\int \frac{d\mathbf{k}}{(2\pi)^3}\sum_{nn'} D_{nn'}(\mathbf{k})\delta\left(\frac{\varepsilon_n(\mathbf{k}) - \varepsilon_{n'}(\mathbf{k})}{\hbar} - \omega\right), \quad \textbf{(K.9)}$$

onde

$$D_{nn'}(\mathbf{k}) = \frac{f(\varepsilon_{n'}(\mathbf{k})) - f(\varepsilon_n(\mathbf{k}))}{\varepsilon_n(\mathbf{k}) - \varepsilon_{n'}(k)}\frac{1}{3}\sum_i |\langle n\mathbf{k}|v_i|n'\mathbf{k}\rangle|^2. \quad \textbf{(K.10)}$$

---

[16] Landau; Lifshitz, *ibidem*, p. 259. (O "P" indica uma integral de valor principal.)

[17] Landau, L.; Lifshitz, E. M., op. cit. p. 272-277.

[18] Especializamo-nos no caso de um metal com simetria cúbica. A frequência que está no denominador de (13.37) deve ser avaliada no limite de uma parte n imaginária positiva muito pequena, quase imperceptível, e usamos a identidade:

$$\lim_{\eta \to 0} \text{Im}\frac{1}{x + i\eta} = -\pi\delta(x).$$

A grandeza $D_{nn'}(\mathbf{k})$ é não negativa e extremamente pequena (quando $k_BT << \varepsilon_F$), a não ser que um dos pares de níveis $n\mathbf{k}$, $n'\mathbf{k}$ esteja ocupado e o outro, desocupado. Portanto, a contribuição adicional para a parte real (absortiva) da condutividade surge sempre que $\hbar\omega$ é igual à diferença de energia entre dois níveis com o mesmo $\mathbf{k}$, um ocupado e o outro, vazio. Esta é precisamente a condição para que ocorra a absorção interbandas sugerida por argumentos intuitivos relacionados aos fótons (veja a página 293).

Apêndice L

A teoria quântica do cristal harmônico

Primeiro, resumimos a teoria quântica de um oscilador harmônico individual com a Hamiltoniana

$$h = \frac{p^2}{2m} + \tfrac{1}{2}m\omega^2 q^2. \quad \textbf{(L.1)}$$

A estrutura desta Hamiltoniana é simplificada pela definição do operador de "redução"

$$a = \sqrt{\frac{m\omega}{2\hbar}}q + i\sqrt{\frac{1}{2\hbar m\omega}}p, \quad \textbf{(L.2)}$$

e seu contíguo, o operador "de aumento"

$$a^\dagger = \sqrt{\frac{m\omega}{2\hbar}}q - i\sqrt{\frac{1}{2\hbar m\omega}}p. \quad \textbf{(L.3)}$$

As relações de comutação canônicas $[q,p] = i\hbar$ implicam que

$$[a, a^\dagger] = 1. \quad \textbf{(L.4)}$$

Se a Hamiltoniana é expressa em termos de a e $a^\dagger$ (em vez de q e p), ela adota a forma simples:

$$h = \hbar\omega(a^\dagger a + \tfrac{1}{2}). \quad \textbf{(L.5)}$$

Não é difícil demonstrar[19] que as relações de comutação (L.4) implicam que os autovalores de (L.5) são da forma $(n + ½)\hbar\omega$, em que $n = 0, 1, 2...$ Se o estado fundamental de h é representado por $|0>$, o *enésimo* estado excitado $|n>$ será

$$|n\rangle = \frac{1}{\sqrt{n!}}(a^\dagger)^n|0\rangle, \quad \textbf{(L.6)}$$

[19] Veja, por exemplo, Park, D. *Introduction to the quantum theory*. Nova York: McGraw-Hill, 1964. p. 110.

e satisfará

$$a^\dagger a|n\rangle = n|n\rangle, \qquad h|n\rangle = (n + \tfrac{1}{2})\hbar\omega|n\rangle. \quad \textbf{(L.7)}$$

Os elementos matriciais de a e $a^\dagger$ neste conjunto completo de estado são dados por:

$$\begin{aligned} \langle n'|a|n\rangle &= 0, \quad n' \neq n-1, \\ \langle n-1|a|n\rangle &= \sqrt{n}, \\ \langle n'|a^\dagger|n\rangle &= \langle n|a|n'\rangle. \end{aligned} \quad \textbf{(L.8)}$$

Todos esses resultados derivam, de modo direto, das equações (L.4) e (L.5).

O procedimento, no caso de um cristal harmônico, é semelhante. A Hamiltoniana é agora dada pela equação (23.2).[20] Considere que $\omega_s(\mathbf{k})$ e $\epsilon_s(\mathbf{k})$ sejam a frequência e o vetor de polarização para o modo normal clássico com polarização s e vetor de onda **k**, como descrito na página 439. Em analogia à (L.2), definimos agora[21] o "operador de aniquilamento de fônon"

$$a_{\mathbf{k}s} = \frac{1}{\sqrt{N}}\sum_{\mathbf{R}} e^{-i\mathbf{k}\cdot\mathbf{R}}\boldsymbol{\epsilon}_s(\mathbf{k})\cdot\left[\sqrt{\frac{M\omega_s(\mathbf{k})}{2\hbar}}\,\mathbf{u}(\mathbf{R}) + i\sqrt{\frac{1}{2\hbar M\omega_s(\mathbf{k})}}\,\mathbf{P}(\mathbf{R})\right], \quad \textbf{(L.9)}$$

e seu contíguo, o "operador de criação de fônon"

$$a^\dagger_{\mathbf{k}s} = \frac{1}{\sqrt{N}}\sum_{\mathbf{R}} e^{i\mathbf{k}\cdot\mathbf{R}}\boldsymbol{\epsilon}_s(\mathbf{k})\cdot\left[\sqrt{\frac{M\omega_s(\mathbf{k})}{2\hbar}}\,\mathbf{u}(\mathbf{R}) - i\sqrt{\frac{1}{2\hbar M\omega_s(\mathbf{k})}}\,\mathbf{P}(\mathbf{R})\right]. \quad \textbf{(L.10)}$$

As relações de comutação canônicas

$$\begin{aligned} [u_\mu(\mathbf{R}), P_\nu(\mathbf{R}')] &= i\hbar\,\delta_{\mu\nu}\,\delta_{\mathbf{R}\mathbf{R}'}, \\ [u_\mu(\mathbf{R}), u_\nu(\mathbf{R}')] &= [P_\mu(\mathbf{R}), P_\nu(\mathbf{R}')] = 0, \end{aligned} \quad \textbf{(L.11)}$$

a identidade[22]

$$\sum_{\mathbf{R}} e^{i\mathbf{k}\cdot\mathbf{R}} = \begin{cases} 0, & \mathbf{k} \text{ não é um vetor da rede recíproca,} \\ N, & \mathbf{k} \text{ é um vetor da rede recíproca,} \end{cases} \quad \textbf{(L.12)}$$

[20] Resumimos a derivação apenas para redes de Bravais monoatômicas, especificando a seguir como as conclusões devem ser generalizadas quando há uma base poliatômica.

[21] Se $\omega_s(\mathbf{k}) = 0$, esta definição falha. O problema ocorre em apenas três dos modos normais em N (os modos acústicos $\mathbf{k} = 0$) e pode geralmente ser ignorado. É um reflexo do fato de que os três graus de liberdade que descrevem translações do cristal como um todo não podem ser descritos como graus de liberdade do oscilador. Apenas nos problemas em que se deseja considerar translações do cristal como um todo, ou o momento total do cristal, é que se torna importante tratar desses graus de liberdade de forma correta também. O problema é discutido detalhadamente no Apêndice M.

[22] Veja o Apêndice F.

e a ortonormalidade dos vetores de polarização [equação (22.61)] produzem as relações de comutação

$$[a_{\mathbf{k}s}, a^{\dagger}_{\mathbf{k}'s'}] = \delta_{\mathbf{k}\mathbf{k}'}\delta_{ss'},$$
$$[a_{\mathbf{k}s}, a_{\mathbf{k}'s'}] = [a^{\dagger}_{\mathbf{k}s}, a^{\dagger}_{\mathbf{k}'s'}] = 0, \quad \textbf{(L.13)}$$

que são análogas a (L.4).

Pode-se inverter (L.9) para expressar as coordenadas e *momentos* originais em termos de $a_{\mathbf{k}s}$ e $a^{\dagger}_{\mathbf{k}s}$:

$$\mathbf{u}(\mathbf{R}) = \frac{1}{\sqrt{N}}\sum_{\mathbf{k}s}\sqrt{\frac{\hbar}{2M\omega_s(\mathbf{k})}}(a_{\mathbf{k}s} + a^{\dagger}_{-\mathbf{k}s})\boldsymbol{\epsilon}_s(\mathbf{k})e^{i\mathbf{k}\cdot\mathbf{R}},$$
$$\mathbf{P}(\mathbf{R}) = \frac{-i}{\sqrt{N}}\sum_{\mathbf{k}s}\sqrt{\frac{\hbar M\omega_s(\mathbf{k})}{2}}(a_{\mathbf{k}s} - a^{\dagger}_{-\mathbf{k}s})\boldsymbol{\epsilon}_s(\mathbf{k})e^{i\mathbf{k}\cdot\mathbf{R}}. \quad \textbf{(L.14)}$$

A equação (L.14) pode ser verificada por substituição direta de (L.9) e (L.10) e pelo uso da "relação de completude" que se mantém para qualquer conjunto completo de vetores ortogonais reais,

$$\sum_{s=1}^{3}[\boldsymbol{\epsilon}_s(\mathbf{k})]_{\mu}[\boldsymbol{\epsilon}_s(\mathbf{k})]_{\nu} = \delta_{\mu\nu}, \quad \textbf{(L.15)}$$

com a identidade[22,23]

$$\sum_{\mathbf{k}} e^{i\mathbf{k}\cdot\mathbf{R}} = 0, \qquad \mathbf{R} \neq 0. \quad \textbf{(L.16)}$$

Podemos expressar a Hamiltoniana harmônica em termos das novas variáveis de oscilador substituindo (L.14) em (23.2). Se a identidade (L.16) e a ortonormalidade dos vetores de polarização de determinado **k** são usadas, pode-se demonstrar que a energia cinética é dada por:

$$\frac{1}{2M}\sum_{\mathbf{R}}\mathbf{P}(\mathbf{R})^2 = \frac{1}{4}\sum_{\mathbf{k}s}\hbar\omega_s(\mathbf{k})(a_{\mathbf{k}s} - a^{\dagger}_{-\mathbf{k}s})(a^{\dagger}_{\mathbf{k}s} - a_{-\mathbf{k}s}). \quad \textbf{(L.17)}$$

A energia potencial adota uma estrutura similar quando se explora o fato de que os vetores de polarização são autovetores da matriz dinâmica **D(k)** [veja a equação (22.57)]:

$$U = \frac{1}{4}\sum_{\mathbf{k}s}\hbar\omega_s(\mathbf{k})(a_{\mathbf{k}s} + a^{\dagger}_{-\mathbf{k}s})(a_{-\mathbf{k}s} + a^{\dagger}_{\mathbf{k}s}). \quad \textbf{(L.18)}$$

Adicionando-as, encontramos que

---

[23] Também se utilizou o fato de que em uma rede de Bravais monoatômica $\omega_s(\mathbf{k}) = \omega_s(-\mathbf{k})$ e $\epsilon_s(\mathbf{k}) = \epsilon_s(-\mathbf{k})$.

$$H = \frac{1}{2}\sum \hbar\omega_S(\mathbf{k})(a_{\mathbf{k}s}a^\dagger_{\mathbf{k}s} + a^\dagger_{\mathbf{k}s}a_{\mathbf{k}s}), \quad \textbf{(L.19)}$$

ou, usando as relações de comutação (L.13),

$$H = \sum \hbar\omega_S(\mathbf{k})(a^\dagger_{\mathbf{k}s}a_{\mathbf{k}s} + \tfrac{1}{2}). \quad \textbf{(L.20)}$$

Isto nada mais é do que a soma de $3N$ Hamiltonianas de oscilador independentes, uma para cada vetor de onda e polarização. Quando uma Hamiltoniana se separa em uma soma de sub-Hamiltonianas de comutação, seus autoestados são simplesmente produtos dos autoestados de cada uma das sub-Hamiltonianas separadas, e os autovalores correspondentes são a soma dos autovalores individuais das sub-Hamiltonianas. Podemos, portanto, especificar um autoestado de H fornecendo um conjunto de $3N$ números quânticos $n_{\mathrm{k}s}$, um para cada uma das $3N$ Hamiltonianas de oscilador independentes $\hbar\omega_s(\mathrm{k})(a^\dagger_{\mathrm{k}s}a_{\mathrm{k}s} + ½)$. A energia de tal estado é exatamente

$$E = \sum (n_{\mathbf{k}s} + \tfrac{1}{2})\hbar\omega_S(\mathbf{k}). \quad \textbf{(L.21)}$$

Em muitas aplicações (como as do Capitulo 23), é necessário saber apenas a forma (L.21) dos autovalores de H. No entanto, em problemas que envolvam a interação de vibrações de rede com radiação externa ou entre si (isto é, em problemas nos quais termos anarmônicos são importantes), é essencial usar as relações (L.14), já que será em termos dos **u**'**s** e **P**'**s** que as interações físicas serão simplesmente expressas, mas dos a e $a^\dagger$ que têm elementos matriciais simples nos estados estacionários harmônicos.

Um procedimento similar é usado para transformar a Hamiltoniana para uma rede com base poliatômica. Citamos aqui o resultado final.

As definições (L.9) e (L.10) (que agora definem o $a_{\mathrm{k}s}$ e $a^\dagger_{\mathrm{k}s}$ para $s = 1,...3p$, em que p é o número de íons na base) permanecem válidas desde que sejam feitas as substituições

$$\begin{aligned}
&\mathbf{u}(\mathbf{R}) \rightarrow \mathbf{u}^i(\mathbf{R}),\\
&\mathbf{P}(\mathbf{R}) \rightarrow \mathbf{P}^i(\mathbf{R}),\\
&M \rightarrow M^i\\
&\boldsymbol{\epsilon}_S(\mathbf{k}) \rightarrow \sqrt{M^i}\,\boldsymbol{\epsilon}_S^i(\mathbf{k}) \text{ em (L.9)}\\
&\boldsymbol{\epsilon}_S(\mathbf{k}) \rightarrow \sqrt{M^i}\,\boldsymbol{\epsilon}_S^i(\mathbf{k})^* \text{ em (L.10)},
\end{aligned} \quad \textbf{(L.22)}$$

e soma-se o índice i (que especifica o tipo de íon de base). Os $\epsilon_s^i(\mathbf{k})$ são agora os vetores de polarização dos modos normais clássicos, como definido na equação (22.67), e obedecem a relação de ortonormalidade (equação 22.69), a relação de completude

$$\sum_{S=1}^{3p} [\boldsymbol{\epsilon}_S^i(\mathbf{k})^*]_\mu [\boldsymbol{\epsilon}_S^j(\mathbf{k})]_\nu = \frac{1}{M_i}\delta_{ij}\delta_{\mu\nu}, \quad \textbf{(L.23)}$$

e a condição[24]

$$\epsilon_s^i(-\mathbf{k}) = \epsilon_s^i(\mathbf{k})^*. \quad \text{(L.24)}$$

As fórmulas de inversão (L.14) permanecem válidas desde que as substituições[25] especificadas em (L.22) sejam feitas e as relações de comutação (L.13) e a forma (L.20) da Hamiltoniana harmônica não sejam alteradas.

[24] Com a condição $\omega_s(\mathbf{k}) = \omega_s(-\mathbf{k})$, a condição se mantém bem genericamente. No entanto, no caso poliatômico, os vetores de polarização não são, em geral, reais.

[25] A primeira das duas prescrições para os vetores de polarização deve ser empregada na generalização de ambas as equações (L.14).

Apêndice M

Conservação do momento cristalino

Associada a toda simetria de uma Hamiltoniana está a lei da conservação. A Hamiltoniana de um cristal possui simetria intimamente ligada à simetria translacional da rede de Bravais, que leva a uma lei da conservação bastante geral, conhecida como conservação do momento cristalino. Considere a Hamiltoniana:

$$\begin{aligned} H = & \sum_{\mathbf{R}} \frac{\mathbf{P}(\mathbf{R})^2}{2M} + \frac{1}{2}\sum_{\mathbf{R},\mathbf{R}'} \phi[\mathbf{R} + \mathbf{u}(\mathbf{R}) - \mathbf{R}' - \mathbf{u}(\mathbf{R}')] \\ & + \sum_{i=1}^{n} \frac{p_i^2}{2m_i} + \frac{1}{2}\sum_{i \neq j} v_{ij}(\mathbf{r}_i - \mathbf{r}_j) \\ & + \sum_{\mathbf{R}\,i} w_i(\mathbf{r}_i - \mathbf{R} - \mathbf{u}(\mathbf{R})). \end{aligned} \tag{M.1}$$

Os primeiros dois termos são a Hamiltoniana dos níveis mais internos do íon. Observe que não fizemos a aproximação harmônica,[26] mas representamos a interação íon-íon por uma soma geral de potenciais de pares.[27] Os dois termos seguintes são a Hamiltoniana de n partículas adicionais e o último termo fornece a interação dessas partículas com os íons. Para manter a discussão em nível geral, não especificamos a natureza das n partículas, embora as seguintes possibilidades sejam de interesse:

1. Se $n = 0$, estamos falando de um cristal isolante em separado.

2. Se $n = 1$, podemos aplicar a discussão ao espalhamento de uma única partícula, digamos um nêutron, por um cristal isolante;

[26] No entanto, apresentamos operadores definidos em termos dos operadores de fônon a e $a^\dagger$ (Apêndice L). Estes não serão bem definidos, caso o sistema provavelmente não seja um cristal harmônico com rede de Bravais $\{\mathbf{R}\}$, para ficar em um espaço Hilbert completamente diferente. Assim, embora o procedimento que sigamos faça sentido formal para qualquer sistema (por exemplo, um líquido ou um cristal com rede de Bravais diferente daquela especificada pelo $\{\mathbf{R}\}$), as conclusões podem ser significativamente aplicadas apenas ao caso de um cristal com a rede de Bravais $\{\mathbf{R}\}$.

[27] Mesmo a suposição de interações de pares é desnecessária. Ela só é feita para que se forneça a H uma forma concreta não tão complexa a ponto de obscurecer o argumento.

3. Se desejamos discutir um metal isolado, podemos considerar que as n partículas sejam os elétrons de condução ($n \approx 10^{23}$), caso em que todos os m_i seriam a massa eletrônica m e todos os $v_{ij}(\mathbf{r})$ seriam a mesma função de $\mathbf{r}$.
4. Podemos considerar as n partículas como os elétrons de condução e uma partícula externa incidente, se desejamos discutir o espalhamento de nêutrons por um metal.

$$\begin{aligned} \mathbf{r}_i &\to \mathbf{r}_i + \mathbf{r}_0, \qquad i = 1, \dots, n, \\ \mathbf{u}(\mathbf{R}) &\to \mathbf{u}(\mathbf{R}) + \mathbf{r}_0, \qquad \text{para todo } \mathbf{R}. \end{aligned} \quad \textbf{(M.2)}$$

Esta simetria familiar leva à conservação do momento total dos íons e partículas, e não é a simetria na qual estamos interessados. A conservação de *momento cristalino* surge do fato de que, quando o vetor de translação $\mathbf{r}_0$ é um vetor $\mathbf{R}_0$ da rede de Bravais, é possível simular a translação dos íons por uma simples permutação das variáveis iônicas – ou seja, a Hamiltoniana (M.1) também é invariante sob a transformação:

$$\begin{aligned} &\mathbf{r}_i \to \mathbf{r}_i + \mathbf{R}_0, \qquad i = 1, \dots, n, \\ &\mathbf{u}(\mathbf{R}) \to \mathbf{u}(\mathbf{R} - \mathbf{R}_0), \qquad P(\mathbf{R}) \to P(\mathbf{R} - \mathbf{R}_0), \qquad \text{para todo } \mathbf{R}, \end{aligned} \quad \textbf{(M.3)}$$

como pode ser verificado explicitamente pela substituição direta em (M.1).

Para enfatizar a diferença entre simetria (M.2) (com $\mathbf{r}_0 = \mathbf{R}_0$) e simetria (M.3), considere os seguintes termos de quebra de simetria que se podem adicionar à Hamiltoniana (M.1):

1. Podemos adicionar um termo:

$$\frac{1}{2} K \sum_{\mathbf{R}} [\mathbf{u}(\mathbf{R})]^2, \quad \textbf{(M.4)}$$

que liga cada íon de sua região de equilíbrio a uma mola harmônica. Este termo destrói a simetria translacional (M.2) da Hamiltoniana, e o momento não será conservado em sua presença. Entretanto, o termo (M.4) é invariante sob a simetria de permutação (M.3), logo sua adição não destruirá a conservação do momento cristalino.

2. Suponha, por outro lado, que alteremos a Hamiltoniana (M.1) de modo a manter a simetria translacional, mas destruir a simetria de permutação. Podemos, por exemplo, fornecer a cada íon uma massa diferente, substituindo o termo de energia cinética iônica por:

$$\sum_{\mathbf{R}} \frac{\mathbf{P}(\mathbf{R})^2}{2M(\mathbf{R})}. \quad \textbf{(M.5)}$$

A Hamiltoniana resultante continuará a ser invariante sob a translação espacial (M.2), logo o momento total continuará conservado. No entanto, ele não será mais invariante sob a permutação (M.3), e o momento cristalino não será conservado.

Das duas leis de conservação, a conservação do momento cristalino é de longe a mais importante. Na prática, cristais não são livres para recuar como um todo e, mesmo se fossem, as pequenas alterações no momento total do cristal como um todo, produzidas pelo espalhamento de um único nêutron, seriam impossíveis de se medir diretamente.

DERIVAÇÃO DA LEI DE CONSERVAÇÃO

Para derivar a lei de conservação sugerida pela simetria (M.3), devemos descrever os operadores quântico-mecânicos que produzem essa transformação. A parte da transformação que afeta as coordenadas de partículas, $\mathbf{r}_i \rightarrow \mathbf{r}_i + \mathbf{R}_0$, é afetada pelo operador translacional de partícula $T_{\mathbf{R}_0}$ (veja o Capítulo 8). É um resultado fundamental da mecânica quântica que que se possa escrever esta transformação como uma transformação unitária que envolve o operador de momento total para as partículas:[28]

$$\begin{aligned} \mathbf{r}_i \rightarrow \mathbf{r}_i + \mathbf{R}_0 &= T_{\mathbf{R}_0}\mathbf{r}_i T_{\mathbf{R}_0}^{-1} = e^{(i/\hbar)\mathbf{P}\cdot\mathbf{R}_0}\mathbf{r}_i e^{-(i/\hbar)\mathbf{P}\cdot\mathbf{R}_0}, \\ \mathbf{P} &= \sum_{i=1}^{n} \mathbf{P}_i. \end{aligned} \qquad \textbf{(M.6)}$$

Além disso, precisamos do operador que produz a transformação (M.3) sobre as variáveis iônicas. A conservação do momento cristalino adota a forma simples, principalmente porque essa transformação tem estrutura muito parecida com a equação (M.6):

$$\begin{aligned} \mathbf{u}(\mathbf{R}) \rightarrow \mathbf{u}(\mathbf{R} - \mathbf{R}_0) &= \mathfrak{T}_{\mathbf{R}_0}\,\mathbf{u}(\mathbf{R})\,\mathfrak{T}_{\mathbf{R}_0}^{-1} = e^{i\boldsymbol{\kappa}\cdot\mathbf{R}_0}\,\mathbf{u}(\mathbf{R})\,e^{-i\boldsymbol{\kappa}\cdot\mathbf{R}_0}, \\ \mathbf{P}(\mathbf{R}) \rightarrow \mathbf{P}(\mathbf{R} - \mathbf{R}_0) &= \mathfrak{T}_{\mathbf{R}_0}\,\mathbf{P}(\mathbf{R})\,\mathfrak{T}_{\mathbf{R}_0}^{-1} = e^{i\boldsymbol{\kappa}\cdot\mathbf{R}_0}\,\mathbf{P}(\mathbf{R})\,e^{-i\boldsymbol{\kappa}\cdot\mathbf{R}_0}. \end{aligned} \qquad \textbf{(M.7)}$$

O operador **K** não está relacionado de nenhum modo ao operador de momento total $\mathbf{P} = \Sigma\mathbf{P}(\mathbf{R})$ para os íons, mas é especificado[29] considerando-se que os autoestados de **K** sejam os autoestados da parte harmônica da Hamiltoniana íon-íon e que seu autovalor em um estado com números de ocupação de fônon $n_{\mathbf{k}s}$ seja dado por

$$\boldsymbol{\kappa}|\{n_{\mathbf{k}s}\}\rangle = \left(\sum_{\mathbf{k}s} \mathbf{k}n_{\mathbf{k}s}\right)|\{n_{\mathbf{k}s}\}\rangle. \qquad \textbf{(M.8)}$$

Para verificar que o operador **K** definido por (M.8) de fato produz a transformação (M.7), devemos usar a representação (L.14) que fornece **u(R)** e **P(R)** em termos dos operadores de oscilador de aumento e redução para cada modo normal:

$$\mathbf{u}(\mathbf{R}) = \frac{1}{\sqrt{N}}\sum_{\mathbf{k}s}\sqrt{\frac{\hbar}{2M\omega_s(\mathbf{k})}}(a_{\mathbf{k}s} + a^{\dagger}_{-\mathbf{k}s})e^{i\mathbf{k}\cdot\mathbf{R}}\boldsymbol{\epsilon}_s(\mathbf{k}). \qquad \textbf{(M.9)}$$

[28] Veja, por exemplo, Gottfried, K. *Quantum mechanics*. v. I. Menlo Park: W. A. Benjamin, 1966. p. 245.

[29] Define-se um operador pelo conhecimento de um conjunto completo de autoestados e os autovalores correspondentes, já que qualquer estado pode ser representado como a combinação linear de autoestados. Observe que, aqui, a sutil suposição de que o sólido seja realmente cristalino com rede de Bravais {**R**} aparece; se não fosse, seus estados não poderiam ser representados como combinações lineares de autoestados de um cristal harmônico com rede de Bravais {**R**}.

[Consideramos explicitamente apenas $\mathbf{u(R)}$. O argumento para $\mathbf{P(R)}$ é virtualmente o mesmo.] Já que os únicos operadores em (M.9) são $a_{\mathbf{k}s}$ e $a^{\dagger}_{-\mathbf{k}s}$, temos

$$e^{i\boldsymbol{\kappa}\cdot\mathbf{R}_0}\,\mathbf{u}(\mathbf{R})\,e^{-i\boldsymbol{\kappa}\cdot\mathbf{R}_0} = \frac{1}{\sqrt{N}}\sum_{\mathbf{k}s}\sqrt{\frac{\hbar}{2M\omega_s(\mathbf{k})}}\left(e^{i\boldsymbol{\kappa}\cdot\mathbf{R}_0}\,a_{\mathbf{k}s}\,e^{-i\boldsymbol{\kappa}\cdot\mathbf{R}_0} + e^{i\boldsymbol{\kappa}\cdot\mathbf{R}_0}\,a^{\dagger}_{-\mathbf{k}s}\,e^{-i\boldsymbol{\kappa}\cdot\mathbf{R}_0}\right)e^{i\mathbf{k}\cdot\mathbf{R}}\boldsymbol{\epsilon}_s(\mathbf{k}).$$

(M.10)

Teremos, portanto, estabelecido (M.7) quando provarmos que

$$\begin{aligned} e^{i\boldsymbol{\kappa}\cdot\mathbf{R}_0}\,a_{\mathbf{k}s}\,e^{-i\boldsymbol{\kappa}\cdot\mathbf{R}_0} &= e^{-i\mathbf{k}\cdot\mathbf{R}_0}a_{\mathbf{k}s},\\ e^{i\boldsymbol{\kappa}\cdot\mathbf{R}_0}\,a^{\dagger}_{-\mathbf{k}s}\,e^{-i\boldsymbol{\kappa}\cdot\mathbf{R}_0} &= e^{-i\mathbf{k}\cdot\mathbf{R}_0}a^{\dagger}_{-\mathbf{k}s}, \end{aligned} \quad \textbf{(M.11)}$$

já que a substituição de (M.11) em (M.10) a reduz de volta à forma (M.9) com $\mathbf{R}$ substituído por $\mathbf{R} - \mathbf{R}_0$.

Ambos os resultados em (M.11) ocorrerão se for possível estabelecer a identidade única:

$$e^{i\boldsymbol{\kappa}\cdot\mathbf{R}_0}\,a^{\dagger}_{\mathbf{k}s}\,e^{-i\boldsymbol{\kappa}\cdot\mathbf{R}_0} = e^{-i\mathbf{k}\cdot\mathbf{R}_0}a^{\dagger}_{\mathbf{k}s}, \quad \textbf{(M.12)}$$

já que o primeiro de (M.11) é exatamente o contíguo de (M.12) e o segundo resulta de permitir-se que $\mathbf{k} \to -\mathbf{k}$. A equação (M.12) será estabelecida se for possível demonstrar que os operadores em ambos os lados da equação têm o mesmo efeito em um conjunto completo de estados, já que eles terão, então, o mesmo efeito em qualquer combinação linear de estados do conjunto completo, e assim sobre qualquer que seja o estado. Mais uma vez, escolhemos o conjunto completo como os autoestados da Hamiltoniana harmônica. O operador $a^{\dagger}_{\mathbf{k}s}$, sendo um operador de aumento de oscilador para o modo normal $\mathbf{k}s$, simplesmente atua em um estado com um conjunto particular de números de ocupação de fônons para produzir (para dentro de uma constante de normalização) um estado no qual o número de ocupação para o modo normal $\mathbf{k}s$ seja aumentado em um, e todos os outros números de ocupação permanecem os mesmos. Podemos, para começar, definir

$$e^{i\boldsymbol{\kappa}\cdot\mathbf{R}_0}\,a^{\dagger}_{\mathbf{k}s}\,e^{-i\boldsymbol{\kappa}\cdot\mathbf{R}_0}|\{n_{\mathbf{k}s}\}\rangle = \exp\left(-i\sum_{\mathbf{k}'s}\mathbf{k}'n_{\mathbf{k}'s}\cdot\mathbf{R}_0\right)e^{i\boldsymbol{\kappa}\cdot\mathbf{R}_0}a^{\dagger}_{\mathbf{k}s}|\{n_{\mathbf{k}s}\}\rangle, \quad \textbf{(M.13)}$$

que simplesmente explora (M.8). Já que o estado $a^{\dagger}_{\mathbf{k}s}|\{n_{\mathbf{k}s}\}>$ difere de $|\{n_{\mathbf{k}s}\}>$ apenas no que o número de ocupação de modo $\mathbf{k}s$ é aumentado em um, ele também será um autoestado de x com autovalor $\Sigma\mathbf{K}'n_{\mathbf{k}'s} + \mathbf{k}$. Portanto, todo termo no autovalor de $e^{i\mathbf{k}\cdot\mathbf{R}_0}$ anula o termo correspondente no autovalor de $e^{-i\mathbf{k}\cdot\mathbf{R}_0}$, exceto pelo único termo extra $e^{i\mathbf{k}\cdot\mathbf{R}_0}$, e temos:

$$\exp\left(-i\sum_{\mathbf{k}'s}\mathbf{k}'n_{\mathbf{k}'s}\cdot\mathbf{R}_0\right)e^{i\boldsymbol{\kappa}\cdot\mathbf{R}_0}a^{\dagger}_{\mathbf{k}s}|\{n_{\mathbf{k}s}\}\rangle = e^{i\mathbf{k}\cdot\mathbf{R}_0}a^{\dagger}_{\mathbf{k}s}|\{n_{\mathbf{k}s}\}\rangle. \quad \textbf{(M.14)}$$

As equações (M.14) e (M.13) estabelecem (M.12) e, portanto, **K** fornece a transformação desejada. O operador $\hbar\mathbf{K}$ é chamado operador de momento cristalino.

APLICAÇÕES

Ilustramos os trabalhos de conservação de momento cristalino em diversos casos.

1. ***Isolante separado*** — Se apenas os íons estão presentes, a invariância (M.3) implica que a Hamiltoniana comuta com o operador $e^{i\mathbf{K}\cdot\mathbf{R}_0}$, desde que

$$\begin{aligned} &e^{i\mathcal{K}\cdot\mathbf{R}_0}H(\{\mathbf{u}(\mathbf{R}),\mathbf{P}(\mathbf{R})\})e^{-i\mathcal{K}\cdot\mathbf{R}_0} = H(\{\mathbf{u}(\mathbf{R}-\mathbf{R}_0),\mathbf{P}(\mathbf{R}-\mathbf{R}_0)\}) \equiv H, \\ &\text{ou} \quad e^{i\mathcal{K}\cdot\mathbf{R}_0}H = He^{i\mathcal{K}\cdot\mathbf{R}_0}. \end{aligned} \quad \textbf{(M.15)}$$

Isso significa que o operador $J_{\mathbf{R}_0} = e^{i\mathbf{K}\cdot\mathbf{R}_0}$ é uma constante do movimento, ou seja, se o cristal está em um autoestado de $J_{\mathbf{R}_0}$ no tempo $t = 0$, ele permanecerá em um autoestado em todos os tempos subsequentes. Em particular, suponha que o cristal esteja em um autoestado da Hamiltoniana harmônica em $t = 0$ com números de ocupação de fônon $n_{\mathbf{k}s}$. Já que a Hamiltoniana completa não é harmônica, não haverá estado estacionário. Entretanto, a conservação do momento cristalino requer que ele permaneça um autoestado de $J_{\mathbf{R}_0}$ para todos os vetores $\mathbf{R}_0$ da rede de Bravais. Isso significa que o estado em tempos futuros só pode ser uma combinação linear de autoestados da Hamiltoniana harmônica com números de ocupação de fônon $n'_{\mathbf{k}s}$ que levem ao mesmo autovalor de $J_{\mathbf{R}_0}$ como o estado original:

$$\exp\left(i\sum \mathbf{k}n'_{\mathbf{k}s}\cdot\mathbf{R}_0\right) = \exp\left(i\sum \mathbf{k}n_{\mathbf{k}s}\cdot\mathbf{R}_0\right). \quad \textbf{(M.16)}$$

Já que tal condição deve ser mantida para vetores $\mathbf{R}_0$ *arbitrários* da rede de Bravais ($J_{\mathbf{R}_0}$ comutam entre si para $\mathbf{R}_0$ diferentes), temos

$$\exp\left\{i\left[\sum(\mathbf{k}n_{\mathbf{k}s} - \mathbf{k}n'_{\mathbf{k}s})\cdot\mathbf{R}_0\right]\right\} = 1 \qquad \text{para todo } \mathbf{R}_0, \quad \textbf{(M.17)}$$

o que requer que

$$\sum \mathbf{k}n_{\mathbf{k}s} = \sum \mathbf{k}n'_{\mathbf{k}s} + \text{ vetor da rede recíproca.} \quad \textbf{(M.18)}$$

Assim, *o vetor de onda de fônon total em um cristal anarmônico é conservado para dentro de um vetor de rede recíproca aditivo.*

2. ***Espalhamento de um nêutron por um isolante*** — Suponha que, no início do experimento, o cristal esteja em um autoestado da Hamiltoniana harmônica com números de ocupação de fônon $n_{\mathbf{k}s}$ e o nêutron esteja em um estado com momento **p** *real*, e satisfaz:

$$T_{\mathbf{R}_0}\psi(\mathbf{r}) = e^{(i/\hbar)\mathbf{p}\cdot\mathbf{R}_0}\psi(r) \qquad (\text{i.e., } \psi(\mathbf{r}) = e^{(i/\hbar)\mathbf{p}\cdot\mathbf{R}_0}), \text{ (M.19)}$$

onde $T_{\mathbf{R}_0}$ é o operador de translação de nêutron. A invariância da Hamiltonina nêutron-íon total sob (M.3) implica que o produto dos operadores de translação de nêutron e permutação de íon comute com H para qualquer $\mathbf{R}_0$:

$$[T_{\mathbf{R}_0}\mathfrak{I}_{\mathbf{R}_0}, H] = 0. \text{ (M.20)}$$

No estado inicial Φ, temos:

$$T_{\mathbf{R}_0}\mathfrak{I}_{\mathbf{R}_0}\Phi = \exp[i(\mathbf{p}/\hbar + \sum \mathbf{k}n_{\mathbf{k}s})\cdot\mathbf{R}_0]\Phi, \text{ (M.21)}$$

e, portanto, estados subsequentes devem continuar a ser autoestados com o mesmo autovalor. Eles podem, portanto, ser representados como combinações lineares de estados nos quais o nêutron tem momento $\mathbf{p}'$ e o cristal tem números de ocupação $n'_{\mathbf{k}s}$, com a restrição de que

$$\mathbf{p}' + \hbar\sum \mathbf{k}n'_{\mathbf{k}s} = \mathbf{p} + \hbar\sum \mathbf{k}n_{\mathbf{k}s} + \hbar \times \text{vetor da rede recíproca}. \text{ (M.22)}$$

Assim, *a variação no momento do nêutron deve ser equilibrada pela variação no momento cristalino*[30] *dos fônons para dentro de um vetor aditivo da rede recíproca vezes ħ.*

3. ***Metal isolado*** — Se as partículas são elétrons de condução, podemos considerar em $t = 0$ o estado em que os elétrons estão em um conjunto específico de níveis de Bloch. Agora, cada nível de Bloch [veja a equação (8.21)] é um autoestado do operador de translação de elétron:

$$T_{\mathbf{R}_0}\psi_{n\mathbf{k}}(\mathbf{r}) = e^{i\mathbf{k}\cdot\mathbf{R}_0}\psi_{n\mathbf{k}}(\mathbf{r}). \text{ (M.23)}$$

Se, além disso, o cristal estiver em um autoestado da Hamiltoniana harmônica em $t = 0$, o operador combinado de translação de elétron e permutação de íon $T_{\mathbf{R}_0}J_{\mathbf{R}_0}$ terá o autovalor

$$\exp[i(\mathbf{k}_e + \sum \mathbf{k}n_{\mathbf{k}s})\cdot\mathbf{R}_0], \text{ (M.24)}$$

onde $\mathbf{k}_e$ é a soma dos vetores de onda eletrônica de todos os níveis de Bloch ocupados (isto é, $\hbar\mathbf{k}_e$ é o momento cristalino eletrônico total). Já que este operador comuta com a Hamiltoniana elétron-íon, o metal deve permanecer em um autoestado em todos os tempos

[30] O autovalor $\hbar\Sigma\mathbf{k}n_{\mathbf{k}s}$ do operador de momento cristalino $\hbar\mathbf{K}$ chama-se momento cristalino. (conforme página 472).

subsequentes. Portanto, *a variação no momento cristalino eletrônico total deve ser compensada por uma variação no momento cristalino iônico total para dentro de um vetor aditivo da rede recíproca.*

4. *Espalhamento de um nêutron em um metal* — Do mesmo modo, podemos deduzir que, *quando nêutrons são espalhados em um metal, a variação no momento do nêutron deve ser equilibrada por uma variação no momento cristalino total dos elétrons e íons para dentro de um vetor aditivo da rede recíproca vezes* $\hbar$. Os nêutrons, no entanto, interagem apenas de modo fraco com elétrons e, na prática, é apenas o momento cristalino da rede que varia. Este caso é, portanto, essencialmente o mesmo do caso 2. Observe, todavia, que os raios X de fato interagem fortemente com elétrons, logo o momento cristalino pode se perder para o sistema eletrônico no espalhamento de raios X.

Apêndice N

Teoria do espalhamento de nêutrons por um cristal

Suponha que um nêutron com momento **p** espalhe-se por um cristal e surja com momento **p**′. Consideremos que os únicos graus de liberdade do cristal sejam aqueles associados ao movimento iônico, que antes do espalhamento os íons estejam em um autoestado da Hamiltoniana cristalina com energia E_i e que, após o espalhamento, os íons estejam em um autoestado da Hamiltoniana cristalina com energia E_f. Descrevemos os estados inicial e final e as energias do sistema nêutron-íon composto como a seguir:

$$\begin{aligned}
&\text{Antes do espalhamento:}\\
&\quad \Psi_i = \psi_{\mathbf{p}}(\mathbf{r})\Phi_i, \qquad \psi_{\mathbf{p}} = \frac{1}{\sqrt{V}}e^{i\mathbf{p}\cdot\mathbf{r}/\hbar},\\
&\quad \varepsilon_i = E_i + p^2/2M_n;\\
&\text{Depois do espalhamento:}\\
&\quad \Psi_f = \psi_{\mathbf{p}'}(\mathbf{r})\Phi_f, \qquad \psi_{\mathbf{p}'} = \frac{1}{\sqrt{V}}e^{i\mathbf{p}'\cdot\mathbf{r}/\hbar},\\
&\quad \varepsilon_f = E_f + p'^2/2M_n.
\end{aligned} \qquad \textbf{(N.1)}$$

É conveniente definir as variáveis ω e **q** em termos do ganho de energia de nêutron e da transferência de momento:

$$\begin{aligned}
\hbar\omega &= \frac{p'^2}{2M_n} - \frac{p^2}{2M_n},\\
\hbar\mathbf{q} &= \mathbf{p}' - \mathbf{p}.
\end{aligned} \qquad \textbf{(N.2)}$$

Descrevemos a interação nêutron-íon por

$$V(\mathbf{r}) = \sum_{\mathbf{R}} v(\mathbf{r} - \mathbf{r}(\mathbf{R})) = \frac{1}{V}\sum_{\mathbf{k},\mathbf{R}} v_{\mathbf{k}} e^{i\mathbf{k}\cdot[\mathbf{r}-\mathbf{r}(\mathbf{R})]}. \qquad \textbf{(N.3)}$$

Em virtude de a faixa de v ser da ordem de 10^{-13} cm (dimensão nuclear típica), seus componentes de Fourier sofrem variação na escala de $k \approx 10^{13}$ cm^{-1} e, portanto, são essencialmente independentes de k para vetores de onda da ordem de 10^8 cm^{-1}, a faixa relevante para experimentos que medem espectros de fônon. A constante v_0 é convencionalmente representada em termos do comprimento a, conhecido como o comprimento de espalhamento, definido de modo que a seção transversal total para o espalhamento de um nêutron por um único íon isolado seja dado na aproximação de Born por $4\pi a^2$.[31] Desse modo, escreve-se a equação (N.3)

$$V(\mathbf{r}) = \frac{2\pi\hbar^2 a}{M_n V}\sum_{\mathbf{k},\mathbf{R}} e^{i\mathbf{k}\cdot[\mathbf{r}-\mathbf{r}(\mathbf{R})]}. \quad \textbf{(N.4)}$$

A probabilidade por unidade de tempo de um nêutron espalhar-se de **p** para **p**′ em virtude de sua interação com os íons é quase sempre calculada com a "regra de ouro" da teoria da perturbação dependente de tempo de mais baixa ordem:[32]

$$\begin{aligned} P &= \sum_f \frac{2\pi}{\hbar}\delta(\varepsilon_i - \varepsilon_f)|(\Psi_i - V\Psi_f)|^2 \\ &= \sum_f \frac{2\pi}{\hbar}\delta(E_f - E_i + \hbar\omega)\left|\frac{1}{V}\int d\mathbf{r}\, e^{i\mathbf{q}\cdot\mathbf{r}}(\Phi_i, V(\mathbf{r})\Phi_f)\right|^2 \quad \textbf{(N.5)} \\ &= \frac{(2\pi\hbar)^3}{(M_n V)^2}a^2\sum_f \delta(E_f - E_i + \hbar\omega)\left|\sum_{\mathbf{R}}(\Phi_i, e^{i\mathbf{q}\cdot\mathbf{r}(\mathbf{R})}\Phi_f)\right|^2. \end{aligned}$$

A taxa de transição P relaciona-se à seção transversal medida, $d\sigma/d\Omega\, dE$, pelo fato de que a seção transversal, a taxa de transição e o fluxo incidente de nêutron, $j = (p/M_n)|\psi_p|^2 = (1/V)(p/M_n)$, satisfazem[33]

$$\begin{aligned} j\frac{d\sigma}{d\Omega dE}d\Omega dE &= \frac{p}{M_n V}\frac{d\sigma}{d\Omega dE}d\Omega dE = \frac{PVd\mathbf{p}'}{(2\pi\hbar)^3} \\ &= \frac{PVp'^2 dp' d\Omega}{(2\pi\hbar)^3} = \frac{PVM_n p' dE d\Omega}{(2\pi\hbar)^3}. \end{aligned} \quad \textbf{(N.6)}$$

Para determinado estado inicial (e todos os estados finais f compatíveis com a função δ de conservação de energia), as equações (N.5) e (N.6) fornecem

$$\frac{d\sigma}{d\Omega dE} = \frac{p'}{p}\frac{Na^2}{\hbar}S_i(\mathbf{q},\omega), \quad \textbf{(N.7)}$$

---

[31] Admitimos que os núcleos têm spin zero e são de um único isótopo. No geral, deve-se considerar a possibilidade de a depender de um estado nuclear. Isso acarreta dois tipos de termos na seção transversal: um termo *coerente*, que tem a forma da seção transversal que derivamos adiante, mas substituindo a por seu valor médio, e uma parte adicional, conhecida como termo *incoerente*, que não tem nenhuma dependência considerável de energia e contribui, com os processos multifônon, para o *background* difuso.

[32] Veja, por exemplo, Park, D. *op. cit.*, p. 244. A análise de dados de espalhamento de nêutrons se baseia em grande parte neste uso da teoria da perturbação de mais baixa ordem, ou seja, na aproximação de Born. A teoria de perturbação de ordem mais alta produz correções que chamamos *espalhamento múltiplo*.

[33] Utilizamos o fato de que um elemento de volume $d\mathbf{p}'$ contém $V\,d\mathbf{p}'/(2\pi\hbar)^3$ estados de nêutron de determinado spin. (O argumento é idêntico àquele apresentado para os elétrons, no Capítulo 2.)

onde

$$S_i(\mathbf{q},\omega) = \frac{1}{N}\sum_f \delta\Big(\frac{E_f - E_i}{\hbar} + \omega\Big)\Big|\sum_{\mathbf{R}}(\Phi_i, e^{i\mathbf{q}\cdot\mathbf{r}(\mathbf{R})}\Phi_f)\Big|^2. \quad \textbf{(N.8)}$$

Para avaliar S_i, utilizamos a representação

$$\delta(\omega) = \int_{-\infty}^{\infty} \frac{dt}{2\pi} e^{i\omega t}, \quad \textbf{(N.9)}$$

e observemos que qualquer operador A obedece a relação $e^{i(E_f-E_i)t/\hbar}(\Phi_f, A\Phi_i) = (\Phi_f, A(t)\Phi_i)$, em que $A(t) = e^{iHt/\hbar}Ae^{-iHt/\hbar}$. Além disso, para qualquer par de operadores A e B,

$$\sum_f (\Phi_i, A\Phi_f)(\Phi_f, B\Phi_i) = (\Phi_i, AB\Phi_i). \quad \textbf{(N.10)}$$

Portanto,

$$S_i(\mathbf{q},\omega) = \frac{1}{N}\int \frac{dt}{2\pi} e^{i\omega t} \sum_{\mathbf{RR}'} e^{-i\mathbf{q}\cdot(\mathbf{R}-\mathbf{R}')}(\Phi_i, \exp[i\mathbf{q}\cdot\mathbf{u}(\mathbf{R}')]\exp[-i\mathbf{q}\cdot\mathbf{u}(\mathbf{R},t)]\Phi_i). \quad \textbf{(N.11)}$$

Em geral, o cristal estará em equilíbrio térmico e devemos, portanto, ponderar a seção transversal para o i considerado em uma distribuição Maxwell-Boltzmann de estados de equilíbrio. Isso requer a substituição de S_i por sua média térmica

$$\boxed{S_i(\mathbf{q},\omega) = \frac{1}{N}\sum_{\mathbf{RR}'} e^{-i\mathbf{q}\cdot(\mathbf{R}-\mathbf{R}')} \int \frac{dt}{2\pi} e^{i\omega t} \langle \exp[i\mathbf{q}\cdot\mathbf{u}(\mathbf{R}')]\exp[-i\mathbf{q}\cdot\mathbf{u}(\mathbf{R},t)]\rangle,} \quad \textbf{(N.12)}$$

onde

$$\langle A\rangle = \frac{\sum e^{-E_i/k_BT}(\Phi_i, A\Phi_i)}{\sum e^{-E_i/k_BT}}. \quad \textbf{(N.13)}$$

Finalmente,

$$\boxed{\frac{d\sigma}{d\Omega dE} = \frac{p'}{p}\frac{Na^2}{\hbar}S(\mathbf{q},\omega).} \quad \textbf{(N.14)}$$

$S(\mathbf{q},\omega)$ é conhecido como o *fator estrutural dinâmico* do cristal, e é totalmente determinado pelo próprio cristal sem referência a nenhuma propriedade dos nêutrons.[34] Além disso, nosso resultado (N.14) sequer explorou a aproximação harmônica, sendo, portanto, muito genérico, aplicando-se (com as alterações adequadas em notação) inclusive ao

[34] É simplesmente a transformada de Fourier da função de autocorrelação de densidade.

espalhamento de nêutrons por líquidos. Para extrair as características peculiares de espalhamento de nêutron por uma rede de íons, procedemos agora a aproximação harmônica.

Em um cristal harmônico, a posição de qualquer íon no tempo t é a função linear das posições e momentos de todos os íons no tempo zero. Pode-se demonstrar,[35] entretanto, que, se A e B são operadores lineares no $\mathbf{u(R)}$ e $\mathbf{P(R)}$ de um *cristal harmônico*, teremos

$$\langle e^A e^B \rangle = e^{(1/2)\langle A^2 + 2AB + B^2 \rangle}. \quad \textbf{(N.15)}$$

Este resultado é diretamente aplicável a (N.12):

$$\begin{aligned}&\langle \exp[i\mathbf{q}\cdot\mathbf{u}(\mathbf{R}')]\exp[-i\mathbf{q}\cdot\mathbf{u}(\mathbf{R},t)]\rangle = \\ &\exp(-\tfrac{1}{2}\langle[\mathbf{q}\cdot\mathbf{u}(\mathbf{R}')]^2\rangle - \tfrac{1}{2}\langle[\mathbf{q}\cdot\mathbf{u}(\mathbf{R},t)]^2\rangle + \langle[\mathbf{q}\cdot\mathbf{u}(\mathbf{R}')][\mathbf{q}\cdot\mathbf{u}(\mathbf{R},t)]\rangle).\end{aligned} \quad \textbf{(N.16)}$$

Isto pode ser mais simplificado observando-se que os produtos do operador dependem apenas da posição e tempo relativos

$$\begin{aligned}&\langle[\mathbf{q}\cdot\mathbf{u}(\mathbf{R}')]^2\rangle = \langle[\mathbf{q}\cdot\mathbf{u}(\mathbf{R},t)]^2\rangle = \langle[\mathbf{q}\cdot\mathbf{u}(0)]^2\rangle \equiv 2W, \\ &\langle[\mathbf{q}\cdot\mathbf{u}(\mathbf{R}')][\mathbf{q}\cdot\mathbf{u}(\mathbf{R},t)]\rangle = \langle[\mathbf{q}\cdot\mathbf{u}(0)][\mathbf{q}\cdot\mathbf{u}(\mathbf{R}-\mathbf{R}',t)]\rangle,\end{aligned} \quad \textbf{(N.17)}$$

e, portanto:

$$S(\mathbf{q},\omega) = e^{-2W}\int \frac{dt}{2\pi} e^{i\omega t} \sum_{\mathbf{R}} e^{-i\mathbf{q}\cdot\mathbf{R}} \exp\langle[\mathbf{q}\cdot\mathbf{u}(0)][\mathbf{q}\cdot\mathbf{u}(\mathbf{R},t)]\rangle. \quad \textbf{(N.18)}$$

A equação (N.18) é avaliação *exata* de S($\mathbf{q}$,ω), equação (N.12), *desde que o cristal seja harmônico.*

No Capítulo 24, classificamos o espalhamento de nêutrons de acordo com o número m de fônons emitidos e/ou absorvidos pelo nêutron. Caso se expanda o exponencial que ocorre no integrando de S,

$$\exp\langle[\mathbf{q}\cdot\mathbf{u}(0)][\mathbf{q}\cdot\mathbf{u}(\mathbf{R},t)]\rangle = \sum_{m=0}^{\infty} \frac{1}{m!}(\langle[\mathbf{q}\cdot\mathbf{u}(0)][\mathbf{q}\cdot\mathbf{u}(\mathbf{R},t)]\rangle)^m, \quad \textbf{(N.19)}$$

pode-se demonstrar que o termo *de ordem m* nesta expansão fornece precisamente a contribuição dos processos de m fônons para a seção transversal total. Limitamo-nos aqui a mostrar que os termos $m = 0$ e $m = 1$ fornecem a estrutura que deduzimos em terrenos menos precisos para os processos de zero e um fônon no Capítulo 24.

1. *Contribuição de zero fônon (m = 0)* — Caso se substitua o exponencial na extrema direita de (N.18) pela unidade, a soma sobre **R** pode ser avaliada com a equação (L.12), a integral

---

[35] Mermin, N. D. *J. Math Phys.*, 7, p. 1038, 1966, fornece uma prova particularmente compacta.

de tempo se reduz a uma função δ como em (N.9) e a contribuição de nenhum fônon para $S(\mathbf{q},\omega)$ é exatamente

$$\boxed{S_{(0)}(\mathbf{q},\omega) = e^{-2W}\delta(\omega)N\sum_{\mathbf{K}}\delta_{\mathbf{q},\mathbf{K}}.} \quad \textbf{(N.20)}$$

A função δ requer que o espalhamento seja elástico. Com a integração de todas as energias finais, podemos definir que

$$\frac{d\sigma}{d\Omega} = \int dE\frac{d\sigma}{d\Omega dE} = e^{-2W}(Na)^2\sum_{\mathbf{K}}\delta_{\mathbf{q},\mathbf{K}}. \quad \textbf{(N.21)}$$

que é precisamente o que se espera de nêutrons refletidos por Bragg: o espalhamento é elástico e ocorre apenas para transferências de momentos iguais a $\hbar$ vezes um vetor da rede recíproca. O fato de o espalhamento de Bragg constituir um processo coerente reflete-se no fato de a seção transversal ser proporcional a N^2 vezes a seção transversal a^2 para um único espalhador, em vez de meramente a N vezes a seção transversal de um único íon. Assim, as *amplitudes* cominam aditivamente (em vez das seções transversais). O efeito das vibrações térmicas dos íons em torno de suas posições de equilíbrio é inteiramente contido no fator e^{-2W}, conhecido como fator de Debye-Waller. Já que o deslocamento iônico quadrado médio do equilíbrio $<[\mathbf{u}(0)]^2>$ aumenta com a temperatura, encontramos que as vibrações térmicas dos íons diminuem a intensidade dos picos de Bragg, mas *não* (como se temia nos primórdios do espalhamento de raios X) elimina os picos como um todo.[36]

2. *Contribuição de um fônon (m = 1)* — Para avaliar a contribuição para $d\delta/d\Omega\ dE$ do termo $m = 1$ em (N.19), requer-se a forma de

$$\langle[\mathbf{q}\cdot\mathbf{u}(0)][\mathbf{q}\cdot\mathbf{u}(\mathbf{R},t)]\rangle, \quad \textbf{(N.22)}$$

facilmente avaliada a partir da equação (L.14) e do fato de que[37]

$$\begin{aligned} &a_{\mathbf{k}s}(t) = a_{\mathbf{k}s}e^{-i\omega_s(\mathbf{k})t}, \qquad a^{\dagger}_{\mathbf{k}s}(t) = a^{\dagger}_{\mathbf{k}s}e^{i\omega_s(\mathbf{k})t}, \\ &\langle a^{\dagger}_{\mathbf{k}'s'}a_{\mathbf{k}s}\rangle = n_s(\mathbf{k})\delta_{\mathbf{k}\mathbf{k}'}\delta_{ss'}, \qquad \langle a^{\dagger}_{\mathbf{k}s}a^{\dagger}_{\mathbf{k}'s'}\rangle = 0, \\ &\langle a_{\mathbf{k}s}a^{\dagger}_{\mathbf{k}'s'}\rangle = [1 + n_s(\mathbf{k})]\delta_{\mathbf{k}\mathbf{k}'}\delta_{ss'}, \qquad \langle a_{\mathbf{k}s}a_{\mathbf{k}'s'}\rangle = 0. \end{aligned} \quad \textbf{(N.23)}$$

Encontramos, então, que

$$S_{(1)}(\mathbf{q},\omega) = e^{-2W}\sum_s \frac{\hbar}{2M\omega_s(\mathbf{q})}[\mathbf{q}\cdot\epsilon_s(\mathbf{q})]^2\begin{pmatrix}[1 + n_s(\mathbf{q})]\delta[\omega + \omega_s(\mathbf{q})] \\ + n_s(\mathbf{q})\delta[\omega - \omega_s(\mathbf{q})]\end{pmatrix}. \quad \textbf{(N.24)}$$

[36] Esta é uma marca da ordem de longo alcance que sempre persiste em um verdadeiro cristal.

[37] Aqui, como em (23.10), $n_s(\mathbf{q})$ é o fator de ocupação de Bose-Einstein para fônons no modo s, com vetor de onda $\mathbf{q}$ e energia $\hbar\omega_s(\mathbf{q})$.

Substituindo em (N.14), encontramos que a seção transversal de um fônon é:

$$\frac{d\sigma}{d\Omega dE} = Ne^{-2W}\frac{p'}{p}a^2\sum_s \frac{1}{2M\omega_s(\mathbf{q})}[\mathbf{q}\cdot\epsilon_s(\mathbf{q})]^2\begin{pmatrix}[1+n_s(\mathbf{q})]\delta[\omega+\omega_s(\mathbf{q})]\\ +n_s(\mathbf{q})\delta[\omega-\omega_s(\mathbf{q})]\end{pmatrix}. \quad \textbf{(N.25)}$$

Observe que isso de fato desaparece, a não ser que se satisfaçam as leis de conservação de um fônon (24.9) ou (24.10); assim, como uma função de energia, $d\delta/d\Omega\ dE$ é uma série de picos pronunciados da função delta nas energias finais de nêutron.

Esta estrutura possibilita distinguir os processos de um fônon de todos os termos remanescentes na expansão multifônon de S ou da seção transversal, que são funções suaves da energia final de nêutron. Observe que a intensidade nos picos de um fônon é também modulada pelo mesmo fator de Debye-Waller, que diminui a intensidade dos picos de Bragg. Atente também para o fator $[\mathbf{q} \cdot \epsilon_s(\mathbf{q})]^2$, que possibilita que se extraiam informações sobre os vetores de polarização de fônon. Finalmente, os fatores térmicos $n_s(\mathbf{q})$ e $1 + n_s(\mathbf{q})$ são úteis para os processos nos quais fônons são absorvidos ou emitidos, respectivamente. Esses fatores são típicos para processos que envolvem a criação e a absorção de partículas Bose-Einstein, e indicam (o que é razoável) que, em temperaturas muito baixas, processos nos quais se emitem os fônons, eles serão os dominantes (quando assim for permitido pelas leis da conservação).

APLICAÇÃO AO ESPALHAMENTO DE RAIOS X

Além do fator $(p'/p)a^2$, peculiar à dinâmica de nêutrons, a seção transversal do espalhamento inelástico para raios X deve ter precisamente a mesma forma de (N.14). No entanto, não se pode, de modo geral, resolver as pequenas (em comparação com as energias de raios X) perdas ou ganhos de energia que ocorrem em processos de um fônon e, portanto, deve-se integrar a seção transversal sobre todas as energias finais:

$$\frac{d\sigma}{d\Omega} \propto \int d\omega\ S(\mathbf{q},\omega) \propto e^{-2W}\sum_{\mathbf{R}} e^{-i\mathbf{q}\cdot\mathbf{R}}\exp\langle[\mathbf{q}\cdot\mathbf{u}(0)][\mathbf{q}\cdot\mathbf{u}(\mathbf{R},t)]\rangle. \quad \textbf{(N.26)}$$

Este resultado é simplesmente relacionado à nossa discussão de espalhamento de raios X no Capítulo 6, no qual nos baseamos no modelo de rede estática. Nesse capítulo, vimos que o espalhamento para uma rede de Bravais monoatômica era proporcional a um fator:

$$\left|\sum_{\mathbf{R}} e^{i\mathbf{q}\cdot\mathbf{R}}\right|^2. \quad \textbf{(N.27)}$$

A equação (N.26) generaliza esse resultado, o que permite que os íons se desloquem de sua posição de equilíbrio, $\mathbf{R} \to \mathbf{R} + \mathbf{u}(\mathbf{R})$, e que se tire uma média de equilíbrio térmico das configurações iônicas.

Utilizar a expansão multifônon em (N.26) produzirá as integrais de frequência dos termos individuais na expansão multifônon de que fizemos uso no caso do nêutron. Os termos sem fônon continuam a fornecer os picos de Bragg, diminuídos pelo fator de Debye-Waller — aspecto da intensidade dos picos de Bragg que não foi levado em conta em nossa discussão no Capítulo 6. O termo de um fônon produz uma seção transversal de espalhamento proporcional a

$$\int d\omega\, S_{(1)}(\mathbf{q},\omega) = e^{-2W}\sum_{s}\frac{\hbar}{2M\omega_s(\mathbf{q})}(\mathbf{q}\cdot\epsilon_s(\mathbf{q}))^2 \coth\tfrac{1}{2}\beta\hbar\omega_s(\mathbf{q}), \quad \textbf{(N.28)}$$

onde $\mathbf{q}$ é a variação no vetor de onda de raios X. Já que a variação em energia de fóton é pequena, determina-se $\mathbf{q}$ inteiramente pela energia de raios X incidente e pela direção de observação. A contribuição para (N.28) dos termos que surgem dos diversos ramos do espectro de fônon pode ser mais bem elucidada fazendo-se o experimento com vários valores de $\mathbf{q}$ que difiram por vetores da rede recíproca. No entanto, o maior problema é distinguir a contribuição de (N.28) dos processos de um fônon da seção transversal de espalhamento total a partir da contribuição dos termos multifônon, já que a estrutura característica dos termos de um fônon situa-se totalmente em sua dependência de energia singular, que se perde uma vez que a integral sobre ω tenha sido realizada. Na prática, pode-se fazer pouco mais do que uma tentativa de se estimar a contribuição multifônon a partir do resultado geral (N.26). De outro modo, pode-se trabalhar com temperaturas extremamente baixas e transferências de momento q suficientemente pequenas para que se faça a expansão (N.19) rapidamente convergente. Se cristais fossem estritamente clássicos, isso sempre seria possível, já que os desvios do equilíbrio de íons desapareceriam quando $T \to 0$. Infelizmente, entretanto, as vibrações iônicas de zero ponto estão presentes mesmo em $T = 0$, e há, então, um limite intrínseco para a razão em que a expansão multifônon pode convergir.

Apêndice O

Termos anarmônicos e processos de n fônons

Um termo anarmônico de grau n nos deslocamentos iônicos $\mathbf{u}$ pode ser escrito em termos dos operadores de redução e de aumento do modo normal a e $a^\dagger$, por meio da equação (L.14). Esse termo consistirá de combinações lineares de produtos que contêm m operadores de redução, $a_{\mathrm{k1}\,s_1},\ldots a_{\mathrm{km}\,s_m}$, e $n - m$ operadores de aumento, $a^\dagger_{\mathrm{km+1}\,s_{m+1}},\ldots a^\dagger_{\mathrm{k}n\,s_n}$ $(0 \leq m \leq)$. Cada um desses produtos, quando atuam em um estado caracterizado pelo conjunto definido de números de ocupação de fônon, produz o estado no qual os n_{ks} são todos inalterados, exceto por sua redução em um quando $\mathbf{k}s = \mathbf{k}_1 s_1,\ldots \mathbf{k}_m s_m$, e seu aumento em um quando $\mathbf{k}s = \mathbf{k}_{m+1},\ldots \mathbf{k}_n s_n$. Assim, um termo anarmônico do grau n tem elementos matriciais que não desaparecem apenas entre estados nos quais apenas n números de ocupação de fônon diferem.[38]

[38] A maioria dos termos na expansão de qualquer termo anarmônico terá todos os $\mathbf{k}_i s_i$ diferentes, a não ser que o cristal seja microscopicamente pequeno. Termos nos quais o número de ocupação de determinado modo normal varie por dois ou mais contribuem desprezivelmente para o limite de um grande cristal.

Apêndice P

Avaliação do fator g de Landé

Consideremos o produto vetor de ambos os lados de (31.34) com $<JLSJ'_Z|\mathbf{J}|JLSJ_Z$ e somemos a J'_z para J fixo. Já que os elementos matriciais de **J** desaparecem entre estados com valores diferentes de J, podemos somar todos os estados na cópia dimensional $(2L + 1)(2S + 1)$ com determinados L e S. Isso posto, no entanto, podemos usar a relação de completude

$$\sum_{JJ'_z} |JLSJ'_z\rangle\langle JLSJ'_z| = \mathbf{1}, \quad \textbf{(P.1)}$$

para substituir a soma dos produtos dos elementos matriciais por elementos matriciais dos produtos do operador:

$$\langle JLSJ_z|(\mathbf{L} + g_0\mathbf{S})\cdot\mathbf{J}\,|JLSJ_z\rangle = g(JLS)\langle JLSJ_z|\,\mathbf{J}^2\,|JLSJ_z\rangle. \quad \textbf{(P.2)}$$

Agora, simplesmente observamos que as identidades do operador

$$\begin{aligned}
&\mathbf{S}^2 = (\mathbf{J} - \mathbf{L})^2 = \mathbf{J}^2 + \mathbf{L}^2 - 2\mathbf{L}\cdot\mathbf{J},\\
&\mathbf{L}^2 = (\mathbf{J} - \mathbf{S})^2 = \mathbf{J}^2 + \mathbf{S}^2 - 2\mathbf{S}\cdot\mathbf{J},\\
&\langle JLSJ_z|\begin{Bmatrix}\mathbf{J}^2\\ \mathbf{L}^2\\ \mathbf{S}^2\end{Bmatrix}|JLSJ_z\rangle = \begin{Bmatrix}J(J+1)\\ L(L+1)\\ S(S+1)\end{Bmatrix},
\end{aligned} \quad \textbf{(P.3)}$$

permitem que se avalie (P.2) como

$$\begin{aligned}
g(JLS)J(J+1) &= \langle JLSJ_z|(\mathbf{L}\cdot\mathbf{J})|JLSJ_z\rangle + g_0\langle JLSJ_z|(\mathbf{S}\cdot\mathbf{J})|JLSJ_z\rangle\\
&= \frac{1}{2}[J(J+1) + L(L+1) - S(S+1)] \qquad \textbf{(P.4)}\\
&\quad + g_0[J(J+1) + S(S+1) - L(L+1)],
\end{aligned}$$

que é equivalente ao resultado (31.37) citado no texto.

- METAIS DO GRUPO PRINCIPAL
- METAIS DE TRANSIÇÃO
- METALOIDES
- NÃO METAIS

Urânio	
92	— Número atômico
U	— Símbolo
238,0289	— Massa atômica

	1A (1)	2A (2)	3B (3)	4B (4)	5B (5)	6B (6)	7B (7)	8B (8)	8B (9)	8B (10)	1B (11)	2B (12)	3A (13)	4A (14)	5A (15)	6A (16)	7A (17)	8A (18)
1	Hidrogênio 1 H 1,0079																	Hélio 2 He 4,0026
2	Lítio 3 Li 6,941	Berílio 4 Be 9,0122											Boro 5 B 10,811	Carbono 6 C 12,011	Nitrogênio 7 N 14,0067	Oxigênio 8 O 15,9994	Flúor 9 F 18,9984	Neônio 10 Ne 20,1797
3	Sódio 11 Na 22,9898	Magnésio 12 Mg 24,3050											Alumínio 13 Al 26,9815	Silício 14 Si 28,0855	Fósforo 15 P 30,9738	Enxofre 16 S 32,066	Cloro 17 Cl 35,4527	Argônio 18 Ar 39,948
4	Potássio 19 K 39,0983	Cálcio 20 Ca 40,078	Escândio 21 Sc 44,9559	Titânio 22 Ti 47,867	Vanádio 23 V 50,9415	Cromo 24 Cr 51,9961	Manganês 25 Mn 54,9380	Ferro 26 Fe 55,845	Cobalto 27 Co 58,9332	Níquel 28 Ni 58,6934	Cobre 29 Cu 63,546	Zinco 30 Zn 65,39	Gálio 31 Ga 69,723	Germânio 32 Ge 72,61	Arsênico 33 As 74,9216	Selênio 34 Se 78,96	Bromo 35 Br 79,904	Criptônio 36 Kr 83,80
5	Rubídio 37 Rb 85,4678	Estrôncio 38 Sr 87,62	Ítrio 39 Y 88,9059	Zircônio 40 Zr 91,224	Nióbio 41 Nb 92,9064	Molibdênio 42 Mo 95,94	Tecnécio 43 Tc (97,907)	Rutênio 44 Ru 101,07	Ródio 45 Rh 102,9055	Paládio 46 Pd 106,42	Prata 47 Ag 107,8682	Cádmio 48 Cd 112,411	Índio 49 In 114,818	Estanho 50 Sn 118,710	Antimônio 51 Sb 121,760	Telúrio 52 Te 127,60	Iodo 53 I 126,9045	Xenônio 54 Xe 131,29
6	Césio 55 Cs 132,9054	Bário 56 Ba 137,327	Lantânio 57 La 138,9055	Háfnio 72 Hf 178,49	Tântalo 73 Ta 180,9479	Tungstênio 74 W 183,84	Rênio 75 Re 186,207	Ósmio 76 Os 190,2	Irídio 77 Ir 192,22	Platina 78 Pt 195,08	Ouro 79 Au 196,9665	Mercúrio 80 Hg 200,59	Tálio 81 Tl 204,3833	Chumbo 82 Pb 207,2	Bismuto 83 Bi 208,9804	Polônio 84 Po (208,98)	Astatínio 85 At (209,99)	Radônio 86 Rn (222,02)
7	Frâncio 87 Fr (223,02)	Rádio 88 Ra (226,0254)	Actínio 89 Ac (227,0278)	Rutherfórdio 104 Rf (261,11)	Dúbnio 105 Db (262,11)	Seabórgio 106 Sg (263,12)	Bóhrio 107 Bh (262,12)	Hássio 108 Hs (265)	Meitnério 109 Mt (266)	— 110 — Descoberto em 1994	— 111 — Descoberto em 1994	— 112 — Descoberto em 1996		— 114 — Descoberto em 1999				

Lantanídeos	Cério 58 Ce 140,115	Praseodímio 59 Pr 140,9076	Neodímio 60 Nd 144,24	Promécio 61 Pm (144,91)	Samário 62 Sm 150,36	Európio 63 Eu 151,965	Gadolínio 64 Gd 157,25	Térbio 65 Tb 158,9253	Disprósio 66 Dy 162,50	Hólmio 67 Ho 164,9303	Érbio 68 Er 167,26	Túlio 69 Tm 168,9342	Itérbio 70 Yb 173,04	Lutécio 71 Lu 174,967
Actinídeos	Tório 90 Th 232,0381	Protactínio 91 Pa 231,0388	Urânio 92 U 238,0289	Netúnio 93 Np (237,0482)	Plutônio 94 Pu (244,664)	Amerício 95 Am (243,061)	Cúrio 96 Cm (247,07)	Berquélio 97 Bk (247,07)	Califórnio 98 Cf (251,08)	Einstênio 99 Es (252,08)	Férmio 100 Fm (257,10)	Mendelévio 101 Md (258,10)	Nobélio 102 No (259,10)	Laurêncio 103 Lr (262,11)

Nota: As massas atômicas correspondem aos valores de 1993 da IUPAC (até quatro casas decimais). Os números entre parênteses representam as massas atômicas ou os números de massa do isótopo mais estável de um elemento.

Constantes fundamentais

Quantidade			CGS	MKS (SI)
Carga do elétron (e)	**1,60219**	×	–	10^{-19} coulomb
	4,80324	×	10^{-10} esu	–
Eletrovolt (eV)	**1,60219**	×	10^{-12} erg · eV^{-1}	10^{-19} J · eV^{-1}
Massa do elétron em repouso (m_e)	**9,1095**	×	10^{-28} gm	10^{-31} kg
Constante de Planck (h)	**6,6262**	×	10^{-27} erg · sec	10^{-34} J · s
Constante de Planck (h)	**4,1357**	×	10^{-15} eV · sec	10^{-15} eV · s
Constante de Planck ($\hbar$)	**1,05459**	×	10^{-27} erg · sec	10^{-34} J · s
Constante de Planck ($\hbar$)	**6,5822**	×	10^{-16} eV · sec	10^{-16} eV · s
Raio de Bohr ($a_0 = \hbar^2/me^2$)	**0,529177**	×	10^{-8} cm	10^{-10} m
Rydberg ($Ry = \hbar^2/2ma_0^2$)	**13,6058**	×	1 eV	1 eV
Velocidade da luz (c)	**2,997925**	×	10^{10} cm · sec^{-1}	10^{8} m · s^{-1}
Constante de estrutura fina				
($\alpha = e^2/\hbar c$)	**7,2973**	×	10^{-3}	10^{-3}
(α^{-1})	**137,036**	×	1	1
Constante de Avogrado (N_A)	**6,022**	×	10^{23} mol^{-1}	10^{23} mol^{-1}
Constante de Boltzmann (k_B)	**1,3807**	×	10^{-16} erg · K^{-1}	10^{-23} J · K^{-1}
Constante de Boltzmann (k_B)	**8,617**	×	10^{-5} eV · K^{-1}	10^{-5} eV · K^{-1}
Constante dos gases (R)	**8,314**	×	10^{7} erg · K^{-1} mol^{-1}	1 J · K^{-1} mol^{-1}
Equivalente mecânico de caloria	**4,184**	×	10^{7} erg · cal^{-1}	1 J · cal^{-1}
Energia k_BT (T=273,15K)	**2,3538**	×	10^{-2} eV	10^{-2} eV
Constante em $\hbar\omega/k_BT$	**7,6383**	×	10^{-12} K · sec	10^{-12} K · s
Magneton de Bohr ($\mu_B = e\hbar/2mc$)	**9,2741**	×	10^{-21} erg · G^{-1}	10^{-24} J · T^{-1}
Magneton de Bohr (μ_B)	**5,7884**	×	10^{-9} eV · G^{-1}	10^{-5} eV · T^{-1}
Constante em μ_BH/k_BT (μ_B/k_B)	**6,7171**	×	10^{-5} K · G^{-1}	10^{-1} K · T^{-1}
Massa do próton em repouso (m_p)	**1,6726**	×	10^{-24} gm	10^{-27} kg
Razão m_p/m_e	**1836,15**	×	1	1
Magneton nuclear ($\mu_N = e\hbar/2m_pc$)	**5,0508**	×	10^{-24} erg · G^{-1}	10^{-27} J · T^{-1}

1 eV/ partícula ≡ **$2{,}306 \times 10^4$ cal/mol^{-1}**

1 eV ≡ **$2{,}41796 \times 10^{14}$ Hz**

≡ **$8{,}0655 \times 10^{3}cm^{-1}$**

≡ **$1{,}1604 \times 10^{4}$ K**

Fonte: Cohen, E. R.; Taylor, B. N. *Journal of Physical and Chemical Reference Data,* 2, 4, p. 663, 1973.

Impressão e acabamento
psi7 | book7
psi7.com.br
book7.com.br